普通高等教育"十一五"国家级规划教材

生物化学教程
ESSENTIAL BIOCHEMISTRY

王镜岩　朱圣庚　徐长法　编著

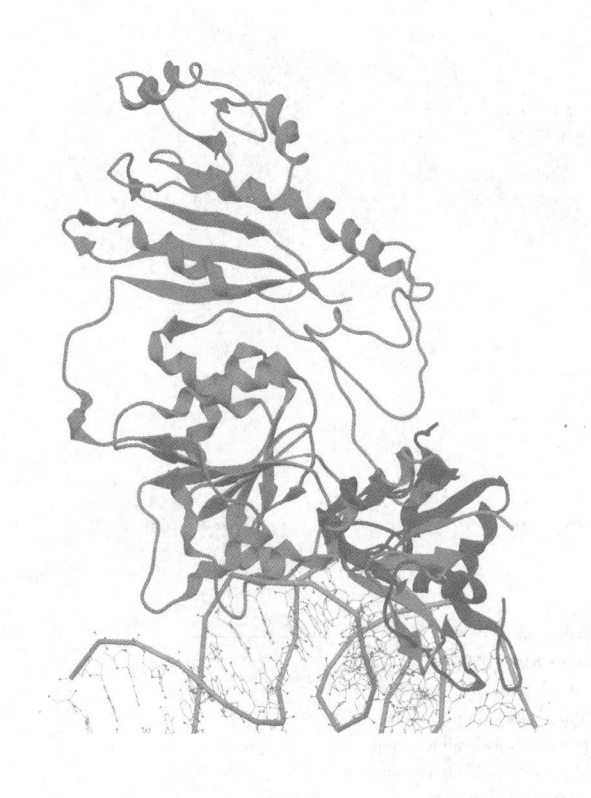

高等教育出版社·北京

图书在版编目(CIP)数据

生物化学教程/王镜岩,朱圣庚,徐长法编著.—北京:高等教育出版社,2008.6(2024.7重印)
ISBN 978-7-04-018363-4

Ⅰ.生… Ⅱ.①王…②朱…③徐… Ⅲ.生物化学-高等学校-教材 Ⅳ.Q5

中国版本图书馆 CIP 数据核字(2008)第 066832 号

| 策划编辑 | 王 莉 | 责任编辑 | 田 军 | 封面设计 | 张 楠 |
| 责任绘图 | 尹 莉 | 责任印制 | 高 峰 | | |

出版发行	高等教育出版社	咨询电话	400-810-0598
社 址	北京市西城区德外大街4号	网 址	http://www.hep.edu.cn
邮政编码	100120		http://www.hep.com.cn
印 刷	北京新华印刷有限公司	网上订购	http://www.landraco.com
开 本	889×1194 1/16		http://www.landraco.com.cn
印 张	46	版 次	2008年6月第1版
字 数	1 400 000	印 次	2024年7月第18次印刷
购书热线	010-58581118	定 价	72.00元

本书如有缺页、倒页、脱页等质量问题,请到所购图书销售部门联系调换
版权所有 侵权必究
物 料 号 18363-00

前　言

生命科学已被公认为21世纪的带头学科之一。生命科学的发展离不开生物化学及分子生物学，它们既是生命科学的基础，又是生命科学的前沿。当前不仅学习生命科学和与其密切有关的学科，如医药、农林、食品、发酵等领域的学生需要学习生物化学及分子生物学，就是学习化学、物理学、信息科学、材料科学等学科的学生也常需要对生物化学及分子生物学有所了解。总之，学习生物化学的学生越来越多，有的把它当作主修课，有的当作副课。他们都想学好这门功课，只是苦于课程内容多，分量重，安排的课时有限。鉴于此，兄弟院校和出版社的同行们建议在我们主编的《生物化学》(第三版)(上、下册)的基础上，编写一本适合生命科学及其相关学科本科生的较简明的生化教材。为此我们编写了这本《生物化学教程》。

生物化学及分子生物学的发展非常迅速，新概念、新知识层出不穷。这种情况反映在教材上就是生物化学课本内容越来越多，程度越来越深，篇幅自然也越来越大，动辄上千页。要想编写一本取材新颖，内容精炼，篇幅适中，符合当前生化教学需要的教本，实属不易。我们这次编写的教程与原《生物化学》(第三版)(上、下册)相比，首先，篇幅"砍"去了约一半。"砍"是一个取舍过程。"取"就是确认关键性的概念，包括基本概念、基本原理、当代成就、重要的探究方法和富有启发性的例证。"舍"就是摒弃"多余的"资料，"舍"有时是勉为其难甚至是"忍痛割爱"的。这是编写时的首要任务。第二，对确认的内容进行适当的安排。考虑到生物化学是一门系统、完整的科学，我们仍按惯例，把内容组织成3篇共35章。第1篇是生物分子的结构和化学，第2篇是新陈代谢，第3篇是遗传信息，即基础分子生物学。第三，考虑到不同专业的学生先修课不一，我们在书中的适当章节对化学和生物学的某些基础知识进行简要的复习或提示，如立体异构体的构型、化学反应中的自由能概念、氧化还原电势、孟德尔遗传学、进化理论等。这些问题往往也是学生学习生化时的难点。第四，凡讲到生物化学和分子生物学的重大事件，都要提到它的当事人的名字，表示对历史、对知识和劳动的尊重。第五，书中适当地联系人类的健康与疾病以及医药和工农业的实际，以开阔学生的眼界，提高学生学习的兴趣。第六，为了巩固和扩大学生所学知识，本书在每章后附有习题供练习和主要参考书目供参阅。并在书后附有索引，以便读者查阅关键词的释义和有关内容。

本书内容虽已作了精简，但仍不能全部用于课堂讲授。教师需要根据实际情况组织讲授内容，譬如重点讲解难点，增添最新进展，有些部分可以不讲让学生自学等。

我们怀念我们的导师沈同先生、张龙翔先生。我们感谢兄弟院校的同行对编写本书的支持。感谢高等教育出版社协助提供资料、组织本书书稿的审阅和进行有关编辑出版的各项工作。感谢责任编辑在排版过程中的精心校对，并提出不少宝贵修改意见。我们也感谢王兰仙、黄仪秀等同志对本书的支持和付出。由于编者水平所限，不妥之处在所难免，敬请读者批评指正。

编　者
2008年1月

目 录

第1篇 生物分子的结构和化学

第1章 生物分子导论 (3)
- 一、生命物质的化学组成 (3)
  - (一) 生命元素 (3)
  - (二) 生物分子 (4)
- 二、生物分子的三维结构 (5)
  - (一) 生物分子的大小 (5)
  - (二) 立体异构与构型 (6)
  - (三) 生物分子间相互作用的立体专一性 (7)
  - (四) 构象与三维结构 (8)
  - (五) 三维结构的分子模型 (8)
- 三、生物结构中的非共价力 (9)
  - (一) 静电相互作用 (9)
  - (二) 氢键 (9)
  - (三) 范德华力 (9)
  - (四) 疏水相互作用(熵效应) (10)
- 四、水和生命 (10)
  - (一) 水的结构和性质 (10)
  - (二) 水是生命的介质 (11)
- 五、细胞的分子组织层次 (12)
- 六、生物分子的起源与进化 (12)
  - (一) 化学进化的理论 (12)
  - (二) 实验室中化学进化的演示 (12)
  - (三) 原始生物分子 (13)
- 习题 (13)
- 主要参考书目 (13)

第2章 蛋白质的构件——氨基酸 (15)
- 一、蛋白质的化学组成和分类 (15)
- 二、蛋白质的水解 (16)
- 三、α-氨基酸的一般结构 (16)
- 四、氨基酸的分类 (16)
  - (一) 常见的蛋白质氨基酸 (17)
  - (二) 不常见的蛋白质氨基酸 (17)
  - (三) 非蛋白质氨基酸 (19)
- 五、氨基酸的酸碱性质 (19)
  - (一) 氨基酸的解离 (20)
  - (二) 氨基酸的等电点 (22)
- 六、氨基酸的化学反应 (22)
  - (一) α-羧基反应 (22)
  - (二) α-氨基反应 (23)
  - (三) 茚三酮反应 (23)
  - (四) 侧链官能团的特异反应 (23)
- 七、氨基酸的旋光性和光谱性质 (25)
  - (一) 氨基酸的旋光性和立体化学 (25)
  - (二) 氨基酸的光谱性质 (25)
- 八、氨基酸混合物的分离和分析 (26)
  - (一) 分配层析 (26)
  - (二) 离子交换层析 (28)
- 习题 (29)
- 主要参考书目 (29)

第3章 蛋白质的通性、纯化和表征 (30)
- 一、蛋白质的酸碱性质 (30)
- 二、蛋白质的胶体性质与蛋白质的沉淀 (31)
  - (一) 蛋白质胶体性质 (31)
  - (二) 蛋白质沉淀 (31)
- 三、蛋白质分离纯化的一般原则 (32)
- 四、蛋白质的分离纯化方法 (33)
  - (一) 透析和超过滤 (33)
  - (二) 凝胶过滤 (33)
  - (三) 盐溶和盐析 (35)
  - (四) 有机溶剂分级分离法 (35)
  - (五) 凝胶电泳和等电聚焦 (36)
  - (六) 离子交换层析 (37)
  - (七) 亲和层析 (37)
  - (八) 高效液相层析 (38)
- 五、蛋白质相对分子质量的测定 (38)
  - (一) 凝胶过滤法测定相对分子质量 (38)
  - (二) SDS-聚丙烯酰胺凝胶电泳法测定相对分子质量 (38)
  - (三) 沉降速度法测定相对分子质量 (40)
- 六、蛋白质的含量测定与纯度鉴定 (40)
  - (一) 蛋白质含量测定 (41)
  - (二) 蛋白质纯度鉴定 (41)
- 习题 (41)
- 主要参考书目 (42)

第4章 蛋白质的共价结构 (43)
- 一、蛋白质的分子大小 (43)

二、蛋白质结构的组织层次 …………………… (44)
三、肽 ……………………………………………… (44)
　　（一）肽和肽键的结构 …………………… (44)
　　（二）肽的物理和化学性质 ……………… (46)
　　（三）天然存在的活性肽 ………………… (46)
四、蛋白质测序的策略 …………………………… (47)
五、蛋白质测序的一些常用方法 ………………… (48)
　　（一）末端分析 …………………………… (48)
　　（二）二硫键的断裂 ……………………… (48)
　　（三）氨基酸组成的分析 ………………… (48)
　　（四）多肽链的部分裂解 ………………… (49)
　　（五）肽段氨基酸序列的测定 …………… (50)
　　（六）肽段在原多肽链中的次序的确定（氨基
　　　　　酸全序列的重建） …………………… (51)
　　（七）二硫键位置的确定 ………………… (51)
六、根据基因的核苷酸序列推定多肽的氨基酸
　　序列 ……………………………………………… (51)
七、蛋白质一级结构的举例 ……………………… (52)
八、蛋白质序列数据库 …………………………… (52)
九、肽与蛋白质的化学合成：固相肽的合成 …… (53)
习题 ………………………………………………… (54)
主要参考书目 ……………………………………… (55)

第 5 章　蛋白质的三维结构 …………………… (56)
一、研究蛋白质构象的方法 ……………………… (56)
二、稳定蛋白质三维结构的力 …………………… (56)
三、多肽主链折叠的空间限制 …………………… (57)
　　（一）肽平面与 α-碳的二面角 (φ 和 ψ) … (57)
　　（二）可允许的 φ 和 ψ 值：拉氏图 ……… (58)
四、二级结构：多肽主链的局部规则构象 ……… (59)
　　（一）α 螺旋 ……………………………… (59)
　　（二）β 片或 β 折叠 ……………………… (60)
　　（三）β 转角 ……………………………… (61)
五、纤维状蛋白质 ………………………………… (61)
　　（一）α-角蛋白 …………………………… (61)
　　（二）丝心蛋白 …………………………… (62)
　　（三）胶原蛋白 …………………………… (62)
六、超二级结构和结构域 ………………………… (63)
　　（一）超二级结构 ………………………… (63)
　　（二）结构域 ……………………………… (64)
七、球状蛋白质与三级结构 ……………………… (65)
　　（一）球状蛋白质及其亚基的分类 ……… (65)
　　（二）球状蛋白质三维结构的特征 ……… (66)
八、亚基缔合与四级结构 ………………………… (67)
　　（一）有关四级结构的一些概念 ………… (67)
　　（二）四级缔合在结构和功能上的优越性 … (67)
九、蛋白质的变性与折叠 ………………………… (68)
　　（一）蛋白质变性与功能丢失 …………… (68)
　　（二）氨基酸序列规定蛋白质的三维结构 … (69)
　　（三）多肽链是分步快速折叠的 ………… (69)
习题 ………………………………………………… (70)
主要参考书目 ……………………………………… (71)

第 6 章　蛋白质的功能与进化 ………………… (72)
一、蛋白质功能的多样性 ………………………… (72)
二、血红蛋白的结构 ……………………………… (73)
　　（一）血红素 ……………………………… (73)
　　（二）珠蛋白的三级结构 ………………… (74)
　　（三）与 O_2 结合的机制 ………………… (75)
　　（四）血红蛋白的四级结构 ……………… (75)
三、血红蛋白的功能：转运氧 …………………… (76)
　　（一）肌红蛋白是氧的贮库 ……………… (76)
　　（二）血红蛋白氧合的协同性和别构效应 … (77)
　　（三）血红蛋白的两种构象状态：R 态和
　　　　　T 态 ………………………………… (77)
　　（四）血红蛋白协同性氧结合的定量分析 … (78)
　　（五）BPG 调节 Hb 对 O_2 的亲和力 …… (79)
　　（六）H^+ 和 CO_2 调节 Hb 对 O_2 的亲和力：Bohr
　　　　　效应 ………………………………… (80)
四、血红蛋白分子病 ……………………………… (81)
　　（一）镰状细胞贫血病 …………………… (81)
　　（二）α-和 β-地中海贫血 ………………… (82)
五、免疫球蛋白 …………………………………… (83)
　　（一）免疫系统 …………………………… (83)
　　（二）免疫球蛋白的结构和类别 ………… (83)
　　（三）基于抗体-抗原相互作用的生化分析
　　　　　方法 ………………………………… (84)
六、氨基酸序列与生物学功能 …………………… (85)
　　（一）同源蛋白质的物种差异与生物进化 … (85)
　　（二）同源蛋白具有共同的进化起源 …… (86)
习题 ………………………………………………… (86)
主要参考书目 ……………………………………… (87)

第 7 章　糖类和糖生物学 ……………………… (88)
一、引言 …………………………………………… (88)
　　（一）糖类的生物学作用 ………………… (88)
　　（二）糖类的化学本质 …………………… (88)
　　（三）糖类的命名和分类 ………………… (88)
二、单糖的结构和性质 …………………………… (89)
　　（一）单糖的链状结构 …………………… (89)
　　（二）单糖的环状结构 …………………… (90)
　　（三）单糖的构象 ………………………… (92)
　　（四）单糖的物理和化学性质 …………… (93)
三、重要的单糖和单糖衍生物 …………………… (94)
　　（一）单糖 ………………………………… (94)

（二）糖醇 …………………………………（96）
　　（三）糖酸 …………………………………（96）
　　（四）脱氧糖 ………………………………（97）
　　（五）氨基糖 ………………………………（97）
四、寡糖 ………………………………………（98）
　　（一）寡糖的结构 …………………………（99）
　　（二）常见的二糖 …………………………（99）
　　（三）其他简单寡糖 ………………………（100）
　　（四）环糊精 ………………………………（100）
五、多糖 ………………………………………（101）
　　（一）贮存同多糖 …………………………（101）
　　（二）结构同多糖 …………………………（103）
　　（三）结构杂多糖 …………………………（104）
六、糖缀合物 …………………………………（106）
　　（一）糖蛋白 ………………………………（106）
　　（二）寡糖链的生物学功能 ………………（106）
　　（三）蛋白聚糖 ……………………………（108）
　　（四）脂多糖 ………………………………（108）
七、寡糖结构的分析 …………………………（109）
　　（一）寡糖结构分析的策略 ………………（109）
　　（二）用于寡糖结构分析的一些方法 ……（110）
习题 ……………………………………………（110）
主要参考书目 …………………………………（111）

第8章 脂质与生物膜 …………………（112）
一、三酰甘油和蜡 ……………………………（112）
　　（一）脂肪酸 ………………………………（112）
　　（二）酰基甘油 ……………………………（114）
　　（三）蜡 ……………………………………（116）
二、磷脂和鞘脂 ………………………………（117）
　　（一）甘油磷脂的结构 ……………………（117）
　　（二）甘油磷脂的一般性质 ………………（118）
　　（三）几种常见的甘油磷脂 ………………（118）
　　（四）醚甘油磷脂 …………………………（119）
　　（五）鞘脂 …………………………………（119）
三、萜和类固醇 ………………………………（121）
　　（一）萜 ……………………………………（121）
　　（二）类固醇 ………………………………（122）
　　（三）胆固醇和其他固醇 …………………（123）
　　（四）固醇衍生物 …………………………（124）
四、血浆脂蛋白 ………………………………（124）
　　（一）血浆脂蛋白的分类 …………………（125）
　　（二）血浆脂蛋白的结构与功能 …………（125）
五、膜的分子组成和超分子结构 ……………（126）
　　（一）生物膜的分子组成 …………………（126）
　　（二）脂双层的自装配 ……………………（127）
　　（三）膜组分的不对称分布 ………………（128）

　　（四）生物膜的流动性 ……………………（128）
　　（五）生物膜的流动镶嵌模型 ……………（129）
六、脂质的提取与分析 ………………………（129）
　　（一）脂质的有机溶剂提取 ………………（129）
　　（二）脂质的吸附层析分离 ………………（129）
　　（三）混合脂肪酸的气液色谱分析 ………（130）
　　（四）脂质结构的测定 ……………………（130）
习题 ……………………………………………（130）
主要参考书目 …………………………………（131）

第9章 酶引论 …………………………（132）
一、酶研究的简史 ……………………………（132）
二、酶是生物催化剂 …………………………（132）
　　（一）反应速率理论与活化能 ……………（132）
　　（二）酶通过降低活化自由能提高反应
　　　　　速率 ………………………………（134）
　　（三）酶还是偶联反应的介体 ……………（136）
　　（四）酶作为生物催化剂的特点 …………（136）
三、酶的化学本质 ……………………………（137）
　　（一）酶的化学组成 ………………………（137）
　　（二）酶的四级缔合 ………………………（138）
四、酶的命名和分类 …………………………（139）
　　（一）酶的命名 ……………………………（139）
　　（二）酶的分类和编号 ……………………（139）
五、酶的专一性 ………………………………（140）
　　（一）酶对底物的专一性 …………………（140）
　　（二）关于酶专一性的假说 ………………（141）
六、酶活力的测定 ……………………………（141）
　　（一）酶活力、活力单位和比活力 ………（142）
　　（二）反应速率、初速率和酶活力测定 …（142）
七、非蛋白质生物催化剂——核酶 …………（143）
　　（一）核酶的发现 …………………………（143）
　　（二）L19 RNA 是核酶 ……………………（144）
　　（三）RNase P 的 RNA 组分是核酶 ………（144）
　　（四）锤头核酶 ……………………………（145）
八、酶分子工程 ………………………………（145）
　　（一）固定化酶 ……………………………（145）
　　（二）化学修饰酶 …………………………（145）
　　（三）抗体酶——人工模拟酶 ……………（146）
　　（四）酶的蛋白质工程 ……………………（146）
习题 ……………………………………………（146）
主要参考书目 …………………………………（147）

第10章 酶动力学 ………………………（148）
一、有关的化学动力学概念 …………………（148）
　　（一）基元反应和化学计量方程 …………（148）
　　（二）化学反应的速率方程 ………………（148）
　　（三）反应分子数和反应级数 ……………（149）

（四）一级、二级和零级反应的特征 …………（150）
　二、底物浓度对酶促反应速率的影响 ……………（151）
　　（一）酶促反应动力学的基本公式——
　　　　米-曼氏方程 ………………………………（152）
　　（二）米-曼氏方程所确定的图形是一直角
　　　　双曲线 ……………………………………（154）
　　（三）米-曼氏动力学参数的意义 ……………（155）
　　（四）米-曼氏方程的线性化作图求 K_M 和
　　　　V_{max} 值 ……………………………………（158）
　三、多底物的酶促反应 ………………………………（159）
　四、影响酶促反应速率的其他因素 …………………（161）
　　（一）pH对酶促反应的影响 …………………（161）
　　（二）温度对酶促反应的影响 …………………（161）
　　（三）激活剂对酶促反应的影响 ………………（162）
　五、酶的抑制作用 ……………………………………（162）
　　（一）抑制作用的概念 ………………………（162）
　　（二）抑制作用的类型 ………………………（162）
　　（三）可逆抑制的动力学 ………………………（164）
　　（四）酶抑制剂应用举例 ………………………（168）
　习题 ……………………………………………………（170）
　主要参考书目 …………………………………………（171）

第11章　酶作用机制和酶活性调节 ……………（172）
　一、酶的活性部位及其确定方法 ……………………（172）
　二、酶促反应机制 ……………………………………（173）
　　（一）基元催化的分子机制 ……………………（173）
　　（二）酶具有高催化能力的原因 ………………（176）
　三、酶促反应机制的举例 ……………………………（178）
　　（一）丝氨酸蛋白酶 ……………………………（178）
　　（二）烯醇化酶 …………………………………（182）
　四、酶活性的别构调节 ………………………………（183）
　　（一）酶的别构效应和别构酶 …………………（183）
　　（二）别构酶的动力学特点 ……………………（183）
　　（三）协同性配体结合的模型 …………………（184）
　　（四）别构酶的举例 ……………………………（188）
　五、酶活性的共价调节 ………………………………（190）
　　（一）酶的可逆共价修饰 ………………………（190）
　　（二）酶原激活——不可逆共价调节 …………（192）
　六、同工酶 ……………………………………………（194）
　习题 ……………………………………………………（195）
　主要参考书目 …………………………………………（195）

第12章　维生素与辅酶 ……………………………（196）
　一、引言 ………………………………………………（196）
　　（一）维生素的概念 ……………………………（196）
　　（二）维生素的发现 ……………………………（196）
　　（三）维生素-辅酶的关系 ……………………（197）
　二、水溶性维生素 ……………………………………（198）

　　（一）维生素 B_1（硫胺素）和辅酶硫胺素焦磷
　　　　酸（TPP） …………………………………（198）
　　（二）维生素 B_2（核黄素）和黄素辅酶（FMN
　　　　和 FAD） ……………………………………（199）
　　（三）维生素 PP（烟酸和烟酰胺）和烟酰胺辅
　　　　酶（NAD 和 NADP） ………………………（200）
　　（四）泛酸和辅酶 A ……………………………（201）
　　（五）维生素 B_6 和辅酶磷酸吡哆醛 …………（202）
　　（六）生物素和辅酶生物胞素 …………………（204）
　　（七）叶酸和辅酶 F（四氢叶酸） ………………（204）
　　（八）维生素 B_{12}（氰钴氨素）和辅酶 5′-脱
　　　　氧腺苷钴胺素 ……………………………（206）
　　（九）硫辛酸 ……………………………………（208）
　　（十）维生素 C（抗坏血酸） …………………（209）
　三、脂溶性维生素 ……………………………………（210）
　　（一）维生素 A（视黄醇） ……………………（210）
　　（二）维生素 D（钙化醇） ……………………（211）
　　（三）维生素 E（生育酚） ……………………（212）
　　（四）维生素 K（萘醌） ………………………（212）
　习题 ……………………………………………………（214）
　主要参考书目 …………………………………………（214）

第13章　核酸通论 …………………………………（215）
　一、核酸的发现和研究简史 …………………………（215）
　　（一）核酸的发现 ………………………………（215）
　　（二）核酸的早期研究 …………………………（215）
　　（三）DNA 双螺旋结构模型的建立 …………（216）
　　（四）生物技术的兴起 …………………………（217）
　　（五）人类基因组计划开辟了生命科学新纪
　　　　元 …………………………………………（217）
　二、核酸的种类和分布 ………………………………（218）
　　（一）脱氧核糖核酸（DNA） …………………（218）
　　（二）核糖核酸（RNA） ………………………（220）
　三、核酸的生物功能 …………………………………（220）
　　（一）DNA 是主要的遗传物质 ………………（221）
　　（二）RNA 参与蛋白质的生物合成 …………（221）
　　（三）RNA 功能的多样性 ……………………（222）
　习题 ……………………………………………………（222）
　主要参考书目 …………………………………………（222）

第14章　核酸的结构 ………………………………（223）
　一、核苷酸 ……………………………………………（223）
　　（一）碱基 ………………………………………（223）
　　（二）核苷 ………………………………………（225）
　　（三）核苷酸 ……………………………………（226）
　二、核酸的共价结构 …………………………………（227）
　　（一）核酸中核苷酸的连接方式 ………………（227）
　　（二）DNA 的一级结构 ………………………（227）

（三）RNA 的一级结构 ………………… (228)
三、DNA 的高级结构 ……………………… (230)
　（一）DNA 的双螺旋结构 ……………… (230)
　（二）DNA 的三股螺旋和四股螺旋 …… (233)
　（三）DNA 的超螺旋 …………………… (234)
　（四）DNA 与蛋白质复合物的结构 …… (236)
四、RNA 的高级结构 ……………………… (239)
　（一）tRNA 的高级结构 ………………… (239)
　（二）rRNA 的高级结构 ………………… (241)
　（三）其他 RNA 的高级结构 …………… (242)
习题 …………………………………………… (244)
主要参考书目 ………………………………… (244)

第 15 章　核酸的物理化学性质和研究方法 …… (245)
一、核酸的水解 …………………………… (245)
　（一）酸水解 …………………………… (245)
　（二）碱水解 …………………………… (245)
　（三）酶水解 …………………………… (246)
二、核酸的酸碱性质 ……………………… (246)
三、核酸的紫外吸收 ……………………… (249)
四、核酸的变性、复性及杂交 …………… (250)
　（一）变性 ……………………………… (250)
　（二）复性 ……………………………… (251)
　（三）核酸分子杂交 …………………… (252)
五、核酸的分离和纯化 …………………… (253)
　（一）核酸的超速离心 ………………… (253)
　（二）核酸的凝胶电泳 ………………… (254)
　（三）核酸的柱层析 …………………… (256)
　（四）DNA 的提取和纯化 ……………… (257)
　（五）RNA 的提取和纯化 ……………… (257)
六、核酸序列的测定 ……………………… (258)
　（一）DNA 的酶法测序 ………………… (258)
　（二）DNA 的化学法测序 ……………… (259)
　（三）RNA 的测序 ……………………… (260)
　（四）DNA 序列分析的自动化 ………… (260)
七、核酸的化学合成 ……………………… (260)
八、DNA 微阵技术 ………………………… (262)
　（一）DNA 芯片的类型 ………………… (262)
　（二）DNA 芯片的制作 ………………… (262)
　（三）核酸杂交的检测 ………………… (263)
　（四）DNA 芯片的应用 ………………… (264)
习题 …………………………………………… (264)
主要参考书目 ………………………………… (265)

第 16 章　激素 …………………………………… (266)
一、引言 …………………………………… (266)
　（一）激素的定义 ……………………… (266)
　（二）激素的分类 ……………………… (266)
　（三）人和脊椎动物的内分泌腺及其分泌的激素 …………………………… (266)
　（四）激素和其他化学信号的区别 …… (269)
　（五）激素分泌的等级控制和反馈调节 … (270)
二、激素作用的机制 ……………………… (271)
　（一）类固醇激素和甲状腺激素的作用机制 …………………………………… (272)
　（二）肽激素和肾上腺儿茶酚胺激素的作用机制 ……………………………… (272)
三、人和脊椎动物激素举例 ……………… (277)
　（一）胺（氨基酸衍生物）激素 ……… (277)
　（二）肽和蛋白质激素 ………………… (278)
　（三）类固醇（甾类）激素 …………… (280)
　（四）类二十烷酸或类前列腺酸（脂肪酸衍生物） ………………………………… (281)
四、昆虫激素 ……………………………… (282)
　（一）脑激素 …………………………… (283)
　（二）保幼激素 ………………………… (283)
　（三）蜕皮激素 ………………………… (283)
　（四）性信息素 ………………………… (284)
五、植物激素 ……………………………… (284)
　（一）生长素 …………………………… (284)
　（二）细胞分裂素 ……………………… (284)
　（三）赤霉素 …………………………… (285)
　（四）脱落酸 …………………………… (285)
　（五）乙烯 ……………………………… (286)
习题 …………………………………………… (286)
主要参考书目 ………………………………… (286)

第 2 篇　新 陈 代 谢

第 17 章　新陈代谢总论 ………………………… (289)
一、新陈代谢概述 ………………………… (289)
二、新陈代谢中常见的有机反应机制 …… (290)
　（一）基团转移反应 …………………… (292)
　（二）氧化反应和还原反应 …………… (294)
　（三）消除、异构化及重排反应 ……… (294)
　（四）碳 - 碳键的形成与断裂反应 …… (296)
三、新陈代谢的研究方法 ………………… (300)
习题 …………………………………………… (301)
主要参考书目 ………………………………… (301)

第 18 章　生物能学 ……………………………… (302)
一、有关热力学的一些基本概念 ………… (302)
　（一）体系的概念、性质和状态 ……… (302)
　（二）能的两种形式——热与功 ……… (302)

(三) 内能和焓的概念 …………………… (302)
(四) 热力学的两个基本定律和熵的概念 …… (303)
(五) 自由能的概念 ……………………… (304)
二、自由能变化、标准自由能变化及其与平衡常
数的关系 ……………………………… (304)
(一) 化学反应的标准自由能变化及其与平
衡常数的关系 ………………………… (304)
(二) 能量学用于生物化学反应中一些规定
的概括 ………………………………… (306)
(三) 标准自由能变化的可加性 ………… (307)
(四) $\Delta G'^{\ominus}$,$\Delta G'$和平衡常数计算的举例 … (307)
三、高能磷酸化合物 ……………………… (308)
(一) 高能磷酸化合物的概念 …………… (308)
(二) ATP以基团转移形式提供能量 …… (309)
四、其他高能化合物 ……………………… (310)
习题 ………………………………………… (313)
主要参考书目 ……………………………… (314)

第19章 六碳糖的分解和糖酵解作用 …… (315)
一、糖酵解作用 …………………………… (315)
二、糖酵解第一阶段的5步反应 ………… (315)
(一) 葡萄糖磷酸化形成葡萄糖-6-磷酸 … (315)
(二) 葡萄糖-6-磷酸异构化形成果糖-
6-磷酸 ………………………………… (317)
(三) 果糖-6-磷酸形成果糖-1,6-二
磷酸 …………………………………… (318)
(四) 果糖-1,6-二磷酸转变为甘油醛-
3-磷酸和二羟丙酮磷酸 ……………… (318)
(五) 二羟丙酮磷酸转变为甘油醛-3-
磷酸 …………………………………… (319)
三、糖酵解第二阶段的5步反应 ………… (320)
(一) 甘油醛-3-磷酸形成1,3-二磷酸甘
油酸 …………………………………… (320)
(二) 1,3-二磷酸甘油酸转移高能磷酸基团
形成ATP ……………………………… (321)
(三) 3-磷酸甘油酸转变为2-磷酸甘
油酸 …………………………………… (321)
(四) 2-磷酸甘油酸脱水形成磷酸烯醇式
丙酮酸 ………………………………… (322)
(五) 磷酸烯醇式丙酮酸转变为丙酮酸并产
生一个ATP分子 ……………………… (323)
四、由葡萄糖转变为2分子丙酮酸的能量估算 … (323)
五、丙酮酸在无氧条件下的去路 ………… (324)
(一) 生成乳酸 …………………………… (324)
(二) 生成乙醇 …………………………… (324)
六、糖酵解作用的调节 …………………… (325)
(一) 磷酸果糖激酶是关键酶 …………… (325)

(二) 果糖-2,6-二磷酸对糖酵解的调节
作用 …………………………………… (325)
(三) 己糖激酶和丙酮酸激酶对糖酵解的调节
作用 …………………………………… (326)
七、其他六碳糖的分解途径 ……………… (326)
(一) 六碳糖进入细胞 …………………… (326)
(二) 六碳糖进入糖酵解途径分解 ……… (327)
习题 ………………………………………… (330)
主要参考书目 ……………………………… (331)

第20章 柠檬酸循环 ……………………… (332)
一、丙酮酸进入柠檬酸循环的准备阶段——形成
乙酰-CoA(乙酰-SCoA) ………………… (332)
(一) 丙酮酸脱羧反应 …………………… (333)
(二) 乙酰基转移到CoA—SH分子上形成乙
酰-CoA的反应 ……………………… (334)
(三) 还原型二氢硫辛酰转乙酰酶氧化,形
成氧化型的硫辛酰转乙酰基酶 ……… (335)
(四) 还原型E_3的再氧化 ……………… (335)
二、柠檬酸循环的全貌 …………………… (335)
三、柠檬酸循环的各个反应步骤 ………… (335)
(一) 草酰乙酸与乙酰-CoA缩合形成柠
檬酸 …………………………………… (335)
(二) 柠檬酸异构化形成异柠檬酸 ……… (337)
(三) 异柠檬酸氧化形成α-酮戊二酸 … (337)
(四) α-酮戊二酸氧化脱羧形成琥珀
酰-CoA ……………………………… (338)
(五) 琥珀酰-CoA转化为琥珀酸并使GDP
磷酸化成为高能GTP(哺乳类)或使
ADP成为ATP(植物或细菌) ……… (338)
(六) 琥珀酸脱氢形成延胡索酸 ………… (339)
(七) 延胡索酸水合形成L-苹果酸 …… (339)
(八) 苹果酸氧化形成草酰乙酸 ………… (340)
四、柠檬酸循环的化学总结算 …………… (340)
五、柠檬酸循环的调节 …………………… (342)
六、柠檬酸循环的双重作用 ……………… (343)
七、乙醛酸途径 …………………………… (344)
习题 ………………………………………… (346)
主要参考书目 ……………………………… (346)

第21章 氧化磷酸化和光合磷酸化作用 …… (348)
一、氧化磷酸化作用 ……………………… (348)
(一) 和电子传递相关的氧化还原电势 … (348)
(二) 用标准还原势计算自由能变化 …… (350)
(三) 线粒体的电子传递链 ……………… (350)
(四) 氧化磷酸化作用的机制 …………… (355)
(五) 氧化磷酸化的解偶联 ……………… (357)
(六) 质子动力为主动转运提供能量 …… (358)

（七）电子传递和氧化磷酸化中的 P/O 比 …… (358)
（八）细胞溶胶内 NADH 的再氧化 ……… (358)
（九）氧化磷酸化作用的调节 …………… (359)
二、光合磷酸化作用(photophosphorylation) …… (359)
（一）光合作用(photosynthesis) ………… (359)
（二）叶绿体的结构 ……………………… (360)
（三）叶绿体中捕获光的叶绿素和其他色素 ……………………………………… (360)
（四）光合作用中的电子传递 …………… (361)
（五）光合磷酸化作用 …………………… (364)
（六）CO_2 的固定（暗反应） ………… (365)
（七）由 Rubisco 酶的加氧活性引起的光（合）呼吸 …………………………………… (367)
习题 ……………………………………… (368)
主要参考书目 …………………………… (370)

第22章　戊糖磷酸途径 ……………………… (371)
一、戊糖磷酸途径的发现 ……………………… (371)
二、戊糖磷酸途径的主要反应 ………………… (371)
三、戊糖磷酸途径反应速率的调控 …………… (376)
四、戊糖磷酸途径的生物学意义 ……………… (377)
习题 ………………………………………… (378)
主要参考书目 ……………………………… (379)

第23章　葡糖异生和糖的其他代谢途径 …… (380)
一、葡糖异生作用 ……………………………… (380)
（一）葡糖异生作用的途径 ……………… (380)
（二）葡糖异生途径总览 ………………… (383)
（三）由丙酮酸形成葡萄糖的能量消耗及意义 …………………………………… (383)
（四）葡糖异生作用的调节 ……………… (383)
（五）乳酸的再利用和可立氏循环 ……… (384)
二、糖的其他代谢途径 ………………………… (384)
三、葡萄糖出入动物细胞的特殊运载机构 …… (386)
四、糖蛋白的生物合成 ………………………… (387)
五、糖蛋白糖链的分解代谢 …………………… (389)
习题 ………………………………………… (389)
主要参考书目 ……………………………… (389)

第24章　糖原的分解与合成代谢 …………… (390)
一、糖原的分解代谢 …………………………… (390)
二、糖原的生物合成 …………………………… (393)
三、糖原代谢的调控 …………………………… (396)
（一）糖原磷酸化酶的别构调节因素 …… (396)
（二）糖原合酶的调节因素 ……………… (397)
（三）激素对糖原代谢的调节 …………… (397)
四、糖原累积症 ………………………………… (399)
习题 ………………………………………… (400)
主要参考书目 ……………………………… (400)

第25章　脂质的代谢 ………………………… (401)
一、脂肪酸的分解代谢 ………………………… (401)
（一）三酰甘油的消化、吸收和转运 …… (401)
（二）脂肪酸的氧化分解 ………………… (402)
二、脂肪酸的生物合成 ………………………… (406)
（一）乙酰 – CoA 从线粒体到细胞溶胶的转运 …………………………………… (407)
（二）脂肪酸的合成步骤 ………………… (407)
三、脂肪酸代谢的调节 ………………………… (411)
四、三酰甘油的生物合成 ……………………… (412)
五、磷脂的分解代谢与合成 …………………… (413)
（一）甘油磷脂的分解代谢 ……………… (413)
（二）磷脂的生物合成 …………………… (414)
六、类二十烷酸的生物合成 …………………… (418)
七、胆固醇的代谢 ……………………………… (421)
（一）胆固醇代谢的特点 ………………… (421)
（二）胆固醇的生物合成 ………………… (423)
八、脂蛋白的代谢 ……………………………… (424)
习题 ………………………………………… (427)
主要参考书目 ……………………………… (427)

第26章　蛋白质降解和氨基酸的分解代谢 …… (429)
一、蛋白质的降解 ……………………………… (429)
（一）蛋白质降解的特性 ………………… (429)
（二）蛋白质降解的反应机制 …………… (429)
（三）机体对外源蛋白质的需要及其消化作用 …………………………………… (430)
二、氨基酸的分解代谢 ………………………… (431)
（一）氨基酸的转氨基作用 ……………… (431)
（二）葡萄糖 – 丙氨酸循环将氨运入肝脏 …… (433)
（三）谷氨酸脱氢酶催化的氧化脱氨基作用 …………………………………… (433)
（四）氨的命运 …………………………… (433)
三、尿素的形成——尿素循环 ………………… (434)
（一）尿素循环过程 ……………………… (434)
（二）尿素循环的调节 …………………… (436)
四、氨基酸碳骨架的分解代谢 ………………… (438)
（一）经丙酮酸形成乙酰 – CoA ………… (438)
（二）部分碳骨架形成乙酰 – CoA 或乙酰乙酰 – CoA ……………………………… (440)
（三）形成 α – 酮戊二酸 ………………… (440)
（四）形成琥珀酰 – CoA ………………… (442)
（五）形成草酰乙酸的途径 ……………… (443)
（六）分支氨基酸脱氨基和脱羧基的特殊性 …………………………………… (443)
（七）生糖氨基酸和生酮氨基酸 ………… (443)
（八）氨基酸与一碳单位 ………………… (446)

（九）氨基酸与生物活性物质 …………（446）
　　（十）氨基酸代谢缺陷症 ……………（448）
　习题 ………………………………………（449）
　主要参考书目 ……………………………（450）

第27章　氨基酸的生物合成和生物固氮 …（451）
　一、生物固氮 ……………………………（451）
　二、氨的同化作用——氨通过谷氨酸和谷氨酰胺
　　　掺入生物分子 ………………………（452）
　三、氨基酸的生物合成 …………………（453）
　　（一）由α-酮戊二酸形成的氨基酸——
　　　　　谷氨酸、谷氨酰胺、脯氨酸、精氨酸、
　　　　　赖氨酸 ……………………………（453）
　　（二）由草酰乙酸形成的氨基酸——天冬氨
　　　　　酸、天冬酰胺、甲硫氨酸、苏氨酸、赖氨
　　　　　酸（细菌、植物）、异亮氨酸 ……（455）
　　（三）由丙酮酸形成的氨基酸——亮氨酸、
　　　　　异亮氨酸、缬氨酸、丙氨酸 ……（457）
　　（四）由甘油酸-3-磷酸形成的氨基酸——
　　　　　丝氨酸、甘氨酸、半胱氨酸 ……（458）
　　（五）以磷酸烯醇式丙酮酸和赤藓糖-4-
　　　　　磷酸为前体形成的氨基酸——色氨
　　　　　酸、苯丙氨酸、酪氨酸 ……………（458）
　　（六）组氨酸的生物合成 ………………（461）
　四、氨基酸生物合成的调节 ……………（461）
　五、由氨基酸合成的其他特殊生物分子 ……（464）
　　（一）卟啉的生物合成 …………………（464）
　　（二）谷胱甘肽的生物合成 ……………（465）
　　（三）肌酸的生物合成 …………………（466）
　　（四）氧化氮的生物合成 ………………（467）
　习题 ………………………………………（467）
　主要参考书目 ……………………………（468）

第28章　核酸的降解和核苷酸代谢 ………（469）
　一、核酸和核苷酸的分解代谢 …………（469）
　　（一）核酸的解聚作用 …………………（469）
　　（二）核苷酸的降解 ……………………（470）
　　（三）嘌呤碱的分解 ……………………（470）
　　（四）嘧啶碱的分解 ……………………（471）
　二、核苷酸的生物合成 …………………（473）
　　（一）嘌呤核糖核苷酸的合成 …………（473）
　　（二）嘧啶核糖核苷酸的合成 …………（479）
　　（三）脱氧核糖核苷酸的合成 …………（481）
　三、辅酶核苷酸的生物合成 ……………（486）
　　（一）烟酰胺核苷酸的合成 ……………（486）
　　（二）黄素核苷酸的合成 ………………（487）
　　（三）辅酶A的合成 ……………………（487）
　习题 ………………………………………（488）
　主要参考书目 ……………………………（489）

第3篇　遗 传 信 息

第29章　遗传信息概论 ………………………（493）
　一、DNA是遗传信息的携带分子 ………（494）
　　（一）细胞含有恒定量的DNA …………（494）
　　（二）DNA是细菌的转化因子 …………（495）
　　（三）病毒是游离的遗传因子 …………（495）
　　（四）基因是DNA的一段序列 …………（496）
　　（五）DNA重组技术为基因组的研究提供了
　　　　　最有力的手段 ……………………（496）
　二、RNA使遗传信息得以表达 …………（497）
　　（一）RNA参与蛋白质的合成 …………（497）
　　（二）RNA进行信息加工 ………………（497）
　　（三）RNA干扰 …………………………（499）
　　（四）RNA的表型效应 …………………（499）
　　（五）RNA对基因的解读 ………………（500）
　三、遗传密码的破译 ……………………（501）
　四、遗传密码的基本特性 ………………（503）
　　（一）密码的基本单位 …………………（504）
　　（二）密码的简并性 ……………………（504）
　　（三）密码的变偶性 ……………………（504）
　　（四）密码的通用性 ……………………（506）
　　（五）密码的防错系统 …………………（507）
　五、遗传物质的进化 ……………………（507）
　　（一）生物进化的热力学和动力学 ……（507）
　　（二）生命的起源和进化 ………………（508）
　　（三）生物的进化：驱动力、多样性和适
　　　　　应性 ………………………………（510）
　习题 ………………………………………（512）
　主要参考书目 ……………………………（513）

第30章　DNA的复制和修复 ………………（514）
　一、DNA的复制 …………………………（514）
　　（一）DNA的半保留复制 ………………（514）
　　（二）DNA的复制起点和复制方式 ……（516）
　　（三）DNA聚合反应和有关的酶 ………（519）
　　（四）DNA的半不连续复制 ……………（523）
　　（五）DNA复制的拓扑性质 ……………（524）
　　（六）DNA的复制过程与复制体变化 …（527）
　　（七）真核生物DNA的复制 ……………（529）
　二、DNA的损伤修复 ……………………（533）
　　（一）错配修复 …………………………（533）
　　（二）直接修复 …………………………（533）

（三）切除修复 …………………… (534)
　　（四）重组修复 …………………… (535)
　　（五）应急反应(SOS)和易错修复 … (536)
三、DNA 的突变 ………………………… (537)
　　（一）突变的类型 …………………… (537)
　　（二）诱变剂的作用 ………………… (538)
　　（三）诱变剂和致癌剂的检测 ……… (539)
习题 ………………………………………… (540)
主要参考书目 ……………………………… (541)

第 31 章　DNA 的重组 ………………… (542)
一、同源重组 ……………………………… (542)
　　（一）Holliday 模型 ………………… (542)
　　（二）细菌的基因转移与重组 ……… (543)
　　（三）重组有关的酶 ………………… (545)
二、特异位点重组 ………………………… (547)
三、转座重组 ……………………………… (551)
　　（一）细菌的转座因子 ……………… (551)
　　（二）真核生物的转座因子 ………… (554)
习题 ………………………………………… (556)
主要参考书目 ……………………………… (556)

第 32 章　RNA 的生物合成和加工 …… (557)
一、DNA 指导下 RNA 的合成 …………… (557)
　　（一）DNA 指导的 RNA 聚合酶 …… (557)
　　（二）启动子和转录因子 …………… (561)
　　（三）终止子和终止因子 …………… (565)
　　（四）转录的调节控制 ……………… (567)
　　（五）RNA 生物合成的抑制剂 ……… (567)
二、RNA 的转录后加工 ………………… (570)
　　（一）原核生物中 RNA 的加工 …… (570)
　　（二）真核生物中 RNA 的一般加工 … (572)
　　（三）RNA 的剪接、编辑和再编码 … (574)
　　（四）RNA 生物功能的多样性 ……… (585)
　　（五）RNA 的降解 …………………… (586)
三、在 RNA 指导下 RNA 和 DNA 的合成 … (587)
　　（一）RNA 的复制 …………………… (587)
　　（二）RNA 的逆转录 ………………… (589)
　　（三）逆转座子的种类和作用机制 … (594)
习题 ………………………………………… (595)
主要参考书目 ……………………………… (596)

第 33 章　蛋白质的生物合成 …………… (597)
一、参与蛋白质生物合成的 RNA 和有关装置 … (597)
　　（一）核糖体 ………………………… (597)
　　（二）转移 RNA 和氨酰 - tRNA 合成酶 … (600)
　　（三）信使 RNA ……………………… (602)
二、蛋白质生物合成的步骤 ……………… (603)
　　（一）氨酰 - tRNA 的合成 …………… (604)
　　（二）多肽链合成的起始 …………… (605)
　　（三）多肽链合成的延伸 …………… (607)
　　（四）多肽链合成的终止 …………… (610)
　　（五）多肽链的折叠与加工 ………… (610)
三、蛋白质合成的忠实性 ………………… (613)
　　（一）蛋白质合成的忠实性需要消耗能量 … (613)
　　（二）合成酶的校对功能提高了忠实性 … (613)
　　（三）核糖体对忠实性的影响 ……… (613)
四、蛋白质的运输和定位 ………………… (614)
　　（一）蛋白质的信号肽与跨膜运输 … (614)
　　（二）糖基化在蛋白质定位中的重要作用 … (616)
　　（三）线粒体和叶绿体蛋白质的定位 … (617)
　　（四）核的运输和定位 ……………… (618)
五、蛋白质生物合成的抑制物 …………… (620)
习题 ………………………………………… (621)
主要参考书目 ……………………………… (622)

第 34 章　细胞代谢与基因表达调控 …… (623)
一、细胞代谢的调节网络 ………………… (623)
　　（一）代谢途径交叉形成网络 ……… (623)
　　（二）分解代谢和合成代谢的单向性 … (624)
　　（三）ATP 是通用的能量载体 ……… (624)
　　（四）NADPH 以还原力形式携带能量 … (625)
　　（五）代谢的基本要略在于形成 ATP、还原力和构造单元以用于生物合成 … (625)
二、酶活性的调节 ………………………… (626)
　　（一）酶促反应的前馈和反馈 ……… (626)
　　（二）产能反应与需能反应的调节 … (627)
　　（三）酶活性的特异激活剂和抑制剂 … (628)
　　（四）蛋白酶解对酶活性的影响 …… (628)
　　（五）酶的共价修饰与连续激活 …… (629)
三、细胞对代谢途径的分隔与控制 ……… (630)
　　（一）细胞结构和酶的空间分布 …… (630)
　　（二）细胞膜结构对代谢的调节和控制作用 … (630)
四、细胞信号传递系统 …………………… (632)
　　（一）激素和递质受体的信号转导系统 … (632)
　　（二）细胞增殖的调节 ……………… (636)
　　（三）门控离子通道和神经信号的传导 … (638)
五、基因表达的调节 ……………………… (639)
　　（一）原核生物基因表达的调节 …… (640)
　　（二）真核生物基因表达的调节 …… (645)
习题 ………………………………………… (657)
主要参考书目 ……………………………… (659)

第 35 章　基因工程及蛋白质工程 ……… (660)
一、DNA 克隆的基本原理 ………………… (660)
　　（一）DNA 限制酶与片段连接 ……… (660)

（二）分子克隆的载体与宿主 …………………（662）
（三）外源基因导入宿主细胞 …………………（667）
二、基因的分离、合成和测序 ………………………（668）
（一）基因文库的构建 …………………………（668）
（二）cDNA 文库的构建 ………………………（669）
（三）克隆基因的分离与鉴定 …………………（672）
（四）聚合酶链（式）反应扩增基因 ……………（674）
（五）DNA 的化学合成 …………………………（677）
（六）基因定位诱变 ……………………………（677）
（七）DNA 序列的测定 …………………………（678）
三、克隆基因的表达 …………………………………（679）
（一）外源基因在原核细胞中的表达 …………（679）
（二）基因表达产物的分离和鉴定 ……………（681）
（三）外源基因在真核细胞中的表达 …………（682）

四、蛋白质工程 ………………………………………（686）
（一）蛋白质的分子设计和改造 ………………（686）
（二）蛋白质的实验进化 ………………………（686）
（三）蛋白质工程的进展 ………………………（687）
五、基因工程的应用与展望 …………………………（689）
（一）基因工程开辟了生物学研究的新
　　　纪元 ………………………………………（689）
（二）基因工程促进了生物技术产业的
　　　兴起 ………………………………………（690）
（三）基因工程研究的展望 ……………………（692）
习题 ……………………………………………………（693）
主要参考书目 …………………………………………（694）

索引 …………………………………………………（695）

第1篇

生物分子的结构和化学

第1章 生物分子导论

地球上生物种类繁多,数量巨大,生命现象错综复杂,要给生命下一个确切的定义是很难的。然而与非生物比较,**活生物**(living organism)有着显著的共同特征或称生命属性。这些属性中最重要的是①化学成分的同一性:所有生物都具有大体相同的元素组成(C、H、O、N、P 和 S 等)和分子组成(蛋白质、核酸、糖类、脂质、无机离子和水等);②严整有序的结构:这些化学成分在生物中组织成多层次的有序结构;③新陈代谢:生物是一个开放系统,与周围环境不断地进行物质交换和能量的交流;生物通过合成代谢和分解代谢利用环境的自由能也即增加环境的熵值以建造和维持自身的有序结构和有序过程;④自我复制的能力:生物通过繁殖产生新一代,繁殖过程中,生物特性传递给后代,称为遗传,生物性状发生改变,谓之变异;遗传和变异都是由基因(DNA)决定的,两者相伴而行,通过优胜劣汰的自然选择,生物不断地进化。

生物化学(biochemistry)就是研究这些生命属性的科学,包括本书所述的三大部分内容。其目的是在分子水平上阐明生物的结构与功能,揭示生命的本质。生物化学有机地融合了微生物学、遗传学和细胞学的有关知识,形成今日的**分子生物学**(molecular biology)。在某种意义上说分子生物学是生物化学发展的一个新阶段。

本书第1篇讲述参与生物组成的有机分子的结构和化学。遵照一般的化学原理和方法考察生物分子的结构以及物理和化学性质,根据生物分子是进化选择的产物的观点审视生物分子结构对功能的适合性,分子间相互作用的专一性和协同性等。第1章作为本书第1篇的导论,将介绍生物分子的一般概念包括化学组成、三维结构、生物结构中的非共价力、水和生命、细胞的分子组织层次以及生物分子的起源和进化等。

一、生命物质的化学组成

(一) 生命元素

18 世纪后叶开始,化学家对生命物质(living matter)的化学组成逐渐有所了解。至今已知地壳中存在的 90 多种天然化学元素约有 30 种是活生物所必需的,这 30 种元素也称为**生命元素**(bioelement)(表 1-1)。生命元素的原子序数都比较低,也即比较轻的元素,高于 Zn(原子序数 30)的只有 7 种:As、Se、Mo、Sn、Br、I 和 Ba。生命物质中的元素组成与生物圈(生物可接近的地壳和大气层)的元素组成既相似又有显著差异。看来化学元素不是随机参入生物的,是在进化过程中被选择出来的。某些生命元素决定于环境中原料的可得性(availability),某些元素决定于其原子或分子对生命过程中专一作用的适合性(fitness)。

表 1-1 生物中发现的元素

形成共价键的主要元素 (所有生物)	单原子离子 (所有生物)	痕量元素 (所有生物)	痕量元素 (某些生物)
H(1)*	Na$^+$(11)	Mn(25)	B(5)	As(33)
C(6)	Mg^{2+}(12)	Fe(26)	F(9)	Se(34)
N(7)	Cl$^-$(17)	Co(27)	Al(13)	Br(35)
O(8)	K$^+$(19)	Cu(29)	Si(14)	Mo(42)
P(15)	Ca^{2+}(20)	Zn(30)	V(23)	Sn(50)
S(16)			Cr(24)	I(53)
			Ni(28)	Ba(56)

* 括号内的数字是原子序数。

以原子总数的百分数表示,生物中最丰富的元素是 H(49%)、O(25%)、C(25%)、N(0.27%),它们构成大多数细胞的质量的 99% 以上;但地壳中最丰富的是 O(47%)、Si(28%)、Al(7.5%)、Fe(4.5%)。因此,H、O、C 和 N 被认为是根据适合性被选中的。诚然 H、O、N、C 具有一个共同特征:都是很轻的元素。一般说元素愈轻,形成的键愈强。H、O、N、C 容易借共用电子对分别形成 1、2、3 和 4 个共价键,在它们之间可以形成单键或双键,具有广泛的化学结合方式,构成作为生物基本组分的各种有机化合物。

第二丰富的生命元素是 Ca、P、K、Mg、Cl、S、Na。其中 P 和 S 由于具有独特的化学性质,含 P 或 S 的有机分子,如腺苷三磷酸(ATP)和乙酰辅酶 A 在生命系统中适于担当能量载体的角色(详见第 18 章)。Ca、K、Mg、Cl、Na 常以单原子离子形式(表 1-1)存在于细胞溶胶(cytosol)中,这些离子在生物体内主要起维持渗透压、形成离子梯度以及中和生物大分子上的电荷等非专一的作用。由于生命物质与海水有相似的离子组成,并且 Ca^{2+}、K^+、Mg^{2+}、Cl^-、Na^+ 在生物体内所起的作用是一般性的,因此这些离子被认为是根据可得性而不是适合性被选中的。其他生命元素在生物中含量甚微,称为**痕量元素**(trace element),如 Mn、Fe、Co、Cu、Zn 等。痕量元素仅出现在某些生物分子中,通常对特异蛋白质(如酶)的功能是必需的,例如 Fe 或 Cu 是细胞色素酶类活性中心的成分,作为呼吸链上电子传递中的接纳体和供体(详见第 21 章)。

(二) 生物分子

生物分子(biomolecule)是泛指构成生物的蛋白质、核酸、多糖、脂质以及它们的构件分子和代谢中间物等。

1. 生物分子是碳的化合物

活生物的化学可看成是碳化合物的化学,碳占细胞干重的 50% 以上。C 可与 H 形成单键,可与 O 和 N 原子形成单键或双键。在生物学中最有意义的是 C 原子能彼此间共用电子对形成稳定的 C—C 单键以及每个 C 原子可以与 1、2、3 或 4 个其他碳原子各形成单键,两个 C 原子也能共用 2 个或 3 个电子对,形成双键或三键。生物分子中共价键连接的 C 原子可形成线性链、分支链和环状结构。向这些碳架上加上其他原子基团如—OH、—NH₂、—COOH、—CHO 或—C═O 等,称为**官能团或功能基**(functional group),它们给分子以特异的化学反应性。具有共价键合碳架的分子称为**有机化合物**(organic compound)。绝大多数种类的生物分子是有机化合物。碳在成键方面的多能性(versatility)是生物起源和进化过程中选择碳化合物作为细胞分子机器的主要因素。

2. 生物大分子及其构件

许多生物分子(如蛋白质、核酸、多糖)是高相对分子质量的多聚体(polymer),由小的、相对简单的有机化合物称为**构件**(building block)或**构件分子**(block-building molecule)聚合而成,这些多聚体称为**生物大分子**(biomacromolecule)。构件分子也称单体(monomer),如氨基酸、核苷酸、单糖,其相对分子质量(M_r)[①] 为 ~500 或 <500,生物大分子中聚合单体的数目介于几十个 ~ 几百万个。表 1-2 示出大肠杆菌(Escherichia coli)细胞中各类生物分子的相对含量(占细胞总质量的百分数)和分子种类的约略数目。水是大肠杆菌细胞,实际上也是所有其他细胞和生物中,最丰富的化合物。然而细胞中的固体物质几乎都是有机分子,特别是生物大分子。

蛋白质是氨基酸通过酰胺键(肽键)连接而成的多聚体,构成除水以外细胞的最大部分,在生物体内起动态功能(如酶、抗体和受体)和结构元件(如微管蛋白、胶原蛋白)的作用。**核酸**(DNA 和 RNA)是核苷酸通过磷酸二酯键连接而成的多聚体,其功能主要是贮存和传递遗传信息。**多糖**由单糖如葡萄糖借糖苷键聚合而成,其主要功能:作为产能的燃料贮库和细胞外的结构成分,与细胞表面蛋白质结合的寡糖链(短的糖多聚体)作为特异的细胞信号。脂质(M_r 750 ~ 1 500)虽不属于大分子,然而大量脂质分子可通过非共价键缔合成很大的聚集体(aggregate)——**生物膜**。脂质分子本身是由几种构件:脂肪酸、甘油、胆碱等组成。脂质除作为生物膜的结构成分外,还作为高能燃料贮库、色素和胞内信号等。

[①] 相对分子质量(M_r)是量纲一的数值,是一个分子的质量与一个 ^{12}C 原子质量的 1/12 的比值。在生物化学中也常用创立原子理论的 Dalton J (1766—1844)名字命名的分子质量单位,称道尔顿(dalton,缩写为 d 或 Da),1 d = 1 u(原子质量单位) = 1.6602×10^{-27} kg。

表 1-2　大肠杆菌(E. coli)细胞的分子组成

分子类别	相对含量/%	分子种类
水	70	1
蛋白质	15	3 000
核酸		
DNA	1	1
RNA	6	>3 000
多糖	3	5
脂质	2	20
构件分子和中间物	2	500
无机离子	1	20

大肠杆菌细胞中生物分子种类约有 7 000 种，人体内蛋白质的种类估计在 100 000 种左右，但没有一种是和大肠杆菌中的完全一样的。如果地球上存在 1.5×10^6 种生物，据估算各种生物共含有 $10^{10} \sim 10^{12}$ 种不同的蛋白质，约 10^{10} 种不同的核酸。但迄今发现各种蛋白质中只有 20 种构件氨基酸；DNA 和 RNA 中各 4 种核苷酸；多糖的构件单糖为数也不多，并且各种生物中的构件分子都是一样的。构件分子是一专多能的，例如氨基酸既可参与蛋白质组成，又可以转化为某些激素、生物碱、色素和其他。这说明生物是遵循最经济原则的。

二、生物分子的三维结构

(一) 生物分子的大小

生物分子不仅种类繁多，在分子大小方面跨度也很大(表 1-3)。生物分子的大小对其功能有很大的影响，这是因为生物分子间的相互作用总是立体专一的，而立体专一性是通过结构互补实现的，例如底物与酶、抗体与

表 1-3　生物分子的大小

名称	长度/nm[①]	质量 M_r	/pg[②]
水	0.3	18	
丙氨酸	0.5	89	
葡萄糖	0.7	180	
磷脂	3.5	750	
核糖核酸酶	4.0	12 600	
免疫球蛋白(IgG)	14.0	150 000	
肌球蛋白	160	470 000	
核糖体(细菌)	18	2 520 000	
噬菌体 φX174	25	4 700 000	
丙酮酸脱氢酶复合体	60	7 000 000	
烟草花叶病毒(TMV)	300	40 000 000	6.64×10^{-5}
线粒体(肝)	1 500		1.5
大肠杆菌细胞	2 000		2
叶绿体(菠菜叶)	8 000		60
肝细胞	20 000		8 000

① 1nm (纳米) = 10 Å (埃) = 10^{-3} μm (微米) = 10^{-6} mm (毫米) = 10^{-9} m (米)；
② 1pg (皮克) = 10^{-3} ng (纳克) = 10^{-6} μg (微克) = 10^{-9} mg (毫克) = 10^{-12} g (克)。

抗原、激素与受体的专一结合。因此熟悉生物分子的大小是必要的。

(二) 立体异构与构型

立体异构[现象]①(stereoisomerism)在生物分子中普遍存在，并具有重要的生物学意义。立体异构体(stereoisomer)是指具有相同的结构式，但它们的价键在三维空间的关系不同的异构体。区分立体异构体的差别需要用立体模型、透视式(perspective formula)或投影式(projection formula)。

构型(configuration)是用以规定立体异构体中价键在空间的相对取向的。构型或立体异构的产生：①是由于分子中双键或环的存在，限制了取代原子或原子基团绕键轴的自由旋转，这样产生的立体异构体称为**几何**(geometric)**或顺反**(cis-trans)**异构体**(图1-1A)；顺反异构体一般不具有旋光性，但化学和物理性质以及生物活性有明显的差别；②是由于手性中心的存在，绕手性中心的取代基团以特定的顺序排列，这样形成的立体异构体称为**旋光**或**光学异构体**(optical isomer)(图1-1B)，旋光异构体一般都具有旋光性。构型的立体化学特点是如果没有共价键的断裂和重排，立体异构体是不会发生改变的。

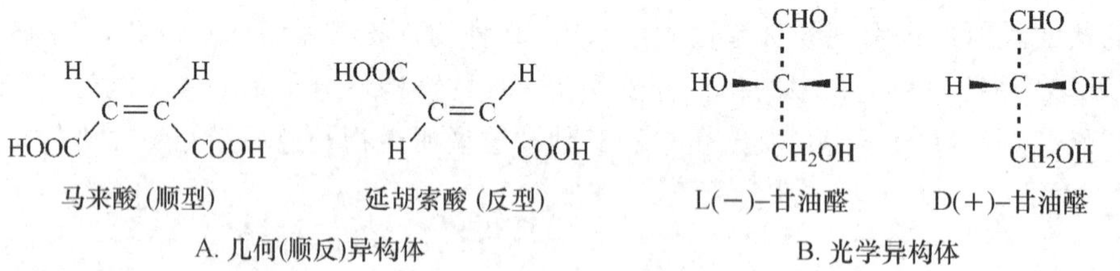

A. 几何(顺反)异构体　　　　　B. 光学异构体

图1-1　立体异构体的构型

旋光物质(手性化合物)引起平面偏振光(plane-polarized light)的偏振面发生旋转的能力(旋转角度的大小和方向)称为**旋光[活]性**(optical activity)或**旋光度**(optical rotation)；旋光有方向性，偏振面向右(顺时针方向，符号+)或向左(逆时针方向，符号-)旋转。在一定条件下旋光度 α_λ^t 与待测液的浓度(c)和平面偏振光通过待测液的路径长度(l)的乘积成正比：

$$\alpha_\lambda^t = [\alpha]_\lambda^t cl \quad 或 \quad [\alpha]_\lambda^t = \frac{\alpha_\lambda^t}{cl}$$

式中比例常数[α]称为**比旋**或**旋光率**(specific rotation)，即单位浓度和单位长度下的旋光度，比旋是旋光物质的特征物理常数；t 为测定时的温度，λ 为所用光的波长，一般用钠光(λ = 589 nm)，以 D 表示，此时比值可写为 $[\alpha]_D^t$；l 为样品管长度，以分米(dm，1 dm = 10 cm)表示；浓度 c，用每毫升待测液中所含旋光物质质量(g/mL)表示。α_λ^t 为用旋光仪测得的读数。比旋数值前面加 + 或 - 号，以指明旋光方向。某一物质的[α]值，甚至旋光方向，与测定时的温度、光的波长、溶剂种类、溶质浓度以及溶液 pH 等有关，因此测定比旋时必须标明这些因素。

手性中心(chiral center)是具有 4 个不同取代基团的四面体碳原子，也称为不对称碳原子(asymmetric carbon)或**手性碳原子**，常以 C* 表示。含一个 C* 的分子只能有两个旋光异构体，一般含 n 个 C* 的分子可以有 2^n 个旋光异构体。

互为不能叠合的**镜像**(mirror image)关系的旋光异构体，称为**对映体**(enantiomer)。彼此不成镜像的旋光异构体，称为**非对映体**(diastereomer)。一对对映体除具有旋转程度相同而方向相反(+ 或 -)的旋光性和不同的生物活性外，其他的物理性质和化学性质完全相同。任一旋光化合物都只有一个对映体，它的其他旋光异构体(非

---

① 名词中[ ]内的字是在不致混淆的情况下可以省略的字，如立体异构[现象]即立体异构，又如[外]消旋(racemization)也称消旋。[ ]内的字一般是进一步的解释。

对映体),在物理性质、化学性质和生物活性方面都与之不同。

生物分子间的相互作用涉及异构体的构型。因此生物分子的命名和结构的表示在立体化学上必须是明确的。在生物化学中习惯使用**DL命名系统**,单糖和氨基酸的绝对构型是根据甘油醛的绝对构型(图1-2)确定的。甘油醛的绝对构型为X射线衍射分析所证实。与L-甘油醛相联系的立体异构体被指定为L型,如L-丙氨酸(第2章);与D-甘油醛相联系的被指定为D型,如D-葡萄糖(第7章)。应该强调指出,构型(D,L)与旋光方向(+,-)没有必然联系。对于含有多于一个手性中心的化合物,**RS命名系统**更为通用。RS系统中第一步是标定与手性碳上4个取代基的优先性(priority)顺序。某些常见取代基的优先性是—SH>—OR>—OH>—NH$_2$>—COOH>—CONH$_2$>—CHO>—CH$_2$OH>—C$_6$H$_5$>—CH$_3$>—H。第二步是旋转手性四面体碳,使那个优先性最小的取代基离开观察者最远,另三个取代基面向观察者;最后一步是确定靠近观察者的三个取代基的优先性顺序,顺序是顺时针方向(右手)的,则为R(拉丁文,*rectus*,右)构型。逆时针方向的为S(拉丁文,*sinister*,左)构型。图1-3是L(-)-甘油醛的RS表示法,应该指出DL和RS构型并不一定是相互对应的。

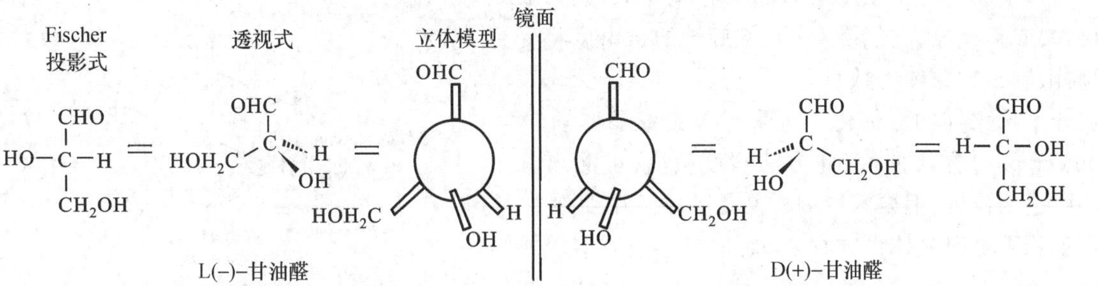

图1-2 甘油醛的构型(DL命名系统)

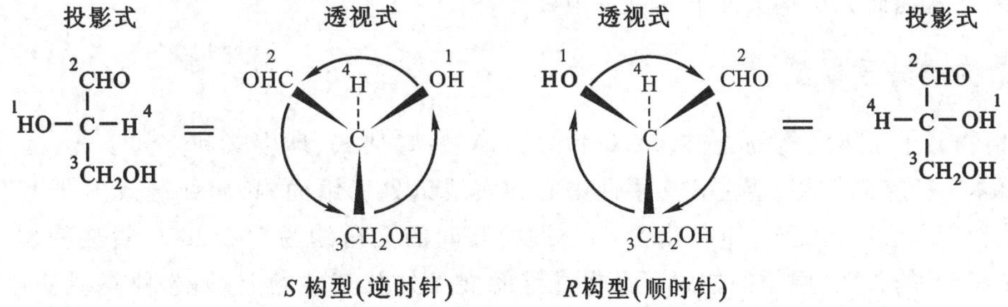

图1-3 甘油醛构型的RS表示法

(三)生物分子间相互作用的立体专一性

在生物中手性分子一般只以一种手性形式存在。例如蛋白质中的氨基酸残基都是L型的,淀粉、纤维素等多糖中的单体葡萄糖是D型的。但在实验室中化学合成含一个手性中心的化合物,一般都是以D,L两种手性形式等摩尔(即物质的量)混合物存在,称为[外]消旋物(racemate),它不能使偏振光发生旋转。**立体专一性**(stereospecificity)是指区分立体异构体的能力,它是酶和其他蛋白质的一种特性。如果蛋白质上的结合部位与一个手性化合物的L型异构体互补,则不能与它的D型异构体互补。例如人工增甜剂天冬苯丙二肽酯(aspartame)即L-天冬氨酸-L-苯丙氨酸甲酯和它的苦味的立体异构体L-天冬氨酸-D-苯丙氨酸甲酯,很容易被味觉感受器区别开来,虽然它们两个手性碳中只有一个碳的构型不同。又如L-氨基酸氧化酶只能催化L型氨基酸氧化,对D型氨基酸则不能发挥作用。

(四) 构象与三维结构

构象描述有机分子的动态立体化学,反映有机分子中原子或原子基团在空间里的实际排列,因而有时把构象看作是**三维结构**(three-dimensional structure)的同义语。由于分子中单键自由旋转以及键角有一定的柔性,具有同一结构式和同一构型的分子在空间中可有多种形态,这些形态称为**构象**(conformation)。一种特定的构象称为**构象体**(conformer)或**构象异构体**(conformational isomer)。构象的立体化学特点是不需任何共价键的破裂即可发生构象体的转变。在简单的烃类如乙烷中绕 C—C 单键的旋转几乎是完全自由的,因此乙烷可采取多种可互变的构象体。其中两种是极端形式:交叉型和重叠型(图 1-4),交叉型相对地最为稳定,是占优势的构象,重叠型最不稳定。这两种构象体不可能被分离开来,因为它们之间的变化速度太快。然而当每个碳的一个或多个 H 被其他基团取代时,取代基或是很大,或是荷电,它们绕 C—C 键旋转的自由度将受到约束,因而限制了构象体的数目。

生物分子构象体的立体化学可采用 X 射线晶体学(X-ray crystallography)方法研究,此方法精度很高,可测出分子中每一个原子的位置,但要求待测样品是晶体。在细胞中生物分子几乎总不是以晶体形式存在,而是溶于胞质溶胶或与胞内其他成分缔合(如酶-底物复合体)。生物大分子在细胞条件下只有一种或几种稳定的构象。**核磁共振**(NMR)波谱学方法可提供生物分子在溶液中的三维结构信息。因此 NMR 和 X 射线衍射技术在研究结构方面彼此可以很好互补。

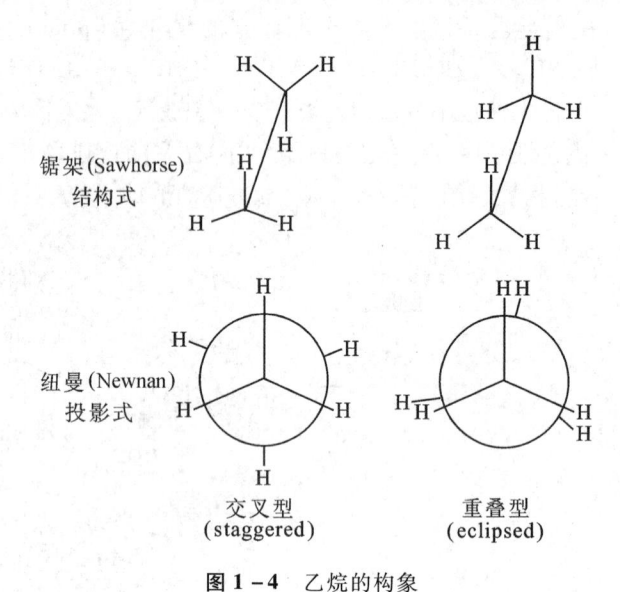

图 1-4 乙烷的构象
(锯架 Sawhorse 结构式；纽曼 Newnan 投影式；交叉型 staggered；重叠型 eclipsed)

(五) 三维结构的分子模型

图 1-5 示出生物分子三维结构的透视式和 3 种分子模型:骨架式、球棍式和空间填充式。**透视式**主要用于在纸面上表示四面体碳的空间构型；透视式中手性中心和实线键处于纸面内,虚线键或虚线楔形键(图 1-2)伸向纸面背后,[实线]楔形键突出纸面,伸向读者,4 个键相互间的夹角约为 109°28′。**骨架模型**(skeletal model),形象很简单,只给出分子的骨架,原子的位置可设想在键的交叉处及其端点上,但这种模型正确地反映出键角和原子间的相对距离。**球棍模型**(ball-stick model),很像骨架模型,也反映出正确的键角和键长,它们同属晶体学模型；当在纸面上表示球棍模型时,示出的原子(球),根据棍(键)的近粗远细的视差告诉我们它是在纸面的前方或后方。**空间填充模型**(space-filling model)最接近真实,此模型中每个原子的半径与它的范德华半径成比例(表 1-4),因此,它的外缘是其他分子的原子所不能进入的界限。

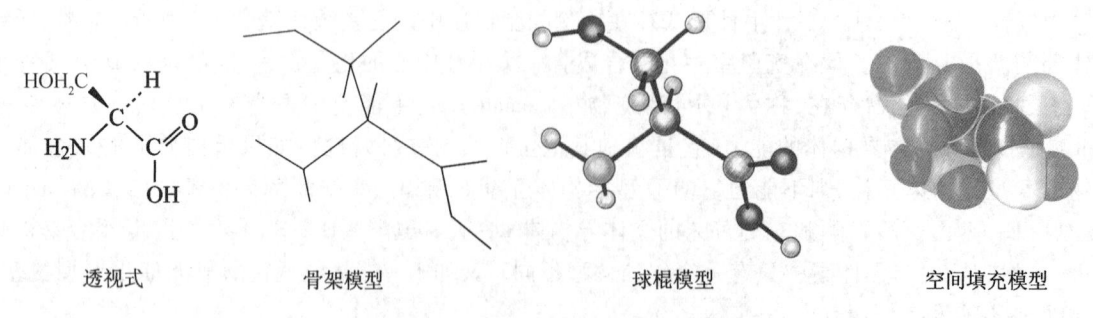

透视式　骨架模型　球棍模型　空间填充模型

图 1-5 L-丝氨酸三维结构的分子模型

表1-4　某些生命元素的范德华半径和单键共价半径*

原子	范德华半径/nm	单键共价半径/nm
H	0.120	0.030
O	0.140	0.066
N	0.154	0.070
C	0.185	0.077
S	0.185	0.104
P	0.190	0.110

* 不同书籍中数据略有区别,此表中的数据取自约翰·埃姆斯雷(Emsley J).元素手册.李永舫译.北京:人民教育出版社,1994。

三、生物结构中的非共价力

按照定义分子是由共价键,即共用电子对,连接在一起的一组特定的原子,作用于分子间的力是非共价的。生物分子主要是通过**非共价力**即**非共价相互作用**(noncovalent force or interaction)彼此影响,以行使功能的。非共价相互作用也作用于大分子内的相邻基团之间,是稳定生物大分子三维结构的作用力(第5章)。一般来说,个别的这种相互作用是微弱的,但它们的数量大,许多个别的相互作用集中在一起就形成强大的力量,用以稳定生物化学反应中的过渡态,传递精细的信息和形成复杂的大分子、超分子复合体、细胞器等生物结构。

生物结构中的非共价力有静电相互作用、氢键、范德华力和疏水相互作用。

(一)静电相互作用

静电相互作用(electrostatic interaction),也称**离子键**、**盐键**或**盐桥**,它是发生在带电荷基团之间的一种相互作用,在带异种电荷基团之间为引力、带同种电荷基团之间为斥力。静电相互作用 F 与电荷量的乘积(q_1 和 q_2)成正比,与电荷质点间距离的平方(r^2)成反比,在溶液中此吸引力随周围介质的介电常数(ε)增大而降低:

$$F = \frac{q_1 q_2}{\varepsilon r^2}$$

静电相互作用对环境非常敏感,水,特别是无机离子(Na^+、Cl^-、Ca^{2+} 和 Mg^{2+} 等)能使它明显减弱。因此,盐浓度的改变对生物分子的结构会发生重大影响。

(二)氢键

氢键(hydrogen bond)本质上也是一种静电相互作用。由电负性较大的原子和氢共价结合的基团如 N—H 和 O—H 具有很大的偶极矩,成键电子云的分布偏向电负性较大的原子,因此氢原子核周围的电子云密度小,氢核几近裸露,这一正电荷氢核遇到另一个电负性大的原子则产生静电吸引,称为氢键:x—H⋯y,这里 x、y 是电负性大的原子(N、O、S 等),x—H 是共价键,H⋯y 是氢键。x 是 H 的供体(donor),y 是 H 的接纳体(acceptor)。氢键具有两个重要特征:方向性和饱和性。方向性是指氢供体、氢和氢接纳体成一直线时键的强度最大。饱和性是指一般情况下 x—H 只能和一个 y 原子相结合,因为氢原子非常小,而供体和接纳体原子都相当大,这样将排斥另一接纳体原子再和 H 结合。氢键形成具有协同性(cooperativity),即一个氢键的形成能促进其余氢键的形成。氢键的键能比共价键小很多,但比范德华力大(表1-5)。水对氢键的作用是它可以作为氢键的供体或接纳体与原来的氢键竞争,因而减弱了氢键的强度(减弱后仅有 ~5 kJ·mol^{-1})。

(三)范德华力

广义的**范德华力**(van der Walls force)是几种弱静电相互作用的总称,例如偶极与偶极之间(氢键)、偶极与诱导偶极之间以及瞬时偶极与诱导偶极之间。后一种相互作用也称为**伦敦分散力**(London dispersion force)是非极性的分子(或基团)之间仅有的一种范德华力,即狭义的范德华力,通常范德华力就指这种引力,这种相互作用中偶极方向是瞬时变化的。瞬时偶极是由于电子在原子中运动的不对称性产生的。瞬时偶极可诱导周围分子或基团中与之相邻的原子产生诱导偶极,后者反过来又稳定了原来的偶极,因此在它们之间产生相互作用。这种范德华力是一种很弱的力,而且随非[共价]键合原子(non-covalently-bonded atom)间距离(r)的 6 次方倒数($1/r^6$)而变化。当非共价键合原子相互挨得很近时由于电子云直接相互作用将产生**范德华斥力**,常称为[**空间**]**位阻**(steric hindrance),以防止非键合的原子间发生空间交叠。因此范德华力(引力)只有当两个原子处在最适距离时才能达到最大。这个距离称为**接触距离**(contact distance)或**范德华距离**,它等于两个原子的范德华半径之和。某些生物学上重要原子的范德华半径和共价半径见表 1-4。虽然范德华力是很弱的,但生物大分子一般是密实的结构,许多原子都挨得很近,这里范德华力的总和相当可观,是维持生物结构的重要因素之一。水能迫使非极性(疏水)基团趋于聚集,因此水对范德华力的影响可看成是起加强的作用。

表 1-5 生物分子中常见的几种共价键和非共价力的键能或强度

共价键	键能[a]/(kJ·mol^{-1})	共价键	键能/(kJ·mol^{-1})	非共价力	键能/(kJ·mol^{-1})
C—C	348	N—H	389	氢键	13~30
C—H	414	O—H	461	范德华力	0.4~4.0
C—N	293	P—O	419	疏水相互作用	12~20[b]
C—O	352	P=O	502	离子键	12~30
C=O	712	S—S	214		
C—S	260	S—H	339		

a. 键能是指断裂该键所需的自由能;
b. 实际上它并不是键能,此能量大部分并不用于伸展过程中键的断裂。

(四)疏水相互作用(熵效应)

疏水相互作用(hydrophobic interaction)是指在介质水中的疏水基团倾向于聚集在一起,以避开与水的接触。这是因为与这些基团接触的水分子是排列有序的,其界面能高,系统力求使有序的水分子转变为自由的水分子(熵增加)以缩小界面,降低能量。可见疏水相互作用是熵驱动的自发过程。疏水相互作用在维持生物大分子的三维结构方面占有突出地位。

四、水 和 生 命

(一)水的结构和性质

水占大多数生物的质量的 70%~90%,它组成生物体的一个连续相。生物体内的全部化学反应都是在水中进行的,而且很多反应有水本身的参与,例如各种水解反应;水也是某些反应的产物,例如消除反应。作为生命介质的水具有某些独特的化学和物理性质,特别适于生命活动,实际上没有水就没有生命。与一般溶剂(甲醇、乙醇和丙酮等)相比水具有高熔点、高沸点、高蒸发热、高介电常数、高表面张力和密度比固态水(冰)大等物理特性。这些特性具有重要的生物学意义。

水之所以具有这些特性是与水分子的特殊结构有关。水分子中氧原子的 4 个轨道是不等性 sp^3 杂化的,这与正四面体碳相似但不相同,其中两个未共用电子对(孤电子对)占据在两个 sp^3 杂化轨道中,孤电子对所占用的杂化轨道电子云比较密集,对成键电子对所占用的杂化轨道起着排斥和压缩的作用,结果两个 O—H 键的夹角被压缩成104°45′(图1-6A),而不是正四面体杂化的109°28′。由于这种不等性杂化使水分子具有极性,两个水分子间可以发生静电吸引,并适于形成氢键。水是形成氢键的H供体又是H接纳体。冰中每个水分子可以与邻近水分子形成4个氢键呈四面体的几何结构(图1-6B)。冰中O—O之间的距离为0.276 nm。液态水中0℃时每个水分子在任一时刻平均形成3.4个氢键,15℃时O—O之间的距离略比冰中的大,为0.297nm。液态水和冰之间氢键的数量相差不大,但水中每个氢键的平均寿命只有10^{-11}s。因此液态水的结构是一种时间和空间上的统计结果,它既是流动的(氢键破裂时)又是固定的(氢键形成时),这是水不同于冰,也不同于蒸气的结构特点。水中氢键形成也是协同的,即当两个H_2O分子之间形成一个氢键时,作为H供体的H_2O分子成为更好的H接纳体,而作为H接纳体的H_2O分子变成更好的H供体。因此H_2O分子参与氢键形成是一种相互加强的现象。虽然个别的氢键能不很大(表1-5),但水是处于氢键网中的,因此水的内聚力(internal cohesion)很大,正是它使水具有上述的那些物理特性。

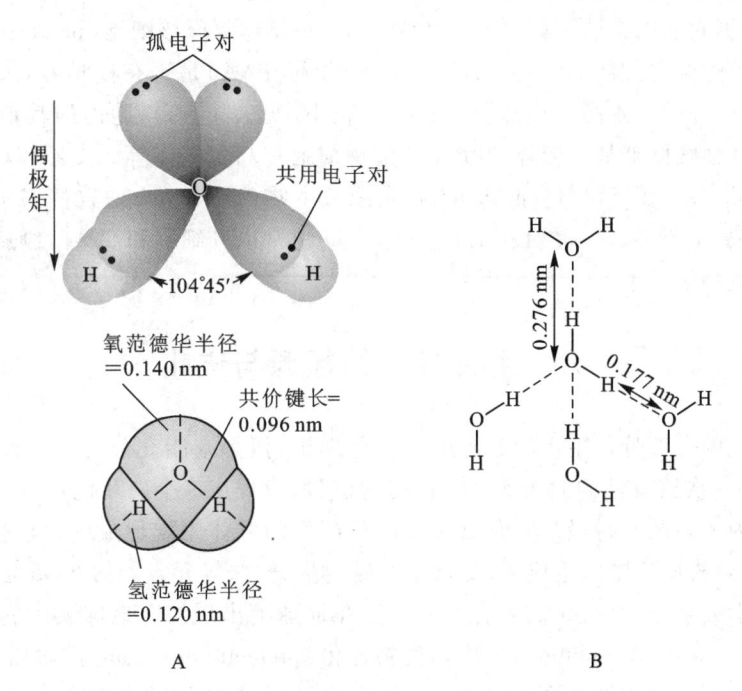

图1-6 水分子的结构(A)和在水中的四面体氢键(B)

(二)水是生命的介质

生命过程要求溶解各种离子和大、小分子。水具有显著的溶解能力使它成为胞内和胞外的通用介质。水的溶解能力主要是由于它能形成氢键和具有偶极的本质。凡是能形成氢键的分子如羟基化合物、胺、巯基化合物、酮、醛、酯和羧酸等都能溶于水,并称之为**亲水**(hydrophilic)**化合物**。离子化合物如NaCl虽然不能作为氢的供体或接纳体,但也能很好地溶于水。这是因为水是一种偶极分子,偶极与离子相互作用致使水溶液中的阳离子和阴离子被水化,即被称为**水化层**(hydration shell)的水分子层所围绕。离子化合物倾向于溶于水,除形成水化层因素外,另一因素是水的介电常数高,降低正、负离子之间的吸引力。

脂肪烃和芳香烃及其衍生物不能形成氢键,因而不能溶于水,称为**疏水**(hydrophobic)**化合物**。这些化合物在水中将产生前面所述的疏水相互作用。生物学上一类很重要的分子,它们同时具有亲水的头基和疏水的尾部,称为**两亲化合物**(amphipathic compound),如脂肪酸盐、磷脂和糖脂等。它们在水中的"溶解"状态很特殊,能形成脂单层(在水表面)、脂双层、微团和双层微囊等聚集体,这些结构是形成生物膜的基础(见第8章)。

五、细胞的分子组织层次

全部生物分子归根结底都是由环境中获得的简单的小分子**前体**(precursor, M_r 18~44),如 O_2、H_2O、NH_3 和 N_2 等所组成。这些前体在生物体内经过一系列代谢反应形成代谢中间物如丙酮酸、柠檬酸、苹果酸和 3-磷酸甘油等(M_r 50~250)并转变为各种构件分子(M_r 100~500)如氨基酸、核苷三磷酸、单糖、脂肪酸、甘油和胆碱等。由这些构件分子通过共价缩合形成核酸、蛋白质和多糖等**生物大分子**(M_r 10^3~10^9);后者借助非共价键缔合成**超分子复合体**或**集装体**(supramolecular complex or assembly);进而装配成质量更大的**细胞器**(organelle)、细胞等生物结构。超分子复合体如核糖体、丙酮酸脱氢酶复合体、烟草花叶病毒、收缩系统、微管等,它们的相对分子质量介于 10^6~10^{10}。细胞器有细胞核、线粒体、叶绿体和高尔基体等。

各种生物的细胞,根据它们的构造不同可以分为两大类:一类称为**原核细胞**(prokaryotic cell),另一类称为**真核细胞**(eukaryotic cell)。这两类细胞的主要区别在于遗传物质(DNA)是否有核膜裹着,有核膜裹着的为真核细胞,裸露的为原核细胞。此外的区别是原核细胞比真核细胞小(见表 1-3),胞内的其他结构也简单得多。真核细胞除成形核之外还有其他细胞器如线粒体、叶绿体(植物细胞)、高尔基体等。支原体(mycoplasma)、细菌(bacteria)、放线菌(actinomycetes)和蓝细菌(cyanobacteria)是原核生物(prokaryote),教科书中常以大肠杆菌(E. coli)为代表。动物、植物、真菌(酵母、霉菌)是真核生物(eukaryote),常以肝细胞和菠菜叶细胞为代表。有关这两类细胞的构造细节参见细胞生物学教本。

六、生物分子的起源与进化

生命起源是宇宙进化的一部分。宇宙的起源虽有多种理论,但都未能充分说明。比较流行的看法是宇宙始于 150 亿~200 亿年前的一次突发性的大爆炸,此后逐渐凝聚形成现在这个由几亿颗恒星组成的宇宙。太阳是其中的一颗恒星。一般认为太阳及其行星是同时由大爆炸时产生的气体尘埃形成的,氢是宇宙中最原初也是最丰富的元素,在形成星球的热核反应中氢生成氦,氦再生成碳、氮、镁、铁等元素。约在 45 亿年前产生了地球本身和今天在地球上找到的化学元素。大约 35 亿年前生命开始在地球上出现。在地球诞生的头 10 亿年间,即生命出现之前,经历了**化学进化**(chemical evolution)或称**前生物进化**(prebiotic evolution)的阶段,即从无机小分子到原始生命形成即细胞起始的阶段。细胞继续进化形成今天的生物界,称为**生物进化**阶段。

(一)化学进化的理论

1922 年,苏联生物化学家奥巴林(Опарин А И)提出了关于地球历史的早期生命起源的理论,假设那时的大气富含甲烷、氨、氢、水蒸气等,基本上没有氧气,是一种还原态大气,与今日的氧化态大气很不相同。在奥巴林的理论中闪电放电的电能、火山爆发的热都能引起原始大气中的氨、甲烷、水汽和其他成分的反应,生成简单的有机化合物,这些化合物溶于远古的海洋,过了若干百万年后海洋变成富含多种简单有机物质的温暖溶液("原始汤")。在这原始汤中有些有机分子倾向于缔合成更大的复合体,再过了若干百万年后它们进一步装配成膜和催化剂(酶),并聚集在一起成为最早细胞的前体。

(二)实验室中化学进化的演示

奥巴林的这一理论很多年来一直停留在推测阶段,直至 1953 年美国学者 Milley S 在实验室中用一个简单的火花放电装置处理 CH_4、NH_3、H_2 和 H_2O 的混合物,一星期或更长一些时间,演示出在原始大气条件下有机生物分子的非生物合成(图 1-7)。实验所得的气相中含有 CO_2、CO、N_2,以及未反应完的起始物质,水相中含某些氨基酸、羟酸、醛和氰化氢(HCN)。

目前利用各种形式的能量(热、紫外线、γ 射线、超声波、震荡以及 α、β 粒子轰击),已从 CH_4、NH_3、H_2O 等原料合成出几百种有机化合物包括组成蛋白质的 20 种氨基酸、参与核酸组成的 5 种碱基、各种羧酸（一、二、三羧酸）、脂肪酸以及各种单糖（三、四、五、六碳糖）。除小分子化合物外尚发现有多核苷酸、多肽等化合物的形成。HCN 的自缩合产物是聚合反应的有效催化剂,地壳中存在的某些离子（Cu^{2+}、Ni^{2+} 和 Zn^{2+} 等）也能提高聚合速率。

总之,前生物条件下生物分子的自然形成的实验室实验提供了有力的证据,证明活细胞的许多化学组分,包括多肽、多核苷酸分子都能在这些条件下生成。**核酶**（ribozyme,RNA 本质的酶,见第 9 章）的发现暗示了 RNA 在前生物进化中起关键作用,既是催化剂,又是信息贮库,它可能是最早的基因和最早的酶。

（三）原始生物分子

至今发现的所有生物体中的所有生物大分子都是由相同的一套（约 30 种）构件分子构成。这一事实有力地证明现代生物体都是由同一个原始细胞系遗传而来的。这 30 种基本构件分子称为**原始生物分子**（primordial biomolecule）：20 种氨基酸、5 种碱基、2 种单糖——葡萄糖和核糖、1 种醇——甘油、1 种脂肪酸——棕榈酸、1 种胺——胆碱。几十亿年的适应性选择已精选出能充分利用原始生物分子的化学和物理特性以进行能量转换和自我复制的细胞系统。进化过程中原始生物分子发生了特化和分化。现在在各种生物体中共存近 300 种氨基酸,几十种碱基、几百种单糖及其衍生物和几十种脂肪酸。生物体中的色素、激素、抗生素、维生素、生物碱也是由原始生物分子衍生而来。因此原始生物分子被认为是生物体内的各种有机化合物的生物学祖先（biological ancestry）。

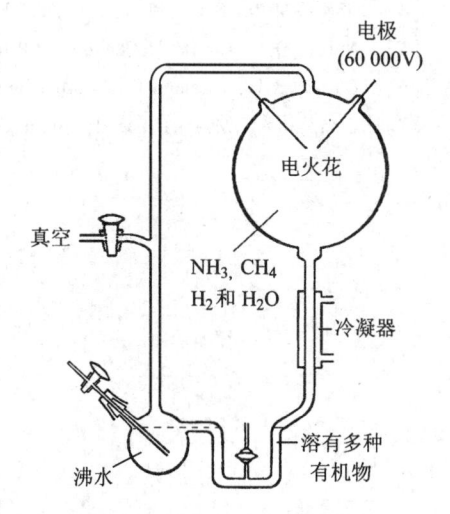

图 1-7 米勒的火花放电装置

习　题

1. 进化过程中化学元素是怎样被选中的？
2. 硅和碳在元素周期表中处于同一族,它们都是 4 个价电子的原子,能形成多达 4 个单键。为什么在进化中选择 C 而不是 Si 作为骨架构造元素？
3. 叙述构型和构象这两个概念的定义及区别。
4. 解释下列术语：立体异构体、顺反异构体、旋光异构体、对映体、非对映体、手性中心、旋光度、比旋和[外]消旋物。
5. 进化过程中为什么同一种手性化合物往往只有一种异构体（D 型或 L 型）被选用？请解释。
6. 简述构型的 *DL* 命名系统和 *RS* 命名系统。
7. 生物分子间和分子内基团间的非共价相互作用有哪些？它们之间有什么区别？
8. 水有哪些物理特性？这些特性与水分子的结构有什么联系？
9. 真核细胞与原核细胞的主要区别是什么？真核生物和原核生物各包括哪些类？
10. 何谓原始生物分子？它包括哪些类分子？

主要参考书目

[1] 吴相钰,陈阅增普通生物学. 第 2 版. 北京:高等教育出版社. 2005.
[2] 翟中和,王喜忠,丁明孝. 细胞生物学. 第 3 版. 北京:高等教育出版社. 2007.
[3] 郝守刚,马学平,董熙平,齐文同,张钧. 生命的起源与演化（地球历史中的生命）. 北京:高等教育出版社、施普林格出版社,2000.

[4] 米勒(Milley S L),奥吉尔(Orgel J E). 地球上生命的起源. 彭弈欣译. 北京:科学出版社,1981.
[5] Nelson D L, Cox M M. Lehninger Principles of Biochemistry. 4th ed. New York: W H Freeman, 2004.
[6] Garrett R H, Grisham C M. Biochemistry. 3rd ed. USA: Saunders College Publishing, 2004.
[7] Опарин АИ. Жизнъ (ее Природа, Происхождение и Развитие). Москва: Издателъство Акдемии Наук СССР, 1960.

（徐长法）

第2章 蛋白质的构件——氨基酸

蛋白质的英文名称 protein，源自希腊文 πρoτo，是"最原初的"、"第一重要的"意思。蛋白质诚然是一类最重要的生物分子，是生物功能的主要载体。蛋白质和核酸构成细胞原生质（protoplasm）的主要成分，而原生质是生命现象的物质基础。

自然界中存在的、种类以千万计的蛋白质在结构和功能上的多样性归根结底是由 20 种构件氨基酸的内在性质造成的。这些性质包括①聚合能力，②独特的酸碱性质，③氨基酸侧链的结构和化学官能度（functionality）的多样性，④手性。本章主要讲述氨基酸的这些性质，它们是讨论蛋白质结构和功能的基础。

一、蛋白质的化学组成和分类

根据蛋白质的元素分析，蛋白质含有 C、H、O、N 以及少量的 S。有些蛋白质尚含有其他一些元素，主要是 P、Fe、Cu、I、Zn、和 Mo 等。这些元素在蛋白质中的组成百分比约为 C 50%，H 7%，O 23%，N 16%，S 0~3%，其他元素微量。蛋白质的平均含氮量为 16%，这是蛋白质元素组成的一个特点，是**凯氏**（Kjedahl）**定氮法**测定蛋白质含量的计算基础：

$$蛋白质含量 = 蛋白氮 \times 6.25$$

式中，6.25，即 16% 的倒数，为 1 g 氮所代表的蛋白质质量（克数）。

许多蛋白质仅由氨基酸组成，例如核糖核酸酶 A、溶菌酶、肌动蛋白等，这些蛋白质称为**简单蛋白质**（simple protein）。但是很多蛋白质含有除氨基酸外的其他化学成分作为其结构的一部分，这样的蛋白质称为**缀合蛋白质**（conjugated protein）。其中非蛋白质成分称为**辅基**（prosthetic group）或称为**配基**或**配体**（ligand）。通常辅基在蛋白质的功能方面起重要作用，如果辅基是通过共价键与蛋白质结合的，则必须对蛋白质进行水解才能释放它；通过非共价力与蛋白质结合的，只要使蛋白质变性即可把它除去。简单蛋白质可以根据其溶解度进行分类，缀合蛋白质可按其辅基成分分类（表 2-1）。

表 2-1 蛋白质的分类

简单蛋白质	溶 解 性	缀合蛋白质	辅 基
清蛋白（albumin）	溶于水或稀盐，为饱和硫酸铵所沉淀	糖蛋白（glycoprotein）	糖类
球蛋白（globulin）	不溶于水，溶于稀盐，为半饱和硫酸铵所沉淀	脂蛋白（lipoprotein）	脂质
		核蛋白（nucleoprotein）	DNA 或 RNA
谷蛋白（glutelin）	不溶于水、醇或稀盐，溶于稀酸或稀碱	磷蛋白（phosphoprotein）	磷酸基
谷醇溶蛋白（prolamine）	不溶于水，溶于 70%~80% 乙醇	金属蛋白（metallo-protein）	Fe、Cu、Zn、Mn、Mo 等
		血红素蛋白（hemoprotein）	亚铁原卟啉
组蛋白（histone）	溶于水及稀酸，为氨水所沉淀	黄素蛋白（flavoprotein）	黄素核苷酸（FMN、FAD）
鱼精蛋白（protamine）	溶于水及稀酸，不溶于氨水		
硬蛋白（scleroprotein）	不溶于水、稀盐、稀酸或稀碱		

近年来有些学者依据蛋白质的生物学功能把蛋白质分为酶、调节蛋白、转运蛋白、贮存蛋白、收缩和游动蛋白、结构蛋白、支架蛋白、保护和开发蛋白等（见第 6 章）。

二、蛋白质的水解

一百多年前已开始蛋白质的化学研究。在早期的研究中,水解作用提供了关于蛋白质组成和结构的极有价值的资料。蛋白质可以被酸、碱或蛋白[水解]酶催化水解。在水解过程中,被逐渐降解成相对分子质量越来越小的肽[片]段或称肽碎片(peptide fragment),直到最后成为氨基酸的混合物。

根据蛋白质的水解程度,可分为完全水解和部分水解两种情况。**完全水解**或称彻底水解,得到的水解产物是各种氨基酸的混合物。**部分水解**即不完全水解,得到的产物是各种大小不等的肽段和氨基酸。下面简略地介绍酸、碱和酶三种水解方法及其优缺点。

(1) 酸水解 一般用 6 mol/L HCl 或 4 mol/L H_2SO_4 进行水解。回流煮沸 20 h 左右可使蛋白质完全水解。酸水解的优点是不引起[外]消旋(racemization),得到的是 L-氨基酸。缺点是色氨酸完全被沸酸破坏,羟基氨基酸(丝氨酸及苏氨酸)有一小部分被分解,同时天冬酰胺和谷氨酰胺的酰胺基被水解下来。

(2) 碱水解 通常与 5 mol/L NaOH 共煮 10~20 h,即可使蛋白质完全水解。水解过程中多数氨基酸遭到不同程度的破坏,并且产生消旋,所得产物是 D-和 L-氨基酸的等摩尔混合物,称为**消旋物**。此外,碱水解引起精氨酸脱氨,生成鸟氨酸和尿素。然而在碱性条件下色氨酸是稳定的。

(3) 酶水解 不产生消旋,也不破坏氨基酸。然而使用一种酶往往水解不彻底,需要几种酶协同作用才能使蛋白质完全水解。此外,酶水解所需时间较长。因此酶法主要用于部分水解。常用的蛋白酶有**胰蛋白酶**、**胰凝乳蛋白酶**(或称**糜蛋白酶**)以及**胃蛋白酶**等,它们主要用于蛋白质一级结构分析以获得蛋白质的部分水解产物。

三、α-氨基酸的一般结构

从蛋白质水解产物中分离出来的常见氨基酸只有 20 种(其中一种是亚氨基酸即脯氨酸)。除脯氨酸外,这些氨基酸在结构上的共同点是与羧基相邻的 α-碳原子($C_α$)上都有一个氨基,因此称为 α-**氨基酸**。连接在 α-碳上的还有一个氢原子和一个可变的侧链,称为 R 基,各种氨基酸的区别就在于 R 基的不同。α-氨基酸的结构通式见图 2-1。

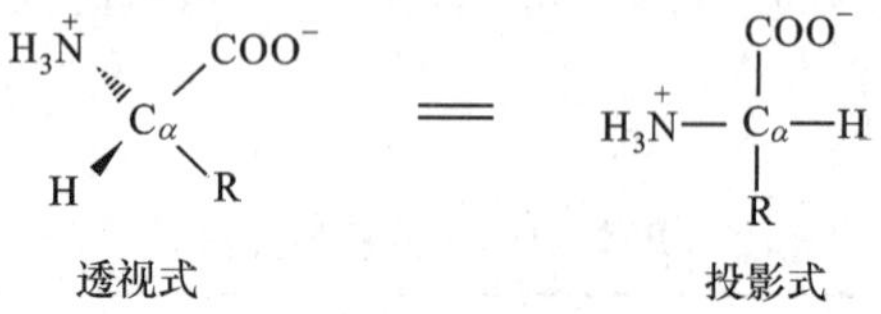

图 2-1 L 型 α-氨基酸的结构通式

因为氨基酸同时含有氨基和羧基,所以它们能以首尾相连的方式进行聚合反应,除去一分子水形成一个共价**酰胺键**或称**肽键**。氨基酸在中性 pH 时,羧基以—COO^-,氨基以—NH_3^+ 形式存在。这样的氨基酸分子含有一个正电荷和一个负电荷,称为**兼性离子**。α-氨基酸除甘氨酸(R 基为氢)之外,其 α-碳原子是一个手性碳原子,因此都具有旋光性。并且蛋白质中发现的氨基酸都是 L 型的。α-氨基酸是白色晶体,熔点很高,一般在 200℃ 以上。每种氨基酸都有特殊的结晶形状,利用结晶形状可以鉴别各种氨基酸。除胱氨酸和酪氨酸外,一般都能溶于水。脯氨酸和羟脯氨酸还能溶于乙醇或乙醚中。

四、氨基酸的分类

在各种生物中发现的氨基酸已近 300 种,但是参与蛋白质组成的常见氨基酸或称**基本氨基酸**只有 20 种。此外在某些蛋白质中还存在若干种不常见的氨基酸,它们都是在已合成的肽链上由常见的氨基酸由专一酶催化经化学修饰转化而来的。近 300 种天然氨基酸中,大多数是不参与蛋白质组成的,这些氨基酸被称为**非蛋白质氨基酸**。参与蛋白质组成的氨基酸称为**蛋白质氨基酸**。为表达蛋白质或多肽结构的需要,氨基酸的名称常使用三个字母的简写符号表示,有时也使用单字母的简写符号表示,后者主要用于表达长多肽链的氨基酸序列。这两套简写符号见表 2-2。

表 2-2 基本氨基酸的简写符号

名　称	三字母符号	单字母符号	名　称	三字母符号	单字母符号
丙氨酸(alanine)	Ala	A	亮氨酸(leucine)	Leu	L
精氨酸(arginine)	Arg	R	赖氨酸(lysine)	Lys	K
天冬酰胺(asparagine)	Asn	N	甲硫氨酸(methionine)	Met	M
天冬氨酸(aspartic acid)	Asp	D	苯丙氨酸(phenylalanine)	Phe	F
半胱氨酸(cysteine)	Cys	C	脯氨酸(proline)	Pro	P
谷氨酰胺(glutamine)	Gln	Q	丝氨酸(serine)	Ser	S
谷氨酸(glutamic acid)	Glu	E	苏氨酸(threonine)	Thr	T
甘氨酸(glycine)	Gly	G	色氨酸(tryptophane)	Trp	W
组氨酸(histidine)	His	H	酪氨酸(tyrosine)	Tyr	Y
异亮氨酸(isoleucine)	Ile	I	缬氨酸(valine)	Val	V

(一) 常见的蛋白质氨基酸

前面说过,各种氨基酸的区别在于侧链 R 基的不同。因此组成蛋白质的 20 种基本氨基酸可以按 R 基的化学结构或极性大小进行分类。

按 R 基的化学结构,20 种基本氨基酸可分为脂肪族、芳香族和杂环族 3 类。其中脂肪族氨基酸 15 种,包括中性氨基酸 5 种(图 2-2)、含羟基或硫的氨基酸 4 种(图 2-3)、酸性氨基酸及其酰胺 4 种(图 2-4)和碱性氨基酸 2 种(图 2-5);杂环氨基酸 2 种(图 2-5),其中 His 也属于碱性氨基酸;芳香族氨基酸 3 种(图 2-6)。

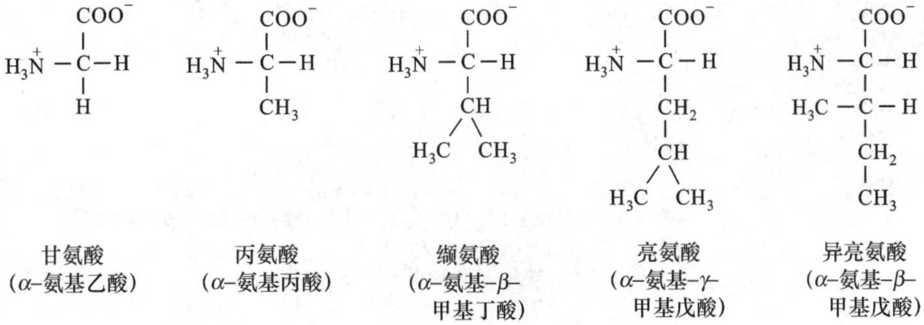

甘氨酸　　丙氨酸　　缬氨酸　　亮氨酸　　异亮氨酸
(α-氨基乙酸)　(α-氨基丙酸)　(α-氨基-β-甲基丁酸)　(α-氨基-γ-甲基戊酸)　(α-氨基-β-甲基戊酸)

图 2-2　中性脂肪族氨基酸

按 R 基的极性大小(指在细胞 pH 即 pH 7 左右的解离状态下),20 种常见氨基酸可以分成 4 组:①非极性 R 基氨基酸:Ala、Val、Leu、Ile、Pro、Phe、Trp 和 Met;②不带电荷极性 R 基氨基酸:Gly、Ser、Thr、Cys、Tyr、Asn 和 Gln;③带正电荷 R 基氨基酸:Lys、Arg 和 His;④带负电荷 R 基氨基酸:Asp 和 Glu。

(二) 不常见的蛋白质氨基酸

除上述 20 种基本氨基酸外,在某些蛋白质中还存在一些不常见的氨基酸(图 2-7)。它们都是由多肽中相应的常见氨基酸修饰而来的。其中 **4-羟脯氨酸**(4-hydroxyproline)和 **5-羟赖氨酸**(5-hydroxylysine)存在于结缔组织的胶原蛋白中。ε-N-甲基赖氨酸(ε-N-methyllysine)是肌球蛋白的成分。γ-羧基谷氨酸(γ-

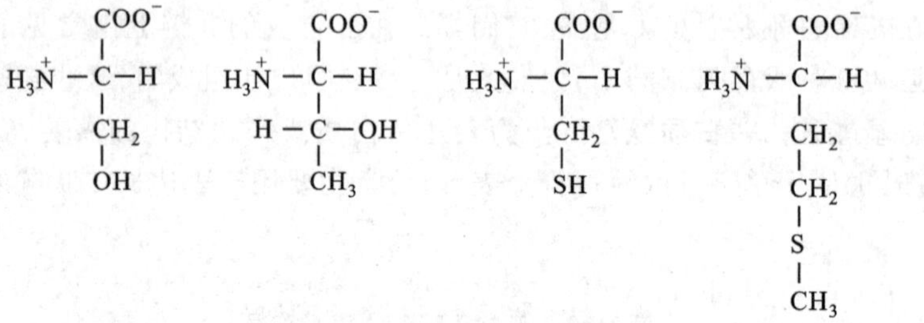

丝氨酸 　　　　　苏氨酸 　　　　　半胱氨酸 　　　　甲硫氨酸（蛋氨酸）
(α-氨基-β-　　　(α-氨基-β-　　　(α-氨基-β-　　　(α-氨基-γ-
羟基丙酸)　　　　羟基丁酸)　　　　巯基丙酸)　　　　甲硫基丁酸)

图 2-3　含羟基或硫的氨基酸

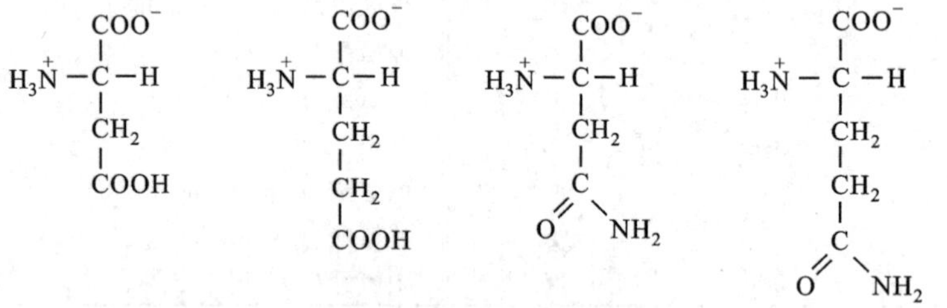

天冬氨酸 　　　　谷氨酸 　　　　　天冬酰胺 　　　　谷氨酰胺
(α-氨基丁二酸)　 (α-氨基戊二酸)

图 2-4　酸性氨基酸及其酰胺

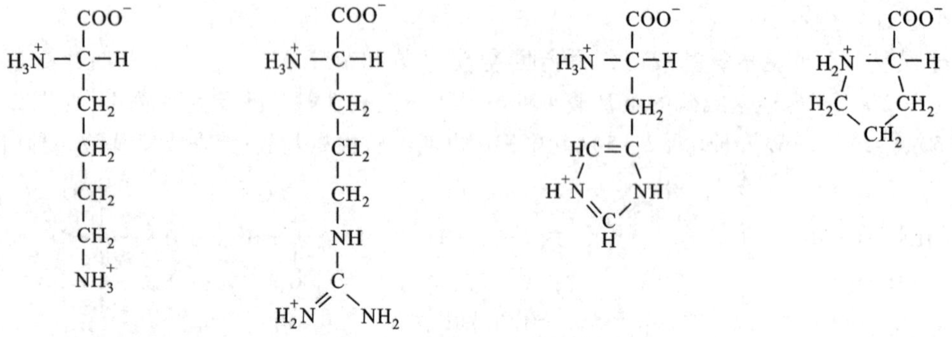

赖氨酸 　　　　　精氨酸 　　　　　组氨酸 　　　　　脯氨酸
(α,ε-二氨基己酸)　(α-氨基-δ-胍基戊酸)　(α-氨基-β-咪唑基丙酸)　(β-吡咯烷基-α-羧酸)

图 2-5　碱性氨基酸和杂环氨基酸

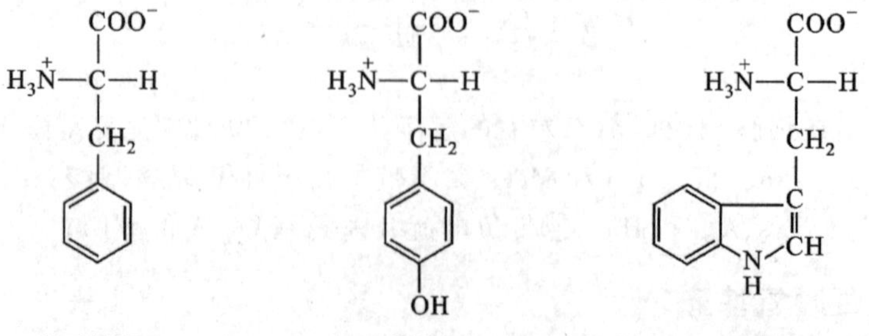

苯丙氨酸 　　　　　　酪氨酸 　　　　　　　色氨酸
(α-氨基-β-苯基丙酸)　(α-氨基-β-对羟基丙酸)　(α-氨基-β-吲哚基丙酸)

图 2-6　芳香族氨基酸

carboxyglutamic acid)最先在凝血酶原中发现,它也存在于其他一些需 Ca^{2+} 的蛋白质中。某些涉及细胞生长和调节的蛋白质可以在含羟基的氨基酸残基如丝氨酸上进行可逆性磷酸化,生成**磷酸丝氨酸**。从甲状腺球蛋白中分离出**甲状腺素和三碘甲腺原氨酸**,它们是酪氨酸的碘化衍生物(结构式见第16章)。**硒代半胱氨酸**(selenocysteine)是一个特殊例子,这种稀有氨基酸是在蛋白质合成期间参入,不是合成后修饰的。硒代半胱氨酸含的是硒不是硫。它是由半胱氨酸衍生而来,只存在于少数几种蛋白质中。

4-羟脯氨酸　　5-羟赖氨酸　　ε-N-甲基赖氨酸　　γ-羧基谷氨酸　　磷酸丝氨酸　　硒代半胱氨酸

图 2-7　某些不常见的蛋白质氨基酸

(三) 非蛋白质氨基酸

除了参与蛋白质组成的 20 多种氨基酸外,还在各种组织和细胞中找到 200 多种其他氨基酸。这些氨基酸大多是蛋白质中存在的 L 型 α-氨基酸的衍生物(图 2-8)。但是有一些是 β-,γ-,或 δ-氨基酸,并且有些是 D 型氨基酸,如细菌细胞壁的肽聚糖中发现的 **D-谷氨酸**和 **D-丙氨酸**(见第 7 章)。这些氨基酸中有一些是重要的代谢中间物,例如存在于肌肽和鹅肌肽中的 **β-丙氨酸**是泛酸(一种维生素,又称遍多酸)的一个成分;**γ-氨基丁酸**(γ-aminobutyric acid)由谷氨酸脱羧产生,它是传递神经冲动的化学介质,称神经递质(neurotransmitter)。**肌氨酸**(sarcosine)是一碳单位代谢的中间物;**瓜氨酸**(citrulline)和**鸟氨酸**(ornithine)是尿素循环的中间物(见第 26 章)。但是不少这类氨基酸其生物学意义尚不清楚,有待进一步研究。

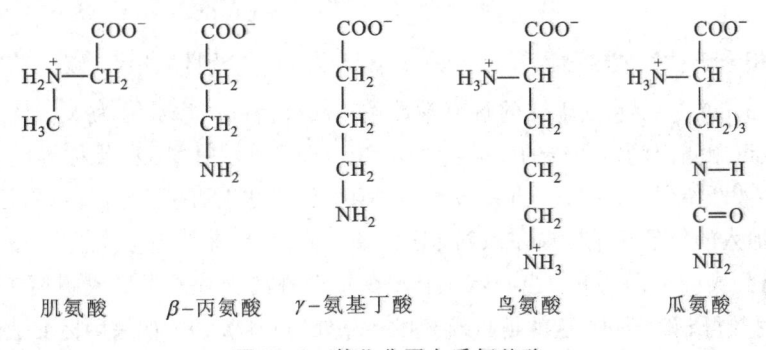

肌氨酸　　β-丙氨酸　　γ-氨基丁酸　　鸟氨酸　　瓜氨酸

图 2-8　某些非蛋白质氨基酸

五、氨基酸的酸碱性质

掌握氨基酸的酸碱性质是极其重要的,是了解蛋白质很多性质的基础,也是氨基酸分析分离工作的基础。

（一）氨基酸的解离

经长期研究发现氨基酸在晶体和水中以**兼性离子**（zwitterion）也称**偶极离子**（dipolar ion）的形式存在，极少数为中性分子（只存在于溶液中）。

$$\begin{array}{cc} \text{COO}^- & \text{COOH} \\ \text{H}_3\overset{+}{\text{N}}-\text{C}-\text{H} & \text{H}_2\text{N}-\text{C}-\text{H} \\ | & | \\ \text{R} & \text{R} \\ \text{兼性离子} & \text{中性分子} \end{array}$$

依照 Brönsted – Lowry 的酸碱质子理论，酸是质子（H^+）[①]的供体，碱是质子的接纳体。它们的相互关系如下：

$$HA \rightleftharpoons A^- + H^+$$
$$\text{酸} \quad\quad \text{碱} \quad\quad \text{质子}$$

这里原初的酸（HA）和生成的碱（A^-）被称为**共轭酸碱对**。根据这一理论，氨基酸在水中的偶极离子既起酸（质子供体）的作用，也起碱（质子接纳体）的作用。因此是一类**两性电解质**。

氨基酸完全质子化时，可以看成是多元酸，侧链不解离的中性氨基酸可看作二元酸，酸性氨基酸和碱性氨基酸可视为三元酸。现以甘氨酸为例，说明氨基酸的解离情况。甘氨酸盐酸盐是完全质子化的氨基酸（A^+），实质上是一个二元酸。它分步解离如下：

$$\begin{array}{ccccc} \text{COOH} & & \text{COO}^- & & \text{COO}^- \\ | & K_{a1} & | & K_{a2} & | \\ \text{H}_3\overset{+}{\text{N}}-\text{C}-\text{H} & \underset{+H^+}{\overset{+OH^-}{\rightleftharpoons}} & \text{H}_3\overset{+}{\text{N}}-\text{C}-\text{H} & \underset{+H^+}{\overset{+OH^-}{\rightleftharpoons}} & \text{H}_2\text{N}-\text{C}-\text{H} \\ | & & | & & | \\ \text{H} & & \text{H} & & \text{H} \\ \text{阳离子}(A^+) & & \text{兼性离子}(A^\circ) & & \text{阴离子}(A^-) \end{array}$$

第一步解离，
$$K_{a1} = \frac{[A^\circ][H^+]}{[A^+]} \quad\quad (2-1)$$

第二步解离，
$$K_{a2} = \frac{[A^-][H^+]}{[A^\circ]} \quad\quad (2-2)$$

解离的最终产物（A^-）相当于甘氨酸钠盐。在上列公式中，K_{a1} 和 K_{a2} 分别代表 α - 碳上的—COOH 和—NH_3^+ 的**解离常数**（dissociation constant）。一般，共轭酸的解离常数按其酸性递降顺序编号为 K_{a1}, K_{a2} 等。

氨基酸的解离常数可用测定滴定曲线的实验方法求得。滴定可从甘氨酸（或称等电甘氨酸）溶液、甘氨酸盐酸盐溶液或甘氨酸钠溶液开始（图 2-9）。当 10 mmol 甘氨酸溶于水时，溶液的 pH 约等于 6.0。如果用标准氢氧化钠溶液进行滴定，以加入的氢氧化钠的摩尔数对 pH 作图，则得滴定曲线 B 段（图 2-9），在 pH 9.60 处有一个拐点。从甘氨酸的解离公式（2-2）可知，当滴定至甘氨酸的兼性离子有一半变成阴离子，即 $[A^\circ] = [A^-]$ 时，则 $K_{a2} = [H^+]$，两边各取对数得 $pK_{a2} = pH$，这就是曲线 B 段拐点处的 pH 9.60。如果用标准盐酸滴定，以加入的盐酸的摩尔数对 pH 作图，则得滴定曲线 A 段，在 pH 2.34 处有一个拐点。同样，从解离公式（2-1）可知，$pK_{a1} = 2.34$，这里甘氨酸的等电兼性离子和阳离子的摩尔数相等，即 $[A^\circ] = [A^+]$。如果利用 **Handerson – Hasselbalch** 公式：

$$pH = pK_a + \lg\frac{[\text{质子接纳体}]}{[\text{质子供体}]}$$

和所给的 pK_{a1} 和 pK_{a2} 等数据，即可计算出在任一 pH 条件下一种氨基酸的各种离子的比例。

[①] H^+ 在水系统中更确切地应写为 H_3O^+，本书为简便计，以 H^+ 代替 H_3O^+。

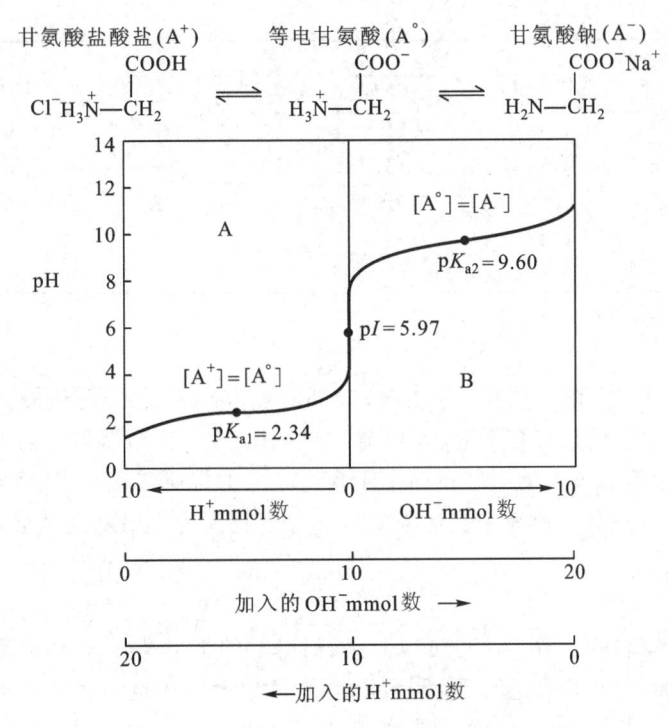

图 2-9 甘氨酸(10 mmol)的滴定曲线(解离曲线)

甘氨酸中的 α-COOH 的酸性 (acidity) 要比相应的脂肪酸——醋酸 ($pK_a = 4.76$) 强 200 多倍,这是因为甘氨酸中与羧基相邻的 α-NH_3^+ 是一个强吸引电子的基团,产生一个强场效应而稳定羧基阴离子。同样,α-COO^- 的存在也影响 α-NH_3^+ 的解离,甘氨酸的 α-氨基的碱性 (basicity) 明显低于乙胺 ($pK_a = 10.75$)。

R 基不解离的氨基酸都具有类似甘氨酸的滴定曲线。这类氨基酸的 pK_{a1} 的范围为 2.0~3.0,pK_{a2} 为 9.0~10.0(表 2-3)。带有可解离 R 基的氨基酸,相当于三元酸,有 3 个 pK_a 值,因此滴定曲线比较复杂。

表 2-3 氨基酸的解离常数、等电点和比旋

氨基酸	M_r	pK_a α-COOH	pK_a α-NH_3^+	pK_a R 基	pI	$[\alpha]_D^{25}(H_2O)$
甘氨酸	75.05	2.34	9.60		5.97	
丙氨酸	89.06	2.34	9.69		6.02	+1.8
缬氨酸	117.09	2.32	9.62		5.97	+5.6
亮氨酸	131.11	2.36	9.60		5.98	−11.0
异亮氨酸	131.11	2.36	9.68		6.02	+12.4
丝氨酸	105.06	2.21	9.15		5.68	−7.5
苏氨酸	119.18	2.63	10.43		6.53	−28.5
天冬氨酸	133.60	2.09	9.82	3.86(β-COOH)	2.97	+5.0
天冬酰胺	132.60	2.02	8.80		5.41	−5.3
谷氨酸	147.08	2.19	9.67	4.25(γ-COOH)	3.22	+12.0
谷氨酰胺	146.08	2.17	9.13		5.65	+6.3
精氨酸	174.40	2.17	9.04	12.48(胍基)	10.76	+12.5
赖氨酸	146.13	2.18	8.95	10.53(ε-NH_3^+)	9.74	+13.5
组氨酸	155.09	1.82	9.17	6.00(咪唑基)	7.59	−38.5
半胱氨酸	121.12	1.71	10.78	8.33(—SH)	5.02	−16.5

(续表)

氨基酸	M_r	pKₐ α-COOH	pKₐ α-NH₃⁺	pKₐ R 基	pI	$[\alpha]_D^{25}$ (H₂O)
甲硫氨酸	149.15	2.28	9.21		5.75	-10.0
苯丙氨酸	165.09	1.83	9.13		5.48	-34.5
酪氨酸	181.09	2.20	9.11	10.07 (OH)	5.66	-10.0[a]
色氨酸	204.11	2.38	9.39		5.89	-33.7
脯氨酸	115.08	1.99	10.60		6.30	-60.4[a]

a. 酪氨酸和脯氨酸的比旋值是溶于 5mol/L HCl 中测得的。

20 种基本氨基酸,除组氨酸外,在生理 pH(7 左右)下都没有明显的缓冲容量,因为这些氨基酸的 pK 值都不在 pH 7 附近(表 2-3),而缓冲容量只有在接近 pK 值时才显现出来。组氨酸咪唑基的 pK 值为 6.0,在 pH 7 附近有明显的缓冲作用。红细胞中运载氧气的血红蛋白由于含有较多的组氨酸残基,使得它在 pH 7 左右的血液中具有显著的缓冲能力,这一点对红细胞在血液中起运输氧气和二氧化碳的作用来说是重要的(见第 6 章)。

(二) 氨基酸的等电点

从甘氨酸的解离公式或解离曲线(图 2-9)可以看到,氨基酸的带电荷状况与溶液的 pH 有关,改变 pH 可以使氨基酸带上正电荷或负电荷,也可以使它处于正、负电荷数目相等即净电荷为零的兼性离子状态。图 2-9 中曲线 A 段和曲线 B 段之间的拐点(pI=5.97)就是甘氨酸处于净电荷为零时的 pH,称为**等电点**(isoelectric point,缩写为 pI)。在 pI 时,氨基酸在电场中既不向正极也不向负极移动,即处于等电兼性离子(极少数为中性分子)状态,少数解离成阳离子和阴离子,但解离成阳离子和阴离子的数目和趋势相等。

对 R 基不解离的中性氨基酸来说,其等电点是它的 pK_{a1} 和 pK_{a2} 的算术平均值:

$$pI = \frac{1}{2}(pK_{a1} + pK_{a2})$$

这可由氨基酸的解离公式推导出来。例如,甘氨酸的等电点:pI=1/2(2.34 + 9.60)=5.97。pI 值与该离子浓度基本无关,只决定于等电兼性离子(A°)两侧的 pK_a 值。同样,对有 3 个可解离基团的氨基酸例如谷氨酸和赖氨酸来说,只要写出它的解离公式,然后取等电兼性离子两边的 pK_a 值的平均值,则得其 pI 值。

在等电点以上的任一 pH,氨基酸带净负电荷,并因此在电场中将向正极移动。在低于等电点的任一 pH,氨基酸带有净正电荷,在电场中将向负极移动。在一定 pH 范围内,氨基酸溶液的 pH 离等电点愈远,氨基酸所携带的净电荷量愈大。

六、氨基酸的化学反应

氨基酸的化学反应是指它的 α-羧基、α-氨基和侧链上的官能团参加的反应。所有氨基酸的 α-羧基和 α-氨基呈现相似的化学反应性(chemical reactivity)。侧链的化学反应性则各不相同,这取决于官能团的本质。下面讨论几个有代表性的氨基酸化学反应。

(一) α-羧基反应

氨基酸的 α-羧基具有该官能团的全部简单反应:成酯、成酰氯和成酰胺等。

成酯反应在适当的醇和强酸中进行,例如在无水乙醇中通入干燥 HCl 气体,然后回流,产物是氨基酸乙酯盐酸盐(图 2-10A)。氨基酸酯化后,其羧基的反应性被屏蔽,也称羧基被保护。α-羧基也容易与五氯化磷(PCl₅)或二氯亚砜(SOCl₂)反应生成酰氯(图 2-10B),进行此反应,氨基必须事先被保护,否则形成的氨基酰氯将与另一氨基酸的氨基反应生成二肽。氨基酸与 NH₃ 反应生成相应氨基酸的酰胺(图 2-10C)。在体内的酰胺化要比图中所示的反应复杂,需在专一酶催化下进行(见第 27 章)。

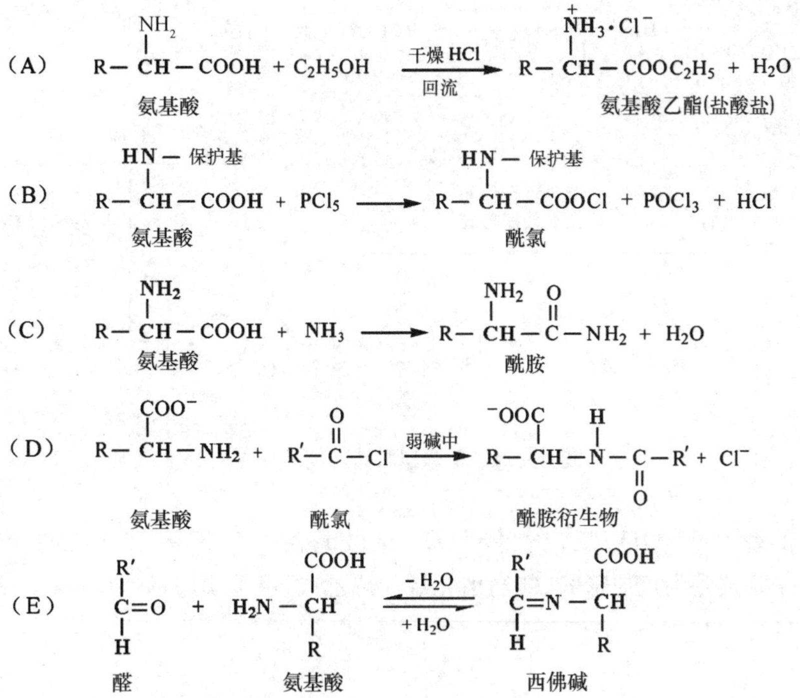

$$(A) \quad R-\underset{\underset{NH_2}{|}}{CH}-COOH + C_2H_5OH \xrightarrow[\text{回流}]{\text{干燥 HCl}} R-\underset{\underset{NH_3^+ \cdot Cl^-}{|}}{CH}-COOC_2H_5 + H_2O$$

氨基酸   氨基酸乙酯(盐酸盐)

$$(B) \quad R-\underset{\underset{HN-\text{保护基}}{|}}{CH}-COOH + PCl_5 \longrightarrow R-\underset{\underset{HN-\text{保护基}}{|}}{CH}-COOCl + POCl_3 + HCl$$

氨基酸   酰氯

$$(C) \quad R-\underset{\underset{NH_2}{|}}{CH}-COOH + NH_3 \longrightarrow R-\underset{\underset{NH_2}{|}}{CH}-\underset{\underset{O}{\|}}{C}-NH_2 + H_2O$$

氨基酸   酰胺

$$(D) \quad R-\underset{\underset{NH_2}{|}}{CH}-COO^- + R'-\underset{\underset{O}{\|}}{C}-Cl \xrightarrow{\text{弱碱中}} R-\underset{\underset{N-C-R'}{|\ \|}}{CH}-\underset{H\ O}{\ } + Cl^-$$

氨基酸   酰氯   酰胺衍生物

$$(E) \quad \underset{H}{\overset{R'}{C}}=O + H_2N-\underset{\underset{R}{|}}{\overset{\overset{COOH}{|}}{CH}} \underset{+H_2O}{\overset{-H_2O}{\rightleftharpoons}} \underset{H}{\overset{R'}{C}}=N-\underset{\underset{R}{|}}{\overset{\overset{COOH}{|}}{CH}}$$

醛   氨基酸   西佛碱

图 2-10 氨基酸的 α-羧基反应和 α-氨基反应

(二) α-氨基反应

氨基酸的游离 α-氨基可被酰氯(acid chloride)或酸酐(acid anhydride)酰化(图 2-10D)。酰氯、酸酐等**酰化剂**(acylating agent)是肽和蛋白质人工合成中氨基的保护试剂。游离氨基也能与**烃化剂**(alkylating agent)如苯异硫氰酸酯(phenylisothiocyanate, PITC)发生反应。PITC 用于肽和蛋白质的 N-末端氨基酸残基鉴定和氨基酸序列测定(见第 4 章)。游离氨基能与醛反应生成弱碱,称为**西佛碱**(Schiff's base)(图 2-10E)。

(三) 茚三酮反应

茚三酮反应(ninhydrin reaction)可检测和定量氨基酸,在氨基酸分析中占有特殊地位。茚三酮是一种强氧化剂,在弱酸性溶液中与 α-氨基酸共热,引起 α-氨基氧化脱氨,反应产物是相应的醛、氨、二氧化碳和还原茚三酮(hydrindantin)。产生的氨和还原茚三酮与另一个茚三酮分子反应生成紫色产物(图 2-11)。后者可用分光光度计在 570 nm 波长处进行定量测定。此外释放的 CO_2 如用测压法测量,也可计算出参加反应的 α-氨基酸量。

两个亚氨基酸(**脯氨酸**和**羟脯氨酸**)与茚三酮反应,并不释放 NH_3,直接生成亮黄色产物,最大光吸收在 440 nm。

(四) 侧链官能团的特异反应

氨基酸侧链上的官能团有羟基、酚基、巯基、吲哚基、咪唑基、胍基、甲硫基、非 α-氨基和非 α-羧基等。每种官能团都可以和多种试剂起反应。其中有些反应是蛋白质化学修饰的基础。**化学修饰**(chemical modification)是指在较温和的条件下,以可控制的方式使蛋白质与某种试剂(称化学修饰剂)起特异反应,以引起蛋白质中个别氨基酸侧链官能团发生共价化学改变。化学修饰在蛋白质结构与功能的研究中很有用。关于侧链官能团的反应这里仅举例加以说明。

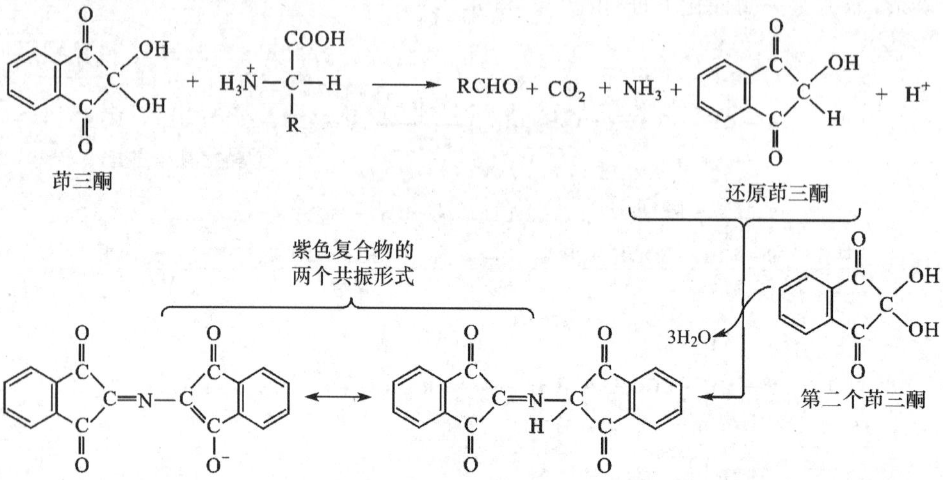

图 2-11 氨基酸与茚三酮的反应

半胱氨酸侧链上的巯基(—SH)，反应性能很高，在微碱性 pH 下，—SH 基发生解离形成硫醇阴离子(—CH$_2$—S$^-$)。此阴离子是巯基的反应形式，能与卤化烷如碘乙酸、甲基碘等迅速反应，生成相应的稳定烷基衍生物：

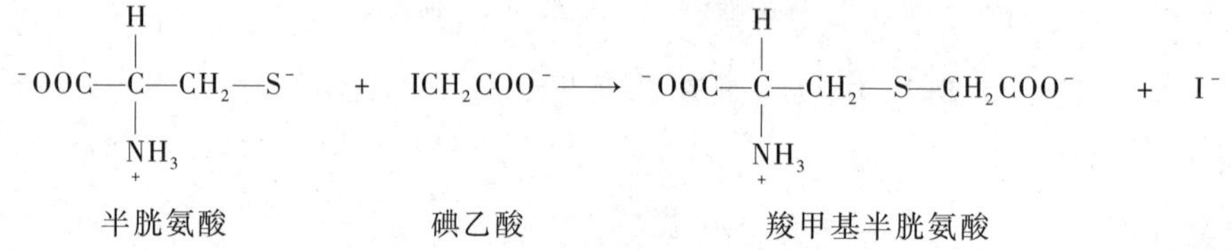

半胱氨酸 + 碘乙酸 → 羧甲基半胱氨酸

半胱氨酸可与 5,5′-二硫双(2-硝基苯甲酸)[5,5′-dithiobis(2-nitrobenzoic acid), DTNB]或称 Ellman 试剂发生硫醇-二硫化物交换反应：

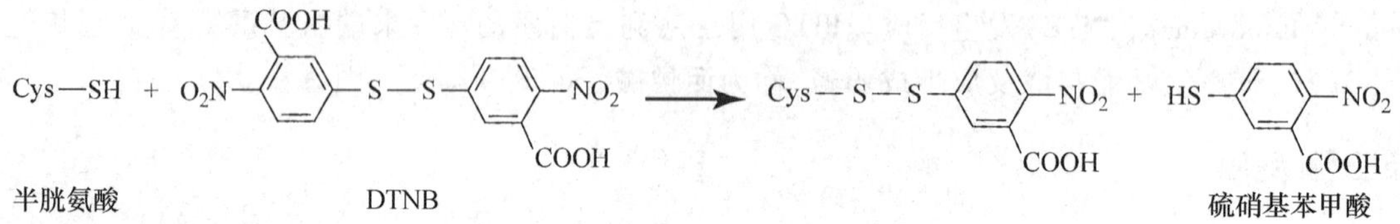

Cys—SH + DTNB → Cys—S—S—Ar + 硫硝基苯甲酸

反应中 1 分子的半胱氨酸引起 1 分子的硫硝基苯甲酸的释放。它在 pH 8.0 时，在 412 nm 处有强烈的光吸收，因此可利用分光光度法定量测定—SH 基。

巯基很容易受空气或其他氧化剂氧化，例如半胱氨酸(Cys—SH)在空气中被氧化成胱氨酸(Cys—S—S—Cys)。在强氧化剂如过甲酸(performic acid)的作用下—SH 和—S—S—键被氧化成磺酸基(—SO$_3$H)。蛋白质结构分析中胱氨酸残基的二硫键常用氧化剂或还原剂打开。过甲酸可定量打开胱氨酸的二硫键，生成**磺基丙氨酸**(cysteic acid)。还原剂如巯基化合物(R—SH)也能断裂二硫键，生成半胱氨酸及相应的二硫化物：

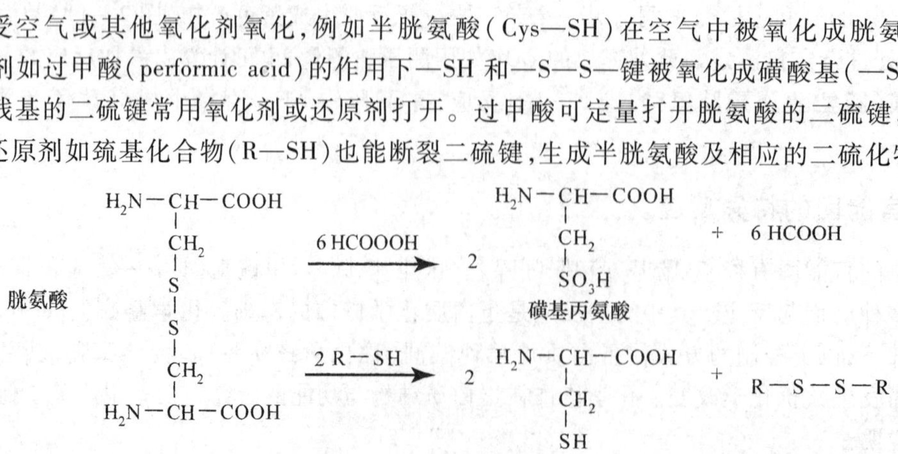

胱氨酸 $\xrightarrow{6\text{ HCOOOH}}$ 2 磺基丙氨酸 + 6 HCOOH

胱氨酸 $\xrightarrow{2\text{ R—SH}}$ 2 半胱氨酸 + R—S—S—R

这里使用的还原剂有**巯基乙醇**(mercaptoethanol)和**二硫苏糖醇**(dithiothreitol)等。由于半胱氨酸中的巯基极易被氧化成二硫键,因此利用巯基乙醇等还原剂打开二硫键时,需要用上述的卤代烷如碘乙酸或碘乙酰胺等试剂与巯基反应把它保护起来,以防止重新氧化。

七、氨基酸的旋光性和光谱性质

(一)氨基酸的旋光性和立体化学

前面曾谈到,除甘氨酸外 α-氨基酸的 α-碳是一个手性碳原子,因此有 D 和 L 两种构型。氨基酸(指 α-碳)的构型以甘油醛为参考物(图 2-12)。从蛋白质的酸或酶促水解液中分离获得的氨基酸都是 L 型的。但是 D 型氨基酸在自然界中也能找到,特别是作为某些抗生素和某些微生物细胞壁的成分存在。

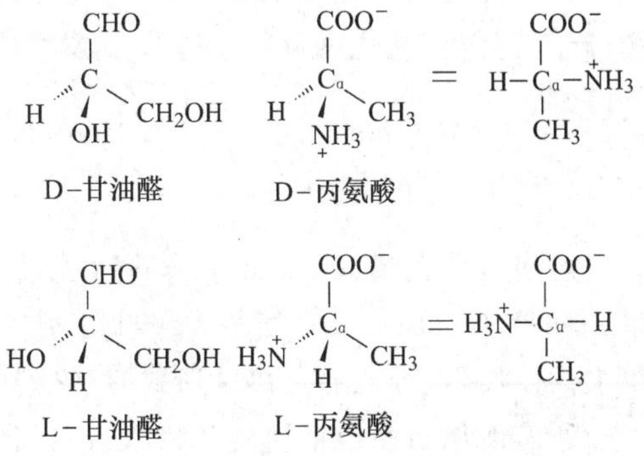

苏氨酸、异亮氨酸等除了 α-碳原子外,还有第二个手性中心。在实验室中各自可以有 4 种异构体,分别称为 L-、D-、L-别(L-allo)和 D-别(D-allo)氨基酸。其中 L-和 D-异构体、L-别和 D-别异构体各为一对对映体。已证明蛋白质中只存在 L-异构体。

比旋是 α-氨基酸的物理常数之一,是鉴别各种氨基酸的一种根据。20 种基本氨基酸的比旋见表 2-3。

图 2-12 丙氨酸构型和甘油醛构型之间的关系

(二)氨基酸的光谱性质

现代生物化学中最重要的进展之一是光谱学方法的应用,此方法能测定被分子和原子吸收或发射的不同频率的能量。蛋白质、核酸和其他生物分子的光谱学研究为深入了解这些分子的结构和动态过程提供了许多新的信息。

氨基酸的光谱测定已阐明氨基酸结构和化学方面的许多细节。参与蛋白质组成的 20 多种氨基酸在电磁波谱的可见光区都没有光吸收,在红外区和远紫外区($\lambda < 200$ nm)都有光吸收。但在近紫外区(200～400 nm)只有芳香族氨基酸有吸收光的能力,因为它们的 R 基含有苯环共轭 π 键系统。酪氨酸的最大光吸收波长(λ_{max})在 275 nm,在该波长下的摩尔吸光系数(molar absorption coefficient)$\varepsilon_{275} = 1.4 \times 10^3$ mol^{-1}·L·cm^{-1};苯丙氨酸的 λ_{max} 在 257 nm,$\varepsilon_{257} = 2.0 \times 10^2$ mol^{-1}·L·cm^{-1};色氨酸的 λ_{max} 在 280 nm,$\varepsilon_{280} = 5.6 \times 10^3$ mol^{-1}·L·cm^{-1}(图 2-13)。

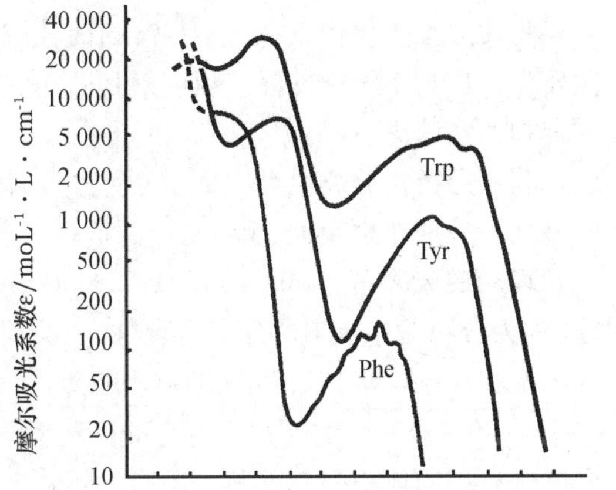

蛋白质由于含有这些氨基酸,所以也有紫外吸收能力,一般最大吸收在 280 nm 处,因此能利用分光光度法很方便地测定样品中蛋白质的含量。但是不同的蛋白质中这些氨基酸的含量不同,所以它们的摩尔吸收系数是不完全相同的。

分光光度法定量分析所依据的是 **Lambert-Beer 定律**:

$$A = \lg \frac{I_0}{I} = -\lg T = \varepsilon cl$$

图 2-13 芳香族氨基酸在 pH 6 时的紫外吸收

式中,A 为吸光度(absorbance);ε 为摩尔吸光系数;c 为浓度(mol/L);l 为吸收杯的内径或光程厚度(cm);I_0 为

入射光强度；I 为透射光强度；T 为透光率。

核磁共振(nuclear magnetic resonance，NMR)是一项涉及在外磁场存在下某些原子核吸收射频(radio frequency)能量的波谱技术。NMR 波谱技术在氨基酸和蛋白质化学表征方面起着重要作用。更先进的高磁场 NMR 还用于肽和小蛋白质分子的三维结构测定。NMR 波谱学的知识参看有关的专门著作，如本章参考书目中所列的参考书[3]。

八、氨基酸混合物的分离和分析

测定蛋白质的氨基酸组成和从蛋白质水解液中制取氨基酸，都需要对氨基酸混合物进行分离和分析。氨基酸的分离和分析曾是一项很难的工作。然而今天生物化学家已有多种方法可用于氨基酸，甚至任何其他一类生物分子的分离、纯化和分析。这些方法都是基于各种氨基酸的物理和化学特性的差别，特别是溶解度和电离特性的差别。

（一）分配层析

层析也称**色谱**(chromatography)，最先由俄国植物学家 Цвет М С 于 1903 年提出来的。他所进行的色层分析是一种**吸附**(adsorption)**层析**。1941 年英国学者 Martin 与 Synge 提出**分配**(partition)**层析**。此后这种方法得到了很大的发展，至今已有很多种形式，但它们的基本原理都是基于氨基酸的溶解度性质。

所有的层析系统都由两个相组成：**固定相**(stationary phase)和**流动相**(mobile phase)。混合物在层析系统中的分离决定于该混合物的组分在这两相中的分配情况，即决定于它们的分配系数(distribution coefficient)。当一种溶质在两个给定的互不相溶的溶剂中分配时，在一定温度下达到平衡后，溶质在两相中的浓度比值为一常数，称为**分配系数**(K_d)：

$$K_d = \frac{c_A}{c_B}$$

这里，c_A 和 c_B 分别代表某一物质在互不相溶的两相，即 A 相(流动相)和 B 相(固定相)中的浓度。

物质分配不仅可以在互不相溶的两种溶剂即液相 - 液相系统中进行，也可以在固相 - 液相间或气相 - 液相间发生。层析系统中的固定相可以是固相、液相或固 - 液混合相(半液体)；流动相可以是液相或气相，它充满于固定相的空隙中，并能流过固定相。

利用层析法分离混合物例如氨基酸混合物，其先决条件是各种氨基酸成分的分配系数要有差别，哪怕是很小的差别。一般差别越大，越容易分开。

现举**逆流分布**(countercurrent distribution)的方法作为分配层析原理的说明。如图 2 - 14 所示，取一系列试管(称为分布管)，向其中第 1 号管加入互不相溶的两种溶剂，A 溶剂为上相，图中作为流动相；B 溶剂为下相，作为固定相；并假设上、下两相的体积相等。然后加入物质 Y ($K_d = 1$) 和物质 Z ($K_d = 3$) 的混合物(假设总量各为 64 份)，各组分物质将按自身特有的分配系数在上、下两相中进行分配。达平衡后，将上相转移到第 2 号管内，其中已含有相同体积的新下相。从第 1 号管转移来的样品将在第 2 号管的上、下两相中再分配。与此同时，向第 1 号管内加入新的上相，这里也将发生样品的再分配。这样完成了第 1 次转移。如是上相将连续地向第 3,4,5…号管作第 2,3,4…次的转移。从图 2 - 15 所示的分布曲线可以看出，分配系数大的物质 Z($K_d = 3$) 沿一系列分布管的"移动"速度，要比分配系数小的物质 Y($K_d = 1$) 快。还可以看出，每一种物质在一系列分布管中是相当集中的，分布曲线呈峰形，因此只要使用足够数目的分布管，继续进行分配，就可以使两个峰彼此完全分开。

上述的这种连续分配操作可以在完全自动化的逆流分布仪上进行，逆流分布仪可用于肽、核酸和抗生素等的制备分离和纯化。

目前使用较广的分配层析形式有柱层析、纸层析和薄层层析等。

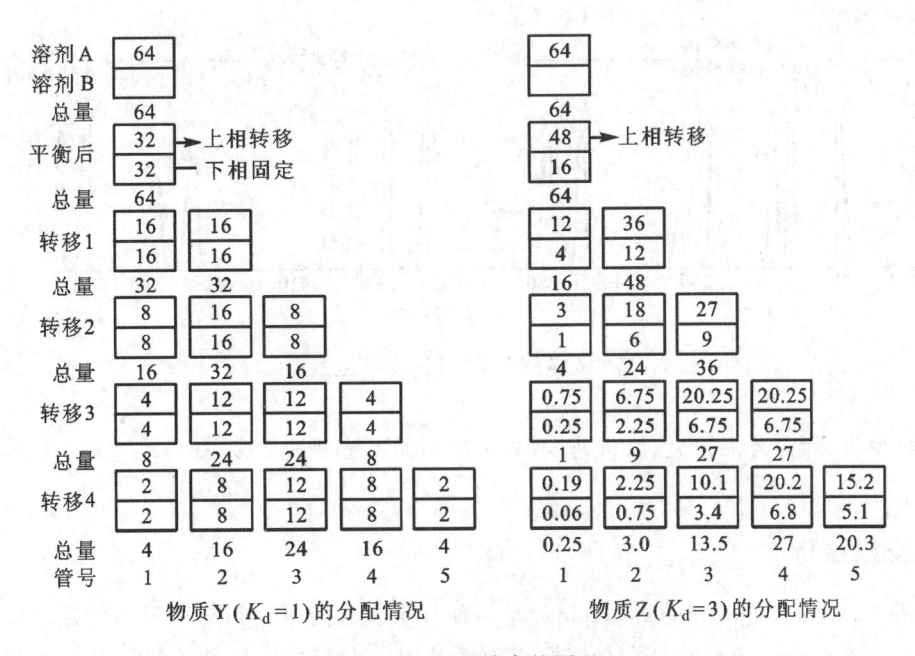

图 2-14 逆流分布的原理

柱层析中使用的填充物或支持剂(图 2-16)都是一些具有亲水性的不溶物质,如纤维素、淀粉、硅胶等。支持剂吸附着一层不会流动的结合水,可以看作固定相,沿固定相流过的与它不互溶的溶剂(如苯酚、正丁醇等)是流动相。由填充物构成的柱床可以设想为由无数的连续板层组成(图 2-16),每一板层起着微观的"分布管"作用。当用**洗脱剂**(eluent)洗脱时,即流动相移动时,加在柱上端的氨基酸混合物样品在两相之间将发生连续分配,混合物中具有不同分配系数的各种成分沿柱以不同的速度向下移动。分部收集柱下端的**洗出液**(eluate)。收集的组分分别用茚三酮显色定量。以氨基酸量对洗出液体积作图,得洗脱曲线(图 2-17)。曲线中的每个峰相当于某一种氨基酸。

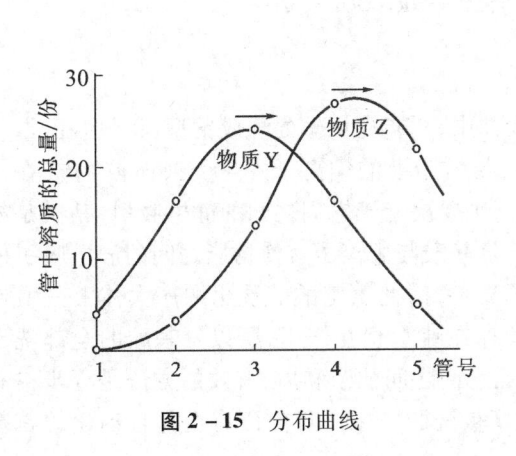

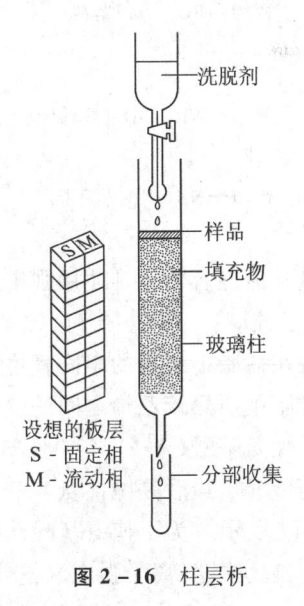

图 2-15 分布曲线

图 2-16 柱层析

纸层析中滤纸纤维素吸附的水是固定相,展层用的有机溶剂是流动相。层析时,混合氨基酸在这两相中不断分配,使它们分布在滤纸的不同位置上。

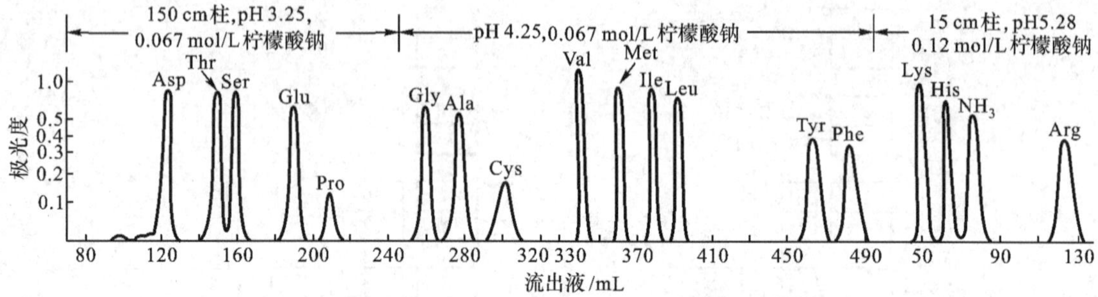

图 2-17　氨基酸分析仪记录的氨基酸洗脱曲线

薄层层析分辨率高，所需样品量微，层析速度快，可使用的支持剂种类多，如纤维素粉、硅胶和氧化铝粉等，因此应用比较广泛。

（二）离子交换层析

离子交换层析（ion-exchange chromatography）是一种基于氨基酸电荷行为的层析方法。层析柱中填充的是**离子交换树脂**（ion-exchange resin），它是具有酸性或碱性基团的人工合成聚苯乙烯-苯二乙烯（polystyrenedivinylbenzene）等不溶性高分子化合物。树脂一般都制成球形的颗粒。

阳离子交换树脂含有的酸性基团如—SO_3H（强酸型）或—COOH（弱酸型）可解离出 H^+ 离子，当溶液中含有其他阳离子时，例如在酸性环境中的氨基酸阳离子，它们可以和 H^+ 发生交换而"结合"在树脂上。同样地阴离子交换树脂含有的碱性基团如—$N(CH_3)_3OH$（强碱型）或—NH_3OH（弱碱型）可解离出 OH^- 离子，能和溶液里的阴离子，例如和碱性环境中的氨基酸阴离子发生交换而结合在树脂上：

$$\text{树脂—}SO_3^- \cdot H^+ \text{（氢型）} \text{ 或 } \text{树脂—}SO_3^- \cdot Na^+ \text{（钠型）} + \underset{(pH<pI)}{R-CH(\overset{+}{N}H_3)-COOH} \rightleftharpoons \text{树脂—}SO_3^- \cdot {}^+NH_3\text{-}CH(R)\text{-}COOH + H^+ \text{ 或 } Na^+$$

$$\text{树脂—}NR_3^+ \cdot OH^- \text{（氢氧型）} \text{ 或 } \text{树脂—}NR_3^+ \cdot Cl^- \text{（氯型）} + \underset{(pH>pI)}{R-CH(NH_2)-COO^-} \rightleftharpoons \text{树脂—}NR_3^+ \cdot OOC\text{-}CH(NH_2)\text{-}R + OH^- \text{ 或 } Cl^-$$

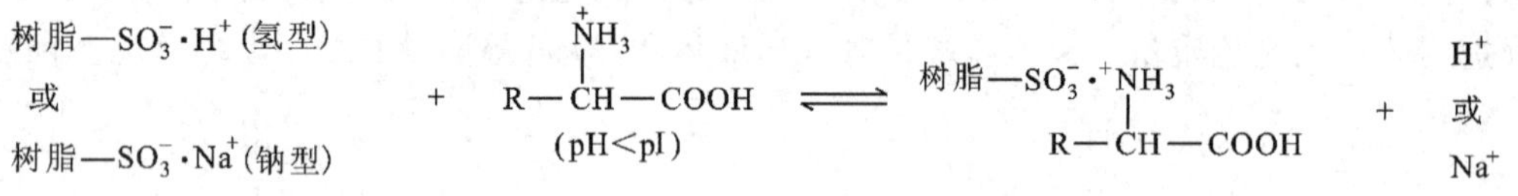

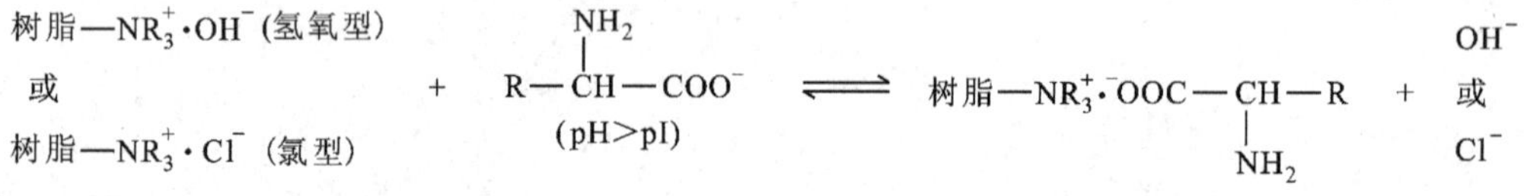

分离氨基酸混合物经常使用强酸型阳离子交换树脂。在交换柱中，树脂先用碱处理成钠型，将氨基酸混合液（pH 2~3）上柱。在 pH 2~3 时，氨基酸主要以阳离子形式存在，与树脂上的钠离子发生交换而被"挂"在树脂上。氨基酸在树脂上结合的牢固程度即氨基酸与树脂间的亲和力，主要决定于它们之间的静电吸引，其次是氨基酸侧链与树脂基质聚苯乙烯之间的疏水相互作用。在 pH 3 左右，氨基酸与阳离子交换树脂之间的静电吸引的大小次序是碱性氨基酸（A^{2+}）＞中性氨基酸（A^+）＞酸性氨基酸（A^0）。因此氨基酸的洗出顺序大体上是酸性氨基酸、中性氨基酸，最后是碱性氨基酸。由于氨基酸和树脂之间还存在疏水相互作用，所以氨基酸的全部洗出顺序如图 2-17 所示。为了使氨基酸从树脂柱上洗脱下来，需要降低它们之间的亲和力，有效的方法是逐步提高洗脱剂的 pH 和盐浓度（离子强度），这样各种氨基酸将以不同的速度被洗脱下来。目前已有全部自动化的**氨基酸分析仪**（amino acid analyzer）供分析分离用。

习 题

1. 计算赖氨酸的 $\varepsilon\text{-}NH_3^+$ 20% 被解离时的溶液 pH。[9.9]（题末的方括号内为参考答案，以下同。）
2. 计算谷氨酸的 $\gamma\text{-}COOH$ 三分之二被解离时的溶液 pH。[4.6]
3. 计算下列物质 0.3 mol/L 溶液的 pH：(a) 亮氨酸盐酸盐，(b) 亮氨酸钠盐和 (c) 等电亮氨酸。[(a) 约 1.46，(b) 约 11.5，(c) 约 6.05]
4. 根据表 2-3 中氨基酸的 pK_a 值，计算下列氨基酸的 pI 值：丙氨酸、半胱氨酸、谷氨酸和精氨酸。[pI: 6.02; 5.02; 3.22; 10.76]
5. 向 1 L 1 mol/L 的处于等电点的甘氨酸溶液加入 0.3 mol HCl，问所得溶液的 pH 是多少？如果加入 0.3 mol NaOH 以代替 HCl 时，pH 将是多少？[pH: 2.71; 9.23]
6. 计算 0.25 mol/L 的组氨酸溶液在 pH 6.4 时各种离子形式的浓度（mol/L）。[His^{2+} 为 1.78×10^{-4}，His^+ 为 0.071，His^0 为 0.179，His^- 为 2.8×10.4]
7. 说明用含一个结晶水的固体组氨酸盐酸盐（M_r 209.6；咪唑基 $pK_a = 6.0$）和 1 mol/L KOH 配制 1 L pH 6.5 的 0.2 mol/L 组氨酸盐缓冲液的方法。[取组氨酸盐酸盐 41.92 g (0.2 mol)，加入 1 mol/L KOH 352 mL，用水稀释至 1 L。]
8. L-亮氨酸溶液（3.0 g/50 mL 6 mol/L HCl）在 20 cm 旋光管中测得的旋光度为 +1.81°。计算 L-亮氨酸在 6 mol/L HCl 中的比旋。[[α] = +15.1°]
9. 甘氨酸在溶剂 A 中的溶解度为在溶剂 B 中的 4 倍，苯丙氨酸在溶剂 A 中的溶解度仅为在溶剂 B 中的两倍。利用在溶剂 A 和 B 之间的逆流分布方法将甘氨酸和苯丙氨酸分开。在起始溶液中甘氨酸含量为 100 mg，苯丙氨酸为 81 mg。试回答：利用由 4 个分布管组成的逆流分布系统时，甘氨酸和苯丙氨酸各在哪一号分布管中含量最高？[第 4 管和第 3 管]
10. 将含有天冬氨酸 (pI = 2.98)、甘氨酸 (pI = 5.97)、苏氨酸 (pI = 6.53)、亮氨酸 (pI = 5.98) 和赖氨酸 (pI = 9.74) 的 pH 3.0 柠檬酸缓冲液，加到预先用同样缓冲液平衡过的强阳离子交换树脂中，随后用该缓冲液洗脱此柱，并分部收集洗出液。问这 5 种氨基酸将按什么次序洗脱下来？[Asp, Thr, Gly, Leu, Lys]

主要参考书目

[1] 王镜岩，朱圣庚，徐长法. 生物化学. 第三版. 北京：高等教育出版社，2002.
[2] 西格尔 I H (Segel I H). 生物化学计算. 吴经才等译. 北京：科学出版社，1984.
[3] 林克椿. 生物物理技术——波谱技术及其在生物学中的应用. 北京：高等教育出版社，1989.
[4] Garrett R H, Grisham C M. Biochemistry. 3rd ed. USA：Saunders College Publishing, 2004.
[5] Nelson D L, Cox M M. Lehninger Principles of Biochemistry. 4th ed. New York：W. H. Freeman, 2004.
[6] Barrett G C. Chemistry and Biochemistry of the Amino Acids. New York：Chapman and Hall, 1985.

（徐长法）

第3章 蛋白质的通性、纯化和表征

分离蛋白质混合物的目的是多种多样的。研究某种蛋白质的分子结构、氨基酸组成、化学和物理性质,需要纯的、均一的甚至是结晶的蛋白质样品。研究活性蛋白的生物学功能,需要样品保持天然构象,避免因变性而丢失活性。在制药工业中,需要把某种具有特殊功能的蛋白质纯化到规定的要求,特别要注意把一些具有干扰或拮抗性质的成分除去。总之,在实际工作中应根据研究工作和生产的具体目的和要求,制订出分离纯化的合理程序。分离纯化蛋白质的各种方法都是利用蛋白质之间各种特性的差异,包括分子大小、电荷、溶解度、吸附性质和对配体分子的特异识别即生物学亲和力。

本章除讲述蛋白质的分离纯化之外,还将适当地介绍蛋白质的酸碱性质、胶体性质和沉淀,蛋白质相对分子质量(M_r)的测定以及蛋白质的含量测定和纯度鉴定。

一、蛋白质的酸碱性质

蛋白质分子由氨基酸组成,在蛋白质分子中保留着游离的末端 α-氨基和末端 α-羧基以及侧链上的各种官能团。因此蛋白质的化学和物理性质有些是与氨基酸相同的,例如,侧链上官能团的化学反应,分子的两性电解质性质等。蛋白质分子中,可解离基团主要来自侧链上的官能团(表3-1),此外还有少数的末端 α-羧基和末端 α-氨基。如果是缀合蛋白质,则还有辅基成分所包含的可解离基团。蛋白质分子可解离基团的 pK_a 值列于表3-1。它们和游离氨基酸中相应基团的 pK_a 值不完全相同,这是由于在蛋白质分子中受到邻近电荷的影响造成的。

表3-1 蛋白质分子中可解离基团的 pK_a 值

基团	酸 ⇌ 碱 + H⁺	pK_a(25℃)
α-羧基	—COOH ⇌ —COO⁻ + H⁺	3.0~3.2
β-羧基(Asp)	—COOH ⇌ —COO⁻ + H⁺	3.0~4.7
γ-羧基(Glu)	—COOH ⇌ —COO⁻ + H⁺	4.4
咪唑基(His)	(咪唑阳离子) ⇌ (咪唑) + H⁺	5.6~7.0
α-氨基	—NH₃⁺ ⇌ —NH₂ + H⁺	7.6~8.4
ε-氨基(Lys)	—NH₃⁺ ⇌ —NH₂ + H⁺	9.4~10.6
巯基(Cys)	—SH ⇌ —S⁻ + H⁺	9.1~10.8
苯酚基(Tyr)	—C₆H₄—OH ⇌ —C₆H₄—O⁻ + H⁺	9.8~10.4
胍基(Arg)	—C(NH₃⁺)=NH ⇌ —C(NH₂)=NH + H⁺	11.6~12.6

可以把蛋白质分子看作是一个多价离子,所带电荷的符号和数量是由蛋白质分子中的可解离基团的种类和数目以及溶液的 pH 所决定的。对某一种蛋白质来说,在某一 pH,它所带的正电荷与负电荷恰好相等,也即净电荷为零,这一 pH 称为蛋白质的**等电点**。表3-2列出几种蛋白质的等电点。蛋白质的等电点和它所含的酸性氨基酸和碱性氨基酸的数目比例有关。

表 3-2　几种蛋白质的等电点

蛋　白　质	等电点	蛋　白　质	等电点
胃蛋白酶	1.0	肌球蛋白	7.0
卵清蛋白	4.6	α-胰凝乳蛋白酶	8.3
血清清蛋白	4.7	α-胰凝乳蛋白酶原	9.1
β-乳球蛋白	5.2	核糖核酸酶	9.5
胰岛素	5.3	细胞色素 c	10.7
血红蛋白	6.7	溶菌酶	11.0

一种蛋白质的滴定曲线形状和等电点,在有中性盐存在下可以发生明显的变化。这是由于蛋白质分子中的某些解离基团可以与中性盐中的阳离子如 Ca^{2+}、Mg^{2+} 或阴离子如 Cl^-、HPO_4^{2-} 相结合,因此观察到的蛋白质等电点在一定程度上决定于介质中离子的组成。当没有溶液中的盐类干扰时,蛋白质分子本身的质子供体基团解离出来的质子数与它的质子受体基团结合的质子数相等时的溶液 pH 称为**等离子点**(isoionic point,或称等离点),等离子点是每种蛋白质的一个特征常数。

二、蛋白质的胶体性质与蛋白质的沉淀

(一) 蛋白质胶体性质

蛋白质溶液是一种**分散系统**(disperse system)。在这种分散系统中,蛋白质是被分散的物质,也称为分散相(disperse phase),水是分散介质(dispersing medium),是一个连续相。就其分散程度来说,蛋白质溶液属于**胶体[分散]系统**(colloidal system),但是它的分散相质点是分子本身,是由蛋白质分子与溶剂(水)所构成的均相系统,在这个意义上说它又是一种真溶液。分散程度以分散相质点的半径来衡量。根据分散程度可以把分散系统分为 3 类:分散相质点半径小于 1 nm 的为真溶液,大于 100 nm 的为悬浊液,介于 1~100 nm 的为胶体溶液。

分散相质点在胶体系统中保持稳定,需要具备 3 个条件:①分散相的质点大小在 1~100 nm 范围内,这样大小的质点在动力学上是稳定的,介质分子对这种质点碰撞的合力不等于零,使它能在介质中作不断的布朗运动(Brown movement);②分散相的质点带有同种符号的净电荷,互相排斥,不易聚集成大颗粒而沉淀;③分散相的质点能与溶剂形成溶剂化层,例如与水形成**水化层**,质点有了水化层,相互间不易靠拢而聚集。

从蛋白质相对分子质量的测定和形状的观测知道,蛋白质的分子大小属于胶体质点的范围。蛋白质溶液是一种**亲水胶体**(hydrophilic colloid)。蛋白质分子表面的亲水基团,如—NH_2、—COOH、—OH 以及—CO—NH—等,在水溶液中能与水分子发生**水化作用**(hydration),使蛋白质分子表面形成一个水化层,每克蛋白质分子能结合 0.3~0.5 g 水。一种蛋白质分子在适当的 pH 条件下都带有同种符号的净电荷。蛋白质溶液由于蛋白质分子具有水化层与电荷两种稳定因素,所以作为胶体系统是相当稳定的,如无外界因素的影响,就不致互相聚集而沉淀。蛋白质溶液也和一般的胶体系统一样具有丁达尔效应(Tyndall effect)、布朗运动以及不能通过半透膜(semipermeable membrane)等性质。

(二) 蛋白质沉淀

蛋白质在溶液中的稳定性是有条件的、相对的。如果条件发生改变,破坏了蛋白质溶液的稳定性,蛋白质就会从溶液中沉淀出来。蛋白质溶液的稳定性既然与质点大小、电荷和水化作用有关,那么很自然,任何影响这些条件的因素都会影响蛋白质溶液的稳定性。例如在蛋白质溶液中加入**脱水剂**(dehydrating agent)以除去它的水化层,或者改变溶液的 pH 达到蛋白质的等电点使质点的净电荷为零,蛋白质分子则聚集成大的颗粒而沉淀。

沉淀蛋白质的方法有以下几种:

(1) 盐析法　向蛋白质溶液中加入大量的中性盐(硫酸铵、硫酸钠或氯化钠等),使蛋白质脱去水化层而聚集沉淀。盐析沉淀一般不引起蛋白质变性。当除去盐后,可再溶解。

(2) 有机溶剂沉淀法　向蛋白质溶液中加入一定量的极性有机溶剂(甲醇、乙醇或丙酮等),因引起蛋白质脱去水化层以及降低介电常数而增加异性电荷间的相互作用,致使蛋白质颗粒容易聚集而沉淀。有机溶剂可引起蛋白质变性,但如果在低温下操作,并且尽量缩短处理时间则可使变性速度减慢。

(3) 重金属盐沉淀法　当溶液 pH 大于等电点时,蛋白质颗粒带负电荷,这样它就容易与重金属离子(Hg^{2+}、Pb^{2+}、Cu^{2+}、Ag^+ 等)结合成不溶性盐而沉淀。误服重金属盐的病人可口服大量牛乳或豆浆等蛋白质进行解救就是因为它能与重金属离子形成不溶性盐,然后再服用催吐剂把它排出体外。

(4) 生物碱试剂和某些酸沉淀法　**生物碱试剂**是指能引起生物碱(alkaloid)沉淀的一类试剂,如鞣酸也称单宁酸(tannic acid),苦味酸(picric acid)即 2,4,6-三硝基酚,钨酸(tungstic acid, HWO_4)和碘化钾等。某些酸指的是三氯醋酸、磺基水杨酸(sulfosalicylic acid)和硝酸等。当溶液 pH 小于等电点时,蛋白质颗粒带正电荷,容易与生物碱试剂和某些酸的酸根负离子发生反应生成不溶性盐而沉淀。这类沉淀反应经常被临床检验部门用来除去体液中干扰其他物质测定的蛋白质。

(5) 加热变性沉淀法　几乎所有的蛋白质都因加热变性而凝固。少量盐类促进蛋白质加热凝固。当蛋白质处于等电点时,加热凝固最完全和最迅速。加热变性引起蛋白质凝固沉淀的原因可能是由于热变性使蛋白质天然构象解体,疏水基外露,因而破坏了水化层,同时由于蛋白质处于等电点也破坏了带电状态。我国很早就创造了将大豆蛋白质的浓溶液加热并点入少量盐卤(含 $MgCl_2$)的制豆腐方法,这是成功地应用加热变性沉淀的一个例子。

三、蛋白质分离纯化的一般原则

蛋白质在组织和细胞中一般都是以复杂的混合形式存在,每种类型的细胞都含有几千种不同的蛋白质。蛋白质的**分离**(separation)和**纯化**(purification)工作是生物化学中一项艰巨而繁重的任务。到目前为止,还没有一个单独的或一套现成的方法能把任何一种蛋白质从复杂的混合蛋白质中纯化出来。但是对于任何一种蛋白质都有可能选择一套适当的分离纯化程序以获得高纯度的制品(preparation)。现在已有几百种蛋白质得到结晶,上千种蛋白质获得高纯度的制品。蛋白质纯化的总目标是增加制品的**纯度**(purity)或**比活力**(specific activity),以增加单位蛋白质质量中所要蛋白质的含量或生物活性(以活性单位/毫克蛋白表示),并希望所得蛋白质的产量达到最高值。

分离纯化某一蛋白质的一般程序可以分为前处理、粗分级分离和细分级分离 3 步:

(1) 前处理(pretreatment)　分离纯化某一蛋白质,首先要求把蛋白质从原来的组织或细胞中以溶解的状态释放出来,并保持原来的天然状态,避免丢失生物活性。为此,动物材料应先剔除结缔组织包括脂肪组织;种子材料应先去壳和种皮以免受单宁等物质的污染,油料种子最好先用低沸点的有机溶剂如乙醚等脱脂。然后根据不同的情况,选择适当的方法,将组织或细胞破碎。动物组织可用电动捣碎机或匀浆器(homogenizer)破碎或用超声处理(ultrasonication)破碎。植物组织由于具有由纤维素等物质组成的细胞壁,一般需要用与石英砂或玻璃粉和适当的缓冲液一起研磨的方法破碎或用**纤维素酶**(cellulase)处理也能达到目的。细菌细胞的破碎比较麻烦,因为整个细菌细胞壁的骨架实际上是一个借共价键连接而成的囊状肽聚糖(peptidoglycan)分子(见第 7 章),非常坚韧。破碎细菌细胞的常用方法有超声震荡,与砂研磨或**溶菌酶**处理等。组织和细胞破碎以后,选择适当的缓冲液把所要的蛋白质提取出来。细胞碎片等不溶物离心或过滤除去。

如果所要的蛋白质主要集中在某一细胞组分,如细胞核、染色体、核糖体或可溶性的细胞质等,则可利用**差速离心**(differential centrifugation)方法将它们分开(表 3-3),收集该细胞组分作为下步纯化的材料。这样可以一下子除去很多杂蛋白,使纯化工作容易得多。如果碰上所要蛋白质是与细胞膜或膜质细胞器结合的,则必须利用超声波或去污剂使膜结构解聚,然后用适当的介质提取。

表 3-3　在不同离心场下沉降的细胞组分

相对离心场 */g	时间 / min	沉降的组分
1 000	5	真核细胞
4 000	10	叶绿体, 细胞碎片, 细胞核
15 000	20	线粒体, 细菌
30 000	30	溶酶体, 细菌细胞碎片
100 000	3~10 (h)	核糖体

* 相对离心场或相对离心力（relative centrifugal field or force, RCF）是指单位质量（1g）所受到的场或力，以重力加速度 g（980.7 cm/s²）的倍数表示。RCF 与每分钟的转数（r/min）以及离心机转轴中心到离心管中间的距离，即平均半径 r（以 cm 表示）的关系为：$RCF = \frac{4\pi^2 (r/min)^2 r}{3\,600 \times 980} = 11.19 \times 10^{-5} (r/min)^2 r$。

(2) **粗分级分离**（rough fractionation） 当蛋白质提取液（有时还杂有核酸、多糖之类）获得后，选用一套适当的方法，将所要的蛋白质与其他杂蛋白质分离开来。一般这一步的分级分离用盐析、等电点沉淀和有机溶剂分级分离等方法。这些方法的特点是简便、处理量大，既能除去大量杂质，又能浓缩蛋白质溶液。有些蛋白质提取液不适于用沉淀或盐析法浓缩，则可采用超过滤或凝胶过滤层析等方法浓缩。

(3) **细分级分离**（fine fractionation） 即制品的纯化。制品经粗分级分离后，一般体积较小，杂蛋白质大部分已被除去。纯化一般使用层析法包括凝胶过滤、离子交换层析、吸附层析以及亲和层析等。必要时还可选用电泳法，如凝胶电泳等电聚焦作进一步纯化，但电泳法主要用于纯度分析。

结晶是蛋白质分离纯化的最后步骤。尽管晶体并不能保证蛋白质一定是均一的，但是在溶液中只有某种蛋白质数量上占优势时才能形成晶体。由于晶体中从未发现过变性蛋白质，因此蛋白质晶体不仅是纯度的一个标志，也是断定制品处于天然状态的有力指标。结晶也是进行 X 射线晶体学分析所要求的，只有获得蛋白质晶体才能对它进行 X 射线结构分析。结晶的最佳条件是使溶液处于略过饱和状态。为此可借控制温度、加中性盐、加有机溶剂或调节 pH 等方法来达到。

四、蛋白质的分离纯化方法

（一）透析和超过滤

透析（dialysis）是利用蛋白质分子不能通过半透膜的性质，使蛋白质和其他小分子物质如无机盐、单糖等分开。常用的半透膜是玻璃纸（cellophane paper）、火棉纸（celloidin paper）和其他改型的纤维素材料。透析是把待纯化的蛋白质溶液装在半透膜的透析袋里，放入透析液（dialysate）中进行的，透析液（蒸馏水或缓冲液）可以更换，直至透析袋内无机盐等小分子物质降低到最小值为止（图 3-1）。**超过滤**（ultrafiltration）是利用压力或离心力，强行使水和其他小分子溶质通过半透膜，而蛋白质被截留在膜上，以达到浓缩和脱盐的目的（图 3-2）。如果滤膜选择得当，还能同时进行粗分级分离。超过滤既可以用于小量样品处理，也可用于规模生产。现在已有各种市售的超过滤装置可供选用，有加压、抽滤和离心等多种形式。滤膜也有多种规格，用于截留相对分子质量不同的蛋白质。

（二）凝胶过滤

即**凝胶过滤**（gel filtration）**层析**，也称**大小排阻**（size-exclusion）**层析**或**凝胶渗透**（gel permeation）**层析**。这是根据分子大小分离蛋白质混合物最有效的方法之一。

凝胶过滤的介质是多孔网状结构的凝胶珠或凝胶颗粒。凝胶的交联度或孔度（网孔大小）决定了凝胶的**分级分离范围**（fractionation range），也即能被该凝胶分离开来的蛋白质混合物的相对分子质量范围，例如 Sephadex G-50 的分级分离范围是 1 500 ~ 30 000。有时也用**排阻极限**（exclusion limit）来表示分级分离范围的上限，它被

图 3-1　透析装置

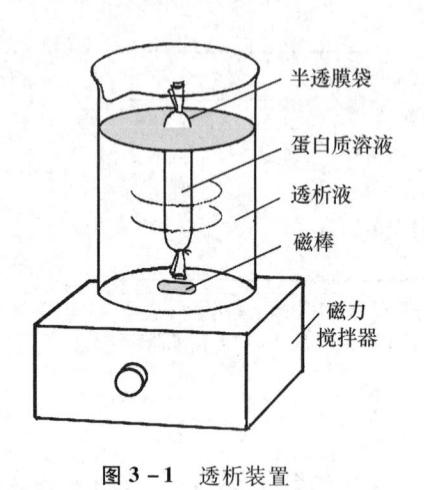

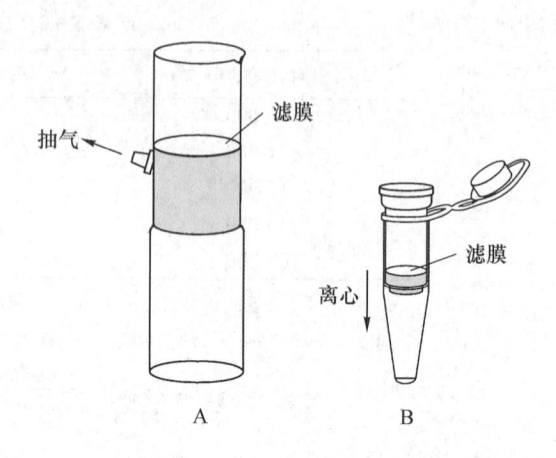

图 3-2　利用压力(A)和离心力(B)的超过滤装置

定义为不能扩散进入凝胶珠网孔的最小分子的 M_r，例如 Sephadex G-50 的排阻极限是 30 000。凝胶的粒度与洗脱流速和分辨率有关。粒度通常用筛眼数或目数(mesh size)或珠直径(μm)表示。

目前经常使用的凝胶有交联葡聚糖、聚丙烯酰胺和琼脂糖等。**交联葡聚糖**是由线性的 α-1,6-葡聚糖与 1-氯-2,3-环氧丙烷反应而成的化合物，它的商品名称为 **Sephadex**。**聚丙烯酰胺凝胶**(商品名称为 Bio-Gel P)是一种人工合成的凝胶，它是由单体丙烯酰胺(acrylamide)和交联剂甲叉双丙烯酰胺(N, N'-methylenebisacrylamide)共聚而成的。**琼脂糖**是从琼脂中分离制得的，它的商品名称为 **Sepharose** 或 Bio-Gel A，这种凝胶的优点是孔径大，排阻极限高。

当分子大小不同的蛋白质流经凝胶柱时，比凝胶网孔大的分子不能进入珠内，而被排阻在凝胶珠之外，随着溶剂在凝胶珠之间的孔隙向下移动并最先流出柱外；比网孔小的分子能不同程度地自由出入凝胶珠的内外。这样由于大小不同的分子所经的路径不同而得到分离，大分子物质先被洗脱出来，小分子物质后被洗脱出来。凝胶过滤的基本原理可用图 3-3 表示。

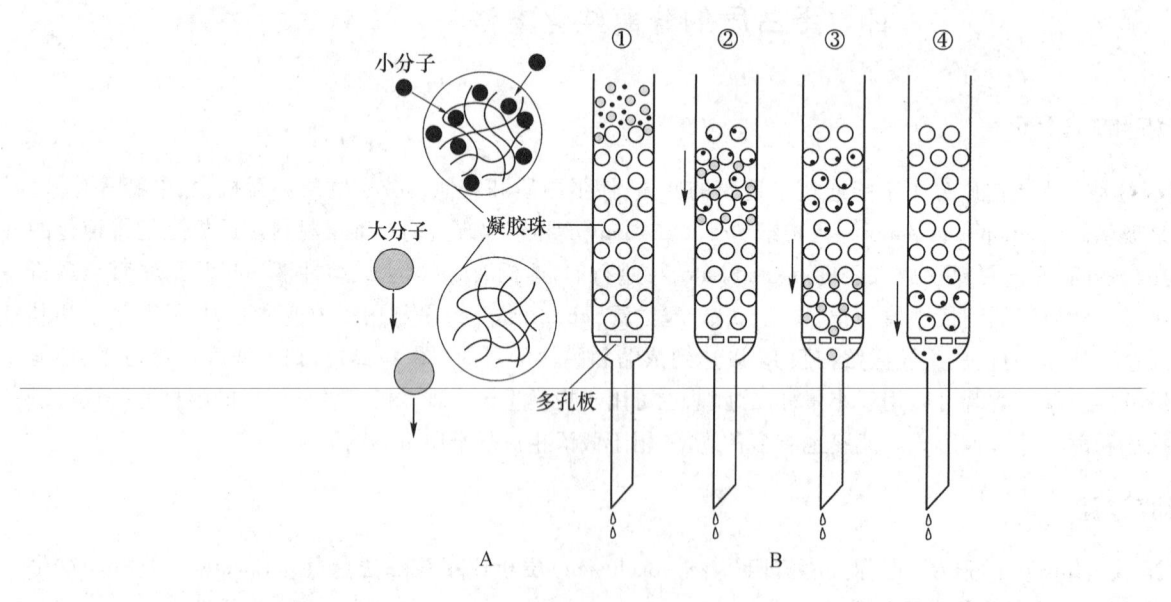

图 3-3　凝胶过滤层析的原理

A. 小分子由于扩散作用进入凝胶珠内部而被滞留，大分子被排斥在凝胶珠外面并在凝胶珠之间迅速通过；B. ①蛋白质混合物上柱；②洗脱开始，小分子扩散进入凝胶珠内部而被滞留，而大分子则被排阻在凝胶珠之外并向下移动，大、小分子开始分开；③大、小分子完全分开；④大分子因行程较短，已被洗脱出层析柱，小分子尚在行进中

为了便于讨论凝胶过滤层析的原理,介绍几个有关凝胶体积的术语(图3-4):V_t 为凝胶柱床的总体积(total volume),常称**柱床体积**;V_e 为某一待分离物质组分的**洗脱体积**(elution volume),自加样品开始到该组分的洗脱峰(峰顶)出现时所流出的体积;V_o 为孔隙体积(void volume)或**外水体积**(outer volume),即柱床中凝胶珠外孔隙的水相体积;测出不被凝胶滞留的蓝色葡聚糖-2000(blue dextran,M_r 约为 2 000 000)的洗脱体积即为 V_o;V_i **内水体积**(inner volume)即凝胶珠内部的水相体积;V_m 为凝胶基质体积(matrix volume)。

凝胶床内各种体积之间的关系是:$V_t = V_o + V_i + V_m$;其中 $(V_i + V_m)$ 亦即 $(V_t - V_o)$ 是凝胶珠的总体积。假定凝胶与待分离的物质之间不存在相互作用,那么凝胶过滤可以看成是一种液-液分配层析。凝胶珠内的水相是固定相 (V_i),凝胶珠外的水相是流动相 (V_o),物质就在 V_o 和 V_i 之间分配。能进入 V_i 的组分的量决定于组分分子的大小和凝胶网孔的大小。物质在柱中的移动速度取决于它在两相之间的分配系数 (K_d):

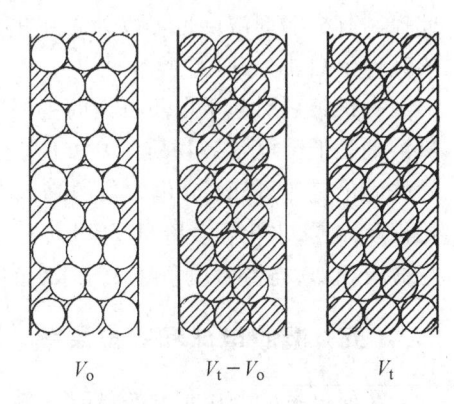

图3-4 凝胶柱床中 V_t,V_o 等关系示意图(阴影部分为所指的体积)

$$K_d = \frac{V_e - V_o}{V_i}$$

K_d 是组分分子大小的函数。对于完全被排阻在凝胶珠之外的大分子来说,它们将在同一洗脱峰出现,$V_e = V_o$,$K_d = 0$。对于完全能自由出入凝胶珠内外的小分子,$V_e = V_o + V_i$,$K_d = 1$;对于在分级分离范围内的中等大小分子,凝胶珠内部的有些网孔它们能扩散进去,有些网孔则不能,因此一般情况下,K_d 总是在0与1之间。因此在分级分离范围之外的物质 ($K_d = 0$ 或 $K_d = 1$),虽分子大小有所不同,但也不能被分开。实验中,有时出现 $K_d > 1$ 的现象,这表明凝胶对组分有吸附作用。

(三)盐溶和盐析

根据蛋白质分子结构的特点,适当地改变溶液的 pH、盐浓度(确切地说是离子强度)、介电常数和温度等外部因素,可以选择性地控制蛋白质混合物中某一成分的溶解度,作为分级分离蛋白质的手段。

中性盐对球状蛋白质的溶解度有显著的影响。低浓度时,中性盐可以增加蛋白质的溶解度,这种现象称为**盐溶**(salting in)。盐溶作用主要是由于蛋白质分子吸附某种盐离子后,使蛋白质分子彼此排斥并使蛋白质分子与水之间的相互作用加强,因而溶解度增高。

高浓度盐例如饱和或半饱和时,有些蛋白质将从水溶液中沉淀出来,这种现象称为**盐析**(salting out)。盐析作用主要是由于大量中性盐的加入使水的活度降低,原来溶液中的大部分甚至全部自由水转变为盐离子的**水化水**(hydration water),并使蛋白质分子的水化层脱水致使蛋白质分子表面上的疏水基团暴露,由于分子间的疏水相互作用引起蛋白质聚集沉淀。例如鸡蛋清用水稀释后,加入硫酸铵至半饱和,其中的球蛋白立即沉淀析出(表2-1);过滤后酸化至 pH 4.6~4.8(卵清蛋白的等电点),在20℃放置,即得卵清蛋白晶体。盐析沉淀的蛋白质保持天然构象,能再溶解。用于盐析的中性盐以硫酸铵为最佳,因为它在水中的溶解度很高,而溶解度的温度系数又较低。

(四)有机溶剂分级分离法

与水互溶的有机溶剂(如乙醇和丙酮等)能使蛋白质在水中的溶解度显著降低。在室温下,这些有机溶剂不仅能引起蛋白质沉淀,而且伴随着变性。但如果预先将有机溶剂冷却到 -40℃至 -60℃,然后在不断地搅拌下加入有机溶剂以防止局部浓度过高,那么变性问题在很大程度上可以得到解决。蛋白质在有机溶剂中的溶解度也随温度、pH 和离子强度而变化。在一定温度、pH 和离子强度条件下,引起蛋白质沉淀的有机溶剂的浓度不同,因此控制有机溶剂浓度也可以分离纯化蛋白质。例如，在-5℃的25%乙醇中卵清蛋白可以沉淀析出而与卵清中的其他蛋白质分开。

有机溶剂引起蛋白质沉淀的主要原因之一是改变介质的介电常数。水是高介电常数物质（20℃时，80），有机溶剂是低介电常数物质（20℃时，乙醇24，丙酮21.4），因此有机溶剂的加入使水溶液的介电常数降低。从电学的库伦定律可知，介电常数的降低将增加异性电荷之间的吸引力。这样，蛋白质分子表面可解离基团的离子化程度减弱，水化程度降低，因此促进了蛋白质分子的聚集沉淀。有机溶剂引起蛋白质沉淀的另一重要方式可能与盐析相似，与蛋白质争夺水化水，致使蛋白质聚集沉淀。

（五）凝胶电泳和等电聚焦

在外电场的作用下，带电颗粒，例如带电的蛋白质分子，将向着与其电荷符号相反的电极移动，这种现象称为**电泳**（electrophoresis）或**离子泳**（ionophoresis）。或从方法学的角度给电泳定义为基于带电颗粒（离子）在电场中的移动速度不同而达到分离目的的一项技术。电泳方法可用于氨基酸、肽、蛋白质、核苷酸和核酸等生物分子的分析分离，但一般不用于大量的制备分离，因为电泳经常会影响蛋白质的结构，因而也影响它的功能。

带电颗粒在电场中发生泳动时，将受到两种方向相反的力的作用：

$$F(电场力) = qE = q\frac{U}{d}$$

$$F_f(摩擦力) = fv$$

这里，q 为颗粒所带的电量；E 为电场强度或电势梯度 $= U/d$；U 为两电极间的电势差（V）；d 为两电极间的距离（cm）；f 为摩擦系数（与颗粒的形状、大小和介质的黏度有关）；v 为颗粒泳动速度（cm/s）；当颗粒以恒稳速度移动时，则 $F - F_f = 0$，因此 $qE = fv$，即，

$$\frac{v}{E} = \frac{q}{f}$$

在一定的介质中对某一种蛋白质来说，q/f 是一个定值，因而 v/E 也是定值，它被称为**电泳迁移率**或**泳动度**（electrophoretic mobility）：$\mu = v/E$。v 值可以通过实验测得，蛋白质的 v 值为 $0.1 \times 10^{-1} \sim 1.0 \times 10^{-4}$ cm$^2 \cdot$ V$^{-1} \cdot$ s^{-1}。蛋白质的泳动度反映一种蛋白质的特性。因此电泳不仅是分离分析蛋白质的重要手段，也是研究蛋白质性质的一种有用的物理方法。

电泳的类型很多，目前使用最广泛的是凝胶电泳。电泳过程是在用缓冲液配制的支持介质如聚丙烯酰胺凝胶或琼脂糖凝胶上进行的。**聚丙烯酰胺凝胶电泳**（polyacrylamide gel electrophoresis，PAGE）用于蛋白质和寡核苷酸的分离，**琼脂糖凝胶电泳**（agarose gel electrophresis）用于核酸的分离。凝胶可制成平板或圆柱，平板凝胶电泳装置的图解见图3-5A，B。电泳前将待分离的蛋白质样品加到凝胶板的加样孔中，凝胶板的两端与电极连接，通电进行电泳。电泳毕，用显色剂（如考马斯亮蓝）浸染后可显示出蛋白质组分区带（图3-5C）。有些混合物一次电泳不能完全分开。这种情况可在第一次电泳后，将凝胶条切下，旋转90°，通过凝胶间的接触印迹转移到新的凝胶板上，进行第二次电泳。这种方法被称为**双向电泳**（two-dimensional electrophoresis）。

等电聚焦（isoelectrofocusing，IEF）是一种高分辨率的蛋白质分析分离技术。它用于蛋白质的等电点测定。利用这种技术分离蛋白质混合物是在具有 pH 梯度的介质（如聚丙烯酰胺凝胶）中进行的。在外电场作用下各种蛋白质将移向并聚焦（停留）在等于其等电点的 pH 梯度处，并形成一个很窄的区带。等电聚焦可以把人的血清分成40多个区带。此技术特别适用于**同工酶**（isoenzyme）的鉴定。只要它们的 pI 有 0.02（甚至 <0.02）pH 单位的差别就能分开。pH 梯度制作一般利用两性电解质（商品名为 Ampholine），它是脂肪族多胺和多羧类的同系物，它们具有相近但不同的 pK_a 和 pI 值。在电场作用下，自然形成 pH 梯度。

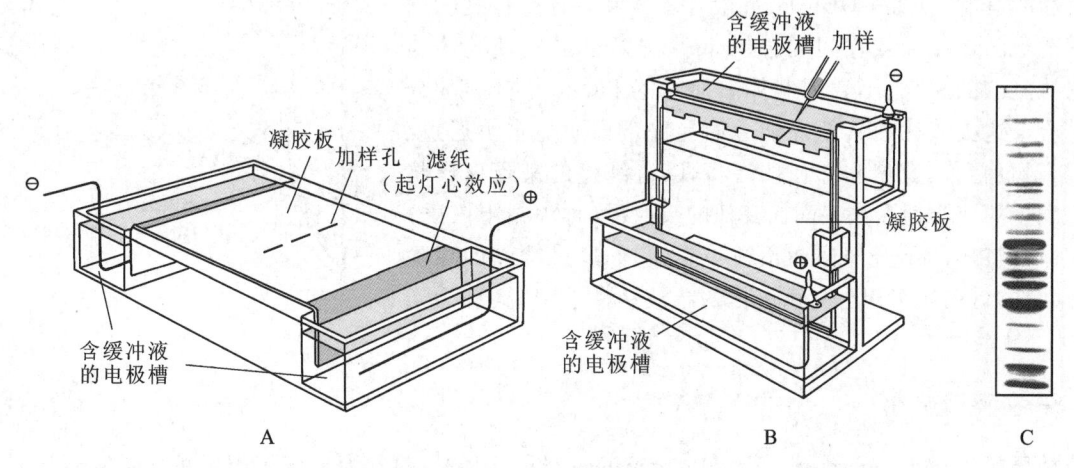

图3-5 水平式(A)和垂直式(B)平板凝胶电泳图解和染色后显示的蛋白质组分区带示意图(C)

(六) 离子交换层析

离子交换层析的基本原理已在第3章中述及。这里主要介绍用于生物大分子蛋白质或核酸层析的支持介质——纤维素离子交换剂和交联葡聚糖离子交换剂的一些特性。

纤维素离子交换剂(cellulose ion exchanger)是采用纤维素作为交换剂的基质。纤维素离子交换剂之所以适用于大分子的分离,是由于它具有松散的亲水性网状结构,有较大的表面积,大分子可以自由通过。因此它对蛋白质的交换容量比离子交换树脂大。同时纤维素糖残基上的羟基被可交换基因取代的百分率较低,因而纤维素离子交换剂的电荷密度较小,所以洗脱条件温和,蛋白质回收率较高。此外纤维素离子交换剂的品种较多,可以适用于各种分离目的。总之,它的出现对酶和其他蛋白质的分离纯化是个重大的改进。常用的阳离子交换剂有羧甲基-、磷酸基-和磺乙基-纤维素等;阴离子交换剂有氨基乙基-、二乙基氨基乙基-(DEAE-)和三乙基氨基乙基-(TEAE-)纤维素等。

交联葡聚糖离子交换剂(Sephadex ion exchanger)的类型和可解离基团的种类与纤维素离子交换剂的差不多,只是基质纤维素换成交联葡聚糖。Sephadex 离子交换剂每克干重具有相当多的可解离基团,容量比纤维素离子交换剂大3~4倍。这类交换剂的优点是,它们既能根据分子的净电荷数量又能根据分子的大小(分子筛效应)进行分离。

在离子交换层析中,蛋白质对离子交换剂的结合力取决于彼此间符号相反的电荷基团的静电吸引,因此与溶液的 pH 和盐浓度有关。蛋白质混合物的分离可以通过改变洗脱剂的盐离子强度和 pH 来完成。改变洗脱剂的盐浓度和 pH 的方式有两种:一种是跳跃式的分段改变,称为**分段洗脱**(stepwise elution),另一种方式是渐进式的连续改变,称为**梯度洗脱**(gradient elution),梯度洗脱一般分离效果好,分辨率高。

(七) 亲和层析

亲和层析(affinity chromatography)是利用蛋白质分子对其配体(或称为配基)分子特有的识别能力即生物学亲和力建立起来的一种有效纯化方法,它经常只需要经过一步的处理即可将某种所需蛋白质从复杂的混合物中分离出来,并且纯度相当高。亲和层析最先用于酶的纯化并从中得到发展,但现在已广泛地用于核苷酸、核酸、免疫球蛋白、膜受体、细胞器甚至完整的细胞的纯化。亲和层析需要有关待纯化物质的结构生物学特异性的知识,以便设计出最好的分离条件。纯化酶时配体可以是底物、可逆抑制剂或别构效应物(见第9~11章)。被选择的条件一般是对酶-底物的结合最适的,因为方法的成功有赖于复合体的可逆形成。

亲和层析的基本原理是把待纯化的某一蛋白质的特异配体通过适当的化学反应共价地连接到像琼脂糖凝胶

这类载体表面的官能团(如—OH)上,一般在配体和多糖载体之间插入一段长度适当的连接臂或称间隔臂(如 ε-氨基己酸),使配体与凝胶之间保持足够的距离,不致因载体表面的位阻妨碍待分离的分子与配体结合。这类载体在其他性能方面允许蛋白质能自由通过。当蛋白质混合物加到填有亲和介质的层析柱,待纯化的某蛋白质将被吸附在含配体的琼脂糖颗粒表面而其他的蛋白质(称为杂蛋白质)则因对该配体无特异的结合部位而不被吸附,它们通过洗涤即可除去,被特异结合的蛋白质可用含自由配体的溶液从柱上洗脱(称为亲和洗脱)下来(图3-6)。

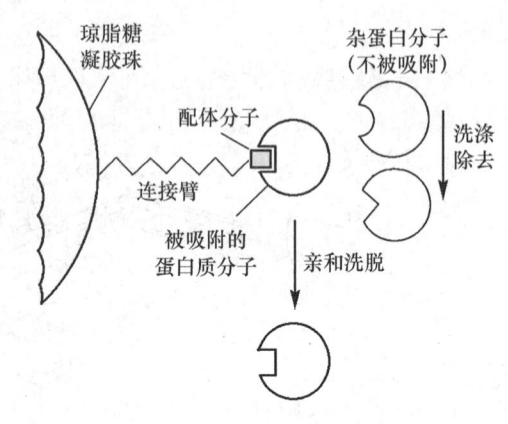

图 3-6 亲和层析的原理

(八) 高效液相层析

高效液相层析(high performance liquid chromatography,HPLC)曾称为高压液相层析。它实际上是离子交换层析、凝胶过滤、吸附层析和分配层析等技术的新发展。因此一方面它以这些层析的原理为基础,另一方面在技术上作了很大的改进,使这些层析有更高的效率、更高的分辨率和更快的过柱速度。HPLC 已成为目前最通用、最有力和最多能的层析形式。对柱层析来说,固定相载体的颗粒愈小、分辨率愈高,但是洗脱液的流速也愈慢,为解决这一矛盾,采取高压和机械性能强、化学性能稳定、颗粒度细小而均匀的载体和其他设备;现在多配备计算机,可自动完成分离纯化。HPLC 可用于蛋白质、氨基酸及其他生物分子的分析和制备。

五、蛋白质相对分子质量的测定

蛋白质分子的质量是很大的,它的相对分子质量(M_r)变化范围在 6 000 到 1 000 000 或更大一些。下面介绍测定蛋白质相对分子质量的几种常用方法。

(一) 凝胶过滤法测定相对分子质量

这种方法比较简便,不需复杂的仪器就能相当精确地测出蛋白质的相对分子质量。从凝胶过滤的原理可知,蛋白质分子通过凝胶柱的速度并不直接取决于分子的质量,而是它的斯托克半径。如果某种蛋白质与一理想的非水化球体具有相同的过柱速度即相同的洗脱体积,则认为这种蛋白质具有与此球体相同的半径,称**斯托克半径**(Stoke's radius)。因此利用凝胶过滤法测定蛋白质相对分子质量时,标准蛋白质(已知 M_r 和斯托克半径)和待测蛋白质必须具有相同的分子形状(接近球体),否则不能得到比较准确的 M_r。分子形状为线形的或与凝胶能发生吸附作用的蛋白质,则不能用此方法测定 M_r。

1966 年 Andrews 根据他的实验结果提出了一个经验公式:

$$\lg M_r = a - bV_e$$

式中,V_e 为洗脱体积,M_r 为相对分子质量,在特定条件下 a 和 b 为常数。实验中,只要测得几种已知 M_r 的标准蛋白质(standard protein)的 V_e 值,并以它们的 $\lg M_r$ 对 V_e 作图得一标准曲线,再测出待测样品的 V_e 值,即可从标准曲线中确定它的相对分子质量(图3-7)。利用凝胶过滤层析法测定 M_r 还有一个优点,即待测样品可以是不纯的,只要它具有专一的生物活性,借助活性找出洗脱峰位置,确定它的洗脱体积即可确定它的 M_r。测定蛋白质的 M_r,一般用交联葡聚糖(Sephadex),根据需要可选用 Sephadex G-75(分级分离的 M_r 范围 3 000~80 000)或 G-100(M_r 范围 4 000~150 000)等型号的凝胶。

(二) SDS-聚丙烯酰胺凝胶电泳法测定相对分子质量

前面曾谈到,蛋白质分子在介质中电泳时,它的迁移率决定于它所带的净电荷以及分子大小和形状等因素。

1967年Shapiro等人发现,如果在聚丙烯酰胺凝胶中加入阴离子去污剂**十二烷基硫酸钠**(sodium dodecyl sulfate,SDS)和少量巯基乙醇,则蛋白质分子的电泳迁移率主要取决于它的相对分子质量,而与原来所带的电荷和分子形状无关。

SDS是一种变性剂,它能破坏蛋白质分子中的氢键和疏水相互作用,而巯基乙醇能打开二硫键,因此在有SDS和巯基乙醇存在下,单体蛋白质或亚基(此时寡聚蛋白质解离成亚基)的多肽链处于展开状态。SDS以其烃链与蛋白质分子的侧链通过疏水相互作用结合成复合体。在一定条件下,SDS与大多数蛋白质的结合比为1.4 g SDS / 1 g 蛋白质,相当于每两分子氨基酸残基结合一分子SDS。SDS与蛋白质的结合带来了两个后果:第一,由于SDS是阴离子,使多肽链覆盖上相同密度的负电荷,该电荷量远超过蛋白质分子原有的电荷量,因而掩盖了不同蛋白质间原有的电荷差别;第二,改变了蛋白质分子的天然构象,使大多数蛋白质分子采取类似的形状。因此在SDS存在下的电泳几乎是完全基于相对分子质量分离蛋白质的。

在聚丙烯酰胺凝胶电泳中迁移率虽不受蛋白质分子原有的电荷、分子形状等因素的影响但凝胶具有分子筛效应。电泳迁移率与多肽链的相对分子质量(M_r)具有下列关系:

$$\lg M_r = a - b\mu_r$$

式中,a、b为常数,μ_r是相对迁移率 = 样品迁移距离/前沿(染料如溴酚蓝)迁移距离。实验测定时,以几种标准蛋白质的M_r的对数值对其μ_r值作图,根据待测样品的μ_r,从标准曲线上查出它的M_r(图3-8)。

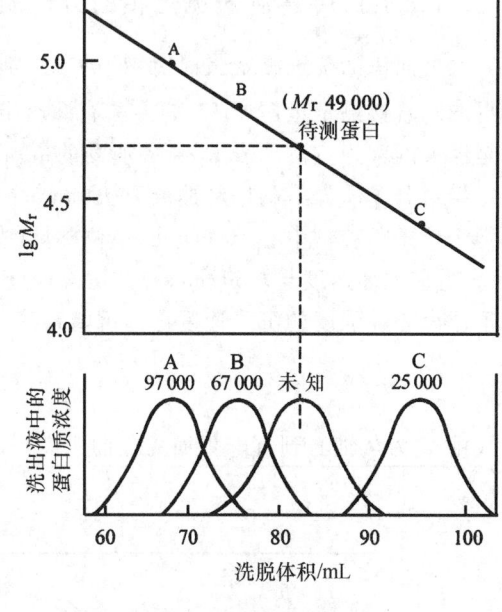

图 3-7 凝胶过滤法测定蛋白质的M_r

(图中A、B、C为标准蛋白质)

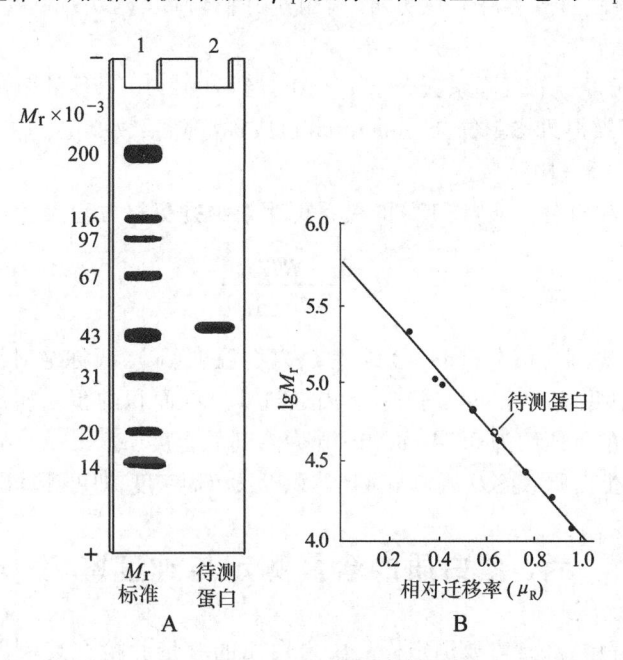

图 3-8 SDS-PAGE法测定蛋白质的M_r

A. 凝胶电泳谱:标准蛋白质泳道自上而下的条带为肌球蛋白(重链),β-半乳糖苷酶,磷酸化酶b,血清清蛋白,卵清清蛋白,碳酸酐酶,胰蛋白酶抑制剂,α-乳清蛋白; B. 标准曲线

(三) 沉降速度法测定相对分子质量

前面讲的两种测定蛋白质 M_r 的方法都需要已知 M_r 的标准蛋白质作参照。那么标准蛋白质的 M_r 是怎样测得的？直接测定蛋白质 M_r 的方法有渗透压法、光散射法、沉降速度法、沉降平衡法和黏度法等。其中沉降速度法是经典的常用方法。表3-4中所列的蛋白质 M_r 数据多是用此法获得的。**沉降速度法**(sedimentation velocity)测定相对分子质量是利用**超速离心机**(ultracentrifuge)进行的。超速离心机的最大转速为 60 000~80 000 r/min，相当于位于距转轴中心10 cm处、单位质量(1 g)分子所受到的离心力(离心场强度)为 400 000×g ~ 700 000×g (g 为重力加速度 = 9.807m/s²)。沉降速度与蛋白质分子大小、密度和形状有关，而且与溶剂的密度和黏度有关。单位离心场强度的沉降速度称为**沉降系数**(sedimentation coefficient)用 s(小写)表示：

$$s = \frac{dx/dt}{\omega^2 x}$$

式中，x 为从轴心到沉降界面的径向距离(cm)；t 为时间(s)；ω 为离心角速度(rad/s) = 转速(r/min)×2π/60。

表3-4 一些蛋白质的物理常数

蛋白质	相对分子质量	扩散系数($D_{20,W}$)* /10^{-7}(cm²·s⁻¹)	沉降系数($s_{20,W}$) /10^{-13} s
细胞色素 c(牛心肌)	13 370	11.40	1.71
肌红细胞(马心肌)	16 900	11.30	2.04
胰凝乳蛋白酶原(牛胰)	23 240	9.50	2.54
β-乳球蛋白(山羊乳)	37 100	7.48	2.85
血红蛋白	64 500	6.90	4.46
过氧化氢酶(马肝)	247 500	4.10	11.30
烟草花叶病毒	40 590 000	0.46	198

* $D_{20,W}$ 和 $s_{20,W}$ 表示的是校正到标准条件(温度为20℃，溶剂为水)下的扩散系数(D)和沉降系数(s)。

蛋白质、核酸、核糖体和病毒等的沉降系数介于 $1×10^{-13}$ 到 $200×10^{-13}$ 秒的范围(表3-4)。为方便起见，把 10^{-13} s 作为一个单位，称为**斯维得贝格单位**(Svedberg unit)或称沉降系数单位，用 S(大写)表示。例如人血红蛋白的沉降系数为 4.46 S，即 $4.46×10^{-13}$ s。

蛋白质的沉降系数(s)与相对分子质量(M_r)的关系可用**斯维得贝格方程**表达：

$$M_r = \frac{RTs}{D(1-\bar{v}\rho)}$$

式中，R 为摩尔气体常数(8.314 J·K⁻¹·mol⁻¹)；T 为热力学温度(K)，旧称绝对温度；D 为蛋白质的扩散系数(cm²/s)，数值上等于当浓度梯度为1个单位时在1 s内通过1 cm²面积的蛋白质质量；$\bar{v}$ 为偏微比体积(cm³/g) 又称偏微比容，蛋白质溶于水的 $\bar{v}$ 值约为 0.74 cm³/g；ρ 为溶剂的密度(g/cm³)。

在相同的实验条件下测得蛋白质 s 值、D 值和偏微比体积以及溶剂密度，即可计算出蛋白质的相对分子质量。

六、蛋白质的含量测定与纯度鉴定

在蛋白质分离纯化的过程中，经常需要测定样品中蛋白质的含量和检查某一蛋白质的纯化程度。这些分析工作包括：测定蛋白质的总量，测定蛋白质混合物中某一特定蛋白质的含量和鉴定制品的纯度等。

(一) 蛋白质含量测定

测定总蛋白量的常用方法有：凯氏定氮法、Folin-酚试剂法（Lowry法）、双缩脲法、紫外吸收法和染料结合法（Bradfold法）等。这些方法在普通的生物化学实验手册中都有详细叙述。

凯氏定氮法是经典的标准方法，但现已不多用，Lowry法多年来被选为蛋白质标准定量方法，此法基于使 Cu^{2+} 转变为 Cu^+。新近开发的一个测定蛋白质的试剂，4,4′-二羧-2,2′-二醌（bicinchoninic acid，BCA）在碱性溶液中与 Cu^+ 反应形成紫色复合物，称BCA法，BCA与 Cu^+ 反应比Folin-酚试剂更强。紫外吸收（280 nm波长）法，虽然精确度不高，但操作简便，样品可以回收，同时可以估算核酸含量。Bradfold法（考马斯亮蓝G-250结合法）灵敏度高，能检测 $1\mu g$ 蛋白，重复性也好。

表 3-5 蛋白质纯化过程的实例

步　骤	体积 /mL	蛋白质浓度 /(mg/mL)	总蛋白 /mg	活力浓度[a] /(U/mL)	总活力 /U	比活力 /(U/mg)	纯化倍数[b]	回收率[c] /%
匀浆液	8 500	40	340 000	1.8	15 300	0.045	1	100
硫酸铵沉淀 (45%~70%)	530	194	103 000	23.3	12 350	0.12	2.7	81
CM-纤维素	420	19.5	8 190	25	10 500	1.28	28.4	69
亲和层析	48	2.2	105.6	198	9 500	88.4	1 964	62
DEAE-Sepharose	12	2.3	27.5	633	7 600	275	6 110	50

a. 对酶来说，活力浓度即酶浓度（酶单位数/单位体积）（见第9章）；
b. 纯化倍数＝该步的比活力/匀浆液的比活力；
c. 回收率＝该步的总活力/匀浆液的总活力。

测定蛋白质混合物中某一特定蛋白质的含量通常要用具有高度特异性的生物学方法。具有酶或激素性质的蛋白质可以分别利用它们的酶活性或激素活性来测定含量。有些蛋白质虽然没有酶或激素那样特异的生物学活性，但是大多数蛋白质当注入适当的动物血流中时，会产生抗体。因此，利用抗体-抗原反应，也可以测定某一特定蛋白质的含量。生物活性的测定和总蛋白量的测定配合起来，可以用来表示蛋白质分离过程中某一特定蛋白质的纯化程度。纯化程度常用这一特定成分的含量（一般用活力单位表示）与总蛋白量（质量单位）之比来表示。对酶来说常以每毫克蛋白所含活力单位数表示，称为酶的**比活**或**比活力**（specific activity）。纯化工作一直要进行到比活不再增加为止（表3-5）。

(二) 蛋白质纯度鉴定

蛋白质纯度鉴定通常采用物理化学的方法，如电泳、沉降和HPLC等。目前采用的电泳分析有IEF、PAGE和SDS-PAGE等。纯的蛋白质在一系列不同的pH缓冲液中进行电泳都将以单一的泳动速度移动，它的电泳图谱只呈现一个区带（或峰）。同样地，纯的蛋白质在离心场中，应以单一的沉降速度运动。HPLC常用于多肽、蛋白质纯度的鉴定。高纯度的蛋白质制品在洗脱图谱上呈现出单一的对称峰。此外 **N-末端分析**（见第4章）也用于鉴定纯度，因为均一的单链蛋白质制品N端残基只有一种氨基酸。

必须指出，采用任何单独一种方法鉴定所得的结果只能作为蛋白质均一性的必要条件而不是充分条件。事实上只有很少几种蛋白质能够全部满足上面的严格要求，往往是在一种鉴定中表现为均一的蛋白质，在另一鉴定中又表现出不均一性。

习　题

1. 解释下列名词：等电点，等离子点，透析，超过滤，盐溶，盐析，电泳，电泳迁移率（泳动度），亲和层析，HPLC。

2. 为什么说蛋白质溶液是一种稳定的亲水胶体?

3. 有机溶剂引起蛋白质沉淀的主要原因是什么?

4. 试述蛋白质分离纯化的一般原则。

5. 凝胶过滤层析中和凝胶电泳中的分子筛效应有什么不同?为什么?

6. 超速离心机的转速为 58 000 r/min 时,(a) 计算角速度 ω,以每秒的弧度(rad/s)表示;(b) 计算距旋转中心 6.2 cm 处的离心加速度 a;(c) 此离心加速度相当于重力加速度"g"的多少倍? [(a) $\omega = 6070.7$ rad/s;(b) $a = 2.284 \times 10^8$ cm/s^2;(c) $a = 233\ 061 \times g$]

7. 一种蛋白质的偏微比体积为 0.707 cm^3/g,扩散系数($D_{20,w}$)为 13.1×10^{-7} cm^2/s,沉降系数($s_{20,w}$)为 2.05 S,20℃时水的密度为 0.998 g/cm^3。根据斯维德贝格公式计算该蛋白质的相对分子质量。[13 000]

8. 指出从凝胶过滤层析柱(分级分离范围 5 000~400 000)上洗脱下列蛋白质时的顺序:肌红蛋白,过氧化氢酶,细胞色素 c,胰凝乳蛋白酶原和血清清蛋白(它们的 M_r 见表 3-4)。[过氧化氢酶,血清清蛋白,胰凝乳蛋白酶原,肌红蛋白,细胞色素 c]

9. 从凝胶过滤层析柱(分级分离范围 5 000~400 000)上洗脱细胞色素 c、β-乳球蛋白、未知蛋白质和血红蛋白时,其洗脱体积分别为 118、58、37 和 24 mL,问未知蛋白质的 M_r 是多少?(假定所有蛋白质都是球形的,并且都处在柱的分级分离范围内)[M_r 为 52 000]

10. 在下面所指的 pH 条件下,下述蛋白质在电场中向正极还是向负极移动,还是不动?(根据表 3-2 的数据判断)(a) 卵清蛋白,在 pH5.0;(b) β-乳球蛋白,在 pH5.0 和 7.0;(c) 胰凝乳蛋白酶原,在 pH5.0、9.1 和 11。[(a) 正极,(b) 负极,正极;(c) 负极,不动,正极]

主要参考书目

[1] 王镜岩,朱圣庚,徐长法. 生物化学. 第三版. 北京:高等教育出版社,2002.

[2] 张龙翔,张庭芳,李令媛. 生化实验方法和技术. 第二版. 北京:高等教育出版社,1997.

[3] 刘思职等编译. 蛋白质的生物化学. 北京:科学出版社,1955.

[4] Wilson K, Walker J. Principles and Techniques of Practical Biochemistry. 5th ed. Cambridge:University Press, 2000.

[5] Nelson D L, Cox M M. Lehninger Principles of Biochemistry. 4th ed. New York:W H Freeman, 2004.

(徐长法)

第4章 蛋白质的共价结构

蛋白质的功能是多种多样的,有些蛋白质是酶,有些是激素,有些则成为抗体或其他。它们在化学上有什么不同?最明显的不同是结构上的。蛋白质结构复杂、层次丰富(图4-1)。每种蛋白质都有自己特定的氨基酸组成和序列。蛋白质的氨基酸序列(一级结构)决定它折叠成特有的三维结构,并因而决定了它的功能(见第5、6章)。本章主要介绍蛋白质的一级结构,常称**共价结构**(covalent structure),包括蛋白质分子的大小、蛋白质结构的组织层次、肽、测定蛋白质一级结构(简称蛋白质测序)的策略和方法以及多肽的化学合成等。

一、蛋白质的分子大小

蛋白质是氨基酸的高聚物,相对分子质量(M_r)变化范围很大,约从6 000到1×10^6(表4-1)。蛋白质相对分子质量的上、下限是人为规定的,这涉及对蛋白质及其相对分子质量概念的理解。下限一般认为从胰岛素开始其相对分子质量为5 733。有些蛋白质仅由一条多肽链构成,如溶菌酶和肌红蛋白,这些蛋白质称为**单体蛋白质**(monomeric protein),有些蛋白质是由两条或多条多肽链构成,如血红蛋白(2条α链和2条β链)和己糖激酶(2条α链),这些蛋白质称为**寡聚**(oligomeric)或**多聚**(multimeric)**蛋白质**;其中每条多肽链称为**亚基**(subunit),亚基之间通过非共价力缔合。如果把寡聚蛋白质看作一个分子,那么蛋白质的M_r可达百万,例如谷氨酰胺合成酶(12个亚基),M_r 619 000。如果连同辅基也算进去,像烟草花叶病毒(Tobacco mosaic virus,TMV)是由2 130个亚基和一条RNA链构成的**超分子复合体**,那么,其"相对分子质量"约为4×10^7。这些寡聚蛋白质和超分子复合体虽然不是由共价键连接成的整体分子,在一定条件下可以解离成它们的亚基,但是它们在生物体内是相当稳定的,可以从细胞或组织中以均一的甚至结晶的形式分离出来,并且有一些蛋白质,只有以这种寡聚蛋白质的形式存在,其活性才能得到或充分得到表现。

少数蛋白质含有两条或多条共价交联的多肽链。例如胰岛素的两条链和γ-球蛋白的四条链都是由二硫键交联在一起的。在这种情况,个别的多肽链一般不称亚基,直称为链。

表4-1 几种蛋白质的分子大小

蛋白质	M_r	残基数目/链	亚基组成方式
胰岛素(牛)	5 733	21(A = α)	αβ
		30(B = β)	
核糖核酸酶(牛胰)	12 640	124	$α_1$
溶菌酶(卵清)	13 930	129	$α_1$
肌红蛋白(马)	16 890	153	$α_1$
血红蛋白(人)	64 500	141(α)	$α_2β_2$
		146(β)	
己糖激酶(酵母)	102 000	486	$α_2$
γ-球蛋白(免疫球蛋白G)(马)	149 900	214(L = α)	$α_2β_2$
		446(H = β)	
谷氨酰胺合成酶(E. coli)	619 000	469	$α_{12}$

对于不含辅基的简单蛋白质,用110除它的M_r即可约略估计其氨基酸残基的数目。蛋白质中20种基本氨基酸的平均M_r约为138。但在多数蛋白质中较小的氨基酸占优势,因此平均M_r接近128。又因每形成一个肽键将除去一分子水(M_r 18),所以氨基酸残基的平均M_r约为110。表4-1中给出各种蛋白质亚基或链的氨基酸残

二、蛋白质结构的组织层次

蛋白质分子不仅质量很大，而且结构十分复杂。为便于描述和理解这种复杂的结构通常将蛋白质结构分成四个组织层次（organization level），并采用下列专门术语：**一级结构**（primary structure）是指多肽链的氨基酸序列，也包括多肽链中连接氨基酸残基的共价键，主要是肽键和二硫键；**二级结构**（secondary structure）是指多肽链借助氢键排列成有规则的 α 螺旋和 β 折叠等元件（element）；**三级结构**（tertiary structure）是指多肽链借非共价力折叠成特定走向的球状实体，即一条多肽链的完整三维结构；**四级结构**（quaternary structure）是指具有三级结构的亚基借助非共价力彼此缔合成寡聚或多聚蛋白质（图 4-1）。

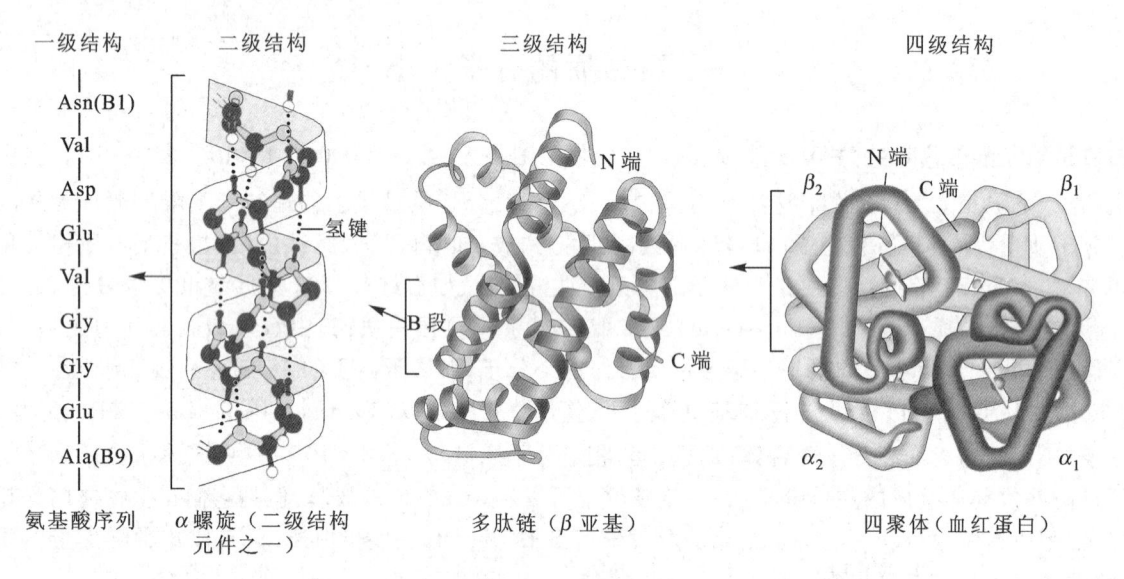

图 4-1 蛋白质结构的组织层次

蛋白质的一级结构中氨基酸残基是由共价键连接的。二级结构和其他高级结构主要是由非共价力如氢键、离子键、范德华力和疏水相互作用维系的。必须强调指出，一个蛋白质分子为获得复杂结构所需的全部信息都含于一级结构即多肽链的氨基酸序列中。

三、肽

肽和蛋白质是氨基酸的线性多聚体，因此这种多聚体也称**肽链**或**多肽链**。生物学上的肽链在长短方面从二、三个氨基酸残基到上千个残基。

（一）肽和肽键的结构

两个氨基酸可以通过肽键共价连接成一个二肽（dipeptide）。**肽键**（peptide bond）是由一个氨基酸（含 R^1 侧链）的 α-羧基与另一个氨基酸（含 R^2 侧链）的 α-氨基除去一分子水缩合而成的：

在水溶液中成肽反应的平衡有利于肽键的水解，因此在实验室和生物系统中形成肽键都是需要吸收能量的。肽键的水解虽是放能反应，但因反应活化能很高，水解进行得很慢，因此蛋白质中肽键是十分稳定的，半寿期（$t_{1/2}$）在大多数细胞内的条件下约为7年。

在蛋白质和多肽分子中连接氨基酸残基的共价键除肽键外，还有一个较常见的是在两个 Cys 残基侧链之间形成的**二硫键**(disulfide bond)，也称为**二硫桥**(disulfide bridge)。它可以使两条单独的肽链共价交联起来，或使一条链的某一部分形成环。

含二个、三个、四个、五个等氨基酸残基的肽分别称为二肽、三肽、四肽、五肽等。通常把含几个至十几个氨基酸残基的肽称为**寡肽**(oligopeptide)，含更多残基的肽称为**多肽**(polypeptide)。肽链中的氨基酸由于肽键形成已经不是原来完整的分子，因此称为**氨基酸残基**(amino acid residue)，有时简称残基。一条多肽链的主链通常在一端含有一个游离的末端α-氨基，在另一端含有一个游离的末端α-羧基。肽链有时由于这两个游离的末端基团连接起来而成**环状肽**(cyclic peptide)。下面的结构式所示的五肽命名为丝氨酰甘氨酰酪氨酰丙氨酰亮氨酸(serylglycyltyrosylalanylleucine)，简写为 Ser-Gly-Tyr-Ala-Leu。应该指出，肽链也像氨基酸一样是具有**极性**(polarity)的，书写时通常总是把氨基末端(N端)的氨基酸残基放在左边，羧基末端(C端)的氨基酸残基放在右边。注意，反过来书写的 Leu-Ala-Tyr-Gly-Ser 是一个与之不同的五肽。

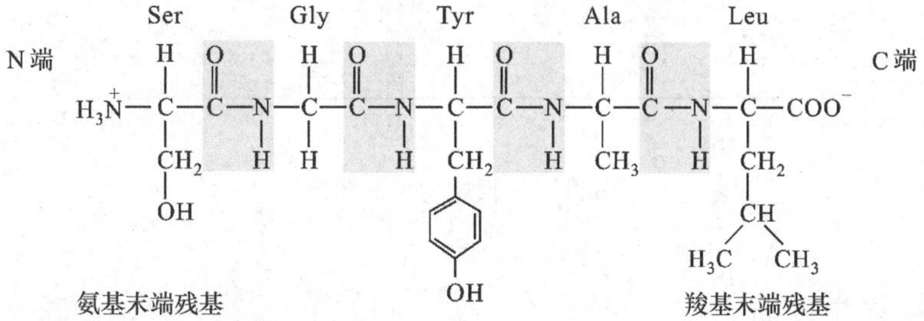

从上面的五肽结构式可以看出，肽链的骨架是由 —N—C_α—C— 序列重复排列而成，称为**主链**(backbone)，这里 N 是酰胺氮，C_α 是 α 碳，C 是羧基碳。各种肽的主链结构都是一样的，但侧链 R 基序列即氨基酸序列则不同。肽键是一种酰胺键，通常用羧基 C 和酰胺 N 之间的单键，C—N 键表示（图4-2和图4-3）。肽链中的酰胺基（—CO—NH—）称为**肽基**(peptide group)或**肽单位**(peptide unit)。肽键和一般的酰胺键一样，由于酰胺 N 上的孤电子对离域，与羧基 C 轨道重叠，因此在酰胺 N 和羧基 O 之间发生共振相互作用。共振是在两种形式的肽键结构之间发生的：

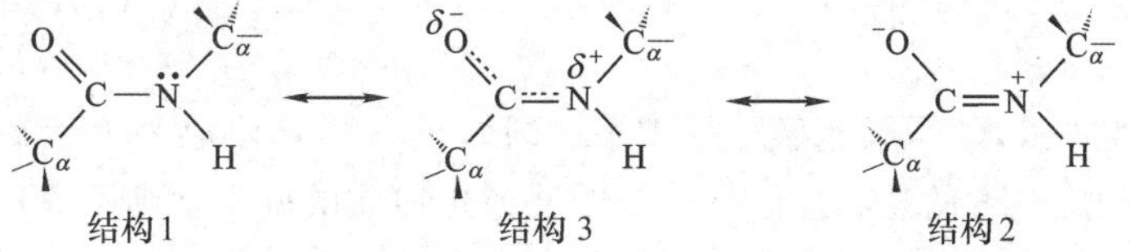

图4-2 肽基的 C、O 和 N 原子间的共振相互作用

在结构1(图4-2)中 C—N 键是单键，这时 N 原子上的孤电子对与羧基 C 之间没有电子云重叠；羧基 C 是 sp^2 杂化，它是平面结构；而酰胺 N 是 sp^3 杂化，是四面体结构。在结构2中羧基 C 和酰氨 N 之间是一个双键，氮原子带一正电荷，羧基 O 带一负电荷；羧基 C 和酰胺 N 都是 sp^2 杂化，两者都是平面的，所有6个原子都处于同一平面内。肽键的实际结构是一个**共振杂化体**(resonnace hybrid)，如结构3所示。这是介于结构1和2之间的平均中间态。已知 C—N 单键的键长是 0.148 nm，C═N 双键的键长是 0.127 nm，据预料共振杂化体中肽键的键长应介于这两者之间，X 射线衍射分析证实，肽键 C⋯N 的键长为 0.133 nm。常见的反式构型肽键的键长与键角见图4-3。肽键中 C—N 单键具有约40%双键性质，C═O 双键具有约40%的单键性质。因为 C—N 键具有

双键性质,所以肽键是一个平面,结构3中的6个原子差不多处于同一平面,称为**肽平面**(peptide plane)。肽键(或肽基)的平面性质在肽链折叠成三维结构的过程中是很重要的。由于C—N键具有双键性质,绕键旋转的能障(energy barrier)比较高,约为88 kJ·mol^{-1}(千焦/摩尔)。对于肽键来说,这一能障在室温下足以有效防止旋转,保持酰胺基处于平面。在肽平面内,两个C_α原子可以处于顺式或反式构型。在反式构型中,两个C_α原子及其取代基团互相远离,而在顺式构型中它们彼此接近,引起C_α上的R基之间的位阻。这里反式构型比顺时构型稳定,两者相差8 kJ·mol^{-1}。因此,肽链中肽键都是反式构型(图4-3)。

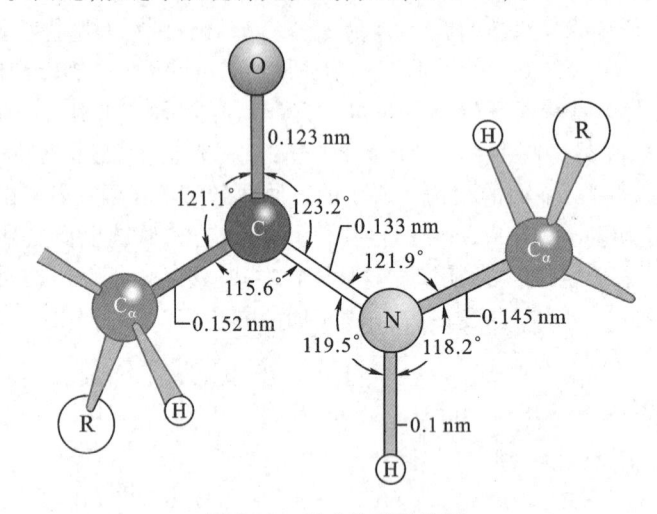

图4-3 反式构型的肽键

(二)肽的物理和化学性质

许多肽已经得到晶体。短肽和氨基酸一样在晶体和水溶液中以偶极离子存在。在pH 0~14范围内,肽键中的酰胺氢不解离,因此短肽的酸碱性质主要决定于肽链中游离的末端$\alpha-NH_2$、末端$\alpha-COOH$以及侧链上的可解离官能团。在长肽或蛋白质中,可解离的基团主要是侧链上的官能团(见第3章)。

肽的化学反应也和氨基酸一样,游离的α-氨基、α-羧基和R基可以发生与氨基酸中相应基团类似的反应。N端的氨基酸残基也能与茚三酮发生定量反应,生成呈色物质。这一反应广泛地应用于短肽的定性和定量测定。**双缩脲反应**(biuret reaction)是肽和蛋白质所特有的,而为氨基酸所没有的一个颜色反应。一般含有两个或两个以上肽键的化合物的$CuSO_4$碱性溶液都能发生双缩脲反应,生成紫红色或蓝紫色的复合体,利用这个反应借助分光光度法可以测定蛋白质的含量。

蛋白质部分水解后所得的肽段,只要水解过程中手性碳原子不发生消旋,都具有旋光性。一般短肽的旋光度约等于组成该肽的各氨基酸旋光度的总和。但是较长的肽或蛋白质的旋光度则不等于其组成氨基酸旋光度的简单加和。

(三)天然存在的活性肽

生物体内存在很多**活性肽**(active peptide)。它们具有各种特殊的生物学功能。已知很多激素是属于肽类,如**催产素**、**血管升压素**(加压素)和**舒缓激肽**等(图4-4)。它们的生理功能见第16章。有些抗生素(antibiotics)也属于肽类或肽的衍生物,例如**放线菌素 D**(actinomycin D),它通过与DNA结合的方式抑制转录的发生(见第32章),放线菌素D具有一定的抗癌作用。在小的活性肽中一类称**脑啡肽**(enkephalin)的物质(由5个氨基酸组成),近年来很引人注意。它们在中枢神经系统中形成,是体内自身产生的一类**鸦片剂**(opiate)。

某些蕈产生的剧毒毒素也是肽类化合物,例如**α-鹅膏蕈碱**(α-amanitin),是一个环状八肽,是真核生物的RNA聚合酶Ⅱ和Ⅲ的抑制剂,但它不影响原核生物的RNA合成(见第32章)。

动、植物细胞中含有一种三肽,称为还原型**谷胱甘肽**(reduced glutathione)即 γ-谷氨酰半胱氨酰甘氨酸,因为它含有游离的 SH 基,所以常用 GSH 来表示,它的结构式如图 4-5 所示。

GSH 在红细胞中作为巯基缓冲剂存在,维持血红蛋白和红细胞其他蛋白质的半胱氨酸残基处于还原态。肌肉中存在的**鹅肌肽**(anserine)和**肌肽**(carnosine)都是二肽,前者是 β-丙氨酰-1-甲基组氨酸,后者是 β-丙氨酰组氨酸,它们在骨骼肌中的含量很高,但功能至今尚不清楚。

某些天然肽中含有的 γ-肽键、β-氨基酸和 D 型氨基酸等在蛋白质中并不存在。很可能结构上的这些变化使它们免受蛋白[水解]酶(protease)的作用,因为蛋白酶一般只水解 L-氨基酸形成的 α-肽键。

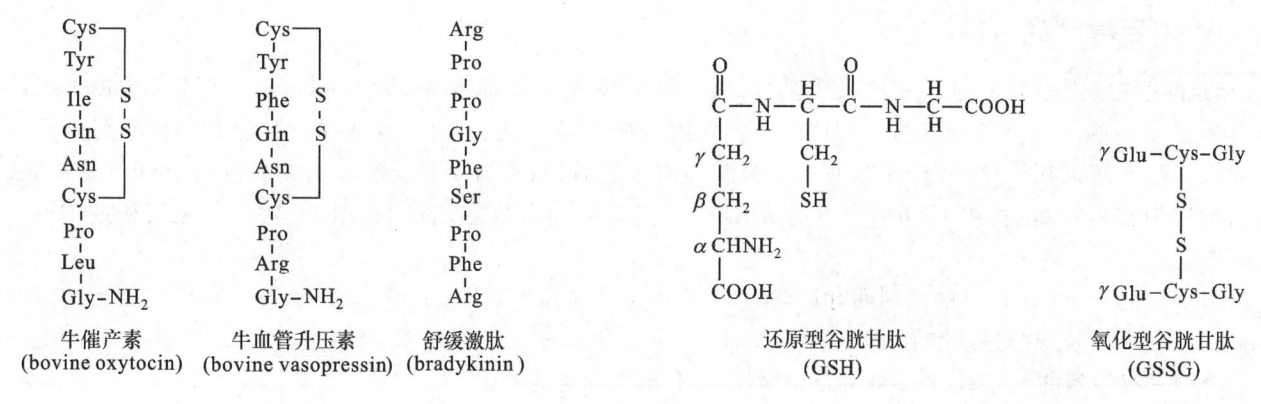

图 4-4　一些肽类激素的结构

图 4-5　谷胱甘肽的结构

四、蛋白质测序的策略

自 1953 年英国 Sanger F 报告了牛胰岛素两条多肽链的氨基酸序列以来,至今已测定出约 100 000 个不同蛋白质的氨基酸序列,其中几千种序列是应用 Sanger 确立的原理测定的。虽然现在有许多方法可用于**蛋白质测序**(protein sequencing),但 Sanger 的化学测序方法仍在使用。蛋白质测序的策略可概括为以下几个步骤:

(1) 确定蛋白质中不同的多肽链数目　根据末端分析(terminal analysis)可以确定蛋白质中不同的多肽链数目(因为不同的多肽链一般含有不同的末端残基)。如果是**单体蛋白质**或**同多聚蛋白质**(homomultimeric protein),只含一种多肽链;如果是**杂多聚蛋白质**(heteromultimeric protein)含有两种或多种不同的多肽链。

(2) 拆分蛋白质分子的多肽链　非共价力缔合的寡聚(或多聚)蛋白质,可用变性剂如尿素、盐酸胍或高浓度盐处理可使多肽亚基解离。如果多肽亚基是不同的,则各亚基需要应用第 3 章中所述的方法进行分离纯化。(如果多肽链之间是借共价二硫键交联的,如胰岛素(含 α 和 β 两条链),则需用氧化剂或还原剂将二硫桥断裂,方能使多肽链分开。

(3) 断裂多肽链内的二硫键　多肽链内的半胱氨酸残基之间的二硫键必须在步骤 4 前予以断裂,因为链内的二硫键也妨碍下面多肽链的测序。

(4) 分析多肽链的氨基酸组成　经纯化的多肽链样品一部分进行完全水解,测定其氨基酸组成,并计算出每个蛋白质分子(或亚基)中各氨基酸残基的数目。氨基酸组成的信息可用于解释其他步骤的结果。

(5) 鉴定多肽链的 N-末端(和 C-末端)残基　多肽链样品的另一部分进行 N-末端残基的鉴定,用作重建完整多肽链序列时的重要参考点。

(6) 裂解多肽链成为较小的片段　用两种或几种不同的断裂方法(指断裂点不同)将多肽链样品降解成两套或几套**肽段**或称**肽碎片**。每套肽段进行分离、纯化,并对每一纯化了的肽段进行下一步的测序工作。

(7) 测定各肽段的氨基酸序列　目前最常用的肽段测序方法是 Edman 化学降解法,并有自动序列分析仪可供利用。

(8) 重建完整多肽链的氨基酸序列　利用两套或多套肽段的氨基酸序列彼此间有交错重叠，可以拼凑出原来的完整多肽链的氨基酸序列。

(9) 确定二硫键的位置　方法见下节叙述。

应该指出，氨基酸序列测定中不包括辅基成分分析，但是它应属于蛋白质化学结构测定的内容。

五、蛋白质测序的一些常用方法

(一) 末端分析

为标记并鉴定多肽链的 N-末端残基，Sanger 最先发展了**二硝基氟苯**(1-fluoro-2,4-dinitrobenzene，FDNB)**法**。多肽的游离末端氨基与 FDNB 反应生成二硝基苯多肽(DNP-多肽)。由于 FDNB 与氨基反应生成的键对酸水解远比肽键稳定，因此 DNP-多肽经酸水解后，只有 N-末端残基变成黄色的 DNP-氨基酸，其余的都成为游离氨基酸(图 4-6A)。生成的 DNP-氨基酸经有机溶剂提取，用纸层析、薄层层析或 HPLC 等进行鉴定。

用于标记 N-末端残基的试剂还有丹磺酰氯(dansyl chloride)即 5-二甲基氨基-1-萘磺酰氯和达磺酰氯(dabsyl chloride，暂译为达磺酰氯——编者注)即 2,4-二甲基氨基-偶氮苯-4′-磺酰氯(图 4-6B)。由于这些化合物具有强烈的荧光基团，生成的衍生物比 DNP 衍生物更易检出。

C-末端残基主要采用**羧肽酶法**测定。**羧肽酶**(carboxypeptidase)是一类肽链外切酶称**外肽酶**(exopeptidase)，它专一地从肽链的 C-末端逐个降解，测定释放的氨基酸，可推断出 C-末端残基。

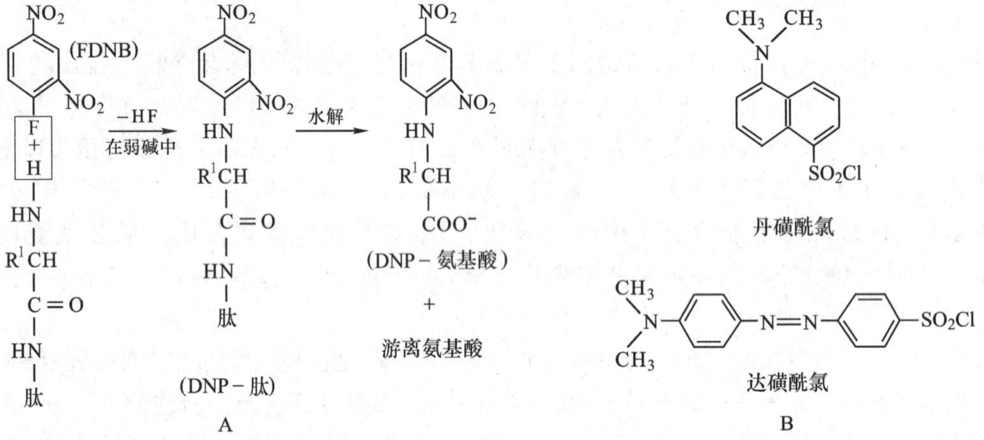

图 4-6　多肽链 N-末端氨基酸残基的鉴定(A)和 N-末端氨基的几种标记试剂(B)

(二) 二硫键的断裂

由于二硫键干扰多肽链的酶促裂解和化学断裂[测序策略步骤(6)]以及 Edman 法的肽链测序[测序策略步骤(7)]，多肽结构中的二硫键必须事先断裂。断裂二硫键常采用过甲酸氧化或二硫苏糖醇还原的方法进行(见第 2 章)。

(三) 氨基酸组成的分析

待测样品经完全水解后，用氨基酸分析仪进行测定(见第 2 章)。一个 $M_r\ 30\times 10^3$ 的蛋白质的氨基酸组成分析仅需 6μg 样品，分析时间不到 1 h。

用于蛋白质氨基酸组成分析的水解方法主要是酸水解,同时辅以碱水解以测定色氨酸含量。酸水解中氨基酸遭破坏的程度与保温时间有线性关系,因此该氨基酸在蛋白质中的真实含量可通过在不同的保温时间(24 h,48 h和72 h)测出样品中该氨基酸的含量并外推至零时间的方法求出。

蛋白质的氨基酸组成一般用每摩尔蛋白质中含某氨基酸残基的摩尔数表示,很多种蛋白质的氨基酸组成已被测定,表4-2列出几种蛋白质的氨基酸组成。

表4-2 几种蛋白质的氨基酸组成

氨基酸	A*	B	C	D	氨基酸	A	B	C	D
Ala	6	12	9	19	Cys	2	8	5	1
Val	3	9	7	17	Tyr	4	6	4	8
Leu	6	2	8	20	Asn	5	10	2	17
Ile	6	3	4	10	Gln	3	7	4	9
Pro	4	4	4	17	Asp	3	5	11	14
Met	2	4	0	2	Glu	9	5	9	13
Phe	4	3	2	11	Lys	19	10	4	18
Trp	1	0	1	6	Arg	2	4	1	7
Gly	12	3	6	16	His	3	4	1	11
Ser	0	15	7	30	残基总数	104	124	97	260
Thr	10	10	8	14					

* A 马心细胞色素c,B 牛胰核糖核酸酶,C 菠菜铁氧还蛋白,D 人碳酸酐酶。

(四) 多肽链的部分裂解

目前用于测序的 Edman 化学降解法一次只能连续降解几十个残基。而天然的蛋白质分子或亚基大多在100个残基以上,因此必须将长的多肽链裂解成较小的肽段,才能进行测序。为此,经纯化并断开二硫键的多肽链选用专一性强的蛋白酶或化学试剂进行有控制的裂解。裂解时要求断裂点少,专一性强,反应产率高。

蛋白酶是一类肽链内切酶称**内肽酶**(endopeptidase)。测序中常用的有①**胰蛋白酶**(trypsin):这是最常用的,专一性强,只断裂赖氨酸残基或精氨酸残基的羧基参与形成的肽键(图4-7)。用它断裂多肽链得到的是以 Arg 和 Lys 为 C-末端残基的肽段。产生的肽段数目等于多肽链中 Arg 和 Lys 总数加1(多肽链的 C-末端肽段)。②**胰凝乳蛋白酶**或称糜蛋白酶(chymotrypsin):此酶的专一性不如胰蛋白酶。它断裂 Phe、Trp 或 Tyr 等疏水氨基酸残基的羧基端肽键。如果断裂点邻近的基团是碱性的,裂解能力增强;是酸性的,裂解能力将减弱。③**胃蛋白酶**(pepsin):它的专一性与胰凝乳蛋白酶类似,但它断裂的是 Phe、Trp、Tyr 或 Val 等疏水性氨基酸残基的氨基端肽键。此外与胰凝乳蛋白酶不同的是酶作用的最适 pH 不同,胃蛋白酶是 pH 2,胰凝乳蛋白酶是 pH 8~9。④**葡萄球菌蛋白酶**:它是从金黄色葡萄球菌菌株Vs(Staphylococcus aureus, strain Vs)中分离得到的,是近来发现的最有效、应用最广泛的蛋白酶之一。它专一断裂 Glu 残基或 Asp 残基的羧基端肽键。

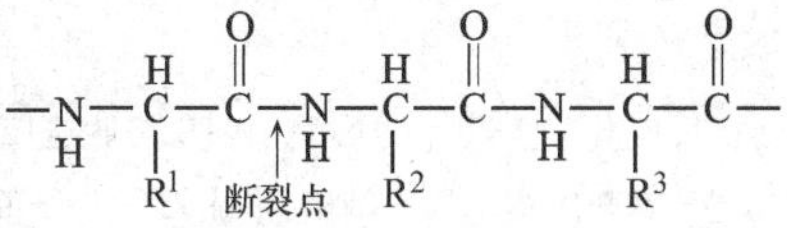

化学裂解法主要应用溴化氰(cyanogen bromide),它只断裂由甲硫氨酸的羧基参加形成的肽键。由于多数

胰蛋白酶　　　　 R^1 = Lys 或 Arg(专一要求);
　　　　　　　　R^2 = Pro(抑制水解)

胰凝乳蛋白酶　　 R^1 = Phe、Trp 或 Tyr(水解速率快);
　　　　　　　　R^2 = Pro(抑制水解)

胃蛋白酶　　　　 R^2 = Phe、Trp、Tyr 或 Val 等疏水残基
　　　　　　　　(水解速度快);R^1 = Pro(抑制水解)

葡萄球菌蛋白酶　 R^1 = Asp 或 Glu
溴化氰　　　　　 R^1 = Met

图4-7 几种蛋白酶和溴化氰的专一性

蛋白质只含很少的甲硫氨酸，因此CNBr裂解产生的肽段数目不多。断裂后新生成的C端残基是高丝氨酸内酯。

多肽链用上述方法断裂后，所得的肽段混合物使用凝胶过滤、凝胶电泳和HPLC等方法进行分离纯化（见第3章）。

（五）肽段氨基酸序列的测定

经裂解和纯化处理得到的大小适宜、纯度合格的肽段即可进行它的氨基酸序列测定。测序主要使用**Edman化学降解法**。此法最先用于鉴定N-末端残基。降解试剂**苯异硫氰酸酯**（PITC）与肽键反应只标记和除去一个N-末端残基，肽链的其余肽键不被水解。N-末端残基被除去并鉴定后，剩下的肽链暴露出一个新的N-末端残基，可与PITC发生第二轮反应（图4-8）。实际上分析时常把肽链的羧基端与不溶性树脂偶联，这样每轮Edman反应后，只要通过过滤即可回收剩余的肽链，以利于反应循环进行。理论上讲，进行n轮反应就能测出n个残基的序列。

利用Edman降解法一次能连续测出60~70个残基的序列，也有报导一次测出90~100个残基的序列。Edman降解法测序操作程序非常麻烦，工作量很大。**蛋白质序列仪**（protein sequencer）的出现既免除了手工测定的麻烦，又满足了蛋白质微量序列分析的需要。该仪器的灵敏度高，蛋白质样品的最低用量在5 pmol水平。

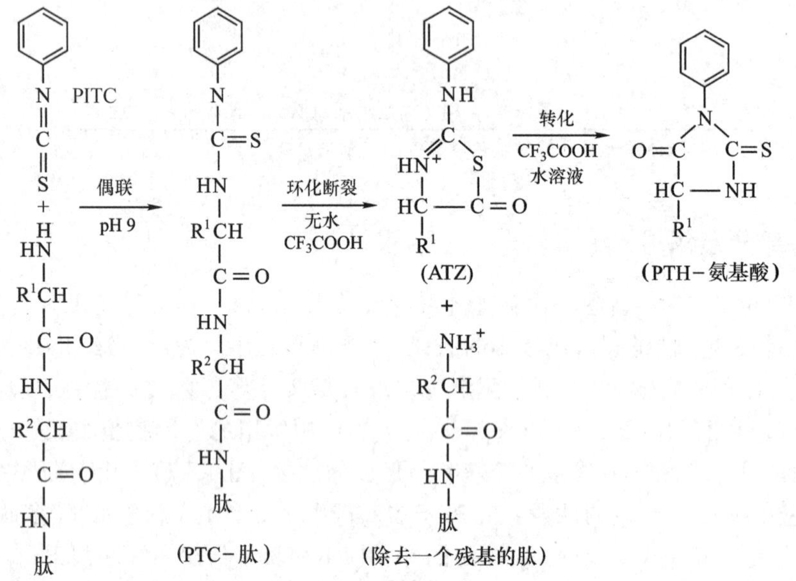

图4-8 Edman化学降解反应

反应分三步进行：①偶联：PITC与肽连接，生成苯氨基硫甲酰（phenylthiocarbamyl）肽，简称PTC-肽；②环化断裂：PTC-肽在无水三氟乙酸中，最靠近PTC基的肽键断裂，生成的PTC-氨基酸环化成苯胺基噻唑啉酮（anilinothiazolinone，ATZ）；③转化：ATZ在酸性水溶液中转变为稳定的苯乙内酰硫脲（phenylthiohydantoin）氨基酸，简称PTH-氨基酸

质谱法（mass spectrometry，MS）也可用于氨基酸序列测定。由于MS测序要求样品是挥发性的，而蛋白质、核酸和多糖这类生物大分子挥发度很低，加热又容易被分解，因此想获得用于MS分析的气相离子就要求有革新的方法，例如电喷射电离（electrospray ionization，ESI）是其中的一种。电喷射电离串联质谱（ESI tandem MS或MS/MS）已用于多肽测序。MS/MS法测序的优点是灵敏度高，所需的样品量少（pmol水平），测定速度快，特别是蛋白质的胰蛋白酶水解液经毛细管HPLC的肽混合物即可直接进样到串联质谱仪，这样可免去繁重的肽分离纯化工作。目前串联MS只需数分钟就能测出一个含20~30个残基的短肽序列。

（六）肽段在原多肽链中的次序的确定（氨基酸全序列的重建）

借助重叠肽可以确定各肽段在原多肽链中的正确次序，拼凑出整个多肽链的氨基酸序列（图4-9）。**重叠肽**（overlapping peptide）是指两套肽段正好相互跨过切口而重叠的肽段。如果两套肽段还不能提供全部必要的重叠肽，则需要使用第三种甚至第四种断裂方法获得足够的重叠肽，以确定多肽链的全序列。

```
所得资料：
            N-末端残基 H
            C-末端残基 S
            第一套肽段              第二套肽段
            OUS                     SEO
            PS                      WTOU
            EOVE                    VERL
            RLA                     APS
            HOWT                    HO

借助重叠肽确定肽段次序：
    末端残基    H                       S
    末端肽段    HOWT                    APS
                                        或
                                        OUS
    第一套肽段  HOW TOU SEO VER LAPS
    第二套肽段  H OWTOU SEO VERL APS
    推断全序列  HOW TO USE OVER LAPS
```

图4-9 借助重叠肽确定肽段在原多肽链中的次序示意图

图中字母代表氨基酸残基（但这里不是氨基酸的单字母符号），底下用黑线连接表示是一个肽段

（七）二硫键位置的确定

如果一级结构中含有二硫键，则在完成多肽链测序后，需对二硫键的位置加以确定。为此，可用胃蛋白酶或其他试剂对含二硫键的多肽样品进行部分裂解，裂解得到的肽段混合物用电泳分离并与用胃蛋白酶裂解事先断开二硫键的多肽样品而产生的原套肽段进行电泳谱的比较。对每一个二硫键来说，新电泳谱上都有两个原肽段的丢失和一个新的较大肽段的出现。这个较大的肽段即是借二硫键连接着的两个丢失的肽段，它代表完整多肽链中通过二硫键交联的区域。更详细的叙述参见本章参考书目中所列的参考书[1]。

六、根据基因的核苷酸序列推定多肽的氨基酸序列

推定的依据是生物学上的**中心法则**（central dogma），细胞内的遗传信息流主要是从DNA到RNA到蛋白质。核酸分子的线性核苷酸序列决定蛋白质分子的氨基酸序列，即由三个相邻的核苷酸规定一个氨基酸的**三联体密码**（triplet code）规则（见第29章）。由于基因分离技术和快速DNA测序技术的发展，使得根据测出编码多肽的基因中的核苷酸序列以推定多肽的氨基酸序列成为可能。现在很多蛋白质的氨基酸序列都是用这种间接的推定法获得的。虽然这种推定法很有前途，但它仍须直接的氨基酸序列测定相配合。例如知道一部分氨基酸序列就容易找到并分离出相应的基因；此外二硫键位置的确定也需要直接的序列分析。

现在很多生物体，从病毒到细菌到多细胞的真核生物，甚至人，都有它们的基因组DNA的全序列可供利用。很多基因，包括编码未知功能的蛋白质的基因正被发现。为描述一个生物体DNA编码的全套蛋白质，已设立一个新词"proteome"，中文译为"蛋白质组"。随着基因组测序的完成，分析一个细胞的全套蛋白的工作愈显重要。一个细胞的蛋白质用双向凝胶电泳（见第3章）分离并显示。个别的蛋白质斑点可从凝胶中提取出来。由该蛋白质裂解产生的小肽可用质谱法快速测序，并将其序列与基因组的核苷酸序列进行比较以鉴定蛋白质。通常只要

知道一段6~8个氨基酸残基的序列即可精确地定位出编码该完整蛋白质的基因。通常一些蛋白质是已知的,包括它的结构和功能;而另一些蛋白质比较生疏或未知的。一旦大多数蛋白质与基因配对,那么细胞的蛋白质组中由于环境、营养改变、逆境或疾病引起的变化就可以被检测。这一研究给那些未知功能的蛋白质所担当的角色提供线索,以便在细胞甚至生物体的水平上绘制出新的、日益完整的生物化学代谢图谱。

七、蛋白质一级结构的举例

胰岛素(insulin)是胰岛β细胞分泌的一种激素。在核糖体上初合成时,是一条相对分子质量比胰岛素大一倍多的单链多肽,称**前胰岛素原**(preproinsulin),是胰岛素原的前身,在它的N端(即胰岛素B链的N端)比胰岛素原多一段肽链(约含20个残基),称为**信号肽**(signal peptide)。信号肽引导新生多肽链进入内质网腔后,立即被酶切除,剩余的多肽链折叠成含3个二硫键的胰岛素原。后者进入高尔基体,在酶的催化下除去一段连接胰岛素B链C端和A链N端的连接肽简称C肽(约含30个残基),转变为成熟的胰岛素。

1953年Sanger F等人首次完成了胰岛素的全部化学结构的测定工作。这是蛋白质化学研究史上的一项重大成就。胰岛素分子含两条多肽链,A链(含21个残基)和B链(含30个残基);这两条多肽链通过两个链间二硫键连接起来,其中的A链还有一个链内二硫键。牛胰岛素的共价结构见图4-10。

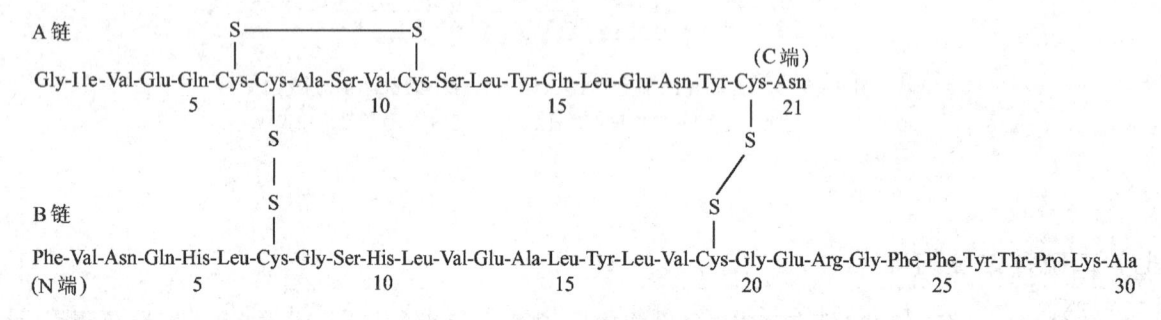

```
A链
       S——————S
Gly-Ile-Val-Glu-Gln-Cys-Cys-Ala-Ser-Val-Cys-Ser-Leu-Tyr-Gln-Leu-Glu-Asn-Tyr-Cys-Asn  (C端)
        5              10              15              21
            S                                        S
            |                                        |
B链         S                                        S
Phe-Val-Asn-Gln-His-Leu-Cys-Gly-Ser-His-Leu-Val-Glu-Ala-Leu-Tyr-Leu-Val-Cys-Gly-Glu-Arg-Gly-Phe-Phe-Tyr-Thr-Pro-Lys-Ala
(N端)       5              10              15              20              25              30
```

图4-10 牛胰岛素的共价结构

牛胰核糖核酸酶也称核糖核酸酶A(ribonuclease A,RNase A),20世纪50年代末美国学者Moore S等人完成了RNase A的全序列分析(图4-11)。它是测出一级结构的第一个酶分子,由124个残基组成的单条多肽链,含4个链内二硫键。核糖核酸酶A是具有高度专一性的RNA的内切酶(见第15章)。

血红蛋白(hemoglobin)α链(含141个残基)和β链(含146个残基)的氨基酸序列测定是蛋白质化学取得的另一重大成就。

除上述几种蛋白质外,肌红蛋白、细胞色素c、溶菌酶、烟草花叶病毒的外壳蛋白等的一级结构也已测出。现已确定了近10万种蛋白质的氨基酸序列。其中最大的有β-半乳糖苷酶(1021残基)和大肠杆菌RNA聚合酶的β亚基(1407残基),它们的序列是根据cDNA推定而来的。

八、蛋白质序列数据库

蛋白质化学家收集的一个蛋白质数据库(database)可以在《蛋白质序列和结构图册》("Altas of Protein Sequence and Structure", Dayhoff M O (ed.), 1972-1978, Vols 1-5. Washington,

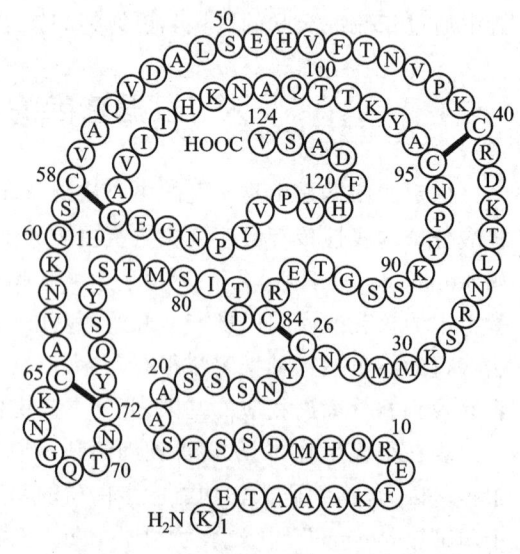

图4-11 核糖核酸酶A的共价结构
(图中黑短棒代表二硫键)

DC：National Biomedical Research Foundation)中找到。然而现在大多数的蛋白质序列信息都是从基因的核苷酸序列翻译成氨基酸序列的。由于测定克隆基因的核苷酸序列比测定蛋白质的氨基酸序列更快、信息更多，因此有不少电子数据库问世，储存的序列资料以惊人的速度不断扩充，并且通过电脑终端和互联网可以很方便地利用它。现在要确定一个新序列，研究者所作的第一件事就是将它与数据库中的其他已知的序列进行比较，确定是否是新的或是同源的。这些数据库中较有名的有美国国家生物医学研究基金会(Nationl Biomedical Research Foundation，NBRF)主持的PIR[Protein Information Resource（蛋白质信息库）或Protein Identification Resource（蛋白质鉴定库）的缩写]，美国政府支持的GenBank[Gene Sequence Data Bank（基因序列数据库）]和欧洲的EMBL[European Molecular Biology Laboratory Data Bank（欧洲分子生物学实验室数据库）]。近年来，上述几个大序列库不断加强合作，相关序列库的数据存储格式已逐步统一。

九、肽与蛋白质的化学合成：固相肽的合成

1958年，北京大学生物学系在国内首次合成了具有生物活性的八肽——**催产素**。接着于1965年9月，中国科学院生物化学研究所、有机化学研究所和北京大学化学系协作，在世界上首次人工合成了**结晶牛胰岛素**，与此同时美国和德国也合成了胰岛素，这标志着人类在研究生命起源的历程中迈进了一大步。

肽和蛋白质的人工合成是指氨基酸按照一定顺序的控制合成。实现控制合成的一个难点是接肽反应所需的试剂。接肽以前必须先把其他不应参加接肽反应的官能团加以封闭或保护，以免与接肽试剂发生作用而生成不需要的肽键或其他键。肽键形成之后，再将保护基除去。因此在肽链合成过程中，每连接一个氨基酸残基，都要经过几个步骤。自然，要想得到一个足够长的多肽就必须每步都有较高的产率。

作为保护基，必须符合这样的条件，即在接肽时能起保护作用，而在接肽后又很容易除去，不致引起肽键的断裂。目前广泛应用的氨基保护基是叔丁氧甲酰基(tertiary butyloxycarbonyl，BOC)和9-芴甲氧羰基(9-fluorenyl-methyloxycarbonyl，Fmoc)（图4-12），这些基团可用CF_3COOH在室温下除去。羧基一般以盐或酯的形式加以保护。盐常用的有钾盐、钠盐、三乙胺盐等；酯有甲酯(OMe)、乙酯(OEt)和叔丁酯(OBut)。甲酯和乙酯可用皂化法除去，但易引起消旋；叔丁酯可在温和条件下用酸除去。

肽键的形成不会自发进行。通常总是在接肽反应前把氨基酸的羧基活化或是使用缩合剂进行接肽。缩合剂可以直接与一个羧基被保护的和一个氨基被保护的两个氨基酸一起进行反应。最有效的接肽缩合剂是N,N'-二环己基碳二亚胺(N,N'-dicyclohexylcarbodiimide，DCC)。在接肽反应中，DCC从两个氨基酸残基中夺取一分子H_2O，自身转变为不溶的N,N'-二环己基脲而从反应液中沉淀出来，很容易过滤除去。用缩合剂DCC接肽实际上也是一种活化羧基的方法，缩合反应的中间物可看成是活化酯。在缩合反应中DCC的变化见图4-12。

近二三十年发展起来的**固相肽合成**(solid-phase peptide synthesis，SPPS)是控制合成技术上的一个重大进展。肽合成技术对分子生物学和基因工程研究具有重要的理论意义，并为医药工业合成更有效的多肽药物开辟了广阔的前景。在固相合成中，肽链的逐步延长是在不溶性聚苯乙烯树脂小珠上进行的，这是为了反应后可通过简单的过滤回收被延长的中间产物，用于下一步合成。为此α-氨基被保护的氨基酸1（待合成肽的C端氨基酸）先与氯甲基聚苯乙烯树脂反应，共价接合在树脂上。除去氨基酸1的N-末端保护基后，氨基被保护的氨基酸2以DCC为缩合剂，连接到氨基酸1的氨基上。重复上述步骤，可以使肽链按控制顺序从C端向N端延长。肽链合成到最后一步时，把树脂悬浮在无水三氟乙酸中，并通入干燥的HF，使肽与树脂脱离，同时一些保护基也被切除（图4-12）。整个合成过程现在可以在程序控制的自动化**固相肽合成仪**(peptide synthesizer)上进行。1962年美国Merrifield R等人报道，利用这种肽合成仪成功地合成了九肽——**舒缓激肽**（图4-4），总产率达85%，合成一条舒缓激肽共花27h，平均合成每个肽键只需要3h。他们还合成了胰岛素的A和B两条肽链，A链(21个残基)全部用8天时间，B链(30个残基)用11天。1969年他们成功地应用合成仪完成了含有124个氨基酸残基的**牛胰核糖核酸酶**（图4-11）的人工合成，这是第一个人工合成的酶。近年来，适应分子生物学研究及肽合成自动化与普及化的需要，SPPS技术在许多方面都有新的进展。

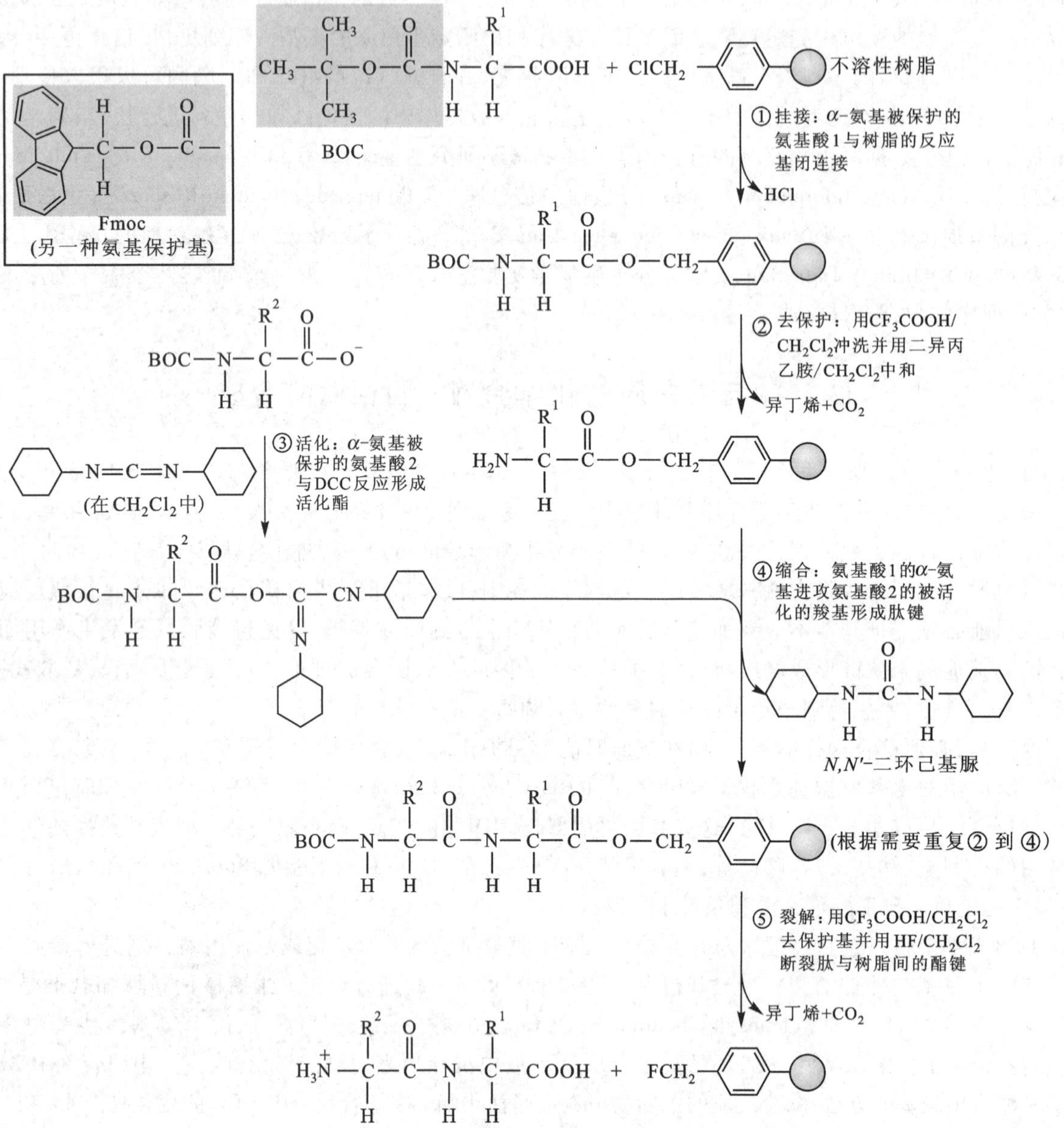

图 4-12　固相肽的化学合成

习　题

1. 一个含 1 021 个氨基酸残基的单体蛋白质,它的相对分子质量约为多少？[112 310]

2. 氨基酸定量分析揭示马细胞色素 c 中色氨酸(M_r 204.11)含量按质量计为 1.63%,试计算马细胞色素 c 的最低 M_r(即假设每个蛋白质分子只含一个 Trp 残基)。[约 12 500]

3. 三肽 Lys-Lys-Lys 的 pI 值必定大于它的任何一个个别基团的 pK_a 值。这种说法是否正确？为什么？[正确。因为此三肽处于等电点时,其解离基团所处的状态应是:C-末端是完全解离的 COO^-(pK_a = 3.0),N-末端是基本未解离的 NH_2(pK_a = 8.0),侧链是 3 个 1/3 解离的 $\varepsilon-NH_3^+$(pK_a = 10.53),因此 pI >最大的 pK_a 值(10.53)]

4. 一个八肽的氨基酸序列是:Glu-Trp-His-Ser-Ile-Arg-Pro-Gly。(a) 在 pH 3.8 和 11 时,此肽的净电荷符号和数量为

多少?（利用表3-3中所列的氨基酸R基、末端羧基和氨基的pK_a值）；(b)估算此八肽的pI值。

5. 有一个A肽：经酸解分析得知由Lys、His、Asp、Glu$_2$、Ala以及Val、Tyr和两个NH$_3$分子组成。当A肽与FDNB试剂反应后，得DNP-Asp；当用羧肽酶处理后得游离缬氨酸。如果我们在实验中将A肽用胃蛋白酶降解时，得到两种肽，其中一种肽(Lys、Asp、Glu、Ala和Tyr)在pH 6.4时，净电荷为零；另一种肽(His、Glu和Val)可给出DNP-His，在pH 6.4时，带正电荷。此外，A肽用胰凝乳蛋白酶降解时，也得到两种肽，其中一种(Asp、Ala和Tyr)在pH 6.4时呈中性，另一种(Lys、His、Glu$_2$和Val)在pH 6.4时，带正电荷。写出A肽的氨基酸序列。[Asn-Ala-Tyr-Glu-Lys-His-Gln-Val]

6. 今有一个七肽，经分析它的氨基酸组成是：Lys、Pro、Arg、Phe、Ala、Tyr和Ser。此肽未经胰凝乳蛋白酶处理时，与FDNB反应不产生α-DNP-氨基酸。经胰凝乳蛋白酶作用后，此肽断裂成两个肽段，其氨基酸组成分别为(Ala、Tyr、Ser)和(Pro、Phe、Lys、Arg)。这两个肽段与FDNB反应，可分别产生DNP-Ser和DNP-Lys。此肽与胰蛋白酶反应，同样能生成两个肽段，它们的氨基酸组成分别是(Arg、Pro)和(Phe、Tyr、Lys、Ser、Ala)。试问此七肽的一级结构是怎样的？[它是一个环肽，序列为：-Phe-Ser-Ala-Tyr-Lys-Pro-Arg-]

7. 一个多肽可还原为两个肽段，它们的序列如下：链1为Ala-Cys-Phe-Pro-Lys-Arg-Trp-Cys-Arg-Arg-Val-Cys，链2为Cys-Tyr-Cys-Phe-Cys。当用胃蛋白酶消化原多肽(具有完整的二硫键)时可得下列各肽：(a)(Ala、Cys$_2$和Val)；(b)(Arg、Lys、Phe和Pro)；(c)(Arg$_2$、Cys$_2$、Trp和Tyr)；(d)(Cys$_2$和Phe)。试指出该天然多肽中二硫键的位置。[在链1的Cys2和Cys12之间，链2的Cys1和Cys5之间，以及链1的Cys8和链2的Cys3之间]

8. 一个十肽的氨基酸分析表明其水解液中存在下列产物：NH$_4^+$、Asp、Glu、Tyr、Arg、Met、Pro、Lys、Ser和Phe，并观察到下列事实：(a)用羧肽酶(此酶不能水解以Pro为C末端的肽)处理该十肽无效；(b)胰蛋白酶处理产生两个四肽和游离的Lys；(c)梭菌蛋白酶(专一水解Arg羧基侧的肽键)处理产生一个四肽和一个六肽；(d)溴化氰处理产生一个八肽和一个二肽(Asn-Pro)；(e)胰凝乳蛋白酶处理产生两个三肽和一个四肽。N-末端的胰凝乳蛋白酶水解肽段在中性pH时携带-1净电荷，在pH 12时携带-3净电荷；(f)一轮Edman降解给出PTH-丝氨酸。写出该十肽的氨基酸序列。[Ser-Glu-Tyr-Arg-Lys-Lys-Phe-Met-Asn-Pro]

9. 蜂毒明肽(apamin)是存在蜜蜂毒液中的一个十八肽，其序列为：CNCKAPETALCARRCQQH。已知蜂毒明肽形成二硫键，不与碘乙酸发生反应。(a)问此肽中存在多少个二硫键？(b)请设计确定这些(个)二硫键位置的策略。[(a)两个；(b)二硫键的位置可能是1-3和11-15，或1-11和3-15，或1-15和3-11。第一种情况，用胰蛋白酶断裂将产生两个肽加精氨酸；第二种和第三种情况，将产生一个肽加精氨酸。通过二硫键部分氧化可以把后两种情况区别开来]

10. 叙述用Merrifield固相化学方法合成二肽Lys-Ala。

主要参考书目

[1] 王镜岩,朱圣庚,徐长法. 生物化学. 第三版. 北京：高等教育出版社,2002.

[2] 金冬雁,金奇,侯云德. 核酸和蛋白质的化学合成与序列分析. 北京：科学出版社,1996.

[3] Garrett R H, Grisham C M. Biochemistry. 3rd ed. USA：Saunders College Publishing, 2004.

[4] Nelson D L, Cox M M. Lehninger Principles of Biochemistry. 4th ed. New York：W H Freeman, 2004.

[5] Merriflied B. Solid Phase Synthesis. Science, 1986, 232：341-347.

（徐长法）

第5章 蛋白质的三维结构

在生物学条件下一种蛋白质占优势的构象只有一种（或少数几种），它（们）是热力学上最稳定的，并具有生物活性，这种构象称为**天然蛋白质**（native protein）。多肽折叠成天然构象的信息来自它的氨基酸序列。线性的一级结构既能发生近程相互作用，也能发生远程相互作用。因此一级结构能形成称为**高级结构**（higher-order structure）的二、三、四级结构。三维（空间）结构、构象和高级结构这几个术语是同义词，常被交互使用。

本章主要讲述蛋白质三维结构的二、三、四级层次，三级折叠的亚层次：超二级结构和结构域，以及纤维状蛋白质和球状蛋白质的结构特点。此前先介绍一下研究蛋白质构象的方法、稳定蛋白质构象的力和多肽主链折叠的空间限制；本章最后讨论蛋白质的变性和折叠。

一、研究蛋白质构象的方法

目前尚无一种工具能够直接观察到蛋白质分子的原子和基团的排列。至今研究蛋白质三维结构所取得的成就主要是应用 **X 射线衍射**（X-ray diffraction）方法获得的。此法只能测定晶体结构，并因此称这门技术为 **X 射线晶体学**（X-ray crystallography）。然而生物体内的蛋白质不是以晶体而是以溶液中的动态构象存在。因此研究溶液中构象的方法应运而生，其中首推**核磁共振**（NMR），此外还有**圆二色性**（circular dichroism，CD）、**荧光偏振**（fluorescence polarization）、**拉曼光谱**（Raman spectrum）等。新近发展起来的**扫描隧道显微术**（scanning tunneling microscopy，STM）在测定生物大分子的三维结构方面也有很好的前景。

X 射线衍射技术与光学显微镜的基本原理是相似的。使用光学显微镜时，来自点光源的光线（$\lambda = 400 \sim 700$ nm）投射在被检物体上，光波将由此散射，物体的每一小部分都起着一个新光源的作用，来自物体的散射波含有物体构造的全部信息，因此可用透镜会聚这些散射波而形成物体的放大图像。但是 X 射线衍射技术与此不同，它采用的光源是波长很短的 X 射线（λ 在 0.1 nm 左右）；经物体（如晶体）散射后的衍射波没有一种透镜能把它会聚成物体的放大图像，以显示晶体内部的分子结构，而是直接得到的是一张**衍射图[案]**（diffraction pattern）。衍射图需要用数学方法（包括运用电子计算机）代替透镜进行重组，绘制出**电子密度图**（electron density map），并从中构建出三维分子图像或分子模型。X 射线晶体结构分析是专业性较强的研究技术，请参考专著，如本章参考书目中所列的参考书[2]。

NMR 和 X 射线晶体结构分析是目前能够在原子水平上揭示蛋白质和其他生物大分子三维结构的仅有的两种技术。X 射线衍射方法能够给出高分辨率的图像，但仅限于晶体，而 NMR 方法能够研究溶液中蛋白质构象，只要供给高浓度的溶液；而且 NMR 还能用于研究蛋白质分子的动态结构，包括构象变化、蛋白质折叠以及与其他分子的相互作用等。实践已证明，用这两种方法测得的三维结构非常接近。因此 NMR 和 X 射线衍射技术在研究三维结构方面彼此可以很好的互补。

二、稳定蛋白质三维结构的力

稳定蛋白质三维结构的力主要是一些所谓**弱相互作用**或称非共价力，包括氢键、离子键、范德华力和疏水相互作用（见图 5-1 和第 1 章）。此外，共价二硫键在稳定某些蛋白质（如 RNase A，见图 4-11）的构象方面也起着重要作用。稳定蛋白质三维结构的几种非共价力和二硫键的强度或键能见表 5-1。

对蛋白质结构来说，稳定性（stability）是指维持天然构象的倾向性。天然蛋白质的稳定性是相当脆弱的。在生理条件下一个典型蛋白质的**折叠态**（folded state，F）和**伸展态**或**解折叠态**（unfolded state，U）之间的 ΔG 仅为 20

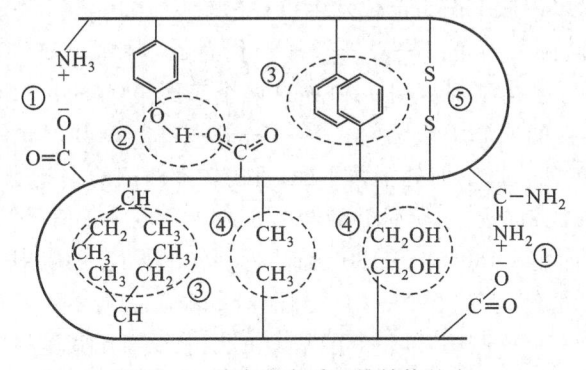

图 5-1　稳定蛋白质三维结构的力
① 离子键；② 氢键；③ 疏水相互作用；④ 范德华力；⑤ 二硫键

表 5-1　蛋白质中非共价键合原子之间的最小接触距离/nm

	C	N	O	H
C	3.20	2.90	2.80	2.40
N		2.70	2.70	2.40
O			2.70	2.40
H				2.00

~65 kJ/mol。多肽链折叠的 Gibbs 自由能变化：

$$\Delta G = G_F - G_U = (H_F - H_U) - T(S_F - S_U) = \Delta H - T\Delta S \tag{5-1}$$

在伸展态时多肽主链和侧链是与溶剂（水）发生相互作用的，因此关于折叠的自由能变化必须考虑多肽链和溶剂两者对焓变化（ΔH）和熵变化（ΔS）所作的贡献：

$$\Delta G = \Delta H_\text{链} + \Delta H_\text{溶剂} - T\Delta S_\text{链} - T\Delta S_\text{溶剂} \tag{5-2}$$

折叠态与伸展态相比，它是高度有序的结构，因此折叠过程中 $\Delta S_\text{链}$（构象熵变化）是负值，并因此方程（5-2）中 $-T\Delta S_\text{链}$ 项是正值，这在热力学上对折叠是不利的。$\Delta H_\text{链}$ 项决定于多肽链中残基与残基的相互作用（对折叠态来说）和残基与溶剂的相互作用（对伸展态来说）。一般情况下 $\Delta H_\text{链}$ 是正值，因为折叠中形成一个弱相互作用，需要相应地破坏该基团与溶剂（水）之间业已存在的、且强度更大的相互作用。但 $\Delta H_\text{溶剂}$ 是负值，因为折叠造成很多水分子彼此间相互作用，代替了水分子与多肽残基间的相互作用。$\Delta H_\text{链}$（正值）对折叠不利，而 $\Delta H_\text{溶剂}$（负值）对折叠有利，然而 $\Delta H_\text{链}$ 值与 $\Delta H_\text{溶剂}$ 值大小相当，符号相反，因此总焓变（$\Delta H_\text{链} + \Delta H_\text{溶剂}$）不大，对折叠不作实质性贡献。

为什么一个蛋白质倾向于折叠成天然构象呢？答案在于溶剂水。水分子是极性的，相互间容易形成氢键（见第 1 章）。当一个疏水分子或基团，如多肽的疏水侧链，进入水中时，在它周围的水分子立即排列成高度有序的溶剂化层，称为**笼形结构**（clathrate structure）。这种结构比冰的结构更加有序，因此形成笼形结构时，水的熵降低，这在热力学上是不利的。然而当疏水基团聚集在一起避开水时，即发生所谓**疏水相互作用**时，笼形物将减小，很多原来高度有序的水分子转变为自由的水分子，结果是溶剂熵增加（$\Delta S_\text{溶剂}$，大的正值），而有利于多肽折叠。对于一个典型的蛋白质来说，对折叠作出单项最大贡献的是 $-T\Delta S_\text{溶剂}$ 项（大的负值），或者说熵效应是蛋白质折叠的热力学驱动力。在生理条件下蛋白质分子中氢键、离子键和二硫键的形成主要也是由同一熵效应驱动的。

总观上述，疏水相互作用在稳定蛋白质的天然构象方面起着突出的作用，这反映在大多数蛋白质的三维结构都是疏水残基埋藏在分子的核心。此外氢键所起的稳定作用也不容忽视，这反映天然蛋白质分子的氢键数目达到最大值。

三、多肽主链折叠的空间限制

（一）肽平面与 α-碳的二面角（φ 和 ψ）

在第 4 章中讲过，肽键是一个共振杂化体（图 4-2）。共振的后果是，肽键 C—N 具有部分双键性质，不能绕键自由旋转，肽键所在的酰胺基成为刚性平面，称为**肽平面**（图 5-2）。多肽主链上只有 α-碳连接的两个键 N—

C_α 和 C_α—C，是纯的单键。肽平面虽是刚性的，但多肽主链可以以肽平面为单位发生折叠（图 5-5B）。绕 N—C_α 键轴旋转的二面角（C—N—C_α—C）称为 φ，绕 C_α—C 键轴旋转的二面角（N—C_α—C—N）称为 ψ。原则上 φ 和 ψ 可以取 -180°~+180°之间的任一值。这样多肽主链的各种可能构象都可用 φ 和 ψ 这两个**二面角**（dihedral angle）或称**扭角**（torsion angle）来描述。二面角定义为在依次连接的四原子系统（A—B—C—D）中，含 A、B、C 的平面和含 B、C、D 的平面之间的夹角。当 φ 和 ψ 的旋转轴所在的两个肽平面处于共平面，且旋转键两侧的主链处于顺式构型时，规定 φ=0°和 ψ=0°（图 5-3）。此时从 C_α 沿键轴方向观察，顺时针旋转的 φ 或 ψ 角度为正值（0°~+180°），逆时针旋转的为负值（0°~-180°）。注意，一个二面角 +180°和 -180°是同一状态。当 C_α 的一对二面角 φ=180°和 ψ=180°时，C_α 的两个肽平面将呈现最伸展的肽链构象（图 5-2）。然而当 φ 和 ψ 同时等于零时的构象（图 5-3）实际上并不存在，因为两个相邻肽平面上的一个酰胺 H 和一个羰基 O 的接触距离比其范德华半径之和小，因此将发生空间重叠。虽然理论上 C_α 的两个单键（N—C_α）和（C_α—C）在 0°~±180°范围内可以自由旋转，但因空间位阻包括侧链引起的位阻，实际上不是任意二面角所规定的肽链构象都是立体化学所允许的。

$\varphi=180°, \Psi=180°$

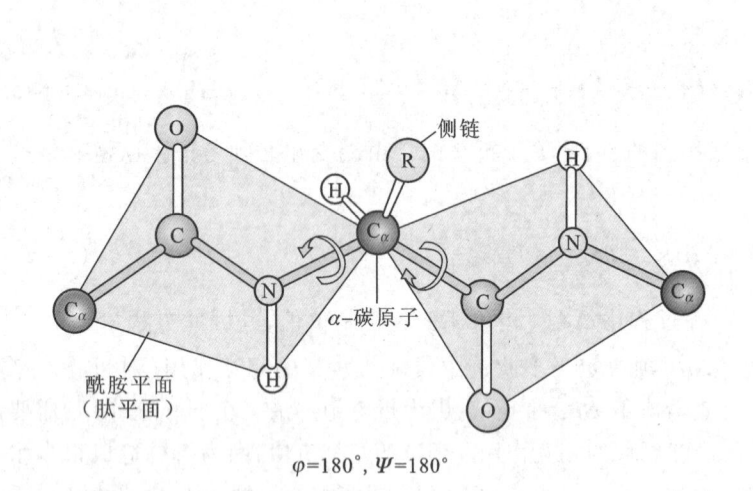

图 5-2 完全伸展的主链构象

$\varphi=0°, \Psi=0°$

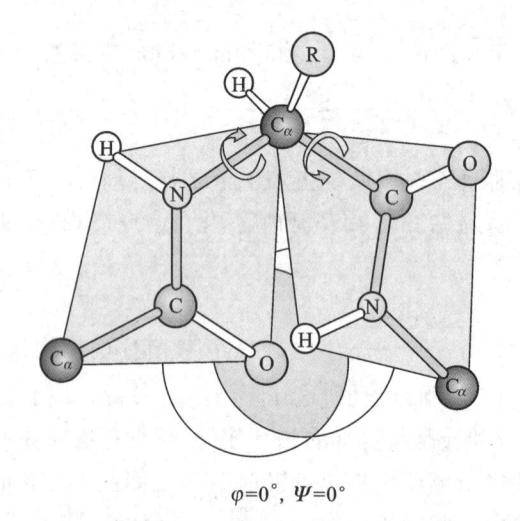

图 5-3 $\varphi=0°\psi=0°$ 的主链构象

（二）可允许的 φ 和 ψ 值：拉氏图

印度学者 Ramachandran G N 等人根据原子的范德华半径确定了非键合原子之间的**最小接触距离**（允许距离）（表 5-1）。根据此最小接触距离，确定哪些成对二面角（φ,ψ）所规定的两个相邻肽单位的构象是允许的，哪些是不允许的，并在 φ（横坐标）对 ψ（纵坐标）所作的 φ-ψ 图上标出。此图称为**拉氏图**（Ramachandran plot）（图 5-4）。图上的一个点对应于一个成对二面角（φ,ψ），代表一个 C_α 的两个相邻肽单位的构象。如果将一个蛋白质上的所有 C_α 的成对二面角 φ 和 ψ 都画在图上，那么蛋白质主链构象在拉氏图上的位置将清楚地表示出来。拉氏图不仅对蛋白质的构象研究起到简化作用，而且对于判断所建立的结构模型是否正确也有很大帮助。应用拉氏图研究时发现，肽链折叠具有相当大的局限性，在 φ-ψ 图上只取有限范围的值。图 5-4 中阴影部分用白线封闭的区域是

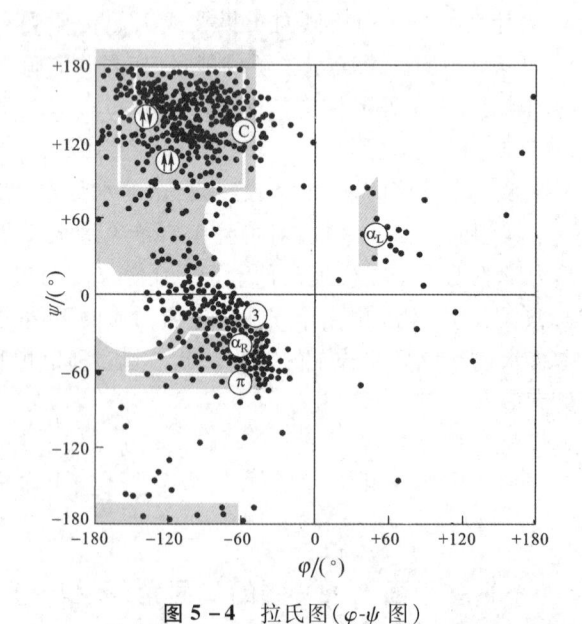

图 5-4 拉氏图（φ-ψ 图）

图中 ⇈ 和 ⇅ 分别为反平行和平行 β 片；Ⓒ 为胶原蛋白的三股螺旋；③ 为 3_{10} 螺旋；α_R 为右手 α 螺旋；π 为 π 螺旋；α_L 为左手 α 螺旋

允许区。这个区域内的任何成对二面角(φ,ψ)所规定的构象都是立体化学可允许的,因为在该构象中,非键合原子间的距离≥最小接触距离,两者无斥力,构象能最低,所以构象是稳定的,例如平行(↑↑)和反平行(↑↓)β 片,胶原蛋白三股螺旋(C)和右手 α 螺旋(α_R)都位于允许区内。阴影部分的其他区域为不完全允许区。这个区域内的二面角所规定的构象虽是立体化学可允许的,但不够稳定,因为在此构象中非键合原子之间的距离小于允许距离,但仍大于极限距离(比允许距离小 0.01~0.02 nm)。阴影外的区域是不允许区。该区域内的二面角所规定的构象都是立体化学所不允许的,这种构象不能存在,例如 $\varphi=180°,\psi=0°$ 的构象和 $\varphi=0°,\psi=180°$ 的构象。上面所说的允许区和不完全允许区都是针对非甘氨酸残基来说的,如果是甘氨酸残基,这一范围会扩大很多,因为甘氨酸侧链只是一个 H 原子。对非甘氨酸残基的允许区,只占全平面的 7.7%;对最大允许区(允许区+不完全允许区)来说也只占 20.3%。

图 5-4 中的黑点是应用 X 射线衍射技术对 8 种蛋白质近 1 000 个非甘氨酸残基实验测得的二面角 φ 和 ψ 值,可以清楚地看到多肽主链实际所取的构象与理论推测的允许区基本吻合。例如胰凝乳蛋白酶原的 245 个氨基酸残基除 28 个外,全部的成对二面角 φ 和 ψ 值都落在允许区之内。

四、二级结构:多肽主链的局部规则构象

多肽链折叠的驱动力是熵效应,其结果是疏水侧链被埋藏在蛋白质分子内部;与此同时也有一部分主链被埋藏在里面。主链本身是亲水的,伸展时它的 C=O 和 N—H 与溶剂水形成氢键。折叠时为维持能量的平衡,主链的 C=O 和 N—H 配对形成了由氢键维系的局部规则构象,称为**二级结构**。下面介绍几种二级结构元件:α 螺旋、β 折叠和 β 转角等。

(一) α 螺旋

α 螺旋(α-helix)是蛋白质中最常见、最典型和含量最丰富的二级结构。早在 1950 年 Pauling L 等人根据从小肽晶体结构中测得的肽标准参数(图 4-3),预测出能够稳定存在的 α 螺旋结构,并很快由实验得到证实。α 螺旋是一种重复结构,螺旋中每个 α-碳的 φ 和 ψ 分别在 -57° 和 -47° 附近,每圈螺旋含 3.6 个氨基酸残基数,沿螺旋轴上升 0.54 nm,称为螺距(pitch);每个残基绕轴旋转 100°,沿轴上升 0.15 nm(图 5-5A);残基的侧链伸向外侧。如果侧链不计在内,螺旋的直径约为 0.5 nm。相邻螺圈之间形成氢键,氢键的取向几乎与螺旋轴平行。从 N-末端出发,氢键是由每个肽基的 C=O 与其前面第 3 个肽基的 N—H 之间形成的。由氢键封闭的环是 13 元环:

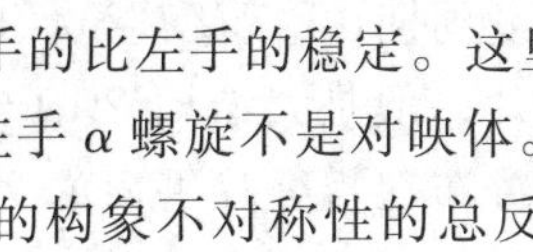

$$-\overset{O}{\underset{}{C}}-NH-C_\alpha H-CO\underset{3}{\Big]}N- \cdots \cdots H$$
$$R$$

因此 α 螺旋也称 3.6_{13} 螺旋。

如图 5-5A 所示,α 螺旋中所有氢键都沿螺旋轴指向同一方向。每一肽键具有由 N—H 和 C=O 的极性产生的**偶极矩**。因为这些基团都是沿螺旋轴排列,所以总的效果是 α 螺旋本身也是一个偶极矩,相当于在 N-末端积累了部分正电荷,在 C-末端积累了部分负电荷。

蛋白质中的 α 螺旋几乎都是右手的,右手的比左手的稳定。这里讲的不论是左手的还是右手的螺旋都是由 L 型氨基酸残基构成的,因此右手 α 螺旋和左手 α 螺旋不是对映体。α 螺旋是**手性结构**,具有旋光能力。α 螺旋的旋光性是 α-碳的构型不对称性和 α 螺旋的构象不对称性的总反映。应用**圆二色性**(CD)光谱可以研究蛋白质的二级结构。

α 螺旋的形成也具有**协同性**。但一条肽链能否形成 α 螺旋,以及形成的螺旋是否稳定,与它的氨基酸组成和序列有极大的关系。关于这方面的知识很大一部分来自对多聚氨基酸的研究。多聚赖氨酸在 pH 7 条件下不能

形成α螺旋,而以无规卷曲形式存在。这是因为多聚赖氨酸在此 pH 时 R 基带有正电荷,彼此间由于静电排斥,不能形成链内氢键。事实正是如此,在 pH 12 时多聚赖氨酸即自发地形成α螺旋。同样,多聚谷氨酸也与此类似。除 R 基的电荷性质之外,R 基的大小对多肽链能否形成α螺旋也有影响。发现 R 基小的不带电荷的多聚丙氨酸,在 pH 7 的水溶液中能自发地卷曲成α螺旋。但多聚异亮氨酸由于在它的α-碳附近有较大的 R 基,造成位阻,因而不能形成α螺旋。多聚脯氨酸的α-碳参与 R 基吡咯的形成,环内的 N—C$_\alpha$ 键不能旋转,而且多聚脯氨酸的肽键不具有酰胺氢,不能形成链内氢键;因此,多肽链中只要存在脯氨酸(或羟脯氨酸),α螺旋即被中断,产生一个"结节"。

在蛋白质中还发现几种不常见的其他类型螺旋,如 3$_{10}$ 螺旋和 π 螺旋,这里不作介绍。

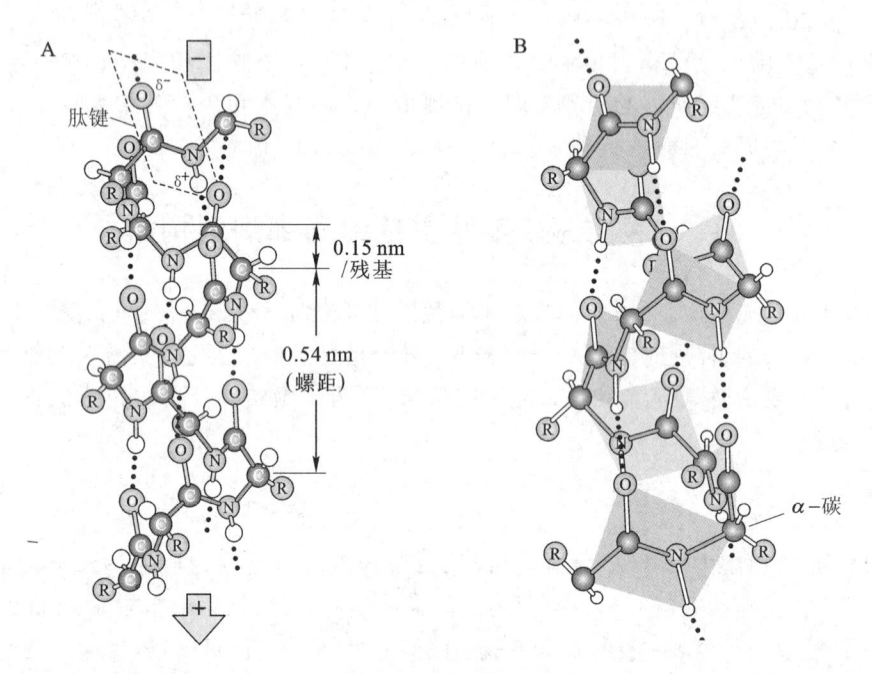

图 5-5 α螺旋的结构
A. 示出螺旋参数;B. α螺旋可看成是以α-碳为铰点由肽平面堆叠而成,肽平面大体平行于螺旋轴

(二) β 片或 β 折叠

另一常见的二级结构元件,称为 **β 片**或 **β 折叠**(β sheet)。β 片模型也是由 Pauling 等人最先提出来的。β 片可以想象为由折叠的条状纸片侧向并排而成,在这里多肽主链沿纸条形成锯齿状(zigzag),α-碳位于折叠线上(图 5-6)。注意,在 β 片上的侧链都垂直于折叠片平面,并交替地从平面上下两侧伸出。β 片可以有两种形式,一种是**平行式**(parallel),另一种是**反平行式**(antiparallel)。在平行 β 片中,相邻肽链的方向(氨基到羧基)是相同的,在反平行 β 片中,相邻肽链的方向是相反的(图 5-7)。

β 片中每一肽链或肽区段(segment)称为 **β 股**(β strand)。在 β 片中氢键是在股之间形成的。在 β 片中多肽主链处于最伸展的状态,称为 **β 构象**。在平行 β 片中处于最适氢键形成时,主链伸展程度略小于反平行 β 片,并且形成的氢键有明显的弯折。平行 β 片中重复周期(重复距离)为 0.65 nm,而反平行 β 片中为 0.7 nm。

平行 β 片比反平行 β 片更规则。平行 β 片一般是大结构,少于 5 个 β 股的很少见。然而反平行 β 片可以少到仅由两个 β 股组成。平行 β 片中疏水侧链分布在折叠片平面的两侧,而反平行 β 片中通常所有的疏水侧链都排列在平面的一侧。当然这就要求在参与反平行 β 片的多肽序列中亲水残基和疏水残基交替排列。在纤维状蛋白质中 β 片主要是反平行式的,而在球状蛋白质中反平行和平行两种方式几乎同样广泛地存在。

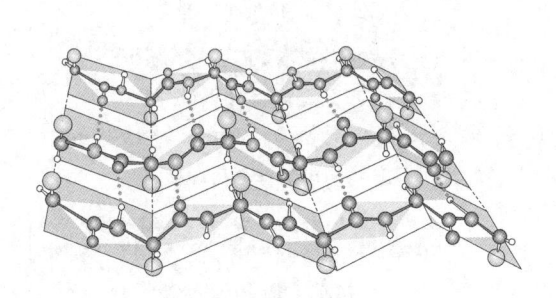

图 5-6 在纸"折叠片"上画出的反平行 β 片

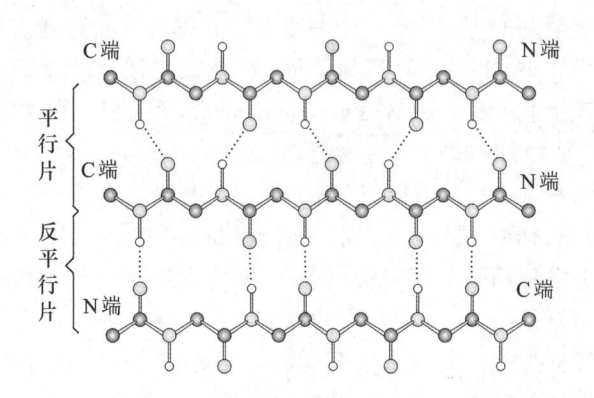

图 5-7 在平行和反平行 β 片中氢键的排列
(图中未示出侧链)

(三) β 转角

球状蛋白质中多肽链具有弯曲、回折和重新定向的能力,以便折叠成球状结构。在很多球状蛋白质中观察到一种简单的二级结构元件,称为 **β 转角**(β turn),这是一种非重复结构。在 β 转角中第一个残基的 C=O 与第四个残基的 N—H 氢键键合,形成一个紧密的环,使 β 转角成为稳定的结构。如图 5-8 所示,β 转角允许肽链倒转方向。图中示出一种常见类型的 β 转角,另一种常见类型只是中央的肽基旋转了 180°。某些氨基酸如脯氨酸和甘氨酸经常在 β 转角序列中存在。由于甘氨酸缺少侧链(只有一个 H),在 β 转角中能很好地调整其他残基的空间位阻,因此是立体化学上最合适的氨基酸,而脯氨酸具有环状结构和固定的 φ 角,在一定程度上迫使 β 转角形成,促进多肽链自身回折。这些回折有助于反平行 β 片的形成。目前发现的 β 转角多数都处在蛋白质分子的表面,在这里改变多肽链方向的阻力比较小。

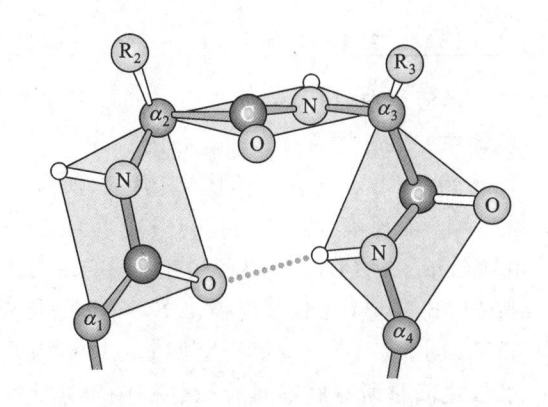

图 5-8 一种主要类型的 β 转角

无规卷曲(random coil)或称**卷曲**(coil),它泛指那些不能被归入明确的二级结构元件的多肽区段。实际上这些区段大多数既不是卷曲,也不是完全无规的,但是它们受侧链的影响很大。这类有序的非重复结构常构成蛋白质的功能部位,如酶的活性中心。

五、纤维状蛋白质

蛋白质根据形状和溶解度可分为**纤维状蛋白质**和**球状蛋白质**两大类。纤维状蛋白质(fibrous protein)的特点是由单一类型的二级结构组成,如 α-角蛋白只含 α 螺旋,丝心蛋白只含 β 片,其多肽亚基排列成沿单轴大致平行的规则结构,形成长纤维或片层;由于含有大量的疏水残基,一般不溶于水或稀盐溶液。纤维状蛋白质广泛存在于动物体内,占脊椎动物体内蛋白质总量的一半或一半以上,担当支撑、定型和外保护等结构性角色。典型的纤维状蛋白质有 α 角蛋白、丝心蛋白和胶原蛋白等。

(一) α-角蛋白

α-角蛋白(α-keratin)来源于外胚层细胞,包括皮肤及其衍生物:毛、鳞、羽、翮、甲、蹄、角、爪、啄等,α-角蛋白亚基(多肽链)的三级结构是比较简单的,由富含 α 螺旋的中央棒状结构域和 C 端和 N 端两个非螺旋帽状结构域组成(图 5-9)。亚基经缔合形成纤维状 α 角蛋白聚集体。α 螺旋的轴向大体与 α-角蛋白聚集体的长向平行。

毛发的 α-角蛋白中两股右手 α 螺旋互相拧成左手**超螺旋**(superhelix)，直径约为 2 nm，超螺旋再彼此缠绕成更高级的亚结构，称为**原纤丝**(protofilament)和**初原纤维**(protofibril)；原纤丝含 2 个超螺旋，直径为 2~3 nm；初原纤维含 4 个超螺旋，直径为 4~5 nm；约由 4 根初原纤维(32 股 α 螺旋)结合在一起形成一根**中间丝**(intermediate filament)。一根毛发外周是一层鳞状细胞，中间为皮层细胞。皮层细胞横截面直径约为 20 μm。在皮层细胞中，许多中间丝沿毛发纤维轴向排列。所以一根毛发是一个高度有序的超分子结构。毛发性能就决定于 α 螺旋结构及其超分子的组织方式。

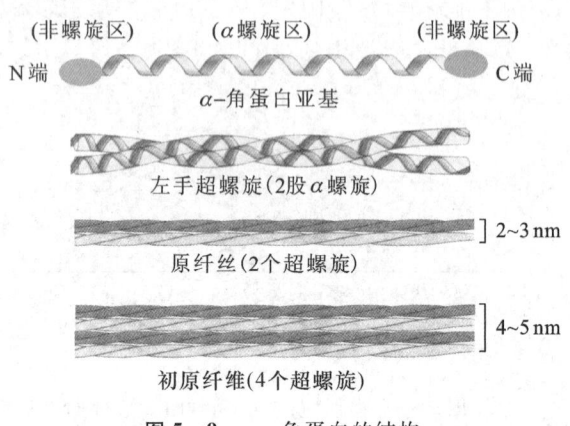

图 5-9 α-角蛋白的结构

α-角蛋白的伸缩性能很好，一根毛发纤维湿热时可以拉长到原有长度的两倍，这时 α 螺旋被撑开，各螺圈间的氢键被破坏，转变为 **β** 构象。当张力除去后，单靠氢键不能使纤维恢复到原来的状态。相邻多肽链的 α 螺旋之间是由它们的 Cys 形成的二硫键交联起来的。这种交联键既可以抵抗张力，又可以作为外力去除后，使纤维复原的恢复力。所以结构的稳定性主要是由这些二硫键保证的。

(二) 丝心蛋白

丝心蛋白(fibroin)是昆虫(如蚕)和蜘蛛分泌的一种蛋白质。它的多肽链主要以 β 构象存在。丝心蛋白富含 Gly、Ala 和 Ser，序列中每隔一个残基就是 Gly。这意味着形成 β 片时，所有 Gly 的 R 基(H)位于 β 片平面的一侧，而所有 Ala 和 Ser 的 R 基位于另一侧。多肽链的重复距离为 0.70 nm，在 β 片平面中多肽链之间的距离为 0.47 nm。若干这样的 β 片按 Gly R 基与 Gly R 基连锁，Ala/Ser R 基与 Ala/Ser R 基连锁的方式堆积排列(图 5-10)。这里稳定整个三维结构的力为：①在每个 β 片的各多肽链之间是所有肽键间的氢键；②在各 β 片之间是最适的范德华相互作用。因此丝纤维既有好的抗张强度，又有柔软的性质，因为 β 片是由弱的相互作用稳定的，不像 α-角蛋白那样有共价二硫键参与维系。但丝心蛋白不能拉伸，因为 β 构象已经是高度伸展状态。

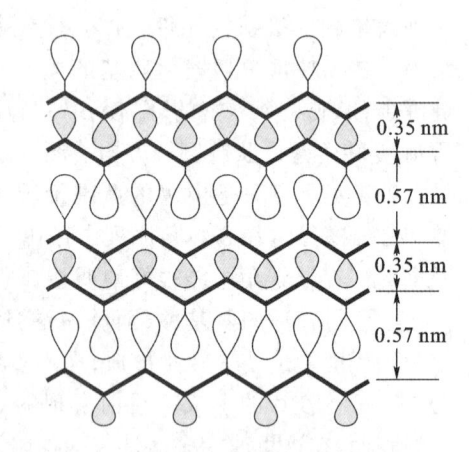

图 5-10 丝心蛋白的结构
堆积 β 片中 Ser/Ala 侧链(白色)连锁和 Gly 侧链(灰色)连锁交替存在

(三) 胶原蛋白

胶原蛋白或称**胶原**(collagen)是很多脊椎动物体内含量最丰富的蛋白质。它也是一种结构蛋白质，能使肌腱、骨、软骨、牙、皮肤和血管等结缔组织具有机械强度。例如腱胶原蛋白的抗张强度(tensile strength)约为 20~30 kg/mm²，相当于 12 号冷拉钢丝的拉力。骨折、腱和软骨损伤都涉及组织中胶原蛋白基质的撕裂或伸张过度。

胶原蛋白是糖蛋白，包括多种类型，分别称为 I 型、II 型、III 型等。不同类型的胶原蛋白其组织分布不同，例如 I 型存在于骨、皮肤、肌腱和角膜中，并且由于它们的氨基酸组成和含糖量不同各具有自己特有的物理性能。

在体内胶原蛋白以**胶原原纤维**(collagen fibril)的形式存在。胶原原纤维的基本结构单位是**原胶原**(protocollagen)分子，分子长约 300 nm，直径约为 1.5 nm，M_r 为 285 000。原胶原分子是由三股多肽链缠绕成具有四级结构的右手超螺旋缆，称为**三股螺旋**(triple helix)(图 5-11C，D)。其中每股(称 α 肽)本身是一种左手螺旋，约含 1 000 个残基；此链要比 α 螺旋伸展得多，每一残基沿三股螺旋轴升高 0.29 nm。右手超螺旋缆的螺距为 8.6 nm，每圈每股包含 30 个残基，每股左手螺旋的螺距为 0.95 nm，每圈约含 3.3 个残基。

一级结构分析表明，胶原蛋白多肽链有很长的区段是由 Gly-x-y 氨基酸序列重复而成的。这里 x、y 是 Gly 之外的任何残基，但 x 经常是 Pro，y 经常是 Hyp(4-羟脯氨酸)。由于 Pro 和 Hyp 的侧链是环状结构，主链上 N—

C$_\alpha$ 键不能旋转（φ 角固定在 -60°左右），三股螺旋中来自每股的 Gly 残基沿三股螺旋的中心轴堆积，一股链上的 Gly 处于跟第二股的 x 残基和第三股的 y 残基相邻。这样允许每个 Gly 残基的 N—H 与相邻链的 x 残基的 C=O 形成氢键。由于 Hyp 残基的羟基也参与链间氢键的形成，三股螺旋得到进一步稳定。

Ⅰ型、Ⅱ型和Ⅲ型胶原蛋白在体内形成有组织的胶原原纤维。在电镜下胶原原纤维呈明暗交替的区带，其周期（重复距离，d）为 60~70 nm，这取决于胶原的类型和生物来源。典型的区带图案（如Ⅰ型胶原）$d=68$ nm，其中 0.6 $d=40$ nm 为空穴区，0.4 $d=28$ nm 为重叠区（图 5-11A，B）。由于空穴区和重叠区的电子密度不同，因而在电镜下呈现明暗交替的区带。

胶原原纤维可以通过原胶原分子内（3 股螺旋之间）和分子间的交联得到进一步增强和稳定。分子内交联是在原胶原的 N-末端区（非螺旋区）内 Lys 残基之间进行的。原胶原的分子间交联是在一个原胶原的 N-末端区的和一个相邻原胶原的 C-末端区的一个赖氨酸和两个 5-羟赖氨酸残基之间形成的。这些共价交联对提高胶原蛋白的机械强度很重要。随着年龄的增长，在原胶原的三股螺旋内和三股螺旋之间形成的共价交联键愈来愈多，使得改变了肌腱、韧带和软骨的机械性能，使骨头变脆，结缔组织中的胶原原纤维越来越硬而脆，结果眼球透明度减小。

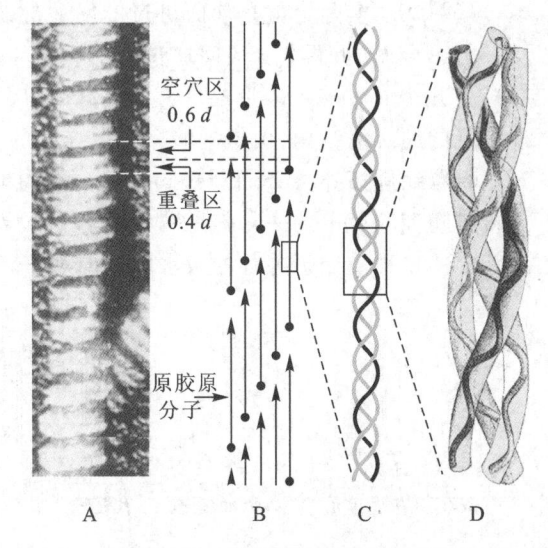

图 5-11 胶原蛋白原纤维结构
A. 电镜下胶原原纤维呈明暗交替的条文图案；B. 胶原原纤维中原胶原分子的排列；C. 原胶原分子是一种右手三股螺旋；D. 三股螺旋中的每股链都是左手螺旋

胶原蛋白于水中煮沸即转变为**明胶**或称为**动物胶**（gelatine），它是一种水溶性的多肽混合物。从营养角度看，胶原蛋白并不是优质蛋白，因为它主要含 Gly(35%)、Ala(11%)和 Pro + Hyp(21%)，缺少很多人体必需氨基酸。

六、超二级结构和结构域

（一）超二级结构

在蛋白质中经常可以看到由若干相邻的二级结构元件组合在一起，彼此相互作用，形成种类不多、有规则、稳定的二级结构组合或二级结构串，称为**超二级结构**（super-secondary structure）、**折叠花式**（folding motif）或**折叠单位**（folding unit）等。这几个术语的使用，生物化学家们尚无统一的意见；它们常被交互使用。现在已知的超二级结构有 3 种基本组合形式：$\alpha\alpha$、$\beta\alpha\beta$ 和 $\beta\beta$。

（1）$\alpha\alpha$ 这是一种**螺旋束**（α helix bundle），它经常是由两股平行或反平行排列的右手螺旋互相缠绕而成的左手**卷曲螺旋**（coiled coil）或称**超螺旋**（图 5-12）。还发现 α 螺旋束中有三股和四股螺旋的。超螺旋是纤维状蛋白质如 α 角蛋白的主要结构元件（图 5-9）。它也存在于某些球状蛋白质中，如**蚯蚓血红蛋白**（myohemerythrin）中（图 5-14）。球状蛋白质中 α 螺旋束是由同一条链的一级序列上邻近的 α 螺旋区段组成，纤维状蛋白质中是由几条链的 α 螺旋区缠绕而成。α 螺旋沿超螺旋轴有相当的倾斜，重复距离从 0.54 nm 缩短到 0.51 nm。超螺旋的螺距约为 14 nm，直径为 2 nm。两股 α 螺旋的侧链能紧密相互作用，使超螺旋结构更加稳定。

（2）$\beta\alpha\beta$ 最简单的 $\beta\alpha\beta$ 组合也称 **$\beta\alpha\beta$ 单元**（$\beta\alpha\beta$-unit），它是由两段平行 β 股和一段作为连接链（connector）的 α 螺旋组成，β 股之间还有氢键相连；连接链反平行地交叉在 β 片的一侧，β 片的疏水侧链面向 α 螺旋的疏水面，彼此紧密装配（图 5-12）。作为连接链的除 α 螺旋外还可以是无规卷曲。最常见的 $\beta\alpha\beta$ 组合是由 3 段平行 β 股和两段 α 螺旋构成（图 5-12），相当于两个 $\beta\alpha\beta$ 单元组合在一起，此结构称为 **Rossman 折叠**（$\beta\alpha\beta\alpha\beta$）。几乎在所有实例中连接链都是右手交叉（right-handed crossover）的，这是一种拓扑学现象。

(3) ββ 实际上就是前面讲过的反平行β片,只不过在球状蛋白质中多是由一条多肽链的若干区段的β股反平行组合而成,两个β股间通过一个短回环连接起来。最简单的ββ折叠花式是**β发夹**(β hairpin)结构(图5-12),由几个β发夹可以形成更大更复杂的β片图案,例如β曲折和希腊钥匙拓扑结构。**β曲折**(β meander)是一种常见的超二级结构,由氨基酸序列上连续的多个反平行β股通过紧凑的β转角连接而成(图5-12)。

希腊钥匙拓扑(Greek key topology)结构也是反平行β片中常出现的一种花式(图5-12)。这种结构直接用古希腊陶瓷花瓶上的一种常见图案命名,称"希腊钥匙"。这种拓扑结构有两种可能的回旋方向,但实际上只存在其中的一种。当折叠片的亲水面朝向观察者时,从N→C端回旋几乎总是逆时针的。

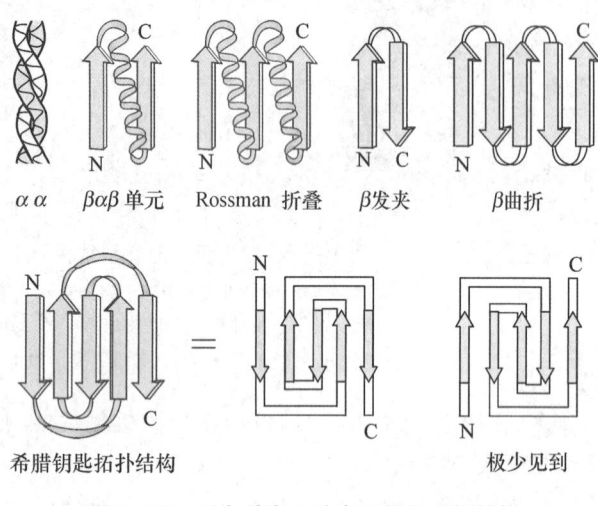

图 5-12 蛋白质中几种常见的超二级结构
图中宽箭头代表β股

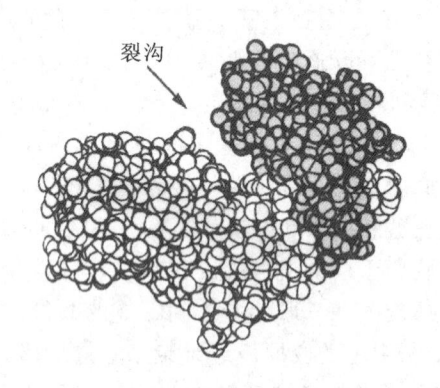

图 5-13 己糖激酶的三级结构
两个结构域(灰度不同)之间的裂沟为活性中心

(二)结构域

含数百个氨基酸残基的多肽链经常折叠成两个或多个稳定的、相对独立的球状实体,称为**域**(domain)或**结构域**(structural domain)。最常见的结构域含有序列上连续的100~200个残基。较小的球状蛋白质或亚基常是单结构域的,如核糖核酸酶、肌红蛋白等。较大的球状蛋白质或亚基常是多结构域的,例如**免疫球蛋白**的重链含4个结构域(图6-15);结构域经常也是**功能域**(functional domain)。一般说,功能域是蛋白质分子中能独立存在的功能单位。功能域可以是一个结构域,也可以是由两个或多个结构域组成,例如**己糖激酶**(hexokinase)的功能域就是由两个结构域构成,活性中心处于它们之间的交界处(图5-13)。

看来结构域这一折叠层次的出现也不是偶然的。高等真核生物的基因分析揭示,多结构域蛋白质的结构域经常是由基因的相应**外显子**(exon)编码的(见第32章)。从结构角度看,一条长的多肽链先分别折叠成几个相对独立的区域,再缔合成三级结构要比整条多肽链直接折叠成三级结构在动力学上是更为合理的途径。从功能角度看,许多多结构域的酶,其活性中心都位于结构域之间,因为通过结构域容易构建具有特定三维排布的**活性中心**。由于结构域之间常常只有一段柔性的肽链连接,形成所谓**铰链区**(hinge area),使结构域容易发生相对运动,结构域之间的这种柔性将有利于活性中心结合底物和对底物施加应力,有利于别构中心结合调节物和发生**别构效应**(见第6章和第11章)。

蛋白质中两个结构域之间的分隔程度很不相同,有的两个结构域各自独立成球体,中间仅由一段长短不一的肽区段连接;有的相互间接触面宽广而紧密,整个分子的外表是一个平整的球面,甚至难以确定究竟有几个结构域存在。多数是中间类型的,分子外形偏长,结构域之间有一裂沟(cleft),例如己糖激酶(图5-13)。

七、球状蛋白质与三级结构

球状蛋白质(globular protein)的特点是它们一般含有几种类型的二级结构,整个多肽链折叠成球状实体;能溶于水,在生物体内起动态功能的作用如酶、抗体等;它们的三级结构花式多种多样,这是球状蛋白质生物功能多样性的结构基础。

(一)球状蛋白质及其亚基的分类

球状蛋白质及其亚基根据它们的结构域类型可分为4类:全α结构、α,β结构、全β结构和小的富含金属或二硫键结构。

1. 全α结构(反平行α螺旋)

这类蛋白质是α螺旋占极大优势的结构。全α结构又可分为几个亚类。最大的亚类是**反平行螺旋束**。此结构中螺旋一上一下地反平行排列,相邻螺旋之间以回环相连,形成近似筒形的螺旋束,最常见的是四螺旋束,如**蚯蚓血红蛋白和TMV外壳蛋白**(图5-14)。全α结构的另一亚类是**珠蛋白型α螺旋蛋白**,包括去血红素的肌红蛋白和血红蛋白α和β亚基等,它们的整个多肽链折叠成两层α螺旋,这两层螺旋交叉堆叠(见图6-2)。

2. α,β结构(平行β片)

第二大类的蛋白质是以平行β片为基础的。α,β结构可分为两个亚类:一个亚类称为**单绕平行β桶**(singly wound parallel β-barrel)或称**平行β桶**,另一亚类称为**双绕平行β片**(doubly wound parallel β-sheet)或马鞍形(saddle shape)**扭曲片**。如图5-15中的**磷酸丙糖异构酶**(triose phosphate isomerase)的结构所示,单绕平行β桶是一个闭合式圆筒,它是一种具有高度对称性的结构。这种结构是由肽链按**Rossman**折叠方式单向卷绕而成。β片组成内桶,α螺旋组成外桶。参与底物结合和催化的残基位于连接β股和螺旋的**回环区**(loop region)。总之二级结构元件构成结构骨架,回环区构成活性中心。双绕平行β片如**乳酸脱氢酶结构域1**(lactate dehydrogenase domain 1)所示(图5-15)。这种α,β结构的中间是由4~9个平行的β股(偶尔杂有反平行β股)构成的开放式β片,β片的两侧由α螺旋和回环保护。

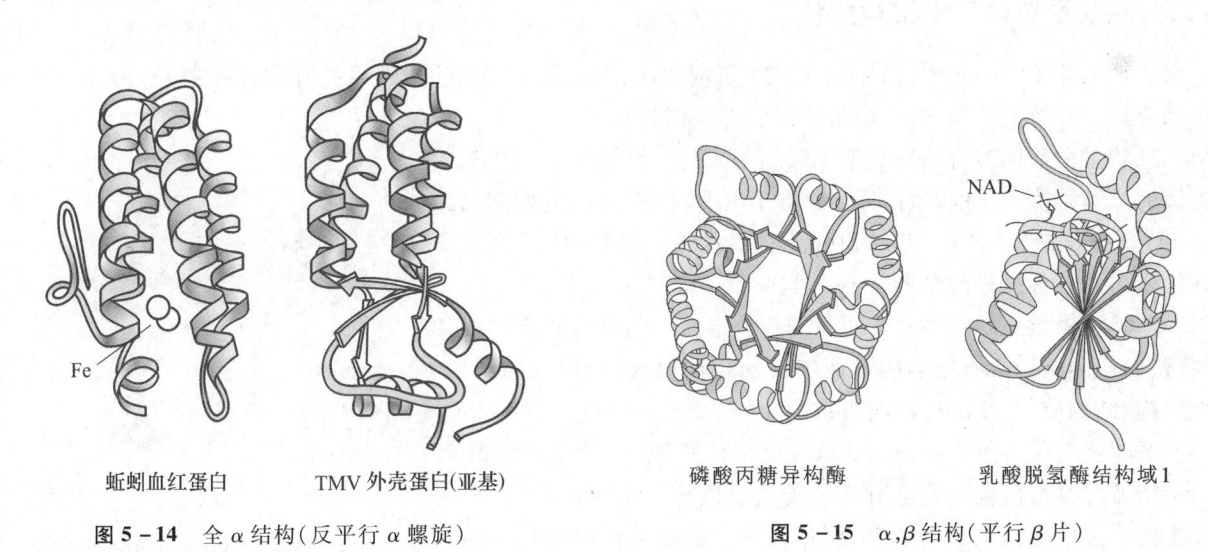

蚯蚓血红蛋白   TMV外壳蛋白(亚基)   磷酸丙糖异构酶   乳酸脱氢酶结构域1

图5-14 全α结构(反平行α螺旋)   **图5-15** α,β结构(平行β片)

3. 全β结构(反平行β片)

反平行β片一般把疏水残基安排在折叠片的一侧,亲水残基在另一侧。因此一个反平行β片蛋白质至少有两个主链结构层:两层β片或一层β片和一层α螺旋。两层β片的疏水面对合形成疏水区,相背的两面暴露于溶剂。这类结构域由4~10个反平行β股构成。它又可分为两个主要类型:反平行β桶和反平行β片。

反平行β桶与单绕平行β桶比较,对称性差,氢键强度小,但在自然界中出现频率高。其中最常见的一类是希腊钥匙β桶,如免疫球蛋白结构域,也称为**免疫球蛋白折叠**(图5-16)。

反平行β片也称"露面夹心"结构(open-face sandwich),它是含3~15个β股的单层反平行β片,虽然也是扭曲的,但不闭合成桶。在β片的一侧有一层α螺旋和回环,β片的另一侧暴露于溶剂。谷胱甘肽还原酶(glutathione reductase)等含露面夹心结构(图5-16)。

4. 富含金属或二硫键的小蛋白结构

许多小于100残基的小蛋白质(或结构域)往往不规则,只有很少量的二级结构,但富含金属或二硫键。金属构成的配体和二硫键对蛋白质构象起稳定作用。如果二硫键被破坏,富含二硫键的蛋白质则不能维持天然构象。富含二硫键蛋白质如**胰岛素**,富含金属蛋白质如**铁氧还蛋白**(ferredoxin)(图5-17)。

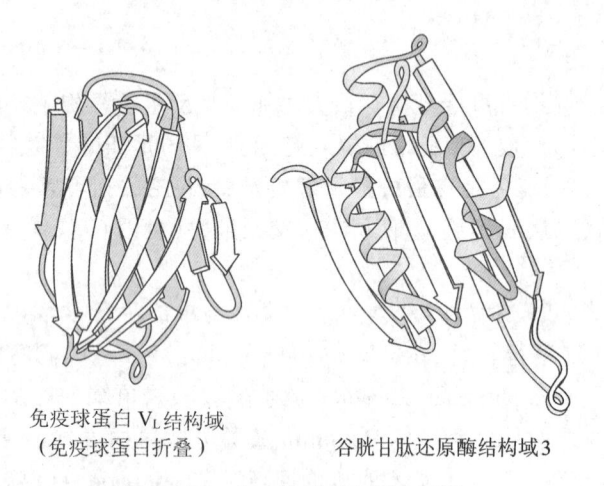

图5-16 全β结构(反平行β片)

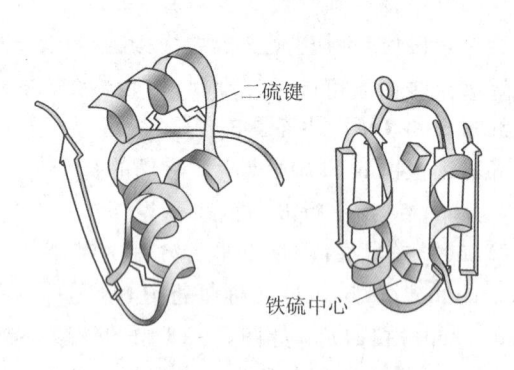

图5-17 富含金属(铁氧还蛋白)或二硫键(胰岛素)的小蛋白

(二)球状蛋白质三维结构的特征

蛋白质数据库(Protein Data Bank,PDB)资料表明,确定晶体结构的蛋白质已有数百种之多。虽然每种球状蛋白质都有自己独特的三维结构,但是它们仍有共同特征:

(1)**球状蛋白质同时含几种类型二级结构元件** 纤维状蛋白质只含一种类型的二级结构,而球状蛋白质经常含有几种二级结构,例如**溶菌酶**(lysozyme)含有α螺旋、β片、β转角和无规卷曲等(图5-18),当然不同的球状蛋白质各种元件的含量是不一样的。

(2)**球状蛋白质三维结构具有明显的折叠层次** 与纤维状蛋白质相比,球状蛋白质的结构具有更加明显而丰富的结构层次,包括二级结构、超二级结构、结构域、三级结构和四级结构。

(3)**球状蛋白质分子是致密的球状或椭球状实体** 多肽链折叠中各种二级结构彼此紧密装配。偶尔有水分子大小或稍大的空腔存在,但它仅构成蛋白质总体积的很小一部分,例如在α-胰凝乳蛋白酶晶体结构中发现只有16个水分子。值得注意的是邻近活性部位的区域有较大的空间可塑性,允许活性部位的结合基团和催化基团有较大的活动范围。这是酶与底物或调节物相互作用的结构基础(见第11章)。

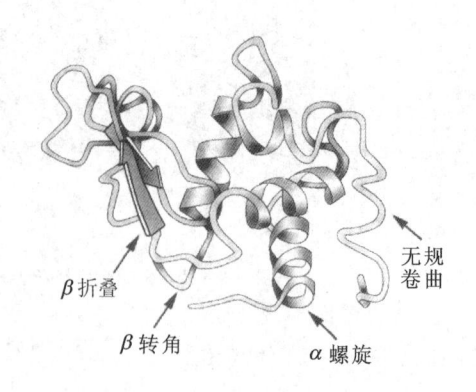

图5-18 鸡卵清溶菌酶的三级结构

(4)**球状蛋白质疏水残基埋藏在分子内部,亲水残基暴露在分子表面** 蛋白质三级折叠的驱动力是引起疏水相互作用的熵效应,折叠的结果是形成热力学上最稳定的三维结构。球状蛋白质分子约80%~90%疏水侧链被埋藏,分子表面主要是亲水侧链,因此球状蛋白质是水溶性的。

(5) 球状蛋白质分子的表面有一个空穴或裂沟　这种空穴常是结合配体行使功能的活性部位。空穴大小能容纳 1~2 个小分子配体或大分子配体的一部分。空穴周围分布着许多疏水侧链,为底物等发生化学反应营造了一个疏水环境(低介电区域)。

八、亚基缔合与四级结构

(一) 有关四级结构的一些概念

自然界中很多蛋白质是以两个或多个多肽的非共价**聚集体**(aggregate)形式存在的,也即这些蛋白质具有**四级结构**。其中每个独立的多肽称为**亚基**或**单体**。亚基本身具有完整的三级结构。只有一个亚基的蛋白质称为**单体蛋白质**;含有两个或多个亚基的蛋白质称为**多亚基蛋白质**(multisubunit protein),常称为**多聚蛋白质**或**寡聚蛋白质**。多聚蛋白质可以只由一种亚基组成,称为**同多聚蛋白质**,如[乙]**醇脱氢酶**(α_2)、**谷氨酰胺合成酶**(α_{12});或由几种不同的亚基组成,称为**杂多聚蛋白质**,如**血红蛋白**($\alpha_2\beta_2$)、**天冬氨酸转氨甲酰酶**($\alpha_6\beta_6$)(表 5-2 和表 4-1)。在大多数多聚蛋白质分子中亚基数目为偶数(尤以 2 和 4 为多),极少数的为奇数;亚基的种类一般是一种或两种,少数的多于两种。含两个或两个以上重复结构单位(自身不对称)的多聚蛋白质都是**旋转对称**(rotational symmetry)分子,这种重复结构单位称为**原聚体**(protomer)。对同多聚体来说,亚基就是原聚体;但是杂多聚体中原聚体是由两个或多个不相同的亚基组成,例如血红蛋白分子可看成是由两个原聚体组成的对称二聚体$(\alpha\beta)_2$,其中每个原聚体是由一个 α 链和一个 β 链构成的不对称二聚体$(\alpha\beta)$。这里若把原聚体看作单体,可称血红蛋白为二聚体。如果以亚基为单体,则称血红蛋白为四聚体。

表 5-2　几种寡聚蛋白质的亚基数目

蛋白质	亚基数目
醇脱氢酶	2
谷胱甘肽还原酶	2
细菌叶绿素蛋白	3
虫荧光素酶(luciferase)	3
乳酸脱氢酶	4
丙酮酸激酶	4
天冬氨酸转氨甲酰酶	6+6
TMV 蛋白质盘	17
番茄丛矮病毒外壳	180

在生物分子缔合的研究中亚基、单体、原聚体、多聚体和分子这几个词,目前尚无明确界定,它们都是一词多义,有时它们等同,有时各异,视具体场合而定。多数人认为分子是一个完整的独立功能单位,例如作为四聚体的血红蛋白才具有完全的转运氧及其他功能,而它的任一亚基(α 链或 β 链)或原聚体(也称为 $\alpha\beta$ 二聚体或半分子)都不具有这种功能,因此对血红蛋白来说四聚体是它的分子。胰岛素作为单体蛋白质(见图 4-10)可以发生缔合,生成二聚体和六聚体。然而胰岛素的功能单位就是这种单体蛋白质,因此对胰岛素而言单体是分子,而二聚体和六聚体是分子的聚集体。

稳定四级结构的力与稳定三级结构的力是一样的。蛋白质亚基之间紧密接触的界面上存在极性相互作用和疏水相互作用。亚基缔合的驱动力主要是疏水相互作用,亚基缔合的专一性则由相互作用的表面上的极性基团之间的氢键和离子键提供。对某些蛋白质来说,对亚基缔合的稳定性作出贡献的还有亚基之间形成的二硫桥,例如免疫球蛋白 G 是由两条重链和两条轻链组成的四聚体(L_2H_2),多肽亚基之间都有二硫键维系着(图 6-15)。

(二) 四级缔合在结构和功能上的优越性

(1) 增强结构稳定性　亚基缔合的一个优点是蛋白质分子的表面积与体积之比降低。因为蛋白质分子内部的相互作用在能量上一般有利于蛋白质的稳定,而蛋白质表面与溶剂水的相互作用常不利于稳定,所以降低表面积与体积的比值,总的结果是增强蛋白质结构的稳定性。能识别自我和非我的亚基与突变体亚基结合的能力较弱,因而在装配多聚体时可剔除在遗传翻译中产生的错误亚基。

(2) 提高遗传经济性和效率　单体缔合成多聚体在遗传上对一个生物是经济的。编码一个被装配成多聚蛋白质的单体所需的 DNA 要比编码一个相对分子质量相同的大多肽所需的 DNA 少,而决定多聚体装配(亚基-亚基相互作用)的信息也已包含在编码该单体所需的遗传物质中。

(3) 使催化基团汇集在一起　许多酶的催化能力是来自亚基的缔合,因为多聚体的形成使来自不同亚基的催化基团汇集在一起,以形成完整的催化部位。例如细菌**谷氨酰胺合成酶**的活性部位是由相邻的亚基对形成的,解离的单体则无活性。

(4) 具有别构效应　大多数寡聚蛋白质调节它们的生物活性(如酶的催化活性)都是借助于亚基-亚基相互作用。寡聚蛋白质分子一般都具有多个结合部位。配体与寡聚蛋白质上的一个部位结合将通过构象变化影响同一蛋白质分子上其他结合部位的结合亲和力,称为**别构效应**或**变构效应**(allosteric effect)。

九、蛋白质的变性与折叠

所有的蛋白质在核糖体上合成时都是以氨基酸残基的线性序列出现的(见第 33 章)。在合成过程中和合成后多肽链必需折叠成天然蛋白质构象才能行使功能,呈现生物活性。下面我们探讨蛋白质折叠态和伸展态之间发生的转变。

(一) 蛋白质变性与功能丢失

蛋白质结构是在特定的细胞环境中演变出功能的。在与细胞环境不同的条件下可以使蛋白质结构发生或大或小的变化。足以引起生物功能丢失的三维结构改变称为**变性**(denaturation)。变性状态不一定是蛋白质的完全伸展和构象的完全无序化。在大多数情况下,变性的蛋白质可能以一系列局部折叠的形式存在,但对这些形式的了解还不多。

大多数蛋白质加热可以变性,因为热影响蛋白质的弱相互作用(主要是氢键)。如果温度缓慢地上升,蛋白质构象一般保持完整,直至在一个很窄的温度范围内突然发生结构和功能的丢失(图 5-19)。变化的突然性表明解折叠过程是协同的,也即蛋白质部分结构的丢失立即降低其余部分的稳定性。热对蛋白质的影响尚难预测,嗜热细菌的耐高热蛋白质是在热泉温度(~100℃)下进化来的。这些蛋白质的结构与一般细菌(如 E. coli)的**同源蛋白质**(homologous protein)的结构相差很小。目前尚不清楚这样小的结构差别是怎样使蛋白质能在高温下保持稳定的。

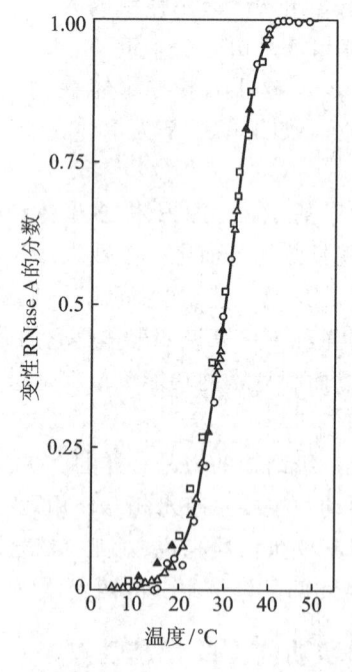

图 5-19　RNase A 的变性
变性 RNase A 的分数根据溶液特性黏度增加(□)、在 365 nm 旋光度(○)和在 287 nm 紫外吸收(△)变化测量。▲代表冷却后第二次变性。这里实验是在 pH 2.1,离子强度 0.019mol/L 下进行的。在生理条件下 RNase A 变性约在 70~80℃ 时才发生

引起蛋白质变性的不仅是热,还有极端 pH,某些可与水混溶的有机溶剂如乙醇、丙酮,某些溶质如**尿素**(urea)、**盐酸胍**(guanidine·HCl)以及**去污剂**(detergent)如**十二烷基硫酸钠**(sodium dodecyl sulfate,SDS)等。这些**变性剂**是比较温和的,用它们处理多肽链时共价键不破裂。有机溶剂、尿素、胍和去污剂主要是破坏球状蛋白质内核的疏水相互作用,极端 pH 是改变蛋白质上的净电荷,而引起静电排斥和破坏某些氢键。不同处理获得的变性状态是一样的。

关于蛋白质变性的学说,我国生物化学家吴宪在 20 世纪 30 年代就已提出,天然蛋白质分子因环境的种种关

系,从有序而紧密的结构,变为无序而松散的结构,这就是变性。他认为天然蛋白质的紧密结构及晶体结构是由分子中的次级键(非共价键)维系的,所以容易被物理和化学因素所破坏。这种观点基本上反映了蛋白质变性的本质。

当变性因素除去后,变性蛋白质又可重新回复到天然构象,这一现象称为蛋白质的**复性**(renaturation)。是否所有的蛋白质变性都是可逆的,这一问题至今仍有疑问,至少实践中未能使所有蛋白质在变性后都重新恢复活性。然而多数人都接受变性是可逆的概念,认为天然构象是处于能量最低的状态,有些蛋白质变性后之所以不能逆转,主要是所需条件复杂,不易满足的缘故。

(二) 氨基酸序列规定蛋白质的三维结构

蛋白质的氨基酸序列规定它的三维结构这一结论最直接和最有力的证据来自某些蛋白质的可逆变性实验,首先是 20 世纪 50 年代 Anfinsen C 进行的**牛胰核糖核酸酶**(RNase A)复性的经典实验。当天然的 RNase A(图 4-11)在 8 mol/L 尿素存在下用 β-巯基乙醇处理后,分子内的 4 个二硫键被断裂成 8 个 Cys 残基,紧密的球状结构伸展成松散的无序构象,同时伴随着催化活性的丢失。然而当用透析方法(见第 3 章)将尿素和巯基乙醇除去而恢复到原来的条件后,RNase A 的天然结构和酶活性又自发地恢复,即**复性**(图 5-20)。

氨基酸序列规定蛋白质三维结构的结论使人们提出了从一级结构预测高级结构的方法。二级结构预测始于 20 世纪 60 年代,近年来又进行折叠的计算机模拟,提出三级结构预测的方法并取得不少的成绩。结构预测的前景是美好的。

(三) 多肽链是分步快速折叠的

1. 有关蛋白质折叠的 Levinthal 疑题

Anfinsen 的重折叠实验和折叠热力学分析表明,至少某些球状蛋白质的天然构象是生理条件下热力学上最稳定的状态。但是一个给定蛋白质是如何达到这样一种稳定状态的,这是一件很复杂的事。Levinthal C 在 1968 年曾指出,对于一个典型的蛋白质,它不可能有那么多的时间对所有可能的构象都逐个搜索一遍以找出自由能最低的构象。他计算了一个含 100 个氨基酸残基的蛋白质,如果每个残基采取 3 个不同的位置(这是保守的假设),那么其构象体的总数为 3^{100},即 5×10^{47} 个。如果一种构象转变为另一种构象,也即每搜索一种可能的构象,需要 10^{-13} s (一次分子振动所需的时间),那么总搜索时间是 5×10^{34} s 或 1.6×10^{27} 年!显然计算所得与实际的折叠时间(一般不到 1 s ~ 几分钟)相距太远。这一矛盾被称为"Levinthal 疑题"。

2. 蛋白质折叠经过熔球的中间阶段

Levinthal 疑题迫使人们对蛋白质折叠的途径提出新的考虑,并为此作了不少努力。发现解决此疑题的出路在于认识**累积选择**(cumulative selection)的力量。所谓累积选择就是在每次搜索时把正确折叠的那部分结构保留下来。因此蛋白质折叠的实质就是保留局部正确折叠的中间体。但研究这些中间体困难很多,例如蛋白质的稳定性有限,中间体存在的时间很短(ms 水平)。现在使用快速动力学方法,已有可能分析折叠过程中的一些中间体。现已提出了多种折叠模型。其中一种模型认为多肽折叠是经过自发"**疏水收缩**"(hydrophobic collapse)形成的中间体阶段,此中间体称为**熔球**(molten globule)。这里"球"字突出它的收缩状态,"熔"字强调它的二级结构元件之间的相互作用的变动性质。熔球可以有很高的二级结构含量,但许多氨基酸残基的侧链尚未完全固定。

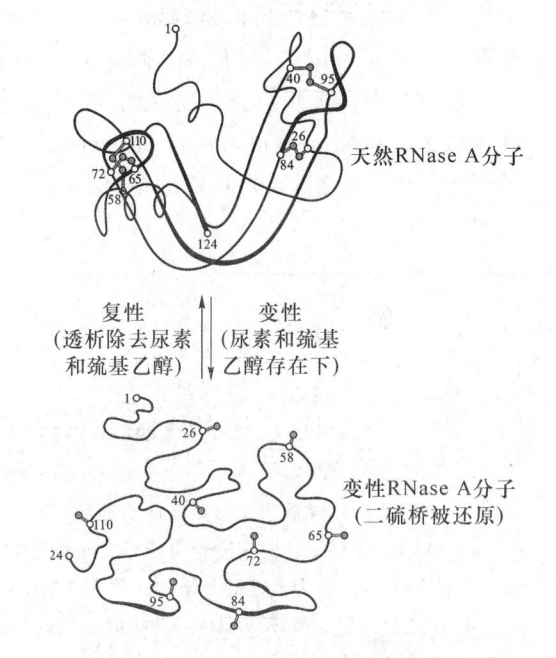

图 5-20 RNase A 的变性和复性示意图

目前已知球状蛋白质的折叠涉及以下几个步骤：①由完全的伸展态快速、可逆地形成局部二级结构（某些 α 螺旋和 β 片），此谓**成核**（nucleation）；②通过折叠核（局部二级结构）的协同聚集形成初始的结构域；③并由这些结构域装配成熔球；④对结构域的构象进行调整；⑤最后形成具有完整三级结构的天然蛋白质。

3. 体内蛋白质折叠有酶和伴侣分子参加

在体外蛋白质的重折叠实验并无额外的分子参与，然而在细胞内合成多肽，不是全部能自发折叠的。许多蛋白质的折叠需要特化的蛋白质参加。现已知需要**分子伴侣**（molecular chaperone）和**异构酶**（isomerase）。分子伴侣是一类与部分折叠的或不正确折叠的多肽相结合，以简化正确折叠途径并提供折叠微环境的蛋白质。从细菌到人体中都找到的两类分子伴侣研究得比较清楚；一类是称为 **Hsp70** 的蛋白质家族，M_r 约 70 000，在高温胁迫的细胞内含量更丰富，并因此称之为**热休克蛋白质**（heat shock protein）。Hsp70 与伸展多肽的富含疏水残基区域的结合，防止肽链不恰当的聚集，"保护"热变性了的和正在合成的蛋白质。Hsp70 也关闭那些必须保留伸展态直至跨膜转运的蛋白质的折叠（第 33 章）。某些分子伴侣也促进寡聚蛋白质的四级装配。另一类分子伴侣称为**陪伴蛋白**（chaperonin）。它们是一类 M_r 60 000 的热休克蛋白质，是许多不自发折叠的细胞蛋白质的折叠所必需的。

很多蛋白质的折叠途径要求两种催化异构化的酶：**蛋白质二硫键异构酶**（protein disulfide isomerase，PDI）和**肽脯氨酰异构酶**（peptide prolyl isomerase，PPI）。PDI 催化二硫键的互换和改组（shuffling）直至天然构象的二硫键形成。PPI 催化脯氨酸肽键的顺、反异构体的互变。脯氨酰异构化是体外许多蛋白质折叠的限速步骤。

习 题

1. (a) 计算一个含有 78 个氨基酸的 α 螺旋的轴长。(b) 此 α 螺旋完全伸展时有多长？[11.7 nm；28.08 nm]

2. 某一蛋白质的多肽链除一些区段为 α 螺旋外，其余区段均为 β 构象。该蛋白质 M_r 为 240 000，多肽链外形的长度为 5.06×10^{-5} cm。试计算 α 螺旋占该多肽链的百分数（假设 β 构象中每氨基酸残基的长度为 0.35 nm）。[59%]

3. 虽然在真空中氢键键能约为 20 kJ/mol，但在折叠的蛋白质中对蛋白质的稳定焓贡献却要小得多（~5 kJ/mol）。试解释这种差别的原因。[因为在伸展的蛋白质中大多数氢键的供体和接纳体都与水形成氢键]

4. α 螺旋的稳定性不仅取决于肽键间的氢键形成，而且还取决于肽链的氨基酸侧链性质。试预测在室温下的溶液中下列多聚氨基酸哪些将形成 α 螺旋，哪些形成其他有规则的结构，哪些不能形成有规则的结构？并说明理由。(a) 多聚亮氨酸，pH = 7.0；(b) 多聚异亮氨酸，pH = 7.0；(c) 多聚精氨酸，pH = 7.0；(d) 多聚精氨酸，pH = 13；(e) 多聚谷氨酸，pH = 1.5；(f) 多聚苏氨酸，pH = 7.0；(g) 多聚脯氨酸，pH = 7.0。[(a)、(d) 和 (e) 能形成 α 螺旋；(b)、(c) 和 (f) 不能形成有规则的结构；(g) 能形成有规则的结构，但不是 α 螺旋]

5. 多聚甘氨酸的右手或左手 α 螺旋中，哪一个比较稳定？为什么？[因为甘氨酸是在 α-碳原子上呈对称的特殊氨基酸，因此可以预料多聚甘氨酸的左、右手 α 螺旋（它们是对映体）在能量上是相当的，因而也是同等稳定的]

6. 考虑一个小的含 101 个残基的蛋白质。该蛋白质的主链将有 200 个可旋转的键。并假设对每个可旋转的键有两种定位。问：(a) 这个蛋白质可能有多少种随机卷曲的构象？(b) 根据 (a) 的答案计算当使 1mol 该蛋白质折叠成只有一种构象的结构时构象熵变化 (ΔS)；(c) 如果蛋白质全折叠成由氢键作为稳定焓的唯一来源的 α 螺旋，并且每 mol 氢键对焓的贡献为 -5 kJ/mol。试计算 ΔH；(d) 根据你的 (b) 和 (c) 的答案，计算 25℃ 时蛋白质折叠的 ΔG。该蛋白质的折叠形式在 25℃ 时是否稳定？[(a) 随机卷曲构象数目 = $2^{200} = 1.61 \times 10^{60}$，(b) $\Delta S = -1.15$ kJ/(K·mol)，(c) $\Delta H = 100 \times (-5$ kJ/mol$) = -500$ kJ/mol；(d) $\Delta G = -157.3$ kJ/mol。由于在 25℃ 时 $\Delta G < 0$，因此折叠的蛋白质是稳定的]

7. 两个多肽链 A 和 B 有着相似的三级结构。但是在正常情况下 A 是以单体形式存在的，而 B 是以四聚体（B_4）形式存在的。问 A 和 B 的氨基酸组成可能有什么差别。[在亚基-亚基相互作用中疏水相互作用经常起主要作用。参与四聚体 B_4 的亚基-亚基相互作用的表面可能比单体 A 的相应表面具有较多的疏水残基]

8. 从热力学角度考虑，完全暴露在水环境中的和完全埋藏在蛋白质分子非极性内部的两种多肽区段，哪一种更容易形成 α 螺旋？为什么？[埋藏在蛋白质的非极性内部时，更容易形成 α 螺旋；因为在水环境中的多肽对折叠的稳定焓 (ΔH) 的贡献要小些]

9. 一种酶 M_r 为 300 000，在酸性环境中可解离成两种不同组分，其中一种组分的 M_r 为 100 000，另一种为 50 000。大的组分占总蛋白的三分之二,具有催化活性;小的组分无活性。用 β-巯基乙醇处理时,大的失去催化能力,并且它的沉降速度减小,但沉降图案上只呈现一个峰(参见第 3 章)。关于该酶的结构可作出什么结论?〔此酶含 4 个亚基;两个无活性亚基的 M_r 为 50 000,两个催化亚基的 M_r 为 100 000,每个催化亚基是由两条无活性的多肽链(M_r 为 50 000)组成,彼此间由二硫键交联在一起〕

10. 今有一种植物的毒素蛋白。直接用 SDS 凝胶电泳分析(见第 3 章)时,它的电泳区带位于肌红蛋白(M_r 为 16 900)和 β-乳球蛋白(M_r 37 100)这两种蛋白之间,当这个毒素蛋白用 β-巯基乙醇和碘乙醇处理后,在 SDS 凝胶电泳中仍得到一条区带,但其位置靠近标准蛋白质细胞色素 c (M_r 为 13 370)。进一步实验表明,该毒素蛋白与 FDNB 反应并酸水解后,释放出游离的 DNP-Gly 和 DNP-Tyr。关于此蛋白的结构,你能作出什么结论?〔该毒素蛋白由两条不同的多肽链通过链间二硫键交联而成,每条多肽链的 M_r 各在 13 000 左右〕

主要参考书目

[1] 王镜岩,朱圣庚,徐长法. 生物化学. 第三版. 北京:高等教育出版社,2002.
[2] 卢光莹,华子千. 生物大分子晶体学基础. 北京:北京大学出版社,1995.
[3] 李庆国,汪和睦,李安之. 分子生物物理学. 北京:高等教育出版社,1992.
[4] Garrett R H, Grisham C M. Biochemistry. 3rd ed. USA:Saunders College Publishing, 2004.
[5] Neson D L, Cox M M. Lehninger Principles of Biochemistry. 4th ed. New York:W H Freeman, 2004.

(徐长法)

第6章 蛋白质的功能与进化

蛋白质是动态分子,行使功能总是依赖于和其他分子的相互作用。纤维状蛋白质作为细胞和组织的结构元件(structural element)是基于相同多肽链之间长期稳定的四级相互作用(第5章)。球状蛋白质行使功能则涉及与其他分子发生瞬时、可逆的相互作用。被蛋白质可逆结合的分子称为**配体**(ligand)。配体可以是任一种分子,包括另一种蛋白质。蛋白质-配体相互作用的瞬时性质对生命至关重要,因为它允许生物在内外环境发生变化时,迅速、可逆地作出应答。蛋白质上结合配体的部位称为**结合部位**(binding site)。结合部位在大小、形状、电荷、亲水和疏水性质等方面与配体都是互补的,因而**蛋白质-配体相互作用**是特异的或专一的(specific);蛋白质能区分环境中成千上万种不同的分子,选择性地只与其中一种或很少几种结合。蛋白质与配体的结合经常与蛋白质构象发生变化相联系。构象变化可以改变结合部位的亲和力,例如导致酶与底物之间发生所谓**诱导契合**(induced fit)的结构适应和寡聚蛋白质中发生的**别构效应**。

本章主要以脊椎动物血循环中转运分子氧的血红蛋白和排除异物保护机体的免疫球蛋白(抗体)为例,探讨蛋白质结构与功能关系以及蛋白质进化问题,包括血红蛋白变体与分子病,免疫球蛋白与免疫系统,同源蛋白质的物种差异等。酶是具有另一重要功能——催化作用的特殊蛋白质,将在第9~11章专门介绍。

一、蛋白质功能的多样性

生物界中蛋白质的种类估计在 10^{10} ~ 10^{12} 数量级。种类如此众多是因为20种基本氨基酸在多肽链中的序列不同造成的。根据排列理论,由20种氨基酸组成的二十肽序列异构体有: $A_{20}^{20} = 2 \times 10^{18}$ 种。如果一个相对分子质量为 34 000 的蛋白质含12种氨基酸,并且假设每种氨基酸在该蛋白质分子中的数目相等,则不难算出其序列异构体数目约为 10^{300}。这种**序列异构现象**是蛋白质生物功能多样性(diversity)和物种专一性或特异性(specificity)的结构基础。

蛋白质的生物学功能归纳起来有如下几个方面:

(1) 催化 蛋白质最重要的生物学功能是作为生物新陈代谢的催化剂——**酶**(enzyme)。酶是蛋白质中最大的一类,在国际生化协会酶学委员会公布的《酶命名法》(*Enzyme Nomenclature*)中已列出 3 000 多种不同的酶。生物体内各种化学反应几乎都是在相应的酶参与下进行的。而且酶的催化效率远高于合成的催化剂。

(2) 调节 许多蛋白质具有调节其他蛋白质行使生理功能的能力,这些蛋白质被称为**调节蛋白**(regulatory protein),例如胰岛素、生长激素、促甲状腺素等激素(第16章)。另一类调节蛋白参与基因表达的调控,它们是激活或抑制遗传信息转录为RNA,例如 *E. coli* 中的**分解代谢物激活蛋白**(CAP),原核生物中的**乳糖阻抑物**和哺乳类中的**核因子1**(见第34章)。

(3) 转运 第三类是**转运蛋白**(transport protein),其功能是从一地到另一地转运专一的物质。一类转运蛋白如**血红蛋白、血清清蛋白**是通过血循环转运物质的,前者运输氧气,后者转运游离脂肪酸;另一类是膜转运蛋白,如**葡糖转运蛋白**,它们能通过渗透性屏障(细胞膜)转运代谢物和养分。

(4) 贮存 作为养分贮库的蛋白质称为**贮存蛋白**(storage protein),因为蛋白质是氨基酸的聚合物,又因氮素通常是生长的限制性养分,所以生物必要时就利用蛋白质作为提供充足氮素的一种方式,例如**卵清蛋白**为鸟类胚胎发育提供氮源,乳中的**酪蛋白**是哺乳类幼仔的主要氮源。许多高等植物的种子含高达60%的贮存蛋白,为种子发芽准备足够的氮素。蛋白质除了为生物发育提供C、H、O、N和S元素外,如**铁蛋白**(ferritin)还能贮存Fe,一分子铁蛋白(M_r 460 000)可结合多至 4 500 个铁原子(占其质量的35%),用于含铁蛋白质如血红蛋白的合成。

(5) 运动 某些蛋白质赋予细胞以运动的能力。作为肌肉收缩和细胞游动基础的**收缩和游动蛋白**(contrac-

tile and motile protein)具有一个共同特征：它们都是丝状分子或丝状聚集体，如肌细胞中的**肌球蛋白**(myosin)，由它聚合成粗丝；**G-肌动蛋白**(G-actin)，由它聚集成 **F-肌动蛋白**(F-actin)，也称**微丝**(microfilament)，它是肌细胞中细丝的主体；真核细胞中的**微管蛋白**(tubulin)，由它聚合成长管状的**微管**(microtubule)。微丝和微管是细胞骨架的基本成分。另一类参与运动的蛋白质称为**发动机蛋白**(motor protein)，如**动力蛋白**(dynein)、**驱动蛋白**(kinesin)以及**肌球蛋白**的头片(发动机结构域)，这些蛋白实际上是一类**机械-化学酶**，能把 ATP 贮存的化学能转变为发生收缩和游动的机械能。

（6）结构成分　蛋白质另一重要功能是建造和维持生物体的结构。这类蛋白质称为**结构蛋白**(structural protein)，它们给细胞和组织提供强度和保护。结构蛋白一般由单体聚合成长纤维(如毛发)或排列成保护层(如牛皮)。结构蛋白多数是不溶性的纤维状蛋白质，如构成毛发、角、蹄、甲的 **α-角蛋白**和存在于骨、肌腱、软骨、皮肤中的**胶原蛋白**以及某些昆虫制造的**丝心蛋白**(第5章)。

（7）支架作用　新近发现某些蛋白质是在细胞应答激素和生长因子的复杂途径中起作用的，这类蛋白质称为**支架蛋白**(scaffold protein)。支架蛋白都有一套组件(module)，**组件**是指蛋白质结构中的特定部分，有时是结构域，有时是结构域中的次级结构。每个组件通过蛋白质-蛋白质相互作用能识别并结合其他蛋白质中的某些结构元件，例如 **SH2 组件**(即肉瘤基因表达产物 Src 蛋白及其家族成员中的 SH2 结构域)能与含磷酸化酪氨酸残基的蛋白质结合。支架蛋白常含有多个不同的组件，因此在它上面可以将多种不同的蛋白质装配成一个多蛋白复合体。这种复合体参与对激素和其他信号分子的应答、协调和通讯。

（8）防御和进攻　与结构蛋白的被动性防护不同，一类称为**保护**或**开发蛋白**(protective or exploitive protein)的蛋白质在防卫、保护和开发方面的作用是主动的。保护蛋白中最突出的是脊椎动物**免疫球蛋白**或称**抗体**。抗体是在外来的所谓抗原物质的影响下由淋巴细胞产生，并能与相应的抗原结合而排除外来物质对生物体的干扰。另一类保护蛋白是血液凝固蛋白，如**凝血酶和血纤蛋白原**等。极地海洋鱼含有**抗冻蛋白**，能防止在深海、低于0℃水温下的血液冷冻。此外还有蛇毒中的**溶血蛋白和神经毒蛋白**、某些植物中的**毒蛋白和细菌毒素**也属于这类。

二、血红蛋白的结构

光合作用是大气变化的主要因素。随着大气中氧的不断增加，生物进化到以氧为基础的代谢，这一进化具有很高的适应性。例如糖的有氧代谢比糖的无氧过程产生更多的能量。在进化过程中出现两个重要的**氧结合蛋白质：肌红蛋白和血红蛋白**。**肌红蛋白**(myoglobin, Mb)是哺乳动物体内贮存和分送氧的蛋白质。肌红蛋白存在于需要贮存氧的肌肉细胞，例如潜水哺乳动物鲸、海豹和海豚的肌肉中。**血红蛋白**(hemoglobin, Hb)是转运氧的蛋白质，存在于血液的红细胞中。这两个蛋白质在亚基结构，与氧结合的机制以及许多其他与功能有关的特性方面，都有相似之处。

（一）血红素

肌红蛋白和血红蛋白的每一亚基都有一个辅基，称为**血红素**(heme)。去辅基的蛋白质称为**脱辅基蛋白质**(apoprotein)，脱辅基蛋白质加上辅基称为**全蛋白质**(holoprotein)。血红素是原卟啉Ⅸ(protoporphyrin Ⅸ)与还原型铁 Fe^{2+} 或 Fe(Ⅱ)的络合物，因此血红素也称亚铁原卟啉(图6-1)。**原卟啉Ⅸ**是由4个吡咯环组成，生物合成时4个吡咯环经甲叉桥(methene bridge)连接成四吡咯环系统，与之相连的有4个甲基、2个乙烯基和2个丙酸基。卟啉环中心的 Fe(Ⅱ)是八面体配位，应有6个配位键，其中4个与4个吡咯环的 N 原子相连，另2个沿垂直于卟啉环面的轴分布在环面的上、下方，这两个键分别称为第5和第6配位键(图6-1)。

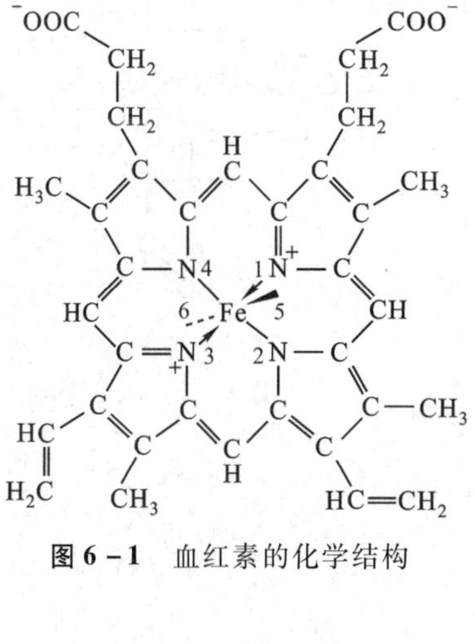

图6-1　血红素的化学结构

（二）珠蛋白的三级结构

肌红蛋白（Mb）是单体蛋白质，仅由一条多肽链和一个血红素辅基构成，M_r 17 000，含 153 个氨基酸残基。Mb 的脱辅基蛋白质称为**珠蛋白**（globin）。如图 6-2 所示，Mb 的分子中多肽主链由长短不同的 8 个 α 螺旋区段组成，最长的螺旋区段含 23 个残基，最短的含 7 个残基，Mb 分子中几乎 80% 的残基处于 α 螺旋内。这 8 个螺旋区段分别被命名为 A、B、C…H，相应的非螺旋区段（也称拐弯）为 NA（N-末端区段）、AB、BC…FG、GH、HC（C-末端区段）。珠蛋白中的残基常按在各区段中的位置给出编号，例如 His F8 表示该 His 在 F 螺旋区段的第 8 位，相当于从 N 端开始计数的序列编号第 93 位；His E7 相当于第 64 位。8 个螺旋区段大体上装配成两层，构成珠蛋白的单结构域。在拐弯处 α 螺旋受到破坏，代之以由 1~8 个残基组成的非螺旋区段。整个肌红蛋白分子显得十分致密，呈扁平的棱形，但有一个空穴或洞，血红素非共价地结合于此空穴内，空穴内衬有一层疏水残基，为血红素提供了一个疏水环境，血红素卟啉环上的两个丙酸基伸出空穴外。

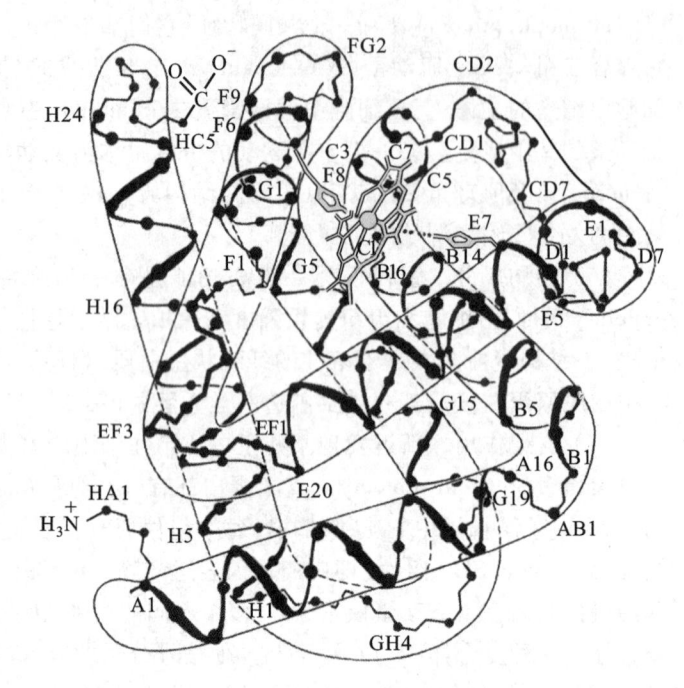

图 6-2 抹香鲸肌红蛋白的三维结构

血红素的结合部位除内衬一层疏水残基之外，还有两个组氨酸残基，它们在氧结合中起关键的作用。第一个组氨酸残基是 His F8，称为**近端组氨酸**（proximal His），其咪唑 N 成为血红素 Fe(Ⅱ) 的第 5 配体。当肌红蛋白与氧结合变成**氧合肌红蛋白**（oxymyoglobin，MbO_2）时，Fe(Ⅱ) 的第 6 配位位置被 O_2 分子所占据（图 6-3A）。第二个组氨酸残基是 His E7，称为**远端组氨酸**（distal His），它在血红素基与氧结合的一侧，离血红素稍远，不与 Fe(Ⅱ) 成键，但与 O_2 分子紧密接触，并使 O_2 轴不能垂直于环平面，而与 Fe—O 键轴（垂直与该平面）约有 60° 的倾斜，因此氧结合部位是一个空间位阻区域（图 6-3B）。

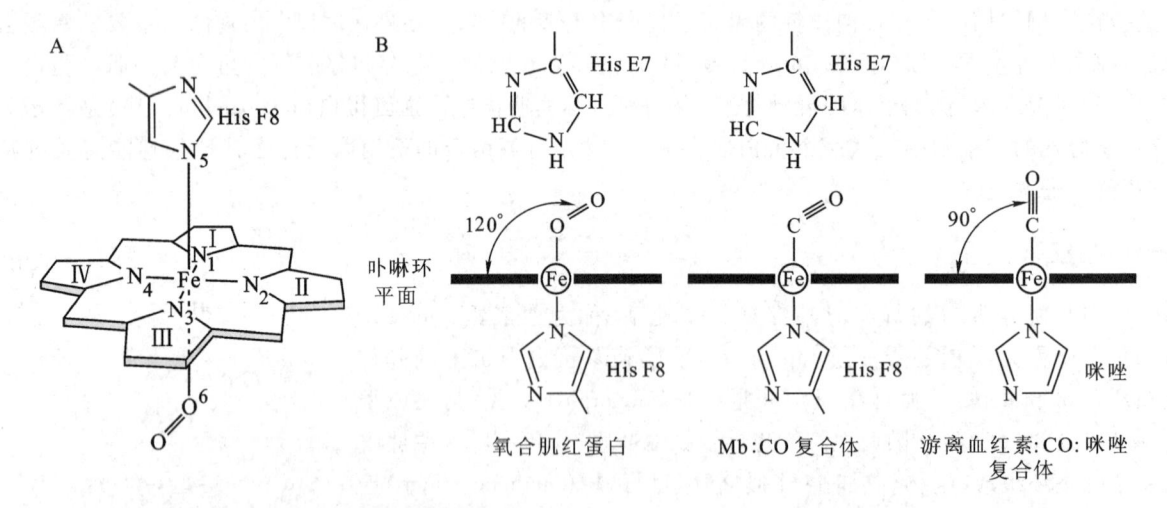

图 6-3 氧合 Mb 中血红素 Fe(Ⅱ) 的 6 个配体（A）以及 O_2 和 CO 与 Mb 血红素 Fe(Ⅱ) 的结合（B）

(三) 与 O_2 结合的机制

水中游离的血红素也能与氧结合,但血红素 Fe(Ⅱ) 被氧化成高铁血红素 Fe(Ⅲ)。然而在肌红蛋白的疏水空穴中,由于可以避免与水接触,使血红素 Fe(Ⅱ) 不易被氧化。当与 O_2 结合时发生暂时性电子重排,去氧后铁仍处于亚铁态 Fe(Ⅱ)。血红素-血红素相互作用会增强 Fe(Ⅱ) 的氧化,但珠蛋白中氧结合部位的空间位阻使两个血红素基团不能靠得足够近,因而不易发生这种相互作用。此空间位阻也反映在降低血红素对一氧化碳(CO)的亲和力上。游离的血红素结合 CO 比结合 O_2 强 25 000 倍。但在珠蛋白中血红素对 CO 的亲和力仅为对 O_2 的 250 倍,因为在一氧化碳肌红蛋白中受远端组氨酸的位阻 CO 轴与 Fe—C 键轴不能成一直线,这与 O_2 在氧合肌红蛋白中的情况相仿(图 6-3)。肌红蛋白和血红蛋白凭借位阻降低了对 CO 的亲和力,有效地防止代谢过程中产生的少量 CO 的毒害。虽然如此,CO 仍是一种很强的毒物。空气中 CO 的含量达到 0.06%~0.08% 即有中毒危险,达到 0.1% 则使人窒息死亡。

X 射线分析指出,**去氧肌红蛋白**(deoxymyoglobin)中 Fe(Ⅱ) 离子只有 5 个配体,并且向卟啉环上方(His F8 一侧)突出 0.06 nm,因此铁卟啉呈圆顶状(图 6-4)。当与 O_2 结合时,Fe(Ⅱ) 被拉进卟啉环,此时高出环面仅 0.02 nm,铁卟啉由圆顶状变成平面形。同时牵动 His F8 所在 F 螺旋,引发构象变化并转变为氧合肌红蛋白。

(四) 血红蛋白的四级结构

血红蛋白(Hb)是杂四聚体,由 2 个 α 亚基(α 链)和 2 个 β 亚基(β 链)构成(见图 4-1)。Hb 分子近似球形,大小为 6.4 nm×5.5 nm×5.0 nm。4 个亚基占据相当于四面体的 4 个顶角。Hb 分子也可看成由两个**原聚体**(αβ)构成的对称二聚体(第 5 章)。去血红素的 α 亚基和 β 亚基也属于珠蛋白家族,分别称为 **α-珠蛋白**(141 个残基)和 **β-珠蛋白**(146 个残基)。这两个亚基彼此非常相似,而且与肌红蛋白也十分相似。它们三者在氨基酸序列上有许多位置的残基是相同的,或者说它们具有**序列同源[性]**(sequence homology),它们的二、三级结构和氧结合行为也很类似(图 6-5)。Hb 分子含 4 个血红素,能结合 4 个 O_2 分子。Hb 中作为氧结合部位的空穴与 Mb 中的极相似,特别是它们都有两个关键的组氨酸残基(E7 和 F8)和两个疏水残基(Phe CD1 和 Leu F4)。和 Mb 一样,Hb 上的氧结合部位也能可逆地与 O_2 结合而不使 Fe(Ⅱ) 氧化,并且也降低了血红素与 CO 的亲和力。血红蛋白的四级结构带来了两个为肌红蛋白所没有的结构特点:一是亚基的缔合出现一个中央空穴,它是另一配体 2,3-二磷酸甘油酸(2,3-bisphosphate glycerate, BPG)的结合部位(图 6-

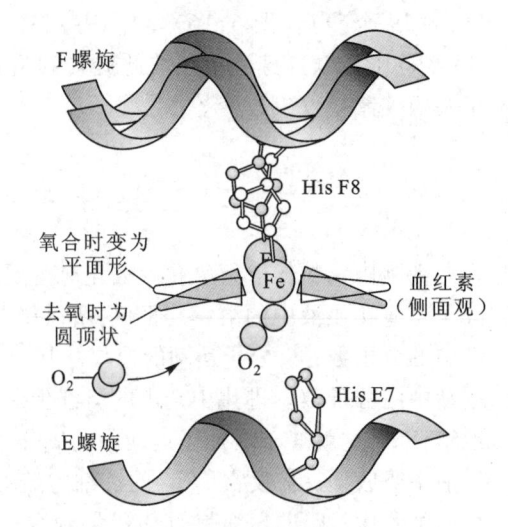

图 6-4 氧合时肌红蛋白血红素中 Fe(Ⅱ) 原子的位移

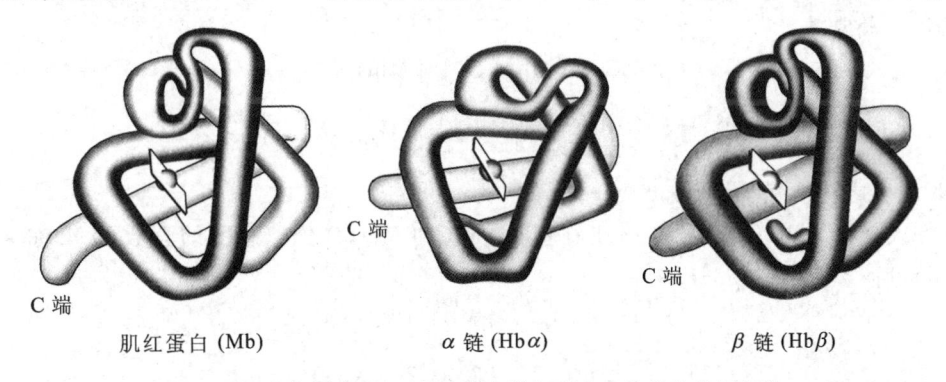

图 6-5 血红蛋白的 α 链、β 链和肌红蛋白在构象上的相似性

10）；二是出现亚基之间的相互作用区域，特别是 α 链和 β 链之间的接触界面（图 6-6）。这两点对血红蛋白的功能都是重要的。

血红蛋白氧合时和去氧时四级结构显著不同，特别是 α 和 β 亚基间的相互作用发生变化。α 和 β 的接触界面有两种：一种是在 **Hb 半分子**（$\alpha_1\beta_1$ 和 $\alpha_2\beta_2$）中 α 和 β 的接触，称为**装配接触**（packing contact），它们涉及螺旋 B、G、H 和拐弯 GH 的 30 多个残基，接触面积大。当 Hb 从去氧形式变为氧合形式时这种接触保持不变。另一种是在半分子之间的 α 和 β 接触，即 α_1 和 β_2（α_2 和 β_1）之间的界面，称为**滑动接触**（sliding contact），它们主要涉及螺旋 C、G 和拐弯 FG 的 19 个残基（图 6-6）。当 Hb 因氧合发生构象变化时，两个 Hb 半分子将以自身为单位彼此旋转和滑移，因而它们界面上的原子基团关系也发生改变。

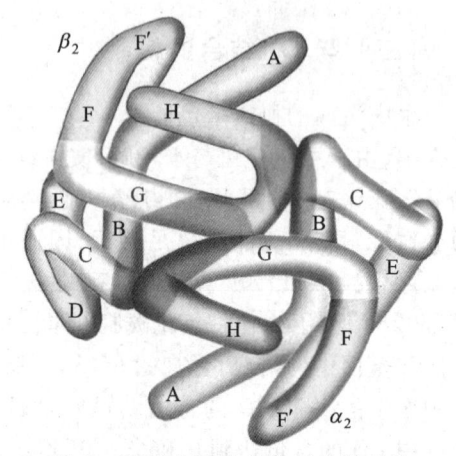

图 6-6 血红蛋白半分子的侧面观
示出装配接触（深灰色）和滑动接触（白色）

三、血红蛋白的功能：转运氧

细胞内线粒体进行氧化磷酸化时需要分子态氧（见第 21 章）。氧从大气到线粒体的基本过程是扩散。由于分子态氧在血液中的溶解度很低，所以仅以溶解形式的扩散速率是很小的。扩散速率决定于：① 浓度梯度；② 运动中的分子数；③ 分子运动的速率。其中 ① 和 ③ 项因素通常是固定的，因此提高扩散速率的唯一办法就是增加运动中的分子数。进化中选出的肌红蛋白和血红蛋白能完成此任务，因为它们在胞液中的溶解度很大，又能可逆地结合氧，这就等于增加了运动中的氧分子数。氧从大气到线粒体的途径包括：① 肺动脉中静脉血的红细胞从肺气泡中吸收 O_2；② 吸收了 O_2 的红细胞随动脉血流到组织（如肌肉）的毛细血管；③ 在这里 O_2 从红细胞扩散到组织的细胞中；④ 进入细胞的 O_2 扩散到线粒体中；在肌细胞中尚有肌红蛋白协助 O_2 的扩散。

（一）肌红蛋白是氧的贮库

在肌肉组织中血红蛋白释放的 O_2 通过质膜进入肌细胞中，并在质膜内表面与肌红蛋白结合成为氧合肌红蛋白。后者在细胞溶胶中扩散到线粒体。当线粒体中的浓度下降时，氧合肌红蛋白便把贮存的 O_2 释放给线粒体，自身转变为去氧肌红蛋白并回到质膜处。由于在这里的氧浓度较高，它又重新变为氧合肌红蛋白。肌红蛋白与 O_2 结合的化学计量关系如下：

$$Mb + O_2 \rightleftharpoons MbO_2$$

式中，Mb 代表去氧肌红蛋白，MbO_2 代表氧合肌红蛋白。根据生物化学中的习惯，把氧结合平衡写成氧解离平衡，并用 K 代表氧解离平衡常数：

$$K = [Mb][O_2]/[MbO_2] \tag{6-1}$$

或

$$[MbO_2]/[Mb] = [O_2]/K \tag{6-2}$$

所以 MbO_2 和 Mb 浓度之比恰好与 O_2 浓度成正比。

另一种表达方式是计算 MbO_2 分子数占肌红蛋白（Mb 和 MbO_2）分子总数的分数（Y），称为**氧分数饱和度**（fractional saturation）：

$$Y = [MbO_2]/([Mb] + [MbO_2]) \tag{6-3}$$

或

$$Y = [O_2]/([O_2] + K) \tag{6-4}$$

根据 Henry 定律，溶于液体的任一气体的浓度与液体上面的该气体分压成正比。因此 $[O_2]$ 可用氧分压 $p(O_2)$ 表

示,则方程(6-4)可改写为:

$$Y = p(O_2)/(p(O_2) + K) \quad (6-5)$$

实验中 $p(O_2)$ 值可被调节和测量,$p(O_2)$ 用 kPa 作单位(1 kPa = 7.5 torr 或 mmHg);Y 值可用分光光度法测定。Y 对 $p(O_2)$ 作图所得曲线称为**氧结合曲线**或**氧解离曲线**(图 6-8)。肌红蛋白氧结合曲线是一条等轴(直角)双曲线(rectangular hyperbola)的一部分,与酶学中的 Michaelis - Menten 方程曲线非常类似(见第 10 章)。

当 $Y = 1$ 时所有肌红蛋白分子的氧结合部位都被 O_2 所占据,即肌红蛋白被氧完全饱和。当 $Y = 0.5$ 时,$p(O_2) = K = P_{50}$ 或 $P_{0.5}$,P_{50} 定义为肌红蛋白被氧半饱和时的氧分压。这和方程 6-2 中当 [MbO$_2$] = [Mb] 时 $K =$ [O$_2$] 的说法是一样的。肌肉毛细血管中氧浓度约为 3 kPa,细胞内表面处约为 1.33 kPa。线粒体中为 0 ~ 1.33 kPa。Mb 的半饱和氧分压(P_{50})为 0.27 kPa,因此在大多数情况下,肌红蛋白是高度氧合的,它是氧的贮库。如果由于肌肉收缩使线粒体中氧含量剧烈下降,肌红蛋白便可立即供应氧。这种高氧合的肌红蛋白也有利于细胞内的 O_2 从质膜内表面向线粒体转运,因为这种转运是顺浓度梯度的,细胞内表面约为 1.33 kPa(Mb 80% 被饱和)而线粒体内约为 0.13 kPa(Mb 25% 被饱和)或更低。

(二) 血红蛋白氧合的协同性和别构效应

Hb 是一个四聚体,它的整个结构要比 Mb 复杂得多,并且出现了 Mb 所没有的新性质,能通过亚基-亚基相互作用调节它的氧合能力。多亚基蛋白质一般具有多个配体结合部位。一个配体与蛋白质上的一个结合部位的结合影响同一蛋白质上其他结合部位的亲和力称为**别构效应**(allosteric effect)。具有别构效应的蛋白质称为**别构蛋白质**(allosteric protein),如血红蛋白。**别构**(或变构)一词来自希腊文 allos(意思为"其他")和 stereos(意思为"空间"),其原义是指蛋白质分子不止含有正常配体的结合部位(如活性部位),尚有别的配体如**调节物**(regulator)或**效应物**(effector)的结合部位,称为**调节部位**或**别构部位**。别构蛋白质的调节物可以是激活剂或抑制剂。当调节物和正常配体是同一种分子时,别构效应是同促的(homotropic)。**同促[别构]效应**发生相互作用的部位是同种的(例如都是氧结合部位),一个配体的结合影响同种配体与其余同种空位的结合能力;这种影响一般是使亲和力加强,即第一个配体引起第二个、第三个……配体更容易结合。这样的同促效应被称为具有**协同性**(cooperativity)或**正协同性**,例如去氧血红蛋白与 O_2 的结合。**正协同[同促]效应**表现为 S 形(sigmoid)配体结合曲线(图 6-8),正协同结合使蛋白质对配体浓度的应答更为敏感。这对很多多亚基蛋白质的功能是很重要的。此外还有**负协同[同促]效应**,它不呈现 S 形曲线。当调节物是正常配体以外的分子时,别构效应是异促的(heterotropic)。**异促[别构]效应**发生作用的部位不是同种的,即正常配体的结合行为受到另一种配体(调节物)与另一种部位(别构部位)结合的影响。有些别构蛋白质有两种或多种配体结合部位,例如血红蛋白就有正常配体结合部位和调节物结合部位,因此它们既有同促效应又有异促效应。O_2 可被认为是 Hb 的正常配体又是同促调节物,BPG 是异促调节物。

(三) 血红蛋白的两种构象状态:R 态和 T 态

别构效应是通过别构分子中的构象变化实现的。X 射线分析揭示血红蛋白存在两种主要的构象状态:**R 态**即**松弛态**(relaxed state)和 **T 态**即**紧张态**(tense state)。虽然氧可以和 R 态或 T 态的血红蛋白结合,但与 R 态的亲和力明显高于 T 态,并且氧的结合稳定了 R 态,因此 R 态是氧合血红蛋白的主要存在形式。实验性缺氧时,T 态远比 R 态稳定,因此 T 态是去氧血红蛋白的优势构象。T 态是借助许多盐桥(离子对)被稳定的(图 6-7),其中不少存在于 α_2 和 β_1(α_1 和 β_2)的界面处,即所谓滑动接触处(图 6-6)。O_2 与 T 态 Hb 的血红素结合(图 6-4)引发构象转变为 R 态。构象转变时,个别亚基变化很小,但两个 Hb 半分子彼此滑移、旋转,并使 β 亚基之间的空穴(图 6-10)变窄,致使 BPG 被挤出穴外。在此过程中某些稳定 T 态的盐桥被断裂,一些新的盐桥被形成。总之形成 R 态时氧被结合,BPG 被释放;形成 T 态时 O_2 被释放,BPG 被结合。

(四) 血红蛋白协同性氧结合的定量分析

血红蛋白是至今了解得最清楚的一个别构蛋白质,它对配体氧的结合具有正协同同促效应。氧结合曲线是 S 形的(图 6-8),方程 6-5 的形式不能用来描述这种曲线。早在 1910 年 Hill A 就对血红蛋白与 O_2 的协同性结合作过定量分析。我们暂且假设 O_2 与 Hb 的结合是一种"全或无"的现象,即血红蛋白或是以完全无 O_2 的游离形式(Hb)存在,或是以一下子结合 n 个 O_2(n 为 Hb 中 O_2 结合部位的数目)的氧合形式($Hb(O_2)_n$)存在:

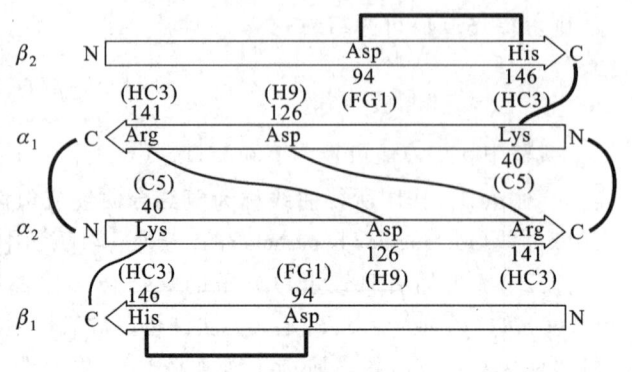

图 6-7 稳定去氧血红蛋白 T 态构象的某些盐桥

$$Hb + nO_2 \rightleftharpoons Hb(O_2)_n \tag{6-6}$$

则解离平衡常数:

$$K = \frac{[Hb][O_2]^n}{[Hb(O_2)_n]} \tag{6-7}$$

依方程 6-5 类推,Hb 的氧分数饱和度方程应为:

$$Y = \frac{p^n(O_2)}{p^n(O_2) + K} \tag{6-8}$$

重排方程 6-8 并两边取对数得:

$$\frac{Y}{1-Y} = \frac{p^n(O_2)}{K} \tag{6-9}$$

$$\lg \frac{Y}{1-Y} = n \lg p(O_2) - \lg K \tag{6-10}$$

方程 6-10 称为 **Hill 方程**。$\lg(Y/1-Y)$ 对 $\lg p(O_2)$ 作图称为 **Hill 图**。根据此方程,Hill 图应有一个 n 的斜率。然而实验测得的斜率实际上反映的不是氧结合部位的数目,而是部位之间相互作用的程度。因此 Hill 图的斜率用 n_H 表示,称为 **Hill 系数**,它是协同程度的量度。如果 $n_H = 1$,配体结合为非协同,例如在肌红蛋白中所看到的(图 6-8);如果结合部位是独立起作用的,也即亚基不能传递信息,则非协同结合在多亚基蛋白质中也能存在,实际上确实被观察到。$n_H > 1$ 表示配体结合是正协同的,如在血红蛋白中所观察到的情况(图 6-8):当 $n_H = n$,即 n_H 达到理论极限,配体结合将是完全协同的,这就是我们开始假设的"全或无"结合方式。但实际上这个极限(n)达不到,实测的 n_H 总是小于蛋白质中的配体结合部位数。$n_H < 1$ 表示配体结合为负协同,也即一个配体的结合导致第二个、第三个……配体更难结合,但确证了的负协同例子很少。Hb 的 $n_H = 2.8$,它落在 $n_H = 1$ 和 $n_H = 4$ 这两种极端之间,表明 Hb 和 O_2 的结合是高度协同的,但不是也不可能是完全协同,因为 n 个 O_2 在一瞬间结合到同一 Hb 分子的概率几乎等于零。Mb 和 Hb 的 Hill 图见图 6-9。

肺泡中的 $p(O_2)$ 约为 13 kPa,肌肉毛细血管中 $p(O_2)$ 约 3 kPa。从图 6-8 可见,对具有 S 形氧结合曲线的 Hb 来说在肺泡中 Y 是 0.97,肌肉毛细血管中 Y 是 0.25。释放的氧为两个 Y 值之差,即 $\Delta Y = 0.72$。因此,ΔY 是血红蛋白输氧效率的指标。协同性将增加 ΔY 值。如果血红蛋白不具有氧合协同性,那么 Hb 的氧结合曲线将与 Mb 一样,呈双曲线。从图 6-8 的氧结合曲线可以看到,如果肌红蛋白从肺泡输氧到肌肉,虽然 $p(O_2)$ 有相当大的改变,但 Y 值变化不大,ΔY 不到 0.1,表明 Mb 不适合于担当从肺部到组织转运氧的角色。正如任何一种运输工具一样,不能只考虑装载量大而不顾及卸载是否方便。要提高运输效率必须同时解决装和卸问题。协同性氧结合,正是增加在肌肉组织中的卸氧量。

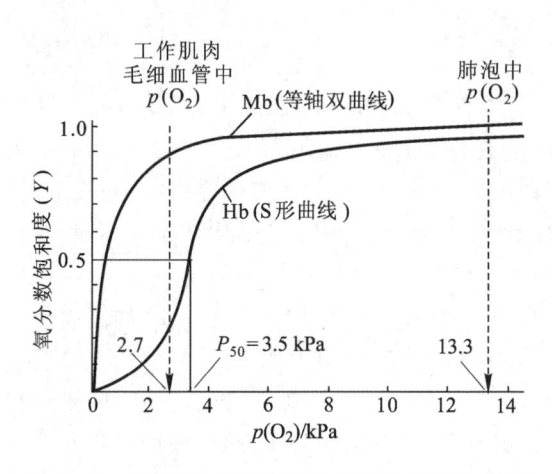

图 6-8　肌红蛋白和血红蛋白氧结合曲线的比较

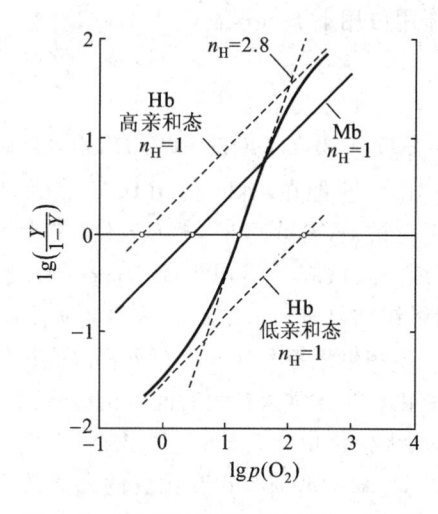

图 6-9　肌红蛋白和血红蛋白的 Hill 图

（五）BPG 调节 Hb 对 O_2 的亲和力

2,3-二磷酸甘油酸（BPG）是血红蛋白的一个重要的负异促效应物或称别构抑制剂。BPG 与 Hb 的相互作用提供了一个异促别构调节的实例。正常的人红细胞约含 4.5 mmol/L BPG，约和血红蛋白等摩尔数，也即维持 Hb:BPG 的化学计量。每个 Hb 四聚体只有一个 BPG 结合部位，位于由亚基缔合形成的中央孔穴内。高负电荷的 BPG 分子通过与每个 β 链的 Lys β82(EF6)、His β2(NA2)、His β143(H21) 和 N-末端 Val β1(NA1) 等残基的荷正电基团的静电相互作用结合于 Hb 分子上，并把两个 β 链交联在一起（图 6-10）。当血红蛋白被分离提取后，仍含有相当量的结合 BPG，它很难完全被除去。BPG 和 β 链之间的离子键有助于稳定 T 态的血红蛋白构象，促进氧的释放。转变为 R 态时，Hb 中央孔穴变小，以至容纳不了 BPG 分子，这是因为 O_2 的结合引起 Hb 构象变化，扰乱了 BPG 的结合部位。O_2 和 BPG 与血红蛋白的结合是互相排斥的，虽然它们各有自己的结合部位并相隔很远。为了更好地表示出这一事实，在 BPG 存在下（实际上，Hb 氧结合曲线都是在结合的 BPG 存在下获得的）的血红蛋

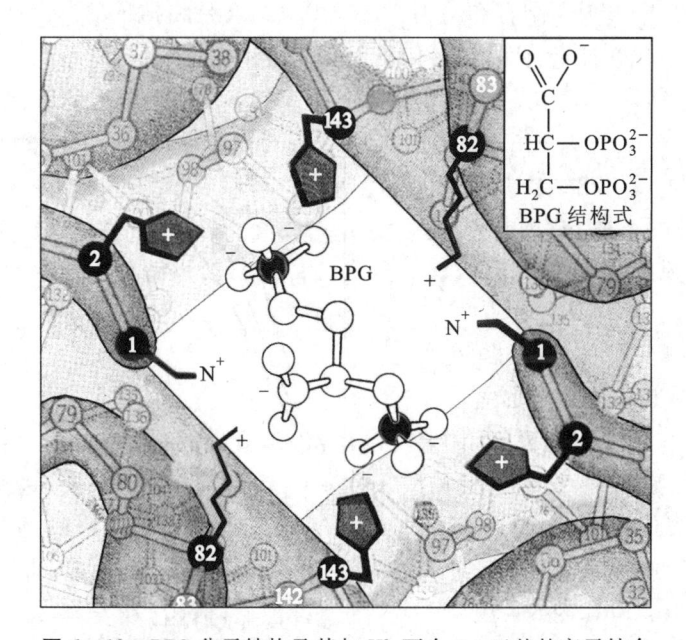

图 6-10　BPG 分子结构及其与 Hb 两个 β-亚基的离子结合

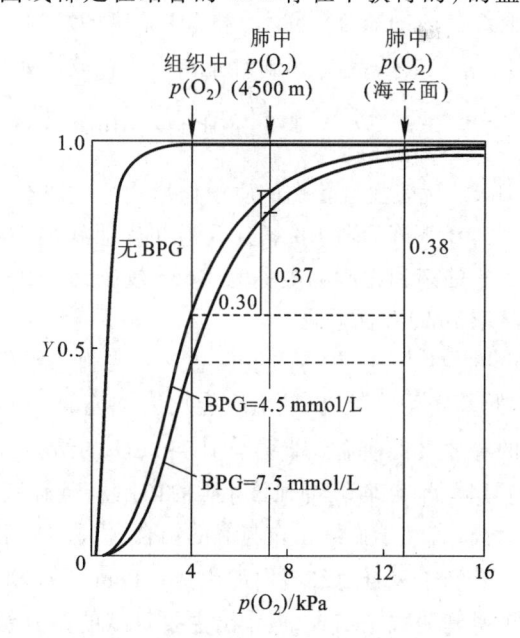

图 6-11　BPG 对 Hb 氧结合曲线的影响

白氧合作用可用下面方程表示：

$$HbBPG + 4O_2 \rightleftharpoons Hb(O_2)_4 + BPG$$

图 6-11 示出在不同的 BPG 浓度下血红蛋白的氧结合曲线。完全脱去 BPG 的血红蛋白对 O_2 的亲和力很高，这种 Hb 完全能在 4 kPa 的 $p(O_2)$ 下为 O_2 所饱和，氧结合曲线呈双曲线形式。在肺部 $p(O_2)$ 大于 13 kPa，血红蛋白几乎全被 O_2 饱和，BPG 与氧合关系不大。但在外周组织 $p(O_2)$ 低（< 4 kPa），如果没有 BPG 存在，就会减少 Hb 对组织的氧供应。有 BPG（4.5 mmol/L）的存在，血红蛋白对 O_2 的亲和力低，氧结合曲线呈现正常的 S 形曲线，供给组织的氧量（卸氧量）约为血液所能携带的最大氧量的 40%（ΔY）。

人的某些生理性和病理性缺氧可以通过红细胞中 BPG 浓度的改变来调节对组织的供氧量，例如高空适应的代偿性变化。当正常人在短时间内由海平面上升到海拔 4 500 m 的高山时，红细胞中的 BPG 浓度几小时后就开始上升，两天内可由 4.5 mmol/L 增加到 7.5 mmol/L。在海拔 4 500 m 肺的 $p(O_2)$ 不到 7 kPa，对组织的供氧量将减少 1/4，即 ΔY = 30%。BPG 浓度的升高虽然对肺中 O_2 的结合影响不大，但对组织中 O_2 的释放影响不小。结果对组织的供氧量恢复到接近 ΔY = 40%。又例如严重阻塞性肺气肿病人，因肺部换气受阻，动脉血 $p(O_2)$ 可降至 6.7 kPa，Hb 的氧饱和度也因此降低，此时红细胞内的 BPG 浓度可代偿性地升高，从正常的 4.5 mmol/L 增至 8.0 mmol/L，使氧结合曲线向右移动，因而有利于组织获得较多的氧。

早已知道胎儿红细胞中的血红蛋白 Hb F($\alpha_2\gamma_2$) 对氧的亲和力比成人的 Hb A($\alpha_2\beta_2$) 高。它的生理意义在于使胎儿血液流经胎盘时 Hb F 能从胎盘的另一侧母体的 Hb A 获得 O_2。

（六）H^+ 和 CO_2 调节 Hb 对 O_2 的亲和力：Bohr 效应

CO_2 和 H^+ 是组织呼吸产生的两个终产物。CO_2 在水中的溶解度很小，容易形成气泡，但在体内特别是红细胞中含有丰富的碳酸酐酶（carbonic anhydrase），它能催化 CO_2 和水生成可溶性的重碳酸盐（HCO_3^-）和 H^+。组织呼吸产生的 CO_2 大部分（约 70%~80%）以 HCO_3^- 的形式被转运。CO_2 水合的结果增加了组织中的 H^+ 浓度。此外 CO_2 也能和血红蛋白氨基末端的 $\alpha-NH_2$ 共价结合生成**氨基甲酸血红蛋白**（$Hb-NHCOO^-$），并以此形式（约 20% CO_2）被转运到肺部；同时也产生 H^+，进一步降低组织中的 pH。

血红蛋白的氧合深受 H^+ 和 CO_2 浓度的影响。血红蛋白与 O_2 结合和与 H^+（或 CO_2）结合是相拮抗的。因此增加 H^+ 浓度将提高 O_2 从血红蛋白中的释放。如果略去化学计量，此过程可用下面方程表示：

$$HbO_2 + H^+ \rightleftharpoons HbH^+ + O_2$$

式中 HbH^+ 代表血红蛋白的质子化形式。从图 6-12 可以看出，当 H^+ 浓度增加（pH 下降）时，Hb 氧分数饱和度曲线向右移动。这种 pH 对血红蛋白对氧的亲和力影响被称为 **Bohr 效应**，因 1904 年发现此现象的丹麦生理学家 Bohr C 而得名。

Bohr 效应具有重要的生理意义。当血液流经组织时，由于这里的 pH 较低，CO_2 浓度较高，使组织能比因单纯的 $p(O_2)$ 降低获得更多的氧，而氧的释放又促使血红蛋白与 H^+ 和 CO_2 的结合，以补偿由于组织呼吸引起的 pH 降低，起着缓冲血液 pH 的作用。当血液流经肺部时，由于这里 $p(O_2)$ 高，有利于血红蛋白与氧的结合，促进 H^+ 和 CO_2 的释放，同时 CO_2 呼出又有利于氧合血红蛋白的生成。Bohr 效应机制中 H^+ 可与血红蛋白的几个氨基酸残基结合，但作出主要贡献的是 β 链的 His 146（图 6-7）。当质子化时，此残基与 α 链的 Asp94 形成链内盐桥，同时该盐桥也稳定了 His146 的质子化形式，使该残基的咪唑基在 T 态时具有异常的 pK_a 值

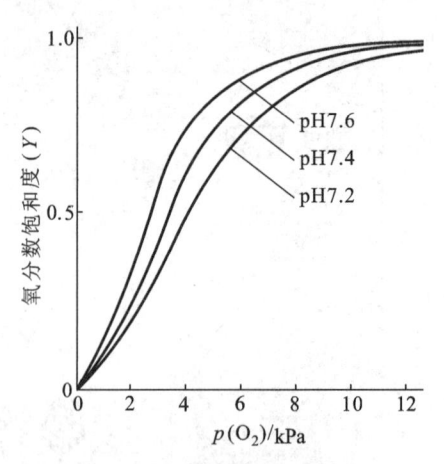

图 6-12 pH 对血红蛋白氧分数饱和度曲线的影响

肺中血液 pH 为 7.6，组织中 pH 为 7.2，氧结合实验常在 pH7.4 下进行

(8.0)。但在 R 态时,因盐桥断裂该 pK_a 降至正常值(6.0),因此在肺部血的 pH(7.6)下,氧合血红蛋白中此残基大多数是去质子化的。

S 形曲线的氧结合、Bohr 效应以及 BPG 效应物的调节使得血红蛋白的输氧能力达到最高效率。由于能在较窄的氧分压范围内完成输氧功能,使机体内的氧水平不致有很大的起伏。此外血红蛋白使机体内的 pH 也维持在一个较稳定的水平。血红蛋白的别构效应充分地反映了它的生物学适应性,达到结构与功能的高度统一。血红蛋白的这些特点是使得脊椎动物以优胜类群出现于地球上的重要因素之一。

四、血红蛋白分子病

血红蛋白的异常是由基因突变引起的,并通过遗传在群体中散布。突变是血红蛋白进化的基础。但是有些突变是有害的,会产生**遗传病**(genetic disease)。在自然选择中有害的突变最终将消失。其他许多突变是无害的,常被称为**中性突变**(neutral mutation)。至今已知的人类血红蛋白遗传变体(variant)有 300 多种。

除精子和卵子外,人的所有细胞在正常情况下均为二倍体(diploid),每个基因至少有两个拷贝,每个拷贝来自双亲中的一方。因此,如果有缺陷的基因(变体基因)仅由双亲中的一方遗传而来,也即杂合子患者,并且如果该基因又是隐性的,则这种个体就没有或仅有轻微的症状;如果有缺陷的基因来自双亲,也即纯合子患者,症状就会充分显现出来。血红蛋白分子病可分为两类:一类称为**血红蛋白病**(hemoglobinopathy),是由于 α 或 β 链发生了变化,例如镰状细胞贫血病等;另一类称为**地中海贫血**(thalassemia),是由于缺少了 α 或 β 链,例如 α- 和 β- 地中海贫血病。

(一)镰状细胞贫血病

镰状细胞贫血病(sickle-cell anemia)是最早被认识的一种**分子病**。这种疾病在非洲的某些地区发病率非常高。该病是由于基因突变导致血红蛋白分子中氨基酸残基被更换所造成的。镰状细胞贫血病最清楚地反映出氨基酸序列在决定蛋白质的二、三、四级结构及其生物学功能方面的重大作用。

镰状细胞贫血病患者的血红蛋白含量仅为正常人(15~16 g/100 mL)的一半,红细胞数目也是正常人的一半左右,而且红细胞的形态也不正常,除有非常大量的未成熟红细胞之外,还有很多长而薄、成新月状或镰刀状的红细胞(图 6-13)。当红细胞去氧时,这种镰刀状细胞显著增加。这种病患者的红细胞之所以变形是由于不正常的血红蛋白引起的。这种不正常血红蛋白称为 Hb S 或 $\alpha_2\beta_2^{6Glu\rightarrow Val}$。后一种命名法的意思是血红蛋白 β 链中的第 6 位残基(正常为 Glu)为 Val 所替换。20 世纪 50 年代 Ingram V 等人将正常人的 Hb A 和 Hb S 分别用胰蛋白酶水解成若干肽段(28 个),进行双向纸层析-电泳,然后对比所得的图谱,称为**指纹图谱**(fingerprint)(图 6-14),他们发现只有一个肽段位置不同。分析有差异肽段的化学结构,其氨基酸序列分别是:

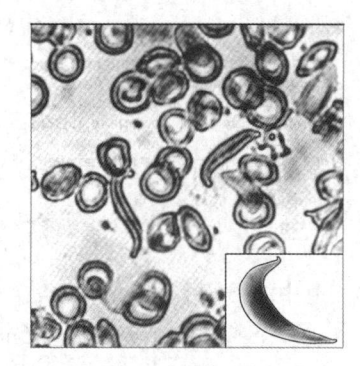

图 6-13 正常的红细胞和镰刀状红细胞的扫描电镜图

插图中示出一个典型的镰刀状红细胞

```
HbA    H₂N Val-His-Leu-Thr-Pro-Glu-Glu-Lys COOH
HbS    H₂N Val-His-Leu-Thr-Pro-Val-Glu-Lys COOH
(β链)   1   2   3   4   5   6   7   8
```

这是 β 链 N-末端的一段肽链。

由于 β6 残基位于分子表面,因此 Val 取代了 Glu,等于在 Hb S 分子表面安上了一个疏水侧链。血红蛋白的氧亲和力和别构性质虽不受这种变化的影响,但这一变化显著地降低去氧血红蛋白的溶解度,不过对氧合血红蛋

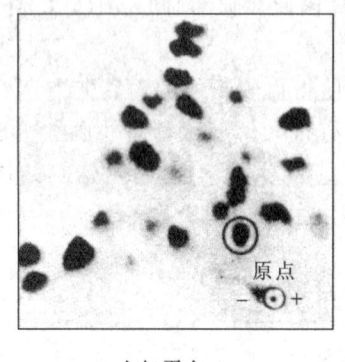

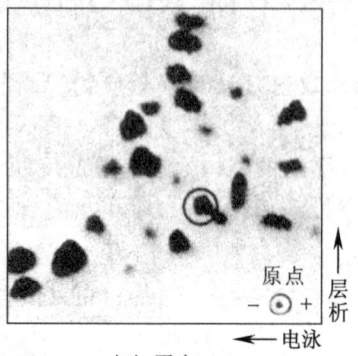

图 6-14 血红蛋白 A 和血红蛋白 S 的胰蛋白酶消化液的指纹图谱
图中两个血红蛋白有差异肽段的位置用加圈示出

白并无影响。正如所料，伸出 HbS 分子表面的 β 链 Val 侧链创造了一个"黏性"突起，与下一个 HbS 分子上的互补口袋借疏水相互作用聚集成纤维状晶体而沉淀。互补口袋由 Pheβ85(F1) 和 Leuβ88(F4) 形成，并暴露于去氧 HbS(或 HbA) 的表面，但不存在于氧合血红蛋白中。形成的纤维状晶体压迫质膜，使细胞弯曲成镰刀状。镰刀状细胞不像正常细胞那样平滑而有弹性，不易通过毛细血管，因而血流变慢，导致组织缺血受伤，影响器官的正常功能。这是患者早死的主要原因。在人类中发现的 300 多种血红蛋白变体，绝大多数都只有一个残基被取代，或在 α 链或在 β 链。对功能的影响程度不一，视取代的位置而异。取代后对功能影响的细节，目前知道的还很少。

不久前发现在体外用氰酸钾处理镰刀状红细胞，可防止它们在去氧条件下镰刀状化。这是因为氰酸根离子与 HbS 链的末端氨基发生不可逆的反应：

$$HbS\text{链末端}-\overset{+}{NH_3} + N=C=O^- \longrightarrow HbS\text{链末端}-\overset{H}{\underset{\underset{O}{\|}}{N}}-C-NH_2$$

使得血红蛋白与 CO_2 和 BPG 的结合减少，结果对 O_2 的亲和力增高，去氧血红蛋白减少，因而镰刀状化减轻。但氰酸盐有毒，现在正在寻找更专一的、无毒的 Hb 的修饰剂。

(二) α- 和 β- 地中海贫血

地中海贫血症可以由几条途径产生：① 缺失一个或多个编码血红蛋白链的基因；② 所有基因都可能存在，但一个或多个基因发生**无义突变**(nonsense mutation)，结果产生缩短了的蛋白链，或发生**移码突变**(frameshift mutation)，致使合成的链含不正确的氨基酸序列；③ 所有基因都可能存在，但突变发生在编码区之外，导致转录被阻断或前体 mRNA 的不正确加工(见第 30~33 章)。

由于人类基因组含有若干个珠蛋白基因，对应于不同发育阶段的蛋白链，因而有多种不同的地中海贫血。这里仅讨论涉及成人血红蛋白 α 和 β 链的缺失或功能错误的两种病症。

如果 β-珠蛋白基因丢失或不能表达，此缺损的纯合子个体将产生严重的症状，称为 **β-地中海贫血**。患者不能制造 β 链，必须依赖胎儿 γ 链的继续产生以形成有功能的血红蛋白(HbF)。在这样的个体中 γ 链的产生可以继续到童年，但多数不到成熟就夭折了。杂合子患者症状较轻，这种人有一个 β 基因仍是正常的；在这些所谓 **β-地中海贫血性状**中 β 链的产生受到限制，但不完全被关闭。涉及 α 链的地中海贫血有着更加复杂的情况，因为在每个染色体上有两个邻接的拷贝($α_1$ 和 $α_2$)，它们的蛋白质产物只差一个氨基酸残基，并且都是有功能的。因此一个人可以有 4、3、2、1 或 0 个 α 基因拷贝。含 4 个拷贝是正常的，仅含 1 个拷贝的可能表现出轻微的症状，即 **α-地中海贫血性状**。0 个拷贝则是致命性的，称为 **α-地中海贫血**。α-珠蛋白链的水平低下时，将形成同四聚体(homotetramer)：$β_4$ 或 $γ_4$ 等。同四聚体能结合 O_2，但无协同性或无别构效应，因此不能发挥正常的功能。

五、免疫球蛋白

免疫（immunity）是人类和脊椎动物最重要的防御机制，它是在生物进化过程中逐步发展并完善起来的。免疫系统能在分子水平上识别"自我"和"非我"（外物），然后破坏那些被鉴定为非我的实体。免疫系统以这种方式消灭病毒、细菌等病原体以及对生物体造成威胁的大分子。在生理水平上免疫系统对入侵者的应答（response）或反应是蛋白质、其他分子和细胞之间的一套复杂而协调的相互作用。

（一）免疫系统

免疫应答由两个互补的系统组成：体液免疫系统和细胞免疫系统。**体液免疫系统**（humoral immune system）是针对感染细菌、存在于体液中的胞外病毒以及进入生物体的外来蛋白质等。**细胞免疫系统**（cellular immune system）是破坏被病毒感染的宿主细胞、某些寄生物和外来的移植组织。

免疫应答主要涉及淋巴细胞（lymphocyte）包括 B［淋巴］细胞和 T［淋巴］细胞以及巨噬细胞（macrophage）。免疫系统中的每种识别蛋白质不论是一个 B 细胞产生的**抗体**（免疫球蛋白）还是一个 T 细胞表面上的 **T 细胞受体**（也是免疫球蛋白的家族成员）都能专一地与某一特定的化学结构结合。人类能产生超过 10^8 种具有不同特异性的抗体。这种非常的多样性使得病毒或入侵细胞表面的任一化学结构都能被一个或多个抗体所识别并结合。抗体的多样性是由一套免疫球蛋白基因片段经基因重排机制（见第 31 章）随机再装配产生的。

能引起免疫应答的任何分子或病原体，包括病毒、细菌细胞壁、蛋白质或其他大分子，称为**抗原**（antigen）。一个复杂的抗原可以被若干个不同的抗体结合。一个单独的抗体或 T 细胞受体只能结合抗原内的一个特定的分子结构，称为**抗原决定簇**（antigenic determinant）或**表位**（epitope）。抗原决定簇可以是蛋白质分子表面上的氨基酸侧链或是多糖上的单糖残基或其他基团。免疫系统对小分子如代谢的中间物或产物不能引起免疫应答。相对分子质量小于 5 000 的分子一般没有抗原性。然而小分子在实验室中可以共价连接到蛋白质上，这种形式的小分子可以引起免疫反应。这种本身无抗原性，与载体蛋白结合后有了抗原性的物质称为**半抗原**（hapten），例如吗啡（其硫酸盐 M_r 668.5）就是一种半抗原。在应答与蛋白质连接的半抗原时产生的抗体能与游离的同一半抗原结合。这样的抗体有时被用于开发分析试验或作为**催化抗体**（第 10 章）。

（二）免疫球蛋白的结构和类别

免疫球蛋白或称**抗体**，是一类可溶性的血清糖蛋白，是血清中最丰富的蛋白质之一。抗体具有两个显著的特点：一是高度的特异性，二是庞大的多样性。特异性是指一种特定的抗体只能与引起它产生的相应抗原发生反应。多样性是指抗体可以和成千上万种抗原（天然的和人工的）起反应。

IgG（免疫球蛋白 G） 是血清中最基本的一类抗体，在许多脊椎动物中只有 IgG 类的抗体。

IgG 是由 4 条多肽链组成的，两条大的链称为重链或 H 链，两条小的链称为轻链或 L 链。它们通过非共价键和二硫键连接成 M_r 150 000 的复合体。IgG 分子的两条重链在一端彼此相互作用，在另一端分别与轻链相互作用，形成 Y 形结构（图 6-15）。每一 IgG 分子含有两个抗原结合部位，它们位于 Y 形结构的两个"臂"的顶端（图中灰色部分）。抗体分子（IgG）是二价的而抗原分子可以是多价的，这里讲的价数是指抗原与抗体的结合部位数目。当抗体和抗原接近等物质的量（称为**等价带**）浓度时，将发生最大的交联，产生最大量的**免疫沉淀**或**沉淀素**（precipitin）。体外的沉淀反应被广泛地用于研究抗原-抗体反应，并已成为实验免疫学的基础。

IgG 分子的 L 链和 H 链的一级结构可根据它们的序列同源性划分为若干个区或结构域。每种免疫球蛋白的 L 链都含有**可变区**或 **V 区**（variable domain）和**恒定区**或 **C 区**（constant domain）。L 链的可变区（V_L）内的氨基酸序列在各抗体之间是不同的；恒定区（C_L）内的残基序列在所有抗体之间几乎是一样的。同样，H 链也含可变区和恒定区，标为 V_H、C_H1、C_H2 和 C_H3。L 链和 H 链的可变区都在链的 N-末端区域，在 V_L 和 V_H 区内有所谓**高变区**（high variable region），它负责抗体分子对抗原的识别，是真正的抗原结合部位。可变区的其余序列相当恒定，这可能是形成特有的免疫球蛋白的结构域所要求的。IgG 分子的基部与两个臂的连接处称**铰链区**(hinge region),长度约 30 个氨基酸残基。当用**木瓜蛋白酶**处理时,在铰链区发生断裂,释放出基部片段(M_r 50 000),称为 **Fc**;两个单价的臂(M_r 45 000),称为 **Fab**,即抗原结合片段。当用**胃蛋白酶断裂**时,产生一个称 **F(ab)$_2$** 的二价片段(M_r 100 000)和若干小肽片段。抗体的各恒定区(C_L、C_H1、C_H2 和 C_H3)之间有不少同源序列。L 链和 H 链的可变区(V_L 和 V_H)也有同源性。每个结构域(约含 110 个残基),都有一个链内二硫桥。免疫球蛋白的特色结构域是**反平行 β 桶**,称**免疫球蛋白折叠**(immuno globulin fold)。这是一种非常保守的结构花式,如免疫球蛋白 V_L 结构域所示(见图 5-16)。

人的免疫球蛋白除 IgG 外,尚有 IgA、IgM、IgD 和 IgE,共有 5 个类别,其相对分子质量范围从 150 000 到 950 000。IgM 是在对入侵抗原初次免疫反应的早期产生的。IgM 的主要功能是抑制、凝集、溶解入侵血液的细菌。IgA 主要存在于身体的分泌物,如唾液、泪和乳中,它是初乳和乳汁中的主要抗体。IgD 存在于 B 细胞表面,某些 B 细胞在免疫应答中很快产生 IgD,但 IgD 的功能尚不清楚。IgG 是血液中最丰富的免疫球蛋白,IgG 也是唯一能通过胎盘而进入胎儿体内的抗体,所以新生儿在前几周是依靠母体的 IgG 抵御细菌、病毒等外物入侵的。IgE 在变态或过敏反应(allergic reaction)中起重要作用。

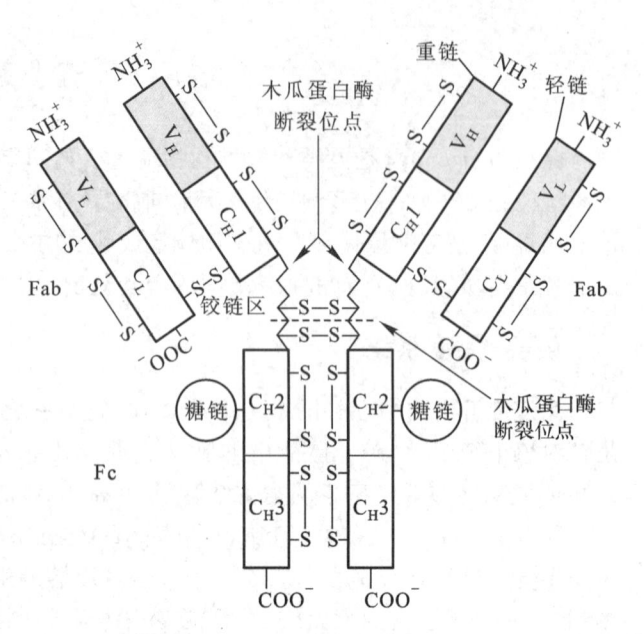

图 6-15 免疫球蛋白 G 的分子结构图解

(三) 基于抗体-抗原相互作用的生化分析方法

多克隆抗体和单克隆抗体是两个重要的生化分析试剂。**多克隆抗体**(polyclonal antibody)是由多个不同的 B 淋巴细胞在应答一种抗原时,例如向一个动物注入一种蛋白质时,产生的抗体,B 细胞群的每个细胞产生一种结合抗原中特异决定簇(表位)的抗体。因此,多克隆抗体制剂是识别一个抗原的不同表位的多种抗体的混合物。**单克隆抗体**(monoclonal antibody)则不同,它是由生长在细胞培养物中的同一个 B 细胞的群体(一个克隆)合成并分泌的。这种抗体是均一的,所有的抗体识别同一的表位。

ELISA(enzyme-linked immunosorbent assay)即**酶联免疫吸附测定**,它能快速筛查和定量一个抗原在样品中的存在(图 6-16)。由于 ELISA 操作简便、灵敏度高和易于重复,已被广泛用于分子生物学和临床诊断的常规检测。此方法虽有多种衍生方法,但原理是一样的,都是以待测抗原(或抗体)和酶标抗体(或抗原)的特异结合为基础,然后通过酶活力测定来确定抗原(或抗体)含量。ELISA 基本步骤包括:待测样品中的蛋白质,例如含人免疫缺陷病毒(HIV)的血清(抗原),被吸附到惰性表面,一般是 96 孔的聚苯乙烯塑料板。表面上再加非特异性蛋白质(常用酪蛋白或牛血清蛋白)并一起温育,以封闭未被样品蛋白质覆盖的部位,防止随后步骤中的蛋白质被吸附到表面。然后用含有抗待测蛋白质的抗体(例如抗 HIV 外壳蛋白的兔 IgG)或称第一抗体的溶液处理。未被结合的抗体用缓冲液洗去,表面用含有抗第一抗体的抗体(例如羊抗兔的抗抗体,也称羊抗兔 IgG 或第二抗体)的溶液处理。未被结合的第二抗体洗去。第二抗体是与一个催化生成有色产物的酶共价连接的,例如**辣根过氧化物酶标羊抗兔 IgG**(goat antirabbit IgG-horseradish peroxidase)。最后加入酶标第二抗体的底物。如果是辣根过氧化物酶标抗体,可加 3,3′,5,5′-四甲基联苯胺(3,3′,5,5′-tetramethylbenzidine),生成的产物为黄色,在 450 nm 波长处有最大光吸收。有色产物的形成与样品中待测的抗原(或抗体)含量成正比。

免疫印迹测定(immunoblot assay)也称 **Western 印迹**(Western blotting),因为它在操作上类似用于核酸分析的 Southern 印迹(第 15 章)。对蛋白质样品进行凝胶电泳分离(图 3-5),然后凝胶板与硝酸纤维膜贴在一起,进行转移,将凝胶上的蛋白条带转印到纤维膜上。如上面 ELISA 中所述,将纤维封闭,然后相继用第一抗体、酶标第二抗体以及底物进行处理。只有含待测蛋白质的条带显示颜色。免疫印迹能检测样品中的微量成分和近似相对分子质量(图 6-17)。

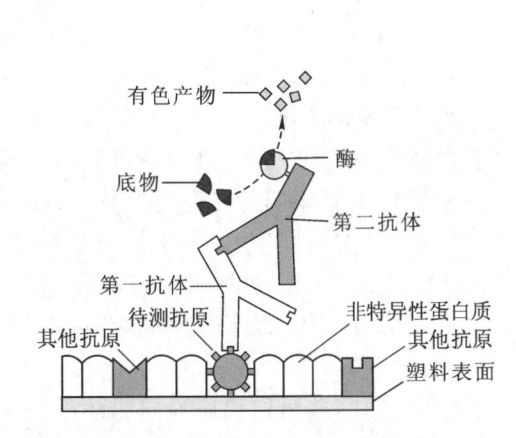

图 6-16 酶联免疫吸附测定(ELISA)步骤的图解
(1) 用样品包被表面,样品中含待检抗原(如 HIV 外壳蛋白)和其他抗原;(2) 用非特异性蛋白质封闭未被结合的部位;(3) 与抗待检抗原的第一抗体温育;(4) 与酶联的第二抗体温育;(5) 加入底物;(6) 形成有色产物表明待测抗原的存在

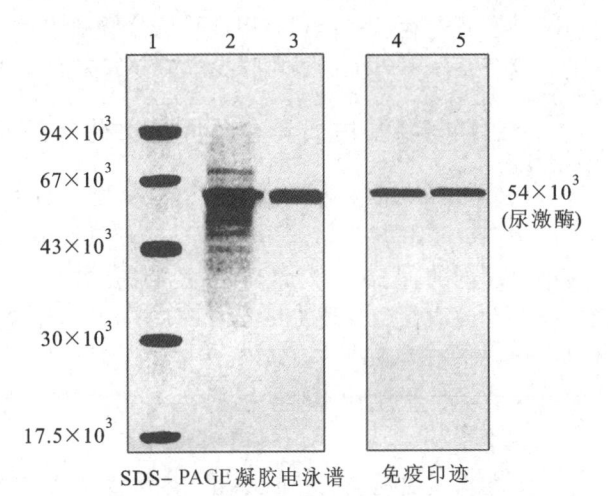

图 6-17 免疫印迹测定
SDS-PAGE 凝胶上泳道 1 是标准蛋白质的分离条带。泳道 2 和 3 分别是尿激酶制剂(作为抗原)纯化前和纯化后样品的条带(考马斯亮蓝染色)。泳道 4 和 5 的样品分别与 2 和 3 相同,只是 4 和 5 是在凝胶电泳后被转印到硝酸纤维膜上并用抗尿激酶的单克隆抗体"探测"的

六、氨基酸序列与生物学功能

(一) 同源蛋白质的物种差异与生物进化

在不同生物中行使相同或相似功能的蛋白质称为**同源蛋白质**,例如不同脊椎动物中的血红蛋白。同源蛋白质的氨基酸序列具有明显的相似性,这种相似性称为**序列同源[性]**。具有明显序列同源的蛋白质也称同源蛋白质。同源蛋白质的氨基酸序列中有些位置的氨基酸残基对所有的物种都是相同的,称为**不变残基**(invariant residue)。但是其他位置的氨基酸残基对不同物种有相当大的变化,称为**可变残基**(variable residue)。同源蛋白质一般具有几乎相同长度的多肽链,它们的氨基酸序列差异的大小与其所在物种的亲缘关系的远近具有同一性。

细胞色素 c(cytochrome c)是一种含血红素的电子转运蛋白,它存在于所有真核生物的线粒体中。对细胞色素 c 序列的研究提供了同源性的最好例证。大多数细胞色素 c 含一百零几个氨基酸残基,相对分子质量约为 12 500。40 多种物种的细胞色素 c 的分析表明,多肽链中 28 个位置上的氨基酸残基对这些物种的样品都是相同的。这些不变残基对该蛋白质的生物学功能是至关重要的,因此这些位置不允许被其他氨基酸取代。细胞色素 c 除第 70 到 80 位之间的不变残基是成串存在的,其他不变残基都是分散在多肽链的各处。所有的细胞色素 c 在第 4 和第 17 位各含有一个 Cys 残基,这两个残基是它们连接辅基血红素的,第 70 到 80 位上的不变残基串可能是细胞色素 c 与酶结合的部位。可变残基可能是一些"填充"或间隔的区域,这些残基的变换不影响蛋白质的功能。

细胞色素 c 和其他同源蛋白质的序列资料分析得出了一个重要的结论:来自任何两个物种的同源蛋白质,氨基酸序列之间的残基差异数目与这些物种间的系统发生差异是成比例的,也即在进化位置上相差愈远,其序列之间的残基数目差别愈大。例如人和黑猩猩的细胞色素 c 氨基酸序列是一样(差异残基数为零),人和绵羊(哺乳

类)相差10个残基;人和响尾蛇(爬行类)、鲤鱼(鱼类)、蜗牛(软体动物)和天蛾(昆虫)分别差14、18、29和31个残基;人和酵母或高等植物相比差数在40个残基以上。

细胞色素c的氨基酸序列资料已被用来核对各物种之间的分类学关系以及绘制**系统[发生]树**(phylogenetic tree)或称**进化树**。系统树是用计算机分析细胞色素c序列并找出连接分支的最小突变残基数的方法构建起来的。这种系统树与根据经典分类学建立起来的系统树非常一致。

(二) 同源蛋白质具有共同的进化起源

同源蛋白质的氨基酸序列分析揭示,它们有着一个共同的进化祖先(evolutionary ancestry)。例如肌红蛋白、血红蛋白α链和β链,它们的氨基酸序列具有很高的同源性。人肌红蛋白珠蛋白链和人α-珠蛋白链有38个氨基酸是相同的,人α-珠蛋白和人β-珠蛋白有64个残基是共同的。这种同源关系表明随机突变导致一级结构中氨基酸被取代和分歧(divergence)的发生。一个原始珠蛋白基因的复制(包括突变)产生了一个祖先肌红蛋白基因和一个祖先血红蛋白基因,因而祖先肌红蛋白基因是最先被歧化出来的。其后,祖先血红蛋白基因复制产生了今天α-珠蛋白基因的祖先和β-珠蛋白基因的祖先。然而借助血红素辅基结合O_2的机制都被这3种多肽链保留下来。

上述珠蛋白提供了基因复制产生生物学功能高度保守的蛋白质的例子。另一些蛋白质序列同源性很高,但显示出趋异的生物学功能。**胰蛋白酶**、**胰凝乳蛋白酶**和**弹性蛋白酶**是一类蛋白水解酶,因为它们的活性中心的特异丝氨酸残基起关键性作用,所以又称**丝氨酸蛋白酶**(serine protease)。参与血液凝固的**凝血酶**以及溶解血纤蛋白的**纤溶酶**(plasmin)也属于丝氨酸蛋白酶。这类酶显示出足够的序列同源性,可以得出结论:它们是经过祖先丝氨酸蛋白酶基因的多次复制而来的,虽然现在它们对底物的偏爱已十分不同。总之,基因的突变和复制是创造多样性的重要进化力。

习 题

1. 如果一个相对分子质量为12 000的蛋白质,含10种氨基酸,并假设每种氨基酸在该蛋白质分子中的数目相等,问这个蛋白质有多少种可能的排列顺序?[10^{100}]

2. 蛋白质A和B各有一个配体L的结合部位,前者的解离常数K_d为10^{-6} mol/L,后者的K_d为10^{-9} mol/L。(a)哪个蛋白质对配体L的亲和力更高?(b)将这两个蛋白质的K_d转换为结合常数K_a。[(a)蛋白质B;(b)蛋白质A的$K_a = 10^6 (mol/L)^{-1}$,蛋白质B的$K_a = 10^9 (mol/L)^{-1}$]

3. 下列变化对肌红蛋白和血红蛋白的O_2亲和力有什么影响?(a)血浆的pH从7.4降到7.2;(b)肺中CO_2分压从6 kPa(屏息)降到2 kPa(正常);(c) BPG水平从4.5 mmol/L(海平面)增至7.5 mmol/L(高空)。[对肌红蛋白:(a)无;(b)无;(c)无。对血红蛋白:(a)降低;(b)增加;(c)降低]

4. 如果已知n和P_{50}(注意$K = (P_{50})^n$),可利用方程6-9计算Y值(血红蛋白氧分数饱和度)。设$n = 2.8$,$P_{50} = 3.50$ kPa,计算$p(O_2) = 13$ kPa(肺部)时的Y。这些条件下输氧效率($Y_{肺} - Y_{毛细血管} = \Delta Y$)是多少?当$n = 1.0$时,重复上面计算。比较$n = 2.8$和$n = 1.0$时的$\Delta Y$值,并说出协同性氧结合对血红蛋白输氧效率的影响。[$n = 2.8$时,$Y_{肺} = 0.98$,$Y_{毛细血管} = 0.77$,所以$\Delta Y = 0.21$;$n = 1.0$时,$Y_{肺} = 0.79$,$Y_{毛细血管} = 0.61$,所以$\Delta Y = 0.18$。两个ΔY之差$0.21 - 0.18 = 0.03$,似乎差值不大,但在代谢活跃的组织中$p(O_2) < 5$ kPa,因此潜在输氧效率不小,参见图6-8]

5. 如果不采取措施,贮存相当时间的血,BPG的含量会下降。这样的血用于输血可能产生什么后果?[贮存过时的红细胞经酵解途径代谢BPG,结果BPG浓度下降,Hb对O_2的亲和力增加,致使不能给组织供氧。接受这种BPG浓度低的输血,病人可能会窒息]

6. Hb A能抑制Hb S形成纤维晶体和脱氧后红细胞的镰刀状化。为什么Hb A具有此效应?[去氧Hb A含有一个互补部位,并因此它能加到去氧Hb S纤维上。但这样的纤维不能继续延长,因为纤维末端的去氧Hb A分子缺少"黏性"突起]

7. 一个单克隆抗体与G-肌动蛋白结合但不与F-肌动蛋白结合。这对于抗体识别抗原表位能告诉你什么?[该表位可能是当G-肌动蛋白聚合成F-肌动蛋白时被埋藏的那部分结构]

8. 假设一个Fab-半抗原复合体的解离常数在25℃和pH 7时为5×10^{-7} mol/L。(a) 在25℃和pH 7时结合的标准自由能是多少？(b) 此Fab的亲和力(结合常数)是多少？(c) 从该复合体中释放半抗原的速率常数为120 s^{-1}，结合的速率常数是多少？[(a) $\Delta G'^{\ominus} = -35.9$ kJ/mol；(b) $K_a = 2 \times 10^6$ $mol^{-1} \cdot L$；(c) 结合速率常数 $k = 2.4 \times 10^8$ $mol^{-1} \cdot s^{-1} \cdot L$，此值接近于小分子与蛋白质相遇(结合)的扩散控制的极限。(10^8 至 10^9 $mol^{-1} \cdot s^{-1} \cdot L$)]

主要参考书目

[1] 王镜岩，朱圣庚，徐长法. 生物化学. 第三版. 北京：高等教育出版社，2002.
[2] Maatthews H R, Freedland R A 和 Miesfeld R L. 生物化学简明教程. 吴相钰译. 北京：北京大学出版社，2001.
[3] Garrett R H, Grisham C M. Biochemistry. 3rd ed. USA: Saunders College Publishing, 2004.
[4] Nelson D L, Cox M M. Lehninger Principles of Biochemistry. 4th ed. USA: W H Freeman, 2004.
[5] Stryer L. Biochemistry. 6th ed. New York: W H Freeman and Company, 2006.
[6] Wilson K, Walker J. Principles and Techniques of Practical Biochemistry. 5th ed. Cambridge: University Press, 2000.

（徐长法）

第7章 糖类和糖生物学

糖类(carbohydrate)是地球上最丰富的生物分子,地球生物量(biomass)干重的50%以上是由葡萄糖的多聚体构成。据估计全球每年有10^{11}吨CO_2的碳通过光合作用被固定为纤维素和其他植物产物。本章讨论糖类的化学,包括糖的命名和分类、结构、性质和分析方法,并涉及糖类的一些生物学功能。

一、引　言

(一) 糖类的生物学作用

糖类也是细胞中非常重要的一类有机化合物。概括起来有以下几个方面的生物学作用:① 作为生物体的结构成分:植物的根、茎、叶、花和果实都含有大量的纤维素、半纤维素和果胶物质等,它们构成植物细胞壁的主要成分。肽聚糖是细菌细胞壁的结构多糖。昆虫和甲壳类的外骨骼含有壳多糖。② 作为生物能源的主要物质:某些糖类(淀粉和蔗糖)是世界上大多数地区的膳食来源。糖类的氧化是大多数非光合生物中的主要产能途径,释放的能量供生命活动的需要。生物体内作为能量贮库的糖类有淀粉、糖原等。③ 在生物体内转变为其他物质:糖类通过某些代谢中间物为合成其他生物分子如氨基酸、核苷酸、脂肪酸等提供碳骨架。④ 作为细胞识别的信号分子:质膜中糖蛋白和糖脂的寡糖链起着信息分子的作用,这早在血型物质的研究中就有了一定的认识。随着分离分析技术和分子生物学的发展,近10多年来对这些寡糖链的结构和功能有了更深入的了解。发现细胞识别、免疫保护、代谢调控、受精机制、形态发生、发育、癌变、衰老和器官移植等,都与质膜上的寡糖链有关,并因此出现了一门新的学科,称为**糖生物学**(glycobiology)。

(二) 糖类的化学本质

大多数糖类只由碳、氢、氧三种元素组成,其实验式为$(CH_2O)_n$或$C_n(H_2O)_m$。其中H和O的原子数目之比为2∶1,犹如水分子。因此曾误认为这类物质是碳(carbon)的水合物(hydrate),"碳水化[合]物"(carbohydrate)也因之而得名。此名称虽不符合糖类的化学本质,但因沿用已久,至今西文中仍广泛地使用它。汉文中糖类[①]和碳水化物两词通用,但使用前者为多。

大家熟悉的简单糖类——葡萄糖和果糖分别是五羟基己醛和五羟基己酮。淀粉和纤维素是由多个葡萄糖分子缩合而成的多聚体,也属于糖类。此外像N-乙酰葡糖胺,果糖-1,6-二磷酸这样一些糖的衍生物也归入糖类。因此从其化学本质给糖类下一个定义:**糖类是多羟醛、多羟酮或其衍生物,或水解时能产生这些化合物的多聚体。**

(三) 糖类的命名和分类

个别糖的命名,多数是根据其来源给予一个通属名称,如葡萄糖、果糖、蔗糖、乳糖和棉子糖等。糖类根据它们的聚合度可分为:①**单糖**(monosaccharide):单糖是不能被水解成更小分子的糖类,如葡萄糖、果糖、核糖等。单糖又可根据分子中含醛基还是酮基,分为**醛糖**(aldose)和**酮糖**(ketose),实验式常写为$(CH_2O)_n$。自然界中最小的单糖$n=3$,最大的,一般$n=7$。依据分子中所含的碳原子数目(3~7)分别称为三碳糖或丙糖(triose),四碳

[①] 编者建议汉文中用"糖质"代替"糖类",像"脂质"代替"脂类"那样。"糖质"既可作为糖类物质的统称,又不像"糖类"那样呈复数形式,使用起来有诸多不便,例如说"个别"糖类的命名,不如说"个别糖质的命名"更妥。

糖或丁糖(tetrose),五碳糖或戊糖(pentose),六碳糖或己糖(hexose)和七碳糖或庚糖(heptose)。碳原子数目和羰基的类型结合起来命名,例如己醛糖、庚酮糖等。②**寡糖**(oligosaccharide):它包括很多类别,常见的有二糖(disaccharide)、三糖(trisaccharide)、四糖(tetrasaccharide)等。二糖水解时生成2分子单糖,如麦芽糖、蔗糖和乳糖等;三糖水解时产生3分子单糖,如棉子糖。③**多糖**(polysaccharide):多糖是水解时产生20个以上单糖分子的糖类,包括同多糖和杂多糖。**同多糖**(homopolysaccharide)水解时只产生一种单糖或单糖衍生物,如淀粉、糖原、纤维素、壳多糖等;**杂多糖**(heteropolysaccharide)水解时产生一种以上的单糖或/和单糖衍生物,例如果胶物质、半纤维素、肽聚糖和糖胺聚糖等。

糖类物质与蛋白质或脂质等生物分子形成的共价缀合物如糖蛋白、蛋白聚糖、糖脂和脂多糖等,总称为**糖缀合物或糖复合物**(glycoconjugate)。

二、单糖的结构和性质

自然界中单糖及其衍生物的种类有数百种之多,其中多数是作为寡糖和多糖的构件,少数以游离的状态存在。生物学上最重要的单糖是己糖和戊糖,其中尤以葡萄糖和果糖最具有代表性。

(一) 单糖的链状结构

纯葡萄糖和果糖经元素组成分析和相对分子质量测定,确定了它们的分子式为 $C_6H_{12}O_6$。经结构分析确定了**葡萄糖**是2,3,4,5,6-五羟己醛,属于**己醛糖**(aldohexose),**果糖**是1,3,4,5,6-五羟-2-己酮,属于**己酮糖**(ketohexose)。它们的非立体链状结构示于图7-1。己醛糖含4个手性碳原子(C*),己酮糖含3个C*,它们分别存在8对和4对对映体。德国有机化学家Fischer E根据当时有限的实验资料和立体化学知识进行逻辑推论,于1891年发表了有关葡萄糖立体化学的著名论文,并利用类似的推理,论证了己醛糖的16个旋光异构体中的12个异构体的立体化学。由于这一巨大成就,1902年他获得诺贝尔化学奖。

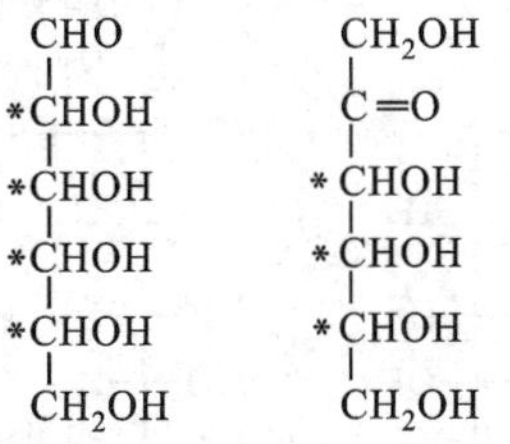

图7-1 己醛糖和己酮糖的非立体链状结构

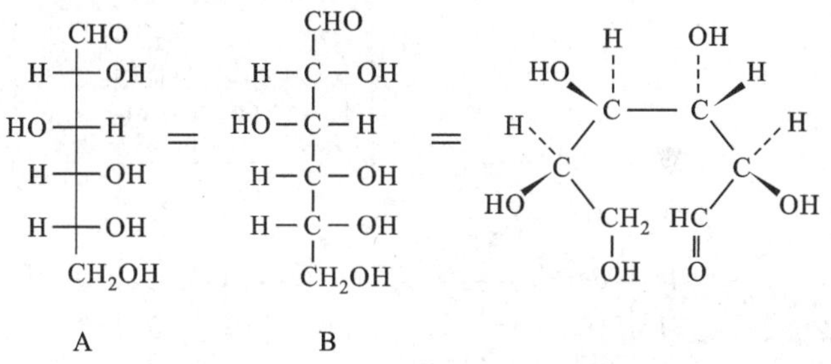

图7-2 D(+)-葡萄糖的立体结构

1. Fischer 投影式

为在纸面上表示旋光异构体的立体结构,最方便的方法是采用投影式,它是Fischer于1891年首次提出的,因此也称**Fischer 投影式**。图7-2示出D(+)-葡萄糖立体结构的投影式和透视式。投影式中水平方向的键伸向纸面前方,垂直方向的键伸向纸面后方。书写投影式时,通常规定碳链处于垂直方向,羰基写在链的上端,羟甲基写在链的下端,氢原子和羟基位于链的两侧。投影式在纸面内可以旋转180°而不改变原来的构型,但旋转90°或270°将变成它的对映体,更不能离开纸面翻转。用投影式表示旋光异构体虽方便,但不如透视式清楚。透视式中手性碳原子和实线键处于纸面内,虚线键伸向纸面背后,[实]楔形键突出纸面,伸向读者。

2. 单糖的立体化学:D系单糖和L系单糖

除二羟丙酮外,单糖都含有手性碳原子。甘油醛含1个C*,有两个旋光异构体,组成一对对映体(见图1-

2)。丁醛糖含 2 个 C*,可有 4 个旋光异构体,组成两对对映体;依次类推。

所有的醛糖都可以看成是由甘油醛的羰基碳下端逐个插入 C* 延伸而来。由 D - 甘油醛衍生而来的称为 **D 系醛糖**(图 7 - 3)。由 L 系甘油醛衍生而来的称为 **L 系醛糖**,L 系醛糖是相应的 D 系醛糖的对映体。同样,各种酮糖可认为是由二羟丙酮衍生而来(图 7 - 4)。通常所谓单糖的构型即指分子中离羰基碳最远的那个手性碳原子的构型。如果一个单糖在投影式中此 C* 的羟基(如图 7 - 3 和 7 - 4 中加有阴影的 OH)具有与 D(+) - 甘油醛 C2(第 2 位碳)上的 OH 相同的取向,则称为 **D 型**或 **D 系**单糖;反之则称为 **L 型**或 **L 系**单糖。任何一个旋光异构体都只有一个对映体,例如 D - 葡萄糖的对映体是 L - 葡萄糖,其余的 14 个己醛糖旋光异构体是它的非对映体。从图 7 - 3 可以看到,D 系己醛糖的旋光异构体中葡萄糖和甘露糖两者之间,或葡萄糖和半乳糖两者之间,除一个手性中心(对葡萄糖和甘露糖是 C*2,对葡萄糖和半乳糖是 C*4)的构型不同外,结构的其余部分完全相同。这种仅一个手性碳原子的构型不同的非对映体,称为**差向异构体**或**表异构体**(epimer)。

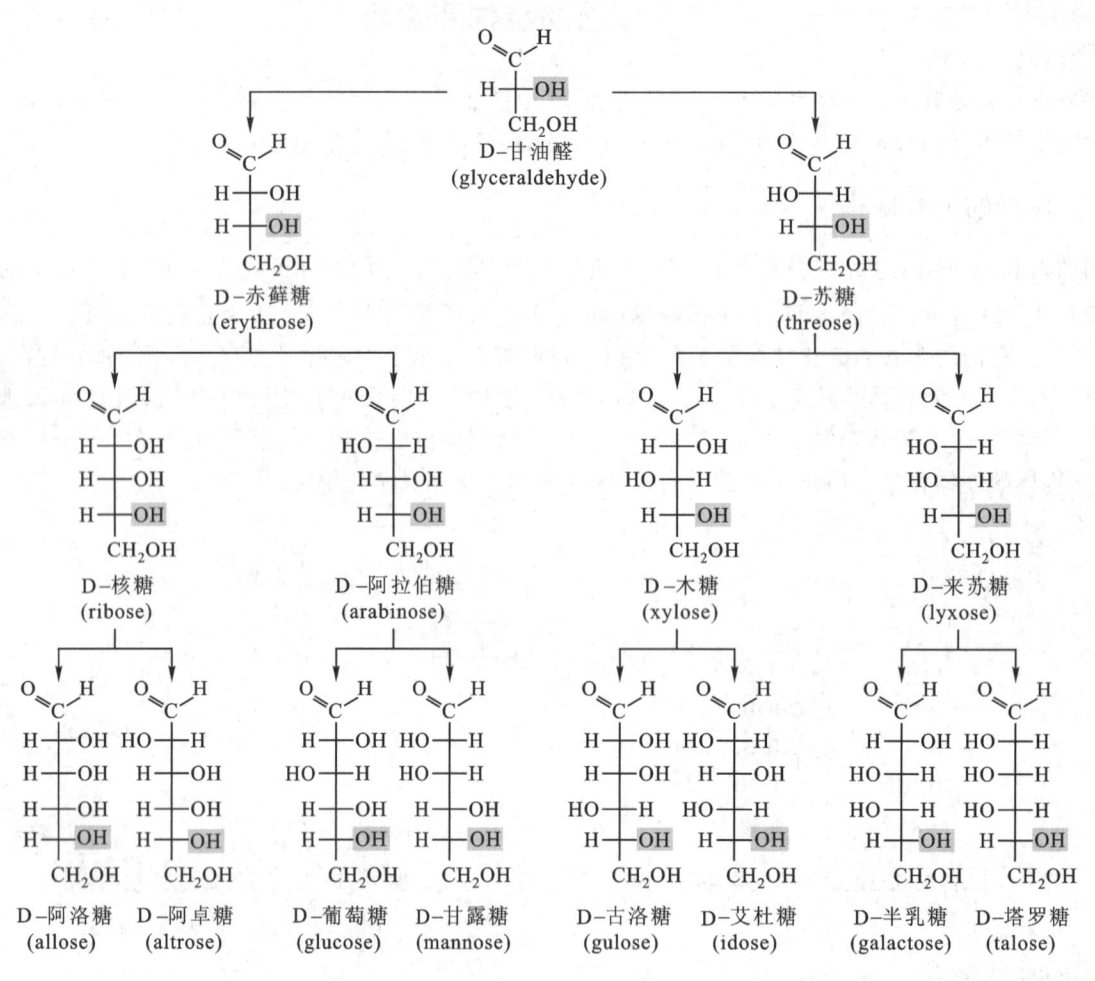

图 7 - 3 D 系醛糖的结构和立体化学关系

(二) 单糖的环状结构

1. 环状半缩醛的形成

单糖存在环状结构的依据之一是许多单糖新配制的溶液会发生旋光度的改变,这种现象称为**变旋**(mutarotation),变旋是由于分子的立体结构发生某种变化的结果。依据之二是葡萄糖作为多羟基醛,应该显示醛基的特性反应,但实际上不如简单醛类那样显著,例如不与 Schiff 试剂(品红 - 亚硫酸)呈紫红色反应,推测单糖醛基可能被屏蔽。依据之三是从羰基的性质了解到,醇与醛或酮可以发生快速而可逆的亲核加成,形成**半缩醛**(hemiacetal)或**半缩酮**(hemiketal):

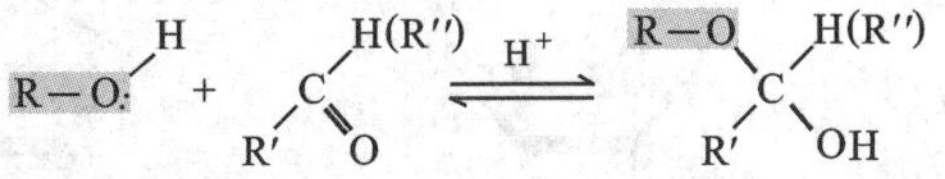

$$R-O\!:\!H + \underset{R'}{\overset{H(R'')}{\underset{\|}{C}}}\!=\!O \xrightleftharpoons{H^+} R-O-\underset{R'}{\overset{H(R'')}{\underset{|}{C}}}\!-\!OH$$

如果羟基和羰基处于同一分子内,则可以发生分子内加成,导致环状半缩醛的形成。作为多羟基醛或酮的单糖完全可以形成这种**环状结构**(cyclic structure)。1893年Fischer正式提出葡萄糖分子具有环状结构的理论。

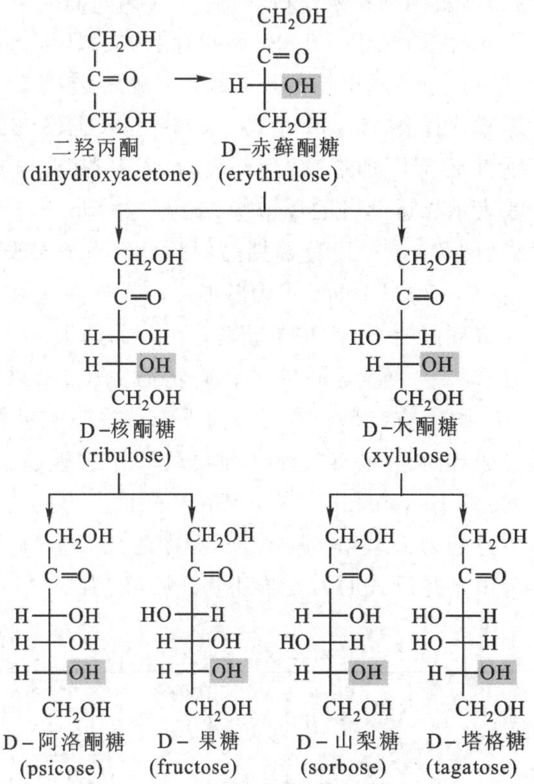

2. 单糖羰基碳的差向异构化:α-异头物和β-异头物

一个确定的单糖由开链变成环状结构后,羰基碳原子成为新的手性中心,导致羰基碳**差向异构化**(epimerization),产生两个额外的非对映异构体。这种羰基碳上形成的差向异构体称为**异头物**(anomer)。在环状结构中,半缩醛碳原子也称**异头碳原子或异头中心**。异头碳上的羟基与最末的手性碳原子的羟基具有相同取向的异构体称为**α-异头物**,具有相反取向的异构体称为**β-异头物**。六元环D-葡萄糖的两个异头物如图7-5所示,异头物在水溶液中通过开链形式可以互变,经一定时间后达到平衡。这就是产生变旋现象的原因。达平衡时溶液中含游离醛基的开链葡萄糖占不到0.024%,这便是为什么葡萄糖的醛基特性表现不明显的原因。

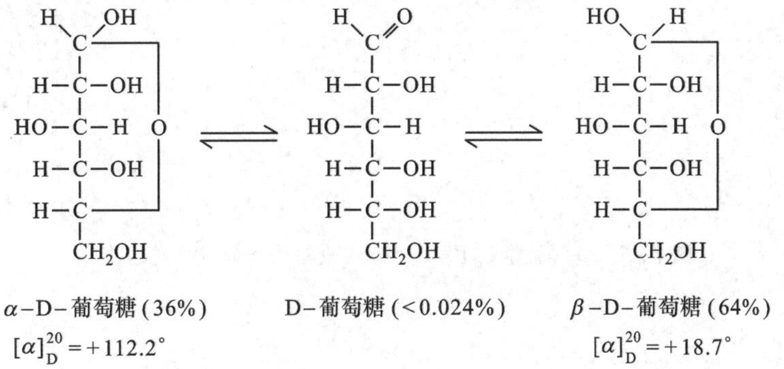

图7-4 D系酮糖的结构和立体化学关系

α-D-葡萄糖(36%)　　D-葡萄糖(<0.024%)　　β-D-葡萄糖(64%)
$[\alpha]_D^{20}=+112.2°$　　　　　　　　　　　　　　$[\alpha]_D^{20}=+18.7°$

图7-5 D-葡萄糖的变旋平衡

α-D-葡萄糖,$[\alpha]_D^{20}=+112.2°$;β-D-葡萄糖,$[\alpha]_D^{20}=+18.7°$,
变旋平衡后的溶液$[\alpha]_D^{20}=+52.6°$

3. 单糖的两种环状结构:吡喃糖和呋喃糖

开链己糖形成环状半缩醛时,最容易出现五元环和六元环的结构。例如D-葡萄糖C5上的羟基与C1的醛基加成,生成六元环的**吡喃葡萄糖**(glucopyranose),又如D-果糖C5上的羟基与C2的酮基加成,形成五元环的**呋喃果糖**(fructofuranose)。吡喃糖和呋喃糖的名称分别来自简单的环形醚:吡喃(pyran)和呋喃(furan)。D-葡萄糖主要以吡喃糖(99.9%)存在,呋喃糖(不到0.1%)次之。对葡萄糖来说,吡喃糖比呋喃糖稳定;D-果糖也以两种形式存在(图7-6)。

用Fischer投影式表示单糖的环状结构,不能准确地反映环中氧桥(oxo bridge)的长度(太长!)和成环时绕C4

和 C5 之间的键发生旋转的事实(例如葡萄糖的 C4 氢和 C5 氢已不在同侧)。于是 1926 年英国化学家 Haworth W 推荐使用一种透视式来表示单糖的环状结构。这种透视式常称为 **Haworth 投影式**或简称 **Haworth 式**。Haworth 式中己醛糖的吡喃环用一个垂直于纸平面的六角形环表示,环中省略了构成环的碳原子,粗线表示靠近读者的环边缘,细线(含氧桥)表示离开读者的环边缘(图 7-6)。以葡萄糖为例,由 Fischer 式改写为 Haworth 式时(图 7-7),Fischer 式中各 C* 的右向羟基在 Haworth 式中处于含氧环面的下方,左向羟基处在环面的上方。形成 1-5 型氧桥时,绕 C4-C5 之间的键将旋转约 109°,结果 C5 上的羟甲基旋至环面上方,C5 氢转到环面下方。当决定糖构型的 C* 羟基参与成环时,在标准定位(即含氧环上的碳原子按序数顺时针排列)的 Haworth 式中羟甲基在环平面上方的为 D 型糖,在环平面下方的为 L 型糖;不论是 D 型糖还是 L 型糖,异头碳羟基与末端羟甲基是反式的为 α 异头物,顺式的为 β 异头物。

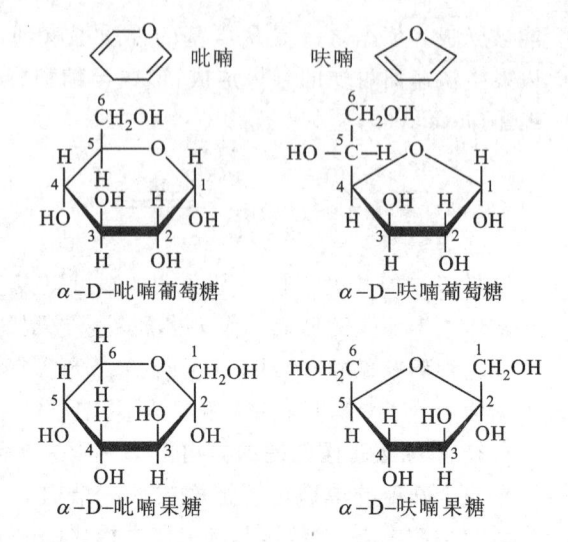

图 7-6 吡喃型和呋喃型的 D-葡萄糖和 D-果糖(Haworth 式)

图 7-7 D-葡萄糖由 Fischer 式改写为 Haworth 式的步骤

(三) 单糖的构象

Haworth 式所反映的单糖立体结构也并不符合事实,因为如果吡喃糖环是平面结构,那么它们会有很大的角张力(angle strain),结构是不稳定的。实际上单糖总是通过扭折,采取能量低的构象。

1. 吡喃糖的构象

20 世纪 40 年代环己烷的构象分析取得长足进展,燃烧热数据表明环己烷环是一种无张力环。这是因为环己烷不是平面结构,而是扭折成释放了全部角张力的三维结构:**椅式**(chair form)**构象**和**船式**(boat form)**构象**。热力学测定表明船式不如椅式稳定。因此椅式是环己烷的优势构象。在室温下,椅式与船式的分子之比约为 1 000:1。

吡喃糖与环己烷在结构上有很多相似之处,它们都是六元环,环内键长和键角也相近,因此环己烷的构象分析很多适用于吡喃糖,吡喃糖的椅式和船式构象见图 7-8A,椅式远比船式稳定。D-吡喃葡萄糖可以有两种椅式构象 I 和 II(图 7-8B)。这两种椅式构象可能经过船式进行互相转换,这种互换常称为**环转向**(ring-flip)。环转向的净结果是直立位置和平伏位置互换,一种椅式中的直立取代基变成另一种椅式中的平伏取代基,反之亦然。显然经直立键相连的取代基要比经平伏键相连的取代基彼此靠得更紧,斥力也更大,因此占优势的构象应是比氢原子大的那些基团尽可能多地处于平伏位置上的构象,β-D-吡喃葡萄糖的椅式 I 便是如此。β-D-吡喃葡萄糖是 D-己醛糖中唯一一个能采取使所有比氢原子大的基团都处于平伏位置的构象。根据计算 β-D-吡喃葡萄糖椅式 I 的内能比椅式 II 约低 30 kJ/mol。可见在这两种构象之间的环转向平衡中,椅式 I 占绝对优势。实验表明,在纤维素和蔗糖晶体中葡萄糖残基都处于椅式 I 构象。

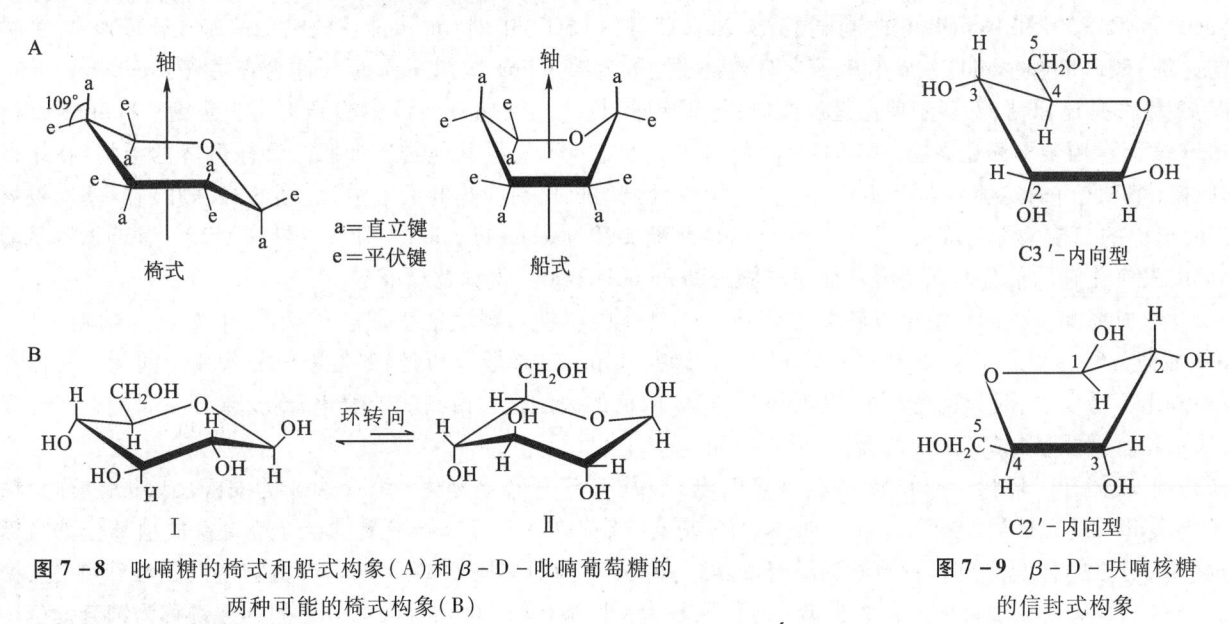

图 7-8 吡喃糖的椅式和船式构象(A)和 β-D-吡喃葡萄糖的两种可能的椅式构象(B)

图 7-9 β-D-呋喃核糖的信封式构象

2. 呋喃糖的构象

回忆一下有机化学中对环戊烷的构象分析。环戊烷如果采取平面环构象,它将是一个接近于无张力环的结构,因为它的 C—C—C 键角是 108°,与正常键角只差 1°左右。然而燃烧值表明环戊烷具有 6.5 kJ/mol 的张力能。这是为什么?原因在于如果采取平面环结构,虽然无角张力,但是相邻碳上的氢处于重叠型的构象(见图 1-4),因而引起相当可观的扭张力。结果是环戊烷也采取突出平面的折叠构象,在增加角张力和降低扭张力之间达成平衡,使之处于最低的能态。环戊烷的 4 个碳原子大体上处在同一平面,第 5 个碳原子超出平面,这样相邻碳上的氢原子大多数都取近似交叉型的构象。

呋喃糖也是这样,环上的 3 个碳原子和 1 个氧原子接近于共平面,另 1 个碳原子向上折起,离开平面约 0.05 nm。这种构象称为**信封式**(envelope form)**构象**,因为它类似一个掀起信封盖的开口信封(图 7-9)。大多数生物分子的核糖组分中,C2 或 C3 在 C5 的同一侧突出平面。这两种信封式构象分别称为 **C2′-内向型**(C2′-endo)和 **C3′-内向型**(C3′-endo)。在 RNA 双螺旋区,A-DNA 以及 RNA-DNA 杂交分子中核糖和脱氧核糖残基都采取 C3′-内向型,而在 B-DNA 中则为 C2′-内向型(图 7-9)。呋喃糖环在不同的构象态之间可以发生快速互换(环转向)。呋喃糖环比吡喃糖环具有更大的柔性,这可以说明呋喃型核糖被选作 RNA 和 DNA 的组分的原因。

(四)单糖的物理和化学性质

几乎所有的单糖及其衍生物都有**旋光性**,许多单糖在水溶液中发生变旋现象。单糖具有**甜度**(sweetness),甜度通常用蔗糖作为参考物,以它为 100,果糖 175,其他天然糖均小于它,某些糖醇甜度很大,麦芽糖醇 90,木糖醇 125。糖醇在体内比其他糖吸收慢,代谢途径也不同,并且不易被口腔细菌所利用,因此是一类低热量防龋齿的增甜剂。**糖精**(saccharin)甜度 50 000,**天冬苯丙二肽**(aspartame)和**应乐果甜蛋白**(monellin)的甜度分别为 15 000 和 20 000,它们是一类低热量或无热量的非糖增甜剂。其中糖精和天冬苯丙二肽是人工合成的。单糖分子有多个羟基,增加了它的水溶性,除甘油醛微溶于水,其他单糖均易溶于水,特别是在热水中溶解度极大。例如

β-D-葡萄糖在15℃ 100 mL水中溶解154 g。单糖微溶于乙醇,不溶于乙醚、丙酮等非极性有机溶剂。

涉及单糖官能团的化学性质有:醛基和伯醇基被氧化成羧基;羰基被还原成醇基;羰基与苯肼等起加成反应,如成脎;羰基在弱碱中通过烯二醇(enediol)中间物,使单糖互变异构化;异头羟基参与成苷反应;一般羟基参与成酯、成醚、脱水、氨基化和脱氧等反应(详见有机化学教本)。下面列出部分化学性质:

(1) 单糖的氧化　醛糖含游离醛基,具有较好的还原性。碱性溶液中重金属离子如 **Fehling 试剂**(酒石酸钾钠,NaOH 和 CuSO$_4$)和 **Benedict 试剂**(柠檬酸,Na$_2$CO$_3$ 和 CuSO$_4$)中的 Cu^{2+},能使醛糖的醛基氧化成羧基,产物称为**醛糖[糖]酸**(aldonic acid),金属离子自身被还原。能使 Fehling 试剂还原的糖称为**还原糖**(reducing sugar)。所有的醛糖都是还原糖;许多酮糖也是还原糖,例如果糖,因为它在碱性溶液中能异构化为醛糖。Fehling 试剂或 Benedict 试剂常用于检测还原糖。Benedict 试剂由于较稳定且不易受其他物质如肌酸和尿酸等的干扰,临床上常用作尿糖(葡萄糖)的定性与半定量测试。如果使用较强的氧化剂如热的稀硝酸,醛糖的醛基和伯醇基均被氧化成羧基,形成的二羧酸称为**醛糖二酸**(aldaric acid)或**糖二酸**(saccharic acid)。某些醛糖在 UDP-葡萄糖脱氢酶作用下可以只氧化它的伯醇基保留醛基而生成**糖醛酸**(uronic acid),例如葡糖醛酸。

(2) 形成糖酯　糖的羟基可以转变为酯基。生物体内单糖与磷酸能生成各种磷酸酯,如 D-葡糖-1-磷酸,D-葡糖-6-磷酸,D-果糖-6-磷酸,D-果糖-1,6-二磷酸等,它们都是重要的代谢中间物。在体外单糖的磷酸化不易发生,因为这是一个需能过程。在体内糖的磷酸化多由高能磷酸化合物,腺苷三磷酸(ATP)提供磷酸基团和所需能量(见新陈代谢篇)。

(3) 形成糖苷　环状单糖的半缩醛(或半缩酮)羟基与另一化合物发生缩合形成的缩醛(或缩酮)称为**糖苷**或**苷**(glycoside,过去也译作糖甙或甙),如强心苷、皂苷、核苷等。糖苷分子中提供半缩醛羟基的糖部分称为**糖基**(glycosyl),与之缩合的"非糖"部分称为**糖苷配基**(aglycon),例如毛地黄属(*digitalis*)植物中的强心苷类,其糖基常为2,6-二脱氧己糖缩合成的低级寡糖,糖苷配基为类固醇(第8章),这两部分之间的连键称为**糖苷键**(glycosidic bond)。糖苷键可以是通过氧、氮或硫原子起连接作用,也可以是碳碳直接相连,它们的糖苷分别简称为 O-苷,N-苷,S-苷或 C-苷,自然界中最常见的是 O-苷,其次是 N-苷(如核苷,见第14章),S-苷和 C-苷少见。糖苷配基也可以是糖,这样缩合成的糖苷,如双糖和其他聚糖。由于一个环状单糖有 α 和 β 两种异头物,成苷时相应地也有两种形式,例如 α-甲基-D-吡喃葡糖苷和 β-甲基-D-吡喃葡糖苷:

甲基-α-D-吡喃葡糖苷　　甲基-β-D-吡喃葡糖苷
$[\alpha]_D = +159°$　　　$[\alpha]_D = -34°$

糖苷与糖的性质很不相同。糖是半缩醛,容易变成游离醛,从而给出醛的各种反应。糖苷属缩醛,一般不显示醛的性质,例如不能还原 Fehling 试剂,不能成脎,也无变旋现象。糖苷对碱溶液稳定,但易被酸水解成糖基和糖苷配基两部分。

三、重要的单糖和单糖衍生物

(一) 单糖

丙糖有 **D-甘油醛**(D-glyceraldehyde)[①]和**二羟丙酮**(dihydroxyacetone)。它们的磷酸酯是糖酵解中的重要中

[①]　西文中表示构型的大写字母 DL 应与该词中的小写字母的高度一样,如 D-Glucose, L-Fucose。

间物(见第19章)。甘油醛是具有光学活性的最简单的单糖,常被用作确定生物分子DL构型的标准物。D-赤藓糖(D-erythrose)(图7-3)和D-赤藓酮糖(D-erythrulose)(图7-4)是丁糖的代表,常见于藻类、地衣等低等植物中。D-赤藓糖的4-磷酸酯是戊糖磷酸途径中的重要中间物(见第22章)。

自然界中存在的戊醛糖(aldopentose)主要有D-核糖、2-脱氧-D-核糖、D-木糖、L-阿拉伯糖(图7-10);戊酮糖(ketopentose)主要有D-核酮糖和D-木酮糖(图7-4)。**D-核糖**(D-ribose)和**2-脱氧-D-核糖**(2-deoxy-D-ribose)分别是RNA和DNA的组成成分,成苷时它们以β-呋喃糖形式参与。D-核糖的5-磷酸酯是戊糖磷酸途径的中间物。**D-木糖**(D-xylose)多以戊聚糖(pentosan)形式存在于植物和细菌的细胞壁中,是半纤维素和树胶的组分。**L-阿拉伯糖**(L-arabinose)是果胶物质、半纤维素和植物糖蛋白的重要成分。**D-核酮糖**(D-ribulose)和**D-木酮糖**(D-xylulose)存在于很多植物和动物细胞中,它们的5-磷酸酯也参与戊糖磷酸途径。

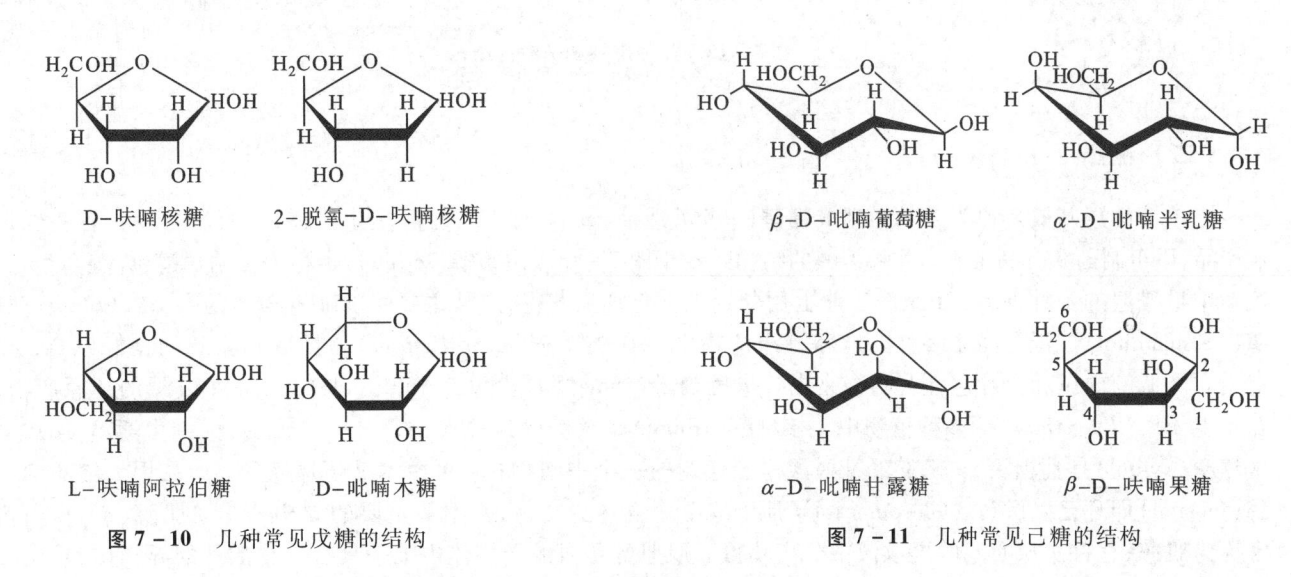

图7-10 几种常见戊糖的结构

图7-11 几种常见己糖的结构

常见的己糖有D-葡萄糖、D-半乳糖、D-甘露糖和D-果糖(图7-11)。**D-葡萄糖**(D-glucose)也称**右旋糖**(dextrose),$[\alpha]_D^{20}$为+52.6°。在医学和生理学上常称D-葡萄糖为**血糖**(blood sugar)。D-葡萄糖能被人体直接吸收利用,是人体和动物代谢的重要能源,正常人空腹时血液中葡萄糖浓度约为5 mmol/L。D-葡萄糖在工业上用盐酸水解淀粉的方法获取,是食品和制药工业的重要原料。**D-果糖**(D-fructose)也称**左旋糖**(levulose),因为果糖的$[\alpha]_D^{20}$为-92°。D-果糖是自然界中最丰富的酮糖,以游离状态与葡萄糖和蔗糖一起存在于果汁和蜂蜜中,或与其他单糖结合成为某些寡糖(如蔗糖)的组成成分,或以果聚糖(fructan)形式存在于菊科植物,如菊芋块茎中的**菊粉**(inulin)。**D-半乳糖**(D-galactose)是乳糖和棉子糖等的组成成分,也是某些糖苷以及脑苷脂和神经节苷脂的组成成分(见第8章)。**D-甘露糖**(D-mannose)主要以甘露聚糖(mannan)形式存在于植物的细胞壁中。

天然的庚糖(heptose)和辛糖(octose)不多,对它们的功能了解也较少。庚糖主要是**D-景天庚酮糖**(sedoheptulose)(图7-12),它大量地存在于景天科(Crassulaceae)植物中,它的7-磷酸酯是戊糖磷酸途径中的重要中间物。另一庚糖是**L-甘油-D-甘露庚糖**(L-glyceoo-D-mannoheptose,Hep),它与辛酮糖的衍生物**2-酮-3-脱氧辛糖酸**(2-keto-3-deoxyoctonate,Kdo)(图7-12)一起存在于沙门氏杆菌细胞壁外膜的脂多糖中。

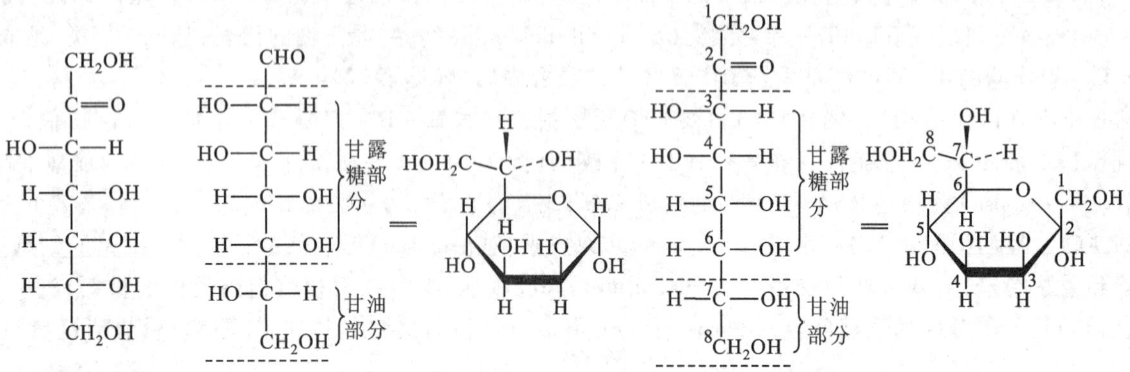

[图 7-12 几种庚糖和辛糖的结构：D-景天庚酮糖、L-甘油-D-甘露庚糖、D-甘油-D-甘露辛酮糖]

（二）糖醇

当单糖的羰基被还原为羟基时则成**糖醇**(alditol 或 sugar alcohol)，糖醇是生物体内的代谢产物，有些也是工业产品，用于制药和食品工业。几种糖醇的结构式示于图 7-13。**山梨醇**(sorbitol)也称 **D - 葡萄醇**(D - glucitol)，是植物中最普遍的一种糖醇；山梨醇工业上用葡萄糖催化加氢获得，产品主要用于维生素 C 的人工合成。**D - 甘露醇**(D - mannitol)广泛分布于多种陆地和海洋植物中，褐藻(*Laminaria digitata*)是提取甘露醇的良好原料；临床上用它降低颅内压和治疗急性肾功能衰竭。**半乳糖醇**(galactitol)也称**卫矛醇**(dulcitol)，是半乳糖的还原产物，存在于卫矛属(*Euonymus*)等多种植物中。**核糖醇**(ribitol)是核糖的还原产物，它参与核黄素（维生素 B_2）的组成。**木糖醇**(xylitol)是葡糖 - 6 - 磷酸经糖醛酸途径代谢的一个中间物；它可由木糖还原获得，产品用作增甜剂。**肌醇**(inositol)即环己六醇(cyclohexanhexol)，肌醇有 9 个立体异构体，其中最重要的异构体是**肌肌醇**(myoinositol)，常称为肌醇，它首次从心肌的提取液中分离获得。肌肌醇是肌醇异构体中唯一具有生物活性的异构体，是酵母和某些动物（如白鼠）的重要生长因子（归于 B 族维生素），但人体能合成它，因此是人非必需维生素。肌醇指肌肌醇是某些磷脂的组成成分；肌醇 - 1,4,5 - 三磷酸(IP_3)是人及动物体内的第二信使（见第 16 章）。在植物中主要以六磷酸酯形式存在，称为**植酸**(phytic acid)。后者常与钙、镁形成复盐，即植酸钙镁，商品名为**菲丁**(phytin)。菲丁多从生产玉米淀粉时的浸液中以不溶性的钙镁盐获得，供医药和微生物发酵用。

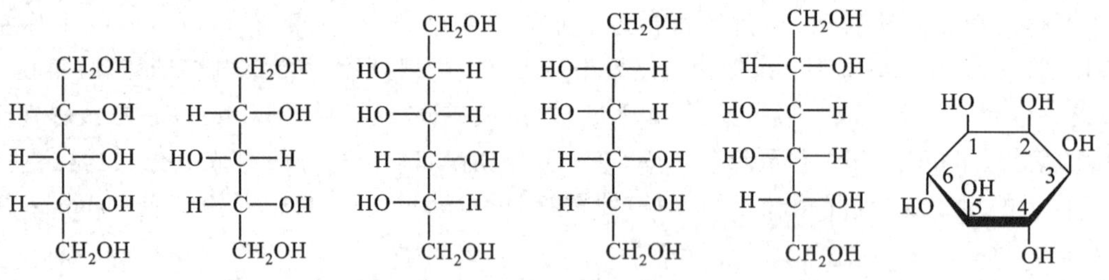

图 7-13 某些糖醇的结构：核糖醇、木糖醇、山梨醇(D-葡萄醇)、D-甘露醇、半乳糖醇(卫矛醇)、肌肌醇

（三）糖酸

生物体内重要的糖酸有醛糖酸和糖醛酸，它们都可形成稳定的分子内的酯，称**内酯**(lactone)。**D - 葡糖酸**(D - gluconic acid)及其 δ 和 γ 两种内酯的结构见图 7-14A。生物体内不存在游离的醛糖酸，但它们的某些衍生

物，如6-磷酸葡糖酸及其δ-内酯是戊糖磷酸途径中的中间物（见第22章），葡糖酸能与钙、铁等离子形成可溶性盐，用作药物易被吸收，葡糖酸钙常用于治疗缺钙症和过敏性疾病。常见的糖醛酸有 **D-葡糖醛酸**（D-glucuronic acid），**D-半乳糖醛酸**（D-galacturonic acid）和 **D-甘露糖醛酸**（D-mannuronic acid），它们是很多杂多糖的构件。D-葡糖醛酸还是糖醛酸途径中的重要中间物。β-D-葡糖醛酸及其内酯（β-D-glucurono-6,3-lactone）的结构式见图7-14B。

图7-14 D-葡糖酸及其内酯的结构(A)和β-D-葡糖醛酸及其内酯的结构(B)

（四）脱氧糖

脱氧糖（deoxy sugar）是指分子的一个或多个羟基被氢原子取代的单糖。它们广泛地分布于植物、细菌和动物中。2-脱氧核糖（DNA 的戊糖成分）已在前面述及。这里只介绍几种脱氧己糖（图7-15）。**L-鼠李糖**（L-rhamnose）即6-脱氧-L-甘露糖，它是最常见的天然脱氧糖，很多糖苷和杂多糖中有之。**L-岩藻糖**（L-fucose）即6-脱氧-L-半乳糖，它是海藻细胞壁和某些糖缀合物的寡糖如血型物质的水解产物之一。**阿比可糖**（abequose）即3-脱氧-D-岩藻糖或3,6-二脱氧-D-木己糖，它存在于沙门氏杆菌的脂多糖中。

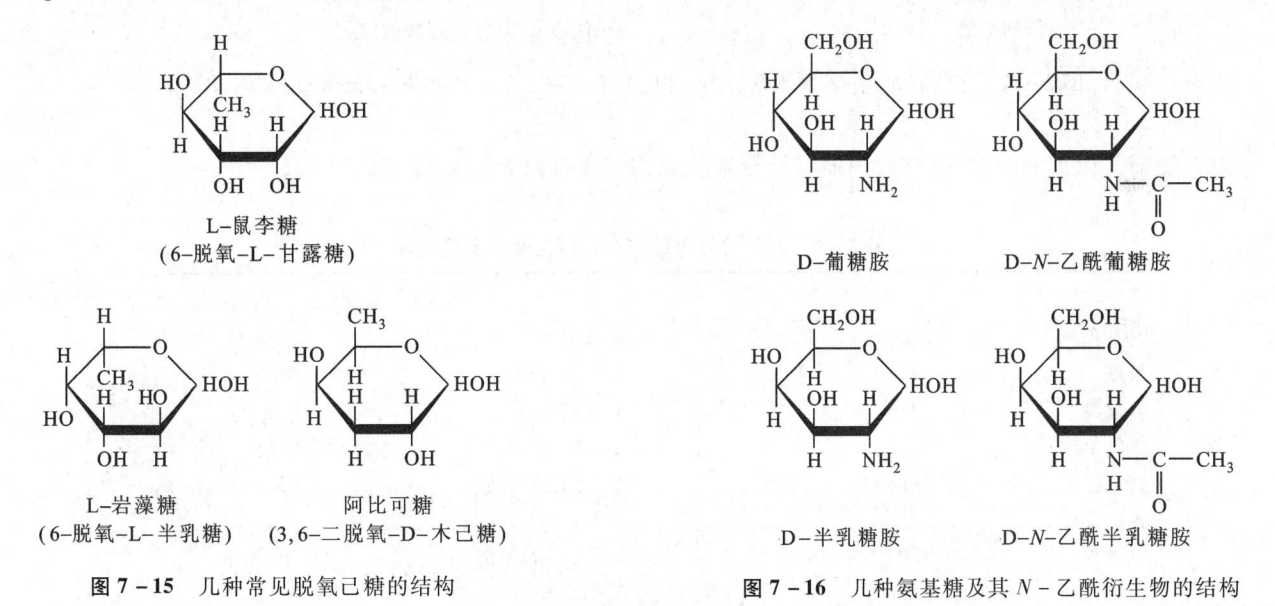

图7-15 几种常见脱氧己糖的结构

图7-16 几种氨基糖及其 N-乙酰衍生物的结构

（五）氨基糖

氨基糖（amino sugar）是分子中一个羟基被氨基取代的单糖，自然界中最常见的是 C2 上的羟基被取代的2-脱氧氨基糖。氨基糖的氨基有游离的，如人乳中有少量的游离氨基葡糖（葡糖胺）；但多数是以乙酰氨基的形式存在。具有代表性的氨基糖及其衍生物是**葡糖胺**（glucosamine）、**N-乙酰葡糖胺**（N-acetyl glucosamine）、**半乳糖**

胺(galactosamine)、N-乙酰半乳糖胺(图7-16)。它们是许多天然多糖的重要组成成分。

胞壁酸(muramic acid)和**神经氨酸**(neuraminic acid)也是氨基糖的衍生物,称为酸性氨基糖。N-乙酰胞壁酸是细菌细胞壁上的肽聚糖的构件之一,它是由 N-乙酰-D-葡糖胺和 D-乳酸通过前者 C3 上的羟基与后者的羟基缩合形成的醚键连接而成的。胞壁酸和 N-乙酰胞壁酸的结构式如图 7-17A 所示。**神经氨酸**是含一个氨基的九碳糖酸,在生物体内它的碳架是由丙酮酸(C_3 单位)和 D-甘露糖胺(C_6 单位)合成的。自然界中以酰基化的形式存在,如 N-乙酰(N-acetyl)和 N-羟乙酰(N-glycolyl)的神经氨酸,它们统称为**唾液酸**(sialic acid)。唾液酸是动物细胞膜上的糖蛋白和糖脂的重要成分。图 7-17B 示出 N-乙酰神经氨酸的开链型结构和吡喃型结构,两种结构形式处于平衡中,但平衡偏向吡喃型一方。

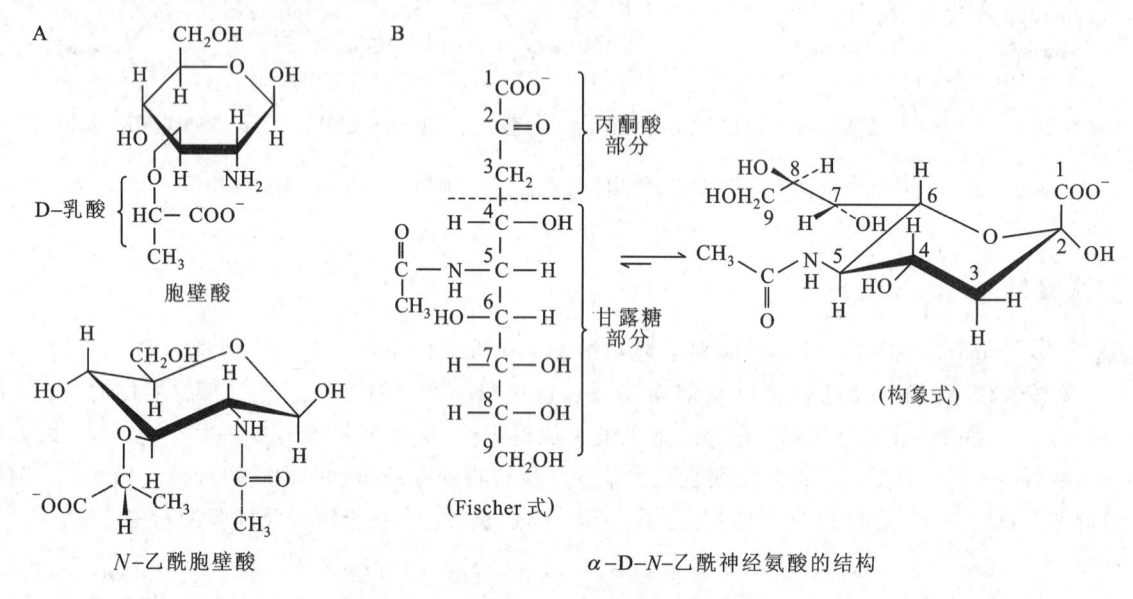

图 7-17 胞壁酸和 N-乙酰胞壁酸的结构(A)和 N-乙酰神经氨酸(唾液酸)的结构(B)

为方便书写聚糖的结构式,常使用缩写符号来代表构件单糖及其衍生物(表 7-1)。

表 7-1 某些常见单糖和单糖衍生物残基的缩写

单　　糖		单糖衍生物	
阿拉伯糖	Ara	葡糖酸	GlcA
果糖	Fru	葡糖醛酸	GlcUA
岩藻糖	Fuc	葡糖胺	GlcN
半乳糖	Gal	半乳糖胺	GalN
葡萄糖	Glc	N-乙酰葡糖胺	GlcNAc
甘露糖	Man	N-乙酰半乳糖胺	GalNAc
鼠李糖	Rha	N-乙酰胞壁酸	MurNAc
核糖	Rib	N-乙酰神经氨酸	NeuNAc
木糖	Xyl	(唾液酸 Sia)	

四、寡　　糖

寡糖是由 2~20 个单糖通过糖苷键连接而成的糖类。单糖残基的上限数目并不确定,因此寡糖与多糖之间无绝对界线,寡糖与多糖同称为**聚糖**(glycan)。有人把寡糖分成**初生寡糖**和**次生寡糖**两类。初生寡糖在生物体内以游离形式存在,如蔗糖、乳糖和棉子糖等,其功能是代谢方面的。次生寡糖多是高级寡糖,结构复杂,其功能作为糖缀合物的信息成分。

(一) 寡糖的结构

从考察图 7-18 中几个二糖结构可以知道,一个寡糖结构需要从几个方面加以描述:①指出寡糖中单糖残基的种类及其结构特点(D/L,吡喃糖/呋喃糖)。②指出单糖残基之间连键的类型(异头碳的构型 α/β,连接的位置 $1\to4,1\to6$ 或其他)。③指出是否含有游离异头碳;含游离异头碳的残基的一端,如乳糖中右端的 Glc 称为**还原端**(reducing end),另一端的 Gal (左边)称为**非还原端**(nonreducing end)。具有还原端的寡糖,像单糖一样能还原 Fehling 试剂,能成脎,有变旋现象,因此它也是还原糖。不具游离异头碳的蔗糖、海藻糖等属于非还原糖,非还原二糖中两个异头碳都已参与糖苷键的形成,如蔗糖中 $\alpha(1\leftrightarrow2)\beta$ 和海藻糖中的 $\alpha(1\leftrightarrow1)\alpha$。

蔗糖 (Glc$p\alpha$1 ↔ 2βFru$f$)
O-α-D-吡喃葡糖基-(1↔2)-β-D-呋喃果糖苷

乳糖 (Galβ1 → 4Glc)
O-β-D-吡喃半乳糖基-(1→4)-D-吡喃葡糖

麦芽糖 (Glcα1 → 4Glc)
O-α-D-吡喃葡糖基-(1→4)-D-吡喃葡糖

海藻糖 (Glcα1 ↔ 1αGlc)
O-α-D-吡喃葡糖基-(1↔1)-α-D-吡喃葡糖苷

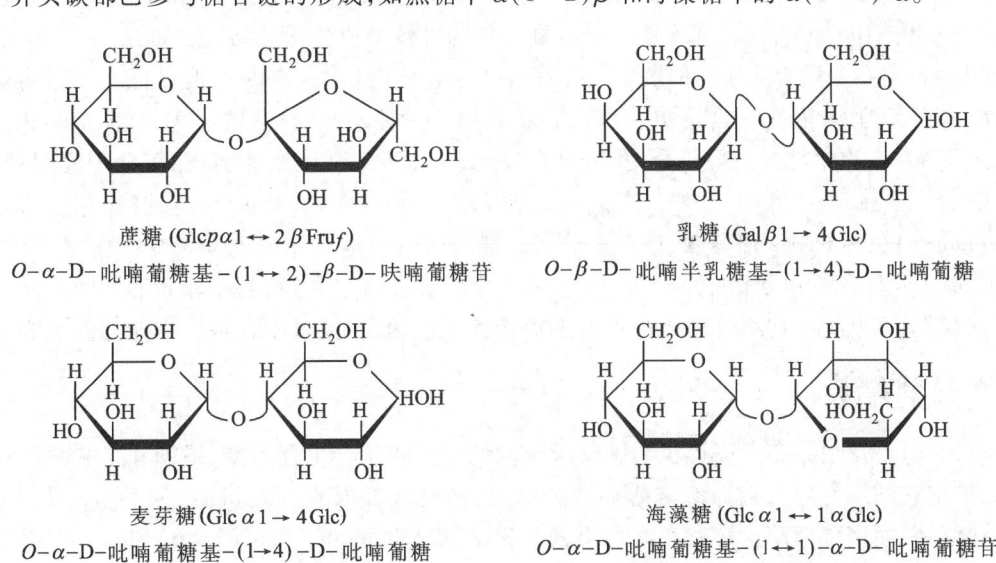

图 7-18 某些常见二糖的结构

命名寡糖时,①先写出非还原端残基的名称,称某单糖基,以表示成苷时它是异头碳的提供者;并在该名称前冠以例如 O-α-D-的字样,前两个字母表示形成的糖苷键类型,O 代表连键是通过氧原子的,α 或 β 代表连键的异头碳构型。②为区分五元环和六元环结构,在单糖残基名称中插入吡喃或呋喃字样。③被糖苷键连接的两个碳的原子位置常用箭头连接起来的两个序号来表示,例如(1→4)或 1→4 表示第一个单糖残基(左边)的 C1 被连接到第二个残基(右边)的 C4 上。如果有第三个单糖残基,可用同一惯例描述第二个糖苷键,依次类推。④最后一个残基,如果它的异头碳是游离的则称某单糖,如果异头碳也参与成键则称某单糖苷。

按此命名惯例,图 7-18 所示的麦芽糖被称为 O-α-D-吡喃葡糖基-(1→4)-D-吡喃葡糖(O-α-D-glucopyranosyl-(1→4)-D-glucopyranose)。为简化寡糖结构的描述,常采用表 7-1 中的单糖及其衍生物的缩写符号,吡喃糖和呋喃糖的符号分别采用斜体小写 p 和 f,此麦芽糖正规名称的简化形式为 O-α-D-Glc$p$-(1→4)-D-Glc$p$。由于最常见的单糖多是 D-对映体,己醛糖占优势的形式是吡喃型以及游离的寡糖都是 O-苷,因此可省去 D/L,p/f 和 O,麦芽糖的命名进一步简化为:Glcα(1→4)Glc。

(二) 常见的二糖

二糖(双糖)是最简单的寡糖,由 2 分子单糖缩合而成(图 7-18)。由 2 个葡萄糖分子构成的二糖称葡二糖,葡二糖有 11 个异构体(未包括游离异头碳的 α 型和 β 型),它们都已在自然界中找到,如蔗糖、乳糖、麦芽糖、海藻糖、纤维二糖(cellobiose，Glcβ1→4Glc)、龙胆二糖(gentiobiose，Glcβ1→6Glc)等。由2个不同的单糖构成的二糖，可能的异构体就更多了。已知的双糖有140多种。现对几种常见的二糖(图7-18)介绍如下：

蔗糖(sucrose)俗称食糖，是最重要的二糖。它形成并广泛存在于光合植物中，不存在于动物中。蔗糖的主要来源是甘蔗、甜菜和糖枫。蔗糖是一种非还原糖。经酸或**蔗糖酶**(sucrase)水解生成1分子D-葡萄糖和1分子D-果糖。蔗糖在分离纯化过程中容易被结晶，呈单斜晶形。蔗糖水解过程中比旋由正值变为负值，旋光度的这一变化称为**转化**(inversion)；所得葡萄糖和果糖的等摩尔混合物称为**转化糖**(invert sugar)，$[\alpha]_D^{20} = -19.8°$。蔗糖的溶解度很大(179 g/100 mL，0℃；487 g/100mL，100℃)，并且大多数的生物活性都不受高浓度的蔗糖影响，因此蔗糖适于作为植物组织之间糖的运输形式。

乳糖(lactose)几乎存在于所有研究过的哺乳动物乳汁中，含量约5%。工业上乳糖是从乳清中制取的，乳清是生产奶酪时经**凝乳酶**(rennin)作用沉淀除去蛋白质后的水溶液。乳糖是一种还原糖。乳糖能被**β-半乳糖苷酶**(β-galactosidase)水解产生1分子D-半乳糖和1分子D-葡萄糖，表明它的糖苷键是β型的。乳糖的溶解度(17g/100 mL冷水，40g/100 mL热水)远比蔗糖小。乳糖作为乳汁的成分，是婴儿的糖类营养的主要来源。

麦芽糖(maltose)主要是作为淀粉等的酶解产物存在于生物体内(次生寡糖)，但已证实在植物中有容量不大的从头合成的游离麦芽糖库，因此它也是初生寡糖。麦芽糖是一种还原糖；溶解度为108g/100mL，25℃；甜度为蔗糖的1/3。麦芽糖是俗称饴糖的主要成分，我国早在公元前12世纪就能制作，食品工业中麦芽糖用作膨松剂、填充剂和稳定剂。

海藻糖(trehalose)也称**α,α-海藻糖**，广泛地分布于藻类、真菌、地衣和节肢动物中。它是一种非还原糖，在**海藻糖酶**(trehalase)作用下降解为D-葡萄糖。α,α-海藻糖属于初生寡糖，它是伞形科(Apiaceae)正成熟果实中主要的可溶性糖类；在蕨类中代替蔗糖成为主要的可溶性贮存糖，在昆虫中它是用作能源的主要血循环糖。

(三) 其他简单寡糖

棉子糖(raffinose)广泛地分布于高等植物中。棉子糖的完全水解产生葡萄糖、果糖和半乳糖。棉子糖是一种非还原糖，因此推定它的所有异头碳都参与糖苷键的形成；当用**蜜二糖酶**(melibiase，一种α-半乳糖苷酶)水解时产生半乳糖和蔗糖，而用蔗糖酶水解时产物是果糖和**蜜二糖**(melibiose，Galα(1→6)Glc)。因而确定棉子糖的结构是Galα(1→6)Glcα(1↔2)βFru。棉子糖是所谓"棉子糖家族"的同系物寡糖的基础。棉子糖家族在植物体内是从头合成的，并以游离状态存在，因此属于初生寡糖。

水苏糖(stachyose)是一种四糖，Galα(1→6)Galα(1→6)Glcα(1↔2)βFru，是棉子糖家族中的一员。它的第二个半乳糖残基是通过α1→6糖苷键连接到棉子糖部分的半乳糖基上的。通过α1→6糖苷键连续连接上Gal则得系列棉子糖家族成员：三糖、四糖，直至九糖。其中低级同系物如棉子糖和水苏糖几乎存在于植物的各个部分，高级同系物一般限制在贮存器官。棉子糖系列与蔗糖同为糖类的转运和贮存形式。

人乳中存在从二糖到六糖等几十种寡糖，其中多数是含乳糖基的高级寡糖，如乳糖-N-新四糖(lacto-N-neo-tetraose)等，这些高级寡糖主要是作为血型抗原(糖蛋白或糖脂)的决定簇。

(四) 环糊精

环糊精(cyclodextrin)是芽孢杆菌属(*Bacillus*)的某些种中的**环糊精转葡糖基转移酶**(cyclodextrin glucosyl-transferase)作用于淀粉生成。一般由6、7或8个葡萄糖残基通过α-1,4糖苷键连接而成，分别称α-、β-和γ-环糊精或环六、环七和环八直链淀粉。环糊精无游离异头羟基，属非还原糖。这些环状寡糖对酸水解较慢，对α-和β-淀粉酶有较大的抗性。

环糊精分子的结构像一个轮胎(图7-19)，其特点是所有葡萄糖残基的C6羟基都在大环一面的边缘，而C2和C3的羟基位于大环的另一面的边缘。环糊精分子作为单体垛叠起来形成圆筒形的多聚体，内部是疏水环境，外部是亲水的。它们既能很好地溶于水，又能从溶液中吸入疏水分子或分子的疏水部分到筒形腔中，形成水溶性的包合复合体(inclusion complex)。通常被包含的物质对光、热和氧变得稳定，某些物理性质也发生改变，如溶解度和分散度增大。环糊精还能使食品的色、香、味得到保存和改善。因此在医药、食品、化妆品等工业中被广泛地用作稳定剂、抗氧化剂、抗光解剂、乳化剂和增溶剂等。在生化上 α-环糊精被用于层析分离，β-环糊精能与丹磺酰氯形成水溶性的笼形物用于蛋白质的荧光标记。α-和 β-环糊精能使某些化学反应加速，具有催化功能，例如 α-环糊精能使苯酯水解速率增加 300 倍，β-环糊精使焦磷酸酯水解速率增加 200 多倍。因此环糊精是研究模拟酶（mimetic enzyme）的好材料。

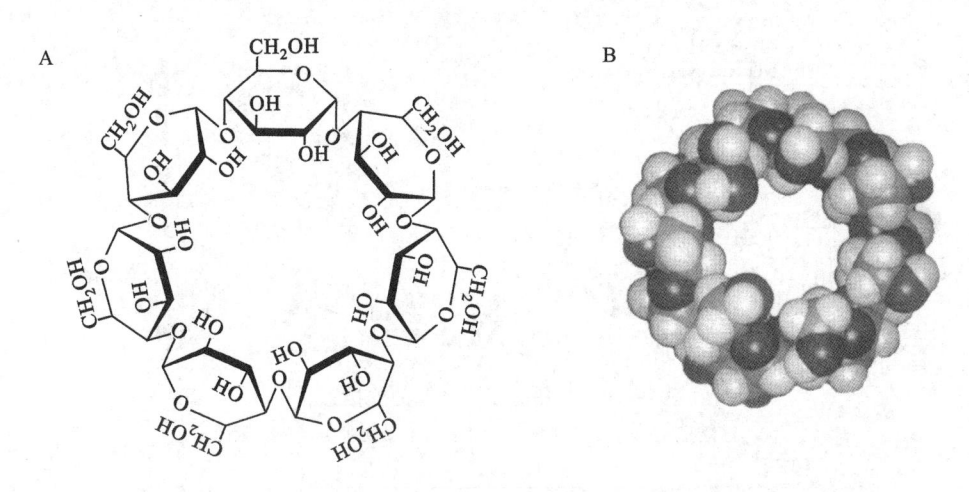

图 7-19　β-环糊精分子的结构（A）和 β-环糊精分子的空间填充模型（B）

五、多　　糖

自然界中糖类主要以多糖形式存在。多糖未经水解不具还原性，无变旋现象，无甜味，一般不能结晶。多糖是高分子化合物，相对分子质量极大，从 30×10^3 到 400×10^6。它们大多不溶于水，虽然酸或碱能使之转变为可溶性的，但分子会遭受降解，因此多糖的纯化是十分困难的，即使纯的产物在分子大小方面仍是不均一的。多糖除了根据它的单糖组成分为同多糖和杂多糖之外，还可按其生物学功能分为**贮存多糖**（storage polysaccharide）和**结构多糖**（structural polysaccharide）。淀粉、糖原等属于贮存多糖；纤维素、果胶物质、半纤维素、肽聚糖和糖胺聚糖都属于结构多糖。

（一）贮存同多糖

淀粉（starch）是植物生长期间以淀粉粒形式贮存于细胞中的贮存多糖。它在种子、块茎和块根等器官中含量特别丰富。天然淀粉一般含有两种组分：当淀粉胶悬液用微溶于水的醇如正丁醇饱和时，则形成微晶沉淀，称为**直链淀粉**（amylose）；向母液中加入与水混溶的醇如甲醇，则得无定形物质，称为**支链淀粉**（amylopectin）。多数淀粉所含的直链淀粉和支链淀粉的比例约为 1∶4。直链淀粉和支链淀粉在物理和化学性质方面有明显差别。纯的直链淀粉仅少量地溶于热水，溶液放置时重新析出淀粉。支链淀粉易溶于水，形成稳定的胶体，静置时溶液不会出现沉淀。在天然淀粉溶液中支链淀粉是直链淀粉的保护胶体。超离心研究表明，直链淀粉和支链淀粉都是不均一的。不同来源和不同方法制备的直链淀粉相对分子质量从几千到百万，支链淀粉平均相对分子质量更大，超过百万。甲基化和酶降解的实验证明，直链淀粉是由葡萄糖通过 α-1,4 连接的线性分子，麦芽糖可视为它的二糖单位。直链淀粉有极性即方向性，一端是还原端（也称 1 端），另一端是非还原端（4 端），书写结构时通常 4 端在左边，1 端在右边。支链淀粉分子是高度分支的，约每 25～30 单位有 1 个分支点，线性链也是 α-1,4 连接，只是分支点处还存在 α-1,6 连接。淀粉分子中残基间的连接方式见图 7-20。显然，支链淀粉和糖原分子具有多个非还原端（在分子的周边），但只有一个还原端。

图 7-20 淀粉分子中残基的连接方式
A. 直链淀粉；B. 支链淀粉；C. 支链淀粉或糖原分子的示意图

由于 α-1,4 连接,淀粉分子中的每个残基与下一个残基都成一定角度,因此淀粉链倾向于形成有规则的螺旋构象。直链淀粉的二级结构是一个左手螺旋,每圈螺旋含 6 个残基,螺距 0.8nm,直径 1.4 nm（图 7-21A）。直链淀粉是应用 X 射线衍射技术阐明结构的第一个生物多聚体。淀粉的螺旋结构并不十分稳定。如果不与其他分子如碘相互作用时,直链淀粉很可能是以无规卷曲形式存在。碘分子正好能嵌入螺旋中心空道,每圈可容纳一个碘分子（I_2）。借朝向圈内的羟基氧（提供未共享电子对）和碘（提供空轨道）之间的相互作用形成稳定的深蓝色淀粉-碘络合物（图 7-21B）。产生特征性的蓝色需要约 36 个（6 圈）葡萄糖残基。支链淀粉螺旋（约 25~30 个残基）中的短串碘分子比直链淀粉螺旋中的长串碘分子吸收更短波长的光,因此支链淀粉遇碘呈紫色到紫红色。淀粉分子还可能以双螺旋形式存在,在淀粉粒中双螺旋进一步折叠成更致密的结

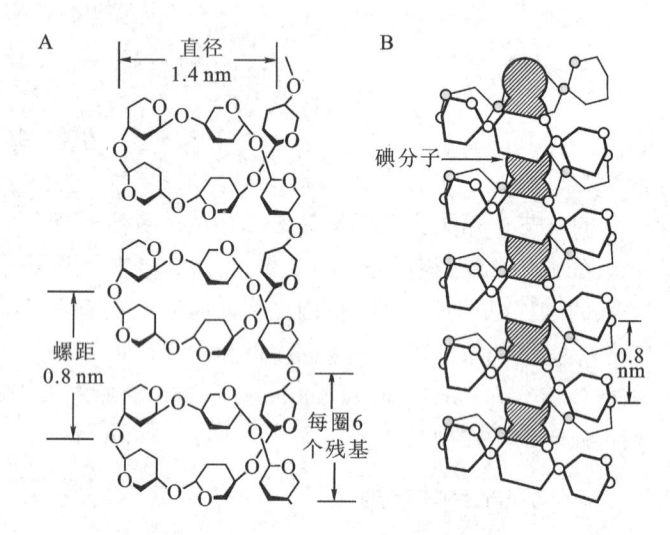

图 7-21 直链淀粉的螺旋结构（A）和直链淀粉-碘络合物（B）

构,这与淀粉作为贮存分子的功能是一致的。淀粉在酸或淀粉酶作用下被逐步降解,生成分子大小不一的中间物,统称为糊精（dextrin）。糊精依分子质量的递减,与碘作用呈现由蓝紫色、紫色、红色到无色,例如淀粉糊精呈蓝紫色,红糊精呈红褐色,消色糊精无色。

糖原（glycogen）又称动物淀粉,是动物体内的主要贮存多糖,它也以颗粒形式存在于动物细胞的胞液内。体内糖原主要存在肝脏和骨骼肌,分别约占组织湿重的 5% 和 1.5%。糖原是人和动物餐间以及肌肉剧烈运动时最易动用的葡萄糖贮库,而葡萄糖是体内各器官的重要代谢燃料,更是大脑唯一可直接利用的燃料。糖原结构与支链淀粉很相似（图 7-20C）,所不同的只是糖原的分支程度更高,分支链更短,平均每 8~12 个残基发生一次分支。与碘作用呈红紫色至红褐色。支链淀粉和糖原的高度分支,一则可增加分子的溶解度,二则将有更多的非还原端同时受到降解酶（如 β-淀粉酶、磷酸化酶都是非还原端外切酶）的作用,加速多聚体转化为单体,有利于即

(二) 结构同多糖

纤维素(cellulose)是生物圈里最丰富的有机物质,占植物界碳素的50%以上。纤维素是植物(包括某些真菌和细菌)的结构多糖,是它们的细胞壁的主要成分。纤维素是葡萄糖通过 β -1,4 糖苷键连接的线性同多糖,纤维二糖可看成是它的二糖单位。β -1,4 连接使纤维素链采取完全伸展的构象(图 7-22)。相邻而平行(指极性同向)的伸展链在残基环面的水平方向通过链内和链间的氢键网形成片层结构(图 7-22),片层之间即环面的垂直方向靠其余氢键和环的疏水内核间的范德华力维系。这样若干条纤维素链聚集成紧密的有周期性晶格的分子束,称为**胶束**(micelle),多个胶束平行排列形成丝状的**微纤维**(microfibril)。在植物细胞壁中,微纤维包埋在果胶物质、半纤维素、木质素、伸展蛋白等组成的基质(matrix)中。纤维素与基质黏合在一起更增强细胞壁的抗张强度和机械性能,以适应植物抵抗高渗透压和支撑高大植株的需要。纤维素不溶于水及多种其他溶剂,加之原料中含有多种与之结合紧密的成分,这给纤维素纯化造成很大困难。根据超速离心法测得的纤维素 M_r 为 $(1 \sim 2) \times 10^6$。纤维素与半纤维素、果胶物质、壳多糖等不能被人消化的多糖,构成所谓**膳食纤维**,它们虽不被人和哺乳动物消化利用,但能促进肠道蠕动,有利于其他营养物质的消化吸收,缩短毒素在肠道停留的时间。某些反刍动物在肠道内共生着能产生**纤维素酶**(cellulase)的细菌,因而能消化纤维素,但白蚁消化木头是依赖于其消化道中的原生动物。

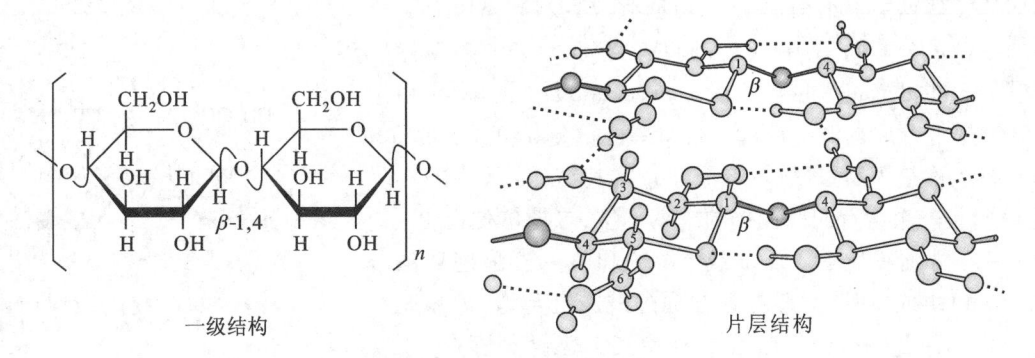

图 7-22 纤维素的结构

壳多糖(chitin)也称几丁质或甲壳质,是 N-乙酰-β-D-葡糖胺的同聚体(homopolymer),相对分子质量达数百万。壳多糖的结构与纤维素极相似。只是每个残基的 C2 上羟基被乙酰化的氨基所取代(图 7-23)。壳多糖广泛地分布于生物界,是自然界中第二个最丰富的多糖。壳多糖是大多数真菌和一些藻类细胞壁的成分,在这里常代替纤维素或其他葡聚糖。但壳多糖主要是存在于无脊椎动物,如昆虫、蟹虾、螺蚌等。它是节肢动物类(Arthropoda)和软体动物类(Mollusca)外骨骼的主要结构物质。在很多这样的外骨骼中壳多糖是进行矿化(mineralization)的基质,这和脊椎动物骨骼中胶原蛋白是供矿质沉积的基质很像。有意思的是,在进化过程中脊椎动物在胶原蛋白基质上发展了内骨骼,无脊椎动物却在壳多糖基质上发展了外骨骼。壳多糖去乙酰化形成**聚葡糖胺**或**脱乙酰壳多糖**(chitosan)。由于脱乙酰壳多糖的阳离子性质和无毒性,近来被广泛地应用于水和饮料处理、化妆品、制药、医学、农业(种子包衣)以及食品和饲料加工等方面。

图 7-23 壳多糖的结构图

（三）结构杂多糖

果胶物质(pectic substance)是细胞壁的基质多糖。在浆果、果实和茎中都很丰富。果胶物质的主链是**聚半乳糖醛酸**(galacturonan)，$\overset{}{\rightarrow}4\text{Gal}p\text{UA}\alpha(1\rightarrow 4)\text{Gal}p\text{UA}\alpha 1\overset{}{\rightarrow}$；作为侧链的是中性聚糖，如阿拉伯聚糖(araban)和半乳聚糖(galactan)。果胶物质结构复杂，随植物来源和发育阶段的不同，结构发生相当大的变化。羧基不同程度地被甲酯化的聚半乳糖醛酸称为**果胶**(pectin)，完全去甲酯化的果胶称为**果胶酸**(pectic acid)。现多用**高甲氧基果胶**和**低甲氧基果胶**来表示果胶被酯化的程度。果胶的相对分子质量随来源而异，一般为 25 000~50 000（相当于 150~300 个残基）。果胶溶液是亲水胶体，在适当的酸度和糖浓度条件下则形成凝胶。果胶在糖果和食品工业中被用作**胶凝剂**(gelling agent)。

半纤维素(hemicellulose)被定义为碱溶性的植物细胞壁多糖，也即除去果胶物质后的残留物能被 15% NaOH 提取的多糖。这些多糖大多数都具有侧链、分子大小为 50~400 个残基，属于这类多糖的有**木聚糖**(xylan)，**葡甘露聚糖**(glucomannan)和**木葡聚糖**(xyloglucan)等。所谓半纤维素就是这些多糖的总称。半纤维素大量存在于植物的木质化部分，如木材中占干重的 15%~25%，农作物的秸秆中占 25%~45%。木聚糖是半纤维素中最丰富的一类，在植物界分布也最广。不同的木聚糖主链结构都是一样的（图 7-24），只是作为侧链的单糖成分不同，其中以 L-阿拉伯糖（$\alpha 1 \rightarrow 3$ 连接）最为常见。

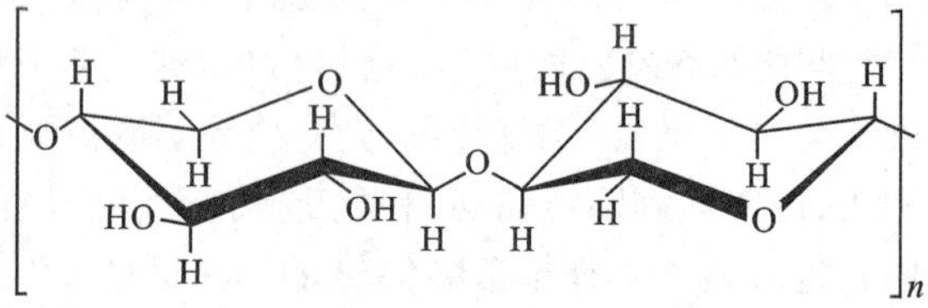

图 7-24 木聚糖主链的结构

肽聚糖(peptidoglycan)也称**黏肽**(mucopeptide)或**胞壁质**(murein)。肽聚糖可看成是由一种基本结构单位重复排列构成的，这种结构单位有人称它为**胞壁肽**(muropeptide)，其结构式如图 7-25 所示。胞壁肽是一个含有四肽侧链的二糖单位，二糖单位由 β-1,4 连接的 N-乙酰葡糖胺（GlcNAc 或 NAG）和 N-乙酰胞壁酸（MurNAc 或 NAM）组成，四肽侧链的 N 端通过酰胺键与 NAM 残基上的乳酸基相连。四肽侧链中氨基酸以 D 型和 L 型交替存在。N 端残基经常是 L-丙氨酸（L-Ala），第二个是 D-谷氨酸，应该注意的是 D-Glu 和下一个残基（R）间的肽键是由 D-Glu 的 γ-COOH 参与形成的。R 残基随细菌种属而异，但多是二氨基羧酸，例如 L-Lys（L-赖氨酸），L-Orn（L-鸟氨酸）等。肽聚糖分子中平行的多糖链通过四肽侧链被交联成网格结构。在革兰氏阴性细菌中，四肽侧链借肽键直接相连，但在革兰氏阳性细菌中四肽侧链之间通过由 1~5 个氨基酸组成的**肽交联桥**(peptide cross bridge)连接，例如金黄色葡萄球菌（*Staphylococcus aureus*）中，肽交联桥是五聚甘氨酸，$(\text{Gly})_5$，实际上肽聚糖是一个由共价键连接，包围着整个细菌细胞的囊状大分子，防止因渗透进水而引起细胞膨胀和破裂。**溶菌酶**（见图 5-18）是通过水解 NAG 和 NAM 之间的 β-1,4 糖苷键杀死细菌的。溶菌酶分布很广，在卵清、噬菌体和眼泪中都有它。**青霉素**(penicillin)杀伤细菌是通过干扰肽聚糖中多糖链之间的肽交联桥的形成，使细菌失去抗渗透能力。

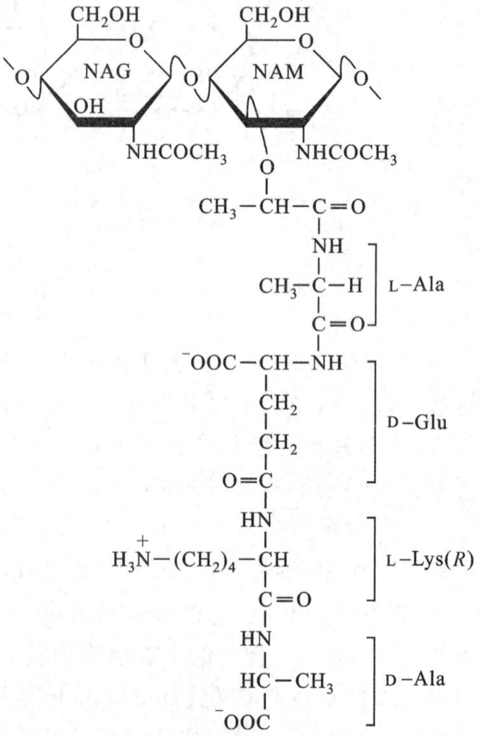

图 7-25 胞壁肽的结构

糖胺聚糖(glycosaminoglycan)曾称黏多糖、氨基多糖或酸性多糖。糖胺聚糖是一类由重复的二糖单位构成的杂多糖，其通式为 [己糖醛酸→己糖胺]$_n$，n 随种类而异，一般在 20 到 60 之间。通式中己糖醛酸残基为 D-葡糖醛酸（D-GlcUA）或 L-艾杜糖醛酸（L-IdoUA），个别种类为 D-半乳糖（D-Gal）。己糖胺残基中一个或多个羟基被硫酸酯化。这些硫酸基和糖醛酸残基的羧基使糖胺聚糖具有很高的负电荷密度。由于相邻的荷电基团间的斥力,糖胺聚糖分子在溶液中采取高度伸展的构象。糖胺聚糖是动物胞外基质的重要成分。按单糖残基的种类,残基间连键的类型以及硫酸基的数目和位置,糖胺聚糖可分为4个主要类别:① 透明质酸;② 硫酸软骨素和硫酸皮肤素;③ 硫酸角质素;④ 硫酸乙酰肝素和肝素(图7-26)。**透明质酸**(hyaluronic acid,HA)是糖胺聚糖中结构最简单的,它的二糖单位中 D-葡糖醛酸以 β-1,3 糖苷键与 N-乙酰葡糖胺相连,二糖单位间以 β-1,4 糖苷键连接。HA与其他糖胺聚糖有很大不同,它不被硫酸化,不与蛋白质共价结合,而是以游离形式或与蛋白质成非共价复合体形式存在,分子质量很大,二糖单位的数目(n)可达 50 000 个。HA 能结合大量的水,形成透明的高黏性溶液。HA 广泛存在于结缔组织中,在玻璃体、脐带、鸡冠等组织中尤为丰富。HA 在关节滑液和眼球玻璃体液中起着润滑、防震和增稠剂的作用。HA 也是软骨、肌腱的成分,使软骨和肌腱具有抗张强度和弹性。某些病原菌能分泌**透明质酸酶**(hyaluronidase),水解待侵染组织的 HA,使组织对细菌入侵更加敏感。很多生物的精子中也含透明质酸酶,它能破坏包裹卵子的糖胺聚糖外衣,令精子穿入。**硫酸软骨素**(chondroitin sulfate,CS),它的常见硫酸化部位是 GalNAc 残基上的 C4 或 C6,生成的聚糖链分别称为 4-硫酸软骨素和 6-硫酸软骨素;CS 使软骨、肌腱、韧带、主动脉具有抗张强度。**硫酸皮肤素**(dermatan sulfate,DS)与 CS 的差别在于 DS 中在量上占优势的糖醛酸残基是 L-IdoUA。L-IdoUA 是由 D-GlcUA 在 C5 位差向异构化产生的。DS 赋予皮肤以韧性,它也存在于血管壁和心瓣膜中。**硫酸角质素**(keratan sulfate,KS)是糖胺聚糖中唯一不含糖醛酸作为单体的杂多糖。KS 存在于角膜、软骨和各种由死细胞形成的角质结构(角,毛发,蹄,甲和爪等)。**硫酸乙酰肝素**(heparan sulfate,HS)和**肝素**(heparin,Hp)具有相同的主链结构。主链被硫酸化的程度是区别硫酸乙酰肝素和肝素的一个重要标志。HS 的 N-硫酸化程度低,Hp 的高。与硫酸皮肤素一样,它们的一部分 D-葡糖醛酸被差向异构化成 L-艾杜糖醛酸。硫酸化修饰后的肝素是生物大分子中已知具有最高密度负电荷的。肝素存在于肺、肝、皮肤等的肥大细胞(mast cell)中。它是一种天然的抗凝血剂,临床上用作**抗凝血酶Ⅲ**(antithrombin Ⅲ)的增强剂。Hp 能与凝血酶及其他活化的凝血因子结合而使它们失活。纯的肝素通常用于加入被输血液和临床分析用的血样中以防止血液凝固。

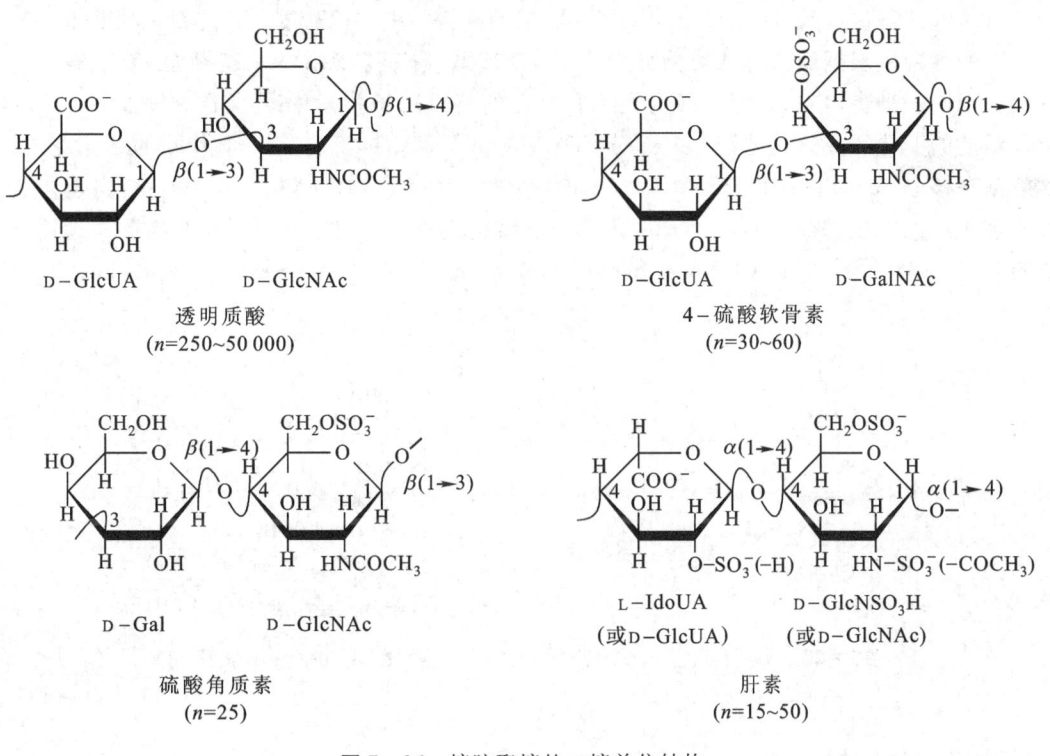

图 7-26 糖胺聚糖的二糖单位结构

六、糖缀合物

除作为贮存燃料和结构物质之外，聚糖还是信息载体，有的作为某些蛋白质到达终点的标识，有的作为细胞-细胞相互作用的介体(mediator)。含专一寡糖的分子在细胞的识别、黏着和迁移，血液凝固，免疫反应和创伤愈合等过程中起重要作用。多数情况下这些信息寡糖与蛋白质或脂质共价结合形成**糖缀合物**，它们包括糖蛋白、蛋白聚糖、脂多糖以及糖脂(见第8章)。

(一) 糖蛋白

糖蛋白(glycoprotein)是由一个或多个寡糖与蛋白质共价结合的缀合物,这里寡糖是蛋白质的辅基(表2-1)。糖蛋白多是膜蛋白和分泌蛋白，存在于细胞膜的外表面、胞外基质和血液中；但在一些特殊的细胞器如高尔基体、溶酶体和分泌颗粒中也有它。不同的糖蛋白中含糖量变化很大，糖成分占糖蛋白重量的1%到80%,例如胶原蛋白的含糖量一般不到1%；免疫球蛋白G低于4%；人红细胞膜的**血型糖蛋白**(glycophorin)，60%；胃黏蛋白，82%。糖蛋白中所含的单糖残基，除L-岩藻糖，L-阿拉伯糖和L-艾杜糖醛酸外，一般都是D型的。

糖蛋白和糖脂中的寡糖链结构是多种多样的，一个寡糖链中单糖种类、连接位置、异头碳构型和糖环类型的排列组合数目是一个天文数字。由少数单糖组成的寡糖链，就能形成很多个异构体，例如4种不同的单糖可形成36 864个四糖异构体。寡糖链富含结构信息，并形成高度专一的识别位点(recognition site)，能被其他蛋白质如凝集素高亲和地结合。

糖蛋白中寡糖链的还原端残基与多肽链的氨基酸残基以多种形式共价连接，形成**糖肽键**(glycopeptide linkage)。糖肽键有 N-糖肽键和 O-糖肽键两类。N-**糖肽键**是指 N-乙酰葡糖胺残基的 β-异头碳与天冬酰胺的 γ-酰胺氮连接而成的连键(图7-27A)。N-糖肽键对弱碱稳定。O-**糖肽键**是指单糖残基(主要是GalNAc)的异头碳与羟基氨基酸残基(Ser或Thr)的羟基氧结合而成的连键(图7-27B)。这类 O-糖肽键的特点是对碱不稳定。糖蛋白中的寡糖链根据糖肽键的类型分为 N-[连接型]寡糖链和 O-[连接型]寡糖链。这两类糖链可单独或同时存在于同一糖蛋白中，它们在结构上各有自己的特点。糖蛋白中寡糖链一般含10~15个单糖残基。但研究表明寡糖链的变化区域只是糖链的一部分。所有的 N-寡糖链都含有一个共同的结构花式，称为**核心五糖**或称**三甘露糖基核心**：Manα1→6(Manα1→3)Manβ1→4GlcNAcβ1→4GlcNAc。此核心结构是在进入糖蛋白之前以前体形式合成的(详见新陈代谢篇)。O-寡糖链的结构比 N-寡糖链简单，但连接形式远比 N-寡糖链的多。已发现的有 GalNAc-Ser/Thr, GlcNAc-Ser/Thr, Man-Ser/Thr, Ara-Ser/Thr, Gal-Ser, Fuc-Ser, Xyl-Ser 等形式。

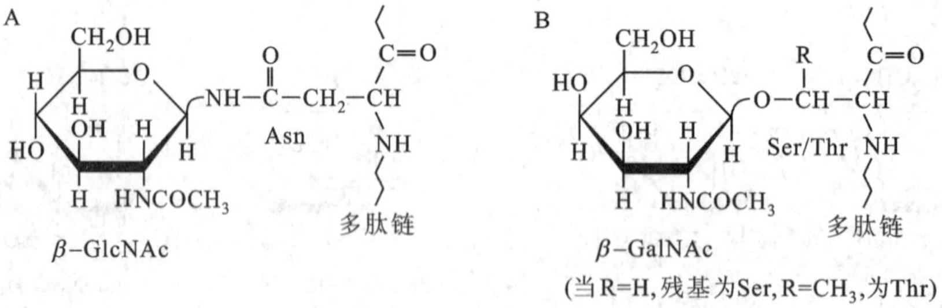

图7-27 寡糖链与蛋白质之间的连键：N-糖肽键(A)和 O-糖肽键(B)

(二) 寡糖链的生物学功能

近年来由于研究寡糖链功能的方法取得长足进展，包括糖苷酶、糖链合成抑制剂，以及DNA定点突变等技术的应用,对寡糖链的生物学功能已有相当的了解。已知寡糖链与糖蛋白(某些酶、激素和免疫球蛋白)的生物活性有关,寡糖链参与肽链的折叠和缔合;参与糖蛋白的转运和分泌;还参与分子识别和细胞识别,这可能是它最重要的生物学作用。下面举例说明:

1. 寡糖链参与分子识别(molecular recognition)与细胞-细胞识别(cell-cell recognition)

分子识别是指生物分子的选择性相互作用,例如抗体与抗原间,酶与底物或抑制剂间,激素与受体间的专一结合。分子识别是一种普遍的生物学现象,生物分子相互间都存在分子识别。至于**细胞-细胞识别**实际上就是细胞表面分子的相互识别。

(1) 寡糖链与细胞黏着　细胞黏着是进化中随着多细胞生物出现的必然现象。多细胞生物中细胞具有相互识别而聚集成细胞群的能力,即所谓**细胞-细胞黏着**(cell-cell adhesion)。细胞群或组织中细胞与细胞之间充满着由糖蛋白(胶原蛋白、纤连蛋白等)、蛋白聚糖、透明质酸等组成的**胞外基质**(extracellular matrix,ECM)。细胞-细胞黏着,细胞-ECM黏着都是通过相关的膜内在蛋白质完成的。这些膜内在蛋白质称为**细胞黏着分子**(cell adhesion molecule,CAM)或**黏着蛋白**,包括**整联蛋白**(integrin),**血管地址素**(vascular addressin),**选择蛋白**(selectin)等。CAM绝大多数都是含N-寡糖链的糖蛋白,例如整联蛋白它有多个N-糖基化的位点。去寡糖链的整联蛋白完全失去与纤连蛋白的黏着能力。

(2) 寡糖链与淋巴细胞归巢　循环在血液中的淋巴细胞倾向于回到它原先的淋巴细胞部位如淋巴结,这一回归现象称为**淋巴细胞归巢**(homing)。归巢行为是由淋巴细胞表面上的归巢受体(L-选择蛋白)和淋巴结微静脉内衬细胞上的血管地址素(一种含寡糖的配体)之间的相互作用介导的。L-选择蛋白(见下面凝集素部分)含有糖识别域,专一识别配体上岩藻糖基化的寡糖链。血管地址素是有组织特异性的黏着分子。不同的淋巴细胞群含有识别不同血管地址素的归巢受体,因此被导向(归巢)至特定的淋巴器官。例如B淋巴细胞主要归巢到黏膜缔合淋巴组织,而T淋巴细胞归巢到淋巴结。研究表明,肿瘤细胞的转移和归巢(转移至靶组织)都与CAM及其介导的黏着行为改变有关。

2. 凝集素是含糖识别域的蛋白质

凝集素(lectin)存在于所有生物中,它是一类高亲和并专一与糖类非共价结合的蛋白质。凝集素结构中含有**糖识别域**(carbohydrate recognition domain),在每种凝集素的识别域中有若干关键性位置的成氢键配对基团能与专一的寡糖结合,并因此能区别很相似的寡糖链结构。实验室中纯的凝集素常被用于检测和分离(以亲和层析形式)含不同寡糖链的糖蛋白。

凝集素最先是从植物中发现的,并因此曾称**植物凝集素**(phytaagglutinin)。例如**伴刀豆凝集素A**(concanavalin A,con A)分离自刀豆(*Canavalia ensiformis*),它专一地结合寡糖链的α-Man残基;**植物红细胞凝集素**(phytohemagglutinin)提取自红肾豆(*phaseolus vulgaris*),它能凝集红细胞。凝集素的生理作用之一可从豆科植物和根瘤菌的共生固氮中得到启发,例如根瘤菌和宿主三叶草之间的专一选择,是由三叶草根毛分泌的凝集素介导的,它能识别根瘤菌荚膜多糖,又能与三叶草根毛细胞壁上的含糖受体结合。

微生物对宿主的感染也是凝集素介导的。细菌凝集素能识别宿主细胞表面上糖蛋白和糖脂的寡糖链,凝集素介导细菌与靶细胞的黏着具有种和器官的专一性。感染上呼吸道的细菌多数是链球菌,感染尿路的主要是大肠杆菌。近年来对胃溃疡的病因有新的发现,认为它是由幽门螺旋杆菌(*Helicobacter pylori*)感染引起的。在螺旋杆菌表面上也观察到凝集素的存在,病原菌通过其凝集素与胃内皮细胞膜蛋白的专一性寡糖链相互作用黏附于胃黏液分泌细胞。被螺旋杆菌所识别的结合部位中有一个寡糖是O血型抗原决定簇的一部分,这一观察有助于解释O血型的人群患这种溃疡病的概率比其他血型者高很多倍的原因。

一个与白细胞关系密切的凝集素家族称为**选择蛋白**,它存在于细胞质膜上,在许多细胞过程(淋巴细胞归巢、肿瘤转移、炎症等)中参与细胞-细胞的识别和黏着。选择蛋白家族已知的有P、L和E三种。P-选择蛋白存在于血小板和内皮细胞,L-选择蛋白存在于淋巴细胞和其他白细胞,E-选择蛋白发现于内皮细胞。例如炎症过程中,在感染部位毛细血管内皮细胞上的P-选择蛋白将与血循环中的T淋巴细胞的糖蛋白的专一寡糖相互作用,使T细胞黏附并穿过毛细血管壁由血液进入感染炎症的组织并启动免疫攻击。在此过程中L-选择蛋白和 E - 选择蛋白结合其他细胞如嗜中性粒细胞(neutrophil)和其他白细胞的相关寡糖。

(三) 蛋白聚糖

蛋白聚糖是一类特殊的糖蛋白,由糖胺聚糖和蛋白质共价连接而成。与糖蛋白比较,蛋白聚糖中按质量计算糖的比例高于蛋白质,糖含量可达 95% 或更高,糖部分经常是蛋白聚糖生物活性的主要部位。这里生物活性是指提供与其他蛋白质进行非共价相互作用的位点或机会。蛋白聚糖是结缔组织如软骨的主要成分,在胞外基质中它与纤维状蛋白质(如胶原蛋白、纤连蛋白)非共价结合形成交联网为组织提供强度和弹性。

1. 蛋白聚糖(proteoglycan)的基本结构

蛋白聚糖是由一个所谓**核心蛋白**(core protein)和一个或多个共价连接的**糖胺聚糖**组成。核心蛋白的相对分子质量为 2 万~25 万。多数核心蛋白的糖链连接点是处于 - Ser - Gly - X - Gly - 序列(X 可以是任一种氨基酸残基)中的 Ser 残基。糖胺聚糖在 Ser 处通过一个 O - 连接型三糖接头(linker)与核心蛋白相连。但有些蛋白聚糖中接头是 N - 连接型的。许多蛋白聚糖被分泌到胞外基质,而有些蛋白聚糖是膜内在蛋白质,例如**黏结蛋白聚糖**(syndecan)和**纤维蛋白聚糖**(fibroglycan)。这类跨膜蛋白聚糖的核心蛋白(M_r 20 000 ~ 400 000)每个含数条共价连接的硫酸乙酰肝素链,例如黏结蛋白聚糖在质膜的胞外基质侧的 N 端结构域含有 3 个硫酸乙酰肝素和 2 个硫酸乙酰软骨素。这类蛋白聚糖能与胶原蛋白非共价结合,并因此介导结缔组织细胞与胞外基质的黏着,作为细胞骨架和胞外基质之间的桥梁,在胚胎发生和器官形成中起重要作用。

2. 蛋白聚糖的聚集体(proteoglycan aggregate)

某些蛋白聚糖如软骨**可聚蛋白聚糖**(aggrecan)能以一个透明质酸(M_r 高达 20×10^6)分子为骨干形成典型的**蛋白聚糖聚集体**(图 7 - 28)。可聚蛋白聚糖的核心蛋白(M_r ~250 000)含约 50 条硫酸角质素链(M_r 10 000 ~ 15 000)和约 100 条硫酸软骨素链(M_r 20 000 ~ 30 000)。它们也是通过 O - 连接型三糖接头与核心蛋白的 Ser 残基相连,并分布在核心蛋白的不同区域,整个可聚蛋白聚糖(M_r 2×10^6)形如一个"试管刷"(图 7 - 28)。每个蛋白聚糖单体的核心蛋白与透明质酸的十糖序列(5 个二糖单位)非共价结合,并由**连接蛋白**(link protein,M_r 40 000 ~ 48 000)使结合稳定化。这样形成的聚集体含 100 或更多个蛋白聚糖单体,它是已知的最大分子之一,M_r 超过 200×10^6。聚集体结合的水化水所占的体积比一个细菌细胞还大。可聚蛋白聚糖聚集体对维持软骨的形态和功能具有重要意义。

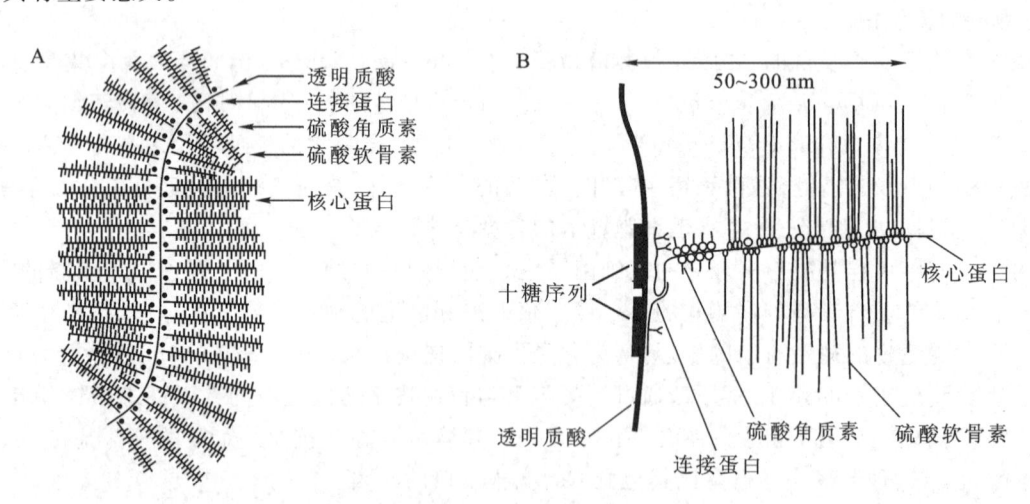

图 7 - 28 软骨的可聚蛋白聚糖聚集体的结构示意图

(四) 脂多糖

脂多糖(lipopolysaccharide)是革兰氏阴性细菌如大肠杆菌(*E. coli*)和鼠伤寒沙门氏菌(*S. phimurium*)的细胞

壁外膜的特有成分。脂多糖是脊椎动物免疫系统应答细菌感染时产生的抗体的原型靶子,因此也是细菌血清型(根据抗原性质区分的菌株)的重要决定因子。某些细菌的脂多糖对人和其他动物是有毒的,例如在革兰氏阴性菌感染引起的中毒性休克综合征中出现的危险性血压降低就是脂多糖起的作用。图 7-29 中示出一个 *S. phimurium* 脂多糖分子结构图解。整个分子由脂质 A(lipid A)、核心(core)寡糖和 *O*-特异链(*O*-specific chain) 三部分组成。脂质 A 是由两个 D-葡萄糖胺通过 β1→6 连接的二糖单位,在它的两端 C1 和 C4 各有一个磷酸基,二糖单位间可通过 1,4 之间的焦磷酸桥把多个脂多糖分子连接起来(图中未示出);二糖单位上的另一个 C6 与核心寡糖的 **2-酮-3-脱氧辛糖酸**(Kdo)残基相连。**核心寡糖**是由 Kdo、Hep(**L-甘油-D-甘露庚糖**)和若干己糖组成。*O*-**特异链**是脂多糖的最外层,由数十个相同的寡糖单位组成,它以糖苷键与核心寡糖连接。因为 *O*-特异链具有抗原性,所以也称 *O*-抗原,它能保护细菌免遭宿主细胞吞噬。

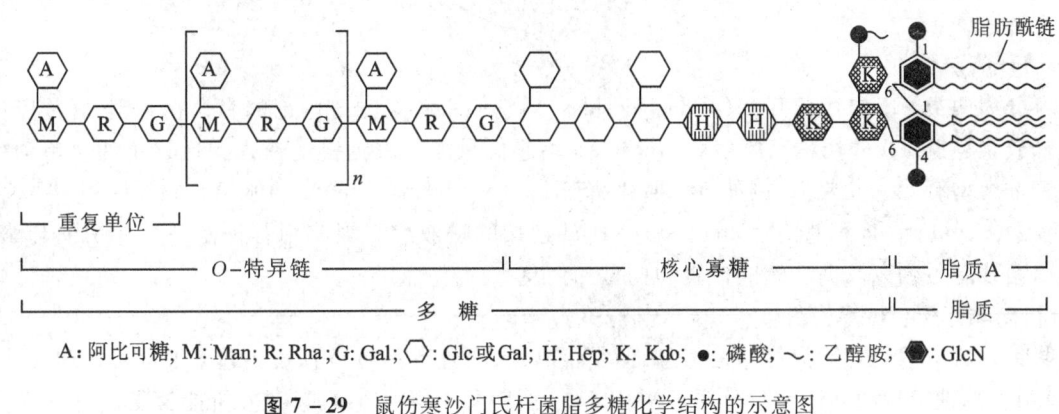

图 7-29 鼠伤寒沙门氏杆菌脂多糖化学结构的示意图

(图中 *n* 平均约为 50,Hep 和 Kdo 的结构式见图 7-12)

A:阿比可糖; M: Man; R: Rha; G: Gal; ⬡: Glc 或 Gal; H: Hep; K: Kdo; ●: 磷酸; ~: 乙醇胺; ⬢: GlcN

七、寡糖结构的分析

寡糖结构分析遇到的问题与蛋白质测序相似,且难度更大,因为寡糖除线性结构外尚可分支,而且构件之间的连键类型很多。进行寡糖分析前通常需要从它的缀合物中分离出寡糖,然后用能揭示连键位置和构型的特异试剂对它进行逐步降解。在寡糖结构分析中,质谱(MS)和核磁共振(NMR)谱也起非常重要的作用。寡糖分析包括单糖残基的组成、序列、糖苷键位置和构型以及分支点等的测定。

(一)寡糖结构分析的策略

糖蛋白是糖缀合物中最复杂的,因此下面以糖蛋白的寡糖结构分析为例子加以说明,其一般步骤为:

(1)**糖蛋白的纯化** 可采用分离纯化蛋白质的方法和技术进行(第3章),从蛋白质混合物中获得所要糖蛋白的纯品。

(2)**从糖蛋白中释放出完整的寡糖** 对 *N*-连接型寡糖可用专一的纯酶如肽-*N*-糖苷酶(peptide-*N*-glycosidase)断裂 GlcNAc→Asn 的酰胺键(见图 7-27A)。对 *O*-连接型寡糖可用**内切-α-*N*-乙酰半乳糖胺酶**(endo-α-*N*-acetylgalactosaminidase)水解 GalNAc→Ser/Thr 中的糖苷键(图 7-27B)。糖脂上的糖链可用脂酶来释放。

(3)**寡糖的纯化** 被释放的寡糖混合物借用包括溶剂分级分离,离子交换层析和凝胶过滤等分离纯化蛋白质的方法(见第3章)分离成单个组分。寡糖纯化中**凝集素亲和层析**(见图 3-6)是常用而有效的方法。

(4)**寡糖的单糖组成测定** 纯化的单个寡糖(或多糖)用强酸进行完全水解,使成单糖混合物或转变为适当的易挥发的衍生物,用**高效液相色谱**(HPLC)或**气液色谱**(GLC)进行分离分析,以获得单糖组成的数据。

(5)**寡糖的测序** 为测定寡糖的单糖序列包括分支点(如果分支存在)可用已知专一性的外切糖苷酶法或质

谱和 NMR 谱进行测定。

如果糖链较大不适于序列分析,可用化学方法或内切糖苷酶处理,使成较小片段,经分离纯化后分别进行测序。将这些片段合理拼接,推断出完整寡糖的一级结构。

(二) 用于寡糖结构分析的一些方法

1. 甲基化分析法

对简单的线性多聚体如直链淀粉来说,甲基化分析是确定单糖残基间连键位置的重要手段。糖的甲基化是在强碱介质中用甲基碘(CH_3I)处理待测的聚糖,使所有自由羟基转变为对酸稳定的甲醚,然后在酸中水解甲基化的聚糖。生成的单糖衍生物用层析法进行鉴定,以确定连键的位置,因为只有出现在酸降解产物中的自由羟基是参与糖苷键形成的。

2. 外切糖苷酶法

糖苷酶可分为两类:① **内切糖苷酶**(endoglycosidase):它们水解聚糖链内部的专一糖苷键,释放糖链片段,包括从肽链上释放聚糖链;② **外切糖苷酶**(exoglycosidase):它们只能从聚糖链的非还原端逐个切下单糖残基,并对单糖基和糖苷键类型有专一性要求,例如 **β-半乳糖苷酶**(β-galactosidase)专门水解 Galβ(1→4)GlcNAc 连接的 Gal;**神经氨酸酶**(neuraminidase)断裂 Siaα(2→3/6)Gal 连接的唾液酸。因此用各种专一性外切糖苷酶降解聚糖链可以提供单糖残基序列以及糖苷键的位置和构型的信息。

3. 质谱和核磁共振(NMR)谱

化学和酶学方法虽然经常能提供结构信息,但是很麻烦,而且也不总是有效。近年来很多物理方法特别是质谱和 NMR 谱用于寡糖结构和立体化学分析。NMR 谱单独用于中等大小的寡糖分析能够给出许多有关序列、连键位置和异头碳类型的信息。目前已有市售的自动化仪器可用于寡糖结构的常规测定,但多种类型糖苷键连接的分支寡糖的测序,远比线性蛋白质的测序更为棘手。

习 题

1. 环状己醛糖有多少个旋光异构体?[$2^5 = 32$]
2. 含 D-吡喃半乳糖残基和 D-吡喃葡萄糖残基的双糖可能有多少个异构体?为什么?[36]
3. 写出 β-D 脱氧核糖、α-D-半乳糖和 β-L-鼠李糖的 Fischer 式,Haworth 式和构象式。
4. D-葡萄糖的 α 和 β 异构物的比旋($[\alpha]_D^{20}$)分别为 +112.2°和 +18.7°。当 α-D-吡喃葡萄糖晶体样品溶于水时,比旋将由 +112.2°降至平衡值 +52.7°。计算平衡混合液中 α 和 β 异构物的比率。假设开链形式和呋喃形式可忽略。[α 异构物的比率为 36.5%,β 异构物为 63.5%]
5. 写出麦芽糖(α 型)和蔗糖的正规(系统)名称的简单形式,并指出其中哪个是还原糖,哪个是非还原糖。写出 Galα(1→6)Glcα(1↔2)βFru 的结构式(Haworth 式形式)。
6. 纤维素和糖原虽然在物理性质上有很大的不同,但这两种多糖都是 1→4 连接的 D-葡萄糖多聚合体,相对分子质量也相当,是什么结构特点造成它们在物理性质上的如此差别?并解释它们各自性质的生物学优点。
7. 溶菌酶和青霉素杀菌的机制有何不同?
8. 假设一个细胞表面糖蛋白的一个三糖单位在介导细胞-细胞黏着中起关键作用,试设计一个简单试验以检验这一假设。[如果糖蛋白的这个三糖单位在细胞相互作用中是关键的,则此三糖本身应是细胞黏着的竞争性抑制剂]
9. 其重复二糖单位为 GlcUAβ(1→3)GlcNAc,而二糖单位间以 β(1→4)连接的天然多糖是什么?[透明质酸]
10. 一种三糖经 β-半乳糖苷酶完全水解后,得到 D-半乳糖和 D-葡萄糖,其比例为 2:1。将原有的三糖用 NaBH₄ 还原,继而使其完全甲基化和酸水解,然后再进行一次 NaBH₄ 还原最后用醋酸酐乙酰化,得到三种产物:① 2,3,4,6-四甲基-1,5-二乙酰基半乳糖醇;② 2,3,4-三甲基 1,5,6-三乙酰基-半乳糖醇;③ 1,2,3,5,6-五甲基-4-乙酰基山梨醇。分析并写出此三糖的结构。[D-Galβ(1→6)D-Galβ(1→4)D-Glc]

主要参考书目

[1] 王镜岩,朱圣庚,徐长法.生物化学.第三版.北京:高等教育出版社,2002.
[2] 陈惠黎,王克夷.糖复合物的结构和功能.上海:上海医科大学出版社,1997.
[3] Garrett R H, Grisham C M. Biochemistry. 3rd ed. USA: Saunders College Publishing, 2004.
[4] Nelson D L, Cox M M. Lehninger Principles of Biochemistry. 4th ed. New York: W H Freeman, 2004.
[5] Preiss J (ed). Carbohydrates: Structure and Function. In: Stumpf P K, Conn E E. The Biochemistry of Plants. New York: Academic Press, 1980.

(徐长法)

第8章 脂质与生物膜

脂质或**脂类**(lipid)是一类低溶于水而高溶于非极性溶剂的生物有机分子。对大多数脂质而言,其化学本质是脂肪酸和醇形成的酯及其衍生物。脂质的元素组成主要是碳、氢、氧,有些还含有氮、磷、硫。按化学组成,脂质大体可分为三大类:①**简单脂质**(simple lipid):由脂肪酸和甘油或长链醇形成的酯,如三酰甘油和蜡;②**复合脂质**(compound lipid):除含脂肪酸和醇外,尚有所谓非脂分子成分(磷酸、糖和含氮碱等),如甘油磷脂、鞘[氨醇]磷脂、甘油糖脂和鞘[氨醇]糖脂,其中鞘磷脂和鞘糖脂又合称为**鞘脂**;③**衍生脂质**(derived lipid):可视为由前面两类脂质衍生而来并具有脂质一般性质的物质,如脂肪酸、萜、类固醇、类二十烷酸(eicosanoid)、脂蛋白等。按生物学功能,脂质也可分为三类:①**贮存脂质**(storage lipid):它们是三酰甘油和蜡,三酰甘油是许多生物的主要贮能形式,蜡是海洋浮游生物的能量储库;②**结构脂质**(structural lipid):也即膜脂,包括磷脂、糖脂和胆固醇;③**活性脂质**(active lipid):它们是细胞内的小量成分,但具有重要而专一的生物活性,包括类固醇激素、充当胞内信使的磷脂酰肌醇衍生物、具有激素样作用的前列腺素(第16章)、脂溶性萜类维生素(第12章)、光合色素以及作为电子载体的泛醌和质体醌(见新陈代谢篇)。

本章介绍三酰甘油、蜡、磷脂、鞘脂、萜和类固醇等,重点放在它们的化学结构和物理性质,此外讨论血浆脂蛋白、生物膜和脂质的分离分析。

一、三酰甘油和蜡

三酰甘油和蜡是含脂肪酸的化合物。脂肪酸是烃的衍生物,具有与矿物燃料中的烃几乎相同的低氧化态(即高还原态)。脂肪酸在细胞中的氧化产生 CO_2 和 H_2O,很像内燃机中矿物油的受控急速燃烧,是一个高放能反应。因此三酰甘油和蜡是活生物的贮能脂质。

(一) 脂肪酸

从动、植物和微生物中分离出来的脂肪酸已有百余种。在生物体内大部分脂肪酸都以结合形式存在,如三酰甘油、磷脂、糖脂等,但也有少量脂肪酸以游离状态存在于组织和细胞中。

1. 脂肪酸的结构与命名

脂肪酸(fatty acid, FA)是由一条4~36个碳的烃链和一个末端羧基组成的羧酸。烃链不含双键(烯键)和三键(炔键)的为**饱和脂肪酸**(saturated FA),含一个或多个双键的为**不饱和脂肪酸**(unsaturated FA)。不同的脂肪酸之间的主要区别在于烃链的长度、双键的数目和位置。每个脂肪酸可以有通俗名和简写符号(表8-1)。简写的方法是,写出链长和双键数目,两者之间用比号(:)隔开,如[正]十八[烷]酸(硬脂酸)的简写符号为18:0,十六[碳]单烯酸(棕榈油酸)的符号为16:1。任一双键位置用 Δ(delta)右上标数字表示,如在C9和C10(C1为羧基碳)之间及C12和C13之间各含一个双键的十八[碳]二烯酸(亚油酸)表示为 $18:2\Delta^{9,12}$。

2. 生物脂肪酸的结构特点

来自动物的脂肪酸,结构比较简单,碳骨架为线性,双键数目一般为1~4个,少数多达6个。细菌所含的脂肪酸绝大多数是饱和的,少数含有分支的甲基或三碳环。植物特别是高等植物中不饱和脂肪酸比饱和脂肪酸丰富,有些植物脂肪酸可含炔键、羟基、酮基和五碳环基。生物脂肪酸骨架的碳原子数目几乎都是偶数,这是因为在生物体内脂肪酸是以二碳单位(乙酰CoA形式)为头合成的(第25章)。碳骨架长度为4~36个碳原子,常见的为12~24个碳,一般不分支。在大多数单不饱和脂肪酸中,双键的位置在C9和C10之间(Δ^9)。在多不饱和脂肪酸中,通常一个双键位于 Δ^9,其余双键位于 Δ^{12} 和 Δ^{15},但花生四烯酸等是例外。分子中双键安排的形式几乎总是不共轭的,即不是单、双键交替排列,而是由一个亚甲基把双键与双键隔开,如—CH=CH—CH$_2$—CH=CH—。共轭和非共轭双键系统在化学反应性上有明显的差异,非共轭系统中两个双键之间的亚甲基可直接发生化学反应,形成自由基(radical);共轭双键系统中由于π电子有相当大的离域作用,脂肪酸很容易发生聚合作用。生物脂肪酸中的双键多为顺式构型,少数是反式构型。

表 8-1 某些天然存在的脂肪酸

通俗名	系统名[a]	简写符号	结构[b]	熔点/℃
月桂酸 (lauric)	n-十二酸 (n-dodecanoic)	12:0	CH$_3$(CH$_2$)$_{10}$COOH	44.2
肉豆蔻酸 (myristic)	n-十四酸 (n-tetradecanoic)	14:0	CH$_3$(CH$_2$)$_{12}$COOH	53.9
棕榈酸(软脂酸) (palmitic)	n-十六酸 (n-hexadecanoic)	16:0	CH$_3$(CH$_2$)$_{14}$COOH	63.1
硬脂酸 (stearic)	n-十八酸 (n-octadecanoic)	18:0	CH$_3$(CH$_2$)$_{16}$COOH	69.6
花生酸 (arachidic)	n-二十酸 (n-eicosanoic)	20:0	CH$_3$(CH$_2$)$_{18}$COOH	76.5
山萮酸 (behenic)	n-二十二酸 (n-docosanoic)	22:0	CH$_3$(CH$_2$)$_{20}$COOH	81.5
木蜡酸 (lignoceric)	n-二十四酸 (n-tetracosanoic)	24:0	CH$_3$(CH$_2$)$_{22}$COOH	86
棕榈油酸 (palmitoleic)	十六碳-9-烯酸(顺) (cis-9-hexadecenoic)	16:1Δ^9	CH$_3$(CH$_2$)$_5$CH=CH(CH$_2$)$_7$COOH	-0.5
油酸 (oleic)	十八碳-9-烯酸(顺) (cis-9-octadecenoic)	18:1Δ^9	CH$_3$(CH$_2$)$_7$CH=CH(CH$_2$)$_7$COOH	13.4
亚油酸 (linoleic)	十八碳-9,12-二烯酸(顺,顺) (cis,cis-9,12-octadecadienoic)	18:2$\Delta^{9,12}$	CH$_3$(CH$_2$)$_4$(CH=CHCH$_2$)$_2$(CH$_2$)$_6$COOH	-5
亚麻酸(α-亚麻酸) (linolenic)	十八碳-9,12,15-三烯酸(全顺) (all cis-9,12,15-octadecatrienoic)	18:3$\Delta^{9,12,15}$	CH$_3$CH$_2$(CH=CHCH$_2$)$_3$(CH$_2$)$_6$COOH	-11
γ-亚麻酸 (γ-linolenic)	十八碳-6,9,12-三烯酸(全顺) (all,cis-6,9,12-octadecatrienoic)	18:3$\Delta^{6,9,12}$	CH$_3$(CH$_2$)$_4$(CH=CHCH$_2$)$_3$(CH$_2$)$_3$COOH	-14.4
花生四烯酸 (arachidonic)	二十碳-5,8,11,14-四烯酸(全顺) (all,cis-5,8,11,14-eicosatetraenoic)	20:4$\Delta^{5,8,11,14}$	CH$_3$(CH$_2$)$_4$(CH=CHCH$_2$)$_4$(CH$_2$)$_2$COOH	-49.5

a. 前缀 n 是正(normal)的意思,表示该脂肪酸是线性、不分支的;生物脂肪酸每个双键的构型几乎都是顺式;英文名省去 acid。
b. 所有的酸都以不解离的形式示出,但在 pH 7 时所有游离脂肪酸的羧基均处于解离状态;碳原子的标号从羧基碳开始。

3. 脂肪酸的物理和化学性质

脂肪酸和含脂肪酸化合物的物理性质很大程度上取决于脂肪酸烃链的长度与不饱和程度。非极性烃链是造成脂肪酸在水中溶解度低的原因,例如,20℃时硬脂酸在水中的溶解度为 0.003 mg/g。一般来说,烃链愈长,溶解度愈低。脂肪酸的羧基是极性的,在中性 pH 时电离,因此短链脂肪酸(少于 10 个碳)略能溶于水。

脂肪酸和含脂肪酸化合物的熔点也受烃链长度与不饱和程度的影响。在室温(25℃)下,12:0 到 24:0 饱和脂肪酸为蜡状固体,同样链长的不饱和脂肪酸为油状液体。熔点的这种差异是由于脂肪酸分子装配紧密程度不同引起的。饱和脂肪酸中绕碳-碳键可以自由旋转,因此烃链具有很大的柔性,最稳定的构象是完全伸展的形式,此时相邻原子的位阻最小。这些分子能紧密装配在一起,近乎晶状排列,所有的原子沿长轴与相邻分子的原子处于范德华力接触中。在不饱和脂肪酸中,一个顺式双键使烃链形成一个"结节"(kink)(图8-1)。带一个或多个结节的脂肪酸不能像完全饱和的脂肪酸那样紧密地装配,因此分子间的相互作用被减弱。由于破坏有序性差的排列所需的热能较少,所以不饱和脂肪酸的熔点比相同链长的饱和脂肪酸低(表8-1)。

脂肪酸可以发生氧化和过氧化,不饱和脂肪酸在双键处可以发生加成如卤化和氢化。关于这些化学反应参见有机化学教本。

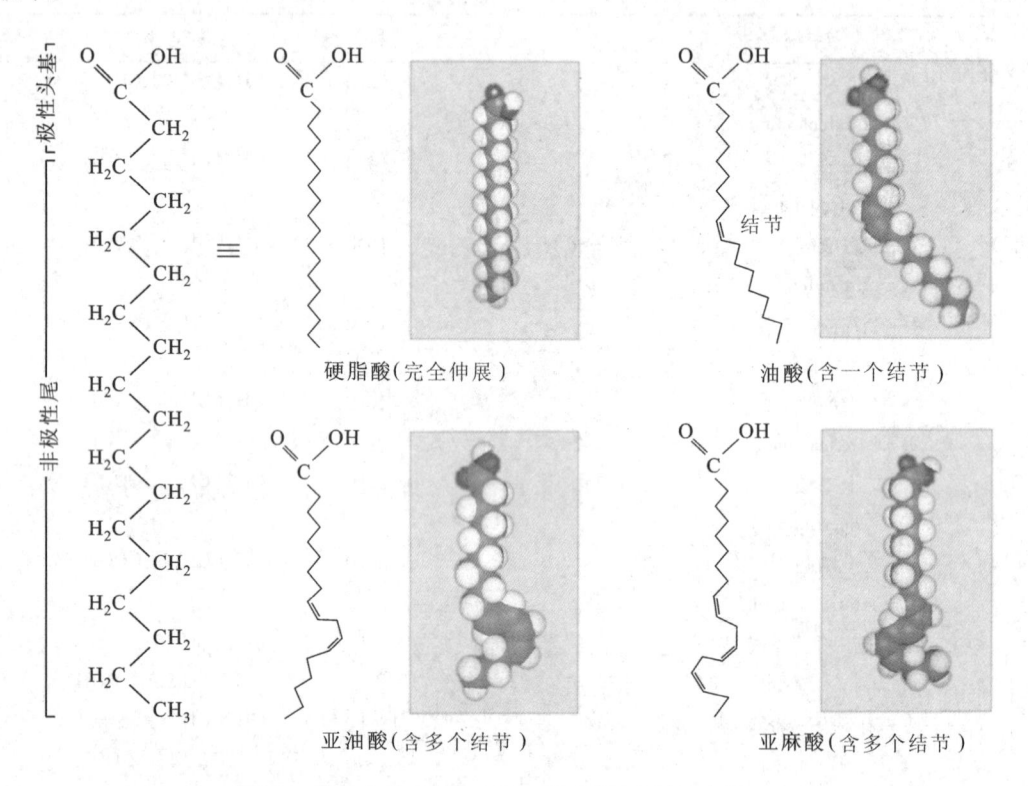

图8-1 几个典型脂肪酸的立体结构(空间填充模型)

4. 多不饱和脂肪酸(PUFA)与必需脂肪酸

人体及哺乳动物能制造多种脂肪酸,但不能向脂肪酸引入超过 Δ^9 的双键,因而不能合成亚油酸和亚麻酸。因为这两种脂肪酸对人体功能是必不可少的,但必须由膳食提供,因此被称为**必需脂肪酸**(essential fatty acid)。

亚油酸和亚麻酸分别属于两个不同的多不饱和脂肪酸家族:omega-6(ω-6)和 omega-3(ω-3)系列。ω-6 和 ω-3 系列分别是指第一个双键离甲基末端 6 个碳和 3 个碳的 PUFA。亚油酸是 ω-6 家族的原初成员(primary member),在人和哺乳类体内能把它转变为 **γ-亚麻酸**,并继而延长为**花生四烯酸**(第25章)。后者是维持细胞膜的结构和功能所必需的,也是合成一类生理活性脂质即类二十烷酸的前体。亚麻酸是 ω-3 家族的原初成员,由膳食供给亚麻酸时,人体能合成 ω-3 系列中的**全顺二十碳-5,8,11,14,17-五烯酸**(all cis-5,8,11,14,17-eicosapentaenoic acid,**EPA**),和**全顺二十二碳-4,7,10,13,16,19-六烯酸**(all cis-4,7,10,13,16,19-docosahexaenoic acid,**DHA**)。体内许多组织如视网膜、大脑皮层中含有这些重要的 ω-3 PUFA。

(二)酰基甘油

油脂的化学本质是**酰基甘油**(acylglycerol),其中主要是**三酰甘油**(triacylglycerol,TG)也称**甘油三酯**(triglyceride),**中性脂肪**(neutral fat)或**脂肪**(fat),此外还有少量二酰甘油和单酰甘油。常温下呈液态的酰基甘油称为**油**(oil),呈固态的称为**脂**(fat)。植物性酰基甘油多为油,动物性酰基甘油多为脂。

真核细胞中三酰甘油以微小油滴形式存在于胞质溶胶中。许多植物含三酰甘油,为种子发芽提供能量和合成前体。极地温血动物如熊、海豹和企鹅贮存在皮下的三酰甘油不仅作为贮能物质,而且作为抵抗低温的绝缘层。人和动物皮下和肠系膜的脂肪组织还起防震和填充物的作用。

1. 甘油取代物的构型

甘油是一种**手性原分子**(prochiral molecule,或称前手性分子),它两端的羟甲基任何一个被磷酸酯化,或三酰甘油通式(图 8-2)中 R_1 不等于 R_3,甘油分子中央的碳则成为手性原子。这样形成的化合物可以命名为 D-或 L-异构体,例如图 8-3 示出的磷酸甘油可以称为 L-甘油-3-磷酸或 D-甘油-1-磷酸。为统一起见,生物化学中常采用**立体专一编号**(stereospecific numbering),或称 **sn-系统**。该系统规定,在 Fischer 投影式中甘油中央碳的羟基放在左边,3 个碳原子自上而下标为 C1、C2 和 C3。当 C3 羟基被磷酸酯化,生成的磷酸甘油称为 sn-甘油-3-磷酸(sn-glycerol-3-phosphate)(图 8-3);其对映体称为 sn-甘油-1-磷酸。词头 sn 放在母体化合物甘油名称之前,表示采用这种系统命名。实际上,sn-系统就是把甘油骨架中央的手性碳都看成是 L 构型的,文献中至今仍见使用 L-甘油-3-磷酸的名称。

图 8-2 三酰甘油的结构通式

图 8-3 sn-甘油-3-磷酸的绝对构型

2. 三酰甘油及其他酰基甘油

三酰甘油是一个甘油分子和三个脂肪酸分子形成的**三酯**(triester),其结构通式如图 8-2 所示。三酰甘油通式中 R_1、R_2 和 R_3 相当于各种脂肪酸的烃链。当 $R_1 = R_2 = R_3$ 时,该化合物称为**简单三酰甘油**(simple TG),例如[三]棕榈酸甘油酯(tripalmitin),[三]油酸甘油酯(triolein)和[三]硬脂酸甘油酯(tristearin)(图 8-4A);当 R_1、R_2 和 R_3 中任何两个不相同或 3 个各不相同时,称为**混合三酰甘油**(mixed TG),如 1-棕榈油酰-2-硬脂酰-3-豆蔻酰-sn-甘油(1-palmitoleoyl-2-stearoyl-3-myristoyl-sn-glycerol)(图 8-4B)。混合三酰甘油中脂肪酸可以有不同的排列方式,为确切地命名这些化合物,必须指明每个脂肪酸的名称和位置。大多数天然油脂都是简单甘油三酯和混合甘油三酯的复杂混合物。**二酰甘油**(diacylglycerol)或称**甘油二酯**(diglyceride),**单酰甘油**(monoacylglycerol)或称**甘油单酯**(monoglyceride),它们在自然界中存在量虽不大,却是多种生物合成反应的中间物(第 25 章)。它们,特别是单酰甘油,由于含有游离羟基,在水中具有形成分散态的倾向,在食品工业中常被用作乳化剂。

A. 硬脂酸甘油酯(一种简单三酰甘油)

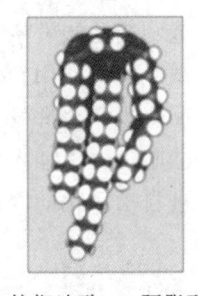

B. 1-棕榈油酰-2-硬脂酰-3-豆蔻酰-sn-甘油(一种混合三酰甘油)

图 8-4 三酰甘油的立体模型

3. 三酰甘油的物理和化学性质

纯的三酰甘油是无色、无臭、无味的稠性液体或蜡状固体。三酰甘油的密度均小于 $1g/cm^3$,一般为 $0.91 \sim 0.94 \ g/cm^3$。三酰甘油为非极性分子,不溶于水,略溶于低级醇,易溶于乙醚、氯仿、苯和石油醚等非极性有机溶剂,也称**脂溶剂**(fat solvent)。三酰甘油的这些性质解释了油水混合总是分成两相,油总是漂浮在水相之上的原因。三酰甘油能被乳化剂如胆汁酸盐等乳化,使油脂能与水"混溶"。天然油脂由于都是多种三酰甘油的混合物,因此没有明确的熔点,只有一个大概范围。三酰甘油的熔点与其脂肪酸组成有关,一般随组分中不饱和脂肪酸和低分子质量脂肪酸比例的增高而降低(表 8-2)。

表 8-2 几种膳食油脂的主要脂肪酸组成、熔点和碘值

油脂	熔点/℃	碘值	脂肪酸组成/(g/100g 总脂肪酸)				
			棕榈酸	硬脂酸	油酸	亚油酸	其他
奶油	28~33	26~45	23~26	10~13	30~40	4~5	7~9[a], 4.6[b]
羊油	44~52	32~50	25[h]	31	36	4.3	4.6[a]
猪油	28~46	46~68	25~28	12~18	43~52	7~9	1~3[b], 2~3[f]
大豆油	−10~−16	122~134	7~10	2~5	22~30	50~60	5~9[c], 1~3[g]
花生油	0~3	88~98	6~10	3~6	40~64	18~38	5~8[g]
菜籽油	−10	94~103	3~10		14~29	12~24	1~10[c], 40~54[d]
葵花籽油	−16~−18	129~136	10~13		21~39	51~68	
玉米油	−10~−20	111~128	8~13	1~4	24~50	34~61	0.6[e], 2[e]
芝麻油	−4~−16	106~117	8~9	4~6	35~49	38~48	

a. 肉豆蔻酸；b. 棕榈油酸；c. 亚麻酸；d. 芥子酸(22:1Δ^{13})；e. 花生四烯酸；f. $C_{20~22}$PUFA；g. $C_{20~24}$FA；h. 未指出范围者为平均值。

三酰甘油能在酸、碱或脂肪酶(lipase)的作用下水解为脂肪酸和甘油。如果在碱溶液中水解，产物之一是脂肪酸盐(如钠、钾盐)，俗称皂；油脂的碱水解称为**皂化[作用]**(saponification)。皂化 1g 油脂所需的 KOH(质量单位 mg)称为**皂化值(价)**(saponification value)。皂化值是三酰甘油中脂肪酸平均链长和三酰甘油平均相对分子质量的量度。

油脂分子中的不饱和脂肪酸也能与氢或卤素起加成反应。在催化剂如 Ni 的存在下，油脂中的双键与氢发生加成称为**氢化**(hydrogenation)。氢化作用可以将液态的植物油转变成固态的脂，在食品工业中被用于制造**人造黄油**(margarine)和半固体的烹调脂。不饱和油脂中的烯键与溴或碘发生加成而形成饱和的卤化脂，此过程称为**卤化**(halogenation)。卤化反应中吸收卤素的量反映了不饱和键的多少。通常用**碘值(价)**(iodine value)来表示油脂的不饱和程度。碘值指 100 g 油脂卤化时所能吸收碘的质量(单位 g)。

天然油脂长时间暴露在空气中会产生难闻的气味，这种现象称为**酸败**(rancidity)。酸败的原因主要是油脂的不饱和脂肪酸发生**自动氧化**(autoxidation)，产生过氧化物，并进而降解成挥发性醛、酮和酸的复杂混合物。其次是微生物的作用，它们把油脂分解为游离的脂肪酸和甘油，一些低级脂肪酸本身就有臭味，而且脂肪酸经系列酶促反应也产生挥发性的低级酮；甘油可被氧化成具有异臭的 1,2-环氧丙醛。为防止自动氧化，可在新鲜油脂和含油脂食物中加入合成的抗氧化剂，如 α-生育酚等。此外，排除氧气(真空、充氮)，降低温度(冷藏)，消除其他促进自动氧化的因素(如光、高能辐射)也能防止和延缓酸败发生。

(三) 蜡

生物蜡(wax)是长链($C_{14}~C_{16}$)脂肪酸和长链($C_{16}~C_{30}$)一元醇形成的酯。简单蜡酯的通式为 RCOOR′。实际上生物蜡是多种蜡酯的混合物，还常含有烃类以及二元酸等，蜡中发现的脂肪酸一般为饱和脂肪酸，醇可以是饱和醇、不饱和醇或固醇。蜡分子含一个很弱的极性头基(酯基)和一个非极性尾部(一般为两条长烃链)，因此蜡完全不溶于水。蜡的硬度由烃链的长度和饱和度决定。

在海洋浮游生物中蜡是代谢燃料的主要贮存形式。蜡的其他功能与它的防水性和高稠度有关，脊椎动物的某些皮肤腺分泌蜡以保护毛发和皮肤，使之柔韧、润滑并防水。鸟类，特别是水禽，从它们的尾羽腺分泌蜡使羽毛能防水。冬青、杜鹃花和许多热带植物的叶覆盖着一层蜡，以防寄生物侵袭和水分的过度蒸发。

蜂蜡(bee wax)是蜂建造蜂巢的物质，完全不透水，熔点为 60~82℃，皂化时主要产生 C_{26} 和 C_{28} 烷酸及 C_{30} 和 C_{32} 醇。**白蜡**也称中国虫蜡(Chinese wax)，是胭脂虫属(Coccus)的一种昆虫(C. Cerifera)，俗称白蜡虫的分泌物，白蜡的主要成分为 C_{26} 醇和 C_{26}、C_{28} 酸所形成的酯，熔点为 80~83℃。蜂蜡和白蜡可用作涂料、润滑剂及其他化工原料。**鲸蜡**(spermaceti wax)为抹香鲸(sperm whale)头部的鲸油冷却时析出的一种白色晶体。鲸蜡的主要成分是由棕榈酸和鲸蜡醇(cetyl alcohol，即十六烷醇)形成的酯，熔点为 42~47℃。**羊毛脂**(lanolin)是从羊毛的洗涤废

液中获取的,它可用作药品和化妆品软膏的底料。羊毛蜡中可皂化部分含烷酸60%,羟基酸35%;不可皂化部分为羊毛固醇44%,胆固醇31%,烷醇16%及其他。所谓可皂化部分是指皂化后能溶于水的成分(脂肪酸盐),不可皂化部分为不溶于水而溶于乙醚的成分。**巴西棕榈蜡**(carnauba wax)是天然蜡中经济价值最高的一种。由于它熔点高(86~90℃)、硬度大和不透水性,所以常被用作高级抛光剂,如汽车蜡、船蜡、地板蜡以及鞋油等。巴西棕榈蜡主要是C_{24}和C_{28}烷酸和C_{32}和C_{34}烷醇所成酯的混合物。

二、磷脂和鞘脂

磷脂(phospholipid)包括甘油磷脂和鞘磷脂两类,它们主要参与细胞膜的组成。甘油磷脂是第一大类膜脂,**鞘脂**(sphingolipid),包括鞘磷脂和鞘糖脂,是第二大类膜脂。

(一) 甘油磷脂的结构

甘油磷脂(glycerophospholipid)也称**磷酸甘油酯**(phosphoglyceride)。磷酸甘油酯可看成是由 sn-甘油-3-磷酸(图8-3)衍生而来的,即它的甘油骨架 C1 和 C2 位被脂肪酸酯化形成的产物,1,2-二酰基-sn-甘油-3-磷酸,简称 **3-sn-磷脂酸**(3-sn-phosphatidic acid),其结构式如下

$$\begin{array}{c} \text{O} \\ \| \\ R_2-C-O-\overset{2}{C}H \\ \overset{3}{C}H_2-O-P-OH \\ | \\ \text{OH} \end{array} \quad \begin{array}{c} \text{O} \\ \| \\ ^1CH_2-O-C-R_1 \end{array}$$

磷脂酸少量地存在于大多数生物中,它是甘油磷脂的母体化合物,也是甘油磷脂生物合成的重要中间物。磷脂酸的磷酸基进一步被一个高极性或带电荷的醇(XOH)酯化,形成各种甘油磷脂。XOH 一般为含氮碱,如胆碱(choline)、乙醇胺(ethanolamine)、丝氨酸等,此外如肌醇(指肌肌醇)和甘油。各种甘油磷脂的名称都由 3-sn-磷脂酸派生而来,例如磷脂酰胆碱,磷脂酰乙醇胺等。甘油磷脂的结构通式和立体模型见图8-5。甘油磷脂分子中甘油磷酸基与酯化了的醇部分(-X)一起构成极性头基,两条长的烃链组成非极性尾部。由于甘油磷脂分子中 sn-1 和 sn-2 位上酯化的是各种组合的天然脂肪酸,因此任何一种给定的磷脂(例如磷脂酰胆碱)都是不均一的,实际上代表许多种分子,其中每种分子都有独特的一套脂肪酸。一般说,C1 位上连接的是饱和脂肪酸,C2 位上的是不饱和脂肪酸。例如,磷脂酰胆碱,C1 上主要是饱和脂肪酸16:0 或 18:0,C2 上主要是不饱和脂肪酸 $18:1\Delta^9$,$18:2\Delta^{9,12}$和$18:3\Delta^{9,12,15}$。几种常见的甘油磷脂及其极性头基中 X 的名称和结构列于表8-3。

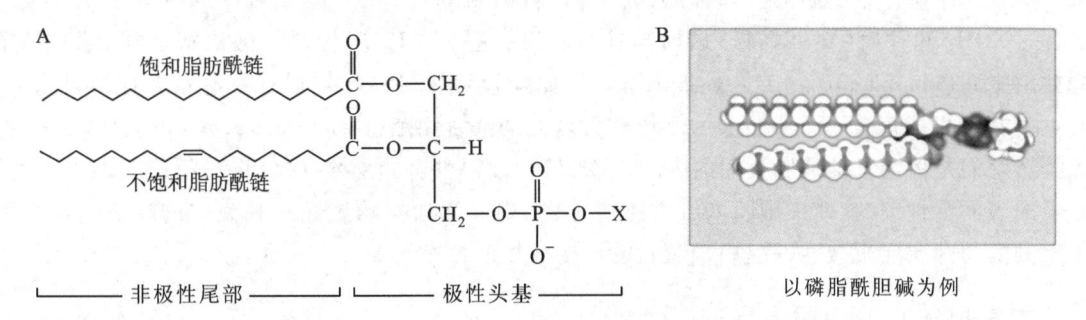

图8-5 甘油磷脂的结构通式(A)和立体模型(B)

(二) 甘油磷脂的一般性质

纯的甘油磷脂为白色蜡状固体。暴露于空气中由于多不饱和脂肪酸的过氧化作用,甘油磷脂颜色逐渐变暗。甘油磷脂溶于大多数含少量水的非极性溶剂,但难溶于无水丙酮,用氯仿-甲醇混合液可从细胞和组织中提取。

在生理 pH 时,甘油磷脂分子的磷酸基带 1 个负电荷($pK_a' = 1 \sim 2$);乙醇胺或胆碱部分带 1 个正电荷;丝氨酸部分带 1 个正电荷($pK_a' = 9.2$)和 1 个负电荷($pK_a' = 2.2$);肌肌醇和甘油基不带电荷。几种甘油磷脂分子的净电荷见表 8-3。因此磷脂属于两亲脂质,是成膜分子,在水中能形成双分子层的**微囊**(图 8-20)。

表 8-3 几种常见甘油磷脂的极性头基及其净电荷

甘油磷脂名称	HO—X 的名称	极性头基中—X 的结构	极性头基净电荷(pH7)
磷脂酸	—	—H	-1
磷脂酰乙醇胺	乙醇胺	—CH$_2$—CH$_2$—$\overset{+}{N}$H$_3$	0
磷脂酰胆碱	胆碱	—CH$_2$—CH$_2$—$\overset{+}{N}$(CH$_3$)$_3$	0
磷脂酰丝氨酸	丝氨酸	—CH$_2$—CH—$\overset{+}{N}$H$_3$ 　　　　　COO$^-$	-1
磷脂酰甘油	甘油	—CH$_2$—CH—CH$_2$OH 　　　　OH	-1
磷脂酰肌醇	肌肌醇	(肌醇环结构)	-1
心磷脂	磷脂酰甘油	(二酰甘油-磷酸-甘油-磷酸-二酰甘油结构)	-2

用弱碱水解甘油磷脂产生脂肪酸盐和甘油-3-磷酰醇(glycerol-3-phosphorylalcohol)。用强碱水解则生成脂肪酸盐、醇(XOH)和甘油-3-磷酸。磷酸与甘油之间的键对碱稳定,但能被酸水解。甘油磷脂的酯键和磷酸二酯键能被**磷脂酶**(phospholipase)专一性地水解。例如磷脂酶 A_1 和 A_2 分别专一地除去甘油磷脂 sn-1 位和 sn-2 位上的脂肪酸,生成仅含一个脂肪酸的产物称为**溶血磷酸甘油酯**(lysophosphoglyceride)或溶血磷脂,如溶血磷脂酰乙醇胺。它们是体内甘油磷脂代谢的中间产物,但含量很少。如果浓度高,将对膜造成毒害。因为溶血磷脂是一种很强的表面活性剂,能使细胞膜如红细胞膜溶解,引起溶血。响尾蛇和眼镜蛇的蛇毒含**磷脂酶 A_2**。磷脂酶常作为工具酶与薄层层析技术一起用于磷脂的结构分析。

(三) 几种常见的甘油磷脂

磷脂酰胆碱(phosphatidylcholine)也称**卵磷脂**(lecithin)。系统名称为 1,2-二酰基-sn-甘油-3-磷酸胆碱(1,2-diacyl-sn-glycero-3-phosphocholine)。它和磷脂酰乙醇胺是细胞膜中最丰富的脂质(表 8-6)。胆碱成分是一种季铵离子,碱性极强。胆碱具有重要的生物学功能,是代谢中的一种甲基供体;乙酰化的胆碱,**乙酰胆**

碱(acetylcholine)，$(CH_3)_3N^+CH_2CH_2OCOCH_3$，是一种神经递质，与神经冲动的传导有关。卵磷脂和胆碱被认为有防止脂肪肝形成的作用。卵磷脂在蛋黄和大豆中特别丰富。**磷脂酰乙醇胺**(phosphatidylethanolamine)也称**脑磷脂**(cephalin)。后一名称有时也包括磷脂酰丝氨酸在内。磷脂酰乙醇胺 sn-1 位上的脂肪酰基与卵磷脂相仿，但 sn-2 位含有更多的 PUFA，如花生四烯酸(20:4)和 DHA(22:6)。**磷脂酰丝氨酸**(phosphatidylserine)常见于血小板膜中，也称**血小板第三因子**。当组织受损血小板被激活时，膜中的磷脂酰丝氨酸由内侧转向外侧，作为表面催化剂与其他凝血因子一起促使凝血酶原活化。**磷脂酰肌醇**(phosphatidylinositol)广泛存在于哺乳类的细胞膜中。此外在真核细胞质膜中常含有磷脂酰肌醇-4-单磷酸(PIP)和磷脂酰肌醇-4,5-双磷酸(PIP_2)，后者是胞内信使。肌醇-1,4,5-三磷酸(IP_3)和1,2-二酰基-sn-甘油(DAG)的前体，这些信使参与激素信号的放大(见第16和第34章)。**磷脂酰甘油**(phosphatidylglycerol)在细菌细胞膜中含量丰富。磷脂酰甘油是心磷脂头基的 X 部分。**双磷脂酰甘油**(diphosphatidylglycerol)最先在心肌线粒体膜和细菌细胞膜中找到，因此又称**心磷脂**(cardiolipin)。它是由两个磷脂酰甘油的磷酸部分通过一个甘油分子共价连接而成(表8-3)。

(四) 醚甘油磷脂

某些动物组织和某些单细胞生物富含**醚甘油磷脂**(ether glycerophospholipid)。它们与一般的甘油磷脂不同，甘油骨架上的两个烃链中的一个是以醚键而不是酯键相连的。醚键连接的烃链可以是饱和的，或是不饱和的，如**缩醛磷脂**(plasmalogen)中在 Cα 和 Cβ 之间含一个顺式双键(图8-6A)。缩醛磷脂是一类醚甘油磷脂，常见的缩醛磷脂头基的 X 包括胆碱、乙醇胺或丝氨酸。脊椎动物的心脏富含缩醛磷脂，约占心脏磷脂的一半，其中又以缩醛磷脂酰胆碱(phosphatidal choline)的含量较多。此外某些无脊椎动物、有纤毛的原生生物和嗜盐菌的膜含缩醛磷脂的比例也很高。这些磷脂在膜中的功能意义尚不清楚，推测可能具有抗磷脂酶水解的作用。**血小板活化因子**(platelet-activating factor, PAF)也是一种醚甘油磷脂，甘油骨架的 sn-1 位是 O-烷基，它主要是十六烷基；sn-2 位是乙酰基，它使 PAF 在水中的溶解度增加(图8-6B)。PAF 是嗜碱性粒细胞(basophil)释放的，它能引起血小板凝集和血小板释放 **5-羟色胺**(一种血管收缩剂)，它还是炎症和过敏反应中的有效介体(mediator)，只要组织中它的浓度达到 10^{-12} mol/L 就能发生效应。

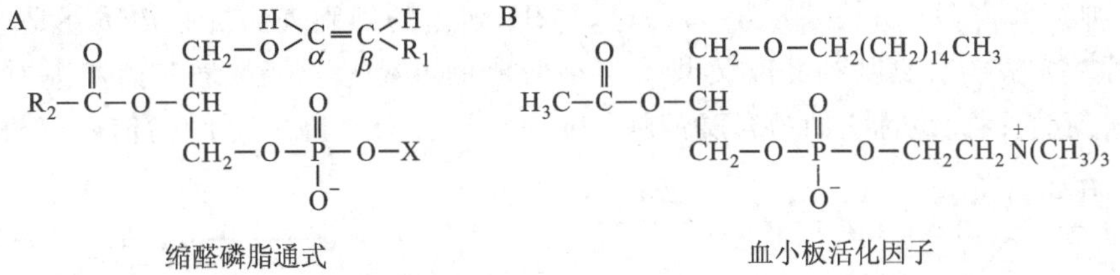

图8-6 缩醛磷脂(A)和血小板活化因子(B)的结构

(五) 鞘脂

鞘脂(sphingolipid)也有极性头基和非极性尾部，但与甘油磷脂不同，它不含甘油成分。鞘脂是由1分子长链(C_{18})氨基醇——**鞘氨醇**(sphingosine)或其衍生物、1分子长链脂肪酸和1个极性头基组成。极性头基在鞘磷脂中通过磷酸二酯键被连接，在鞘糖脂中通过糖苷键被连接。鞘氨醇分子(图8-7)的 C1, C2 和 C3 携有3个官能团(分别是—OH, —NH_2 和—OH)，很像甘油分子的3个羟基。脂肪酸通过酰胺键与鞘氨醇的—NH_2 连接，则成**神经酰胺**(ceramide, Cer)，它在结构上与二酰甘油相似。神经酰胺是所有鞘脂(鞘磷脂和鞘糖脂)的结构母体(图8-8A)。

鞘磷脂(sphingomyelin)是神经酰胺的1位羟基被磷酸胆碱或磷酸乙醇胺酯化形成的化合物，例如**胆碱鞘磷脂**(choline sphingomyelin)(图8-8B)。因此它们也与甘油磷脂一起被归于磷脂。诚然鞘磷脂在一般性质、三维结构以及极性头基等方面都和甘油磷脂相似。鞘磷脂存在于动物细胞的质膜，特别是髓鞘(延展的质膜)中。**髓鞘**(myelin sheath)是一种膜性鞘，它包围某些神经原的轴突并使之绝缘，鞘磷脂因之得名。

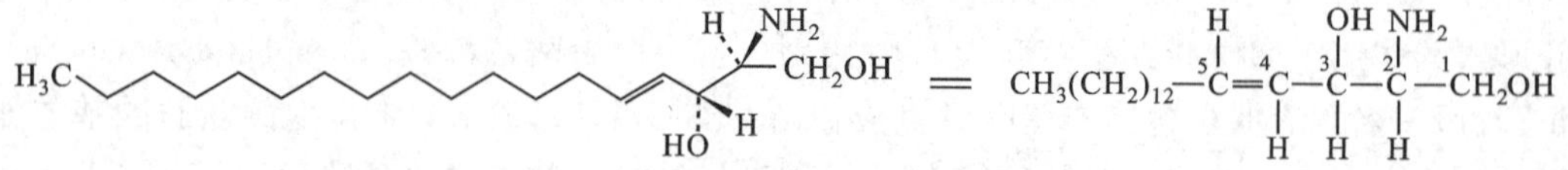

鞘氨醇(反式-D-赤藓糖型-2-氨基-4-十八碳烯-1,3-二醇)

图 8-7　鞘氨醇的结构

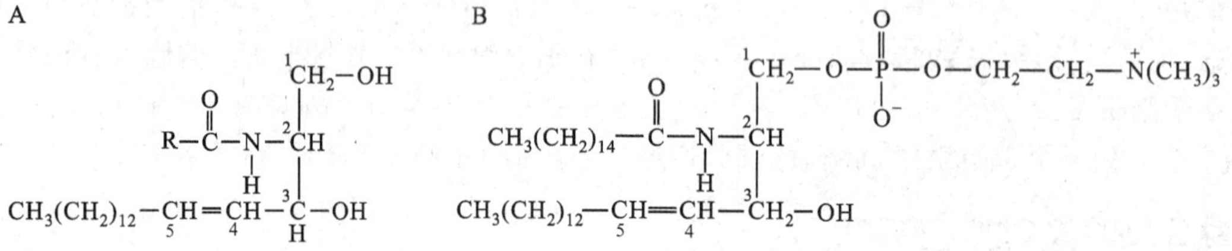

神经酰胺的结构通式　　　　　胆碱鞘磷脂(N-棕榈酰-鞘氨醇-1-磷酰胆碱)

图 8-8　神经酰胺(A)和胆碱鞘磷脂(B)的结构

鞘糖脂(glycosphingolipid)是神经酰胺的 1 位羟基被糖基化而形成的 β-糖苷化合物,不含磷酸成分,它主要存在于质膜的外表面。根据糖基是否含有唾液酸或硫酸成分,鞘糖脂又可分为中性鞘糖脂和酸性鞘糖脂(后者包括硫苷脂和神经节苷脂)。

中性鞘糖脂的糖基不含唾液酸和硫酸成分,在 pH 7 时不带电荷。常见的糖基有半乳糖、葡萄糖等单糖,或二糖、三糖等寡糖。第一个被发现的鞘糖脂是**半乳糖基神经酰胺**(galactosylceramide);因为最先是从人脑中获得的,所以又称**脑苷脂**(cerebroside)或**半乳糖脑苷脂**(galactocerebroside)(图 8-9)。现已知除半乳糖脑苷脂(Galβ1→1Cer)外,还有**葡糖脑苷脂**(glucocerebroside,Glcβ1→1Cer)。前者是神经细胞质膜特有的,后者存在于非神经细胞质膜中。**红细胞糖苷脂**(globoside)也是中性鞘糖脂,极性头基是寡糖链,单糖成分一般是 D-Glc、D-Gal 或 D-GalNAc,例如乳糖基神经酰胺(Galβ1→4Glcβ1→1Cer)。ABO 血型的细胞表面抗原物质就是这类糖脂(有些是糖蛋白),由相应的抗原决定簇与乳糖基神经酰胺共价连接而成的五糖基神经酰胺和六糖基神经酰胺(图 8-9)。由于这些糖脂含有岩藻糖,因此也称它们为**岩藻糖脂**(fucolipid)。鞘糖脂的疏水尾部伸入膜的脂双层,极性糖基

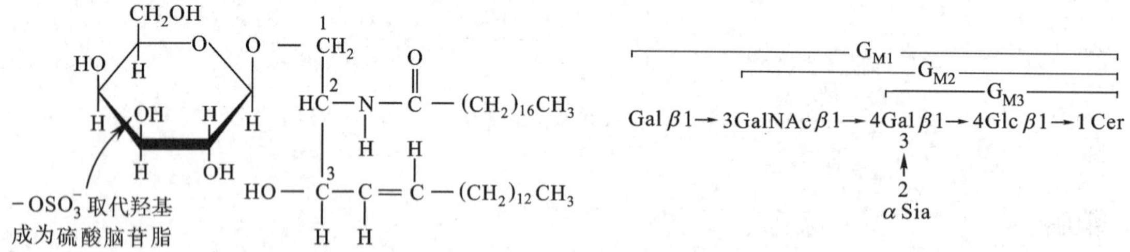

-OSO₃⁻ 取代羟基成为硫酸脑苷脂

半乳糖脑苷脂(Galβ1→1Cer)　　　　　神经节苷脂

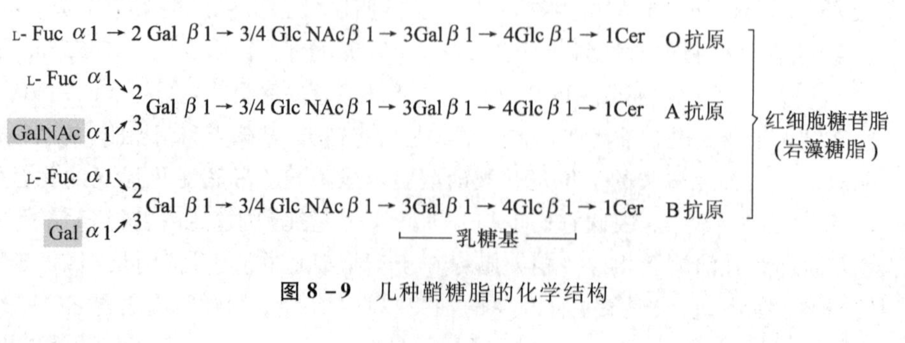

L-Fuc α1→2 Gal β1→3/4 Glc NAc β1→3Gal β1→4Glc β1→1Cer　O抗原

L-Fuc α1↘2
　　　　　　Gal β1→3/4 Glc NAc β1→3Gal β1→4Glc β1→1Cer　A抗原
GalNAc α1↗3

L-Fuc α1↘2
　　　　　Gal β1→3/4 Glc NAc β1→3Gal β1→4Glc β1→1Cer　B抗原
Gal α1↗3
　　　　　　　　　　　　　　乳糖基

红细胞糖苷脂(岩藻糖脂)

图 8-9　几种鞘糖脂的化学结构

露在细胞表面,它们不仅是血型抗,原而且与组织和器官的特异性,细胞-细胞识别有关。

硫苷脂(sulfatide)是糖基部分被硫酸化的鞘糖脂。最简单的硫苷脂是**硫酸脑苷脂**(cerebroside sulfate)(图 8-9)。现已分离到的硫苷脂有几十种,它们广泛地分布于哺乳动物的各器官中,以脑中含量最为丰富。硫苷脂可能与血液凝固和细胞黏着有关。

神经节苷脂(ganglioside)或称唾液酸鞘糖脂,是最复杂的一类鞘糖脂,它们以寡糖链作为极性头基,并含一个或多个**唾液酸**(Sia)。唾液酸使神经节苷脂在 pH 7 时带负电荷,这是它们与红细胞糖苷脂不同的地方。在人的神经节苷脂中唾液酸几乎都是 N-乙酰神经氨酸。它们往往以 α2→3 连接于寡糖链内部的或末端的半乳糖残基上。唾液酸鞘糖脂的命名是,用字母 G 代表神经节苷脂,右下标 M、D、T 分别表示含 1、2、3 个唾液酸的神经节苷脂,下标 1、2、3 表示糖链的序列不同(图 8-9)。神经节苷脂在神经系统,特别是神经末梢中含量丰富,种类很多。它们可能在神经冲动传递中起重要作用。

甘油糖脂(glyceroglycolipid)也称糖基甘油酯(glycoglyceride),它们常与鞘糖脂一起归于**糖脂**(glycolipid)。甘油糖脂是二酰甘油分子 sn-3 位上的羟基与糖基以糖苷键连接而成。最常见的有单半乳糖基二酰基甘油和二半乳糖基二酰基甘油(图 8-10)。甘油糖脂主要存在于植物界和微生物中。植物的叶绿体和微生物的质膜含有大量的甘油糖脂。哺乳类虽然含有甘油糖脂,但分布不普遍,主要存在于睾丸和精子的质膜以及中枢神经系统的髓磷脂中。

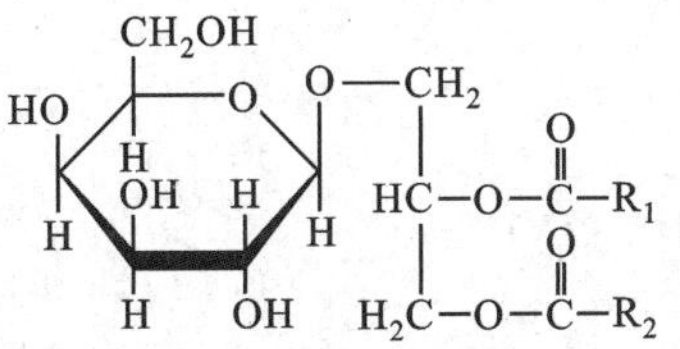

单半乳糖基二酰甘油 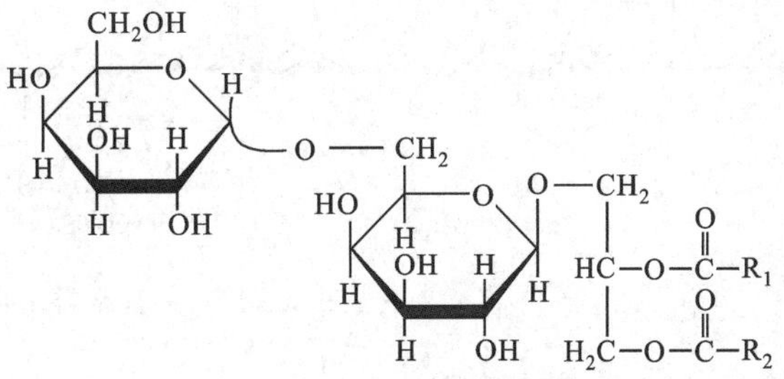　　　　　二半乳糖基二酰甘油

图 8-10　某些甘油糖脂的化学结构

三、萜和类固醇

萜和类固醇与前述的各类脂质不同,一般不含脂肪酸,属于不可皂化脂质。但在生物体内这两类脂质也是以乙酸为前体合成的。它们在生物体内含量虽不多,但不少是重要的活性脂质,如某些激素和维生素。

(一) 萜

萜(terpene)分子的碳骨架可看成是由两个或多个**异戊二烯单位**(isoprene unit),即一种五碳单位(缩写为 C_5)连接而成的。异戊二烯的连接方式一般是头尾相连,但也有尾尾相接的(图 8-11)。形成的萜类可以是直链的,也可以是环状分子,可以是单环、双环或多环化合物。

根据所含异戊二烯单位的数目,萜可分为单萜、倍半萜、双萜、三萜和多萜等。由两个 C_5 构成的萜称单萜,由 3 个 C_5 构成的称倍半萜,由 4 个 C_5 构成的称双萜,其余依此类推。这些萜类化合物也称**类萜**(terpenoid)或**类异戊二烯**(isoprenoid)。某些萜类化合物的结构见图 8-12。

单萜(monoterpene)碳原子数为 C_{10};存在于各种高等植物中,许多是植物**精油**(essential oil)的成分如香茅醛、柠檬烯。**倍半萜**(sesquiterpene)碳数为 C_{15};倍半萜结构形式多样,有些是中草药的研究对象,如防风根烯、**桉叶醇**。**双萜**(diterpene)碳数为 C_{20};如**叶绿醇**(植醇)和维生素 A(第 12 章)。**三萜**(triterpene)碳数为 C_{30};属于这类

图 8-11 异戊二烯(2-甲基-1,3-丁二烯)的结构和异戊二烯在萜中的连接方式

图 8-12 某些萜类化合物的结构

萜的如鲨烯(第 25 章)和**羊毛固醇**,它们是胆固醇和其他类固醇的前体。**四萜**(tetraterpene)碳数为 C_{40};除类胡萝卜素外,其他类型的四萜少见。**类胡萝卜素**(carotenoid)是有色光合色素,包括胡萝卜素、番茄红素等。**胡萝卜素**(carotene)的分子中有 11 个共轭双键,在链的两端或一端含有一个环己烯环。胡萝卜素根据双键数目或位置不同,有 α、β、γ 等 6 种异构体。其中 **β-胡萝卜素**是维生素 A 的前体(第 12 章)。**多萜**(polyterpene)例如在糖蛋白合成中作为糖载体的多萜醇,含 11~24 个异戊二烯单位;在大多数哺乳动物中,**泛醌**(辅酶 Q)的侧链含 6~10 个异戊二烯单位(见第 21 章)。

(二) 类固醇

类固醇或甾体(steroid)的结构以**环戊烷多氢菲**(perhydrocyclopentanophenanthrene)为基础,如图 8-13 所示,它是由 3 个六元环(A、B、C 环)和一个五元环(D 环)稠合而成。在环戊烷多氢菲的 A、B 环之间和 C、D 环之间各有一个甲基(C_{18},C_{19}),称**角甲基**,带有角甲基的环戊烷多氢菲称**甾核**(steroid nucleus)是类固醇的母体。甾核碳原子的编号从 A 环开始。

类固醇的结构特征是①甾核的 C3 上常为羟基或酮基;② C17 上可以是羟基、酮基或其他各种形式的侧链;③ C4 和 C5 之间和 C5 和 C6 之间常是双键;④ A 环在某些化合物如雌酮(estrone)中是苯环,这些类固醇无 C19(角甲基)。

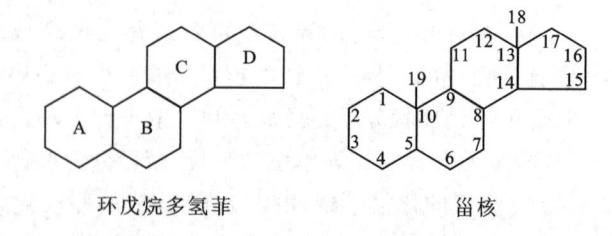

图 8-13 环戊烷多氢菲和甾核的结构

如图 8-14 所示,甾核中 3 个六元环可采取无张力的椅式构象,甾核的构象基本上是一个刚性的平面。在类固醇中 A 环和 B 环可以顺式稠合,也可以反式稠合;但其他环的稠合(B-C,C-D)都是反式的。A-B 反式类固醇,

C10上的角甲基(C19)伸向分子平面的上方(称β取向),在投影式中用实线楔形键表示;C5位上的氢原子伸向分子平面的下方(称α取向),用虚线键或虚线楔形键表示。A-B顺式类固醇,C10上的角甲基和C5上的氢原子都伸向分子平面的上方(β取向)。这两种类固醇的分子都比较长而扁平,两个角甲基都直立地伸向分子平面的上方。

胆甾烷醇(A-B反式二氢胆固醇)

粪固醇(A-B顺式二氢胆固醇)

图8-14 类固醇的立体结构

(三)胆固醇和其他固醇

类固醇中有一大类称为**固醇**或**甾醇**(sterol)的化合物,其结构特点是在甾核的C3上有一个β取向的羟基,C17上有一个含8~10个碳原子的烃链。大多数真核生物都能从异戊二烯单位合成固醇,并存在于它们的膜系统中,但细菌不能合成固醇,只有少数几种在它们的膜中能参入外源固醇。固醇可游离地存在,也可与脂肪酸成酯(蜡)存在。

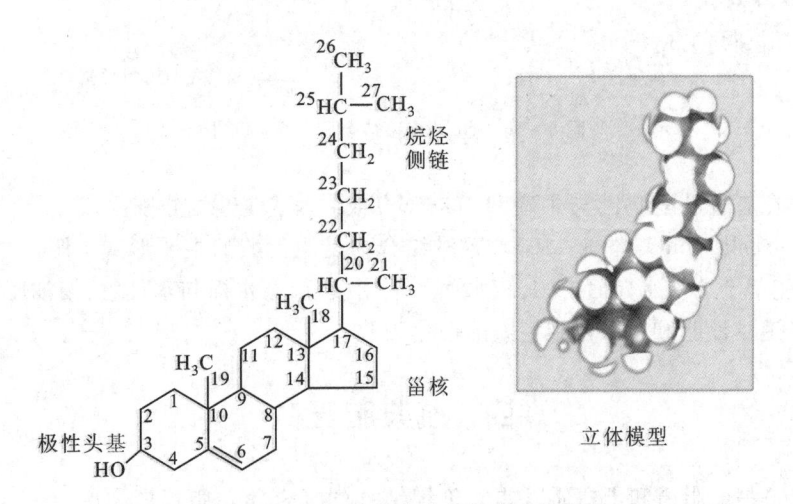

图8-15 胆固醇的化学结构和立体模型

胆固醇(cholesterol)在脑、肝、肾和蛋黄中含量很高,它是最常见的一种**动物固醇**(zoosterol)。此外羊毛固醇(图8-12)、**胆甾烷醇**(cholestanol)、**粪固醇**(coprostanol)(图8-14)以及7-脱氢胆固醇也属于动物固醇。胆固醇的化学结构及其立体模型如图8-15所示。胆固醇也是两亲分子,但它的极性头基(C3上的羟基)弱小,而非极性烃体(甾核和C17上的烷烃侧链)是一个刚性平面,这种特性使胆固醇对膜中脂质的物理状态具有调节作用(见本章后面)。胆固醇主要参与膜的组成,但它也是血中脂蛋白复合体的成分之一,并与动脉粥样硬化斑块的形成有关。胆固醇还是类固醇激素、维生素D和胆汁酸的前体,例如存在于皮肤中的7-脱氢胆固醇在紫外线作用下转化为维生素D_3(第12章)。

在植物中发现类似的固醇,称**植物固醇**(phytosterol)。其中最丰富的是**β-谷固醇**(β-sitosterol),存在于小麦、大豆等谷物中。它的结构几乎和胆固醇一样,只是在C17上的侧链是C_{10}不是C_8,因为在侧链C24上连有一个β-取向的乙基,因此也称24-β-乙基胆固醇。常见的植物固醇还有**豆固醇**(stigmasterol)、**菜油固醇**(campesterol)等。植物固醇很少被人的肠黏膜细胞吸收,并能抑制胆固醇的吸收。真菌类如酵母和麦角菌(Claveceps)产生的**麦角固醇**(ergosterol),即24-β-甲基-5,7,22-胆甾三烯-3-β-醇,在紫外线照射下可转化为维生素D_2的前体,后者经加热转变成维生素D_2(第12章)。

(四)固醇衍生物

动物中从胆固醇衍生来的有类固醇激素(第16章)、维生素D(第12章)和胆汁酸,植物中的强心苷配基和某些皂苷的配基(第7章)都是固醇衍生物。

胆汁酸(bile acid)在肝内由胆固醇直接转化而来,是机体内胆固醇的主要代谢终产物。人胆汁中含3种胆汁酸,**胆酸**(cholic acid)是其中的一种(图8-16)。已证实,胆汁酸属A-B顺式类固醇(图8-14);3,7,12位上的羟基均为α取向,C10和C13上的两个角甲基为β取向,羧基伸向羟基一侧,因而胆汁酸分子一个面是亲水的,另一个面是疏水的。胆汁酸是一种去污剂,具有增溶作用,脱氧胆酸和胆酸都是实验室里用来增溶膜蛋白的重要试剂。

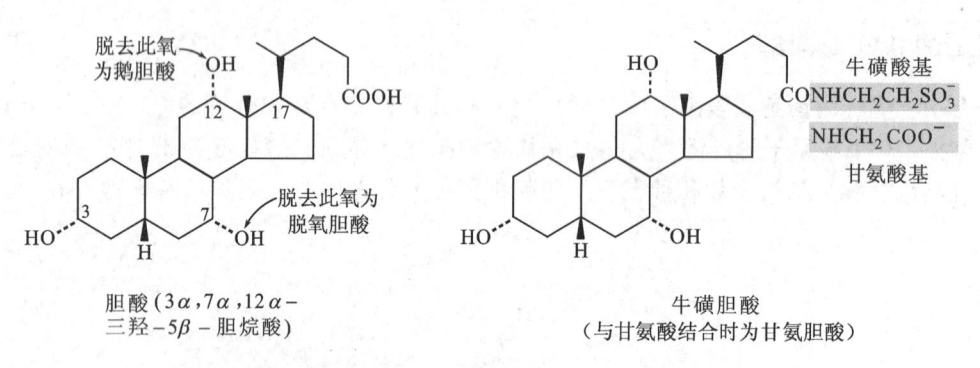

图8-16 胆汁酸和结合胆汁酸的结构

在肝中胆汁酸的羧基通过酰胺键与**牛磺酸**(taurine)或甘氨酸连接,分别生成结合物**牛磺胆酸**(taurocholic acid)和**甘氨胆酸**(glycocholic acid)(图8-16)。这种结合物是胆汁酸的主要形式。胆汁盐是结合物的钠盐或钾盐,是很强的去污剂,能溶于油-水界面处,其疏水面与油脂接近,亲水面与水接触,使油脂乳化,便于水溶性脂酶发挥作用,因而促进肠道中油脂和脂溶性维生素的消化吸收。

四、血浆脂蛋白

脂蛋白(lipoprotein)是由脂质和蛋白质以非共价键结合的复合体。脂蛋白中的蛋白质部分称为**脱辅基脂蛋白或载脂蛋白**(apolipoprotein)。脂蛋白广泛存在于血浆中,因此也称为**血浆脂蛋白**(plasma lipoprotein)。此外生物膜中与脂质融合的蛋白质也可看成脂蛋白,并称为**细胞脂蛋白**。

(一)血浆脂蛋白的分类

在血液中大多数脂质的转运是以脂蛋白复合体形式进行的。游离的脂肪酸只要结合到血浆中的血清清蛋白或其他蛋白质上则可转运,但是磷脂、三酰甘油、胆固醇和胆固醇酯都是以更复杂的脂蛋白颗粒形式转运的。

血浆脂蛋白中脂质和蛋白质的含量是相对固定的。因为大多数蛋白质的密度约为 $1.3 \sim 1.4 \text{ g/cm}^3$,脂质聚集体的密度一般约为 $0.8 \sim 0.9 \text{ g/cm}^3$,所以复合体中蛋白质含量愈高,复合体的密度愈大。脂蛋白依密度增加为序可分为**乳糜微粒**(chylomicron),**极低密度脂蛋白**(very low density lipoprotein,VLDL),**中间密度脂蛋白**(intermediate density lipoprotein,IDL),**低密度脂蛋白**(low density lipoprotein,LDL)和**高密度脂蛋白**(high density lipoprotein,HDL)(表8-4)。

血浆脂蛋白可利用密度梯度超速离心或更方便的电泳方法(第3章)把它们分开。如图8-17所示电泳得到4个条带:一条留在原点,含乳糜微粒;另一条称为 β-脂蛋白,它与 β-球蛋白一起迁移,含 LDL 及 IDL;第三条迁移在 β-区的前沿,称为前 β-脂蛋白,含 VLDL;第四条称为 α-脂蛋白,它和 α-球蛋白迁移在一起,含 HDL。

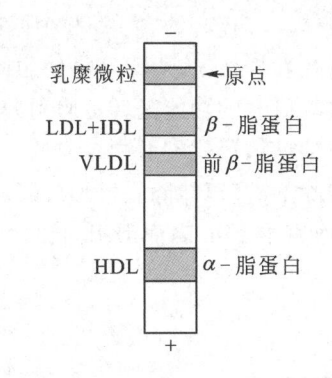

图 8-17 血浆脂蛋白的电泳图谱

表 8-4 主要的人血浆脂蛋白的组成和性质

脂蛋白的类别	密度/(g·cm⁻³)	颗粒直径/nm	组成/(% 干重)					
			蛋白质	游离胆固醇	胆固醇酯	磷脂	三酰甘油
乳糜微粒	0.92~0.96	100~500	2	1	30	8	86
VLDL	0.95~1.006	30~80	10	8	14	18	50
IDL	1.006~1.019	25~50	18	8	22	22	30
LDL	1.019~1.063	18~28	25	9	40	21	5
HDL	1.063~1.21	5~15	50	3	17	27	3

(二)血浆脂蛋白的结构与功能

血浆脂蛋白都是球状颗粒,由一个疏水脂(包括三酰甘油和胆固醇酯)组成的核心和一个极性脂(磷脂和游离胆固醇)与载脂蛋白参与的外壳层构成(图8-18)。极性脂以其极性头基面向外部的水相,非极性尾部向着疏水核心。整个外壳层将内部的疏水脂与外部的溶剂水隔离开来。载脂蛋白由两亲的 α 螺旋区构成,其疏水区可以与脂质很好结合,亲水区与溶剂水相互作用。载脂蛋白的主要作用是:①作为疏水脂质的增溶剂;②在脂蛋白转化方面起重要作用;③作为细胞膜上的脂蛋白受体的识别部位(细胞导向信号)。至今已有10多种专一的载脂蛋白被分离和鉴定,它们主要是在肝和肠中合成并分泌的。

乳糜微粒是由小肠的上皮细胞合成的。由于它的颗粒很大,当在血液中大量存在时,会使血浆或血清呈现乳白色。乳糜微粒的核心主要是三酰甘油,

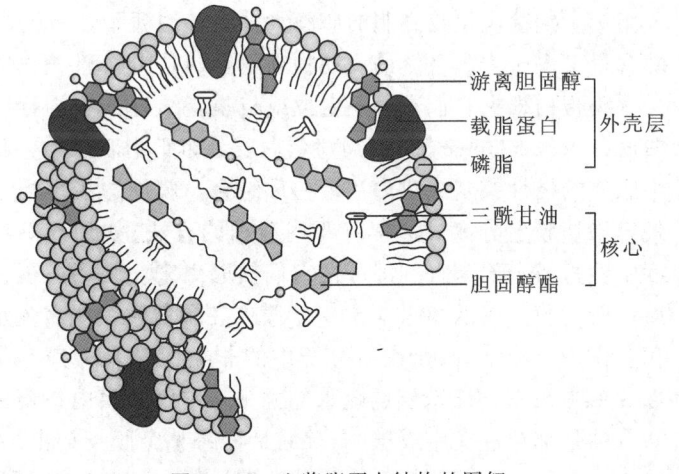

图 8-18 血浆脂蛋白结构的图解

占乳糜微粒质量的85%~95%，以及少量胆固醇、磷脂等。因此它是密度最小的脂蛋白。乳糜微粒的主要功能是从小肠转运被吸收的膳食三酰甘油及其他少量脂质到血浆和其他组织，三酰甘油在那里被分解和利用。**VLDL** 在肝细胞的内质网中合成，其功能是从肝转运内源的三酰甘油和将在肝包装的胆固醇运至各靶组织。**IDL** 是由 VLDL 除去（一部分）三酰甘油（如被脂肪组织贮存）后产生的。其颗粒密度和所含的三酰甘油和胆固醇的量介于 VLDL 和 LDL 之间。一部分 IDL 被肝直接吸收，其余部分转变为 LDL。**LDL** 是血液中总胆固醇的主要载体。其核心约含 1 500 个胆固醇酯分子。LDL 可能与慢性心脏病和动脉粥样硬化有关，特别是在血管壁受到氧化性损伤时，LDL 容易使胆固醇在受伤处沉积。但在大多数情况下，肝和其他器官会通过专一的受体将 LDL 除去。LDL 的功能是转运胆固醇到外周组织，也即把胆固醇分送到不能合成它的器官中去（第25章）。**HDL** 是以它的前体形式在肝中合成的。这种脂蛋白含有极高的蛋白质，可达50%。HDL 是除肝之外的其他地方的胆固醇清除剂，甚至能除去已形成斑块的胆固醇。临床研究证明，脂蛋白代谢不正常是造成动脉粥样硬化的主要原因，血浆中 LDL 高而 HDL 低的个体容易患心血管疾病。

五、膜的分子组成和超分子结构

地球上第一个细胞可能出现于膜的形成，膜把少量的水溶液包围起来与环境分开，膜不仅规定细胞的外边界，而且调节跨边界的分子运输；这层膜称为细胞膜，或**质膜**（plasma membrane）。此外，真核细胞中还有**内膜系统**（system of internal membrane），把内部空间分隔成若干独立的区室（compartment），即所谓细胞器和亚细胞结构。原核细胞的内膜系统不发达，只有少量的内膜结构。细胞的质膜和内膜系统总称为**生物膜**（biomembrane）。生物膜为组织复杂的反应序列、能量转换中心和细胞-细胞通讯中心提供了必要的结构基础。生物膜具有多种功能，生命活动中许多重要过程，如物质运输、能量转换、细胞识别、细胞免疫、神经传导、代谢调控等都与膜有关。

（一）生物膜的分子组成

生物膜主要由蛋白质、脂质和糖类组成，此外还有水和金属离子。生物膜的组分及其比例，特别是蛋白质和脂质的比例，因膜的种类不同可以有很大的变动（表8-5）。这反映出膜的生物学功能多样性，例如神经髓鞘（myelin sheath），蛋白质只占18%，脂质约占79%；而线粒体内膜和细菌质膜，蛋白质占75%左右，脂质仅占25%。一般说，功能复杂或多样的膜，蛋白质比例较大。相反，膜功能愈简单，膜蛋白的种类和含量愈少。例如，神经髓鞘，主要起电绝缘作用，仅含3种蛋白质；而线粒体内膜，功能复杂，含电子传递和偶联磷酸化的酶系，蛋白质达60多种。

膜脂有磷脂、糖脂和固醇等，其中以磷脂为主要成分。磷脂中又以甘油磷脂为主，特别是其中的磷脂酰胆碱和磷脂酰乙醇胺最丰富，也最普遍（表8-6）。动物细胞的质膜几乎都含糖脂，主要是鞘糖脂，如脑苷脂、神经节苷脂等。细菌和植物细胞的质膜大多为甘油糖脂。一般讲，动物细胞的固醇含量比植物细胞的高。而质膜的固醇含量又多于内膜系统的。动物细胞含的是胆固醇，植物细胞含的是植物固醇。细菌细胞一般不含固醇。

膜蛋白根据它们在膜上定位或与膜脂结合的牢固程度可分为**膜周边蛋白质**（peripheral protein）和**膜内在蛋白质**（integral protein）。膜周边蛋白质分布于脂双层（包括内、外层）表面，借静电相互作用或其他非共价力与膜中脂质的极性头基或膜内在蛋白质结合。膜周边蛋白质比较容易从膜上分离。通常只要用温和的方法，如加入高浓度中性盐或金属螯合剂即可把它们提取出来。膜周边蛋白质一般占膜蛋白的20%~30%。**膜内在蛋白质**主要靠疏水相互作用与膜结合；蛋白质分子中的非极性氨基酸残基常以α螺旋形式与脂双层的疏水部分相互作用。膜内在蛋白质有的是部分嵌在脂双层中，有的是横跨整个膜层（图8-19）。有些膜内在蛋白质自身并不进入膜内而是与某些脂

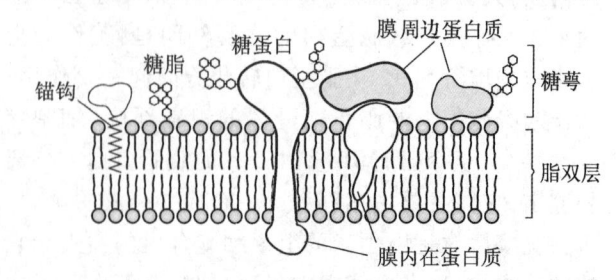

图 8-19 膜蛋白与磷脂双层结合的示意图

质(如脂肪酸,聚异戊二烯或糖基磷脂酰肌醇等)共价连接,并以后者为锚钩锚定在膜上(图8-19)。这类蛋白质与膜结合得较牢固,只有在较剧烈的条件下,如用去污剂(如 SDS)、有机溶剂或超声波等才能将它们解离下来。膜内在蛋白质占膜蛋白的70%~80%。

表8-5 生物膜的分子组成

类 别	组分/%				
	蛋白质	磷脂	固醇	其他
人神经髓鞘	18	40	21	糖脂
小鼠肝细胞	45	27	25	—
玉米叶细胞	47	26	7	糖脂
酵母	52	7	4	三酰甘油、固醇酯
大肠杆菌(E. coli)	75	25	0	0
线粒体内膜	76	23.3	0.7	0

表8-6 某些生物膜中各种脂质的组成/%

脂质名称	人红细胞	人髓鞘	牛心线粒体	大肠杆菌
磷脂酸	1.5	0.5	0	0
磷脂酰胆碱	19	10	39	0
磷脂酰乙醇胺	18	20	27	65
磷脂酰丝氨酸	8.5	8.5	0.5	0
磷脂酰肌醇	1	1	7	0
磷脂酰甘油	0	0`	0	18
心磷脂	0	0	22.5	12
鞘磷脂	17.5	8.5	0	0
糖脂	10	26	0	0
胆固醇	25	26	3	0

生物膜中含有一定量的糖类,它们占真核细胞质膜质量的2%~10%。这些糖类多数与膜蛋白结合。它们在质膜外表面形成一层多糖-蛋白质复合体,称**糖萼**(glycocalyx)或**细胞外壳**(cell coat)(图8-19)。这些似天线般的寡糖链可能与细胞识别、细胞粘着和细胞免疫有关。

(二)脂双层的自装配

膜脂是两亲分子,在水中的溶解度十分有限。当向水中逐渐加入膜脂如磷脂时,在水-空气界面处这些磷脂分子倾向于形成单分子层,极性头基被水吸引,非极性尾部伸向空气中。如果磷脂浓度增加到使水-空气界面达到饱和,此时水环境中的磷脂将以微观的脂质聚集体:微团(micelle)、脂双层(bilayer)和微囊(vesicle)或称脂质体(liposome)的形式存在(图8-20)。它们都是以磷脂分子的尾部通过疏水相互作用彼此靠紧,头基与周围的水分子借氢键互相接触。和肽键折叠相似(第5章),脂质分子的装配也是熵增加过程,是自发进行的。

脂质在水中装配成什么形式取决于脂质的本质和适宜的条件。头基横切面大于尾部横切面者如脂肪酸,溶血磷脂(只有一条酰基链)和去污剂 SDS 等倾向于形成**微团**(图8-20)。头基横切面等于尾部横切面者如甘油磷脂和鞘磷脂,则容易形成**脂双层片**(bilayer sheet),

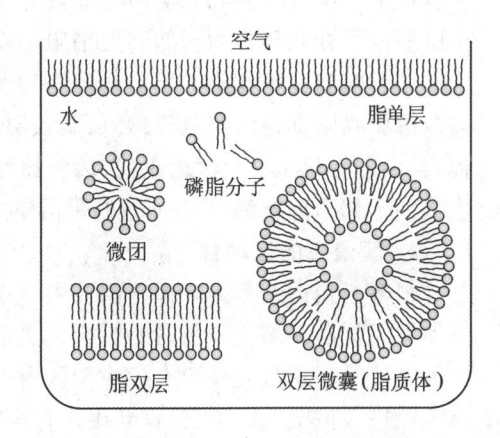

图8-20 磷脂分子在水中自发形成的几种聚集体

但由于其边缘的疏水区仍暴露在水中,结构不稳定,它将自发回折,形成中空的**双层微囊**即**脂质体**。现已证实脂双层是生物膜的基本结构。膜的厚度约为 6～10 nm。

(三) 膜组分的不对称分布

膜脂、膜蛋白和糖类在脂双层的两侧(即两个脂单层)分布是不对称的。例如质膜上某些脂质主要存在于胞外侧单层中,另一些则处于胞质侧单层中,但一种脂质很少只存在于一侧而不处于另一侧。这种不对称分布将导致膜两侧的电荷和流动性等的差异。膜脂的不对称分布与膜蛋白的定向分布和功能都有密切关系。膜蛋白在脂双层两侧的定向也是不对称的,这使膜有"正反面"的区别;跨膜内在蛋白质暴露在脂双层一侧的结构域与暴露在另一侧的结构域也是不同的,这反映了功能上的不对称性。膜中的脂质和蛋白质形成一个镶嵌图案,但图案能不断地自由变化。膜的镶嵌是流体的,因为其组分之间的相互作用大多是非共价的,这使得单个的脂质和蛋白质分子能够在膜平面上自由地作侧向运动。与膜脂不同,膜蛋白不能从脂双层的一层翻转到另一层,这有利于膜蛋白的不对称分布的维持。

糖类在脂双层的分布也是不对称的,无论质膜还是内膜系统,糖脂和糖蛋白的寡糖分布都是不对称的。

(四) 生物膜的流动性

膜的**流动性**(fluidity)包括膜脂和膜蛋白的运动状态。膜蛋白的运动状态也称为**运动性**(mobility)。流动性是生物膜结构的主要特征。合适的流动性与表现膜的正常功能有十分密切的关系。

1. 膜脂的流动性

虽然脂双层的整个结构是稳定的,但膜平面内的个别磷脂和固醇分子具有很大的运动自由度。膜脂的运动方式主要有:

(1) 膜脂的脂酰链在脂双层内作**热运动** 由于绕脂酰链 C—C 键的旋转,脂肪酸的烃链处于不断的运动中。膜的流动程度决定于膜脂的组成和温度。低温时膜脂运动慢,脂双层以近乎晶态(类晶态)排列存在。在某一温度之上膜脂快速运动,由类晶态(固体)转变为流体,此温度称为**相变温度**(phase-transition temperature)或"熔点"。由于膜脂组分不同,各种膜具有各自的相变温度。饱和脂肪酸容易装配成类晶态排列;不饱和脂肪酸由于存在"结节"妨碍这种排列。饱和脂肪酸的比例愈大,膜的相变温度愈高。膜中固醇含量是决定相变温度的另一重要因素。插入脂酰链之间的固醇,由于甾核是刚性平面结构,对膜流动性造成显著影响。当低于相变温度时,插入的固醇阻扰脂酰链的有序装配,因而增加了膜的流动性;高于相变温度时,固醇的刚性环系统减小邻近脂酰链绕其 C—C 键旋转的运动自由度,因而相对地降低了膜的流动性。

(2) 膜脂分子在脂双层的一层内作**侧向扩散**(lateral diffusion) 这种运动方式不仅涉及脂酰链的弯折,而且涉及整个膜脂分子在同一层内与邻近分子发生交换。扩散速度是很快的,以红细胞质膜为例,在脂双层外层中一个脂质分子在几秒钟内就能绕红细胞一周。

(3) 膜脂分子在脂双层的两层之间作**翻转扩散**(flip-flop diffusion) 这种运动方式与前两种相比机遇少得多。由于膜脂都是两亲分子,要从脂双层的一个面翻转到另一面,它必须穿过脂双层的疏水区。这是一个吸能过程,自由能变化是一个大的正值,因此比侧向扩散的速度慢得多。这种高耗能的翻转在原核和真核细胞中都有发生。一个称为**翻转酶**(flippase)的蛋白质家族提供一个能量上有利的跨膜通道,促进翻转扩散。

2. 膜蛋白的运动性

很多膜蛋白的行为好像它们被漂浮在脂质的海洋里。和膜脂一样,这些蛋白质能在脂双层的二维流体内自由地侧向扩散。测定膜蛋白的侧向扩散常采用**光致漂白荧光恢复法**(fluorescence photobleaching recovery, FPR)。这种方法是利用激光使膜上某一微区内结合有荧光素的膜蛋白不可逆地漂白,然后当其他部位的膜蛋白由于侧向扩散进入该微区,荧光又重新出现,表明膜蛋白发生侧向运动。

有些膜蛋白的侧向扩散受到细胞骨架很大的制约。例如红细胞质膜上的**血型糖蛋白**(glycophorin)和氯化物-重碳酸盐交换蛋白都是通过**锚蛋白**(ankyrin)被拴在丝状的细胞骨架蛋白质——**血影蛋白**(spectrin)上,因此这些膜蛋白的运动受到很大的限制。

（五）生物膜的流动镶嵌模型

从 19 世纪末到 20 世纪中对生物膜的分子结构曾提出过多种模型,包括脂双层模型、三夹板模型和单位膜模型等。1972 年美国 S. J. Singer 和 G. L. Nicolson 吸取前人提出的模型中的合理部分,并根据生物膜的流动性和膜组分分布的不对称性等研究成果提出了**流动镶嵌模型**(fluid mosaic model)。该模型认为膜是蛋白质和磷脂组成的动态结构。磷脂双层是一种流体基质,实质上是蛋白质的二维溶剂。在这里膜脂和膜蛋白能作旋转和侧向运动。Singer 和 Nicolson 还指出,这些蛋白质部分地或全部地嵌入脂双层中,有些甚至横跨整个膜(图 8 - 21)。此模型与以往提出的种种模型的主要差别在于:它突出膜的流动性和膜蛋白分布的不对称性。流动镶嵌模型虽也存在很多局限性,但至今尚无一个模型能代替它。

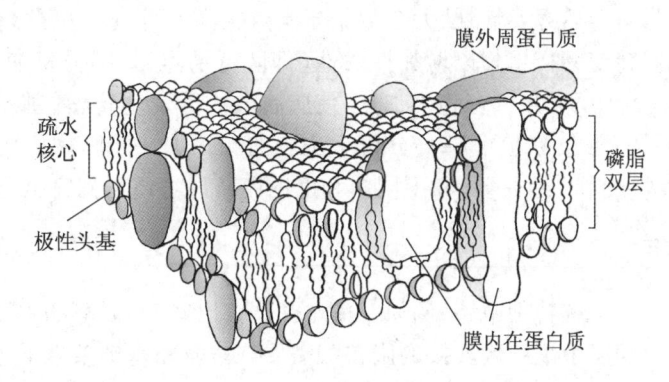

图 8 - 21 Singer 和 Nicolson 提出的膜结构流动镶嵌模型

六、脂质的提取与分析

脂质存在于细胞膜、细胞器和胞外体液如血浆、胆汁、乳和肠液中。欲研究某一特定部分(例如红细胞、脂蛋白或线粒体)的脂质,首先须将它们所在的组织或细胞分离出来。由于脂质不溶于水,从组织中提取和随后的分级分离都要求使用有机溶剂和某些特殊技术,这与纯化水溶性分子,如蛋白质和糖是很不相同的。一般说,脂质混合物的分离是根据它们在非极性溶剂中的极性或溶解度差别进行的。含脂肪酸的脂质可用酸、碱或高度专一的水解酶处理,水解成可用于分析的成分。

（一）脂质的有机溶剂提取

非极性脂质(三酰甘油、蜡和色素等)用乙醚、氯仿或苯等很容易从组织中提取出来。膜脂(磷脂、糖脂、类固醇)要用极性有机溶剂如乙醇或甲醇提取,这种溶剂既能降低脂质分子间的疏水相互作用,又能减弱脂质与蛋白质之间的氢键结合和静电相互作用。常用的提取剂(extractant)是氯仿、甲醇和水(1∶2∶0.8,V/V/V)的混合液。此比例的混合液是混溶的,形成一个相,组织(如肝)在此混合液中匀浆以提取所含脂质,匀浆后形成的不溶物包括蛋白质、核酸和多糖用离心或过滤方法除去。向所得的提取液(extract)加入过量的水使之分成两个相,上相是甲醇/水,下相是氯仿。脂质留在氯仿相,极性大的分子如蛋白质、多糖进入极性相(甲醇/水)。取出氯仿相并蒸发浓缩,取一部分干燥,称重,其余用于下步分离分析。

（二）脂质的吸附层析分离

被提取的脂质混合物可采用层析方法进行分级分离。例如硅胶柱吸附层析可把脂质分成非极性、极性和带电荷的多个组分。**硅胶**(silica)是硅酸 $Si(OH)_4$ 的一种形式,一种极性的不溶物。当脂质混合物(氯仿提取液)通过硅胶柱时,由于极性和带电荷的脂质与硅胶结合紧密被留在柱上,非极性脂质则直接通过柱子,出现在最先的氯仿流出液中,不带电荷的极性脂质(如脑苷脂)可用丙酮洗脱,极性大的或荷电的脂质(如磷脂)可用甲醇洗脱。分别收集各个组分,在不同系统中再层析,以分离单种脂质组分。例如磷脂可进一步分离成磷脂酰胆碱、鞘磷脂、磷脂酰乙醇胺等。如果采用高效液相色谱(HPLC)或薄层层析(TLC)进行脂质分离则速度更快,分辨率更高。

(三)混合脂肪酸的气液色谱分析

当层析系统的流动相为气体如氢、氦、氮,固定相为涂渍在固体颗粒表面的液体时,此层析技术称为**气液色谱**或气液层析(gas-liquid chromatography,GLC)。GLC分离法也是基于分配过程,即利用样品组分中流动的气相和固定在颗粒表面的液相之间的分配系数不同,达到组分分离的目的(第2章)。GLC可用于分离分析混合物中的挥发性成分。除某些脂质具有天然挥发性外,大多数脂质沸点很高,6个碳以上的脂肪酸沸点都在200℃以上。因此进行分析前必须先将脂质转变为衍生物以增加挥发性(即降低沸点)。为分析油脂或磷脂样品中的脂肪酸,首先需要在甲醇/HCl或甲醇/NaOH无水混合物中加热,使脂肪酸成分发生**转酯[基]作用**(transesterification),从甘油酯转变为甲酯。然后将甲酯混合物进行GLC分析。洗脱的顺序取决于柱中固定液的性质以及样品中成分的沸点和其他性质。利用GLC技术,各种链长和不同饱和度的脂肪酸可以得到完全分开。

(四)脂质结构的测定

某些脂质对在专一条件下的降解特别敏感,例如三酰甘油、甘油磷脂和固醇酯中酯键连接的脂肪酸只要用温和的酸或碱处理则被释放。而鞘脂中酰胺键连接的脂肪酸需要在较强的水解条件下才能被释放。水解某些脂质的专一性酶也被用于脂质结构的测定。前面谈到过的磷脂酶A_1和A_2等都能断裂甘油磷脂分子中的一个特定的键,并产生具有特别溶解度和层析行为的产物。例如磷脂酶C作用于磷脂,释放一个水溶性的磷酰醇(phosphoryl-alcohol)如磷酸胆碱和一个氯仿溶的二酰甘油,这些成分可以分别加以鉴定,以确定完整磷脂的结构。专一性水解与产物的TLC、GLC或HPLC相结合的技术常可用来测定一个脂质的结构。确定烃链的长度和双键位置,**质谱分析**特别有效。

习 题

1. (a)天然脂肪酸在结构上有哪些共同的特点?(b)写出脂肪酸,顺-9-棕榈油酸和$18:3\Delta^{9,12,15}$的结构式。

2. 由甘油和三种不同的脂肪酸(如豆蔻酸、棕榈酸和硬脂酸)可形成多少种不同的三酰甘油(包括简单型和混合型在内)?[27种]

3. (a)为什么同是18碳的脂肪酸硬脂酸(18:0)的熔点比油酸(18:1)的熔点高?(b)结核杆菌产生的结核硬脂酸(10-甲基十八烷酸)的熔点更接近硬脂酸的还是更接近油酸的熔点?为什么?(提示:结核硬脂酸的熔点为12.8~13.4℃)

4. 从植物种子中提取出1 g油脂,把它等分为两份,分别用于测定该油脂的皂化值和碘值。测定皂化值的一份样品消耗KOH 65 mg,测定碘值的一份样品消耗I_2 510 mg。试计算该油脂的平均相对分子质量和碘值。[1292;102]

5. 某油脂的碘值为68,皂化值为210。计算每个油脂分子平均含多少个双键。[2个]

6. 写出下列化合物的名称:(a)在低pH时,携带一个正净电荷的甘油磷脂;(b)在中性pH时,携带负净电荷的甘油磷脂;(c)在中性pH时,净电荷为零的甘油磷脂。

7. 给定下列分子成分:甘油、脂肪酸、磷酸、长链醇和糖。试问(a)哪两个成分在蜡和鞘磷脂中都存在?(b)哪两个成分在脂肪和磷脂酰胆碱中都存在?(c)哪些(个)成分只在神经节苷脂而不在脂肪中存在?

8. 指出下列膜脂的亲水成分和疏水成分:(a)磷脂酰乙醇胺;(b)鞘磷脂;(c)半乳糖脑苷脂;(d)神经节苷脂;(e)胆固醇。

9. 一种血浆脂蛋白的密度为$1.08 g/cm^3$,载脂蛋白的平均密度为$1.35 g/cm^3$,脂的平均密度为$0.90 g/cm^3$。问该脂蛋白中载脂蛋白和脂质的质量分数各是多少?[48.6%载脂蛋白,51.4%脂质]

10. (a)用化学方法把鞘磷脂与磷脂酰胆碱区分开来;(b)写出Galβ1→4Glcβ1→Cer的化学结构式。

主要参考书目

[1] 王镜岩,朱圣庚,徐长法. 生物化学. 第三版. 北京:高等教育出版社,2002.
[2] Garrett R H, Grisham C M. Biochemistry. 3rd ed. USA:Saunders College Publishing,2004.
[3] Meyers R A(ed). Molecular Biology and Biotechnology—a Comprehensive Desk Reference. New York:VCH Publishers Inc,1995.
[4] Stryer L. Biochemistry. 6th ed. New York:W H Freeman and Company,2006.
[5] Nelson D L, Cox M M. Lehninger Principles of Biochemistry. 4th ed . New York:W H Freeman, 2004.

(徐长法)

第9章 酶 引 论

在第6章中曾谈到，蛋白质最重要的生物学功能是作为生物新陈代谢的催化剂——酶(enzyme)。**酶**是活细胞制造并具有催化活性的蛋白质或RNA。生物体内的各种化学反应几乎无一不是在酶催化下进行的。

本章和后面两章都是介绍有关酶的知识包括酶作为生物催化剂的一般性质、酶促反应动力学、酶作用机制和酶活性调节等。

一、酶研究的简史

生物化学的历史很大程度上是酶的研究历史。我国远在上古时代已经在实践中利用微生物发酵酿酒和造酱。并认识到酿酒必须用曲，古称曲为酒母，又称酶，与媒通。曲是促进谷物（糖类）转化为酒的媒介物。但人类对酶的现代认识开始于19世纪，这种认识与近代发酵工业的兴起有着密切关系。当时法国 Pasteur L 从事发酵的化学过程研究，1857年他提出糖被酵母发酵为酒精是酵母中的[发]**酵素**(ferment)催化的，但他又认为这种酵素与活细胞是不能分开的，这就是所谓**生机论**(vitalism)，并流行了相当长的时间。直至1897年德国 Büchner E 发现无细胞的酵母提取液也能把糖转化为乙醇，证明了发酵是被一些能离开活酵母的分子（酶）所催化的，生机论才随之结束。此后许多新酶的分离和性质的研究推动生物化学的蓬勃发展。1926年美国 J Sumner 从刀豆中分离并结晶出**脲酶**(urease)，揭示出酶的化学本质是蛋白质（新近发现少数酶是 RNA 分子）。在20世纪中、后叶，酶学研究有了飞跃的发展，较集中地研究酶在代谢调控和细胞分化中的作用，并导致数千种酶被分离纯化，其中许多酶的结构和催化机制被阐明，使人们在分子水平上更好地了解酶是如何行使它们的生物学功能的。顺便说一句，酶学研究之所以得到如此的发展，是因为它与医学、生物学特别是分子生物学以及农作物的病虫害防治、遗传育种、制药和发酵工业有着密切的关系。

二、酶是生物催化剂

作为**生物催化剂**(biocatalyst)的酶和一般催化剂的共同点是：①在反应系统中催化剂的量很少，反应前后它的化学组成和数量保持不变；②通过改变化学反应途径，降低反应活化能，提高化学**反应速率**(rate)或速度(velocity)；③只能缩短化学反应达到平衡的时间，但不能改变反应的平衡常数(K_{eq}或K)或反应前后系统中的 Gibbs 自由能差($\Delta G^{\ominus}$)*($\Delta G^{\ominus} = -RT \ln K$)，也即虽能增大一个化学反应的前向速率常数($k_1$)和逆向速率常数($k_{-1}$)，但它们的比值$k_1/k_{-1}$保持不变。总之，酶不具有超然的力量，它和其他催化剂一样，是在热力学允许的范围内在动力学上发挥作用的。

（一）反应速率理论与活化能

化学反应的速率主要决定于反应物本身的化学性质，其次决定于反应的条件，包括反应物浓度、温度和催化剂等。在反应速率理论的发展中先后形成了两个理论——碰撞理论和过渡态理论。

碰撞理论(collision theory)认为分子必须经过相互碰撞才能发生反应，而且只有那些所谓**有效碰撞**(effective collision)才能发生反应。化学反应的实质是旧键断裂和新键形成的过程。化学反应要求参与的分子能够克服相

---

* ΔG 右上标的 $\ominus$（或 o）表示热力学标准态：压力为 101325 Pa（760 torr），浓度或活度为 mol·L^{-1}，除特别指出外，温度为 298 K（25 ℃）。生物化学中标准态符号用 $\ominus'$（或 o'，'o）如 $G^{\ominus'}$，这里[H$^+$]规定为 pH 7.0，而热力学标准态的[H$^+$]为 1 mol·L^{-1}（pH=0）。

互间的排斥力,使它们的电子云彼此重叠,以便发生核与电子的重新分布。因此只有那些具有足够动能或**平动能**(translational energy)的分子才能发生有效碰撞。这些具有足够平动能的分子称为**活化态**(activated state)或**活化分子**。根据气体分子运动论的平动能 Maxwell–Boltzmann 分布定律可导出系统中活化分子数(n')占反应物总分子数(n_0)的分率 f 与反应活化能的关系式:

$$f = \frac{n'}{n_0} = e^{-(E'-E_o)/RT} = e^{-E_a/RT} \tag{9-1}$$

或

$$f = \exp(-E_a/RT) \tag{9-2}$$

式中 e 是自然对数的底;exp 是 e 指数的另一种表示方式;R 是摩尔气体常数;T 是热力学温度;E' 和 E_o 分别代表 1 mol 活化态分子的平均能量和 1 mol 基态分子的平均能量,单位为 kJ/mol。**活化能**(activation energy)可定义为一般分子转变为活化分子所吸收的最小平均平动能,代表分子进行有效碰撞所需的起码的额外能量要求。根据碰撞理论推导的反应速率常数:

$$k = Z \exp(-E_a/RT) \tag{9-3}$$

式中 Z 通常表示 1s 1L 体积内 1 mol 反应物分子的碰撞次数;$\exp(-E_a/RT)$ 是活化分子分率。此式与 **Arrhenius 经验公式**(反应速率的指数定律):

$$k = A \exp(-E_a/RT) \tag{9-4}$$

是相当的。Arrhenius 公式中速度常数 k 也可以分解为两项:A 项称为指数前因子或频率因子,因为它与碰撞频率有关,其实对很多反应,它还与碰撞方位以及其他因素有关,因此人们把方程 9-3 中的 Z 值修正为 ZP,P 称为概率因子或方位因子;$\exp(-E_a/RT)$ 项称为指数因子,相当于活化分子分率,并表明反应速率与反应温度和活化能是指数关系。在指数定律中 A 和 E_a 一般被认为与温度无关,仅决定于反应的特性。

理论研究和实验是互相促进的。碰撞理论对 Arrhenius 经验公式中的指数项、A 因子和活化能都给予较明确的物理意义。但该理论把分子看成是刚球,未考虑分子内部的结构,因此仍有相当的局限性。

过渡态理论(transition state theory)又称绝对速率理论,该理论认为化学反应不仅需要碰撞而且必须经过一个短暂的**过渡态**或**活化复合体**(activated complex,符号为"≠")才能形成产物。现举氯离子和溴甲烷反应生成氯甲烷和溴离子为例说明此理论的梗概(图 9-1)。

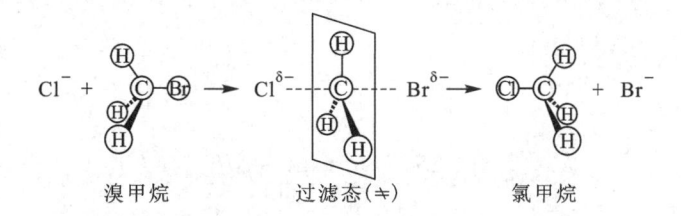

图 9-1 在氯离子和溴甲烷的反应中过渡态的形成

考虑处于转动基态和振动基态的 Cl^- 和 CH_3Br,由于分子运动具有平动能,但只有那些具有足够平动能的 Cl^- 才能克服分子之间的排斥力,进入 CH_3Br 的碳原子的范德华半径范围内,否则 Cl^- 立即被弹回,并且必须从正确的方位,最好是从与 Br 原子完全相反的方位接近碳原子。这样当 Cl^- 与碳原子的电子云融合时,Br 可以无阻碍地从另一侧离去(见图 9-1),而伞形排列的氢原子经过一个平面中间物翻转到另一边,形成 CH_3Cl 和 Br^-。从图 9-1 可以看到过渡态既不是溴甲烷也不是氯甲烷,而是新旧键更替中的活化复合体。可以设想如果从图中所示方位之外的任一方位接近 Cl^- 使成过渡态,都将需要更多的动能。一般说,反应分子具有的平动能不是不足,就是过量,因此一旦形成过渡态,它便立即崩解为产物。反应物分子(或原子、离子)互相碰撞时,它们的动能减小,势能增加,被用于分子内部键的应变、拉伸。当进入过渡态时,势能达到某一最高值。因此活化能也可表述为反应物的基态和过渡态之间的势能差。

在过渡态理论中,形成活化复合体时除需要满足能量要求外,对分子的空间方位也有一定的要求。因此,这一理论比碰撞理论更符合实际。在这里碰撞理论中的活化能 E_a 被一个更恰当的物理量**活化自由能** $\Delta G^{\ominus *}$(见方程 9-10)所代替。根据过渡态理论,在下面的反应式中(K^* 是过渡态平衡常数;k 是一级速率常数):

$$A + B \underset{\text{反应物}}{\overset{K^*}{\rightleftharpoons}} \underset{\text{活化复合体}}{AB^*} \overset{k}{\longrightarrow} \underset{\text{生成物}}{P + Q}$$

A 和 B 的总反应速率 v 决定于活化复合体生成产物这一步骤,即 $v \propto [AB^*]$;反应物和活化复合体处于平衡中:

$$K^* = \frac{[AB^*]}{[A][B]} \quad \text{或} \quad [AB^*] = K^*[A][B] \tag{9-5}$$

活化复合体分解为产物时,键断裂所需的能量从该键的振动自由度转化为反应轴的平动自由度而来,过渡态的分解频率与该键的振动频率 $\nu(=RT/Nh$,N 是 Avogadro 常数,h 是 Planck 常数)是一致的。因此反应总速率(v):

$$v = [AB^*]\nu = K^*[A][B]\frac{RT}{Nh} \tag{9-6}$$

根据质量作用定律得反应总速率,$v = k[A][B]$,则 $k[A][B] = K^*[A][B]\dfrac{RT}{Nh}$

所以一级速率常数

$$k = \frac{RT}{Nh}K^* \tag{9-7}$$

这就是从过渡态理论得到的基本公式。如果以 $\Delta G^{\ominus *}$、$\Delta H^{\ominus *}$ 和 $\Delta S^{\ominus *}$ 分别表示反应物的基态和过渡态之间的标准自由能差值、标准焓差值和标准熵差值(一般简称为标准**活化自由能**、**活化焓**和**活化熵**);则有:

$$-RT\ln K^* = \Delta G^{\ominus *} = \Delta H^{\ominus *} - T\Delta S^{\ominus *} \tag{9-8}$$

$$K^* = \exp(-\Delta G^{\ominus *}/RT) \tag{9-9}$$

或 $\quad K^* = \exp(\Delta S^{\ominus *}/R)\exp(-\Delta H^{\ominus *}/RT)$

将 K^* 值代入方程 9-7,得:

$$k = \frac{RT}{Nh}\exp(-\Delta G^{\ominus *}/RT) \tag{9-10}$$

或 $\quad k = \dfrac{RT}{Nh}\exp(\Delta S^{\ominus *}/R)\exp(-\Delta H^{\ominus *}/RT)$

式中 $\Delta H^{\ominus *}$ 可用 E_a 代替,而不致造成很大误差。与方程 9-3 或 9-4 比较,$(RT/Nh)\exp(\Delta S^{\ominus *}/R)$ 相当于 Z 或 A,表明 Z 或 A 中包含了熵的变化。显然,当两个分子碰撞缔合成活化复合体时,必将丢失一些自由度,熵值减小,$\Delta S^{\ominus *}$ 为负值。因此实验测得的 A 值远小于碰撞理论计算的 Z 值,这就是为什么 Z 值需要修正为 ZP 的原因。

(二)酶通过降低活化自由能提高反应速率

根据反应速率理论,速率常数 k 与 $\exp(-\Delta G^{\ominus *}/RT)$ 成反比关系,因此提高温度或降低活化自由能都能显著地增加反应速率。对于活的生物来说只能或主要借助降低活化自由能来提高反应速率,这就是酶分子承担的催化功能。对于一个简单的**酶[促]反应**(enzymatic reaction)可写成:

$$E + S \rightleftharpoons ES \rightleftharpoons EX^* \rightleftharpoons EP \rightarrow E + P$$

式中 E、S 和 P 分别代表酶、反应物和产物,在酶学中反应物常称为**底物**(substrate);ES 和 EP 是酶与底物和酶与产物的**中间复合体**(intermediate complex);EX*是**酶-过渡态复合体**。图 9-2 是 S→P 化学反应进程中能量变化的图解;图中纵轴是自由能水平(G),横轴是反应进程或反应坐标。图示出酶促反应和非催化反应所经的能量途径和活化能大小($\Delta G^{\ominus *}$)的比较。反应(S→P)的前向和逆向的起始点分别称为**初态**和**终态**,或统称为**基态**(ground state),一般是指热力学标准态($\ominus$)或生物化学标准态($\ominus'$)的自由能水平。S 和 P 之间的平衡反映它们的标准自由能差($\Delta G^{\ominus}$或 $\Delta G^{\ominus'}$)。在示出的例子中 S 的基态自由能高于 P 的基态自由能,即 S→P 反应的 $\Delta G^{\ominus} < 0$,平衡有利于 P 方。平衡位置和方向不受任何催化剂的影响。

　　有利的平衡并不意味反应能够以可测的速率进行,因为在 S 和 P 之间,还有反应**能障**(energy barrier)需要克服。能障的阈值等于活化自由能($\Delta G^{\ominus *}$)。能障是一座"能山","山"的顶点或能峰是过渡态,它崩解成 P 或 S 的概率相等。过渡态不是一种稳定的分子形式,只存在飞逝的一瞬间(典型寿命为 10^{-13}s)。注意,不要把中间复合体和过渡态复合体等同起来,前者是相对稳定的分子形式(寿命为 $10^{-13} \sim 10^{-3}$s),在能量-反应坐标图上前者处于能谷中。其实,反应能障的存在并不总是坏事,正是它保证了地球上生命的存在。否则,热力学上的自发反应即 $\Delta G < 0$ 的反应将随时发生。这样世界上所有的有机物质包括生物大分子、细胞和生物都将被燃烧(氧化)成 CO_2 和 H_2O 等。

　　酶是怎样克服能障,降低活化能的?这是一个复杂的催化机制问题,看来关键在于形成**酶-底物复合体**(包括 ES 和 EX*等)。根据方程 9-8,活化自由能(ΔG^*)是由活化熵(ΔS^*)和活化焓(ΔH^*)两项构成的。因此,酶降低反应的活化自由能也可从熵和焓两个方面来考虑。

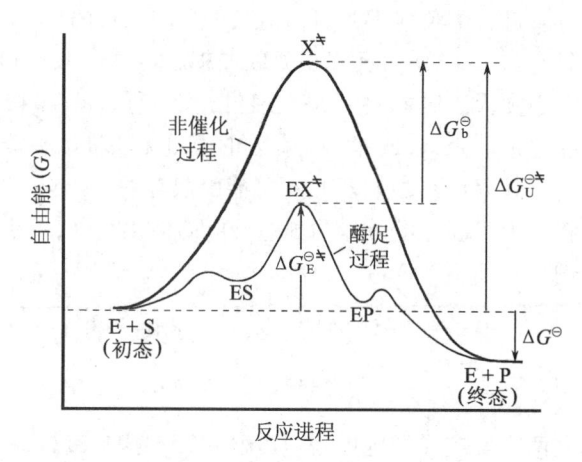

图 9-2 酶促反应和非催化反应中活化自由能的变化
图中 $\Delta G_b^{\ominus}$ 为标准结合自由能变化,$\Delta G_E^{\ominus *}$ 和 $\Delta G_U^{\ominus *}$ 分别为酶促反应和非催化反应的标准活化自由能

熵因子方面:有两个效应值得注意,**邻近效应**和**定向效应**。邻近(proximity)是指双分子酶促反应中两个底物分子被束缚在酶分子的表面使之彼此接近;定向(orientation)是指两个底物的反应基团之间和底物反应基团与酶催化基团之间的正确定位取向。邻近和定向的效果相当于增加了局部底物浓度和有效碰撞概率。一般说,两个底物分子形成一个活化复合体时,需要经历平动自由度和转动自由度的丢失,造成熵的锐减,ΔS^*是负值,于是方程 9-8 中 $-T\Delta S^*$ 项是正值,这意味着将有一个大的活化自由能(ΔG^*),显然对反应是不利的。但在酶促反应中自由度的丢失是在进入过渡态(EX*)之前形成 ES 中间复合体时发生的,并由酶与底物非共价结合时释放的自由能,称**结合[自由]能**(binding energy, ΔG_b),补偿了自由度丢失引起的熵减,因此进入过渡态时的 ΔS^*(绝对值)减小,从而 ΔG^* 比非催化反应时降低。

焓因子方面:底物形变和诱导契合涉及活化焓 ΔH^* 的降低。对于大多数反应来说,底物进入过渡态时都会发生形变(distortion),反应键被拉长、扭曲,处于所谓**电子应变**或**电子张力**(electronic strain)状态。底物形变需要给反应系统提供能量(ΔH^*)。但在酶促反应中底物形变所需的能量也是由 E 和 S 之间形成弱相互作用时释放的结合自由能(内能)提供的,因而减少了进入过渡态(EX*)所需的 ΔH^*。底物与酶结合的同时,通常酶分子也发生形变或构象变化,以"迎合"底物进入过渡态时的需要,即所谓诱导契合(见图 9-5)。诱导契合使酶分子上的催化基团进入适当位置,包括向底物提供**广义酸碱催化**和**共价催化**的基团,以削弱反应键,这也是减少 ΔH^* 的一种方式。

　　底物通过与酶结合的方式虽能有效地降低活化自由能(ΔG_E^*),但仍有一部分活化自由能需要从别处获得,才能进入或通过过渡态(图 9-2)。鉴于底物已被固定在酶分子上,自身没有留下使其进入过渡态的平动能,因此只能从溶剂分子碰撞酶-底物复合体时的动能中获得这部分能量,这暗示酶分子在反应过程中还可能起能量捕获和传导的作用。

酶降低活化自由能的细节将在第 11 章酶作用机制中进一步讨论。

(三) 酶还是偶联反应的介体

酶只能催化自发反应。**自发反应**(spontaneous reaction)是指不需任何外力的推动、只要伴有自由能的释放就能自动进行的反应,也称为**放能反应**(exergonic reaction);反之为非自发反应或称为**吸能反应**(endergonic reaction)。熵和自由能的变化都可作为反应自发性的判据。对于恒温恒压下的化学反应,用反应系统的自由能变化(ΔG)判断反应进行的方向和限度更为方便。系统不论从什么起始态出发,都趋于自由能最小的平衡状态。一切自发进行的反应都是自由能减少($\Delta G < 0$)的反应;$\Delta G = 0$,反应处于平衡态;$\Delta G > 0$ 的反应原则上不可能发生,只有与 $\Delta G < 0$ 的反应相**偶联或耦合**(coupling)方可实现。借助放能反应来推动吸能反应要有两个条件:一是放能必须大于吸能,总自由能变化应为负值(见第 18 章);二是需要使吸能和放能两个反应通过介体(mediator)偶联起来。否则,放能反应释放的能量无法推动吸能反应的进行。这好比两个高度不同的独立物体,即使重的一个自上降落(自发过程)也不可能引起轻的一个自下升起(非自发过程),但如果将两者用绳索和滑轮联系起来,则将成为可能。酶除作为加速反应的催化剂外,不少酶还充当偶联反应的介体,并被喻为生物化学的绳索和滑轮。例如下面两个反应:

吸能反应: 乙酰-CoA + CO_2 → 丙二酸单酰-CoA ($\Delta G^{\ominus}$ = +18.8 kJ/mol)

放能反应: ATP^{4-} + H_2O → ADP^{3-} + Pi^{2-} + H^+ ($\Delta G^{\ominus}$ = -37.2 kJ/mol)

这两个反应在细胞内是由**乙酰-CoA 羧化酶**(acetyl-CoA carboxylase)偶联并催化的(见第 25 章)。酶把它们安排成两个新的过程(下式中 E 代表乙酰-CoA 羧化酶;生物素是该酶的辅因子之一,见第 12 章):

(1) E-生物素 + ATP^{4-} + CO_2 + H_2O → E-羧基生物素 + ADP^{3-} + Pi^{2-} + H^+ ($\Delta G^{\ominus}$ = -17.6 kJ/mol)

(2) E-羧基生物素 + 乙酰-CoA → E-生物素 + 丙二酸单酰-CoA ($\Delta G^{\ominus}$ = -0.8 kJ/mol)

净反应为: 乙酰-CoA + CO_2 + ATP^{4-} + H_2O → 丙二酸单酰-CoA + ADP^{3-} + Pi^{2-} + H^+ ($\Delta G^{\ominus}$ = -18.4 kJ/mol)

这里每个过程都是放能反应。它们的净结果与前面吸能和放能两个反应的净结果是一样的,总自由能变化都是负值(-18.4 kJ/mol)。显然,酶不能催化单独的非自发反应,只能选择适当的途径把吸能反应和放能反应在能量上联系起来,使每一步都成为热力学上可能发生的反应,并催化它们。

(四) 酶作为生物催化剂的特点

与非生物催化剂比较,酶具有 3 个显著的特点:催化能力高、专一性强、活力受到调节。

1. 酶的催化能力高

酶具有非常高的**催化能力**(catalytic power)。酶催化的反应速率为非催化反应速率的 $10^5 \sim 10^{17}$ 倍,也远高于任何人工合成的催化剂所能达到的反应速率。例如催化尿素水解的**脲酶**,在 20℃ 时催化反应的比速率是 3×10^4 s^{-1},尿素的非催化水解的比速率是 3×10^{-10} s^{-1},因此脲酶催化的尿素分解速率为非催化的分解速率的 10^{14} 倍(表 9-1)。应该指出酶促反应是在温和的温度和接近中性 pH 的水溶液中进行的,不像许多非催化反应和非酶催化反应那样需要在剧烈条件,如高温、高压下才能进行。

2. 酶的专一性强

酶的**专一性**或**特异性**(specificity)是指酶对所作用的底物和所催化的反应具有选择性。这种选择性是通过酶与底物之间的相互作用,或者说通过基于结构互补的分子识别实现的(见第 6 章)。一种酶往往只能作用于一种或一类底物,催化一种或一类反应。例如**淀粉酶**(amylase)只能水解淀粉链中的糖苷键;**脂肪酶**(lipase)水解脂质中的酯键;**蛋白酶**(protease)水解多肽链中的肽键;对其他的物质和反应一般无催化作用。非酶催化剂没有这样严格的选择性,像无机酸(H^+),它可以催化多糖、脂质和蛋白质等的水解。

表 9-1 某些酶促反应的速率提高倍数

酶	酶催化速率/非酶催化速率
亲环蛋白(cyclophilin)	10^5
碳酸酐酶(carbonic anhydrase)	10^7
磷酸丙糖异构酶(triose phosphate isomerase)	10^9
羧肽酶 A(carboxypeptidase A)	10^{11}
葡糖磷酸变位酶(phosphoglucomutase)	10^{12}
琥珀酰-CoA 转移酶(succinyl-CoA transferase)	10^{12}
脲酶(urease)	10^{14}
乳清苷单磷酸脱羧酶(orotidine monophosphate decarboxylase)	10^{17}

3. 酶活力受到调节

酶不仅是代谢反应的催化剂,还是代谢反应的调节元件。酶对新陈代谢的调节是最原始的,但也是最基本的。细胞中酶的质和量直接影响代谢反应的速率、方向和途径。酶的调节包括酶活力(酶活性)的调节和酶量的调节。**酶活力调节**是指通过激活或抑制以改变细胞内已有酶分子的催化能力。酶活力调节又可分为别构调节(或别构效应)、共价调节等(见第 11 章)。细胞中许多酶常常是在连续反应链中起作用的。所谓**连续反应链**是指前一个酶反应的产物是后一个酶反应的底物,如图 9-3 所示。反应链的总速率决定于其中反应速率最慢,也即活化自由能最高的一步反应,常称**限速步骤**(rate-limiting step)。大多数连续反应链的第 1 步就是限速步骤。当链的终产物 Z 积累过多时,它将对限速步骤的酶(如 E_A)产生抑制作用,称为**反馈抑制**(feedback inhibition)。限速酶是一类别构调节酶,代谢物 Z 在这里充当一种负别构调节物的作用。代谢物对酶活力的调节,不仅表现为反馈抑制,也可以表现为酶的激活(见第 34 章)。**酶量调节**是指通过酶的合成或降解,以改变现有酶分子的数量。酶量调节的一种方式是诱导或抑制酶的合成。酶的合成涉及酶蛋白的基因表达,这属于基因表达的调控,有关内容将在第 34 章中介绍。

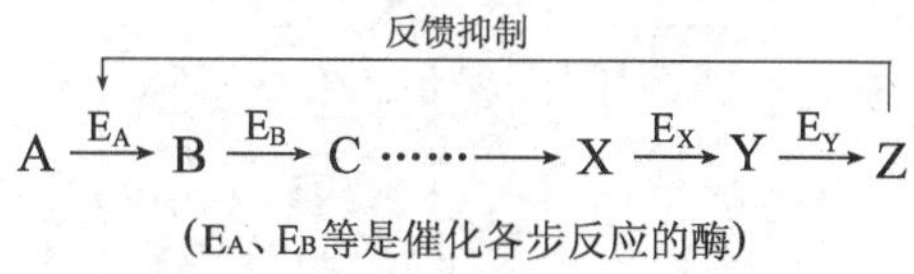

图 9-3 连续反应链(系列)
(E_A、E_B 等是催化各步反应的酶)

多数酶是一类蛋白质,能引起蛋白质变性的因素都能使酶分子的活性丢失,称为**失活**(inactivation)。这与非生物催化剂(有些也有中毒失效的问题)相比也可算是一个特点。

三、酶的化学本质

除少数具有催化活性的 RNA 分子外,所有研究过的酶,它们的化学本质都是蛋白质。酶的分离纯化、结构及一般的物理和化学性质参看前面有关蛋白质的部分(第 2～6 章)。

(一)酶的化学组成

酶和其他蛋白质一样,相对分子质量很大,M_r 约在 13 000～10^6 之间(参看表 4-1)。有些酶仅由氨基酸残基组成,不含其他化学成分,如溶菌酶、淀粉酶、脂肪酶、蛋白酶和核糖核酸酶 A,这些酶属于简单蛋白质;另一些酶需要非蛋白质的化学成分参与自己的组成,否则没有活性,这些酶属于缀合蛋白质(见第 2 章)。缀合蛋白质分子的非蛋白质化学成分称为**辅因子**(cofactor)。辅因子可以是一个或多个无机离子,如 Fe^{2+}、Mg^{2+}、Mn^{2+} 或 Zn^{2+}(表 9-2);也可以是复杂但稳定的有机分子或金属有机分子,称为**辅酶**(coenzyme),如生物素、烟酰胺腺嘌呤二核苷酸(NAD⁺)、辅酶 A(CoA)、黄素单核苷酸(FMN)等；有时把与酶蛋白牢固结合的,乃至共价结合的辅酶(或金属离子)称为**辅基**,如细胞色素氧化酶中的铁卟啉、丙酮酸氧化酶中的黄素腺嘌呤二核苷酸(FAD)(表9-3)。酶蛋白与其辅酶或金属离子的复合体称为**全酶**(holoenzyme)。全酶的蛋白质部分称为**脱辅[基]酶**(apoenzyme)或**脱辅基蛋白质**(apoprotein)。辅酶在酶促反应中起转移电子、原子或化学基团的载体作用(详见有关新陈代谢各章)。辅酶通常是由维生素衍生而来,有关它们的化学结构及作用见第12章。

表9-2 作为酶辅因子的某些金属离子

金属离子	酶
Cu^{2+}	细胞色素氧化酶(cytochrome oxidase)
Fe^{2+}	细胞色素氧化酶
或 Fe^{3+}	过氧化氢酶(catalase)
	过氧化物酶(peroxidase)
K^+	丙酮酸激酶(pyruvate kinase)
Mg^{2+}	己糖激酶(hexokinase)
	葡萄糖-6-磷酸酶(glucose-6-phosphate)
	丙酮酸激酶
Mn^{2+}	精氨酸酶(arginase)
Mo^{2+}	固氮酶(nitrogenase)
Ni^{2+}	脲酶(urease)
Se	谷胱甘肽过氧化物酶(glutathione peroxidase)
Zn^{2+}	碳酸酐酶(carbonic anhydrase)
	醇脱氢酶(alcohol dehydrogenase)
	羧肽酶(carboxypeptidase) A 和 B

表9-3 作为特定基团转移载体的某些辅酶

辅酶	被转移基团	膳食前体	需要该辅酶的酶
硫胺素焦磷酸(TPP)	醛类	硫胺素(维生素 B_1)	丙酮酸脱氢酶
黄素腺嘌呤二核甘酸(FAD)	H原子,电子	核黄素(维生素 B_2)	琥珀酸脱氢酶
辅酶 A(CoA)	酰基	泛酸	乙酰-CoA 羧化酶
磷酸吡哆醛(PLP)	氨基	吡哆醇(维生素 B_6)	天冬氨酸转氨酶
烟酰胺腺嘌呤二核苷酸(NAD^+)	氢负离子(H^-)	尼克酸(维生素 PP)	醇脱氢酶
生物胞素	CO_2	生物素	丙酰-CoA 羧化酶
四氢叶酸(THA)	一碳基团	叶酸	胸苷酸合酶
5′-脱氧腺苷钴胺素(辅酶 B_{12})	H原子,烷基	维生素 B_{12}	甲基丙二酸单酰-CoA 变位酶

(二) 酶的四级缔合

酶分子也是在进化过程中演变而来的。许多酶以多肽亚基的形式非共价缔合成多亚基酶,甚至是多种酶的复合体,以适应日渐复杂的细胞代谢需要。

(1) 单体酶(monomeric enzyme) **单体酶**为数不多,一般都是催化水解反应的酶,相对分子质量较小,M_r 在 $(13\sim35)\times10^3$ 之间。它们都是由一个亚基构成；通常就是一条多肽链,如核糖核酸酶 A、溶菌酶和羧肽酶 A 等(见表4-1),但有些单体酶是由几条多肽链通过链间二硫桥连接成的一个共价整体,如胰凝乳蛋白酶就是一个由 3 条多肽链构成的共价整体。

(2) **寡聚酶**(oligomeric enzyme) 寡聚酶也称为**多聚酶**(multimeric enzyme)，M_r一般 $>35\times10^3$。这类酶是由两个或多个亚基组成；绝大多数寡聚酶含偶数亚基，个别含奇数亚基(见表4-1和表5-2)。寡聚酶还可分为**同多聚酶**和**杂多聚酶**，前者是含一种亚基的多拷贝聚合体，如丙酮酸激酶(α_4)、谷氨酰胺合成酶(α_{12})；后者含两种或两种以上的亚基，如乳酸脱氢酶(H_4M_4)，天冬氨酸转氨甲酰酶(C_6R_6)。对寡聚酶来说它的聚合形式是活性型，解聚形式是失活型。寡聚酶大多数是别构调节酶(见第11章)。

(3) **多酶复合体**(multienzyme complex) 多酶复合体或称**多酶系统**。多酶复合体是由几种酶缔合而成的结构和功能实体，催化细胞代谢中的一个连续反应系列(图9-3)。典型的多酶复合体有 *E. coli* 的丙酮酸脱氢酶复合体和脂肪酸合酶复合体。**丙酮酸脱氢酶复合体**由3种酶共60个亚基组成，总的相对分子质量为 $4\,600\times10^3$；它是一个高度结构化的功能整体，在柠檬酸循环中催化丙酮酸的脱氢、脱羧、最后生成 CO_2 和乙酰-CoA 的反应(见第20章)。**脂肪酸合酶复合体**在不同的生物中分子组织形式不完全一样，但都含有6~7种酶的活性和一个脂基载体蛋白，在细胞内催化脂肪酸的合成(见第25章)。细胞内还有一些结构化程度更高的多酶系统，它们固定在细胞的膜结构上，例如线粒体内膜上的呼吸链和叶绿体类囊体膜上的光合电子传递链(见第21章)。

四、酶的命名和分类

(一) 酶的命名

1961年前关于酶的命名和分类缺乏系统的、科学的规则，出现一酶数名、一名数酶的混乱现象。因为这一原因，加上新发现的酶日益增多，1961年国际酶学委员会推荐一套新的分类和命名方法，决定给每一种酶一个**系统名称**(systematic name)和一个**推荐名称**(recommended name)，即习惯名称或俗名(trivial name)。

(1) **习惯命名** 1961年以前各种酶的名称都是沿用习惯方法命名的。习惯命名主要是在该酶的底物名称或/和所催化的反应名称后面加上一个酶字。例如催化尿素水解的酶称为**脲酶**(urease，urea是尿素的名称，后缀ase是酶的意思)，催化蛋白质水解的酶称为**蛋白[水解]酶**(proteinase)，催化脱氧核苷酸合成DNA的酶称为**DNA聚合酶**(DNA polymerase)。习惯命名比较简单，应用历史较长，虽缺乏系统性，但有其方便之处，因此许多习惯名称仍被建议作为推荐名称(工作名称)。

(2) **系统命名** 酶的系统命名是根据1972年国际酶学委员会公布的《酶命名法》中的规定——按酶所催化的反应命名的。系统名称中应明确标出酶的底物和所催化反应的性质类型。如果一种酶催化两个底物共同起反应，则在系统名称中应同时列出两个底物名称并用":"把它们隔开。例如乙醇脱氢酶(俗名)催化下列反应：

$$乙醇 + NAD^+ \rightleftharpoons 乙醛 + NADH$$

这里乙醇是氢供体，NAD^+是氢受体，反应类型属于氧化还原，因此该酶的系统名称是**乙醇:NAD^+氧化还原酶**。如果两个底物中有一个是水，则可略去不写，例如**腺苷三磷酸酶**(adenosine triphosphatase, ATPase)(俗名)催化下列反应：

$$ATP + H_2O \rightleftharpoons ADP + 磷酸$$

它的系统名称为 **ATP 磷酸水解酶**(ATP phosphohydrolase)。

(二) 酶的分类和编号

大多数酶是催化电子、原子或官能基团转移的，因此可以根据转移反应的性质以及基团供体和基团受体的类型，对酶进行分类，并给予分类编号和系统名称。国际系统分类法按酶促反应的性质把酶分成6大类(major class)(表9-4)。每一大类根据底物中被作用的基团或键的类型又分成若干亚类(subclass)。每一亚类又细分为若干亚亚类(sub-subclass)。划分到最后便是各种个别的酶。每种个别的酶都有一个编号，编号由4个阿拉伯数字组成,数字间用"."隔开,编号的第一位数字(1到6)指出该酶属于6大类中的哪一类;第二位和第三位数字分别是指该酶属于哪个亚类和亚亚类;第四位数字是指该酶在该亚亚类中的入编号码或流水号。使用编号时,在它前面加上 E.C. 或 EC,EC 是 Enzyme Commission(酶学委员会)的缩写。从系统命名和编号可以了解到该酶促反应的底物、辅酶和性质。例如编号为 E.C. 2.7.1.2 的酶应是催化下列反应的:

$$ATP + D-葡萄糖 \rightarrow ADP + D-葡糖-6-磷酸$$

表9-4 酶的国际系统分类

编号	大类	催化反应的类型
1	氧化还原酶类(oxidoreductases)	氧化还原反应(转移电子、H⁻离子或H原子)
2	转移酶类(transferases)	基团转移,从一个分子到另一个分子
3	水解酶类(hydrolases)	水解断裂
4	裂合酶类(lyases)	向双键加入基团,或其逆反应
5	异构酶类(isomerases)	分子内重排,形成异构体
6	连接酶类(ligases)	通过与ATP裂解相偶联的缩合反应形成C—C、C—S、C—O和C—N键

编号第1位数字"2"表明该酶属于转移酶类(表9-4);第二位数字"7"指出它是转移磷酸基的转移酶;第三位"1"指出以—OH作为磷酸基受体的磷酸转移酶;第四位流水号"2"表示该酶是ATP:D-葡糖-6-磷酸转移酶,以D-葡萄糖C6—OH为受体。编号EC 2.7.1.1的酶是ATP:D-己糖-6-磷酸转移酶,与前一种酶相比它对受体专一性较宽,只要是己糖包括葡萄糖均可。这两种酶的俗名分别称为**葡糖激酶**(glucokinase)和**己糖激酶**(hexokinase),实际上俗名是被经常使用的。有关酶分类的细节参看本章后面列出的参考书目[5]。酶的系统命名和编号是相当严格的,一种酶只可能有一个系统名称和一个编号。发表研究性论文或专著时,第一次出现所涉及的酶应写出它的系统名称和编号,以免混乱。

必须指出,系统分类法不涉及酶的来源问题,从不同物种分离获得的催化同一反应的**同源酶**(homologous enzyme),它们的氨基酸序列,甚至催化机制都可能不同。这种结构上的差别无法用系统命名和分类法加以区别。

五、酶的专一性

(一)酶对底物的专一性

不同的酶对底物的专一性是不一样的。酶的专一性大体上可分为结构专一性和立体专一性两类。

(1)结构专一性 是指酶对底物的结构要求,有些酶对底物的整体结构有要求(大多是小分子底物);有些酶只对底物的局部结构有要求(大多是大分子底物)。通常一种酶只催化一种特定的底物进行特定的反应,这种专一性称为**底物专一性**,如琥珀酸脱氢酶催化琥珀酸脱氢,谷丙转氨酶催化丙氨酸和α-酮戊二酸之间的氨基转移。有的酶,底物专一性非常高,如**脲酶**,它只能催化尿素水解成氨和碳酸,对尿素的任何衍生物都不起作用,这种底物专一性称为**绝对专一性**。具有绝对专一性的酶还有麦芽糖酶和碳酸酐酶等。有些酶,底物专一性较低,或者说是一种**相对专一性**,只要底物的局部结构符合酶的要求即可,如己糖激酶能催化多种己糖(包括葡萄糖等)在C6位上的磷酸化;又如蛋白水解酶,它们能催化各种蛋白质的水解,但对被作用键的左、右端和附近基团(残基侧链)各有自己的结构要求(见图4-7),常称这种专一性为**基团或族专一性**。此外淀粉水解酶、脂肪水解酶等也是类似情况。一般说,水解酶类对它们所催化的反应是专一的,例如脂肪酶专门催化酯键 $R-\overset{\overset{O}{\|}}{C}-O-R'$ 的水解,但对键两端的R和R'基团的结构无严格要求,既能水解甘油三酯,也能水解一般的有机酸酯,有时把这种专一性称为**反应专一性**。这里提到的底物专一性、基团专一性和反应专一性等概念都不是严格界定的,只反映酶

对底物结构要求的程度不同。

(2) 立体专一性 当底物存在两种立体异构体时，酶只能作用于其中的一种，这种专一性称为**立体专一性**(见第1章)。例如胰蛋白酶只能断裂 L - 氨基酸构成的肽键，对 D - 氨基酸构成的肽键则不起作用；又例如**琥珀酸脱氢酶**只能催化琥珀酸脱氢生成延胡索酸(反丁烯二酸)，不能生成顺丁烯二酸(见第20章)。酶还能区别手性原(prochiral)对称性碳原子的两个相同基团(或原子)，例如 NADH 的烟酰胺 C4(手性原碳)上的两个 H 原子，其中一个是 R - 原(pro - R)的(H_R)，另一个是 S - 原(pro - S)的(H_S)(图9-4)。所谓**手性原对称性碳原子**是指连接的4个基团中只有两个基团相同的对称性碳原子；R - 原(或 S - 原) H 原子是指如果增加它的优先性，例如用 D(氘)替代 H 时，则与之连接的手性原碳(如还原型烟酰胺 C4)变成 R - 型(或 S - 型)手性碳(参看第1章)。许多脱氢酶都需要以辅酶Ⅰ(NAD^+)或辅酶Ⅱ($NADP^+$)为辅酶。脱氢或加氢时都发生在烟酰胺 C4 上。一类脱氢酶专门作用于 R - 原 H 原子，如醇脱氢酶和苹果酸脱氢酶等，称为 **A 型脱氢酶**；另一类专作用于 S - 原 H 原子，如谷氨酸脱氢酶、α - 甘油 - 3 - 磷酸脱氢酶，称为 **B 型脱氢酶**。

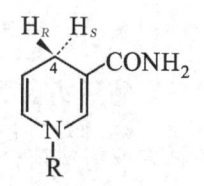

图9-4 还原型辅酶Ⅰ或Ⅱ的烟酰胺的结构

(二) 关于酶专一性的假说

酶的专一性是酶分子与底物分子相互识别的结果。酶分子上有一个特殊的口袋(pocket)或裂沟(cleft)，称为**活性中心**或**活性部位**，在这里集中了许多结合底物并催化它们发生反应所需要的化学基团。在酶促反应中酶对底物分子的识别就发生在活性部位。活性部位在立体几何学上是与底物分子互补的。对酶的专一性，作出贡献的也是结合能。前面曾谈到结合能是酶降低反应活化能的主要自由能来源。实际上结合能对酶的催化和对酶的专一性所作的贡献很难区分，因为它们都发生在同一事件中，信息都来自对酶促反应速率的测定。

(1) "锁"和"钥匙"(lock and key)学说 关于酶对底物专一性的第一个假说，是由 Fischer E 在1894年提出的，称为**锁**和**钥匙**学说，该假说认为酶和底物的关系好似锁与钥匙的关系，实际上就是把酶和底物看成是一种严格的结构互补关系。这种锁-钥匙刚性模型很难解释可逆反应中酶如何既能与底物，又能与产物形成严格互补，而底物和产物的结构往往相差甚远。

(2) "三点附着"(three - point attachment)学说 酶的立体专一性，用"锁"和"钥匙"学说不能圆满解释，因此又有人提出了**"三点附着"学说**，酶与底物间的结合必须多于两个结合点。酶只能对那些至少有3个结合点都是互相匹配的底物才能发生催化。

(3) "诱导契合"学说 针对刚性模型，1958年 Koshland D 提出了**"诱导契合"学说**，他认为酶分子是高柔性的动态构象分子，酶与底物结合是相互作用的过程。当酶分子与底物接近时，酶蛋白受底物分子的诱导，构象发生有利于结合底物的变化。在契合过程中酶分子也使底物构象发生改变，并使底物最终采取过渡态的形式，形成**酶 - 过渡态复合体**($EX^≠$)。酶结合部位(活性中心)好比是一只柔软的手套，无底物时手套的形状与手的互补性质不太明显，虽然也依稀可辨。但一旦手伸进去这种贴切的立体互补关系就清楚地显现出来，并且能区分出伸进来的是左手还是右手，两者不能互换。这也形象地说明立体异构专一性的特点(图9-5)。近年来许多研究结果，例如羧肽酶 A 和溶菌酶的 X 射线晶体学的实验数据都支持这种假说。

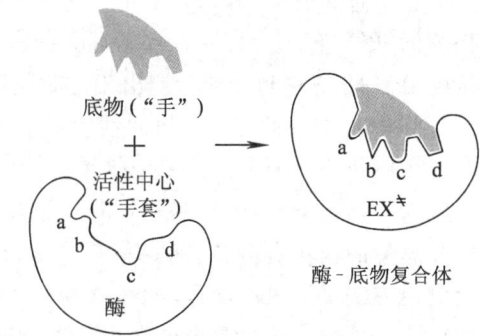

图9-5 底物和酶相互间的动态识别(诱导契合模型)

六、酶活力的测定

酶试样和酶制品或多或少都杂有其他蛋白质，因而酶的量不能直接用质量或物质量表示，需用它的生物活性即催化能力来表示。酶活力的测定对于酶的分离纯化、动力学研究、临床检验以及酶的生产和应用都是必需的。

(一) 酶活力、活力单位和比活力

酶活力或**酶活性**(enzyme activity)是催化某一化学反应的能力。酶活力与所催化的某一化学反应的速率成正比。酶活力大小代表酶的量。

量度酶活力大小的单位称为酶活力单位简称酶单位(enzyme unit, U)。传统上酶单位被定义为在一定的条件下,一定的时间内将一定量的底物转化为产物所需的酶量(习惯单位)。这样,酶浓度可用单位体积的酶单位数来表示,如 U/mL、U/L 等。酶的活力单位因所用的反应条件和表示方法不同而异,因此同一种酶常出现几种不同的活力单位。为规范酶活力单位的报道,1961 年国际生化协会提出采用统一的国际单位(International Unit, IU)作为酶活力单位。1 个酶的**国际单位**,常称酶单位,是在规定的条件(温度一般为 25℃,其他为最适条件)下,每分钟催化 1 μmol 底物转化为产物的酶量(IU 的量纲为 $\mu mol \cdot min^{-1}$)。1972 年国际酶学委员会又推出一种新的酶活力单位 Katal(缩写 Kat)。1 个 **Katal** 规定为在最适条件下,每秒钟催化 1mol 产物的形成所需的酶量($mol \cdot s^{-1}$)。因此,1 Katal = 6×10^7 IU;1 IU = (1/60) μKat = 16.7 n Kat。酶习惯单位虽然不统一,但实际工作中也有它方便之处,所以至今仍被使用。例如 α-淀粉酶的活力单位规定为每小时催化 1g 可溶性淀粉液化所需的酶量,也有用每小时催化 1 mL 2% 的可溶性淀粉液化所需的酶量作为一个酶单位。

酶的**比活**或**比活力**(specific activity)被定义为每毫克蛋白质所含的酶活力单位数(U/mg)。比活代表酶的纯度,对同一种酶来说,比活愈大,酶的纯度愈高(见第 3 章)。

(二) 反应速率、初速率和酶活力测定

1. 化学反应速率及其测定

在恒容系统中反应速率可以用单位时间内反应物浓度的变化率或产物浓度的变化率来表示。对于一个简单的非催化反应 A⇌P,如图 9-6 所示,[A] 将随时间而降低,[P] 则随时间而增高。任意时刻的反应速率 v_t 定义为图 9-6 中两条曲线中的任一条曲线在该时刻 t 的切线斜率,即 [A] 对时间 t 的导数:

$$v_t = -\left(\frac{d[A]}{dt}\right)_t = \left(\frac{d[P]}{dt}\right)_t \tag{9-11}$$

式中右下标 t 表示"在时刻 t"。方程 9-11 表示两个斜率的数值相等但符号相反。图 9-6 还表明反应速率随时间而减慢,当反应达到平衡时,v_t 趋近于零。测出不同时刻的反应物或产物浓度,并对时间作图得一曲线,量出曲线上某一点的斜率,则可求得该时刻的反应速率。通常以测定产物浓度为宜,这是因为反应系统中反应物常是过量的,因而在反应进行不太长时,反应物的消失量只占其总量的极小百分数,测定不易准确,而产物则是由无到有,只要测定方法足够灵敏就可以准确测定。测定溶液中反应物或产物浓度最方便的方法是**分光光度测定法**(spectrophotometry)或**荧光测定法**(fluorometry),因为它们不干扰反应的进行,可以连续检测浓度的变化。如果不能采用这些方法,则必须从反应混合液中取样,并立即停止试样中的反应,然后用其他方法如化学分析法、电化学法或放射同位素测定法等进行浓度测定。选择测定方法主要根据产物或反应物的物理或化学特性。

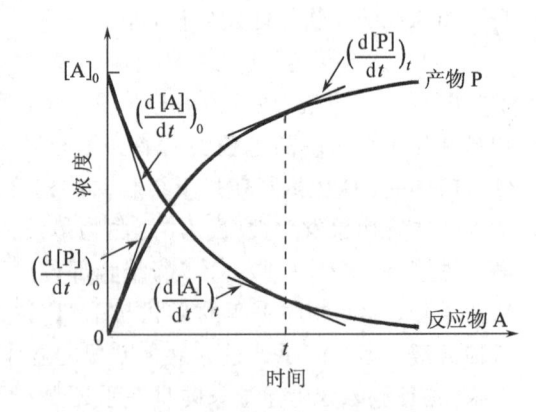

图 9-6 反应物和产物浓度随时间的变化

2. 反应初速率的概念

如图 9-6 所示,如果开始反应时溶液中只有 A 存在,并已知它的初始浓度为 $[A]_0$,则原点(或 $[A]_0$)的切线斜率为**初速率**(initial rate)或**初速度**(initial velocity),即:

$$v_0 = -\left(\frac{d[A]}{dt}\right)_0 = \left(\frac{d[P]}{dt}\right)_0 \tag{9-12}$$

实验动力学研究和酶活力测定都以反应速率测定为基础。但反应进程曲线告诉我们,反应速率随时间而变慢(图9-6)。变慢的原因可能有:①如果底物不是过量的,反应进程中它的浓度将显著减小,因而速率不断下降;②如果反应是明显可逆的,逆反应的速率将随产物浓度增加而上升,底物转化的净速率将下降;③如果酶的稳定性差以及产物可能抑制酶的活力,这样酶活力下降的同时,酶促反应速率也将随之变慢。因此为了准确、真实地反应一种酶的活性,最好是测定酶促反应的初速率v_0。实际上,反应时间尽量短(一般不超过5min),底物浓度变化不超过初始浓度的5%时,产物生成量与时间几乎是正比关系,进程曲线的最早一段是直线,因此一般不需要通过原点的切线求初速率。

3. 酶活力的测定

酶活力大小代表酶的量,因此测量酶活力必须让酶的催化潜能最大限度地表现出来。酶反应对反应条件如温度、pH等很敏感,因此反应条件必须保持恒定,并予以说明。底物和酶的辅因子必须过量,底物浓度至少5倍于酶的米氏常数K_M。这样,反应初速率v_0对底物浓度[S]是零级反应,即v_0与[S]无关;对酶浓度[E]是一级反应,即$v_0 \propto [E]$(见第10章)。此时被测的反应系统中,每个酶分子完全被底物分子所饱和,酶的催化能力可以得到充分显示,酶浓度成为化学反应速率的唯一限制因子。

测定酶活力时通常需要制作两条曲线:一条是**酶反应进程曲线**(见图9-6),从中确定求初速率的酶反应时间(线性范围);另一条是**酶浓度曲线**,即初速率作为酶浓度函数的曲线,从中确定成线性关系的酶浓度范围;待测样品的酶浓度应在此范围内。测定酶活力时必须同时作一份**对照**(control)或**空白**(blank)。对照试验除在反应前用煮沸或其他方法使酶变性失活外,空白试验除不加待测酶外,一切与样品试验相同。空白或对照是为了监控被测样品中的活性是否完全由于酶的作用结果。

酶活力虽由酶催化的化学反应速率确定,但并不直接用反应速率表示。酶活力单位的量纲是两个物理量,即物质量/时间;反应速率单位的量纲是3个物理量,即物质量/(容积×时间)。而酶浓度单位的量纲与反应速率单位的量纲是一致的,因此反应速率直接代表的是酶浓度。

七、非蛋白质生物催化剂——核酶

(一)核酶的发现

按传统观念酶都是蛋白质。1981年美国Cech T及其同事们发现原生动物**嗜热四膜虫**(*Tetrahymena thermophila*)的核糖体RNA(ribosomal RNA,rRNA)前体能通过**自[我]剪接**(self-splicing)切去间插序列或内含子(intron),表明RNA也具有催化能力,称它们为**核酶**(ribozyme)。与此同时,Altman S等证明在高浓度Mg^{2+}或Mg^{2+}加少量精胺的条件下,核糖核酸酶P(RNase P)的RNA组分独自也具有加工tRNA(转移RNA)前体的催化活力。随后陆续发现一些植物的类病毒(viroid)和拟病毒(virusoid)和卫星RNA在复制过程中也能**自[我]切割**或**自断裂**(self-cleavage)和环化。生物体内一些重要的RNA-蛋白质颗粒体如剪接体(splicesome)和核糖体(ribosome)等也可认为是核酶复合体。

研究得比较清楚的核酶有自剪接I组内含子(如四膜虫的L19 RNA),RNase P和锤头核酶。这些核酶的主要活性基于两个基本反应:**转酯**(transesterification)和**磷酸二酯键水解**。核酶的底物经常是RNA分子或是核酶自身的一部分。当底物是RNA时,核酶可以利用碱基配对相互作用使底物进入反应中心。核酶分子大小不一,有的链长超过400 nt(核苷酸),有的只有30~40 nt。核酶也具有三维结构,它是催化功能所必需的。如果加热超过核酶的熔解温度或加入变性剂,核酶活性则丢失(见第5章和第15章)。

核酶的发现突破了两个传统观念:一是酶一定是蛋白质,二是RNA只是控制蛋白质合成的信息分子。这一发现是现代生物化学中最令人鼓舞的事件之一,为此 Cech 和 Altman 于 1989 年共同获得诺贝尔化学奖。

(二) L19 RNA 是核酶

L19 RNA 或 **L19 IVS**(linear minus 19 intervening sequence)即减 19 线状间插序列。它由四膜虫的 rRNA 前体(含 6 400 nt)经自剪接产生(图 9-7)。在自剪接过程中需要鸟苷(G)或鸟苷酸(GMP)作为辅因子。G 或 GMP 起进攻基团的作用,并临时性地参入 RNA。G 与 RNA 结合时,G 的 3′-OH 对 5′端剪接部位(位点)的磷酸进行亲核攻击,并与内含子的 5′端形成磷酸二酯键。此转酯反应在上游外显子末端产生一个 3′-OH。然后新形成的 3′-OH 攻击 3′端剪接部位。第二次转酯反应把两个外显子连接起来形成剪接 rRNA(成熟 rRNA),并释放出 414nt 内含子。后者再经自剪接除去一个 15nt 片段(含第一次参入的 G),形成 399nt 的环状内含子。开环后再除去一个 4nt,形成线状 RNA(395nt),称为 L19 IVS。rRNA 前体的二、三级结构遭破坏后,自剪接则被阻断。G 的结合可被脱氧鸟苷竞争性地抑制。这些事实说明前体含有一个 G 的专一结合口袋。前体的碱基序列分析表明,在口袋处通过内含子中富含嘌呤的**引导序列**(GGAGGG)和上游外显子的富含嘧啶区(CUCUCU)之间的**碱基配对**(base pairing)5′端剪接部位与催化基团找齐(align)以便进行精确的自剪接(图 9-7)。

切割下来的 395nt 线状分子(L19 RNA)仍具有 G 结合部位和引导序列(guide sequence),在体外能催化外部的底物如五胞苷酸(C_5),使它转变为较长和较短的寡聚胞苷酸(图 9-8)。但它有很强的底物专一性:C_5 最好,U_5(五尿苷酸)次之,A_5(五腺苷酸)和 G_5(五鸟苷酸)不被催化。L19 RNA 既是核糖核酸酶又是 RNA 聚合酶。此核酶催化 C_5 水解的速率为非催化的水解速率的 10^{10} 倍。这表明在进化的最初阶段,RNA 能自我复制,无需蛋白质的参与。这提示我们,在地球上很可能先出现 RNA 催化剂,后来才有更完善的蛋白质催化剂。

(三) RNase P 的 RNA 组分是核酶

RNase P 是加工 tRNA 前体的内切核酸酶。此酶含有蛋白

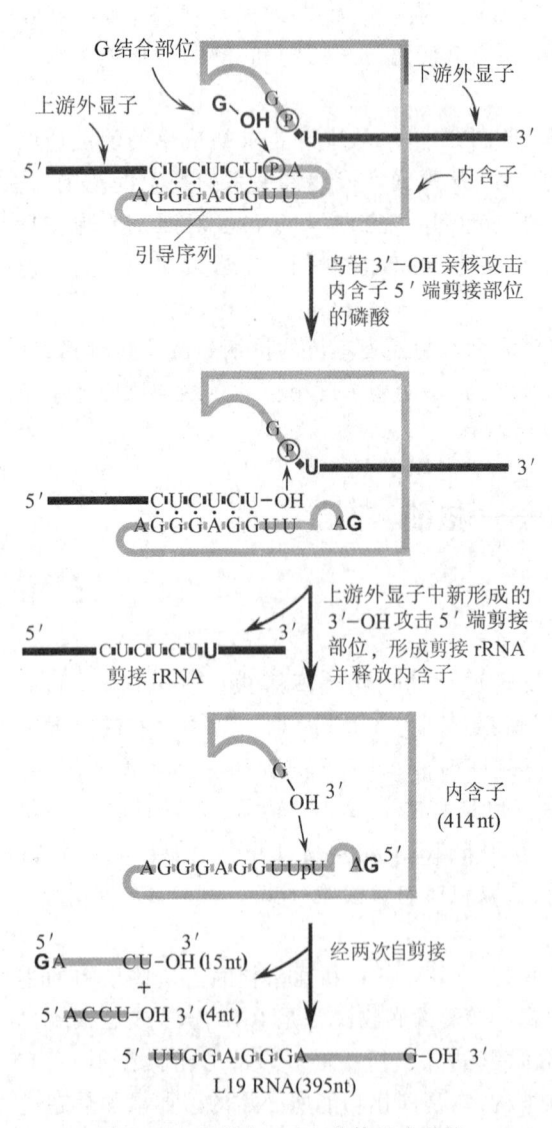

图 9-7 四膜虫 rRNA 前体的自剪接

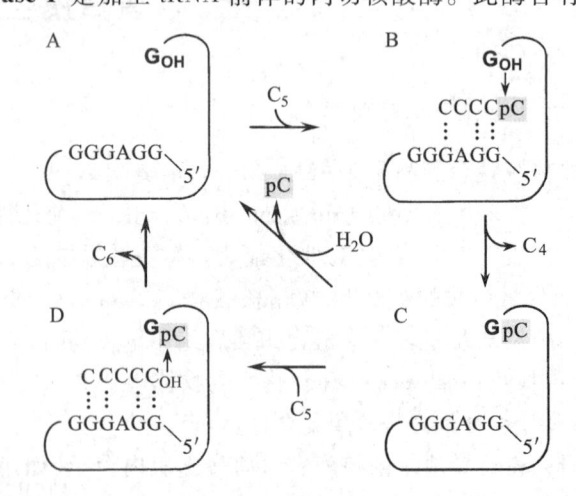

图 9-8 L19 RNA 的催化机制
A. 酶本身;B. C_5 通过氢键与酶结合,剩下的 C_4 部分可以自由地从酶上解离下来;C. GpC 水解使酶恢复原状(C→A);D. 或者是共价结合的 pC 与第二个 C_5 分子连接形成 C_6,C_6 释放后酶恢复原状(C→D→A)

质和辅因子 RNA 两部分,蛋白质部分(M_r 17 500)本身无活性,而 RNA 部分(称 M1 RNA,377nt)却具有专一断裂 tRNA 前体的能力。加入蛋白质部分虽然可提高催化活力,但对底物的结合或断裂并不是必需的。L19 RNA 和 M1 RNA 都是真正的酶,它们具有经典酶催化的几个重要特征:高度的底物专一性,遵循 Michaelis - Menten 饱和动力学以及对竞争性抑制剂的敏感性(见第 10 章)。

核酶催化的磷酸二酯键水解和磷酸基团转移(转酯)也采取**成线机制**(in - line mechanism)。磷原子处于**五共价过渡态**(pentacovalent),三角双锥体(trigonal bipyramid)的一个顶端由进攻基团鸟苷 3′ O 所占据,另一顶端由离去基团的 3′ O 所占据。三角双椎体中进入基团和离去基团处于一条线的几何学称为"成线"(in - line)。核酶催化中 Mg^{2+} 起关键作用,它稳定离去基团 3′ O 上形成的负电荷(图 9 - 9)。看来核酶一般动用金属离子催化,因为与蛋白质催化剂相比,核酶的官能团不太适于酸碱催化。

图 9 - 9 核酶催化中的过渡态

(四)锤头核酶

1986 年 Symons R 比较了几种自切割 RNA 结构后提出了**锤头结构**(hammer head structure)模型:由 13 个保守的核苷酸和 3 个螺旋区组成。后来被证明保守区只要有 11 个 nt 甚至更少一些也具有催化活性。例如某些称为拟病毒的植物病原体,含有小的 RNA 基因组,通常需要其他病毒协助其复制和包装。这些 RNA 基因组就含有锤头结构片段或称**锤头核酶**,它由二股 RNA 链组成,共 41 个 nt,这是催化所需要的最小序列(图 9 - 10)。锤头核酶能促进与复制有关的、部位专一的 RNA 切割反应,反应需要 Mg^{2+} 离子作为辅因子。

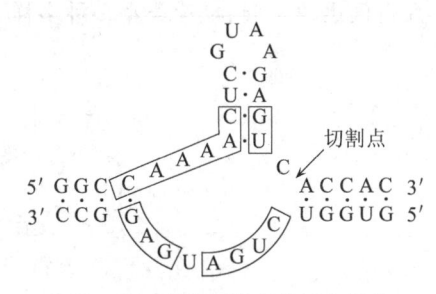

图 9 - 10 拟病毒核酶的锤头结构

八、酶分子工程

由于生化和分子生物学技术的不断发展以及对酶结构和功能的深入了解,使人们有可能在实验室中创造修饰的、人工模拟的、甚至全新设计的生物催化剂,以适应理论研究和实际应用的需要。

(一)固定化酶

通常的水溶性酶经物理或化学方法处理使之与惰性载体(如纤维素、葡聚糖、聚丙烯酰胺凝胶等)共价结合或包埋在凝胶网格或薄膜微囊中成为一种不溶性的酶制剂,称为**固定化酶**(immobilized enzyme)。固定化酶的优点是:①它不仅保持原有的催化效率和专一性,而且提高对酸碱和温度的稳定性;②由于它的不溶性,催化反应后容易与产物(包括剩余的底物)分开,因此可反复使用,等于延长了使用寿命;③加之固定化酶常装在柱内使用,因此催化反应的操作容易连续化、自动化,有利于提高产品质量和产率。鉴于这些优点,固定化酶已成为酶应用的主要形式,广泛被用于医药、食品、化工和理论研究等方面。例如用固定化的氨基酰化酶拆分有机合成的 D,L - 氨基酸消旋体;用固定化的葡糖异构酶生产高果糖的玉米糖浆。

(二)化学修饰酶

通过对酶分子的化学修饰可以改变酶的性能,如催化效率、专一性和稳定性等,以适应各方面的需要。例如 α - 胰凝乳蛋白酶表面的—NH_2 可用烷化试剂如 ICH_2COOH 修饰成亲水性更强的—$NHCH_2COOH$,使酶在 60℃下的抗热失活能力提高 1 000 倍。又如用双功能试剂,如 N - 琥珀酰亚胺 - 3 - (2 - 二硫吡啶)丙酸酯,将抗纤维蛋白的单克隆抗体(简称单抗)或其 Fab 片段与溶栓剂尿激酶(UK)或组织型纤溶酶原激活剂(t - PA)共价连接,制成单抗导向溶栓剂。体外实验表明,这种化学偶合体(chemical conjugate)的溶解纤维蛋白的效率提高 1 000 倍左右。此偶合体中抗纤维蛋白单抗部分对**血栓**(主要成分是纤维蛋白)具有很高的亲和力,因而具有导向作用,而溶栓剂部分(UK 或 t - PA)是纤溶酶原(plasminogen)的激活剂。这样在血流中能够就地(血栓处)激活纤溶酶原,并就地溶解血栓,因此提高了作为药物的导向性溶栓剂的溶血栓能力。

(三) 抗体酶——人工模拟酶

抗体酶(abzyme) 是用化学反应的过渡态类似物作免疫原产生的**催化性抗体**。抗体酶研究工作最先是在 Lerner R 和 Schultz P 两个实验室进行并取得成功的。基本原理是:专一结合一个反应过渡态的蛋白质(如免疫球蛋白)能促进正常反应物进入反应性的过渡态构象。因此一个催化性抗体是通过使底物构象朝向过渡态变化而起作用。一般酶的催化效率之所以高是因为酶对反应过渡态的结合亲和力大。例如模拟脂肪酶反应中的过渡态结构来合成它的类似物(analog),用此类似物作免疫原(半抗原)制取单克隆抗体。脂肪酶的水解过程是:首先酯键的羰基碳受到 OH⁻ 的亲核攻击形成四面体过渡态(不稳定),然后酯键断裂生成水解产物。用磷原子取代酯基中的碳原子制得过渡态类似物,该类似物在几何学上与过渡态很相似,但它是稳定的(图 9 - 11)。用它制得的单克隆抗体很像酶,遵守 Michealis - Menten 动力学,在它作用下酯水解速率加快近 1 000 倍。近年来抗体酶的研究得到迅速发展,反应类型多种多样,有催化酰胺键形成的反应、氧化还原反应和金属螯合反应等。

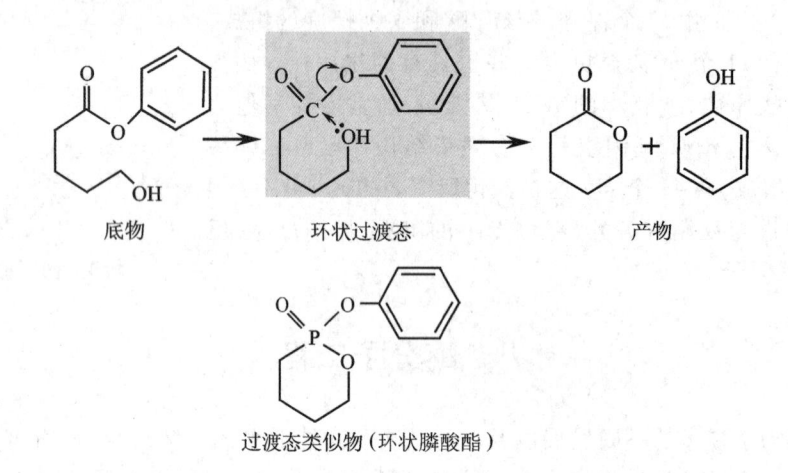

图 9 - 11　模拟羟基酯的分子内水解的过渡态以设计催化抗体

(四) 酶的蛋白质工程

酶的**蛋白质工程**(protein engineering)也称**生物酶工程**或**高级酶工程**。蛋白质工程是在基因工程基础上发展起来的。基因工程包括基因重组、分子克隆和表达。蛋白质工程是指通过对蛋白质已知结构和功能的了解,借助计算机辅助设计,利用定位诱变(site - directed mutagenesis)等技术在酶基因的水平上对蛋白质实行改造,包括核苷酸或其片段的删除、插入、置换和改组以获得新基因,希望表达出来的蛋白质或酶,其性能符合人们对它的要求。蛋白质工程的研究在国内外都做了不少工作,也取得一些令人高兴的结果。有关蛋白质工程的细节将在第 35 章中叙述。

习　题

1. 酶与非生物催化剂的共同点是什么?酶作为生物催化剂有哪些特点?

2. 解释下列术语:(a)活化能;(b)过渡态;(c)自发反应;(d)全酶;(e)反馈抑制;(f)多酶复合体;(g)酶的专一性;(h)酶的[国际]单位和Katal单位;(i)诱导契合学说;(j)抗体酶。
3. 酶是怎样克服反应能障,降低活化自由能的?
4. 简述酶的国际系统分类和编号。
5. L19 RNA 有哪些性质表明它是一种酶?
6. 脲酶催化尿素水解产生氨和二氧化碳。21℃时,非催化反应的活化自由能为 125 kJ/mol,在脲酶存在下活化自由能降至 46 kJ/mol。脲酶能使反应速率增加多少倍?[1.1×10^{14}]
7. 为什么测定酶活力时要测定酶促反应的初速率?应如何选择底物浓度?
8. 1g 鲜重的水藻含有 36 国际单位的某种酶,已知该纯酶的比活力为 4 000 IU/mg 蛋白,其相对分子质量为 120 000。估计该酶在水藻细胞中的体积摩尔浓度(假定1g鲜藻含0.9mL的胞内液)。[8.3×10^{-8} mL^{-1}]
9. 称取 25 mg 蛋白酶制剂,配制成 25 mL 酶液。从中取出 0.1 mL,以酪蛋白为底物,用 Folin-酚法测定酶活力,得知每小时产生 1 500 μg 酪氨酸;另取 2 mL 酶液,用凯氏定氮法测得蛋白氮为 0.2 mg。若以每分钟产生 1μg 酪氨酸的酶量为 1 个活力单位,计算(a)1g 酶制剂中所含的活力数和蛋白质含量;(b)比活力。[(a)活力数为 25×10^4 U,蛋白质含量为 625 mg;(b)比活为 400 U/mg 蛋白]
10. 某酶的粗提取液经过一次纯化后测得数据如下表所示:

步骤	体积/mL	总蛋白/mg	单位体积活力/(IU/mL)
细胞匀浆(粗提取液)	100	1 000	20
亲和层析	5	10	300

试计算该酶的(a)比活力;(b)纯化倍数和(c)回收率(%)。[(a)150 IU/mg 蛋白;(b)75 倍;(c)75%]

主要参考书目

[1] 王镜岩,朱圣庚,徐长法. 生物化学. 第三版. 北京:高等教育出版社,2002.
[2] Alan Fersht. 酶的结构和作用机制. 杜锦珠,茹炳根,卫新成译校. 北京:北京大学出版社,1991.
[3] Nelson D L,Cox M M. Lehninger Principles of Biochemistry. 4th ed. New York:W H Freeman, 2004.
[4] Stryer L. Biochemistry. 6th ed. New York:W H Freeman and Company,2006.
[5] International Union of Biochemistry and Molecular Biology Nomenclature Committee. Enzyme Nomenclature. New York:Academic Press, 1992.

(徐长法)

第10章 酶动力学

在上一章曾涉及酶促反应的热力学问题,本章主要讨论酶促反应的动力学方面。热力学谈的是分子群发生转化的方向和限度,关心的是转化过程的始态到终态的净结果。动力学谈的是分子群转化过程的内幕,关心的是分子群转化的机制(历程),特别是过程变化的速率问题。**酶动力学**(enzyme kinetics)是研究酶促反应的速率以及各种因素对酶促反应速率的影响,旨在探讨从底物到产物的一系列中间步骤和酶的催化机制,探讨酶在代谢中的作用以及药物(多数药物是酶的抑制剂)在体内的作用机制等。

一、有关的化学动力学概念

讨论酶动力学之前,简短地复习一下化学动力学的一些基本概念是必要的。其中一些如反应速率、过渡态、活化能和催化剂等已在上一章作过介绍。这里着重复习化学反应的速率方程,包括基元反应、反应分子数和反应级数等概念。

(一) 基元反应和化学计量方程

化学计量方程[式](stoichiometric equation)只说明一个化学反应过程的始态和终态,以及反应物和产物之间的数量关系,但并不说明反应物到产物的实际过程,除非反应确实是按化学计量方程一步完成的,但这种情况并不多见。例如写成 $H_2 + I_2 \rightarrow 2HI$ 的化学反应式,并不表示一个 H_2 分子和一个 I_2 分子在碰撞中一步转化成两个 HI 分子。实际上这个反应是分3步进行的:

(1) $I_2 + M \rightleftharpoons 2I + M$ (M 代表第三体,如 I_2、H_2 等)　　(快速平衡)

(2) $H_2 + I \rightleftharpoons H_2I$　　(快速平衡)

(3) $H_2I + I \rightleftharpoons 2HI$　　(慢反应)

反应物分子在碰撞中一步直接转化成产物分子的反应称为**基元反应**(elementary reaction)。上面3步反应每一步都是一个基元反应,HI 形成的总过程是由这3个基元反应组成的。实际上多数化学反应都不是一步完成的基元反应,而是由多个基元反应组成的多步反应,或称为**非基元反应**。

(二) 化学反应的速率方程

许多化学反应是可逆的。因此严格地说测定浓度给出的不是简单的前向速率,而是前向速率与逆向速率之差,即**净速率**(net rate)。然而,如果产物转化为反应物的速率很低,也即反应基本上是不可逆的($K_{eq} \gg 1$)或在所选的条件下(如测定初速率时)产物浓度可忽略不计,则测得的速率可代表**前向速率**。为了简化速率方程,下面所讲的速率一般指前向速率或初速率 v_0。

表示反应速率与反应物浓度之间的关系的数学表达式称为**速率方程[式]**(rate equation)、**速率定律**或**速率表达式**,有时也称**动力学方程[式]**(kinetic equation)。一般说,对于一个给定的化学反应,仅知道它的化学计量方程并不能给出速率表达式,速率方程必须由实验来确定。但对基元反应,可根据它们的化学计量方程直接写出速率方程。假若

$$a\mathrm{A} + b\mathrm{B} \rightarrow c\mathrm{C} + d\mathrm{D}$$

是一个平衡的基元反应,则它的瞬时速率(参见图 9-6)可表示为

$$v = -\frac{1}{a}\frac{d[A]}{dt} = -\frac{1}{b}\frac{d[B]}{dt} = +\frac{1}{c}\frac{d[C]}{dt} = +\frac{1}{d}\frac{d[D]}{dt} \qquad (10-1)$$

其速率方程为

$$v = k[A]^a[B]^b \qquad (10-2)$$

也即基元反应的速率与反应物浓度乘方(乘幂)的乘积成正比，其中浓度的方次(指数)就是反应式中相应物质的系数。基元反应的这一规律称为**质量作用定律**。式10-2称为该基元反应的速率方程。式中k是比例常数，称为**速率常数**(rate constant)。它是单位反应物浓度时，即浓度为1时的反应速率，因而也称为**比速率**(specific rate)。不同的反应有不同的k值，它的大小决定一个反应在本质上是"快"还是"慢"。对同一反应，k值随温度、溶剂和催化剂而异，但不受浓度的影响。

质量作用定律只适用于基元反应，如果是一个多步反应，则不能按化学计量方程写出其速率表达式。例如下面计量方程所代表的非基元反应：

$$2H_2 + 2NO \rightarrow N_2 + 2H_2O$$

如果按质量作用定律预言它的速率方程应为$v = k[H_2]^2[NO]^2$，但根据实验数据确定的速率方程是：

$$v = k[H_2][NO]^2 \qquad (10-3)$$

因为上述反应实际上是由三个基元反应组成的：

(1) $2NO \rightleftharpoons N_2O_2$ （快速平衡）

(2) $N_2O_2 + H_2 \rightleftharpoons H_2O + N_2O$ （慢反应）

(3) $N_2O + H_2 \rightleftharpoons N_2 + H_2O$ （快反应）

第二步是慢反应(其中$[N_2O_2] \propto [NO]^2$)，是限速步骤，它决定总反应的速率。因此这一步的速率方程代表了总反应的速率方程(式10-3)。

(三) 反应分子数和反应级数

反应的**分子数**或**分子性**(molecularity)是指在基元反应中同时参与相互碰撞并形成过渡态复合体的分子(原子、离子或自由基)数。显然反应的分子数是正整数，它涉及的是反应机制问题。所谓单分子反应或双分子反应就是指它的分子数为1或2的反应。

反应的**级数**或**级**(order)是指速率方程中反应物浓度的指数或指数之和。例如一个动力学方程为$v = k c_A^\alpha c_B^\beta$的反应(式中$c_A$、$c_B$分别代表在$t$时刻反应物A和反应物B的浓度)，对整个反应来说是$(\alpha+\beta)$级，即**总反应级数**(overall reaction order)，对反应物A是α级，对反应物B是β级。级数是通过实验求得的，它可以是整数、分数、甚至是负数。反应级数是表示反应物浓度与速率之间的关系，级数愈高，则该物质的浓度变化对速率的影响愈显著。

根据反应分子数可以将基元反应分为单分子反应、双分子反应和三分子反应等。一些简单反应或基元反应，如放射性同位素^{14}C或^{32}P的衰变以及分子内重排都是**单分子反应**(unimolecular reaction)。单分子反应$A \rightarrow P$的速率方程具有下列形式：

$$v = k c_A \qquad (10-4)$$

单分子反应的动力学属于**一级**(first-order)。大多数常见的基元反应是**双分子反应**(bimolecular reaction)。对于$A + B \rightarrow P$的双分子反应，其速率方程为：

$$v = k c_A c_B \qquad (10-5)$$

对于 2A→P 的双分子反应,速率方程为:

$$v = kc_A^2 \tag{10-6}$$

总之双分子反应的动力学属于**二级**(second-order)。**三分子反应**(termolecular reaction)很少见,可以想象要求 3 个分子同时相互碰撞并要求都是有效碰撞,这种几率是很低的。三分子以上的反应至今尚未发现过。基元反应的速率方程都具有简单的级数,一级、二级或三级(三级很少有)。

值得提醒的是:具有简单级数的速率方程不一定就是基元反应,有可能是多步骤的非基元反应。例如前面提到的两个反应 $H_2 + I_2 \to 2HI$ 和 $2H_2 + 2NO \to N_2 + 2H_2O$ 都是非基元反应,但它的实验动力学方程,前一个是简单的二级,后一个是简单的三级。此外,反应级数与反应分子数有时一致,有时不一致。例如蔗糖水解成果糖和葡萄糖的反应是双分子反应,但却表现为一级动力学。这是因为 H_2O 既是反应物之一,又是反应的介质,H_2O 浓度与蔗糖浓度(稀溶液)相比要大得多,在水解过程中 H_2O 的浓度可看成是恒定的,因此把它并入速率常数 k,则成为一级反应:

$$v = k\, c_{蔗糖}\, c_{水} = k_{表观}\, c_{蔗糖} \tag{10-7}$$

有时把这种呈现一级动力学的双分子反应称为**假单分子反应**(pseudounimolecular reaction)。一般说在双分子反应(或二级反应)中,如果一种反应物的数量保持大大过剩或一种反应物不断再生而保持恒定水平(细胞代谢中常有这种情况),则二级反应可转化为一级反应。因此利用动力学实验数据分析反应机制时需要特别仔细。

(四)一级、二级和零级反应的特征

1. 一级反应(first-order reaction)

凡反应速率与反应物浓度的一次方成正比的反应称为**一级反应**。前面谈到的单分子反应和假单分子反应都属于这类反应。一级反应的速率方程为:

$$-\frac{dc}{dt} = k_1 c \tag{10-8}$$

式中 c 是反应物在该 t 时刻的浓度。k_1 是一级反应的速率常数,它的量纲为时间$^{-1}$,单位常用 s^{-1}。

动力学方程的微分形式(如式 10-8)只能告诉我们反应速率随反应物浓度递变的情况,但它的积分式能告诉我们反应物浓度随时间递变的规律。为此将式 10-8 移项,并从 $t=0$ 时的反应物初始浓度 c_0 积分到 $t=t$ 时的反应物浓度 c:

$$\int_{c_0}^{c} \frac{1}{c} dc = -k_1 \int_{0}^{t} dt$$

得:

$$\ln c - \ln c_0 = -k_1 t$$

$$\ln c = -k_1 t + \ln c_0 \tag{10-9}$$

或

$$\ln \frac{c}{c_0} = -k_1 t$$

$$c = c_0 e^{-k_1 t} \tag{10-10}$$

式 10-9 和 10-10 都是一级反应动力学方程的积分形式。式 10-9 表示如果以 $\ln c$ 对 t 作图应得一直线,其斜率 $= -k_1$,这是一级反应的特征之一。式 10-10 表明一级反应中反应物浓度随时间以指数律形式降低。

一个有用的概念称为**半衰期**或**半寿期**(half-life),$t_{1/2}$,它是指反应物初始浓度 c_0 降至一半(即 $c = c_0/2$)时所需的时间。将 $c = c_0/2$ 代入式 10-9 并整理得

$$t_{1/2} = \frac{\ln 2}{k_1} = \frac{0.6931}{k_1} \quad (10-11)$$

式 10-11 表明一级反应的 $t_{1/2}$ 与反应的比速率成反比，但与反应物浓度无关。这也是一级反应的一个特征。例如放射性同位素常以它的半衰期来表示其衰变的速率。

2. 二级反应 (second-order reaction)

凡反应速率与两种反应物浓度的乘积或与一种反应物浓度的二次方成正比的反应称为**二级反应**。如果两种反应物(A 和 B)的起始浓度相等($c_A = c_B = c$)，则二级反应具有以下的速率方程：

$$-\frac{dc}{dt} = k_2 c^2 \quad (10-12)$$

式中 k_2 是二级反应的速率常数，单位是 $L \cdot mol^{-1} \cdot s^{-1}$。将式 10-12 移项并作定积分

$$\int_{c_0}^{c} \frac{1}{c^2} dc = -k_2 \int_0^t dt$$

则得

$$\frac{1}{c} = k_2 t + \frac{1}{c_0} \quad (10-13)$$

式 10-13 表明如果 $1/c$ 对 t 作图也得一直线，其直线的斜率 = k_2，利用作图法可求出 k_2 值。以 $c = c_0/2$ 代入式 10-13，解得半衰期：

$$t_{1/2} = \frac{1}{k_2 c_0} \quad (10-14)$$

二级反应与一级反应不同，二级反应的 $t_{1/2}$ 值不仅与比速率成反比而且与反应物初始浓度成反比。

如果反应物 A 和 B 的初始浓度不同 (即 $c_A \neq c_B$)，则它们的动力学方程、半衰期等都要发生变化；需要时读者可自行复习，这里不作介绍。

3. 零级反应 (zero-order reaction)

反应速率与反应物浓度无关的反应称为**零级反应**。此时反应速率是个常数：

$$-\frac{dc}{dt} = k_0 \quad (10-15)$$

式中 k_0 为零级反应的速率常数，单位为 $mol \cdot L^{-1} s^{-1}$。积分上式得

$$c = -k_0 t + c_0 \quad (10-16)$$

如果 c 对时间 t 作图，可得一直线，其斜率为 $-k_0$。当 $c = c_0/2$ 时，

$$t_{1/2} = \frac{c_0}{2 k_0} \quad (10-17)$$

表明零级反应的半衰期与比速率成反比而与 c_0 成正比，初始浓度愈大，半衰期愈长。

二、底物浓度对酶促反应速率的影响

影响体外酶促反应速率的主要因素是底物浓度。实验发现，当酶浓度维持不变时，在低底物浓度下反应初速率 v_0 与底物浓度[S]成正比。此后 v_0 不再随[S]升高而呈线性增加，代之以开始逐渐趋于水平。在高底物浓度下 v_0 实际上与[S]无关，并将达到一个最大极限，称为**最大初速率** (maximum initial rate, V_{max})。这种动力学行为称为**饱和效应** (saturation effect)，但非催化反应并不显示饱和效应 (图 10-1)。正是这一酶促反应的**底物饱和曲**

线导致1903年Henri V等人提出了**中间复合体学说**(intermediate-complex theory):认为酶的催化作用是通过酶E与底物S结合成ES复合体而实现的。现在已有充分的证据证实这一学说,特别是来自电镜和X射线晶体学方面的研究,直接观察到中间复合体的存在。中间复合体是理解酶促反应动力学行为的关键。

(一) 酶促反应动力学的基本公式—— 米-曼氏方程

1913年Michaelis L和Menten M根据中间复合体学说提出了单底物酶促反应的**快速平衡模型**或**平衡态模型**(equilibrium-state model),也称为**米-曼氏模型**(Michaelis-Menten model):

$$E + S \underset{}{\overset{K_S}{\rightleftharpoons}} ES \xrightarrow{k_{cat}} P + E \quad (10-18)$$
（酶） （底物） （中间复合体） （产物）

式中K_S是ES的**解离[平衡]常数**,即第一步反应中前向速率常数k_1和逆向速率常数k_{-1}之比(k_{-1}/k_1),k_{cat}是**催化常数**,即第二步中的前向速率常数k_2。

在建立反应模型和推导模型的速率方程时,他们实际上作了以下的几点假设:

① 为了简化起见,假设反应中只有一个中间复合体,反应的第一步 $E + S \underset{k_{-1}}{\overset{k_1}{\rightleftharpoons}} ES$ 是可逆反应,E和ES之间快速达到平衡,并保持始终;

② 反应的第二步 $ES \xrightarrow{k_2} P + E$ 是限速步骤,这里$k_2 \ll k_{-1}$,也即ES分解生成P的速率不足以破坏E和ES之间的快速平衡;

③ 为了达到平衡,只用去初始底物浓度$[S_0]$的很小一部分,因为一般情况下$[S_0] \gg [E_0]$(初始酶浓度),因此在反应的初期,底物浓度$[S]$可用$[S_0]$代替,或把$[S]$看成是$[S_0]$;

④ 酶在反应中不被消耗,只是或以游离形式E存在,或以复合体形式ES存在,因此游离酶浓度$[E]$和中间复合体浓度$[ES]$之和等于初始酶浓度$[E_0]$或总酶浓度$[E_t]$,即$[E] + [ES] = [E_0] = [E_t]$,这就是所谓**酶守恒公式**(conservation equation of enzyme);

⑤ 该模型中没有考虑 $P + E \xrightarrow{k_{-2}} ES$ 这一逆反应,但显然k_{-2}是一个不等于零的常数,要忽略这一步,必须使$[P]$接近于零,因此米-曼氏方程只适用于反应的初速率。

根据平衡态模型S转变成P的总速率应由限速步骤(模型中的第二步)决定,因此产物生成的速率

$$v_0 = k_{cat}[ES] \quad (10-19)$$

ES复合体的浓度$[ES]$在实验上不易测定,需要找出容易测定的其他参数(如某些常数和已知的$[S_0]$等)来代替它。为此,利用第一步反应(快速平衡)中ES解离成E和S的解离常数

$$K_s = \frac{k_{-1}}{k_1} = \frac{[E][S]}{[ES]} \quad (10-20)$$

则

$$[ES] = \frac{[E][S]}{K_s} \quad (10-21)$$

将酶守恒公式$[E] = [E_t] - [ES]$代入式10-21得

$$[ES] = \frac{([E_t] - [ES])[S]}{K_s} \quad (10-22)$$

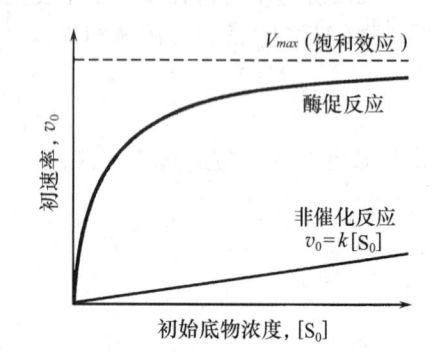

图10-1 酶促反应的底物饱和曲线
示出酶催化化反应和非催化反应中v_0对$[S_0]$的依赖关系

经整理得
$$[ES] = \frac{[E_t][S]}{K_s + [S]}$$

将式 10-22 中[ES]的表达式代入式 10-19 得

$$v_0 = \frac{k_{cat}[E_t][S]}{K_s + [S]} \quad (10-23)$$

这里 $k_{cat}[E_t]$ 具有特殊的意义。当底物浓度[S]高至使所有的酶分子都被饱和时，则[ES]=[E_t]，反应初速率 v_0 将达到最大值，V_{max} 用数学式可表示为

$$\lim_{[S] \to \infty} v_0 = \frac{k_{cat}[E_t][S]}{K_s + [S]} = k_{cat}[E_t] = V_{max} \quad (10-24)$$

因此式 10-23 也可写成

$$v_0 = \frac{V_{max}[S]}{K_s + [S]} \quad (10-25)$$

平衡态模型中的前2点假设不具有普遍性，特别是没有理由认为所有酶促反应的 k_2 都远小于 k_{-1}。因此1925年 Briggs G E 和 Haldane J B S 对该模型提出了修正，但仍保留米-曼氏假设中的后3点。他们用**稳态模型**（steady-state model）或称 **Briggs-Haldane 氏模型**：

$$E + S \underset{k_{-1}}{\overset{k_1}{\rightleftharpoons}} ES \underset{k_{-2}}{\overset{k_2}{\rightleftharpoons}} P + E \quad (10-26)$$

代替了平衡态模型。对观测初速率（即产物 P 尚未生成或很少生成时）来说，式中 k_{-2} 仍可略去不计。所谓稳态是指反应进行不长的一段时间内（顺便提及，几毫秒内，这段时间的状态称为**前稳态**），系统中的[ES]由零增加到一定值，在一定时间内虽然[S]和[P]不断地变化，ES 复合体也在不断地生成和分解，但 ES 的生成速率（v_f）与分解速率（v_d）接近相等，[ES]保持基本不变（图10-2）。因此在稳态下 ES 形成的净速率，

$$\frac{d[ES]}{dt} = v_f - v_d = 0 \quad (10-27)$$

因为
$$v_f = k_1([E_t] - [ES])[S]$$
$$v_d = k_{-1}[ES] + k_2[ES] = (k_{-1} + k_2)[ES]$$

所以
$$k_1([E_t] - [ES])[S] = (k_{-1} + k_2)[ES]$$

重排得
$$\frac{([E_t] - [ES])[S]}{[ES]} = \frac{k_{-1} + k_2}{k_1} \quad (10-28)$$

这里，速率常数之比，$(k_{-1} + k_2)/k_1$，本身也是一个常数，并被定义为**米氏常数**（Michaelis constant），K_M：

$$K_M = \frac{k_{-1} + k_2}{k_1} \quad (10-29)$$

将 K_M 代入式 10-28 并整理得
$$ES = \frac{[E_t][S]}{K_M + [S]} \quad (10-30)$$

根据稳态模型,S 转变为 P 的速率决定于稳态浓度[ES]和限速的速率常数 k_2。因此

$$v_0 = k_2[ES] = k_{cat}[ES] \tag{10-31}$$

将式 10-30 中[ES]的表达式代入式 10-31 得

$$v_0 = \frac{k_{cat}[E_t][S]}{K_M + [S]} \tag{10-32}$$

或

$$v_0 = \frac{V_{max}[S]}{K_M + [S]} \tag{10-33}$$

根据上述两种模型推导出的速率方程形式上是一样的,两者不同的是 K_M 比 K_S 具有更大的普遍性。稳态下当 $k_2 \ll k_{-1}$ 时,则 $K_M = k_{-1}/k_1$,因此可以把平衡态看成是稳态的一个特例。为了纪念 Michaelis 和 Menten 两人,人们把式 10-25 和式 10-33 都称为**米-曼氏方程**(Michaelis-Menten equation)。

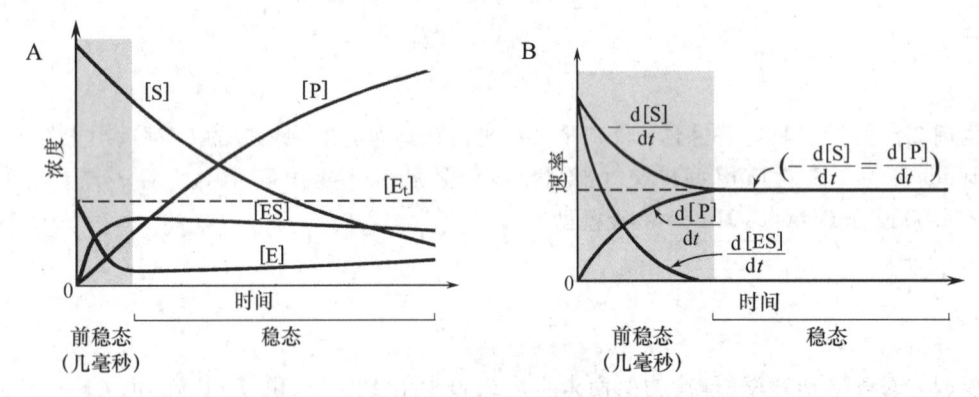

图 10-2 酶促反应过程中前稳态(阴影部分)和稳态期间各种浓度变化(A)和速率变化(B)

(二) 米-曼氏方程所确定的图形是一直角双曲线

图 10-1 是以酶反应的初速率 v_0 作为初始底物浓度[S]的函数所作的底物饱和曲线,也称米-曼氏[作]图或米-曼氏曲线(Michaelis-Menten plot)。如果像图 10-3A 那样将米-曼氏曲线(阴影部分)的坐标作一次平移处理,并用新系坐标 (x,y) 表示旧系坐标 $([S], v_0)$,则式 10-33 变换成

$$xy = -K_M \tag{10-34}$$

这是大家熟悉的反比方程,它所确定的图形是以坐标轴 (x,y) 为渐近线 $(v_0 = V_{max}$ 和 $[S] = -K_M)$ 的直角双曲线(rectangular hyperbola),也称等轴或等边双曲线(equilateral hyperbola)。双曲线的两部分(分别在第 Ⅱ 和第 Ⅳ 象限)的中心点 $(-K_M, V_{max})$,也是两条渐近线的正交点。实验测定的只是双曲线的实线部分(见图 10-3A 中阴影部分)。

从米-曼氏双曲线(图 10-3B)可以看到:

① 当[S]足够低时反应速率 v_0 随[S]增加呈线性上升,v_0 对[S]的关系为一级动力学。这也可以从米-曼氏方程(式 10-33)得知,

当 $[S] \ll [K_M]$ 时,

$$v_0 = \frac{V_{max}[S]}{K_M} \quad \text{或} \quad v_0 = K[S] \tag{10-35}$$

注意,虽然 $[S] \ll [K_M]$,但仍远大于酶浓度 $[E_t]$,因而此时仍可把[S]看成是 $[S_0]$。

② 当[S]足够高时,米-曼氏曲线趋于$v_0 = V_{max}$的渐进线而呈现平台。V_{max}是酶的活性部位全被底物分子占据时所能达到的最大初速率。此时v_0与[S]无关,只与$[E_t]$成正比,在给定的酶和$[E_t]$下,v_0是恒值(V_{max}),v_0对[S]的关系是零级动力学。这也可以从式10-33看出,

当$[S] \gg [K_M]$时, $\qquad\qquad\qquad v_0 = V_{max}$ \hfill (10-36)

在第9章中曾谈到测定酶活力时,底物必须过量,[S]至少5倍于K_M值就是这个道理。

在米-曼氏曲线上一级和零级之间的动力学称为**混合级**(mixed-order)。混合级是指反应速率对底物的动力学不能用简单的整数级来描述。

③ 反应初速率v_0为最大速率V_{max}一半时的底物浓度为K_M。这可以从式10-33知道,

当$[S] = K_M$时,$v_0 = V_{max}/2$ 或 $v_0 = V_{max}/2$时,$[S] = K_M$ \hfill (10-37)

因此K_M和[S]具有相同的量纲,一般为$mol \cdot L^{-1}$。

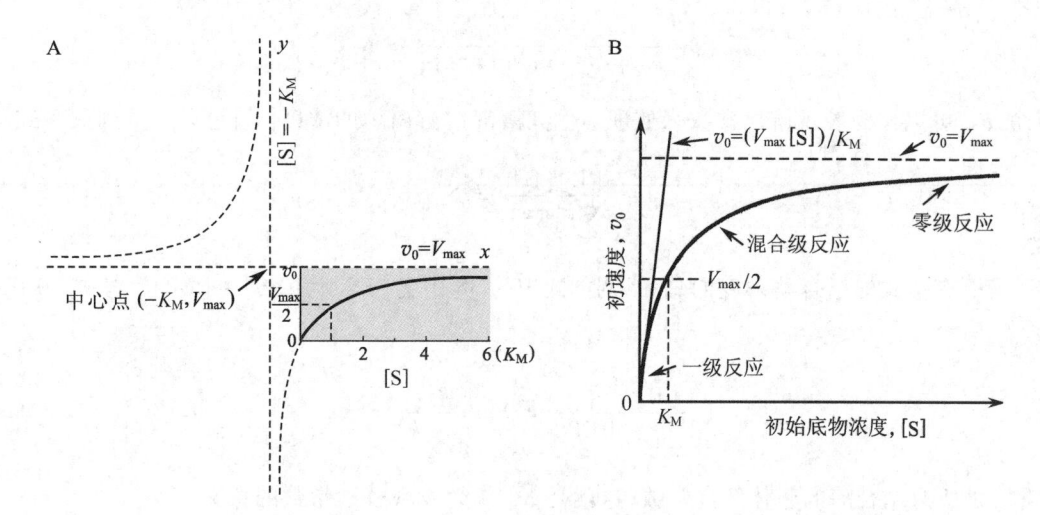

图10-3 米-曼氏曲线

A. 米-曼氏曲线是直角双曲线的一部分(阴影部分);B. 遵守米-曼氏方程的酶动力学实验曲线(A图中阴影部分的放大)

(三) 米-曼氏动力学参数的意义

1. K_M的意义:真实解离常数和表观解离常数

K_M和V_{max}是对任一给定的酶在实验上能获得的两个参数。K_M在数值上等于当$v_0 = V_{max}/2$时的底物浓度(式10-37),这是米氏常数的实际定义。这一定义适用于所有遵循米-曼氏动力学的酶。遵循米-曼氏动力学的酶,也称为**米-曼型酶**,是指呈现v_0对[S]的双曲线关系的酶。K_M值在酶与酶之间有很大差别,甚至同一个酶对不同的底物也不相同(表10-1)。

K_M有时被用作酶对底物的亲和力指标,但这对多数酶来说是不恰当的。K_M的真实意义决定于酶促反应机制的特定方面,如反应步骤数目和各步的速率常数。对于简单的二步反应(如式10-26),$K_M = (k_{-1} + k_2)/k_1$。当k_2是限速步骤的速率常数时,即$k_2 \ll k_{-1}$,K_M可简化为k_{-1}/k_1,即K_S(式10-20)。在这种条件下,K_M的意义是**真实解离常数**,它代表ES复合体中酶对底物的亲和力大小,但是这种意义对大多数酶是不适用的。当k_2和k_{-1}的大小相当时,K_M是三个速率常数的函数(式10-29);此时K_M不再是酶对底物亲和力的确切量度。更普遍的情况是,在形成ES之后反应还经过多个步骤和多个中间复合体;这样K_M可以变成更多个速率常数的复杂函数。例如**胰凝乳蛋白酶**,实验表明它在催化酯和酰胺类水解时,反应按下列模型进行:

$$E + S \underset{}{\overset{K_S}{\rightleftharpoons}} ES \underset{P_1}{\overset{k_2}{\rightleftharpoons}} EP \overset{k_3}{\longrightarrow} P_2 + E \qquad (10-38)$$

第一步是快速平衡,第二和第三步是慢速过程。应用稳态假设,从上面模型可以导出胰凝乳蛋白酶催化水解的稳态速率

$$v_0 = \frac{\left(\dfrac{k_2 k_3}{k_2 + k_3}[E_t][S]\right)}{\left(K_s \dfrac{k_3}{k_2 + k_3}\right) + [S]} \qquad (10-39)$$

可见胰凝乳蛋白酶是遵守米-曼氏动力学的。与式10-32比较,这里,

$$\frac{k_2 k_3}{k_2 + k_3}[E_t] = V_{max} \quad \text{或} \quad \frac{k_2 k_3}{k_2 + k_3} = k_{cat} \qquad (10-40)$$

$$K_s \frac{k_3}{k_2 + k_3} = \frac{k_{-1} k_3}{k_1 k_2 + k_1 k_3} = K_M \qquad (10-41)$$

为了某些用途,K_M 可以作为表观解离常数来处理。例如溶液中游离酶的浓度[E]可以从下列关系式算得:

$$\frac{[E][S]}{\sum[ES]} = K_M \qquad (10-42)$$

式中,$\sum[ES]$ 是所有形式的结合酶浓度的总和,例如式10-38中 $\sum[ES]$ 为[ES]+[EP]。按式10-38的反应模型可以证明

$$\frac{[E][S]}{[ES]+[EP]} = K_s \frac{k_3}{k_2 + k_3} = K_M \qquad (10-43)$$

因此 K_M 可看成是所有结合酶的整体解离常数,这就是 K_M 作为**表观解离常数**的意义。

2. k_{cat} 的意义:催化常数或转换数

$V_{max}(k_{cat}[E_t])$ 在酶与酶之间也有很大的变化。如果一个酶是通过简单的二步反应机制进行的,并且 $k_2 \ll k_{-1}$,则 $V_{max} = k_2[E_t]$,这里 k_2 是限速步骤的速率常数(见式10-18)。但是反应步骤的数目和限速步骤的认同,在酶与酶之间是很不相同的。例如下面这一反应:

$$E + S \underset{k_{-1}}{\overset{k_1}{\rightleftharpoons}} ES \underset{k_{-2}}{\overset{k_2}{\rightleftharpoons}} EP \underset{k_{-3}}{\overset{k_3}{\rightleftharpoons}} E + P \qquad (10-44)$$

产物的释放,即EP→E+P,是限速步骤。在被底物饱和时,大多数酶分子以EP形式存在,$V_{max} = k_3[E_t]$,k_3 是限速的。因此需要提出一个更为通用的速率常数,**催化常数**(catalytic constant),k_{cat},用以描述任一酶促反应在饱和时的限制速率。如果一个多步骤的反应,其中一步明显是限速的,则该步骤的速率常数就是 k_{cat},如式10-18中 $k_{cat} = k_2$ 和式10-44中 $k_{cat} = k_3$。如果几个步骤都是部分限速的,k_{cat} 可以是几个速率常数的一个复杂函数,例如式10-38中 k_{cat} 是 k_2 和 k_3 的函数(见式10-40);但胰凝乳蛋白酶催化某些底物时 $k_2 \ll k_3$,此时 $k_{cat} = k_2$;对另一些底物 $k_2 \gg k_3$,$k_{cat} = k_3$。

k_{cat} 是一级反应速率常数,因此量纲是时间$^{-1}$如 min^{-1},s^{-1}。k_{cat} 有时也称为酶的转换数(turnover number,TN),它是酶的最大催化活力的量度。**转换数**定义为在酶被底物饱和时每一酶分子或每一活性部位(对多亚基酶而言)在单位时间内被转变为产物的底物分子数。转换数也称为酶的**分子活力**(molecular activity)或**催化中心活力**。几种酶的转换数见表10-2。只要反应混合液中酶的总浓度[E_t]为已知,k_{cat} 即可从 V_{max} 算出,因为 $V_{max} = k_{cat} \cdot$

[E_t],所以

$$k_{cat} \text{ 或 } TN = \frac{V_{max}}{[E_t]} \tag{10-45}$$

如果反应机制已清楚,并且各步的速率常数也已测得,则 k_{cat} 就是限速步骤的速率常数或是几个部分限速的速率常数的函数。动力学参数 k_{cat} 和 K_M 一般用于各种酶的研究和比较,以确定它们的反应机制是简单的还是复杂的。每种酶都有最适的 k_{cat} 和 K_M,它们反映细胞的环境、在体内正常遇到的底物浓度以及被催化的反应的化学。

表 10-1 某些酶的 K_M 值

酶	底物	K_M/(mmol·L^{-1})
胰凝乳蛋白酶	Gly-Tyr-Gly	108
	N-苯甲酰酪氨酰胺	2.5
过氧化氢酶	H_2O_2	25
碳酸酐酶	HCO_3^-	26
	CO_2	12
β-半乳糖苷酶	乳糖	4.0
己糖激酶	D-果糖	1.5
	D-葡萄糖	0.15
	ATP	0.4
溶菌酶	六聚 N-乙酰葡糖胺	0.006

表 10-2 几种酶的转换数(k_{cat}值)

酶	k_{cat}/s^{-1}
过氧化氢酶	40 000 000
碳酸酐酶	1 000 000 (CO_2)
	400 000 (HCO_3^-)
乙酰胆碱酯酶	14 000
β-内酰胺酶 (β-lactamase)	2 000
延胡索酸酶 (fumarase)	800
DNA 聚合酶	15
溶菌酶	0.5

3. k_{cat}/K_M 的意义:催化效率指数或专一性常数

在生理条件下[S]很少处于使酶饱和的状况,因此 k_{cat} 本身不能提供特别的信息。但是在这些条件下可以从式 10-32 导出一个米-曼型酶的效率指标。

当[S]≪K_M 时,大多数酶分子处于游离形式,即[E_t]≃[E],因此式 10-32 简化成:

$$v_0 = \frac{k_{cat}}{K_M}[E][S] \tag{10-46}$$

这里 k_{cat}/K_M 是当[E]和[S]均为变量时 E+S→E+P 反应的**表观二级速率常数**(单位 mol^{-1}·s^{-1}·L),但不是真实的微观速率常数,除非酶与底物的相互碰撞正是反应的限速步骤。因为 K_M 与酶对底物的亲和力成反比,而 k_{cat} 与酶的动力学效率成正比,因此 k_{cat}/K_M 可作为在远低于饱和量的底物浓度下酶的**催化效率指数**(index of catalytic efficiency)。此参数常用来比较不同酶的催化效率,特别是比较同一个酶对不同底物(竞争性底物)的催化效率,因此也称为**专一性常数**(specificity constant)。

表 10-3 k_{cat}/K_M 比值接近扩散控制的极限($10^8 \sim 10^9$ mol^{-1}·s^{-1}·L)的一些酶

酶	底物	k_{cat}/s^{-1}	K_M/(mol·L^{-1})	(k_{cat}/K_M)/(mol^{-1}·s^{-1}·L)
巴豆酸酶 (crotonase)	巴豆酰-CoA	5.7×10^3	2×10^{-5}	2.8×10^8
丙糖磷酸异构酶	甘油醛-3-磷酸	4.3×10^3	1.8×10^{-4}	2.4×10^8
乙酰胆碱酯酶	乙酰胆碱	1.4×10^4	9×10^{-5}	1.6×10^8
β-内酰胺酶	苄基青霉素	2.0×10^3	2×10^{-5}	1×10^8
碳酸酐酶	CO_2	1×10^6	1.2×10^{-2}	8.3×10^7
	HCO_3^-	4×10^5	2.6×10^{-2}	1.5×10^7
过氧化氢酶	H_2O_2	4×10^7	1.1	4×10^7

k_{cat}/K_M 在某些情况下可以是真正的微观速率常数,例如在 Briggs - Haldane 氏模型中,当 $k_2 \gg k_{-1}$ 时,$K_M = k_2/k_1$,而 $k_{cat} = k_2$,因此

$$\frac{k_{cat}}{K_M} = \frac{k_2}{k_2/k_1} = k_1 \qquad (10-47)$$

换言之,在这种极端情况下酶的催化效率完全决定于酶和底物结合的比速率 k_1,即真正的二级速率常数。这样的比速率存在一个上限,它取决于酶分子与底物分子在水溶液中的碰撞频率。如果每次碰撞都能形成 ES 复合体,则根据扩散理论预言,k_1 将约为 $10^8 \sim 10^9 \text{ mol}^{-1} \cdot \text{s}^{-1} \cdot \text{L}$,这是扩散控制的极限范围。酶的催化效率不能超过此极限范围。但有很多酶的 k_{cat}/K_M 接近此范围(表 10-3)。这些酶被认为在进化上已达到动力学的完美程度。它们的催化反应速率只受它们与溶液中底物相遇速率的限制。

(四) 米-曼氏方程的线性化作图求 K_M 和 V_{max} 值

如果一个酶遵循米-曼氏方程,则它的动力学参数 K_M 和 V_{max} 可根据实验数据通过作图求得。如果在一系列不同[S]下测得的 v_0,直接按米-曼氏方程(式 10-33)作图,即 v_0 对[S]作图,得到的是一条双曲线(图 10-3),在这样的图上需要通过渐近线求出 V_{max},再从 $V_{max}/2$ 求出相应的[S],即 K_M。显然这种求法不易准确,只能得到 V_{max} 和 K_M 的近似值,因为即使[S]足够大,v_0 也很难达到渐近线水平(V_{max})。这一问题可以通过使米-曼氏方程线性化来解决。其中最常见的变换形式是 **Lineweaver - Burk 方程**:

$$\frac{1}{v_0} = \frac{K_M}{V_{max}} \cdot \frac{1}{[S]} + \frac{1}{V_{max}} \qquad (10-48)$$

它是直接在米-曼氏方程的两边取倒数获得的。以 $1/v_0$ 对 $1/[S]$ 作图,得一直线,如图 10-4 所示。直线的斜率 $= K_M/V_{max}$,在 $1/v_0$ 轴(纵轴)上的截距是 $1/V_{max}$,在 $1/[S]$ 轴(横轴)上的截距是 $-1/K_M$。这种作图法称为**双倒数作图**(double - reciprocal plot)或 **Lineweaver - Burk 作图**。双倒数作图常用于区分酶促反应机制的某些类型以及分析酶的抑制作用(见本章后面)。

米-曼氏方程的另一变换形式称为 **Eadie - Hofstee 方程**:

$$v_0 = (-K_M) \cdot \frac{v_0}{[S]} + V_{max} \qquad (10-49)$$

它是在双倒数方程的两边乘以 v_0、V_{max} 并重排而得。以 v_0 对 $v_0/[S]$ 作图,得一直线,在纵轴(v_0 轴)上的截距为 V_{max},在横轴($v_0/[S]$ 轴)上的截距为 V_{max}/K_M,斜率为 $-K_M$(图 10-5)。

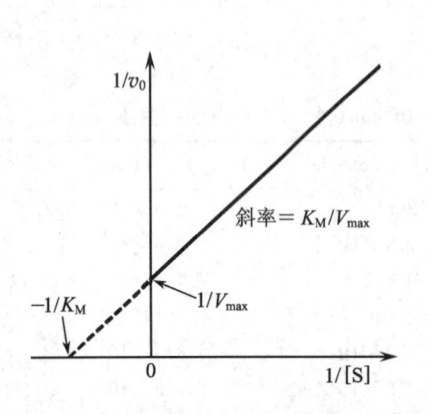

图 10-4 双倒数(或 Lineweaver - Burk)作图

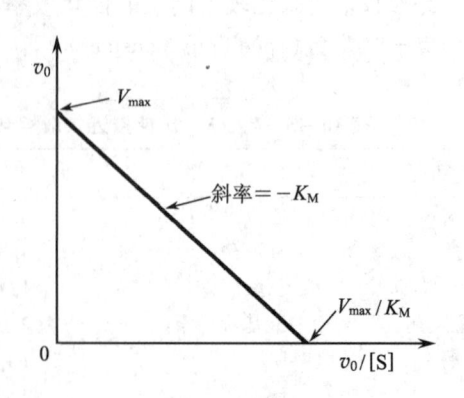

图 10-5 Eadie - Hofstee 作图

此外尚有其他的变换形式。这些作图法在分析酶动力学数据方面各有自己的特点,但它们的共同优点是能够通过直线的外推而不是渐近线的外推而准确地估算 K_M 和 V_{max} 值。不过现在更多的是用 v_0 对 [S] 的数据对米–曼氏方程进行计算机拟合以代替作图。

三、多底物的酶促反应

前面讲的酶促反应动力学是最简单的单底物酶动力学。但是酶促反应中更常见的是两个或两个以上的不同底物跟酶结合参加反应,称为**多底物反应**(multisubstrate reaction)。在 6 大类酶(见表 9–4)中只有异构酶催化的是真正的单底物反应(A ⇌ B),这类酶仅占酶种类的 5%。此外,裂合酶催化单向的单底物反应(A ⇌ B + C);水解酶催化假单底物反应(AB + H_2O ⇌ AOH + BH)。催化**双底物反应**的酶类有氧化还原酶和转移酶,它们占酶种类的 50% 以上。连接酶催化的是**三底物反应**,约占 6%。

双底物反应在酶促反应中是占优势的反应。与单底物酶动力学相比,双底物酶动力学要复杂得多。用于描述单底物反应的动力学模型已不适用,但 K_M 和 V_{max} 的概念仍可用于双底物反应,也即它们的反应速率仍可用米–曼氏方程进行分析。双底物反应中可在底物 B 浓度不变的情况下,确定产物(P + Q)形成的初速率 v_0 与底物 A 的浓度关系(式 10–50)。当固定 [B] 改变 [A] 时,米–曼氏方程中 K_M 和 V_{max} 的右上角加上一个 A 字:

$$v_0 = \frac{V_{max}^A [A]}{K_M^A + [A]} \tag{10-50}$$

当固定 [A] 改变 [B] 时,加上一个 B 字,即用 K_M^B 和 V_{max}^B 表示。在双底物反应中,一个底物的 K_M 常随另一个底物浓度的变化而变化。因此在 [B] 达到使酶饱和前,测得的各 K_M^A 值称为 A 的表观米氏常数。只有当 [B] 达到饱和时,测得的 K_M^A 才是 A 的真正米氏常数;同理 K_M^B 也是如此。V_{max}^A 和 V_{max}^B 与此类似,只有当 [A] 和 [B] 都达到使酶饱和时,测得的 V_{max} 才是该双底物反应的真正最大速率。

双底物(及多底物)反应动力学方程的推导已超出本书的范围。这里仅对它们的反应机制做一简单介绍。双底物反应:

$$A + B \xrightleftharpoons{酶} P + Q \tag{10-51}$$

通常涉及一个原子或官能团从一个底物转移到另一个底物。这些反应可以通过下面几种机制之一进行:

1. 序列(sequential)或单置换(single-displacement)反应机制

这种机制是底物 A 和 B 与酶 E 结合,然后发生反应并生成产物 P 和 Q,并涉及非共价的三元复合体(ternary complex)如 AEB 和 PEQ 的形成:

$$E + A + B \rightarrow AEB \rightarrow PEQ \rightarrow E + P + Q \tag{10-52}$$

单置换反应根据形成三元复合体时,底物是以随机序列还是以特定序列与酶结合又可分为两种类型:

(1) **随机**(randon)**单置换反应** 这种机制是指两个底物按随机序列参加与酶结合,两个产物也按随机序列从酶–底物复合体中释放。这可用式子表示如下:

$$\begin{array}{c} A+E \rightleftharpoons AE \searrow^B \\ \qquad\qquad AEB \rightleftharpoons QEP \\ E+B \rightleftharpoons EB \nearrow^A \end{array} \begin{array}{c} \searrow^P QE \rightleftharpoons Q+E \\ \\ \nearrow^Q EP \rightleftharpoons E+P \end{array} \tag{10-53}$$

式 10–53 中三元复合体之间的转变,AEB ⇌ QEP,是限速步骤。**己糖激酶**催化从 ATP 转移磷酸基给葡萄糖的反应和**肌酸激酶**(creatine kinase)催化从 ATP 转移磷酸基给肌酸的反应都是按这种机制进行的。

(2) **有序**(ordered)**单置换反应** 这类反应中一个称为**先导底物**(leading substrate)的 A 必须先于另一个底物

160　第10章　酶动力学

B 与酶结合,随后有序地释放产物 P 和 Q。下面是这种类型反应的图解:

$$E \xrightarrow{A} AE \xrightarrow{B} AEB \rightleftharpoons QEP \xrightarrow{P} QE \xrightarrow{Q} E \quad 或 \quad E \underset{Q}{\overset{A}{\rightleftharpoons}} \overset{AE}{\underset{QE}{}} \overset{\rightleftharpoons}{\rightleftharpoons} \overset{AEB}{\underset{QEP}{\updownarrow}} \quad (10-54)$$

在式 10-54 中,Q 是 A 的产物,并最后被释放。注意,A 和 Q 竞争结合游离酶 E 上的同一部位,但底物 A(或 Q) 和 B(或 P)并不相互竞争。需要以 NAD⁺ 或 NADP⁺ 为辅酶的**脱氢酶**如醇脱氢酶催化的氧化还原反应属于有序单置换机制。这里 NAD⁺(或 NADP⁺)是先导底物 A,它先进入游离酶 E 的辅酶结合部位形成 AE,底物 B 再进入 AE 的底物结合部位形成 AEB。A 和 B 在过渡态三元复合体中完成氧化还原作用,变成 PEQ,再按顺序释放产物 P 和产物 Q,这里 Q 是 NADH(或 NADPH)(见第 12 章)。

单置换机制的特点是在反应中酶与两个底物形成三元复合体,在 Lineweaver-Burk(双倒数)作图中当底物 B 固定在一个浓度时,改变底物 A 的浓度,并测定产物形成的初速率 v_0,再在几个不同的固定[B]下重复实验,得到的一组直线将相交于 $1/v_0$ 轴(纵轴)的左边(图 10-6)。固定[A]时改变[B],所得结果相似。如果是随机单置换机制,则因 A 和 B 互不影响它们与酶的结合,所得的一组直线相交于 $1/v_0$ 轴左边的横轴上(图中未示出)。

2. 乒乓(ping-pong)或双置换(double-displacement)反应机制

这种机制表现为在第二个底物 B 与酶结合之前,第一个底物 A 已转变成产物 P 并被释放,结果是酶 E 变成修饰酶 E′,E′携带有第一个底物的某一基团或片段,E′再与第二个底物 B 反应生成第二个产物 Q,Q 被释放后重新生成游离酶 E,中间没有三元复合体的形成:

$$E \xrightarrow{A} AE \rightleftharpoons PE' \xrightarrow{P} E' \xrightarrow{B} E'B \rightleftharpoons EQ \xrightarrow{Q} E \quad 或 \quad E \underset{Q}{\overset{A}{\rightleftharpoons}} \overset{AE}{\underset{EQ}{}} \overset{\rightleftharpoons}{\rightleftharpoons} \overset{PE'}{\underset{E'B}{}} \overset{P}{\underset{B}{\rightleftharpoons}} E' \quad (10-55)$$

这里反应物和产物"一进一出",因此形象地称它为"**乒乓机制**"。从式 10-55 右边的图解中可以看出 A 和 Q 互相竞争与游离酶 E 结合,B 和 P 互相竞争与修饰酶 E′结合。

氨基转移酶是遵循乒乓机制的酶,这类酶催化从氨基酸转移氨基到酮酸产生另一种氨基酸和另一种酮酸(详见第 26 章)。

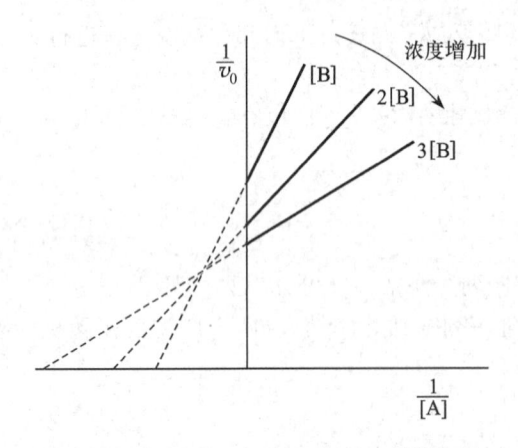

图 10-6 单置换(序列)机制的双倒数作图

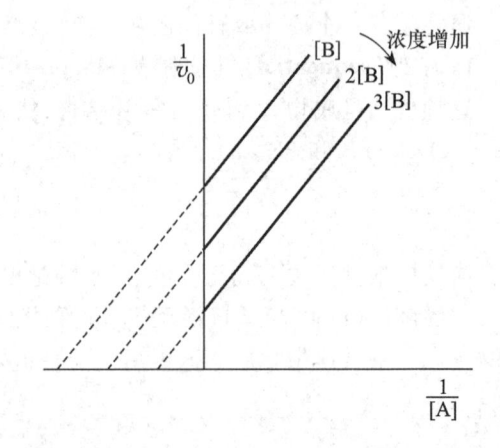

图 10-7 双置换(乒乓)机制的双倒数作图

双置换机制的特点是在反应中必须形成修饰酶 E′,但没有三元复合体的形成;在双倒数作图中得到的一组曲线是互相平行的(图 10-7)。

四、影响酶促反应速率的其他因素

除前述的底物浓度和酶浓度之外,影响酶促反应速率(酶活力)的因素还有 pH、温度、激活剂、抑制剂和产物浓度等。

(一) pH 对酶促反应的影响

酶有一个**最适 pH**(optimum pH)或 pH 范围,在此范围内酶的活力最大,高于或低于此 pH 范围,活力则下降(图 10-8)。最适 pH 是酶的一个特性,但不是酶的特征常数,因为它随底物种类与浓度的不同以及缓冲液成分和浓度的不同而不同。酶的最适 pH 一般接近酶正常所在的环境 pH。例如胃蛋白酶是水解蛋白质某些肽键的酶(见图 4-7),它的最适 pH 约为 1.5(图 10-9),而胃液的 pH 为 1~2;又如肝细胞的葡糖-6-磷酸酶(glucose-6-phosphatase, EC 3.1.3.9)是水解葡糖-6-磷酸酯键的,最适 pH 为 7.8(图 10-8),而肝细胞溶胶的正常 pH 约为 7.2。大多数酶的最适 pH 在 5~8 之间,植物和微生物酶类多在 pH 4.5~6.5,动物酶类多在 pH 6.5~8.0。细胞溶胶的 pH 不是对细胞内的酶都是最适的,不同的酶表现不同的活力。这种不同,表明酶的 pH-活力响应(pH-activity response)可能是胞内调节酶的活性的一种方式。

酶的活力作为 pH 的函数所作的图称为 **pH-活力曲线**(pH-activity profile)。多数酶的 pH-活力曲线为钟罩形,如葡糖-6-磷酸酶(图 10-8),但也有半钟罩形(如胃蛋白酶)和其他形状的(图 10-9)。

pH 对酶活力的影响可以有以下几方面的原因:① 极端的 pH 即过酸或过碱引起酶蛋白质的变性,因而使酶的活力丧失(参见第 5 章);② pH 的改变影响酶分子上酸性和碱性氨基酸残基的侧链基团的解离状态(参见第 2 章)。如果这些基团处在酶的活性中心,则直接影响酶与底物的结合和进一步的催化反应;如果处在中心之外,则影响酶的三维结构,从而影响酶的活性;③ pH 的改变也影响底物的解离状态,或者是底物不能与酶结合,或者结合后不能生成产物。

研究 pH 对酶促反应的影响,并结合 X 射线晶体学和其他方面的研究结果,可以获得关于酶作用机制方面的重要信息。酶活性发生变化的 pH 范围能为探讨是什么氨基酸被涉及的问题提供线索(参看表 2-3)。例如在 pH 7.0 附近发生活性变化,多半反映 His 残基的滴定状态(即解离情况)。但解释 pH 的影响需要小心,因为附近的正、负电荷会影响所涉及的氨基酸残基的解离状态(pK_a 值),例如附近的正电荷能降低 Lys 残基的 pK_a,附近的负电荷增高它的 pK_a。这种影响有时可以移动 2 个甚至 2 个以上的 pH 单位。

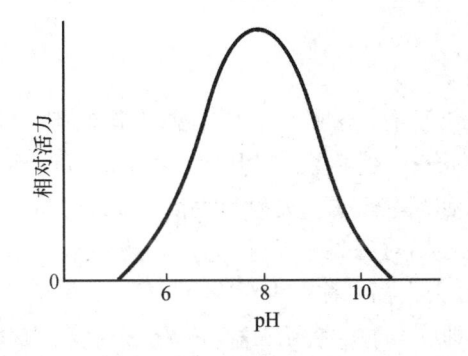

图 10-8 葡糖-6-磷酸酶的 pH-活力曲线(钟罩形)

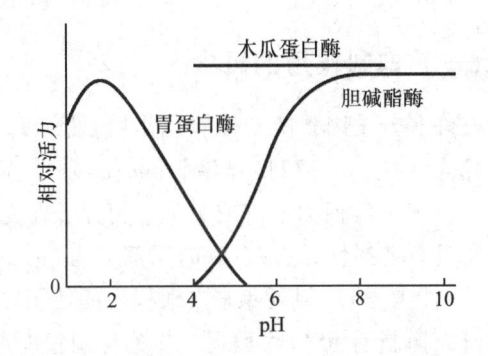

图 10-9 几种酶的 pH-活力曲线(其他形状)

(二) 温度对酶促反应的影响

温度对酶促反应的影响有两个方面:一个方面是酶促反应也和大多数其他化学反应一样,反应速率随温度升高而增加。在一定温度范围内温度每升高 10℃,反应速率与原来的速率(或速率常数与原来的速率常数)之比称为**温度系数**,Q_{10};对大多数酶来说 Q_{10} 约为2。第9章中介绍过的 Arrhenius 经验方程(式9-4)能更准确地表达温度与速率的关系。另一个方面是温度达到一定高度后,作为酶的蛋白质开始热变性,逐渐失去活性,反应速率反而随温度升高而下降,绝大多数酶在60℃以上即完全失活。温度对酶促反应的这两方面影响的综合结果,使温度与酶活力的关系也呈钟罩形曲线,出现一个**最适温度**(optimum temperature)(图10-10)。最适温度是酶的一个特性,但不是酶的特征常数,因为反应液中的底物种类和浓度、缓冲液成分、pH和离子强度以及反应时间都与之有关。一般说,反应时间长,最适温度向低的方向移动。动物细胞的酶最适温度在35℃~40℃,植物细胞的酶最适温度稍高,在40~50℃。有些酶的最适温度较高,例如地热泉水中发现的嗜热细菌的酶超过85℃时,其活性仍被完全保留。

(三) 激活剂对酶促反应的影响

凡能提高酶活性的物质都称为**激活剂**(activator)。其中大部分是无机离子,包括金属离子如 K^+、Na^+、Ca^{2+}、Mg^{2+}、Zn^{2+}、Mn^{2+}、Fe^{2+} 等和无机阴离子如 Cl^-、Br^-、I^- 等。此外尚有小分子有机物如半胱氨酸、谷胱甘肽(GSH 型)等还原剂、EDTA(乙二胺四乙酸)、柠檬酸盐等金属螯合剂以及一些能激活酶原的蛋白酶也被归于此类。

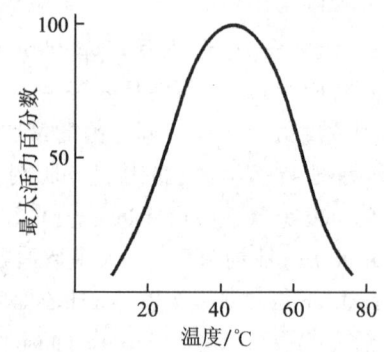

图10-10 温度对酶活性的影响

激活剂的作用特点:①酶对激活剂具有一定的选择性,一种激活剂对某种酶起激活作用,但对另一种酶却起抑制作用,例如 Mg^{2+} 对脱羧酶有激活作用,而对肌球蛋白的 ATP 酶活性却是抑制作用;Ca^{2+} 对这两种酶的作用恰相反;②某些离子具有拮抗作用,例如 Na^+ 抑制 K^+ 的激活作用,Ca^{2+} 抑制 Mg^{2+} 的激活作用;③有些金属离子激活剂可互相替代,例如 Mg^{2+} 可被 Mn^{2+} 所替代;④激活剂的作用常与它的浓度有关,例如 $NADP^+$ 合成酶,当 $[Mg^{2+}]$ 为 $(5~10) \times 10^{-3}$ mol/L 时起激活作用,当 $[Mg^{2+}]$ 升高至 30×10^{-3} mol/L 时,活性反而下降;⑤激活剂的作用机制是多种多样的,可能是作为辅酶或辅基的一个组成部分,也可能直接作为酶活性中心的构成部分;有些激活剂如 Cys 和 GSH 是作为还原剂,还原巯基酶中的某些二硫键(—S—S—)使成—SH,因而提高酶活性,某些部位的—SH 是巯基酶起催化作用所需的基团。有些激活剂如 EDTA 和柠檬酸盐等,是通过螯合以除去具有抑制作用的金属离子。

五、酶的抑制作用

(一) 抑制作用的概念

有许多分子因素能干扰催化作用,使酶促反应速率减慢或完全停止。这些分子因素称为**抑制剂**(inhibitor,I),这类效应称为**抑制[作用]**(inhibition)。抑制是指抑制剂与酶分子的某些必需基团(主要是活性部位的基团)结合,而使酶活力下降或丢失。酶分子在变性剂作用下引起酶活力降低或丧失称为**失活**(inactivation)。抑制剂对酶具有选择性,它涉及酶的局部结构(主要是活性中心);而变性剂对酶无选择性,它影响酶的整个三维结构(包括活性中心)。但近年来失活概念的使用并不严格,只要酶活性丢失都可称为失活。

研究抑制动力学时,酶促反应的抑制程度可用**相对活力**(a),即 $a = v_i/v_0$ 表示,这里 v_i 代表有抑制剂存在下的反应初速率,v_0 代表无抑制剂时的初速率;或者用**抑制分数**(i),即 $i = 1 - a = (v_0 - v_i)/v_0$ 表示。

研究酶的抑制剂和抑制作用具有重要的理论和实际意义。通过对抑制作用的研究:①了解酶的催化机制;②阐述某些代谢途径;③为新药物和新农药的合理设计提供理论依据。

(二) 抑制作用的类型

根据抑制剂与酶作用的方式,可以把抑制作用分为可逆抑制与不可逆抑制两大类:

1. 可逆抑制(reversible inhibition)

发生**可逆抑制**时,抑制剂与酶的结合是非共价的、可逆的,结合后可以用透析或超过滤等物理方法(见第3章)除去反应系统中的抑制剂,使酶活性恢复。由于这类抑制剂 I 与游离酶 E 和酶-底物复合体 ES 之间存在平衡关系,因此抑制程度是由酶对抑制剂的亲和力、抑制剂浓度和底物浓度三者所决定的。这类抑制可用米-曼氏动力学方程进行分析。

根据抑制剂与底物的关系,可逆抑制又可分为以下几种类型:

竞争性抑制(competitive inhibition)是一类最常见的可逆抑制。发生竞争性抑制时,抑制剂 I 与底物 S 争夺酶 E 的活性部位,因为酶不能同时与底物结合又与抑制剂结合(图10-11A)。一般说,竞争性抑制剂和底物有相似的结构,因此抑制剂也能与酶的活性部位结合,但不能被转化为产物,起着"似是而非,以假乱真"的作用。竞争性抑制的典型例子是丙二酸或戊二酸对琥珀酸脱氢酶的抑制,丙二酸和戊二酸的结构与琥珀酸(即丁二酸)十分相似。竞争性抑制可以借助增加底物浓度而解除。

反竞争性抑制(uncompetitive inhibition)中抑制剂 I 不能与游离酶 E 结合,只能和酶-底物复合体 ES 结合,形成 IES 三元复合体。这种抑制剂不影响酶与底物的结合,因为它是在酶活性部位以外的结合部位与酶结合的(图10-11B),但它阻止 IES 生成产物。反竞争性抑制剂倾向于使 ES 复合体更加稳定。加入更多底物,反应速率 v_0 虽然增加,但总是比无抑制剂时的 v_0 小,这与竞争性抑制是不同的。

非竞争性抑制(noncompetitive inhibition)的情况,抑制剂 I 也是在活性部位以外的地方与酶结合的,但它既能与游离酶 E 结合也能与 ES 复合体结合(图10-11C),并且底物和抑制剂与酶的结合严格地互不干扰。传统上把这种抑制定义为**非竞争性抑制**。但也有人把它称为**纯非竞争性抑制**。纯非竞争性抑制在实际中较少遇到,多数情况是 E 与 I 的结合和 E 与 S 的结合互有影响,这种较复杂的非竞争性抑制被称为**混合型非竞争性抑制**或**混合型抑制**(mixed inhibition)。

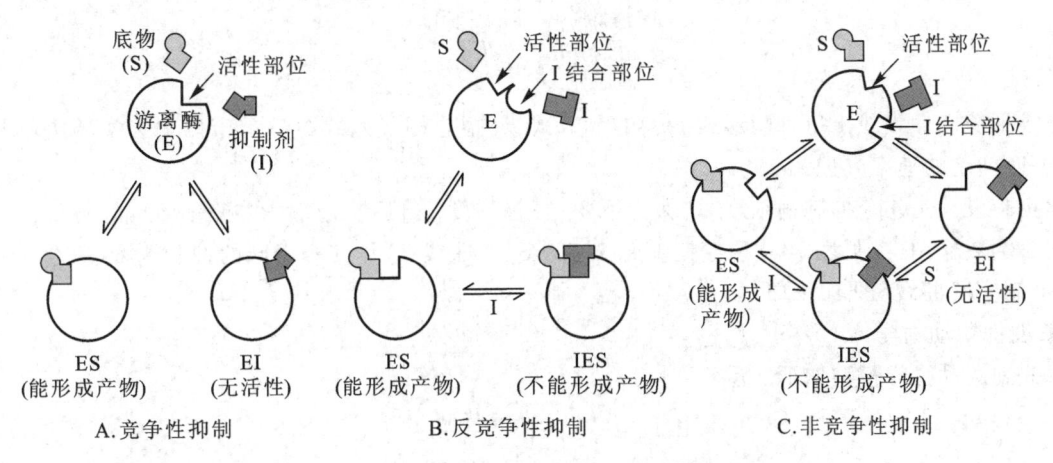

图 10-11 三种类型的抑制作用及其抑制剂与酶的结合部位

反竞争性抑制和混合型抑制常用单底物酶反应的术语来描述,但实际上它们是双底物酶和多底物酶的特点,对这些酶的试验分析是很重要的。如果抑制剂是与正常情况下为底物1(S_1)所占据的部位结合,则在[S_1]变化的实验中可能起竞争性抑制剂的作用。如果抑制剂是和正常情况下为底物2(S_2)所占据的部位结合,则可能起 S_1 的混合型抑制剂或反竞争性抑制剂的作用。观察到的真实抑制模式决定于 S_1 和 S_2 的结合过程是有序的还是随机的,并因此可以确定底物进入活性部位和产物离开活性部位的顺序。抑制作用的研究常常可以提供一个双底物反应的机制模式。

2. 不可逆抑制(irreversible inhibition)

发生不可逆抑制时,抑制剂(大多数毒物属于这一类)和酶的结合是共价的,一经结合就很难解离,因此不能用一般的物理方法解除抑制,而使酶"复活",必须通过特殊的化学处理才可能将抑制剂从酶分子上移去。不可逆抑制程度随抑制剂浓度和抑制时间的增加而增强。这类抑制作用不能用米－曼氏方程来处理。

可逆抑制与不可逆抑制还可以用动力学方法加以区别。向测活系统中加入一定量的抑制剂和底物。然后向此系统中加入不同量的酶,使成一系列不同酶浓度$[E_t]$的测活混合液,并测定它们的反应初速率v_0,以v_0对$[E_t]$作图,从图中可以判断抑制剂是属于可逆的还是不可逆的(图10－12)。

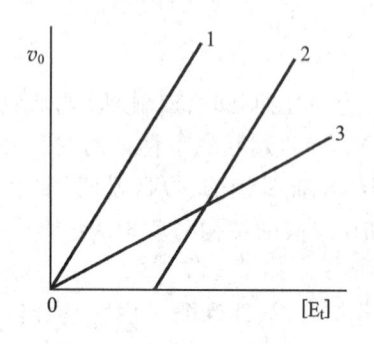

图 10－12 不可逆抑制与可逆抑制的区别
曲线1(不加抑制剂)是一条通过原点的直线;
曲线2(加一定量不可逆抑制剂)是一条不通过原点、斜率与曲线1相同的直线,由于一定量的酶失去活性,因而只有加入的酶量超过抑制剂量时,才表现出活力,不可逆抑制剂的作用相当于把原点向右移动;
曲线3(加一定量可逆抑制剂)是一条通过原点但斜率低于曲线1的曲线

(三) 可逆抑制的动力学

可逆抑制可用动力学方程进行定量分析,其条件是要求抑制剂与游离酶,抑制剂与酶－底物复合体必须能迅速而可逆地结合。

推导抑制动力学方程的基本步骤与推导米－曼氏方程相仿:①写出可逆抑制的动力学模型;②根据动力学模型,写出酶守恒公式$[E_t] = \sum[E_i]$中的$[E_i]$各项($\sum[E_i]$是$[E_t]$在酶与配基结合的各种不同形式(包括游离酶)中的分布);③按式10－31,$v_0 = k_{cat}[ES]$,写成每单位酶浓度的速率表达式,

$$\frac{v_0}{[E_t]} = \frac{k_{cat}[ES]}{[E_t]} \tag{10－56}$$

④根据稳态或平衡态假设找出每种酶形式$[E_i]$的代数式,并把它们代入式10－56,以消去实验上不易测定的变数项,即得可逆抑制的速率方程。

动力学实验设计是①令抑制剂浓度$[I]$保持不变,底物浓度$[S]$逐步增加,在每一$[S]$下测定反应速率v_0,所得数据采用双倒数作图(参见图10－4)绘制$1/v_0$对$1/[S]$的曲线;②作几个不同的抑制剂浓度(包括不加抑制剂的对照)的抑制实验曲线(图10－13)。

1. 竞争性抑制动力学

竞争性抑制的动力学模型如下所示:

$$E + S \underset{k_{-1}}{\overset{k_1}{\rightleftharpoons}} ES \xrightarrow{k_2(k_{cat})} P + E$$
$$+$$
$$I$$
$$k_3 \updownarrow k_{-3}$$
$$EI \tag{10－57}$$

式中I为抑制剂,EI为酶－抑制剂复合体;k_1、k_2等为各步的速率常数;其他符号同于式10－26。根据此动力学模型

$$[E_t] = \sum[E_i] = [E] + [ES] + [EI] \tag{10－58}$$

则

$$\frac{v_0}{[E_t]} = \frac{k_{cat}[ES]}{[E] + [ES] + [EI]} \tag{10－59}$$

假定游离抑制剂浓度$[I] \approx$抑制剂总浓度,则可写出下列两个稳态方程(参见式10－27):

$$\frac{d[ES]}{dt} = 0 = k_1[E][S] - [ES](k_2 + k_{-1}) \tag{10-60}$$

$$\frac{d[E]}{dt} = 0 = [ES](k_2 + k_{-1}) + k_{-3}[EI] - [E](k_1[S] + k_3[I]) \tag{10-61}$$

由式10-60经整理得
$$[ES] = [E][S]\frac{k_1}{k_2 + k_{-1}} = \frac{[E][S]}{K_M} \tag{10-62}$$

将式10-62的表达式，$[E][S]k_1/(k_2 + k_{-1})$，代入式10-61并整理得

$$[EI] = [E][I]\frac{k_3}{k_{-3}} = \frac{[E][I]}{K_i} \tag{10-63}$$

式中K_i是**抑制剂常数**(inhibitor constant)，它的意义只是EI的解离常数。（若根据平衡态假设，式10-62和式10-63可直接分别由$[E][S]/[ES] = K_S(K_M)$和$[E][I]/[EI] = K_i$得出）。再将[ES]和[EI]的表达式代入式10-59，则得竞争性抑制的速率方程：

$$\frac{v_0}{[E_t]} = \frac{k_{cat}[S]}{K_M\left(1 + \frac{[I]}{K_i}\right) + [S]} \tag{10-64}$$

或

$$v_0 = \frac{V_{max}[S]}{K_M\left(1 + \frac{[I]}{K_i}\right) + [S]} \tag{10-65}$$

将式10-65与标准米-曼氏方程(式10-33)比较，这里相当于K_M的是$K_M(1+[I]/K_i)$项，后者是在抑制剂存在下实验观测得到的米氏常数，即达到$V_{max}/2$时的[S]值，它常被称为表观米氏常数（用K_M'表示）。对竞争性抑制而言K_M'比K_M大$([I]/K_i)$倍或说K_M'为K_M的$\{1+([I]/K_i)\}$倍。

式10-65的双倒数方程为

$$\frac{1}{v_0} = \frac{K_M}{V_{max}}\left(1 + \frac{[I]}{K_i}\right)\frac{1}{[S]} + \frac{1}{V_{max}} \tag{10-66}$$

竞争性抑制动力学特点是①V_{max}不受抑制剂存在的影响，也即V_{max}'（表观V_{max}）$= V_{max}$，这是竞争性抑制的判断依据。V_{max}不变是因为在任一固定的[I]下，只要[S]达到饱和，则所有的酶都将以ES形式存在。这表现在双倒数作图中所有的直线都有共同的纵轴截距（图10-13）；②$K_M' > K_M$。注意K_M'（表观K_M）增大并不意味着酶分子对底物分子的微观亲和力有什么变化，这完全是由于酶在对底物有亲和力的游离酶E和无亲和力的复合体EI之间的平衡分配所引起的，因为只要底物以亚饱和浓度存在，则总有一部分以EI形式存在，这样为了使[ES]达到$[E_t]/2$，即达到$V_{max}/2$，则[S]（代表K_M'）必须高于无抑制剂存在时的[S]（代表K_M）。

2. 反竞争性抑制动力学

反竞争性抑制的动力学模型是

$$\begin{array}{c} E + S \underset{k_{-1}}{\overset{k_1}{\rightleftharpoons}} ES \xrightarrow{k_2(k_{cat})} P + E \\ + \\ I \\ k_3 \updownarrow k_{-3} \\ IES \end{array} \tag{10-67}$$

模型中IES是酶-底物-抑制剂三元复合体，其他符号与10-57同。反竞争性抑制中，

$$[E_t] = [E] + [ES] + [IES] \tag{10-68}$$

$$\frac{v_0}{[E_t]} = \frac{k_{cat}[ES]}{[E] + [ES] + [IES]} \tag{10-69}$$

按稳态处理可以推导出

$$[ES] = \frac{[E][S]}{K_M} \tag{10-70}$$

$$[IES] = \frac{[E][S]}{K_M} \cdot \frac{[I]}{K_i} \tag{10-71}$$

此处 $K_M = (k_{-1} + k_2)/k_1$；$k_1 = k_{-3} + k_3$，K_i 是抑制剂常数，即 IES 解离成 I 和 ES 的平衡常数。将式 10-70 和式 10-71 代入式 10-69 并整理得

$$v_0 = \frac{V_{max}[S]}{K_M + [S]\left(1 + \frac{[I]}{K_i}\right)} \tag{10-72}$$

或

$$v_0 = \frac{\dfrac{V_{max}}{1+[I]/K_i}[S]}{\dfrac{K_M}{1+[I]/K_i} + [S]} \tag{10-73}$$

其双倒数方程为

$$\frac{1}{v_0} = \frac{K_M}{V_{max}} \cdot \frac{1}{[S]} + \frac{1}{V_{max}}\left(1 + \frac{[I]}{K_i}\right) \tag{10-74}$$

反竞争性抑制的动力学特点是，抑制剂使 K_M 和 V_{max} 值都降低，而且降低同样的倍数（见式 10-73），因此 K_M/V_{max} 的比值（斜率）一直保持不变，反映在双倒数作图中成一组平行的直线（图 10-14）。表观 V_{max} 下降并不表示 ES 生成 E+P 的速率常数（k_{cat}）降低，此 k_{cat} 没有改变，改变的是 ES 的平衡水平，因为当 [S] 饱和时虽所有的酶都转变成 ES，但其中总有一定的比例以无活性的 IES 存在，净结果表现为总酶量的降低；$K'_M < K_M$ 是因为在任一 [I] 下，为达到 $V'_{max}/2$ 所需的 [ES] 小于无抑制剂存在时为达到 $V_{max}/2$ 所需的 [ES]（$[E_t]/2$），因此为维持平衡，[S]（即 K'_M）必低于原来的 [S]（即 K_M）。

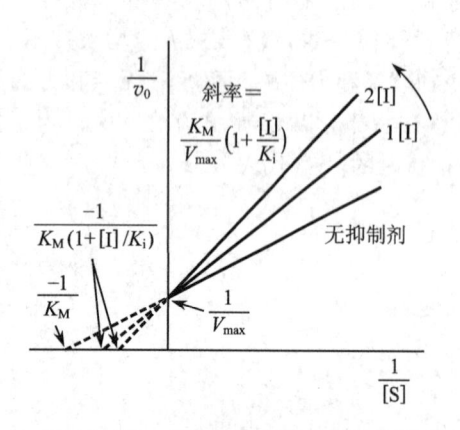

图 10-13　竞争性抑制的双倒数作图

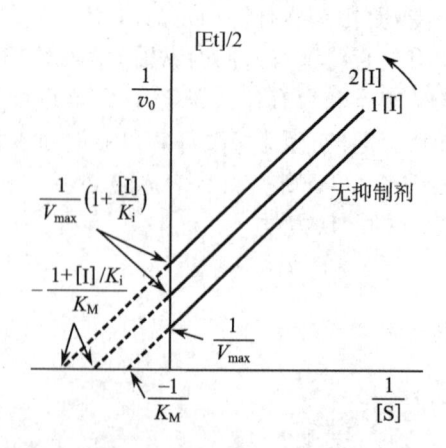

图 10-14　反竞争性抑制的双倒数作图

3. 非竞争性抑制的动力学

非竞争性抑制的动力学模型是

$$\begin{array}{c} E + S \underset{k_{-1}}{\overset{k_1}{\rightleftharpoons}} ES \xrightarrow{k_2(k_{cat})} P + E \\ + \quad (K_s) \quad + \\ I \qquad\qquad I \\ (K_i) k_3 \updownarrow k_{-3} \qquad k_4 \updownarrow k_{-4} (\alpha K_i) \\ EI + S \underset{k_{-5}}{\overset{k_5}{\rightleftharpoons}} IES \\ (\alpha K_s) \end{array} \qquad (10-75)$$

此模型如果按稳态方法处理，得到的速率方程非常复杂，而且不能得到线性的Lineweaver-Burk作图。但可根据快速平衡假设进行推导。令解离常数

$$K_s = \frac{k_{-1}}{k_1} = \frac{[E][S]}{[ES]} \qquad \alpha K_s = \frac{k_{-5}}{k_5} = \frac{[EI][S]}{[IES]}$$

$$K_i = \frac{k_{-3}}{k_3} = \frac{[E][I]}{[EI]} \qquad \alpha K_i = \frac{k_{-4}}{k_4} = \frac{[ES][I]}{[IES]} \qquad (10-76)$$

式中 K_s（即 K_M）为ES解离常数，K_i 为抑制常数，α 为系数。当 $\alpha = 1$ 时发生纯非竞争性抑制，否则出现混合型抑制。非竞争性抑制中

$$[E_t] = [E] + [ES] + [EI] + [IES] \qquad (10-77)$$

按平衡态处理，纯非竞争性抑制中

$$[ES] = \frac{[E][S]}{K_s}, \quad [EI] = \frac{[E][I]}{K_i}, \quad [IES] = \frac{[ES][I]}{K_i} = \frac{[EI][S]}{K_s} \qquad (10-78)$$

把它们代入 $v_0 = V_{max}[ES]/([E]+[ES]+[EI]+[IES])$，经整理即得纯非竞争性抑制的速率方程：

$$v_0 = \frac{V_{max}[S]}{(K_M + [S])(1 + [I]/K_i)} \qquad (10-79)$$

或

$$v_0 = \frac{\frac{V_{max}}{(1+[I]/K_i)}[S]}{K_M + [S]} \qquad (10-80)$$

其双倒数方程是

$$\frac{1}{v_0} = \frac{K_M}{V_{max}}\left(1 + \frac{[I]}{K_i}\right) \cdot \frac{1}{[S]} + \frac{1}{V_{max}}\left(1 + \frac{[I]}{K_i}\right) \qquad (10-81)$$

纯非竞争性抑制的动力学特点是①双倒数作图中一组直线相交于纵轴左边的横轴上（图10-15），表明它的 K_M 不受抑制剂的影响，即 $K'_M = K_M$，这是因为在任一给定的[I]下，游离酶E和ES复合体的平衡关系并不改变；②$V'_{max} < V_{max}$。V_{max} 降低是因为即使[S]足够使酶饱和，但总有一定比例的ES将以无活性的IES存在。

根据平衡态假设可按上面的一般方法推导出混合型［非竞争性］抑制的动力学方程：

$$v_0 = \frac{V_{max}[S]}{K_M(1 + [I]/K_i) + [S](1 + [I]/\alpha K_i)} \qquad (10-82)$$

其双倒数形式是

$$\frac{1}{v_0} = \frac{K_M}{V_{max}}\left(1 + \frac{[I]}{K_i}\right) \cdot \frac{1}{[S]} + \frac{1}{V_{max}}\left(1 + \frac{[I]}{\alpha K_i}\right) \qquad (10-83)$$

双倒数作图中一组直线相交于纵轴左边,如果 α > 1,则相交于横轴上方,即在第Ⅱ象限内(图10-16);α < 1,则相交于横轴下方,在第Ⅲ象限内(图中未示出)。

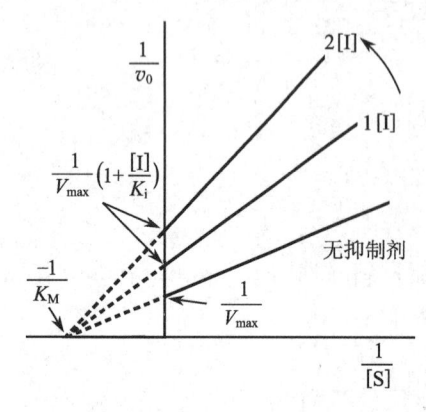

图 10-15 非竞争性抑制的双倒数作图

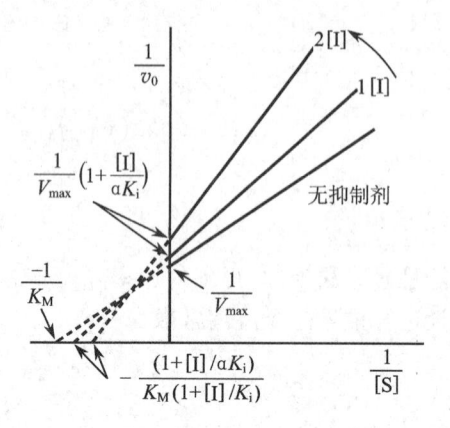

图 10-16 混合型抑制的双倒数作图

求抑制剂常数的一种常用图解法是 Dixon 作图。在不同的[S]下,以 $1/v_0$ 对[I]作图即可求得 K_i 值,例如非竞争性抑制的 Dixon 作图,见图 10-17。$1/v_0$ 作为[I]的线性函数关系可直接由双倒数方程重排获得。

(四)酶抑制剂应用举例

1. 不可逆抑制剂(irreversible inhibitor)

属于这一类的有:有机磷农药或**有机杀虫剂**(organophosphorus pesticide)、有机汞和有机砷、氰化物、硫化物、CO 以及青霉素等。

有机磷农药具有图 10-18 所示的通式。通式中 R_1 和 R_2 是烃基如甲基、异丙基等,X 是常含 F、Cl 的其他基团。常见的有机磷杀虫剂有**敌百虫**、**敌敌畏**、**对硫磷**(也称1605)等(见图 10-18)。

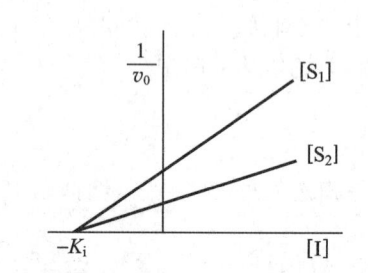

图 10-17 非竞争性抑制的 Dixon 作图([S_2] > [S_1])

图 10-18 有机磷化合物的通式和举例

有机磷化合物能专一地抑制酯酶,特别是乙酰胆碱酯酶。这类化合物与酶的活性部位中的丝氨酸残基侧链的—OH 共价结合,使酶永久失活。乙酰胆碱是神经传导的化学介质,而乙酰胆碱酯酶是专门水解乙酰胆碱成为乙酸和胆碱的,因此如果该酶受抑制,乙酰胆碱将会过分积累,导致神经系统过于兴奋而出现中毒症状,昆虫因之而死亡。有机磷对人和畜也是一类剧毒的神经毒剂。

有机磷中毒的有效解毒剂是肟和羟肟酸的衍生物,因为它们能把有机磷从酶分子上解脱下来而使酶恢复活力。例如**吡啶醛甲碘化物**(pyridine aldoxime methyl iodide)或称**解磷定**是抢救有机磷农药中毒病人的较好解毒药。作用过程如下:

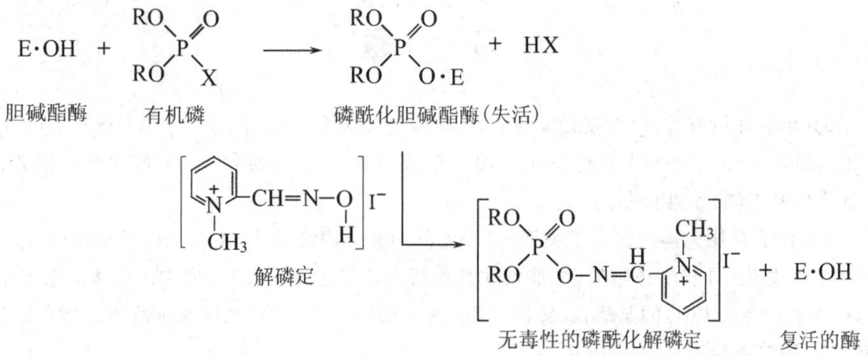

$$\underset{\text{胆碱酯酶}}{E \cdot OH} + \underset{\text{有机磷}}{\begin{array}{c}RO\\RO\end{array}} P \underset{X}{\overset{O}{\rightarrow}} \longrightarrow \underset{\text{磷酰化胆碱酯酶(失活)}}{\begin{array}{c}RO\\RO\end{array}} P \underset{O \cdot E}{\overset{O}{\rightarrow}} + HX$$

$$\underset{\text{解磷定}}{\left[\begin{array}{c}\text{N}^+\text{--CH=N--OH}\\\text{CH}_3 \quad\quad H\end{array}\right] I^-} \longrightarrow \underset{\text{无毒性的磷酰化解磷定}}{\left[\begin{array}{c}RO\\RO\end{array} P \underset{O-N=C}{\overset{O}{\rightarrow}} \text{N}^+\text{--CH}_3\right] I^-} + \underset{\text{复活的酶}}{E \cdot OH}$$

青霉素是糖肽转肽酶(glycopeptide transpeptidase)的不可逆抑制剂。**糖肽转肽酶**是在细菌细胞壁合成期间催化肽聚糖链(参见图7-25)的交联的。青霉素通过干扰肽聚糖链之间的肽交联桥的形成,使细菌失去抗渗透能力,因此细菌停止生长或死亡。现已证明青霉素内酰胺环上的高反应性肽键受到酶活性部位上 Ser 残基的—OH 基的亲核攻击形成共价键。产生的青霉噻唑酰基-酶复合体是无活性的(图10-19)。青霉素是转肽酶的底物之一,是酰基-D-Ala-D-Ala 的结构类似物。青霉素对人体的低毒性正是因为它具有高度专一性的缘故。它选择性地作用于细菌并引起溶菌作用。几乎不损害人和动物的细胞,所以青霉素是一种比较理想的抗生素(antibiotics)。

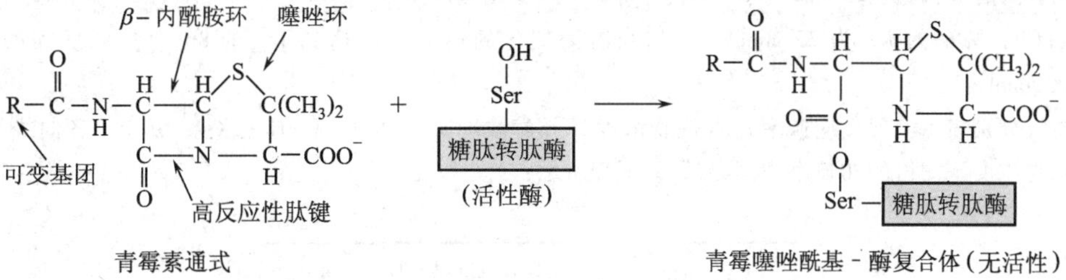

图10-19 青霉素是糖肽转肽酶的不可逆抑制剂

有些药物包括青霉素在内,是一类称为**自杀性底物**(suicide substrate)的化合物,它们是基于反应机制设计的,不但具有天然底物的类似结构,本身也是一类具有抑制作用的底物,当与酶结合时能发生与正常底物相同的头几步反应,但反应中间阶段产生一个反应性能很高的基团,能与酶活性部位内的必需基团共价结合,引起不可逆抑制。自杀性底物是亲和标记型的,能有效地标记酶活性部位内的功能基团,因此也常被用于活性部位结构的研究。

2. 可逆抑制剂(reversible inhibitor)

最常见的是竞争性抑制剂,用作药物的磺胺类是一个有名的例子。磺胺药结构上类似对氨基苯甲酸(见图10-20),后者是叶酸的一部分。叶酸和二氢叶酸则是嘌呤核苷酸合成的重要辅酶——**四氢叶酸**的前身(见第12章),如果缺少四氢叶酸,细菌的生长和繁殖将受阻。人体能利用外源(食物)的叶酸,某些细菌则不能。它们只能在四氢叶酸合成酶的催化下,以对氨基苯甲酸为原料先合成二氢叶酸,磺胺药物正是与对氨基苯甲酸竞争该酶的活性部位。

竞争性抑制剂的另一个临床应用例子是误服**乙二醇**(本身无毒)时,人体内一种酶促途径能将它转变为**草酸**(有毒),此途径从乙醇脱氢酶催化开始,这一反应可被竞争性抑制剂乙醇(它也是此酶的一个底物)所抑制。静脉注射一定量的乙醇可以与乙二醇竞争,使乙二醇排出体外而得到解毒。类似的方法也可用于治疗甲醇中毒。

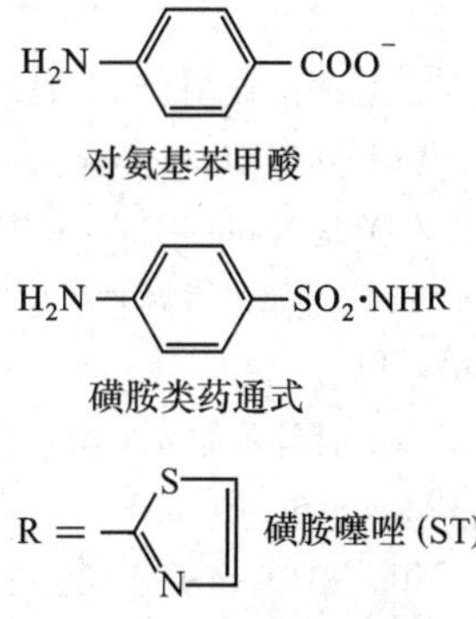

图10-20 磺胺类药物是竞争性抑制剂

习 题

1. 解释下列术语：(a) 化学计量方程；(b) 基元反应；(c) 反应速率方程；(d) 反应分子数（分子性）；(e) 反应级数；(f) 反应初速率；(g) 最大初速率和饱和效应；(h) 平衡态和稳态；(i) 米－曼氏方程；(j) 转换数；(k) 催化效率指数；(l) 双倒数方程；(m) 多底物酶促反应；(n) 自杀性底物（自杀性抑制剂）。

2. 某代谢途径中一个单体酶在病人体内发生了突变，对于此酶的唯一底物的K_M变为正常值的两倍，假若其他方面没有任何变化，问底物浓度必须发生多大变化（几倍于正常值）才能使途径保持同样的速率运转？［底物浓度须2倍于正常值］

3. 1g鲜重的肌肉含48国际单位(IU)的某酶，其转换数为6.0×10^4 min^{-1}，估计该酶在细胞内的体积摩尔浓度（假设1g鲜重的肌肉含0.8ml的胞内液）。［酶浓度为1.0×10^{-6} mol·L^{-1}］

4. 有一个酶，它的k_{cat}是30s^{-1}，K_M是0.005 mol·L^{-1}，(a) 问在什么底物浓度时它的反应速率将达到$V_{max}/4$？(b) 当[S] = $0.5K_M$、$3K_M$和$10K_M$，速率用最大速率的百分数来表示，应分别为多少？［(a) 1.7×10^{-3} mol·L^{-1}；(b) 33%, 75%和91%］

5. 下面是米－曼氏方程的微分式：

$$-\frac{d[S]}{dt} = \frac{V_{max}[S]}{K_M + [S]}$$

(a) 时间从0到t，底物浓度从[S$_0$]到[S]积分上式；(b) 根据所得积分式证明当初始底物浓度[S$_0$]≫K_M时，底物浓度的降低约与时间成正比。［(a) $V_{max}t = K_M \ln([S_0]/[S]) + ([S_0] - [S])$；(b) $[S_0] - [S] \simeq V_{max}t$］

6. (a) 过氧化氢酶的K_M值为25×10^{-3} mol·L^{-1}，当底物过氧化氢浓度为100 mmol·L^{-1}时，求在此浓度下，过氧化氢酶被底物所饱和的百分数；(b) 脲酶的K_M为25 mmol·L^{-1}，当脲酶催化的反应速率达到V_{max}的80%时，问所需的尿素浓度为多少？［(a) 80%；(b) 100 mmol·L^{-1}］

7. 用动力学曲线分别表示酶促反应速率v_0与底物浓度[S]、酶浓度[E$_t$]、温度和pH的关系，并指出各曲线的特点。

8. 在一系列底物浓度下测得的初速率，实验数据如下表所示：

[S]/μmol·L^{-1}	v_0/μmol·L^{-1}·min^{-1}
5	22
10	39
20	65
50	102
100	120
200	135
500	147

(a) 试从v_0对[S]的直线作图（米－曼氏曲线）估算V_{max}和K_M。［V_{max}约为150 μmol·L^{-1}min^{-1}，K_M为20 μmol·L^{-1}］

(b) 利用Lineweaver-Burk作图确定V_{max}和K_M。［V_{max} = 162 μmol·L^{-1}min^{-1}，数值远比(a)中的可靠］

(c) 从Eadie-Hofstee作图求V_{max}和K_M［V_{max} = 158 μmol·L^{-1}min^{-1}，K_M = 30 μmol·L^{-1}］

9. (a) 如果习题8中总酶浓度为1 nmol·L^{-1}，k_{cat}是多少？［利用V_{max} = 160 μmol·L^{-1}min^{-1}进行计算，k_{cat} = 1.60×10^5 min^{-1} = 2667 s^{-1}］

(b) 计算习题8中酶反应的k_{cat}/K_M，并判断此酶是否是一个相当有效的酶（见表10-3）。［利用K_M = 31 μmol·L^{-1}进行计算，k_{cat}/K_M = 8.6×10^7 mol^{-1}·s^{-1}·L］

10. 表10-4是有关一个酶在无抑制剂(1)和两种不同的抑制剂(2)和(3)（抑制剂浓度均为5 mmol L^{-1}）存在下获得的动力学数据。假设每个实验中[E$_t$]是一样的。

(a) 利用双倒数作图确定该酶的V_{max}和K_M。［V_{max} = 51 mmol·L^{-1}s^{-1}，K_M = 3.2 mmol·L^{-1}］

(b) 确定每种抑制剂的抑制类型和K_i。［抑制剂(2)呈现竞争性抑制，K_i = 2.13 mmol·L^{-1}；抑制剂(3)显示非竞争性抑制，K_i = 4 mmol·L^{-1}］

表 10-4 第 10 题的实验动力学数据

[S]/mmol·L^{-1}	(1) v_0/mmol·L^{-1}·s^{-1}	(2) v_0/mmol·L^{-1}·s^{-1}	(3) v_0/mmol·L^{-1}·s^{-1}
1	12	4.3	5.5
2	20	8	9
4	29	14	13
8	35	21	16
12	40	26	18

11. 由动力学实验得到下列图谱,根据试验性质和图形特点可以作出几种解释。试给每一图谱至少两种可能的解释。[图(a)①是竞争性抑制;②I 与 S 结合形成复合体;图(b)①纯非竞争性抑制;②随机单置换双底物反应,这里双底物 A 和 B 与 E 的结合互不影响(其他解释还有③I 对 E 的不可逆抑制;④在两种不同的[E]下 $1/v_0$ 对 $1/[S]$ 的作图);图(c)①混合型抑制;②有序单置换双底物反应]

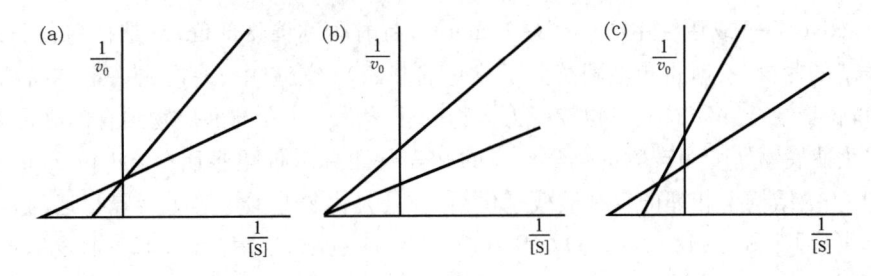

12. 如果 K_M 为 2.9×10^{-4} mol·L^{-1},K_i 为 2×10^{-5} mol·L^{-1},在底物浓度为 1.5×10^{-3} mol·L^{-1} 时,要得到75%的抑制,需要竞争性抑制剂的浓度是多少?[3.7×10^{-4} mol·L^{-1}]

主要参考书目

[1] 王镜岩,朱圣庚,徐长法. 生物化学. 第三版. 北京:高等教育出版社,2002.
[2] 许根俊. 酶的作用原理. 北京:科学出版社,1984.
[3] 陈石根,周润琦. 酶学. 上海:复旦大学出版社,2001.
[4] Mathews C K, van Holde K E. Biochemistry. USA: The Benjamin/Cummings Publishing Company, Inc, 1990.
[5] Garrett R H, Grisham C M. Biochemistry. 3rd ed. USA: Saunders College Publishing, 2004.
[6] Nelson D L, Cox M M. Lehninger Principles of Biochemistry. 4th ed. New York: W H Freeman, 2004.

(徐长法)

第 11 章 酶作用机制和酶活性调节

在第 9 章中曾经谈到酶作为催化剂是通过降低反应的活化自由能而起作用的。但是酶是怎样降低被催化反应的活化自由能的,这是一个涉及酶作用机制的问题。而机制问题的关键又在于形成酶－底物复合体。本章介绍与之有关的酶活性部位的概念以及加速酶促反应的各种因素。另一部分是介绍酶活性的调节,包括别构调节和共价调节等。

一、酶的活性部位及其确定方法

酶的活性部位(active site)或**活性中心**(active center),有时也称催化部位,它是指酶分子的表面有一个必需基团(某些氨基酸残基的侧链,有时也包括辅酶分子或它的基团)比较集中、并构成一定空间结构的微小区域,在这里必需基团参与和底物结合并完成把底物转变为产物的化学反应。参与和底物结合的必需基团称为**结合基团**(binding group),催化使底物转变为产物的化学反应的必需基团称为**催化基团**(catalytic group)。酶活性部位的必需基团并不一定由一级结构上相邻的氨基酸残基供给,往往是由氨基酸序列上相隔很远的残基提供的,例如核糖核酸酶(含 124 个残基,见图 4－11),由 His12、His119 和 lys41 提供;溶菌酶(含 129 个残基),由 Asp52 和 Glu35 提供;α－胰凝乳蛋白酶(含 241 个残基),由 His57、Asp102 和 Ser195 提供。

活性部位的一般特点是① 活性部位只占酶整体的相当小的一部分;② 活性部位是一个三维实体(tridimensional entity);③ 底物结合的专一性决定于活性部位中精确的原子排列,即直接契合或诱导契合;就形状和与底物成键的相互作用而言,对某些酶来说活性部位与底物的结合可能是直接契合,但对多数酶是诱导契合(见图 9－5);④ 大多数底物都是以相当弱的力与酶活性部位结合的,这些力与稳定酶(蛋白质)三维结构的力基本相同(见图 5－1);⑤ 活性部位是酶分子表面的一个空穴或裂沟,如己糖激酶的活性中心(图 5－13)。活性部位和酶分子的其它部分是密不可分的。后者为活性部位的形成和稳定所必需;此外尚有其他功能,如调节功能(特别是别构酶)以及把酶分子引向细胞内正确部位的信号功能(见第 33 章)。

为确定酶分子上的活性部位,曾采用过多种方法,包括共价修饰、亲和标记和 X 射线晶体分析等。

共价修饰(covalent modification)也称**化学修饰**,这是一种确定酶活性部位的有效方法。这种方法是基于某些试剂能和酶分子上与之接触的某些氨基酸残基侧链的官能团发生共价结合(见第 2 章)。酶分子中可被共价修饰的基团有—OH、—SH、—SCH$_3$、—NH$_2$、—COOH、咪唑基、吲哚基和胍基等。例如 Ser 残基侧链上的—OH 可用一种有机磷化合物,称为二异丙基氟磷酸(diisopropylfluorophosphate,DFP),进行修饰。DFP 是一种不可逆抑制剂,**它与胰凝乳蛋白酶**或其他**丝氨酸蛋白酶**,如胰蛋白酶、弹性蛋白酶和凝血酶等反应,酶则失去活性。胰凝乳蛋白酶分子中共有 28 个 Ser 残基,修饰后经序列分析发现只有 Ser195 残基被 DFP 标记。同样 DFP 也专一地与其他丝氨酸蛋白酶起反应,并发生在唯一的 Ser 残基上。这表明 DFP 标记的是酶活性中心的 Ser。其反应式如下:

$$\text{酶-Ser—OH} + \text{F—P(=O)(O—CH(CH}_3\text{)}_2\text{)}_2 \xrightarrow{-\text{HF}} \text{酶-Ser—O—P(=O)(O—CH(CH}_3\text{)}_2\text{)}_2 \tag{11-1}$$

丝氨酸蛋白酶　　　DFP　　　二异丙基磷酸－丝氨酸蛋白酶

亲和标记(affinity labeling)也属于共价修饰,但标记的专一性更高,这种方法是基于对底物的化学改造。改造的策略是使它基本上保持原来底物与酶结构的互补性,和与酶结合的亲和力,但又使它具有化学反应性,能够共价修饰某些残基的侧链基团。例如**对甲苯磺酰-L-苯丙氨酸氯甲酮**(N-p-tosyl-L-phenylalanine chloromethyl ketone, TPCK)就是这样的一种亲和标记试剂(图11-1)。它在结构上是胰凝乳蛋白酶的一个底物(对甲苯磺酰苯丙氨酸乙酯或乙酯)的类似物,即 TPCK 的苯丙氨酸侧链能与胰凝乳蛋白酶的活性部位专一地结合,但在 TPCK 的甲基酮上有一个活泼的氯原子,一旦与酶结合立即与 His57 残基侧链咪唑环的一个环氮发生不可逆反应并使酶失活。此亲和标记反应是高度立体专一的,TPCK 的 D-异构体则完全无效;反应能被胰凝乳蛋白酶的竞争性抑制剂 β-苯丙酸所抑制,这说明被 TPCK 烷化的 His57 是酶活性部位的必需残基。另外,自杀性底物也是酶十分理想的亲和标记试剂(见第10章)。

X 射线晶体分析为酶与底物的专一性结合提供了最直接的证据。这类证据不少来自在底物存在下得到的酶晶体的 X 射线衍射分析。现已完成晶体结构测定的酶在3000种以上。无疑这给深入了解酶的活性部位及其结构细节和催化机制提供了十分重要的信息。

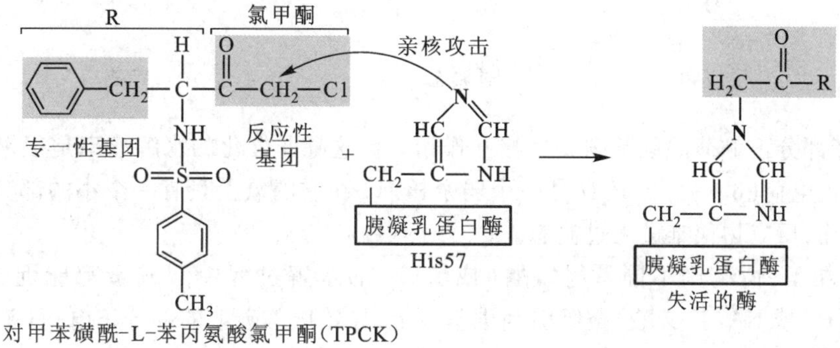

图11-1 胰凝乳蛋白酶的一个组氨酸残基(His57)被 TPCK 亲和标记

二、酶促反应机制

(一)基元催化的分子机制

酶是最复杂的催化剂,它的催化作用包括若干基元催化。**基元催化**是由某些基团或小分子催化反应的,包括酸碱催化、共价催化和金属离子催化等,它们也常见于有机化学中。这些小分子催化剂或催化基团不是亲电[子]催化剂就是亲核催化剂,它们是电荷极化的结果;所谓**亲电催化剂**(electrophilic catalyst)是指缺电子的原子或基团,它倾向于从底物的多电子基团(也称亲核中心)接纳电子;**亲核催化剂**(nucleophilic catalyst)与之相反,它是多电子的,即具有未共享电子对的基团,它倾向于向底物的缺电子的核(也称亲电中心)提供电子。这些催化剂的主要作用常常是使反应物的潜在反应中心,在反应时具有更大的**反应性**(reactivity),也即让反应物的反应中心具有更强的亲电性或亲核性,以便提供一条低活化焓的反应途径。

1. 酸碱催化(acid-base catalysis)

酸碱催化是通过暂时性地向底物提供质子或从底物接纳质子以稳定过渡态的一种催化机制。酸碱催化可分为两种类型:① **特殊(或狭义)酸碱催化**(specific acid-base catalysis),催化中由 H^+(H_3O^+)或 OH^- 加速反应,水溶液中的质子和氢氧化物离子是有机化学中最常见的催化剂;② **一般(或广义)酸碱催化**(general acid-base catalysis),催化中由 H^+ 或 OH^- 之外的其他酸或碱,即广义酸或广义碱加速反应。根据 Brönsted-Lowry 质子理论(见第2章),凡能提供质子(H^+)的物质都称为酸(HA),能接纳质子的都称为碱(B^-)。在生物条件下 H^+ 和 OH^- 的浓度都很低,因此酶促反应中主要涉及一般酸碱催化机制。酶(蛋白质)分子上的可解离基团如羧基、氨基、咪唑基等就是这样的酸或碱(见表3-1)。其中 His 残基的咪唑环是最常见、最有效的一般酸碱催化剂。其 pK_a 介于 5.6~7.0 之间(视它在蛋白质分子中的环境而定),在生理 pH 下它既可作为质子供体(酸),又可作为质子接纳体(碱)。因此 His 残基作为催化基团在蛋白质中占有特殊地位,甚至被认为它在蛋白质进化中不是作为一般的结构成分,而是作为催化功能的载体被选留下来的。

现举酯(或酰胺)的水解为例说明酸碱催化的机制。在非催化过程中酰胺(或酯)的水解是按下面式11-2进行的:

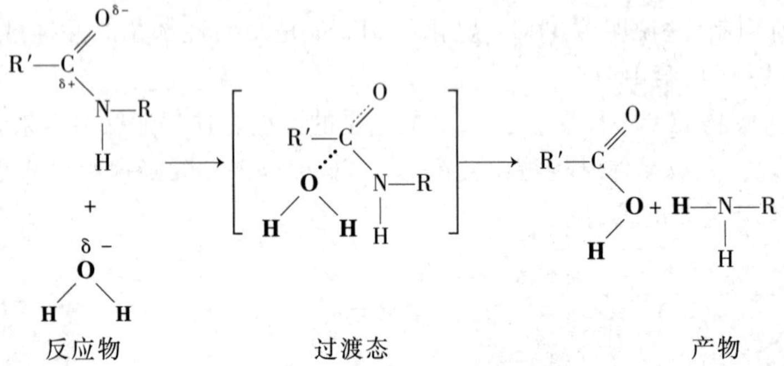

$$\text{反应物} \longrightarrow [\text{过渡态}] \longrightarrow \text{产物} \tag{11-2}$$

在这里,H_2O 分子与带部分正电荷的羰基碳发生相互作用。但这种非催化的水解速率是很慢的,因为①在羰基碳上只有一个小的部分正电荷($\delta+$),② H_2O 是一个弱亲核剂,在它的氧上只有一个小的部分负电荷($\delta-$),因此如果没有相当的活化能,反应物很难进入过渡态。

但是在酸或碱存在下,情况则不同。例如酯(或酰胺)的水解过程中酸或碱都能促进过渡态的形成(图11-2)。在酸催化中 H^+ 或 HA(广义酸)被吸引到羰基氧上,导致羰基碳上的部分正电荷($\delta+$)变得更强更稳定,使碳对弱亲核剂(水)的攻击敏感起来(图11-2A)。作为酸催化剂的 H^+ 或 HA 与羰基氧的相互作用降低了,H_2O 分子 O 和羰基 C 之间生成共价键的活化自由能。在碱催化中羰基碳由于受到一个强的亲核剂 OH^- 的攻击,是由于在攻击部位存在的广义碱(B^-)抽取 H_2O 分子中的 H^+ 而生成的 OH^- 的攻击,而降低了反应的活化自由能(图11-2B)。

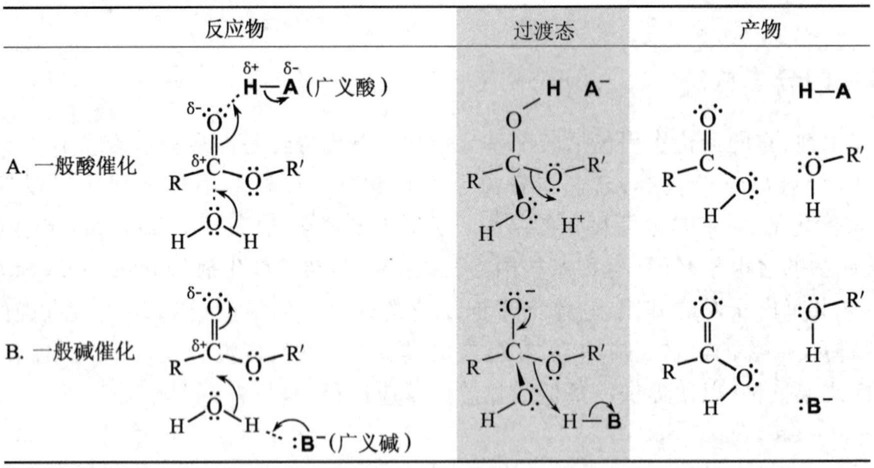

图 11-2 酯水解中一般酸碱催化的机理

2. 共价催化(covalent catalysis)

共价催化包括亲核催化(nucleophilic catalysis)和亲电催化(electrophilic catalysis)。但由于参与共价催化的,主要是亲核基团,所以共价催化也称亲核催化。**亲核催化**是由亲核催化剂加速反应的,催化剂向反应物的亲电中心(常是碳原子核)提供电子,形成共价配位键,并产生一个不稳定的共价中间物。作为亲核催化剂,它的亲核性必须比它所取代的基团更强,形成的共价中间物反应性比原来的反应物更大,也即催化途径比非催化途径所需的

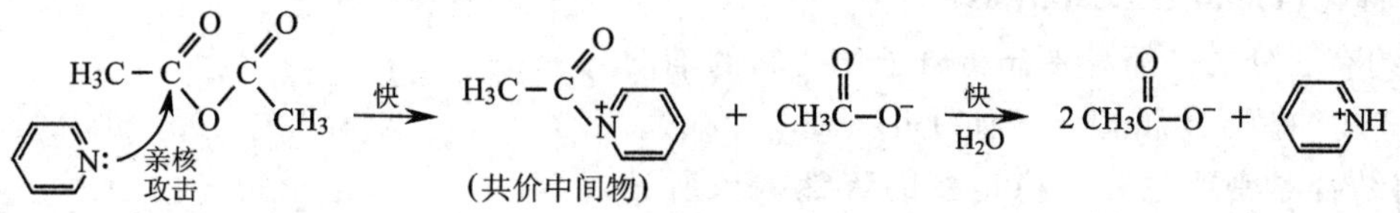

图 11-3　吡啶催化乙酸酐的水解

活化自由能低，催化途径中每一步反应都比非催化的快，例如吡啶催化乙酸酐的水解（图 11-3）。酶分子的氨基酸残基侧链可以提供各种亲核基团，最常见的有 Ser 羟基、Cys 巯基和 His 咪唑基（图 11-4）。这些基团容易攻击底物的亲电中心，如磷酰基、酰基和糖基等，并形成共价结合的酶-底物中间物（图 11-5）。这样形成的中间物将受到第二底物如 H_2O 分子的攻击生成所预料的产物（见图 11-3）。值得注意的是，进行共价催化的大多数酶都具有乒乓动力学机制（见第 10 章）。

亲核催化与广义碱催化有时很难区别，例如咪唑催化乙酸-p-硝基苯酯的水解（图 11-7A），有的学者认为它是通过广义碱（咪唑）催化机制，由水分子被抽取 H^+ 后形成的 OH^- 攻击羰基碳（亲电中心）引起水解；但也有人认为是经过共价中间物（乙酰咪唑）阶段的亲核催化完成的。如果检测出共价中间物的存在，则肯定是通过共价催化机制，但如果未能检出中间物，尚不能成为否定亲核催化的根据。

亲核基团	含该基团的酶
—CH_2—Ö:H（丝氨酸羟基）	丝氨酸蛋白酶、酯酶和磷酸酯酶等
—CH_2—S̈:H（半胱氨酸巯基）	巯基蛋白酶（如木瓜蛋白酶）、甘油醛-3-磷酸脱氢酶等
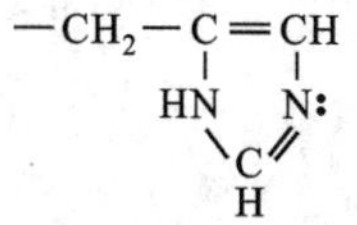 —CH_2—C=CH / HN　N: \ C / H（组氨酸咪唑基）	磷酸甘油变位酶和琥珀酰辅酶A合成酶等

图 11-4　酶分子上的重要亲核基团

亲电催化与亲核催化相反，它是由亲电催化剂加速反应的。亲电催化通常涉及产生亲电中心的辅酶。以磷酸吡哆醛（见第 12 章）为辅酶的**天冬氨酸转氨酶**（aspartate aminotransferase）、**丙氨酸消旋酶**（alanine racemase）等都可能是通过亲电机制催化的。

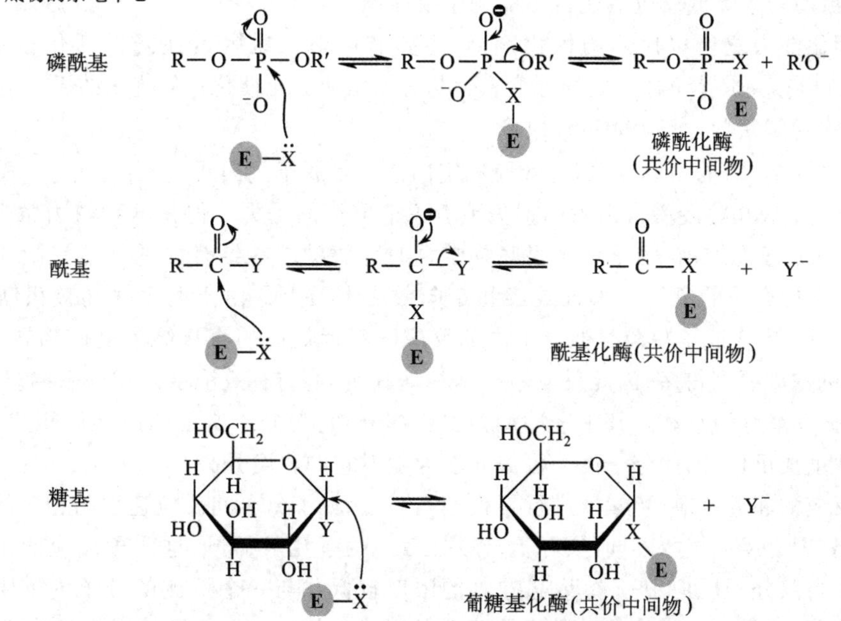

图 11-5　酶和底物形成共价结合的中间物

3. 金属离子催化(metal ion catalysis)

已知的酶中约有三分之一都需要金属离子作为它的辅助因子(见表 9-2)。有些金属离子(如 Fe^{2+}、Cu^{2+}、Zn^{2+}、Mn^{2+}、Co^{3+})与酶结合紧密或主要为稳定酶的天然构象所必需,这类酶称为**金属酶**(metalloenzymes);有些金属离子(如 Na^+、K^+、Mg^{2+}、Ca^{2+})与酶结合较弱,可能只在催化期间结合,这类酶称为**金属激活酶**(metal-activated enzyme)。金属离子在这两类酶中的一个作用是作为亲电催化剂稳定反应时形成的负电荷,以利于底物进入反应过渡态(图 11-6)。在这里金属离子的作用很像酸催化中的 H^+,但又有它自己的特点:例如许多金属离子不止带一个正电荷,因此它的亲电作用更强;其次,在中性 pH 下,溶液中的 H^+ 浓度很低,但金属离子却仍可维持在较高浓度。此外,与金属离子配位的水分子在中性甚至低于中性 pH 时,也能提供强亲核剂,例如 $(NH_3)_5Co^{3+}(H_2O)$ 的电离:

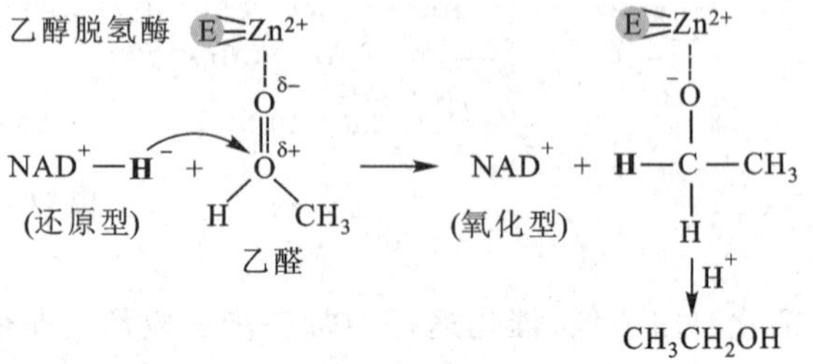

图 11-6 肝乙醇脱氢酶催化氢负离子(H^-:)从 NADH 向乙醛转移(乙醇的形成)

乙醇脱氢酶结合的 Zn^{2+} 离子诱导并稳定乙醛氧原子上的部分负电荷($\delta-$),以利 NADH 中的 H^-:对羰基碳($\delta+$)的亲核攻击

$$(NH_3)_5Co^{3+}(H_2O) \longrightarrow (NH_3)_5Co^{3+}(OH^-) + H^+ \qquad (11-3)$$

产生的 $(NH_3)_5Co^{3+}(OH^-)$ 是一种相当强的亲核剂。

(二)酶具有高催化能力的原因

酶和一般催化剂一样,也是通过降低活化自由能加速反应的(见第 9 章)。酶降低活化自由能所需的大部分能量都来自酶与底物之间的非共价相互作用。酶不同于非酶催化剂就是因为酶是通过与底物结合成 ES 复合体而起催化作用的。在 ES 复合体中每形成一个弱相互作用都伴随着少量自由能的释放以稳定相互作用。来自酶-底物相互作用的自由能称为**结合能**或**内在结合能**(intrinsic binding energy),ΔG_b。ΔG_b 的意义已超出简单的稳定作用,实际上它是被酶用来降低反应活化自由能的主要能源。

目前认为酶的催化能力之所以比非酶催化剂高,主要有以下一些因素在降低活化自由能方面起了作用:① 邻近效应和定向效应;② 诱导契合和底物形变;③ 电荷极化和多元催化;④ 疏水的微环境影响。

1. 邻近(proximity)和定向(orientation)效应

从降低活化自由能($\Delta G^{\neq}$)的角度看,邻近效应和定向效应是属于熵因子(见第 9 章)。酶促反应中当两个底物与酶结合成复合体时,底物将经受自由度的损失或者说造成熵的丢失。但是这种热力学上不利的**熵丢失**(entropy loss),在底物进入过渡态之前,已得到酶跟底物结合时释放的内在结合能的补偿。因此进入过渡态的活化熵比非催化反应要小,即有小的负值。**邻近效应和定向效应**本质上是由于两个底物被束缚在酶的表面上引起的,因此一个分子间的反应变成了一个类似分子内的反应。邻近效应的直接结果是底物在活性部位的"有效浓度"比底物在溶液中的浓度要高得多,因此反应速率增加。其实,熵与有效浓度是相联系的。一个分子的熵,是它的平动熵、转动熵和振动熵等的总和。其中平动熵为主要部分,它与分子所占的溶液体积成正比,而一个分子所占的平均体积与其浓度成反比,因此分子的熵丢失必然伴随着它的浓度升高。

为了测定酶促反应的邻近效应,酶学家进行了模型实验,比较了分子间反应速率与相应的或相似的分子内反应速率。但必须指出,因为反应级数不同,实际上难以比较。为了比较,常取这两种反应的速率常数之比值以表示"有效浓度",也即当双分子反应中一个反应物 A 的浓度较低并与一个可比的分子内反应的反应物浓度一样时,另一个反应物 B 需要达到多大浓度才能使两个反应的速率相等。一个典型的实例是咪唑催化乙酸-p-硝基苯酯(p-nitrophenylacetate)的水解(图 11-7A)。在一定条件下,测得此分子间反应的二级速率常数为 $35 mol \cdot L^{-1} \cdot min^{-1}$,相应的分子内反应(图 11-7B)的一级速率常数为 $839 min^{-1}$,两者的比值为 24 mol/L。此比值具有浓度单位,可认为它是分子内反应中 p-硝基苯酯基的"有效浓度",也即如果在双分子反应中[咪唑]= 1 mol/L,

则另一个底物——乙酸-p-硝基苯酯的浓度为 24 mol/L 才能达到浓度为 1 mol/L 的分子内反应的速率。

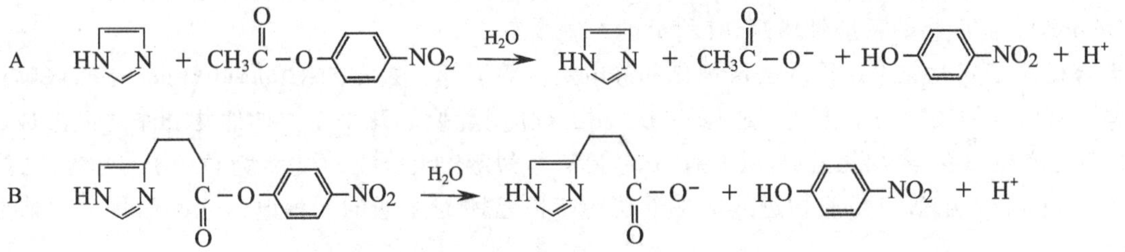

图 11-7 催化中邻近反应的一个实例
A. 咪唑催化乙酸-p-硝基苯酯的水解(慢),B. 相应的分子内反应(快),其速率为分子间反应的 24 倍

许多实验模型表明,"有效浓度"为 $10^3 \sim 10^8$ mol/L。显然只凭邻近效应是达不到如此高的"浓度"的,因为对一个双分子反应来说,要使其中一个底物达到这样高的浓度是办不到的,即使纯水,它的浓度也不过是 55 mol·L,因此提出了还有**定向效应**在起作用。定向是指两个相互靠拢的反应基团间电子轨道的定向排列,这种排列要求极严,稍有偏离就可能使反应物进入过渡态所需的活化自由能增加很多,因此定向效应也称为**轨道导向**(orbital steering)。反应物的反应基团之间的正确定向在游离的反应物系统中是很难解决的,只能凭碰撞时的概率。然而当分子间的反应变成分子内的反应,特别是酶促反应,就有了解决问题的基础。例如邻羟苯丙酸(o-hydroxyphenylpropionic acid)内酯化的情况(图 11-8A),当两个甲基取代了苯环邻近的丙酸基碳原子上的氢后,由于几个甲基相互交错引起的空间位阻,致使—COOH 与—OH 更加合理定向而极大增加碰撞频率(图 11-8B),使这个衍生物的内酯化速率比母体化合物的内酯化速率提高 $(1.5 \times 10^6)/(5.9 \times 10^{-6}) = 2.5 \times 10^{11}$ 倍。

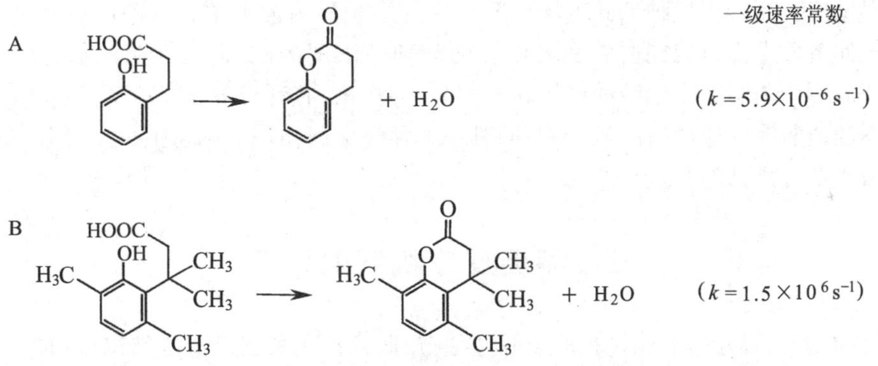

一级速率常数

A　　　　　　　　　　　　　　　　　　　　　　　　($k = 5.9 \times 10^{-6}$ s^{-1})

B　　　　　　　　　　　　　　　　　　　　　　　　($k = 1.5 \times 10^6$ s^{-1})

图 11-8 邻羟苯丙酸(A)及其衍生物(B)的分子内反应中的定向效应

显然,邻近和定向在酶催化中起着重要的作用。Page M I 和 Jencks W P 认为这两个效应在双分子反应中所起的促进作用分别可达 10^4 倍,两者共同作用可使反应速率升高 10^8 倍。这与许多酶的催化能力的计算是相近的(表 9-1)。

2. 诱导契合(induced fit)和底物形变(substrate distortion)

从能量的角度看,诱导契合和底物形变是属于熵因子(见第 9 章)。很多酶的活性部位并不直接与底物契合,必须在底物诱导下发生构象变化才能与底物贴切结合,即所谓**诱导契合**(见图 9-5)。底物一旦被结合上,酶就能使底物形变或扭曲。**底物形变**主要是指电子的重新分配,产生所谓**电子张力**,使旧键弱化,并促进新键形成。

过渡态类似物(transition-state analog)是一类化学上和结构上类似过渡态、但不能形成产物的分子(参见图 9-11)。实验证明,酶与过渡态类似物的结合要比酶与底物的结合强得多。这一事实暗示了,在进化过程中酶分子被设计成不是与底物本身而是与它的过渡态互补或"契合"的,也即只有处在过渡态的底物和酶之间才能发生最适的相互作用。这些相互作用是**内在结合能**(ΔG_b)的主要来源。但"契合"的不完善性使得在底物、酶或两者中发生形变或张力(应变)。形变或张力涉及化学键的拉伸、扭转以及催化基团的适当定位,例如向底物提供共价催化和广义酸-碱催化的基团。发生形变需要向 ES 复合体供给能量(ΔH),同时它的稳定性降低或称**去稳定化**(destabilization),但底物的反应性增高,有利于进入过渡态。

ES 复合体的去稳定化还可以因为去溶剂化和静电效应等引起。**去溶剂化**(desolvation)是当底物进入活性中心(疏水环境)时出现的底物去水化层,因为酶-底物相互作用置换了几乎全部的底物和水之间形成的氢键。去溶剂化是溶剂化的逆过程,溶剂化是放能的,释放的能量称为**溶剂化焓**($\Delta H_{溶剂化}$为负值),当然,去溶剂化是需能的(ΔH为正值)。静电效应是底物进入活性部位时带电基团与相遇的同种电荷之间的排斥力造成的**静电去稳定化**。

上述的各种去稳定化所需的能量($\Delta H^{\neq}$,正值)加上熵丢失($\Delta S^{\neq}$,负值)便构成进入过渡态所需的活化自由能($\Delta G^{\neq}$,正值)。但在酶促反应中这个能量的大部分由 E+S→ES 特别是 ES→EX$^{\neq}$ 时释放的**内在自由能**(ΔG_b,负值)所抵消(见图 9-2)。这就是酶为什么能降低反应活化自由能的主要原因。

3. 电荷极化和多元催化

电荷极化为基元催化提供了催化基团,包括广义酸碱、亲核剂、亲电剂和金属离子。诱导契合为基元催化创造了空间条件:把催化基团定位于底物的敏感键。在酶促反应中经常是由几个基元催化配合在一起共同起作用的。例如胰凝乳蛋白酶是通过活性部位中 Asp102、His57 和 Ser195 组成的"**电荷中继网**"催化肽键水解,包括亲核催化和广义碱催化的协同作用(见下面"酶促反应机制的举例"一节)。多元催化提供了降低活化焓的途径,它是使酶加速反应的重要因素之一。

4. 疏水的微环境的影响

酶的活性部位常是一个低介电区域,即疏水基团衬里或环绕的区域。在疏水环境中介电常数比在水中低,两个电荷间的作用力显著地增强,这比在水中更有效地稳定了离子对,有利于催化基团与底物分子的敏感键发生作用,因而加速酶促反应。有人把这种低介电环境对反应的影响称为静电催化。酶的微环境还创造了溶液中所不能办到的条件,例如溶液中不可能同时存在高浓度的酸和高浓度的碱,但是在酶的活性部位可以提供这种条件,甚至可以是同样的两个基团一个起酸的作用,一个起碱的作用,有利于催化反应的进行。

必须指出,上述加速酶促反应的诸因素,不是同时在一种酶中起作用。确切地说,不同的酶,起作用的主要因素是不一样的,每种酶都有自己的特点。

三、酶促反应机制的举例

研究酶促反应机制就是研究酶催化过程的步骤和细节,通常是先根据已有的知识作理论上的假设,然后通过实验对假设进行核查和修正。实验的手段有:① 动力学研究,特别是前稳态动力学(pre-steady state kinetics)研究;② 中间物的检测;③ X 射线晶体分析;④ 氨基酸侧链基团的化学修饰,包括亲和标记;⑤ 位点-特异诱变(见第 35 章)。其中③和④已在前面"酶的活性部位及其确定方法"中谈到。研究过催化机制的酶已不少,例如溶菌酶、核糖核酸酶、羧肽酶 A、己糖激酶和**丝氨酸蛋白酶**等。下面举一二个较典型或重要的例子来阐述酶的催化机制。

(一)丝氨酸蛋白酶

丝氨酸蛋白酶是一个酶家族,是一类同源蛋白质(见第 6 章),包括起消化作用的胰蛋白酶、胰凝乳蛋白酶和弹性蛋白酶,参与血液凝固的凝血酶以及溶解血纤蛋白的纤溶酶和纤溶酶原激活剂(plasminogen activator, PA)如 t-PA(tissue-type PA)等。t-PA 临床上用于治疗心肌梗死,因为它能特异地激活体内的纤溶酶原使成纤溶酶,后者能溶解新形成的血凝块(血栓)。

1. 丝氨酸蛋白酶活性部位的结构

大多数丝氨酸蛋白酶具有相似的三维结构,图 11-9 示出胰凝乳蛋白酶(M_r 25 000)的结构。丝氨酸蛋白酶

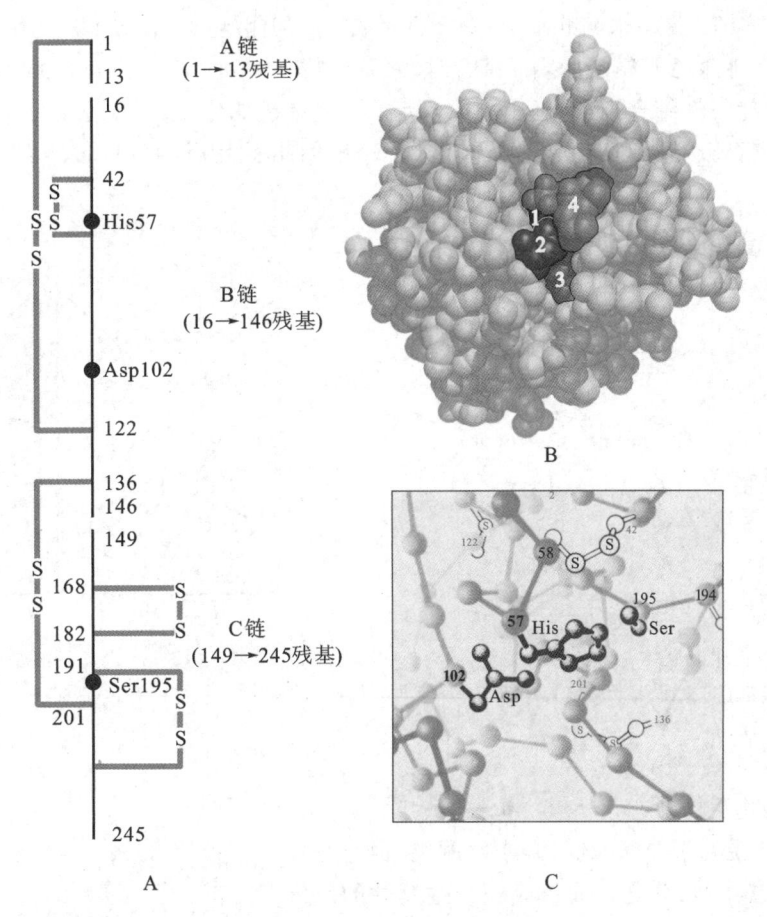

图 11-9　胰凝乳蛋白酶的结构
A. 一级结构：示出二硫键和一些对催化关键的残基编号，该酶由三条多肽链借二硫键连接而成；
B. 三维结构（空间填充模型）：示出催化三联体（1、2、3三个残基）和底物类似物（标为4）；
C. 活性部位及其附近的结构

的活性部位有很多共同特点。特点之一是，都有一个天冬氨酸残基、一个组氨酸残基和一个丝氨酸残基，它们成串排列，并通过氢键网络成一个所谓**催化三联体**（catalytic triad）；在胰凝乳蛋白酶中它们是 Asp102、His57 和 Ser195（图 11-10）。丝氨酸残基在通常情况下是惰性的，但催化三联体的 Ser 处于非常的环境中，它紧挨着 His；Ser 羟基的质子可被转移到 His 的环 N 上，自身留下一个负电荷使 Ser 氧化成为更强的亲核剂。一般情况下，这种转移也是不可能的，但它被邻近的 Asp102 所促进，Asp102 通过它的羧基负电荷稳定了 His 环的质子化（图 11-11）。可见催化三联体在功能上起转移电荷的作用，因此它也称为**电荷转移系统**（charge transfer system）或**电荷中继网**（charge relay network）。

丝氨酸蛋白酶活性部位的特点之二是，在其丝氨酸残基附近，都有一个"口袋"，它对每种丝氨酸蛋白酶是不同的（图 11-12）。在**胰蛋白酶**中这个口袋深而窄，在其底部有一个带负电荷的羧酸根，Asp189 残基，它能抓住一个长而带正电荷的底物侧链如 Lys 或 Arg 的侧链。在**胰凝乳蛋白酶**中口袋比较宽、

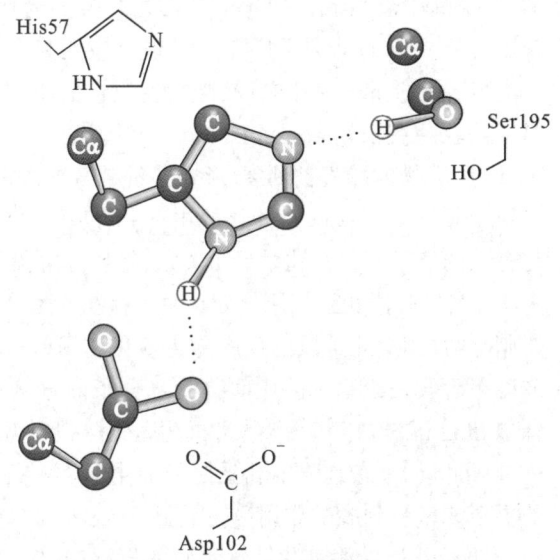

图 11-10　胰凝乳蛋白酶中的催化三联体
（球棍模型）

并且有疏水残基衬里,能容纳一个疏水侧链如 Phe、Trp、Tyr 或 Leu 的侧链。口袋的本性是给每一种丝氨酸蛋白酶以底物专一性(见图 4-7)。底物多肽链与酶表面结合时,大部分为非专一性结合,只有要被断裂的肽键 N 端侧的残基侧链必须能与口袋契合(专一性结合)。此口袋不仅规定了肽链断裂的位置,并且也规定了对底物的立体专一性。如果在此部位是 D 型氨基酸残基,侧链将伸向离开口袋的一侧,因此不能切断与 D-氨基酸连接的肽键。

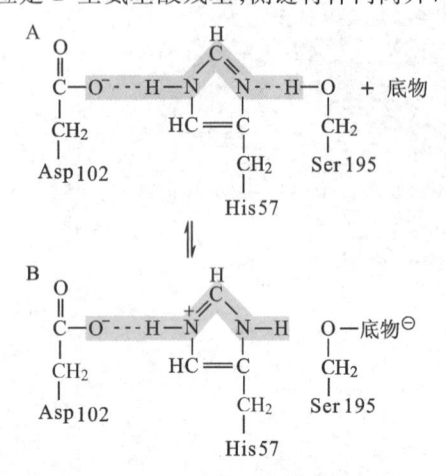

图 11-11 催化三联体-电荷转移系统
电荷在阴影所示的线路上可来回"接力赛跑",这里 His57 起着广义酸碱的作用

图 11-12 决定丝氨酸蛋白酶专一性的结合口袋

2. 丝氨酸蛋白酶的作用机制

丝氨酸蛋白酶(以胰凝乳蛋白酶为例)是水解酶类,但它并不催化水对底物肽键的直接水解,代之以先形成一个过渡性的共价酰基-酶中间物。关于酰基-酶中间物的最先证据来自**前稳态动力学**(参见图 10-2)的研究。丝氨酸蛋白酶除作用于多肽外,也能催化小分子的酯和酰胺的水解。这些反应的速率比对肽的水解慢得多,因为可被这些小底物利用的结合能少。但它们便于应用,例如乙酸-p-硝基苯酯是一个很有用的模型底物,因为产物 p-硝基[苯]酚在 400nm 波长处有强烈光吸收。当用它进行胰凝乳蛋白酶的动力学研究时发现反应明显分为两个阶段,开始以突发速率生成 p-硝基酚,随后变成慢的稳态速率(图 11-13)。第一阶段或突发阶段是乙酸-p-硝基苯酯与酶(Ser195 羟基)发生反应,底物的酯键被断裂,形成共价结合的**酰基-酶中间物**(acyl-enzyme intermediate),并释放出 p-硝基酚;p-硝基酚的释放量与存在的酶量几乎是化学计量关系,将稳态阶段的线段外推至时间为零,突发阶段相当于刚好处在每一存在的酶分子释放 1 分子的 p-硝基酚之时,此阶段的反应称为**酰化作用**(acylation)。第二阶段或稳态阶段是酰基-酶中间物受水分子的直接攻击而水解,此时释放出乙酸根,并使酶得到再生,此阶段的反应称为**脱酰作用**(deacylation),它是胰凝乳蛋白酶催化酯水解的限速步骤,因为酶的更新速率受到脱酰作用慢的限制。

胰凝乳蛋白酶催化肽键水解的机制(见图 11-14),也是分为酰化和脱酰两个主要阶段。在酰化阶段(步骤①到③):①底物

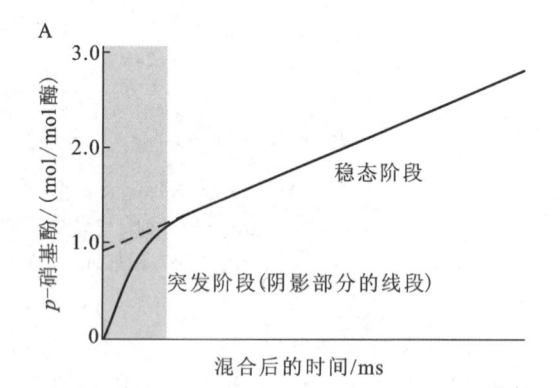

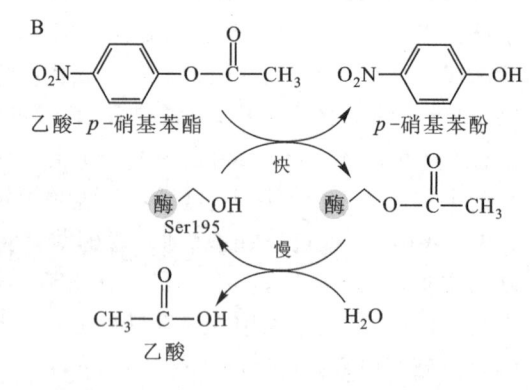

图 11-13 酰基-酶中间物的前稳态动力学的证据
A. 胰凝乳蛋白酶催化乙酸-p-硝基苯酯水解的动力学曲线;
B. 酰基-酶中间物的快速形成(酰化)和慢分解(脱酰)

（多肽或蛋白质）在酶活性部位与酶专一结合形成酶-底物复合体，要被断裂的肽键 N 端侧的残基侧链（此例中为 Phe）伸进疏水口袋；②Ser195 羟基氧亲核攻击底物肽键的羰基碳形成短暂的**四面体过渡态中间物**。与此同时 His57 作为广义碱从 Ser195 的羟基汲取质子，而羰基氧获得一个负电荷。这个荷负电的氧位于疏水口袋附近的

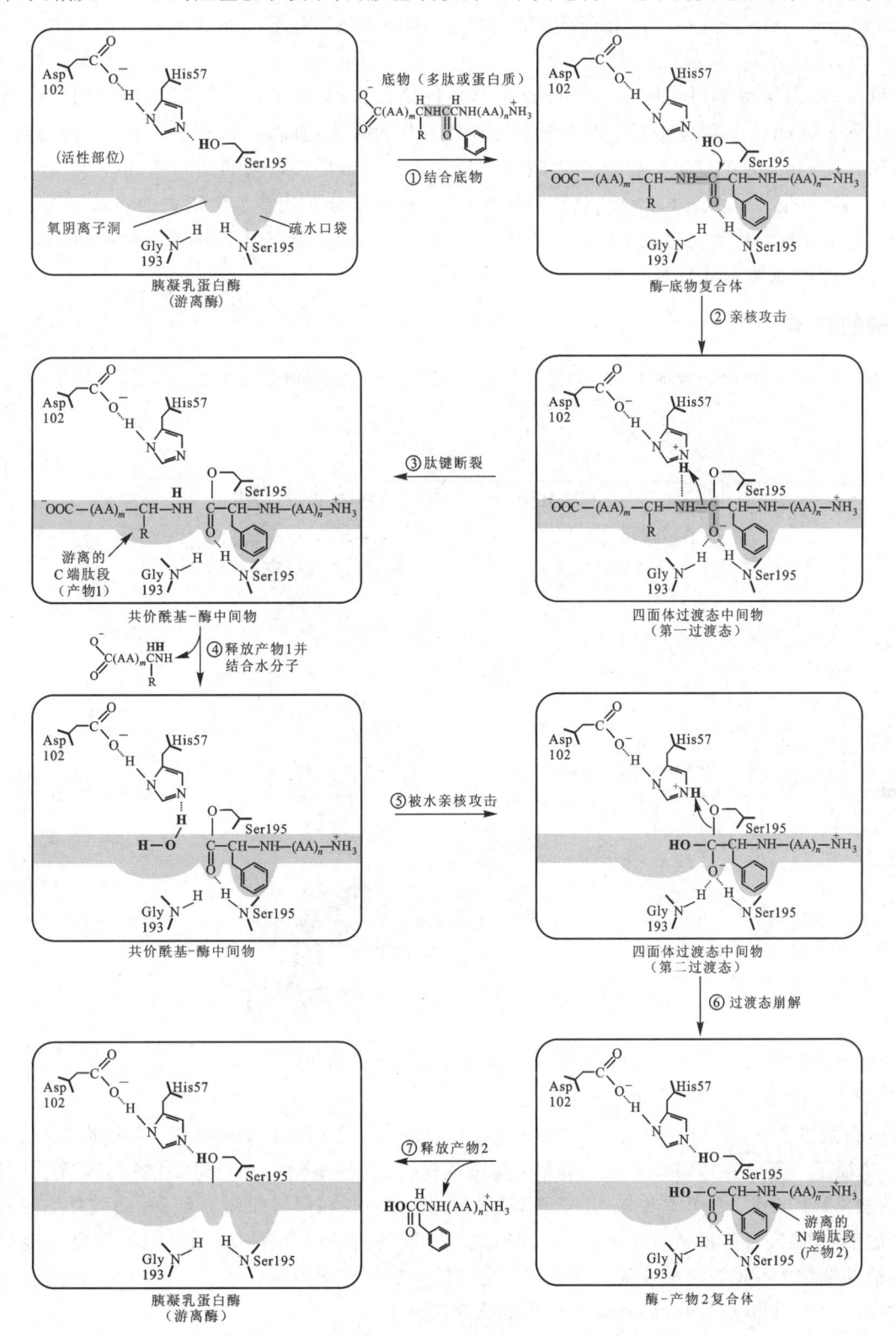

图 11-14 胰凝乳蛋白酶催化肽键水解的详细机制

一个称为"氧阴离子洞"(oxyanion hole)的小口袋中,并被胰凝乳蛋白酶主链上两个肽键的酰胺提供的氢键所稳定。其中一个氢键(Gly193 提供的)只出现在过渡态中,它的出现降低了达到过渡态所需的能量,这是催化中利用结合能的一个例子;③过渡态中底物的肽键发生断裂,生成一个酰基-酶中间物,被共价连接在中间物的是多肽底物的 N 端部分,C 端部分接纳了由 His57 提供的原是 Ser195 的质子,形成一个新的末端—NH$_2$,这部分肽链(产物 1)随即被释放。

在脱酰阶段(步骤④到⑦):④H$_2$O 分子进入酰基中间物的酰基和 His57 之间的位置,把一个质子转移给 His57;⑤H$_2$O 分子的 OH$^-$ 连接到酰基碳上,形成第二个四面体过渡态中间物;⑥质子从 His57 转移回 Ser195,四面体过渡态崩解;⑦剩下的 N 端多肽片段(产物 2)被释放,重新生成脱去酰基的游离酶,准备催化另一多肽的水解。注意脱酰阶段发生的事件基本上是酰化阶段的逆转,在这里水分子代替了已离去的多肽片段。整个过程是一个广义酸-碱催化和共价催化的复杂形式。催化三联体中几个残基是协同作用的,His57 主要起广义碱催化,兼广义酸催化,Ser195 主要起亲核剂作用。

(二) 烯醇化酶

烯醇化酶(enolase) 催化糖酵解中 2-磷酸甘油酸可逆脱氢为磷酸烯醇丙酮酸这一步(见第 19 章):

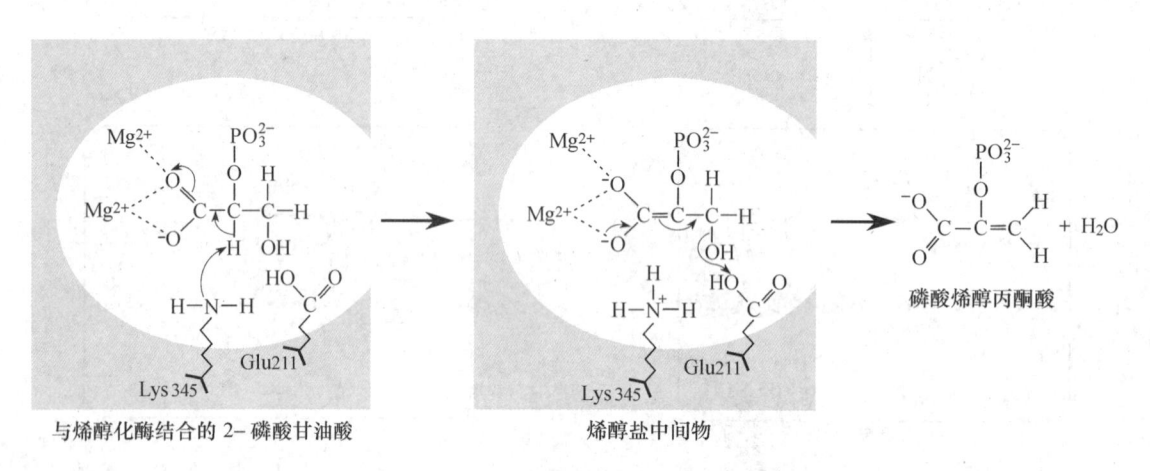

$$\begin{array}{c}\text{2-磷酸甘油酸} \xrightarrow{\text{烯醇化酶}} \text{磷酸烯醇丙酮酸} + H_2O\end{array} \tag{11-4}$$

图 11-15 烯醇化酶催化的两步反应

酵母烯醇化酶(M_r 96 000)是一种二聚体酶,每个亚基含 436 个氨基酸残基。烯醇化酶反应为金属离子催化提供了一个例证,并为一般酸-碱催化提供了又一例证。

该酶反应分两步进行(图 11-15),第一步中残基 Lys345 起一般碱催化剂的作用,从底物 2-磷酸甘油酸的 C2 上抽取一个质子;第二步中 Glu211 起一般酸催化剂的作用,向离去基团(—OH)提供一个质子。注意,游离的 2-磷酸甘油酸 C2 上的质子酸性是很弱的,一般不易被抽取。然而,在酶活性部位上 2-磷酸甘油酸的羧基和两个与酶结合的 Mg^{2+} 之间具有很强的离子相互作用,这样使 C2 的质子酸性增加(即它的 pK_a 降低),变得容易被除去。底物与活性部位的其他氨基酸残基的氢键结合也对整个机制作出贡献。总之,各种相互作用有效地稳定了过渡态以及烯醇盐中间物(enolate intermediate)而加速反应速率。

四、酶活性的别构调节

酶活性的**别构调节**(allosteric regulation)是酶活性的调节方式之一,它在代谢调控中具有重要意义,许多代谢途径中的关键反应(限速步骤)都是由别构调节酶催化的。关于别构调节曾在第9章中提及,这里将对它作进一步介绍。

(一)酶的别构效应和别构酶

很多寡聚酶,当它们的亚基上的配体结合部位与配体非共价可逆结合时,将发生构象变化并影响同一酶分子的其他亚基上的空(未被结合的)活性部位的亲和力,这一现象称为酶的**别构效应**(参见第6章血红蛋白氧合作用),也称为**别构相互作用**或**别构调节**。酶的别构效应包括涉及酶与底物结合时催化部位和催化部位之间的相互作用即**同促[别构]效应**(homotropic allosteric effect),和涉及酶与调节物结合时调节部位与活性部位之间的相互作用即**异促[别构]效应**(heterotropic allosteric effect)。

具有别构效应的酶称为**别构[调节]酶**(allosteric enzyme)或**配体调节酶**。别构酶一般都是多亚基蛋白质,由两个或多个多肽亚基组成。每个别构酶含有两个或两个以上的底物结合部位即活性部位,或者还有除底物以外的其他调节物(或称效应物)的结合部位,称为**别构部位**或**调节部位**。底物结合部位和别构部位可能在同一个亚基上,也可能在不同的亚基上。别构部位的数目与活性部位的数目可能相同,也可能不同。正如一个酶的活性部位对它的底物是专一的,每个调节部位对它的调节物也是专一的。具有几种调节物的别构酶,对每种调节物一般都有自己专一的结合部位。通过热处理或化学修饰,别构酶的亚基被解离并失去对调节物的敏感性,但催化活性仍被保留,这种现象称为**脱敏作用**(desensitization)。脱敏后的酶在动力学上服从米-曼氏方程。

能引起别构效应的配体称为**[别构]效应物**或**[别构]调节物**,它们通常为小分子的代谢物或辅因子。别构效应物可能是底物本身,或是底物以外的其他配体。导致别构酶活性(或对底物的亲和力)增加的配体称为**正效应物**或**[别构]激活剂**;致使酶活性降低的配体称为**负效应物**或**[别构]抑制剂**。注意,别构抑制剂不应该与反竞争性或非竞争性抑制剂混淆。虽然后者也结合在酶的第2个部位上,但在活性形式和非活性形式之间的转变不需要构象变化介导,而且动力学的结果也是不同的。

有些别构酶除底物兼作效应物之外没有其它调节物,也即底物是同促调节物,这类酶只有同促效应,并称为**同促[别构]酶**。有些别构酶除底物外,尚有异促调节物:或是异促抑制剂,或是异促激活剂,或是两者兼而有之,这类酶称为**异促[别构]酶**。异促酶既有同促效应(V系统别构酶除外,见下面)又有异促效应。

(二)别构酶的动力学特点

在第6章中谈到血红蛋白行使输氧功能时发生别构效应,其结果表现为S形氧结合曲线(见图6-8)。S形动力学行为一般反映寡聚蛋白质中亚基间的正协同性同促相互作用。**正协同性[同促]相互作用**(或称**正同促效应**)是指酶的一个亚基上的活性部位与底物结合,增加其余亚基上的空活性部位的亲和力(注意,效应物结合本身也能表现出正同促效应,即效应物的结合对效应物浓度所作的饱和曲线也呈S形,因为情况较复杂,这里不展开讨论);如果是降低其余亚基上的空活性部位的亲和力,则称为**负协同性[同促]相互作用**(或称**负同促效应**),但这种负协同性的酶极少。

正协同性和负协同性的酶在动力学性质上往往不遵循米-曼氏方程。对于这些别构酶,在它们的底物饱和曲线上最大速率一半时的[S]值不再代表原来双曲线函数关系时的 K_M,而代之以 $[S]_{0.5}$ 或 $K_{0.5}$。对于**正协同性酶**,v_0 对 [S] 的关系呈S形曲线。S形动力学的一个特点是,在某一段底物浓度范围内(图11-16A所示的S形曲线的陡峭部分),[S]的相对较小改变能引起 v_0 的较大变化。这表明 v_0 对[S]变化的敏感性增加,这样使细胞对代谢速率的调节更加灵敏,便于保持代谢物浓度在一个较恒定的水平。对于**负协同性酶**,v_0 对[S]的关系表面上与双曲线相似,但实际上并不相同。这种曲线在低[S]时,v_0 上升比正常的双曲线快,但接近饱和时,v_0 上升却比正常的要慢得多,也即随[S]增加,底物与酶的结合要比一般的非别构酶困难得多(图 11-16A)。

为了区分服从米-曼氏方程的所谓正常酶(非别构酶),和不服从米-曼氏方程的正协同性酶和负协同性酶,可采用 **Hill 方程**(式 6-10)中的指数 n(**Hill 系数**)作判据。Hill 系数是协同程度的量度。非别构酶不具有协同性,$n=1$;正协同性酶,$n>1$;负协同性酶,$n<1$(见第 6 章)。

对异促别构酶而言,很难概括调节物对底物饱和曲线(速率曲线)形状的影响。这些酶及其异促效应物大体上可分为 K 系统和 V 系统两种类型。**K 系统**中酶在应答异促效应物时,$K_{0.5}$ 可以增大或减小,但 V_{max} 不变。异促激活剂(用 A 表示)能使它们的 S 形饱和曲线向双曲线方向转变,$K_{0.5}$ 变小。结果是在任一给定的[S]时,反应的 v_0 值都比无激活剂存在时的 S 形曲线的相应值高。而异促抑制剂(用 I 表示)使 S 形饱和曲线更加 S 形化,$K_{0.5}$ 增大(图 11-16B)。**V 系统**中酶的底物饱和曲线都是双曲线,而不是 S 形曲线。正异促调节物(A)使饱和曲线的 V_{max} 升高,负异促调节物(I)使 V_{max} 降低,但 $K_{0.5}$ 不变或变化甚小(图 11-16C)。这两个系统在生物体内可能担当不同生理条件下的调节功能。K 系统适合于体内的[S]经常处在 $K_{0.5}$ 附近,且是限速浓度;而 V 系统适合于体内的[S]对该调节酶来说一般是饱和浓度。

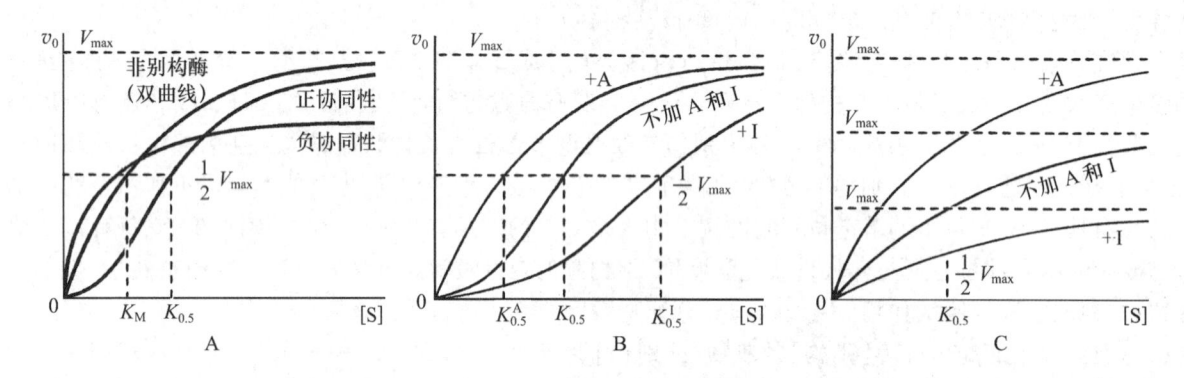

图 11-16 调节物对别构酶的底物饱和曲线的影响
A. 同促酶的正协同性(S 形曲线)和负协同性;B. K 系统别构酶;C. V 系统别构酶(不常见)

(三) 协同性配体结合的模型

为了解释别构蛋白质的动力学行为(S 形曲线)曾提出多种配体结合的模型,其中以齐变模型和渐变模型最为简明,并为很多人所接受。这两种模型首先被用于解释血红蛋白的别构现象,因为 Hb 的结构和功能被研究得最清楚(见第 6 章)。别构酶不仅在结构上而且在调节功能上也很复杂;配体的结合有正协同的,负协同的,结合的效应有同促的,异促的,并且同促和异促往往交错在一起。因此提出配体结合的机制或模型时都作了许多假设和简化。

1. MWC 模型或齐变(协调)模型(concerted model)或对称模型

齐变模型是 1965 年由 J. Monod,J. Wyman 和 J. P. Changeux 提出的。他们作了以下的陈述和假设:

① 别构酶是由数目不多的亚基组成的寡聚蛋白质。酶分子中亚基(对杂多聚酶来说是原聚体)以旋转对称方式排列,因此至少有一个对称轴。

② 每个亚基(或原聚体)对每种配体(不论底物还是调节物)至多只有一个结合部位。

③ 每种亚基以两种不同的构象态(R 态和 T 态)存在,并且在无任何配体存在时,这两种构象态处于平衡中。R 为**松弛态**(relaxed state),对底物的亲和力高;T 为**紧张态**(tense state),对底物的亲和力低。

④ T 态和 R 态的转变是采取齐变(协调)的方式,也即一个构象体中的所有亚基是同步发生变构的,不允许 R 态亚基和 T 态亚基同时出现于同一个寡聚酶分子中的杂合态存在,并因此酶分子始终保持着对称性,换言之,在给定的酶分子中所有亚基(或原聚体)的地位是等同的(图 11-17)。

⑤ 假设别构抑制剂 I 的作用是稳定 T 态,而别构激活剂 A 是稳定 R 态(图 11-18)。

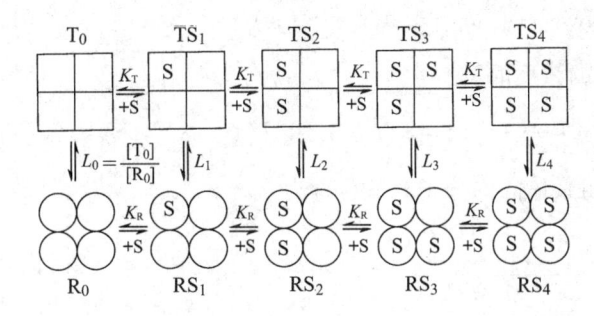

图 11-17 别构酶(以四聚体为例)的齐变(MWC)模型

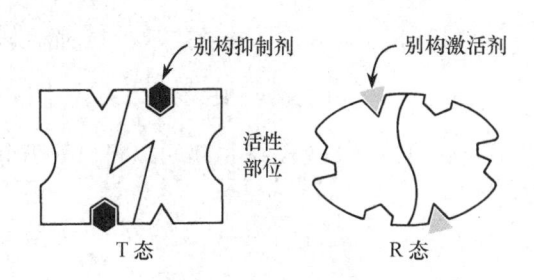

图 11-18 别构调节物的作用
别构抑制剂稳定 T 态,别构激活剂稳定 R 态

下面让我们考虑齐变模型的数学表达问题。图 11-17 中 T_0 和 R_0 分别代表在无配体存在时别构酶的 T 态和 R 态。平衡时 $[T_0]$ 与 $[R_0]$ 的比值称为**齐变常数**:

$$L(\text{或} L_0) = \frac{[T_0]}{[R_0]} \tag{11-5}$$

酶-底物复合体的内在解离常数(intrinsic dissociation constant),对一个 T 态亚基是 K_T,对一个 R 态亚基是 K_R。令

$$\frac{K_R}{K_T} = c \quad \text{和} \quad \frac{[S]}{K_R} = \alpha, \quad \text{则} \quad \frac{[S]}{K_T} = c\alpha \tag{11-6}$$

并先考察一下图 11-17 左下方的反应:

$$R_0 + S \rightleftharpoons RS_1 \tag{11-7}$$

由于这里 R_0 结合 S 有 4 种方式,而 RS_1 解离 S 只有一种方式,所以

$$K_R = \frac{4[S][R_0]}{[RS_1]}$$

或

$$[RS_1] = 4[R_0]\frac{[S]}{K_R} \tag{11-8}$$

式中系数 4 称为概率因子或统计系数。

将式 11-6 中 $[S]/K_R = \alpha$ 代入式 11-8 得

$$[RS_1] = 4[R_0]\alpha \tag{11-9}$$

因此用 $[R_0]$ 和 α 参数表示 R 态的各分子形式的浓度时,对一个四聚体酶来说,它们分别为

$$[R_0] = [R_0]$$

$$[RS_1] = 4[R_0]\alpha$$

$$[RS_2] = 6[R_0]\alpha^2$$

$$[RS_3] = 4[R_0]\alpha^3$$

$$[RS_4] = [R_0]\alpha^4$$

则
$$[R_0] + [RS_1] + [RS_2] + [RS_3] + [RS_4] = [R_0](1+\alpha)^4 \tag{11-10}$$

同样用$[R_0]$、c、α和L参数表示T态的各分子形式的浓度时,则

$$[T_0] + [TS_1] + [TS_2] + [TS_3] + [TS_4] = [T_0](1+c\alpha)^4 = L[R_0](1+c\alpha)^4 \tag{11-11}$$

根据式11-10和式11-11可以得出处于R态的四聚体酶的分子分数(f_R)为

$$f_R = \frac{(1+\alpha)^4}{(1+\alpha)^4 + L(1+c\alpha)^4} \tag{11-12}$$

被底物占据的活性部位的分数(底物饱和度)为

$$Y = \frac{[\text{底物占据的活性部位}]}{\text{总的活性部位}}$$

对四聚体酶来说,

$$Y = \frac{[RS_1] + 2[RS_2] + 3[RS_3] + 4[RS_4] + [TS_1] + 2[TS_2] + 3[TS_3] + 4[TS_4]}{4([R_0]+[RS_1]+[RS_2]+[RS_3]+[RS_4]) + 4([T_0]+[TS_1]+[TS_1]+[TS_3]+[TS_4])}$$

$$= \frac{4[R_0]\alpha(1+\alpha)^3 + 4[R_0]Lca(1+c\alpha)^3}{4[R_0](1+\alpha)^4 + 4[R_0]L(1+c\alpha)^4} = \frac{\alpha(1+\alpha)^3 + Lca(1+\alpha)^3}{(1+\alpha)^4 + L(1+c\alpha)^4} \tag{11-13}$$

如果考虑含n个底物结合部位的别构酶,则

$$Y = \frac{v}{V_{\max}} = \frac{\alpha(1+\alpha)^{n-1} + Lca(1+c\alpha)^{n-1}}{(1+\alpha)^n + L(1+c\alpha)^n} \tag{11-14}$$

式11-14是按MWC模型处理的别构酶动力学方程。底物结合曲线(速率曲线)由参数L、K_R、K_T和$[S]$或参数L、c和α所规定。底物结合的协同性取决于L和c。当L增大和c减小时,速率曲线变得更加S形(图11-19)。对于任何给定的L和c值,n值愈大,曲线的S形愈明显。当$n=1$时,式11-14简化成

$$Y = \frac{\alpha}{\alpha + (1+L)/(1+Lc)} \tag{11-15}$$

式中$(1+L)/(1+Lc)$是一个恒值,所以式11-15是一个双曲线方程,这是预料中的。同样可以预料,如果$c=1$,式11-14也可以简化为双曲线方程:$Y = \alpha/(1+\alpha)$。

MWC模型的数学处理不仅能解释别构酶的正同促效应,也能满意地说明异促效应。根据该模型的假设⑤抑制剂I是优先与T态结合的,因而I的结合使$R_0 \rightleftharpoons T_0$平衡向$T_0$移动,这相当于齐变常数($L$)的表观值($L'$)增加,即$L' > L$,结果使速率曲线变得更加S形(图11-19),如图11-16B所示,加负调节物I能使曲线移向右边。激活剂A是优先与R态结合的,它使$R_0 \rightleftharpoons T_0$平衡趋向$R_0$,甚至可以出现$L'$值接近于0的情况,能使式11-14简化为双曲线方程。如图11-16B示出,加正调节物能使速率曲线移向左边,也即使底物结合的正协同性降低。当然这里讲的别构酶和调节剂是K系统的,调节物与酶结合既不影响R_0(或T_0)与底物的亲和力(K_R或K_T),也不影响酶的催化能力(k_{cat}),但能改变R_0和T_0的相对比值。V系统情况的发生,可能是由于在别构反应中两种构象态,T态和R态,对底物有同样的亲和力,只是它们的催化能力不同以及对A和I的亲和力不同,因而A和I能够改变相对的$[T]/[R]$比值。参与脂肪酸生物合成的**乙酰-辅酶A羧化酶**对异促激活剂柠檬酸盐的应答就属于V系统。

MWC模型的优点是简单,整个别构过程中酶分子只有两种可以互变的构象态(R和T),但却能很好地解释同促和异促效应。值得注意的是MWC模型并不认为配体的结合会引起酶的结构变化和结合常数的改变(其解

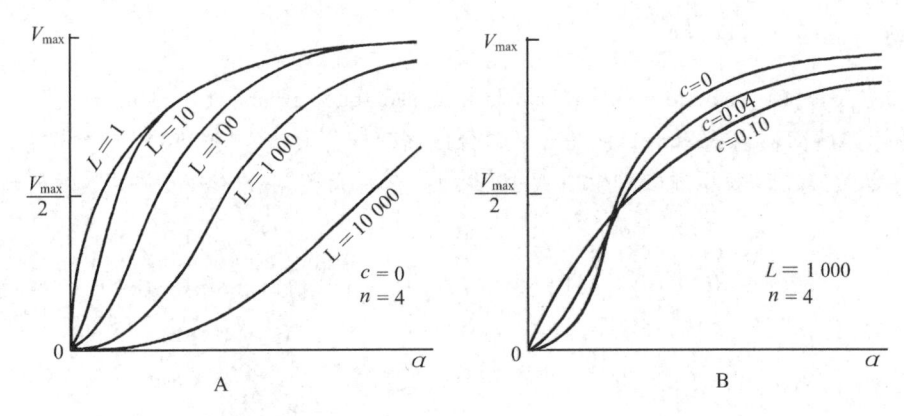

图 11-19　MWC 模型中齐变常数 L（A 图）和 $c(=K_R/K_T)$（B 图）对别构酶（$n=4$）速率曲线的影响

离常数 K_R 和 K_T 不变）。该模型的最大局限性是不能解释负协同性。为避免这种局限性以及对结构齐变的过于严格的要求，人们提出了下面的模型。

2. KNF 模型或渐变（序变）模型（sequential model）

渐变模型是由 Koshland D E，Nemethy G 和 Filmer D 于 1966 年提出来的。他们对模型（图 11-20）作了如下的假设：

① 别构酶的每一亚基（或原聚体）可以以两种构象态（T 态和 R 态）存在，但无配体存在时只以一种构象态（T 态）存在，不像 MWC 模型那样假设以两种构象态（T_0 和 R_0）存在并处于平衡中。

② 底物或其他配体与别构酶的一个亚基结合，会通过诱导契合引起该亚基（或原聚体）的构象发生转变，由 T 态→R 态，但不能改变其邻近的空位亚基的构象。因此酶分子中亚基（或原聚体）构象的转变是逐个的、有序的，即采取渐变而不是齐变的方式，并因此存在 T 态亚基和 R 态亚基同在一个酶分子的杂合态（TR 态），这是与 MWC 模型不同的。

③ 酶的一个亚基因底物结合引起的构象变化，经亚基-亚基相互作用增加或降低同一酶分子中那些（个）空位亚基的结合亲和力。因此 KNF 模型可以发生正协同效应，也可以发生**负协同效应**，取决于结合了底物的亚基对其相邻亚基的影响。如果是增加该相邻亚基对底物的结合常数，则产生正协同效应，反之产生负协同效应。

根据这些假设有可能利用在渐变模型（图 11-20）中连续有序的解离常数如 $K_1, K_2, K_3, \cdots, K_n$ 来进行数学处理。这在形式上相当于 Adrair 方程。该方程是继 Hill 方程之后第二个试图从理论上说明 Hb 氧结合饱和曲线的数学式。它与 Hill 方程的不同在于 Hb 不是一次结合 4 个 O_2，而是逐个有序地结合。KNF 模型需要结合过程中的每个中间物的解离常数，所以不存在像 MWC 模型那样简单的 Y 的一般化方程（见式 11-

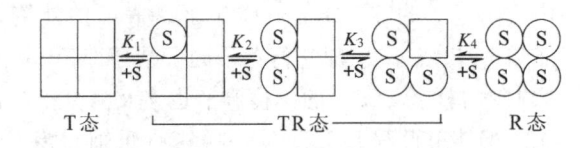

图 11-20　别构酶（以四聚体为例）的渐变（KMF）模型

14），因为它只有很少几个变量（L, K_R, K_T 和 [S]）。其实 KNF 模型的最简化的速率方程就是 Hill 方程：

$$Y = \frac{v}{V_{max}} = \frac{[S]^n}{K' + [S]^n} \tag{11-16}$$

这里的 $K' = K_{0.5}$（或 $[S]_{0.5}$），它实际上是一系列解离常数的复杂函数（在 Adrair 方程中）。

总的说，舍去了简化，KNF 模型比 MWC 模型全面，对某些蛋白质和别构酶行为的描述更为合适。然而对现象的解释显得有些复杂化。看来这两种模型都有它的局限性，所以有人把它们结合起来提出了所谓综合模型以及其他多种模型。

(四)别构酶的举例

1. 天冬氨酸转氨甲酰酶(aspartate transcarbamoylase 或 aspartate carbamoyl transferase)

天冬氨酸转氨甲酰酶简称为 ATCase,它是 *E. coli* 合成嘧啶核苷酸(CTP 和 UTP)的代谢途径中的关键酶(见第 28 章),催化 L-天冬氨酸和氨甲酰磷酸生成 N-氨甲酰-L-天冬氨酸(CAA)并释放无机磷(P_i)这一步:

$$H_2N-\overset{O}{\overset{\|}{C}}-O-\overset{O}{\overset{\|}{\underset{O^-}{P}}}-O^- + H_3\overset{+}{N}-\overset{COO^-}{\overset{|}{\underset{|}{C}}}-H \xrightarrow{ATCase} H_2H-\overset{O}{\overset{\|}{C}}-\overset{COO^-}{\overset{|}{\underset{|}{N}}}-\overset{|}{\underset{|}{C}}-H + P_i \quad (11-17)$$

(注意,在不同生物体中同一代谢途径的关键酶不一定相同,见新陈代谢篇各章。)ATCase 受该反应途径的终产物 CTP 的反馈抑制,因此 CTP 是该酶的负异促调节物;它的正异促调节物是 ATP(图 11-21)。ATCase 是正协同性酶,对底物天冬氨酸和氨甲酰磷酸都呈现 S 形速率曲线,这种正同促效应使底物浓度在一个很窄的范围内开启氨甲酰天冬氨酸的合成。ATCase 受 ATP 和 CTP 调节的生物学意义有两个方面:第一,ATP 的激活作用等于发出信号,告诉细胞复制 DNA 所需的能量(ATP)已准备好,并引导合成 DNA 复制所需的嘧啶核苷酸;第二,CTP 的反馈抑制是保证当嘧啶核苷酸(如 CTP)足够时,不再合成氨甲酰天冬氨酸和随后的一系列中间产物。

天然的 ATCase 是一种杂多聚酶(C_6R_6), M_r 为 310 000;它由两类共 12 个亚基(多肽链)组成,6 个亚基是一类,称为催化亚基,标为 C,M_r 34 000;另 6 个是一类,称为调节亚基,标为 R,M_r 17 000。每个 C 亚基含一个底物结合部位,不能与异促调节物结合。每个 R 亚基含一个调节部位,能与 CTP 或 ATP 结合,但无催化活性。所以 ATCase 的催化部位和调节部位是分布在不同的亚基上的。拆开的亚基在适当条件下能重新构建成与天然 ATCase 性质相近的复合体,并恢复了酶的催化与调节活性。

ATCase 的三维结构已被 X 射线结构分析详细阐明。酶分子中 6 个催化亚基分成上、下两层,背靠背排列,每层是一个催化三聚体(C_3);中间是 6 个调节亚基,组成 3 个亚基对,或称调节二聚体(R_2),它们把两个 C_3 维系在一起,每个 R_2 连接上、下层的催化亚基;催化部位处在两个催化亚基之间的沟内或附近。调节部位处在调节亚基表面的外侧,此部位既能与 CTP 结合也

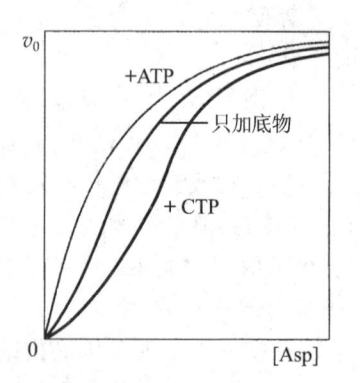

图 11-21 ATCase 的别构调节
另一个底物氨甲酰磷酸是过量的

能与 ATP 结合,也即它们竞争同一结合部位。所以 ATCase 的活性是由细胞内的[ATP]和[CTP]的比值调节的。像 Hb 一样,ATCase 的别构调节也涉及酶分子的四级结构变化。在 T→R 的转变中亚基位置的主要重排是:①催化三聚体彼此移开 1.2 nm,并绕 3-重轴旋转了 10°;②每个调节二聚体绕 2-重轴旋转 15°;③亚基的三级结构也发生重大变化。总之在 R 态时形成了最优化的活性部位(图 11-22)。

KNF 模型和 MWC 模型哪个更适合 ATCase 的别构性质? 如果根据 KNF 模型预测,R 态的催化亚基(或原聚体)的分数(f_R)应等于已结合底物的亚基(或原聚体)的分数(Y)。但根据 MWC 模型预测,底物浓度增加时,f_R 的增加要比 Y 的增加快得多(见式 11-12 和式 11-14)。两种预测,哪个符合事实,可以通过测定 f_R 和 Y 值来检验。实验是这样安排的,把 f_R 和 Y 作为琥珀酸盐(succinate)浓度的函数进行测定。琥珀酸是 ATCase 的底物之一,天冬氨酸的类似物,但它无反应性;另一底物氨甲酰磷酸是过量的,实验中始终处于饱和。Y 值的测定根据 280nm 处的光吸收变化;f_R 值根据沉降系数变化(因为 T→R 的转变使酶分子扩展而增加了摩擦系数,并从而降低了沉降系数,参见第 3 章)。实验结果表明,加琥珀酸时 f_R 的变化在前,Y 的变化在后,正如根据 MWC 模型所预料的那样。

含有色**报道基团**(reporter group)的酶的光谱学研究也支持这一观点。为此 ATCase 先经硝基甲烷处理,使每一催化亚基上形成一个有色的硝基酪氨酸基(λ_{max} = 430 nm)(图 11-23A),同时对每一催化部位上的一个必需

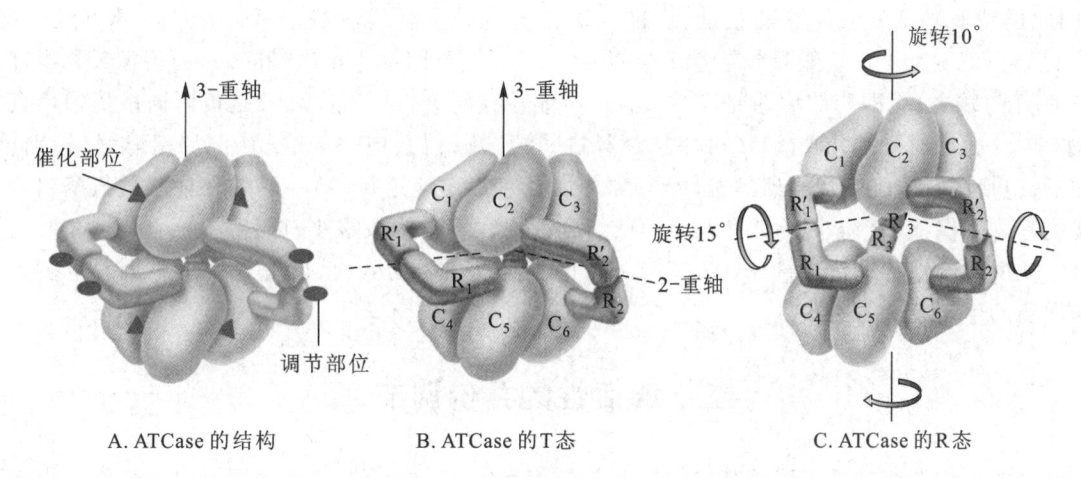

图 11-22 在 ATCase 中按齐变方式发生长程别构效应(一)

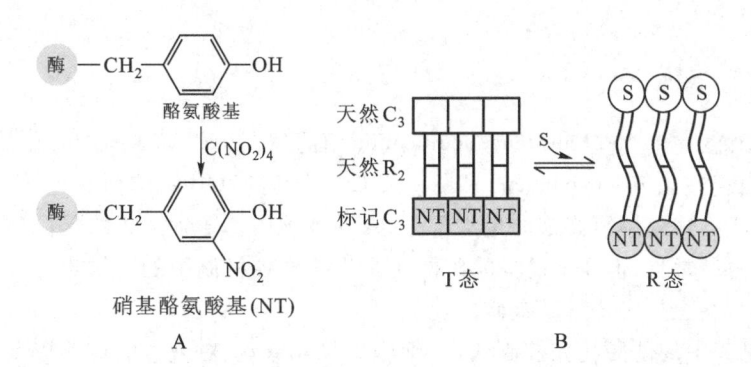

图 11-23 在 ATCase 中按齐变方式发生长程别构效应(二)
A. Tyr 残基被硝基化成报告基团；B. T 态杂交酶与琥珀酸盐(S)结合转变为 R 态酶(齐变方式)

Lys 残基也进行修饰,以阻断底物的结合。然后这种双修饰的催化三聚体与天然 C_3 及天然调节 R_2 组合成**杂交酶**(hybrid enzyme)。这样琥珀酸只能与天然 C_3 的催化部位结合,但它却能使杂交酶的另一个 C_3 上的硝基酪氨酸基的吸收光谱发生变化,表明底物类似物琥珀酸与一个 C_3 的催化部位结合,能改变另一个 C_3 上硝基酪氨酸基的环境,也即通过长程相互作用改变了 C_3 的构象(图 11-23B)。结论只能是琥珀酸的结合导致了 T→R 的协调转变。

同样,用含报告基团的杂交酶光谱学技术证明了异促效应物 ATP 和 CTP 也是按齐变方式移动 T⇌R 的平衡来调节 ATCase 的活性的。别构激活剂 ATP 使 T⇌R 平衡移向 R 方;别构抑制剂使该平衡移向 T 方。

2. 甘油醛-3-磷酸脱氢酶(glyceraldehyde-3-phosphate dehydrogenase)

3-磷酸甘油醛脱氢酶是具有负协同效应的酶代表,它的别构行为可用 KNF 模型来说明。它在代谢中催化下列反应:

$$\begin{array}{c}CHO\\|\\H-C-OH\\|\\CH_2OPO_3^{2-}\end{array} + NAD^+ + HPO_4^{2-} \rightleftharpoons \begin{array}{c}COOPO_3^{2-}\\|\\H-C-OH\\|\\CH_2OPO_3^{2-}\end{array} + NADH + H^+ \tag{11-18}$$

此酶有 4 个亚基,可以和 4 个 NAD^+ 结合,但结合常数各不相同。结合第一个 NAD^+ 时的解离常数为 K_1,称内在解离常数。NAD^+ 的结合引起该亚基的构象发生变化,并影响(降低)同一酶分子中相邻的空位亚基的结合亲和力。随着 NAD^+ 的进一步结合,剩余空位的亲和力越来越小,即解离常数 $K_1 < K_2 < K_3 < K_4$。第一个解离常数 K_1

是很小的,因此虽然底物 NAD⁺ 的浓度很低,也能顺利地与酶结合。然而当[NAD⁺]升高,特别是结合了两个 NAD⁺ 之后,再结合就困难了。一般只能结合 2 个 NAD⁺,呈现出**半部位**(half of the sites)**现象**或称**半部位反应性**(half site reactivity)**现象**,也即酶的活性部位数只有一半能参与反应。半部位现象是负协同性酶的特点。对于一种底物(例如 NAD⁺)同时受到几种酶(处在不同途径中)的作用,但其中一条途径(例如糖酵解)特别重要,需要在各种条件下,包括底物浓度变化剧烈的条件下,都能保证它稳定地进行。3-磷酸甘油醛脱氢酶对 NAD⁺ 的负协同结合就能起这种保证作用。因为此酶与 NAD⁺ 结合的内在解离常数很小,即使[NAD⁺]很低时,也能很好地与酶结合以保证反应的稳定进行,当[NAD⁺]升高时,由于酶的负协同效应,反应速率也不会发生多大改变。这就是负协同性酶的生理意义之所在。

五、酶活性的共价调节

前面讨论过的别构调节是基于酶亚基之间的非共价相互作用。共价调节是利用蛋白质共价变化来调节酶的活性的。有些共价变化是可逆的,例如蛋白质的磷酸化;有些则是不可逆的,例如利用蛋白酶解(proteolysis)作为激活机制。

(一) 酶的可逆共价修饰

蛋白质的**可逆共价修饰**(reversible covalent modification)有多种类型,如 Ser、Thr 或 Tyr 残基的磷酸化(phosphorylation),Tyr 残基的腺苷酰化(adenylylation)和 Arg 或 Cys 残基的 ADP-核糖基化(ADP-ribosylation)等。其中以磷酸化为最普遍,构成已知的调节修饰的最大部分,真核细胞中 1/3 到 1/2 的蛋白质被磷酸化。蛋白质中以 Ser 和 Thr 残基的磷酸化为最常见,但 Tyr 残基的磷酸化是许多调控机制中的关键部分。有些蛋白质只有一个残基被磷酸化,有些则有几个甚至更多个残基被磷酸化。

可逆共价修饰特别是其中的磷酸化在控制代谢、细胞生长与繁殖、对激素的应答以及其他生理和病理过程方面占有重要的位置。

在磷酸化中蛋白质至少以两种形式存在:一种是原来未被修饰的,另一种是被修饰了的。此外有两类酶参与此过程:一类是**蛋白激酶**(protein kinase),催化蛋白质的磷酸化;另一类是**蛋白质磷酸酶**(protein phosphatase),催化去磷酸化反应。

磷酸化引入的磷酰基是带两个负电荷的基团,它的氧能与蛋白质的某些基团,如多肽主链上的亚酰胺基形成氢键,磷酸化了的残基侧链上的两个负电荷能排斥邻近的带负电荷的残基(Asp 和 Glu)。因此可以设想当被修饰的侧链位于对三维结构是关键的区域时,磷酸化对蛋白质的构象,并因而对底物结合和催化活性都将产生很大的影响。一般说,修饰影响酶的活性,或是直接的,或是改变酶对别构效应物的应答。

借可逆磷酸化调控酶活性的一个最典型例子是骨骼肌和肝的糖原磷酸化酶(glycogen phosphorylase),它催化下列反应(详见第 19 章):

$$\underset{\text{糖原}}{(\text{葡萄糖})_n} + Pi \rightarrow \underset{\text{缩短了的糖原链}}{(\text{葡萄糖})_{n-1}} + \text{葡糖-1-磷酸}$$

形成的葡糖-1-磷酸可供肌肉中合成 ATP 或在肝脏中转化为游离的葡萄糖。糖原磷酸化酶以两种形式存在:有活性(或活性大)的**磷酸化酶 a** 和无活性(或活性小)的**磷酸化酶 b**。骨骼肌磷酸化酶是由两个相同的亚基(842 个残基,M_r 97 400)组成的二聚体。每亚基含有一个辅因子吡哆醛磷酸(见第 12 章),一个活性部位(在该亚基的中央)和一个别构部位(在亚基间的界面处附近)。此外每亚基还有一个调节性磷酸化部位,即 Ser14 残基,以及糖原颗粒结合部位(图 11-24)。在磷酸化酶 a 中 Ser14 的羟基被磷酸化。磷酸基能被**磷酸化酶磷酸酶**(phosphorylase phosphatase)水解除去:

$$\text{磷酸化酶a} + 2H_2O \rightarrow \text{磷酸化酶b} + 2Pi$$
$$\text{(有活性)} \qquad\qquad\qquad \text{(无活性)}$$

反应的结果磷酸化酶 a 转变为无活性的磷酸化酶 b(图 11-25)。磷酸化酶磷酸酶是蛋白质磷酸酶的一种,也称为**磷蛋白磷酸酶 1**(phosphoprotein phosphatase 1),它是胞内的重要磷酸酶。

形成的磷酸化酶 b 可以在一种称为**磷酸化酶激酶**(phosphorylase kinase)的催化下重新被激活。磷酸化酶激酶是蛋白激酶的一种,它催化从 ATP 转移磷酰基给磷酸化酶 b 的两个特异 Ser 残基,使酶的 b 形式重新回到有活性的 a 形式(图 11-25):

$$2ATP + \text{磷酸化酶 b} \rightarrow 2ADP + \text{磷酸化酶 a}$$
$$\qquad\qquad \text{(无活性)} \qquad\qquad\qquad \text{(有活性)}$$

磷酸化酶 b 被磷酸化后,活性部位的构象、结构和催化活性都发生了改变。磷酸化时,亚基的 N 末端的肽(几个残基)摆动 120°,并进入亚基间的界面。糖原分解是涉及体内供能的重要途径,实际上糖原代谢是受到多重互锁机制的严格、精确的控制的。磷酸化酶活性既受到可逆磷酸化的调控,也受到几个别构效应物的调控(图 11-25)。AMP 是骨骼肌磷酸化酶 b 的正异促效应物;ATP 和葡糖-6-磷酸是它的负异促效应物;正、负效应物竞争同一结合部位。这些别构效应物是组织中能量状态的信号,而可逆磷酸化是应答激素,如肾上腺素或胰高血糖素的调节的。在大多数生理条件下,磷酸化酶 b 处于无活性的 T 态,因为它受到 ATP、葡糖-6-磷酸的别构抑制;只有肌细胞内的**能荷**(energy charge,见第 34 章)低下时,磷酸化酶 b 才以有活性的 R 态存在;而磷酸化酶 a 则不管 AMP、ATP 和葡糖-6-磷酸的水平如何,几乎完全是有活性的 R 态。在静止肌肉中几乎所有的磷酸化酶都处于无活性的 b 形式。运动时肌细胞中 AMP 水平升高(能荷降低)导致磷酸化酶 b 的别构激活,即 T 态向 R 态转化。当肾上腺素水平增高和(或)肌肉受到电刺激时,磷酸化酶 b 被磷酸化为磷酸化酶 a。此时,磷酸化酶 a 和 b 的比例决定于磷酸化和去磷酸化的速率。

注意,肝磷酸化酶的别构调节和肌肉磷酸化酶的不同:① AMP 不激活肝磷酸化酶 b;② 肝磷酸化酶 a 受葡萄糖的别构抑制,即葡萄糖能使 a 形式的 R⇌T 平衡移向 T 方。肝中糖原降解的目的是,当血糖水平低下时生成葡萄糖,以输出供其他组织之需。别构效应物本身是代谢状况的指示剂,因此磷酸化酶在肌肉中应答 AMP 水平(反映细胞能荷状况),在肝中则应答葡萄糖水平(反映血糖情况)。

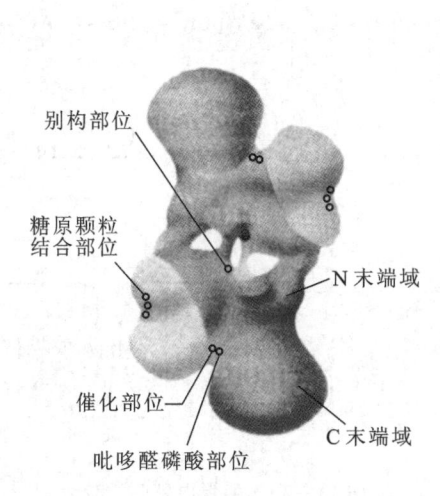

图 11-24 糖原磷酸化酶 b(二聚体)结构的示意图

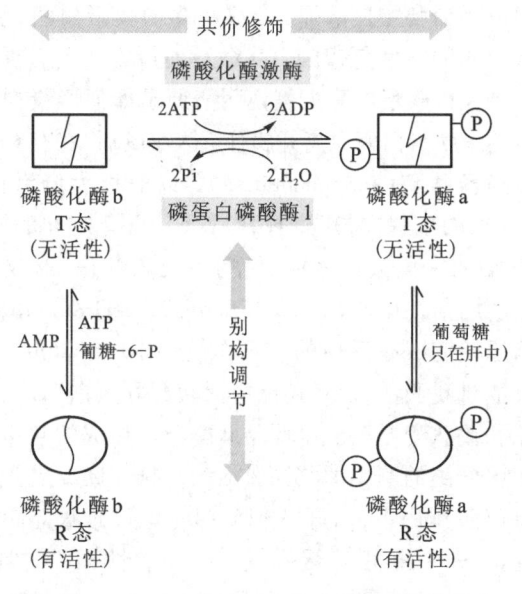

图 11-25 骨骼肌和肝中磷酸化酶的共价调节

磷酸化酶b的磷酸化是细胞表面接受了一个激素分子(肾上腺素或胰高血糖素)而启动的一系列反应的最后一步。这系列反应称为**酶级联**(enzyme cascade)、**调节级联**或**级联系统**(见第34章)。这种级联使一个信号激素分子放大到使许多个磷酸化酶b分子转化为磷酸化酶a分子。实际上从激素作用到磷酸化酶a的产生经过了许多步的放大,这就是所谓**级联放大**(cascade amplification)。在一步催化反应中的放大称为**催化放大**,例如一个磷酸化酶激酶分子催化多个磷酸化酶b转变为磷酸化酶a。当一种以上的共价修饰依次发生,把催化放大串联起来就成级联放大。级联放大是十分可观的,若每步的催化放大是100倍,则一个5步的级联放大中放大倍数等于100^5。

酶的共价修饰和别构调节的主要区别在于:① 共价修饰系统能把调节物的效应放大;② 共价修饰系统有较大的能力进行生物学整合,能把胞内的代谢和胞外的控制信号(包括电刺激)联系起来。别构调节用于胞内,在数秒钟或更短时间内起作用,而共价调节虽也用于胞内但涉及整体,一般在数分钟或更长时间内起作用。

(二) 酶原激活——不可逆共价调节

某些蛋白质包括某些酶是以无活性的前体,如**激素原**(prohormone)、**酶原**(proenzyme 或 zymogen)形式合成并贮存的。酶原经专一的蛋白酶解断开某个(些)肽键,有时并除去部分肽链才转变成有活性的酶,此过程称为**酶原激活**(zymogen activation)。与别构调节和共价修饰不同,酶原激活是一种不可逆的调控过程。

1. 消化系统中的酶原激活

消化道中有许多种水解食物蛋白质的消化酶。一类是水解多肽链内部肽键的**内肽酶**包括胃黏膜分泌的**胃蛋白酶**,和胰腺分泌的**丝氨酸蛋白酶:胰蛋白酶、胰凝乳蛋白酶和弹性蛋白酶**(elastase);另一类是从肽链的一端逐个切除氨基酸残基的**外肽酶**,例如胰液中的**羧肽酶**和肠黏膜分泌的**氨肽酶**。这些消化酶被分泌前在组织中都以酶原形式存在,这是可以想象到的,因为细胞包括它的膜系统都有蛋白质参与构造,所以组织对蛋白酶解的破坏是很敏感的,例如胰腺一旦有活化的酶从细胞中跑出来,即将产生严重的胰腺炎(pancreatitis),这是一种致命的病变。正常情况下,胰脏有3种保护自身的机制:① 蛋白酶以无活性的酶原形式在细胞中合成;② 酶原包装在脂**蛋白颗粒**中贮存;③ 胰腺合成一种专一的胰**蛋白酶抑制剂**(trypsin inhibitor)。

胰腺中的蛋白酶确实是以酶原形式如**胰蛋白酶原**(trypsinogen)、**胰凝乳蛋白酶原**(chymotrypsinogen)、**弹性蛋白酶原**(proelastase)和**羧肽酶原**(procarboxypeptidase)存在并分泌的。酶原的稳定性并不强,例如极少量的胰蛋白酶便能激活胰蛋白酶原,产生更多的胰蛋白酶,引起**自我催化**或**自我激活**。一般胰蛋白酶抑制剂能有效地抑制胰蛋白酶的活性免遭因自我激活而造成严重后果。

下面以胰蛋白酶为例说明酶原是如何经蛋白酶解而被激活的。胰蛋白酶原离开胰管进入小肠后,在有Ca^{2+}的环境中受到**肠肽酶**(enteropeptidase),以前称为**肠激酶**(enterokinase),的水解,断开酶原中 Lys 6 - Ile 7 之间的肽键,并除去 N 端的一段酸性六肽,使构象发生变化,形成了丝氨酸蛋白酶的活性中心(His 57, Asp102, Ser195),因此无活性的酶原转变成有活性的胰蛋白酶(图 11 - 26)。胰蛋白酶不仅能自我激活,而且还能激活胰凝乳蛋白酶原,弹性蛋白酶原和羧肽酶原等。因此肠肽酶激活形成的胰蛋白酶是所有胰腺分泌的酶原的共同激活剂。例如胰凝乳蛋白酶原在胰蛋白酶作用下,断开 Arg15 - Ile16 间的肽键而转变为有活性的 π - 胰凝乳蛋白酶,后者活性虽高,但不稳定。π - 胰凝乳蛋白酶经自我催化,失去两个二肽(Ser14 - Arg15 和 Thr147 - Asn148),形成稳定的 α - 胰凝乳蛋白酶即胰凝乳蛋白酶(图 11 - 9)。

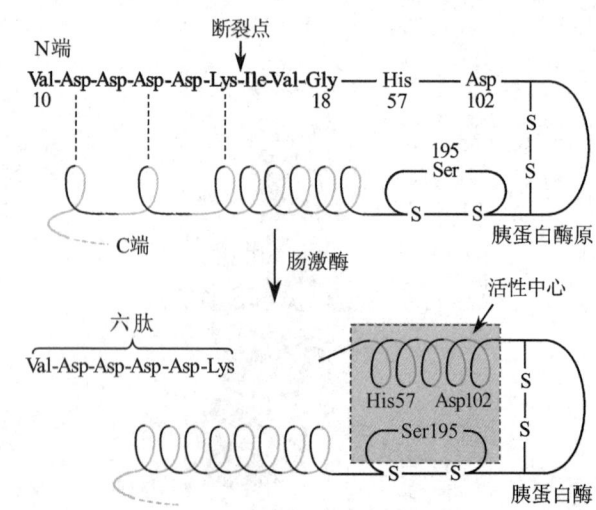

图 11 - 26 胰蛋白酶原的激活
图中标号基于胰凝乳蛋白酶序列

2. 凝血系统中的酶原激活

生物体要求血液在血管中能畅流无阻,又要求一旦血管壁破损能及时凝固堵漏。血液中存在一个至少含有 12 种**凝血因子**(clotting factor)的凝血系统。正常生理情况下凝血因子以无活性的前体或酶原形式存在,当受伤流血时,这些前体立即被激活,使伤口处血液凝固并把伤口封住,以阻止继续流血。

血液凝固是极其复杂的生物化学过程,涉及一系列酶原被激活形成一个庞大的级联放大系统,使血凝块迅速形成成为可能(图 11-27)。血浆中 12 种凝血因子,有 7 种是丝氨酸蛋白酶:激肽释放酶、XII_a、XI_a、IX_a、VII_a、X_a 和凝血酶(凝血因子常用罗马数字编号,编号右下角字母 a 表示该因子是激活形式)。血液凝固存在两条途径:**外在途径**(extrinsic pathway)和**内在途径**(intrinsic pathway)。外在途径由创伤组织释放的因子 III(组织因子)和因子 VII 所引发,此途径可在数秒钟内形成少量凝血酶,通过凝血酶的自我催化,有利于凝血和止血。内在途径起始于 XII 与损伤造成的异常表面的物理接触而被激活成 XII_a。这两条途径汇合在因子 X,以下是最后的**共同途径**(common pathway)。此途径主要是两个环节:一是**凝血酶原**(II)在因子 V_a 和 Ca^{2+}(IV)存在下由因子 X_a 催化断裂成**凝血酶**;二是血浆中**血纤蛋白原**在凝血酶和因子 XIII_a 作用下,转变为血纤蛋白网状结构,网内裹有血液的有形成分如血细胞、血小板等,即所谓**血凝块**。

凝血系统具有保护作用,这是其一。但如果凝血机能亢进,即血凝过度,则血液中会出现异常的血凝块,称为**血栓**(thrombus)。血栓会引起严重的疾病,如心肌梗死,脑血栓和肺栓塞等。好在血液中还存在着一个所谓**纤溶系统**(fibrinolysis system)。该系统包括**纤溶酶原**(plasminogen)和**纤溶酶原激活剂**(plasminogen activator, PA),如**组织型纤溶酶原激活剂**(t-PA)等,它们也都是丝氨酸蛋白酶类。t-PA 仅能激活黏附在血凝块上的纤溶酶原,不影响血液中的游离纤溶酶原,因此不会造成过度纤溶而引起出血。近年来 t-PA 已被应用于临床,治疗急性心肌梗死(acute myocardial infarction)。

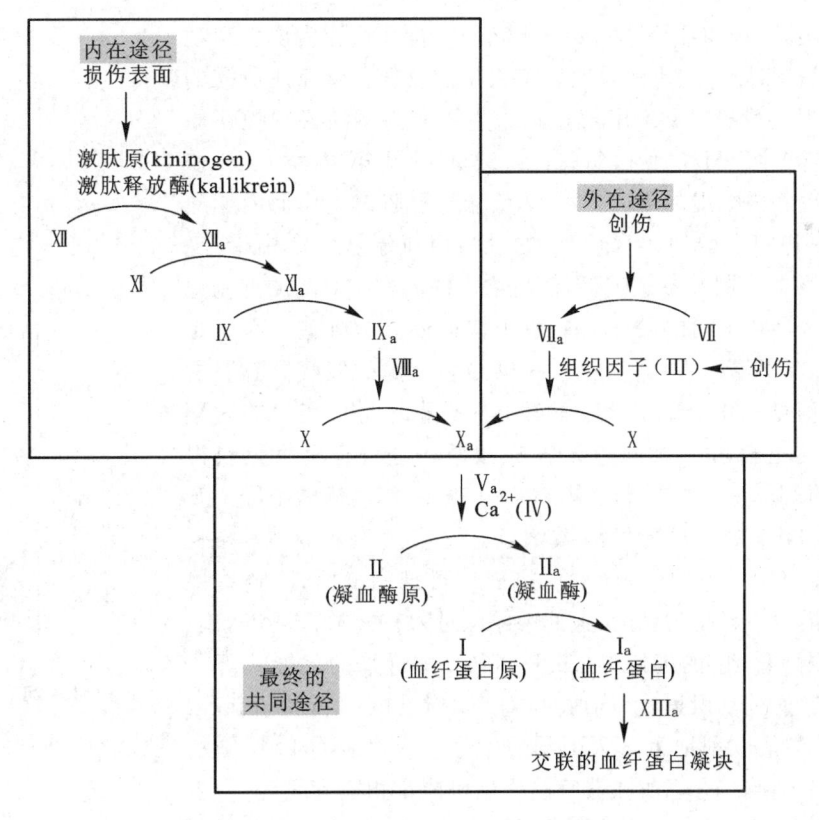

图 11-27 血液凝固中激活反应的级联放大

六、同 工 酶

同工酶或同功酶(isozyme, isoenzyme)是指催化相同的化学反应,但存在多种四级缔合形式,并因而在物理、化学和免疫学等方面有所差异的一组酶。同工酶普遍存在于生物界,包括在脊椎动物、昆虫、植物以及单细胞生物中。涉及酶的种类也很多,几乎半数以上的酶都有同工酶。它们的存在与生物体的代谢调节、细胞分化、胚胎发育和形态建成等都有密切关系。一个经典的例子是脊椎动物中的**乳酸脱氢酶**(lactate dehydrogenase LDH)。它是催化乳酸脱氢生成丙酮酸或它的相反过程:

$$\text{HO-CH(COOH)-CH}_3 + \text{NAD}^+ \xrightleftharpoons{\text{LDH}} \text{CH}_3\text{-CO-COOH} + \text{NADH} + \text{H}^+$$

乳酸　　氧化型辅酶I　　丙酮酸　　还原型辅酶I

LDH 是由两种不同的多肽亚基缔合而成的四聚体,两种亚基(A 链和 B 链)是同源蛋白质,每种的 M_r 为 33 500,分别由两个不同但相似的基因编码。A 链或称 M 型(肌型)亚基,它富含碱性氨基酸残基;B 链或称 H 型(心型)亚基,富含酸性残基。这两种亚基能缔合成 5 种类型的四聚体:H_4、H_3M_1、H_2M_2、H_1M_3 和 M_4,它们分别称为 LDH-1,LDH-2,LDH-3,LDH-4 和 LDH-5。在骨骼肌和肝中 M_4(LDH-5)占优势;在心肌中 H_4(LDH-1)占优势;在其他组织中是 5 种形式的混合体。这 5 种形式的同工酶电泳行为不同(图 11-28),它们的动力学性质和调节性质,包括对底物的亲和力和被产物抑制的敏感性也不同。

不同的组织合成不同形式的同工酶,以适应它们的特殊代谢需要。活动中的骨骼肌是缺氧的组织,因为它不能及时获得大量的氧气。骨骼肌所需的能量只能靠葡萄糖的无氧**酵解**得到。酵解过程中生成的丙酮酸必须被还原成乳酸,以便从 NADH 再生 NAD^+,使酵解得以继续进行(见第 19 章)。骨骼肌的 LDH-5(M_4)对底物丙酮酸的 K_M 很大,这意味着当肌肉工作而丙酮酸浓度上升时,反应速率将随之增加,当然产生的乳酸由血流从肌肉中带走。此外,LHD-5 对丙酮酸的抑制并不敏感,即使高浓度的丙酮酸对酶的抑制也不明显,M_4 的这些性质有利于丙酮酸在骨骼肌中快速还原为乳酸。心肌是需氧的组织,因为它需要不停的工作,需要及时供给它充足的氧气。心肌所需的能量主要是靠葡萄糖氧化分解的第一阶段(与糖酵解同),产生的丙酮酸经脱羧、脱氢后,以乙酰辅酶 A 形式进入**柠檬酸循环**进行有氧氧化获得(见第 20 章)。心肌的 LDH-1(H_4)对丙酮酸的 K_M 很小,当丙酮酸浓度上升时,酶很快被饱和,反应速率不再随丙酮酸浓度进一步升高而加快,并且 LDH-1 对丙酮酸的抑制很敏感,低浓度的丙酮酸即可抑制酶活性,这些性质有利于减缓和阻止丙酮酸转化为乳酸,迫使丙酮酸进入柠檬酸循环以获取更多能量(也可能丙酮酸对 H_4 的抑制,是防止从血流中进来的乳酸一下子转变为丙酮酸而造成它的过量积累)。同时,LDH-1 对乳酸的 K_M 低而 V_{max} 高,这样保证外来的乳酸能顺利地氧化为丙酮酸。这些观察表明 LDH 同功酶的动力学性质和调节性质与它们所在器官的生理机能是相适应的。

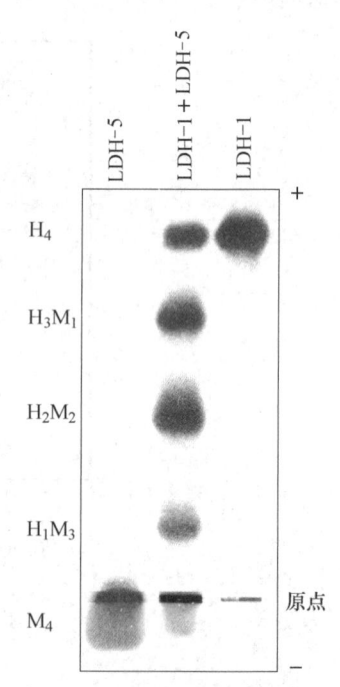

图 11-28　乳酸脱氢酶同工酶的淀粉凝胶电泳图谱
(在 pH 8.6 条件下)

一种给定酶的同工酶可以存在于同一物种、同一组织,甚至同一细胞内,但它们的分布是有组织专一性的,或者说它们在器官分布,甚至亚细胞分布(可溶的还是膜结合的)方面是不同的。在正常情况下血清(血液除去有形成分和血纤蛋白原后的溶液部分)中通常只有几种酶,当组织受损,例如**心肌梗死**引起的心肌受伤,常会把细胞中的酶释放到血流中,因此异常血清酶的鉴定在临床诊断上有着重要的价值。LDH 是心肌组织的专一性"标志酶"之一,心肌梗死后血清中这种酶的水平增高,而且 LDH 同工酶形式也发生变化,正常的血清中 LDH-2(H_3M)为主,心肌受损的血清中 LDH-1(H_4)是主要的。而肝脏或骨骼肌的疾病则引起血清中 LDH-5(M_4)的水平增高。

肌酸激酶(creatine kinase,CK)或称**肌酸磷酸激酶**(CPK),它的同工酶是两种亚基 M 和 B 的二聚体,骨骼肌中只有 M 亚基,同工酶为 MM,脑中只有 B 亚基,同工酶为 BB,心肌中有两种亚基,但同工酶主要是 MB。心肌梗死时血清中 MB 水平很高,所以 CPK 和 LDH 同时作为心肌梗死的指示物。

习 题

1. 解释下列的术语:(a)活性部位(活性中心);(b)亲和标记;(c)亲核催化剂;(d)一般酸碱催化;(e)邻近效应;(f)催化三联体(电荷中继网);(g)别构酶;(h)共价修饰;(i)酶原激活;(j)同工酶。

2. 确定酶的活性部位主要采用哪些方法?

3. TPCK 是胰凝乳蛋白酶的一个亲和标记试剂,它通过烷化 His57 而使酶失活。(a)写出此失活机制的化学方程;(b)为什么此抑制剂对胰凝乳蛋白酶是专一的?(c)为胰蛋白酶设计出一个类似于 TPCK 的亲和标记试剂。

4. 设计一个实验,以确定酶的一个特定残基是否为该酶活性所必需的。[对特定氨基酸残基进行专一性的化学修饰或采用定点突变技术(见第 35 章)将特定残基改变为其他氨基酸残基。如果这些处理引起酶失活,一般说该残基对酶活性可能是必需的]

5. 胰凝乳蛋白酶用乙酸-p-硝基苯酯作底物时,产物之一,p-硝基酚呈黄色,可用分光光度法追踪其释放速率(参见图 11-13),结果如图 11-29 所示。如果用下列动力学模型来解释是否说得通,请说明之;如果解释不通,请改成合理的。

$$E + S \underset{k_{-1}}{\overset{k_1}{\rightleftharpoons}} ES \overset{k_2}{\underset{P_1}{\longrightarrow}} EP \overset{k_3}{\underset{P_2}{\longrightarrow}} E + P$$

(式中 P_1 是 p-硝基酚,P_2 是乙酸)

6. 考虑一个含 4 个底物结合部位并遵循齐变模型的别构酶。假设在无任何配体存在时 $[T_0]/[R_0] = 10^5$,$K_T = 2$ mmol/L,$K_R = 5$ μmol/L。问当结合 0、1、2、3 和 4 个底物时,处于 R 态的分子分数分别是多少?[分别为 0.00001、0.004、0.615、0.998 和 1.0]

7. 假设一个底物与酶的 R 态结合比与酶的 T 态结合牢固 100 倍,并假设此酶含有 4 个底物结合部位,在无底物存在时$[T_0]/[R_0]$的比值 $L = 10^7$(按齐变模型处理)。问在底物饱和时,$[R]/[T]$之比是多少?

8. 试解释为什么胰凝乳蛋白酶不像胰蛋白酶那样能自我激活?

9. 图 11-22 示出的 ATCase 是一种杂多聚酶(C_6R_6)。试指出 ATCase 分子中的原聚体数目和原聚体的亚基组成。

10. 关于同工酶的下列说法,哪一项是错误的?(a)在诊断心肌梗死中是重要的;(b)在诊断肝病方面是重要的;(c)有组织专一性;(d)它在临床上的价值决定于个体之间的遗传差异;(e)不是所有的酶都有同工酶。[(d)]

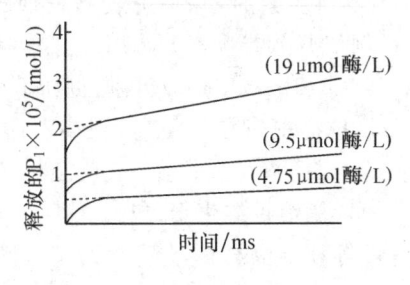

图 11-29

主要参考书目

[1] 王镜岩,朱圣庚,徐长法. 生物化学. 第三版. 北京:高等教育出版社,2002.
[2] W. 费迪南德(Ferdinand W). 酶分子. 王志美,何忠效,孟广震译. 北京:科学出版社,1980.
[3] Mathews C K,van Holde K E. Biochemistry. USA:The Benjamin/Cummings Publishing Company,Inc,1990.
[4] Garrett R H,Grisham C M. Biochemistry. 3rd ed. USA:Saunders College Publishing,2004.
[5] Nelson D L,Cox M M. Lehninger Principles of Biochemistry. 4th ed. New York:W H Freeman,2004.
[6] Stryer L. Biochemistry. 6th ed. New York:W H Freeman and Company,2006.

(徐长法)

第12章 维生素与辅酶

本章讲述一类称为维生素(vitamin)的生物分子。介绍它们的化学结构、生理功能,它们与辅酶的关系以及它们的食物来源和缺乏症等。

一、引　言

(一) 维生素的概念

维生素是维持生物正常生长、发育和代谢所必需的一类低分子有机化合物。这类物质由于人和动物体内不能合成或合成量不足,所以虽然需要量很少,每日仅以毫克或微克计算,但必须从食物中摄取。六大营养素之一的维生素在体内既不作为构建机体的材料,也不作为生命活动所需能量的来源,但在正常的物质和能量代谢中起着十分重要的作用,已知许多维生素作为辅酶或辅基成分参与体内的各种酶促反应。

维生素的名称一般是按发现的先后在"维生素"一词的后面加上 A、B、C、D 等拉丁字母而成的。有些维生素(例如 B 族维生素)早期以为是一种化合物,后来证明它是几种维生素的混合物,因此又在拉丁字母的右下方注上 1、2、3…数字加以区别,例如 B_1、B_2、B_6 和 B_{12} 等。此外也有根据它们的化学结构或生理功能命名的,例如硫胺素、抗糙皮病维生素等。维生素命名曾出现过一物多名,一名多物的混乱现象。现在多数已得到纠正。

维生素种类很多,化学结构各异,有脂肪族、芳香族、脂环族、杂环族和甾族等。一般根据它们的溶解性质分为① **脂溶性维生素**,包括 A、D、E、K 等;② **水溶性维生素**,包括 B 族维生素:B_1、B_2、泛酸、B_6、PP、生物素、叶酸、B_{12} 等和维生素 C。

生物体缺乏维生素时,物质代谢会发生障碍。由于各种维生素的生理功能不同,缺乏不同的维生素发生不同的病变。这种因缺乏维生素引起的疾病称为**维生素缺乏症**(hypovitaminosis 或 avitaminosis)。人和动物主要依靠食物供给维生素,有许多因素可以造成维生素不足或缺乏,例如膳食调配不合理、食物保存加工不当;或有偏食习惯;或长期腹泻引起吸收困难;还有生理性需要量增加,如发育期儿童、妊娠期和哺乳期妇女以及特殊工种的劳动者都比一般人需要更多的维生素。

人和动物对维生素的需要量是很少的,但对各种维生素的需要量差别很大,而且对同一种维生素的需要量又因生理状况和劳动状况不同而异。正常成人对维生素的日需要量见表 12-1。

维生素的需要量是有一定的范围的,如果超过需要量很多(一般 10 倍以上),就会产生**维生素过多症**(hypervitaminosis)或称**维生素毒性**(vitamin toxicity),例如摄取过量的维生素 C,长时间每日 3~5g 以上,就可能出现呕吐、腹泻、腹部痉挛等症状。由于尿中含有排出的大量维生素 C,常造成糖尿病尿检测试验的假阳性结果。

植物和微生物也需要"维生素"。一般说,整株植物不缺乏维生素,只有在离体组织培养时才会显现出来,因为植物在某些器官或组织中能合成它们。微生物的情况比较复杂,有的能合成这种(些)维生素,有的微生物能合成那种(些)维生素,但其余的也需要由体外供给。

(二) 维生素的发现

人们对维生素的认识源于医药实践和科学试验。我国唐代医学家孙思邈(公元 581—682 年)指出,可用动物肝防治夜盲病,用谷皮汤熬粥防治脚气病。现在我们知道,肝中富含维生素 A,可以防治维生素 A 缺乏症的**夜盲病**(night blindness);谷皮中富含维生素 B_1,可以防治维生素 B_1 缺乏症的**脚气病**(beriberi)。直至 1886 年,荷兰医生 Eijkman C(1858—1930 年)在印度尼西亚的爪哇岛研究当时亚洲普遍流行的脚气病时,才开始接触营养缺乏症的病因问题,但未获成功。1890年,在他的实验鸡群中爆发了**多发性神经炎**(polyneuritis),表现与脚气病极为相似。1897年,他终于证明该病是由于长时间用白米喂养引起的,只要将丢弃的米糠放回到饲料中就可治愈。他认为米壳中有一种"保护因素"可对抗食物中过量的糖。后来Grijns G证明米糠含有一种营养因素,并最先提出营养缺乏症这个概念。用大麦代替大部分的精米后,脚气病得到了控制。

维生素是通过实验动物的科学饲养试验被发现的。英国的Hopkins F G于1906年发现,大鼠喂以含蛋白质、脂肪、糖类和矿物质的纯化饲料,不能存活。如果在纯化饲料中增加极微量的牛奶后,大鼠能正常生长。Hopkins得出结论,正常膳食中除蛋白质、脂肪、糖类和矿物质外,尚含有必需的食物辅助因子,即**维生素**。美国的生物化学家Mendel L B和Osborni T B以及McCollum E V和Davis M于1913年发现了脂溶性维生素A和水溶性维生素B。此后,其他维生素被陆续发现。

表12-1 各种维生素的辅酶形式及主要生物化学功能

名 称	别 名	辅酶形式	主要生化功能	成人对维生素的日需要量
水溶性维生素				
维生素 B_1	硫胺素	硫胺素焦磷酸(TPP)	α-酮酸脱羧和醛基转移	1~2mg
维生素 B_2	核黄素	黄素单核苷酸(FMN)	转移2H	1~2mg
		黄素腺嘌呤二核苷酸(FAD)		
泛酸(遍多酸)	维生素 B_3	辅酶A(CoA)	转移酰基	3~5mg
维生素 PP(B_5)	烟酸和烟酰胺	烟酰胺腺嘌呤二核苷酸(NAD)	转移2H(H^- 和 H^+)	10~20mg
		烟酰胺腺嘌呤二核苷酸磷酸(NADP)		
维生素 B_6	吡哆醇、吡哆醛和吡哆胺	磷酸吡哆醛、磷酸吡哆胺	转移氨基、促进脱羧	2~3mg
生物素	维生素H	生物胞素	转移 CO_2	0.2mg
叶酸	维生素 B_{11}	四氢叶酸	转移一碳单位	0.4mg
维生素 B_{12}	钴胺素	脱氧腺苷钴胺素(辅酶 B_{12})	分子内重排和甲基转移	2~6μg
硫辛酸		硫辛酸赖氨酸	偶联转移酰基和H	——
维生素C	抗坏血酸		羟基化反应辅因子	60~100mg
脂溶性维生素				
维生素A	视黄醇	11-顺视黄醛	参与视循环	0.8~1.6mg
维生素D	钙化醇	1,25-二羟胆钙化醇	调节钙、磷代谢	10~20μg
维生素E	生育酚		抗氧化剂,保护膜脂	8~10mg
维生素K	凝血维生素		羧基化反应的辅因子	40~80μg

(三)维生素-辅酶的关系

目前已知大多数维生素特别是B族维生素是辅酶或辅基的成分,少数维生素可能还有一些其他的生理生化功能。上世纪30年代德国生物化学家Warburg O研究老黄酶(从酵母中获得的一种黄素蛋白)的作用时发现了一种**黄素**(flavin)成分或称**黄素辅酶**。与此同时瑞士化学家Kuhn K和Karrer P完成了维生素核黄素的化学结构的测定,并确定老黄酶的黄素辅酶就是此维生素的单磷酸盐(FMN,见后面)。这是维生素-辅酶关系的最早论证。其他维生素和辅酶的对应关系见表12-1和表9-3。

二、水溶性维生素

(一) 维生素 B_1 (硫胺素) 和辅酶硫胺素焦磷酸 (TPP)

维生素 B_1 也称**抗神经炎因子**(antineuritic factor)或**抗脚气病维生素**。维生素 B_1 的化学名称为**硫胺素**(thiamine),它的辅酶形式或活性形式为**硫胺素焦磷酸**(thiamine pyrophosphate),缩写为 TPP。硫胺素和 TPP 的化学结构见图 12-1。

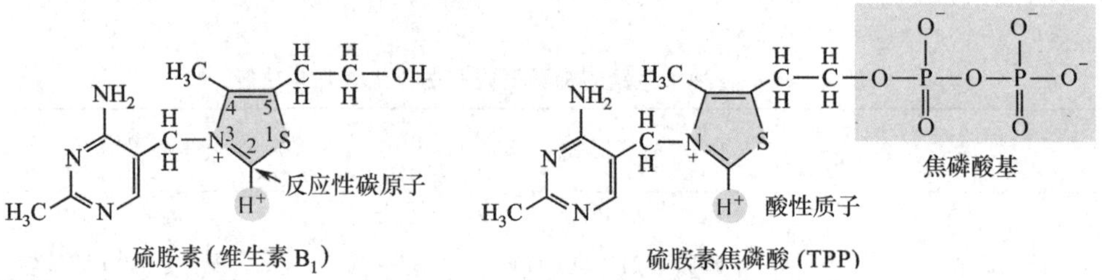

图 12-1 硫胺素和硫胺素焦磷酸(TPP)的化学结构

TPP 是糖代谢过程中 α-酮酸脱氢酶的辅酶,参与丙酮酸或 α-酮戊二酸的氧化脱羧和醛基转移作用。依赖 TPP 的反应还有很多种,详见新陈代谢篇有关糖代谢各章。

TPP 的功能部位在噻唑环的 C2 上,因为环 3 位上的 N^+ 携带正电荷,起**电子穴**(electron sink;电子穴是指通过共振使负碳离子离域,并得到稳定的亲电结构)的作用,有助于 C2 丢失质子而成负碳离子。所以 C2 容易和 α-酮酸的羰基碳发生加成而脱羧。例如酵母**丙酮酸脱羧酶**催化的脱羧反应是 TPP 的负碳离子先与丙酮酸发生加成,并释放出 CO_2。然后生成的 α-羟乙基-TPP 分解为游离的乙醛和 TPP (图 12-2)。

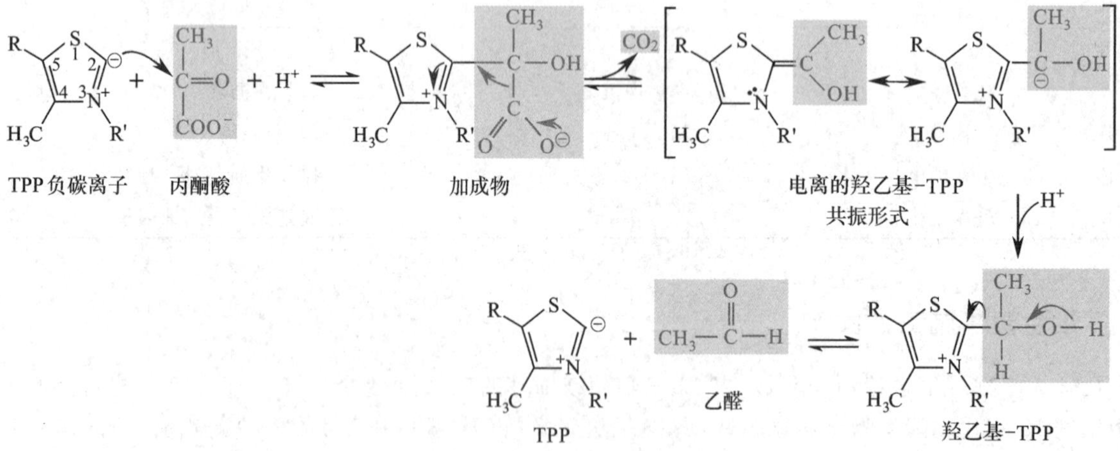

图 12-2 丙酮酸脱羧酶反应中辅酶 TPP 的催化机制

由于维生素 B_1 与糖代谢关系密切,因此多食糖类食物,维生素 B_1 的需要量也相应增大。维生素 B_1 缺乏时,糖代谢受阻,丙酮酸积累,使病人的血、尿和脑组织中丙酮酸含量增高,出现多发性神经炎,皮肤麻木,心力衰竭,四肢无力,肌肉萎缩,下肢浮肿等症状,临床上称为**脚气病**。根据研究,维生素 B_1 可抑制胆碱酯酶的活性,当维生素 B_1 缺乏时,该酶活性升高,乙酰胆碱水解加速,使神经传导受到影响,造成胃肠蠕动缓慢,消化液分泌减少,食欲不振,消化不良等消化道症状。

维生素 B_1 主要存在于种子外皮及胚芽如米糠、麦麸、黄豆芽中；此外，酵母、瘦肉等食物中含量也很丰富。

维生素 B_1 在酸性溶液中较稳定，中性和碱性中易破坏，维生素 B_1 耐热，在 pH 3.5 以下虽加热到 120℃ 亦不被破坏，维生素 B_1 极易溶于水，故米不宜多淘洗以免损失。

(二) 维生素 B_2 (核黄素) 和黄素辅酶 (FMN 和 FAD)

维生素 B_2，化学名称为**核黄素**(riboflavin)，是 D-核糖醇与 7,8-二甲基异咯嗪的缩合物。核黄素是两种黄素辅酶：**黄素单核苷酸**(flavin mononucleotide，FMN) 和**黄素腺嘌呤二核苷酸**(flavin adenine dinucleotide，FAD) 的组分和前体。它们的结构式见图 12-3。异咯嗪环 (isoalloxazine ring) 是这两种黄素辅酶的核心结构，起二电子 (two-electron) 接纳体的作用。由于核糖醇基 (ribityl) 不是真正的五碳糖，并且也不是通过糖苷键被连接成核黄素的，所以黄素单核苷酸和二核苷酸的名称并不恰当。然而在生物化学中沿用已久，即使错的也被保留下来。黄素具有特有的亮黄色，如图 12-4 所示，异咯嗪的氧化型吸收 450 nm 附近波长的光。当它被还原或"漂白"("bleached")时，则变成无色。同样地，利用黄素作为辅因子的**黄素蛋白** (flavoprotein) 或称**黄素酶** (flavoenzyme)，当处于氧化型时也呈黄、红或绿色。但当它们的黄素辅基被还原时，酶的颜色也随之消失。

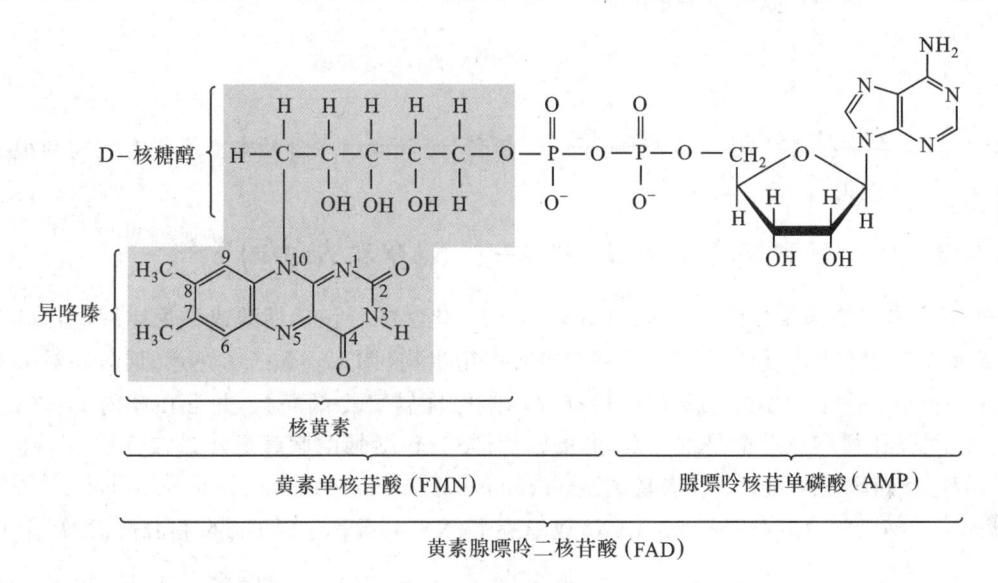

图 12-3 核黄素和黄素辅酶 (FMN 和 FAD) 的化学结构

黄素辅酶能以 3 种不同的氧化还原状态的任一种形式存在。完全氧化型的黄素通过一电子转移转变为半醌 (semiquinone)，如图 12-4 所示。在生理 pH 时，半醌是一种中性自由基，呈蓝色 ($\lambda_{max} = 570$ nm)。半醌的 pK_a 大约 8.4。当 pH 升高而失去一个质子时，则变成自由基负离子，呈红色 ($\lambda_{max} = 490$ nm)。由于跨越异咯嗪 π-电子系统的不成对电子的大离域，半醌自由基是很稳定的。经第二次一电子转移半醌变成完全还原的二氢黄素。黄素辅酶以这 3 种不同的氧化还原状态 (完全氧化型、半醌型、完全还原型) 存在，它们能够参与许多一电子转移和二电子转移反应。这也是黄素蛋白能够催化生物系统中许多不同的反应，并与许多不同的电子供体和接纳体一起工作的重要原因。这里包括二电子接纳体/供体，如 NAD^+ 和 $NADP^+$；一电子或二电子接纳体/供体，如醌；各种一电子接纳体/供体如细胞色素蛋白。呼吸电子传递链的许多组分是一电子接纳体/供体。黄素半醌型的稳定性使黄素蛋白在呼吸过程中能起有效的电子载体作用。

由于 FMN 和 FAD 广泛参与体内各种氧化还原反应，因此维生素 B_2 能促进糖、脂肪和蛋白质的代谢，对维持皮肤，黏膜和视觉的正常功能都有一定的作用。当维生素 B_2 缺乏时，组织呼吸减弱，代谢强度降低，常引起口角炎、舌炎、阴囊皮炎、角膜血管增生等症状。临床上核黄素常用于治疗因缺乏维生素 B_2 引起的各种黏膜及皮肤的炎症。

图 12-4 FAD 和 FMN 的氧化还原态

维生素 B_2 广泛存在于动、植物中。在酵母、肝、肾、蛋黄、奶及大豆中含量丰富。所有植物和很多微生物都能合成核黄素。

（三）维生素 PP（烟酸和烟酰胺）和烟酰胺辅酶（NAD 和 NADP）

维生素 PP，又称**抗糙皮病维生素**（antipellagra vitamin），化学成分包括**烟酸**或称尼克酸（nicotinic acid 或 niacin）和**烟酰胺**或称尼克酰胺（nicotinamide），它们是吡啶的衍生物（图 12-5）。（注意，烟酸和对人有高毒性的烟碱或称尼古丁（nicotine）不是一码事，切勿误会！）在体内烟酸能转变为烟酰胺，并且在体内少量的烟酸能从色氨酸合成（见第 27 章）。烟酰胺核苷酸是维生素 PP 的辅酶形式，包括**烟酰胺腺嘌呤二核苷酸**（nicotinamide adenine dinucleotide，**NAD**）和**烟酰胺腺嘌呤二核苷酸磷酸**（nicotinamide adenine dinucleotide phosphate，**NADP**）。NAD 在生化文献中曾称二磷酸吡啶核苷酸（缩写为 DPN）或**辅酶Ⅰ**，NADP 曾称三磷酸吡啶核苷酸（缩写为 TPN）或**辅酶Ⅱ**。

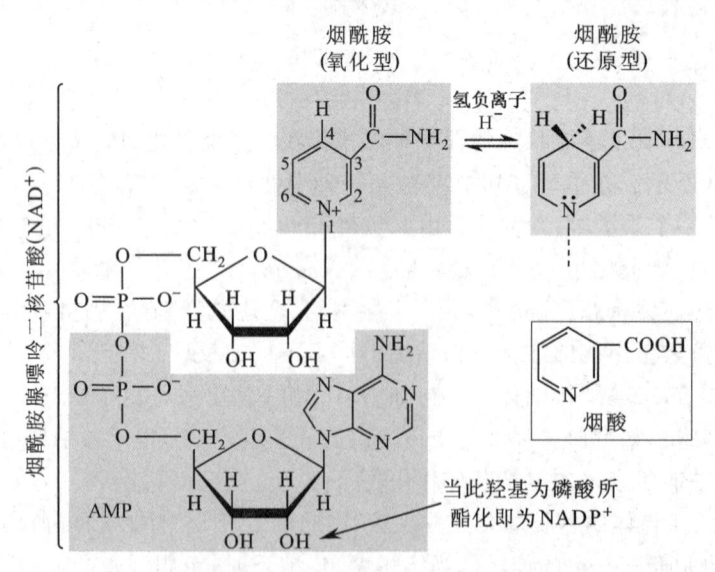

图 12-5 烟酸、烟酰胺和烟酰胺辅酶（NAD 和 NADP）的化学结构

氧化型 NAD 和 NADP 分别写为 NAD⁺和 NADP⁺,还原型分别为 NADH 和 NADPH。它们的化学结构式见图 12-5。NAD⁺是氧化途径中的电子接纳体,NADPH 是还原途径中的电子供体。烟酰胺辅酶在很多酶促氧化还原反应中起关键作用。这些反应涉及氢负离子(hydrideion 或 hydride anion)直接转移给 NAD⁺(NADP⁺)或从 NADH(NADPH)直接转移出来。促进这些转移的酶称为脱氢酶类。氢负离子(H⁻ 或 H⁻)含有两个电子,因此 NAD⁺和 NADP⁺是专门作为二电子载体(two-electron carrier)的。吡啶环的 C4 位是 NAD 和 NADP 的反应性中心,能接纳或供给氢负离子。氧化型烟酰胺环的季氮起电子穴作用,促进氢负离子转移到 NAD⁺,而分子的腺嘌呤部分不直接涉及氧化还原过程,见图 12-6。还原型烟酰胺环的 C4 上两个 H 原子是**手性原 H 原子**,一个是 R-原的 (H_R),另一个是 S-原的(H_S)。A 型脱氢酶专门作用于 H_R,B 型脱氢酶作用于 H_S(见图 12-6 和图 9-4)。

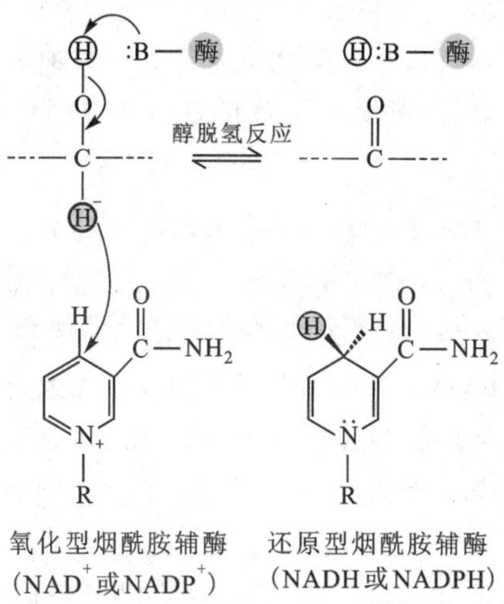

依赖 NAD⁺和 NADP⁺的脱氢酶至少能催化 6 种类型的反应。如简单的氢负离子转移、氨基酸脱氨基生成 α-酮酸等(见新陈代谢篇)。

图 12-6 NAD⁺和 NADP⁺参与二电子的转移反应

维生素 PP(包括色氨酸)广泛存在于自然界,以酵母、花生、谷类、肉类中最为丰富。人类一般不缺乏它。但玉米中缺乏烟酸和色氨酸,如果长期单纯食用玉米,便可能发生糙皮病。烟酰胺核苷酸的氧化型和还原型的吸收光谱的 λ_{max} 都在 260 nm,摩尔吸收系数也很接近,但在 340 nm 波长处的光吸收不同,还原型的在此有一吸收峰,而氧化型的则无。利用它可以追踪酶促反应进行中烟酰胺辅酶被氧化还原的程度。

(四) 泛酸和辅酶 A

泛酸或称**遍多酸**(pantothenic acid),由于在生物界分布广泛而得名。泛酸也曾称为维生素 B₃。泛酸是由泛解酸(pantoic acid),即 α,γ-二羟基-β,β-二甲基丁酸,和 β-丙氨酸通过酰胺键缩合而成。泛酸是 4-磷酸泛酰巯基乙胺类辅酶的组分。**4-磷酸泛酰巯基乙胺**(4-phosphopantetheine)由磷酸、泛酸和 β-巯基乙胺三部分组成,磷酸在泛酸的 γ-羟基上酯化,β-巯基乙胺与泛酸的 β-丙氨酸基以酰胺键相连。4-磷酸泛酰巯基乙胺是**辅酶 A**(简称 **CoA** 或写成 **CoASH**)和[脂]**酰基载体蛋白**(acyl carrier protein,ACP)的一个组成成分或辅基。辅酶 A 是由 3′,5′-ADP 以磷酸酐键(磷酸二酯键)与 4-磷酸泛酰巯基乙胺连接而成(图 12-7)。跟烟酰胺辅酶和黄素辅酶一样,辅酶 A 的腺嘌呤核苷酸部分也不直接参与酰基活化,而起识别部位的作用,以增强 CoA 与酶的亲和力和专一性。作为 ACP 辅基成分的 4-磷酸泛酰巯基乙胺是以共价键与蛋白质的侧链 Ser 羟基连接的。ACP 参与脂肪酸的生物合成(见第 25 章)。

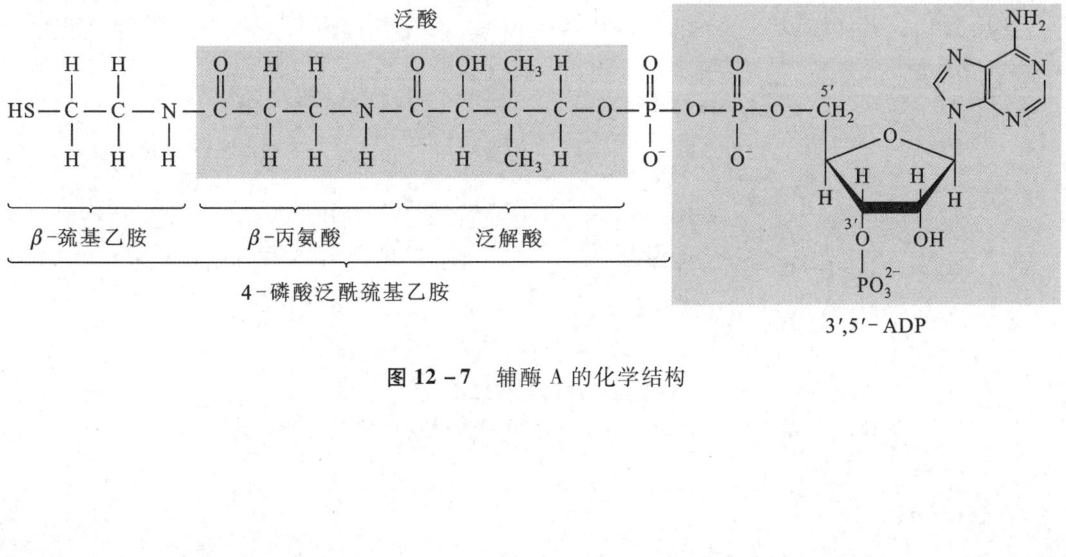

图 12-7 辅酶 A 的化学结构

4-磷酸泛酰巯基乙胺类辅酶的巯基是反应性基团,它直接参与酶促反应。代谢中的许多反应包括羧酸的酰基转移和烯醇化都是借助这类辅酶的巯基酯化而发生的。例如辅酶A的主要功能是活化酰基,使羧酸中C—O键(氧酯键)连接的酰基转变为酰基-CoA中C—S键(硫酯键)连接的酰基,或者说使氧酯变成硫酯,如

$$CH_3\overset{O}{\underset{\|}{C}}—OH \longrightarrow CH_3\overset{O}{\underset{\|}{C}}—SCoA$$

。活化的结果是①有利于通过亲核攻击使酰基发生转移;②有利于碱抽去酰基的 α-质子而烯醇化,由于形成的负电荷离域在 α-碳原子和酰基氧之间使烯醇化得到稳定。因此硫酯具有两种性质:羧基碳原子的亲电[子]性和 α-碳原子的亲核性。酰基-CoA的这两种性质在 **β-酮硫解酶**(β-ketothiotase)反应中两分子乙酰-CoA缩合成乙酰乙酰-CoA时看得很清楚。从一分子乙酰-CoA中抽取 α-质子形成活性的烯醇负离子,此烯醇负离子对另一分子乙酰-CoA的羧基碳进行亲核攻击而发生加成形成四面体中间物,CoA硫酯负离子(CoA—S⁻)从四面体中间物脱出并生成乙酰乙酰-CoA(图12-8)。

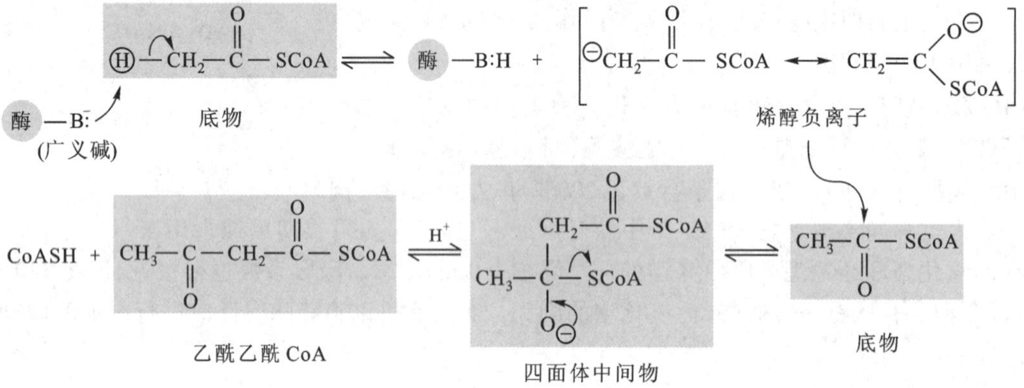

图12-8 β-酮硫解酶催化的反应中辅酶A的作用机制

泛酸在酵母、肝、肾、蛋、小麦、米糠、花生、豌豆和蜂王浆中含量丰富。辅酶A被广泛用作治疗各种疾病的辅助药物。

(五)维生素 B₆ 和辅酶磷酸吡哆醛

维生素 B₆ 或 **B₆ 族**包括**吡哆醇**(pyridoxine)、**吡哆醛**(pyridoxal)和**吡哆胺**(pyridoxamine),它们的化学结构见图12-9。在体内这三个化合物都能转变为辅酶**磷酸吡哆醛**(pyridoxal phosphate,PLP),该辅酶在生理条件下以两种互变形式存在(图12-9)。PLP是氨基酸代谢中的许多酶如转氨酶、氨基酸脱羧酶等的辅酶。PLP参与的反

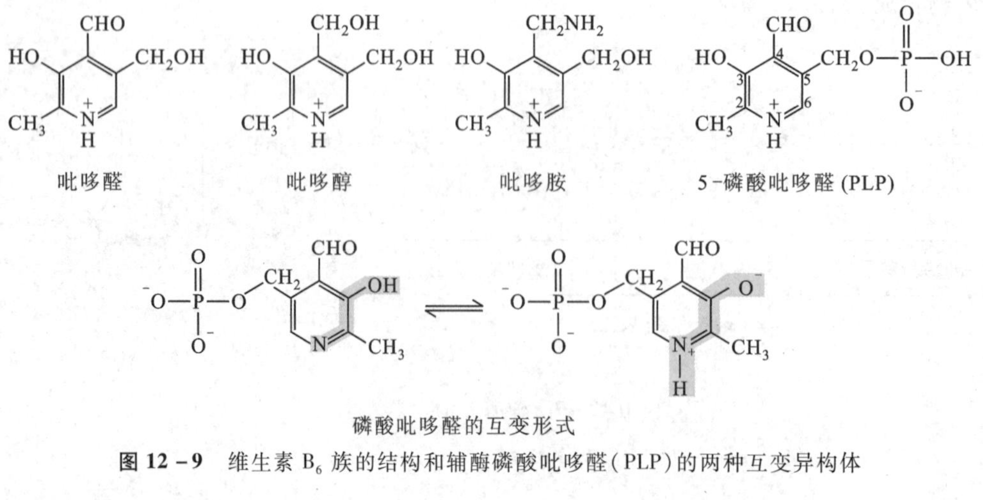

图12-9 维生素 B₆ 族的结构和辅酶磷酸吡哆醛(PLP)的两种互变异构体

应包括转氨基作用,α-和β-脱羧作用、β-和γ-消去作用、消旋作用和醛醇反应(aldol reation)等。这些反应涉及氨基酸α-碳的任一键和侧链上的几个键的断裂。PLP的化学多能性是因为它能够① 与氨基酸的α-氨基形成稳定的**西佛碱**(Schiff's base)或称**醛亚胺**(aldimine);② 起有效的电子穴作用,以稳定反应的中间物。

几乎所有依赖PLP的酶,无底物存在时,辅基PLP都是与酶活性部位的Lys残基的ε-NH_2形成西佛碱。当有底物氨基酸接近西佛碱时,立即发生转醛亚胺基反应,取代Lys残基而与PLP形成新的西佛碱。换言之,内西佛碱(内醛亚胺)变成外西佛碱(外醛亚胺)(图12-10A)。这样形成的氨基酸-PLP西佛碱通过多个非共价相互作用仍与酶牢固结合。当该酶为转氨酶时则发生转氨基反应;如果是α-脱羧酶时则发生脱羧反应。转氨基反应中PLP的一个关键作用是,形成的西佛碱使被连接的底物氨基酸的α-碳上的电子抽向亚胺氮正离子,并进入吡哆醛环的电子穴,以活化α-碳上的取代基(图12-10B)。PLP催化的转氨基反应的第一步就是移去α-碳上的质子,形成醌型中间物并重新质子化转变为酮亚胺,然后酮亚胺水解成产物酮酸和**5-磷酸吡哆胺**。这些步骤构成转氨基反应的前一半,另一半是前一半的逆过程。底物α-酮酸与磷酸吡哆胺-酶复合体反应生成产物氨基酸并再生酶-PLP西佛碱。

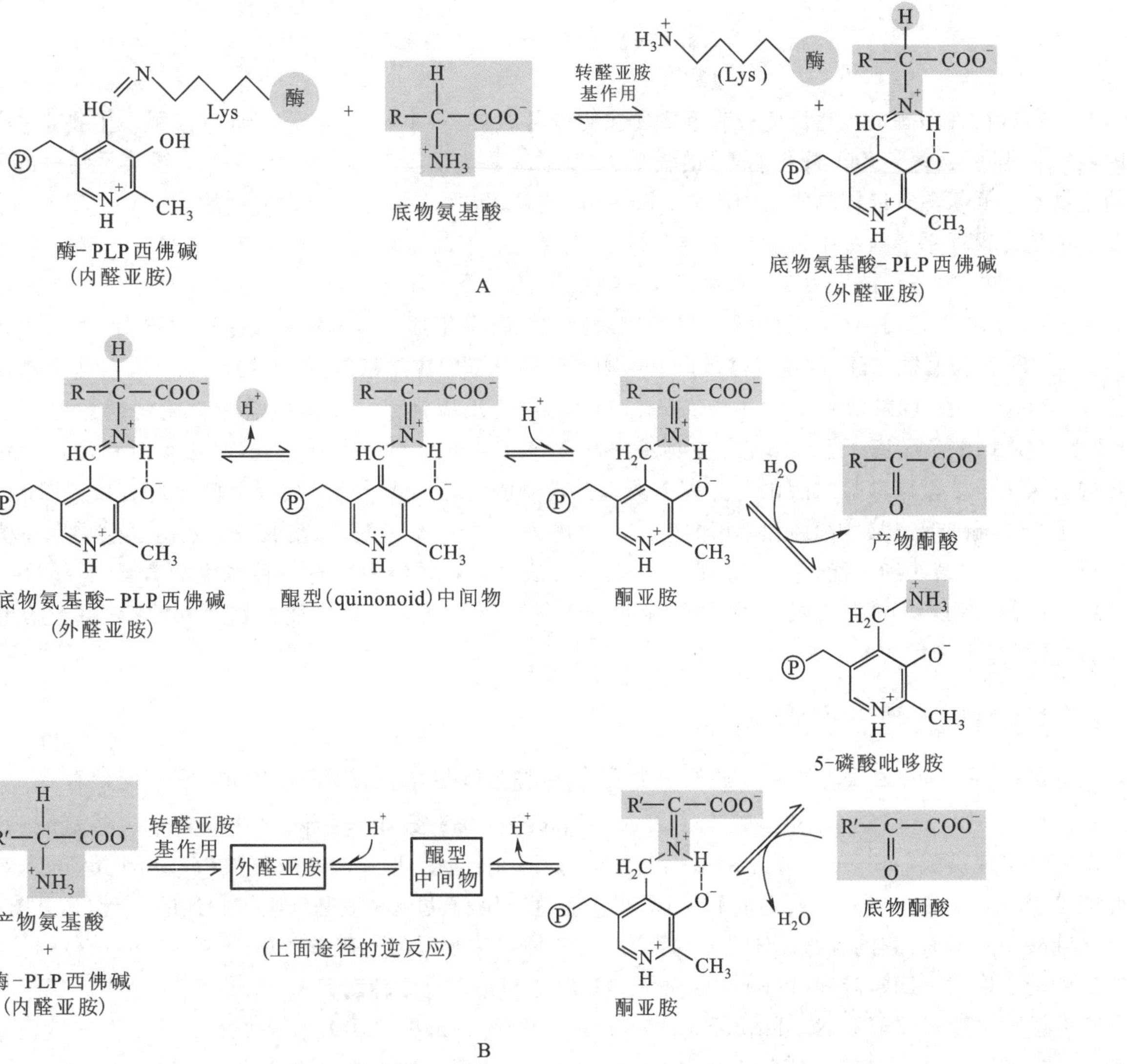

图12-10 磷酸吡哆醛(PLP)催化的转氨基反应机制

维生素B_6在动、植物中分布广泛,谷类外皮含量尤为丰富。由于食物中富含维生素B_6,同时肠道细菌可以合成维生素B_6供人利用,所以人很少发生维生素B_6缺乏症。

(六)生物素和辅酶生物胞素

生物素(biotin)又称**维生素 H**。最初是作为酵母生长所必需的物质对它进行研究的。1936 年 Kögl 等首次从卵黄中分离出生物素,并于 19 世纪 40 年代初测定了它的化学结构。生物素是由噻吩环和尿素分子结合而成的双环化合物,噻吩环上有一个戊酸基侧链(图 12 - 11)。

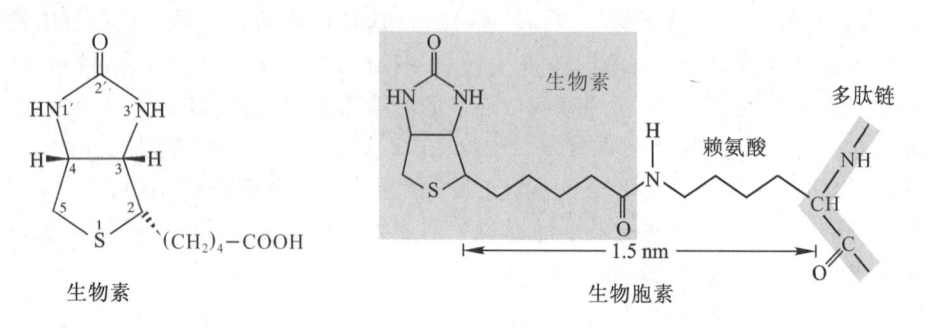

图 12 - 11 生物素和生物胞素的化学结构

生物素在许多酶促羧化反应中起着活动性的羧基载体(carboxyl group carrier)作用。生物素作为羧化酶(如丙酮酸羧化酶、乙酰 - CoA 羧化酶等)的辅基,都是通过酶蛋白上 Lys 残基的 ε - NH_2 被共价结合到酶上的;形成的生物素 - 赖氨酸官能团称为**生物胞素**(biocytin)残基,生物胞素是生物素的辅酶形式(图 12 - 11)。生物胞素残基中生物素环系统被一条长的柔性链连接在酶蛋白上。此链从生物素环到 Lys 的 α - 碳共 10 个原子,长约 1.5 nm。有了这条长链生物素辅基可以在这些酶上的两个相距较远的部位之间运载羧基。因为羧化酶多是多聚体,例如 E. coli 乙酰 - CoA 羧化酶由 3 个相对独立的部分组成:① **生物素羧基载体蛋白**,生物素共价结合在此蛋白上;② **生物素羧化酶**,催化载体蛋白上生物素的羧化;③ **转羧基酶**,催化 CO_2 单位从羧基生物素转移到底物乙酰 - CoA 上(图 12 - 12A)。大多数依赖生物素的羧化反应都是以重碳酸盐作为羧化剂并把羧基转移到底物(乙酰 - CoA)的负碳离子上。虽然生物体液中富含 HCO_3^-,但它的碳是弱亲电剂,必须对它进行活化才能攻击底物的负碳离子。重碳酸盐的活化是由 ATP 驱动并转变成活性形式的 N - 羧基生物素(图 12 - 12B)。

生物素强烈促进某些细菌和酵母的生长。动物缺乏它时,毛发脱落、皮肤发炎。由于生物素在植物中分布广泛,加之肠道中某些细菌能合成它,因此人一般不会缺乏。鸡蛋清中含有一种**抗生物素蛋白**(avidin),能与生物素结合而使生物素不被肠壁吸收,但加热能使抗生物素蛋白破坏。长期使用抗生素治疗,由于肠道正常菌丛改变,也会引起生物素的缺乏。

(七)叶酸和辅酶 F(四氢叶酸)

叶酸(folic acid)也是维生素 B 族的一个成员,曾称为维生素 B_{11} 或维生素 M。它广泛地存在于绿色植物、水果、酵母和肝中。叶酸是 6 - 甲基蝶呤(6 - methyl pterin),p - 氨基苯甲酸(PABA)和 L - 谷氨酸三部分组成,前两个部分构成蝶酸(pteroic acid),蝶酸以酰胺键与谷氨酸连接,形成蝶酰谷氨酸(peteroylglutamic acid),即叶酸。叶酸分子一般含有 1~7 个(或更多个)谷氨酸残基,它们是通过 γ - 羧基酰胺键相连的,结构式见图 12 - 13。

叶酸是除 CO_2(它的合适载体是生物素)外的各种氧化水平的**一碳单位**(one - carbon unit)的接纳体和供体。叶酸的辅酶形式是**四氢叶酸**(tetrahydrofolate,**THF** 或 **FH_4**),也称**辅酶 F**。

叶酸在二氢叶酸还原酶(dihydrofolate reductase)作用下,以 NADPH 作还原剂,经二次连续还原,先后形成 7,8 - 二氢叶酸和 5,6,7,8 - 四氢叶酸(图 12 - 14)。一碳单位被连接在 THF 的 N5 和 N10 位的氮上。它能以甲醇、甲醛和甲酸三种氧化水平(氧化数分别为 -2,0 和 +2)存在。它们是甲基(methyl)—CH_3,甲叉基或称亚甲基(methylene)—CH_2—,甲川基或称次甲基(methenyl)—CH=,甲酰基(formyl)—CHO 和亚胺甲基(formimino)—CH=NH(见图 12 - 15)。这些一碳单位在各种依赖 THF 的酶促反应中以 THF 的中间载体形式从一种代谢物

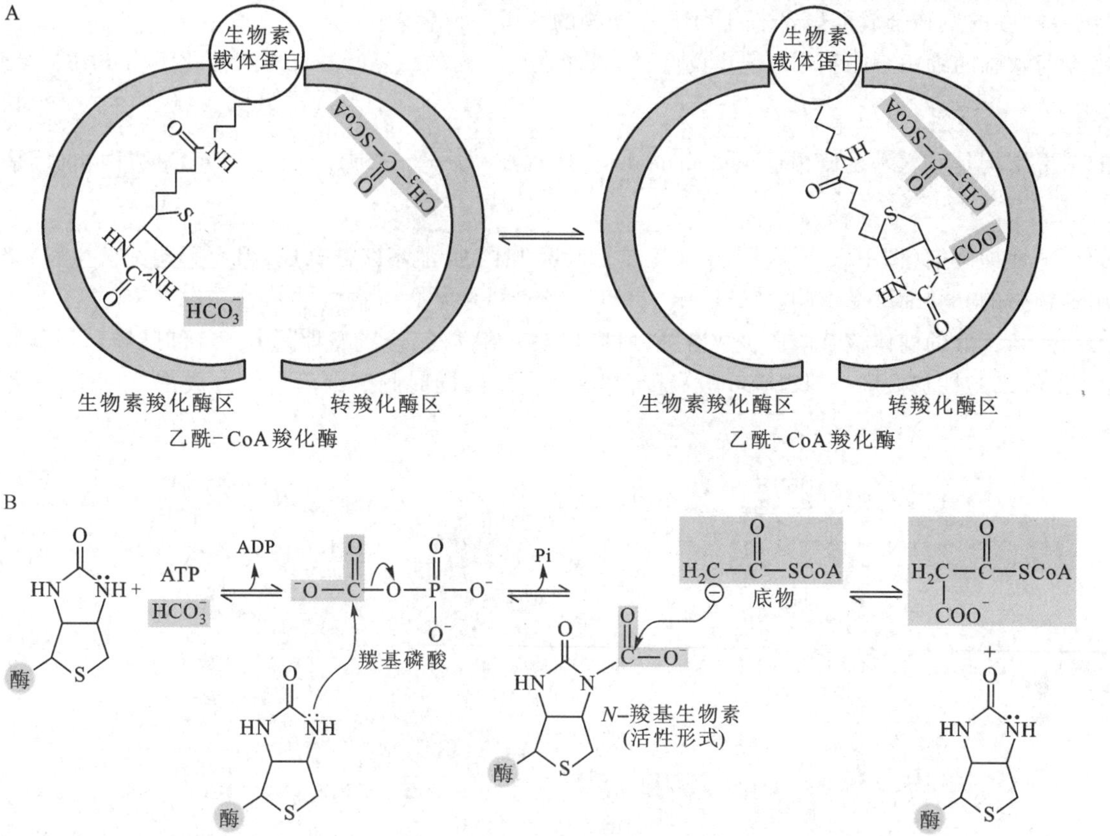

图 12-12 乙酰-CoA 羧化酶的反应机制

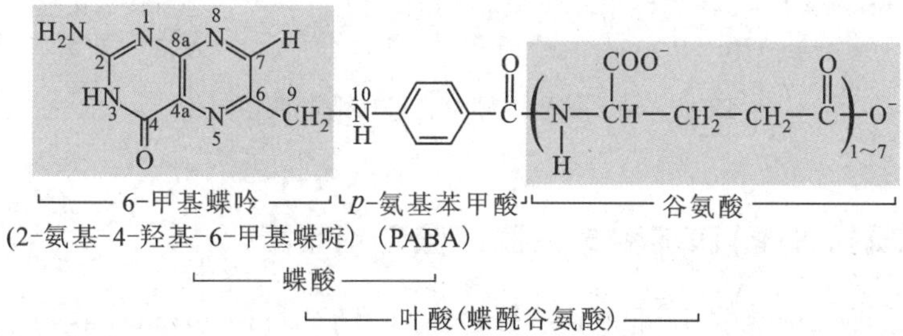

图 12-13 叶酸(蝶酰谷氨酸)的结构

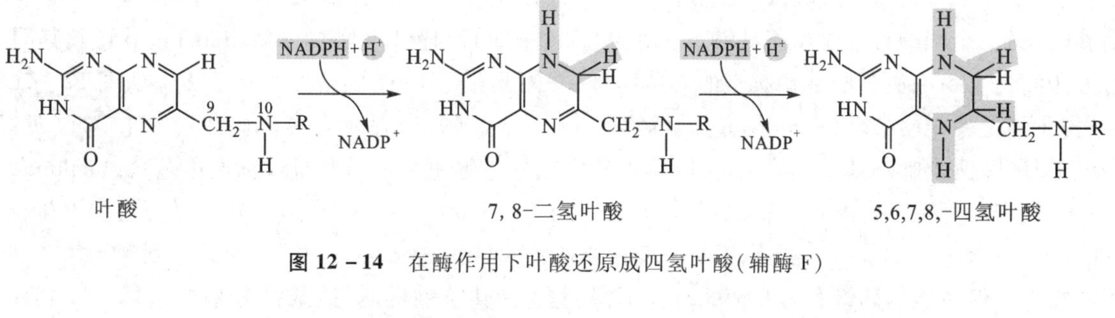

图 12-14 在酶作用下叶酸还原成四氢叶酸(辅酶 F)

转移到另一种代谢物。许多重要的生物分子如甲硫氨酸的生物合成、丝氨酸和甘氨酸的互相转化（见第 28 章）以及嘌呤、胸腺嘧啶的生物合成都需要来自 THF 中间物的一碳单位参入。

对磺胺药敏感的细菌不能利用环境中的叶酸，只能在菌体内的二氢叶酸合成酶催化下由 PABA 等前体合成。磺胺药的基本结构是对氨基苯磺酰胺（sulfonamides，$H_2N-\!\!\!\bigcirc\!\!\!-SO_2-NH_2$），它与 PABA 结构相似，是二氢叶酸合成酶的竞争性抑制剂（图 10-20）。由于缺乏二氢叶酸，四氢叶酸不能被合成，因而影响细菌生长、繁殖。但人体能利用食物中的叶酸而不受影响。

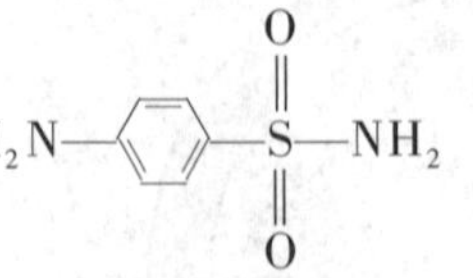

因为叶酸与核酸的前体核苷酸的合成有关，所以当缺乏叶酸时，会影响骨髓中巨红细胞和白细胞等的成熟和分裂，造成巨红细胞性贫血病。但由于叶酸在食物中广泛存在，同时肠道细菌也能合成部分叶酸，因此一般不易发生缺乏症。

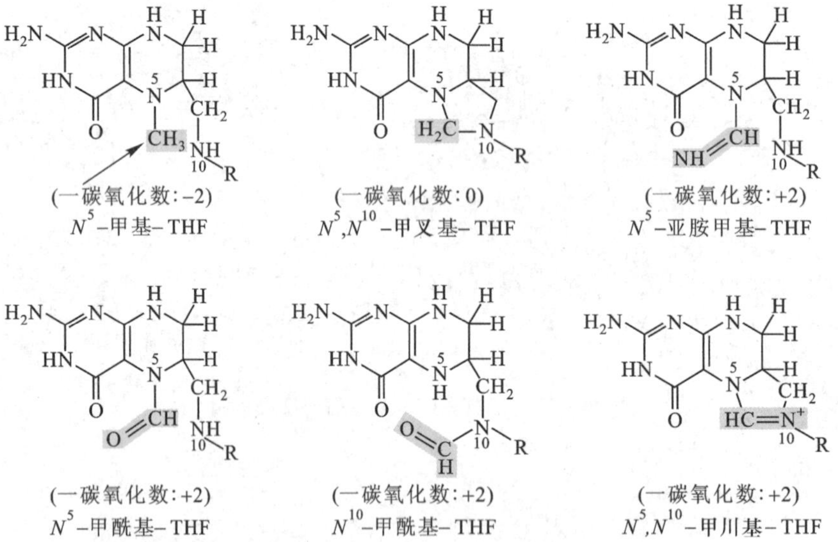

（一碳氧化数：-2）　　　　（一碳氧化数：0）　　　　（一碳氧化数：+2）
N^5-甲基-THF　　　　N^5,N^{10}-甲叉基-THF　　　　N^5-亚胺甲基-THF

（一碳氧化数：+2）　　　　（一碳氧化数：+2）　　　　（一碳氧化数：+2）
N^5-甲酰基-THF　　　　N^{10}-甲酰基-THF　　　　N^5,N^{10}-甲川基-THF

图 12-15　携带一碳单位的四氢叶酸中间物

（八）维生素 B_{12}（氰钴氨素）和辅酶 5′-脱氧腺苷钴胺素

维生素 B_{12} 是最后发现的一个维生素，是一种**抗恶性贫血因子**（anti-permicious anemia factor）。1948 年首次从肝中分离提纯出来，它是一种深红色的含钴晶体，化学名称是[氰]钴胺素（cyanocobalamin 或 cobalamin），其中氰化基来自分离过程，体内并无与—CN 结合的钴胺素存在。

维生素 B_{12} 在体内转变为两种辅酶。主要的辅酶形式是 **5′-脱氧腺苷钴胺素**（5′-deoxyadenosylcobalamin），也称**辅酶 B_{12}**。另一个辅酶形式是**甲基钴胺素**（methylcobalamin）。1961 年英国学者 Hodgkin D C 及其同事们用 X 射线衍射方法测出了 5′-脱氧腺苷钴胺素的晶体结构，并因此获得 1964 年诺贝尔化学奖。如图 12-16 所示，辅酶 B_{12} 的结构主体是一个咕啉环（corrin ring），环中央有一个 Co 原子。咕啉环类似血红素的卟啉环（见图 6-1），也含 4 个吡咯基，除两个吡咯基是直接相连外，其他吡咯基的连键也是甲川基桥或称次甲桥（methine bridge）。

钴与 4 个吡咯氮配位。钴的一个轴向配体（环面下方）是 5,6-二甲基苯并咪唑基的氮；另一个轴向配体（环面上方）可以是—CN、—CH_3、—OH 或是 5′-脱氧腺苷基，这取决于辅酶的形式。5′-脱氧腺苷钴胺素的 Hodgkin 结构最大的特点是钴-碳键的键长为 0.205 nm。此键主要是共价键性质，该结构应是烷基钴（alkyl cobalt）。这样的烷基钴在 Hodgkin 测出它的晶体结构之前曾被认为是极不稳定的。Co—C—C 的键角为 130°（图 12-16），

Co—C键的键能为110 kJ/mol，而典型的C—C共价键的键能为389 kJ/mol(见表1-5)，这些都表明它具有部分离子键的性质。

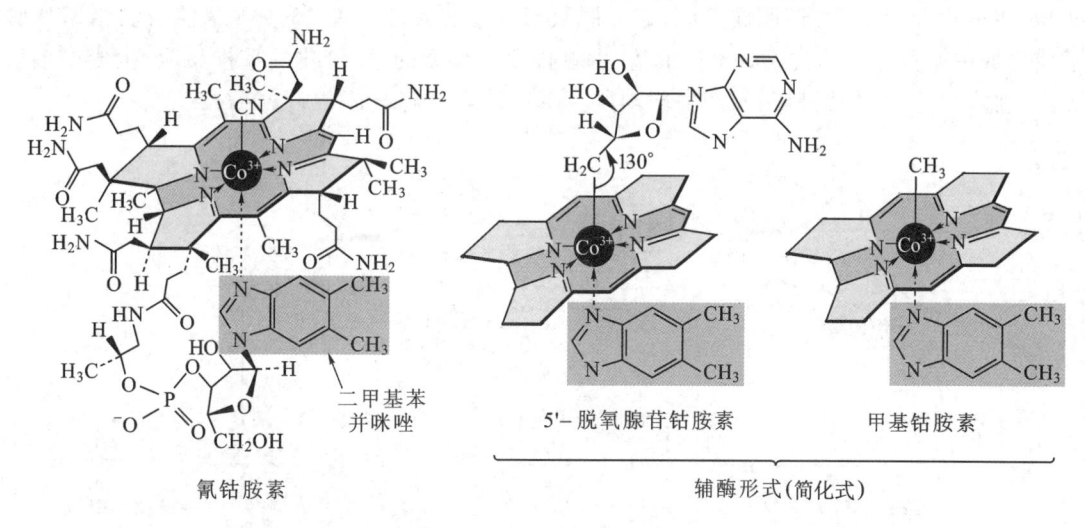

图12-16 维生素B_{12}(氰钴胺素)及其辅酶形式的化学结构

钴胺素中的钴原子以三种氧化态：Co(Ⅰ)态、Co(Ⅱ)态和Co(Ⅲ)态存在。商品氰钴胺素是无活性的，但在体内能转变为活性形式5'-脱氧腺苷钴胺素。在此转变过程中，钴原子经历Co(Ⅲ)→Co(Ⅱ)→Co(Ⅰ)→Co(Ⅲ)氧化态的变化。氰钴胺素的钴原子是Co(Ⅲ)态，在黄素蛋白还原酶催化下Co(Ⅲ)被还原成Co(Ⅱ)，相应的维生素称为B_{12r}，在另一种黄素蛋白还原酶作用下，进一步被还原成Co(Ⅰ)，此维生素为B_{12s}。这里Co^+是一种极强的亲核剂，被称为超亲核剂(supernucleophile)。它能进攻ATP的C5'碳，释放出三磷酸负离子形成5'-脱氧腺苷钴胺素。由于Co^+的2个电子还给了Co—C键，所以在活性辅酶中Co又恢复到Co^{3+}氧化态。这是生物系统中仅有的两个已知腺苷基转移反应中的一个(图12-17)。另一个是腺苷甲硫氨酸的形成(见第27章)。

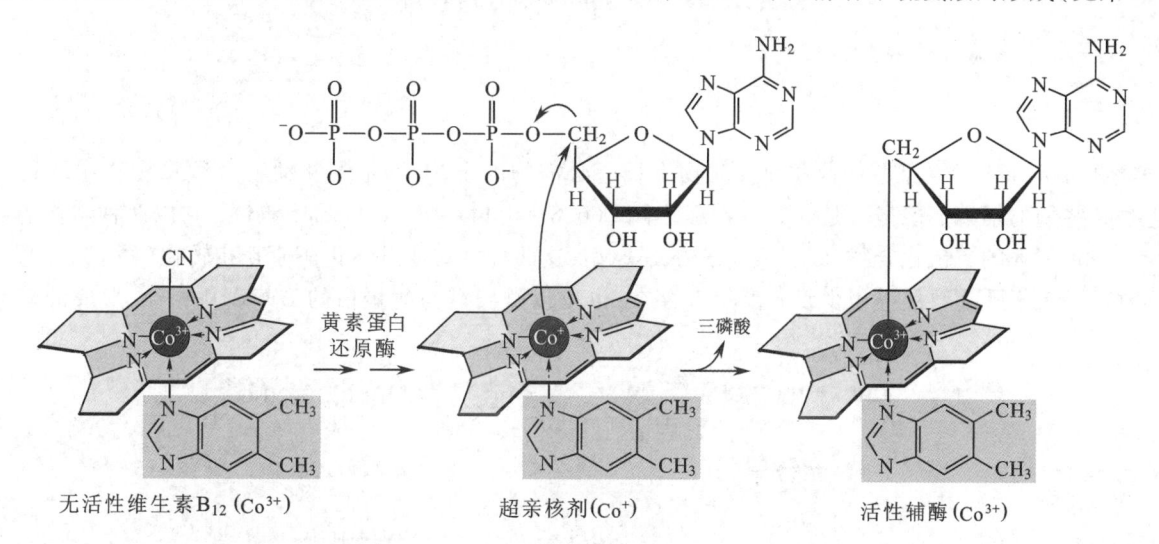

图12-17 维生素B_{12}转变为脱氧腺苷钴胺素

维生素B_{12}辅酶主要参与三种类型的反应：① 分子内重排；② 核糖核苷酸还原成脱氧核糖核苷酸(在某些细菌中)；③ 甲基转移。头两类反应由5'-脱氧腺苷钴胺素参与，第三类反应是由甲基钴胺素介导的。

下面举分子内重排的例子说明B_{12}的辅酶作用。5'-脱氧腺苷钴胺素是**L-甲基丙二酸单酰CoA变位酶**

(L-methylmalonyl-CoA mutase)的辅酶。该酶催化底物 L-甲基丙二酸单酰-CoA 中的羰基-CoA 基(—CO-SCoA)从一个碳(C2)转移到它的相邻碳(C3)上(图12-18)。反应中关键的一步是钴胺素中的 Co^{3+}—C 键发生**均裂**(homolytic cleavage),Co^{3+} 被还原成 Co^{2+},5'-脱氧腺苷基变为自由基。5'-脱氧腺苷自由基从底物中抽取一个 H 原子使之成甲基丙二酸单酰-CoA 自由基,后者再发生典型的 B_{12} 催化的重排反应,生成琥珀酰-CoA 自由基。H 原子从脱氧腺苷基转移到底物,产生琥珀酰-CoA 并重新生成辅酶 B_{12}。

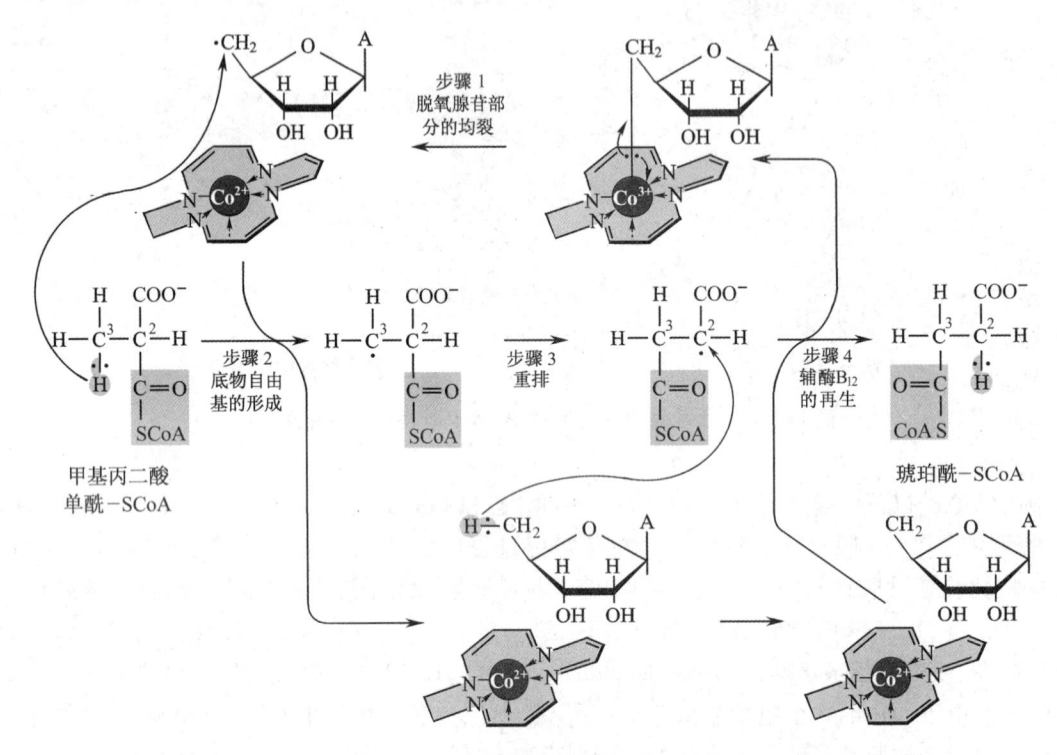

图 12-18　B_{12} 辅酶催化的分子内重排

(九) 硫辛酸

硫辛酸(lipoic acid)是某些细菌和原生动物生长所必需的因子,而不是人和动物必须从食物中取得的维生素,但它是某些酶的辅酶。硫辛酸是 6,8-二硫正辛酸(6,8-dithio-n-octanoic acid),它以两种结构的混合物形式存在:一是闭环的二硫化合物,另一是开链的还原型,这两种形式通过氧化还原互相转化(图12-19)。很像生物素的情况,硫辛酸在自然界很少以游离状态存在,也是以酰胺键与酶蛋白的 Lys 残基相连,形成的**硫辛酰胺**

图 12-19　硫辛酸(氧化型和还原型)和硫辛酰胺缀合物的结构

(lipoamide)残基是硫辛酸的辅酶形式(图12-19)。

硫辛酸或硫辛酰胺是一种**酰基载体**,它存在于两种涉及糖代谢的多酶复合体:**丙酮酸脱氢酶复合体**和**α-酮戊二酸脱氢酶复合体**中(见第20章)。例如 E. coli 丙酮酸脱氢酶复合体(含60个亚基,M_r 为 $4\,600×10^3$)催化丙酮酸氧化脱羧生成乙酰-CoA的反应:

$$\text{丙酮酸} + \text{CoA} + \text{NAD}^+ \rightarrow \text{乙酰-CoA} + \text{CO}_2 + \text{NADH} + \text{H}^+ \qquad (12-1)$$

该多酶复合体由三种成分组成:① **丙酮酸脱氢酶**(pyruvate dehydrogenase,E_1,含24个亚基),以TPP为辅基;② **二氢硫辛酰转乙酰酶**(dihydrolipoyl transacetylase,E_2,含24个亚基),含与其Lys残基共价连接的硫辛酰胺作为辅基;③ **二氢硫辛酰脱氢酶**(dihydrolipoyl dehydrogenase,E_3,含12个亚基),以FAD为辅基。在此多酶系统反应中 E_1 催化丙酮酸脱羧(参看图12-2),生成的羟乙基(连接在TPP上)被转移到硫辛酰胺并氧化成乙酰基。在此反应中氧化剂是硫辛酰胺的二硫基(disulfide group),自身转化为巯基型(还原型),并生成乙酰硫辛酰胺(acetyl lipoamide)。后者在 E_2 催化下把乙酰硫辛酰胺上的乙酰基转移给CoA,生成乙酰-CoA。最后巯基型硫辛酰胺被 E_3 重新氧化成二硫基型(氧化型)。同时将2个电子转移给酶的辅基FAD,然后转移给 NAD^+(图12-20)。在整个反应中TPP、硫辛酰胺和FAD是作为该多酶复合体的辅基起作用的,并得到再生,因此在化学计量方程(式12-1)中并不出现。

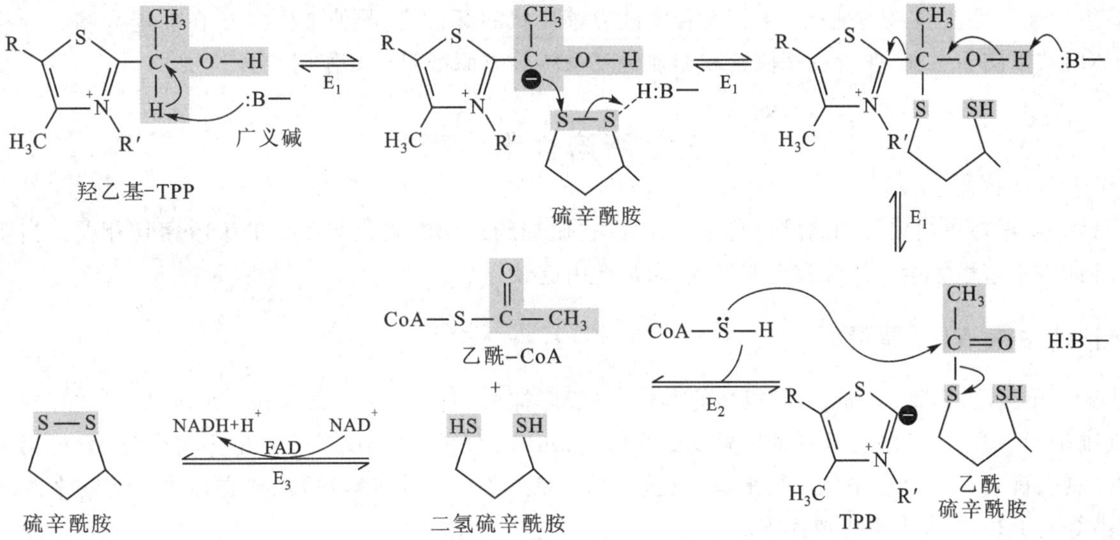

图12-20 在丙酮酸脱氢酶多酶复合体反应中硫辛酰胺的催化机制

(十)维生素C(抗坏血酸)

维生素C具有防治坏血病(scurvy)的功能,所以又称**抗坏血酸**(ascorbic acid)。化学上抗坏血酸可以看成是烯醇化了的3-酮古洛糖酸-γ-内酯(3-ketogulono-γ-lactone)。分子中C2和C3是烯二醇结构,C4和C5是手性碳原子,它们的构型属苏糖型,即C4和C5的取代基分布在相反的两侧(见图7-3,苏糖和古洛糖结构)。一双对映体中只有L-抗坏血酸具有生物活性。抗坏血酸虽是醛糖[糖]酸的衍生物,但它的酸性不是来自羧基(它已成内酯),而是由于C3上的烯醇羟基的解离,解离的 pK_a 值约为4.2(图12-21)。

抗坏血酸是相当强的还原剂。抗坏血酸的生化和生理功能很可能来自它的还原性质,起电子载体的作用。由于跟氧或金属离子相互作用丢失一个电子而成半脱氢-L-抗坏血酸(semidehydro-L-ascorbate),它是一种活性自由基,在动、植物体内能被各种酶还原回到L-抗坏血酸。抗坏血酸的特有反应是氧化成**脱氢-L-抗坏血酸**。抗坏血酸和脱氢抗坏血酸形成一个有效的氧化还原系统(图12-21)。氧化型的L-抗坏血酸仍具有维生素 C 的活性。但氧化型的抗坏血酸容易被水解而失去活性。

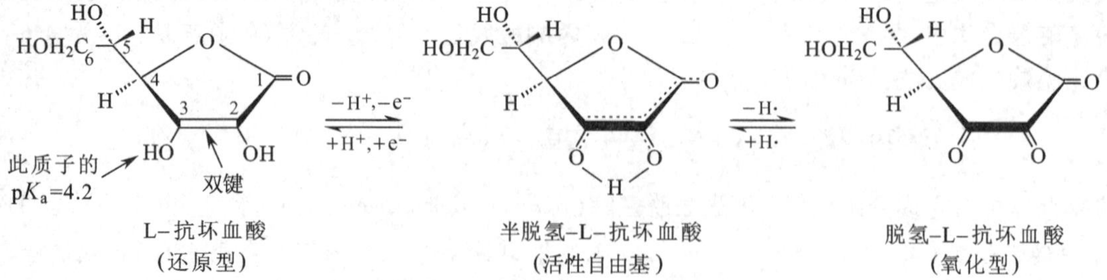

图 12-21 L-抗坏血酸的结构和氧化还原

维生素 C 广泛地分布于生物界,只有几种脊椎动物,如人和其他灵长类、豚鼠、某些鸟类和某些鱼类不能合成它。在所有这些动物中不能合成抗坏血酸是因为肝中缺乏 **L-古洛糖酸-γ-内酯氧化酶**。

维生素 C 的生理功能是多方面的。它参与体内许多重要的氧化还原反应,例如使谷胱甘肽的 GSSG 还原为 GSH,后者能与铅、汞等金属离子结合而排出体外,因此维生素 C 能保持巯基酶的活性,免遭重金属离子的毒害;维生素 C 是胶原蛋白合成时催化某些 Pro 和 Lys 残基羟基化的**羟化酶**(hydroxylase)的辅因子;维生素 C 缺乏时将导致结缔组织如骨骼变脆,牙齿松动,毛细血管易破裂等症状的**坏血病**;此外维生素 C 在促进大脑和神经系统代谢、动员体内铁以防止贫血、改善变态应答和加强免疫系统等方面都起重要作用。

三、脂溶性维生素

脂溶性维生素在食物中常和脂质一起存在,因此它们在肠道中的吸收与脂质的吸收密切相关。当脂质的吸收发生障碍时,脂溶性维生素的吸收也明显减少,甚至引起缺乏症。

(一) 维生素 A (视黄醇)

维生素 A 也称**视黄醇**(retinol),常以酯的形式,一般以棕榈酸视黄酯(retinyl palmitate)的形式存在。像所有的脂溶性维生素一样,视黄醇也是一种**类异戊二烯**(isoprenoid)分子,由异戊二烯单位生物合成(参见第 8 章萜和类固醇)。视黄醇可以在膳食中从动物来源(以蛋黄、肝、鱼肝油中最为丰富)吸取或在体内从植物来源(菠菜、番茄、胡萝卜等)的 β-胡萝卜素合成而来。

维生素 A 包括 A_1 和 A_2 两种,在化学结构上 A_2 比 A_1 只多一个双键(图 12-22)。A_1 分布较广,A_2 只存在于淡水鱼中。A_1 和 A_2 的生理功能相同,但 A_2 的生理活性只有 A_1 的一半。在体内视黄醇可被氧化成**视黄醛**(retinal 或 retinene)。视黄醛的几个顺反异构体中直接与视觉有关的是 **11-顺视黄醛和全反型视黄醛**(图 12-22)。

比较维生素 A 和 β-胡萝卜素的化学结构,可以看出后者是前者的前体,或者说 β-胡萝卜素是由两个维生素 A_1 分子构成,是一个反向对称分子,含一个 2-重旋转对称轴。β-胡萝卜素在小肠黏膜和肝内的 **β-胡萝卜素-15,15'-二加氧酶**(carotene-15,15'-dioxygenase)的催化下断裂成两分子的视黄醛,后者经还原转变为视黄醇。维生素 A 以国际单位(IU)定量,1 个 IU = 0.3 μg 的视黄醇(A_1)。

维生素 A 在维持上皮组织的正常结构和功能,形成视色素,促进糖胺聚糖合成、骨骼的形成和生长等方面起重要作用。缺少维生素 A 的主要症状是皮肤和一些器官的表皮角质化以及眼球干燥。此外**夜盲病**也是该缺乏症的一个重要症状。所谓夜盲病是指暗适应丧失或延缓。暗适应即从明处到暗处的适应过程,正常人开始适应约 4~5min。人的视网膜上有两类对光敏感的细胞:一类是感受强光和颜色的锥细胞(cone cell);另一类是杆细胞(rod cell),与暗视觉有关,对弱光敏感,对颜色不敏感。感受弱光的视色素称为视紫红质(rhodopsin),它是由 11-顺视黄醛和**视蛋白**(opsin)结合的复合体。由血流进入杆细胞的全反型视黄醇被专一的**视黄醇脱氢酶**氧化成

图 12-22 维生素 A 的结构和视紫红质的形成

全反型视黄醛,再被**视黄醛异构酶**转变为 11-顺视黄醛。视黄醛的醛基以**西佛碱**的形式与视蛋白上的 Lys 残基连接成**视紫红质**(图 12-22)。眼睛对弱光的感觉能力取决于视紫红质的浓度,当缺乏维生素 A 时,因视紫红质合成不足而不能很好感受弱光和辨别物体,即所谓患夜盲病。维生素 A 在杆细胞的视觉中的作用见图 12-23。

(二) 维生素 D (钙化醇)

维生素 D 也称**抗佝偻病因子**(antirachitic factor),化学上属于类固醇衍生物(见图 8-14)。维生素 D 族中最重要的是维生素 D_3 和 D_2。D_3 的化学名称为**胆钙化醇**(cholecalciferol),它在人和动物的皮肤中可由维生素 D 原——7-脱氢胆固醇经日光中的紫外线激活转变而来(见图 12-24)。D_2 又称**麦角钙化醇**(ergocalciferol 或 calciferol);麦角菌、酵母和其他真菌中含另一种维生素 D 原——**麦角固醇**,它经紫外线照射后转变为维生素 D_2(图 12-24)。D_3 和 D_2 的结构仅在侧链部分有所不同。

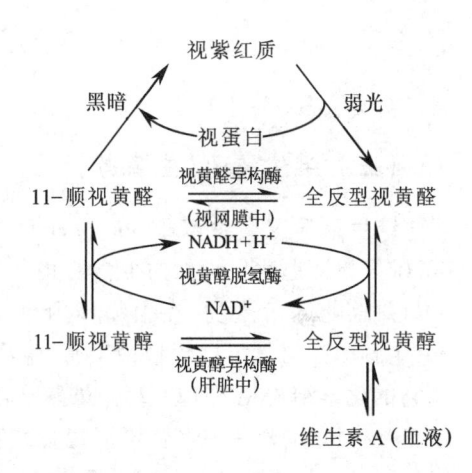

图 12-23 维生素 A 在杆细胞视觉中的作用

在体内维生素 D_3,不论是在皮肤中经光激活而来的,还是从膳食中吸收得到的,都通过血液循环进入肝脏,在那里转化为 25-羟胆钙化醇,然后在肾脏转化为 **1,25-二羟维生素 D_3**(即 1,25-二羟胆钙化醇),后者是维生素 D 的活性形式。1,25-二羟维生素 D 转运到靶组织,与两种肽激素:降钙素和甲状旁腺素(见第 16 章)一起调节体内钙和磷的平衡。1,25-二羟维生素 D 的主要靶细胞是小肠黏膜、骨骼和肾小管。在小肠黏膜促进钙和磷的吸收,在肾小管促进钙、磷的重吸收,总的生理效应是提高血钙和血磷浓度,有利于新骨生成和钙化。

维生素 D 主要存在于肝、乳和蛋黄中,尤以鱼肝油中含量丰富。维生素 D 可防治小儿佝偻病和软骨病(对成人而言)。但使用维生素 D 必须与补钙一起进行。

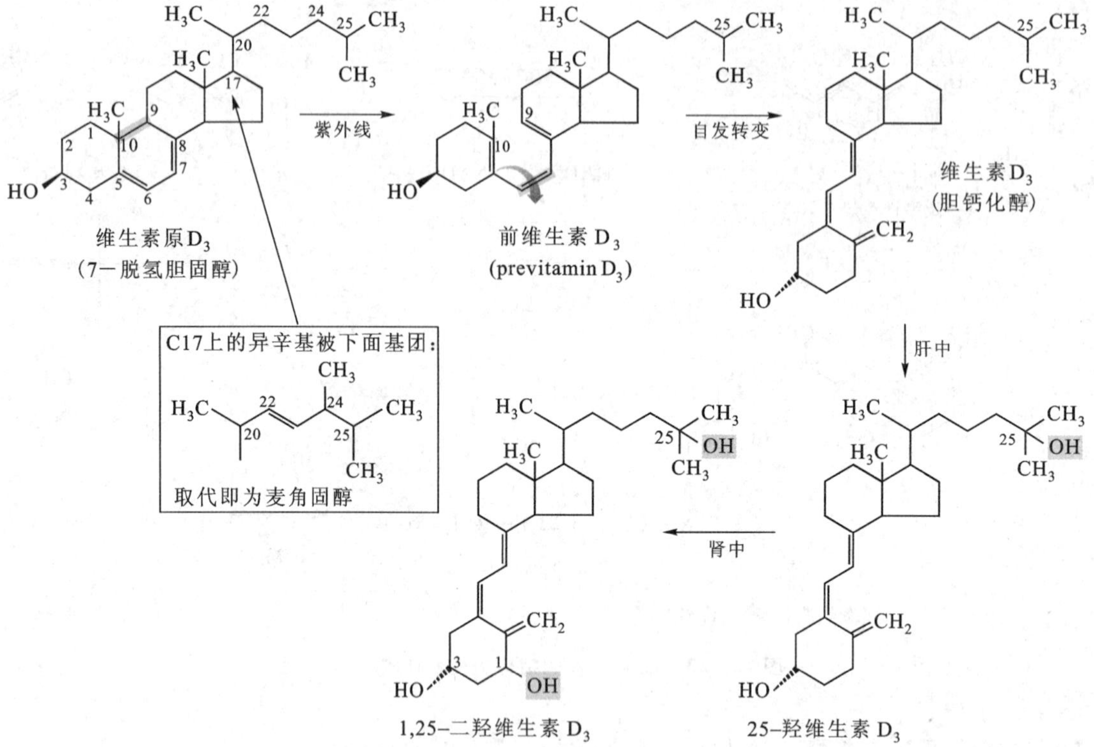

图 12-24 维生素 D 的产生和活化

（三）维生素 E（生育酚）

维生素 E 又名**生育酚**（tocopherol），因为它与维持某些动物的正常生育有关，例如缺乏维生素 E 雌鼠生殖不育，雄鼠睾丸退化。天然的生育酚共有八种，分别标为 α-、β-、γ-、…生育酚，它们都是色满（chroman），即二氢苯并吡喃的衍生物，在生物体内也是由异戊二烯单位合成。α-生育酚是自然界中含量最丰富、生物活性最高的一种维生素 E，它的化学结构见图 12-25。虽然已知维生素 E 与大白鼠的生育有关，但它的作用机制尚不清楚。维生素 E 是一种很强的抗氧化剂和自由基清除剂。所谓**抗氧化剂**是指具有还原性而能抑制靶分子自动氧化，即抑制自由基链反应的物质。能与自由基反应使之还原成非自由基的抗氧化剂称为**自由基清除剂**（free radical scavenger）。在生物体内维生素 E 作为自由基清除剂主要是清除细胞膜上的活性氧自由基，以保护膜上的不饱和脂肪酸免遭过氧化作用。

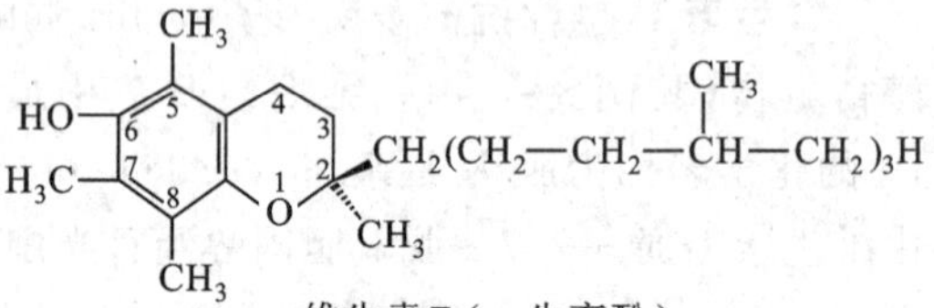

图 12-25 维生素 E 的化学结构

维生素 E 的抗氧化作用机制是生育酚色满环上 6-羟基的活泼氢使自由基（如脂质过氧化物自由基 LOO·）还原为非自由基而中断脂质过氧化链的反应。反应中生成的生育酚自由基可与维生素 C 反应获得复原（图 12-26）。这就是维生素 E 和 C 的协同作用。

（四）维生素 K（萘醌）

维生素 K 的生理功能与血液凝固有关，因此也称**凝血维生素**（coagulation vitamin）。现在知道参与血凝过程的许多凝血因子（见图 11-27）如 Ⅱ（凝血酶原）、Ⅶ、Ⅸ 和 Ⅹ 都含有 **γ-羧基谷氨酸**残基。例如凝血酶原在其 N-末端区含有 10 个 γ-羧基谷氨酸残基。这些残基能与 Ca^{2+} 螯合（图 12-27B）并促进凝血酶原与受伤部位的血小板磷脂膜表面结合以利于和因子X_a和V_a形成复合体,在复合体作用下凝血酶原转化为凝血酶(见图11-27)。这些凝血因子的γ-羧基谷氨酸是在以维生素K作为辅因子的**谷氨酰羧化酶**(glutamyl carboxylase)催化下的转译后加工中修饰而成的(图12-27A)。

图12-26 维生素E的抗氧化作用机制

缺乏维生素K时,凝血时间延长,甚至引起皮下、肌肉以及胃肠道出血。当然不能说出血一定是维生素K缺乏的结果,例如血友病(hemophilia)则不是。

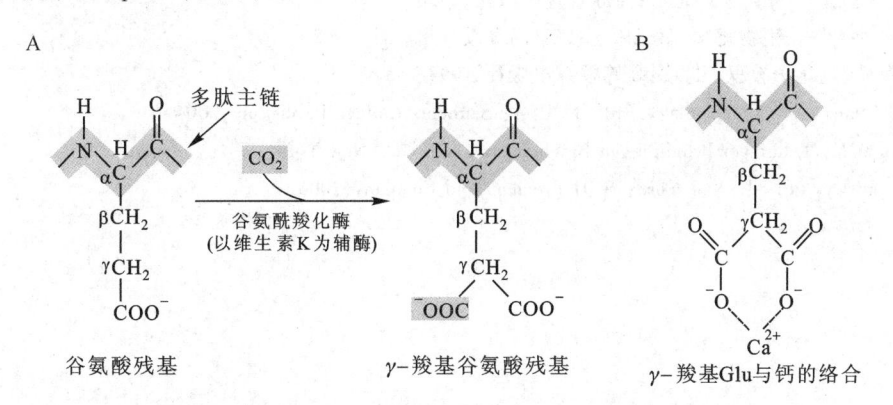

图12-27 维生素K参与蛋白质中谷氨酸的羧基化反应

从化学结构看,维生素K是2-甲基-1,4-萘醌(也称为维生素K_3,系人工合成)的衍生物。自然界中存在两种维生素K:一种是K_1,主要存在于绿色植物中,最初从苜蓿中获得,也称**叶绿醌**(phylloquinone),即2-甲基-3-叶绿基-1,4-萘醌;另一种是K_2,主要存在于动物和细菌中,也称**甲基苯醌类**(menaquinone),其侧链上含有6~9个异戊二烯单位(图12-28)。

图12-28 维生素K的结构

一般情况下人体不会缺乏维生素 K,因为它在绿色蔬菜、肝、鱼等食物种含量丰富,另一方面在肠道中大肠杆菌、乳酸杆菌能合成维生素 K 并被肠壁吸收。

习　题

1. 解释下列名词:(a)维生素;(b)维生素 B 族;(c)维生素缺乏症;(d)维生素毒性;(e)维生素原;(f)脂溶性维生素;(g)维生素 C;(h)维生素 E 与抗氧化剂;(i)活性维生素 D;(j)硫辛酸。
2. 试述辅酶 TPP 在丙酮酸脱羧中的催化机制。
3. 黄素辅酶在代谢中起什么作用?为什么?
4. 说明辅酶 A 的结构与功能关系。
5. NAD^+ 和 $NADP^+$ 是何种维生素的衍生物?可作为什么酶类的辅酶?在催化反应中起什么作用(用简式表示)?
6. 维生素 B_6 族包括哪些成员?它们的辅酶形式是什么?该辅酶为什么具有化学多能性?
7. 写出四氢叶酸的化学结构,指出连接一碳单位的位置。
8. 长期食用生鸡蛋会引起何种维生素缺乏症?为什么?这种维生素有何生物化学功能?
9. B_{12} 辅酶是怎样参与分子内重排的?
10. (a)为什么维生素 A 能防治夜盲病?(b)维生素 K 与血凝有什么关系?

主要参考书目

[1] 沈同,王镜岩. 生物化学. 第二版. 北京:高等教育出版社,1990.
[2] 王镜岩,朱圣庚,徐长法. 生物化学. 第三版. 北京:高等教育出版社,2002.
[3] 沈仁权,顾其敏. 生物化学教程. 北京:高等教育出版社,1993.
[4] Garrett R H, Grisham C M. Biochemistry. 3rd ed. USA: Saunders College Publishing,2004.
[5] Nelson D L,Cox M M. Lehninger Principles of Biochemistry. 4th ed . New York: W H Freeman, 2004.
[6] Stryer L. Biochemistry. 6th ed. New York: W H Freeman and Company,2006.

(徐长法)

第13章 核酸通论

核酸(nucleic acid)研究是生物化学与分子生物学的重要领域。生物的特征是由生物大分子所决定的,生物大分子有4类:核酸、蛋白质、多糖和脂质复合物。糖和脂质是由酶(蛋白质)催化合成的,它们与蛋白质在一起,增加了蛋白质结构与功能的多样性。蛋白质的合成取决于核酸;然而生物功能需要通过蛋白质来实现,包括核酸合成也有赖于蛋白质的作用。核酸有两类,即**脱氧核糖核酸**(deoxyribonucleic acid,DNA)和**核糖核酸**(ribonucleic acid,RNA)。因此,最重要的生物大分子是 DNA、RNA 和蛋白质。由生物大分子和有关生物分子与无机分子或离子共同构成生物机体不同层次的结构;生物大分子之间以及与其他分子之间的相互作用决定了一切生命活动。有关核酸的结构、功能、性质和研究方法将分三章予以介绍。

一、核酸的发现和研究简史

由于核酸的结构与功能比较复杂,分子很不稳定,在4类生物大分子中,它的研究开始最晚。现代生物化学建立于18世纪下半叶。"蛋白质"一词最早于1838年由 J. J. Berzelius 所提出,"核酸"这个词的出现要晚半个世纪。然而对它的研究却改变了整个生命科学的面貌,并由此而诞生了分子生物学这一当今发展最迅速、最有活力的学科。

(一) 核酸的发现

1868年瑞士青年科学家 F. Miescher 由脓细胞分离得到细胞核,并从中提取出一种含磷量很高的酸性物质,称为核素(nuclein)。他的导师 F. Hoppe - Seyler 对其发现十分惊讶,经过重复验证后才于1871年将原论文和补充论文一起发表在 Med. chem. Unters. 上。此后,Miescher 转向研究鲑鱼精子头部的物质,除分离到酸性高含磷化合物(即现在所知的 DNA)外,还提取出一种碱性化合物,称为**鱼精蛋白**(protamine)。Miescher 被认为是细胞核化学的创始人和 DNA 的发现者。Miescher 的工作为其后继者所继续。例如,R. Altmann 发展了从酵母和动物组织中制备不含蛋白质的核酸的方法,核酸这个名称就是由 Altmann 在1889年最先提出来的。

胸腺的细胞核特别大,酵母的细胞质很丰富,这是两种容易提取核酸的材料,因此这两种核酸也就研究得最多。O. Hammars 于1894年证明酵母核酸中的糖是戊糖,1909年由 P. A. Levene 和 W. A. Jacobs 鉴定是 D - 核糖。当时曾认为胸腺核酸中的糖是己糖,直至1929年才由 Levene 和 Jacobs 确定为 2 - 脱氧 - D - 核糖。两类核酸的碱基也有差别,在19世纪末和20世纪初分别得到鉴定。这就是说在19世纪末已经发现有两类核酸存在,虽然对它们的化学本质还不完全清楚。

(二) 核酸的早期研究

Miescher 的发现曾给生物学家带来巨大希望。Hoppe - Seyler 认为,**核素**"可能在细胞发育中发挥着极为重要的作用"。1885年细胞学家 O. Hertwig 提出,核素可能负责受精和传递遗传性状。1895年遗传学家 E. B. Wilson 推测,染色质与核素是同一种物质,可作为遗传的物质基础。然而,随后核酸化学的研究却偏离了最初的正确方向。

核酸中的碱基大部分是由 Kossel 及其同事所鉴定。1910年因其在核酸化学研究中的成就而被授予诺贝尔医学奖,但他却认为决定染色体功能的是蛋白质,因而在获奖后转而研究染色体蛋白质。Levene 在鉴定核酸中的糖以及阐明核苷酸的化学键中作出了重要贡献,但他的"四核苷酸假说"曾严重阻碍核酸研究达30年之久。1912年 Levene 提出核酸中含有等量的4种核苷酸,核酸是由四核苷酸单位聚合而成。按照这一假说,核酸只是一种简单的高聚物,从而使生物学家失去对它的关注。当时还流行一种错误的看法,认为胸腺核酸代表动物核酸;酵母核酸代表植物核酸,这种观点也不利于对核酸生物功能的认识。

理论研究的重大发展往往首先从技术上的突破开始。20 世纪 40 年代 T. Caspersson 的显微紫外分光光度研究,J. Brachet 的组织化学,A. L. Dounce 的亚细胞部分分级分离,以及 J. N. Davidson 的生化分析都有力证明 DNA 存在于细胞核,RNA 存在于细胞质,它们都是动物、植物和细菌细胞共同的重要组成成分。碱基成分的精确测定推翻了"四核苷酸假说",并证明了核酸的高度特异性。

(三) DNA 双螺旋结构模型的建立

20 世纪上半叶,数理学科进一步渗入生物学,生物化学本身是一门交叉学科,也就成为数理学科与生物学之间的桥梁。数理学科的渗入不仅带来了新的理论和思想方法,而且引入了许多新的技术和实验方法。1953 年 J. D. Watson 和 F. Crick 提出 DNA 双螺旋结构模型,就是在学科融合的背景下产生的。该模型的提出被认为是 20 世纪自然科学中最伟大的成就之一,它给生命科学带来深远的影响,并为分子生物学的发展奠定了基础。

分子生物学的先驱者沿着三条思想路线去探讨生命的本质,并形成了三个学派:结构学派、信息学派和生化遗传学派。结构学派以英国物理学家 W. T. Astbury、J. D. Bernal 和他们的学生为代表,他们的兴趣在于用 X 射线结晶学技术研究生物大分子的三维结构,并认为这是解决生物学问题的根本途径。Astbury 曾用 X 射线衍射的方法研究蛋白质和 DNA 的结构,他于 1945 年最早使用分子生物学这一术语。他认为研究生物分子的三维结构,研究它们的起源和功能问题,是当代分子生物学的主旨。

信息学派以物理学家 M. Delbrück 与微生物学家 S. Luria 领导的"噬菌体小组"为代表。这一学派深受量子论思潮的影响,Delbrück 就是量子论奠基者 N. Bohr 的学生。量子论的另一奠基者 E. Schrödinger 在其《生命是什么?》一书中指出,"有机体赖负熵为生",并认为最重要的问题是"基因的信息内容"。他的观点当时有很大影响力。噬菌体小组致力于揭示染色体上的信息编码,他们认为噬菌体就是裸露的染色体。1952 年噬菌体小组的两个成员 A. Hershey 和 M. Chase 用 ^{32}P 标记噬菌体的 DNA,^{35}S 标记蛋白质,然后感染大肠杆菌。结果只有 ^{32}P - DNA 进入细菌细胞内,^{35}S - 蛋白质仍留在细胞外,从而有力证明 DNA 是噬菌体的遗传物质。尽管 1944 年 O. T. Avery 的细菌转化实验已能证明 DNA 是遗传物质,但当时的反对者仍然认为蛋白质才是转化因子。毕竟无荚膜肺炎双球菌经 DNA 转化产生荚膜只涉及个别性状,而证明携带噬菌体遗传信息的物质是 DNA 则更具普遍的意义。Watson 是噬菌体小组中最年轻的成员,1950 年在 Luria 指导下取得博士学位,其年 22 岁。他善于集思广益,博采众长,从别人的工作中吸取所需要的东西,对新事物敏感。1951 年他在剑桥遇到正在 M. Perutz 小组作研究生的 Crick,两人便开始合作探求 DNA 的分子结构。

生化遗传学派包括一批用生物化学方法从事遗传学研究的科学家,他们试图阐明基因是如何行使功能而控制特定性状的。早在 1909 年 A. Garrod 就发表了"代谢的先天错误"的论文,表明孟德尔遗传因子很可能是通过代谢过程的特定步骤而发挥其功能。其后,G. W. Beadle 和 E. L. Tatum 利用红色面包霉的营养缺陷型突变体于 20 世纪 40 年代证明了"一个基因一种酶"的假说。

Watson 和 Crick 提出 **DNA 双螺旋结构模型** 的主要依据是:已知的核酸化学结构知识;E. Chargaff 发现的 DNA 碱基组成规律;M. Wilkins 和 R. Franklin 得到的 DNA X 射线衍射结果。此外,W. T. Astbury 对 DNA 衍射图的研究以及 L. Pauling 提出蛋白质的 α 螺旋结构也都有启发作用。DNA 双螺旋结构模型的建立说明了基因的结构、信息和功能三者之间的关系,因而使三个学派得到统一,并推动了分子生物学的迅猛发展。

20 世纪 50 年代许多实验室对 DNA 双螺旋结构模型进行验证。1956 年 A. Kornberg 发现 DNA 聚合酶,可用以在体外复制 DNA。1958 年 Crick 总结了当时分子生物学的成果,提出了 **"中心法则"**(central dogma),即遗传信息从 DNA 传到 RNA,再传到蛋白质,一旦传给蛋白质就不再转移。

每当 DNA 研究取得理论上或技术上的重大进展,都会带动 RNA 研究出现一个高潮。60 年代 RNA 研究取得巨大发展。1961 年 F. Jacob 和 J. Monod 提出操纵子学说并假设了 mRNA 功能。1965 年 R. W. Holley 等最早测定了酵母丙氨酸 tRNA 核苷酸序列。1966 年由 M. W. Nirenberg 等的多个实验室共同破译了遗传密码。所有这些成果都是在"中心法则"的框架内取得的。虽然 1970 年 H. M. Temin 等和 D. Baltimore 从致瘤 RNA 病毒中发现了逆转录酶,但只看作是对"中心法则"的补充,并没有从根本上动摇"中心法则"的基础。

(四) 生物技术的兴起

20 世纪 70 年代前期诞生了 **DNA 重组技术**(DNA recombinant technology)。这一技术系统是在三项关键技术的基础上建立起来的,即 DNA 切割技术、分子克隆和快速测序。W. Arber 最早发现细菌细胞存在 DNA 限制性内切酶。1970 年 H. O. Smith 分离纯化出特异的限制酶。次年 D. Nathans 用限制酶切割猴病毒 SV40 DNA,绘制出酶切位点的图谱,即限制图谱。DNA 的特异切割使得分离基因或其片段成为可能。许多 **DNA 修饰酶**,包括 DNA 连接酶、DNA 聚合酶、逆转录酶等,可用于基因操作,这些酶统称之为工具酶。1972 年 P. Berg 将外源 DNA 片段插入 SV40 环状 DNA 分子内,获得第一个 DNA 体外重组体。由于 SV40 具有致癌的潜在危险,Berg 未将其重组体进行克隆(克隆的意思是无性繁殖)。1973 年 S. Cohen 等用细菌的质粒重组体得到克隆。1975 年 F. Sanger 等建立了 DNA 的酶法测序技术。1976 年 A. M. Maxam 和 W. Gilbert 建立了 DNA 的化学测序技术。此后,DNA 重组技术不断获得改进和发展。

将 DNA 重组技术用于改变生物机体的性状特征,改造基因,以至改造物种统称为基因工程或遗传工程(genetic engineering)。工程一词原指大规模的建筑和制造,现用于表示对基因的分子施工。在 DNA 重组技术的带动下又发展出分子水平、细胞水平和个体水平的各种生物技术和生物工程。70 年代 DNA 重组技术的出现,被认为是分子生物学的第二次革命。它改变了分子生物学的面貌,并导致一个新的生物技术产业群的兴起。

DNA 重组技术的出现极大推动了 DNA 和 RNA 的研究。80 年代 RNA 研究出现了第二个高潮,取得了一系列生命科学研究领域最富挑战性的成果。1981 年 T. Cech 发现四膜虫 rRNA 前体能够通过自我剪接切除内含子,表明 RNA 也具有催化功能,称为核酶(ribozyme)。这是对"酶一定是蛋白质"的传统观点一次大的冲击。1983 年 R. Simons 等以及 T. Mizuno 等分别发现反义 RNA(antisense RNA),表明 RNA 还具有调节功能。其后发现一个基因转录产物通过选择性拼接可以形成多种同源异形体(isoform)蛋白质,从而使"一个基因一条多肽链"的传统观念也受到冲击。1986 年 R. Benne 等发现锥虫线粒体 mRNA 的序列可以发生改变,称为编辑(editing),于是基因与其产物蛋白质的共线性关系也被打破。1986 年 W. Gilbert 提出 **RNA 世界** 的假说,这对"DNA 中心"的观点是一次有力的冲击。1987 年 R. Weiss 论述了核糖体移码,说明遗传信息的解码也是可以改变的。许多传统观点被打破,RNA 已成为最活跃的研究领域之一。

(五) 人类基因组计划开辟了生命科学新纪元

1986 年,著名生物学家、诺贝尔奖获得者 H. Dulbecco 在 Science 杂志上率先提出 **"人类基因组计划"**(简称 HGP)。人类细胞有 23 对染色体,单倍体基因组大约有 3×10^9 碱基对。完成人类基因组 DNA 全序列测定的意义是十分明显的。人类对自己遗传信息的认识将有益于人类健康、医疗、制药、人口、环境等诸多方面的实践,并且对生命科学也将有极大贡献。但是投入大量人力、物力、时间去完成这项工作是否值得? 其间还可能遇到许多事先想象不到的问题。经过 3 年多的激烈争论,1990 年 10 月美国政府决定出资 30 亿美元,正式启动这项工作,拟用 15 年时间(1990—2005 年)完成"人类基因组计划"。"人类基因组计划"是生物学有史以来最巨大和意义深远的一项科学工程,它首先在美国启动,并很快便得到国际科学界的重视,英国、日本、法国、德国和中国科学家先后加入这个国际合作计划。中国是在 1999 年加入的,承担了 1% 的测序任务。美国 Celera 公司也用其自己的测序方法,独立绘制人类基因组图谱。由于技术上的突破,计划进度一再提前,全序列的测定于 2003 年全部完成。一些低等生物的 DNA 全序列也已陆续被测定。生命科学已经进入了 **后基因组时代**(post-genomic era)。

在后基因组时代,科学家们的研究重心已从揭示基因组 DNA 的序列转移到在整体水平上对基因组功能的研究。这种转向的第一个标志就是产生了一门称为 **功能基因组学**(functional genomics)的新学科。由于生物功能是由结构决定的,功能基因组学需要从测定基因产物的结构入手进行研究,因此产生了 **结构基因组学**(structural genomics)这一新的研究领域。结构基因组学的任务是系统测定基因组所代表的全部大分子的结构,目前更多关注仍限于对蛋白质结构的研究。

生物功能是通过蛋白质来体现的，蛋白质有其自身活动规律，显然仅仅从基因角度来研究是远远不够的。因此，在功能基因组学的基础上产生了**蛋白质组学**(proteomics)。蛋白质组学是在整体水平上研究细胞内蛋白质组分及其活动规律的新学科。"蛋白质组"这一概念是于1994年澳大利亚的学者M. Wilkins和K. Williams首先提出来的，是指细胞内基因组表达的所有蛋白质。这两位学者认为，生命科学的研究重点将转移到在蛋白质组水平上揭示细胞的生命活动规律。人类基因组中编码蛋白质的基因总数超过3万，能够产生蛋白质的数目是基因数的10倍，通常细胞内只有部分基因表达，合成的肽链需经加工修饰才成为有活性的蛋白。所以细胞基因组的转录谱、mRNA或cDNA谱并不代表蛋白质组。此外，蛋白质的许多性质和功能，不仅要在蛋白质的一级结构和表达水平上来认识，而且还必须从蛋白质空间结构、动态变化以及分子间相互作用来加以阐明。自从1997年举行第一次国际"蛋白质组学"会议以来，在这个研究领域内基础研究和实际应用都得到了迅速发展。

然而，RNA也是基因组产生的重要功能分子。近年来不断发现新的RNA功能和新的RNA基因，RNA结构与功能的研究是功能基因组学的一个重要方面。与蛋白质组学和蛋白质结构基因组学相对应，形成了**RNA组学**(RNomics)或**核糖核酸组学**(ribonomics)，以研究细胞全部功能RNA的结构和作用。RNA结构基因组学的任务是研究所有**编码RNA**(encoding RNA)以及与其作用的分子和形成复合物的结构特征。

随着人类基因组研究的迅速进展，生物技术产业也获得了空前规模的发展。据统计，信息技术对世界经济的贡献比率达到了18%，而生物技术对世界经济的推动作用将不亚于信息技术。

二、核酸的种类和分布

核酸分为脱氧核糖核酸(DNA)和核糖核酸(RNA)两大类。所有生物细胞都含有这两类核酸。生物机体的遗传信息以密码形式编码在核酸分子上，表现为特定的核苷酸序列。DNA是主要的遗传物质，通过复制而将遗传信息由亲代传给子代。RNA的功能与遗传信息在子代的表达有关。DNA和RNA在结构上的差异与其不同的功能密切相关。DNA通常为双链结构，含有D-2-脱氧核糖，并以胸腺嘧啶取代RNA中的尿嘧啶，使DNA分子稳定并便于复制。RNA为单链结构，含有D-核糖和尿嘧啶(另3种碱基两者相同)，与其在解读过程中的信息加工机制有关。

(一) 脱氧核糖核酸(DNA)

原核细胞中DNA集中在核区。真核细胞中DNA分布在核内，组成染色体(染色质)。线粒体、叶绿体等细胞器也含有DNA。病毒或只含DNA，或只含RNA，从未发现两者兼有的病毒。原核生物染色体DNA、质粒DNA、真核生物细胞器DNA都是**环状双链DNA**(circular double-stranded DNA)。所谓质粒是指染色体外基因，它们能够自主复制，并给出附加的性状。真核生物染色体是**线形双链DNA**(linear double-stranded DNA)，末端具有高度重复序列形成的**端粒**(telomere)结构。

病毒必须依赖宿主细胞才能生存，因此只能看作是一些游离的基因或携带遗传信息的分子。病毒DNA种类很多，结构各异。动物病毒DNA通常是环状双链或线形双链。前者如乳头瘤病毒、多瘤病毒、杆状病毒和嗜肝DNA病毒等。后者如痘病毒、虹彩病毒、疱疹病毒和腺病毒的DNA等。线形DNA的末端常有特殊的结构。例如，痘病毒DNA的末端很特别(图13-1A)，互补双链相连接，形成封闭的**突环**(loop)。DNA分子两端常为重复序列，与其复制和重组有关。如为**正向重复**(direct repeat)，经3'核酸外切酶或5'核酸外切酶从双链的一端向内切，产生重复序列的单链，可彼此互补。分子内配对使DNA成环；分子间配对可形成**串联体**(concatemer)。有些病毒DNA以串联体形式进行包装，DNA装满病毒颗粒外壳后未进入部分即被切去。当病毒包装的DNA大于病毒基因组时，即产生**末端冗余**(terminal redundancy)；有时各病毒颗粒内的DNA并不相同，呈现**循环变换**(circular permutation)，但成环后都有完整的基因组(图13-1B)。腺病毒DNA末端为**反向重复**(inverted repeat)，5'端与引物蛋白联接(图13-1C)。微小病毒科的病毒，如**小鼠微小病毒**(minute virus of mice, MVM)，却是**线型单链**

A. 痘病毒DNA末端封闭突环

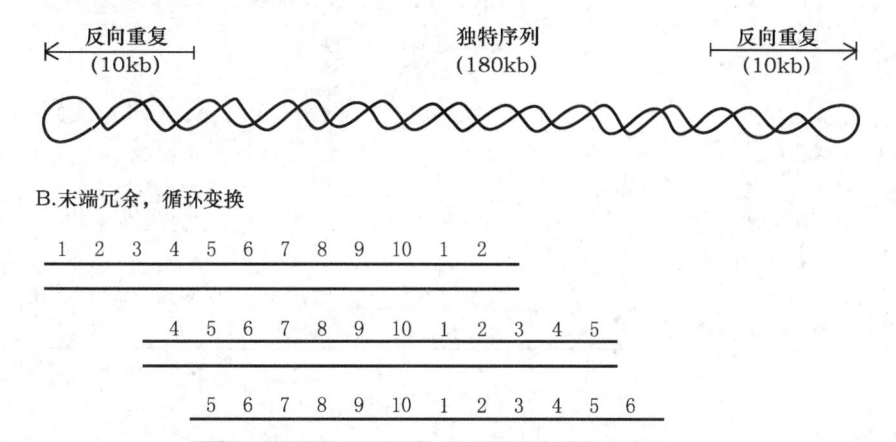

|← 反向重复 →|　　　独特序列　　　|← 反向重复 →|
　　(10kb)　　　　　　(180kb)　　　　　　(10kb)

B. 末端冗余，循环变换

1 2 3 4 5 6 7 8 9 10 1 2
　　　　4 5 6 7 8 9 10 1 2 3 4 5
　　　　　5 6 7 8 9 10 1 2 3 4 5 6

C. 腺病毒DNA末端反向重复

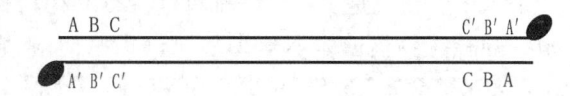

A B C　　　　　　　　　　　C′ B′ A′
A′ B′ C′　　　　　　　　　　　C B A

D. 微小病毒DNA末端分叉发夹结构

图 13-1　几种病毒 DNA 的末端结构

DNA(linear single-stranded DNA)，病毒颗粒正负链数量不同，末端常形成分叉发夹结构(图 13-1D)。植物病毒基因组大多是 RNA，DNA 较少见。少数植物病毒 DNA 或是环状双链，或是环状单链。噬菌体 DNA 多数是线形双链，如 λ 噬菌体、T 系列噬菌体。也有为环状双链，如覆盖噬菌体 PM2；或环状单链，如微噬菌体 φX174 和丝杆噬菌体 fd 和 M13。某些病毒 DNA 的结构特征列于表 13-1。

表 13-1　一些病毒 DNA 的结构特征

种类	宿主	单链或双链	环状或线形	末端结构
动物病毒				
痘病毒	脊椎动物、昆虫	双链	线形	末端封闭成突环
杆状病毒	昆虫	双链	环状	
虹彩病毒	脊椎动物、昆虫	双链	线形	末端冗余，循环变换
疱疹病毒	脊椎动物、软体动物、真菌	双链	线形	末端重复
腺病毒	哺乳类、鸟类	双链	线形	末端反向重复，5′-P 与引物蛋白联接
乳头瘤病毒	哺乳类	双链	环状	
多瘤病毒	哺乳类	双链	环状	
嗜肝 DNA 病毒	哺乳类、鸟类	双链	环状	5′端正向重复，3′端空缺
微小病毒	哺乳类、鸟类、昆虫	单链	线形	分叉发夹结构
植物病毒				
花椰菜花叶病毒	花椰菜、十字花科	双链	环状	

续表

种类	宿主	单链或双链	环状或线形	末端结构
双粒病毒	种子植物	单链	环状	
噬菌体				
T2	大肠杆菌	双链	线形	末端冗余,循环变换
T5	大肠杆菌	双链	线形	单链缺口
T7	大肠杆菌	双链	线形	末端重复
λ	大肠杆菌	双链	线形	5′互补黏性末端
φX174	大肠杆菌	单链	环状	
P22	沙门氏菌	双链	线形	末端冗余,循环变换
PM2	海洋假单胞菌	双链	环状	

（二）核糖核酸（RNA）

参与蛋白质合成的 RNA 有三类：**转移 RNA**（transfer RNA，tRNA），**核糖体 RNA**（ribosomal RNA，rRNA）和**信使 RNA**（messenger RNA，mRNA）。无论是原核生物或是真核生物都有这三类 RNA。两者 tRNA 的大小和结构基本相同，rRNA 和 mRNA 却有明显的差异。原核生物核糖体小亚基含 16S rRNA，大亚基含 5S rRNA 和 23S rRNA；高等真核生物核糖体小亚基含 18S rRNA，大亚基含 5S、5.8S 和 28S rRNA；低等真核生物的小亚基含 17S rRNA，大亚基含 5S、5.8S 和 26S rRNA。原核生物的 mRNA 结构简单，由于功能相近的基因组成操纵子作为一个转录单位，产生**多顺反子 mRNA**（polycistronic mRNA）。真核生物 mRNA 结构复杂，有 5′端帽子，3′端 poly(A)尾巴，以及非翻译区调控序列，但功能相关的基因不形成操纵子，不产生多顺反子 mRNA。真核生物细胞器有自身的 tRNA、rRNA 和 mRNA，与原核生物较相近。

20 世纪 80 年代以来，陆续发现许多新的具有特殊功能的 RNA，几乎涉及细胞功能的各个方面。这些 RNA 或是以大小来分类，如 4.5S RNA、5S RNA 等。在凝胶电泳中 7S 位置分出两个 RNA 条带，分别称为 7SK RNA 和 7SL RNA。这些 RNA 分子大小大致在 300 个核苷酸左右或更小，常统称之为小 RNA（small RNA，sRNA）。最近发现一些长度在 20 多核苷酸起调节作用的 RNA 称为**微 RNA**（microRNA，miRNA）。或是以在细胞中的位置来分类，如**核内小 RNA**（small nuclear RNA，snRNA）、**核仁小 RNA**（small nucleoar RNA，snoRNA）、**胞质小 RNA**（small cytoplasmic RNA，scRNA）。已知功能的 RNA 也可以用功能来命名和分类，如**反义 RNA**（antisense RNA）、**小分子干扰 RNA**（small interfering RNA，siRNA）、**小分子时序 RNA**（small temporal RNA，stRNA）、**指导 RNA**（guide RNA，gRNA）、**核酶**（ribozyme）等。

病毒和亚病毒 RNA 种类很多，结构也是多种多样。含有正链 RNA 的病毒，例如脊髓灰质炎病毒（poliovirus）和噬菌体 Qβ。含有负链 RNA 的病毒，如狂犬病病毒（rabies virus）和水泡性口炎病毒（vesicular-stomatitis virus）。含有双链 RNA 的病毒，如呼肠孤病毒（reovirus）。比病毒结构更简单的病原体称为亚病毒，亚病毒包括类病毒（viroid）、卫星病毒（satellite virus）和朊病毒（prion）等。类病毒是已知最小的致病 RNA，不含蛋白质，如马铃薯纺锤形块茎类病毒（PSTV）和柑橘裂皮类病毒（CEV）。类病毒 RNA 约含 300 个左右核苷酸（相对分子质量 $\sim 1 \times 10^5$），环状单链并通过链内碱基配对形成棒状结构。卫星病毒或卫星 RNA 是指没有辅助性病毒（helper virus）的协助，在宿主细胞内不能复制的病毒或 RNA。前者可形成病毒颗粒，后者包被于辅助性病毒的衣壳内。卫星病毒和卫星 RNA 能够干扰辅助病毒的复制，可以看作是病毒的寄生物。

三、核酸的生物功能

G. Mendel 于 1865 年发现杂交豌豆后代性状分离和自由组合的遗传规律。F. Miescher 于 1868 年发现核素。当时的一些细胞学家和遗传学家曾猜测核素可能与遗传有关。19 世纪末开始知道有两类核酸，即胸腺型核酸和酵母型核酸。直到20世纪40年代才了解DNA和RNA都是细胞的重要组成物质,并开始认识前者可引起遗传性状的转化,后者可能参与蛋白质的生物合成。半个世纪以来,核酸研究已成为生物化学与分子生物学研究的核心和前沿,其研究成果改变了生命科学的面貌,也促进了生物技术产业的迅猛发展,充分表明这类物质具有重要的生物功能。

(一) DNA 是主要的遗传物质

细胞学的证据早就提示DNA可能是遗传物质。DNA分布在细胞核内,是染色体的主要成分,而染色体已知是基因的载体。细胞内DNA含量十分稳定,而且与染色体数目平行。一些可作用于DNA的物理化学因素均可引起遗传性状的改变。但直接证明DNA是遗传物质的证据则来自Avery的细菌转化实验。

1944年O. Avery等人首次证明DNA是细菌遗传性状的转化因子。他们从有荚膜、菌落光滑的Ⅲ型**肺炎球菌**(ⅢS)(*Pneumococcus*)细胞中提取出纯化的DNA,加到无荚膜、菌落粗糙的Ⅱ型细菌(ⅡR)培养物中,结果发现DNA能使一部分ⅡR型细胞获得合成ⅢS型细胞特有的荚膜多糖的能力。蛋白质及多糖物质没有这种转化能力。若将DNA事先用脱氧核糖核酸酶降解,也就失去转化能力(图13-2)。这一实验不可能是表型改变,也不可能是恢复突变,因为ⅡR型菌产生的是ⅢS型的荚膜。它有力地证明DNA是转化物质。已经转化了的细菌,其后代仍保留合成Ⅲ型荚膜的能力,说明此性状可以遗传给后代。DNA转化可用于细菌、动物和植物各类细胞,现已成为实验室常用的方法。实际上供体细胞的DNA进入受体细胞而导入新的遗传信息这是一个自然的过程。

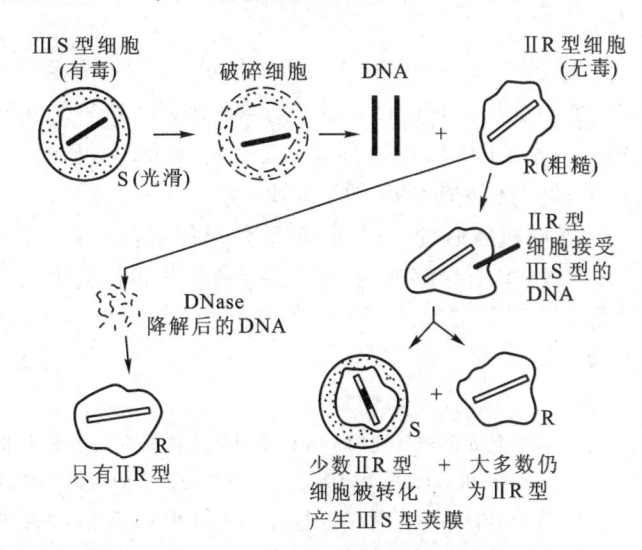

图13-2 肺炎球菌转化作用图解

然而,当时大多数生物学家都还以为DNA只是简单聚合物,蛋白质才是遗传物质,并没有认识到Avery发现的重要意义。1952年A. D. Hershey和M. Chase用^{35}S和^{32}P标记的噬菌体T2感染大肠杆菌,结果发现只有^{32}P标记的DNA进入大肠杆菌细胞内,而^{35}S标记的蛋白质仍留在细胞外,表明噬菌体DNA携带了噬菌体的全部遗传信息。与40年代不同,50年代初生物学家已经认识到DNA结构的复杂性和特异性,因此开始接受DNA是遗传物质的观点。及至1953年Watson和Crick提出DNA双螺旋结构模型,才从分子结构上阐明了其遗传功能。

按照遗传学的概念,基因是指在染色体上占有一定位置的遗传单位。基因有三个基本属性:一是可通过复制,将遗传信息由亲代传递给子代;二是经转录对表型有一定的效应;三是可突变形成各种等位基因。DNA的研究充分表明,DNA具有基因的所有属性,基因也就是DNA的一个片段。但有些病毒的基因组是RNA,基因是RNA的一个片段。

(二) RNA 参与蛋白质的生物合成

早在20世纪40年代,T. Caspersson使用显微紫外分光光度法、J. Brachet使用组织化学法和J. N. Davidson等使用化学分析方法测定细胞的RNA。实验表明,生长迅速、分泌旺盛的细胞,蛋白质生物合成水平高,细胞中RNA含量也特别丰富。这暗示RNA可能参与蛋白质的合成。

1958年Crick提出"**转换器**"(adapter)假说,认为在蛋白质生物合成过程中信息由核酸到蛋白质必定有信号转换的中介物。当时已从细胞匀浆超速离心的上清液中提出一种**可溶性RNA**(soluble RNA,sRNA),不久知道这类RNA就相当于Crick的转换器,其后又被称作转移RNA(tRNA)。用差速离心的方法除去细胞碎片和各种细胞器,然后在$10^5 \times g$离心力作用下可将**核糖体**(ribosome)沉降下来。真核细胞核糖体常和内质网膜碎片在一起,称为**微粒体**(microsome)。核糖体是直径为 20 nm 的颗粒,含有大约 40% 的蛋白质和 60% 的 RNA。1959 年分离出核糖体 RNA(rRNA)。1961 年 F. Jacob 和 J. Monod 提出信使 RNA(mRNA)的假设,同时有几个实验室用放射性同位素脉冲标记的方法从感染噬菌体或未感染的大肠杆菌细胞中分离出 mRNA。

实验表明,由三类 RNA 共同控制着蛋白质的生物合成。核糖体是蛋白质合成的场所。过去以为蛋白质肽键的合成是由核糖体蛋白质所催化,称为转肽酶。1992 年 H. F. Noller 等证明 23S rRNA 具有核酶活性,能够催化肽键形成。rRNA 约占细胞总 RNA 的 80%,它是**装配者**(assembler)并起催化作用。tRNA 占细胞总 RNA 的 15%,它是转换器,携带氨基酸并起解译作用。mRNA 占细胞总 RNA 的 3%~5%,它是信使,携带 DNA 的遗传信息并起蛋白质合成模板的作用。

(三) RNA 功能的多样性

20 世纪 80 年代 RNA 的研究揭示了 RNA 功能的多样性,它不仅仅是遗传信息由 DNA 到蛋白质的中间传递体,虽然这是它的核心功能。归纳起来,RNA 有 5 类功能:① 控制蛋白质合成;② 生物催化、染色体组装和其他细胞持家功能;③ RNA 转录后加工与修饰;④ 基因表达与细胞功能的调节;⑤ 遗传信息的处理与进化。病毒 RNA 是上述功能 RNA 的游离成分。

生物机体通过 DNA 复制,而使遗传信息由亲代传给子代;通过 RNA 转录和翻译而使遗传信息在子代得到表达。RNA 具有诸多功能,无不关系着生物机体的生长、发育和进化,其核心作用是基因表达的信息加工和调节。

习 题

1. 核酸是如何被发现的?为什么早期核酸研究的进展比蛋白质研究缓慢?
2. Watson 和 Crick 提出 DNA 双螺旋结构模型的背景和依据是什么?
3. 为什么科学界将 Watson 和 Crick 提出 DNA 双螺旋结构模型评价为 20 世纪自然科学最伟大的成就之一?
4. 什么是 DNA 重组技术?为什么说它的兴起导致了分子生物学的第二次革命?
5. 人类基因组计划是怎样提出来的?它有何重大意义?
6. 为什么说生命科学已进入后基因组时代?它的意思是什么?
7. 解释功能基因组学、结构基因组学、蛋白质基因组学和 RNA 组学的概念。
8. 核酸可分为哪些种类?它们是如何分布的?
9. 什么是遗传物质?为什么说 DNA 是主要的遗传物质?
10. 参与蛋白质合成的三类 RNA 分别起什么作用?
11. 如何看待 RNA 功能的多样性?它的核心作用是什么?
12. 分析 DNA、RNA 和蛋白质三者之间的关系。

主要参考书目

[1] L N 玛格纳著(1979). 生命科学史. 李难,崔极谦,王水平译. 武汉:华中工学院出版社,1985.
[2] Nelson D L, Cox M M. Lehninger Principles of Biochemistry. 4th ed. New York:W H Freeman and Company, 2004.
[3] Weaver R F. Molecular Biology. 4th ed. New York:McGraw – Hill,2008.

(朱圣庚)

第14章 核酸的结构

核酸是一种**多聚核苷酸**(polynucleotide)，它的基本结构单位是**核苷酸**(nucleotide)。采用不同的降解法，可以将核酸降解成核苷酸。核苷酸还可以进一步分解成**核苷**(nucleoside)和磷酸。核苷再进一步分解生成**碱基**(base)和戊糖。核酸中的戊糖有两类：D-**核糖**(D-ribose)和D-2-**脱氧核糖**(D-2-deoxyribose)。核酸的分类就是根据所含戊糖种类不同而分为核糖核酸(RNA)和脱氧核糖核酸(DNA)。

DNA中的碱基主要有四种：**腺嘌呤、鸟嘌呤、胞嘧啶、胸腺嘧啶**；RNA中的碱基主要也是四种，三种与DNA中的相同，只是**尿嘧啶**代替了胸腺嘧啶。现将两类核酸的基本化学组成列于表14-1中。

表14-1 两类核酸的基本化学组成

	DNA	RNA
嘌呤碱(purine bases)	腺嘌呤(adenine) 鸟嘌呤(guanine)	腺嘌呤(adenine) 鸟嘌呤(guanine)
嘧啶碱(pyrimidine bases)	胞嘧啶(cytosine) 胸腺嘧啶(thymine)	胞嘧啶(cytosine) 尿嘧啶(uracil)
戊糖(pentose)	D-2-脱氧核糖(D-2-deoxyribose)	D-核糖(D-ribose)
酸(acid)	磷酸(phosphoric acid)	磷酸(phosphoric acid)

一、核苷酸

核苷酸可分为**核糖核苷酸**(ribonucleotide)和**脱氧核糖核苷酸**(deoxyribonucleotide)两类。两者基本化学结构相同，只是所含戊糖不同。核糖核苷酸是核糖核酸的结构单位；脱氧核糖核苷酸是脱氧核糖核酸的结构单位。细胞内还有各种游离的核苷酸和核苷酸衍生物，它们具有重要的生理功能。由此可见，对于核酸和蛋白质系统来说，核苷酸相当于氨基酸，碱基相当于氨基酸的功能基。

(一) 碱基

核酸中的碱基分两类：嘧啶碱和嘌呤碱。

(1) 嘧啶碱 嘧啶碱是母体化合物嘧啶的衍生物。嘧啶上的原子编号有新旧两种方法。

国际"有机化学物质的系统命名原则"中采用的是新系统。所以本书也采用这个系统，核酸中常见的嘧啶有三类：胞嘧啶、尿嘧啶和胸腺嘧啶。其中胞嘧啶为DNA和RNA两类核酸所共有。胸腺嘧啶只存在于DNA中，但是tRNA中也有少量存在；尿嘧啶只存在于RNA中。植物DNA中有相当量的**5-甲基胞嘧啶**。一些大肠杆菌噬菌体DNA中，**5-羟甲基胞嘧啶**代替了胞嘧啶。

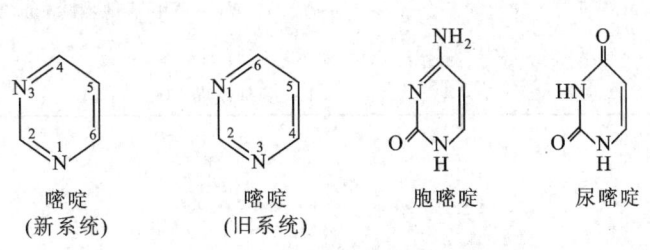

嘧啶
(新系统)   嘧啶
(旧系统)   胞嘧啶   尿嘧啶

胸腺嘧啶　　　　5-甲基胞嘧啶　　　　5-羟甲基胞嘧啶
　　　　　　　　(5-methylcytosine)　　(5-hydroxymethylcytosine)

(2) 嘌呤碱　核酸中常见的嘌呤碱有两类：腺嘌呤及鸟嘌呤。嘌呤碱是由母体化合物嘌呤衍生而来的。

嘌呤　　　　　腺嘌呤　　　　　鸟嘌呤

应用 X 射线衍射分析法已证明了各种嘌呤和嘧啶的三维空间结构。嘌呤和嘧啶环很接近平面，但稍有挠折。

自然界存在许多重要的嘌呤衍生物。一些生物碱，如茶叶碱(1,3-二甲基黄嘌呤)、可可碱(3,7-二甲基黄嘌呤)、咖啡碱(1,3,7-三甲基黄嘌呤)等都是黄嘌呤(2,6-二羟嘌呤)的衍生物。有些植物激素，如玉米素(N^6-异戊烯腺嘌呤)、激动素(N^6-呋喃甲基腺嘌呤)等也是嘌呤类物质。此外，还有些抗生素也是嘌呤类衍生物(详见抗生素一章)。

(3) 稀有碱基　除了表 14-1 中所列 5 种基本的碱基外，核酸中还有一些含量甚少的碱基，称为**稀有碱基**。稀有碱基种类极多，大多数都是甲基化碱基。tRNA 中含有较多的稀有碱基，可高达 10%。表 14-2 为核酸中一部分稀有碱基的名称。目前已知稀有碱基和核苷达近百种。

表 14-2　核酸中的稀有碱基

DNA	RNA
尿嘧啶(U)*	5,6-二氢尿嘧啶(DHU)
5-羟甲基尿嘧啶(hm^5U)	5-甲基尿嘧啶，即胸腺嘧啶(T)
5-甲基胞嘧啶(m^5C)	4-硫尿嘧啶(s^4U)
5-羟甲基胞嘧啶(hm^5C)	5-甲氧基尿嘧啶(mo^5U)
N^6-甲基腺嘌呤(m^6A)	N^4-乙酰基胞嘧啶(ac^4C)
	2-硫胞嘧啶(s^2C)
	1-甲基腺嘌呤(m^1A)
	N^6,N^6-二甲基腺嘌呤(m_2^6A)
	N^6-异戊烯基腺嘌呤(iA)
	1-甲基鸟嘌呤(m^1G)
	N^2,N^2,N^7-三甲基鸟嘌呤($m_3^{2,2,7}G$)
	次黄嘌呤(I)
	1-甲基次黄嘌呤(m^1I)

*　括号中为缩写符号。

（二）核苷

核苷是一种糖苷，由戊糖和碱基缩合而成。糖与碱基之间以糖苷键相连接。糖的第一位碳原子（C1）与嘧啶碱的第一位氮原子（N1）或与嘌呤碱的第九位氮原子（N9）相连接。所以，糖与碱基间的连键是N—C键，一般称之为 **N-糖苷键**。

核苷中的D-核糖及D-2-脱氧核糖均为呋喃型环状结构。糖环中的C1是不对称碳原子，所以有 α- 及 β- 两种构型。但核酸分子中的糖苷键均为 β-糖苷键。

应用X射线衍射法已证明，核苷中的碱基与糖环平面互相垂直。

根据核苷中所含戊糖的不同，将核苷分成两大类：核糖核苷和脱氧核糖核苷。对核苷进行命名时，必须先冠以碱基的名称，例如腺嘌呤核苷、腺嘌呤脱氧核苷等。糖环中的碳原子标号右上角加撇"′"，而碱基中原子的标号不加撇"′"，以示区别。腺嘌呤核苷和胞嘧啶脱氧核苷的结构式如下：

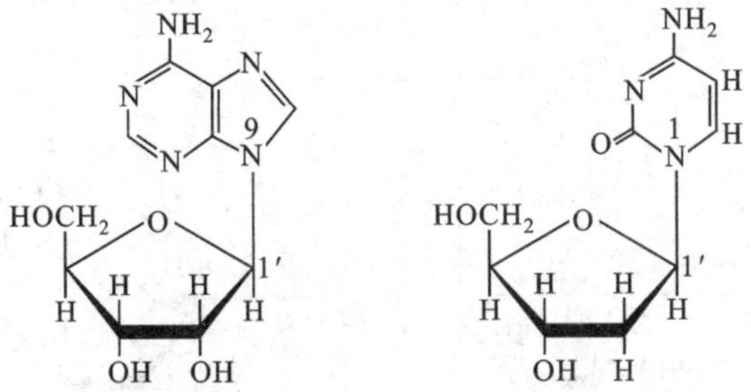

腺嘌呤核苷
(adenosine)

胞嘧啶脱氧核苷
(deoxycytidine)

表14-3为常见核苷的名称。

表14-3 各种常见核苷

碱　基	核糖核苷	脱氧核糖核苷
腺嘌呤	腺嘌呤核苷（adenosine）	腺嘌呤脱氧核苷（deoxyadenosine）
鸟嘌呤	鸟嘌呤核苷（guanosine）	鸟嘌呤脱氧核苷（deoxyguanosine）
胞嘧啶	胞嘧啶核苷（cytidine）	胞嘧啶脱氧核苷（deoxycytidine）
尿嘧啶	尿嘧啶核苷（uridine）	—
胸腺嘧啶	—	胸腺嘧啶脱氧核苷（deoxythymidine）

RNA中含有某些修饰和异构化的核苷。修饰碱基如前所述。核糖也能被修饰，主要是甲基化。tRNA和rRNA中还含有少量**假尿嘧啶核苷**（以符号 ψ 表示），它的结构很特殊，核糖不是与尿嘧啶的第一位氮（N1），而是与第5位碳（C5）相连接。细胞内有特异的异构化酶催化尿嘧啶核苷转变为假尿嘧啶核苷。有些tRNA中含有 **W(Y)核苷**和**Q核苷**，其碱基母核不是嘌呤环，但可以把它们看作是鸟嘌呤核苷的衍生物（见结构式）。从酵母苯丙氨酸tRNA中分离出一种荧光核苷Y，后在其他来源的苯丙氨酸tRNA中也分离到这种核苷。这类核苷都含有二甲基三杂环部分，化学名为 $1,N^2$-异丙烯-3-甲基鸟苷。不同来源的该类核苷在碱基杂环上的侧链R′不同，R为核糖。Y核苷后又被称为W核苷。Q核苷的碱基骨架为7-去氮鸟嘌呤，在第7位（C7）上连以侧链R′，不同Q核苷的R′不同。假尿嘧啶核苷、W(Y)核苷和Q核苷的结构式如下：

假尿嘧啶核苷 (pseudouridine)　　W(Y)核苷 (wyosine)　　Q核苷 (queuosine)

（三）核苷酸

核苷中的戊糖羟基被磷酸酯化，就形成核苷酸。因此核苷酸是核苷的磷酸酯。下面为两种核苷酸的结构式。

5′-腺嘌呤核苷酸 (AMP)　　3′-胞嘧啶脱氧核苷酸 (3′-dCMP)

核糖核苷的糖环上有3个自由羟基，能形成3种不同的核苷酸：**2′-核糖核苷酸**，**3′-核糖核苷酸**和**5′-核糖核苷酸**。脱氧核苷的糖环上只有2个自由羟基，所以只能形成两种核苷酸：3′-脱氧核糖核苷酸和5′-脱氧核糖核苷酸。生物体内游离存在核苷酸多是5′-核苷酸。用碱水解RNA时，可得到2′-与3′-核糖核苷酸的混合物。

常见的核苷酸列于表14-4中。

表14-4　常见的核苷酸

碱　基	核糖核苷酸	脱氧核糖核苷酸
腺嘌呤	腺嘌呤核苷酸（adenosine monophosphate, AMP）	腺嘌呤脱氧核苷酸（deoxyadenosine monophosphate, dAMP）
鸟嘌呤	鸟嘌呤核苷酸（guanosine monophosphate, GMP）	鸟嘌呤脱氧核苷酸（deoxyguanosine monophosphate, dGMP）
胞嘧啶	胞嘧啶核苷酸（cytidine monophosphate, CMP）	胞嘧啶脱氧核苷酸（deoxycytidine monophosphate, dCMP）
尿嘧啶	尿嘧啶核苷酸（uridine monophosphate, UMP）	—
胸腺嘧啶	—	胸腺嘧啶脱氧核苷酸（deoxythymidine monophosphate, dTMP）

细胞内有一些游离存在的多磷酸核苷酸，它们是核酸合成的前体、重要的辅酶和能量载体。**5′-二磷酸核苷**（5′-nucleoside diphosphate, 5′-NDP）是核苷的焦磷酸酯，**5′-三磷酸核苷**（5′-nucleoside triphosphate, 5′-NTP）是核苷的三磷酸酯。最常见的是**腺苷三磷酸**（5′-adenosine triphosphate, ATP）。ATP的结构式如下：

环化核苷酸往往是细胞功能的调节分子和信号分子。重要的有 3′,5′-**环化腺苷酸**(3′,5′-cyclic adenylic acid,cAMP)及 3′,5′-**环化鸟苷酸**(3′,5′-cyclic guanylic acid,cGMP)。它们的功能分别在激素和信号转导部分中再作介绍。

二、核酸的共价结构

核酸是由核苷酸线性聚合而成的生物大分子。核酸的共价结构也就是核酸的一级结构,通常是指核酸的核苷酸序列。

(一) 核酸中核苷酸的连接方式

核酸可被酸、碱和酶水解。核酸水解产生各种寡核苷酸、核苷酸、核苷和碱基。这就表明,核苷酸是核酸的结构单位,核苷和碱基都是由核苷酸水解而来。核酸的酸碱滴定曲线显示,在核酸分子中的磷酸基多只有一级解离,它的另两个酸基必定与糖环的羟基形成了磷酸二酯键。由此可见,核酸中的核苷酸以磷酸二酯键彼此相连。RNA 的核糖上有 3 个羟基,即 2′-、3′- 和 5′-羟基,核苷酸之间由哪两个羟基形成磷酸二酯键的?用磷酸二酯酶可以水解核酸的磷酸二酯键。牛脾磷酸二酯酶可从核酸的 3′端逐个水解下 3′- 核苷酸;蛇毒磷酸二酯酶从核酸的 5′端逐个水解下 5′- 核苷酸(见图 14-1)。这就清楚说明 RNA 以 3′,5′-磷酸二酯键连接核苷酸。DNA 的糖为 2-脱氧核糖,只能形成 3′,5′-磷酸二酯键。实验也证明此结论。

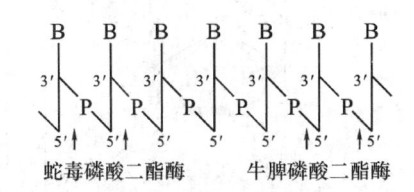

图 14-1 多核苷酸链被磷酸二脂酶水解
B 代表碱基,竖线代表戊糖碳链,P 代表磷酸基,与 P 相连的斜线表示 3′,5′-磷酸二酯链

核酸酶在核酸结构分析中十分有用。借助酶作用的特异性可用以鉴别共价键的性质。**牛脾磷酸二酯酶**和**蛇毒磷酸二酯酶**都是非专一性的核酸外切酶,但它们识别不同羟基形成的磷酸酯键。前者水解 5′-羟基形成的磷酸酯键;后者水解 3′-羟基形成的磷酸酯键。

核酸的共价结构(一级结构)有几种表示方法。上图为竖线式,用竖线代表戊糖,B 为碱基,P 为磷酸基。也可用文字式来表示,以字母代表核苷或核苷酸。原则上 5′端在左侧,3′端在右侧,磷酸二酯键的走向为 3′→5′。在文字式中,P 在核苷之左表示与 5′-羟基相连,在右表示与 3′-羟基相连。有时,多核苷酸链中磷酸基 P 也可省略,仅以字母表示核苷酸的序列。这两种写法对 DNA 和 RNA 都适用。

(二) DNA 的一级结构

DNA 的一级结构是由数量极其庞大的 4 种脱氧核糖核苷酸通过 3′,5′-磷酸二酯键连接起来的直线形或环形多聚体。(图 14-2 表示 DNA 的一个小片段)DNA 的相对分子质量非常大,通常一个染色体就是一个 DNA 分子,最大的染色体 DNA 可超过 10^8 bp,也即 M_r 大于 $1×10^{11}$。如此大的分子能够编码的信息量是十分巨大的。为了阐明生物的遗传信息,首先要测定生物基因组的序列。迄今已经测定基因组序列的生物数以百计,其中包括病毒、大肠杆菌、酵母、线虫、果蝇、拟南芥、玉米、水稻和人类的基因组。病毒基因组较小,但十分紧凑,有些基因是重叠的(overlapping)。细菌的基因是连续的,无内含子;功能相关的基因组成操纵子,有共同的调节和控制序列;调控序列所占比例较小;很少重复序列。真核生物的基因是断裂的,有内含子;功能相关的基因不组成操纵子;调控序列所占比例大;有大量重复序列。重复序列可分为低拷贝重复,中等程度重复和高度重复。重复序列或取向一致(正向重复)或取向相反(反向重复)。**回文结构**(palindrome)也即反向重复。有时同一条链上序列彼此反向重复,称为镜像重复(mirror repeat),它们相互并不互补。越是高等的真核生物其调控序列和重复序列的比例越大。

人类基因组的大小为3.2 Gb(gigabases,10^9 bp),其中2.95 Gb 为常染色质(染色较弱,富含基因)。真正用于编码蛋白质的序列仅占基因组的1.1%到1.4%。也就是说只有28%的序列能转录成RNA,其中5%是编码蛋白质的序列。基因组中超过一半是各种类型的重复序列,其中45%为各种寄生的DNA(包括转座子和逆转座子等),3%为少数碱基的高度重复序列,5%为近期进化中倍增的DNA片段。编码蛋白质的基因大约为31 000个。与人类基因组相比,酵母细胞的编码基因为6 000,果蝇为13 000,蠕虫为18 000,而植物为26 000。

(三) RNA 的一级结构

RNA 也是无分支的线形多聚核糖核苷酸,有时还含有某些稀有碱基。图 14-3 为 RNA 分子中的一小段,以示 RNA 之结构。

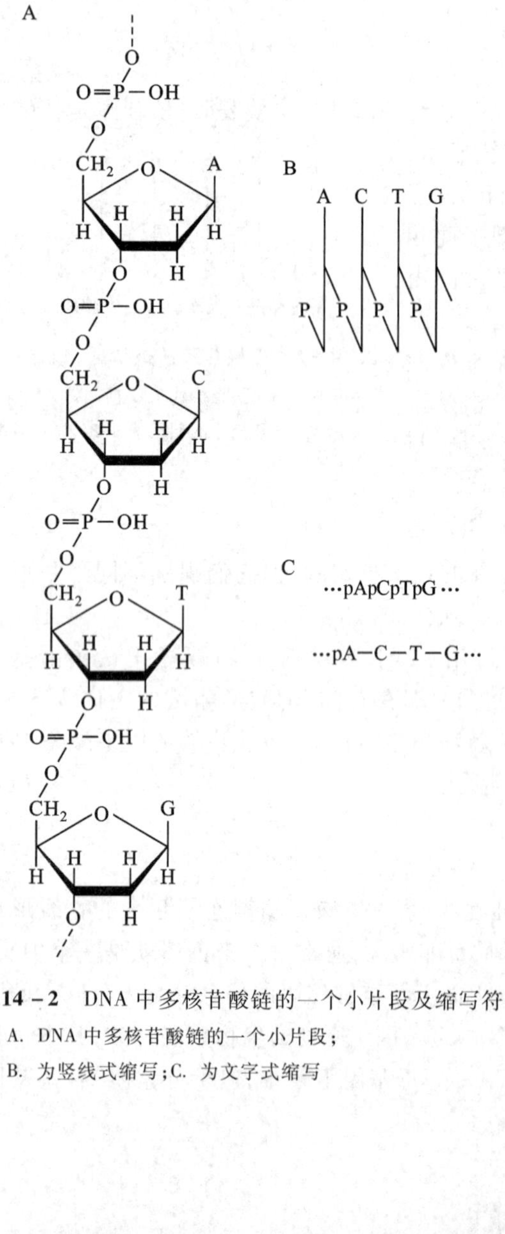

图 14-2 DNA 中多核苷酸链的一个小片段及缩写符号
A. DNA 中多核苷酸链的一个小片段;
B. 为竖线式缩写;C. 为文字式缩写

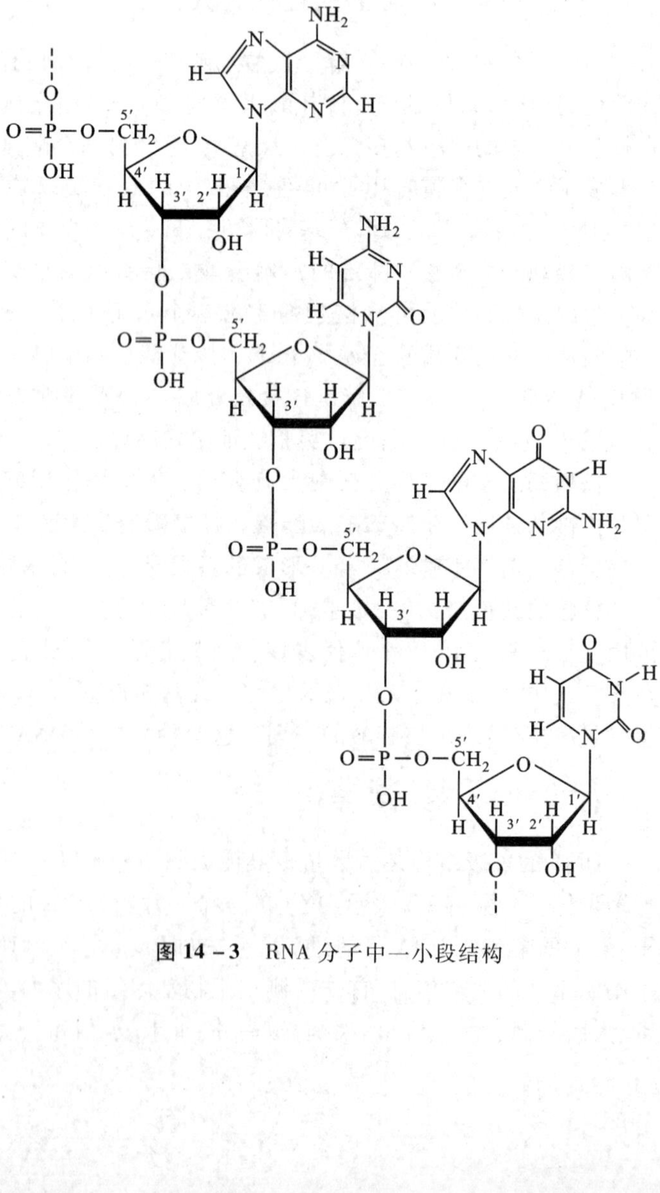

图 14-3 RNA 分子中一小段结构

RNA的种类甚多,结构各不一样。酵母丙氨酸tRNA是第一个被测定核苷酸序列的RNA,由76个核苷酸组成。tRNA通常由60至95个核苷酸组成,相对分子质量都在25 000左右,沉降常数为4S。它含有较多稀有碱基,可达碱基总数的10%~15%,因而增加了识别和疏水作用。3′端皆为CpCpAOH;5′端多数为pG,也有为pC的。tRNA的一级结构中有一些保守序列,与其特殊的结构与功能有关。

细菌和真核生物的5S rRNA由120个核苷酸组成,无稀有碱基,可与tRNA、大亚基的rRNA和蛋白质相识别和作用。真核生物5.8S rRNA由160个核苷酸组成,含有修饰核苷,如假尿嘧啶核苷(ψ)和核糖被甲基化的核苷(Gm、Um),它与细菌5S rRNA有共同序列,表明它可能起着细菌5S rRNA某些相似的功能。细菌的16S和23S rRNA分别有约10个和20个甲基化核苷。脊椎动物18S和28S rRNA分别有40多和70多个甲基化核苷,其中80%的为甲基化核糖。此外,还有不少假尿嘧啶核苷和修饰的假尿嘧啶核苷。与tRNA不同,rRNA的甲基化较多发生在核糖上,而且真核生物rRNA的修饰核苷比原核生物要多。rRNA除作为核糖体的骨架外,还分别与mRNA和tRNA作用,催化肽键的形成,促使蛋白质合成的正确进行。

原核生物以操纵子作为转录单位,产生**多顺反子mRNA**(polycistronic mRNA),即一条mRNA链上有多个编码区(coding region),5′端、3′端和各编码区之间为**非翻译区**(untranslated region,UTR)。原核生物mRNA,包括噬菌体RNA,都无修饰碱基。

真核生物的mRNA都是单顺反子,其一级结构的通式如图14-4所示。真核生物mRNA的5′端有帽子(cap)结构,然后依次是5′非翻译区、编码区、3′非翻译区,3′端为聚腺苷酸(polyadenylic acid,poly(A))尾巴。其分子内有时还有极少甲基化的碱基。

图14-4 真核生物mRNA的共价结构

极大多数真核细胞mRNA 3′端有一段长约20~250的**聚腺苷酸**。poly(A)是在转录后经**poly(A)聚合酶**(poly(A)polymerase)的作用添加上去的。poly(A)聚合酶专一作用于mRNA,对rRNA和tRNA无作用。poly(A)尾巴可能与mRNA从细胞核到细胞质的运输有关。它还可能与mRNA的半寿期有关,新生mRNA的poly(A)较长,而衰老的mRNA poly(A)较短。

5′端帽子是一个特殊的结构。它由甲基化鸟苷酸经焦磷酸与mRNA的5′末端核苷酸相连,形成5′,5′-三磷酸连接(5′,5′-triphosphate linkage)。帽子结构通常有三种类型(m^7G5′ppp5′Np,m^7G5′ppp5′NmpNp 和 m^7G5′ppp5′NmpNmpNp),分别称为O型、I型和II型。O型是指末端核苷酸的核糖未甲基化,I型指末端一个核苷酸的核糖甲基化,II型指末端两个核苷酸的核糖均甲基化。在这里G代表鸟苷,N代表任意核苷;m在字母左侧表示碱基被甲基化,右上角数字表示甲基化位置,右下角数字表示甲基数目;m在字母右侧表示核糖被甲基化。这种结构有抗5′-核酸外切酶的降解作用。在蛋白质合成过程中,它有助于核糖体对mRNA的识别和结合,使翻译得以正确起始。I型帽子的结构如下:

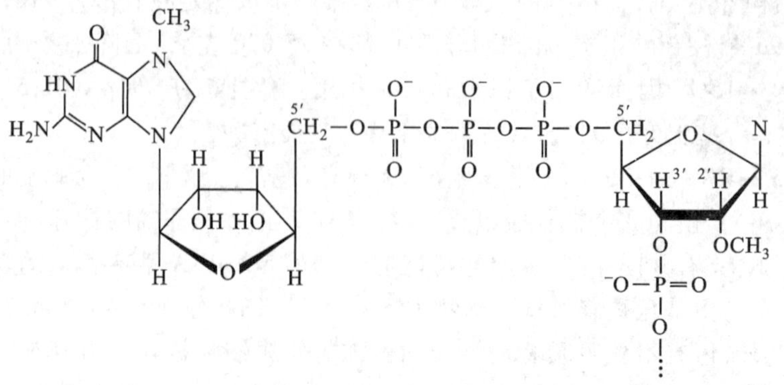

U 系列的核内小 RNA(snRNA),如 U1 至 U5 snRNA,也有 5′帽子结构。但它们的帽子是三甲基鸟苷三磷酸($m_3^{2,2,7}$G5′ppp5′AmpNp),而不是 mRNA 的甲基鸟苷三磷酸(m^7G5′ppp5′Np)。此外,动植物病毒 RNA 也有 5′帽子结构和 3′聚腺苷酸;但有的没有 5′帽或 3′聚腺苷酸。一些植物病毒 RNA 有类似 tRNA 的 3′端结构,可以接受氨基酸。

三、DNA 的高级结构

Watson 与 Crick 揭示了 DNA 双螺旋结构,也开创了生命科学研究的新时期。生物大分子主链周期性折叠形成的规则构象称为二级结构。DNA 的**双螺旋**即为二级结构。特定序列的 DNA 还能形成**三[股]螺旋**(triplex)和**四[股]螺旋**(tetraplex)。受拓扑结构的束缚,DNA 能产生**超螺旋**(superhelix),可看作是三级结构。DNA 还能和蛋白质结合,组装成更高级的结构。

(一) DNA 的双螺旋结构

Watson 与 Crick 提出 DNA 双螺旋结构模型主要有三个方面的依据:一是已知核酸的化学性质和核苷酸键长与键角的数据;二是 Chargaff 发现的 DNA 碱基组成规律,显示碱基间的配对关系;三是对 DNA 纤维进行 X 射线衍射分析的结果。

E. Chargaff 等科学家在 20 世纪 40 年代应用纸层析及紫外分光光度技术测定各种生物 DNA 的碱基组成。结果发现 DNA 碱基组成有物种特异性,不同科的 DNA 碱基组成不同;而同一种生物不同组织和器官的 DNA 碱基组成是一样的,不受生长发育、营养状况以及环境条件的影响。1950 年 Chargaff 总结出 DNA 碱基组成的规律,称为 Chargaff 规则,其主要内容为:① DNA 的腺嘌呤和胸腺嘧啶摩尔数相等,即 A = T;② 鸟嘌呤和胞嘧啶的摩尔数也相等,即 G = C;③ 含 6 - 氨基的碱基数等于含 6 - 酮基的碱基数,即 A + C = G + T;④ 嘌呤的总数等于嘧啶的总数,即 A + G = C + T。这些规律暗示,在 DNA 分子中 A 与 T、G 与 C 之间存在着配对关系。

比较直接测定生物大分子结构的方法是 X 射线晶体衍射。但是 DNA 分子太大,很难制得晶体。用针从浓的 DNA 溶液中抽出纤维,可使 DNA 分子成束整齐排列,即可用于衍射研究。1938 年 Astbury 等用小牛胸腺 DNA 纤维作 X 射线衍射分析,发现在子午线上有 3.34Å 的衍射点。他认为这反映了 DNA 中扁平核苷酸间的距离;但是由于他认为核苷酸是直线排列的,无法解释其他衍射点,也与核酸的一些化学性质不符。稍后 Franklin 和 Wilkins 对 DNA 的 X 射线衍射进行了更多的研究,获得清晰的衍射图。

在前人研究工作的基础上,Watson 和 Crick 于 1953 年提出了 DNA 分子双螺旋结构模型(图 14 - 5)。该模型具有以下特征:

(1) 两条反向平行的多核苷酸链围绕同一中心轴相互缠绕;两条链均为右手螺旋。

(2) 嘌呤与嘧啶碱位于双螺旋的内侧。磷酸与核糖在外侧,彼此通过 3′,5′-磷酸二酯键相连接,形成分子的骨架。碱基平面与纵轴垂直,糖环的平面则与纵轴平行。多核苷酸链的方向取决于核苷酸间磷酸二酯键的走

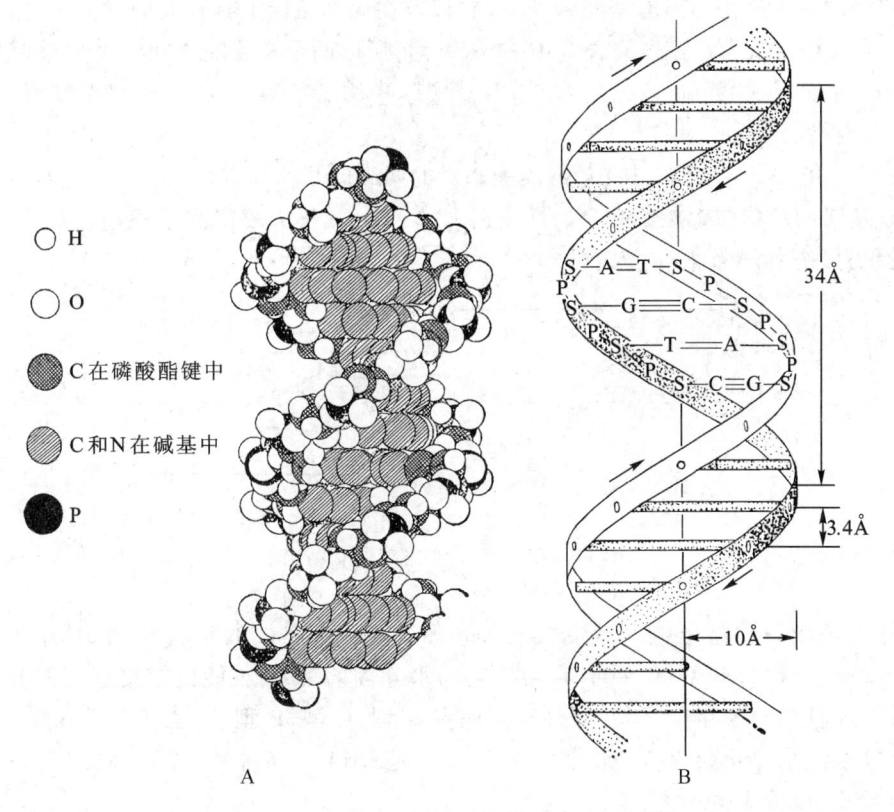

图 14-5 DNA 分子双螺旋结构模型(A)及其图解(B)

向,以 C′3 →C′5 为正向。两条链配对偏向一侧,形成一条**大沟**(major groove)和一条**小沟**(minor groove)。

(3) 双螺旋的平均直径为 20Å(2 nm),两个相邻的碱基对之间的高度距离为 3.4Å(0.34 nm),两个核苷酸之间的夹角为 36°。因此,沿中心轴每旋转一周有 10 个核苷酸。每一转的高度(即螺距)为 34Å(3.4 nm)。

(4) 两条核苷酸链依靠彼此碱基之间形成的氢键而结合在一起。根据分子模型的计算,一条链上的嘌呤碱必须与另一条链上的嘧啶碱相匹配,其距离才正好与双螺旋的直径相吻合。碱基之间 A 只能与 T 相配对,形成两个氢键;G 与 C 相配对,形成三个氢键。所以 G-C 之间的结合较为稳定(图 14-6)。

(5) 碱基在一条链上的排列顺序不受任何限制。但是根据碱基配对原则,当一条多核苷酸链的序列被确定后,即可决定另一条互补链的序列。这就表明,遗传信息由碱基的序列所携带。

由于 Watson 和 Crick 的模型是根据 DNA 纤维的 X 射线衍射资料推导出来的。它所提供的只是 DNA 结构的平均特征。后来,对 DNA 合成片段晶体所作的 X 射线衍射分析才提供了更为精确的信息。K. Dickerson 等人用人工合成的多聚脱氧核糖核苷酸(十二聚体)晶体进行 X 射线衍射分析后,认为这种十二聚体的结构与 Watson 和 Crick 模型所提供的结构十分相似,但在结构上并不像 Watson -

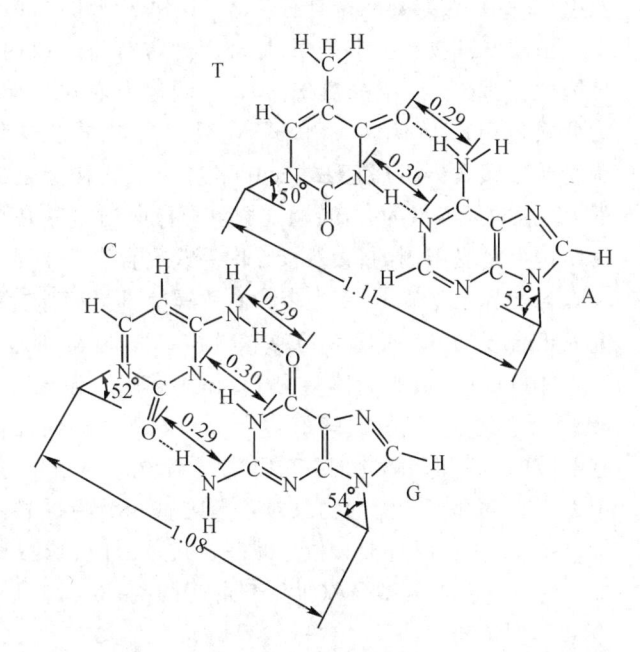

图 14-6 DNA 分子中的 A-T,G-C 配对
(图中长度单位为 nm)

Crick 模型所说的那样均一。这是由于碱基序列的不同，以致在局部结构上有较大的差异。这些差异是：

（1）Watson-Crick 模型认为每一螺周含有 10 个碱基对，所以两个核苷酸之间的夹角是 36°。但在 Dickerson 的十二聚体中，两个碱基间的夹角可由 28°至 42°不等。实际平均每一螺周含 10.4 个碱基对。分子大小的各参数也随序列不同而有变动。

（2）Dickerson 所研究的十二聚体结构中，组成碱基对的两个碱基的分布并非在同一平面上，而是沿长轴旋转一定角度，从而使碱基对的形状像螺旋桨叶片的样子（图 14-7），故称为**螺旋桨状扭曲**（propeller twisting）。这种结构可提高**碱基堆积力**，使 DNA 结构更稳定。

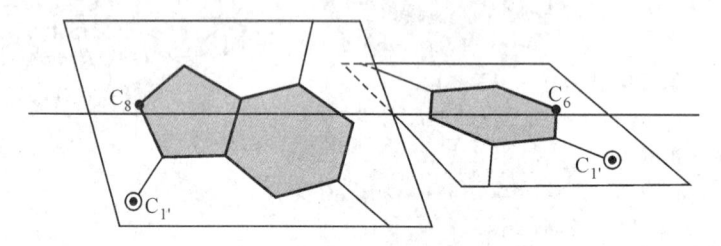

图 14-7 碱基对的螺旋桨状结构

DNA 的结构可受环境条件的影响而改变。Watson 和 Crick 所建议的结构代表 DNA 钠盐在较高湿度下（92%）制得的纤维的结构，称为 B 型（B form）。由于它的水分含量较高，可能比较接近大部分 DNA 在细胞中的构象。DNA 能以多种不同的构象存在，除 **B 型**外通常还有 **A 型**、**C 型**、**D 型**、**E 型**和左手双螺旋的 **Z 型**。这里包括天然的和人工合成的各种双螺旋 DNA。其中 A 型和 B 型是 DNA 的两种基本的构象，Z 型则比较特殊。C 型、D 型和 E 型与 B 型接近，可看成同一族。

在相对湿度为 75% 以下所获得 DNA 纤维的 X 射线衍射分析资料表明，这种 DNA 纤维具有不同于 B 型的结构特点，称为 A 型（A-DNA）。A-DNA 也是由两条反向的多核苷酸链组成的双螺旋，右手螺旋；但是螺体较宽而短，碱基对与中心轴之倾角不同，呈 19°。RNA 分子的双螺旋区以及 RNA-DNA 杂交双链具有与 A-DNA 相似的结构。

由于呋喃糖环并非平面，糖环上通常有一个或两个原子偏离平面，糖环因此而折叠。如若折叠偏向 C_5 一侧称为**内式**（endo）；若偏向另一侧称为**外式**（exo）。A 型为 C_3 内式，B 型为 C_2 内式。碱基平面绕 N-糖苷键旋转产生**顺式**（syn）和**反式**（anti）构象。反式构象是指嘌呤六元环或嘧啶的 C2 指向远离糖的方向；顺式构象则指向糖。碱基与糖的旋转位置在立体结构上是受限制的，天然核苷中反式更合宜。A 型和 B 型均为反式。

自然界双螺旋 DNA 大多为**右手螺旋**，但也有**左手螺旋**。A. Rich 在研究人工合成的 d(CGCGCG) 寡核苷酸结构时发现这种左手螺旋的构象。六聚体（dC·dG）的晶体结构中，自身互补的寡核苷酸排列成反平行，每转 12 个碱基对为一圈，螺距 4.56 nm，碱基对移向边缘，只有小沟，大沟被胞嘧啶的 C5 和鸟嘌呤的 N7、C8 原子填充。与右手螺旋不同，在左手螺旋中糖环折叠和糖苷键的构象对于嘧啶碱和嘌呤碱各不相同。dC 是 C_2 内式，碱基反式；dG 是 C_3 内式，碱基顺式。因此，磷酸和糖的骨架呈现 Z 字形（zigzag）走向，Z 型名称即源于此（图 14-8）。随后发现天然 DNA 局部也有 Z 型结构。

B-DNA   Z-DNA

图 14-8 Z-DNA 与 B-DNA 之比较

共价结构的改变涉及共价键的断裂与连接。构象受环境条件的影响，它的改变不涉及共价键。DNA 的各型构象在一定条件下可以相互转变。除上述相对湿度能影响 DNA 纤维的构象外，溶液的盐浓度、离子种类、有机溶剂等都能引起 DNA 构象的改变。增加 NaCl 浓度可使 B 型转变为 A 型。当 DNA 是钠盐时，A、B、C 三种形态都能出现，改成锂盐时，只有 B 型和 C 型可能出现。Z 型 DNA 的序列必须含鸟嘌呤，并且嘌呤碱与嘧啶碱交替出现，在此条件下存在盐和有机溶剂有利于 Z 型的形成。DNA 的甲基化，使大沟表面暴露的胞嘧啶形成 5 - 甲基胞嘧啶，即可导致 B - DNA 向 Z - DNA 的转化。DNA 的变构效应可能与基因表达的调节有关。

表 14 - 5 列出了 A 型、B 型和 Z 型 DNA 的主要特征数据。由于各实验室测定样品的方法和条件各不相同，所得数据有较大出入，所列数据可作为了解各类构象特性的比较。

表 14 - 5 A 型、B 型和 Z 型 DNA 的比较

	螺 旋 类 型		
	A	B	Z
外形	粗短	适中	细长
螺旋方向	右手	右手	左手
螺旋直径	2.55 nm	2.37 nm	1.84 nm
碱基轴升	0.23 nm	0.34 nm	0.38 nm
碱基夹角	32.7°	34.6°	60°[①]
每圈碱基数	11	10.4	12
螺距	2.53 nm	3.54 nm	4.56 nm
轴心与碱基对的关系	不穿过碱基对	穿过碱基对	不穿过碱基对
碱基倾角	19°	1°	9°
糖环折叠	C_3 内式	C_2 内式	嘧啶 C_2 内式，嘌呤 C_3 内式
糖苷键构象	反式	反式	嘧啶反式，嘌呤顺式
大沟	很狭、很深	很宽、较深	平坦
小沟	很宽、浅	狭、深	很狭、很深

① Z - DNA 的核苷酸交替出现顺反式，故以 2 个核苷酸为单位，转角为 60°。

(二) DNA 的三股螺旋和四股螺旋

早在 20 世纪 50 年代双螺旋结构发现之后不久就已观察到一些人工合成的寡核苷酸能够形成三股螺旋 (triplex)，寡核苷酸包括核糖核苷酸和脱氧核糖核苷酸。K. Hoogsteen 于 1963 年首先描述了三股螺旋的结构。在三股螺旋中，通常是一条同型寡核苷酸 (即或为寡嘧啶核苷酸，或为寡嘌呤核苷酸) 与寡嘧啶核苷酸 - 寡嘌呤核苷酸双螺旋的大沟结合。第三股的碱基可与 Watson - Crick 碱基对中的嘌呤碱形成 **Hoogsteen 配对**。第三股与寡嘌呤核苷酸之间为同向平行。根据第三股的组成可分为不同的型，例如：Py·Pu*Py、Py·Pu*Pu 和 Py·Pu*rPy 等。"·"表示 Watson - Crick 配对，"*"表示 Hoogsteen 配对。一般认为，三股中碱基配对方式必须符合 Hoogsteen 模型，即第三个碱基以 A 或 T 与 AT 碱基对中的 A 配对；G 或 C 与 G≡C 碱基对中的 G 配对，C 必须质子化，以提供与 G 的 N7 结合的氢键供体，并且它与 G 配对只形成两个氢键 (图 14 - 9)。

三股螺旋中的第三股可以来自分子间，也可以来自分子内。**铰链 DNA** (hinged - DNA) 是一种分子内折叠形成的三股螺旋。当 DNA 的一段多聚嘧啶核苷酸或多聚嘌呤核苷酸组成镜像重复，即可回折产生 H - DNA，该重复序列又称为 **H 回文结构** (H - palindromic sequence)。例如，交替出现的 T 和 C 序列，其互补链为交替的 A 和 G 序列，在其中间取一核苷酸，两侧即为镜像重复，就可能形成 H - DNA 结构 (图 14 - 10)。在酸性 pH 或负超螺旋张力的情况下即可发生 B→H - DNA 转变。酸性 pH 促使胞嘧啶的质子化，从而提高了形成三股螺旋时以 Hoogsteen 氢键与鸟嘌呤配对的能力。

H - DNA 存在于基因调控区和其他重要区域，从而显示出它具有重要生物学意义。实验表明，启动子的 S1 核酸酶敏感区存在一些短的、同向或镜像重复的聚嘧啶 - 嘌呤区，该区域可以形成 H - DNA，因而产生可被 S1 酶消化的单链结构。

T·A*T

C·G*C⁺

T·A*A

C·G*G

图 14-9 三股螺旋 DNA 中的碱基配对

图中左上角的碱基位于第三股

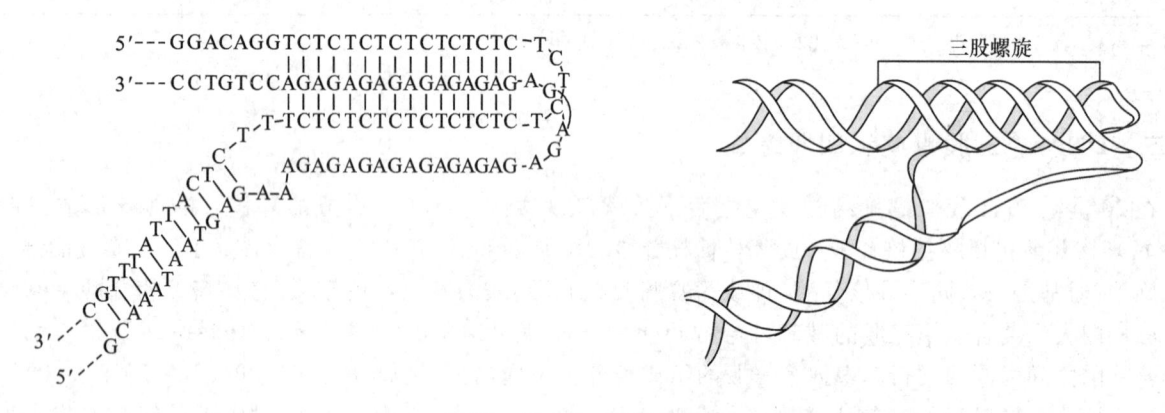

图 14-10 H-DNA 的结构

DNA 还能形成四股螺旋,但只见于富含鸟嘌呤区。四股 DNA 链借鸟嘌呤之间氢键配对形成稳定的 G-四碱基体(guanine guarnets)(见图 14-11A)。四股螺旋 DNA 链的走向,可以是全部相同方向,也可以是两两相反(见图 14-11B)。染色体 DNA 某些富含鸟嘌呤的区域,通过回折可形成四股螺旋,其生物学意思目前还不清楚。

(三) DNA 的超螺旋

DNA 的三级结构是在二级结构基础上,通过扭曲和折叠所形成的特定构象,其中包括单链与双链、双螺旋与双螺旋的相互作用,以及一些具有拓扑学特征的结构。上述三股螺旋和四股螺旋仅就螺旋结构而言,仍为二级结构,但涉及分子回折和链之间的相互作用,故有些书中将之列为三级结构。超螺旋则是 DNA 三级结构的一种形式。

当 DNA 双螺旋分子在溶液中以一定构象自由存在时,双螺旋处于能量最低的状态,此为松弛态。如果使这

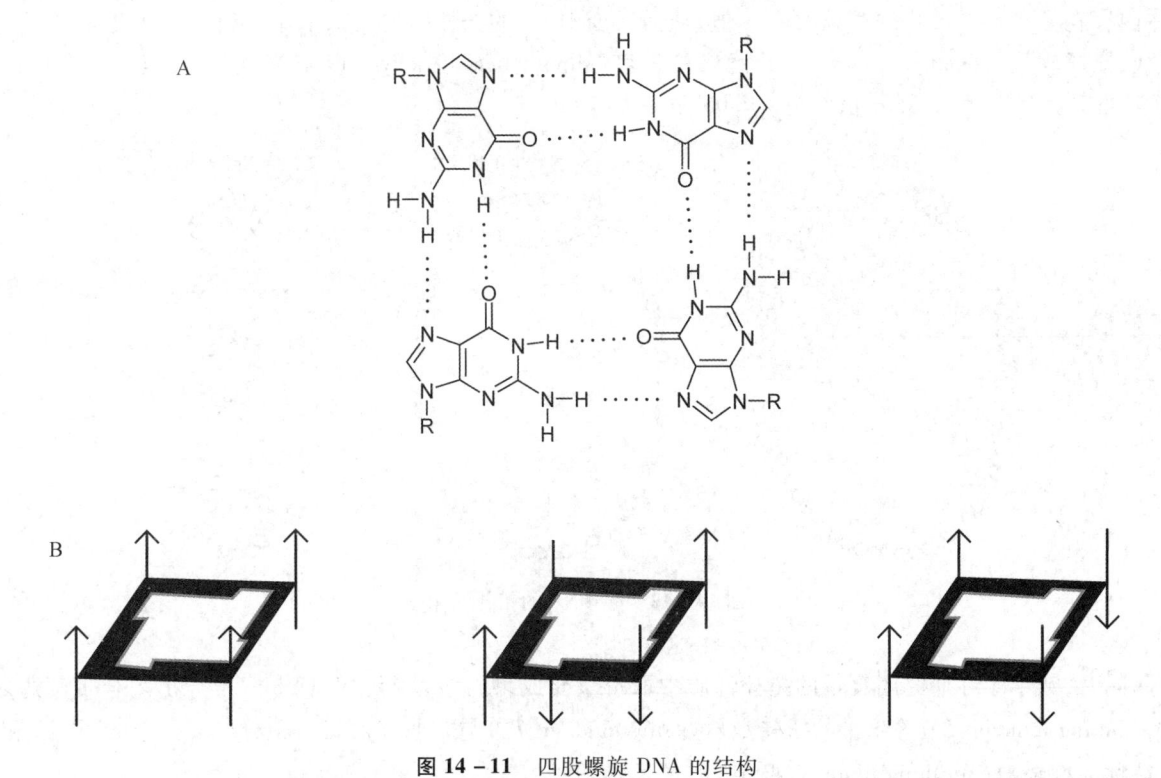

图 14-11 四股螺旋 DNA 的结构
A. G-四碱基体可能的氢键配对方式；B. 四股螺旋链的几种走向

种正常的 DNA 分子额外地多转几圈或少转几圈，就会使双螺旋中存在张力。如若双螺旋分子的末端是开放的，这种张力可以通过链的转动而释放出来，DNA 可恢复正常的双螺旋状态。但若 DNA 分子的两端是固定的，或者是环状分子，这种额外的张力就不能释放掉，DNA 分子本身就会发生扭曲，用以抵消张力。这种扭曲称为**超螺旋**（superhelix）或**超卷曲**（supercoil），是双螺旋的螺旋。

20 世纪 60 年代，J. Vinograd 对环状 DNA 分子的拓扑结构进行了研究，作出很大贡献。DNA 的拓扑学公式就是他提出来的。**拓扑学**（topology）是数学的一个分支，它研究图形的几何性质，而不理会其"度量"。许多 DNA 是双链环状分子（double-stranded circular molecule），如细菌染色体 DNA、质粒 DNA、细胞器 DNA、某些病毒 DNA 等。细菌染色体 DNA 太大，很难分离出完整的分子。但可以提取到相对分子质量不太大的质粒和病毒天然环状 DNA。通常在这类制剂中可以观察到 3 种形式的 DNA：**共价闭环 DNA**（covalently closed circular DNA，cccDNA），这类 DNA 常呈超螺旋型（superhelical form）；双链环状 DNA 的一条链断裂，称为**开环 DNA**（open circular DNA，ocDNA），分子呈松弛态；环状 DNA 双链断裂，成为**线形 DNA**（linear DNA）。1966 年 Vinoqrad 发现 cccDNA 的双链**互绕数**（intertwining number）α 等于**螺旋圈数**（helical turn）β 与**超螺旋数**（superhelical number）τ 之和。即：

$$\alpha = \beta + \tau \tag{1}$$

在上述公式中，β 值是由双螺旋的构象所决定的，也即是松弛状态下的螺旋圈数。例如：2.6kb 的环状 DNA，如为 B 型，其 β 值为 $2600/10.4 = 250$。若双螺旋互绕圈数大于构象规定的螺旋圈数，即 $\alpha > \beta$，此时 DNA 为**卷曲过量**（overwinding）；互绕圈数小于构象规定的螺旋圈数，即 $\alpha < \beta$，此时 DNA 为**卷曲不足**（underwinding）。无论卷曲过量或不足，都将产生超螺旋。α 值必定是整数，因为闭环分子的螺旋数总是整数。β 和 τ 值则不一定是整数。α 与 β 值根据螺旋走向取正负，右手螺旋为正（+），左手螺旋为负（-）。超螺旋为 α 与 β 之差，当 α 大于 β 时超螺旋为正，α 小于 β 时超螺旋为负。如果外力部分撑开双螺旋，此时 α 值不变，β 值变小（因双螺旋区缩小），将产生正超螺旋，即向左拧用以抵消过量右手螺旋产生的张力（图 14-12B）。主链共价键不经断开一再连接，α 值不

变，但体内存在多种拓扑异构酶可以改变 α 值，从而改变 DNA 的拓扑结构。为了比较超螺旋强度，需要引入一个新的参数，**比超螺旋**(specific superhelix)或**超螺旋密度**(superhelical density)，以 σ 来表示。σ = (α - β)/β。细胞 DNA 通常处于负螺旋状态，其 σ 值约为 -0.05 至 -0.07。

A. 松弛环状 DNA　　　　B. 部分解链产生正超螺旋　　　　C. 负超螺旋 DNA

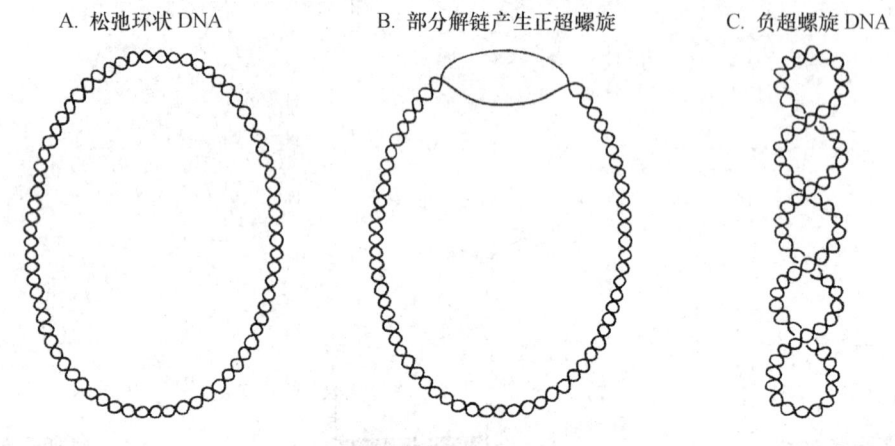

图 14-12　cccDNA 的拓扑结构

与此同时，数学家在研究闭合带的拓扑性质中取得重要成果。1969 年 J. H. White 推导出闭合带两边之间的**连环数**(Linking number, L_k)等于带的**扭转数**(twisting number, T_w)与轴曲线的高斯积分(Gauss integral)之和，高斯积分后被称为**缠绕数**(Writhing number, W_r)。其关系为：

$$L_k = T_w + W_r \tag{2}$$

比较上述两个公式可以看出，α 与 L_k 相同，两公式也十分类似。但公式(1)只涉及 DNA 的拓扑结构，各参数受 DNA 的构象限制，并且都是可以测量的；公式(2)是抽象的数学公式，对 T_w 与 W_r 的定义和公式(1)不同，并且不可测量。许多书中混淆了两者的差别。问题不在于采用什么符号，关键是要掌握它的确切含义。

（四）DNA 与蛋白质复合物的结构

生物体内的核酸通常都与蛋白质结合形成复合物，以核蛋白(nucleoprotein)的形式存在。基因组 DNA 与蛋白质结合形成染色体(染色质)。病毒可以看成是游离的染色体。DNA 分子十分巨大，将它组装到有限的空间中需要高度组织，这种组装可以用**压缩比**(compression ratio)来表示。所谓压缩比是指 DNA 分子长度与组装后特定结构长度之比。真核细胞在间期 DNA 组装成染色质，它具有各种生物活性，如复制和转录，其压缩比为 1 000~2 000。在有丝分裂期，染色质进一步组装成染色体，以便于将 DNA 分配到子代细胞，此时压缩比达 8 000~10 000，提高 5~10 倍。表 14-6 列出一些 DNA 分子长度和其组装空间的大小。

表 14-6　DNA 与其组装空间的大小

种　类	外形	大小	DNA 类型	DNA 长度
噬菌体 fd	丝状	0.006 × 0.85 μm	单链环状 DNA	2 μm = 6.4 kb
腺病毒	二十面体	0.07 μm 直径	双链线形 DNA	11 μm = 35.0 kb
大肠杆菌	圆筒	1.7 × 0.65 μm	双链环状 DNA	1.3 mm = 4.2 × 10³ kb
线粒体（人类）	椭圆体	3.0 × 0.5 μm	10 个相同双链环状 DNA	50 μm = 16.0 kb
核（人类）	球形	6 μm 直径	46 个染色体双链线型 DNA	2 m = 6 × 10⁶ kb

1. 病毒

病毒基因组较小，通常只有几个至几十个基因。**病毒颗粒**(virion)主要由核酸(DNA或RNA)和蛋白质组成。在病毒颗粒中，核酸位于内部，蛋白质包裹着核酸。这层蛋白质外壳称为**衣壳**(capsid)，衣壳由许多蛋白质亚基构成，称为**原聚体**(protomer)。由核酸和衣壳形成螺旋对称或二十面体对称的**核衣壳**(nucleocapsid)。有的还有脂蛋白和糖蛋白的**被膜**(envelope)。病毒的侵染性是由核酸决定的。病毒蛋白质的主要作用有两方面：一是与病毒宿主的专一性有关；二是保护核酸免受损伤。有些病毒蛋白还有附加的功能，如酶、引物蛋白、运动蛋白等。病毒虽可看作是游离的染色体，但适应于感染机制，其结构与细胞染色体结构毕竟有很大不同。

2. 细菌的拟核

虽然细菌没有真核细胞的核结构，其遗传物质也不显示真核细胞染色体的形态特征，但细菌的染色体DNA并非完全散开的，它在细胞内紧密缠绕形成的致密体，称为**拟核**(nucleoid)，约占细胞体积的三分之一。细菌的基因组为双链环状DNA，其上结合碱性蛋白和少量RNA，组成许多突环(图14-13)。

其DNA分子长度大约是其菌体长度的1 000倍，所以必须以一定的组织结构压缩在细胞内。大肠杆菌和其他原核细胞基因组是以这种拟核形式在细胞中执行它的各种功能。

3. 真核生物的染色体

真核生物的染色体十分复杂，它具有不同层次的组装结构，压缩比达10 000。在细胞分裂间期，基因组以染色质形式存在。染色质分为常染色质和异染色质两种。在常染色质中DNA的压缩比为1 000～2 000，相对比较伸展，该染色质主要为单拷贝基因和中等重复序列所组成，是基因活跃表达区域，其表达受各种转录因子的调节。异染色质是指在间期细胞核中对碱性染料着色较深、更为浓缩的染色质，它

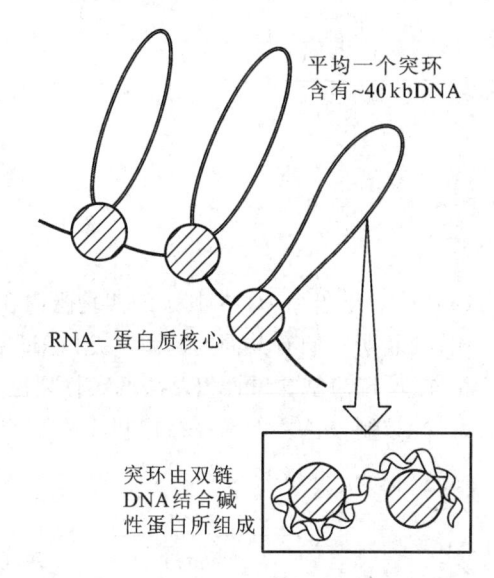

图14-13 细菌拟核的突环结构

的折叠和压缩程度远大于常染色质。这部分DNA复制落后于常染色质，大多不能转录。着丝粒、端粒、次缢痕以及染色体的某些节段大多由短的高度重复DNA序列所组成，形成**永久性的异染色质**。另一些染色质区域随细胞分化而进一步折叠压缩，以封闭基因活性，称为**功能性异染色质**。例如，哺乳动物雄性个体细胞的性染色体一条为X染色体，一条为Y染色体；雌性个体细胞为两条X染色体。在个体发育早期，雌性细胞X染色体中一条随机发生异染色质化，成为无活性的，而被永久封闭。这一过程使雄性体细胞和雌性体细胞X染色体基因活性相等，称为性分化的**剂量补偿效应**。

染色质的基本结构单位是由DNA缠绕组蛋白构成的**核小体**(nucleosome)。1974年R. D. Kornberg根据电镜观察和X射线衍射等资料，阐明了核小体的结构。Kornberg发现组蛋白的H3和H4在溶液中以四聚体(H3-H4)$_2$形式存在，组蛋白H2A和H2B也能形成二聚体和寡聚体。他用(H3-H4)$_2$和H2A-H2B寡聚体与DNA重构染色质，其X射线衍射图与天然染色质相同。据此他提出，每一组蛋白八聚体(H2A、H2B、H3和H4各2分子)成为核小体的核心，DNA即盘绕其上，每一核小体约含200 bp DNA。组蛋白H1可能以另外的方式结合在核小体DNA上。细的染色质丝即相当于一串直径为110Å的核小体念珠链。

用**小球菌核酸酶**(micrococcal nuclease)消化染色质可得到带有H1的单个核小体，~200 bp的DNA则降解为165 bp。进一步降解可释放组蛋白H1，产生核小体核心颗粒，由146 bp的DNA和**组蛋白八聚体**所组成。该核心颗粒的X射线结构表明，它由B-DNA以左手超螺旋在组蛋白八聚体上绕1.65圈。DNA进入和离开核小体的位置在同一侧。核小体之间连接(linker)DNA长度小至8bp，大至114bp，平均55 bp。由于组蛋白H1结合在核小体DNA进出部位，使呈较紧凑的结构，借以封住核小体(图14-14)。组蛋白H1的相互作用可使核小体联接在一起，而染色质组装成更高级结构还需要非组蛋白参与作用。

从低等的真核生物至高等真核生物，其组蛋白的结构十分保守，五种组蛋白均有较高比例的碱性氨基酸(表

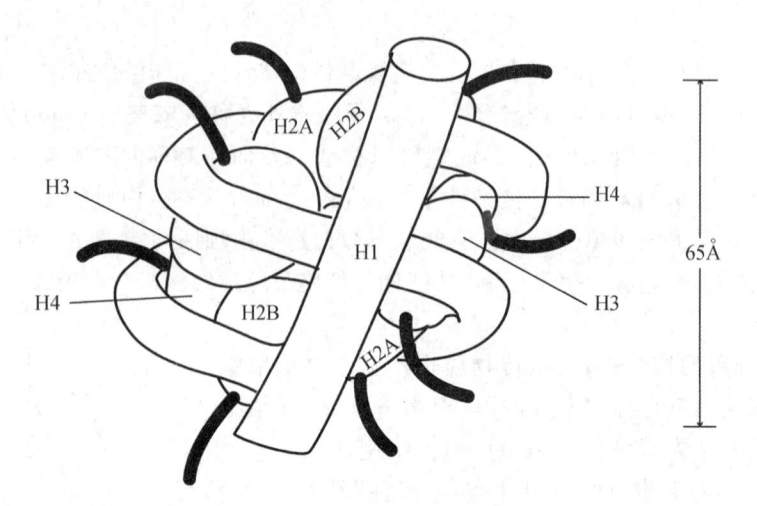

图 14-14　组蛋白 H1 结合在 165 bp DNA 的核小体上

14-7)。组蛋白 H1 与其余的四种蛋白在结构和功能上都有较大不同。组成核小体核心颗粒的四种组蛋白结构相似,表明它们有共同的起源。尤以 H3 和 H4 的保守性最强。它们中心区为 α 螺旋,两侧以突环和短的 α 螺旋相连,N 端为富含碱性氨基酸的柔性尾巴,其上有多个可被修饰的位点,通过修饰(如乙酰化)影响与 DNA 的亲和力,并控制染色质的高级结构和活性。

表 14-7　小牛胸腺组蛋白

组蛋白	残基数目	相对分子质量/10^3	Arg/%	Lys/%
H1	215	23.0	1	29
H2A	129	14.0	9	11
H2B	125	13.8	6	16
H3	135	15.3	13	10
H4	102	11.3	14	11

DNA 组装成核小体,其长度缩短 7 倍。核小体由连接 DNA 相连,并借助组蛋白之间的相互作用而彼此挨在一起,进一步盘绕形成 30 nm **染色质纤丝**(chromatin fiber),每圈有 6 个核小体。组蛋白 N 端尾部肽段对维系这种高级结构起重要作用。H4 带有正电荷伸展的尾部可与邻近核小体 H2A-H2B 二聚体表面带负电荷区域相结合。因此组蛋白的尾部某些位点的乙酰化将影响其高级结构。30 nm 纤丝是染色质的第二级组织化,它使 DNA 压缩大约 40 倍。采用适当温和的方法可将染色质纤丝分离出来,在电镜下观察它的结构。染色质更高级的结构目前还不清楚。可能是借助某些能识别特异序列的 DNA 结合蛋白(非组蛋白),使 DNA 连接到**中央纤维蛋白支架**(scaffold)上,形成 20～100 kb 的突环(平均 75 kb),每一突环含若干功能相关的基因。例如,果蝇编码整套组蛋白的基因成簇分布在突环上,突环两侧固定于支架附着的位点。目前比较流行的一种组装模型认为,染色质纤丝组成**突环**(loop),再由突环组成**玫瑰花结**(rosette),进而组装成**螺旋圈**(coil),由螺旋圈形成**染色单体**(chromatid)。总之,染色体是由 DNA 和蛋白质以及 RNA 构成的不同层次缠绕线(plectonemic)和**螺旋管**(solenoid)结构。很可能不同物种的染色体,或是同一物种不同状态下的染色体,或是同一染色体的不同区域,其高级结构均有所不同。图 14-15 表示真核生物染色体的一种可能的结构。

在病毒颗粒、细菌拟核和真核生物染色体中,DNA 常以超螺旋和其他三级结构形式存在。DNA 与蛋白质的复合物属于四级结构。更高层次则涉及超分子结构和亚细胞结构。

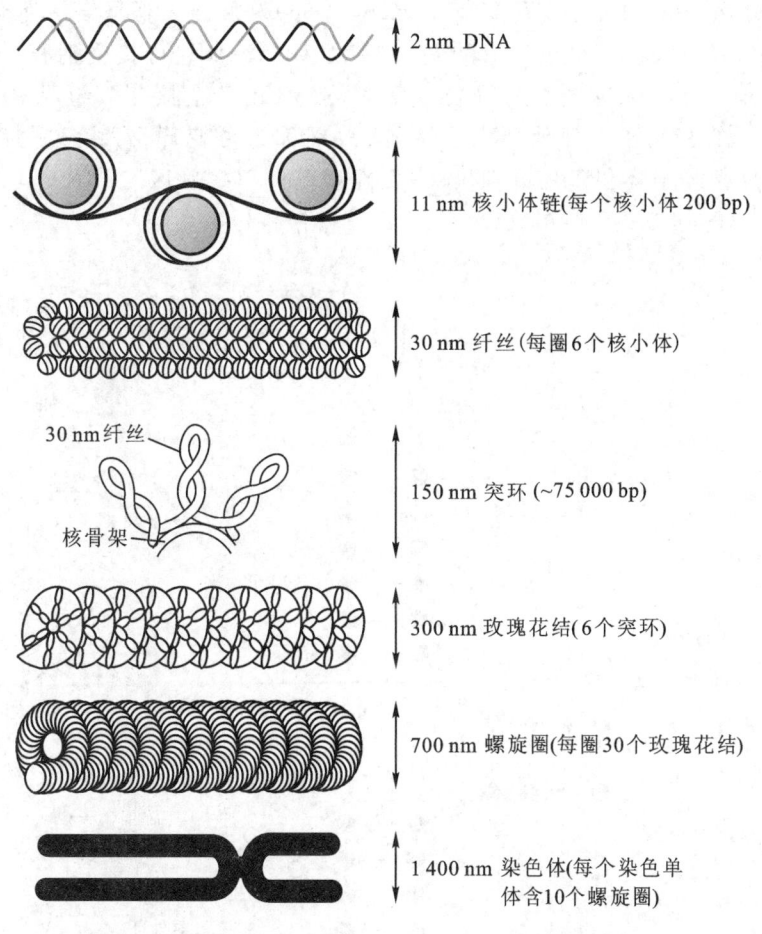

图 14-15 真核生物染色体 DNA 不同层次组装可能的结构

四、RNA 的高级结构

RNA 通常是单链线型分子,在溶液中可通过碱基堆积形成单链右手螺旋。这种单链螺旋很不稳定,易受溶液中各种因素的影响,因而有较大柔性。但 RNA 可通过自身回折形成较稳定的局部双螺旋(二级结构),并借助链内次级键而发生折叠(三级结构)。除 tRNA 外,几乎全部细胞中的 RNA 都与蛋白质形成核蛋白复合物(四级结构)。RNA 和 RNA 与蛋白质的复合物(RNP)担负着细胞的各种重要功能。

(一) tRNA 的高级结构

tRNA 参与蛋白质生物合成,起着转运氨基酸和识别密码子的作用,其名称即由此而得。此外,tRNA 还有许多其他的生物学作用。例如,谷氨酰 – tRNA 参与叶绿素的生物合成,某些氨酰 – tRNA 参与细菌细胞壁糖肽以及细胞膜氨酰磷脂酰甘油的合成,tRNA 是转录酶的引物,tRNA 还可以参与细胞代谢和基因表达的调节。这是一类十分重要的生物大分子,很可能也是一类最古老的生物分子。细胞内 tRNA 的种类很多,每一种氨基酸都有其相应的一种或几种 tRNA。而所有种类的 tRNA 都有十分相似的二级结构和三级结构。tRNA 功能复杂,结构小巧,近于完美,这是长期成功进化的结果。

tRNA 的二级结构都呈**三叶草形**(图 14-16)。茎环结构的突环(loop)区好像是三叶草的三片小叶;双螺旋的茎(stem)构成叶柄。由于双螺旋结构所占比例很大,tRNA 的二级结构十分稳定。三叶草形二级结构由**氨基酸臂**(amino acid arm)或**受体臂**(acceptor arm)、**二氢尿嘧啶环**(dihydrouracil loop, DHU)、**反密码子**

环(anticodon loop)、**额外环**(extra loop)或**可变环**(variable loop)和**胸苷-假尿苷-胞苷环**(TψC loop)等5个部分组成。氨基酸臂含有7对碱基,5'端为磷酸基,3'端为CCA-OH,可接受活化的氨基酸。DHU环由8~12个核苷酸组成,含有两个二氢尿嘧啶故得名。反密码子环由7个核苷酸组成,中间3个核苷酸为反密码子,可以识别mRNA上的密码子。额外环大小不等,故又称为可变环,常由3~18个核苷酸组成。TψC环由7个核苷酸组成,反密码子环和T环分别由4~5对碱基的双螺旋区与tRNA其余部分相连。

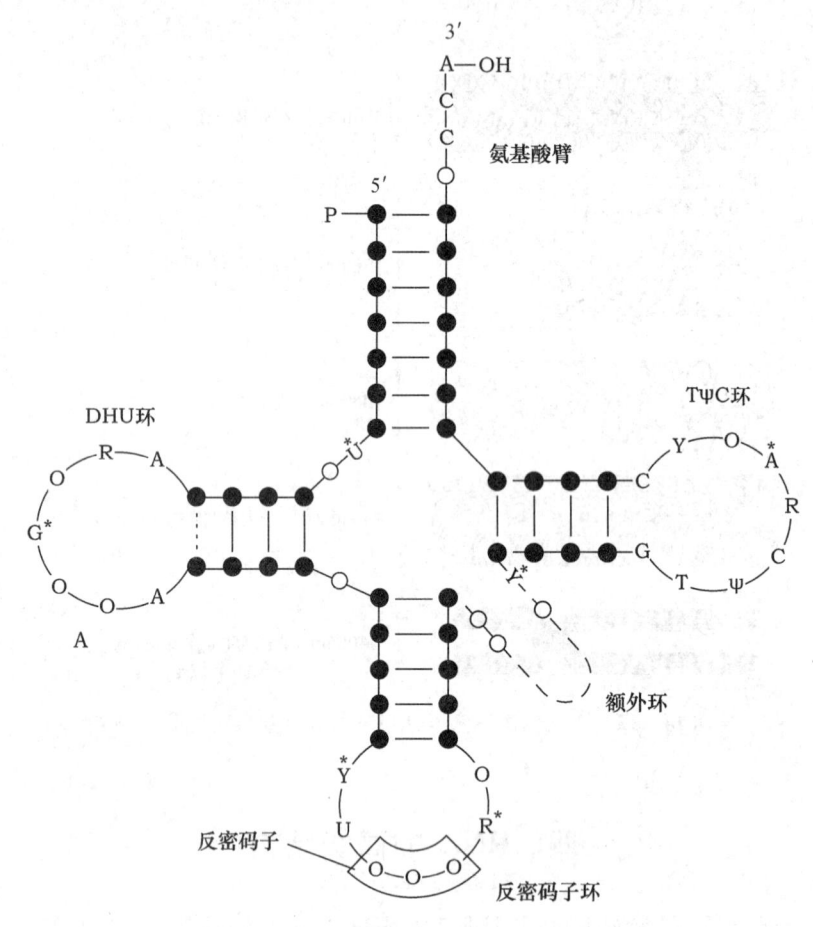

图14-16 tRNA三叶草形二级结构模型
R,嘌呤核苷酸;Y,嘧啶核苷酸;ψ,假尿嘧啶核苷酸;
*代表修饰碱基;●代表螺旋区碱基;○代表不配对碱基

1974年S.H.Kim等采用高分辨率X射线衍射仪测定酵母苯丙氨酸tRNA的晶体结构,揭示了tRNA具有**倒L形的三级结构**(图14-17)。tRNA的三叶草形二级结构通过折叠,使氨基酸臂与TψC茎环形成一连续的双螺旋区,构成倒L的一横;而DHU环、额外环和反密码子的茎环共同构成字母L的一竖。RNA双螺旋区类似于DNA的A型结构。形成三级结构的氢键许多与tRNA中的不变核苷酸有关。除Watson-Crick碱基对外,还有非配对的碱基之间、碱基与核糖-磷酸骨架之间以及三个碱基之间形成氢键。tRNA中几乎所有相邻碱基都通过疏水作用相互堆积,看来这种堆积作用是稳定tRNA构象的主要因素。

tRNA的三级结构与其生物学功能有密切关系。tRNA含有大量修饰核苷酸,它们可能参与三级结构的形成,同时也增加了tRNA的识别功能。

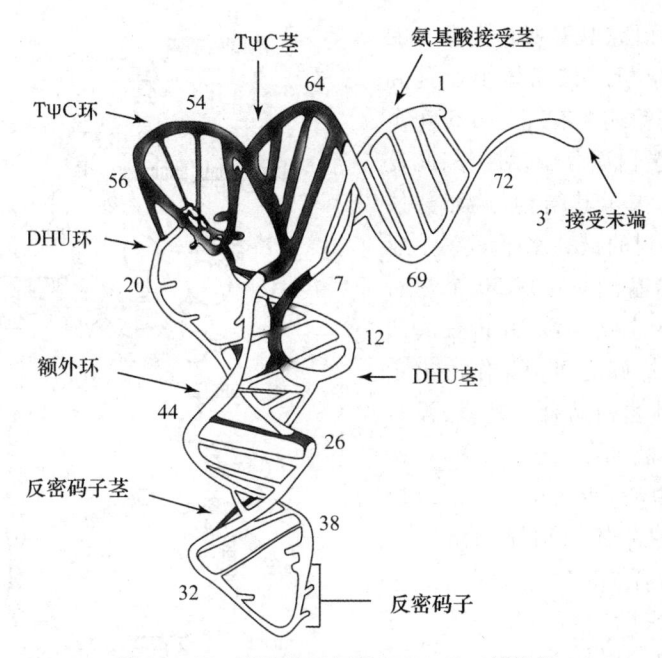

图 14-17　酵母苯丙氨酸 tRNA 的三级结构
黑色阶梯表示碱基间形成三级结构的氢键，阿拉伯数字表示 tRNA 序列中核苷酸的编号

（二）rRNA 的高级结构

蛋白质生物合成是细胞代谢最核心和最复杂的过程，有数百种生物大分子直接参与作用。核糖体是蛋白质合成的场所，它由 3~4 种 rRNA 和 50~80 多种蛋白质所组成。在电子显微镜下可以看到核糖体包含小亚基和大亚基两部分。采用免疫电镜、化学交联、中子衍射和 X 射线衍射等技术，才得出核糖体的精细结构。根据传统看法，rRNA 是核糖体的骨架，蛋白质肽键的合成是由核糖体蛋白所催化的，该酶活性称为肽基转移酶（peptidyl transferase）。直到 20 世纪 90 年代初，H. F. Noller 等证明大肠杆菌 23S rRNA 能够催化肽键形成，才确认核糖体是一种核酶，从而改变了传统的观点。细菌（大肠杆菌）和哺乳动物（大鼠）核糖体的组成列于表 14-8。

表 14-8　细菌和哺乳动物核糖体的组成

种类	核糖体	亚基	rRNA	蛋白质
细菌	70S	30S	16S	21
	$M_r\ 2.52 \times 10^6$	$M_r\ 0.93 \times 10^6$	(1 542 nt)	
	RNA 含量 66%	50S	5S	31
	蛋白质含量 34%	$M_r\ 1.59 \times 10^6$	(120 nt)	
			23S	
			(2 904 nt)	
哺乳动物	80S	40S	18S	33
	$M_r\ 4.22 \times 10^6$	$M_r\ 1.40 \times 10^6$	(1 874 nt)	
	RNA 含量 60%	60S	5S	49
	蛋白质含量 40%	$M_r\ 2.82 \times 10^6$	(120 nt)	
			5.8S	
			(160 nt)	
			28S	
			(4 718 nt)	

2000年对核糖体晶体学研究取得划时代意义的重大成果,几个实验室分别解析了核糖体小亚基和大亚基高分辨率的结构。核糖体含有超过 4 500 个核苷酸的 rRNA 以及数十种蛋白质分子,对于如此复杂的复合物能在原子水平上揭示其结构,这充分体现了当今结构生物学所能达到的最高水平。在小亚基的 16S rRNA 中,46% 的碱基配对形成 50 个左右大小不等的茎环结构,组成 4 个结构域,并折叠成两叶(图 14-18)。A 型 RNA 螺旋之间相互作用决定了 30S 小亚基的形状,核糖体蛋白结合在外表,没有蛋白质完全埋在 RNA 中,也极少存在于和 50S 亚基的界面处。**核糖体的解码中心**(decoding centre)位于小亚基上。通过小亚基的晶体结构显示出结合 tRNA 的 A、P、E 部位以及结合 mRNA 的部位,这些部位虽然有蛋白质,但看起来除去蛋白质并不会改变其结构,表明解码是小亚基 rRNA 的功能。

大亚基 23S rRNA 有 6 个结构域,彼此连结成为一个整体,并不像小亚基 rRNA 那样结构域轮廓分明。大亚基有三个突起,5S rRNA 紧密结构在中间突起上,核糖体蛋白质同样位于外表。**肽基转移酶中心**(peptidyl transferase centre)位于大亚基上,该反应中心只有 rRNA,并无蛋白质,这就更清楚证明肽键的合成是由大亚基 rRNA 所催化。

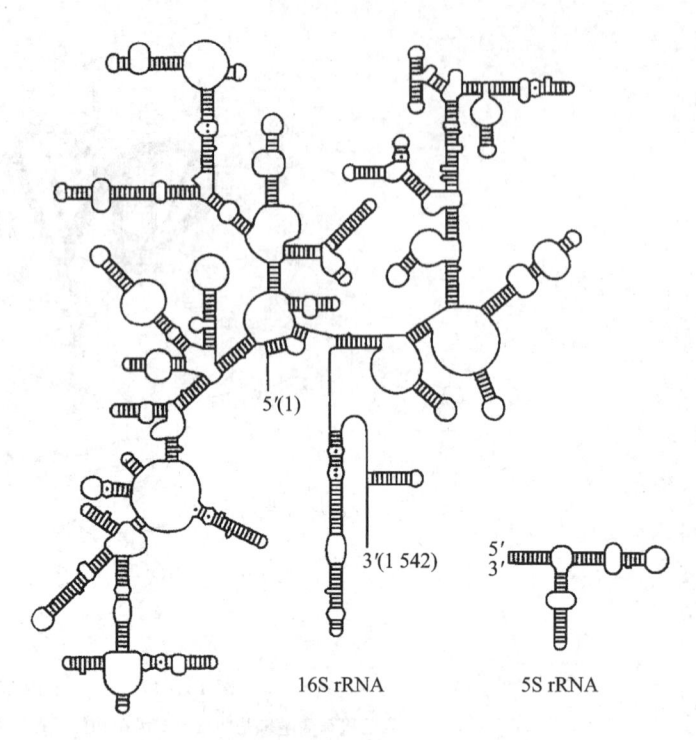

图 14-18　16S 和 5S rRNA 的二级结构

真核生物的核糖体也是由小亚基和大亚基所组成,但比原核生物核糖体更大,结构更复杂。哺乳动物小亚基 18S rRNA 和大亚基 28S rRNA 与原核生物的 16S 和 23S rRNA 相似。真核生物大亚基还含有 5S 和 5.8S rRNA。5.8S rRNA 与 28S rRNA 碱基配对,它与原核生物 23S rRNA 5′端序列同源,推测由其演变而来。

(三) 其他 RNA 的高级结构

游离的 mRNA 可以产生高级结构,但在核糖体上翻译时 mRNA 必须解开。mRNA 产生的高级结构对翻译效率有显著影响,有可能借此作为调节翻译的一种方式。

核酶(ribozyme)的催化功能与其空间结构密切相关。如上所述,rRNA 是一种核酶。RNaseP 的 RNA 亚基(M1 RNA),类型Ⅰ和类型Ⅱ自我拼接的内含子,某些病毒、类病毒和卫星病毒自我加工的 RNA 都是核酶。核酶可以是单独的 RNA 或是 RNA 与蛋白质的复合物。核酶 RNA 可以在水溶液中形成单链或双链螺旋,折叠成特定的空间结构,反应底物被结合在活性中心,定向排列,并提供反应所需的条件(例如某些反应需要的疏水环境)。RNA 无蛋白质的众多反应基团,但易结合金属离子,许多核酶都需金属离子参与作用。有些核酶还可借助氨基酸、咪唑和其他小分子化合物作为辅助因子。核酶能催化多种反应,包括 RNA 底物中磷酸二酯键的水解、连接和转移,DNA 的水解,酰胺键和肽键的水解和转移,NADH 的氧化还原和 1,4-α-葡聚糖的分支反应等。R. Symons 比较了一些类病毒 RNA 具有自我剪切作用的结构后提出了**锤头**(hammerhead)**核酶的模型**,它约有 40 个核苷酸,是已知最小的核酶,由 13 个保守核苷酸连接区和三个螺旋区构成,形似锤头故名(图 14-19A)。

将锤头核酶分成两部分,16 核苷酸的酶链(含连接区的保守序列)与 25 核苷酸的底物链(含切割位点),相互间通过碱基对结合在一起。其 X 射线结构分析表明,确实形成三个 A 形螺旋区,但整个外形更像丫形,而不太像锤头形(14-19B)。自然界存在的自我切割的核酸以锤头核酶较为常见,并已得到广泛应用。此外还存在**发夹形**(hairpin)、**斧头形**(axe)和 **VS 核酶**,这些核酶都比较小,称为小型核酶。发夹形核酶最初在负链烟草环斑病毒卫星 RNA(sTRSV)中发现(图 14-20),其大小约含 70 个核苷酸。天然斧头核酶存在于人类丁型肝炎病毒

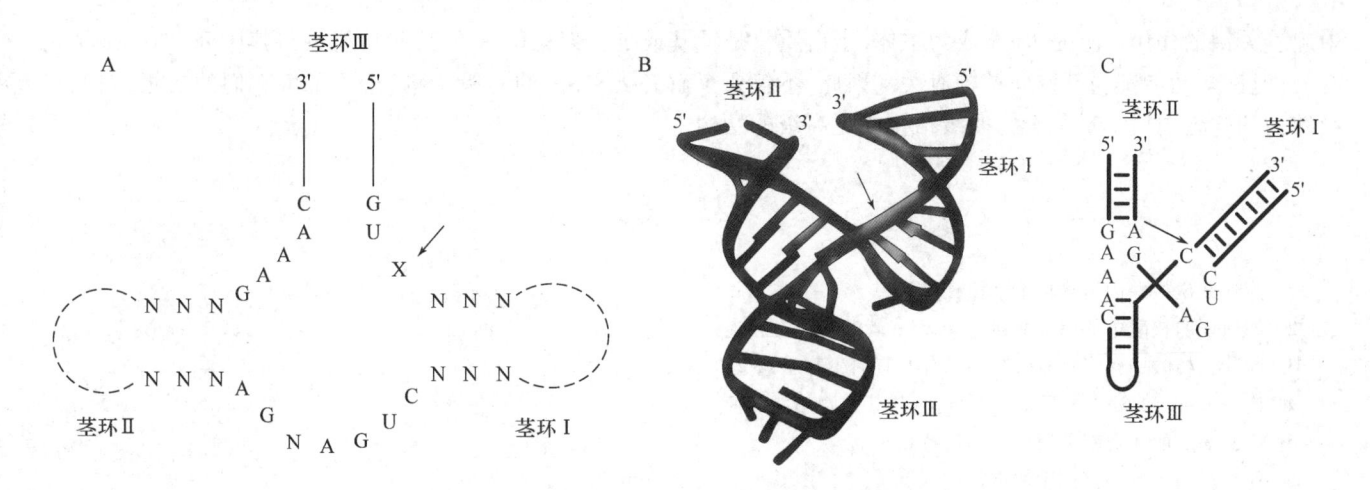

图 14-19 锤头型核酶的结构
A. 锤头核酶的二级结构；B. 锤头核酶的三级结构（晶体结构）；C. 图示催化活性有关的重要核苷酸

（HDV）正链和负链 RNA 中。HDV 是一个 1700 核苷酸组成的单链环状 RNA 病毒。其基因组以滚环方式进行复制，斧头结构在复制后 RNA 加工过程中起作用。该自我剪切的核酶约由 90 个核苷核组成，可被分为 25 核苷酸的催化部分和 65 核苷酸的底物部分（图 14-21）。链孢霉线粒体 Varkud 卫星 RNA（VS RNA）的自我剪切结构完全不同于上述三种核酶，因此是另一种核酶，它的大小约为 160 核苷酸。

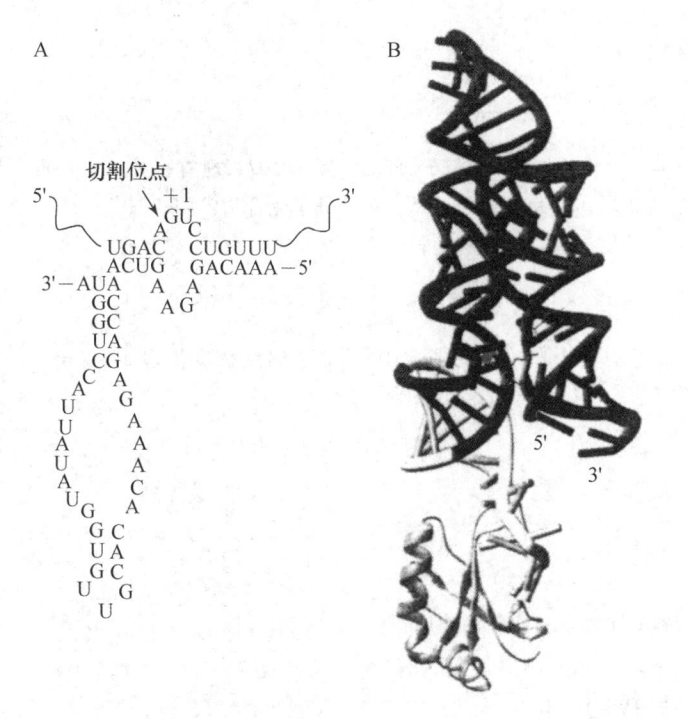

图 14-20 发夹形核酶的结构
A. 发夹形核酶与底物的二级结构；B. 发夹形核酶的三级结构底部浅色区为插入的 U1 RNA 结构蛋白与 RNA 结合位点，以促使 RNA 结晶

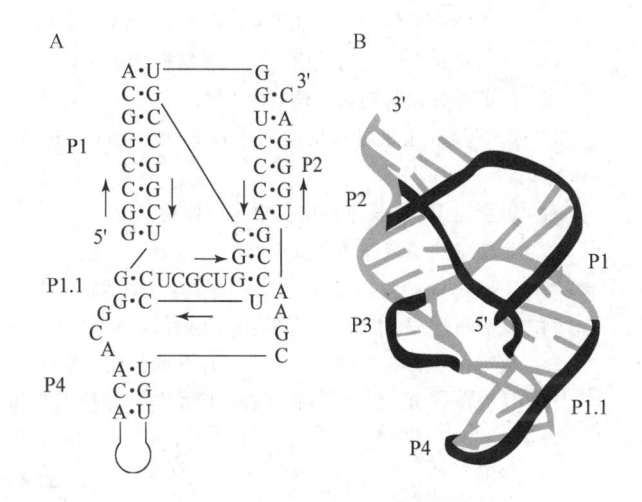

图 14-21 斧头形核酶的结构
A. 斧头形（HDV）核酶的二级结构；B. 核酶的三级结构

RNA 一般都与蛋白质形成复合物，并以复合物的形成执行细胞功能。在核糖核蛋白复合物中，何者起主要作用？按照旧的传统看法，蛋白质是主体，RNA 是辅基，或者说只起着"衣架"（coat hanger）的作用。自从上世纪 80 年代初发现 RNA 的催化功能以来，又进一步发现 RNA 在染色体组装、信息加工、基因表达和细胞功能的调节

中起着关键的作用。于是 RNA 成为主体,蛋白质只是辅基或是支架。RNA 的某些功能只与其序列,即一级结构有关;但许多功能都与其空间结构有关。因此,不仅要了解各类 RNA 的一级结构,还要了解它们的二级结构、三级结构和与蛋白质形成复合物四级结构或更高级的结构。

习　　题

1. 为什么说核酸的结构单位是核苷酸?
2. 如何证明核酸中的核苷酸通过 3′,5′-磷酸二酯键相连接?
3. 为什么核酸中含有稀有碱基和核苷? 有何生物学意义?
4. 比较 DNA 和 RNA 分子结构的异同,与其生物功能有何关系?
5. 已经揭示的人类基因组结构有何特点?
6. 何谓反向重复? 何谓镜像重复?
7. 比较原核生物和真核生物 tRNA、rRNA 和 mRNA 结构的异同。
8. DNA 双螺旋结构模型有哪些基本要点? 这些特点能够解释哪些基本生命现象?
9. DNA 晶体结构研究对 Watson 和 Crick 模型有何修正? 比较 A-DNA、B-DNA 和 Z-DNA 的主要特征。它们存在的条件是什么?
10. 噬菌体 φX174 的基因组是单链环状 DNA,其碱基含量摩尔百分比为:腺嘌呤 24.3,鸟嘌呤 24.5,胞嘧啶 18.2,胸腺嘧啶 32.3。请计算其复制型双链 DNA 碱基含量的摩尔百分比。〔A 与 T 为 28.3,G 与 C 为 21.4〕
11. 人类单倍体基因组大小为 3.2×10^9 bp,若其中仅 1.1% 的序列用于编码蛋白质的氨基酸序列,假设每个蛋白质分子平均含 375 个氨基酸残基,请计算人类基因组共有多少编码蛋白的基因? 〔3.13×10^4〕
12. 如果人体有 10^{14} 个细胞,试计算人体 DNA 总长度为多少米? 〔2.2×10^{11} m〕
13. 何谓 Hoogsteen 碱基对? 它与 Watson-Crick 碱基对有何不同?
14. H-DNA 存在的条件是什么? 有何生物学意义?
15. 何谓 G-四碱基体? 它的形成与链的走向是否有关?
16. 当 cccDNA 结合溴化乙锭、补骨脂素和放线菌素时,每结合 1 分子将使螺旋减少 26°,即 Δβ 为 -0.072,现有一种 5.2 kb 质粒,超螺旋密度(σ)为 -0.05,当其结合上述化合后 σ 由 -0.05 变为 +0.07。问每一质粒共结合多少分子化合物? 〔429〕
17. 设人类染色体平均长度为 4 μm,计算 DNA 组装成染色体的压缩比。〔1.18×10^4〕
18. 细菌拟核有哪些物质组成? 主要结构特点是什么?
19. 何谓性分化的剂量补偿效应?
20. DNA 绕在组蛋白八聚体上构成一个核小体,其 Δα° 或 Δβ 平均为 -1.2,由此造成 DNA 的超螺旋密度为多少? 〔σ = -0.062〕
21. 组蛋白 H1 在核小体组装中起何作用?
22. 简要叙述染色体的组装模型。
23. RNA 有哪些主要类型? 比较其结构与功能特点。
24. 试分析形成 RNA 三级结构的作用力。
25. 核酶主要有哪几种类型? 它们各自催化什么反应?
26. 是否所有 RNA-蛋白质复合物中决定其功能的主体都是 RNA,蛋白质只起辅助作用?

主要参考书目

[1]　Nelson D L, Cox M M. Lehninger Principles of Biochemistry. 4th ed. New York: W H Freeman and Company, 2004.
[2]　Voet D, Voet J G, Pratt C W. Fundamentals of Biochemistry. New York: John Wiley & Sons, 2002.
[3]　Berg J M, Tymoczko J L, Stryer L. Biochemistry. 5th ed. New York: W H Freeman and Company, 2002.
[4]　Garrett R H, Grisham C M. Biochemistry. 3rd ed. USA: Thomson Learning, 2004.
[5]　Weaver R F. Molecular Biology. 4th ed. New York: McGraw-Hill, 2008.

(朱圣庚)

第15章 核酸的物理化学性质和研究方法

核酸的化学和大分子结构决定其物理化学性质,而许多核酸研究方法又与其物理化学性质有关。核酸的糖苷键和磷酸二酯键可被水解。核酸含有磷酸基和碱基,因此表现出酸碱性质。核酸的紫外吸收特性是因其所含碱基引起的。核酸的变性、复性和杂交均与其双螺旋结构密切相关。核酸的研究方法很多,这里仅结合核酸的化学结构和物化性质介绍核酸的分离、超速离心、层析、凝胶电泳、测序和化学合成等方法。有关 DNA 重组技术等研究方法在后面有专门章节介绍。

一、核酸的水解

核酸嘌呤碱的 N9 和嘧啶碱的 N1 与戊糖的 C1 形成 N-糖苷键。有两种戊糖(核糖和脱氧核糖),所以可以形成4种糖苷,即**嘌呤核苷、嘌呤脱氧核苷、嘧啶核苷、嘧啶脱氧核苷**。磷酸基与两种糖分别形成核糖磷酸酯和脱氧核糖磷酸酯。所有这些糖苷键和磷酸酯键都能被酸、碱和酶水解。

(一) 酸水解

糖苷键和磷酸酯键都能被酸水解,但糖苷键比磷酸酯键更易被酸水解。嘌呤碱的糖苷键比嘧啶碱的糖苷键对酸更不稳定。对酸最不稳定的是嘌呤与脱氧核糖之间的糖苷键。因此 DNA 在 pH 1.6 于 37 ℃ 对水透析即可完成除去嘌呤碱,而成为**无嘌呤酸**(apurinic acid);如在 pH 2.8 于 100 ℃ 加热 1 h,也可完全除去嘌呤碱。

为了水解嘧啶糖苷键,常需要较高的温度。用甲酸(98% ~ 100%)密封加热至 175 ℃ 2 h,无论 RNA 或 DNA 都可以完全水解,产生嘌呤和嘧啶碱,缺点是尿嘧啶的回收率较低。改用三氟乙酸在 155 ℃ 加热 60 min(水解 DNA)或 80 min(水解 RNA),嘧啶碱的回收率显著提高。

(二) 碱水解

RNA 的磷酸酯键易被碱水解,产生核苷酸;DNA 的磷酸酯键则不易被碱水解。这是因为 RNA 的核糖上有 2′-OH 基,在碱作用下形成磷酸三酯,磷酸三酯极不稳定,随即水解产生核苷 2′,3′-环磷酸酯。该环磷酸酯继续水解产生 2′-核苷酸和 3′-核苷酸。DNA 的脱氧核糖无 2′-OH 基,不能形成碱水解的中间产物,故对碱有一定抗性。RNA 被碱水解的过程如下:

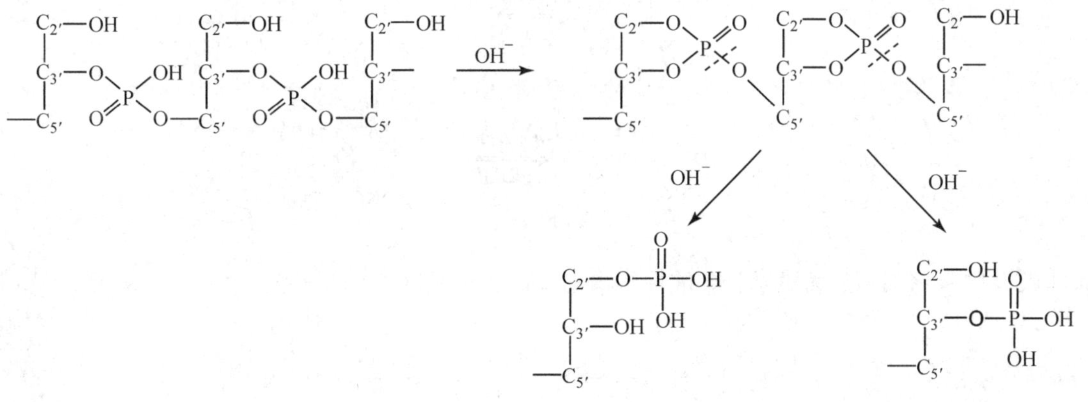

用于水解 RNA 的碱有 NaOH、KOH 等,以 KOH 较好,水解后可用 HClO₄ 中和。由于 KClO₄ 溶解度较小,溶液

中大部分 K⁺ 即被除去。碱浓度一般为 0.3~1 mol/L,在室温至 37 ℃下水解 18~24 h 就可完毕。如采用较高温度,则时间应缩短。在上述条件下水解 RNA 的产物为 2′- 和 3′- 单核苷酸,但也可能有少量核苷、2′,5′- 和 3′,5′- 核苷二磷酸。DNA 一般对碱稳定,如在 1 mol/L NaOH 中加热至 100 ℃ 4 h,可以得到小分子的寡聚脱氧核苷酸。

(三) 酶水解

水解核酸的酶种类很多。非特异性水解磷酸二酯键的酶为**磷酸二酯酶**(phosphodiesterase),例如前述蛇毒磷酸二酯酶和牛脾磷酸二酯酶。专一水解核酸的磷酸二酯酶称为**核酸酶**(nuclease)。核酸酶又可分**核糖核酸酶**(ribonuclease, RNase),**脱氧核糖核酸酶**(deoxyribonuclease, DNase);**核酸内切酶**(endonuclease),**核酸外切酶**(exonuclease);3′→5′核酸外切酶,5′→3′核酸外切酶等。有些核酸酶的特异性很高,例如,限制性核酸内切酶能识别和切割 DNA 的特异序列,是 DNA 重组技术的重要工具酶。核糖核酸酶通常不能识别 RNA 的序列;特异的 RNase 可以识别 RNA 的空间结构,在 RNA 的特定位点进行切割,并且常需要小 RNA(small RNA, sRNA)的帮助。

核酸的 N - 糖苷键可以被各种非特异 N - 糖苷酶水解,有些 N - 糖苷酶对碱基有特异性。

二、核酸的酸碱性质

核酸的碱基、核苷和核苷酸均能发生质子解离,核酸的酸碱性质与此有关。

1. 碱基的解离

由于嘧啶和嘌呤化合物杂环中的氮以及各取代基具有结合和释放质子的能力,所以这些化合物既能碱性解离又能酸性解离。胞嘧啶环所含氮原子上有一对未共用电子,可与质子结合,使 =N— 转变成带正电的 =N⁺H— 基团。此外,胞嘧啶上的烯醇式羟基与酚基很相像,具有释放质子的能力,呈酸性。因此,在水溶液中,胞嘧啶的中性分子、阳离子和阴离子之间,具有一定的平衡关系:

$$\text{胞嘧啶阳离子} \underset{\pm H^+}{\overset{pK_1'=4.6}{\rightleftharpoons}} \text{胞嘧啶} \underset{\pm H^+}{\overset{pK_2'=12.2}{\rightleftharpoons}} \text{胞嘧啶阴离子}$$

过去一直以为 pH 4.4 的解离与胞嘧啶的氨基有关。其实氨基在嘧啶碱中所呈的碱性极弱,这是因为嘧啶环与苯环相似,具有吸引电子的能力,使得氨基氮原子上的未共用电子对不易与氢离子结合。氢离子主要是与环中第三位上的氮原子(用 N3 表示)相结合。

$$\text{尿嘧啶} \underset{\pm H^+}{\overset{pK_1'=9.5}{\rightleftharpoons}}$$

$$\text{胸腺嘧啶} \underset{\pm H^+}{\overset{pK_1'=9.9}{\rightleftharpoons}}$$

尿嘧啶及胸腺嘧啶环上无氨基,N3 酸性解离的 pK_1' 值分别为 9.5 与 9.9。

$$\text{腺嘌呤阳离子} \underset{\pm H^+}{\overset{pK_1'=4.15}{\rightleftharpoons}} \text{腺嘌呤} \underset{\pm H^+}{\overset{pK_2'=9.8}{\rightleftharpoons}} \text{腺嘌呤阴离子}$$

腺嘌呤中，质子结合于 N1 上，其 $pK'_1 = 4.15$。pH 9.8 的解离在咪唑环的 -NH- 基上发生，在它的核苷及核苷酸中，由于 N9 上形成了糖苷键，所以没有 pH = 9.8 的解离。

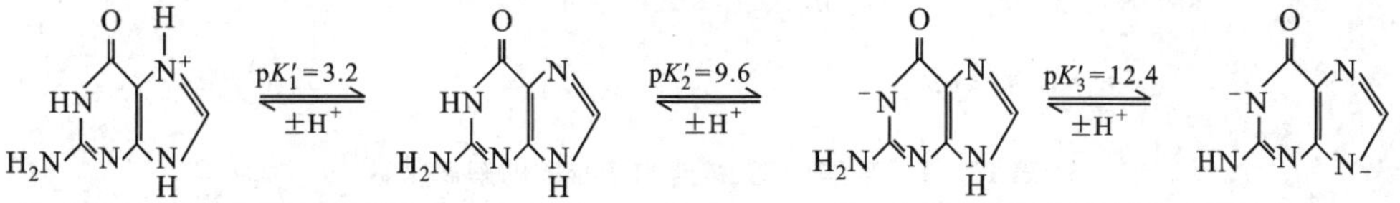

鸟嘌呤和次黄嘌呤中，质子则结合于 N7 上。以鸟嘌呤为例，N7 上的解离 $pK'_1 = 3.2$。N1 上的解离，$pK'_2 = 9.6$。咪唑环 N9 上的解离 $pK'_3 = 12.4$。鸟嘌呤咪唑环上的 pK' 值如此之大，可能是受到环上烯醇式羟基的影响所致。

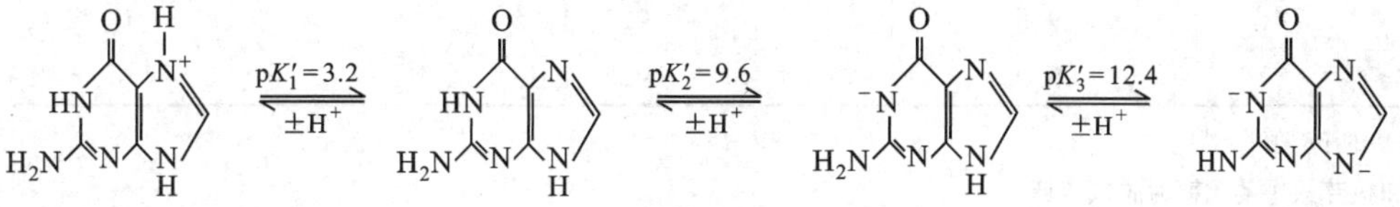

2. 核苷的解离

由于戊糖的存在，核苷中碱基的解离受到一定的影响，例如，腺嘌呤环的 pK'_1 值原为 4.15，在核苷中则降至 3.45。胞嘧啶 pK'_1 为 4.6，胞嘧啶核苷中则降至 4.22。pK' 值的下降说明糖的存在增强了碱基酸性解离。核糖中的羟基也可以发生解离，其 pK'_1 值通常在 12 以上，所以一般不去考虑它。

3. 核苷酸的解离

由于磷酸基的存在，使核苷酸具有较强的酸性。在核苷酸中，碱基部分的 pK' 值与核苷的相似，额外两个解离常数是由磷酸基引起的。这两个解离常数分别为 $pK'_1 = 0.7 \sim 1.6$，$pK'_2 = 5.9 \sim 6.5$（表 15-1）。

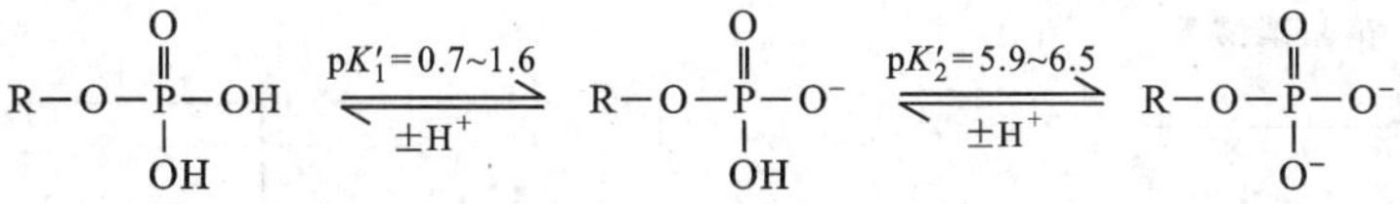

但是在多核苷酸中，除了末端磷酸基外，磷酸二酯键中的磷酸基只有一个解离常数，$pK'_1 = 1.5$。

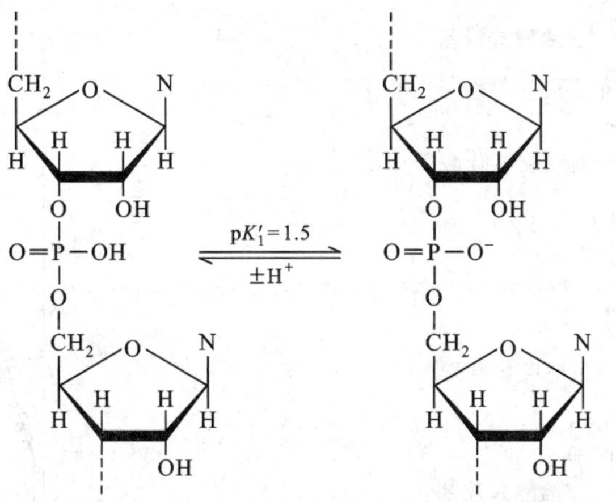

综上所述，由于核苷酸含有磷酸基与碱基，为两性电解质，它们在不同 pH 的溶液中解离程度不同，在一定条件下可形成**兼性离子**。图 15-1 为 4 种核苷酸的解离曲线。在腺苷酸、鸟苷酸、胞苷酸中，pK'_1 值是由于第一磷酸基——PO_3H_2 的解离，pK'_2 是由于含氮环 $=N^+H-$ 的解离，而 pK'_3 则是由于第二磷酸基——PO_3H^- 的解离。从核苷酸的解离曲线可以看出，在第一磷酸基和含氮环解离曲线的交叉处，带负电荷的磷酸基正好与带正电荷的含氮

环数目相等，这时的 pH 即为此核苷酸的**等电点**。核苷酸的等电点(pI)可以按下式计算：

$$pI = \frac{pK_1' + pK_2'}{2}$$

表 15-1 某些碱基、核苷和核苷酸的解离常数

碱基种类	碱基的 pK' 值	核苷的 pK' 值	核苷酸的 pK' 值
腺嘌呤	4.15, 9.8	3.45, 12.5*	0.9, 3.8, 6.2
鸟嘌呤	3.2, 9.6, 12.4	1.6, 9.2, 12.4*	0.7, 2.4, 6.1, 9.4
胞嘧啶	4.6, 12.2	4.22, 12.3*, 12.5	0.8, 4.5, 6.3
尿嘧啶	9.5	9.2, 12.5*	1.0, 6.4, 9.5
胸腺嘧啶**	9.9	9.8, >13*	~1.6, 6.5, 10.0

* 戊糖羟基的 pK' 值；
** 其核苷和核苷酸中的戊糖为脱氧核糖。

处在等电点时，上述核苷酸主要呈兼性离子存在。当溶液 pH 小于 pI 值时，核苷酸的—PO$_3$H$^-$ 基即开始与 H$^+$ 结合成—PO$_3$H$_2$，因此 =N$^+$H— 数量比 —PO$_3$H$^-$ 数量为多，核苷酸带正电荷。反之，当溶液的 pH 大于 pI 值时，=N$^+$H— 上的 H$^+$ 解离下来，核苷酸即带负电荷。尿苷酸的碱基碱性极弱，实际上测不出其含氮环的解离曲线，故不能形成兼性离子。

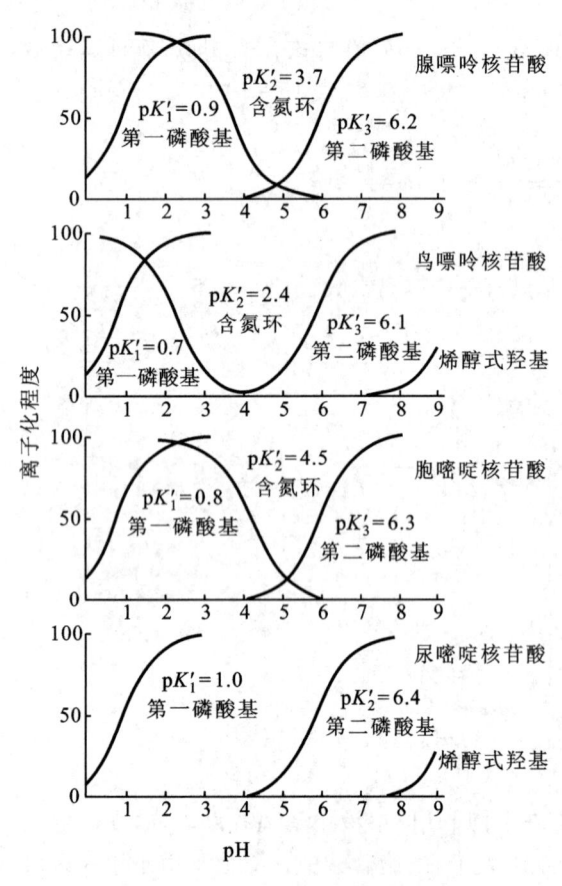

图 15-1 核苷酸的解离曲线

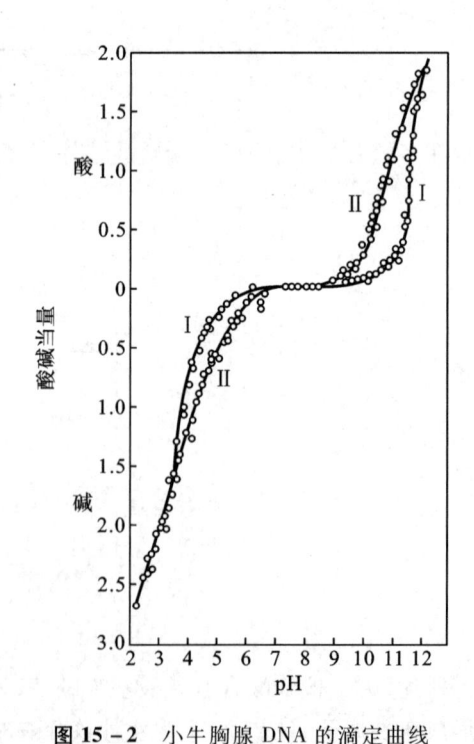

图 15-2 小牛胸腺 DNA 的滴定曲线
Ⅰ. 从 pH 6.9 用酸或碱正向滴定；Ⅱ. 从 pH 12 或 pH 2.5 分别用酸和碱反向滴定

核苷酸中磷酸基在糖环上的位置对其 pK' 值略有影响,一般说来,磷酸基与碱基之间的距离越小,由于静电场的作用,其 pK' 值应越大。例如 2'-胞苷酸的 pK'₁ 值为 4.4 比 3'-胞苷酸的 pK'₁ 值 4.3 为大。

研究核苷酸的解离不仅对了解核酸的物化性质极其重要,而且在核苷酸的制备及分析中有很大的实用价值。应用离子交换柱层析和电泳等方法分级分离核苷酸及其衍生物,主要是利用它们在一定 pH 条件下具有不同的解离特性这一性质。

4. 核酸的滴定曲线

电位滴定可用于确定参与酸碱反应的基团性质。将小牛胸腺 DNA 钠盐溶液由 pH 6~7 滴定到 pH 2.5 或滴定到 pH 12,此滴定过程是不可逆的;用碱和酸进行反向滴定所得到的曲线显著不同于正向滴定曲线(图 15-2)。开始滴定时,没有酸碱基团解离,非缓冲区较宽,在 pH 4.5~11.0 之间;而在反向滴定中非缓冲区只存在于 pH 6~9 之间。这就是说,当最初的 DNA 溶液超过 pH 4.5 和 pH 11.0 时即迅速释放出酸碱基团参与 pH 2.0~6.0 和 pH 9.0~12.0 范围的滴定。由此可见天然 DNA 与变性 DNA 的滴定曲线是不同的,双链解开后碱基即参与酸碱滴定。

DNA 的酸碱滴定曲线对了解 DNA 的酸碱变性很有帮助。

三、核酸的紫外吸收

嘌呤碱与嘧啶碱具有芳香共轭体系,使碱基、核苷、核苷酸和核酸在 240~290 nm 的紫外波段有一强烈的吸收峰,最大吸收值在 260 nm 附近。不同核苷酸有不同的吸收特性。核酸具有紫外吸收性质,故可用紫外分光光度计加以定性及定量测定。

紫外吸收是实验室中最常用的测定 DNA 或 RNA 的方法。核酸样品的纯度也可用紫外分光光度法进行鉴定。读出 260 nm 与 280 nm 的吸光度(A)即光密度(OD)值,从 A_{260}/A_{280} 的比值即可判断样品的纯度。纯 DNA 的 A_{260}/A_{280} 应大于 1.8,纯 RNA 应达到 2.0。样品中如含有杂蛋白及苯酚,A_{260}/A_{280} 比值即明显降低。不纯的样品不能用紫外吸收法作定量测定。对于纯的样品,只要读出 260 nm 的 A 值即可算出其含量。

通常以 A 值为 1 相当于 50 μg/mL 双螺旋 DNA,或 40 μg/mL 单链 DNA(或 RNA),或 20 μg/mL 寡核苷酸计算。这个方法既快速,又相当准确,而且不会浪费样品。对于不纯的核酸可以用琼脂糖凝胶电泳分离出区带后,经溴化乙锭染色在紫外灯下粗略地估计其含量。

有时核酸溶液的紫外吸收以**摩尔磷的吸光度**来表示,摩尔磷即相当于摩尔核苷酸。据此先测定核酸溶液中的磷含量及紫外吸收值,然后求出摩尔磷吸光系数 $\varepsilon(P)$。

$$\varepsilon(P) = \frac{A}{cL},$$

A 为光吸收值(吸光度),c 为每升溶液中磷的摩尔数,L 为比色杯内径。

一般天然 DNA 的 $\varepsilon(P)$ 为 ~6 600,RNA 为 7 700~7 800。核酸的 $\varepsilon(P)$ 值较所含核苷酸单体的 $\varepsilon(P)$ 要低 40%~45%。单链多核苷酸的 $\varepsilon(P)$ 值比双螺旋多核苷酸的 $\varepsilon(P)$ 值要高,所以核酸发生变性时,$\varepsilon(P)$ 值升高,此现象称为**增色效应**(hyperchromic effect)(图 15-3)。复性后 $\varepsilon(P)$ 值又降低,此现象称**减色效应**(hypochromic effect)。这是因为双螺旋结构使碱基对的 π 电子云发生重叠,因而减少了对紫外光的吸收。测定核酸的 $\varepsilon(P)$ 可判断 DNA 制剂是否发生变性或降解。

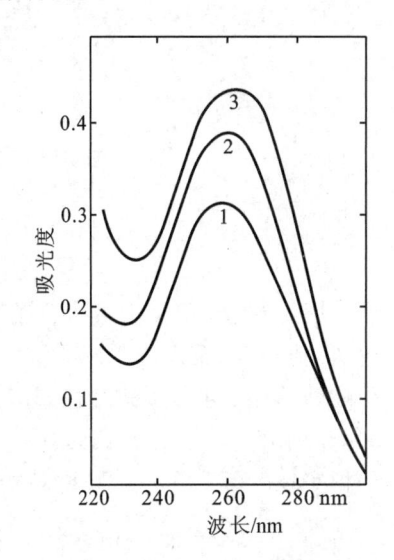

图 15-3 DNA 的紫外吸收光谱
1. 天然 DNA;2. 变性 DNA;3. 核苷酸

四、核酸的变性、复性及杂交

(一) 变性

核酸变性(denaturation)是指核酸双螺旋碱基对的氢键断裂,双链转变成单链,从而使核酸的天然构象和性质发生改变。核酸链共价键(3′,5′-磷酸二酯链)的断裂则称为降解,核酸降解引起核酸链相对分子质量降低。有时核酸变性和降解可同时进行。

引起核酸变性的因素很多。由温度升高引起的变性称为**热变性**。由酸碱度改变引起的变性称为**酸碱变性**。变性剂也能引起变性。在测定 DNA 序列进行聚丙烯酰胺凝胶电泳时,为使双链解开,常加入尿素作为变性剂。在用琼脂糖凝胶电泳测定 RNA 分子大小时,可用氢氧化甲基汞作为变性剂,因其能与 RNA 中尿嘧啶和鸟嘌呤的亚胺键反应,因而破坏碱基对的形成。也可用乙二醛或甲醛取代易造成公害的氢氧化甲基汞。这些变性剂都可以完全消除 RNA 的二级结构。此外,在无离子水溶液中,低浓度的核酸由于磷酸基负电荷的排斥作用也会引起变性。

核酸变性研究最多的是 DNA 的热变性。当 DNA 在稀盐溶液中加热到 80~100℃时,双螺旋结构即被破坏,两条链随即分开,形成无规线团;如果温度降低,又可在链内和链间形成局部双螺旋(图 15-4)。DNA 在变性过程中一系列物化性质随之发生改变:260nm 区紫外线吸光度升高,黏度降低,比旋下降,超速离心沉降系数变大,酸碱滴定曲线改变,流动双折射现象消失等。DNA 的变性是爆发式的,存在一个相变的过程。组分均一的 DNA 在一个狭窄的温度范围内变性;组分不均一的 DNA,变性发生在较宽的温度范围内。通常把 DNA 热变性引起物化性质改变一半时的温度称为该 DNA 的**熔解温度**(melting temperature, T_m)。

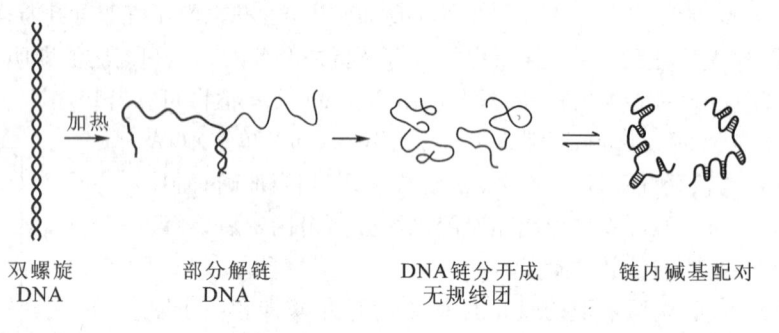

双螺旋 DNA　　部分解链 DNA　　DNA链分开成无规线团　　链内碱基配对

图 15-4　DNA 的变性过程

DNA 的 T_m 值受溶液离子强度、pH、极性溶质等各种因素的影响。一般来说,在离子强度较低的溶液中 DNA 的 T_m 值较低,而且变性过程发生在较宽的温度范围内;离子强度较高时,T_m 值较高,变性过程的温度范围较窄。**甲酰胺**的存在可以促进变性。DNA 的 G-C 含量对 T_m 值有较大影响,在一定条件下 G-C 含量与 T_m 值成正比关系(图 15-5)。这是因为 G-C 碱基对之间有 3 个氢键,A-T 碱基对只有 2 个氢键,前者比后者更有利于 DNA 的稳定性。E. T. Bolton 和 B. J. McCarthy 曾提出计算 T_m 值的经验公式为:

$$T_m = 81.5℃ + 16.6(\lg[Na^+]) + 0.41(\% G+C) - 0.63(\%甲酰胺) - (600/l)$$

上述公式只适用于一定范围,例如双螺旋 DNA 片段长度(l)在数百 bp 以上,不足数百 bp 应消除此项。此公式也可从 DNA 的 T_m 值来计算其 G+C 含量。

RNA 也能发生变性。互补双链 RNA 的变性与 DNA 的变性相似,但双链 RNA 比同样序列的 DNA 更稳定,T_m 值更高。单链 RNA 可以通过**回折**形成局部双螺旋区,变性过程各区段逐渐解开双螺旋,因此 T_m 值较低,变性温度范围较宽(图 15-6)。

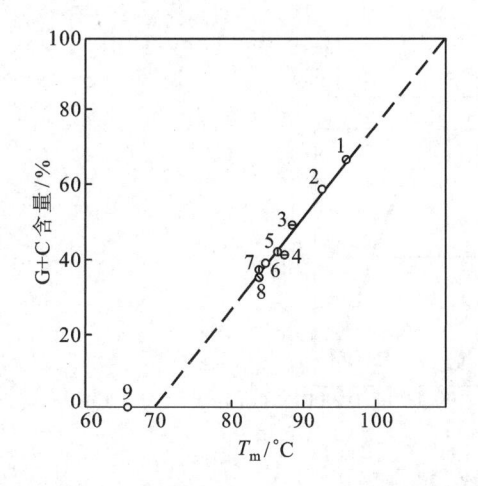

图 15-5 DNA 的 T_m 值与 G-C 含量之关系

DNA 来源如下：1. 草分枝杆菌；2. 沙门氏菌；3. 大肠杆菌；4. 鲑鱼精子；5. 小牛胸腺；6. 肺炎球菌；7. 酵母；8. 噬菌体 T4；9. 多聚 d(A-T)。DNA 变性在 1×SSC 溶液(0.15mol/L NaCl，0.015mol/L 柠檬酸钠，pH7.0)中进行

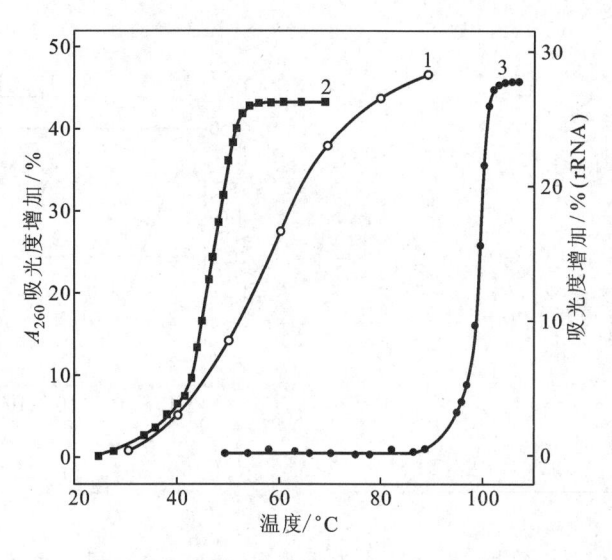

图 15-6 rRNA 和双链 RNA 的热变性曲线

1. 一种浮萍的 18S rRNA；2. 酵母的杀伤 RNA(killer RNA)在 0.017 mol/L Na⁺ 和 67% 甲酰胺中变性；3. 同 2，但无甲酰胺

（二）复性

变性 DNA 在适当条件下，可使两条分开的链**重新缔合**(reassociation)，恢复双螺旋结构，这个过程称为**复性**(renaturation)。DNA 复性后许多物化性质又得到恢复。复性过程符合二级反应动力学公式：

$$\frac{dC}{dt} = -KC^2$$

上式中，C 为 t 时单链 DNA 的浓度，K 为**重缔合速度常数**。积分后得到：

$$\frac{C}{C_0} = \frac{1}{1+KC_0 t}$$

C_0 是起始时完全变性 DNA 的浓度。t 以秒(s)为单位，C 为每升溶液中核苷酸的摩尔为单位。当复性反应进行一半时，即

$$\frac{C}{C_0} = \frac{1}{2} \text{ 时，} \quad C_0 t_{1/2} = \frac{1}{K}$$

复性反应的速度受许多因素的影响，如果控制所有可变因素，包括温度、离子强度、片段长度等，复性速度便只决定于基因组大小，或者说决定于 DNA 序列的复杂性。实验证明，重缔合速度常数 K 与 **DNA 复杂性 N** 成反比。因此，测定 DNA 的**复性动力学曲线**（图 15-7），求出 $C_0 t_{1/2}$ 值，即代表了基因组大小，也就是 DNA 序列复杂性。例如，大肠杆菌染色体 DNA 的大小为 4.64×10^6 bp，测得其 $C_0 t_{1/2}$ 是 9 (mol·s·L⁻¹)；T4 噬菌体 DNA 为 1.66×10^5 bp，测得其 $C_0 t_{1/2}$ 是 0.3 (mol·s·L⁻¹)，两者呈较好的比例关系。任何生物的 DNA，只要测出其 $C_0 t_{1/2}$ 值，与已知基因组大小的大肠杆菌染色体 DNA $C_0 t_{1/2}$ 相比，即可算出其基因组的大小。真核生物 DNA 含有大量重复序列，其复性动力学曲线比较复杂，包含多个组分，可以分别测出各组分的 $C_0 t_{1/2}$ 和在总 DNA 中所占比例，然后计算各组分的复杂性和拷贝数。

将热变性的 DNA 迅速放置冰浴内，骤然冷却至低温，可以阻止 DNA 复性。若使热变性 DNA 缓慢冷却，则可

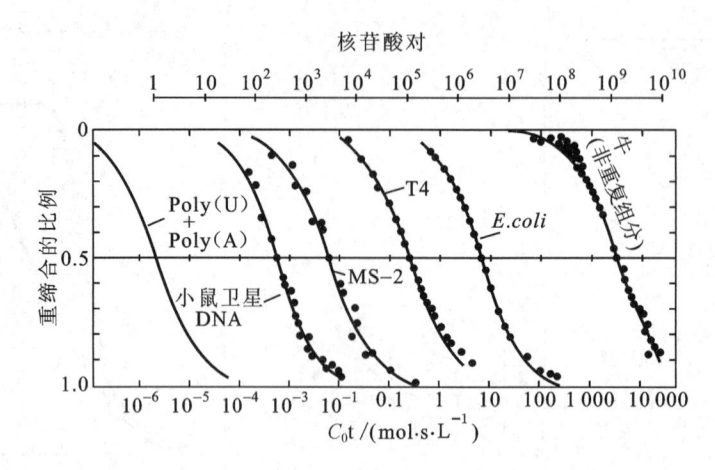

图 15-7 DNA 的复性动力学曲线

发生复性,此过程称为**退火**(annealing)。**退火温度** T_a 以低于变性温度 T_m 20~25℃为宜。复性过程可以在溶液中进行,然后将单链和双链 DNA 分开,以测定复性的部分。羟基磷灰石(hydroxyapatite)是一种碱性磷酸钙 $Ca_{10}(PO_4)_6(OH)_2$ 结晶。它吸附双链 DNA 的能力大于单链 DNA,低盐溶液可洗脱单链 DNA,双链 DNA 则要较高浓度的盐溶液才能洗脱,从而将两者分开。复性过程也可在硝酸纤维素滤膜(nitrocellulose filter)或尼龙膜(Nylon membrane)上进行。单链 DNA 经烘焙后可固定在膜上,将其浸泡在放射性同位素标记的互补链 DNA 溶液中即可进行链的配对,不配对的链很容易洗掉。利用上述膜进行核酸的复性和杂交,是核酸研究最常用和最重要的方法技术之一。

(三) 核酸分子杂交

将不同来源的 DNA 放在试管里,经热变性后,缓慢冷却,使其复性。若这些异源 DNA 之间存在近似的序列,则复性时会相互之交错配对,形成**杂交分子**(hybrid molecule)。DNA 与互补的 RNA 之间也可以发生杂交(hybridization)。**核酸分子杂交**是基因操作最核心技术之一,在基因工程、分子医学和分子生物学的研究中应用极广,许多有关重要问题都是依靠分子杂交技术来解决的。

核酸杂交可以在液相中进行,也可以在固相表面进行,最常用的还是硝酸纤维素滤膜或尼龙膜作为支持物的分子杂交。英国分子生物学家 E. M. Southern 所发明的 **Southern 印迹法**(Southern blotting)就是将凝胶电泳分开的 DNA 限制片段转移到硝酸纤维素滤膜上进行杂交。其后 J. C. Alwine 等按照同样原理,将变性凝胶电泳分开的 RNA 转移到硝酸纤维素膜上,通过分子杂交以检测特异的 RNA。DNA 印迹法因是 Southern 所发明,故称为 Southern 印迹法;**RNA 印迹法**则被称为 Northern 印迹法,以"南"、"北"分称 DNA 和 RNA 两种杂交技术,表现出科学家的幽默。这里仅以图解法(图 15-8)表示 Southern 杂交的全过程。

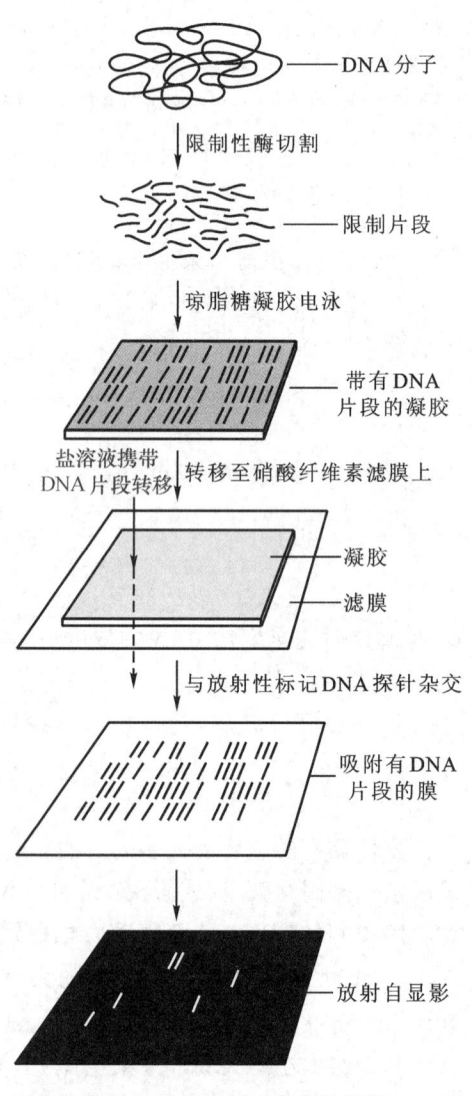

图 15-8 Southern 印迹法图解

常用^{32}P 标记核酸作为**探针**(probe)。探针可以是 DNA,也可以是 RNA,可在末端标记(5′端或 3′端),也可以采用均匀标记。应用**核酸杂交**技术不仅可检测特定的基因片段或 RNA,也可用来钓出基因组中的单拷贝基因或特异的 RNA。

五、核酸的分离和纯化

核酸制备是研究核酸结构与功能的首要步骤。**核酸分离**和纯化过程中需要特别注意的问题是防止核酸的降解和变性,应尽可能保持其在生物体内的天然状态。早期的研究工作受到方法学上的限制,由于得到的样品往往是一些降解产物,因此失去了它们的功能活性。要制备天然状态的核酸,必须采用温和的条件,防止过酸、过碱、高温、剧烈搅拌,尤其要防止核酸酶的作用。天然核酸具有生物活性,这是检验其完整性的重要指标。物理化学性质也常用来作为评价核酸质量的标准。最常用于分离纯化核酸的方法有:超速离心、柱层析、凝胶电泳、溶液抽提和选择沉淀,这里仅就有关方法的原理作简要的介绍。

(一) 核酸的超速离心

溶液中核酸分子受引力场的下沉作用可被分子运动所抵消。但在超速离心机造成的巨大离心力场中,核酸分子沉降速度大大加快,这就可能用来测定核酸分子的相对质量、密度和构象,并用来大量制备核酸。

超速离心的方法很多,如**沉降速度超离心、沉降平衡超离心、蔗糖(或甘油)密度梯度超离心、浮力密度超离心**等。总体来说,超速离心可分为两类:一类是在超速离心时,核酸样品以不同速度往下沉降,根据沉降速度不同来求出**沉降常数** S。另一类是将超速离心的溶液制成各种密度(如 $CsCl$、Cs_2SO_4 密度梯度),超速离心使核酸样品集中在等密度区,从而得出核酸的密度 ρ。沉降速度和沉降平衡超离心已在蛋白质纯化的一节中予以介绍,这里不再叙述。核酸样品的制备更常用的是密度梯度超离心。

通过蔗糖(或甘油)支持物构成的密度梯度可维持沉降力的稳定,防止对流,使铺在表层的核酸样品进入介质后成为狭窄的区带。样品各成分以不同速度沉降,所形成**差速区带**在沉降过程中逐渐分开。各类 RNA 常以此法分离纯化。碱性(NaOH)蔗糖密度梯度区带超离心可用来分离变性 DNA 的单链。蔗糖密度梯度超离心法属于沉降速度超离心,只不过介质采用蔗糖梯度。

浮力密度超离心是于 1957 年 M.Meselson 等提出的。由于铯的相对原子质量很大,铯离子在超速离心力场作用下可克服分子热运动而发生沉降,形成浓度(密度)梯度。DNA 的密度很大,只有在浓的铯离子溶液中才能产生浮力,通过超离心可测定 DNA 的密度和得到其制品。常用的铯盐为氯化铯,因为它在水中的溶解度极大,可制得很高浓度(8.0mol/L)的溶液。

现以测定 DNA 的浮力密度为例来说明该方法。将 DNA 溶于 8.0 mol/L 的氯化铯溶液中,置于离心管内,若以每分钟 45 000 转的速度离心 16 h 以上,即形成铯离子密度梯度,自底部的 1.80 g/cm³ 到顶部的 1.55 g/cm³。DNA 形成一稳定的区带,漂浮于等密度的位置上。用注射针头吸出该区带 DNA 溶液,或在离心管底部扎一孔,分部收集流出液。DNA 区带的氯化铯溶液密度为 DNA 的浮力密度。更方便的方法是用一已知密度为标准的 DNA 样品,与未知样品一起超离心。待达到平衡后,通过离心机的光学系统测定 DNA 与转头中轴之间的距离,按下式计算未知 DNA 的浮力密度:

$$\rho = \rho_0 + 4.2\omega^2(r^2 - r_0^2) \times 10^{-10}$$

上式中 ρ 为未知 DNA 的密度,ρ_0 为标准 DNA 的密度,ω 为角速度,r 为未知 DNA 与中轴之间距离,r_0 为已知 DNA 与中轴之间的距离。

DNA 的密度与其 G-C 含量有关。这是因为 G-C 碱基对的相对原子质量比 A-T 碱基对大;而且前者含 3 个氢键,后者只含 2 个,两者致密程度也不同。实验表明 G-C 的百分含量与 DNA 的浮力密度之间呈正比关系。Rolfe-Meselson 导出如下计算公式:

$$\rho = 1.660 + 0.000\,98(\%G+C)\,(g \cdot cm^{-3})$$

真核生物基因组 DNA 含有大量重复序列。在用氯化铯密度梯度离心时，除主要部分（主带）外还得到量较少的次带，或称为**卫星带**（satellite band）。

卫星 DNA 由一些短的高度重复序列所组成，因其碱基组成与 DNA 的主要部分不同，浮力密度也就不同。例如，小鼠 DNA 的主带占基因组的 92%，平均 G-C 含量 30%，浮力密度为 1.690 g·cm^{-3}（图 15-9）。

不同碱基组成、不同构象以及单链和双链 DNA，都可借氯化铯密度梯度离心得到分离。硫酸铯梯度也可以用来分离 DNA，但主要用来分离 DNA 与金属离子 Ag$^+$ 或 Hg^{2+} 的复合物。Hg^{2+} 可专一结合于 A-T，Ag$^+$ 被认为对 G-C 有更大亲和力。与金属离子特异结合，可使富含 A-T 或 G-C 的重复序列更易与主带分离。某些嵌入染料和抗生素能插入 DNA 双螺旋的碱基对之间，导致构象改变和浮力密度的减少，双链闭环 DNA（cccDNA）由于受到拓扑束缚限制了嵌入分子的插入，因此采用溴化乙锭-氯化铯密度梯度平衡超离心，可将质粒与染色体 DNA 分开（图 15-10）。

RNA 为单链分子，只有局部双螺旋，它的浮力密度比 DNA 高，DNA 密度比蛋白质密度高，单链 DNA 又比双链 DNA 密度高。经氯化铯梯度离心得到的核酸有很高的纯度。

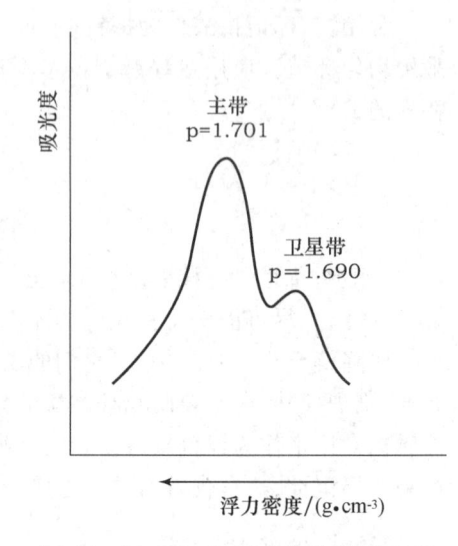

图 15-9 DNA 经氯化铯密度梯度离心后分成主带和卫星带

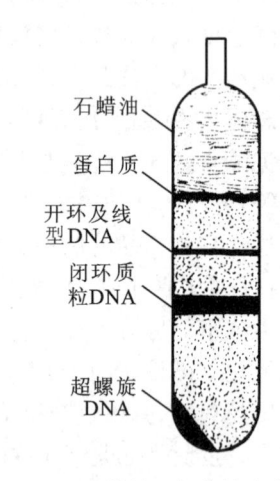

图 15-10 经染料-氯化铯密度梯度超离心后，质粒 DNA 及各种杂质的分布

（二）核酸的凝胶电泳

凝胶电泳将分子筛技术与电泳技术相结合，它可以分辨只差一个核苷酸的核酸片段，也可以分出上百 kb 的 DNA。它有许多优点：简单、快速、灵敏、微量，并且成本低廉。因此凝胶电泳已成为研究核酸最常用的方法。凝胶电泳的支持物主要有琼脂糖（agarose）和聚丙烯酰胺（polyacrylamide）两种。前者常在水平电泳槽中进行；后者常在垂直电泳槽中进行。

1. 琼脂糖凝胶电泳

琼脂糖是从海产藻类中提取到的琼脂的主要成分，它由 D-吡喃半乳糖和 3,6-脱水-L-吡喃半乳糖交替连接而成。将琼脂反复洗涤除去其中琼脂胶后即为琼脂糖。其实琼脂胶只是琼脂糖羟基被硫酸酯、丙酮酸等取代的衍生物。琼脂糖与缓冲液一起加热使其溶解，冷却后则成凝胶。凝胶的孔径与琼脂糖浓度成反比，凝胶浓度越大，孔径越小；反之，浓度越小，孔径越大。胶太浓，孔径太小，核酸样品无法进入胶内；胶太稀，机械强度差，无法维持固定形状，因此孔径也不可能太大。通常琼脂糖凝脂浓度在 0.3%~2.0% 之间，分离 DNA 分子大小从上百 kb 到数百 bp。琼脂糖凝胶电泳较少用于 RNA，它只能分离某些大分子的 RNA，如 rRNA 和病毒 RNA。

核酸凝胶电泳常用的缓冲液为含有 EDTA 的 Tris-乙酸（TAE）、Tris-硼酸（TBE）或 Tris-磷酸（TPE），浓度约为 50 mmol/L（pH7.5~7.8），电压 1~8 V/cm。此时核酸带负电荷，向正极方向移动。在一定范围内，线性双链 DNA 在电场中的**迁移率**与其碱基对数目的对数成反比。这是因为较大的分子穿过凝胶介质所受拖曳阻力较大以及蠕动通过凝胶孔径的效率较小。借助与已知分子大小的 DNA 标准物迁移距离相比较，就可算出 DNA 样品的分子大小。RNA 在变性凝胶中电泳时，相对分子质量的对数才与迁移率成反比，故常在制备凝胶时加入氢氧化甲基汞（methylmercuric hydroxide）或甲醛（formaldehyde）。

核酸在凝胶电泳后可用碱性染料或银染显色,洗去背景颜色后得到清晰的核酸条带。最简便的方法是利用嵌合荧光染料**溴化乙锭**(ethidium bromide,EB),其分子结构式如下:

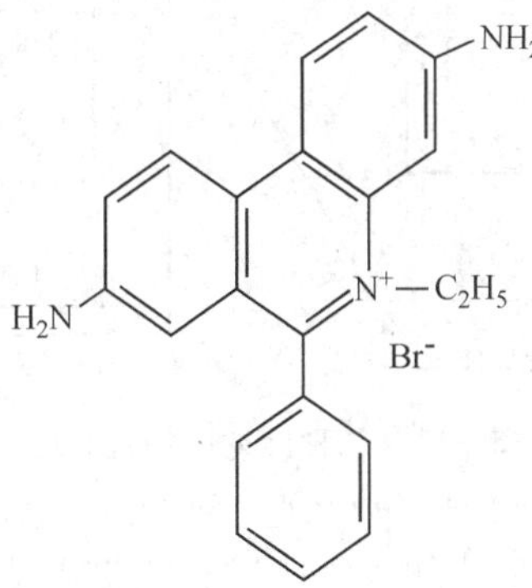

EB 是一种扁平分子,可插入核酸双链相邻碱基对之间,在紫外线激发下发射出红橙色(590 nm)荧光。它本身能吸收波长为 302 nm 和 360 nm 的紫外线能量;核酸吸收的 254 nm 紫外线能量也能转给 EB,而且 EB 结合在核酸碱基对之间的疏水环境大大增加了荧光产率。与游离的 EB 相比,EB - DNA 复合物发射的荧光强度可增大 100 倍。因此无需洗去凝胶中游离的 EB,即可检测出 DNA 条带,最低可检测 10 ng(10^{-8} g)或更少的 DNA 含量。单链 DNA 或 RNA 对 EB 的结合能力较小,荧光产率也相对较低。

凝胶电泳后核酸样品可用多种方法自胶上回收:①浸泡法,将含 DNA 的胶带切下,用少量缓冲液重复抽提。②冻融法,将胶带在低温下冰冻,室温下融化,然后用高速离心除去凝胶沉淀。③电泳法,将胶带置于透析袋内,通过电泳使核酸进入袋内缓冲液中;也可以直接在凝胶电泳后于条带前切出一槽,前面插入一片透析膜,然后电泳使样品进入槽中。④溶胶法,胶带加 NaI、KI、NaClO$_4$、柠檬酸钠等,在一定浓度和温度下使胶溶解;或用低熔点琼脂糖,将胶带溶解,然后再用酚等抽提回收核酸。⑤转移法,将凝胶上核酸条带转移到硝酸纤维素滤膜、尼龙膜或具有偶联基团的膜上。

2. 脉冲电场凝胶电泳

传统的琼脂糖凝胶电泳只能分离分子大小在 15~20 kb(M_r 约 10^7)以下的 DNA 片段以及小的质粒和病毒 DNA,更大的 DNA 分子彼此很难分开。这是因为 DNA 分子在凝胶介质中呈无规卷曲的构象,当 DNA 分子的有效直径超过凝胶孔径时,在电场作用下可变形挤过筛孔,此时其电泳迁移率不再决定于分子的大小。然而,细菌的染色体 DNA 在数千 kb 以上,真核生物的染色体 DNA 更大。为分离染色体 DNA 需要发展新的实验技术。

1983 年 Schwartz 等人根据 DNA 分子**黏弹性弛豫时间**对分子大小敏感的特性,设计了脉冲电场梯度凝胶电泳。通过交替采用两个垂直方向的不均匀电场,使 DNA 分子在凝胶介质中不断改变泳动方向,从而将不同大小的分子分开。此后不少实验室对此技术进行研究,作了许多改进,并发现不同大小的大分子 DNA 在凝胶中可借助各种类型的交变脉冲电场而分离,电场梯度(电场不均匀性)对分离则并非必需,故此技术只称为**脉冲电场凝胶电泳**(pulsed field gel electrophoresis)。

目前国内外已有多种脉冲电场凝胶电泳装置问世。脉冲交变电场的夹角可以是直角(正交交变电场),也可以是 120°(六角形电泳槽相间两边电场的转换)或是 180°(周期性倒转电场)。脉冲电场凝胶电泳多数采用水平电泳槽,但也有垂直平板电泳槽,后者脉冲电场横向交替改方向。图 15-11 列出几种较常见的脉冲电场凝胶电泳方式。一些新的电泳装置还可使电脉中各种可变参数加以程序化控制,从而有效地提高了分辨率。

大分子 DNA 在脉冲电场凝胶电泳中的**迁移率**受脉冲时间、电场形式、凝胶浓度、缓冲液和温度等诸多因素的影响。在这些因素中最重要的是脉冲时间,它取决于 DNA 分子长度,因此可以推导出公式:

$$\lg t = A \lg M_r - B$$

式中,t 为有效脉冲时间(s),M_r 为 DNA 的分子长度(kb),在一定范围内 A 与 B 均为常数。利用已知分子大小

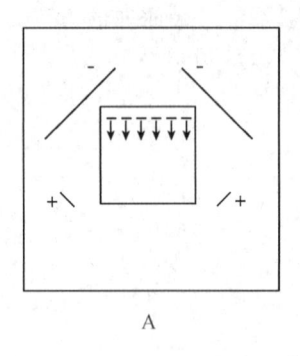

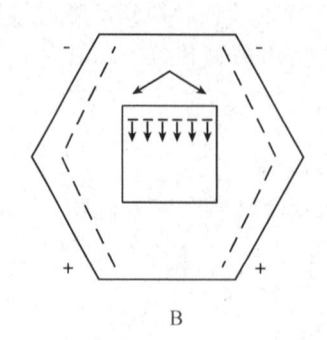

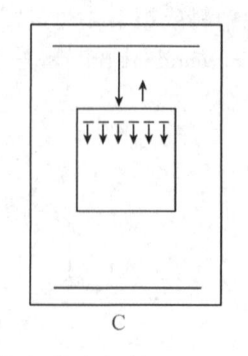

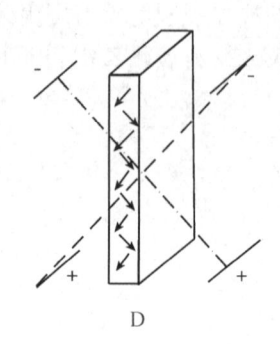

图 15-11 几种脉冲电场凝胶电泳

A. 正交电场交变凝胶电泳（orthogonal-field-alternation gel electrophoresis, OFAGE）
B. 钳位均匀电场（contour-clamped homogeneous electric field, CHEF）凝胶电泳
C. 电场倒转凝胶电泳（field-inversion gel electrophoresis, FIGE）
D. 横向交变电场电泳（transverse alternating field electrophoresis, TAFE）

的 DNA，通过实验得出有效脉冲时间，代入上式可以计算出 A 和 B 的数值。脉冲时间与 DNA 的电泳速度有关，因此与电场强度成反比，例如当电场强度由 10 V/cm 降至 5 V/cm 时，脉冲时间应增加一倍。增加琼脂糖凝胶浓度和降低温度，脉冲时间应相应增加；反之亦然。固定脉冲时间，将 DNA 分子大小对迁移率作图可得到一条 S 形曲线，超过一定大小的 DNA 分子彼此不能分开，在直线部分的分离效果最好，低于转折点的 DNA 分子虽能分开，但间距较小。环状质粒 DNA 在交变电场中的迁移率远小于线性 DNA，并受脉冲时间的影响较小，易于与其分开。

从理论上来看，脉冲电场凝胶电泳分离大分子 DNA 并无上限，它已成为百万碱基级（Mb）基因组操作的一项关键技术。这一技术对分离大片段染色体 DNA、核型分析、DNA 物理图谱、DNA 的 M_r 测定和流体动力学研究都十分有用。

3. 聚丙烯酰胺凝胶电泳

在有自由基存在时，丙烯酰胺（acrylamide）发生链式聚合反应，自由基通常由过硫酸铵供给，并由 N,N,N',N'-四甲基乙二胺（N,N,N',N'-tetramethylethylenediamine, TEMED）使其稳定。在加入双功能剂 N,N'-甲叉双丙烯酰胺后，聚合链产生交联形成凝胶，孔径决定于链长和交联程度，即丙烯酰胺和甲叉双丙烯酰胺的浓度。通常凝胶浓度大于 5% 时，交联度可为 2.5%；凝胶浓度小于 5% 时，交联度增至 5%；当聚丙烯酰胺浓度小于 3% 时，由于凝胶太软而不易操作，这就限制了它不能用于分离大分子 DNA。**聚丙烯酰胺凝胶电泳**（polyacrylamide gel electrophresis, PAGE）主要用于分离 RNA 样品以及分子小于 1~2 kb 的 DNA 片段，因其高分辨率常用于 DNA 和 RNA 的测序。在变性条件下（如 8mol/L 尿素或 98% 甲酰胺）进行凝胶电泳，此时 DNA 和 RNA 的二级结构已被破坏，其电泳迁移率与单链 M_r 的对数呈理想的反比关系。测序变性胶需根据所测核酸片段长度来选择胶的浓度，例如测序片段在 50 核苷酸之内，采用较高浓度的聚丙烯酰胺（12%~20%），测序片段在 300 和 400 核苷酸可用 8% 或 6% 的胶。

（三）核酸的柱层析

根据核酸的物理化学性质，可用分子筛层析、离子交换、吸附层析、分配层析、亲和层析等技术来分离和制备核酸样品。**羟基磷灰石柱**常用在核酸分子杂交中单链和双链的分离；**寡聚脱氧胸苷酸亲和柱**常用来分离真核生物 poly(A)$^+$ mRNA。这里简要介绍这两种技术。

1. 羟基磷灰石柱层析

羟基磷灰石（hydroxyapatite, HA）为碱性磷酸钙 $Ca_{10}(PO_4)_6(OH)_2$ 之晶体，由 $CaCl_2 \cdot 2H_2O$ 与 $Na_2HPO_4 \cdot 2H_2O$ 两溶液等量缓慢混合，并在 NaOH 中加热得到粗的颗粒。它通常保存在 pH6.8 的磷酸钾（或钠）缓冲溶液

里。HA 柱可广泛用于蛋白质和核酸的层析分离。

由于核酸的磷酸基可与羟基磷灰石的钙离子作用,从而被吸附其上,这种吸附力决定于核酸的性质,受分子大小的影响较小。双链核酸分子刚性较强,呈伸展状态,其磷酸基有效分布在表面;而变性或单链核酸分子较柔软,呈无规线团结构,有些磷酸基折叠在分子内。因此,双链核酸的吸附力比单链强,双链 DNA 的吸附力比双链 RNA 强,而 DNA - RNA 杂交分子的吸附力则介于两者之间。用它分离天然 DNA 和变性 DNA,单链核酸和杂交核酸常可得到满意的结果。

双链和单链核酸可借不同浓度磷酸盐缓冲液洗脱而分开。0.12 mol/L 的磷酸盐缓冲液可洗脱单链 DNA,而双链 DNA 则需 0.4mol/L 的磷酸盐缓冲液洗脱。羟基磷灰石具有承载量大,重复性好,回收率高,操作简便等优点,它是目前常用的核酸层析介质之一。

2. 寡聚脱氧胸苷酸亲和柱层析

真核生物细胞的 mRNA 在 3′端通常都带有多聚腺苷酸[poly(A)]尾巴,腺苷酸可长达 150~200 nt。利用与固体支持物相偶联的**寡聚脱氧胸苷酸**[oligo(dT)$_{12-18}$]与 poly(A)结合,即可将 poly(A)$^+$mRNA 从总 RNA 中分离出来。oligo(dT)常与纤维素相偶联。在含高浓度盐(0.3~0.5 mol/L NaCl)的 TES 缓冲液(10 mmol/L Tris - HCl,1 mmol/L EDTA,0.2% SDS,pH7.4)中将 RNA 样品上柱,使 poly(A)与 oligo(dT)结合,洗掉柱上非特异吸附的 RNA,然后用不含盐的 TES 缓冲液将 mRNA 洗脱。**多聚尿苷酸 - 琼脂糖珠**[poly(U) - Sepharose]也能用来纯化 poly(A)$^+$mRNA,常可得到较理想的结果。

(四) DNA 的提取和纯化

真核生物的染色体 DNA 可与碱性蛋白(组蛋白)结合成**核蛋白**(DNP),它溶于水和浓盐溶液(如 1 mol/L NaCl),但不溶于生理盐溶液(0.14mol/L NaCl)。早期研究 DNA 常利用这一性质,将细胞破碎后用浓盐溶液提取,然后用水稀释至 0.14mol/L 盐溶液,使 DNP 纤维沉淀出来。用玻璃棒将 DNP 纤维缠绕其上,再溶解和沉淀多次,可得到纯的核蛋白。用**蛋白质变性剂**除净蛋白质后即得到纯的 DNA。如此得到的 DNA 只是一些短片段,难于研究其生物功能。

苯酚是极强的蛋白质变性剂。用水饱和的苯酚与细胞匀浆或含蛋白质 DNA 提取液一起振荡,然后冷冻离心,DNA 溶于上层水相,不溶的变性蛋白质凝胶位于中间界面,一部分变性蛋白质停留在水相。反复多次用苯酚抽提,直到中间界面不再有变性蛋白质。合并含 DNA 的水相,在有盐存在的条件下加 2 倍体积的乙醇,低温放置使 DNA 沉淀出来,用乙醚和乙醇洗涤沉淀。用此法可以直接从细胞中制备纯的 DNA。用 24:1 氯仿 - 辛醇(或异戊醇)与含蛋白质的 DNA 溶液振荡,借助分散两相的表面变性可除去所含蛋白质,辛醇(异戊醇)在此起消沫剂的作用。用氯仿振荡可与苯酚抽提一样除净 DNA 溶液中的蛋白质。

细菌菌体经溶菌酶消化除去细胞壁,用碱或**十二烷基硫酸钠**(sodium dodecyl sulfate,SDS)促使细胞裂解,染色体 DNA 与大部分变性蛋白质通过离心与细胞碎片一起被沉淀,细菌中的质粒 DNA 则仍以溶解状态存在于上清液中。用此法可以制备质粒 DNA。

为了制备细胞染色体 DNA,应尽量避免**核酸酶**和机械切力对 DNA 的降解作用。目前较常用的方法是在细胞悬液中直接加入 2 倍体积含 1% SDS 的缓冲液,并加入**广谱蛋白酶**(如蛋白酶 K)最后浓度达 100μg/mL,在 65℃保温 4h,使细胞蛋白质全部降解,然后用苯酚抽提,除净蛋白酶和残留的蛋白质。DNA 制品中混杂的少量 RNA 可用不含 DNase 的 RNase 分解除去。

氯化铯密度梯度离心也是实验室制备高质量 DNA 常用的方法。

(五) RNA 的提取和纯化

RNA 为单链结构,易被酸、碱、酶所水解,尤其是 RNase 又几乎无处不在,因此 RNA 的提取和纯化远比 DNA 更为困难。这也是 RNA 的研究落后于 DNA 的原因之一。目前已有一些克服上述困难的方法。

制备 RNA 特别需要注意三点:第一,所有用于制备 RNA 的玻璃器皿都要经过高温焙烤,塑料用具经高压灭菌,不能高压灭菌的用具要用 0.1% **焦碳酸二乙酯**(diethyl pyrocarbonate, DEPC)处理,再煮沸以分解和除净 DEPC。DEPC 能使蛋白质乙基化而破坏 RNase 活性。实验者应戴消毒手套。第二,在破碎细胞的同时加入强的蛋白质变性剂(如胍盐)使 RNase 失活。第三。在 RNA 反应体系内加入 RNase 的抑制剂(如 RNasin)。

现在常用于制备 RNA 方法有两个:其一,用**酸性胍盐/苯酚/氯仿**(acid guanidinium/phenol/chloroform) 提取。异硫氰酸胍(guanidinium isothiocyanate)是最强烈的蛋白质变性剂,它几乎能使所有蛋白质都被变性,而 RNA 仍溶于该盐溶液中。经离心后,含 RNA 的水相用苯酚和氯仿多次抽提,除净蛋白质。其二,用**胍盐/氯化铯法**。细胞匀浆用胍盐提取后再进行氯化铯密度梯度离心。蛋白质密度 < 1.33g/cm³,在最上层。DNA 密度在 1.71g/cm³ 左右,位于中间。RNA 密度 > 1.89g/cm³,沉在底部。用此法可以制备大量高纯度的 RNA。用寡聚(dT) - 纤维素柱或多聚(U) - 琼脂糖珠柱可从总 RNA 中分离到高质量的 poly(A)$^+$ mRNA。

不同功能的 RNA 常分布于细胞的不同部位,分离这些 RNA 需先用**差速离心法**或其他方法将细胞核、线粒体、叶绿体、胞质体等各部分分开,再从这些部分中分离出 RNA。

六、核酸序列的测定

20 世纪 60 年代 R. W. Holley 最早测定了酵母丙氨酸 tRNA 的序列,他采用的测序法与蛋白质测序法的基本策略相同,都是利用小片段的重叠。这种策略的工作量非常大,而且只能用于测定几十个核苷酸长的较小分子,要对付 DNA 的序列就无能为力了。1975 年 F. Sanger 提出了一种崭新的策略,他并不逐个测定 DNA 的核苷酸序列,而是设法获得一系列多核苷酸片段,使其末端固定为一种核苷酸,然后通过测定片段长度来推测核苷酸的序列。其后发展起来的各种 DNA 和 RNA 快速测序法,无不以此原理为基础,因此这一原理的提出有划时代的意义。

(一) DNA 的酶法测序

1975 年 Sanger 最初提出 DNA 测序的方法是利用 **DNA 聚合酶**,将待测序 DNA 样品作为模板,在引物和底物(dNTP)存在下合成一条与模板互补的 DNA 链,DNA 链用同位素标记,并通过"加"、"减"底物来控制合成链各片段的末端核苷酸,故称为**加减法**。测序反应中 DNA 链的合成是随机的,各种长度的片段都有。随后从反应体系中除去四种 dNTP,并将体系分为两部分,一部分用于"加"系统,分置四小管内,各加一种核苷酸底物,分别为 +dA、+dG、+dC、+dT;另一部分为"减"系统,也分置四小管内,各加三种核苷酸底物,即减去一种底物,分别为 -dA、-dG、-dC、-dT。在"加"系统中,由于 DNA 聚合酶的 3′→5′ 外切酶活性,它使已合成的 DNA 链自 3′端向 5′端方向降解,直至遇到所加入的核苷酸为止,底物的存在阻止了降解反应。因此所有片段都以该核苷酸结尾,片段的长度即为该核苷酸在 DNA 链中的位置。在"减"系统,DNA 聚合酶使链继续延伸,直至遇上所缺核苷酸才停止。这就使各片段长度比所缺核苷酸位置少一个核苷酸。

1977 年 Sanger 对 DNA 的酶法测序技术又作了重要改进,提出了双脱氧链终止法。其反应体系也包含待测序的单链 DNA 的模板、引物、四种 dNTP(其中一种用放射性同位素标记)和 DNA 聚合酶。共分四组,每组按一定比例加入一种底物类似物 **2′,3′- 双脱氧核苷三磷酸**(ddATP、ddGTP、ddCTP、ddTTP)。它能随机掺入合成的 DNA 链,一旦掺入后 DNA 合成立即终止。于是各种不同大小片段的末端核苷酸必定为该种核苷酸,片段长度也就代表相应核苷酸的位置。将各组样品同时进行含变性剂(8mol/L 尿素)的聚丙烯酰胺凝胶电泳,从放射自显影的图谱上可以直接读出 DNA 的核苷酸序列(图 15 - 12)。

终止法测序极为方便,现已完全取代了加减法,但当初 Sanger 的巧妙设计仍给人以启示。由于测序技术的改进现已无需制备单链模板,只要有特异引物,可以直接用双链 DNA 进行测序。

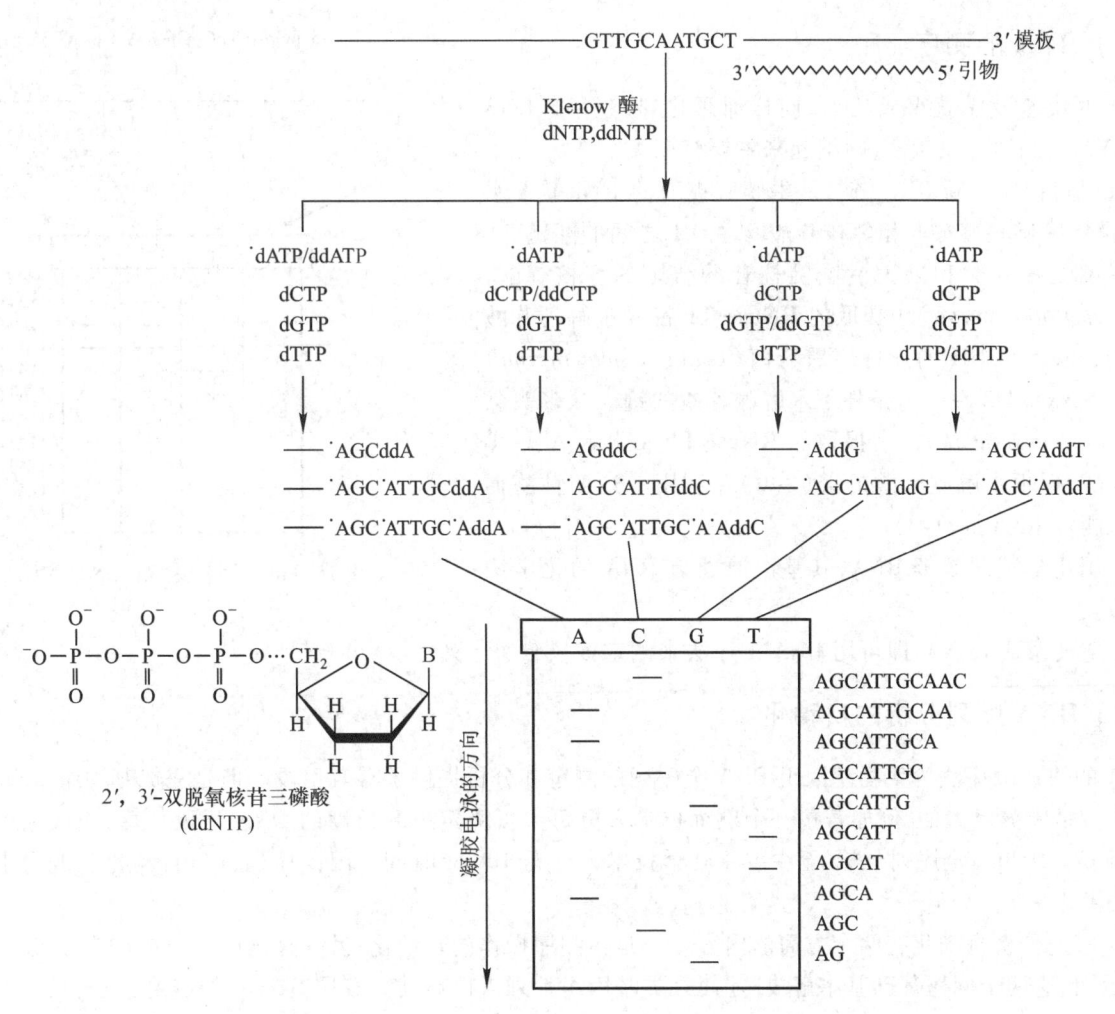

图 15-12 Sanger 双脱氧链终止法测定 DNA 序列图解

(二) DNA 的化学法测序

化学法测序由 A. M. Maxam 和 F. Gilbert 于 1977 年所提出。与酶法测序不同，Maxam-Gilbert 的方法并不合成 DNA 链，而是用化学试剂特异作用于 DNA 分子中不同的碱基，然后切断反应碱基的多核苷酸链。化学法测序前后有过一些修改，其基本过程是，先将 DNA **末端标记**，并分成四个组，分别用不同的化学反应作用于各碱基。四组特异反应如下：

(1) G 反应　在 pH8.0 用**硫酸二甲酯**(dimethyl sulfate, DMS)使鸟嘌呤上 N7 原子甲基化，结果导致 C8-C9 键和糖苷键易被水解。

(2) A+G 反应　用甲酸使嘌呤碱质子化，从而发生脱嘌呤效应。

(3) C+T 反应　用肼(hydrazine)将嘧啶环打开，形成新的开环，C 和 T 均被除去。

(4) C 反应　在 1.5mol/L NaCl 存在下只有胞嘧啶可与肼反应。

四组碱基反应后，用 1 mol/L 哌啶(piperidine)加热(90℃)使 DNA 碱基破坏处的糖-磷酸键断裂。经变性凝胶电泳和放射自显影得到测序图谱(图 15-13)。

与 Sanger 的链终止法相比，Maxam-Gilbert 的化学测序法有一些独特的优点。它无需引物，不进行体外合成，操作简单，有多种 3′和 5′末端标记方法可以从两端进行测序，双链 DNA 即可测序。但是终止法易于控制，并且可以直接读出核苷酸序列，因此应用更普遍，各种自动化测序仪也以该法而设计。

（三）RNA 的测序

DNA 的快速测序获得成功后，同样原理也被应用于 RNA 测序。RNA 的测序方法很多，归纳起来主要有三类。

（1）用酶特异切断 RNA 链　从牛胰脏提取的 **RNase A** 水解 RNA 链中嘧啶核苷酸与相邻核苷酸 5′-OH 之间的酯链，产物为 3′-嘧啶核苷酸和以 3′-嘧啶核苷酸结尾的寡核苷酸。米曲霉（*Aspergillus oryzae*）中提取的 **RNase T1** 特异水解鸟苷酸与相邻核苷酸 5′-OH 的连键。黑粉菌（*Ustilago sphaerogena*）中提取的 **RNase U2** 在一定条件下水解腺苷酸的键。从多头黏菌（*Physarum polycephalum*）中提取的 **RNase PhyI** 水解 A、G、U 三种核苷酸，但不水解胞苷酸的链（-C）。利用上述四种酶促反应可以测定 RNA 序列。

（2）用化学试剂裂解 RNA，其基本原理与 DNA 的化学法测序相似。

（3）逆转录成 cDNA，即可用 DNA 测序法来测定该核苷酸序列。

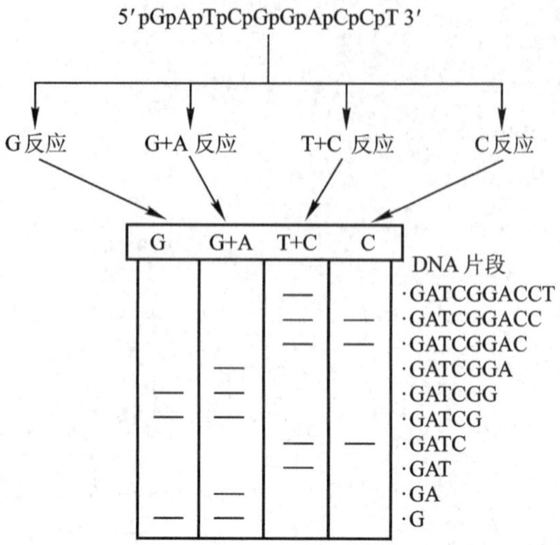

图 15-13　化学法测定 DNA 序列图解

（四）DNA 序列分析的自动化

DNA 的快速测序法为生物基因组 DNA 全序列的测定和分析提供了有效手段。但是完成基因组 DNA 序列分析的工作量是十分巨大的，例如若按一个熟练技术人员每天可测定 1kb 长度的 DNA 片段计算，完成人类或哺乳类基因组（3×10^9 bp）全序列分析，至少要 100 个技术人员花 100 年时间。因此序列分析自动化已成为生物技术的核心技术之一。

DNA 序列分析自动化有两个方面的内容。一是指测序操作的自动化；另一是读序和分析的自动化。20 世纪 80 年代后期，这两个问题都已基本解决，才使人类基因组计划得以启动。按照 Sanger 的链终止法，只要在基因组 DNA 中依次采用适当的引物，就能完成全序列的测定。为了便于自动读序，用荧光检测来取代放射自显影。分别用四种发射不同波长的荧光染料来标记引物，使四种链终止反应混合物中每一种都用不同颜色来表示，例如蓝色为 A，绿色为 T，黄色为 G，红色为 C。将反应混合物合并后进行凝胶电泳。在胶侧面固定一个激光通道小孔，其上安装一套荧光信号接收器。电泳过程中，当 DNA 条带经过激光通道小孔时，带有荧光染料标记的 DNA 片段在激光激发下便产生一定波长的荧光，四种末端核苷酸发出不同波长的信号。**荧光感受器**马上就感受到信号，并通过信号转换器变成电信号，再输入到数据处理系统，最后通过彩色打印机把各条带波峰直接打印出来，根据颜色确定相应的核苷酸。现在各种型号的**自动测序仪**已被广泛用于序列分析。

七、核酸的化学合成

早在 20 世纪 50 年代，H. G. Khorana 就开始了寡核苷酸的化学合成研究。1956 年他首次成功合成了二核苷酸。其基本指导思想是将核苷酸所有活性基团都用保护剂加以封闭，只留下需要反应的基团；活化剂使反应基团激活；用缩合剂使一个核苷酸的羟基与另一核苷酸的磷酸基之间形成磷酸二酯键，从而定向发生聚合。他的工作为核酸的化学合成奠定了基础，因而与第一个测定 tRNA 序列的 Holley 以及从事遗传密码破译的 Nirenburg 共获 1968 年诺贝尔生理学和医学奖。

Khorana 用于合成 DNA 的是**磷酸二酯法**。Letsinger 等人于 1960 年发明了**磷酸三酯法**。由于磷酸中有三个羟基（P-OH），将其中之一保护起来，剩下 2 个可以分别与脱氧核糖形成磷酸二酯，这样将减少副反应，简化分离纯化步骤，提高产率。之后他们又发明了**亚磷酸三酯法**，使反应速度大大加快。在此基础上实现了 DNA 化学合成的固相化,也即将第一个核苷酸3′-羟基固定在可控孔径玻璃微球(controllable pored glass bead,CPG)上,因此冲洗十分方便,也适合于自动化操作。

DNA自动化合成都采用**固相亚磷酸三酯法**。底物的活性基团分别被保护,例如腺嘌呤和胞嘧啶碱基上的氨基用苯甲酰基(bz)保护,鸟嘌呤碱基的氨基用异丁酰基(Ib)保护,5′-羟基用二甲氧三苯甲基(DMT)保护。自3′向5′方向逐个加入核苷酸,每一循环周期分为四步反应:

第一步,脱保护基(deprotection)。用二氯乙酸(dichloroacetic acid,DCA)或三氯乙酸(trichloroacetic acid,TCA)处理,水解脱去核苷5′-羟基上的保护基DMT。

第二步,偶联反应(coupling)。用二异丙基亚磷酰胺(diisopropyl phosphoramidite)衍生物作为活化剂和缩合剂,在弱碱性化合物四唑催化下,偶联形成亚磷酸三酯。

第三步,终止反应(stop reaction)。加入乙酸酐使未参与偶联反应的5′-羟基均被乙酰化,以免与以后加入的核苷酸反应,出现错误序列。换句话说,合成的DNA链允许中途终止,但不能有序列错误。

第四步,氧化作用(oxidation)。合成的亚磷酸三酯用碘溶液氧化,使之成为较稳定的磷酸三酯。

按照事先设计的程序合成DNA链,待合成结束后用硫酚和三乙胺脱掉保护基,并用氨水将合成的全长寡核苷酸水解下来,然后用高效液相色谱(HPLC)和凝胶电泳纯化并鉴定。每个核苷酸合成循环大约要7~10 min,十分方便。图15-14为DNA固相合成过程的图解。

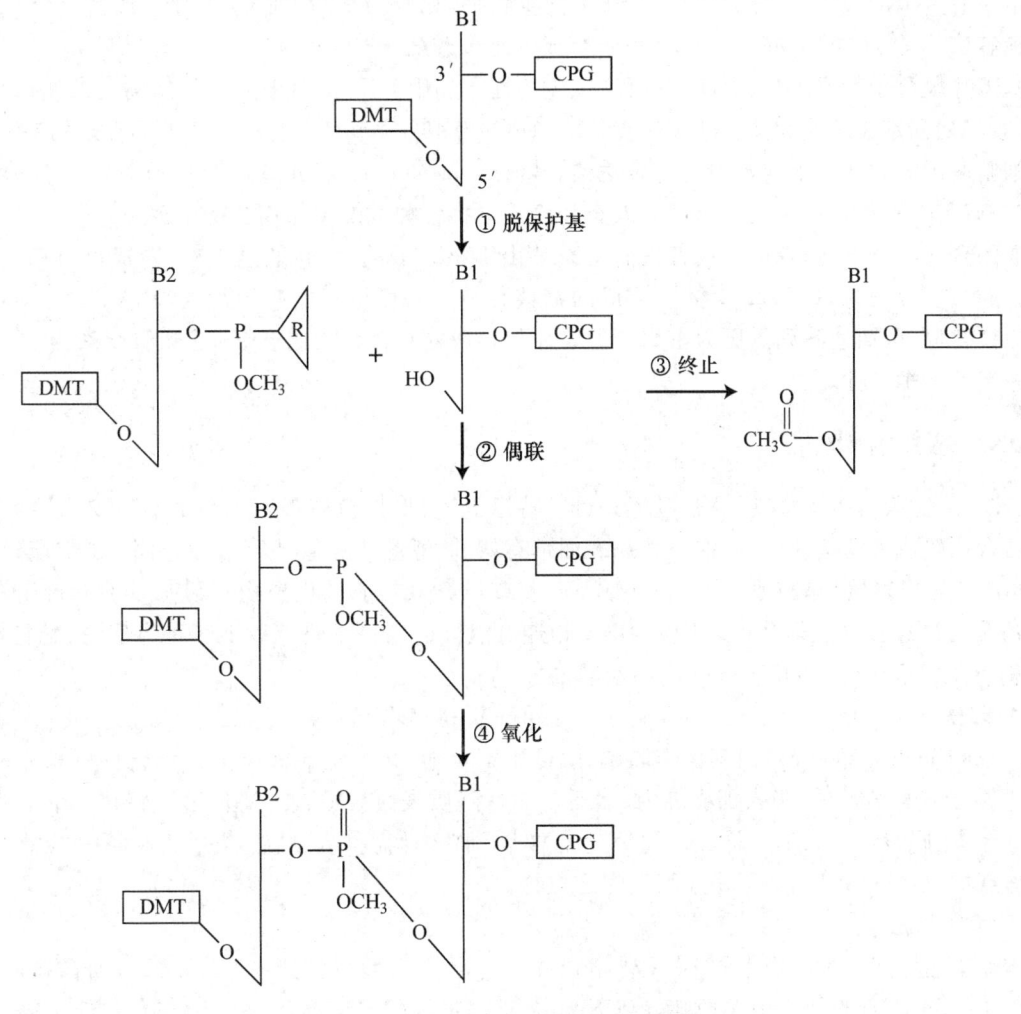

图15-14 DNA固相合成(亚磷酸三酯法)

现在 RNA 也能自动化合成，只是所用底物不同，基本操作与 DNA 合成一样。

八、DNA 微阵技术

DNA 微阵（DNA microarray），或称为**基因芯片**（gene chip），是以硅、玻璃、微孔滤膜等材料作为承载基片，通过微加工技术，在其上固定密集的不同序列 DNA 微阵列，一次检测即可获得大量的 DNA 杂交信息。在 1 cm^2 的芯片上排列的 DNA 片段常有数十、数百甚至数十万个。微阵技术因具检测快速、灵敏、获得的信息量大，故近年来发展极为迅速。人类基因组计划的顺利完成，生命科学进入了后基因组的时代，研究重点已不仅是基因组的序列，而转向功能基因组学（functional genomics）、比较基因组学（comparative genomics）、转录组学（transcriptomics），并带动产生了蛋白质组学（proteomics）、核糖核酸组学（ribonomics）和糖组学（glycomics）等领域。各种**生物芯片**（biochip）在综合分析各类生物大分子或大分子组的变化中特别有用，其中最成熟、得到最广泛应用的是 **DNA 芯片**（基因芯片）。

（一）DNA 芯片的类型

基片的材料、微加工技术和检测方法等都会影响芯片的性能，但决定芯片类型和用途的是以阵列分布的**传感器分子**。固定在芯片上的 DNA 可分为三类：①从不同生物来源分离到的基因、基因片段或其克隆；②cDNA 或是其表达序列标签（expressed sequence tag, EST）；③合成的寡核苷酸。

基因或基因片段分子都比较长，因此反应稳定，重复性好。用 PCR 扩增极易获得所需要的基因片段，经纯化和活化，即可按阵列固定在芯片表面。cDNA，或是从 cDNA 库中分离到的部分表达序列，即**表达序列标签**（EST），可用以检测细胞基因的表达水平或基因组的**表达谱**（expression pattern）。分离基因和 cDNA 克隆固然十分费时、费力，但现在一些与生物技术有关的公司已有人类和模式生物各种基因和 cDNA 克隆出售。

寡核苷酸的合成十分方便，现已可按各种需要设计出寡核苷酸的序列，通过 DNA 合成仪自动化合成。用于芯片的寡核苷酸长度一般为 20 至 25 聚体。合成的寡核苷酸几乎可用于所有用途的 DNA 芯片。寡核苷酸还可在阵列点的原位合成，因而使阵列点更为密集。但是原位合成的寡核苷酸比较短，通常小于 20 聚体，因此也为杂交结果带来一定的不确定性。

（二）DNA 芯片的制作

以硅片、玻片或滤膜作为固相支持物，应事先进行特定处理，例如包被带正电荷的聚赖氨酸或氨基硅烷。现在一些公司已有比较成型的基片出售，这类基片表面带有氨基、醛基或环氧基等活性基团。3′末端经修饰带有氨基的 DNA（PCR 产物或寡核苷酸）通过戊二醛（或其他长碳链含双功能基化合物）反应，从而共价结合在基片上。也有芯片的基质通过连接臂上活化的基团与 DNA 相连。点阵的制作主要有以下三种方法：**接触打印法**（contact printing）；**照相平版印刷法**（photolithography）和**喷墨法**（inkjet）。

1. 接触打印法

机械点样（mechanical spotting）因其操作简单，既可手工点样，又可全部操作由自动化仪器来完成，故而被广泛采用。DNA 溶于点样缓冲液，吸入加样针内，然后与芯片基质表面接触，使 DNA 溶液转移其上。为提高效率，点样可用多道针头，同时点一二十个样品。每一轮点样后，加样针需彻底清洗，然后再吸下一溶液，以免造成污染。采用**微阵点样仪**，编好程序，即可快速均匀完成点样。

2. 照相平版印刷法

把半导体加工的照相平版印刷术同 DNA 化学合成法结合起来，可以制造高密度的**寡核苷酸微阵列**。用挡光膜来控制光反应的部位，曝光使光敏保护基解离下来，从而与加入的特定核苷酸发生偶联反应。各核苷酸底物也用光敏基团保护，然后用另一挡光膜重复上述过程，最终得到包含不同序列寡核苷酸的微阵列。照相平版印刷法的优点是：①直接在点阵原位合成寡核苷酸，省去了寡核苷酸纯化处理和固定等步骤，提高了芯片制作效率。②

光照反应较易控制,可以制作高密度的点阵,其密度比接触点样至少可提高 2~3 个数量级。③全部过程采用自动化操作,芯片与芯片之间差异极小,便于大规模生产。其缺点是:①挡光膜非常昂贵,设计和操作十分复杂。②原位合成寡核苷酸的产率较低,通常只能合成长度 <20 聚体的寡核苷酸,限制了所能获得的杂交信息。这一技术经过改进显然还有更大发展前景。

3. 喷墨法

类似于喷墨打印机,将 DNA 溶液置于带有喷头的**压电装置**(piezoelectric device)内,在电流控制下使精确量的液体喷射在基质表面。之后经过清洗再换上另一 DNA 溶液,可进行新一轮喷射。这种方法可以用任何种类的 DNA 制作微阵列,包括基因组 DNA、cDNA 或寡核苷酸。喷墨法也可用于原位合成寡核苷酸。与彩色打印机的原理相同,用四个喷头分别贮存四种核苷酸的合成试剂,通过计算机控制喷射特定种类试剂到设定区域。去保护、偶联、氧化和冲洗等步骤一一如固相合成技术。如此循环可以合成出长度为 40~50 个碱基的寡核苷酸,每步产率也比照相法高,但芯片密度却不如照相法。点样法和喷墨法所制作的芯片一般可达上万个点阵。

(三) 核酸杂交的检测

DNA 芯片通过各点阵上的传感器分子与基因组 DNA、cDNA 和 mRNA 杂交而得到这些核酸样品的信息。现在已有许多物理化学方法可用来检测核酸的杂交;最常用的方法是对核酸样品加以放射性或荧光标记,然后检测点阵的杂交标记。荧光标记的灵敏度虽略低于放射性标记,但操作方便,目前 DNA 芯片的检测主要用荧光法。常用**硫代吲哚花青染料**(sulfoindocyanine,Cy)进行荧光标记,Cy3 可激发绿色光,Cy5 可激发红色光,如将 Cy3 和 Cy5 分别标记诱导前和诱导后细胞的 RNA 或其 cDNA,然后再与 DNA 芯片杂交。杂交信号可通过激光显微扫描仪对 DNA 芯片进行扫描来收集,检测每个靶标上探针所发出的荧光,由**计算机控制显示器**(computer controller display,CCD)成像(图 15-15)。可以分别对两种荧光物扫描并成像;也可以同时扫描获取两种图像,视不同仪器而异。**激光共聚焦装置**使激发光从芯片背面射入,并在芯片与杂交溶液界面处聚焦,发射荧光由成像显微镜经滤色器到达检测器(光电倍增管),那些未与芯片探针结合的标记分子由于不在聚焦部位,发射光不被检测到,只有芯片表面的杂交物才形成**二维荧光图像**。Cy3 和 Cy5 荧光图像的差别即反映了细胞诱导前后转录的差别。

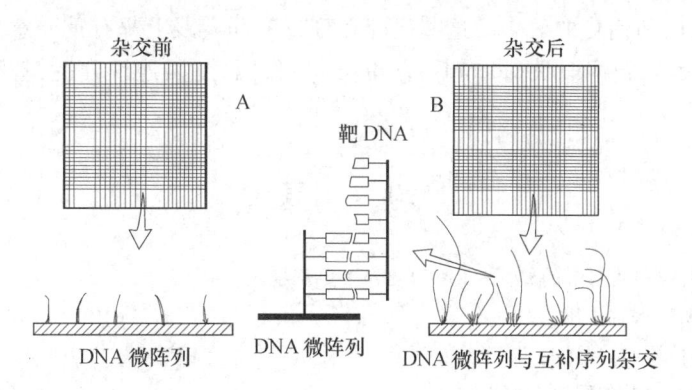

图 15-15 DNA 芯片的作用原理

另一种荧光检测技术叫**光导纤维 DNA 生物传感器微阵列**(fiber-optic DNA biosensor microarray),将生物传感器技术与微阵列技术结合起来。它是将寡核苷酸探针固定在传感器敏感膜上,每一阵列点分别与直径为 200μm 光导纤维末端相连,形成微阵传感装置。探针可伸入核酸样品溶液内,杂交的荧光信号由另一端偶联的 CCD 相机接受,样品检测十分快速灵敏。

探针和样品是相对而言的。固定在芯片上的核酸或寡核苷酸称为探针,被检测的荧光标记核酸则为样品;反之,有些书上将芯片上固定的核酸或寡核苷酸称为样品,而将荧光标记的核酸称为探针,通过与芯片杂交而获得探针的序列信息,其意思与前者完全相同。

(四) DNA 芯片的应用

DNA 芯片的用途十分广泛,它是分析基因组或是其表达遗传信息的重要技术,归纳起来主要有以下几方面的应用。

1. 测定基因型、基因突变和多态性

利用各种**基因探针**,可以确定生物的基因型。由于 DNA 芯片包含的信息量十分巨大,它可以检测出基因的各种突变和多态性。通常以高密度寡核苷酸微阵列来研究种内和种间的基因突变及多态性,尤其是**单核苷酸多态性**(single-nucleotide polymorphism,SNP)。在检测突变的微阵列(芯片)中,由代表一个或一组基因所有突变体的寡核苷酸组成,样品与芯片杂交的灵敏度可以检测出单个核苷酸的错配,因此可以从同源基因的大量变化中快速查出序列上的变异,包括导致遗传病的基因缺陷以及癌基因。通过**基因组错配扫描**(genomic mismatch scanning,GMS)以对阵列各点的荧光强度进行定量分析。当探针与样品核酸完全匹配时所产生的荧光信号强度是具有单个或两个错配碱基时的 5~35 倍,所以对荧光信号强度精确测定是找出错配的基础。当然荧光强度还可能受到其他各种因素的影响,因此需要做各种对照实验,以取得可靠结果。

2. DNA 的重建测序

上面提到 DNA 芯片包含的信息量十分巨大。如果 DNA 芯片由高密度整套寡核苷酸所构成,这些寡核苷酸长度一定,而包含了所有可能序列的组合,因此可用于**重建测序**(resequencing)。将待测序的 DNA 分子切成小的片段,经荧光标记后在芯片上杂交。由于这些寡核苷酸包含了全部可能的序列,寡核苷酸有各种重叠,根据杂交荧光图谱可以推导出 DNA 序列,故又称为**杂交测序**(sequencing by hybridization,SBH)。这种测序方法十分高效,一次杂交即可得出 DNA 的全序列。但若样品中含有重复序列,测序就会受到限制。

3. 测定基因的表达谱

借助 cDNA,表达序列标签(EST)或寡核苷酸芯片,可测定细胞基因的表达情况,包括特定基因是否表达、表达丰度、不同组织、不同发育阶段以及不同生理状态下表达差异,也就是所谓的**基因表达谱**(gene expression pattern)。基因表达谱可提供丰富的生物信息及有关基因功能的直接线索。测定基因表达谱还有助于了解疾病的发病机制、药物的生理反应和治疗的效果。这些研究在理论上和实践上都有重要意义。

DNA 芯片还可用于**基因来源同一性**(identity by descent)作图、基因连锁分析、基因定位等研究,这里不再一一详述。

习 题

1. 比较 DNA 和 RNA 被酸、碱和酶水解的异同。RNA 比 DNA 更不稳定,为什么?
2. 比较 RNase 和碱对 RNA 的水解作用。
3. 核苷酸与氨基酸的解离性质有何异同?核苷酸能否形成兼性离子?
4. 核苷酸中磷酸基的存在对碱基的解离有何影响?
5. 测得腺苷酸的 pK' 值为 0.9、3.8 和 6.2,它们分别相当于什么基团的解离?计算其 pI 值。[2.4]
6. 为什么核酸的正向滴定曲线与反向滴定曲线不同?
7. 核糖核苷酸与脱氧核糖核苷酸的紫外吸收性质差别不大,但 RNA 与 DNA 的 $\varepsilon(P)$ 值相差很大,这是为什么?
8. 有一纯的质粒 DNA 溶液,共 0.5mL,取少量稀释 100 倍后测得 A_{260} 为 0.330,计算此溶液共有 DNA 多少微克?(已知 DNA $\varepsilon(P)$ 为 6600;1 摩尔磷 DNA 平均为 310g)[775μg]
9. 何谓变性?是否所有能引起蛋白质变性的因素都能引起核酸变性,或者引起核酸变性的因素都能引起蛋白质变性?
10. 为什么说核酸变性是一个相变过程?哪些物理化学性质可以用作变性的指标?
11. 在 1mol/L NaCl 条件下测得肺炎双球菌 DNA 的 Tm 值为 98.7℃,请计算其碱基的 G+C 含量。[42%]
12. 某真核生物基因组 DNA 变性后在标准条件下(溶液阳离子浓度 0.18mol/L,DNA 片段大小 400bp)复性,测得复性曲线分为三部分,快速复性部分占总量 25%,$C_0t_{1/2}$ 为 0.0013;中间部分占 30%,$C_0t_{1/2}$ 为 1.9;缓慢复性部分占 45%,$C_0t_{1/2}$ 为 630,试计算此基因组高度重复、中等重复和单拷贝序列的复杂度和拷贝数。(已知大肠杆菌 DNA 大小为 4.64×10^6 bp, $C_0t_{1/2}$ 为 9) [高度重复复杂度为 168bp, 4.8×10^5 拷贝; 中等重复为 3.0×10^5 bp, 324 拷贝; 单拷贝 1.46×10^8 bp]

13. 何谓 Southern 杂交? 何谓 Northern 杂交? 它们的原理和用途是什么?
14. 何谓密度梯度离心? 主要有哪几种? 对核酸研究有何用途?
15. 大肠杆菌染色 DNA 的 G+C 含量为 50.1%, 请计算其密度。[1.70g]
16. 琼脂糖凝胶电泳对核酸研究有何用途?
17. 核酸凝胶电泳后常用溴化乙锭来显色, 其原理是什么?
18. 为制备变性胶, 常在琼脂糖和聚丙烯酰胺凝胶中添加什么变性剂? 它们有何用途。
19. 试述脉冲电场凝胶电泳的原理和用途。
20. 为什么羟基磷灰石柱层析能分开单链和双链核酸?
21. 简要说明 oligo(dT) 柱制备 poly(A)$^+$mRNA 的原理和主要操作步骤。
22. 提取 DNA 和 RNA 主要应注意什么? 目前常用的方法有哪些?
23. Sanger 提出的酶法测定 DNA 序列的原理是什么? 有何划时代的意义?
24. Maxam 和 Gilbert 的化学测序法原理是什么? 与酶法测序相比, 它的优点是什么?
25. 试述核酸化学合成的基本原理。亚磷酸三酯法有何优点?
26. 何谓 DNA 芯片? DNA 芯片有何用途?

主要参考书目

[1] Nelson D L, Cox M M. Lehninger Principles of Biochemistry. 4th ed. New York: W H Freeman and Company, 2004.
[2] Bery J M, Tymoczko J L, Stryer L. Biochemistry. 5th ed. New York: W H Freeman and Company, 2002.
[3] Sanmbrook J, Russell D W. Molecular Cloning: A Laboratory Manual. 3rd ed. New York: Cold Spring Harbor Laboratory Press, 2001.
[4] 吴乃虎. 基因工程原理. 第二版. 北京: 科学出版社, 2001.
[5] 张龙翔, 张庭芳, 李令媛. 生化实验方法和技术. 第二版. 北京: 高等教育出版社, 1997.

(朱圣庚)

第 16 章 激 素

对于一个生物体,特别是人和脊椎动物,它的各器官、各系统间必须互相配合,协调一致,并且作为一个整体必须与外界环境求得和谐统一。对人和脊椎动物来说,起这种整合作用的除神经系统外,就是内分泌系统及其分泌的化学调节剂——**激素**(hormone)。本章主要介绍激素的一般概念,包括激素的化学本质,激素与内分泌腺,激素分泌的调节,激素的作用机制,重要激素的举例,以及昆虫激素和植物激素等。

一、引 言

(一) 激素的定义

"激素"一词最先是在 1904 年被 W. Bayliss 和 E. Starling 用来描述**促胰液素**(secretin)的作用的,促胰液素是由十二指肠分泌,促进胰液流动的一种分子(后来知道它是一种肽激素)。从 Bayliss 和 Starling 的工作中可以概括出几点有关激素的重要思想:①激素是特定组织或细胞(现在称内分泌腺)合成的信息分子或称信息载体;②激素被直接分泌到体液如血液,并携带到远离其分泌器官的称为**靶细胞**(含特异专一的受体)的作用部位,在那里特异地改变靶细胞的活动;③激素的作用力是很强的,很低的浓度就能引起很强的应答;④激素分子都是短命的,在细胞中不能积累,很快就被破坏。虽然今天关于激素的概念和研究内容有了很大的发展,但基本思想还是这些。更概括地说,激素是协调多细胞生物个体的不同细胞代谢活动的一类胞外化学信号(signal)或信使(messenger)。

(二) 激素的分类

激素按生物来源的不同可分为:①人和脊椎动物激素;②无脊椎动物激素,如昆虫激素;③植物激素。昆虫激素和植物激素将在本章后面另行介绍。

人和脊椎动物激素按化学本质可分为:①**胺激素**(amine hormone)或称氨基酸衍生物激素,如甲状腺素和肾上腺素等;②**肽**(包括蛋白质)**激素**,如催产素、胰岛素等;前两类激素合称为**含氮激素**(nitrogenous hormone);③**类固醇激素**,如皮质醇、孕酮等;④**脂肪酸衍生物激素**,如前列腺素、凝血噁烷和白三烯等,它们总称为**类二十烷酸**(eicosanoid,eikosi 是希腊文的二十)或称**类前列腺酸**(prostanoid),这是人和脊椎动物体内的一类特殊激素或称激素样物质,它们的效应一般局限于合成部位的附近(组织或细胞),这些物质的介绍见本章后面。

人和脊椎动物激素还可以根据它们的作用方式分为两大类。一类是肽激素、某些胺激素(如肾上腺素),可能还有前列腺素,这类激素是与靶细胞质膜上的受体结合并通过第二信使(胞内信使)而起作用。第二信使是在细胞内合成,其合成受到质膜外表面上激素(第一信使)与受体的结合而促进。细胞内第二信使的产生和积累引起代谢的变化。另一类是类固醇激素和某些胺激素(如甲状腺素),它们能通过质膜,与胞内的受体结合而起作用。形成的激素－受体复合体与细胞核中染色质的特定 DNA 序列结合并刺激特定基因的转录。类固醇激素总的代谢效应是刺激靶组织中某些蛋白质的合成,使关键蛋白质的水平发生变化;与此相反那些通过第二信使发挥作用的激素通常是改变关键蛋白质或酶的活性。因此肽激素的作用是快速的,但持续时间短,而类固醇激素的作用是缓慢的,但持续时间长。

(三) 人和脊椎动物的内分泌腺及其分泌的激素

内分泌系统(endocrine system)是人体及脊椎动物体内的两大通讯系统之一,它由分散在体内的、被称为**内分**

泌腺(endocrine gland)的一些无管腺和细胞组成。这些特定的器官或细胞在特定的神经或体液的刺激下分泌某些特定物质进入体液(如血液)。这些物质就是被称为**激素**的化学信号,它们在血液中的浓度是很低的,然而一旦被携带到靶细胞,便作用于特定的组织或器官,并产生特定的效应。为了读者查阅和参考,表 16-1 列出各种内分泌腺(图 16-1),它们分泌的主要激素及其化学本质和主要功能。从表 16-1 中可以注意到:①这些内分泌腺在解剖学上是彼此不连续的,但在功能意义上它们自成一体——内分泌系统;②这些内分泌腺中有些器官如心、肾等显然有它们的其他甚至更重要的功能,但它们同时含有分泌激素的细胞;③下丘脑是大脑的一部分,但也是内分泌系统的一部分,因为下丘脑及其扩展部分——**垂体后叶**(posterior pituitary),也称**神经垂体**(neurohypophysis)——中某些神经原末梢分泌的化学信号不是影响邻近细胞的神经递质,而是进入血液被携带到别的作用部位起作用的激素。这些神经原末梢释放出的激素称为**神经激素**(neurohormone);④有些个别内分泌腺能分泌几种激素,一般情况下一种类型的细胞只分泌一种激素,因此这些个别腺体应含有几种类型的细胞;⑤有些个别激素可以由一种以上内分泌腺分泌,例如**生长抑素**(somatostatin)是由胃肠道和胰腺两者分泌的,同时它也是下丘脑分泌的激素之一(表 16-2)。

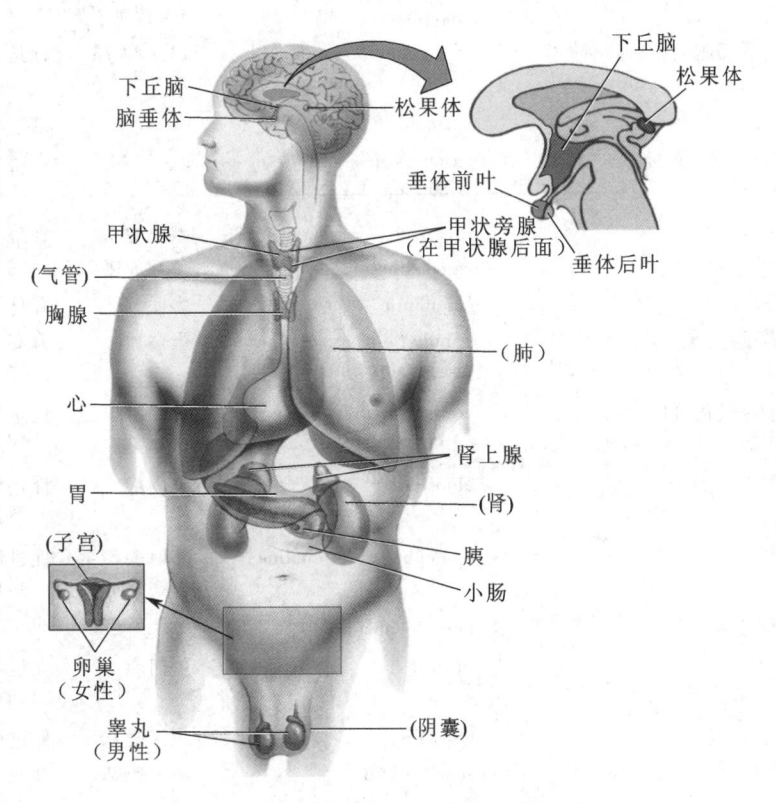

图 16-1　人体的内分泌腺及与之相关的器官

表 16-1　激素一览表

产生激素的部位(内分泌腺)	激素	简称	英文名称	化学本质	主要功能
下丘脑	释放因子[a]		releasing factor	多肽	促进腺垂体分泌激素
	抑制因子[a]		inhibiting factor	多肽	抑制腺垂体分泌激素
垂体前叶	生长激素(促进长素)[b]	GH	growth hormone (somatotropin)	蛋白质	促进生长和代谢
	促甲状腺激素	TSH	thyroid-stimulating homone	蛋白质	促进甲状腺发育和分泌激素

续表

产生激素的部位（内分泌腺）	激素	简称	英文名称	化学本质	主要功能
	促肾上腺皮质激素（β-促皮质素）	ACTH	adrenocorticotropic hormone (β-corticotropin)	39-残基[c]	促进肾上腺皮质分泌激素
	催乳激素（促乳素）	LTH	luteiotropic hormone (prolactin)	蛋白质	促进乳腺生长和乳汁合成
	促性腺激素		gonadotropic hormones		
	促卵泡激素	FSH	follicle-stimulating hormone	蛋白质	促进配子（卵和精子）产生和性激素分泌
	黄体生成素（促黄体素）	LH	luteinizing hormone (lutropin)	蛋白质	
	β-促脂解素	LPH	β-lipotropin	蛋白质	促进脂质水解
	β-内啡肽		β-endorphin	31-残基	功能尚不清楚
	脑啡肽		enkephalin	5-残基	
	促黑[素细胞]激素	MSH	melanophore-stimulating hormone	13-和18-残基	促进黑色素合成和扩散
垂体后叶	催产素[d]	OT	oxytocin	9-残基	催乳和促进子宫活动
	血管升压素（抗利尿激素）[d]	ADH	vasopressin (antidiuretic hormone)	9-残基	促进肾对水的重吸收并有升压作用
甲状腺	甲状腺素	T_4	thyroxine	碘酪氨酸	促进基础代谢、脑发育和脑功能
	三碘甲腺原氨酸	T_3	triiodoathyronine	碘酪氨酸	
	降钙素		calcitonin	多肽	降低血钙、调节钙磷平衡
甲状旁腺	甲状旁腺激素	PTH (PH)	parathyroid hormone (parathyormone)	蛋白质	升高血钙、调节钙磷平衡
肾上腺皮质	皮质醇（氢化可的松）		cortisol (hydrocortisone)	类固醇	促进肝细胞中糖原异生；增强应急应答和免疫能力
	醛固酮		aldosterone	类固醇	促进肾小管对钠和水的重吸收及钾的排泄
肾上腺髓质	肾上腺素		epinephrine (adrenaline)	酪氨酸衍生物	促进肝和肌肉中糖原分解，升高血糖；提高应急应答能力
	去甲肾上腺素		norepinephrine		
胰腺	胰岛素		insulin	蛋白质	促进肝和肌肉对葡萄糖的吸收和利用，降低血糖
	胰高血糖素		glucagon	29-残基	促进糖原分解，升高血糖
	生长抑素	SS	somatostatin	14-残基	抑制GH和TSH的分泌
性腺					
卵巢	雌激素[e]		estrogens	类固醇	促进雌性生殖系统发育和乳房长大
	孕酮（黄体酮）		progesterone	类固醇	促进子宫内膜增生、抑制子宫运动以利安胎
	松弛素		relaxin	多肽	促进子宫颈和耻骨松弛
睾丸	雄激素[f]		androgens	类固醇	促进雄性生殖系统发育和雌、雄性（男、女）性活动
胎盘	绒毛膜促性腺激素	CG	chorionic gonadotropin	蛋白质	促进黄体分泌激素；其功能与孕酮相似
	雌激素[e]		estrogens	类固醇	见卵巢
	孕酮		progesterone	类固醇	见卵巢
	胎盘催乳素	PL	placental lactogen	蛋白质	促进乳房发育和代谢

续表

产生激素的部位（内分泌腺）	激素	简称	英文名称	化学本质	主要功能
胸腺	胸腺素		thymosin(thymonpoietin)	蛋白质	增进 T-淋巴细胞的功能
松果体	褪黑素	MLT	melatonin	色氨酸衍生物	可能与性成熟和体节律有关
胃肠道	胃泌素（促进胃液素）		gastrin	17-残基	促进胃液分泌
	[肠]促胰液素		secretin	多肽	促进胰液分泌
	缩胆囊素	CCK	cholecystokinin	多肽	促进胆囊收缩
肾脏	肾素（血管紧张肽原酶）[g]		remin	蛋白质	与醛固酮分泌及血压有关
	1,25-二羟维生素 D_3		1,25-dihydroxyvitamin D_3	类固醇	促进小肠对钙的吸收
心脏	心房[钠泵]肽	ANF	atrial natriuretic factor (atriopeptin)	肽	促进肾对钠的排泄；与血压有关
肝	胰岛素样生长因子	IGF-Ⅰ和Ⅱ	insulin-like growth factors	肽	促进生长

a. 这些释放因子和抑制因子见表 16-2。
b. 括号内是同义词。
c. 39-残基表示含 39 个氨基酸残基的肽，以下同。
d. 催产素和血管升压素是在下丘脑中合成，但被运至垂体后叶贮存并由此分泌的。
e. 雌激素包括雌二醇（estradiol）、雌三醇（estriol）和雌酮（estrone）等。
f. 雄激素包括睾酮（testosterone）、雄酮（androsterone）等。
g. 肾素是一种酶，它在血中催化生成血管紧张肽Ⅱ（angiotensin Ⅱ）的反应，血管紧张肽Ⅱ是一种强血管收缩剂。

表 16-2　下丘脑产生的调节激素

激素[a]	英文名称	简称	化学本质	对垂体前叶的作用
促肾脏腺皮质激素释放因子[b]	corticotropin releasing factor	CRF	41-残基	刺激 ACTH 的分泌
促甲状腺素释放因子[c]	thyrotropin releasing factor	TRF	3-残基	刺激 TSH 和促乳素的分泌
生长激素释放因子	growth hormone releasing factor	GHRF	多肽	刺激生长素的分泌
生长激素释放抑制因子（生长抑素）	growth hormone release inhibiting factor(somatostatin)	GHIF(SS)	14-残基	抑制 GH 和 TSH 的分泌
促性腺激素释放因子	gonadotropin releasing factor	GnRF	肽	刺激 FSH 和 LH 的分泌
促乳素释放因子	prolactin releasing factor	PRF	多肽	刺激促乳素的分泌
促乳素释放抑制因子[d]	prolactin release inhibiting factor	PIF	多巴胺	抑制促乳素的分泌
促黑素细胞激素释放因子	melanophore-stimulating hormone releasing factor	MRF	多肽	刺激促黑素细胞激素的分泌

a. 激素名称中，因子（factor）一词也可写成激素（hormone），两者是同义词，因此其简称，例如 CRF 也可写成 CRH。
b. CRF 是 ACTH 释放的主要刺激剂，但血管升压素，可能还有其他下丘脑激素，也能刺激 ACTH 的释放。
c. 注意，TRF 也是一种"PRF"，但它与"真正的"PRF 不同，后者只刺激促乳素的分泌。
d. PIF 经鉴定是多巴胺（dopamine），一种儿茶酚胺。除此之外，所有的下丘脑分泌的因子都是肽。

（四）激素和其他化学信号的区别

协调动物体内各器官和组织的代谢活动，除激素外，还涉及其他的胞外化学信号，包括信息素、神经递质和生长因子等。**信息素**（pheromone）与激素不同之处是，信息素是在不同生物个体的细胞之间，一般是在异性个体的细胞之间传递信息，因为信息素的一个重要功能是作为**性引诱剂**（sex attractant），它的传递促进性行为的发生。昆虫的性引诱剂研究得较多，发现它们的化学结构多是长链烯醇酯或长链环氧化合物。**神经递质**（neurotransmitter）是由神经细胞释放的作用于邻近细胞的胞外信号。胞外**生长因子**（growth factor）与激素的区别是:对于应答一次性分泌信号,生长因子的促进活性是持续的,而激素是短暂的。

有时这些胞外信号的区别并无明确的界限,例如肾上腺素和去甲肾上腺素,当在中枢神经系统中被分泌时作为神经递质起作用,而由肾上腺髓质分泌时则作为激素起作用。

(五) 激素分泌的等级控制和反馈调节

从激素分泌的角度看,人和哺乳动物体内的内分泌腺可以分为上、中、下三个等级,构成"下丘脑-脑垂体-其他内分泌腺"轴或系统。下丘脑处于轴上方,脑垂体居于中间,其他内分泌腺处于轴下方(图16-2)。上一级内分泌腺通过它所释放的激素控制下一级内分泌腺的活动,而下级释放的激素也对上级内分泌腺的活动产生影响。

第一级内分泌腺是**下丘脑**(hypothalamus),它是特化了的大脑中枢,是哺乳类中内分泌系统的总枢纽或主调节器。激素的作用归根结底受中枢神经系统的控制。下丘脑接收和加工那些经中枢神经系统来自环境的感觉输入(sensory input)。在应答中,下丘脑至少产生9种激素,称为**下丘脑激素**或**神经激素**,它们几乎都是多肽分子。下丘脑激素作用于垂体前叶(anterior pituitary),也称腺垂体(adenohypophysis),促进或抑制特定的垂体激素分泌。有促进作用的下丘脑激素称为**释放因子**或**释放激素**(简称 RF 或 RH),有抑制作用的称为[释放]**抑制因子**或**抑制激素**(简称 IF 或 IH),见表16-2。注意,下丘脑激素与垂体激素没有一一对应的关系,例如下丘脑的 TRF 不仅刺激垂体的 TSH 分泌,也刺激促乳素的分泌;又如垂体的生长激素分泌同时受到下丘脑的两种激素:GHRF 和 SS(GHIF)的调节 (图16-2)。

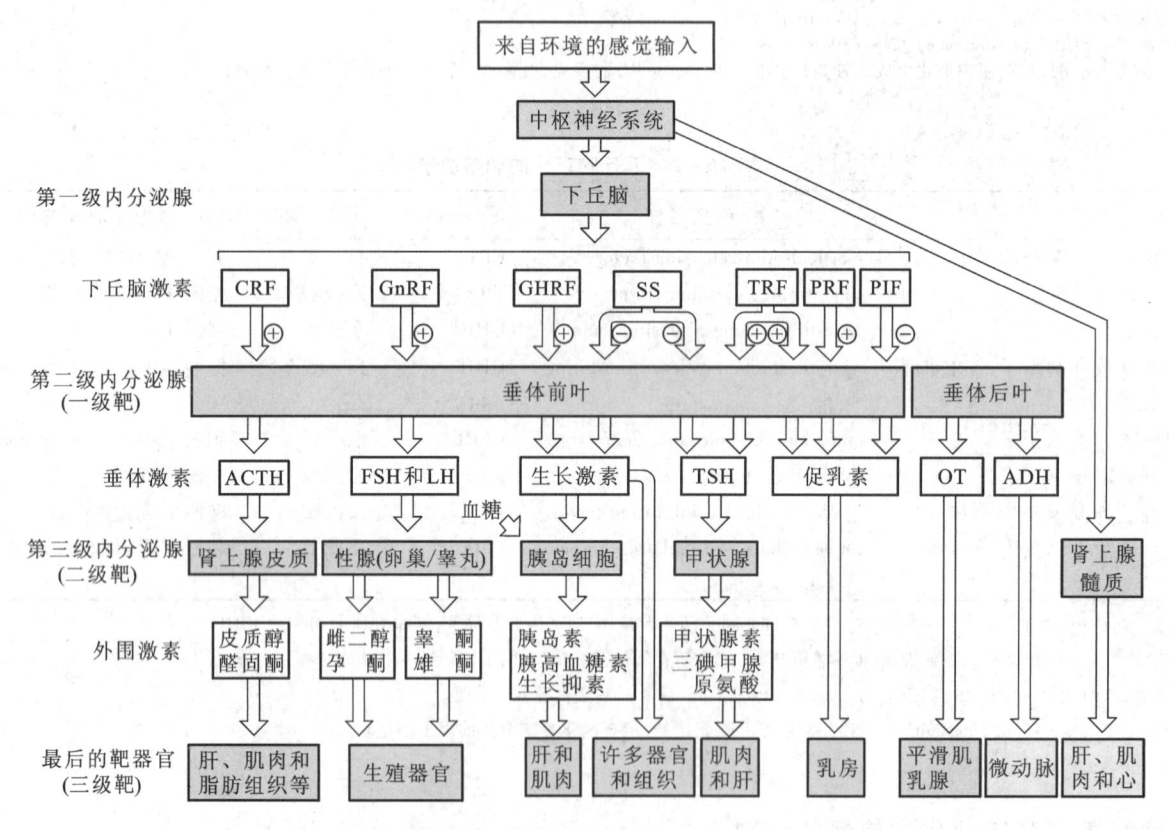

图 16-2 下丘脑-脑垂体-其他内分泌腺轴(示出激素作用的等级性质)

图中 ⊕ 表示促进,⊖ 表示抑制

第二级内分泌腺是**脑[下]垂体**(pituitary gland),包括前叶(腺垂体)和后叶(神经垂体)。垂体也称为一级靶(primary target)内分泌腺,因为它是第一级内分泌腺下丘脑分泌的激素的靶子。垂体分泌10种以上的激素,前叶8种,后叶2种。前叶分泌的**垂体激素**除促乳素外都作用于除下丘脑和脑垂体外的其他内分泌腺,或称二级靶

(secondary target)内分泌腺。这些前叶垂体激素也称为**促激素**(tropic hormone 或 tropin),例如**促肾上腺皮质激素**(ACTH),它是由垂体前叶分泌、刺激肾上腺皮质产生糖皮质激素如皮质醇,后者再作用于最后级的靶组织,而垂体后叶分泌的**催产素**和**血管升压素**是直接作用于最后级的靶组织的。

第三级内分泌腺即除下丘脑和脑垂体外的其他内分泌腺也称二级靶内分泌腺,包括甲状腺(thyroid)、肾上腺皮质(adrenal cortex)和髓质(medulla)、胰腺小岛细胞(pancreatic islet cell)、生殖腺或性腺(gonad)、胎盘(placenta)、松果体(pineal gland)等(见表16-1)。这些腺体受垂体前叶促激素的刺激产生许多种激素,它们作用于最后的或称三级的靶器官或靶组织如肝、肌肉、生殖器官、乳腺、微动脉(arteriole)等(图16-2)。第三级内分泌腺分泌的激素称为**外围激素**,有时也称第三级激素,这是相对于下丘脑激素(第一级)和垂体激素(第二级)而言。

激素的作用具有自我限制的性质,因为在下丘脑-垂体-其他内分泌腺轴上存在许多**反馈环**(feedback loop)。在环中一种激素的分泌将启动一系列反应,其结果导致该激素分泌的抑制。如图16-3A所示,在下丘脑释放因子起始的激素序列如CRF-ACTH-皮质醇中,第三级激素皮质醇由于它引起分泌CRF的神经原中动作电位频率下降,使得下丘脑分泌CRF减小。此外皮质醇还直接作用于垂体前叶使分泌ACTH的细胞对CRF的促进效应敏感性降低。这样,通过这种"双管齐下"的作用皮质醇自身的分泌得到有效的负反馈控制。

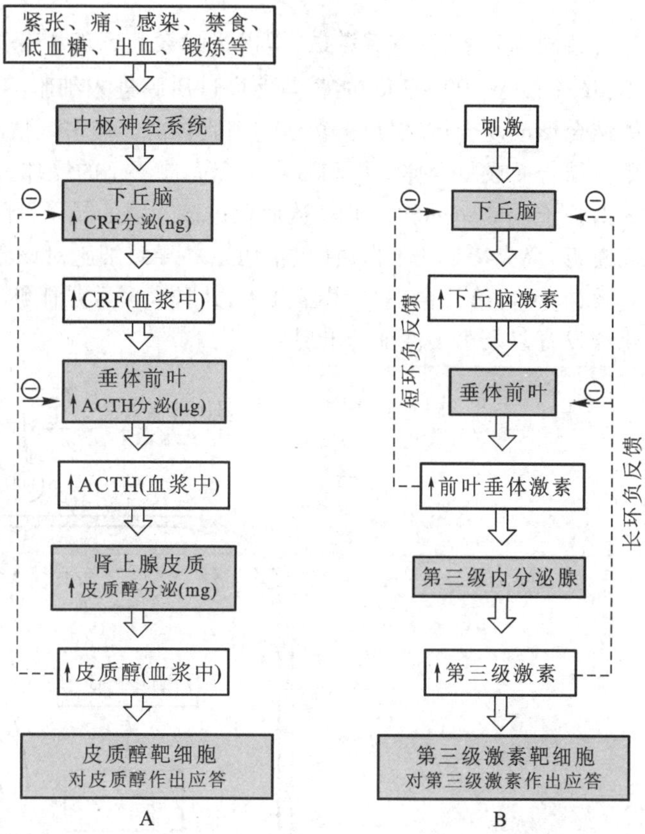

图16-3 下丘脑-脑垂体-第三级内分泌腺轴中激素反应序列的级联放大(A)和反馈控制(B)

一个激素序列中最后一级的激素(如皮质醇)对下丘脑和/或垂体前叶的负反馈作用称为**长环负反馈**(long-loop negative feedback),前叶垂体激素(第二级激素)对下丘脑的负反馈称为**短环负反馈**(short-loop negative feedback)(图16-3B)。

注意,内分泌腺之间除了上面刚讲到的纵向(轴向)的相互制约(激素序列中的反馈控制)外,还有横向(激素序列间)的相互制约。例如卵巢(和胎盘)分泌的雌激素显著提高垂体前叶的促乳素分泌,虽然雌激素的分泌并不受促乳素的控制,又例如肾上腺素可以抑制胰腺小岛细胞的胰岛素分泌。

正常情况下,各种内分泌腺的活动是相互平衡的,各种激素在血浆中的浓度维持在相对稳定的水平。但任何一种内分泌腺机能亢进或减退都会破坏这种平衡与稳定,扰乱正常代谢和生理功能,从而影响机体的正常发育和健康,甚至引起严重疾病直至死亡。

二、激素作用的机制

激素只作用于那些具有专一受体(receptor)的细胞,即靶细胞。但一种激素可能有多种不同的专一受体。例如肾上腺素在肌肉和脂肪组织中有专一的β受体;在肌肉和肝脏中有专一的α-1受体;在胰腺β细胞中有专一的α-2受体。因此一种激素可能以不同的方式影响不同的细胞,这随专一的受体和信号转导机制而异。就大多数激素而言,激素的受体都是位于靶细胞质膜的外表面,另一些激素的受体处于靶细胞的内部。据此可把激素作用的机制或原理分为两大类型：①激素进入靶细胞内,在细胞质或核中与专一的受体结合成激素-受体复合体而起作用；②激素在靶细胞外与其质膜上的受体结合并通过膜上的转导机制转化为胞内信使而起作用。

（一）类固醇激素和甲状腺激素的作用机制

类固醇激素、**甲状腺激素**（即甲状腺素和三碘甲腺原氨酸）以及 1,25-二羟维生素 D_3 是脂溶性的,分子较小,M_r 一般在 300~700,能容易地穿过质膜进入细胞溶胶中。这类激素有些如糖皮质激素在细胞质中与专一受体结合形成复合体,然后被转运到细胞核内。但多数情况下,激素直接进入核内,在那里与事先被转运进核内的受体结合而成复合体。因和激素结合而被活化的受体——**激素-受体复合体**被结合到染色质 DNA 的特定基因的增强子（enhancer）序列上,从而促进该基因的转录,即促进特定 mRNA 的合成,然后 mRNA 进入细胞质作为合成模板,合成特定的蛋白质（包括酶）,并导致细胞对该激素作出最终的生理效应（图 16-4）。这类激素的作用时间较长,可持续几个小时,甚至几天,并且大多数是能够影响生物体的组织分化和发育,如性激素影响性器官的分化和发育以及第二性征的出现。

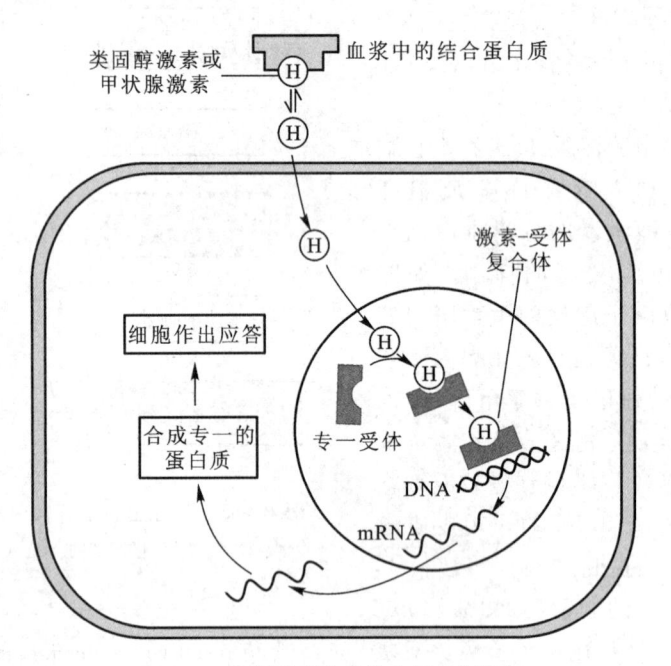

图 16-4 类固醇激素的作用机制图解
（受体在靶细胞内部的激素作用机制）

（二）肽激素和肾上腺儿茶酚胺激素的作用机制

肽激素如催产素、胰岛素和生长激素以及肾上腺髓质分泌的**儿茶酚胺激素**（肾上腺素、去甲肾上腺素等）是水溶性的。这类激素不能穿过细胞膜而进入靶细胞内。它们的受体都位于靶细胞质膜的外表面。这类激素中的大多数利用一种或多种信号转导机制和第二信使。

信号转导机制（signal transduction mechanism）是指胞外信使（激素）所携带的信息转换成胞内信使所携带的信息的接替机构和过程。根据激素所利用的信号转导机制不同,可以把受体分为 5 种类型：①是通过影响离子通道改变膜电活性和细胞溶胶钙离子浓度的受体；②是调节 3′,5′-环腺苷酸（cAMP）的生成的受体；③是调节 3′,5′-环鸟苷酸（cGMP）的生成的受体；④是通过影响膜磷脂酰肌醇的代谢而改变细胞溶胶的钙离子浓度和蛋白激酶 C 活性的受体；⑤是本身就具有蛋白激酶活性的受体。

第二信使（second messenger）是指由于胞外信使（也称**第一信使**）与质膜上受体的结合而产生或增加的靶细

胞内物质,它们起着从质膜到胞内生化机构的信息传递者的作用。已知的第二信使有cAMP、cGMP、Ca^{2+}以及从膜磷脂酰肌醇-4,5-二磷酸(PIP_2)衍生而来的肌醇-1,4,5-三磷酸(IP_3)和1,2-二酰基-sn-甘油(DAG),这些信使的结构和主要作用分别见图16-5和表16-3。

表16-3 第二信使的作用

名 称	作 用
环AMP	激活cAMP依赖型蛋白激酶
环GMP	激活cGMP依赖型蛋白激酶
钙离子	激活钙调蛋白和其他的钙结合蛋白质
肌醇三磷酸(IP_3)	促进从内质网中释放钙离子
二酰甘油(DAG)	激活蛋白激酶C

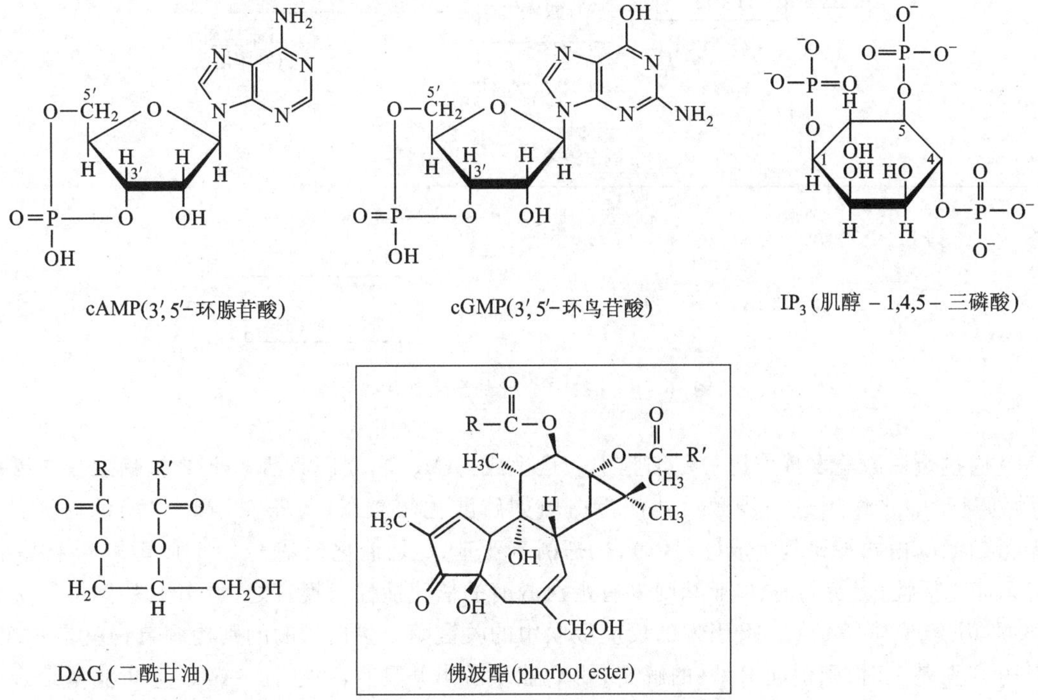

图16-5 激素作用中第二信使的化学结构(附佛波酯的结构)

与信号转导机制有关的除受体和第二信使外还有G蛋白、蛋白激酶和其他蛋白质(如离子通道和酶)。**G蛋白**(鸟苷酸结合蛋白)是质膜调节蛋白的一个家族。G蛋白处于质膜的内侧面上,它由α、β和γ三种亚基组成杂三聚体($G_{\alpha\beta\gamma}$)。G_α亚基含GDP(无活性)或含GTP(有活性)。激素-受体复合体与G蛋白偶联能使G蛋白从无活性的GDP型变成有活性的GTP型。活性的G_α亚基再与质膜上的其他蛋白质相互作用,如与**腺苷酸环化酶**(adenylate cyclase)相互作用,使之激活,并引出生化(反应)序列中的下一步,如环化酶催化cAMP的生成(见图16-6和图16-7)。反应序列是导致细胞对激素作出最终应答的基础。G蛋白虽不是第二信使,但它经常对第二信使的产生作出贡献。**蛋白激酶**是催化从ATP转移磷酸基到其他蛋白质(往往也是酶)的酶类。引入磷酸基的蛋白质其活性发生改变,或被抑制或被激活。

下面介绍cAMP介导的和IP_3-Ca^{2+}介导的激素作用途径。许多激素都是通过这两种转导机制起作用的。

1. cAMP介导的途径

此途径的略图见于图16-6。途径中的有关细节叙述如下:

(1) 受体活化和 cAMP 的生成　受刺激后释放到血液循环中的激素与靶细胞相遇时，激素分子则与靶细胞膜上的专一受体结合，并引起受体的构象变化，从而改变受体活性，这一步骤称为**受体激活**（receptor activation），它是导致细胞对激素作出最终应答的生化序列的第一步。活化的受体激活了与之相连的 G 蛋白，使 G_α 亚基上的 GDP 被 GTP 取代，变成活性的 G 蛋白。接着，携带 GTP 的 G_α 离开 $G_{\beta\gamma}$ 向膜上的腺苷酸环化酶（无活性）靠拢并使之活化。环化酶的催化部位位于质膜的细胞溶胶侧。活化了的环化酶催化胞内的 ATP 生成 cAMP，G_α 亚基重新形成 $G_{\alpha\beta\gamma}$ 三聚体（图 16 - 7）。cAMP 扩散到整个细胞，发挥它的作用。

注意，cAMP 在细胞内受到磷酸二酯酶的作用被分解成 $5'-$AMP。因此无专一激素存在时，cAMP 的合成与分解反应趋于分解一方，cAMP 浓度迅速降低。

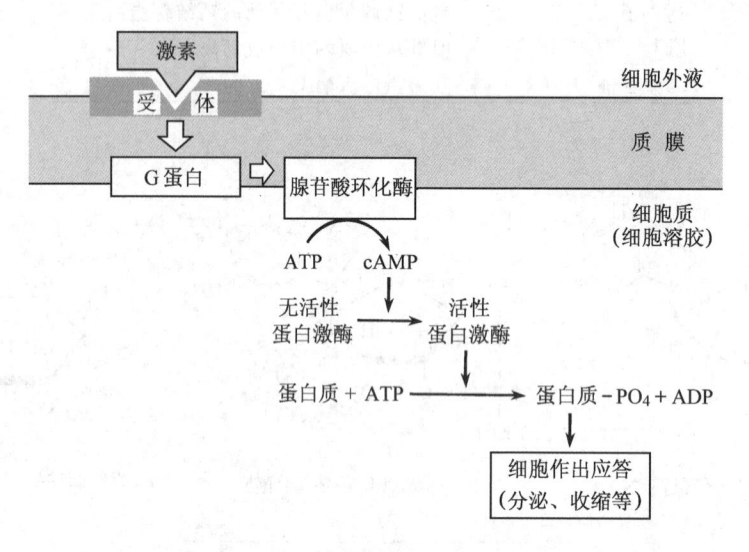

图 16 - 6　cAMP 介导的激素作用途径

(2) cAMP 通过蛋白激酶发挥作用　靶细胞中一旦生成 cAMP，它立即激活 **cAMP 依赖型蛋白激酶**。被激活了的蛋白激酶通过磷酸化作用进一步激活其他蛋白质如磷酸化酶激酶（见第 11 章中"酶的可逆共价修饰"）。cAMP 依赖型蛋白激酶由两种亚基组成（R_2C_2），R 是调节亚基，C 是催化亚基。当 C 亚基和 R 亚基结合成 R_2C_2 复合体时，它无催化活性；当游离时，C 亚基则具有蛋白激酶的催化活性。换言之，调节亚基能抑制催化亚基。蛋白激酶是一种别构酶，它常常是 cAMP 引发的反应级联中的关键酶。蛋白激酶的别构调节物就是 cAMP，当 cAMP 结合到 R_2C_2 的 R 亚基上时，则引起 R_2C_2 的解离，使 C 亚基游离并具有活性，而 cAMP 与 R 亚基结合成无活性的复合体（图 16 - 7）。

为什么通过 cAMP 途径行使作用的激素能够引出各种各样的生化序列和细胞应答呢？原因就在于能被 cAMP 依赖型蛋白激酶磷酸化的蛋白质是多种多样的。例如脂肪细胞应答肾上腺素时，蛋白激酶不仅磷酸化**磷酸化酶激酶**引起糖原分解（参见第 11 章和第 24 章），并且也磷酸化**脂肪酶**，使之转变为活性形式而催化脂肪的水解。又例如肾上腺素作用于肝细胞时，被激活的 cAMP 依赖型蛋白激酶既促进糖原分解，又抑制糖原合成，两者互相配合，这是因为蛋白激酶除引起糖原磷酸化酶激活外，同时使糖原合酶磷酸化而失活。

(3) 信号的级联放大　在第 11 章中曾谈到级联放大，这里简单地复习一下。**级联**是指酶或激素启动的连续激活的反应链或生化序列。由于酶在反应中可以多次使用，所以一个酶分子在一步反应中能催化多个（假设 100 个）底物发生转化。如果底物也是酶（无活性形式），则在连续反应的第二步中能使 100^2 个底物发生转化。如果有 n 步这样的反应，则最后一步的产物将是 100^n 个分子。这是一种"几何级数"的增长，被称为酶或激素的级联放大。例如**肾上腺素**通过 cAMP 途径促进糖原分解的级联放大：激素 - 受体（1 分子）→AMP 环化酶（1 分子）→cAMP（10^2 分子）→活性蛋白激酶（10^4 分子）→活性磷酸化酶激酶（10^6 分子）→磷酸化酶 a（10^8 分子）→1 - 磷酸葡糖（10^{10} 分子）→葡萄糖（10^{12} 分子）。一个肾上腺素分子将产生 10^{12} 个葡萄糖分子。整体实验表明，当肾上腺素以

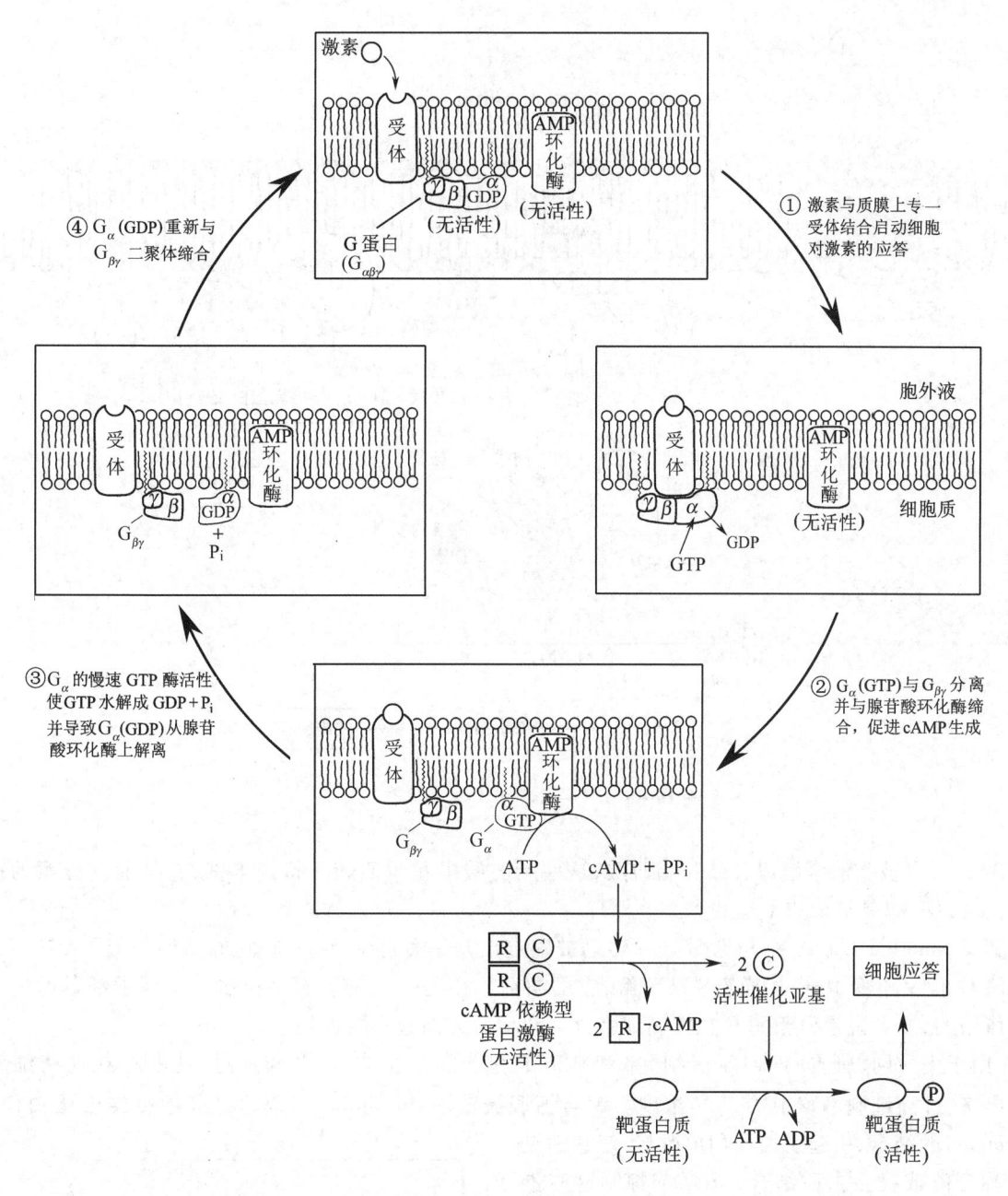

图 16-7 激素作用途径中 cAMP 的生成和蛋白激酶的作用

$10^{-8} \sim 10^{-10}$ mol/L 的浓度达到肝细胞表面则引起强烈的效应，能产生 5 mmol/L 葡萄糖，激素信号放大了约 300 万倍，几秒钟之内就使磷酸化酶活性水平达到最高值。

2. $IP_3 - Ca^{2+}$ 介导的途径

肌肉、肝脏和心脏中的 α-1 受体被肾上腺素激活后，通过 G 蛋白（有专一的 α 亚基）的转导，激活质膜上的**磷脂酶 C**（而不是腺苷酸环化酶）。活化了的磷脂酶 C 再使膜中的磷脂酰肌醇-4,5-二磷酸（膜脂中的一种成分）分解为肌醇三磷酸（IP_3）和二酰甘油（DAG）。IP_3 和 DAG 起第二信使的作用（表 16-3）。$IP_3 - Ca^{2+}$ 介导的途径示于图 16-8。

（1）DAG 和 IP_3 的第二信使作用　　**DAG** 是**蛋白激酶 C**（M_r 700 000）的激活剂，促进蛋白激酶 C 转化为活性形式，后者催化靶蛋白质磷酸化，最终改变一系列酶的活性，例如糖原合酶被蛋白激酶 C 磷酸化后，则不能催化糖

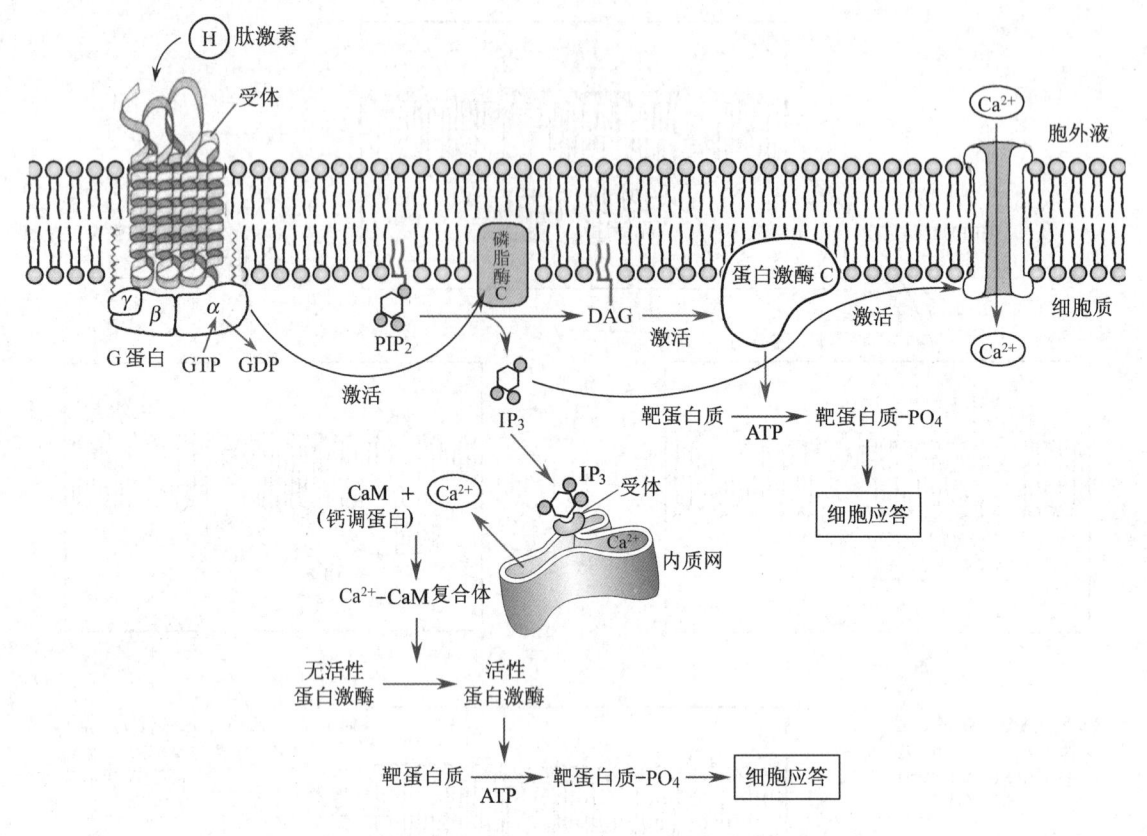

图 16-8 $IP_3 - Ca^{2+}$ 介导的激素作用途径

原合成。DAG 可以被脂酶水解成甘油和脂肪酸,这些脂肪酸中花生四烯酸特别丰富,它是前列腺素的前体。因此这条途径可以引起更复杂的生理效应。

佛波酯类(phorbol esters,结构见图 16-5)已被鉴定出是一种肿瘤促进剂,它的结构类似 DAG,因此也能激活蛋白激酶 C,但又不像 DAG 那样容易被降解,它的激活作用是持久的。看来很多生长因子都是通过蛋白质磷酸化而起作用的,或者说蛋白激酶 C 在控制细胞分裂和增殖方面起重要作用。

IP_3 作用于内质网、肌质网(对于肌细胞)和其他细胞器的膜受体,打开膜通道,使贮存在这些细胞器中的 Ca^{2+} 释放出来,升高细胞溶胶中的 Ca^{2+} 浓度。钙与**钙调蛋白**(calmodulin,CaM)或其他**钙结合蛋白**(calcium-binding protein)的结合,引起蛋白质构象改变,使它们更容易与各种靶酶或靶蛋白质结合,激活或抑制这些蛋白质(其中不少是蛋白激酶)的活性,从而完成激素信号的级联放大,并引起细胞的广泛生理效应。IP_3 是一种短命的信使,只能维持几秒钟的时间。它在磷酸酶作用下被除去 2 个磷酸基而成为肌醇单磷酸,后者能重新组成磷脂酰肌醇。

(2)作为胞内信使的钙离子和钙调蛋白的作用 人们很早就知道钙离子与许多生理活动过程有关,是许多信号转导机制中的胞内信使。钙离子之所以能胜任这一角色是因为:① 细胞内 Ca^{2+} 浓度可以大幅度地发生变化,一般情况下细胞溶胶中 Ca^{2+} 浓度维持在很低水平(~0.1μmol/L),比细胞外的浓度低几个数量级。

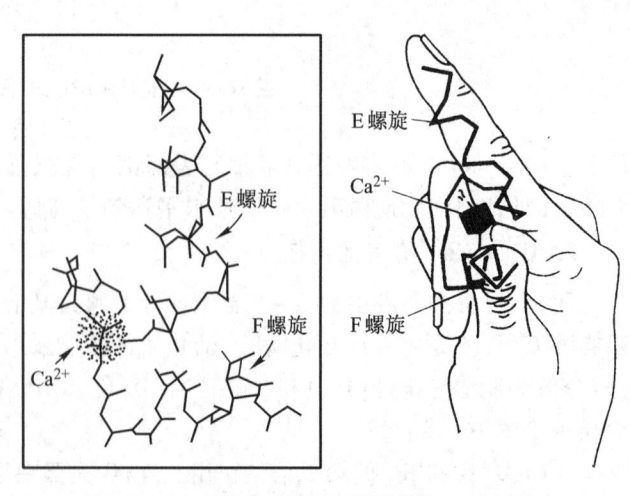

图 16-9 E-F 手结构

为达到传递信号的目的,可以在瞬间打开质膜或/和细胞内膜中的钙通道,骤然升高细胞溶胶中的 Ca^{2+} 水平;② 钙能与蛋白质上多个负电荷的氧(主要来自 Asp 和 Glu 残基侧链的羧基)很好地结合,从而促进蛋白质构象的改变。X 射线分析研究表明许多结合 Ca^{2+} 的蛋白质,钙的结合部位都是处在一个称为 E-F 手结构(E-F hand structure)的口袋里。**E-F 手结构**由两段短的 α 螺旋(E 段和 F 段)以及中央的 β-折叠环构成, Ca^{2+} 就窝藏在此环内(图 16-9)。

钙调蛋白是钙结合蛋白家族(已知有 170 多种)中的重要成员。IP_3(还有 cAMP 和其他因素)介导产生的 Ca^{2+} 信号是通过钙结合蛋白包括钙调蛋白才被转导成胞内应答的。在此过程中钙结合蛋白依次调节很多细胞过程,其中之一是调节蛋白激酶 C 的活性。当蛋白激酶 C 与 Ca^{2+} 和 DAG 这两个第二信使结合后则被激活,并引出细胞对激素的各种应答。

三、人和脊椎动物激素举例

(一)胺(氨基酸衍生物)激素

这类激素包括肾上腺髓质分泌的肾上腺素和去甲肾上腺素,甲状腺分泌的甲状腺素和三碘甲腺原氨酸以及松果体的褪黑素(N-乙酰-5-甲氧基色胺),下丘脑的促乳素释放因子(多巴胺)等。

1. 肾上腺素(epinephrine)和去甲肾上腺素(norepinephrine)

这两种激素和多巴胺都属**儿茶酚胺**(catecholamine)**激素**,在体内由酪氨酸衍生而来,它们的结构式见图 16-10。人体内除肾上腺髓质外,交感神经系统也能产生肾上腺素,但主要产生去甲肾上腺素(在这里它们被称为神经递质)。注意,肾上腺的髓质和皮质是互不相干的两种组织,虽然它们合成为"一个腺体"。但它们两者的胚胎起源不同,髓质和神经细胞同属一个来源(外胚层),受交感神经支配,而皮质是由中胚层衍生而来。

肾上腺素和去甲肾上腺素的功能是,引起人体或动物的兴奋激动。具体说,引起血压升高、心跳加快、血管紧张、代谢率提高、耗氧量增加、骨骼肌和心肌血流量加大、瞳孔放大、毛发耸立,同时抑制消化道蠕动、胃肠壁平滑肌血管收缩、减少血流量。总之动员全身一切潜力应付紧急状态。

肾上腺素和去甲肾上腺素两者有所不同,前者对心脏作用大,是强心剂(使心跳加快),后者对血管作用大,是升压剂(使血管收缩);对糖原分解作用(升高血糖)前者比后者强 20 倍。

我国特产的中草药麻黄(*Ephedra vulgaris*)所含有的麻黄碱或麻黄素(ephedrine),其化学结构(图 16-10)和生理功能都与肾上腺素相似。**麻黄素**及其化学合成类似物被用于缓解哮喘和鼻充血。

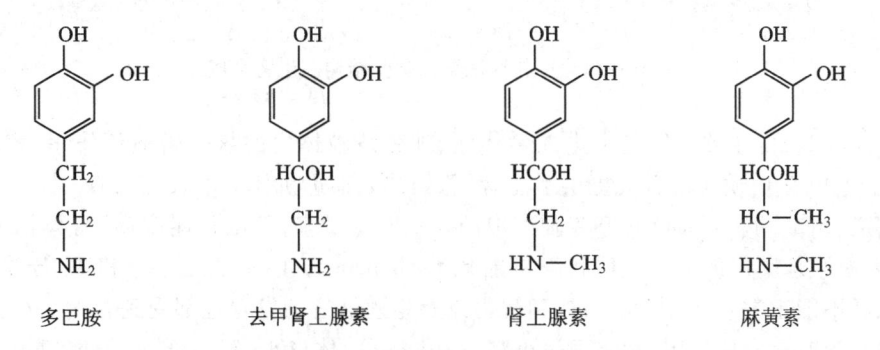

图 16-10 儿茶酚胺激素的化学结构

2. 甲状腺素(thyroxine,T_4)和三碘甲腺原氨酸(triiodothyronine,T_3)

T_4 和 T_3 合称为**甲状腺激素**(thyroid hormone),它不包括甲状腺分泌的另一激素降钙素(calcitonin),它是一个多肽(含 33 个残基)。甲状腺激素是在甲状腺滤泡的上皮细胞中合成的,这些上皮细胞包围着滤泡,泡内充满胶状液,其中贮存有碘化的**甲状腺球蛋白**(thyroglobulin)。碘化是在甲状腺球蛋白(M_r约为 650 000,每分子含 115 个 Tyr 残基)的酪氨酸残基侧链上进行的。甲状腺激素的合成分为 3 步:①聚碘;②碘的活化;③Tyr 残基的碘化和 T_4、T_3 的生成(图 16-11)。从胃肠道吸收的碘离子(I^-),经血流进入甲状腺。甲状腺是体内吸收碘最强的组织,能聚集人体内的大部分碘。进入甲状腺上皮细胞的 I^- 在甲状腺过氧化物酶和过氧化氢的作用下转化为活性碘;然后活性碘与甲状腺球蛋白上的 Tyr 残基作用,使之碘化成一碘酪氨酸残基、二碘酪氨酸残基,2 个碘化的 Tyr 残基共价连接形成 T_3 和 T_4 残基。T_3 和 T_4 以这种形式与甲状腺球蛋白结合,并被贮存在滤泡内(一般供几星期用的贮量)。需要时这种碘化的球蛋白重新回到滤泡细胞,经蛋白酶解转化为游离的 T_4 和 T_3,并释放到血流中。T_4 的分泌量远大于 T_3,但到达靶细胞后,大部分 T_4 被酶除去一个碘原子而转变为 T_3。T_3 的激素活性比 T_4 强 5~10 倍。

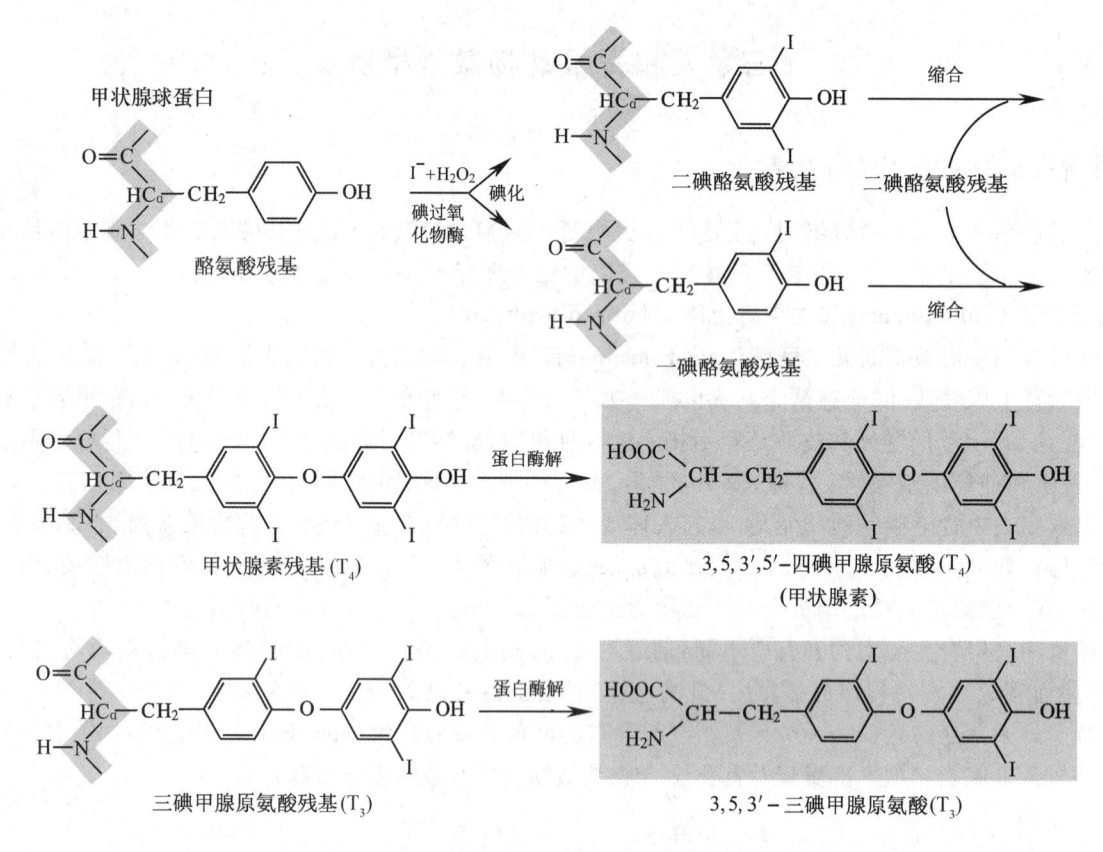

图 16-11 甲状腺激素的化学结构和生物合成

甲状腺激素(T_3 和 T_4)的主要功能是促进能量代谢,加强线粒体内的氧化磷酸化作用,增加 ATP 的生成量,而 ATP 的增加又为核酸、蛋白质等的合成提供了能量,总的结果促进机体的生长和发育。

甲状腺机能亢进(hyperthyroidism)的患者血流中的 T_3 和 T_4 过多,基础代谢率高、身体消瘦、神经紧张、心跳加快、出汗、颤抖,并有眼球突出的症状。**甲状腺机能减退**(hypothyroidism)患者,T_4 和 T_3 分泌不足,基础代谢率下降,产能减小,患者不能正常生长、发育,精神和智力以及生殖器官的发育也都受到影响。小儿时期因甲状腺机能不全或因缺碘甲状腺激素合成受阻,则出现**呆小症**(cretinism),体形小、智力低、性不能成熟。如果尽早给以甲状腺激素,可恢复正常发育。成人缺碘则出现曾称为"黏液性水肿"的症状,面部和手肿大,其实不是黏液在组织中积累而是皮下结缔组织增厚的缘故。

(二) 肽和蛋白质激素

这类激素包括几乎所有的下丘脑激素、垂体激素、胰腺分泌的激素以及许多其他内分泌腺分泌的某些激素

(见表 16-1)。

1. 生长激素(growth hormone, somatotropin)

生长激素是垂体前叶分泌的，属于蛋白质，人生长激素的 M_r 为 21 500，含 191 个残基，一级序列已测出。生长激素有种的特异性，除灵长类的生长激素外，其他哺乳类的生长激素对人不起作用。

生长激素的生理功能广泛，但主要是促进骨骼和肌肉的生长发育。儿童时期如果缺少生长激素，将患**侏儒症**(dwarfism)，生长停滞、身材矮小，但智力发育正常，这与呆小症患者的智力低下不同。反之，儿童时期如果生长激素分泌过多，则患**巨人症**(gigantism)，有记录的最高巨人达 2.72 m。侏儒和巨人身材各部分的比例尚属协调。如果成年人垂体机能亢进，生长激素分泌过多，身体只有软骨较多部分，如下颚骨、手足肢端骨异常生长，而已钙化的如长骨则不再生长，因此出现肢端肥大，下颚突起、鼻梁隆高等不合常人比例的畸形。因生长激素分泌不足患侏儒症的儿童，及早用生长激素治疗效果很好。现已有用基因重组技术生产的人生长激素供临床应用。

2. 催产素(oxytocin)和血管升压素(vasopressin)

这两个激素是在下丘脑中合成，被运至垂体后叶贮存，并由此分泌。它们都是含 9 个氨基酸残基的环状八肽(结构式见图 4-4)，现都已用人工合成方法生产。

催产素的生理作用是能引起多种平滑肌收缩(特别是子宫肌肉)，具有催产(使妊娠子宫收缩，分娩胎儿)及促使乳腺排乳的作用。催产素活性极强，只要 1/(120 亿)的剂量就能引起离体子宫的收缩。

血管升压素也称抗利尿激素(antidiuretic hormone)。这种激素主要作用是调节体内的水平衡，它促进水在肾集合管的重吸收，使尿量减少，这就是抗利尿作用。此外它还可以引起体内各部分的微动脉管的平滑肌收缩而具有升压作用。

3. 胰岛素(insulin)和胰高血糖素(glucagon)

这两种激素都是埋藏在胰腺中的一些特殊细胞群称为胰岛或兰氏小岛(islet of Langerhans)合成并分泌的，胰岛是无管腺，胰腺中胰岛的数目可多至百万个。胰岛至少含有 3 种分泌细胞，分别称为 α、β 和 γ 细胞。其中 α 细胞占胰岛细胞总数的 15%~25%，α 细胞分泌胰高糖血糖素；β 细胞占 70%~80%，分泌胰岛素；γ 细胞数量较少，分泌生长抑素(somatostatin)。

胰岛素是由 A 链(21 残基)和 B 链(30 残基)通过共价二硫键交联而成的蛋白质分子，化学结构见图 4-10。它是体内唯一能降低血糖的激素。

胰岛素是应答多种刺激而分泌的，但最强有力的刺激是血糖的增多。一般说，胰岛素的分泌是对进食的应答，由血糖的水平决定。血糖直接作用于胰岛 β 细胞以调节胰岛素的分泌。正常人空腹血糖水平为 5~6 mmol/L 血液。

胰岛素对全身的作用至少有两个方面：①增加葡萄糖转运蛋白的数目，改变对胰岛素敏感细胞摄取葡萄糖的速率；②影响细胞内的代谢变化，这是因胰岛素的结合激活了专一受体的酪氨酸激酶活性而引起的(受体本身是一种酪氨酸激酶)。**胰岛素受体**($\alpha_2\beta_2$, M_r 300 000)的酪氨酸激酶结构域(β 链)位于膜的细胞质一侧，它的主要作用是使蛋白质磷酸化(在 Tyr 残基的侧链羟基上)。已有证据表明，胰岛素的作用可能是使**磷蛋白磷酸酶**活化，磷酸酶是催化蛋白质去磷酸化作用的。

胰岛素对肝脏和周围组织的一个总的作用是使那些被 cAMP 依赖型蛋白激酶磷酸化了的蛋白质发生去磷酸化，虽然目前确切的机制，包括它的第二信使是什么，尚不清楚。在肌肉中胰岛素的主要作用是降低蛋白质水解和增加蛋白质合成，以及使可利用的葡萄糖增多。由于去磷酸化作用使糖原合酶(glycogen synthase)转变为活性形式，而使磷酸化酶转变为无活性形式(见图 11-25)，因此胰岛素促进肝脏和肌肉中的糖原合成并抑制糖原分解。胰岛素对脂肪组织在葡萄糖的摄取和代谢方面都有重要影响；主要的代谢变化是使脂酶去磷酸化而失活，因此抑制脂肪的水解。同时由于葡萄糖的摄入(经代谢转化为 α-甘油磷酸)，促进细胞内的脂质合成。总之胰岛素之所以能降低血糖是因为它促进了靶细胞对葡萄糖的摄取(增加膜对葡萄糖的通透性)、贮存(合成肝糖原和肌糖原)和利用(用于合成脂质、蛋白质等)。

当胰岛受到破坏、胰岛素分泌减少或机体组织对胰岛素的敏感性降低(胰岛素受体失效)时，则血糖升高，尿中出现葡萄糖,发生**糖尿病**(diabetes mellitus);如果胰岛机能亢进,则出现血糖过低,能量供给不足,甚至影响大脑机能。

胰高血糖素是由29个氨基酸组成的单链多肽(M_r 3 485),氨基酸序列也已测出。它的主要生理作用与胰岛素相反,它是升高血糖的激素,而与肾上腺素的效应相同,两者都是通过cAMP提高肝糖原磷酸化酶的活性从而促进肝糖原分解,使血糖升高。但胰高血糖素与肾上腺素不同,它主要作用于肝脏,并不促进肌细胞的糖原分解。血糖水平下降(低于4.5 mmol/L)和胰岛素分泌增加都可以直接作用于胰岛α细胞引起胰高血糖素的分泌。

(三) 类固醇(甾类)激素

类固醇激素是由肾上腺皮质、性腺(卵巢和睾丸)以及妊娠期间的胎盘产生并分泌的。胆固醇是所有类固醇激素的前体。

1. 肾上腺皮质激素(hormones of adrenal cortex)

肾上腺皮质主要分泌5种激素:醛固酮、皮质醇、皮质酮、脱氢表雄酮和雄烯二酮(图16-12)。**醛固酮**(aldosterone)是一种**盐皮质激素**(mineral corticoid),因为它主要影响盐代谢,促进肾小管对Na^+的重吸收和K^+的排泄,并相应地增加对Cl^-和H_2O的重吸收。属于盐皮质激素的还有11-脱氧皮质酮,但活性只有醛固酮的1/40。

皮质醇(cortisol)、**皮质酮**(corticosterone)和可的松(cortisone)称为**糖皮质激素**(glucococor-ticoid),因为它们对葡萄糖、脂肪和蛋白质的代谢都有重要影响,例如促进肝细胞葡糖异生(见第23章),以增加肝糖原的贮备,维持血糖浓度的相对稳定,使糖代谢能正常进行。糖皮质激素在很高浓度时也有一定的盐皮质激素的生理效应。

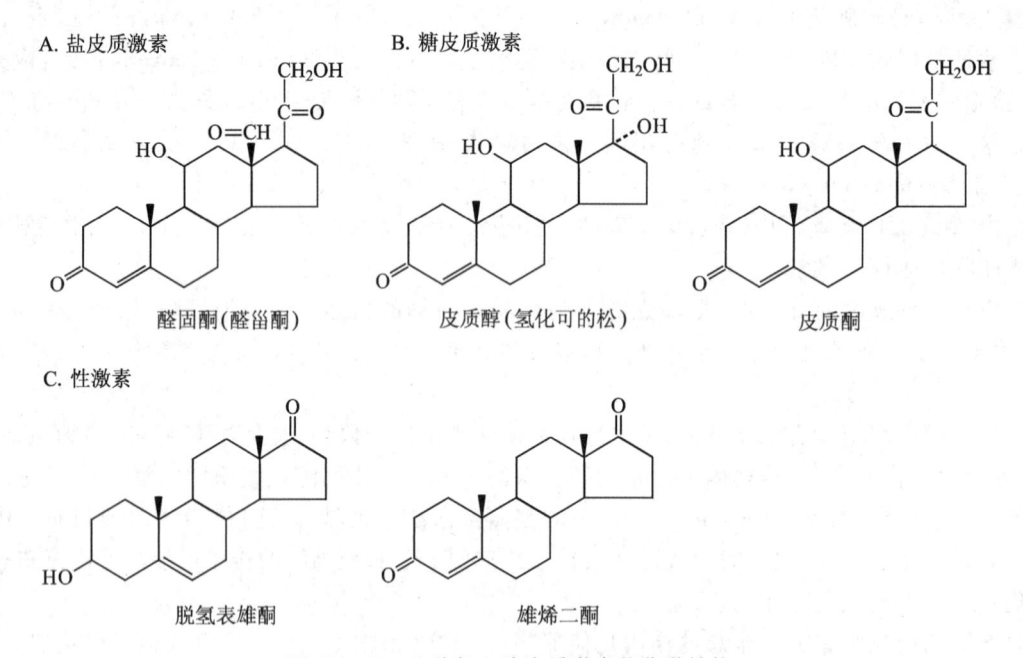

图16-12 几种肾上腺皮质激素的化学结构

糖皮质激素能提高机体对有害刺激,如感染、中毒、疼痛、寒冷、恐惧等因素的耐受能力。临床上常用氢化可的松或可的松抗炎症、抗过敏、抗毒、抗休克等,虽然在初期可收到一定效果,但用多了会产生副作用,如血压升高、忧闷易怒、假胖、骨脆、伤口难愈合等,因此必须慎用、少用。

脱氢表雄酮(dehydroepiandosterone)和雄烯二酮(androstenedione)等是肾上腺分泌的性激素,放在下面介绍。

2. 性激素(sex hormones)

几种主要性激素的化学结构式见图16-13。

(1) **雄激素**(androgens) 睾丸间质细胞分泌的雄激素主要是**睾酮**(testosterone),是体内最重要的雄激素。它的主要代谢产物雄酮(androsterone)以及肾上腺分泌的脱氢表雄酮和雄烯二酮都属于雄激素,但它们的活性比睾酮低得多。

雄激素的生理功能是:在青春起始期促进性器官发育、精子生成和第二性征的出现(如面部长须、喉部变大、骨骼肌发育等)。此外睾酮也增强基础代谢,并影响行为。睾酮是男女性欲的基础。它不只是男性性活动的促进者,它也促进女性的性活动。实际上卵巢细胞和睾丸一样先合成的是睾酮,不过在卵巢中大部分被酶转化为雌二醇。因此卵巢主要分泌的是雌二醇。

(2) **雌激素**(estrogens) 包括**雌二醇**(estradiol)、**雌酮**(estrone)、**雌三醇**(estriol)。其中以雌二醇的分泌量为最大,活性也最强,雌三醇的活性为最小,仅为雌二醇的0.5%。这三种雌激素在体内可以互相转变。

雌激素的主要功能是:在青春期雌激素浓度升高时,促进女性性器官发育、子宫内膜增生、动情,及产生月经等;同时促进女性第二性征的出现:乳房发育、皮下脂肪积累,特别是在臀部和乳房以及骨盆变宽等。

(3) **孕激素**(progestogen) 卵巢和胎盘都分泌孕激素,其主要成员是**孕酮**(progesterone)也称黄体酮。孕酮是许多甾类激素的前体。

孕激素的生理作用是:与雌激素一起建立和调节子宫周期,刺激子宫内膜从增生期转变为分泌期,在妊娠时抑制子宫的运动,促进乳腺小叶的生长以准备哺乳,总的结果有助于胎儿着床发育。

临床上应用的口服避孕药**炔诺酮**(norethindrone)和**17α-乙炔雌二醇**(17α-ethynylestradiol)是人工合成的孕激素和雌激素的类似物(见图16-13)。它们的避孕成功率多在99%以上。避孕的原理是通过下丘脑-垂体-卵巢系统的反馈调节,抑制脑垂体促性腺激素的分泌以达到抑制排卵和使子宫内膜不易受精和种植。

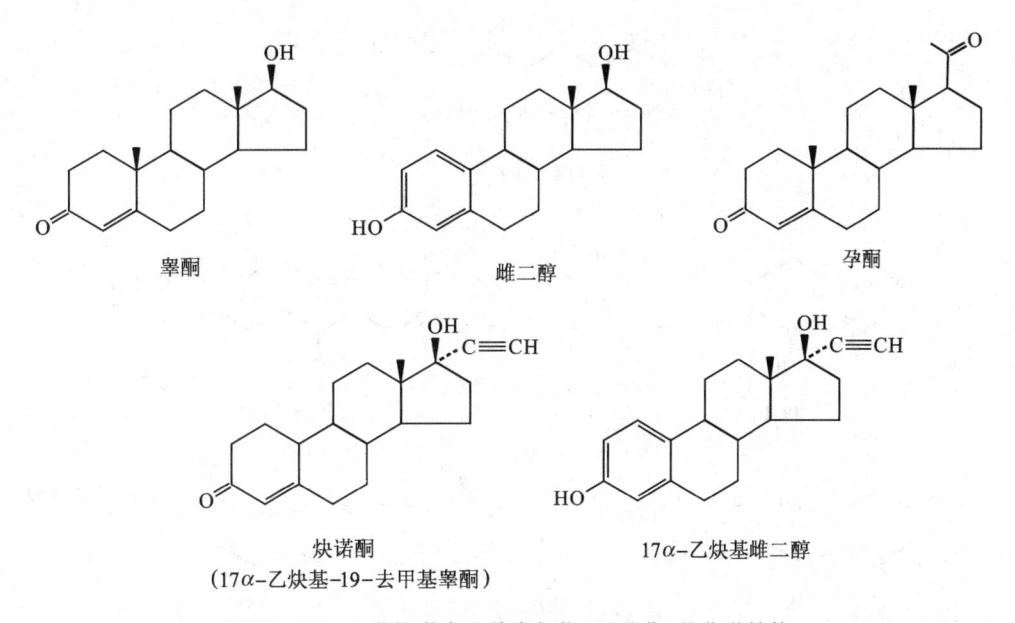

图16-13 几种性激素及其类似物(避孕药)的化学结构

(四) 类二十烷酸或类前列腺酸(脂肪酸衍生物)

类二十烷酸作为一类激素或激素样物质是20世纪30年代开始的。当时瑞典学者Ulf von Euler观察到人、猴、羊精液的脂提取物中含有能引起平滑肌收缩和血压下降的活性物质,当时他以为这种物质是前列腺(prostatic gland)分泌的,因此称它为前列腺素(prostaglandin,PG)。后来证明它们广泛地存在于人和动物中,并发现这是一类结构相似、功能多样的物质,现称它们为**类二十烷酸或类前列腺酸**。

类二十烷酸是由二十碳多不饱和脂肪酸主要是花生四烯酸衍生而来(见第8章)。这些化合物包括几类信号分子:最主要的是前列腺素,此外还有凝血噁烷和白三烯(图16-14)。

前列腺素也是一类物质的总称。已发现的前列腺素有数十种,含饱和五元环的二十碳烷酸,称为**前列腺烷酸**(prostanoic acid),是这类物质的母体化合物(图16-14)。根据五元环的结构不同,可将前列腺素分为E、F、A、B、D、G、H、I等8型,分别标为PGE、PGF、PGA…另外,每型根据侧链的碳-碳双键数目又分为1、2、3三类,如PGE_1含一个双键、PGF_2含二个双键(见图16-14)。

许多刺激,如神经刺激、缺氧、发炎以及其他激素的活动都能引起有关组织释放前列腺素。应该强调指出,前列腺素不是由特定的内分泌腺或细胞分泌的,而是由多种细胞的质膜所产生,前列腺素的靶细胞就是产生它的组织,它们是区域性的调节物质或称局部激素。

前列腺素的生理作用十分广泛,如升高体温、扩张气管、促进炎症、调节血压、控制跨膜转运、调整突触传递、刺激分娩等。已证实在许多组织中前列腺素是通过专一的膜受体调节胞内信使的合成而起作用的。例如PGE_1能促进靶细胞中腺苷酸环化酶的活性。虽然前列腺素的作用机制知道得还不多,但它们的生理作用已被用于实践,例如PGE_2被用于足月孕妇的引产,也用于诱导中期流产和死胎分娩等。

凝血噁烷(thromboxane, TX)最先从血小板中分离出来。它的分子结构与合成途径都跟前列腺素相似,所不同的是在TX中形成的是含氧六元环(图16-14)。从花生四烯酸合成的TXA_2是血小板产生的主要的类二十烷酸物质,它的作用是引起动脉收缩,诱导血小板凝集,促进血栓形成。

白三烯(leukotriene, LT)最早在白细胞中找到,含有3个共轭双键,因此得名。从花生四烯酸合成的白三烯含4个双键,其中一个是非共轭双键,缩写为LT_4,右下标4表示碳-碳双键数目,图16-14示出LTB_4。白三烯促进趋化性(chemotaxis)、炎症和变态或称过敏反应。

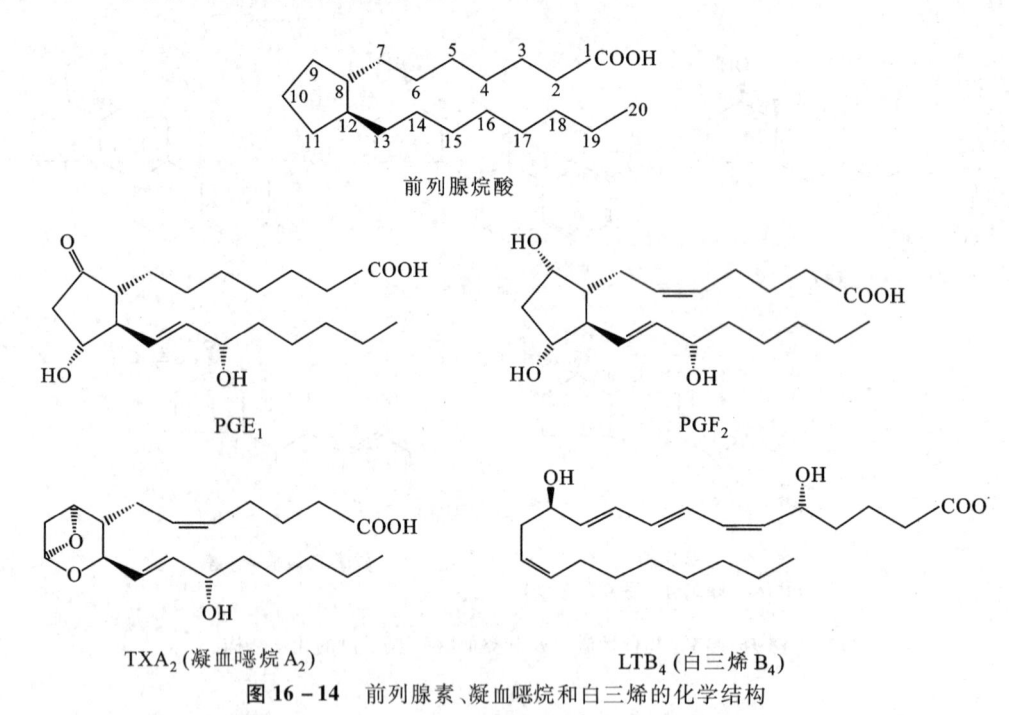

图16-14 前列腺素、凝血噁烷和白三烯的化学结构

四、昆虫激素

昆虫激素发现较晚,但对它们的研究进展十分迅速。已知昆虫激素种类较多,一类是昆虫的**内激素**(endohormone),它们与哺乳类激素一样,也是由内分泌腺体分泌并作用于同一个体、产生特定的生理效应。与昆虫的生长、发育和变态有关的内激素有保幼激素、蜕皮激素和脑激素等。另一类是昆虫的**外激素**(exohormone),更确切地应称为**信息素**,它们由昆虫产生并释放到体外,作用于同种昆虫引起生理效应。

（一）脑激素

脑激素（brain hormone）是由昆虫前脑神经细胞分泌的一类促激素，促进昆虫前胸腺（prothoracic gland）分泌蜕皮激素。脑激素的化学本质可能是多肽或蛋白质。

（二）保幼激素

保幼激素（juvenile hormone）是由昆虫的一对咽侧体（corpus allatum）产生并分泌的，因此也称咽侧体激素。保幼激素的主要作用是调节发育和生殖，保持幼虫的特性，阻止其变态成蛹。通常快到变蛹时期便停止分泌保幼激素。根据这一性质，用极少量的保幼激素或其合成的类似物，可推迟蛹期的到来，使蚕体长得更大以增加吐丝量。这一研究成果已在我国蚕丝业中得到应用，并取得可喜效果。

天然保幼激素的化学本质是类异戊二烯酯，但对不同物种其结构略有变化。常见的有保幼激素Ⅰ、Ⅱ和Ⅲ（见图 16－15）。

（三）蜕皮激素

蜕皮激素（ecdysone 或 molting hormone）是由昆虫的前胸腺分泌的，分泌受脑激素的促进。蜕皮激素的功能是控制昆虫变态，促进幼虫蜕皮、变蛹以至变成成虫。业已证明蜕皮激素促进组织中 RNA 的合成，像哺乳动物中类固醇激素一样，直接控制转录而起作用。蜕皮激素的化学本质是类固醇，已知的主要有 α－和 β－两种，它们的结构式见图 16－15。

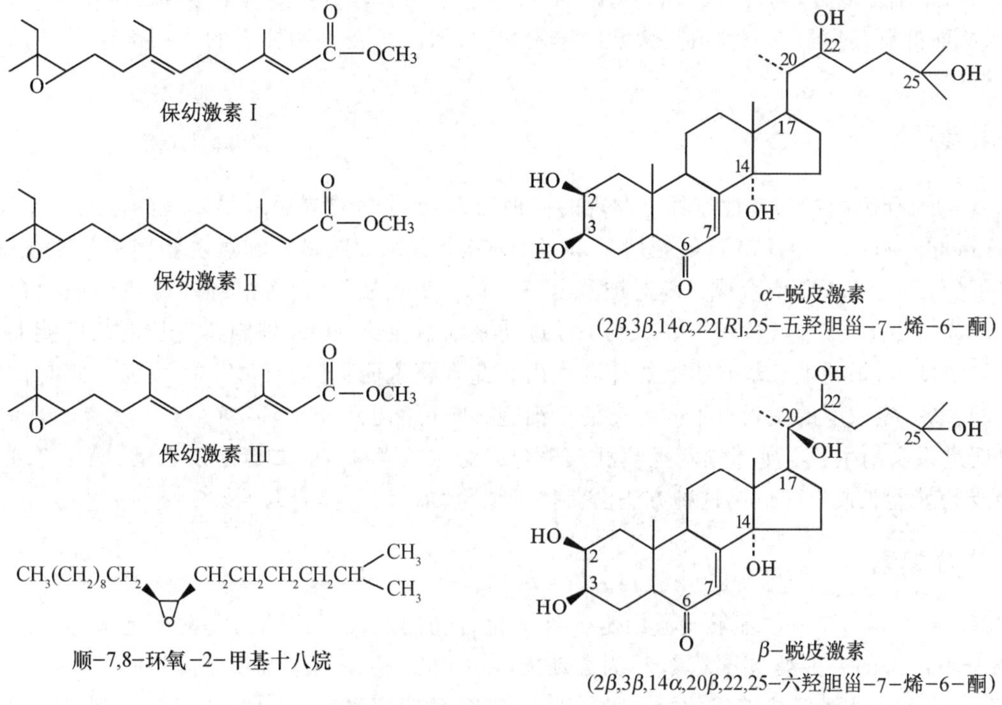
保幼激素 Ⅰ
保幼激素 Ⅱ
保幼激素 Ⅲ
顺-7,8-环氧-2-甲基十八烷
α-蜕皮激素
(2β,3β,14α,22[R],25-五羟胆甾-7-烯-6-酮)
β-蜕皮激素
(2β,3β,14α,20β,22,25-六羟胆甾-7-烯-6-酮)

图 16－15 几种昆虫激素的化学结构

值得注意的是，很多植物中存在昆虫激素物质，例如银杏中有保幼激素，罗汉松中有蜕皮激素。虽然这些激素是昆虫生长发育需要的，但过量是有毒的。也许植物合成这些物质是保护自身免遭昆虫侵害。

(四) 性信息素

昆虫的信息素被分泌到体外后,极微量就能影响同种昆虫的行为,它们起着集结、追踪、性引诱等昆虫社会语言的作用。其中**性信息素**或称**性引诱剂**被研究得最多,应用前景也最大,在害虫预测预报和防治方面已收到一定的效果。性信息素是由昆虫腹部末端生殖孔附近的一个分泌腺分泌的。目前已弄清楚的包括家蝇、蜜蜂、棉铃虫等几十种昆虫的性信息素的化学结构。例如雌性红棉铃虫(*Pectinophora gossypiella*)用以引诱雄性的性信息素是十六 - 7,11 - 二烯 - 1 - 醇乙酸酯(7,11 - hexadecadien - 1 - yl acetate)的顺,顺 - 和顺,反 - 异构体的混合物;舞毒蛾(*Porthetria dispar*)的性引诱剂是顺 - 7,8 - 环氧 - 2 - 甲基十八烷(*cis* - 7,8 - epoxy - 2 - methyloctadecane)(见图 16 - 15)。

五、植 物 激 素

植物激素也称**植物生长调节剂**(plant growth regulator)。目前已确定的存在于植物体内的激素有 5 种(或 5 类):生长素、细胞分裂素、赤霉素、脱落酸和乙烯。其中细胞分裂素和赤霉素都不是一种而是一类结构和功能相似的物质。前面讲到的激素定义对植物激素也是基本适用的。不过植物激素都是从生长旺盛的组织如茎端和根尖的分生组织产生,没有高等动物所具有的专门分泌激素的内分泌腺。据现在所知植物激素的作用机制和动物激素也很相似,但对植物激素的研究远未达到对动物激素研究的水平。简而言之,植物激素也是通过与靶细胞的受体结合而起作用的。5 类植物激素对植物的生长和发育(细胞分化)都有影响。有些激素如生长素、细胞分裂素和赤霉素可以给靶细胞以分裂和伸长的信号,因而促进其生长;有些激素如脱落酸和乙烯给靶细胞以减缓分裂和伸长的信号,从而抑制其生长。一种植物激素的作用如何,取决于在植物体内的作用部位,植物的发育阶段以及激素的相对浓度。

(一) 生长素

生长素(auxin)是研究植物向光性过程中发现的一种激素,也是植物界中最早发现的激素。生长素的化学本质是**吲哚乙酸**(indole acetic acid,IAA),最先是在 20 世纪 40 年代从菠菜嫩枝和燕麦胚鞘中分离获得的。植物体内生长素含量很少,因为 IAA 随时合成又随时被酶分解。IAA 是在枝条、苗等的顶端分生组织中合成的,合成前体是色氨酸。合成后由上向下运输,其主要功能是促进幼茎细胞伸长。IAA 抑制茎生长的浓度能促进根的伸长,而促进茎生长的浓度,对根的生长却有明显的抑制作用。此现象说明:①同种激素在浓度不同时,对同种靶细胞的作用可能不同;②一定浓度的激素对不同种类的靶细胞影响可能也不同。

生长素也促进果实的生长。如果向花上喷洒人工合成的生长素 **2,4 - 二氯苯氧乙酸**,简称 2,4 - D(图 16 - 16),可以不经受粉就能长成果实。用这种方法已获得番茄、黄瓜、茄子等的无子果实。

(二) 细胞分裂素

细胞分裂素(cytokinin)是一类能够刺激细胞分裂的化合物的统称。这类化合物都是腺嘌呤的衍生物,例如 1955 年首次被分离出来的一种细胞分裂素,称为**激动素**(kinetin),是 N^6 - 呋喃甲基腺嘌呤(N^6 - furfuryladenine);1964 年从受精 15 天的玉米种子中获得的另一种细胞分裂素,称为**玉米素**(zeatin)是 N^6 - (4 - 羟 - 3 - 甲基 - 2 - 丁烯)腺嘌呤;此外一种人工合成的细胞分裂素是 N^6 - **苄基腺嘌呤**(图 16 - 16)。

细胞分裂素是在植物体内生长旺盛的组织如根尖、胚、果实中合成的。细胞分裂素对植物的生长和发育的影响是多方面的,例如促进核酸和蛋白质的合成、促进物质的调运和延缓器官的衰老(并因此对某些蔬菜和水果具有保鲜作用)等;但主要功能是促进细胞分裂和分化。在植物体内细胞分裂常受生长素浓度的影响。来自顶芽的生长素和来自根部的细胞分裂素是互相对抗的。当顶芽被摘除时,许多侧芽则发育成侧枝,植株变得繁茂,这是因为顶芽除去后,侧芽部位的生长素浓度下降,解除生长素对侧芽发育的抑制。

A. 生长素

吲哚-3-乙酸　　　　α-萘乙酸（人工合成的）　　　　2,4-二氯苯氧乙酸（人工合成的）

B. 细胞分裂素

激动素　　　　玉米素　　　　N^6-苄基腺嘌呤（人工合成）

C. 赤霉素

赤霉素 A_3（赤霉酸）　　　　赤霉核　　　　赤霉酸葡糖苷

D. 脱落酸　　　　E. 乙烯

脱落酸　　　　乙烯　　　　2-氯乙基膦酸(乙烯利)

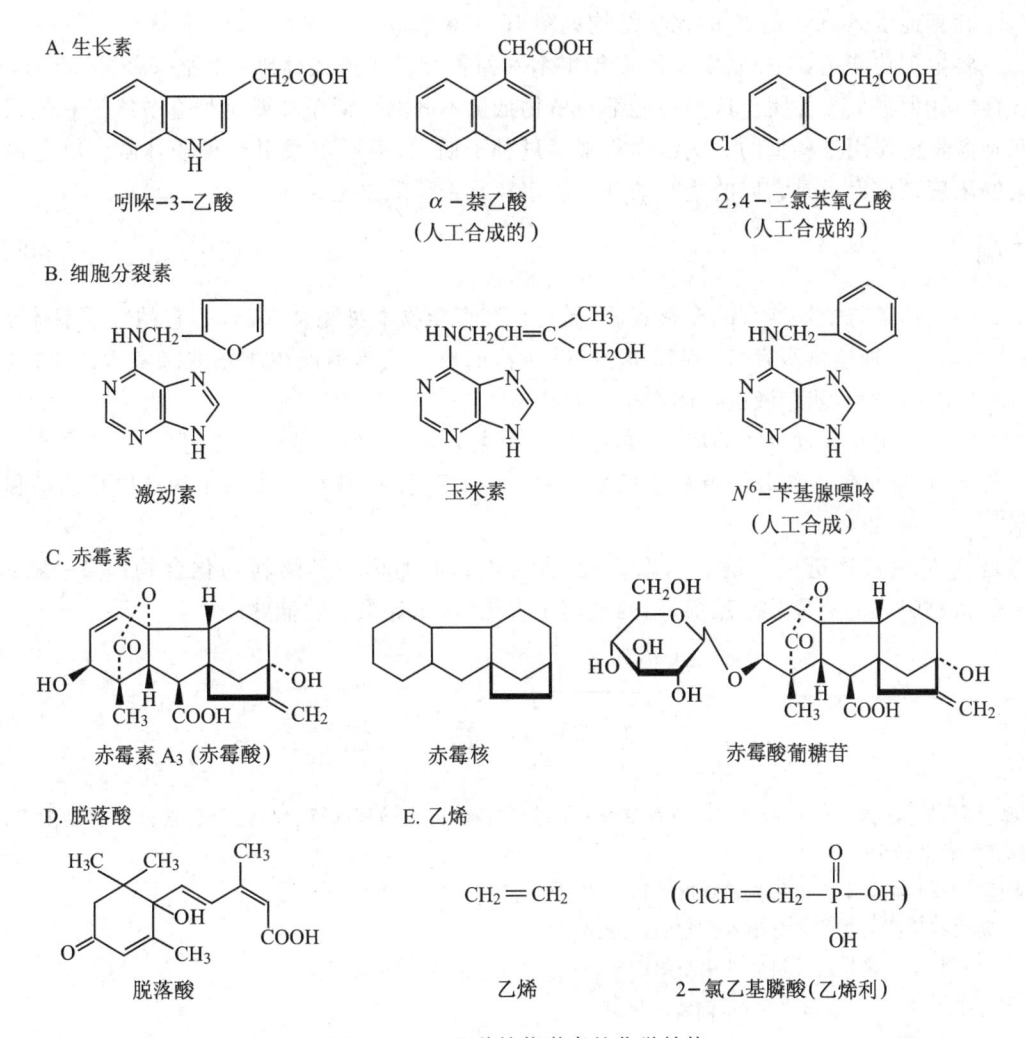

图 16-16　几种植物激素的化学结构

（三）赤霉素

赤霉素(gibberellin)最先是从引起水稻"恶苗病"的真菌——赤霉菌(*Gibberella fujikuroi*)中分离出来的。后来的研究表明这种物质在高等植物中也普遍存在，其作用是调节植物的生长。恶苗病发生的原因是赤霉菌分泌的赤霉素剂量过高。

赤霉素不是单一成分的物质，目前已知的有60多种，因此它是一类化合物的总称。赤霉素按发现的前后次序分别标为 A_1、A_2、A_3……其中最熟知的是赤霉素 A_3，是一种一元酸，也称**赤霉酸**(gibberellic acid, GA_3)，在植物体内常以葡糖苷形式（可能是一种贮存形式）存在；GA_3 的化学结构中含有一个4个环的核，叫做**赤霉核**或**赤霉烷**，它是赤霉素类的母体化合物（图16-16）。

赤霉素在植物体内的合成部位是根尖和茎尖。赤霉素的作用也是多方面的，但最突出的作用是促进茎、叶细胞的伸长，这一点和生长素的作用很相似，但两者不是完全相同，赤霉素对矮生植株具有明显刺激生长的作用，使它恢复正常高度，但对正常高度的植株则不再刺激其生长，而生长素的作用则没有这种区别。赤霉素还能影响果实发育，例如用赤霉素喷洒葡萄可以得到无子果实，并且果实也长得特别大。

（四）脱落酸

脱落酸(abscisic acid, ABA)是20世纪60年代从脱落的棉铃和一些木本植物如枫、桦等的叶中分离出来的。

脱落酸在叶绿体和其他质体中合成，它的化学结构见图 16-16。

脱落酸的主要生理功能是：①抑制生长使多年生木本植物和种子进入休眠；②加速离层(abscission layer)产生，引起落花落叶；③促进气孔关闭。这些功能都与植物抵抗不利的生活条件或生长季节终了有关系。脱落酸的作用与前面几种激素的作用是相反的。例如赤霉素促进种子萌发，而脱落酸引起种子休眠。决定种子是否萌发是这两种激素的浓度之比而不是它们的绝对浓度。决定芽是否休眠也是这样。

（五）乙烯

人们很早就知道乙烯与植物器官的成熟有关，而且也知道植物本身能合成乙烯，它的合成前体是 S-腺苷甲硫氨酸，但确认乙烯是一种植物激素，还是 20 世纪 60 年代的事。乙烯不仅在成熟的果实中产生，也在许多其他组织中产生，而且发现生长素能刺激乙烯的产生。

乙烯的主要生理作用是引发果实的成熟(成熟是一个衰老过程)和其他衰老过程。成熟的果实和深秋的叶片都要从树上落下，促进果实或树叶的柄和茎托相连的数层细胞老化、死亡变成枯干的离层是乙烯和脱落酸等协调作用的结果。

由于乙烯是气体，对应用造成一定的困难，现已有人工合成的称为**乙烯利**的化合物即 2-**氯乙基膦酸**（图 16-16），被被子植物吸收后可释放出乙烯，国内已用于香蕉、柿子等果实的催熟。

习　题

1. 名词解释：(a)神经激素；(b)促激素；(c)含氮激素；(d)第二信使；(e)前列腺素；(f)性信息素；(g)保幼激素；(h)植物生长调节剂；(i)赤霉素；(j)脱落酸。
2. 什么是激素？按其化学本质可将人和脊椎动物的激素分为哪几类？请举例说明之。
3. 人和脊椎动物有哪些主要的内分泌腺？它们各分泌哪些主要激素？
4. 垂体激素中哪些是直接作用于机体外周组织的靶细胞的？它们各自的功能是什么？
5. 试述类固醇激素和肽(和蛋白质)激素的作用机制。
6. 胰岛素是怎样调节糖代谢的？
7. (a)皮质激素主要包括哪些激素？(b)肾上腺素和去甲肾上腺素在功能上有何异同？
8. 甲状腺激素在体内过多或不足对机体有何影响？
9. (a)试述睾酮和雌二醇的生理功能。(b)性激素分泌的紊乱会造成机体在形态和功能上的什么变化？
10. 避孕药的设计原理是什么？

主要参考书目

[1] 王镜岩,朱圣庚,徐长法. 生物化学. 第三版. 北京：高等教育出版社,2002.
[2] 吴相钰. 陈阅增普通生物学. 第二版. 北京：高等教育出版社,2005.
[3] Vander A J, Sherman J H, Luciano D S. Human Physiology：The Mechanisms of Body Function. 5th ed. New York：McGraw-Hill, 1990.
[4] Nelson D L, Cox M M. Lehninger Principles of Biochemistry. 4th ed. New York：Worth Publishers, 2004.

（徐长法）

第 2 篇

新陈代谢

第2篇

各論北方

第17章 新陈代谢总论

一、新陈代谢概述

新陈代谢(metabolism)是生物体内进行的所有化学变化的总称,是生物体表现其生命活动的重要特征之一,生命机体和无生命机体的根本区别就在于前者能够通过新陈代谢不断更新自己。生物体内的新陈代谢是靠酶催化的。数以千计的酶作用的专一性、精密灵活的调节机制,使机体错综复杂的代谢过程成为高度协调的整合在一起的化学反应网络。在酶催化的连续反应中产生的各种酶促产物,除最终产物不计在内,统称为中间产物或中间物(intermediate)或中间体。反应物、中间产物和产物又统称为代谢物(metabolites)。代谢途径中的各个中间环节称为中间代谢(intermediary metabolism)。

新陈代谢的功能可概括为五个方面:① 从环境中获得营养物质。② 将外界获取的营养物质转变为自身需要的结构元件(building blocks)。③ 将结构元件组装成自身的大分子。④ 形成或分解生物体特殊功能所需的生物分子。⑤ 提供生命活动所需的一切能量。

从错综复杂的代谢网络中,人们归纳出一些为生物界普遍共有的代谢途径,称之为主要代谢途径或中心代谢途径(central metabolic pathways)。

人们还将新陈代谢区分为分解代谢(catabolism)和合成代谢(anabolism)两大范畴。分解代谢是机体将复杂的代谢物分解为较小的、较简单的物质的过程。生活机体可将种类繁多的营养物质,如糖类、脂质、蛋白质等通过分解代谢转变为共同的代谢中间产物。这些共同中间产物通过共同的氧化途径最终转变为有限的几种最终产物。合成代谢是机体利用小分子建造成其自身结构更复杂的大分子的过程;例如自身的蛋白质,糖原,脂质以及核酸等物质。分解代谢和合成代谢采取的途径不同,只在有些代谢环节上,两种代谢可以共同利用,称为两用代谢途径(amphibolic pathway)。

前述的两种代谢都强调的是物质的转换,称为物质代谢,与物质代谢相伴而行的还有能量的转换,称为能量代谢(energetic metabolism)。一切生命活动都需要能量。太阳能是一切生物最根本的能量来源。具有叶绿素的光养生物(phototrophs)通过光合作用,将太阳光能转变为化学能。例如由 CO_2 和 H_2O 合成葡萄糖,将能量储藏在葡萄糖分子中。而依靠外界营养物质为生的异养生物(heterotrophs),又称化能营养生物(chemotrophs),将营养物质例如葡萄糖通过分解代谢及有氧氧化释放出能够用以做功的能量。这种能量一般贮存在 ATP 中,也可形成还原型电子载体即 NADH、NADPH 以及 $FADH_2$。合成代谢是需能过程,一般由 ATP 以转移磷酸基团的形式将储藏在 ATP 中的能量加以利用。ATP 一旦形成,一分钟之内就会被利用。ATP 作为能的贮存分子处于不断的动态平衡之中。它是一种能量传递分子。有一种不大确切但很形象的比喻,将它比作能量的"流通货币"。一个处于安静状态的成人,一日消耗的 ATP 高达 40 公斤。剧烈运动每分钟消耗的 ATP 高达 0.5 公斤。可见生物体对 ATP 的需要是非常惊人的。能够提供能量的核苷酸除 ATP 外还有 GTP、UTP、CTP 等。它们分别在特需的生化反应中起不可代替的作用,将在有关章节中介绍。还原型电子载体 NADH、NADPH 和 $FADH_2$ 既能进一步通过电子传递和氧化磷酸化途径产生 ATP,又可以还原力的形式提供给需要还原力的生化反应,例如在脂肪酸和胆固醇的生物合成中所起的作用。此外,机体细胞内的辅酶 A(参看第12章维生素和辅酶)在酶促转乙酰基反应中起着接受或提供乙酰基的作用。辅酶 A 与乙酰基结合后使乙酰基变为高能位基团。它的酯键能和 ATP 的酸酐键能极为相似,都在水解时释放出大量自由能。酸酐键水解释放 30.54 千焦/摩尔自由能,硫酯键水解释放 31.38 千焦/摩尔自由能。乙酰辅酶 A(乙酰-SCoA,简写为乙酰-CoA,acetyl-CoA)是许多物质例如脂肪酸降解的中间产物。它是物质分解代谢最后进入共同代谢途径——柠檬酸循环的关键入口物质(参看第20章柠檬酸循环)。乙酰基团通过柠檬酸循环、电子传递链和氧化磷酸化过程,最后转变为 CO_2 和 H_2O。

生物体除需要碳源外,还需要氮源用作含氮化合物,例如氨基酸、核苷酸等的合成。植物一般可利用氨或可溶性的硝酸盐作为氮源,脊椎动物只能利用已合成的含氮有机物,例如氨基酸、蛋白质作为氮源。自然界只有少数生物,例如有些土壤细菌,能够固定大气中的 N_2,将其转变为氨。还有一些细菌能将氨转变为硝酸或亚硝酸盐。这又成为植物需要的氮源。固氮作用也需要消耗能量。通过微生物将分子氮转化为含氮化合物的过程称为生物固氮。生物界也有些生物能将硝酸盐转变为 N_2。

机体内错综复杂的酶促反应的网络系统必须受到严格的调控才能根据机体的需要有条不紊地进行。酶的催化活性受到多种途径的精密调控。可概括地将其划分为三个不同水平:分子水平、细胞水平和整体水平。分子水平的调节比较普遍的是由相关小分子引起可逆的别构调节和共价修饰调节以及酶分子合成速率和降解速率的调节。细胞水平的调节主要靠细胞特殊结构对酶的分隔作用。多细胞生物还受到整体水平的调节,包括激素和神经的调节。此外机体还受到基因表达的调控,遗传信息的展现往往随着机体内外环境的变化而加以调整,而且基因表达的调控也可在转录和翻译不同的水平上进行。有关细胞代谢和基因表达的调控请详见第 34 章。

学习代谢途径有必要牢固地掌握反应物的结构并理解发生反应的机制。

二、新陈代谢中常见的有机反应机制

新陈代谢变化总是以化学原理特别是有机化学反应原理为基础。因此牢固地掌握有机化学原理才能深入了解并研究发现新陈代谢的反应机制,也才能利用新陈代谢的有关反应为人类造福。

新陈代谢反应几乎都是酶催化的有机反应。可将酶催化的反应概括为以下几种形式:酸碱催化、共价催化、金属离子催化和静电催化。此外,酶催化反应的实现多是通过反应部位的接近和取向的效应,形成过渡态而发生的。Christopher Walsh 将生物化学反应概括为四大类:① 基团转移反应。② 氧化还原反应。③ 消除、异构化和重排反应。④ 碳-碳键的形成或断裂反应。在介绍上述四大类反应之前,先对有机化学中与代谢反应关系密切的一些基本知识作如下简介:

共价键是两个原子间共享的一对电子。这样形成的键断裂时它们的电子对或是留在一个原子的一侧,称为异裂断键(heterolytic bond cleavage);或是电子对分开,每一个电子留在不同原子的一侧,称为均裂断键(homolytic bond cleavage),如图:

(1) 异裂断键

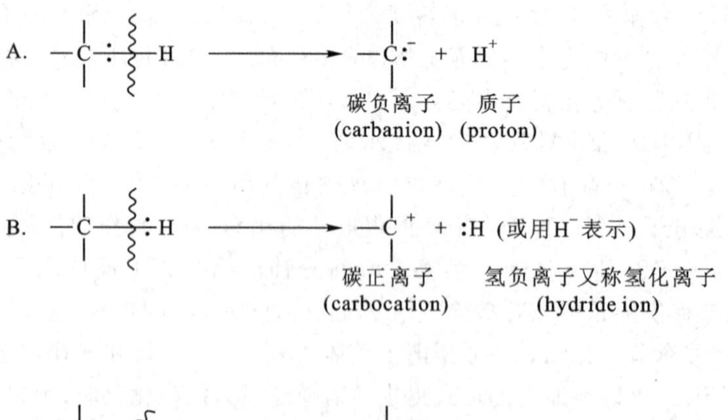

A. $-\overset{|}{\underset{|}{C}}\!\!:\!\!H \longrightarrow -\overset{|}{\underset{|}{C}}\!:^- + H^+$

碳负离子　质子
(carbanion)　(proton)

B. $-\overset{|}{\underset{|}{C}}\!\!:\!\!H \longrightarrow -\overset{|}{\underset{|}{C}}{}^+ + :H$ (或用 H^- 表示)

碳正离子　　氢负离子又称氢化离子
(carbocation)　(hydride ion)

(2) 均裂断键

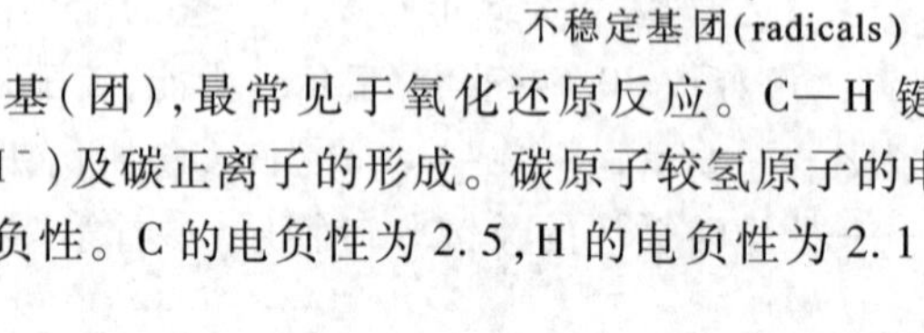

$-\overset{|}{\underset{|}{C}}\!\!:\!\!H \longrightarrow -\overset{|}{\underset{|}{C}}\!\cdot + H\cdot$

不稳定基团(radicals)

均裂断键常产生不稳定基(团),最常见于氧化还原反应。C—H 键的异裂断键,常伴随碳负离子及质子(H^+)的形成,或氢化离子(H^-)及碳正离子的形成。碳原子较氢原子的电负性稍高(原子成键时,该原子对于成键电子对的吸引能力称为电负性。C 的电负性为 2.5,H 的电负性为 2.1)。因此在生物化学体系中,C—H 键的断裂以电子对留在碳原子一侧,形成碳负离子的方式居多。另一方面,氢负离子(H^-)具有高度的反应性,所以只要当氢负离子的受体,例如NAD^+(或$NADP^+$)同时存在时,氢负离子一旦形成,就立即转移到受体上。只有在此种情况下,才可以发生形成碳正离子及氢负离子的断裂。参与反应的化合物,包括异裂的断键或成键,可分为两大类:即富电子者和缺电子者。富电子的化合物称为亲核体(nucleophiles),它持负电荷,即未共用的电子对,与缺电子中心很易形成共价键。在生物化学中这种亲核基团有:氨基、羟基、咪唑基以及巯基(—SH)等。如下:

A. $R\ddot{O}H \rightleftharpoons R\ddot{O}:^- + H^+$ 羟基 (hydroxyl group)
   (亲核形式)

B. $R\ddot{S}H \rightleftharpoons R\ddot{S}:^- + H^+$ 巯基 (sulphydryl group)
   (亲核形式)

C. $R\overset{+}{N}H_3 \rightleftharpoons R\ddot{N}H_2 + H^+$ 氨基 (amino group)
   (亲核形式)

D. 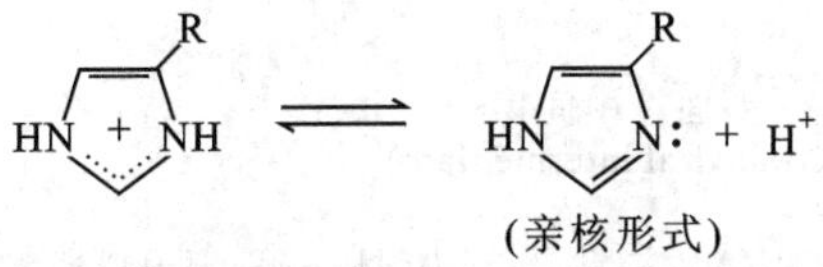 咪唑基 (imidazole group)
   (亲核形式)

这些亲核型的基团都表现为碱性基团,或者说亲核性与碱性是极其相近的。这样的化合物发生作用时,若是与H^+形成共价键,一般称为碱反应;若是与缺电子中心形成共价键,一般称为亲核反应。缺电子中心常为缺电子的碳原子。请见下例:

a. 胺的碱性反应:

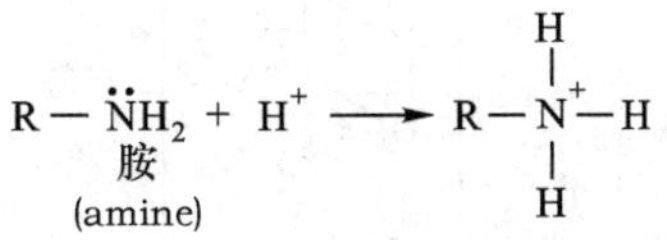

$$R-\ddot{N}H_2 + H^+ \longrightarrow R-\overset{+}{N}H_3$$
胺
(amine)

b. 胺的亲核性反应:

$$R-\ddot{N}H_2 + \underset{R''}{\overset{R'}{C}}=O \longrightarrow R-\underset{R''}{\overset{R'}{N}}-\underset{H}{C}-OH \longrightarrow R-\overset{+}{N}=\underset{R''}{\overset{R'}{C}} + H_2O$$
胺   醛或酮   甲醇胺   亚胺
             (carbinolamine)   (imine)
              (中间产物)

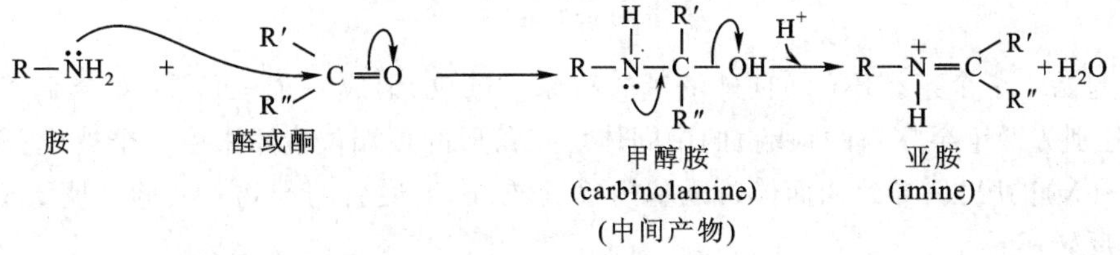

缺电子的化合物称为亲电体(electrophiles),它有一个未饱和的电子壳,而呈正电性。在生物化学体系中最常见的亲电体是H^+、金属离子、羰基的碳原子(它有一个电负性的氧原子)和阳离子亚胺。如下所示:

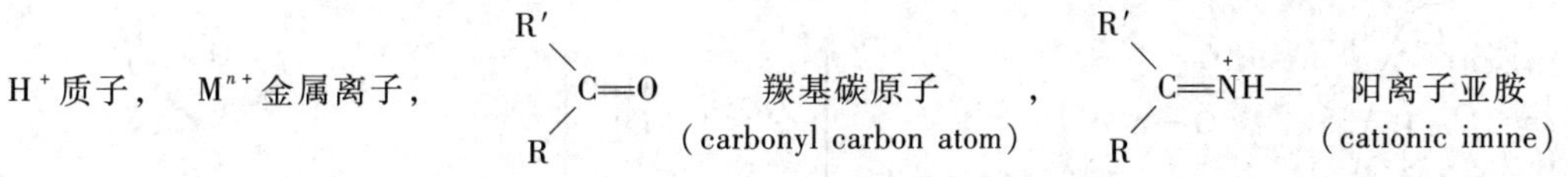

H^+质子, M^{n+}金属离子, $\underset{R}{\overset{R'}{C}}=O$ 羰基碳原子 (carbonyl carbon atom), $\underset{R}{\overset{R'}{C}}=\overset{+}{N}H-$ 阳离子亚胺 (cationic imine)

生物化学的一个重要反应是胺与醛或酮的反应,如前所述(参看胺的亲核性反应举例)。这个反应的第一步是胺的未共用电子对向缺电子的羰基进攻,使C=O双键的电子对更向氧原子靠近,并使氮原子上的一个氢原子转移到氧原子上。第二步是甲醇胺中间体的氮原子上的未共用电子对向缺电子的碳原子进攻,在质子(H^+)的参与下,释出一分子水。任何时候,任何体系都遵循化学法则(Lewis law),例如,碳原子绝对不可能有5个键,氢原子不可能有2个键。下面我们讨论生物化学中的四大类反应。

（一）基团转移反应

在生物化学体系中，基团转移反应（group-transfer reaction）常表现为亲电子基团（如 A）从一个亲核体（如 X:）转移到另一亲核体（如 Y:）

$$Y: \quad + \quad A-X \quad \longrightarrow \quad Y-A \quad + \quad X:$$
（亲核体）（亲电子体-亲核体）

这类反应也可称为亲核体的取代反应。在代谢反应中，最常见的转移基团是酰基（acyl）、磷酰基（phosphoryl）及糖基（glycosyl）等。

1. 酰基转移（acyl group transferation）

酰基转移是酰基从一个亲核体转移到另一亲核体，它常是亲核体向酰基的羰基碳原子也就是亲电子碳原子进攻，先形成四面体结构的中间体。原来的酰基载体 X 与酰基脱离后又与其他酰基形成新化合物。在胰蛋白酶的催化下，肽键的水解就是这类反应的典型例子。

2. 磷酰基转移（phosphoryl group transferation）

磷酰基的转移起始于一个亲核体（Y）向磷酰基的磷原子进攻，形成一个三角形、双金字塔结构（三角形为金字塔的底座，X，Y 分别为两个金字塔的顶端）的中间体。三角形的顶端位置原来由一个被攻击的离子基团（X）所占据。（Y）的进攻，（X）的脱去，导致四面体磷酰基构象反转，产生最后的产物。实验证明具有"手性"的磷酰基化合物确实在发生反转。

例如，在形成 ATP 的 γ-磷酰基中，引进同位素证实了：当它在己糖激酶（hexokinase）催化下向葡萄糖转移时，即发生构型的反转。

3. 糖基转移(glycosyl group transferation)

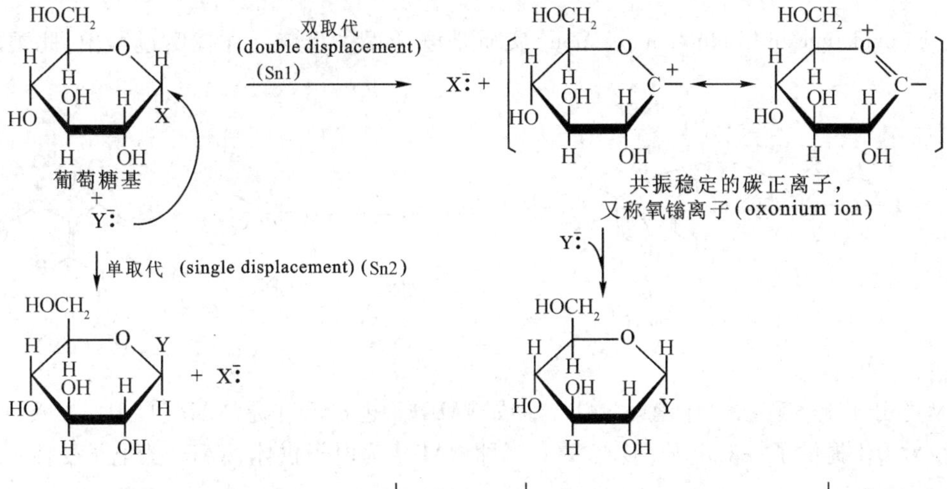

注：此处若从化学角度看有两种产物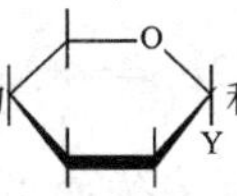和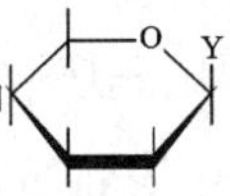，但生物体内只有一种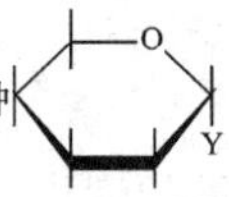

葡萄糖基转移过程是一个亲核体(图中的$\mathrm{Y}^{\bar{:}}$)取代葡萄糖环上 C1 处的另一亲核体(图中的 X)的过程。这个反应一般发生的是双取代(用符号 S_N2 表示)，其机制是葡萄糖基上的 X 脱下，形成共振稳定的碳正离子，随后是亲核体$\mathrm{Y}^{\bar{:}}$的进攻。这个反应也可以单取代机制进行，即 Y 直接地取代 X，与此同时"构型"发生逆转。

进一步说，这里存在着一个缩醛碳原子。缩醛中心碳原子是一分子醇和一分子醛或酮在酸性条件下发生如下的反应而生成的：

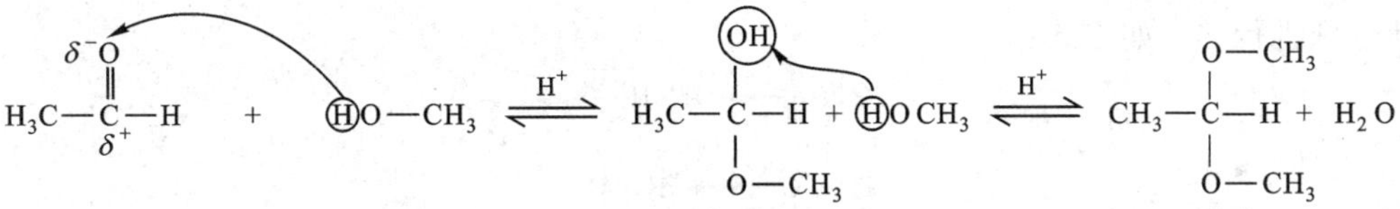

乙醛 (aldehyde)　　甲醇 (methanol)　　半缩醛 (hemiacetal)　　缩醛 (acetal)

上述的平衡受醛(或酮)所左右，即这个取代步骤的产生取决于醛(或酮)分子。以酮为例，它在酸性条件下形成"碳正离子"，如下所示：

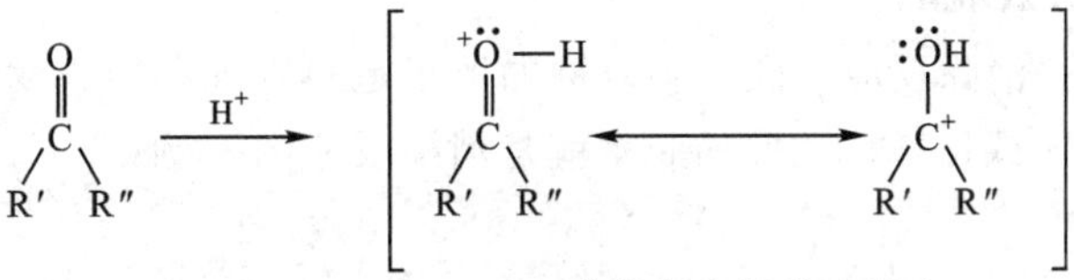

酮　　(共振稳定的碳正离子)

它与半缩醛分子在酸性条件下形成碳正离子(即上述缩醛的中心碳原子)是相当的。葡萄糖基转移中糖的 C1 也相当于缩醛分子的中心碳原子，形成的"共振稳定的碳正离子"(如下所示)与"缩醛的中心碳原子"的意义是相同的：

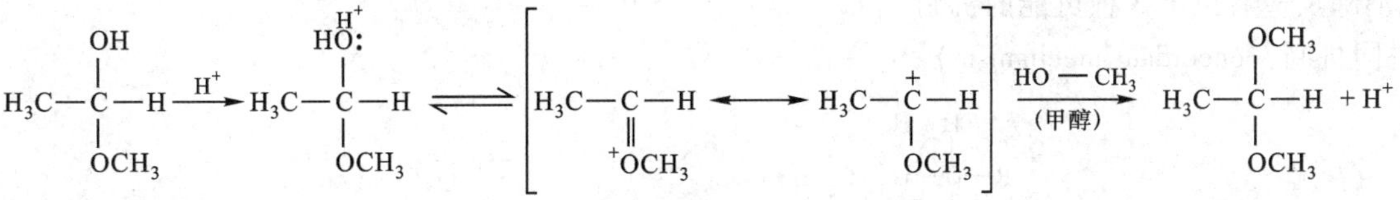

半缩醛　　(共振稳定的碳正离子)　　缩醛

（二）氧化反应和还原反应

氧化还原反应（oxidation and reduction reaction）实质是电子得失反应。在代谢过程中，此类反应十分重要。如下反应所示：

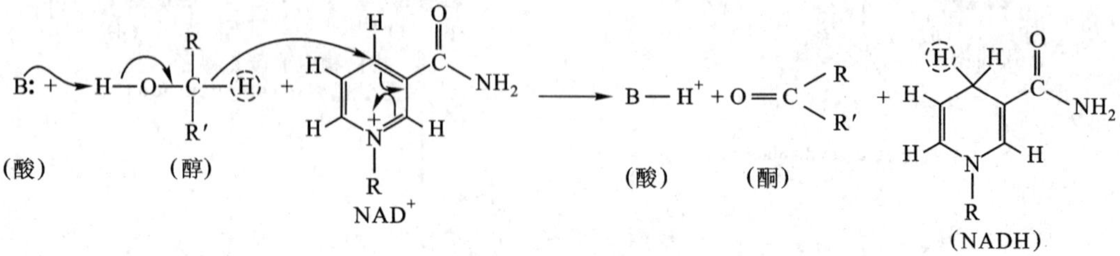

NAD$^+$ 和碱从醇分子上各移去一个氢。NAD$^+$ 形成 NADH。也可看作是 NAD$^+$ 自 H：接受了一对电子形成 NADH；或反过来 NADH 提供了一对电子，形成 NAD$^+$，即 NADH 为电子供体，NAD$^+$ 为电子受体。可以概括为：

$$NAD^+ + H^+ + 2e^- \rightleftharpoons NADH$$

在生物体的能量代谢中，NADH 提供两个电子进入电子传递链（参看第 21 章），即：

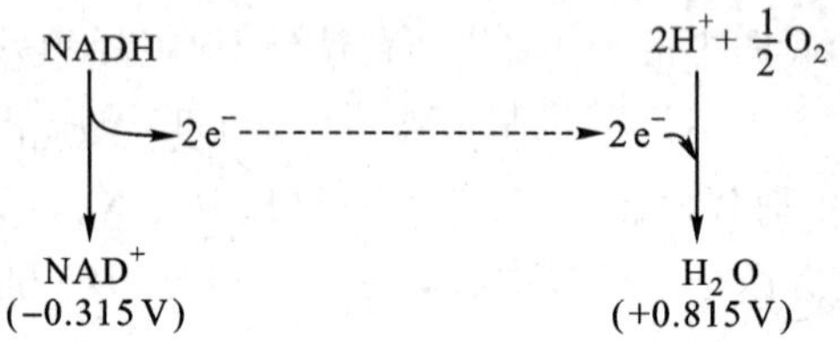

进一步说，当代谢物被氧化，移出一对电子时，这对电子的最终受体常是分子氧，而且这对电子对 O_2 的进攻是一个一个地分别进行的。如下式：

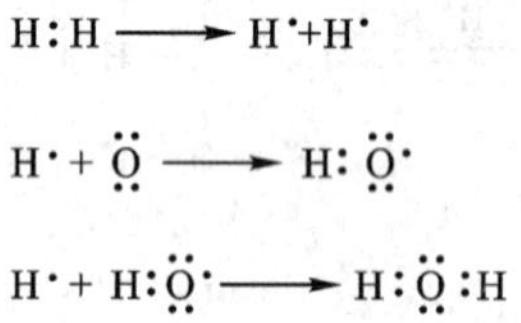

$$H:H \longrightarrow H\cdot + H\cdot$$
$$H\cdot + \ddot{O} \longrightarrow H:\ddot{O}\cdot$$
$$H\cdot + H:\ddot{O}\cdot \longrightarrow H:\ddot{O}:H$$

（三）消除、异构化及重排反应

1. 消除反应（elimination reaction）

（1）碳-碳双键的形成——消除反应　碳-碳双键的形成是单键饱和中心发生消除反应后形成的。消除掉的分子一般是 H_2O、NH_3、R—OH 或 R—NH_2。醇的脱水就是消除反应的一例：

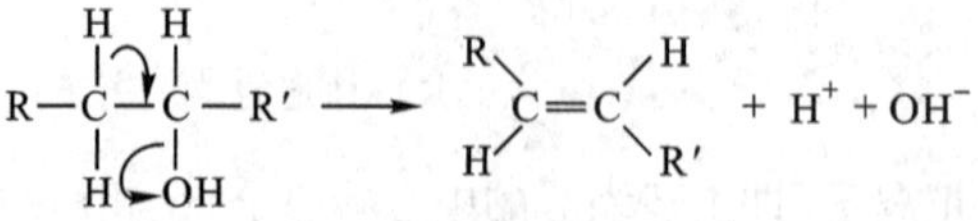

（2）消除反应有以下 3 种可能的机制

① 协同机制（concordant mechanism）

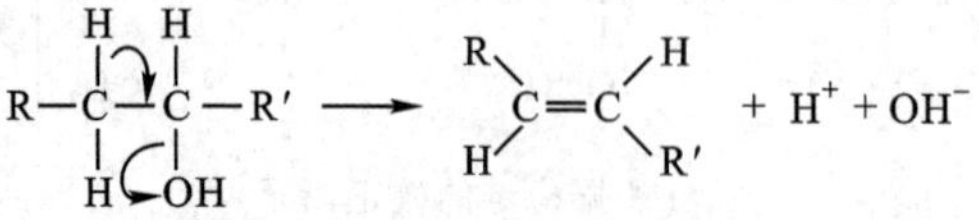

② 经过碳正离子的机制（via carbocation mechanism）

$$R-\underset{\underset{OH}{|}}{\overset{\overset{H}{|}}{C}}-\underset{\underset{H}{|}}{\overset{\overset{H}{|}}{C}}-R' \xrightarrow{OH^-} R-\underset{\underset{H}{|}}{\overset{\overset{H}{|}}{C}}-\overset{+}{\underset{\underset{H}{|}}{C}}-R' \xrightarrow{H^+} \underset{H}{\overset{R}{C}}=\underset{R''}{\overset{H}{C}}$$

③ 经过碳负离子的机制（via carbanion mechanism）

$$R-\underset{\underset{H}{|}}{\overset{\overset{H}{|}}{C}}-\underset{\underset{OH}{|}}{\overset{\overset{H}{|}}{C}}-R' \xrightarrow{H^+} R-\underset{\underset{H}{|}}{\overset{\overset{H}{|}}{\overset{..}{C}}}-\underset{\underset{OH}{|}}{\overset{\overset{H}{|}}{C}}-R' \xrightarrow{OH^-} \underset{H}{\overset{R}{C}}=\underset{R''}{\overset{H}{C}}$$

（3）酶催化的消除反应或是以②的形式，或是以③的形式进行。

此外，酶活性基团的电荷，可使带不同电荷的中间体趋于稳定。这是一种分阶段进行的反应方式。糖酵解过程（参看第 19 章）中的烯醇化酶（enolase）、柠檬酸循环（第 20 章）中的延胡索酸酶（fumarase）催化的消除反应都属于这种类型。

（4）从立体化学来看，有反式消除和顺式消除两类，如下所示：

① 反式消除（trans elimination）

$$R-\underset{\underset{bH}{|}}{\overset{\overset{aH}{|}}{C}}-\underset{\underset{OH}{|}}{\overset{\overset{H}{|}}{C}}-R' \xrightarrow{aH^+ + OH^-} \underset{bH}{\overset{R}{C}}=\underset{R'}{\overset{H}{C}}$$
（反式消除）
产物

② 顺式消除（cis elimination）

$$R-\underset{\underset{bH}{|}}{\overset{\overset{aH}{|}}{C}}-\underset{\underset{OH}{|}}{\overset{\overset{H}{|}}{C}}-R' \xrightarrow{bH^+ + OH^-} \underset{}{\overset{aH}{C}}=\underset{R'}{\overset{H}{C}}$$
（顺式消除）
产物

注：为表明反应式中原子的位置，在原子旁边用小字 a,b,c,… 表示，以下皆同。其中反式消除是生物化学发生最多的机制。顺式消除在生物体中很少发生。

2. 分子内氢原子的迁移——异构化反应（isomerization）

生物化学中的异构化反应是指一个氢原子在分子内迁移，即质子从一个碳原子脱离，转移到另一个碳原子上，由此发生了双键位置的改变。

在代谢中，见到最多的异构化反应是醛糖-酮糖互变反应。它是在碱性催化下，经过形成单烯二羟负离子（enediolate anion）中间体而发生的。糖酵解酶系中的磷酸葡萄糖变位酶（phosphoglucomutase）所催化的反应就属此类反应。醛糖-酮糖互变反应机制如下：

$$\underset{\text{醛糖 (aldose)}}{\overset{\overset{H-C=O}{|}}{B:\curvearrowright H-\underset{R}{\overset{|}{C}}-O-\textcircled{H}}} \rightleftharpoons \left[BH^+ + \underset{R}{\overset{\overset{H-C-O}{||}}{\overset{|}{C}}}-O-\textcircled{H} \rightleftharpoons \underset{RH^+}{\overset{\overset{H-C-O-\textcircled{H}}{|}}{\overset{||}{C}-O^-}} \right] \rightleftharpoons \underset{\text{酮糖 (ketose)}}{B: + \overset{\overset{H}{|}}{\underset{\underset{R}{|}}{\overset{H-C-O-\textcircled{H}}{\underset{C=O}{|}}}}}$$

顺式-单烯二羟负离子中间体
(cis-enediolate intermediate)

3. 分子重排反应(rearrangement)

重排是 C—C 键断裂,又重新形成的反应。其结果碳骨架发生了变化。例如,在甲基丙二酰单酰-CoA 变位酶(methylmalonyl-CoA mutase)(参看第 25 章)的作用下,L-甲基丙二酰单酰辅酶 A 转化为琥珀酰-CoA(succinyl-CoA)是最常见的一种转化。这种变位酶的辅基是维生素 B_{12} 的衍生物。

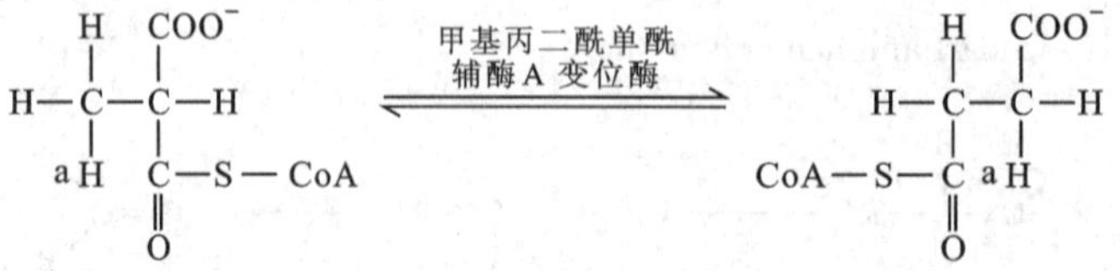

$$\text{甲基丙二酰-CoA (methylmalonyl-CoA)} \xrightleftharpoons[]{\text{甲基丙二酰单酰辅酶A变位酶}} \text{琥珀酰-CoA (succinyl-CoA)}$$

从上式可看到,实际上发生了碳骨架的重排:

$$\underset{\underset{C}{|}}{C-C-C} \longrightarrow \underset{\underset{C}{|}}{C-C-C}$$

具有奇数碳原子脂肪酸的氧化,某些氨基酸的降解属于这一类反应。

(四) 碳-碳键的形成与断裂反应

分解代谢与合成代谢实质就是以碳-碳键的断裂与形成为基础的反应过程。葡萄糖经过 5 次断裂反应成为 CO_2,葡萄糖的生物合成则是碳-碳键形成的反应过程。

从合成的走向来看,这类碳-碳键形成的生物合成过程包括着亲核的碳负离子向亲电子的碳正原子进攻。最常见的亲电子的碳原子是醛、酮、酯、CO_2 等的 sp^2 杂化轨道的羰基碳原子。如:

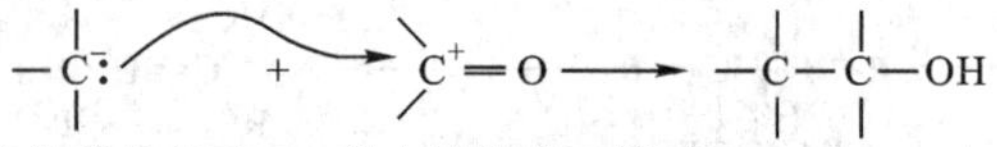

$$-\overset{|}{\underset{|}{C}}: \; + \; \overset{|}{\underset{\text{亲电子的碳正原子}}{C^+}}=O \longrightarrow -\overset{|}{\underset{|}{C}}-\overset{|}{\underset{|}{C}}-OH$$

在这一反应中,必须有一个稳定态的碳负离子生成,才能向亲电子的中心进攻。有关此类反应可以举出 3 种类型。

1. 羟醛缩合反应(aldol condensation)

又称醛醇缩合反应。例如醛缩酶(第 19 章)所催化的反应:

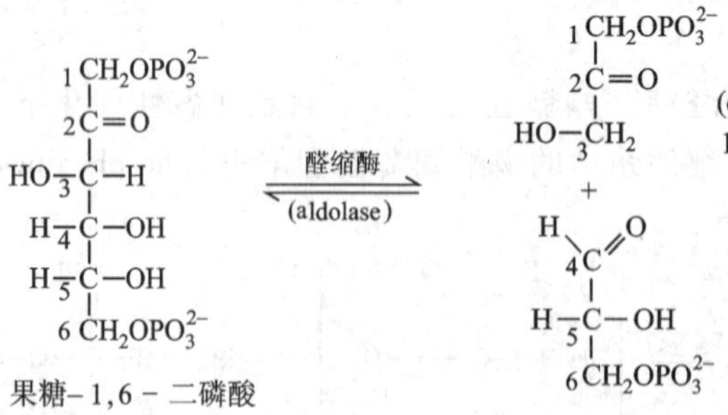

果糖-1,6-二磷酸 (fructose-1,6-bisphosphate) $\xrightleftharpoons[]{\text{醛缩酶 (aldolase)}}$ 二羟丙酮磷酸 (dihydroxy acetone phosphate, DHAP) + 甘油醛-3-磷酸 (glyceraldehyde-3-phosphate, GAP)

注:"aldolase"中译名常用醛缩酶,实际上它催化的是羟醛缩合的逆反应,即碳-碳键的断裂反应。

以上反应是羟醛裂解(羟醛缩合的逆反应)。这一反应是在有机碱的催化下进行的。其一般式如下:

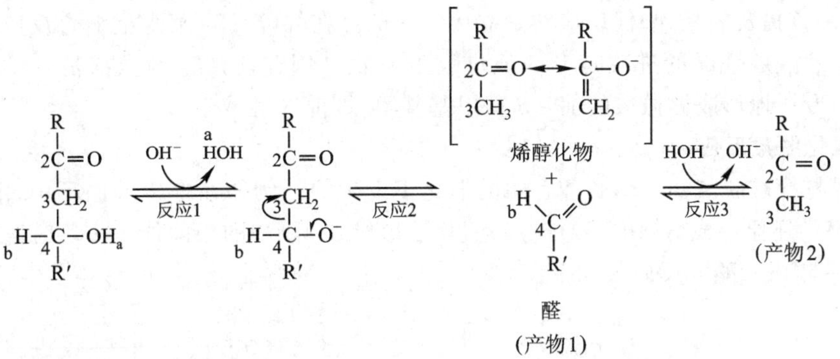

注：碳原子左侧数字标示碳原子在分子中的位置；a,b 标示氢原子的位置。

羟醛裂解发生于果糖 $-1,6-$ 二磷酸的 C_3 和 C_4 之间。这一裂解发生的条件是由于 C_2 为羰基碳，C_4 处有一羟基。上示的一般式中，反应的第 1 步为有机碱的 OH^- 夺去底物（C_4）上的羟基氢，使与羟基相连的碳原子成为 $C-O^-$。第 2 步反应发生羟醛断裂，是由于 C_2 处羰基碳吸引电子的倾向使 $C-O^-$ 的电子转移成为 $C=O$，$C-C$ 间的电子转移发生 $C-C$ 键断裂。反应 2 之所以发生，是由于烯醇化物共振中间体的稳定性。

2. 克莱森酯缩合反应（Clasen ester condensation）

这个反应是在柠檬酸合酶的催化下发生的。可以说这是一个羟醛 - 克莱森酯缩合反应，又称醇醛 - 克莱森酯缩合反应。它包括以下 3 个步骤：

（1）乙酰 - CoA 碳负离子的形成　这是由于特定酶的组氨酸残基（E-His）以碱性催化夺去乙酰基的一个质子。酶 - His 成为酶 - His·H^+。SCoA 的硫酯键使烯醇式碳负离子通过共振而稳定。即：

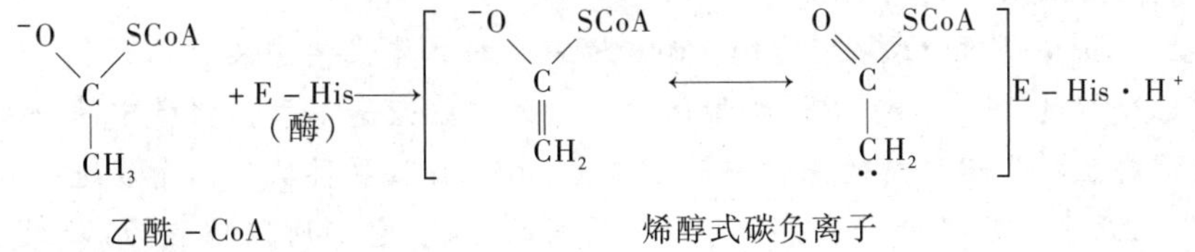

（2）乙酰 - CoA 碳负离子对草酰乙酸的羰基碳进行亲核进攻，反应所得柠檬酰 - CoA 仍然保持与酶成键。

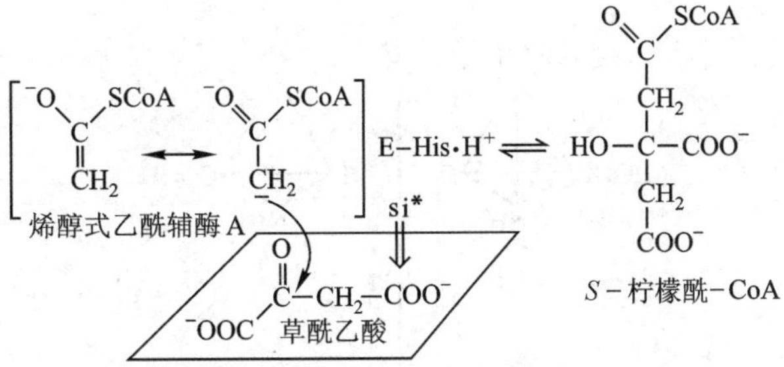

（3）柠檬酰 - CoA 的水解，形成柠檬酸及 CoASH：

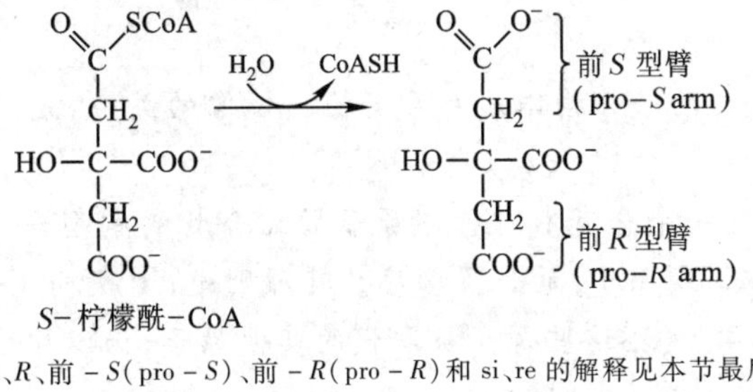

注：对 $S、R$、前 $-S$(pro-S)、前 $-R$(pro-R) 和 si、re 的解释见本节最后附录。

此外，在这反应中该提及的是，酶促反应常是立体专一的。在烯醇-克莱森酯缩合反应中，可以看到乙酰-CoA碳负离子对草酰乙酸羰基碳的进攻是专一地进攻于si面。因此所产生的全部是S-柠檬酰-CoA。即乙酰-CoA的乙酰基只专一地形成柠檬酸的前-S羧甲基基团(即前S型臂)。

3. β-酮酸的氧化脱羧反应

这类反应是在异柠檬酸脱氢酶或脂肪酸合酶的催化下发生的。例如在柠檬酸循环中，由异柠檬酸脱氢酶催化的脱羧过程中，NAD^+还原形成NADH，异柠檬酸氧化后形成β-酮酸的中间体——草酰琥珀酸。此β-酮酸发生脱羧反应，形成α-酮戊二酸。反应式如下：

异柠檬酸 (isocitrate) → 草酰琥珀酸 (oxalosuccinate) → 中间体 → α-酮戊二酸 (α-ketoglutarate)

在哺乳动物组织中，有两种不同形式的酶，一种是参与柠檬酸循环的，从线粒体中分离获得的，在发生作用时NAD^+是它的辅助因子；另一种在线粒体及细胞溶胶中都存在，以$NADP^+$作为辅助因子。前者，既需要NAD^+为辅助因子的异柠檬酸脱氢酶在发生作用的过程中，还需Mn^{2+}或Mg^{2+}作为辅助因子参与反应。它先氧化二级醇的醇基(即异柠檬酸的—OH)，使醇基转化为酮基即转化为草酰琥珀酸(oxalosuccinate)，同时与Mn^{2+}离子发生静电结合并紧接着进行脱羧形成α-酮戊二酸。

附录：RS-构型，pro-R和pro-S，re-面和si-面的立体化学意义

在第1章糖类中已介绍过"手性"和"RS"构型问题。因为这些概念是立体化学中的一些基本问题，也是立体化学中的常用词。当前在生物代谢机制的探讨中已不罕见，因此有必要再从不同角度进一步明确这些概念。"手性"的英文为"chiral"，来源于希腊字母。碳原子有4个等同的价键，它们所取位置为：碳原子居金字塔中心，4个价键分别指向金字塔的4个顶端。如若碳原子与4个不同的原子(或基团)结合，其一般式表示为C_{abcd}。以实物为例，丙氨酸分子(CH_3CHNH_2COOH)的α-碳即属这一类型。此时丙氨酸可有两个立体异构体：

D-丙氨酸 | 镜面 | L-丙氨酸

从它的主体结构式可以看出，这两个异构体是互为实物-镜像的关系，是不对称的。犹如左手和右手，因此称为"手性"。

RS-构型可以无误地规定任何一个含有不对称碳原子的化合物的构型——即其空间的绝对构型。应用RS表示法的第一步是指定4个取代基(或原子)的位置顺序。其原则是：①原子序数高的优先，非共价键的居末位；②若直接与碳原子连接的原子相同，考察这些原子被取代的其他原子，仍以原子序数高的优先；③取代基为不饱

和基团者,不饱和基团优先;④ 取代基互为异构体的基团,例如,一个为顺式,一个为反式,顺式者居先。以丙氨酸为例,4个取代基的顺序应定为 $NH_2 > COOH > CH_3 > H$。下一步是旋转这个分子,使优先性最差的(此例为 H)距观察者最远。最后一步是考察其余3个取代基(或原子)的顺序。从最优先者(本例为 NH_2)到次优先者(COOH),再到更其次者(CH_3)的次序($NH_2 > COOH > CH_3$),自观察者看,是顺时针方向(R)?还是反时针方向(S)?顺序为顺时针方向的为 R-型(rectus,拉丁文,右的意思),反时针方向的为 S-型(sinister,拉丁文,左的意思)。由此决定其构型是 R-型或是 S-型。自然界大量存在的丙氨酸是 S-型。

以上3个基团的旋转观察情况可用下图表示:

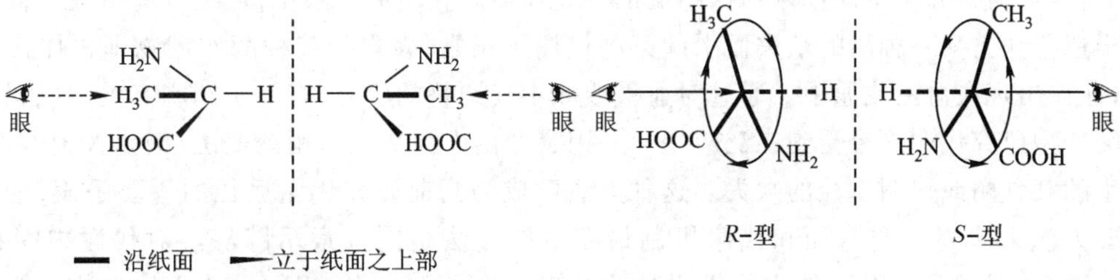

碳原子的4个取代基(原子)中若有2个相同,这个分子是对称的,称为前手性(prochiral),它意味着如果这相同的2个原子(基团)其中之一被置换,这个分子的对称的碳原子可能变成不对称的碳原子。例如,辅酶 NADH 对乙醛分子(不具不对称碳原子)转移一个氢原子,若使用同位素氢 D 标记,可清楚说明问题。(1)式 D 标记在 NADH 上,(2)式标记在 CH_3CHO 上:

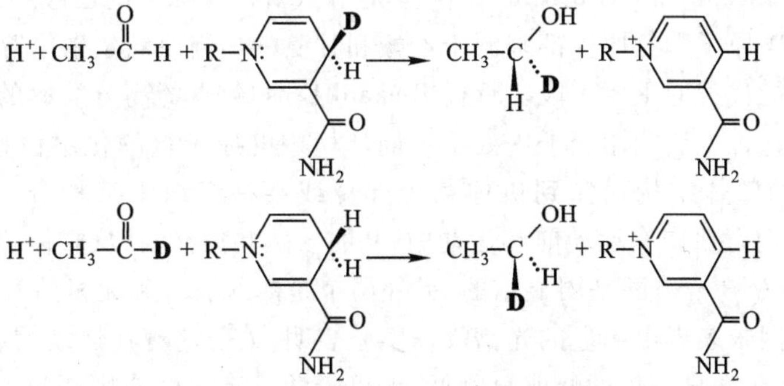

按上述 RS-构型的规则,D 优先于 H(D > H),这时 D 标记的产物乙醇就有了两种不同构型。上图的(1)式为 R,(2)式为 S。这样,(1)式的乙醛称为前 R-型(pro-R),(2)式的乙醛称为前 S-型(pro-S)。

以乙醛受到 HCN 的加成进攻为例,反应产物为2个不对称的羟基丙腈:

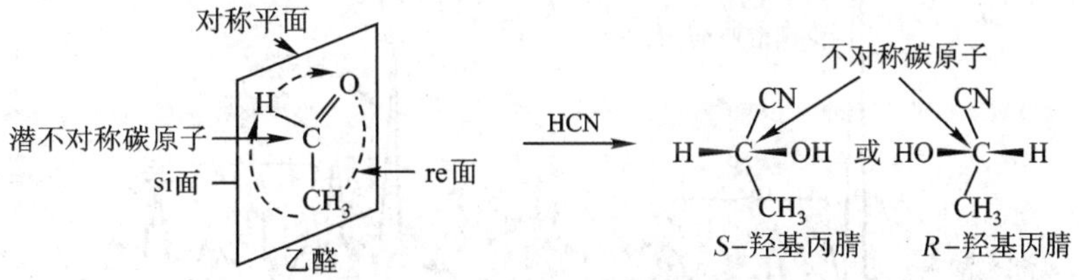

即乙醛分子是对称的,它具有一个对称平面,如图示,乙醛分子在对称平面(设为纸面)上的排布,按 RS-构型规则应为 $O > CH_3 > H$,是顺时针方向,为 R,因此纸面上部称为 re 面。向它进攻称为 re-面的进攻。本例产物为 R-羟基丙腈。同样,纸面的背面称为 si 面。向它进攻称为 si-面的进攻。本例得到的产物为 S-羟基丙腈。

三、新陈代谢的研究方法

生物化学是一门实验科学。它积累的知识都是通过实验研究得来的。只有通过正确的研究方法才能正确地反映出生命机体新陈代谢的本来面貌。由于研究方法的局限性，认识某一代谢过程往往需要通过数种实验途径。人们曾经使用过机体器官组织的切片、匀浆、提取液，更精细的使用分离纯化的个别细胞以及亚细胞结构，还利用分离纯化的酶、纯的中间代谢物等作为研究对象。人们还使用酶的专一抑制剂阻断酶作用的某特定环节，造成有关中间代谢物的积累，借助分析中间代谢物探明酶的催化作用。在生活实践中，可见到有少数人群患有不同类型的代谢病。由于遗传缺欠某一种酶的缺失而引起某种代谢不正常，表现为某种酶作用物即机体代谢中的某种中间产物的积累，往往出现在血液或尿中。通过对血液或尿中代谢物的研究，有助于阐明有关的代谢途径。近代用微生物的基因突变型研究代谢途径受到广泛应用。基因突变由人为造成。用诱变法，例如 X 射线照射，引起由于基因突变而产生的某种酶或代谢途径的缺失。这种方法已成为当前研究代谢途径的重要手段，也是研究分子生物学的一种重要方法。研究代谢途径和代谢机制最有效的方法是同位素示踪法。对代谢中间物进行标记是 1904 年由 Franz Knoop 研究脂肪酸在体内的代谢时最先使用的。Knoop 使用的是化学标记法。他用苯环标记脂肪酸。这种方法会改变代谢物的性质，在使用时有一定的局限性，1941 年改用天然同位素标记法。他曾用重氢标记软脂酸，发现重氢掺入到小鼠体内的许多其他脂肪酸。他用标记氨基酸表明被标记的氨基酸掺入到血清的球蛋白、抗体、清蛋白等成分中。他的一系列实验揭示了生命机体在不断地进行新陈代谢，体内各种物质在不断地进行更新的事实。用同位素可标记任何一种化合物的任何一个原子，也能够探察同位素在某种代谢物中所处的位置。例如 1945 年 David Shemin 和 David Ritlenberg 首先用 ^{14}C 和 ^{15}N 标记的乙酸和甘氨酸等化合物喂饲大鼠，证明了血红素分子中的全部碳原子和氮原子都来源于乙酸和甘氨酸。当前同位素示踪法已成为探索新陈代谢途径和反应机制不可缺少和不能代替的重要手段。近代 Richard Ernst 建立的高分辨率的核磁共振谱技术在生物化学研究中得到广泛的应用。这种方法利用分子内处于不同环境中的原子核的化学位移原理，可对分子提供高的信息量，因此可不破坏机体的整体结构而测到机体某个部位或某种组织中某种分子的变化量。例如 1986 年 G. K. Radda 用此法测定了人前臂肌肉在运动前和运动中 ^{31}P 的核磁共振光谱，从整体肌肉中测得了 5 个明显的光谱峰。其中三个峰是 ATP 的 α, β, γ 磷酸基团显示的，另外两个是磷酸肌酸和无机磷酸显示的峰。ADP 和其他磷酸化合物由于浓度等种种原因未表现出明显的光谱峰。实验表明，人的前臂在运动前和经过 19 分钟运动后所显示的磷谱有明显的变化：磷酸肌酸显示出的峰明显降低，无机磷酸显示出的峰则明显升高，而 ATP 的三个磷酸基团所显示出的峰却几乎没有变化，如下图所示：

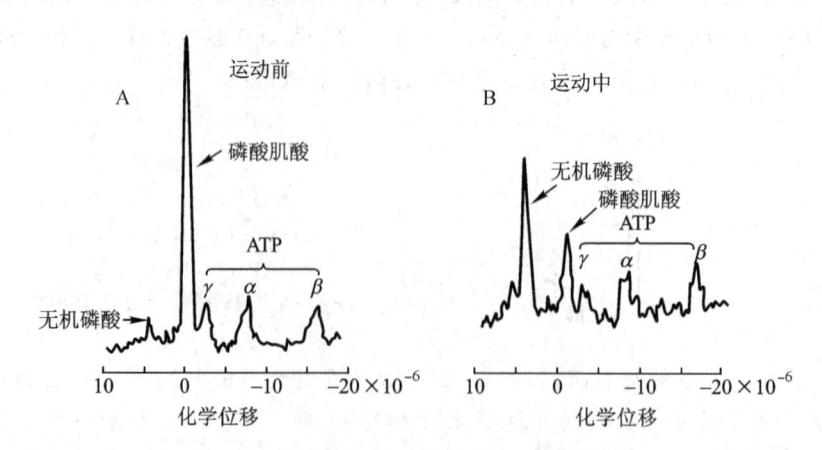

人体前臂肌肉在运动前后磷酸肌酸、无机磷酸和 ATP 中三个磷酸基团的 ^{31}P NMR 波谱

A. 运动前，B. 运动 19 分钟后（A 为 256s 的波谱，B 为 64s 的波谱）（图出自 Radda, G K, Science 233, 641, 1986）

习 题

1. 怎样理解新陈代谢？
2. 能量代谢在新陈代谢中占何等地位？
3. 在能量贮存和传递中哪些物质起着重要作用？
4. 怎样理解新陈代谢包括那么多步骤？
5. 新陈代谢中最常见的有机反应机制有哪些？有何特点？
6. 同位素示踪法和NMR波谱法在生物化学研究中有何优越性？

主要参考书目

[1] Garrett R H, Grisham C M. Biochemistry. 3rd ed. 北京：高等教育出版社，2005.
[2] Nelson D L, Cox M L. Lehninger Principles of Biochemistry. 4th ed. New York：Worth Publishers, 2005.
[3] Horton H R, Moran L A, Ochs R S, Rawn J D, Scrimgeour K G. Principles of Biochemistry. 3rd ed. USA：Prentice Hall, 2002.
[4] Voet D, Voet J G, Pratt C W. Fundamentals of Biochemistry. USA：John Wiley & Sons, 1999.
[5] Voet D, Voet J G. Biochemistry. 3rd ed. New York：John Wiley & Sons, 2004.
[6] Stryer L. Biochemistry. 5th ed. New York：W H Freeman and Company, 2006.
[7] Goodridge A G. The new metabolism：molecular genetics in the analysis of metabolic regulation. FASEB J, 1990, 4：3099–3110.
[8] Radda G K. Control, bioenergetics and adaptation in health and disease：Noninvasive biochemistry from nuclear megnetic resonance. FASEB J, 1992, 6：3032–3038.

（王镜岩）

第18章 生物能学

生物能学(bioenergetics)是定量研究生物体内能的转换和利用以及作为这些转换和利用基础的化学过程的性质和作用的一门科学。生物能学是深入理解生物化学,特别是理解生活机体新陈代谢规律和生物学意义不可缺少的基础知识。

生活机体必须从外界获得能量,即从周围环境的营养物质或太阳辐射能中吸取能量,机体必须利用能量做功才能生存。生活机体对能的转换和利用都遵循热力学的基本定律。因此有必要在学习新陈代谢前,先复习一下有关热力学的基本原理,并初步了解其与机体内进行的化学反应的关系。

一、有关热力学的一些基本概念

(一) 体系的概念、性质和状态

热力学经常使用的两个名词,一个是体系或系统(system),一个是环境(surroundings)。体系指的是在研究中所涉及的全部物质的总称。环境即周围环境,又称外界,指的是除规定体系以外的物质总称。可用图18-1表示它们之间的关系。

在恒温、恒压下的反应,体系和环境之间可以交换能量。能量的交换遵循热力学定律,即宇宙的总能量是恒定的。

根据体系与环境之间的不同关系,可将体系分为三种类型。① 封闭体系(closed system):体系与环境之间有能量传递但无物质交换;② 隔离体系(isolated system):体系与环境之间既无能量传递也无物质交换;③ 开放体系(open system):体系与环境之间既有能量传递也有物质交换。生物体需要营养,不断排出代谢废物,同时做功并有热能释放,因此属于开放体系。

环境+体系="宇宙"

图 18-1 反应体系和周围环境图解

热力学用体系的各种性质,如压力、体积、温度、组成、比热容、表面张力等来描述一个体系所处的状态。当一个体系的各种性质确定之后,这个体系也就有着确定的状态。反之,一个具有确定状态的体系,它的各种性质也必然有着确定的值。热力学把这种性质和状态之间的单值对应关系称为状态函数。一个体系所处状态的微小变化,必然引起状态函数的微小变化。状态函数的变化只与体系的始态和终态有关,与状态变化的过程无关。

(二) 能的两种形式——热与功

能的表现形式多种多样,其中热与功是两种主要形式。热与功是一个体系的状态在发生变化时与环境交换能量的两种形式。热是由温差而产生的能量传递方式。热的传递总伴随着质点的无序运动。功是体系与环境之间另外一种能量交换方式。例如体积变化以对抗外界压力,表面积变化以对抗表面张力,对抗电场的电功,机械功等等都是做功。任何一种功都伴随着体系质点的定向移动。这是一种有序的运动。

(三) 内能和焓的概念

内能(internal energy)是体系内部质点能量的总和。通常用符号 E 或 U 表示。体系内部每个质点的能量都与体系的性质、结构、运动状态及其相互作用等情况有关。因此内能是体系状态的函数。内能的绝对值是无法测量的。但是一个体系发生变化时,其内能的改变量却是可以测定的。也就是说,如果体系的状态确定了,内能也就成为某一固定值。

焓(enthalpy)又称热焓,用符号 H 表示,代表一个反应体系的热含量。焓的变化称为焓变,用 ΔH 表示。焓变和内能变化之间的关系服从以下的公式:

$$\Delta H = \Delta E + \Delta PV \tag{1}$$

式中 ΔH 为焓变,ΔE 为内能的变化,在化学反应中主要是反应物和产物化学键的数量和种类变化的反映,ΔPV 为压力和体积的变化。

如果一个化学反应释放热能,称为放热(exothermic)反应,该反应产物的热焓小于反应物。习惯上 ΔH 用负值表示。如果反应体系从周围环境中吸取热能,称为吸能(endothermic)反应,用正值表示。

(四)热力学的两个基本定律和熵的概念

热力学第一定律是能量守恒定律。它指出,一个体系和其周围环境的总能量是一个常数。虽然能的形式可以转变但不会消灭。

体系与环境是宇宙总内能的两个功能部分。能量可从体系流向环境,也可从环境流向体系,但宇宙的总内能不发生变化。如果体系的状态发生了变化,该体系的内能也必然发生变化。该体系内能的变化等于它所吸收的热量减去它所做的功。热力学第一定律的数学表达式如下:

$$\Delta E = Q - W \tag{2}$$

ΔE 表示一个体系的内能变化,Q 代表体系变化时吸收的热量,W 代表体系所做的功。

如果体系的体积不变,它所吸收的热量在数值上等于该体系内能的改变量。如果体系的压力不变,它所吸收的热量在数值上等于体系的焓变量。

生物体内绝大多数的生物化学过程都是在压力近似不变的条件下发生的,体系所吸收或放出的热量就是该体系的焓变,而且绝大多数的生物化学过程体积的变化很小。因此可以把生物化学过程近似地看成恒温恒压过程。因而反应体系的焓变近似地等于内能的变化。在生物化学中一般忽略焓变 ΔH 和内能变化 ΔE 之间的差别,而简称伴随某一反应的能量变化。

热力学第二定律指出热的传导只能由高温物体传至低温物体。它说明热的传导有一定的方向性。热的自发的逆向传导是不可能的。

生活经验告诉我们,热从高温物体传给低温物体是一种自发过程。当热自发地从高温物体传给低温环境时,即把原来集中于高温物体的能量分散到与它相连系的环境的质点中。这表明能量分散的程度增大。自发过程的共同特征就是所有这些过程都向能量分散程度增大的方向进行。一个体系中能量分散的程度是该体系中大量微观质点进行各种运动的综合表现,从而汇集成为一种宏观性质。这种性质随体系的状态而变化,也就是该体系的状态函数。这个定量代表体系能量分散程度的状态函数笼统地称为熵(entropy),用符号 S 表示。因此熵值代表一个体系质点散乱无序的程度。一个体系的质点当变得更混乱时熵值增加。熵的变化用 ΔS 表示。

热力学第二定律表明,一个能自发进行的过程,其体系和周围环境的熵值总和是正值:

$$\Delta S_{总} = \Delta S_{体系} + \Delta S_{环境} > 0 \tag{3}$$

所有自发进行的过程都是不可逆过程,其熵总是增加的,直至增加到最大可能值时,过程才停止进行。

值得注意的是,一个体系的过程在自发进行时,其熵是可能降低的,但其周围环境的熵必然随之增加。它们的总和必然是正值。宇宙的熵在所有化学和物理过程都是增加的,而对于一个反应体系却不一定是往熵增的方向进行。生物机体是一个高度有序的结构,生活机体所以能不断形成其有序结构是因为它产生的负熵完全由周围环境的熵增抵消,总体上还是正熵。机体内所有的不可逆过程也在不断地产生正熵。正熵对机体是危险信号,因为极大熵值意味着生命过程的停止。但是机体能够巧妙地、不断地从周围环境吸取负熵维持生存。新陈代谢过程使机体能够成功地向周围环境释放出其生命活动不得不产生的全部正熵。机体是一个开放体系,它和周围环境既有物质交换也有能量交换,永远不能和它的环境处于平衡状态。

此外,负熵还是信息的依托。例如组织成有序的笔划可包含着各种信息。人们常说的"与时俱进"4个字共包含27个笔划,组织在一起蕴藏了丰富的信息内含,若将其拆散,成为无序,就失去了它原来的信息含意。图18-2给出了以上4个字的无序状态。生活机体的高度有序结构维持了巨大的负熵,饱含着无限的信息。

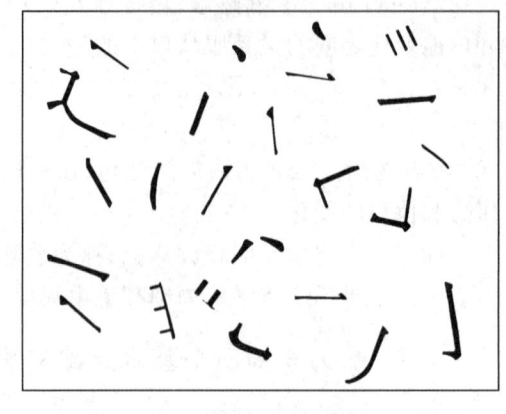

图18-2 "与时俱进"笔划的无序状态

(五)自由能的概念

从前面的公式(3)可以看出,利用熵值来判断一个反应能否自发地进行,需测出体系和环境的熵变,才能求出二者的总和值;而这两个熵值是不易测定的。1878年Josiah Willard Gibbs(J. W. 吉布斯)将热力学第一定律和第二定律结合起来,提出了一个新的函数概念,这就是自由能(free energy)的概念。自由能的符号用G表示。他提出自由能的基本方程式:

$$\Delta G = \Delta H - T\Delta S \tag{4}$$

式中ΔG为在恒温(T)恒压(P)下反应体系的自由能变化,ΔH为体系焓的变化,ΔS为熵的变化。这一公式并没有涉及环境的性质。反应中焓的变化如(1)式即:

$$\Delta H = \Delta E + P\Delta V$$

式中ΔH为反应的焓变,ΔE为反应的内能变化,P为压力,ΔV为反应的体积变化。对于化学反应包括生物化学反应,体积的变化ΔV很小,因此ΔH几乎等于ΔE。于是:

$$\Delta G \cong \Delta E - T\Delta S \tag{5}$$

公式(5)表明反应的自由能变化既决定于体系内能的变化也决定于反应的熵的变化。反应的自由能变化是可求得的,因此利用自由能值来判断化学反应的进行方向、反应能否自发进行,是现实可行的。反应的自由能是可用以做功的能。生活机体用以做功的能,正是利用在代谢反应中释放出的自由能。对于一个化学反应只有当它能够释放能量时,即ΔG为负值($\Delta G < 0$),反应才能自发进行。若ΔG等于零($\Delta G = 0$),则反应处于平衡状态,反应没有自由能的释放。如果ΔG为正值($\Delta G > 0$),表示这一反应不能自发进行。必须输入自由能才能使反应进行,这是吸能反应。

此外,一个反应的自由能变化,只决定于最终产物的自由能和初始反应物自由能之差,与中间所经历的途径无关,即与反应的机制无关,而且也与反应的速率无关。

二、自由能变化、标准自由能变化及其与平衡常数的关系

(一)化学反应的标准自由能变化及其与平衡常数的关系

在化学反应中,反应物和产物各自都有其特定的自由能。标准自由能变化(standard free energy change)的提出是人们为了计算的方便,规定一些反应的条件,在所规定的条件下,反应物和产物之间的自由能变化即是标准自由能变化,用符号$\Delta G^{\ominus}$表示。这些条件是:反应物和产物浓度都为1.0 mol/L,反应的温度为25℃或298 K,大气压为100 kPa(1大气压)。

对于一个化学反应:

$$aA + bB \rightleftharpoons cC + dD \tag{6}$$

它的标准自由能变化 $\Delta G^\ominus$ 是当 A、B、C、D 的起始浓度都是 1mol/L,在标准温度和压力下,由反应物 A 和 B 转变为 C 和 D 时每 1mol/L 丢失的或吸收的自由能的量。对这一反应的标准自由能变化可表示如下:

$$\Delta G^\ominus = \Sigma G^\ominus_{产物} - \Sigma G^\ominus_{反应物}$$

即反应的标准自由能变化 $\Delta G^\ominus$ 等于反应中每种产物的标准自由能变化的总和 $\Sigma G^\ominus_{产物}$ 减去反应中每种反应物标准自由能变化的总和 $\Sigma G^\ominus_{反应物}$。表 18-1 列出一些普通代谢物水解的标准自由能变化。

标准自由能变化和自由能变化两个概念有重要的区别。自由能变化是可以观察到的实际表现出的数值。它随着反应物和产物的浓度发生变化。它的值是一个变量;而标准自由能变化对于一个特定化学反应,在标准温度下都是一个特定的常数。ΔG 和 $\Delta G^\ominus$ 只有当所有的反应物和产物都以 1.0mol/L 开始反应时才能相等。

表 18-1 一些普通代谢物在 pH 7 条件下水解的标准自由能变化

代谢物名称	$\Delta G'^\ominus$/(kJ/mol)
磷酸烯醇式丙酮酸	-62
1,3-二磷酸甘油酸	-49
磷酸肌酸	-43
焦磷酸	-33
磷酸精氨酸	-32
ATP⟶AMP + PPi	-32, -45.6
乙酰-CoA	-32
ATP⟶ADP + Pi	-30
葡萄糖-1-磷酸	-21
葡萄糖-6-磷酸	-14
甘油-3-磷酸	-9

自由能变化和标准自由能变化以通用化学反应式(6)为例,服从于下列公式:

$$\Delta G = \Delta G^\ominus + RT\ln\frac{[C]^c[D]^d}{[A]^a[B]^b} \tag{7}$$

式中 ΔG 为反应的自由能变化,$\Delta G^\ominus$ 为反应的标准自由能变化,$[A]^a$、$[B]^b$、$[C]^c$、$[D]^d$ 为参加反应的各成分的摩尔浓度(即物质的量浓度),R 为气体常数,T 为热力学温度(用开即 K 表示。注意,不要与下面所述平衡常数混淆)。

从公式(7)出发可理解,一个反应的自由能变化是由两部分构成的。一部分是标准自由能 $\Delta G^\ominus$,这是一个固定的数值,是任一特定的化学反应所特有的已如前述,另一部分则是可变值,它反映某一化学反应的反应物和产物的浓度。如果知道在特定温度下某一反应的标准自由能变化以及反应物和产物的浓度,就可计算出这一反应的自由能变化。下面将举例说明。

如果反应式(6)由左向右进行,系统的自由能必然下降,直至达到反应的平衡点。在这个过程中释放出的自由能可用以做功。达到平衡点时的自由能变化即等于零($\Delta G = 0$)。这时的公式(7)就成为如下的形式:

$$0 = \Delta G^\ominus + RT\ln\frac{[C]^c[D]^d}{[A]^a[B]^b} \tag{8}$$

移项后得到:

$$\Delta G^\ominus = -RT\ln\frac{[C]^c[D]^d}{[A]^a[B]^b} \tag{9}$$

对于反应式(6)若反应条件为 pH7,25℃则其平衡常数符号用 K'_{eq} 表示。它的平衡常数公式已知如下:

$$K'_{eq} = \frac{[C]^c[D]^d}{[A]^a[B]^b} \tag{10}$$

注:关于"撇"("'")的符号见后面解释。

将(10)代入(9)则得到标准自由能和反应平衡常数之间关系的一般公式:(此时的 $\Delta G^{\ominus}$ 用 $\Delta G'^{\ominus}$ 表示)。

$$\Delta G'^{\ominus} = -RT\ln K'_{eq} \tag{11}$$

将(11)改为 lg 对数式如下:

$$\Delta G'^{\ominus} = -2.303RT\lg K'_{eq} \tag{12}$$

(12)式还可改写为:

$$K'_{eq} = 10^{-\Delta G'^{\ominus}/2.303RT} \tag{13}$$

如果气体常数 R 作为能量单位以 kJ/mol 表示,则 $R = 8.314 \times 10^{-3}$ kJ·mol·K,测得的 ΔG 用 kJ/mol 表示。如果气体常数的能量单位以卡表示,则 $R = 1.987 \times 10^{-3}$ kcal/mol·K,此处 K 为热力学温度等于 298,相当于 25℃。

一个化学反应的 $\Delta G'^{\ominus}$,代表这一反应从理论上所能做的最大功。但实际上该反应所做的功往往比理论功小得多,甚至等于零。在常温和常压下,一个反应下降的自由能,从理论上可以做功。它所做的功应该等于自由能降。但实际上所完成的功只能是它以某种方式捕获到的能量,可能还有一部分能量会以热的形式散失。

$(\Delta G)\Delta G'$ 值是决定一个反应能否自发进行的判据。只有当 $(\Delta G)\Delta G'$ 为负值($\Delta G' < 0$)时,反应才能发生。而 $(\Delta G^{\ominus})\Delta G'^{\ominus}$ 并不是反应能否进行的判据。如果 $(\Delta G^{\ominus})\Delta G'^{\ominus}$ 为正值,只要反应物和产物的浓度能够保证 $(\Delta G)\Delta G'$ 为负值($\Delta G' < 0$),反应就能进行。

公式(12)表明,若一个反应的平衡常数为已知,就可利用 K'_{eq} 值求得标准自由能变化 $\Delta G'^{\ominus}$。表 18-2 列举了一些平衡常数与自由能变化的关系值。

表 18-2 平衡常数 K'_{eq} 与标准自由能变化 $\Delta G'^{\ominus}$ 在 25℃条件下的数值关系

K'_{eq}	$\Delta G'^{\ominus}$ kcal/mol	$\Delta G'^{\ominus}$ kJ/mol
10^{-5}	6.80	28.55
10^{-4}	5.46	22.85
10^{-3}	4.05	16.95
10^{-2}	2.73	11.42
10^{-1}	1.56	5.69
1	0	0
10	-1.36	-5.60
10^2	-2.73	-11.42
10^3	-4.09	-17.11
10^4	-5.46	-22.85
10^5	-6.82	-28.54

(二) 能量学用于生物化学反应中一些规定的概括

为了便于用能量学探讨在生命过程中的化学反应原理,根据生物化学反应的特点,作出以下的明确规定:

1. 在任何情况下,一个稀的水溶液系统中,如果水作为反应物或产物时,水的浓度(近似的即活度)规定为 1.0。因为水在反应中被视为不含溶质而且浓度不发生变化的纯净液体。虽然水的体积摩尔浓度实际上是 55.5 mol/L。

2. 在生物能学中,通常把标准状况的 pH 规定为 7.0,因为生物化学反应多是在 pH = 7 的缓冲环境中进行,而且在有 ATP 参加的反应中还包括有 Mg^{2+} 离子参加反应,因此规定 Mg^{2+} 的浓度为一个常数,即 1 μmol/L。这种条件不同于在物理、化学中以 pH = 0.0(即 $[H^+] = 1.0$ mol/L)作为标准自由能变化的条件;为了区别 pH = 0.0 时测得的标准自由能变化 $\Delta G^{\ominus}$ 符号,国际化学家和生物化学家委员会(international committee of chemists and biochemists)建议在所用的物理常数符号上加一个撇"'",即用 $\Delta G'^{\ominus}$ 表示标准自由能变化,用 K'_{eq} 表示平衡常数。

应提起注意的是,在以前的教科书中大都使用 $\Delta G^{\ominus}{}'$ 符号。右上角由 $\Delta G^{\ominus}{}'$ 改变为 $\Delta G'^{\ominus}$ 主要是为强调在 pH7 的条件下,自由能 G' 的转化是化学平衡的尺度。习惯上当 H_2O、H^+ 或 Mg^{2+} 是反应物或产物时,它们的浓度不包括在如(10)式的公式中,而体现在 $\Delta G'^{\ominus}$ 和 K'_{eq} 的常数中。$\Delta G'^{\ominus}$ 和 K'_{eq} 的关系正如前述为:

$$\Delta G'^{\ominus} = -RT\ln K'_{eq}$$

3. $\Delta G'^{\ominus}$ 值用于生物化学能量学是假设每个反应物和产物都能解离。它们解离的标准状态是未解离形式和解离形式的混合状态。两种状态的存在正是 pH = 7.0 的环境。因此 $\Delta G'^{\ominus}$ 是以 pH = 7.0 为基础。如果 pH 不等于 7.0 就不能用 $\Delta G'^{\ominus}$ 值。因为一种组分或一种以上组分的解离程度都可能改变 pH。pH 的变化可导致反应中 H^+ 和 OH^- 结合或释放的差异。

4. 标准自由能单位过去多以 cal/mol 或 kcal/mol 表示。根据国际单位制(Le Systeme International Unit,简称 SI 单位)名称导出的对热和能量的单位建议,今后用焦尔/摩尔(Joules/mol),简称焦/摩尔(J/mol)或千焦/摩尔(kJ/mol)表示。1 焦耳是施加 1 牛顿(N)的力于 1 米(m)距离所需的能量,1 卡是 1 克无空气的水,在恒压下,从 14.5℃升到 15.5℃所需的热量。1 卡相当于 4.184 焦耳(1 cal = 4.184 J)。1 千卡相当于 4.184 千焦尔(1 kcal = 4.184 kJ)。

应提起注意的是,在热力学上有利的反应,其 $\Delta G'^{\ominus}$ 为较大负值,意味着此反应可以自发进行,但实际上并不等于此反应已明显地进行。反应的明显进行还需要有活化能(activation energy)。生活机体,使能够自发进行的反应得以快速进行是靠酶来降低反应的活化能。

(三) 标准自由能变化的可加性

如果有两个连续的化学反应:

$$A \rightleftharpoons B \tag{a}$$
$$B \rightleftharpoons C \tag{b}$$

每一反应都有各自的平衡常数。而且都有各自的自由能变化。(a)式的自由能变化为 $\Delta G_a'^{\ominus}$,(b)式的自由能变化为 $\Delta G_b'^{\ominus}$。因为此二化学反应是连续反应。两式相加就可得到:

$$A \rightleftharpoons C \tag{c}$$

(c)式的标准自由能变化 $G_c'^{\ominus}$ 等于(a)式和(b)式自由能变化的代数和:

$$\Delta G_c'^{\ominus} = \Delta G_a'^{\ominus} + \Delta G_b'^{\ominus}$$

上述的生物能原理表明,一个在热力学上不利的反应,如果与一个在热力学上极有利的反应(高度效能反应)相偶联,则前者可由热力学上的有利反应所驱动,使反应得以进行。

例如,由葡萄糖和无机磷酸(Pi)形成葡萄糖 - 6 - 磷酸的反应,在热力学上是吸能反应,而 ATP 的水解在热力学上是放能反应:

$$葡萄糖 + Pi \longrightarrow 葡萄糖-6-磷酸 + H_2O \tag{a}$$
$$ATP + H_2O \longrightarrow ADP + Pi \tag{b}$$

(a)式的 $\Delta G_a'^{\ominus} = +13.8$ kJ/mol,(b)式的 $\Delta G_b'^{\ominus} = -30.5$ kJ/mol。(a)式和(b)式偶联的结果得到(c)式:

$$葡萄糖 + ATP \longrightarrow 葡萄糖-6-磷酸 + ADP \tag{c}$$

(a)和(b)两式的自由能变化总和即为(c)式的自由能变化值:

$$\Delta G_c'^{\ominus} = \Delta G_a'^{\ominus} + \Delta G_b'^{\ominus} = 13.8 + (-30.5) = -16.7 \text{ kJ/mol}$$

两个反应偶联后(c)式的标准自由能变化即为负值。由此(a)式即成为可以进行的反应。(b)式反应成为(a)式反应的驱动力。

(四) $\Delta G'^{\ominus}$,$\Delta G'$ 和平衡常数计算的举例

例 1 葡萄糖 - 1 - 磷酸的浓度为 0.020 mol/L,在磷酸葡萄糖变位酶催化下,向葡萄糖 - 6 - 磷酸转变,或由葡萄糖 - 6 - 磷酸(起始浓度也是 0.020 mol/L)向葡萄糖 - 1 - 磷酸转变,最后得到的混合物中葡萄糖 - 1 - 磷酸

的浓度为 0.001 mol/L，葡萄糖-6-磷酸的浓度为 0.019 mol/L，此反应是在 25℃和 pH=7 的条件下进行的。求出该反应的 K'_{eq} 值和 $\Delta G'^{\ominus}$ 值。

解：
$$K'_{eq} = \frac{[葡萄糖-6-磷酸]}{[葡萄糖-1-磷酸]} = \frac{[0.019]}{[0.001]} = 19.0$$

$$\begin{aligned}\Delta G'^{\ominus} &= -2.303\,RT\lg K'_{eq}\\ &= -2.303 \times 8.314\,\text{J/K}\cdot\text{mol} \times 298\text{K} \times \ln 19.0\\ &= -5.706 \times 10^3 \times 1.278\\ &= -7.29\,\text{kJ/mol}\end{aligned}$$

例 2 当二羟丙酮磷酸和甘油醛-3-磷酸互变达到平衡时，甘油醛-3-磷酸与二羟丙酮磷酸的浓度比值为 0.0475。其反应条件是 25℃和 pH=7；已知甘油醛-3-磷酸的起始反应浓度为 3×10^{-6} mol/L，二羟丙酮磷酸的起始反应浓度为 2×10^{-4}，求该反应的 $\Delta G'^{\ominus}$ 和 $\Delta G'$ 值。

解：
$$\begin{aligned}\Delta G'^{\ominus} &= -RT\ln K'_{eq}\\ &= -2.303\,RT\lg K'_{eq}\\ &= -2.303 \times 8.314 \times 298 \times \lg(0.0475)\\ &= -5.705 \times 10^3 \times \lg(0.0475)\\ &= -5.705 \times 10^3 \times (-1.323) = 7.55\,\text{kJ/mol}\end{aligned}$$

$$\begin{aligned}\Delta G' &= \Delta G'^{\ominus} + RT\ln\frac{[甘油醛-3-磷酸]}{[二羟丙酮磷酸]}\\ &= 7.550 + 2.303 \times 8.314 \times 298 \times \lg(3 \times 10^{-6}/2 \times 10^{-4})\\ &= 7.550 + 5705.84 \times \lg(0.015)\\ &= 7550 + 5705.84 \times (-1.83)\\ &= 7550 - 10\,441.7 = 2891.7\,\text{J/mol} = 2.89\,\text{kJ/mol}\end{aligned}$$

例 3 由异柠檬酸转变为柠檬酸，当 25℃，pH=7.0 时，其平衡常数为 14.66，计算 $\Delta G'^{\ominus}$ 值。

解：
$$\begin{aligned}\Delta G'^{\ominus} &= -RT\ln K'_{eq}\\ &= -8.134\,\text{J/K}\cdot\text{mol} \times 298\text{K} \times \ln 14.66\\ &= -8.314 \times 298 \times 2.303 \times \lg(14.66)\\ &= -5705 \times 1.166\\ &= -6653\,\text{J/mol} = -6.65\,\text{kJ/mol}\end{aligned}$$

例 4 已知葡萄糖-6-磷酸水解的标准自由能变化为 -13.8 kJ/mol，又知由葡萄糖-1-磷酸转变为葡萄糖-6-磷酸的标准自由能变化为 $\Delta G'^{\ominus} = -6.32$ kJ/mol，求葡萄糖-1-磷酸水解的自由能变化。

解：
葡萄糖-6-磷酸 + $H_2O \longrightarrow$ 葡萄糖 + Pi　　$\Delta G'^{\ominus} = -13.8$ kJ/mol
葡萄糖-1-磷酸 $\longrightarrow$ 葡萄糖-6-磷酸　　$\Delta G'^{\ominus} = -6.32$ kJ/mol
葡萄糖-1-磷酸 + $H_2O \longrightarrow$ 葡萄糖 + Pi　　$\Delta G'^{\ominus} = (-13.8) + (-6.32) = -20.1$ kJ/mol

三、高能磷酸化合物

（一）高能磷酸化合物的概念

高能磷酸化合物的典型代表是腺（嘌呤核）苷三磷酸（adenosine triphosphate）即 ATP。它的结构如图 18-3，它在生物系统中的重要换能作用是 1941 年由 Frifz Lipman 和 Herman Kalcker 发现的。Lipman 提出将水解时能释放出大量自由能的化合物称为高能化合物，并建议将被水解的高能键用波折号"~"表示；一般将水解时能释放出 25 kJ/mol 或 30 kJ/mol 以上的化合物称为高能化合物，被水解的键称为高能键，ATP 分子中以酸酐键相连的两个磷酸基团（β,γ）水解断键时分别释放出的自由能是：

$$ATP \longrightarrow AMP + PPi \quad \Delta G'^{\ominus} = -32.2 \text{ kJ/mol}$$
$$ATP \longrightarrow ADP + Pi \quad \Delta G'^{\ominus} = -30.5 \text{ kJ/mol}$$

而磷酸基团水解时低于 25 kJ/mol 的化合物称为低能化合物（低能磷酸基团化合物），例如葡萄糖 - 6 - 磷酸其 $\Delta G'^{\ominus} = -13.8$ kJ/mol。

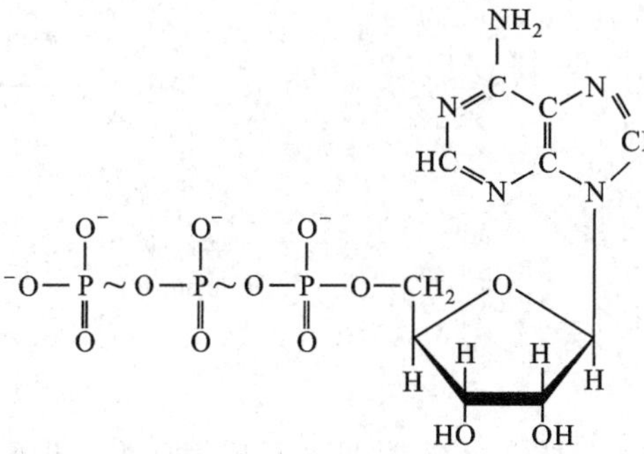

ATP 的 β 及 γ 磷酸基团的酸酐键容易水解的主要化学基础可作如下的解释：① 以酸酐键相连的每个磷酸基团因缺失两个电子，和它相邻的氧桥争夺电子而引起电子转移，使酸酐键之间的稳定性降低（小于磷酯键）甚至断裂。② 由于 β、γ 磷酸基团所带的 4 个负电荷之间相互排斥造成电荷的分离；这可能是最重要的原因。③ ATP 水解产生的 HPO_4^{2-} 由于形成共振杂化物而趋于稳定。共振杂化物中的 4 个 P—O 键中的每一

图 18 - 3 腺嘌呤核苷三磷酸（ATP）的结构式

个，都有同等的双键性，其氢离子（H^+）并不永久地伴随着某一个氧原子。虽然 ATP 分子中以磷酯键与酸酐键相连的磷酸基团都存在共振现象，但它们的共振形式比无机磷酸少。④ ATP 水解产生的无机磷酸和 ADP 的水合程度比 ATP 高，也使产物稳定性增加而有利于 ATP 的水解。⑤ ATP 的水解产物之一 ADP^{2-} 一旦生成，就立刻解离出一个 H^+ 到氢离子浓度大约为 10^{-7} mol/L 的基质中。根据质量作用定律，产物浓度的降低也驱使 ATP 向水解方向进行。

虽然 ATP 的水解是高度放能过程（$\Delta G'^{\ominus} = -30.5$ kJ/mol），但在 pH = 7 的环境中，它却具有动力学的稳定性。因为它水解的活化能是比较高的，酸酐键的迅速水解只能在酶的催化下才能发生。

活细胞内环境对 ATP 的影响

细胞内环境往往为 pH7，这使 ATP 和 ADP 都处于解离形式（ATP^{4-}, ADP^{3-}），与细胞内的 Mg^{2+} 结合成为以下形式：

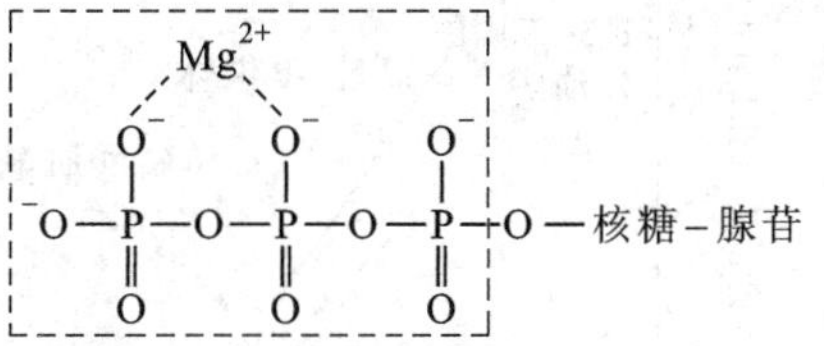

$Mg^{2+}ATP^{2-}$ 的结构式

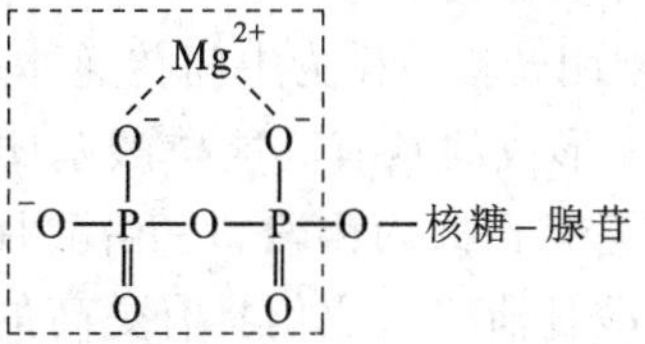

$Mg^{2+}ADP^{-}$ 的结构式

因此在细胞内凡是有 ATP 作为磷酸基团供体（donor）的酶促反应，ATP 都是以 $Mg^{2+}ATP^{2-}$ 的形式参加反应；而且 ATP 和它的水解产物往往都与细胞内的蛋白质紧密结合着。此外，细胞内的 pH 环境并不是稳定的等于 7，而是不断地发生变化，ATP 及其水解产物 ADP 和 Pi 的浓度远远低于标准状态下的 1 mol/L。因此细胞内 ATP 的 ΔG（往往用 ΔG_P 表示）远远不等于 $\Delta G'^{\ominus}_P$（-30.5 kJ/mol），一般测定为 -50 ~ -65 kJ/mol。这个绝对值即用来表示磷酸化势能（phosphorylation potential）。

（二）ATP 以基团转移形式提供能量

ATP 虽然有两个高能磷酸键，但是如果只有单纯的 ATP 水解反应，它只能以热的形式散发出能量；如果在等温体系中，也不能驱动一个化学过程。ATP 在参与反应时，其磷酸基团或焦磷酸基团，或是核苷酸（AMP）部分几乎都是以共价键形式先转移到某一底物分子或者是酶分子的某个氨基酸残基上，转移后的基团自由能含量升高，从而使其他化合物取代磷酸基团或焦磷酸基团或 AMP 容易进行。例如由谷氨酸形成谷氨酰胺的过程，实际上是由 ATP 参加的两步反应过程。在酶的参与下，谷氨酸先与 ATP 的一个磷酸基团结合。然后由氨取代谷氨酸分子

上的磷酸基团而形成谷氨酰胺,同时释出无机磷酸基团:

谷氨酸 (glutamate) → 谷氨酰磷酸 (glutamyl phosphate) → 谷氨酰胺 (glutamine)

习惯上,往往将两步反应简化为一步反应:

谷氨酸 + NH$_3$ →（ATP → ADP+Pi）→ 谷氨酰胺

当然,细胞有些过程也需要 ATP 的直接水解,在有关章节中将会遇到。

ATP 在能量转运中的地位和作用

ATP 的磷酸基团转移势能和其他一些磷酸化合物比较,处于中间地位(参看表 18-1 和图 18-4)。这使 ATP 有可能在磷酸基团转移中作为中间传递体起作用。在物质的分解代谢中形成的具有高能磷酸基团转移势能的化合物,例如磷酸烯醇式丙酮酸、3-磷酸甘油酸磷酸(又称 1,3-二磷酸甘油酸),它们具有更高的磷酸基团转移势能,在细胞中它们通过特殊激酶的作用,以转移磷酸基团的形势将能量转移给 ADP,使它形成 ATP,而 ATP 又倾向于将其磷酸基团转移给能够形成具有较低磷酸基团转移势能的化合物,例如 D-葡萄糖和甘油分子,从而依次生成 D-葡萄糖-6-磷酸和甘油-3-磷酸。ATP 作为共同中间传递体的实质是传递能量。它水解释放的自由能可推动一个在热力学上不利的反应,使之能够顺利地进行。如果 A→B 是热力学不能进行的反应,但与 ATP 的水解相偶联,这个反应就能够进行。其总反应可表示如下:

$$A + ATP + H_2O \rightleftharpoons B + ADP + Pi + H^+$$

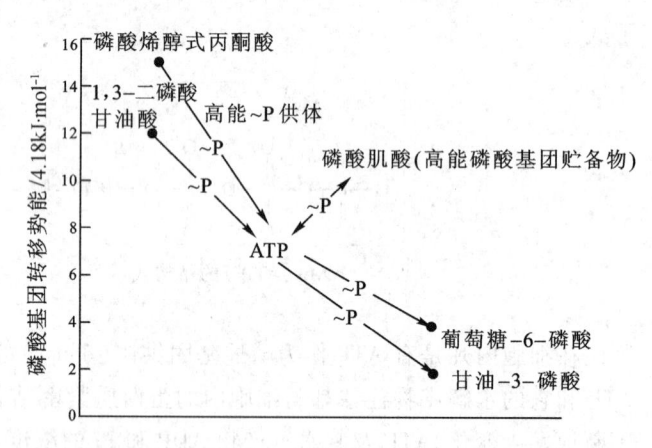

图 18-4 ATP 作为磷酸基团共同中间体的地位

四、其他高能化合物

细胞内高能化合物的种类不下十数种。其中绝大多数为磷酸化合物,在有关章节中都会遇到。这里仅举出几种其磷酸基团转移势能高于 ATP 的化合物：

(1) 磷酸烯醇式丙酮酸　它水解的 $\Delta G'^{\ominus} = -61.9$ kJ/mol。

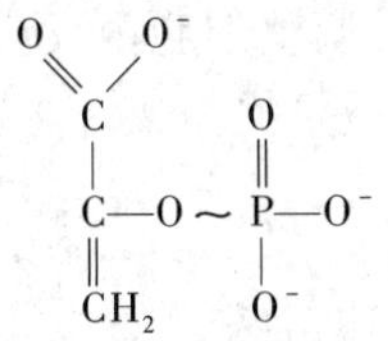

$$\begin{array}{c} O \quad O^- \\ \diagdown\!\!\diagup \\ C \\ | \\ C-O\sim P-O^- \\ \| \quad \| \\ CH_2 \quad O^- \end{array}$$

磷酸烯醇式丙酮酸
(phosphoenolpyruvate)

(2) 1,3-二磷酸甘油酸　它水解的 $\Delta G'^{\ominus} = -49.4$ kJ/mol。

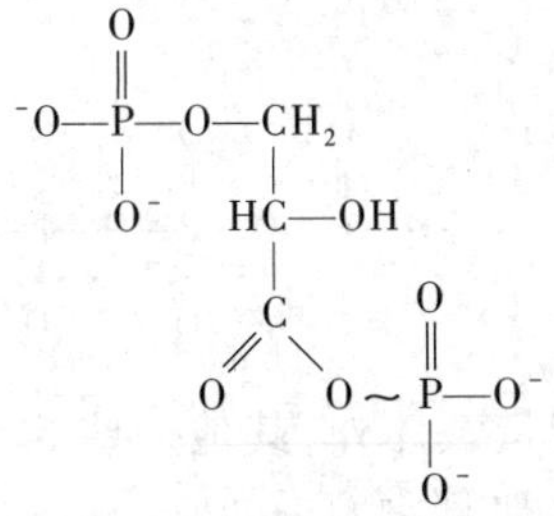

$$\begin{array}{c} O \\ \| \\ ^-O-P-O-CH_2 \\ | \quad\quad | \\ O^- \quad HC-OH \\ \quad\quad | \\ \quad\quad C \\ \quad\quad \| \quad\sim P-O^- \\ \quad\quad O \quad O^- \quad | \\ \quad\quad\quad\quad\quad O^- \end{array}$$

1,3-二磷酸甘油酸
(1,3-bisphosphoglycerate)

(3) 磷酸肌酸　它水解的 $\Delta G'^{\ominus} = -43.1$ kJ/mol。

$$\begin{array}{c} ^+NH_2 \\ \| \quad H \quad O \\ C-N\sim P-O^- \\ | \quad\quad\quad \| \\ N-CH_3 \quad O^- \\ | \\ CH_2 \\ | \\ COO^- \end{array}$$

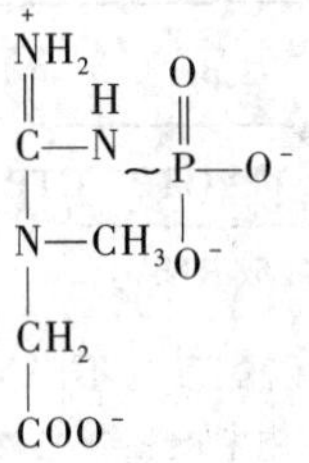

磷酸肌酸
(phosphocreatine)

(4) 乙酰磷酸　它水解的 $\Delta G'^{\ominus} = -43.1$ kJ/mol。

$$\begin{array}{c} CH_3 \\ | \\ C=O \\ | \\ O \\ | \quad O \\ ^-O-P-O^- \\ \| \\ O \end{array}$$

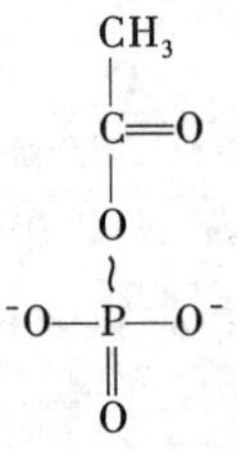

乙酰磷酸
(acetyl phosphate)

上述的高能磷酸化合物的磷酸基团转移势能都高于 ATP，表明它们的高能磷酸基团有可能转移给 ADP 使其形成 ATP。ATP 的磷酸基团转移势能高于其他许多磷酸化合物：如葡萄糖-6-磷酸（$\Delta G'^{\ominus} = -13.8$ kJ/mol）和甘油-3-磷酸 $\Delta G'^{\ominus} = -9.2$ kJ/mol）等，因此 ATP 有可能在磷酸基团转移中作为中间传递体而起作用。

在高能磷酸化合物中，最直接的储能化合物是磷酸肌酸，它在人类大脑中的含量是 ATP 的 1.5 倍，在肌肉中的含量是 ATP 的 4 倍。磷酸肌酸的高含量和它高的磷酸基团转移势能使它能够在肌肉紧张活动时,将 ATP 维持在较恒定的水平,一般可维持 4~6 秒的能量需要。在肌肉恢复期,肌酸又由其他来源的 ATP 使其再合成磷酸肌酸。催化磷酸肌酸合成和分解的酶是肌酸激酶(creatine kinase)。它催化的反应是可逆的,在细胞内反应物和产物的浓度接近平衡。它的生物学意义在于可随时调整细胞内反应物和产物的浓度。在无脊椎动物例如蟹和龙虾等肌肉中的储能物质为磷酸精氨酸:

磷酸精氨酸的结构式

磷酸肌酸和磷酸精氨酸又统称为磷酸原(phosphagen)。有些微生物以聚偏磷酸(polymetaphosphate)作为储能物质,它呈线性没有固定长度:

细胞在能量传递中除 ATP 作为主要的能量载体外,其他一些 5′-三磷酸核苷和 5′-三磷酸-2-脱氧核苷也参与能量传递作用。它们的高能磷酸基团都是来自 ATP 的高能磷酸基团。它们主要在生物合成中起作用。见图 18-5。

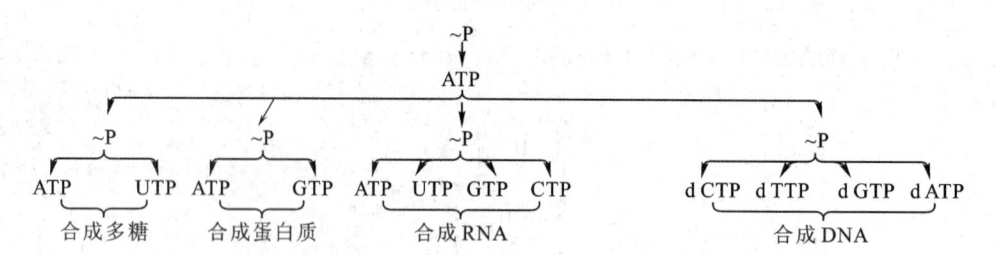

图 18-5 各种核苷三磷酸参与不同生物合成的关系示意图
ATP-腺嘌呤核苷三磷酸,CTP-胞嘧啶核苷三磷酸,GTP-鸟嘌呤核苷三磷酸,
TTP-胸腺嘧啶核苷三磷酸,UTP-尿嘧啶核苷三磷酸

催化由 ATP 和 NDP(核苷二磷酸总称)合成相关的核苷三磷酸(NTP)的酶为专一性不强的核苷二磷酸激酶(nucleoside diphosphate kinase):

$$ATP + NDP \underset{\text{核苷二磷酸激酶}}{\overset{Mg^{2+}}{\rightleftharpoons}} ADP + NTP$$

上述反应的 $\Delta G'^{\ominus}$ 接近于 0,这一反应的进行主要依靠 NTP 在细胞内的消耗。

ATP 还为腺苷一磷酸(又称腺苷酸,AMP)的进一步磷酸化提供高能磷酸基团,生成 ADP:

$$AMP + ATP \rightleftharpoons 2ADP$$

催化此反应的酶称为腺苷酸激酶(adenylate kinase),存在于所有组织中。它在维持 ATP、ADP 和 AMP 的平衡中起作用。

除上述高能磷酸化合物外,还有具高能硫酯键的化合物如酰基辅酶 A(acyl coenzyme A),特别是乙酰-CoA(参看代谢总论)、具有甲硫键的活性甲硫氨酸(S-腺苷甲硫氨酸,S-adenosyl methionine)都属于高能化合物。它们的结构式如下:

酰基辅酶 A
(acyl coenzyme A)

乙酰辅酶 A
(acetyl CoA)

S-腺苷甲硫氨酸
(S-adenosylmethionine)

习 题

1. 根据平衡常数计算下列酶催化反应的标准自由能变化。它们的反应条件是 pH=7 和 25℃ 的环境。

   a. 谷氨酸 + 草酰乙酸 $\xrightleftharpoons[]{\text{天冬氨酸氨基转移酶}}$ 天冬氨酸 + α - 酮戊二酸

   $K'_{eq} = 6.8$　　　　　　　[$\Delta G'^{\ominus} = -4.75$ kJ/mol]

   b. 二羟丙酮磷酸 $\xrightleftharpoons[]{\text{丙糖磷酸异构酶}}$ 甘油醛 - 3 - 磷酸

   $K'_{eq} = 0.0425$　　　　　　[$\Delta G'^{\ominus} = 7.6$ kJ/mol]

   c. 果糖 - 6 - 磷酸 + ATP $\xrightleftharpoons[]{\text{磷酸果糖激酶}}$ 果糖 - 1,6 - 二磷酸 + ADP

   $K'_{eq} = 254$　　　　　　　[$\Delta G'^{\ominus} = -13.7$ kJ/mol]

2. 在 pH7 和 25℃ 的条件下，根据标准自由能变化值求出下列反应的平衡常数。

   a. 苹果酸 $\xrightleftharpoons[]{\text{延胡索酸酶}}$ 延胡索酸 + H_2O

   $\Delta G'^{\ominus} = 3.1$ kJ/mol　　　　[$K'_{eq} = 0.29$]

   b. 葡萄糖 - 1 - 磷酸 $\xrightleftharpoons[]{\text{磷酸葡萄糖变位酶}}$ 葡萄糖 - 6 - 磷酸

   $\Delta G'^{\ominus} = -7.3$ kJ/mol　　　[$K'_{eq} = 19$]

3. 在 25℃ 条件下葡萄糖 - 1 - 磷酸由磷酸葡萄糖变位酶催化转变为葡萄糖 - 6 - 磷酸，当达到反应的平衡点时，葡萄糖 - 1 - 磷酸的浓度为 4.5×10^{-3} mol/L，葡萄糖 - 6 - 磷酸的浓度为 9.6×10^{-2} mol/L，求出该反应的 K'_{eq} 和 $\Delta G'^{\ominus}$ 值？[$K'_{eq} = 21$, $\Delta G'^{\ominus} = -7.6$ kJ/mol]

4. 测定 ATP 水解的标准自由能变化（$\Delta G'^{\ominus}$），比较切实可行的方法往往是根据由 ATP 形成的磷酸化合物获得的平衡常数求得。请根据以下反应测得的平衡常数值求出 ATP 水解的自由能变化值：

   葡萄糖 - 6 - 磷酸 + H_2O ⟶ 葡萄糖 + Pi

   $K'_{eq} = 270$

   ATP + 葡萄糖 ⟶ ADP + 葡萄糖 - 6 - 磷酸

   $K'_{eq} = 890$

   [$-13.865 + (-16.832) = -30.7$ kJ/mol]

5. 一个在热力学上不利的反应与 ATP 的水解相偶联可以明显地改变反应的平衡。请计算：

   a. 当一个不利反应 A→B 在 25℃ 时 $\Delta G'^{\ominus} = +25$ kJ/mol 的 K'_{eq} 值。[$K'_{eq} = 4.1 \times 10^{-5}$]

   b. 计算当 A→B 的反应和 ATP 的水解相偶联的 K'_{eq} 值。[$K'_{eq} = 7.5$]

6. 在 25℃ 环境的生理条件下，神经细胞溶胶内的磷酸肌酸浓度为 4.7 mmol/L，肌酸浓度为 1.0 mmol/L，ADP 浓度为 0.73 mmol/L，ATP 浓度为 2.6 mmol/L，求在此情况下的 ΔG 值。[$\Delta G = -10.0$ kJ/mol]

7. 在大鼠肝细胞溶胶内，[ATP]/[ADP][Pi] = 5.33×10^2 $mol^{-1} \cdot L$ 请计算在生理条件下合成 1 mol ATP 需要多少自由能？[46.0 kJ/mol]

8. 考虑下列提法是否正确?
   a. 在生物圈内,能量只能从光养生物到异养生物,而物质却能在这两类生物之间循环。
   b. 生物机体可利用体内较热部位的热能传递到较冷的部位而做功。
   c. 当一个系统的熵值降低到最低时,该系统即处于热力学平衡状态。
   d. 当 $\Delta G'^{\ominus}$ 为"0"时,说明反应处于平衡状态。
   e. ATP 水解成 ADP 和 Pi 的反应,$\Delta G'^{\ominus}$ 约等于 $\Delta G^{\ominus}$。
   [a. 是;b. 非;c. 非;d. 非;e. 非]

9. 怎样判断一个化学反应进行的方向?当反应物和产物的起始浓度都为 1 mol/L 时,请判断下列反应的进行方向。
   a. 磷酸肌酸 + ADP ⇌ ATP + 肌酸
   b. 磷酸烯醇式丙酮酸 + ADP ⇌ 丙酮酸 + ATP
   c. 葡萄糖-6-磷酸 + ADP ⇌ ATP + 葡萄糖
   [a. 向右;b. 向右;c. 向左]

10. 若将[γ-^{32}P]ATP 和[β-^{32}P]ATP 分别加入相同的两个酵母提取液样品中,在几分钟之内就可发现在加入[γ-^{32}P]ATP 的溶液中约一半^{32}P 已参入到 Pi 中,而 ATP 的浓度并未发生变化,请解释发生这种现象的原因,并预示及解释在加入[β-^{32}P]ATP 的酵母提取液中在同样短的时间内出现的情况是否与前者相同。

主要参考书目

[1] Garrett R H, Grisham C M. Biochemistry. 3rd ed. 北京:高等教育出版社, 2005.

[2] Horton H R, Moran L A, Ochs R S, Rawn J D, Scrim geour K G. Principles of Biochemistry. 3rd ed. London: Prentice Hall, 2002.

[3] Nelson D L, Cox M L. Lehninger Principles of Biochemistry. 4th ed. New York: Worth Publishers, 2005.

[4] Voet D, Voet J G, Pratt C W. Biochemistry. 3rd ed. Nwe York: John Wiley & Sons, 2004.

[5] Stryer L. Biochemistry. 5th ed. New York: W H Freeman and Company, 2006.

[6] Harold F M. The Vital Force: A Study of Bioenergetics. New York: W H Freeman, 1986.

[7] Edsall J T, Gutfreund H. Biothermodynamics: The Study of Biochemical Processes at Equilibrium. New York: John Wiley & Sons, 1983.

[8] Lehninger A L. Bioenergetics, The Molecular Basis of Biological Energy Transformations. 2nd ed. New York: Benjamin Press, 1971.

[9] Price N N, Dwek R A. Principles and Problems in Physical Chemistry for Biochemists. Oxford: Clarendon Press, 1979.

[10] Tinoco I, Jr, Sauer K, Wang J C. Physical Chemistry: Principles and Applications in Biological Sciences. 3rd ed. New York: Prentice-Hall, Inc, 1996.

[11] Bergethon P R. The Physical Basis of Biochemistry. New York: Springer-Verlag, 1998.

(王镜岩)

第19章 六碳糖的分解和糖酵解作用

六碳糖例如葡萄糖、果糖、半乳糖、甘露糖等的分解代谢都有各自的特点,但它们都共同经历一些分解代谢途径,这就是糖酵解(glycolysis)途径。为了叙述的方便,更因为葡萄糖是很多生物的主要能源,先以葡萄糖为主题讨论一条完整的、在不需氧情况下的分解代谢途径,然后再讨论其他六碳糖是如何进入糖酵解途径进行分解代谢的。

一、糖酵解作用

糖酵解的英文"glycolysis"一词来源于希腊语 glykos 的词根,是"甜"的意思。"lysis"是"分解"的意思。糖酵解作用是生物界最原始获取能量的一种方式。在自然发展过程中出现的大多数较高等生物,虽然进化为利用有氧条件获取能量,但仍保留了这种原始方式。糖酵解过程不但成为生物体共同经历的葡萄糖分解代谢的前期途径,而且有些哺乳类的特殊细胞在一般情况下利用葡萄糖的酵解作为唯一的能量来源,例如红细胞、肾髓质细胞、脑细胞、精子等;还有些植物组织(例如马铃薯块茎专门用于贮存淀粉)和一些水生植物(例如水生十字花科植物),它们主要通过糖酵解途径转换能量。许多厌氧微生物则完全依靠糖酵解供能。糖酵解作用的生物学意义就在于,它是在不需要氧参与的条件下提供能量的一种方式。

糖酵解过程一般认为是由葡萄糖降解产生丙酮酸的过程。发酵(fermentation)的实质也是糖酵解过程,是酵母菌将葡萄糖通过酵解途径最终转化为酒精的过程。当前"发酵"已广义地成为葡萄糖以及其他各种有机物无氧分解的一个通用名称。

糖酵解过程是研究最早,也是最早被基本阐明的代谢途径。这一全过程是在 20 世纪中期由 Otto Warburg、Gustav Embden、Otto Meyerhof 等人完成的。这一过程也常被称为 Embden – Meyerhof 途径。

糖酵解过程共包括 10 步反应。催化这 10 步反应的酶都处于细胞溶胶中,它们彼此或与其他细胞结构疏松地相连。可将糖酵解的全部过程分为两个阶段。第一阶段包括前 5 步反应,即葡萄糖通过磷酸化分解为三碳糖,形成两分子甘油醛 – 3 – 磷酸的过程。在此阶段需消耗 2 分子 ATP 用于启动反应。第二阶段也包括 5 步反应,将 2 分子甘油醛 – 3 – 磷酸转变为 2 分子丙酮酸。在此过程中共产生 4 个 ATP 分子。因此全过程净产生 2 分子 ATP。糖酵解(以及酒精发酵)的全部反应可用图 19 – 1 表示。

二、糖酵解第一阶段的 5 步反应

(一) 葡萄糖磷酸化形成葡萄糖 – 6 – 磷酸

葡萄糖磷酸化是糖酵解的启动步骤。在己糖激酶(hexokinase)或葡萄糖激酶(glucokinase)的催化下,葡萄糖的 C6 位磷酸化形成葡萄糖 – 6 – 磷酸,提供磷酸基团的是 ATP。反应式如下:

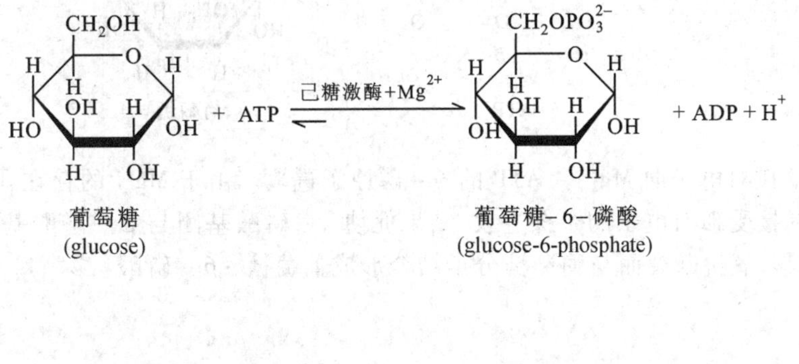

$$\text{葡萄糖} + \text{ATP} \xrightleftharpoons{\text{己糖激酶} + Mg^{2+}} \text{葡萄糖-6-磷酸} + \text{ADP} + H^+$$

葡萄糖
(glucose)

葡萄糖-6-磷酸
(glucose-6-phosphate)

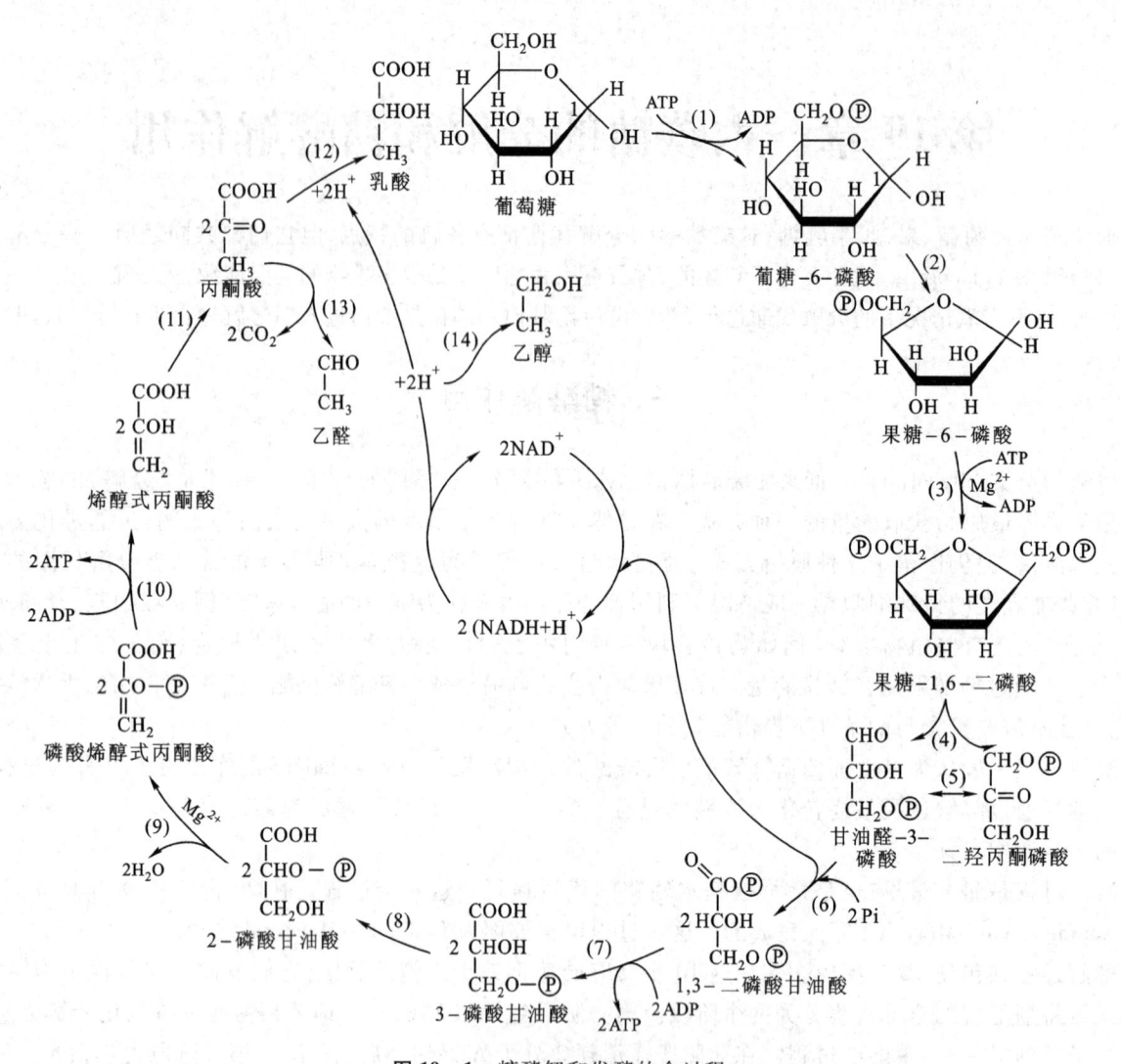

图 19-1 糖酵解和发酵的全过程

由葡萄糖形成磷酸酯本是热力学的不利反应，须输以能量，与 ATP 的水解相偶联才能实现。ATP 水解的标准自由能 $\Delta G'^{\ominus} = 30.5$ kJ/mol，葡萄糖的磷酸化需提供 13.8 kJ/mol 自由能，全部反应的 $\Delta G'^{\ominus}$ 为 -16.7 kJ/mol。这使该反应的进行成为可能。因为放能反应，使该反应成为不可逆。

葡萄糖与 ATP 反应必须有 Mg^{2+} 离子参加。反应机制如下：

葡萄糖 C6 氧原子的孤对电子向 Mg^{2+}-ATP 的 γ-磷原子进攻。由于 Mg^{2+} 的存在，吸引 ATP 磷酸基团上的负电荷，使 γ 磷原子更易接受孤对电子的亲核进攻，结果促使 γ-磷酸基团与 β-磷酸基团之间的氧桥所共有的电子对向氧原子一方转移，氧桥断裂而与葡萄糖分子结合形成葡萄糖-6-磷酸。除 Mg^{2+} 外，其他 2 价金属离子

如 Mn^{2+} 也有类似作用。在正常生理条件下，多是 Mg^{2+} 起作用。

葡萄糖磷酸化对细胞有重要意义：它赋予中性的葡萄糖以负电荷，从而避免葡萄糖通过扩散作用穿过细胞膜。葡萄糖-6-磷酸是不能透过细胞膜的。细胞内的葡萄糖迅速转变为葡萄糖-6-磷酸，保证了胞内葡萄糖浓度的低水平而有利于葡萄糖由细胞外扩散到细胞内。

己糖激酶：从酵母获得的己糖激酶其相对分子质量为108 000。X射线晶体研究证明，己糖激酶在起催化作用时先与葡萄糖和 Mg^{2+} -ATP结合，形成一个三元复合体。随后引发出酶的构相变化，使ATP的γ-磷酸基团与葡萄糖的C6羟基靠拢。这大大有利于磷酸基团的转移。由己糖激酶催化的ATP γ-磷酸基团的转移速度比其向水分子的转移速度快40 000倍。

己糖激酶属于激酶类，激酶是转移酶类的一个亚类。凡是催化由ATP的γ-磷酸基团转移到其他亲核受体上的酶都称为激酶。己糖激酶除催化D-葡萄糖的磷酸化外，还催化其他己糖如D-果糖和D-甘露糖的磷酸化。肝细胞含有一种专一催化葡萄糖磷酸化的葡萄糖激酶。它主要是在维持血糖水平中起作用。随着电泳技术的发展从不同动物组织中共分离得到4种催化性质不完全相同的己糖激酶。分别称为Ⅰ、Ⅱ、Ⅲ、Ⅳ型，Ⅰ型主要存在于脑、肾，Ⅱ型主要在骨骼肌和心肌，Ⅲ型主要在肝和肺，Ⅳ型只存在于肝脏。

（二）葡萄糖-6-磷酸异构化形成果糖-6-磷酸

葡萄糖-6-磷酸转变成果糖-6-磷酸反应如下：

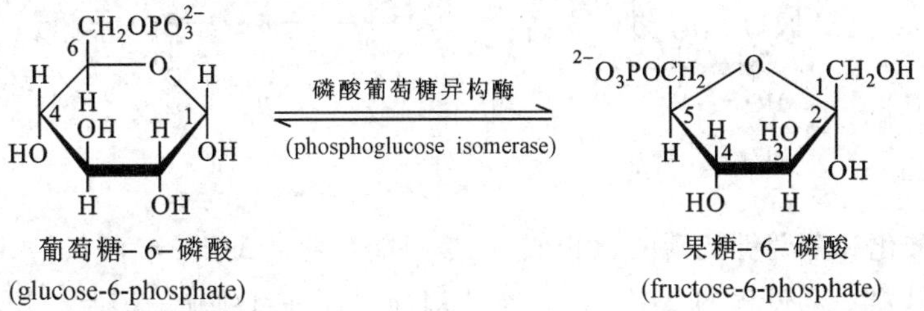

葡萄糖-6-磷酸 (glucose-6-phosphate) ⇌ 磷酸葡萄糖异构酶 (phosphoglucose isomerase) 果糖-6-磷酸 (fructose-6-phosphate)

葡萄糖-6-磷酸为醛式己糖而果糖-6-磷酸为酮式己糖，醛糖C1上的羰基不易磷酸化而酮糖C1上的羟基容易磷酸化，由醛糖转变为酮糖才能使机体内糖酵解的进展成为可能。一般情况下，己糖磷酸的存在形式主要为环式，而异构化反应需以开链形式进行。因此该异构化反应先经过葡萄糖的开链反应，将C1的羰基转移到C2位后再关环，全过程下式表示：

葡萄糖-6-磷酸（环式） ⇌ 葡萄糖-6-磷酸（醛糖, aldose） 磷酸葡萄糖异构酶 (phosphoglucose iomerase) 或者 (phosphoglucoiomerase) 果糖-6-磷酸（酮糖, ketose） ⇌ 果糖-6-磷酸（环式）

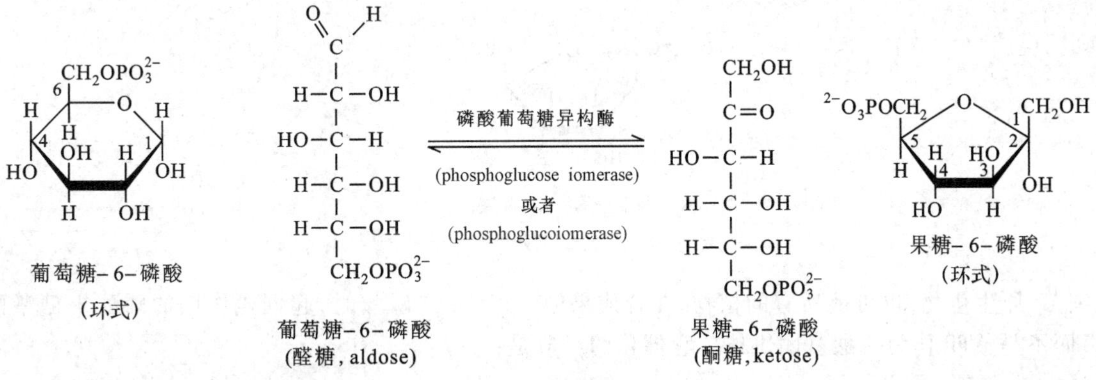

该反应的标准自由能变化极小，$\Delta G'^{\ominus} = 1.67$ kJ/mol，因此是可逆反应。葡萄糖-6-磷酸和果糖-6-磷酸基本上处于平衡状态。

催化上述反应全过程的酶称为磷酸葡萄糖异构酶（phosphoglucose isomerase）。该酶具有高度的立体专一性。它的催化机制属于酸碱催化。

(三) 果糖-6-磷酸形成果糖-1,6-二磷酸

由果糖-6-磷酸转变为果糖-1,6-二磷酸(fructose-1,6-bisphosphate)是糖酵解过程中利用第二个ATP分子进行磷酸化的反应。反应式如下：

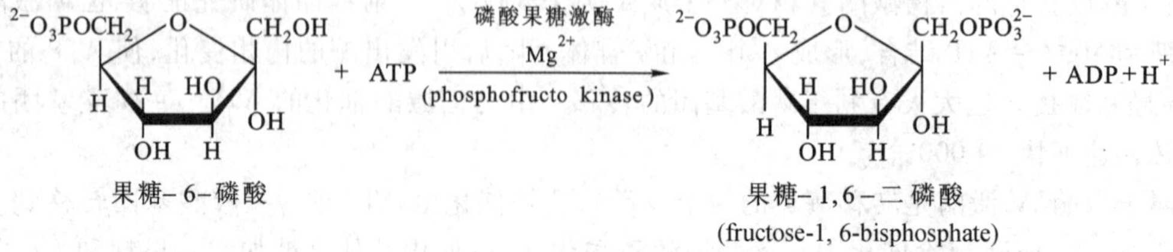

果糖-6-磷酸 + ATP $\xrightarrow[\text{(phosphofructo kinase)}]{\text{磷酸果糖激酶} \atop Mg^{2+}}$ 果糖-1,6-二磷酸 (fructose-1,6-bisphosphate) + ADP + H⁺

注：果糖-1,6-二磷酸的英文名称中用"bisphosphate"而不是"diphosphate"表示2个磷酸基团不是相连的。

果糖-6-磷酸与ATP的反应机制和葡萄糖与ATP的反应机制相似，此处不再详述。由果糖-6-磷酸C1位羟基的孤对电子向Mg^{2+}-ATP的γ-磷原子进攻，如下所示：

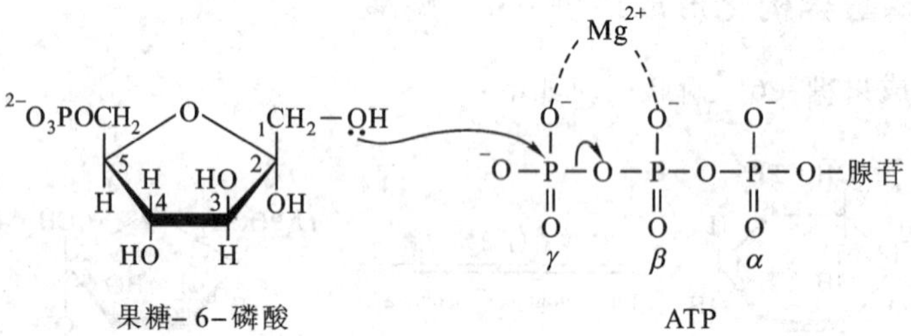

果糖-6-磷酸的磷酸化和葡萄糖的磷酸化相似，也是吸能反应。$\Delta G'^{\ominus}$ = +16.3 kJ/mol，当与ATP的水解偶联时，全过程便成了放能过程。全过程的$\Delta G'^{\ominus}$ = -14.2 kJ/mol，（在红细胞，ΔG = -18.8 kJ/mol）。因此是不可逆过程。

催化上述反应的酶称为磷酸果糖激酶-1(区别催化形成果糖-2,6-二磷酸的磷酸果糖激酶-2)也是变构酶，催化效率很低，是一个关键的调节酶。有些己糖底物可不经过己糖激酶的催化途径，而且葡萄糖-6-磷酸还可进入酵解途径以外的其他代谢途径，因此该酶的活性对促进糖酵解过程就具有更重要的意义。它由4个亚基组成，相对分子质量约为340 000。它的活性受许多因素制约，其中果糖-2,6-二磷酸是强烈激动剂。结构如下：

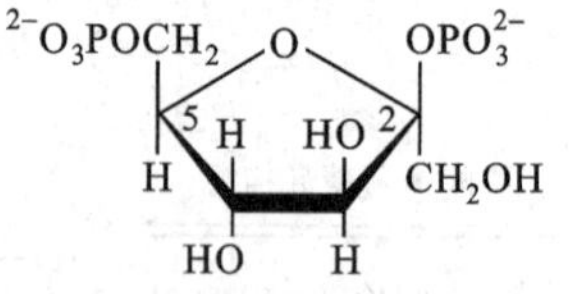

果糖-2,6-二磷酸
(fructose-2,6-bisphosphate F-2,6-BP)

某些细菌、原生生物，也可能所有的植物，在合成果糖-1,6-二磷酸时，起催化作用的磷酸果糖激酶利用焦磷酸(PPi)而不是ATP作为磷酸基团供体。它催化的反应是：

果糖-6-磷酸 + PPi $\xrightarrow[\text{磷酸果糖激酶}]{Mg^{2+}}$ 果糖-1,6-二磷酸 + Pi

$\Delta G'^{\ominus}$ = -14 kJ/mol。

(四) 果糖-1,6-二磷酸转变为甘油醛-3-磷酸和二羟丙酮磷酸

糖酵解的前三步反应为由六碳糖(果糖-1,6-二磷酸)裂解为两个三碳糖作好了准备。这一反应如下所示：

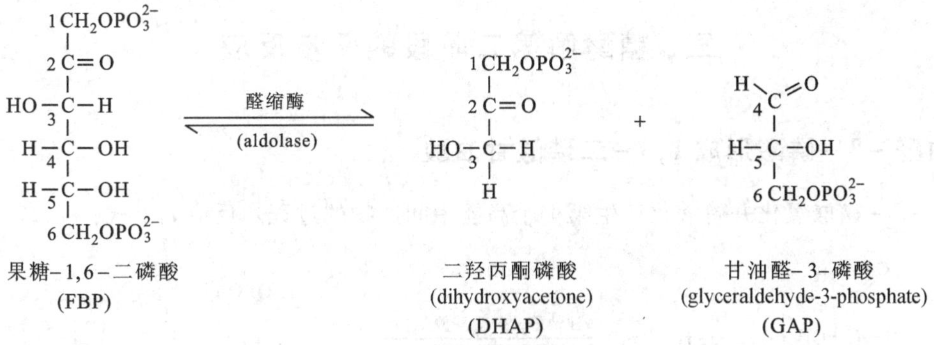

$$\text{果糖-1,6-二磷酸 (FBP)} \xrightleftharpoons[]{\text{醛缩酶 (aldolase)}} \text{二羟丙酮磷酸 (dihydroxyacetone) (DHAP)} + \text{甘油醛-3-磷酸 (glyceraldehyde-3-phosphate) (GAP)}$$

$$\Delta G'^{\ominus} = +23.9 \text{ kJ/mol}$$

从上述反应的碳原子序列可看到,果糖-1,6-二磷酸的 C1,C2,C3 成为了二羟丙酮磷酸,C4、C5、C6 成为了甘油醛-3-磷酸。这一反应为羟醛裂解反应,为羟醛缩合反应的逆反应。其反应机制请参看第 17 章中关于碳-碳键的形成与断裂机制的讨论。从该反应的 $\Delta G'^{\ominus}$ 为 +23.9 kJ/mol 可理解,从左向右进行的反应是很不利的。但是它由 1 个分子变成两个分子,它们的浓度差异将大大影响该反应的平衡。从红细胞中测定的 ΔG 表明实际为 -0.23 kJ/mol。在生理浓度下此反应处于平衡状态。

催化裂解反应的酶恰恰以其催化的逆向反应命名,称为醛缩酶(aldolase)。醛缩酶有两种类型。高等动、植物中的醛缩酶称为 I 型。从肌肉中分离出的醛缩酶相对分子质量为 160 000,含有 4 个亚基。从不同的动物组织中还发现有三种同工酶。I 型醛缩酶不需要二价金属离子参与反应。细菌、酵母、真菌、藻类中的醛缩酶称为 II 型。与 I 型不同,它需要二价金属离子,通常为 Zn^{2+}、Ca^{2+}、Fe^{2+},也需要 K^+;相对分子质量为 65 000。两种类型的催化机制也不相同。

(五) 二羟丙酮磷酸转变为甘油醛-3-磷酸

果糖-1,6-二磷酸裂解后形成的两个丙糖磷酸,只有甘油醛-3-磷酸能继续进入糖酵解途径。二羟丙酮磷酸必须转变为甘油醛-3-磷酸才能继续进行糖酵解。二羟丙酮磷酸和甘油醛-3-磷酸在丙糖磷酸异构酶(triose phosphate isomerase)的作用下可以互变。它们的互变关系如图 19-2 所示。

二羟丙酮磷酸通过一个共同中间体即顺式-单烯二羟负离子中间体转变为甘油醛-3-磷酸。丙糖磷酸异构酶的催化反应是极其迅速的。酶与底物分子一旦碰撞,反应就立即完成,又由于二羟丙酮磷酸和甘油醛-3-磷酸互变异构极为迅速,因此这两种物质总是维持在反应的平衡状态。二羟丙酮磷酸转变为甘油醛-3-磷酸的 $\Delta G'^{\ominus} = 7.7 \text{ kJ/mol}$,$K'_{eq} = 4.73 \times 10^{-2}$,表明甘油醛-3-磷酸的浓度在平衡点时远远超过二羟丙酮磷酸。但在细胞内,甘油醛-3-磷酸不断被利用,从而促使二羟丙酮磷酸不断转变为甘油醛-3-磷酸以维持平衡。这保证了两个裂解产物沿着糖酵解一条途径前进。

甘油醛-3-磷酸的形成为随后产生高能化合物准备了条件。

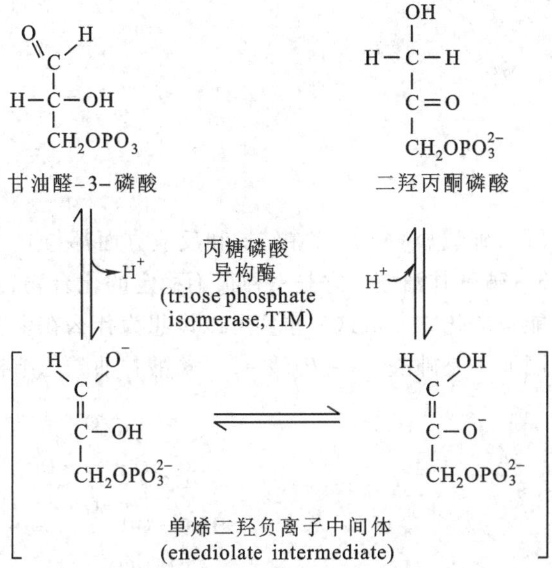

图 19-2 二羟丙酮磷酸和甘油醛-3-磷酸的互变异构关系

三、糖酵解第二阶段的5步反应

（一）甘油醛-3-磷酸形成1,3-二磷酸甘油酸

这是甘油醛-3-磷酸氧化并磷酸化产生第1个高能中间产物的过程。反应如下式：

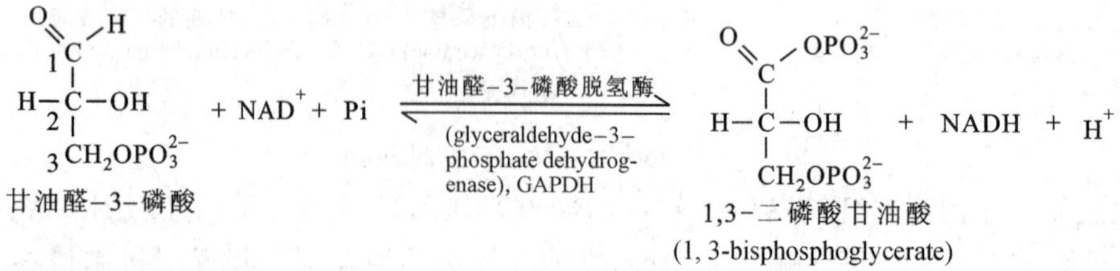

$$\text{甘油醛-3-磷酸} + NAD^+ + Pi \xrightleftharpoons[\text{(glyceraldehyde-3-phosphate dehydrogenase), GAPDH}]{\text{甘油醛-3-磷酸脱氢酶}} \text{1,3-二磷酸甘油酸 (1,3-bisphosphoglycerate)} + NADH + H^+$$

醛被NAD^+氧化是放能反应（$\Delta G'^{\ominus} = -43.09$ kJ/mol），甘油醛-3-磷酸与Pi结合形成高能的酰基磷酸即1,3-二磷酸甘油酸是吸收高能的反应（$\Delta G'^{\ominus} = 49.37$ kJ/mol）。两个反应相偶联后的$\Delta G'^{\ominus} = +6.276$ kJ/mol。这表明在标准状况下整个反应是稍吸能的。但是下一步的放能反应促使该反应得以进行。

催化上述反应的酶称为甘油醛-3-磷酸脱氢酶（glyceraldehyde-3-phosphate dehydrogenase），相对分子质量140 000，有4个亚基，每个亚基都有一个活性部位。每个活性部位都有一个带—SH的半胱氨酸。重金属离子和烷化剂如碘乙酸（ICH_2—COO^-）能与酶的活性部位结合，从而抑制酶的活性。这成为推测酶活性部位是否有—SH的有力证据。其证明方式如下式：

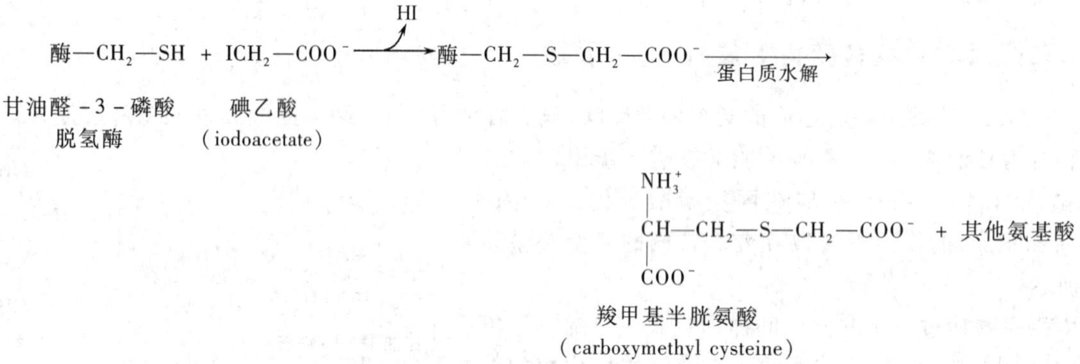

$$\text{酶—}CH_2\text{—}SH + ICH_2\text{—}COO^- \xrightarrow{HI} \text{酶—}CH_2\text{—}S\text{—}CH_2\text{—}COO^- \xrightarrow{\text{蛋白质水解}}$$

甘油醛-3-磷酸脱氢酶　　　碘乙酸（iodoacetate）

$$\overset{NH_3^+}{\underset{COO^-}{CH}}\text{—}CH_2\text{—}S\text{—}CH_2\text{—}COO^- + \text{其他氨基酸}$$

羧甲基半胱氨酸（carboxymethyl cysteine）

砷酸盐（AsO_4^{3-}）在结构和反应方面都与Pi极相似，能代替磷酸进攻硫酸中间产物的高能键，形成1-砷酸-3-磷酸甘油酸。它是一种很不稳定的化合物，迅速进行水解，产物是3-磷酸甘油酸和砷酸。因此不能产生高能磷酸化物。从这一事实可以设想为什么在生物分子进化中选择具有较大动力学稳定性的磷酸基团作为递能基团而不是砷酸。1-砷酸-3-磷酸甘油酸的结构式及其水解反应如下式：

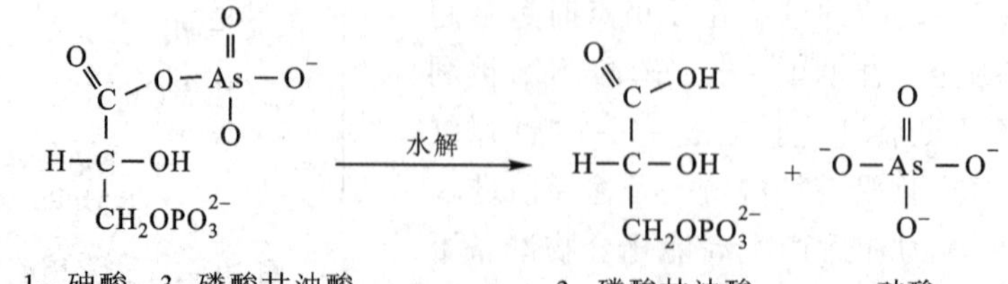

1-砷酸-3-磷酸甘油酸 (1-arseno-3-phosphoglycerate) $\xrightarrow{\text{水解}}$ 3-磷酸甘油酸 (3-phosphoglycerate) + 砷酸 (arcenate)

(二) 1,3-二磷酸甘油酸转移高能磷酸基团形成 ATP

在前面进行的 6 步反应中只有 ATP 的能量付出,没有 ATP 的形成。这一步反应是糖酵解过程中产生第 1 个 ATP 分子。反应如下式:

$$\text{1,3-二磷酸甘油酸 (1,3-BPG)} + \text{ADP} \xrightarrow[\text{Mg}^{2+}]{\text{磷酸甘油酸激酶 (phosphoglycerate kinase, PGK)}} \text{3-磷酸甘油酸 (3-PG)} + \text{ATP}$$

该反应的 $\Delta G'^{\ominus} = -18.83$ kJ/mol,是一个高效的放能反应。在糖酵解的第 6 步反应中已经表明,形成 1,3-二磷酸甘油酸是稍需能反应。第 6 步反应与第 7 步反应一起构成能量偶联过程。1,3-二磷酸甘油酸成为两步反应的共同中间产物。当 1,3-二磷酸甘油酸的酰基磷酸基团转移给 ADP 分子时,其总反应就成为放能反应,同时产生一个 ATP:

$$\text{甘油醛-3-磷酸} + \text{ADP} + \text{Pi} + \text{NAD}^+ \rightleftharpoons \text{3-磷酸甘油酸} + \text{ATP} + \text{NADH} + \text{H}^+$$
$$\Delta G'^{\ominus} = -12.5 \text{ kJ/mol}$$

值得注意的是,由 1,3-二磷酸甘油酸的高能磷酸基团转移给 ADP 形成 ATP 的作用称为底物水平的磷酸化作用(substrate-level phosphorylation),这一命名为的是区别于与呼吸相联系的磷酸化作用(respiration-linked phosphorylation)。

催化上述反应的酶称为磷酸甘油酸激酶,是由其催化的逆反应而得名。它的活性需要 Mg^{2+} 参与反应。

(三) 3-磷酸甘油酸转变为 2-磷酸甘油酸

该反应是为合成第 2 个 ATP 分子作准备。催化该反应的酶称为磷酸甘油酸变位酶(phosphoglycerate mutase),反应如下式:

$$\text{3-磷酸甘油酸 (3-phosphoglycerate)} \xrightleftharpoons{\text{磷酸甘油酸变位酶 (phosphoglycerate mutase)}} \text{2-磷酸甘油酸 (2-phosphoglycerate)}$$
$$\Delta G'^{\ominus} = 4.4 \text{ kJ/mol}$$

该酶催化的反应,实际上分两步进行。催化机制和磷酸葡萄糖变位酶的催化机制基本相同。变位酶属于异构酶的亚类。它催化在同一分子内功能基团例如磷酸基团的位移,这种位移基本上没有能量消耗。3-磷酸甘油酸转变为 2-磷酸甘油酸的机制如下。

磷酸甘油酸变位酶分子上的组氨酸残基先接受一个由 2,3-二磷酸甘油酸提供的磷酸基团。磷酸化的酶将其磷酸基团转移给 3-磷酸甘油酸形成 2,3-二磷酸甘油酸。后者 C3 位的磷酸基团又转移到酶分子的组氨酸残基上,本身成为 2-磷酸甘油酸并且使带磷酸基团的酶得以再生。2,3-二磷酸甘油酸还可由一种激酶将 ATP 的 γ-磷酸基团转移给 3-磷酸甘油酸而形成。磷酸甘油酸变位酶催化的全过程可由图 19-3 表示。

以上讨论的是动物的磷酸甘油酸变位酶的催化机制。植物的磷酸甘油酸变位酶的催化机制完全不同。3-

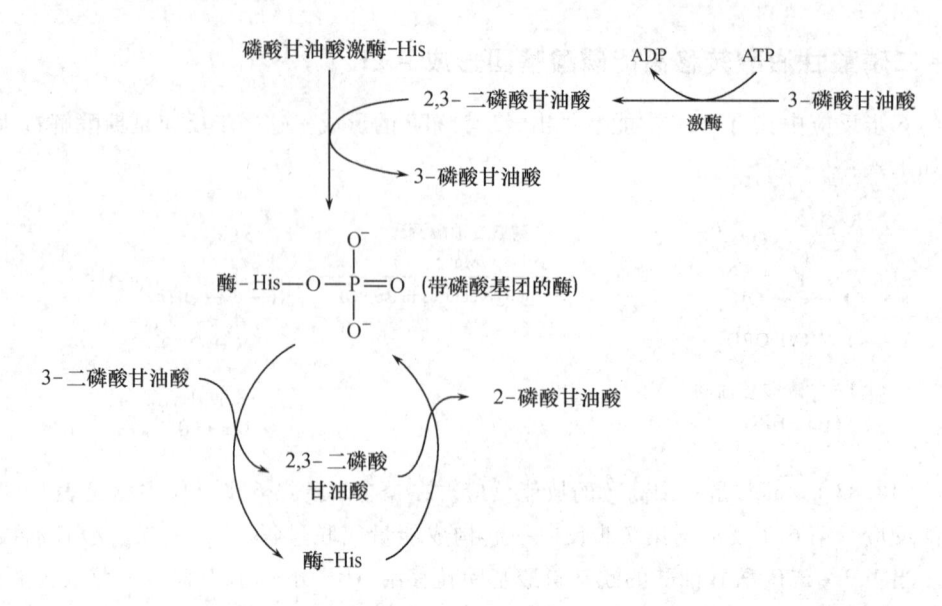

图 19-3 磷酸甘油酸变位酶催化由 3-磷酸甘油酸转变形成 2-磷酸甘油酸的机制

磷酸甘油酸与酶结合后将其磷酸基团转移给酶分子,然后酶又将此磷酸基团再还给失去磷酸基团的甘油酸,形成的新磷酸甘油酸已不再是 3-磷酸甘油酸而成为 2-磷酸甘油酸。反应如图 19-4 所示。

图 19-4 植物磷酸甘油酸激酶的催化模式
∃代表酶,Ⓟ 代表磷酸基团

(四) 2-磷酸甘油酸脱水形成磷酸烯醇式丙酮酸

磷酸烯醇式丙酮酸是糖酵解过程中形成的第二个具有高磷酸基团转移势能的高能中间产物。催化这一反应的酶称为烯醇化酶,反应如下式:

$$2\text{-磷酸甘油酸} \xrightleftharpoons[]{\text{烯醇化酶 (enolase)}} \text{磷酸烯醇式丙酮酸 (phosphoenolpyruvate)} + H_2O$$

上述反应的 $\Delta G'^{\ominus} = 1.8$ kJ/mol,在细胞内的 ΔG 则趋近于 0,表明该反应可逆。虽然标准自由能变化很小,但反应物和产物的磷酸基团水解的标准自由能却相差很远。2-磷酸甘油酸为低能磷酸酯,水解的 $\Delta G'^{\ominus} = -17.6$ kJ/mol,而磷酸烯醇式丙酮酸为一超高能磷酸化合物,水解的 $\Delta G'^{\ominus} = -61.9$ kJ/mol。虽然 2-磷酸甘油酸和磷酸烯醇式丙酮酸所含总能量几乎相等,从 2-磷酸甘油酸中失去一分子 H_2O,引起分子内能量的再分布,从而大大增加了其磷酸基团水解的标准自由能。

烯醇化酶的相对分子质量在不同生物中略有不同,酵母中为96 000。在无机磷酸存在下,氟化物是该酶的强烈抑制剂。氟(F^-)和无机磷酸与该酶活性需要的 Mg^{2+} 形成一个复合物取代天然情况下酶分子上 Mg^{2+} 的位置而使酶失活。F^- 曾用于阐明糖酵解过程的研究。

(五) 磷酸烯醇式丙酮酸转变为丙酮酸并产生一个ATP分子

这是糖酵解过程从葡萄糖到形成丙酮酸的最后一步反应。催化此反应的酶称为丙酮酸激酶(pyruvate kinase),反应式如下:

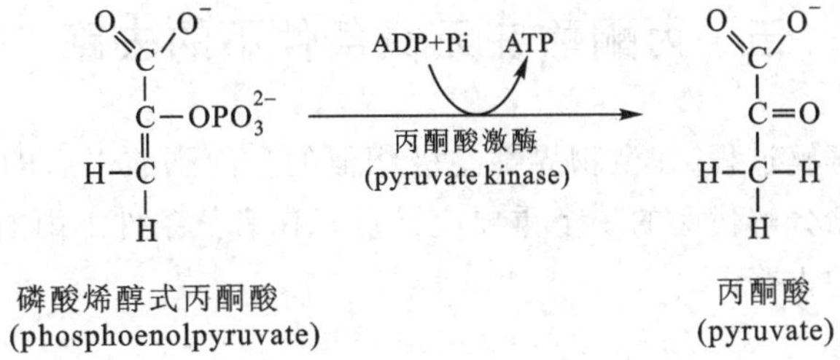

磷酸烯醇式丙酮酸
(phosphoenolpyruvate)

丙酮酸
(pyruvate)

$\Delta G'^{\ominus} = -31.38 \text{ kJ/mol}$

该反应需 Mg^{2+} 或 Mn^{2+} 还有 K^+。这是一个底物水平的磷酸化作用。磷酸基团水解的 $\Delta G'^{\ominus} = -61.92 \text{ kJ/mol}$,而ATP生成的 $\Delta G'^{\ominus} = +30.54 \text{ kJ/mol}$。因此该反应是一个高度放能反应 $\Delta G'^{\ominus} = -31.38 \text{ kJ/mol}$,也是一个不可逆反应,同时也是一个重要的调控位点。

丙酮酸激酶的相对分子质量为250 000,由4个相同亚基构成四聚体。它至少有三种不同类型的同工酶。在肝脏中占优势的称L型,肌肉和脑中占优势的称M型,其他组织中的称A型。它们的结构相似,但调控机制不同。

此外,该酶催化的产物丙酮酸最初呈现为烯醇式,在pH 7 的条件下迅速自动互变异构化(tautomerization)为酮式:

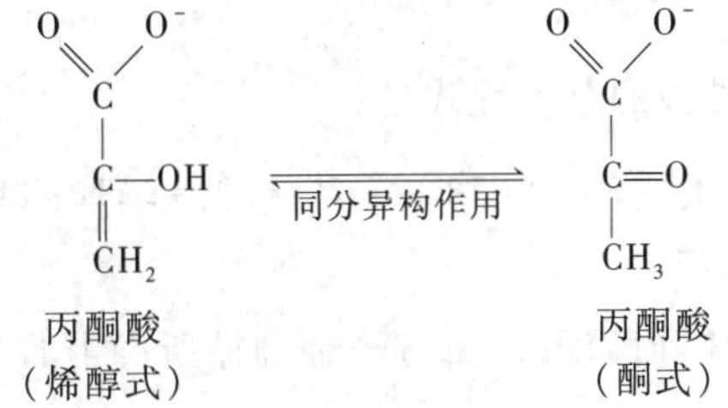

丙酮酸
(烯醇式)

丙酮酸
(酮式)

四、由葡萄糖转变为2分子丙酮酸的能量估算

由葡萄糖转变为2分子丙酮酸全过程中,加入和产生的ATP、NAD^+、ADP、Pi 可用下式表示:

葡萄糖 + 2ATP + 2NAD^+ + 4ADP + 2Pi ⟶ 2 丙酮酸 + 2ADP + 2NADH + 2H^+ + 4ATP + 2H_2O

在无氧情况下糖酵解的全部净反应可概括如下式:

葡萄糖 + 2NAD^+ + 2ADP + 2Pi ⟶ 2 丙酮酸 + 2NADH + 2H^+ + 2ATP + 2H_2O

形成的NADH在有氧情况下通过呼吸链的电子传递被氧化为 NAD^+。糖酵解过程中ATP的消耗和产生总结为表19-1。总结算表明,糖酵解过程净产生2个ATP分子。

表 19-1 糖酵解过程中 ATP 的消耗和产生

消耗或产生 ATP 的反应	每分子葡萄糖 ATP 分子数的变化
葡萄糖 → 葡萄糖-6-磷酸	-1
果糖-6-磷酸 → 果糖-1,6-二磷酸	-1
2×1,3-二磷酸甘油酸 → 2×3-磷酸甘油酸	+2
2×磷酸烯醇式丙酮酸 → 2×丙酮酸	+2
总　　计	+2

注：负号(-)代表消耗，正号(+)代表产生。

五、丙酮酸在无氧条件下的去路

从葡萄糖到形成丙酮酸的酵解过程，在生物界都是极相似的。丙酮酸以后的途径在不同生物体和不同条件下就有很大不同。丙酮酸代表糖分解代谢的一个重要交叉点。在有氧条件下丙酮酸的去路将在下一章讨论。本章只讨论在无氧条件下丙酮酸的去路。

（一）生成乳酸

动物包括人在缺氧情况下，细胞必须用糖酵解产生的 ATP，暂时满足对能量的需要。糖酵解过程中形成的还原型 NADH，需要再氧化为 NAD^+，才能使甘油酸-3-磷酸继续氧化。这时丙酮酸就成为 NADH 的受氢体而生成乳酸。催化丙酮酸还原为乳酸的酶称为乳酸脱氢酶（lactate dehydrogenase）反应式如下：

$$\begin{array}{c} COO^- \\ | \\ C=O \\ | \\ CH_3 \end{array} + NADH + H^+ \xrightarrow{\text{乳酸脱氢酶}\atop\text{(lactate dehydrogenase)}} \begin{array}{c} COO^- \\ | \\ H-C-OH \\ | \\ CH_3 \end{array} + NAD^+$$

丙酮酸　　　　　　　　　　　　　　　　　乳酸（lactate）

在无氧条件下每分子葡萄糖形成乳酸的总方程式是：

$$C_6H_{12}O_6 + 2ADP + 2Pi \longrightarrow 2C_3H_6O_3 + 2ATP + 2H_2O$$
葡萄糖　　　　　　　　　　乳酸

由于糖酵解产生相等摩尔的 NADH 和丙酮酸，每分子葡萄糖所产生的 2 个 NADH 都可利用 2 分子丙酮酸还原为乳酸而重新被氧化为 2 分子 NAD^+。

哺乳动物的乳酸脱氢酶由两种不同亚基（M 或称 A 型，H 或称 B 型）以不同比例构成 5 种同工酶，存在于不同组织中。在正常人血液中同工酶的比例是比较恒定的。临床上通过测定血液中同工酶的比例关系作为诊断心肌、肝脏等疾患的指标之一。

生长在厌氧或相对厌氧条件下的许多细菌利用葡萄糖或其他六碳糖产生乳酸，例如乳酸杆菌、链球菌，利用牛奶中的乳糖发酵成为乳酸。这种以乳酸为最终产物的厌氧发酵，称为乳酸发酵。乳酸发酵在人类生活中非常重要，人们利用发酵工业生产奶酪、酸奶及其他食品。

（二）生成乙醇

酵母在无氧条件下，将丙酮酸转变为乙醇和 CO_2。该反应分两步进行。① 丙酮酸脱羧形成乙醛和 CO_2。催化此反应的酶称为丙酮酸脱羧酶。② 乙醛由 NADH 还原为乙醇，催化此反应的酶称为乙醇脱氢酶。反应式如下：

乙醇发酵广泛应用于酿酒、发面等许多方面，在工业上具有重要意义。

六、糖酵解作用的调节

（一）磷酸果糖激酶是关键酶

在代谢途径中，催化基本上不可逆反应的酶所处的部位即成为控制代谢反应有力的部位。在糖酵解过程中由己糖激酶、磷酸果糖激酶和丙酮酸激酶催化的反应都是不可逆反应。因此这三种酶都具有调节糖酵解途径的作用。它们的活性受到许多化合物的控制。当糖酵解的葡萄糖-6-磷酸不是来源于葡萄糖而是糖原时，就不需要己糖激酶参与反应，这种情况见于骨骼肌中。丙酮酸激酶催化糖酵解的最后一步反应，因此在糖酵解的全过程中很难起到主要的调节作用。而磷酸果糖激酶无论从它在糖酵解过程中所处的位置还是它所催化的反应远离平衡点，都是最合适的主要调节酶。

ATP 既是磷酸果糖激酶的底物，也是该酶的别构抑制剂。ATP 对该酶的抑制可被 AMP 和 ADP 解除。

该酶为四聚体酶，有两种构型状态：R 和 T 处于平衡。它的每个亚基上都有两个 ATP 的结合位点。一个是底物位点，另一个是抑制物位点。底物结合位点在 R 和 T 两种状态下都能与 ATP 结合，而抑制物位点只有当酶处于 T 状态时才与 ATP 结合。酶的另一底物果糖-6-磷酸，则是当酶处于 R 状态时才优先与其结合；当 ATP 浓度高时，它与 T 状态的位点结合而作为变构抑制剂，使 R 状态转变为 T 状态，降低了酶与果糖-6-磷酸的亲和力，从而使催化活性受到抑制。

AMP 和 ADP 都可解除 ATP 对该酶的抑制。当酶处于 R 状态时 AMP 优先与酶结合。如果在磷酸果糖激酶的溶液中含有 1 mmol/L ATP 和 0.5 mmol/L 果糖-6-磷酸，当 AMP 的浓度达到 0.1 mmol/L 时，磷酸果糖激酶的活性即可从最高活性的 15% 升高到 50%。

（二）果糖-2,6-二磷酸对糖酵解的调节作用

果糖-2,6-二磷酸是 1980 年由 Henri-Gery 和 Emile Van Schaftinggen 发现的糖酵解过程的调节物。它是一个强有力的变构激动剂。在肝脏中，果糖-2,6-二磷酸能控制磷酸果糖激酶的构象转换，维持构象之间的平衡关系，提高磷酸果糖激酶与果糖-6-磷酸的亲和力并能降低 ATP 的抑制效应。果糖-2,6-二磷酸对磷酸果糖激酶的激动作用可用图 19-5 表明。

果糖-2,6-二磷酸的形成是由磷酸果糖激酶-2 的催化，使果糖-6-磷酸在 C2 位磷酸化而形成的。果糖-2,6-二磷酸的水解是果糖二磷酸酶-2 催化的。水解的产物是葡萄糖-6-磷酸。形成和水解果糖-2,6-二磷酸的两个酶同处于一条多肽链上。果糖-6-磷酸有加速果糖-2,6-二磷酸合成和抑制其被水解的作用。

磷酸果糖激酶-2 和果糖二磷酸酶-2 的活性由酶分子上的一个丝氨酸残基往复地磷酸化所控制。当葡萄糖缺乏时，血液中的胰高血糖素启动环-AMP 的级联效应从而引起该双重功能的酶磷酸化。酶的共价修饰使果糖二磷酸酶-2 激活，同时使磷酸果糖激酶-2 受到抑制，结果使果糖-2,6-二磷酸减少。当葡萄糖过剩时，磷酸基团从酶分子上脱落，果糖-2,6-二磷酸的含量于是上升，从而使糖酵解过程加速，称为协同控制作用（coordinated control）。激酶和磷酸酶的结构域同处在一条肽键上构成一个调节域，而使上述的协同控制作用得以加强。

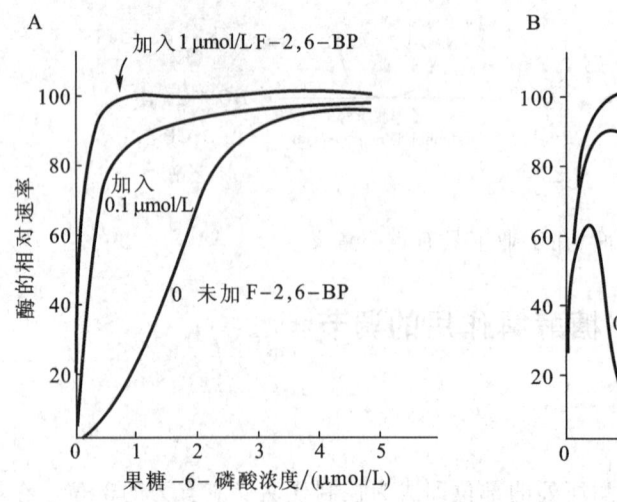

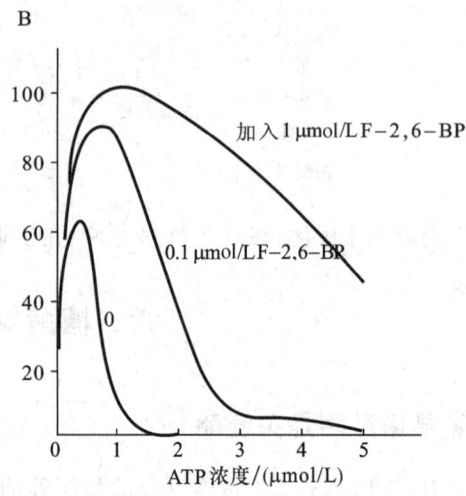

图 19-5 果糖-2,6-二磷酸对磷酸果糖激酶的激动作用
A. 加入果糖-2,6-二磷酸 1 μmol/L 后,底物浓度对酶的活性影响由图中的 S 曲线变为双曲线形;
B. ATP 浓度对酶的抑制效应,当加入不同浓度的果糖-2,6-二磷酸后,受到不同程度的解除;
图中 F-2,6-BP 为果糖-2,6-二磷酸

(三) 己糖激酶和丙酮酸激酶对糖酵解的调节作用

己糖激酶活性受其产物葡萄糖-6-磷酸的抑制。如果磷酸果糖激酶不活跃,果糖-6-磷酸的浓度就增加。也必然使得葡萄糖-6-磷酸的浓度增加,因葡萄糖-6-磷酸和果糖-6-磷酸浓度维持一种相对平衡状态,这也就使己糖激酶受到抑制。

丙酮酸激酶受果糖-1,6-二磷酸的激活,受 ATP、丙氨酸的变构抑制。丙酮酸激酶的磷酸化是不活跃的形式,去磷酸化是活跃形式。如果血液中的葡萄糖水平下降,激起肝脏中丙酮酸激酶的磷酸化而成为不活跃形式,这有利于降低糖酵解作用的进行,从而起到维持血液中葡萄糖浓度的作用。如果果糖-1,6-二磷酸来源丰富,丙酮酸激酶被激活,使酵解过程的中间产物得以顺利地往下进行。丙氨酸的浓度增加,意味着其前体丙酮酸的浓度过量。因此丙氨酸的抑制作用对维持糖代谢的动态平衡也起到有效的作用。丙酮酸激酶催化活性的控制关系如图 19-6 所示。

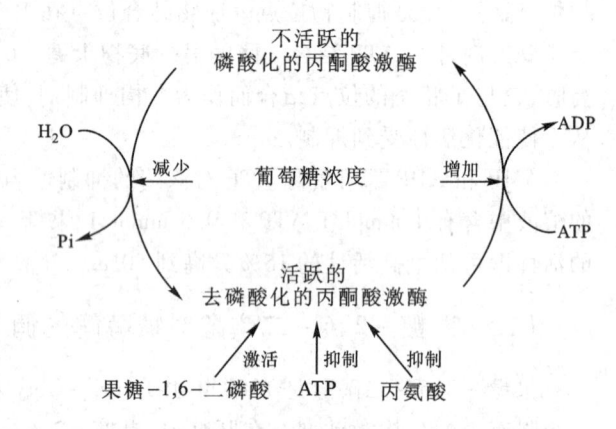

图 19-6 丙酮酸激酶催化活性控制关系图

七、其他六碳糖的分解途径

(一) 六碳糖进入细胞

六碳糖进入细胞一般都是被动转运(passive transport)。所谓被动转运是与主动转运(active transport)相对而言,两种转运都由专一的蛋白质与之结合而跨膜转运。被动转运即是溶质顺浓度梯度转移。主动转运是溶质逆浓度梯度转移。最简单的膜转运蛋白无论是主动转运,还是被动转运,都只转运一种类型的溶质。有许多转运蛋白还同时转运两种溶质即进行协同转运(cotransport)。被动转运又称为易化扩散(facilitate diffusion),不需要提

供能量,转运蛋白促进溶质顺浓度梯度运动,如果没有转运蛋白的作用,单靠扩散,此过程进展非常缓慢不能维持正常生命过程。细胞内的六碳糖浓度远远低于血液中的浓度。以葡萄糖为例,所有哺乳类的细胞都有葡萄糖跨膜转运蛋白(membrane-spanning glucose transporters),不同类型的细胞各有其专一的转运蛋白,虽然这些转运蛋白的结构往往属于同一个家族。当前许多转运蛋白的结构和功能都已进行了深入的研究。六碳糖一旦进入细胞就立即被己糖激酶磷酸化而被锁定在细胞内。

(二)六碳糖进入糖酵解途径分解

由各种来源产生的六碳糖采取不同方式进入糖酵解途径而分解。淀粉和糖原经消化后转变为葡萄糖。水果和蔗糖水解产生的果糖,乳糖水解产生的半乳糖,糖蛋白等多糖经消化后产生的甘露糖,都通过转变成糖酵解途径的中间产物而进入酵解途径。

1. 果糖

进入肌细胞和肝细胞的果糖经不同路线进入糖酵解途径。

在肌细胞,果糖由己糖激酶催化,由 ATP 提供一个磷酸基团转变为果糖-6-磷酸:

$$\alpha\text{-D-果糖} \xrightarrow[\text{ATP} \quad \text{ADP}]{\text{己糖激酶}} \text{果糖-6-磷酸}$$

α-D-果糖 (α-D-fructose)　　　果糖-6-磷酸 (fructose-6-phosphate, G6P)

果糖-6-磷酸是糖酵解途径的第 2 个中间产物,因此肌细胞中果糖只经一步反应就进入糖酵解途径。在肝细胞内因只含有葡萄糖激酶,果糖必须经过 6 种酶的作用才能进入糖酵解途径:

(1) 经果糖激酶催化由 ATP 磷酸化形成果糖-1-磷酸,反应式与上面相似。

(2) 果糖-1-磷酸进行醇、醛裂解形成二羟丙酮磷酸和甘油醛:

$$\text{开链式果糖-1-磷酸} \xrightarrow{\text{果糖-1-磷酸醛缩酶 (fructose-1-phosphate aldolase)}} \text{甘油醛 (glyceraldehyde)} + \text{二羟丙酮磷酸 (dihydroxyacetone phosphate)}$$

醛缩酶有两种类型:A 型和 B 型。肌细胞中为 A 型只专一催化果糖-1,6-二磷酸。肝细胞中为 B 型,可催化果糖-1,6-二磷酸及果糖-1-磷酸的裂解。

(3) 甘油醛在甘油醛激酶催化下,由 ATP 分子磷酸化形成甘油醛-3-磷酸:

$$\text{甘油醛} \xrightarrow[\text{ATP} \quad \text{ADP}]{\text{甘油醛激酶 (glyceraldehyde kinase)}} \text{甘油醛-3-磷酸}$$

(4) 甘油醛还可在醇脱氢酶催化下,由 NADH 还原形成甘油:

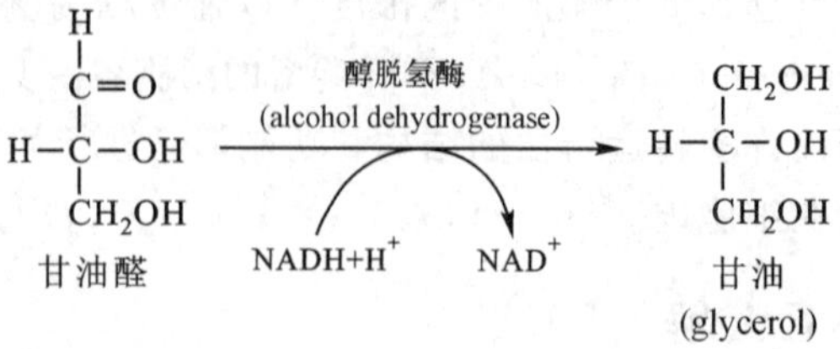

$$\begin{array}{c} CH_2OH \\ | \\ C=O \\ | \\ H-C-OH \\ | \\ CH_2OH \end{array} \xrightarrow[NADH+H^+ \quad NAD^+]{\text{醇脱氢酶 (alcohol dehydrogenase)}} \begin{array}{c} CH_2OH \\ | \\ H-C-OH \\ | \\ CH_2OH \end{array}$$

甘油醛 → 甘油 (glycerol)

(5) 甘油在甘油激酶催化下,由 ATP 磷酸化为甘油 - 3 - 磷酸:

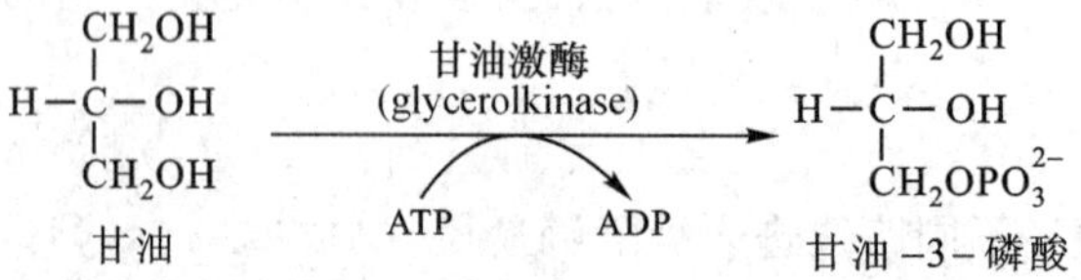

$$\begin{array}{c} CH_2OH \\ | \\ H-C-OH \\ | \\ CH_2OH \end{array} \xrightarrow[ATP \quad ADP]{\text{甘油激酶 (glycerolkinase)}} \begin{array}{c} CH_2OH \\ | \\ H-C-OH \\ | \\ CH_2OPO_3^{2-} \end{array}$$

甘油 → 甘油 - 3 - 磷酸

(6) 甘油 - 3 - 磷酸在甘油磷酸脱氢酶催化下,由 NAD^+ 氧化形成二羟丙酮磷酸:

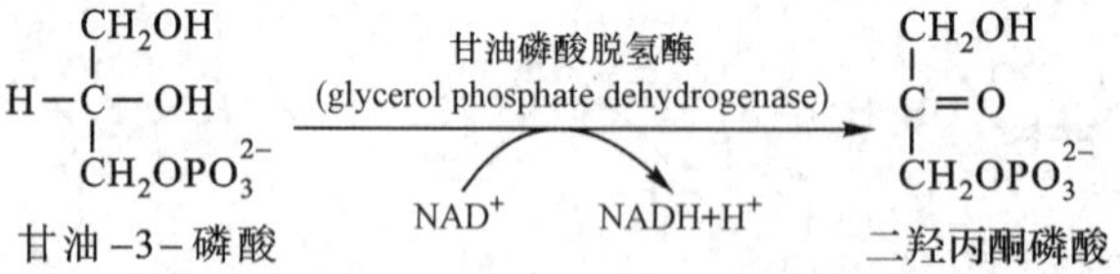

$$\begin{array}{c} CH_2OH \\ | \\ H-C-OH \\ | \\ CH_2OPO_3^{2-} \end{array} \xrightarrow[NAD^+ \quad NADH+H^+]{\text{甘油磷酸脱氢酶 (glycerol phosphate dehydrogenase)}} \begin{array}{c} CH_2OH \\ | \\ C=O \\ | \\ CH_2OPO_3^{2-} \end{array}$$

甘油 - 3 - 磷酸 → 二羟丙酮磷酸

二羟丙酮磷酸由糖酵解途径中的丙糖磷酸异构酶催化,转变为甘油醛 - 3 - 磷酸而进入糖酵解途径。

临床上过去认为给病人输入果糖优于葡萄糖。但血中果糖浓度过高超出肝脏醛缩酶 B 正常功能的负荷范围,引起果糖 - 1 - 磷酸积累,造成肝脏中无机磷酸的大量消耗以致耗竭,进而使 ATP 浓度下降,于是酵解过程加速产生大量乳酸。血中乳酸浓度过高甚至达到危及生命的地步。

有一种遗传病,称为果糖不耐症(fructose intolerance),是由于肝中缺乏 B 型醛缩酶。食入的果糖不能正常代谢,也造成果糖 - 1 - 磷酸积累,引起一系列和临床输入果糖同样的症状。这种病人对任何甜味都失去感觉。

2. 半乳糖

半乳糖转变为能进入糖酵解途径的中间产物的反应如下:

(1) 半乳糖经半乳糖激酶催化,由 ATP 磷酸化形成半乳糖 - 1 - 磷酸:

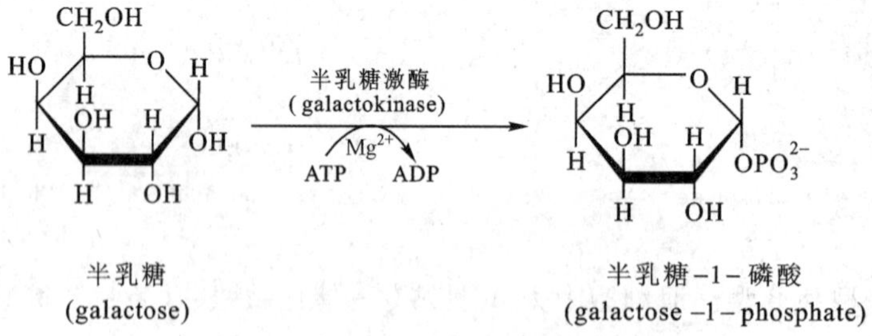

半乳糖 (galactose) $\xrightarrow[ATP \quad ADP]{\text{半乳糖激酶 (galactokinase)} \\ Mg^{2+}}$ 半乳糖 - 1 - 磷酸 (galactose - 1 - phosphate)

(2) 半乳糖 - 1 - 磷酸形成 UDP - 半乳糖(尿嘧啶核苷二磷酸 - 半乳糖)和一分子葡萄糖 - 1 - 磷酸。催化此反应的酶称为半乳糖 - 1 - 磷酸尿苷酰转移酶(uridyltransferase)。它催化尿苷酰基从 UDP - 葡萄糖分子在焦磷酸键处断裂转移到半乳糖 - 1 - 磷酸的磷酸基团上:

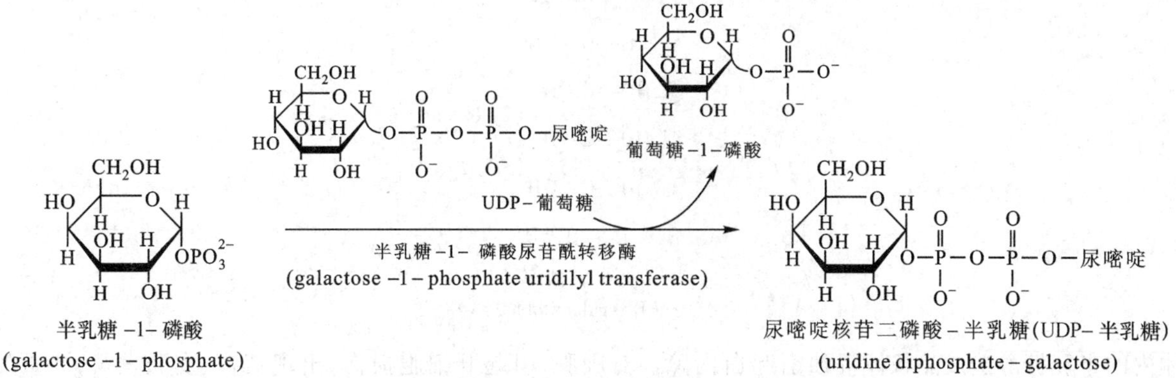

七、其他六碳糖的分解途径

[图:半乳糖-1-磷酸 + UDP-葡萄糖 —半乳糖-1-磷酸尿苷酰转移酶(galactose-1-phosphate uridilyl transferase)→ 葡萄糖-1-磷酸 + 尿嘧啶核苷二磷酸-半乳糖(UDP-半乳糖)(uridine diphosphate-galactose)]

(3) UDP-半乳糖转化为UDP-葡萄糖。催化此反应的酶称为UDP-半乳糖-4-差向异构酶。此酶以NADH为辅酶。其中经过氧化还原反应:

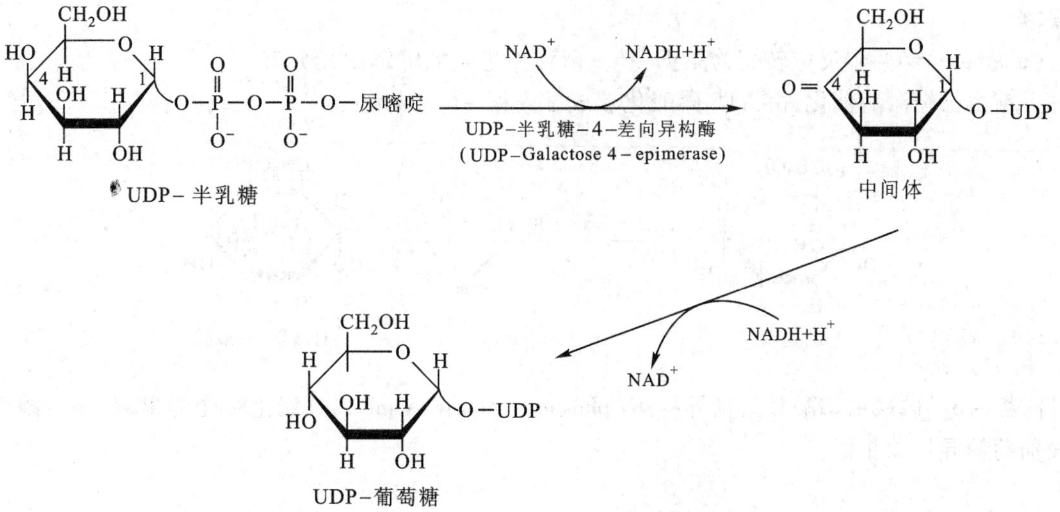

[图:UDP-半乳糖 —(NAD⁺ → NADH+H⁺)UDP-半乳糖-4-差向异构酶(UDP-Galactose 4-epimerase)→ 中间体 —(NADH+H⁺ → NAD⁺)→ UDP-葡萄糖]

于是UDP-葡萄糖得到再生。由半乳糖-1-磷酸转变为葡萄糖-1-磷酸的过程中UDP作为六碳糖的载体起着类似辅酶的作用。

(4) 葡萄糖-1-磷酸由磷酸葡萄糖变位酶转变为糖酵解过程的中间产物葡萄糖-6-磷酸:

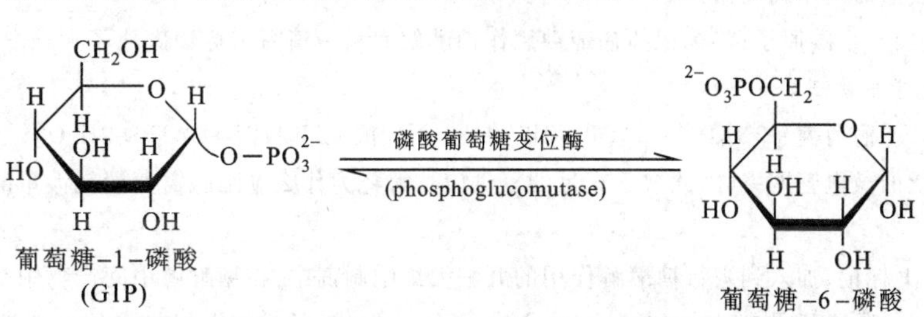

[图:葡萄糖-1-磷酸(G1P) ⇌ 磷酸葡萄糖变位酶(phosphoglucomutase) ⇌ 葡萄糖-6-磷酸]

1分子半乳糖通过糖酵解过程到2分子丙酮酸共产生2分子ATP和2分子NADH。收益和葡萄糖、果糖相同。所需的UDP-葡萄糖实际是由葡萄糖和与ATP相当的UTP提供,由于它不断地再循环,所需量并不多。

婴儿以乳汁为饮食唯一来源,由半乳糖所提供的能量约占20%。

有一种遗传性半乳糖血症(galactosemia),患者体内缺乏半乳糖-1-磷酸尿苷酰转移酶,不能使半乳糖-1-磷酸转变为UDP-半乳糖。结果使血中半乳糖积累,进一步造成眼睛晶状体半乳糖含量升高,并还原为半乳糖醇。结构如下:

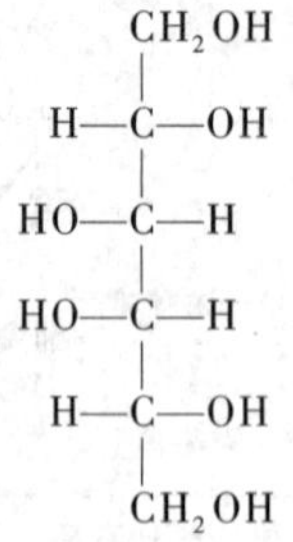

$$\begin{array}{c} CH_2OH \\ | \\ H-C-OH \\ | \\ HO-C-H \\ | \\ HO-C-H \\ | \\ H-C-OH \\ | \\ CH_2OH \end{array}$$

D-半乳糖醇
(D-galactitol)

晶状体内的半乳糖醇造成晶状体混浊引起白内障。对肝脏,引起肝细胞损伤,出现黄疸、皮肤发黄,严重的可致死。此外还会引起生长停滞,智力迟钝。婴儿初生时检查脐带血红细胞中的半乳糖-1-磷酸尿苷酰转移酶可鉴定是否患有此症。治疗措施主要是食用不含或少含半乳糖的食品。体内合成糖蛋白和糖脂所需的半乳糖,可在体内由葡萄糖经差向异构酶催化转变为半乳糖供给合成的需要。因此机体可不摄入半乳糖。

3. 甘露糖

甘露糖(mannose)经两步反应转变为果糖-6-磷酸而进入糖酵解途径分解。

(1) 甘露糖由己糖激酶催化,由ATP磷酸化形成甘露糖-6-磷酸:

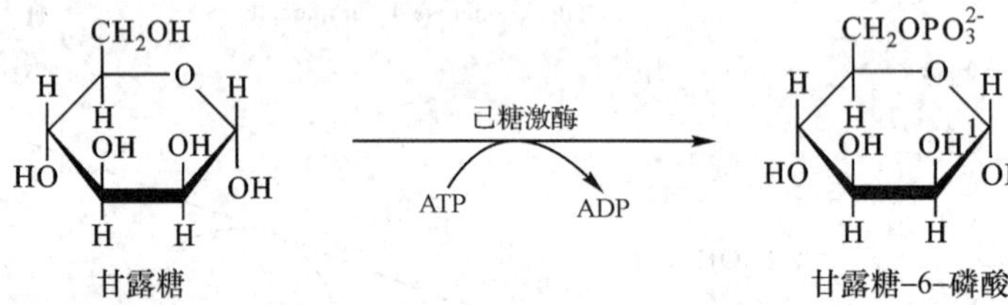

(2) 甘露糖-6-磷酸由磷酸甘露糖异构酶(phosphomannose isomerase)催化转变为果糖-6-磷酸。其催化机制和磷酸葡萄糖异构酶相似。

习 题

1. 为什么用蔗糖保存食品而不用葡萄糖?

2. 用^{14}C标记葡萄糖的第一个碳原子,将标记的葡萄糖用作糖酵解底物。请写出标记碳原子在糖酵解各个步骤中的位置,写出从葡萄糖转变为丙酮酸的化学平衡式。

[葡萄糖 + 2NAD$^+$ + 2ADP + 2Pi $\longrightarrow$ 2 丙酮酸 + 2NADH + 2ATP + 2H$_2$O]

3. 癌细胞往往缺乏广泛的微血管网络,因此缺乏充足的氧供应。解释为什么癌细胞需要消耗大量的葡萄糖并含有大量的糖酵解酶类?

4. 如果将无机磷酸用^{32}P标记,加入到进行糖酵解作用的肝脏无细胞制剂中,在糖酵解中间产物中是否会掺入标记磷酸基团?

5. 如果ATP的β-和γ-磷酸基团中间的氧桥(—O—)被—CH$_2$—取代,形成的类似物为什么能抑制己糖激酶和磷酸果糖激酶-1的催化作用?

6. 在肌肉中醛缩酶反应的$\Delta G'^{\ominus}$ = +22.8 kJ/mol,为什么在糖酵解过程中,醛缩酶催化的反应方向是向生成甘油醛-3-磷酸和二羟丙酮的方向进行?

7. 醛缩酶催化的标准自由能变化$\Delta G'^{\ominus}$ = +22.8 kJ/mol。在细胞内反应温度为39℃,[二羟丙酮磷酸]/[甘油醛-3-磷酸] = 5.5。当甘油醛-3-磷酸的浓度为10^{-4} mol/L时,请计算[果糖-1,6-二磷酸]/[甘油醛-3-磷酸]的平衡比?

[二羟丙酮磷酸用DHAP表示,甘油醛-3-磷酸用GAP表示,果糖-1,6-二磷酸用FBP表示。

当[GAP] = 10^{-4} mol/L时,[DHAP] = 5.5×10^{-4} mol/L

$$K'_{lg} = 10^{-\Delta G'^{\ominus} \times 2.303 \times RT} = 10^{-(22\,800\,J \cdot mol/L)/(2.303 \times 8.314\,J \cdot K/mol)(310\,K)}$$

$$= 1.4 \times 10^{-4} = \frac{[GAP][DHAP]}{[FBP]} = \frac{(10^{-4})(5.5 \times 10^{-4})}{[FBP]}$$

$$[FBP] = 3.8 \times 10^{-4}\,mol/L$$

$$[FBP]/[GAP] = (3.8 \times 10^{-4})/(10^{-4}) = 3.8$$

8. 磷酸烯醇式丙酮酸与 ADP 形成丙酮酸并产生一个分子 ATP 的标准自由能变化 $\triangle G'^{\ominus} = -31.38$，计算在标准状态下当 [ATP]/[ADP] = 10 时，[磷酸烯醇式丙酮]和[丙酮酸]的平衡比。[3.06×10^{-5}]

9. 为什么砷酸是糖酵解作用的毒物？氟化物和碘乙酸对糖酵解过程有什么作用？

10. 金属离子怎样参加糖酵解作用？

11. 果糖、半乳糖、甘露糖怎样进行分解代射？它们产生 ATP 的情况如何？

主要参考书目

[1] 王镜岩,朱圣庚,徐长法. 生物化学. 第三版. 北京:高等教育出版社,2002.

[2] Garrett R H, Grisham C M. Biochemistry. 3rd ed. 北京:高等教育出版社, 2005.

[3] Horton H R, Moram L A, Ochs R S, Rawn J D, Scrimgeour K G. Principles of Biochemistry. 3rd ed. London: Prentice Hall, 2002.

[4] Nelson D L, Cox M L. Lehninger Principles of Biochemistry. 3rd ed. New York: Worth Publishers, 2000.

[5] Voet D, Voet J G, Pratt C W. Fundamentals of Biochemistry. USA: John Wiley & Sons, 1999.

[6] Voet D, Voet J G. Biochemistry. 3rd ed. New York: John Wiley & Sons, 2004.

[7] Phillips D, Blake C, C C F, Watson H C(eds). The Enzymes of Glycolysis: Structure, Activity and Evolution. Philos Trans R Soc Lond [Biol],1981,293:1 – 214.

[8] Stryer L. Biochemistry. 5th ed. New York: W H Freeman & Comp, 2006.

[9] Shirmer T, Evans P R. Structural basis of the allosteric behavior of phosphofructokinase. Nature,1990,343:140 – 145.

[10] Depre C, Rider M H, Hue L. Mechanisms of control of heart glycolysis. Eur J Biochem, 1998,258:279 – 290.

[11] Heinrich R, Melendey – hevia E, Montero F, Nuno J C, Stephani A, Waddell T G, The structural design of glycolysis: an evolutionary approach. Biochem Soc Trans, 1999,27:261 – 264.

[12] Knowles J, Albery W. Perfection in enzyme catalysis: The energetics of triose phosphate isomerase. Accounts of chemical Research, 1997,10:105 – 111.

[13] Wackerhage H, Mueller K, Hoffmann U, et al. Glycolytic ATP production estimated from ^{32}P magnetic resonance spectroscopy measurements during ischemic exercise in vivo. Magma,1996,4:151 – 155.

[14] Sparks S. The purpose of glycolysis. Science,1997,279: 457 – 460.

[15] Goldsmith E J, Cobb M H. Protein kinases. Curr Opin Struct Biol,1994, 4:833 – 840.

（王镜岩）

第20章 柠檬酸循环

在有氧条件下，由糖酵解作用产生的丙酮酸继续进行有氧分解，最后形成 CO_2 和 H_2O。它所经历的途径分为两个阶段，分别为柠檬酸循环(citric acid cycle)和氧化磷酸化。本章着重讨论柠檬酸循环。为了纪念德国科学家 Hans Krebs 在阐明柠檬酸循环中所作出的卓越贡献，由他提出的柠檬酸循环又称为 Krebs 循环。他不只提出了柠檬酸循环，尿素循环也是他首先提出的。柠檬酸循环途径的发现是生物化学领域的一项重大成就。1953年他因这项成就获得了诺贝尔奖。这项发现是在当时完全没有现代化实验方法，例如同位素示踪法等条件下取得的成果。它成为生物化学宝库的一项经典。

柠檬酸循环在细胞的线粒体中进行。线粒体具有双层膜，丙酮酸穿过外膜孔蛋白的通道进入内外膜的间隙，又由内膜上专一的丙酮酸移位酶(pyruvate translocase)将其转移到线粒体基质内。丙酮酸的转移同时伴有 H^+ 的同向转运。丙酮酸通过柠檬酸循环进行脱羧和脱氢；羧基形成 CO_2，氢原子则随着载体(NAD^+, FAD)进入电子传递链，经过氧化磷酸化作用形成 H_2O，并将释放出的能量使 ADP 磷酸化形成 ATP（见第21章氧化磷酸化内容）。

柠檬酸循环又称三羧酸循环，不只是丙酮酸氧化的途径，也是脂肪酸、氨基酸等各种燃料分子氧化分解所经历的共同途径。此外，柠檬酸循环所形成的中间体还是许多生物合成的前体物质；因此也可以说，柠檬酸循环是两用代谢途径(amphibolic metabolic pathway)。

丙酮酸进入柠檬酸循环之前，需先转变为乙酰-CoA(acetyl-CoA)。乙酰-CoA 也是许多物质，例如脂肪酸，降解的中间产物。下面先讨论丙酮酸转变为乙酰辅酶 A 的过程。

一、丙酮酸进入柠檬酸循环的准备阶段——形成乙酰-CoA(乙酰-SCoA)

从丙酮酸转变为乙酰-CoA 可概括为4步反应。催化这4步反应的酶是由三种酶高度组合在一起的复合体，称为丙酮酸脱氢酶系或丙酮酸脱氢酶复合体(pyruvate dehydrogenase complex)。丙酮酸转变为高能化合物乙酰-CoA 的总反应式如下：

$$CH_3-\underset{O}{\overset{O}{C}}-COO^- \xrightarrow[\text{丙酮酸脱氢酶系 (pyruvate dehydrogenase complex)}]{CoA-SH \quad NAD^+ \quad NADH \\ TPP \cdot FAD \\ 硫辛酸} CH_3-\underset{O}{\overset{O}{C}}-SCoA + CO_2$$

$$\Delta G'^{\ominus} = -33.4 \text{ kJ/mol}$$

组成丙酮酸脱氢酶系的三种酶分别称为：丙酮酸脱氢酶(E_1)，二氢硫辛酰转乙酰基酶(dihydrolipoyl transacetylase)(E_2)，二氢硫辛酰脱氢酶(dihydrolipoyl dehydrogenase)(E_3)。

由大肠杆菌分离得到的丙酮酸脱氢酶系，相对分子质量约为 4 600 000，在电子显微镜下可以看到，直径约 45 nm。它的核心由 24 个 E_2 蛋白构成四方形，又有 24 个 E_1 蛋白和 12 个 E_3 蛋白围绕着 E_2 核心。真核细胞的这种酶结构就更为复杂：它是一个十二面体，由 60 个 E_1 蛋白和 12 个 E_3 蛋白环绕着由 60 个 E_2 构成的核心。哺乳类的这种酶还有约 6 个类似 E_3 的蛋白质称为 x 蛋白。此种蛋白质没有催化活性，可能有帮助 E_3 结合到复合体的作用。此外，丙酮酸脱氢酶系还结合着 1~3 个丙酮酸脱氢酶激酶和丙酮酸脱氢酶磷酸酶，这两种酶通过磷酸化、去磷酸化调节丙酮酸脱氢酶系的活性。

丙酮酸脱氢酶系催化由丙酮酸形成乙酰-CoA 的全过程至少需要 5 种辅助因子。这 5 种辅助因子是：焦磷酸硫胺素(TPP)、FAD、辅酶 A、NAD^+、硫辛酸等。

丙酮酸脱氢酶系催化反应的全过程可用图 20-1 表示。

一、丙酮酸进入柠檬酸循环的准备阶段——形成乙酰-CoA(乙酰-SCoA) 333

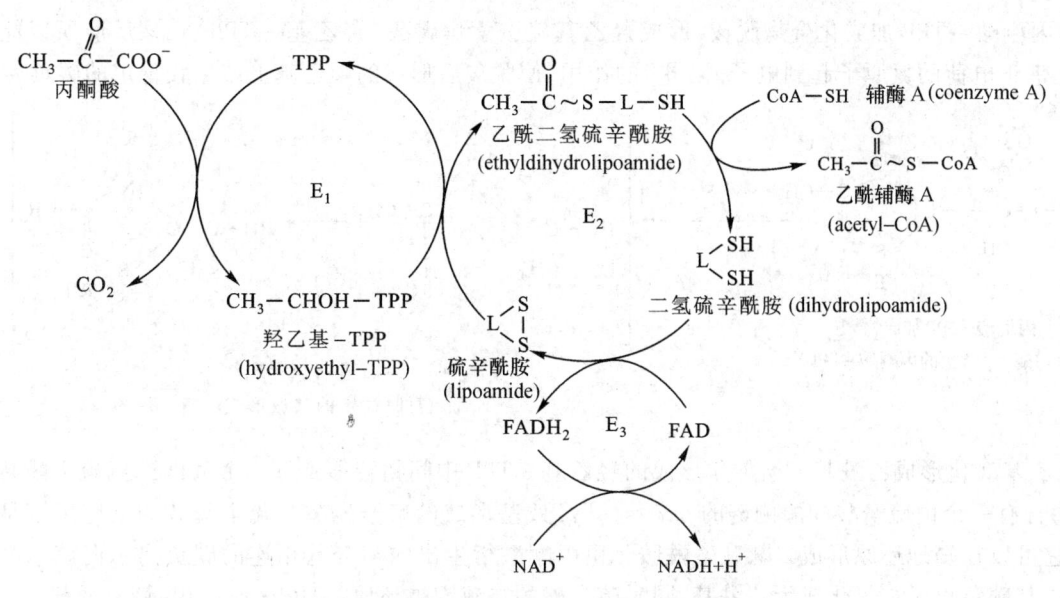

图 20-1 丙酮酸脱氢酶系催化反应图

（一）丙酮酸脱羧反应

丙酮酸脱氢酶系催化丙酮酸转变为乙酰-CoA 的第 1 步反应是由组分 1(E_1)催化的脱羧反应。E_1 以 TPP 作为辅基。催化反应分两步进行：

（1）E_1 辅基 TPP 的噻唑环上夹在氮原子和硫原子之间的碳原子有很强的酸性，极易解离而形成碳负离子，它向丙酮酸的羧基进攻，从而形成丙酮酸与 TPP 的加成化合物：

紧接着丙酮酸-TPP加成化合物脱羧,形成羟乙基硫胺素焦磷酸(羟乙基-TPP)。该反应所以能进行是因为TPP环上带正电荷的氮原子起到电子"陷井"的作用,使脱羧后形成的羟乙基上产生较稳定的碳负离子:

(2) 羟乙基氧化形成乙酰基　E_1催化形成的羟乙基-TPP中间物转移到下一个酶即二氢硫辛酰转乙酰基酶(E_2)。该酶含有一个由硫辛酸和酶侧链的一个 ε-Lys 残基形成的硫辛酰胺。硫辛酰胺的反应中心是由二硫键构成的环,它可以往复地还原形成二氢硫辛酰胺。由丙酮酸衍生出的与羟基相连的碳负离子向硫辛酰胺的二硫键进攻,羟乙基碳负离子被氧化成为乙酰基,同时硫辛酸的二硫键被还原。TPP·E_1脱出,恢复原状。

(二) 乙酰基转移到 CoA—SH 分子上形成乙酰-CoA 的反应

在 E_2 上结合着的乙酰基,由该酶催化转移到 CoA—SH 分子上形成游离的乙酰-CoA,E_2 酶则形成辅基为二氢硫辛酰胺的还原型 E_2:

乙酰-CoA 的形成保留了高能的硫酯键。

(三) 还原型二氢硫辛酰转乙酰基酶氧化，形成氧化型的硫辛酰转乙酰基酶

催化此反应的酶称为二氢硫辛酰脱氢酶(E_3)，其辅基 FAD 起着氧化剂的作用，使二氢硫辛酰胺再氧化，完成了 E_2 的全部反应过程。这一催化过程可用图解表示如下：

$$E_3 \cdot \begin{matrix} \text{FAD} \\ -S \\ -S \end{matrix} + \begin{matrix} H\ R\cdot E_2 \\ HS \\ HS \end{matrix} \rightleftharpoons E_3 \cdot \begin{matrix} \text{FAD} \\ -SH \\ -SH \end{matrix} + \begin{matrix} H\ R\cdot E_2 \\ S \\ S \end{matrix}$$

氧化型二氢硫辛酰　　还原型二氢硫辛酰　　　还原型二氢硫辛酰　　氧化型二氢硫辛酰
脱氢酶(E_3)　　　转乙酰基酶(E_2)　　　脱氢酶　　　　　转乙酰基酶

(四) 还原型 E_3 的再氧化

还原型 E_3 再氧化形成二硫键，是先由其辅基 FAD 接受—SH 的氢原子形成 $FADH_2$，接着又将氢原子转移给 NAD^+，于是恢复成氧化型的 E_3。图解反应如下：

$$E_3 \cdot \begin{matrix} \text{FAD} \\ -SH \\ -SH \end{matrix} \longrightarrow E_3 \cdot \begin{matrix} \text{FADH}_2 \\ -S \\ -S \end{matrix} \xrightarrow[\text{NAD}^+]{\text{NAD}^+ \quad \text{NADH+H}^+} E_3 \cdot \begin{matrix} \text{FAD} \\ -S \\ -S \end{matrix}$$

砷酸盐特别是亚砷酸盐以及其他有机砷化物都能与丙酮酸脱氢酶系中的—SH 基发生共价结合而使酶失去催化能力。因此砷化物既是甘油醛-3-磷酸脱氢酶的毒物也是丙酮酸脱氢酶系中 E_2 的毒物。

二、柠檬酸循环的全貌

柠檬酸循环（图 20-2）起始于 4 个碳的化合物——草酰乙酸与循环外两个碳的乙酰-CoA 形成 6 个碳、3 个羧基的柠檬酸。在这里碳原子以乙酰-CoA 的形式进入了柠檬酸循环。柠檬酸经过 3 步异构化，形成异柠檬酸，然后氧化脱氢形成草酰琥珀酸（仍为 6 个 C），又通过脱羧减去一个碳形成五碳化合物——α-酮戊二酸。五碳化合物再氧化脱羧形成四碳化合物。四碳化合物经过 3 次转化，其间形成一个高能磷酸键（GTP），并使 FAD 和 NAD^+ 分别还原，最后又形成四碳化合物——草酰乙酸，完成一次循环。

三、柠檬酸循环的各个反应步骤

柠檬酸循环可概括为如下 8 个反应步骤。

(一) 草酰乙酸与乙酰-CoA 缩合形成柠檬酸

催化草酰乙酸与乙酰-CoA 缩合的酶称为柠檬酸合酶（citrate synthase）。该酶在催化前先与乙酰乙酸结合，诱发构象变化而现出与乙酰-CoA 的结合位点。柠檬酸合酶催化的反应是严格按顺序进行的系列反应。反应式如下：

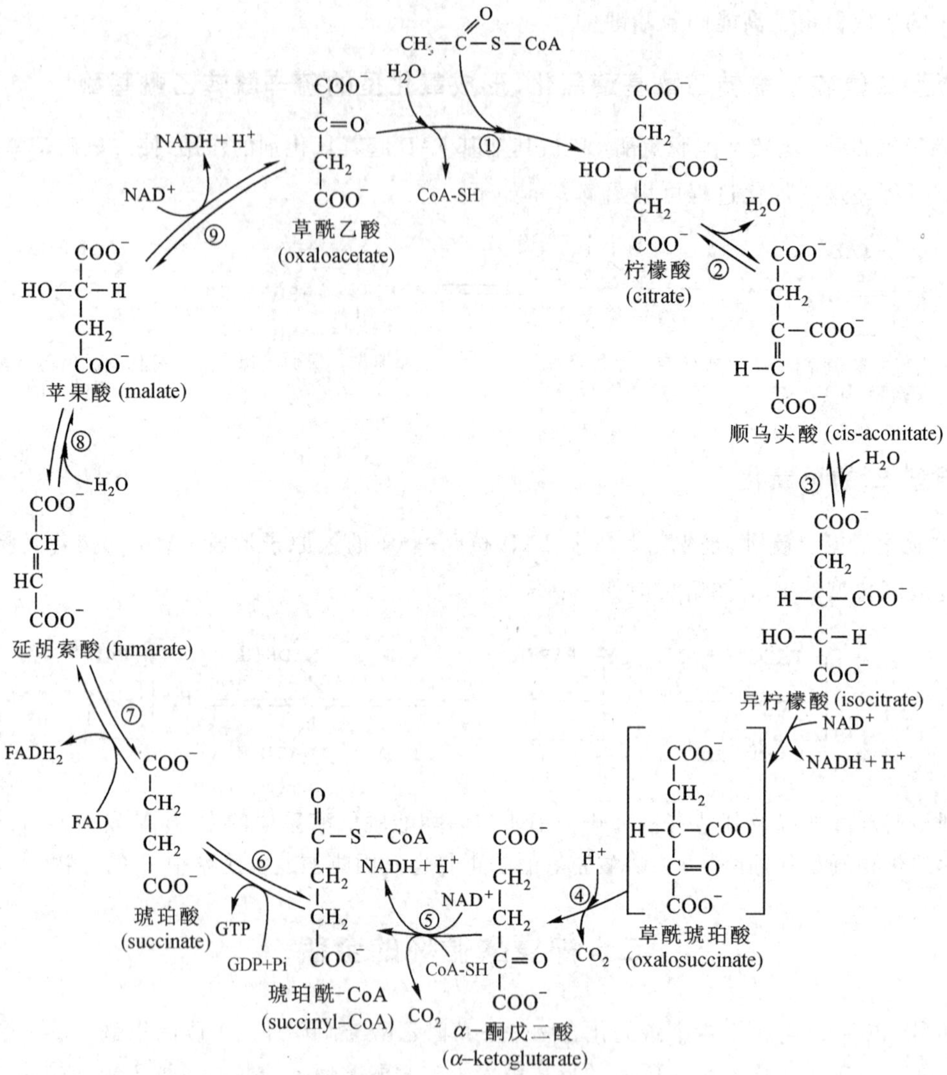

图 20-2 柠檬酸循环

注：图中数字为如下的酶：①柠檬酸合酶(citrate synthase)，②乌头酸酶(aconitase)，③乌头酸酶，④异柠檬酸脱氢酶(isocitrate dehydrogenase)，⑤ α-酮戊二酸脱氢酶复合体(α-ketoglutarate dehydrogenase complex)，⑥琥珀酰-CoA 合成酶(succinyl-CoA synthetase)，⑦琥珀酸脱氢酶(succinate dehydrogenase)，⑧延胡索酸酶(fumarase)，⑨苹果酸脱氢酶(malate dehydrogenase)

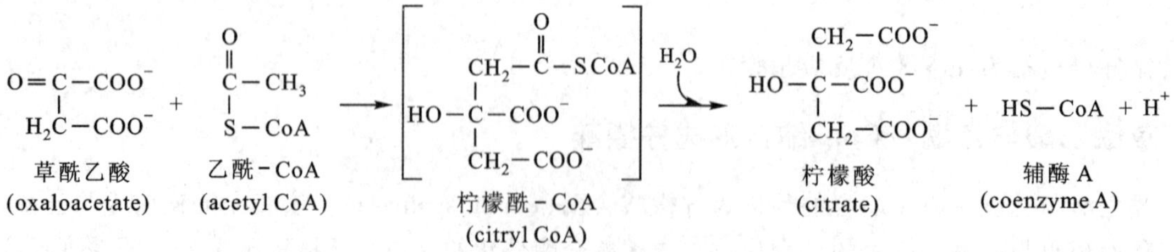

$$\Delta G'^{\ominus} = -31.5 \text{ kJ/mol}$$

柠檬酸合酶催化的反应具有严格的立体专一性。与柠檬酸合酶结合的乙酰-CoA 与草酰乙酸羰基的结合，严格地限制在 si 面，形成的是 S-柠檬酰-CoA。（参看第 17 章代谢总论：代谢中常见的有机反应机制一节有关内容）

柠檬酰－CoA 仍结合在酶分子上，随后水解形成柠檬酸和 CoA。水解的 $\Delta G'^{\ominus}$ = －32.2 kJ/mol。

由氟化物(fluoride)形成的氟乙酰－CoA(fluoroacetyl－CoA)可由柠檬酸合酶催化与草酰乙酸缩合生成氟柠檬酸(fluorocitrate)，取代柠檬酸结合到乌头酸酶上，从而抑制酶的活性。这一特性可用于制造杀虫剂或灭鼠药。有毒植物的叶子大都含有氟乙酸，可作天然杀虫剂。丙酮基－CoA(acetonyl－CoA)是乙酰－CoA 的类似物，可与柠檬酸合酶结合而抑制其活性，用此法曾测出了乙酰－CoA 与酶的结合部位。上述化合物结构如图 20－3 所示。

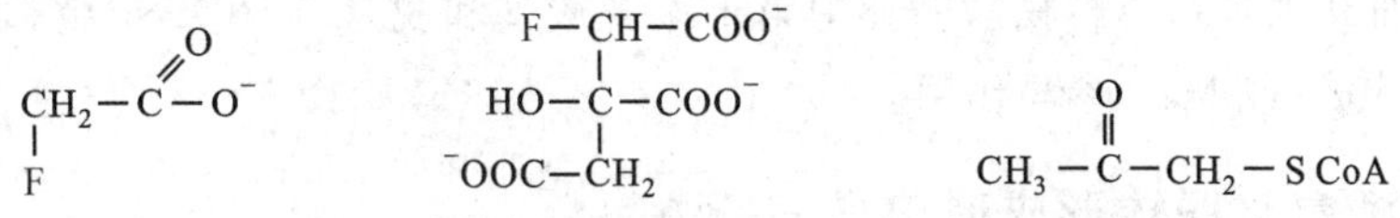

氟乙酸 (fluoroacetate)　　氟柠檬酸 (fluorocitrate)　　丙酮基－CoA (acetonyl-CoA)

图 20－3　氟化合物和丙酮基－CoA 的结构

(二) 柠檬酸异构化形成异柠檬酸

柠檬酸是一个叔醇化合物。它的羟基位置妨碍着柠檬酸进一步氧化，而异柠檬酸是可以氧化的仲醇。催化此转变的酶称为乌头酸酶(全称应为乌头酸水合酶)，也曾称为顺乌头酸酶。反应如下式：

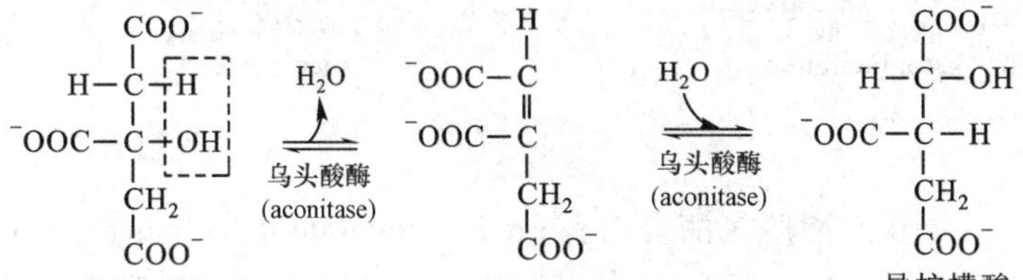

柠檬酸 (citrate)　　顺乌头酸 (cis-aconitate)　　异柠檬酸 (isocitrate)

$\Delta G'^{\ominus}$ = +8.37 －2.09 kJ/mol

反应中的中间产物为顺式乌头酸，不与酶分离，其中的双键可往复地以两种不同方式与 H_2O 结合，或是形成柠檬酸或是形成异柠檬酸。在 pH7.4 和 25℃的环境中，当反应达到平衡时，只含有 10% 的异柠檬酸。在细胞内，由于柠檬酸循环的进行，异柠檬酸不断地被消耗，而推动此反应不断地由左向右进行。乌头酸酶含有一个[4Fe－4S]铁硫簇(iron－sulfur cluster)，又称铁硫中心，在结合底物、催化脱水和再水合中都起重要作用。乌头酸酶催化的反应无论是脱水还是水合，都具有严格的立体专一性。与铁硫簇结合着的蛋白质称为铁硫蛋白或非血红素铁蛋白。

(三) 异柠檬酸氧化形成 α－酮戊二酸

异柠檬酸氧化脱羧反应可用下式表示：

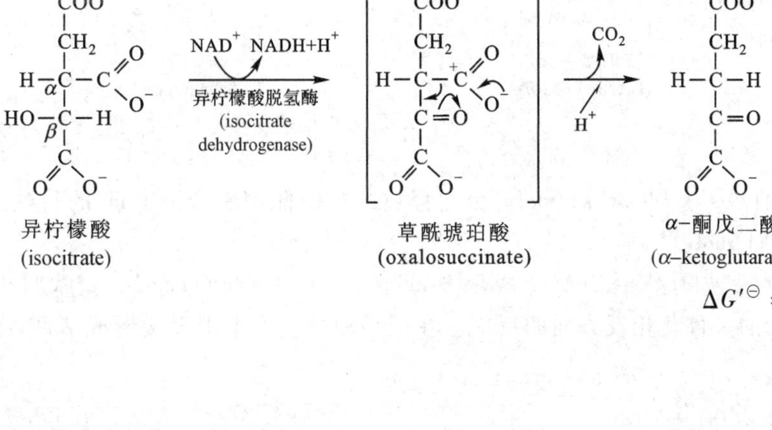

异柠檬酸 (isocitrate)　　草酰琥珀酸 (oxalosuccinate)　　α－酮戊二酸 (α-ketoglutarate)

$\Delta G'^{\ominus}$ = －8.4 kJ/mol

催化此反应的酶称为异柠檬酸脱氢酶。此酶只存在于线粒体中以 NAD^+ 为辅酶。哺乳动物还有一种以 $NADP^+$ 为辅酶的同工酶,这种酶不只存在于细胞线粒体中,在细胞溶胶中也存在。

异柠檬酸脱氢酶催化的反应在生物化学酶促反应中具有代表性。由 β-羟酸氧化为 β-酮酸,引起脱羧反应,从而又促进了相邻 C–C 键的断裂。这种断裂是生物化学反应中最常见的一种断裂方式。现已证明,反应中脱下的羧基来源于草酰乙酸。

由异柠檬酸脱氢酶催化的反应是柠檬酸循环中第 1 次脱羧基和脱氢,产生第 1 个 CO_2 和 NADH 的过程。该酶在催化过程中还需要 Mn^{2+} 或 Mg^{2+} 参与作用。

(四) α-酮戊二酸氧化脱羧形成琥珀酰-CoA

这是柠檬酸循环第二次氧化脱羧基反应,产生第 2 个 CO_2 并形成带有高能硫酯键的琥珀酰-CoA。反应式如下:

$$\Delta G'^{\ominus} = -33.12 \text{ kJ/mol}$$

催化此反应的酶称为 α-酮戊二酸脱氢酶复合体(α-ketoglutarate dehydrogenase complex)。它和丙酮酸脱氢酶复合体极其相似,也由三种酶组成:α-酮戊二酸脱氢酶(E_1)、二氢硫辛酰转琥珀酸酶(E_2)、二氢硫辛酰脱氢酶(E_3)。这个复合体催化的反应机制也和丙酮酸脱氢酶复合体相一致,也需要 TPP、硫辛酸、CoA—SH、FAD、NAD^+、Mg^{2+} 等 6 种辅助因子。虽然两种酶的 E_1 组分在结构上相似,它们的氨基酸序列却不相同,因此它们对底物的专一性也不同。E_2 组分也很相似,E_3 则完全相同。这两种酶复合体很可能在进化上是相同的起源。

(五) 琥珀酰-CoA 转化为琥珀酸并使 GDP 磷酸化形成高能 GTP(哺乳类)或使 ADP 成为 ATP(植物或细菌)

由琥珀酰-CoA 转化成琥珀酸并产生高能键的反应式如下:

$$\Delta G'^{\ominus} = -2.9 \text{ kJ/mol}$$

琥珀酰-CoA 水解的 $\Delta G'^{\ominus} = -36$ kJ/mol。由它释放的自由能用于合成 GTP 的磷酸酐键,因此它净余的自由能只有 $-2.9 \sim -3.3$ kJ/mol。

催化此反应的酶称为琥珀酰-CoA 合成酶(succinyl-CoA synthetase),又称琥珀酸硫激酶(succinate thiokinase)。这一命名指的是催化相反方向的反应。在植物和微生物中则直接形成 ATP 而不是 GTP。这是柠檬酸循环中唯一产生高能磷酸键的步骤。这也是底物水平的磷酸化作用,而不是通过还原型辅酶重新氧化的氧化磷酸化途径产生高能磷酸化合物。

从上述柠檬酸循环的 5 步反应可看到,一个乙酰基被氧化为 2 分子 CO_2,并使 2 分子 NAD^+ 还原为 2 分子 NADH。还产生了一个高能磷酸基团(GTP)。如何使机体产生的乙酰基在细胞内不断地进行氧化分解?生物体选择了循环的方式,使琥珀酸经过 3 步反应,再转变为能够接受乙酰基的草酰乙酸。下面的六、七、八步反应就是构成柠檬酸循环的 3 步反应。

这里应提起注意的是关于合酶(synthase)和合成酶(synthetase)两种酶在概念上的区别。合酶,例如柠檬酸合酶,催化的缩合反应不需要 ATP 提供能量,而合成酶在催化缩合反应时需要由 ATP(或 GTP 等核苷三磷酸)提供能量;催化由琥珀酸形成琥珀酰-CoA 反应的酶需由 GTP 提供能量,因此称为琥珀酰-CoA 合成酶。

(六)琥珀酸脱氢形成延胡索酸

琥珀酸脱氢形成延胡索酸(fumarate)的反应可用下式表示:

$$\Delta G'^{\ominus} = +6 \text{ kJ/mol}$$

催化此反应的酶称为琥珀酸脱氢酶(succinate dehydrogenase)。该酶在真核生物牢固地与细胞线粒体内膜结合在一起,在原核生物结合在质膜上。它是柠檬酸循环中唯一与膜结合的不溶性酶,也是属于电子传递链中琥珀酸-辅酶 Q 还原酶的一个组成部分。琥珀酸脱氢酶以共价键与辅基 FAD 相连。从琥珀酸中间的两个碳原子各脱掉一个氢原子形成反式的丁烯二酸又称延胡索酸。碳-碳键氧化所释放的自由能不足以使脱下的电子转移到 NAD^+ 上,因此转移到 FAD 上。使 NADH 再氧化的 $\Delta G'^{\ominus} = -220.1$ kJ/mol,而使 $FADH_2$ 再氧化的 $\Delta G'^{\ominus} = -181.6$ kJ/mol。

琥珀酸脱氢酶催化的反应具有严格的立体专一性。它脱掉氢原子的立体结构位置是严格确定的。该酶的强抑制剂是与底物结构相似的丙二酸(malonate),因为该酶能与它结合却不能催化它脱氢。

(七)延胡索酸水合形成 L-苹果酸

由延胡索酸水合形成苹果酸的反应可用下式表示:

$$\Delta G'^{\ominus} = -3.68 \text{ kJ/mol}$$

催化此可逆反应的酶称为延胡索酸酶(fumarase),全称应为延胡索酸水合酶(fumarate hydratase)。该酶的催化反应也具有严格的立体专一性。用重氢标记的水 D_2O 观察该酶的催化情况表明,—OD(即—OH)严格地加到延胡索酸双键的一侧,而另一个 D 原子则加到相反的另一侧,因此形成的苹果酸只有 L-苹果酸(也是 S-苹果酸)。用重氢标示的带方向性的苹果酸可表示如下:

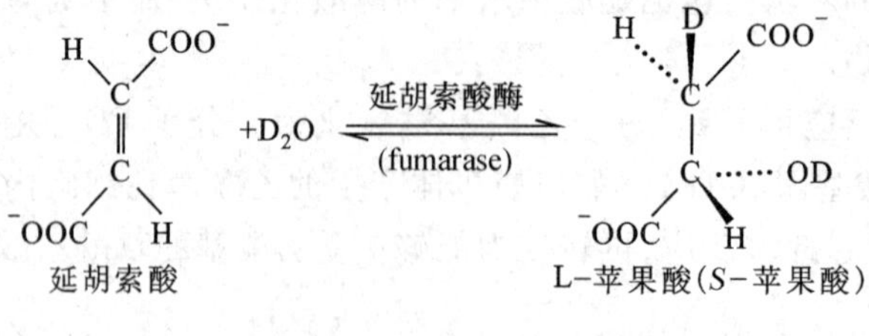

该酶催化的可逆反应对底物要求同样具有严格的立体专一性，D-苹果酸不能代替L-苹果酸作为底物。D-苹果酸的结构如下：

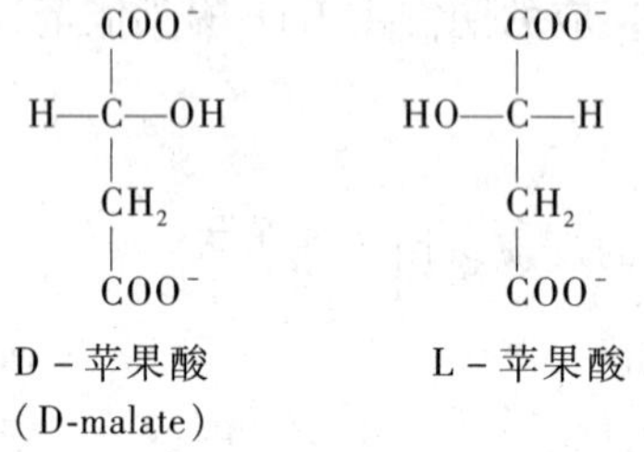

D-苹果酸
(D-malate)

L-苹果酸

(八) 苹果酸氧化形成草酰乙酸

这是柠檬酸循环的最后一步，反应式如下：

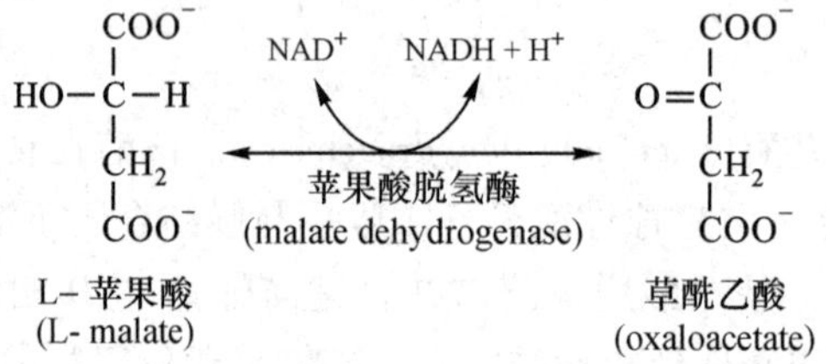

L-苹果酸
(L-malate)

草酰乙酸
(oxaloacetate)

$$\Delta G'^{\ominus} = +29.7 \text{ kJ/mol}$$

催化此反应的酶称为苹果酸脱氢酶，辅酶是 NAD^+。它催化L-苹果酸的羟基氧化形成羰基。该反应的标准自由能变化 $\Delta G'^{\ominus} = +29.7$ kJ/mol。在热力学上是不利反应，但由于草酰乙酸与乙酰-CoA的缩合反应是高度放能反应（$\Delta G'^{\ominus} = -31.5$ kJ/mol），同时草酰乙酸不断被消耗，从而使苹果酸氧化为草酰乙酸的反应方向得以进行。这正是两个偶联反应，一个在热力学上不利的反应被与其相偶联的热力学上的有利反应所推动；而且由于柠檬酰-CoA的硫酯键水解时的高度放能，使草酰乙酸在低的生理浓度下（约小于 10^{-6} mol/L）也可向生成柠檬酸的方向进行。

在生物化学反应中所涉及的多种脱氢酶，例如苹果酸脱氢酶、乳酸脱氢酶、醇脱氢酶、甘油醛-3-磷酸脱氢酶等都具有立体结构专一性，都以 NAD^+ 作为电子受体。各种脱氢酶虽然结构各异，它们与 NAD^+ 结合的结构域的结构以及结合方式却是极为相似的。

四、柠檬酸循环的化学总结算

柠檬酸循环的总化学反应式如下：

乙酰-CoA + 3NAD$^+$ + FAD + GDP + Pi + 2H$_2$O ⟶
2CO$_2$ + 3NADH + FADH$_2$ + GTP + 3H$^+$ + CoA-SH

上式表明，柠檬酸循环的每一次循环都纳入一个乙酰-CoA分子，即纳入两个碳原子进入循环；又有两个碳原子以 CO_2 的形式离开循环。但是离开循环的碳原子并不是刚进入循环的那两个碳原子。每一次循环共有4次氧化反应。参加这4次氧化反应的有3个NAD⁺和一个FAD分子;同时有4对氢原子离开循环形成3个NADH和一个FADH$_2$分子。每一次循环以GTP的形式产生一个高能键,并消耗两个H$_2$O分子。在柠檬酸循环中虽然没有氧分子直接参加反应,但是柠檬酸循环只能在有氧的条件下进行,因为柠檬酸循环所产生的3个NADH和一个FADH$_2$分子只能通过电子传递链和氧分子才能够再被氧化。

柠檬酸循环的总结算如表20-1所示。该循环共有4个脱氢步骤,其中有3对电子经NADH传递给电子传递链,最后与氧结合生成H$_2$O。每对电子通过化学计算产生2.5个ATP分子。3对电子共产生7.5个ATP分子。一对电子经FADH$_2$传递给电子传递链,化学计算产生1.5个ATP分子。通过柠檬酸循环本身只产生一个ATP(GTP)分子。因此根据化学计算,每循环一次最终可以形成:7.5+2.5+1=10个ATP分子。若从丙酮酸脱氢酶系催化的反应开始计算,每分子丙酮酸氧化脱羧产生一个NADH,经电子传递链最后产生2.5个ATP分子。因此从丙酮酸开始计算,经过一次循环共产生12.5个ATP分子。若从葡萄糖开始计算,暂不考虑糖酵解产生的两个ATP分子和两个NADH,每分子葡萄糖可形成2分子丙酮酸,经柠檬酸循环后共产生2倍的12.5个ATP分子,即25个ATP分子,再加上糖酵解过程产生的两个ATP分子及两个NADH生成的5个ATP分子,总共产生25+5+2=32个ATP分子。以前的计算得出每转移一对电子能产生3个ATP分子。根据这一数值,由葡萄糖经过柠檬酸循环再经电子传递链后共生成38个ATP分子。由图20-4可清楚地看出两种计算方法的差异。

表20-1 柠檬酸循环的总结算

反应步骤	化学方程式	参加催化的酶	辅助因子	$\Delta G'^{\ominus}$/(kJ/mol)	ΔG/(kJ/mol)	反应类型
1	乙酰-CoA + 草酰乙酸 + H$_2$O → 柠檬酸 + CoASH + H⁺	柠檬酸合酶 (citrate synthase)	—	-31.38(或 -31.5 或 -38.8)	负值 (不可逆)	缩合反应 (condensation)
2	柠檬酸 ⇌ 顺乌头酸	乌头酸酶 (aconitase)	Fe-S	+8.37	~0	脱水反应 (dehydration)
3	顺乌头酸 + H$_2$O ⇌ 异柠檬酸	乌头酸酶	Fe-S	-2.09		水合反应 (hydration)
4	异柠檬酸 + NAD⁺ ⇌ α-酮戊二酸 + CO$_2$ + NADH + H⁺	异柠檬酸脱氢酶 (isocitrate dehydrogenase)	—	-8.37(或 -7.11 或 -21)	负值	氧化脱羧反应 (oxidative decarboxylation)
5	α-酮戊二酸 + NAD⁺ + CoASH → 琥珀酰-CoA + CO$_2$ + NADH + H⁺	α-酮戊二酸脱氢酶系 (α-ketoglutarate dehydrogenase complex)	硫辛酸(lipoic acid) FAD, TPP	-30.12(或 -33.0 或 -24.0)	负值 (不可逆)	氧化脱羧反应 (oxidative decarboxylation)
6	琥珀酰-CoA + Pi + GDP ⇌ 琥珀酸 + GTP + CoA	琥珀酰-CoA合成酶 (succinyl-CoA synthetase) 或称琥珀酰-CoA硫激酶 (succinyl-CoA thiokinase)		-3.35(或 -2.1 或 -8.96)	~0	底物水平氧化磷酸化 (substrate level phosphorylation)
7	琥珀酸 + FAD(结合在酶上) ⇌ 延胡索酸 + FADH$_2$(结合在酶上)	琥珀酸脱氢酶 (succinate dehydrogenase)	FAD, Fe~S	+6(或 0.00)	~0	氧化反应 (oxidation)
8	延胡索酸 + H$_2$O ⇌ L-苹果酸	延胡索酸酶 (fumarase)	—	-3.68(或 -3.77 或 -3.40)	~0	水合反应 (hydration)
9	L-苹果酸 + NAD⁺ ⇌ 草酰乙酸 + NADH + H⁺	苹果酸脱氢酶 (malate dehydrogenase)	—	+29.71(或 +28)	~0	氧化反应 (oxidation)

注:$\Delta G'^{\ominus}$在不同的测定中所得数值往往有很大差异。上述数值主要从心肌和肝组织测得。

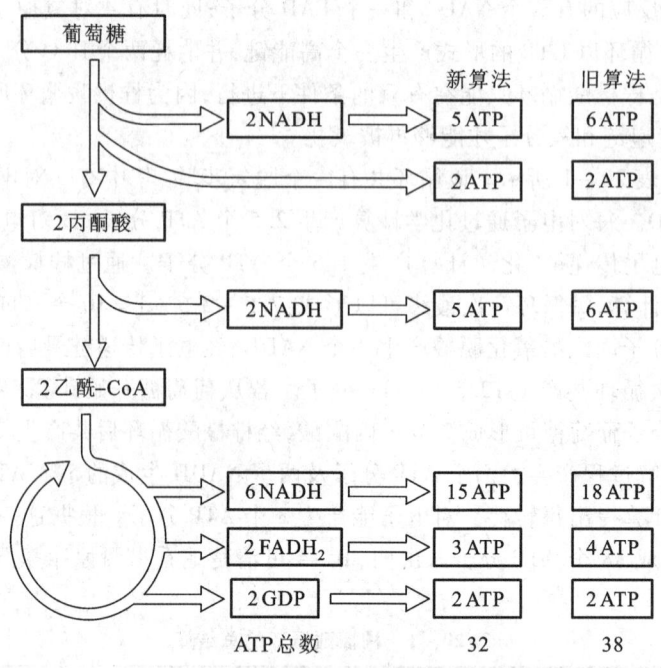

图20-4 由葡萄糖经糖酵解、柠檬酸循环、电子传递链最后生成的ATP数目总结算（新、旧两种计算方法的比较）

五、柠檬酸循环的调节

柠檬酸循环为细胞生命活动提供所需能量的能力受到严格的调节。柠檬酸循环本身所需的底物、作为生物分子合成前体对柠檬酸循环中间产物的需要以及机体对ATP的需要都影响着柠檬酸循环的活动程度。

首先，丙酮酸脱氢酶系，因为它是哺乳动物由丙酮酸合成乙酰-CoA这唯一途径的关键酶系，对它的调节当然具有重要意义，可概括为以下几个方面：一方面是受NADH和乙酰-CoA的调节，另一方面又受磷酸化和去磷酸化对E_1共价修饰的调节。NADH、乙酰-CoA与NAD^+、CoA—SH竞争酶的结合部位。高浓度的NADH和乙酰-CoA使E_2和E_3催化的反应向相反的方向进行，并使E_2停留在乙酰化的形式而不能接受在$E_1 \cdot TPP$上的羟乙基，也使它停留在羟乙基化的形式，从而抑制了丙酮酸的脱羧作用。高浓度的NADH和乙酰-CoA还使丙酮酸脱氢酶复合体的组成分丙酮酸脱氢酶激酶活化；丙酮酸脱氢酶的磷酸化使此酶复合体的活性受到抑制。胰岛素有激活丙酮酸脱氢酶磷酸酶的作用，可解除磷酸基团对酶的抑制。

除以上的调节作用外，还有丙酮酸、ADP，通过抑制丙酮酸脱氢酶激酶对丙酮酸脱氢酶系起调节作用。此外，Ca^{2+}离子通过抑制丙酮酸脱氢酶激酶和激活丙酮酸脱氢酶磷酸酶也对丙酮酸脱氢酶系起调节作用。

除丙酮酸脱氢酶系受到的调节外，在柠檬酸循环中对循环速度起关键调节作用的酶主要是三种：柠檬酸合酶、异柠檬酸脱氢酶和α-酮戊二酸脱氢酶。此三种酶催化的反应在生理条件下都远离平衡，其ΔG都是负值。柠檬酸循环中酶的活性主要由酶底物供应情况和产物浓度调节。高浓度底物刺激酶的活性，高的产物浓度抑制酶的活性。底物乙酰-CoA、草酰乙酸和产物NADH是最关键的调节物。$[NADH]/[NAD^+]$比值高时，异柠檬酸脱氢酶和α-酮戊二酸脱氢酶催化的反应都根据质量作用定律而受到抑制。同样，在细胞内也是由底物浓度调节。当$[NADH]/[NAD^+]$比值高时，草酰乙酸的浓度就低，也从而使柠檬酸循环的第一步反应减慢。琥珀酰-CoA抑制α-酮戊二酸脱氢酶，也抑制柠檬酸合酶。柠檬酸抑制柠檬酸合酶。ATP作为最终产物也抑制柠檬酸合酶及异柠檬酸脱氢酶。ATP对柠檬酸合酶的抑制可被其别构激活剂ADP解除。Ca^{2+}是启动肌肉收缩的信号，同时引起对ATP的需要增加，它能激活异柠檬酸脱氢酶、α-酮戊二酸脱氢酶以及丙酮酸脱氢酶系。总之，在柠檬酸循环中的所有底物和中间物的浓度根据机体对能量的需要保证这个循环的运转恰好能提供最适量的 ATP 和 NADH。柠檬酸循环的调节可用图 20-5,加以概括。

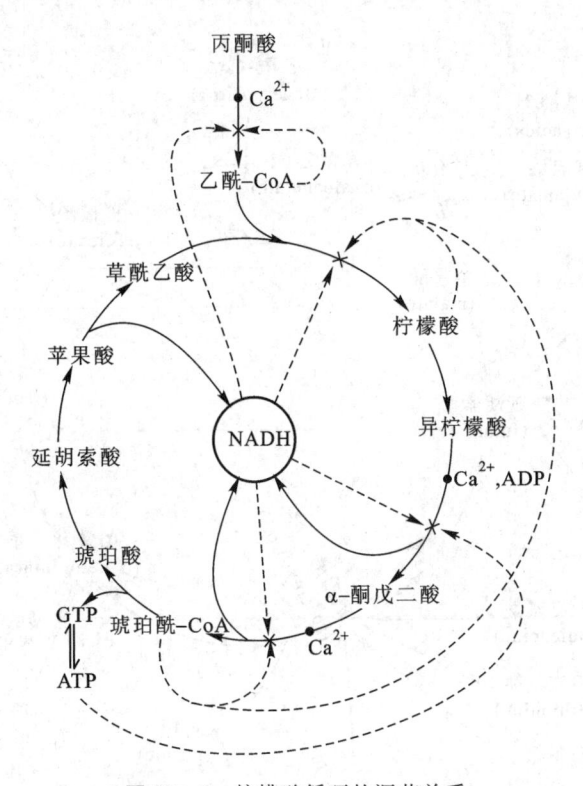

图 20-5 柠檬酸循环的调节关系

图中表明 Ca^{2+}、ADP 对柠檬酸循环中间反应步骤的激活部位。用"·"表示激活;
用"×"和虚线表明各种中间产物的反馈抑制部位。
(此图来源于参考书 4 第 486 页,略加修改)

六、柠檬酸循环的双重作用

柠檬酸循环是需氧生物机体主要的分解代谢途径,也是准备提供大量自由能的重要代谢系统,柠檬酸循环的中间产物又是许多生物合成的前体物质,因此它具有分解代谢和合成代谢的双重作用。直接利用中间产物的合成途径有:葡萄糖的生物合成(称为葡糖异生作用)、脂质的生物合成,包括脂肪酸和胆固醇等的生物合成、氨基酸的生物合成、卟啉类的生物合成等。这些复杂关系可用图 20-6 表示。

为保持柠檬酸循环的正常运转,失去的中间产物必须及时予以补充。对柠檬酸循环的中间产物有补充作用的反应称为添补反应(anaplerotic reaction)。最重要的添补反应是由丙酮酸羧化酶(pyruvate carboxylase)催化的由丙酮酸羧化形成草酰乙酸的反应:

$$\text{丙酮酸} + CO_2 \xrightarrow[\text{(pyruvate carboxylase)}]{\text{ATP} \quad H_2O \quad \text{ADP} + Pi}{\text{丙酮酸羧化酶}} \text{草酰乙酸}$$

乙酰-CoA 是丙酮酸羧化酶的激活剂。循环中任何一种中间产物的缺乏都会引起乙酰-CoA 浓度的升高,从而激活丙酮酸羧化酶促使草酰乙酸增加,如是推动整个循环补充其中间产物。此外,还有些降解途径可产生柠檬酸循环的中间产物。例如,奇数脂肪酸的氧化,异亮氨酸、甲硫氨酸、缬氨酸和苏氨酸的分解,都可产生琥珀酰-

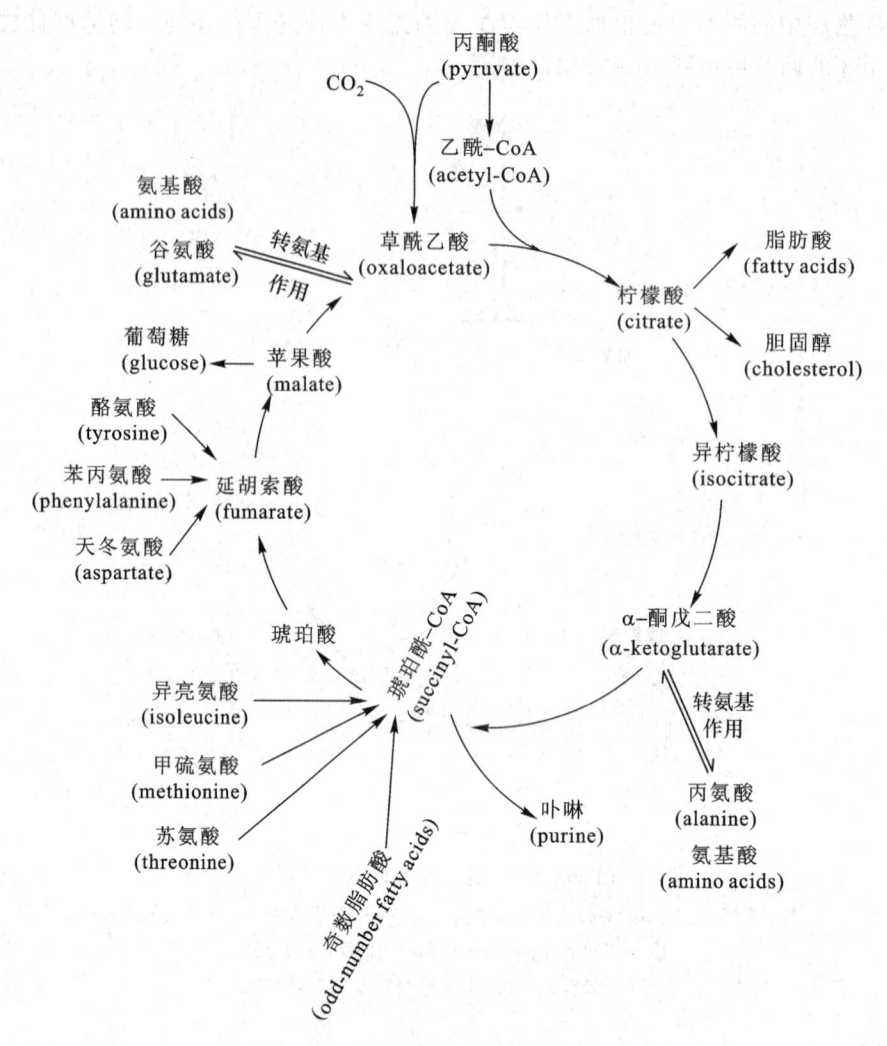

图 20-6 柠檬酸循环双重用途示意图

CoA;脱氨基和转氨基作用可产生 α-酮戊二酸、草酰乙酸。这些环节在补充循环中间代谢物中都起一定作用。

在植物、有些无脊椎动物以及一些微生物,可将乙酰-CoA通过另外的途径转变为草酰乙酸。这就是乙醛酸途径(glyoxylate pathway)。

七、乙醛酸途径

乙醛酸途径(又称乙醛酸循环)是在植物细胞的线粒体和植物所特有的乙醛酸循环体(glyoxysome)中进行的。乙醛酸循环体是一种与膜结合的细胞器。它是一种特化的过氧化物酶体(peroxisome)。乙醛酸途径包括的酶大多数和柠檬酸循环中的酶是一致的。在这条途径中,线粒体的草酰乙酸在天冬氨酸氨基移换酶的作用下转变为天冬氨酸,从而进入乙醛酸循环体,在乙醛酸循环体中又转变为草酰乙酸(图20-7)。与柠檬酸循环相一致,草酰乙酸与乙酰-CoA结合形成柠檬酸,后者经异构化形成异柠檬酸。乙醛酸循环体中特有的异柠檬酸裂解酶(isocitrate lyase)将异柠檬酸裂解为琥珀酸和乙醛酸。该途径也由此而得名。琥珀酸即可转移到线粒体中,在此通过柠檬酸循环途径又转变为草酰乙酸,完成一次循环。因此,乙醛酸途径产生的结果是将乙酰-CoA的二个碳转变成了乙醛酸,而不是像柠檬酸循环那样,将乙酰-CoA的二个碳转变为2分子CO_2。乙醛酸途径的全过程如图20-7所示。

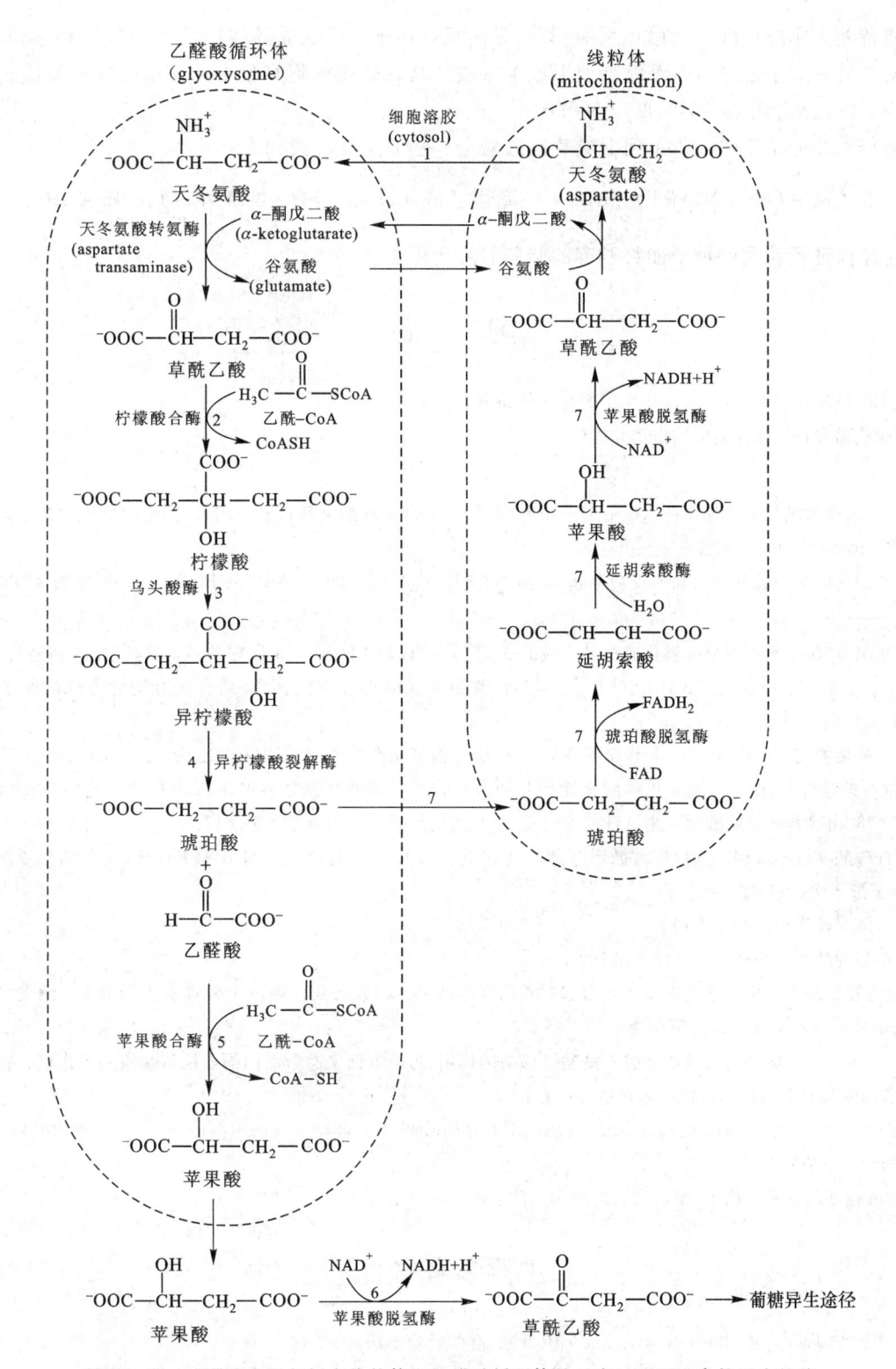

图 20-7 乙醛酸途径包括在线粒体和乙醛酸循环体的反应过程以及参加反应的酶

1. 线粒体草酰乙酸转变为天冬氨酸,转移到乙醛酸循环体中,又转变为草酰乙酸。2. 草酰乙酸与乙酰-CoA 缩合形成柠檬酸。3. 柠檬酸转变为异柠檬酸。4. 异柠檬酸裂解酶将异柠檬酸裂解为琥珀酸和乙醛酸。5. 由苹果酸合酶催化将乙醛酸与乙酰-CoA 缩合形成苹果酸。6 苹果酸进入细胞溶胶由苹果酸脱氢酶催化将其转变为草酰乙酸。后者可用于葡糖异生途径转变为糖类。7. 琥珀酸转移到线粒体,在此通过柠檬酸循环途径转变为草酰乙酸(此图来源于参考书 4 第 489 页)

由乙醛酸转变为草酰乙酸包括两步反应:其一是由只存在于乙醛酸循环体中的苹果酸合酶(malate synthase)催化使乙醛酸与另一分子乙酰-CoA 缩合而形成苹果酸。其二是在细胞溶胶中的苹果酸脱氢酶催化由 NAD^+ 将苹果酸氧化为草酰乙酸(图 20-7 的反应 5 和 6)。

乙醛酸途径从 2 分子乙酰-CoA 到形成草酰乙酸全过程的总反应式如下:

$$2 \text{ 乙酰-CoA} + 2NAD^+ + FAD \longrightarrow \text{草酰乙酸} + 2CoA\text{-}SH + 2NADH + FADH_2 + 2H^+$$

乙醛酸途径保证了萌发的种子能将贮存的脂肪转变为糖类。

习 题

1. 画出柠檬酸循环概貌图,包括起催化作用的酶和辅助因子。
2. 总结柠檬酸循环在机体代谢中的作用和地位。
3. 用 ^{14}C 标记丙酮酸的甲基碳原子($^*CH_3-\overset{O}{\underset{\|}{C}}-COO^-$),当其进入柠檬酸循环运转一周后,标记碳原子的命运如何?〔标记碳原子出现在草酰乙酸的 C2 和 C3 部位〕
4. 写出由乙酰-CoA 形成草酰乙酸的反应平衡式。〔2 乙酰-CoA + 2NAD$^+$ + FAD + 3H$_2$O ⟶ 草酰乙酸 + 2CoA + 2NADH + FADH$_2$ + 3H$^+$〕
5. 在标准状况下,苹果酸由 NAD^+ 氧化成草酰乙酸的 $\Delta G'^{\ominus} = +29.29$ kJ/mol。在生理条件下,这一反应却极易由苹果酸向草酰乙酸的方向进行。假定 [NAD$^+$]/[NADH] = 8,pH = 7,计算由苹果酸形成草酰乙酸,两种化合物的最低浓度比值应是多少?〔[苹果酸]/[草酰乙酸] > 1.75×10^4〕
6. 当 1 分子葡萄糖完全转变为 CO_2,假设全部 NADH 和 QH$_2$ 都氧化产生 ATP、丙酮酸转变为乙酰-CoA,而且苹果酸-天冬氨酸穿梭在不断进行的条件下,计算通过氧化磷酸化途径和通过底物水平磷酸化途径各产生 ATP 的百分比?〔由氧化磷酸化产生 ATP 的分子数为 28,由底物水平磷酸化产生 ATP 的分子数为 4,因此前者为 87.5%,后者为 12.5%〕
7. 如果将柠檬酸和琥珀酸加入到柠檬酸循环中,当完全氧化为 CO_2,形成还原型 NADH 和 FADH$_2$,并最后形成 H_2O,需经过多少次循环?〔柠檬酸 3 次,琥珀酸 2 次〕
8. 阐明丙二酸对柠檬酸循环的作用。
9. 柠檬酸循环为什么必须在有氧条件下进行?
10. 如果缺乏柠檬酸循环中的酶则在新生儿引起严重的神经疾患。如果从病人的尿中发现有大量的 α-酮戊二酸、琥珀酸和延胡索酸,是否能推测出在循环中缺乏哪种酶?
11. 乙酰-CoA 一方面能抑制二氢硫辛酰乙酰基转移酶的作用,另一方面又有激活丙酮酸脱氢酶激酶的作用,请阐明这两种不同的作用在调节丙酮酸脱氢酶系的活性中怎样协调一致?
12. 为满足机体肌肉收缩对 ATP 的需要,细胞内质网中贮存的 Ca^{2+} 离子被释放到细胞溶胶中,请问柠檬酸循环对 Ca^{2+} 的增加会作出什么样的应答反应?
13. 在柠檬酸循环的双重作用中,举出有关的酶和反应表明它们的关键作用。

主要参考书目

[1] Garrett R H, Grisham C M. Biochemistry. 2nd ed. 北京:高等教育出版社,2002.
[2] Horton H R, Moran L A, Ochs R S, Rawn J D, Scrimgeour K G. Principles of Biochemistry. 3rd ed. USA: Prentice Hall, 2002.
[3] Nelson D L, Cox M L. Lehninger Principles of Biochemistry. 3rd ed. New York: Worth Publishers, 2000.
[4] Voet D, Voet J G, Pratt C W. Fundamentals of Biochemistry. USA:John Wiley & Sons, 1999.
[5] Voet D, Voet J G. Biochemistry. 3rd ed. New York:John Wiley & Sons,2004.
[6] Stryer L. Biochemistry. 5th ed. New York:W H Freeman & Comp,2006.
[7] Kay J, Weitzman P D J (eds). Krebs' Citric Acid Cycle: Half a Century and Still Turning. Biochemical society symposium 54.

London: The Biochemical Society, 1987.
[8] Mattevi A, de Kok A, Perham R N. The pyruvate dehydrogenase multienzyme complex. Curr Opin Struct Biol, 1992, 2: 877 - 887.
[9] Baldwin J E, Krebs H. The evolution of metabolic cycles. Nature, 1981, 291: 381 - 382.
[10] Remington S J. Structure and mechanism of citrate synthase. Curr Top Cell Regul, 1992, 33: 209 - 228.
[11] Hansford R G. Control of mitochondrial substrate oxidation. Curr Top Bioenerget, 1980, 10: 217 - 278.
[12] Beevers H. The role of the glyoxylate cycle. In: Stumf P K, Conn E E, eds. The Biochemistry of Plants: A Comprehensive Treatise. Vol. 4. New York: Academic Press, 1980, 117 - 130.

（王镜岩）

第21章 氧化磷酸化和光合磷酸化作用

一、氧化磷酸化作用

氧化磷酸化作用(oxidative phosphorylation)是在细胞内的有机分子经氧化分解形成 CO_2 和 H_2O,并释放出能量使 ADP 和 Pi 合成 ATP 的过程。氧化磷酸化的作用是需氧细胞生命活动的主要能量来源。氧化磷酸化是生物氧化的主要内容。它的实质是需氧细胞通过一系列酶的催化作用实现的一系列以电子传递为基础的氧化还原反应。在此过程中,电子先从各种代谢物转移到特殊的电子载体(如 NAD^+、$NADP^+$、FAD)上,再由电子载体转移到具有较高电子亲和力的受体上直至传递到氧,并利用此过程中释放的能量,将 ADP 和 Pi 合成 ATP。可将氧化磷酸化分为两个内容:电子传递和产生 ATP。下面将着重讨论这两个问题。为了容易地理解生物氧化,有必要先复习一下相关的氧化还原电势的概念。

(一) 和电子传递相关的氧化还原电势

电子从供体传递给受体的同时,供体发生了氧化,受体发生了还原。电子供体称为还原剂(reductant)。电子受体称为氧化剂(oxidant)。例如在如下的反应中:

$$Fe^{3+} + Cu^+ \rightleftharpoons Fe^{2+} + Cu^{2+} \tag{1}$$

Cu^+ 为还原剂,它将电子转移给 Fe^{3+} 本身变为 Cu^{2+},使 Fe^{3+} 变为 Fe^{2+},Fe^{3+} 是氧化剂。全部反应称为氧化还原反应,或称氧还反应(redox reaction)。氧化还原反应可以分为两个半反应(half-reaction),或称氧还电对(redox couples)例如:

$$半反应(1) \quad Fe^{3+} + e^- \rightleftharpoons Fe^{2+} \text{(还原反应)} \tag{2}$$

$$半反应(2) \quad Cu^+ \rightleftharpoons Cu^{2+} + e^- \text{(氧化反应)} \tag{3}$$

$$总反应 \quad Cu^+ + Fe^{3+} \rightleftharpoons Cu^{2+} + Fe^{2+} \tag{4}$$

(以上的半反应可在细胞色素 c 氧化酶(cytochrome c oxidase)的氧化中遇到。)由上面可知,一个半反应是由一个电子供体和它的共扼电子受体构成的。上面氧化半电池的 Cu^+ 和 Cu^{2+} 构成一组共扼氧还电对(conjugate redox pair, Cu^{2+}/Cu^+)。氧化还原反应的两个半反应中的每个半反应都有各自的共扼氧还电对。每个共扼氧还电对都构成一个半电池,两个半电池以导线和盐桥相连构成一个电化学电池(electrochemical cell)简称化学电池或原电池。如图 21-1 所示。

上面的 Cu^+ 作为还原剂失掉电子的倾向(Fe^{3+} 作为氧化剂得到电子的倾向)称为氧化还原电势,电子从一个电对的电子供体流向另一电对的电子受体是自然发生的。这种流动的倾向依赖于每个氧还电对电子受体对电子的相对亲和力亦即电势。电子总是从相对亲和力低的物质流向相对亲和力高的物质,也就是从低电势流向高的电势。测量电势的方法是利用测定标准还原势(standard reduction potential),用 $E^{\ominus}$ 表示,(单位为伏特——Volt,V)求得。一般是用一种标准氢电极作为参数标准,它的电极势规定为零

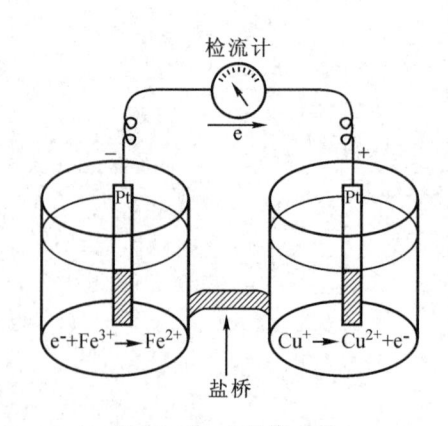

图 21-1 电化学电池

进行氧化的半电池(Cu^+/Cu^{2+})将脱下的电子通过导线转移到进行还原的半电池(Fe^{3+}/Fe^{2+})。通过含有电解质的盐桥消除由电解质的离子扩散引起的扩散电势

($E_{H^+H_2}^{\ominus}=0$)。原电池的一侧为标准大气压即在101.3 kPa气压下的氢气与1 mol/L的H^+平衡($H^+ + e^- \longrightarrow \frac{1}{2}H_2$),另一侧则是待测的氧还电对构成的半电池。它的溶液浓度也规定为1 mol/L。这样就可测出二者的相对电动势或电动力(electromotive force,emf)。原电池的电动势与还原势的关系由下式表示:

$$\varepsilon = \Delta E = E_{正极} - E_{负极} \tag{5}$$

式中ε代表电动势,$E_{正极}$和$E_{负极}$分别代表原电池正极和负极的还原势。标准还原势是在反应中各种物质的活度都是1mol/L时的电动势,用$\varepsilon^{\ominus}$表示,其正极和负极的还原势称为标准还原势,用$E^{\ominus}$表示。则标准电动势和标准还原势的关系是:

$$\varepsilon^{\ominus} = \Delta E^{\ominus} = E_{正极}^{\ominus} - E_{负极}^{\ominus} \tag{6}$$

半电池的还原势不只和电解质的化学性质有关,而且也和它们的浓度(实际为活度)有关。能斯特(Walther Nernst)推导出在任何浓度下的还原势和标准还原势之间的关系如下式:

$$E = E^{\ominus} + \frac{RT}{nF}\ln\frac{[电子受体]}{[电子供体]} \tag{7}$$

式中R为气体常数$R = 8.315$ J/mol·K,T为热力学温度,n为每分子物质转移的电子数,F为法拉第常数($F = 96\,480$ J/V·mol)。在25℃($T=298$K)的条件下,上式可简化为:

$$E = E^{\ominus} + \frac{0.026 \text{ V}}{n}\ln\frac{[电子受体]}{[电子供体]} \tag{8}$$

根据(8)式,如果$E^{\ominus}$和电子受体、供体的浓度都为已知(可测知),即可求出E值。

对于生物化学反应,一般都是在pH7(而不是pH=0)的环境下,于是将标准还原势用$E'^{\ominus}$表示。生物体内一些重要物质的$E'^{\ominus}$已经测出,如表21-1所示。

表21-1 生物体一些氧化还原体系的标准还原势(25℃,pH 7)

氧化还原反应式	标准还原势 $E'^{\ominus}$/V
$1/2O_2 + 2H^+ + 2e^- \longrightarrow H_2O$	0.816
$SO_4^{2-} + 2H^+ + 2e^- \longrightarrow SO_3^{2-} + H_2O$	0.48
$Fe^{3+} + e^- \longrightarrow Fe^{2+}$	0.771
$NO_3^- + 2H^+ + 2e^- \longrightarrow NO_2^- + H_2O$	0.421
细胞色素$a_3(Fe^{3+}) + e^- \longrightarrow$细胞色素$a_3(Fe^{2+})$	0.385
细胞色素$f(Fe^{3+}) + e^- \longrightarrow$细胞色素$f(Fe^{2+})$	0.365
$O_2 + 2H^+ + 2e^- \longrightarrow H_2O_2$	0.295
细胞色素$a(Fe^{3+}) + e^- \longrightarrow$细胞色素$a(Fe^{2+})$	0.29
细胞色素$c(Fe^{3+}) + e^- \longrightarrow$细胞色素$c(Fe^{2+})$	0.254
细胞色素$c_1(Fe^{3+}) + e^- \longrightarrow$细胞色素$c_1(Fe^{2+})$	0.22
细胞色素$b(Fe^{3+}) + e^- \longrightarrow$细胞色素$b(Fe^{2+})$	0.077
泛醌 + $2H^+ + 2e^- \longrightarrow$泛醇	0.045
延胡索酸$^{2-} + 2H^+ + 2e^- \longrightarrow$琥珀酸$^{2-}$	0.031
$FAD + 2H^+ + 2e^- \rightleftharpoons FADH_2$(黄素蛋白内)	~0
草酰乙酸 + $2H^+ + 2e^- \longrightarrow$苹果酸$^{2-}$	-0.166
丙酮酸 + $2H^+ + 2e^- \longrightarrow$乳酸$^-$	-0.185
乙醛 + $2H^+ + 2e^- \longrightarrow$乙醇	-0.197
$FAD + 2H^+ + 2e^- \longrightarrow FADH_2$(游离 CoQ)	-0.219
谷胱甘肽 + $2H^+ + 2e^- \longrightarrow 2$还原型谷胱甘肽	-0.23
$S + 2H^+ + 2e^- \longrightarrow H_2S$	-0.243

续表

氧化还原反应式	标准还原势 $E'^{\ominus}$/V
硫辛酸 + 2H$^+$ + 2e$^-$ ⟶ 二氢硫辛酸	-0.29
1,3-二磷酸甘油酸 + 2H$^+$ + 2e$^-$ ⟶ 甘油醛-3-磷酸 + Pi	-0.29
NAD$^+$ + H$^+$ + 2e$^-$ ⟶ NADH	-0.320
NADP$^+$ + H$^+$ + 2e$^-$ ⟶ NADPH	-0.320 ~ -0.324
胱氨酸 + 2H$^+$ + 2e$^-$ ⟶ 2 半胱氨酸	-0.340
乙酰乙酸 + 2H$^+$ + 2e$^-$ ⟶ β-羟丁酸	-0.346
H$^+$ + 2e$^-$ ⟶ $\frac{1}{2}$H$_2$(pH7 时)	-0.414 ~ -0.421
铁氧还蛋白(Fe^{3+}) + e$^-$ ⟶ 铁氧还蛋白(Fe^{2+})	-0.432
乙酰-CoA + CO$_2$ + 2H$^+$ + 2e$^-$ ⟶ 丙酮酸 + CoA	-0.48
3-磷酸甘油酸 + 2H$^+$ + 2e$^-$ ⟶ 甘油醛-3-磷酸 + H$_2$O	-0.55
乙酸 + 2H$^+$ + 2e$^-$ ⟶ 乙醛 + H$_2$O	-0.581
琥珀酸 + CO$_2$ + 2H$^+$ + 2e$^-$ ⟶ α-酮戊二酸 + H$_2$O	-0.67
乙酸 + CO$_2$ + 2H$^+$ + 2e$^-$ ⟶ 丙酮酸 + H$_2$O	-0.70

(二) 用标准还原势计算自由能变化

一个氧化还原反应相当于一个能做最大功的电池,当通过这个电池的电流为无限小时,它所做的功就是最大功,在数值上等于两个电极之间电动势和电量的乘积。当电池传递的电子数为 1mol(即 6.02×10^{23} 个电子 = 1 F = 96 485 库仑/摩尔)时,它所做的功可用下式求得:

$$W = n\Delta E'^{\ominus} F \text{ 焦耳} \tag{9}$$

式中 n 为氧化还原反应中传递的电子数, $\Delta E'^{\ominus}$ 为该反应的标准还原势变化, F 为法拉第常数。因它所做的功为最大功;又因一个体系自由能的改变等于该体系所做最大功的能量。所以该电池所做的功可以看成是其自由能的变化。于是:

$$W_{max} = \Delta G'^{\ominus} = -n\Delta E'^{\ominus} F$$
$$(\text{最大功})\text{即 } \Delta G'^{\ominus} = -n\Delta E'^{\ominus} F \tag{10}$$

利用以上公式即可由还原势之差计算出化学反应的自由能变化。

此外还可利用平衡常数求出标准电势 $\varepsilon'^{\ominus}$,即 $\Delta E'^{\ominus}$,其计算公式根据以下方程式导出:

$$\Delta G'^{\ominus} = -RT\ln K_{eq} \text{ 和}$$
$$\Delta G'^{\ominus} = -nF\Delta E'^{\ominus} \tag{11}$$

$$\varepsilon'^{\ominus} = \Delta E'^{\ominus} = -\frac{RT}{nF}\ln K_{eq}$$

(三) 线粒体的电子传递链

为弄清电子传递链在线粒体的位置以及后面将讨论的氧化磷酸化的作用,有必要先熟习一下线粒体的基本结构。

1. 线粒体的基本结构

线粒体普遍存在于动、植物细胞内,是需氧细胞产生 ATP 的主要部位。各种类型的细胞有其特有的线粒体数目和特性,其数目可多达数百到数千。形状有球形、线状、圆筒形等,也有的不规则。它的平均长度为 1 ~ 2 μm,宽 0.1 ~ 0.5 μm。

线粒体的基本结构如图 21-2 所示。它含有两层膜,中间有膜间隙。外膜平滑稍有弹性。外膜有由一类孔蛋白(porins)家族构成的孔道,分子质量小于 4 000 或 5 000 的物质,包括离子都能自由通过。内膜是细胞溶胶和线粒体基质之间的主要屏障。内膜有许多向线粒体内部折叠的嵴(cristae)。嵴的数目和结构随细胞的类型各不相同。嵴的存在大大增加了内膜的面积,扩大了线粒体产生 ATP 的场所。嵴和嵴之间构成分隔的区室(compartment)。区室中有胶状的基质(matrix)。内膜的向内表面有一层排列规则的球形颗粒(图 21-2B),球和嵴之间以柄相连。这种颗粒称为内膜球体;包含有电子传递链的成员和 ATP 合酶,在 ATP 合成中起重要作用。此外还含有许多富含蛋白质的跨膜颗粒。有些颗粒是物质的跨膜运送者。内膜无论对小分子或是离子包括质子都不能通透,这使形成供 ATP 合成所需的跨膜质子动力成为可能。

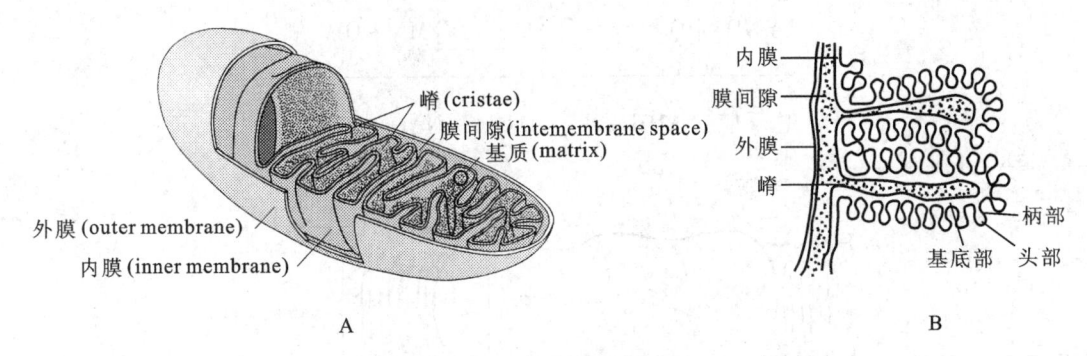

图 21-2　线粒体内膜的位置及结构
A. 线粒体的结构表明其内膜有许多向内折叠的嵴(cristae)。嵴和嵴之间构成分隔的区室,区室中为胶状的基质;
B. 线粒体内膜嵴的内表面显示的 ATP 合酶球体和与内膜相连的柄

从前面的章节中可以看到,葡萄糖氧化释放出的 12 对电子都是由 NAD^+ 和 FAD 接受,使它们相继还原为 10 个 NADH 和 2 个 $FADH_2$。由 NADH 和 $FADH_2$ 携带的电子正是通过电子传递链传至分子氧,最后使氢离子与氧结合形成水。这条形象的电子传递链又称为呼吸链(respiratory chain)。它大致包括 4 个蛋白质组分。分别称为①NADH-Q 还原酶(NADH-Q reductase),又称 NADH 脱氢酶,简称复合体Ⅰ(complex Ⅰ),②琥珀酸-Q 还原酶(succinate-Q reductase) 又称琥珀酸脱氢酶,简称复合体Ⅱ(complex Ⅱ),③细胞色素还原酶(cytochrome reductase) 又称泛醌:细胞色素 c 氧化还原酶,简称复合体Ⅲ(complex Ⅲ),④细胞色素氧化酶(cytochrome oxidase),简称复合体Ⅳ(complex Ⅳ)。这些超分子的复合体可以用物理方法分离;用去污剂温和地处理线粒体内膜可分离出 4 个独立的电子传递复合体,每个复合体都可催化电子传递链某一个部位的电子转移。4 种复合体的蛋白质组分如表 21-2 所示。

表 21-2　线粒体电子传递链的蛋白质组分

酶复合体	相对分子质量	亚基数目	辅基
Ⅰ. NADH-Q 还原酶(NADH 脱氢酶)	850 000	42(14)	FMN,Fe-S
Ⅱ. 琥珀酸-Q 还原酶(琥珀酸脱氢酶)	140 000	5	FAD,Fe-S
Ⅲ. 细胞色素还原酶(泛醌:细胞色素 c 氧化还原酶)	250 000	11	血红素,Fe-S
细胞色素 c	13 000	1	血红素
Ⅳ. 细胞色素氧化酶	160 000	13(3-4)	血红素 Cu_A,Cu_B

2. 电子传递链的各个成员——电子载体及其功能

(1) 复合体 I (complex I) 又称 NADH - Q 还原酶 (NADH - Q reductase,全称为 NADH:ubiquinone oxidoreductase) 由 42 个不同的多肽链构成,包含有一个有 FMN 辅基的黄素蛋白,还至少有 6 个铁硫中心 (iron - sulfur center) 或称铁硫簇 (iron - sulfur cluster) 用 [Fe-S] 表示。高分辨率的电子显微术表明复合体 I 呈 L 形,其中一个臂位于线粒体内膜上,另一个臂伸向线粒体基质,如图 21-3 所示。复合体 I 的功能是同时催化两个紧密相联的过程 (图 21-3)。第 1 个是通过 FMN 将基质中 NADH 上的氢负离子 (:H⁻) 和一个质子转移给辅酶 Q,反应如下:

$$NADH + H^+ + FMN \longrightarrow NAD^+ + FMNH_2$$
$$FMNH_2 + Q \longrightarrow FMN + QH_2$$

$$\text{总反应}: NADH + H^+ + Q \longrightarrow NAD^+ + QH_2 \tag{12}$$

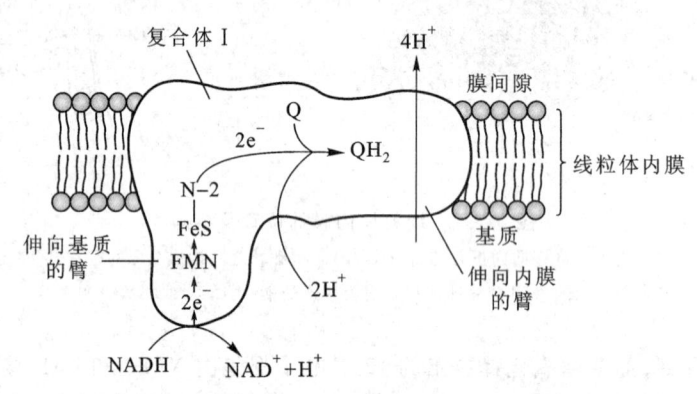

图 21-3 L 形 NADH-Q 还原酶(复合体 I)示意图

该还原酶催化一个氢负离子由 NADH 到 FMN 的传递,有 2 个电子从 NADH 通过一系列铁硫中心传递到位于基质中的称为 N-2 蛋白的铁硫中心,再由 N-2 蛋白将电子转移到位于内膜的泛醌上,形成 QH₂,它还从基质逐出 4 个质子(每对电子),这种质子流形成跨线粒体内膜的电化学电势,驱动 ATP 的合成

第 2 个是从基质中转移 4 个质子到线粒体内外膜的间隙。第 1 个过程是放能过程,第 2 个过程是需能过程。因此由电子传递产生的能量定向地驱动质子转移,形成质子泵。电子传递链中共有 3 个质子泵,这是第一个。复合体 I 催化的全过程可用下式表示:

$$NADH + 5H_{内}^+ + Q \longrightarrow NAD^+ + QH_2 + 4H_{外}^+ \tag{13}$$

式中 H^+ 右下角的"内"代表线粒体基质侧,或用 N(negative side) 表示,即 H_N^+ 电负极侧;"外"代表线粒体内膜外,或用 P(positive side) 表示即 H_P^+,内外膜间隙的电正极侧。

形成的还原型 QH₂ 在线粒体内膜中从复合体 I 扩散到复合体 III,QH₂ 将电子传递给复合体 III 后,本身又被氧化。此处的电子转移也包括有 H⁺ 向膜外的转移。关于辅酶 Q 接受和给出电子的情况请参看第 12 章维生素和辅酶的有关部分。

安密妥 (amytal)、鱼藤酮 (rotenone)、杀粉蝶菌素 (piericidin) 都抑制电子从复合体 I 的铁硫中心到 Q 的传递,从而抑制氧化磷酸化作用的进行。

安密妥、鱼藤酮和杀粉蝶菌素的结构:

鱼藤酮
(rotenone)

杀粉蝶菌素
(piericidin)

安密妥
(amytal)

(2) 复合体Ⅱ(琥珀酸-Q还原酶) 它是嵌在线粒体内膜的酶蛋白。完整的酶还包括柠檬酸循环中使琥珀酸氧化为延胡索酸的琥珀酸脱氢酶。该复合体具有5个包括两种类型的辅基和4种不同的蛋白质亚基分别称为A、B、C、D。是膜整合蛋白,每个亚基都有3个跨膜螺旋,而且都含有血红素和一个与泛醌相结合的位点,泛醌是复合体Ⅱ最后的电子受体 A、B亚基伸入基质,它们都含有3个2Fe-2S中心,共价结合的FAD和与琥珀酸结合的位点。复合体Ⅱ的功能是将电子从琥珀酸传递到FAD,再通过铁硫中心和细胞色素b_{560}传递给泛醌(Q)。电子从琥珀酸传递到Q所释放的自由能不足以驱动ATP的合成。但它起到使较高电势的电子绕过复合体Ⅰ进入电子传递链的作用。

从上述复合体Ⅰ和复合体Ⅱ的作用可以看出,它们的作用和名称顺序并不相符,它们之间并没有前、后关系,实际上它们起的是相同的作用,都是将电子传递到Q,只是电子的来源不同。复合体Ⅰ接受由NADH传来的电子,复合体Ⅱ接受由琥珀酸传来的电子。

(3) 复合体Ⅲ(名称较多,又称辅酶Q-细胞色素c氧化还原酶、细胞色素bc_1复合体等)。它的功能是将基质中的电子定向地从还原型Q传递到膜间隙的细胞色素c,同时将质子定向地从基质转移到膜间隙。它是一个非常大的蛋白质,具有两个相同单体的二聚体。每个单体的相对分子质量为248 000,各拥有11个不同的亚基。每个单体有13个跨膜螺旋结构。其中8个螺旋属于两个细胞色素b亚基。每个单体含有一个功能核心包括3种亚基:两个b型细胞色素(cytochrome b_{562},简写 cyt b_{562}又称b_H,意思是高电势,和 cyt b_{566}又称b_L,意思是低电势),一个细胞色素c_1和一个Rieske铁硫蛋白([2Fe-2S]中心),单体的结构示意见图21-4。Rieske铁-硫蛋白和细胞色素c_1在结构上都伸出到膜间隙,都能与膜间隙的细胞色素c相互作用。复合体Ⅲ伸向线粒体基质的部分有两个可以和辅酶Q结合的位点,分别称为$Q_内$(Q_N)和$Q_外$(Q_P)位点。$Q_内$位点距离线粒体基质较近(线粒体基质侧简称内侧用"内"表示)。$Q_外$位点距离膜间隙较近(膜间隙侧简称外侧,用"外"表示)。它们受不同电子传递抑制剂的抑制。抗霉素A(antimycin A)与$Q_内$位点结合抑制电子从血红素b_H到Q的传递;黏噻唑菌醇(myxothiazol)与$Q_外$位点结合抑制电子从QH_2到Rieske铁硫蛋白的传递。二聚体的结构对于复合体Ⅲ的功能是必需的。因为在两个单体的结合部位形成两个小区,每个小区的一个单体含有$Q_外$位点,另一个单体含有$Q_内$位点。辅酶Q的氧化还原就在这两个小区中进行。

复合体Ⅲ以Q循环方式传递电子(图21-4)。它使QH_2上的两个电子分为两路传递,一个电子通过细胞色素c_1,另一个电子通过细胞色素b分别还原两个细胞色素c分子,Q本身则被氧化,Q循环的总反应式如下:

$$QH_2 + 2cyt\ c_1(氧化型) + 2H^+_内 \longrightarrow Q + 2cyt\ c_1(还原型) + 4H^+_外 \tag{14}$$

Q循环使电子在两个电子载体和一个电子载体之间传递。它使每对电子从复合体Ⅲ传递到cyt c(cyt c不是复合体Ⅲ的成员)时能有4个质子从线粒体基质跨膜泵入膜间隙(质子泵)。

(4) 细胞色素c 相对分子质量为13 000,球形,由104个氨基酸构成,为单一的多肽链,是唯一能溶于水的细胞色素,也是唯一处于线粒体膜间隙的细胞色素。它的作用是接受由复合体Ⅲ传来的电子沿着线粒体内膜外

$$QH_2+cyt\ c_1(氧化型) \longrightarrow Q^-+2H_P^++cyt\ c_1(还原型)$$

$$QH_2+Q^-+2H_N^++cyt\ c_1(氧化型) \longrightarrow QH_2+2H_P^++Q+cyt\ c_1(还原型)$$

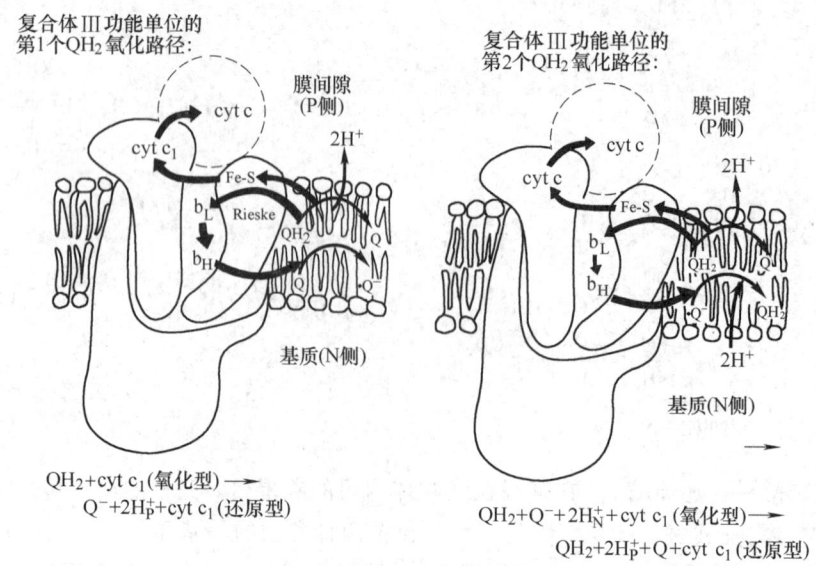

$$总反应式: QH_2+2cyt\ c_1(氧化型)+2H_N^+ \longrightarrow Q+3cyt\ c1(还原型)+4H_P^+$$

图 21-4 复合体Ⅲ单体的粗略结构及电子传递途径的 Q 循环

粗箭头表示电子通过复合体Ⅲ的途径,在细胞间隙侧(P侧),靠近 P 侧的 2 分子 QH_2 被氧化为 Q,每分子 Q 释出 2 个 H^+,总共释出 4 个 H^+ 进入膜间隙,每分子 QH_2 通过 Rieske Fe-S 中心提供 1 个电子给 cyt c_1,同时通过 cyt b 提供 1 个电子给靠近 N 侧的 Q,使它通过两步还原为 QH_2,每个 Q 在还原时还从基质中用去 2 个质子(H^+)

表面移动,将电子传递给复合体Ⅳ。

(5)复合体Ⅳ(又称细胞色素 c 氧化酶,细胞色素氧化酶)它的功能是将电子从细胞色素 c 传递到 O_2。它是嵌在线粒体内膜的跨膜蛋白,在哺乳类其相对分子质量 204,000,由 13 个亚基构成,而细菌则只有 3～4 个亚基。由此启示,在多个亚基中可能只有 3 个亚基在电子传递和转移质子(质子泵)中起关键作用。该酶共有 4 个氧化还原活性中心,都集中在亚基Ⅰ和亚基Ⅱ上。它们是细胞色素 a,细胞色素 a_3,一个铜原子(称为 Cu_B 中心),还有另外两个铜原子(称为 Cu_A 中心);此外还有 Mg^{2+} 和 Zn^{2+} 离子。Cu_A 中心结合在亚基Ⅱ上,其他三个中心都结合在亚基Ⅰ上。Mg^{2+} 可能在电子传递或稳定氧化还原中心的排列中起一定作用,Zn^{2+} 可能在维持一定结构上起一定作用。

电子在复合体Ⅳ的传递途径从细胞色素 c 开始,两个还原型细胞色素 c 的每个分子将其携带的一个电子都传递给 Cu_A 中心。通过 Cu_A 中心再传递到血红素 a(细胞色素 a),再进而传递到细胞色素 a_3 和 Cu_B 的 Fe-Cu 中心。这时 O_2 已经结合到血红素 a_3 上,于是被还原为 O_2^{2-},再接受由细胞色素 c 传来的另外两个电子,使 O_2^{2-} 利用由基质侧转来的 4 个质子,与之结合生成 2 分子水。在此氧化还原反应中产生的能量将 1 个质子由线粒体基质泵出到膜间隙(参看图 21-5)。由复合体Ⅳ催化的全部反应可用下式表示:

$$4cyt\ c_{(还原型)}+8H_内^++O_2 \longrightarrow 4cyt\ c_{(氧化型)}+4H_外^++2H_2O \quad (15)$$

O_2 被 4 个电子还原的反应是由每次只携带 1 个电子的氧化还原反应中心执行的。在此过程中不应产生未完全还原的中间体例如 H_2O_2 或

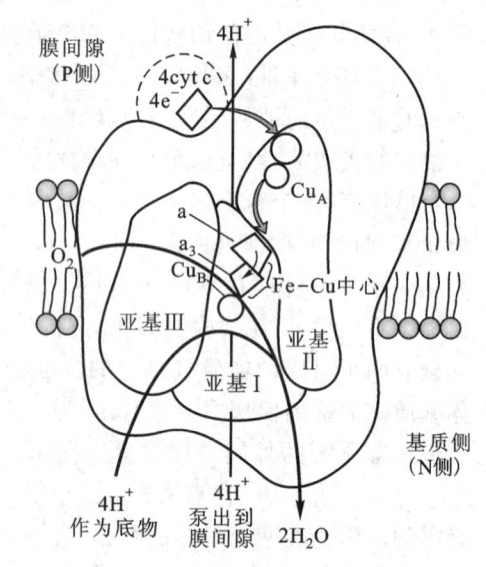

图 21-5 复合体Ⅳ的电子传递途径

电子通过复合体Ⅳ的传递从还原型 cyt c 开始,每分子 cyt c 提供 1 个电子给 Cu_A 两个核心,由此再传递给血红素 a,再通过细胞色素 a_3 和 Cu_B 的铁-铜中心;氧此时结合到血红素 a_3 上,并被还原为 O_2^{2-},它接收的是 Fe-Cu 中心传来的电子,细胞色素 c 再传递 2 个电子,共有 4 个电子将 O_2^{2-} 转变为 $2H_2O$,与此同时利用了基质侧的 4 个 H^+,并从基质将 4 个 H^+ 泵出到线粒体膜间隙

羟自由基（OH·）等氧反应性极强，对细胞极其有害的物质，因此在生成水分子之前，中间物与复合体结合得非常紧密。

（四）氧化磷酸化作用的机制

电子沿上述传递链传递到 O_2 是一个高度放能过程，产生的能量，主要用于转移质子，即将质子从线粒体基质泵出到膜间隙。每一对电子从 NADH 传递到 O_2 的过程中，有 4 个质子由复合体 I 泵出，4 个质子由复合体 III 泵出，2 个质子从复合体 IV 泵出，总共为 10 个质子，上述过程的总方程式可表示如下：

$$NADH + 11H^+_{内} + \frac{1}{2}O_2 \longrightarrow NAD^+ + 10H^+_{外} + H_2O \tag{16}$$

从表 21-1 可查出氧化还原电对 $NAD^+/NADH$ 的 $E'^{\ominus} = -0.320V$，O_2/H_2O 的 $E'^{\ominus} = 0.816V$。上述反应（公式 16）的 $\Delta E'^{\ominus} = -1.14V$。由此计算出 NADH 的 $\Delta G'^{\ominus} = -nF\Delta E'^{\ominus}$（公式 10）$= -2(96.5kJ/V \cdot mol)(1.14V) = -220kJ/mol$。在生活的线粒体中许多脱氧酶保持的 [NADH]/[NAD] 远远不是标准状态，因此其自由能变化比 $-220kJ/mol$ 值更负。

同理得到的琥珀酸氧化为延胡索酸的自由能变化也负于其标准自由能变化（$\Delta G'^{\ominus} = -150kJ/mol$）。

线粒体内膜的隔离使质子浓度在膜内、外形成梯度。结果造成跨膜 pH 的梯度和电荷分布的梯度。电子传递产生的能量暂时保存在质子梯度和电荷梯度中，贮存在梯度中的能量称为质子动力或质子动势（proton-motive force）。由质子泵引起的电化学梯度的自由能变化可用以下公式表示：

$$\Delta G = RT\ln(c_2/c_1) + ZF\Delta\Psi \tag{17}$$

式中 c_2/c_1 为移动离子的浓度比。Z 为离子电荷的绝对值（质子的绝对值为 1），$\Delta\Psi$ 为跨膜电势差，用伏（特）V 表示。在 25℃ 时移动的质子浓度比的自然对数如下：

$$\ln(c_2/c_1) = 2.3(\lg[H^+]_{外} - \lg[H^+]_{内}) = 2.3(pH_{内} - pH_{外}) = 2.3\Delta pH$$

将 $\ln(c_2/c_1) = 2.3\Delta pH$ 代入公式（17）得到下式：

$$\Delta G = 2.3RT\Delta pH + F\Delta\Psi \tag{18}$$
$$= (5.70kJ/mol)\Delta pH + (96.5kJ/V \cdot mol)\Delta\Psi \tag{19}$$

在呼吸作用活跃的线粒体中 $\Delta\Psi$ 的测定值为 $0.15 \sim 0.2V$，线粒体基质中的 pH 大约比膜间隙偏碱 0.75 单位。由此计算出的质子泵出内膜的自由能变化大约为 $+20kJ/mol$，所需能量主要是由电化学电势提供的。电子从 NADH 传递到 O_2 所释放的 220kJ 自由能约有 200 kJ 被蕴藏在质子和电子梯度中。此能量就用于由 ADP 和 Pi 合成 ATP。这种能量的保存和通过 ATP 酶对此能量的利用称为能量偶联（energy coupling）或能量转换（energy transduction）。

ATP 的合成机制

ATP 的合成机制最有说服力的是 1961 年由 Peter Mitchell 提出的化学渗透原理（chemiosmotic theory），他提出电子传递的自由能贮存在由质子泵建立起的跨线粒体内膜电化学 H^+ 梯度中。此梯度的电化学势被用来合成 ATP。ATP 的合成可用以下公式表示：

$$ADP + Pi + nH^+_{外} \longrightarrow ATP + H_2O + nH^+_{内} \tag{20}$$

催化此反应的酶称为 ATP 合酶（ATP synthase）又称复合体 V、质子泵 ATP 合酶（proton-pumping ATP synthase）、F_1F_o-ATP 酶（F_1F_o-ATPase，F_o 中的"o"来自 oligomycin-sensitive 的词头，F_1 意思是第 1 个被鉴定出的氧化磷酸化的必需因子）。线粒体 ATP 合酶的结构模式如图 21-6 所示。

该酶由两个不同的组分构成：F_1 和 F_o。F_1 为可溶性外周膜蛋白，F_o 为一部分嵌在膜内的蛋白质。F_1 为球状由 5 种不同的多肽链组成（$\alpha_3\beta_3\gamma\delta\epsilon$），$F_o$ 有许多 c 亚基，1 个 a 和 2 个 b 亚基，还有一个由 γ 亚基构成的质子通道。

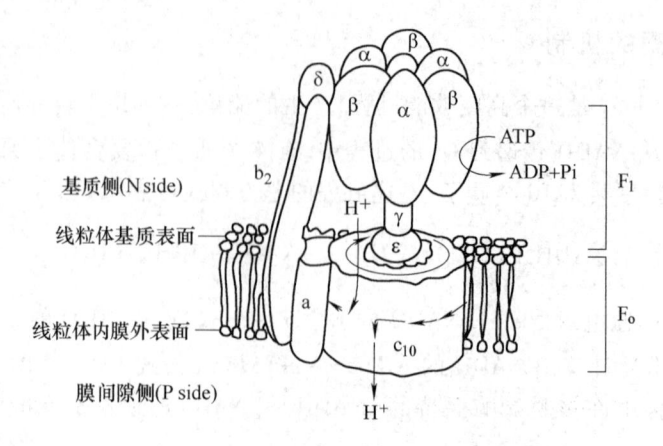

图 21-6 ATP 合酶示意图

ATP 合酶有一个外围结构域称为 F_1。它含有 3 个 α 亚基，3 个 β 亚基，1 个 δ 亚基，还有一个中心轴（即 γ 亚基），完整的 ATP 合酶的 F_o 有 10-12 个 c 亚基，1 个 a 亚基和 2 个 b 亚基，F_o 提供一个跨膜通道，当 F_1 的 β 亚基水解 ATP 分子时，即有 4 个质子被泵出。这一机制中包括 F_o 随 F_1 旋转。这种 ATP 合酶主要起储存能量的作用，称为 F 型 ATP 合酶（F-type ATPases）。此外还有 P 型 ATP 合酶（P-type ATPases）主要负责阳离子的跨膜转移。V 型 ATP 合酶（V-type ATPases）起细胞区室酸化的作用

研究 F_o 和 F_1 在合成 ATP 中的作用曾用超声波制备的亚线粒体泡结构作为模型（图 21-7），该结构的特点是使原来朝向内膜内侧的结构翻转朝外，由内膜重新封闭成亚线粒体泡。它仍保有氧化磷酸化的功能。如果用尿素或胰蛋白酶使 F_1 球体从囊泡上脱落，失掉 F_1 球体的囊泡仍保有完整的呼吸链和 ATP 合酶的 F_o 部分；但是它只能催化电子从 NADH 到 O_2 的传递却不能产生质子流。因为后有一个质子孔道，通过此孔道质子一旦被电子传递泵出就立即漏掉。这种缺乏质子梯度的没有 F_1 参加的囊泡不可能合成 ATP。若将 F_1 球体再加回到囊泡上，F_o 上的质子孔道被堵住，此囊泡又恢复执行氧化磷酸化作用。

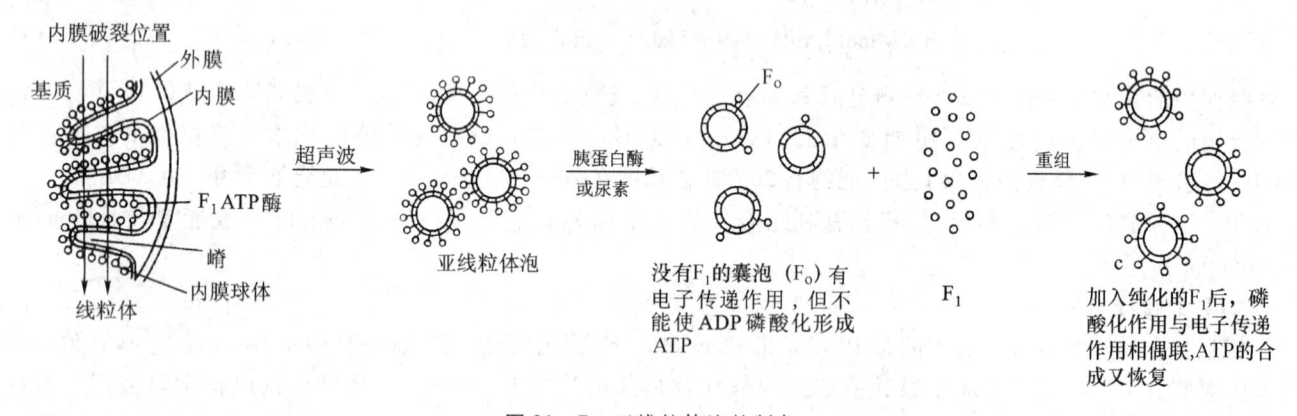

图 21-7 亚线粒体泡的制备

对质子流在 ATP 合成作用中的进一步探讨

用同位素交换实验表明，ATP 合酶在没有质子动力的情况下，很容易地由 ADP 和 Pi 合成 ATP。而且此反应极易逆行。ATP 合成的自由能变化几乎为零。后者牢固地结合在 ATP 合酶的 F_1 催化部位。如果没有质子流通过 ATP 合酶的 F_o，由 F_1 合成的 ATP 就不能离开催化部位。Paul Boyer 提出，质子梯度的作用并不是合成 ATP，而是使 ATP 从酶分子上解脱下来。他提出旋转催化机制（rotational catalytic mechanism）如图 21-8 所示。

图 21-8 表明，F_1 的 3 个 β 亚基上的活性部位，轮流催化 ATP 的合成。从任一个 β 亚基的 β-ADP 构象开始，结合上 ADP + Pi。随后转变为与 ATP 紧密结合的 β-ATP 构象，在此 ATP 和 ADP + Pi 处于平衡状态，然后亚基又转变为 β-空构象，因与 ATP 的结合能力极低而使 ATP 脱离酶体。当此亚基又转变为 β-ADP 构象而结合上 ADP + Pi，即是另一轮催化活动的开始。

亚基构象的变化是这一机制的关键。这种变化是由质子通过 ATP 合酶驱动的。质子流通过 F_o 的孔道，引起 c 亚基的圆筒和附在上面的 γ 亚基沿 γ 亚基的长轴旋转。长轴与膜的平面垂直。γ 亚基穿过球状的 3 对 αβ 亚基的中心。借助 b_2 和 δ 亚基的作用，使它在相关的膜表面停留。每旋转 120°，γ 亚基就更换一次 β 亚基，这种接触力使 β-ATP 亚基转变为 β-空而使 ATP 释出。3 个 β 亚基相互影响，当 1 个 β-空亚基形成时，其邻位的一侧必须是 β-ADP 构象，另一侧必须是 β-ATP 构象。因此 γ 亚基每完成一周旋转就使 β 亚基完成其 3 种不同构象的转变，而且有 3 个 ATP 分子被合成并释出酶分子。结合变化机制的实现，要求 γ 亚基只沿一个方向旋转。当 ATP 被水解时，γ 亚基则朝相反的方向旋转。实验证明在此机制中，由化学能转变为动力的能效几乎为 100%。

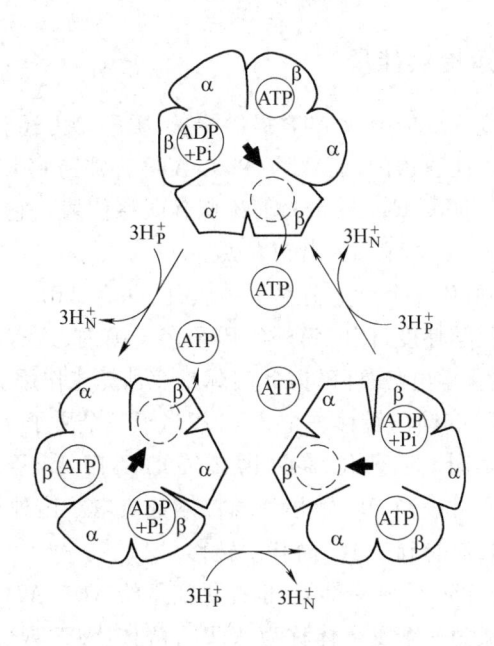

图 21-8　ATP 合酶在合成 ATP 过程中的旋转催化机制模型

图中示出 F_1 的 3 个 β 亚基各有 1 个结合部位。其中 1 个结合部位与 ATP 紧密结合称为 β-ATP 构象。第 2 个亚基与 ADP + Pi 疏松地结合称为 β-ADP 构象第 3 个亚基与 ATP 结合力极低，称为 β-空（β-empty）构象。质子动力驱动由 γ 亚基构成的中心轴转动（图中用箭头表示），连续地与每个 αβ 亚基对相接触如此产生了一种协同的构象变化，使 β-ATP 构象转变为 β-空构象而释出 ATP。β-ADP 构象转变为 β-ATP 构象，它引起 ADP + Pi 结合形成 ATP。β-空构象转变为 β-ADP + Pi 构象而与 ADP + Pi 疏松结合。实验证明，ATP 从 β-空释出和 β-ADP + Pi 从溶液中结合到 β-ADP 位点必须同时进行

（五）氧化磷酸化的解偶联

电子传递和氧化磷酸化一般是紧密结合的。在有些情况下二者可以解偶联。例如 2,4-二硝基苯酚（2,4-dinitrophenol, DPN）能使电子传递和 ATP 合成解偶联。DNP 在酸性环境呈不解离形式（图 21-9）为脂溶性，能透过脂膜，同时将一个质子带入基质，它改变膜对质子的通透性，破坏质子梯度的形成，从而抑制 ATP 的合成，但不抑制电子的传递。这类试剂称为解偶联试剂又称质子载体试剂。

内源解偶联作用使机体产生热

自然界适应冷环境的动物、冬眠动物以及新生幼小动物包括人类，利用氧化磷酸化解偶联的方式产生大量

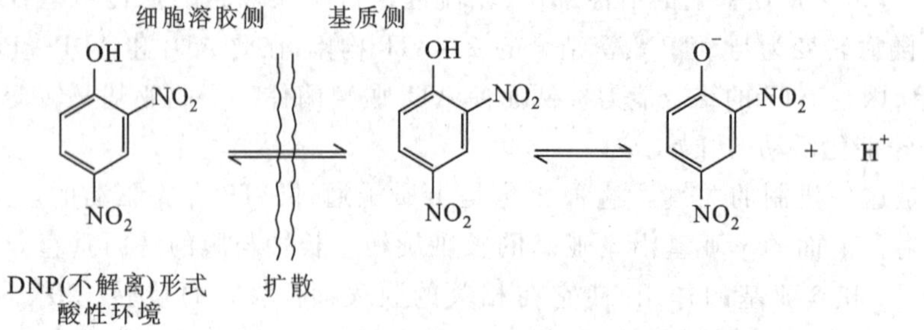

图 21-9 2,4-二硝基苯酚作为解偶联试剂的作用原理

热。它们的脂肪组织中有一种褐色脂肪组织含有产热素(thermogenin)又称解偶联蛋白(uncoupling protein),能构建一种被动质子通道,使质子流从内膜外流向基质而不经过 F_oF_1 复合体的 F_o 通道而是又回到基质,结果产生热而不形成 ATP。

(六)质子动力为主动转运提供能量

虽然线粒质内产生的质子梯度主要为合成 ATP 提供能量,质子动力还驱动对氧化磷酸化必需的若干转运过程。线粒体内膜一般对电解质是不能通透的,而 ADP、Pi 和 ATP 都需跨膜运转,起跨膜转运作用的是一种酶称为腺嘌呤核苷酸移位酶(adenine nucleotide translocase)简称腺苷酸移位酶。它嵌在内膜中,结合内膜间隙的 ADP^{3-} 将其转运到基质,同时将基质中的一个 ATP^{4-} 运出到内膜外。

由于移位酶的作用,将 ATP^{4-} 所荷 4 个负电荷移至内膜外,并将 ADP^{3-} 所荷 3 个负电荷移至膜内,也就是向膜外多运出一个负电荷。由于电化学梯度,使内膜外的质子多于膜内,这有利于 ATP^{4-} 外移,也有利于 ADP^{3-} 内移。由于移位酶的往复作用,使电化学电势下降,因此实际是一种耗能作用。它需要由更多的电子通过电子传递链进行弥补。每向外转移一个 ATP 和向内转移一个 ADP 相当于一个质子从细胞溶胶侧转移到线粒体基质侧。

除上述 ATP^{4-}、ADP^{3-} 需转运外,对氧化磷酸化必需的还有无机磷酸(Pi)。磷酸移位酶(phosphate translocase)专一地催化一个 $H_2PO_4^-$ 和一个 H^+ 转移到线粒体基质内。这种转移不引起电荷差异,但由于质子浓度在基质较低,基质内电负性较强,而有利于 H^+ 向基质转移。

由以上可见,质子动力不仅给 ATP 合成提供能,也提供能量给 ADP、ATP 及 Pi 的转运,ATP 合酶、腺苷酸移位酶和磷酸移位酶紧密结合在一起成为一个复合体称为 ATP 合酶体(ATP synthasome)。

(七)电子传递和氧化磷酸化中的 P/O 比

P/O 比的含意是在氧化磷酸化过程中每 2 个电子通过电子传递链传递给氧($1/2O_2$)所产生的 ATP 的分子数。因这一数值在测定中的复杂性,很难得到确切的数值。过去的假设认为 P/O 比应该是一个整数,对 NADH 为 3,对琥珀酸为 2。根据化学渗透模型的推论,电子传递和 ATP 的偶联并不要求 P/O 比为整数。当前比较一致的见解是,每个 NADH 分子的电子对,通过传递,能将 10 个质子泵出线粒体内膜,而琥珀酸则为 6 个质子,每驱动合成一分子 ATP 需要 4 个质子,其中一个质子用于 ATP 和 ADP 的跨膜转移。根据这一情况,以质子为基础的 P/O 比,以 NADH 作为电子供体,应为 2.5;以琥珀酸为电子供体的 P/O 比应为 1.5。

(八)细胞溶胶内 NADH 的再氧化

细胞溶胶内的 NADH 不能透过线粒体内膜进入线粒体。有两种穿梭途径解决这一问题:

1. 甘油-3-磷酸穿梭途径

在肌肉和脑,由糖酵解产生的 NADH,利用甘油-3-磷酸作为 NADH 所荷的电子载体。全部过程是:在细胞溶胶中,由甘油-3-磷酸脱氢酶(glycerol-3-phosphate dehydrogenase)催化,将 NADH 的电子转移到二羟丙酮磷酸,形成甘油-3-磷酸。在线粒体内膜外侧面,结合着一种甘油-3-磷酸脱氢酶的同工酶,通过此同工酶将内膜间隙中甘油-3-磷酸的一对电子转移给CoQ,再到复合体Ⅲ。甘油-3-磷酸则又转变为二羟丙酮磷酸,形成穿梭现象。所谓甘油-3-磷酸的穿梭途径实际只是还原当量的跨膜转移,该途径本身并不是一个跨膜系统。

2. 苹果酸-天冬氨酸穿梭途径

肝、肾和心脏线粒体最活跃的 NADH 穿梭是苹果酸-天冬氨酸穿梭途径。细胞溶胶中 NADH 的电子在苹果酸脱氢酶催化下先转移到草酰乙酸上形成苹果酸。后者通过苹果酸-α-酮戊二酸转运蛋白跨过线粒体内膜。在基质内,苹果酸上的电子又通过基质中的苹果酸脱氢酶传递给 NAD^+,使它还原为 NADH,苹果酸则又转变为草酰乙酸。基质内草酰乙酸需经转氨基作用转变为天冬氨酸,通过谷氨酸-天冬氨酸转运蛋白才能转移到溶胶侧,再经转氨基作用又形成草酰乙酸。苹果酸-天冬氨酸穿梭是可逆的循环途径,因此只有当细胞溶胶中的 $NADH/NAD^+$ 比值高于基质中的比值时,穿梭才会发生。

(九) 氧化磷酸化作用的调节

氧化磷酸化作用的调节涉及有机整体的代谢是非常复杂的。这一节只就氧化呼吸链本身的相互关系作如下探讨。

在电子传递链终端的细胞色素 c 氧化酶催化的是不可逆反应,尽管在呼吸链从 NADH 到细胞色素 c 的全部都是接近于平衡的反应,由于不可逆催化的存在,使这一位点成为可能的调节位点(potential control site)。细胞色素 c 氧化酶的活性只接受还原型细胞色素 c 浓度的调节。还原型细胞色素 c 的浓度又和线粒体内氧化磷酸化系统的 $[NADH]/[NAD^+]$ 和 $[ATP]/[ADP][Pi]$ 比值密切相关。$[ATP]/[ADP][Pi]$ 比值又称为 ATP 质量作用比(ATP mass action ratio)。当 $[NADH]/[NAD^+]$ 比值高时以及 ATP 质量作用比值低时,还原型细胞色素 c 的浓度就高,这时细胞色素 c 氧化酶的活性也随之增高,氧化呼吸链的进行速度也加快。

从另一角度可以说氧化磷酸化的速度一般受 ADP 供应的限制。ADP 作为 Pi 的受体对氧化呼吸链的控制作用称为受体控制(acceptor control)。如果 ADP 的浓度升高,则氧化磷酸化的速度加快。因此 ADP 在细胞内的浓度是细胞能量状况的一种量度;另一种量度就是上面提到的 ATP-ADP 系统的质量作用比,当机体活动需要能量时 ATP 降解为 ADP+Pi 速度增加,质量作用比降低,ADP 对氧化呼吸链的供能增加,氧化呼吸链的氧化磷酸化速度升高。ATP 浓度不断升高直至质量比又回到一般水平。氧化磷酸化则又减慢。

$[ATP]/[ADP][Pi]$ 比在系数组织中的波动是非常小的。虽然机体对能量的需要在不断地变化。可以说氧化磷酸化的调节机制是非常敏感而迅速的。

二、光合磷酸化作用(photophosphorylation)

(一) 光合作用(photosynthesis)

光合磷酸化是光合作用许多步骤中的一个重要步骤,是本节的中心内容。为理解光合磷酸化必须全面扼要地了解光合作用。

光合作用可概括地划分为两个阶段:光反应(light reaction)即由光驱动的一系列反应,碳同化反应(carbon-assimilation reaction)或碳固定(carbon fixation)反应阶段,是不需要光的,将 CO_2 固定为糖的一系列反应有时错称为暗反应。光合作用的总反应式为:

$$CO_2 + H_2O \xrightarrow{\text{光}} (CH_2O)_{\text{糖类}} + O_2 \tag{21}$$

在光合作用中,作为还原剂的是 H_2O,水的氧化是由太阳能驱动的。水氧化脱下的电子通过电子传递系统进行传递,和在动物细胞线粒体内的电子传递链非常相似。

光反应的主要作用是将太阳能转化为能够贮存的化学能,即形成 ATP 和 NADPH。碳同化反应是利用形成的 ATP 和 NADPH 将 CO_2 还原变为糖类。这一反应和光反应是同时进行的,只是不需要光,但只有在光照条件下两个反应系列才能迅速进行。可将以上两个反应写成两个方程式:

$$H_2O + ADP + Pi + NADP^+ \xrightarrow{光} O_2 + ATP + NADPH + H^+ \quad (22)$$

$$CO_2 + ATP + NADPH + H^+ \longrightarrow (CH_2O) + ADP + Pi + NADP^+ \quad (23)$$

总反应:

$$CO_2 + H_2O \xrightarrow{光} (CH_2O) + O_2$$

光合作用进行的场所,真核细胞是在叶绿体中。下面对叶绿体作一简单介绍。

(二) 叶绿体的结构

叶绿体(chloroplast)由三种膜构成即外膜、内膜和类囊体膜(thylakoid membrane)。外膜与线粒体外膜相似,能透过小分子的代谢物,内膜通过酶的作用主动调节代谢物的进出。内膜向叶绿体内折叠将叶绿体内部分隔成许多区室,其内又有许多由另一种膜围成的扁平状囊袋结构称为类囊体小泡(thylakoid vesicles)。许多扁平小泡垛在一起构成基粒(granum)。一个基粒约含有 5~30 个类囊体小泡;一个叶绿体约含有 40~60 个基粒。围成类囊体小泡的膜称为类囊体膜(通常称为类囊体片层,lamellae)。嵌在类囊体膜上的有光合色素以及进行光反应和合成 ATP 的酶复合体。由叶绿体内膜界定的液体称为基质(stroma),在其中有 CO_2 同化反应所需的大部分酶类。叶绿体的结构如图 21-10 所示。

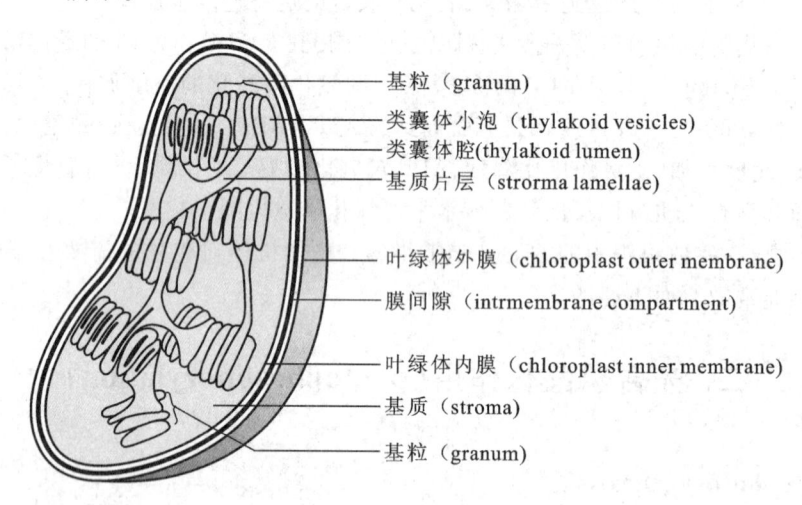

图 21-10 叶绿体的结构示意图

(三) 叶绿体中捕获光的叶绿素和其他色素

类囊体膜含有许多与蛋白质结合的色素。它们中间有一些组成光系统,也就是捕获光的功能单位。

1. 捕光色素

植物和藻类主要的捕光色素是叶绿素(chlorophyll),它是深绿色光合色素的总称。从结构的差异可区分为叶绿素 a、b、c、d、e,其中最主要的是 a。叶绿素的结构和血红素非常相似,都是原卟啉Ⅸ的衍生物,是与金属离子鳌合的四吡咯化合物。主要区别在于叶绿素的四吡咯环中间是镁而不是铁。叶绿素有一个疏水的叶绿醇(phytol)侧链。叶绿素 a 的结构如图 21-11 所示。

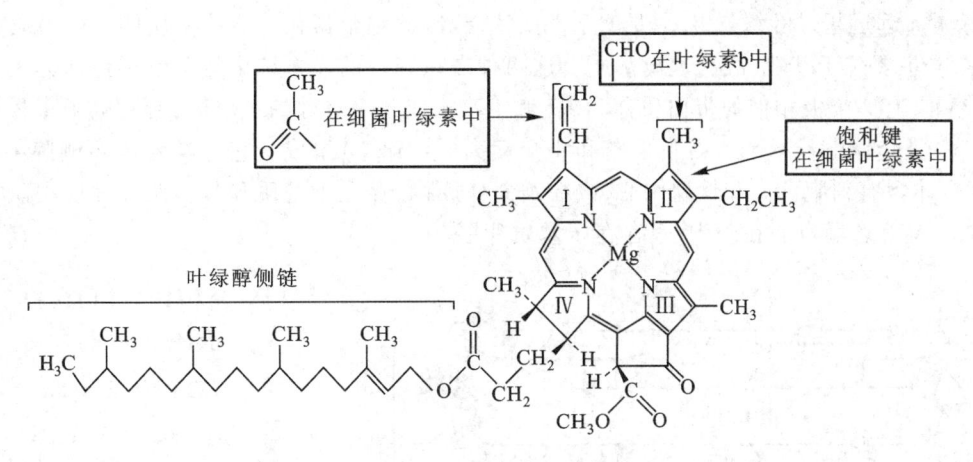

图 21-11 叶绿素 a 的结构

叶绿素分子与类囊体膜蛋白以非共价键结合，借助其疏水的叶绿醇侧链锚定在膜内。它的四吡咯环是一个单双键交替的环状多烯共轭系统。这一系统构成在可见光区能吸收光的网络。高等植物的叶绿体同时含有叶绿素 a 和 b，它们的吸收光谱在紫-蓝区域最大吸收波长为 400~500 nm，在橙-红区域最大吸收波长为 650~700 nm。它们最大吸收的差别起到互补作用从而拓宽了吸收能谱。类囊体膜除含有主要的叶绿素 a 外，还含有一些其他辅助色素，协助捕获光能。此外还有类胡萝卜素等也属于辅助色素。

光子（photon）是一种特殊形式的物质，又称光量子，它一粒一粒地以光速运动，构成能量的最小单元。不同辐射频率的光子，具有不同的能量。一个具有能量的光子（激子[exciton]）如果被某物质的一个电子吸收，其一部分能量消耗于该电子从物质的束缚中逸出所做的外逸功，另一部分能量则转换为外逸电子的动能。

植物的光合色素吸收一个适当能量的光子也将从色素的分子中逸出一个电子，也就是使处于低能水平的电子跃升到较高能的轨道，从而使色素分子处于激发态成为更强的电子供体。它容易地将高能电子传递给还原性较弱的邻近电子受体，如是形成电子流导致使光能转换为化学能，即形成还原力 NADPH 以及电子传递势能。

2. 光系统

类囊体的吸光色素有条理的按功能排列成光合作用的功能单位称为光系统（photosystem），共有两种，根据发现的前后命名为光系统 Ⅰ（photosystem Ⅰ，PSⅠ）和光系统 Ⅱ（PSⅡ），它们都是酶的复合体，都含有许多叶绿素和其他色素以及许多蛋白质。光系统 Ⅱ 驱动电子通过细胞色素 b_6f 复合体。

每个光系统都有一个光化学反应中心（photochemical reaction center），是一个复杂的复合体，除含有蛋白质电子传递辅助因子外，其特点是含有一个具有光化学反应特性的叶绿素 a 的二聚体称为特殊对（special pair），被激发的特殊电对[用 $(Chl)_2^*$ 表示]是一个非常好的电子供体（$E'^{\ominus} = -1V$）。光系统 Ⅰ 的特殊对的最大吸收位于波长 700 nm 处，因此称为 P700。光系统 Ⅱ 的特殊对最大吸收位于 680 nm，因此称为 P680。

光系统除了光化学反应中心以外，还含有由数百个叶绿素分子和其他色素分子组成的一个服务于光收集的特殊结构称为天线系统（antenna）。天线系统将从光子获得的能量逐步传递到光化学反应中心的特殊对，在光化学的转化中，称为中心色素的叶绿素 a 分子先被氧化，变成一个阳离子自由基（Chla$^{\cdot+}$），作为电子受体。它可获得来自邻近电子供体的一个负电荷。供体释出电子变成阳离子，这样就启动了氧化-还原电子流。

除上述两种系统中的色素分子外，还有一些色素分子，它们与结合在膜上的疏水蛋白质相结合组成集光复合体（light-harvesting complex，LHC）。集光复合体是天线系统的补充。

（四）光合作用中的电子传递

植物中的光系统吸收光能并转化为化学能的过程是多种系统的合作：PSⅠ、PSⅡ，还包括产氧系统、细胞色素 bf 复合物以及叶绿体 ATP 合酶等许多组分（图 21-12）。

PSⅠ含叶绿素a远远超过叶绿素b,主要位于基质片层,因此它暴露在叶绿体基质侧。PSⅡ含大致相等的叶绿素a和叶绿素b,主要位于基粒片层,远离基质。这两种嵌在膜内的光系统由特殊电子传递体相连并有秩序地发挥作用。在PSⅡ,有2个极相似的蛋白质称为D1和D2,构成几乎对称的二聚体,所有电子载体的辅助因子都结合在上面。产氧复合体由若干个外周膜蛋白和4个锰离子(Mn^{2+})组成。它与类囊体腔侧膜上的PSⅡ相连。细胞色素b_6f复合体含有细胞色素和铁硫中心,嵌在类囊体膜内,存在于基质和基粒两种片层中。它与线粒体的复合体Ⅲ很相似。ATP合酶也嵌在膜中,只存在于基质片层。

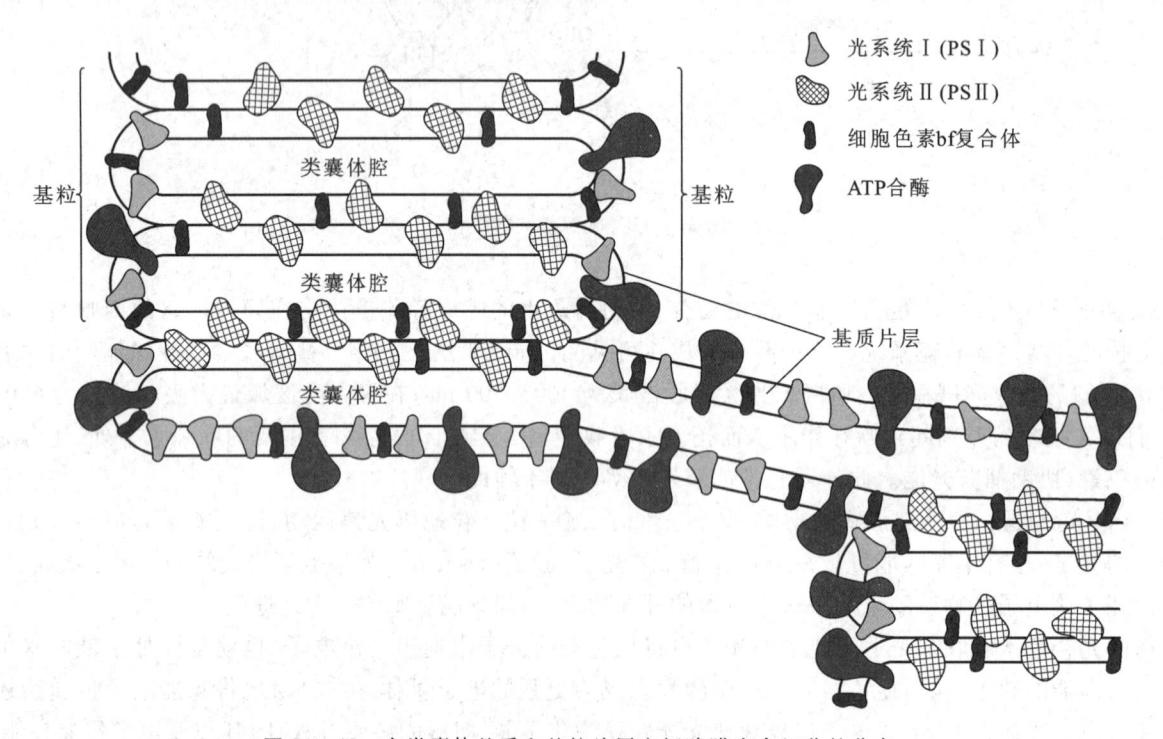

图 21-12 在类囊体基质和基粒片层之间跨膜光合组分的分布。
PSⅠ主要分布在基质片层,PSⅡ主要分布在基粒片层,细胞色素bf复合体在两种片层中都存在,ATP合酶只存在于基质片层

捕光、电子传递和质子转移之间的关系可用图21-13表明。被捕获的光能集中到PSⅡ和PSⅠ,由此驱动电子通过一系列电子载体;与电子传递的同时也带动质子从基质跨过膜向类囊体腔转移。这就是产生质子浓度梯度的基础。在类囊体腔由水分子产生的电子从PSⅡ经质体醌(plastoquinone,PQ)传递到细胞色素b_6f复合体,随后又由活动的质体蓝素(plastocyanin,是可溶性含铜蛋白,单电子载体,其作用类似于线粒体的细胞色素c)继续传递到PSⅠ,最后使$NADP^+$还原为NADPH。当质子从基质转移到类囊体腔时镁离子从腔转移至基质,同时也有Cl^-从基质转移到类囊体腔以维持电荷平衡。Mg^{2+}浓度在基质的变化还有调节糖类合成的作用。

光合作用中两个光系统协同作用,催化光驱动的电子从H_2O到$NADP^+$运动。两个光系统之间电子流途径和光反应的能量关系用图式表现出来很像一个侧立着的英文字母"Z",因此称为Z图式(Z-scheme)(图21-14)。电子载体的垂点位置反映它们还原势趋势的高低,表示出被吸收的光能将P680和P700的色素分子转变为激发态而成为有力的还原剂的路线关系。图式还显示出水的氧化和$NADP^+$的还原在类囊体膜上是分开的。氧化在PSⅡ侧进行,还原在PSⅠ侧进行。

前面已经提到驱动电子流动的能量来自于与PSⅡ和PSⅠ相结合的色素分子吸收的光子。被吸收的光能沿有序的色素分子传递直到反应中心。在能量传递过程中,供体色素分子中被激发的电子又回到它的原始状态(即基态),作为受体的色素分子中的电子则转移到更高的能级。PSI被激发的电子传递到铁氧还蛋白,然后到$NADP^+$使之形成NADPH,PSⅠ的作用是光解水,释放O_2并把释放的电子送入电子传递链,并在电子传递过程中引起质子跨类囊体膜泵送。从电子流的完整路线可看到,每吸收两个光子(每个光系统吸收一个),有一个电子

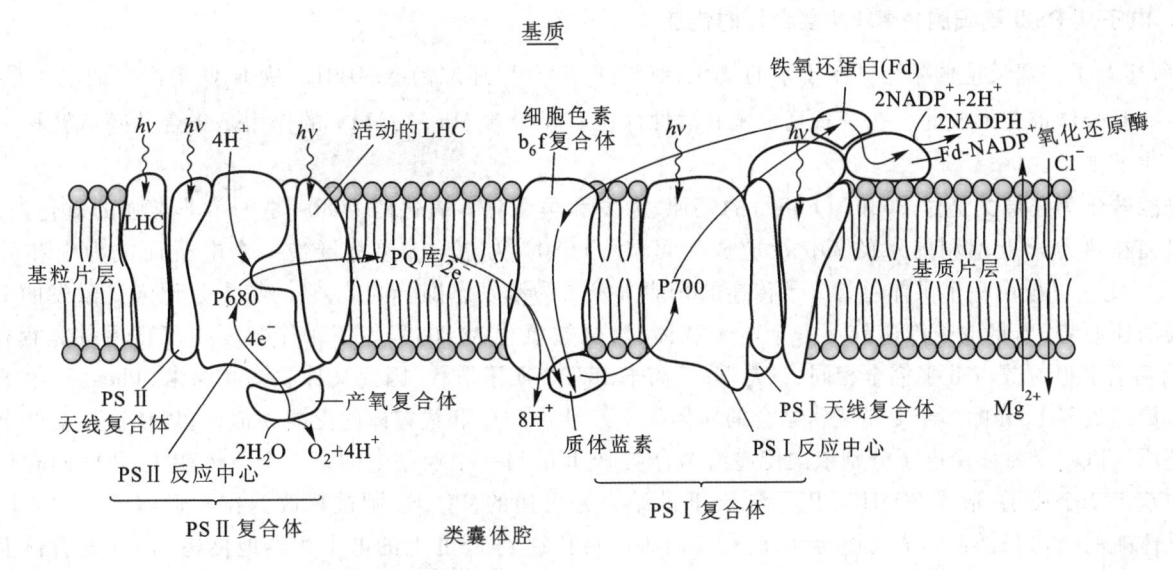

图 21-13 光合作用中的捕光、电子传递和质子转移

曲线代表的光被捕获,用于驱动从水中获取的电子传递,电子的传递由 PSⅡ 经过细胞色素 bf 复合体到 PSⅠ 和铁氧还蛋白。此过程可产生还原型 NADPH 和质子浓度梯度,后者可推动由 ADP 磷酸化形成 ATP。每 2 个 H_2O 分子被氧化为 O_2,即有 2 分子 $NADP^+$ 被还原为 NADPH。光合系统Ⅰ位于基质片层,光合系统Ⅱ位于基粒片层,此图只是它们之间关系的图解

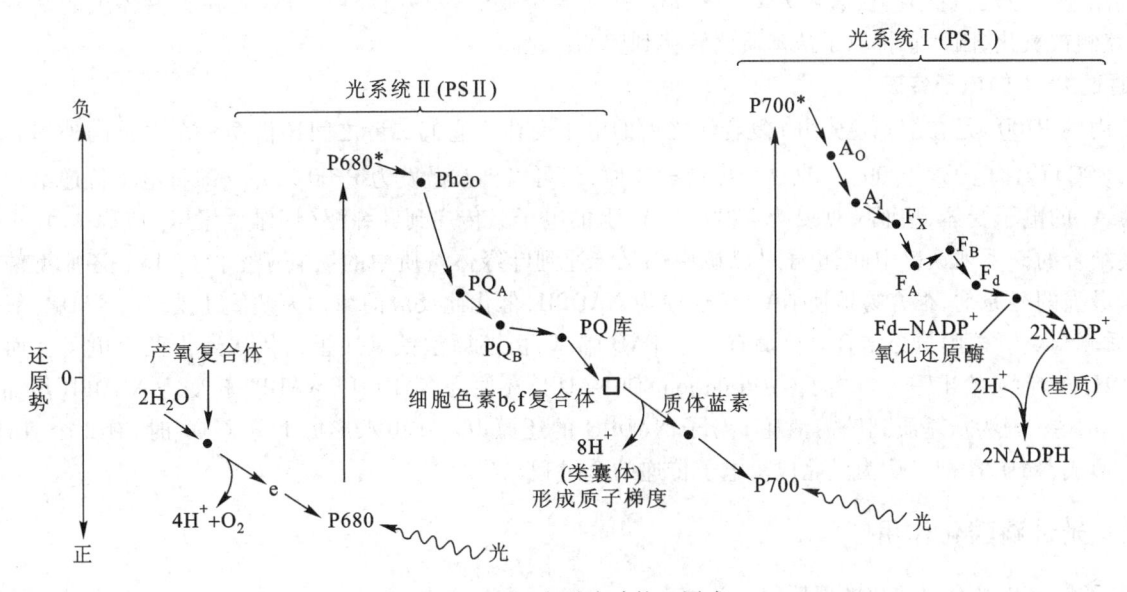

图 21-14 电子流动的 Z 图式

图中表明由特殊对色素 P680 和 P700 吸收的光能驱动电子向高位转移,e 代表电子供体,Pheo 代表褐藻素(pheophytin),为 P680 的电子供体,PQ_A 为与 PSⅡ 紧密结合的质体醌,PQ_B 可逆地结合的质体醌由 PSⅡ 使其还原,PQ 池为质体醌池,是由 PQ 和 PQH_2 构成的,A_0 为叶绿素 a,为 PSⅠ 最先的电子受体,A_1 为叶绿醌(phylloquinone),F_X、F_B、F_A 为铁硫中心,F_d 为铁氧还蛋白,$NADP^+$ 的还原是由铁氧还蛋白 – $NADP^+$ 氧化还原酶的辅基 $FADH_2$ 提供的氢负离子(H^-)实现的,* 表示激发态

从 H_2O 传递到 $NADP^+$,每形成一分子 O_2 即有 4 个电子从 2 分子 H_2O 传递到 $NADP^+$,总共需要 8 个光子,每个光系统吸收 4 个,其总反应式为:

$$2H_2O + 2NADP^+ + 8\text{光子}(h\nu) \longrightarrow O_2 + 2NADPH + 2H^+$$

1. 电子从 PSⅡ到细胞色素 b_6f 复合体的传递

如前所述电子传递反应的顺序开始于水的氧化,终结于 $NADP^+$ 还原为 NADPH。从 H_2O 中产生的电子是由 PSⅡ的产氧复合体催化形成的。在产氧复合体的活性部位有 4 个含 Mn^{2+}。Mn^{2+} 的作用是集合并随后转移 4 个由 H_2O 产生的电子。

光能转化为还原力通过 $P680^+$(P680)的还原、激发和再氧化 氧化的 $P680^+$ 是一个非常强的氧化剂,它的还原可使在热力学上不利的水的氧化反应成为可能。$P680^+$ 从电子传递链接受一个电子而成为中和状态的 $P680^+$,因此它可被由一个供体色素分子传递的光能激发成为激发态即 $P680^*$,它的特点是比未受激发的 $P680^+$ 有更强的还原势,当将电子传递到下一个电子载体时,又被氧化为 $P680^+$。下一个接受电子的受体是褐藻素 a (Pha),后者和叶绿素 a 几乎完全相同,只是 Mg^{2+} 离子由两个质子取代,因此又称脱镁叶绿素(Pheo)。电子由褐藻素 a 传递到与 PSⅡ的一个亚基紧密结合的质体醌 PQ_A 上。PQ_A 和线粒体的泛醌相似,可以依次接受两个电子而被还原。PQ_A 又将两个电子分别依次传递给结合在 PSⅡ的另一个亚基上的第 2 个质体醌上,PQ_B 同时从基质水相中获得 2 个质子,形成 PQ_BH_2。PQ_B 与 PSⅡ的结合是可逆的,PQ_BH_2 则被释放到在类囊体膜中的质体醌库中。质体醌的疏水长链使它成为脂溶性,能在膜内游动将传递到 PSⅡ上的电子相继地传递到 b_6f 复合体上。在 PSⅡ反应中心发生的 4 次光化学反应,使 $P680^+$ 受到 4 次激发,结果使 4 个电子传递到 2 个 PQ 分子上。

被还原的质体醌通过 Q 循环(参看氧化磷酸化)再氧化 PQ_BH_2 的氧化通过细胞色素 b_6f 复合体实现。Q 循环导致 2 分子 PQ_BH_2 氧化为 2 分子 PQ_B。为使 1 分子 PQ_BH_2 氧化,1 分子 PQ_B 被还原为 PQ_BH_2,有 2 个电子依次地传递到质体蓝素,并有 4 个质子转移进入类囊体腔。2 分子水氧化为 O_2 共产生 4 个电子,导致产生两次完整的 Q 循环,结果使 2 分子 PQ_BH_2 被氧化为 2 分子 PQ,并使 8 个质子转移至腔内。PQ 是在类囊体膜的基质侧被还原,并在腔侧被氧化,因此它将质子从基质侧转移到腔侧。

2. 通过 PSⅠ的电子传递

PSⅠ内的 $P700^+$ 是在细胞色素 b_6f 复合体之后的电子受体。它们二者之间还借助一个含铜的外周膜蛋白即质体蓝素(PC)传递电子。$P700^+$ 一旦被质体蓝素还原,就可以再被激发为 $P700^*$,并立即将电子传递给一个叶绿素 a 称为 A_0 的电子受体,从而又回复为 $P700^+$。A_0 上的电子又传递到叶绿醌(即维生素 K_1 或称 A_1),再依次传递给与膜结合的一系列铁硫中心,电子从铁硫中心又传递到叶绿体基质中的铁氧还蛋白(Fd)。还原型的铁氧还蛋白属于最强的还原剂,很容易地使 $NADP^+$ 还原为 NADPH,催化此反应的酶为铁氧还蛋白-$NADP^+$ 氧化还原酶,在基质侧与类囊体膜疏松结合。该酶有一个 FAD 辅基,由还原型铁氧还蛋白依次给出两个电子从而使其还原为 $FADH_2$,后者又给出一氢负离子(hydride ion)使 $NADP^+$ 还原为 NADPH。$NADP^+$ 转变为 NADPH 增加了跨类囊体膜的 pH 差,因为从基质到腔需消耗 1 分子 NADPH 的还原力。在由水形成 1 分子 O_2 时,有 2 个 NADPH 分子形成。形成 NADPH 即可认为是完成了电子传递的全过程。

(五) 光合磷酸化作用

1. 电子传递与光合磷酸化的偶联

由光驱动的 ATP 合成称为光合磷酸化作用(photophosphorylation)。光能转变为化学能,结果引起电子传递反应并导致产生还原力(NADPH)。与电子传递相偶联的是质子跨过类囊体膜从基质侧转移到腔侧。这种质子跨膜转移和氧化磷酸化中由电子传递引起的质子跨线粒体膜转移的情况非常相似。

在光合电子传递过程中有 3 个部位使类囊体膜基质侧和腔侧的质子分布发生变化。当水被氧化时,产生的质子被释放到腔内,PQH_2 被氧化时基质的质子也转移到腔侧,$NADP^+$ 被还原时需要质子,也降低基质侧的质子浓度。Mg^{2+} 和 Cl^- 的跨膜运动,中和基质侧和腔侧的电荷。因此跨膜产生的质子动力完全是由 pH 梯度形成的。而在线粒体的质子动力中质子梯度的电荷起着重要作用。这是叶绿体和线粒体质子动力性质的重要区别。嵌在膜中叶绿体的 ATP 合酶和线粒体的很相似,也由两部分组成,即 CF_0 和 CF_1;它的全称是 CF_1CF_0 ATP 合酶["C"表示其位置在叶绿体(chloroplast)内];它含有 8 个亚基,是异源多聚蛋白质。它催化的由 ADP 和 Pi 合成 ATP 的作用和线粒体很相似。CF₀为柄状,位于类囊体膜上,是一个质子通道,由若干个完整的膜蛋白组成相当于线粒体的F₀。连接到柄状CF₀上的是球形体CF₁,它是一个外周膜蛋白复合体,在亚基组成,结构和功能方面都与线粒体的F₁极为相似。叶绿体ATP合酶只存在于基质片层内(图21-15)。

电子显微技术观察叶绿体表明,ATP合酶复合体为球状伸出到类囊体膜的外表面[基质(stroma)侧或N侧],这和线粒体的ATP合酶复合体伸出到线粒体内膜的内表面[基质(matrix)侧或N侧]是相一致的。因此在ATP合酶所处的情况朝向以及质子泵的取向在线粒体和叶绿体之间都是一致的。它们的ATP合酶的F₁部分都处于膜的碱侧(N侧)都通过F₁,质子沿着浓度梯度流动到F₀,即由P侧流向N侧。

由以上可以推测,叶绿体ATP合酶催化合成ATP的机制很可能与线粒体的机制是一致的。ADP和Pi在酶表面迅速结合形成ATP。而与酶结合紧密的ATP若与酶脱离则需要由质子动力来推动。因此旋转催化机制同样适合于叶绿体的ATP合成。

每4个电子经过传递还原2分子NADP⁺成为NADPH,就产生足够合成2分子ATP的质子动力。ATP/NADPH之比是1:1。

前面已经提到,叶绿体产生的质子动力主要是pH差异引起的。在光照下的叶绿体mol质子在梯度中蕴藏的能量为:

$$\Delta G = 2.3RT\Delta pH + ZF\Delta\Psi = -17 \text{ kJ/mol}$$

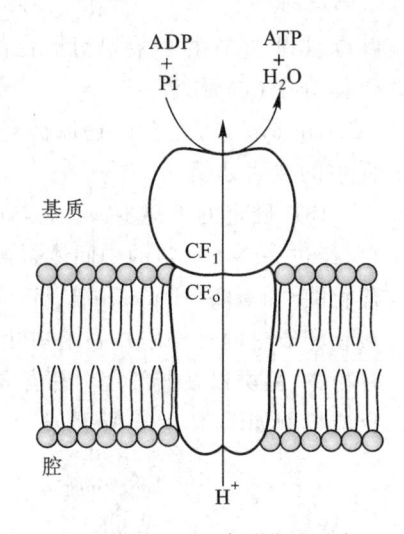

图21-15 ATP合酶位置示意
CF₀为柱状位于类囊体膜上,CF₁为球状突出到基质中

因为4个电子从水传递到NADP⁺约有12个H⁺从叶绿体基质转移到类囊体腔,因此12 mol质子跨膜可贮存约200 kJ能量。足以驱动几个mol ATP的形成($\Delta G'^{\ominus}$ = 30.5 kJ/mol)。实验测得每释放1个O₂约有3个ATP合成。

2. 循环和非循环式光合磷酸化作用

光合电子传递将H⁺泵入到类囊体腔内可通过两种途径进行,即循环式电子传递(cyclic electron flow)和非循环式电子传递(noncyclic electron flow)。非循环式电子传递前面已经讨论过了,即由光子激发产生的电子,从水到NADP⁺经由PSⅡ和PSⅠ流动,此过程有O₂产生和NADP⁺还原为NADPH。循环光合磷酸化的电子传递途径是,失去电子形成的P700⁺的再还原不是由水产生的电子经PSⅡ所提供。这一途径只与PSⅠ和几个电子传递体有关。在PSⅠ被激活的电子从P700⁺到铁氧还蛋白后,不再传递到NADP⁺,而是又回头通过细胞色素b₆f复合体传递到质体蓝素,随后再将电子传递到P700⁺。因此在光照下,PSⅠ可使电子继续循环。(参看图12-13)在循环中的每个电子由被吸收的一个光子产生的能量推动。循环电子流不发生NADP⁺的还原,也不产生O₂,但它仍由细胞色素b₆f复合体引起质子泵运送转移,因此也有ATP的合成发生。它的全部反应式可写为:

$$\text{ADP} + \text{Pi} \xrightarrow{\text{光}} \text{ATP} + \text{H}_2\text{O}$$

非循环光合磷酸化的全部反应式则写为:

$$2\text{H}_2\text{O} + 8\text{光子} + 2\text{NADP}^+ + \sim 3\text{ADP} + \sim 3\text{Pi} \longrightarrow \text{O}_2 + \sim 3\text{ATP} + 2\text{NADPH}$$

循环光合磷酸化的意义在于它适应合成糖类所需的ATP和NADPH的比例(为3:2)。

(六) CO₂的固定(暗反应)

光合磷酸化形成的ATP和还原型NADPH是推动固定CO₂,将其转变为糖类的动力。糖类的形成是在叶绿体基质中由一系列酶催化的循环反应,包括3个内容:① 大气中 CO_2 的固定,② 糖类的合成,③ CO_2 受体分子(核酮糖-1,5-二磷酸)的再生。CO_2 的固定名称很多,例如固碳作用、碳固定、卡尔文循环(Calvin cycle)、光合碳还原循环或还原戊糖磷酸循环(简称RPP循环)等。所有的名称都涉及 CO_2 固定过程中的要害步骤。

CO_2 固定的关键步骤是它与叶绿体内的一个戊糖即核酮糖-1,5-二磷酸(参看第22章戊糖磷酸途径)结合,经过一个不稳定的中间体裂解为2分子甘油酸-3-磷酸。催化此不可逆反应的酶是核酮糖-1,5-二磷酸羧化酶/加氧酶(ribulose-1,5-bisphosphate carboxylase/oxygenase)。该酶英文简称 Rubisco(此名称故名思意有羧化和氧化两种作用),在植物叶中约占可溶性蛋白质的50%,可能是自然界最丰富的蛋白质之一。该酶的结构在植物、藻类以及蓝细菌中都有8个大亚基和8个小亚基,在8个大亚基上共有8个活性部位。Rubisco 催化的反应机制如图21-16所示。

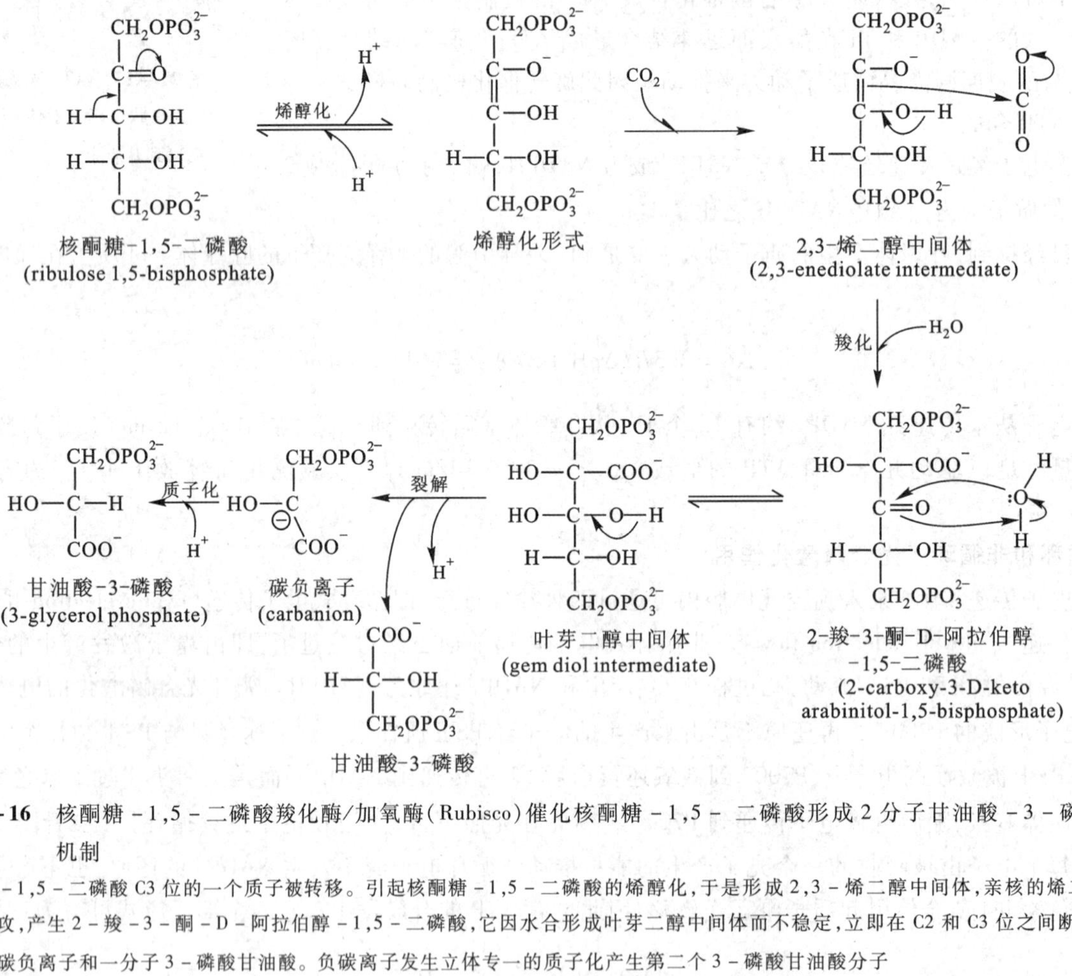

图 21-16 核酮糖-1,5-二磷酸羧化酶/加氧酶(Rubisco)催化核酮糖-1,5-二磷酸形成2分子甘油酸-3-磷酸的机制

核酮糖-1,5-二磷酸C3位的一个质子被转移。引起核酮糖-1,5-二磷酸的烯醇化,于是形成2,3-烯二醇中间体,亲核的烯二醇向 CO_2 进攻,产生2-羧-3-酮-D-阿拉伯醇-1,5-二磷酸,它因水合形成叶芽二醇中间体而不稳定,立即在C2和C3位之间断裂,产生一个碳负离子和一分子3-磷酸甘油酸。负碳离子发生立体专一的质子化产生第二个3-磷酸甘油酸分子

CO_2 固定的全过程可简单归纳为图21-17。

图21-17表明,CO_2 固定是一个循环过程。如图21-18所示,在 CO_2 固定中产生的中间物是三碳分子即甘油醛-3-磷酸。产生1个甘油醛-3-磷酸必须先固定3个 CO_2 分子。

在 CO_2 固定的还原阶段,磷酸甘油酸激酶催化甘油酸-3-磷酸由ATP提供磷酸基团形成甘油酸-1,3-二磷酸,随后甘油酸-1,3-二磷酸在基质中的甘油醛-3-磷酸脱氢酶的同工酶催化下由NADPH(而不是NADH)还原,形成甘油醛-3-磷酸以及二羟丙酮磷酸(在异构酶催化下)。丙糖可用于合成六碳糖。

CO_2 固定循环的大部分反应是为了核酮糖-1,5-二磷酸的再生。甘油醛-3-磷酸有3种不同的分支途径

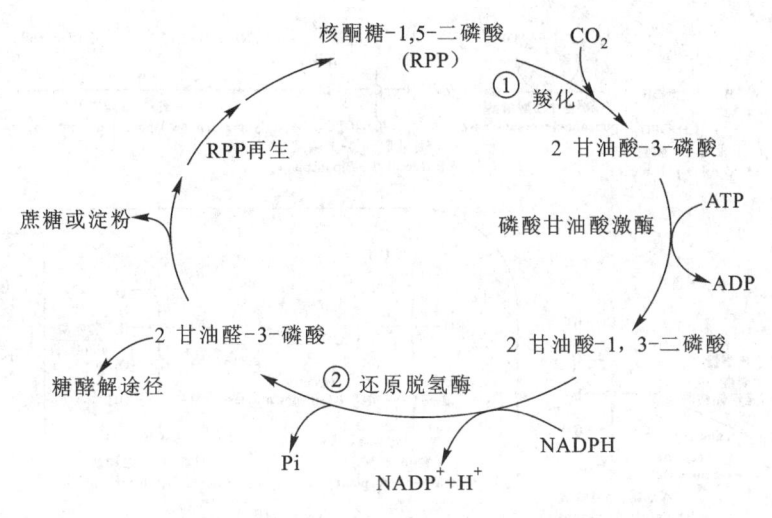

图 21-17　CO_2 固定的全过程示意图

全过程共包括 3 个阶段：① 羧化反应，以核酮糖 -1,5 - 二磷酸为受体接收 CO_2。② 还原反应，由 3 - 磷酸甘油酸磷酸化形成 1,3 - 二磷酸甘油酸再由 NADPH 还原形成甘油醛 - 3 - 磷酸。后者可经戊糖磷酸途径使核酮糖 -1,5 - 二磷酸(RPP)再生，也可走合成六碳糖及多糖的途径

(图 21 - 17)。在循环的最后一步是由磷酸核酮糖激酶(phosphoribulokinase)催化的核酮糖 - 5 - 磷酸借助 ATP 磷酸化，形成核酮糖 - 1,5 - 二磷酸。每个 CO_2 分子转变为糖需要 3 个 ATP 和 2 个 NADPH 参与反应。CO_2 固定的全部化学反应可用下式表示：

$$3CO_2 + 9ATP + 6NADPH + 5H_2O \longrightarrow 9ADP + 8Pi + 6NADP^+ + 2\text{甘油醛} - 3 - \text{磷酸}$$

CO_2 固定循环的调节是那些有 ATP 或 NADPH 参与的以及有 CO_2 固定的不可逆的反应步骤。催化这些反应的酶有：果糖 - 1,6 - 二磷酸酶、景天庚酮糖 - 1,7 - 二磷酸酶、磷酸甘油酸激酶、磷酸核酮糖激酶、甘油醛 - 3 - 磷酸脱氢酶以及核酮糖 - 1,5 - 二磷酸羧化酶 - 加氧酶(Rubisco)。光对上述有些酶有激活作用。光的激活作用依赖于这些酶暴露在表面的二硫键的还原(形成—SH)。二硫键的还原是由硫氧还蛋白(thioredoxin)的还原态催化的。除光的直接影响外，由光照引起的 pH 和 Mg^{2+} 浓度的改变也影响 Rubisco 的活性。

(七) 由 Rubisco 酶的加氧活性引起的光(合)呼吸

Rubisco 酶本身具有固定 CO_2 和加氧两种活性。它的活性中心因此受 CO_2 和氧的竞争性结合。该酶与 O_2 结合催化 O_2 和核酮糖 - 1,5 - 二磷酸，形成 3 - 磷酸甘油酸和磷酸乙醇酸(phosphoglycolate)，后者在代谢上是无用产物，它脱去磷酸后通过过氧化物酶体(peroxisome)被氧化成乙醛酸(glyoxylate)，再经转氨形成甘氨酸；进入线粒体基质，经甘氨酸脱羧酶复合体进行氧化脱羧将 2 分子甘氨酸缩合形成一分子丝氨酸，同时释放出一分子 CO_2 和 NH_3。这种消耗 O_2 将核酮糖 - 1,5 - 二磷酸转化产生 CO_2 的过程称为光呼吸(photorespiration)。在此过程中没有 ATP 和 NADPH 的形成，没有碳的净积累，只是一个浪费能量的过程。它以热的形式消耗由此酶的羧化活性固定的有机碳。Rubisco 酶不能消除与 O_2 不利结合的缺欠，可能是因为在进化过程的早期大气中的 O_2 含量很少，不会产生磷酸乙醇酸，对植物并未构成明显影响的缘故。当今植物也只能采取补救措施，即形成的由磷酸乙醇酸转变为丝氨酸最后还可转变为核酮糖 - 1,5 - 二磷酸的途径。这一途径又称为乙醇酸途径(glycolate pathway)。

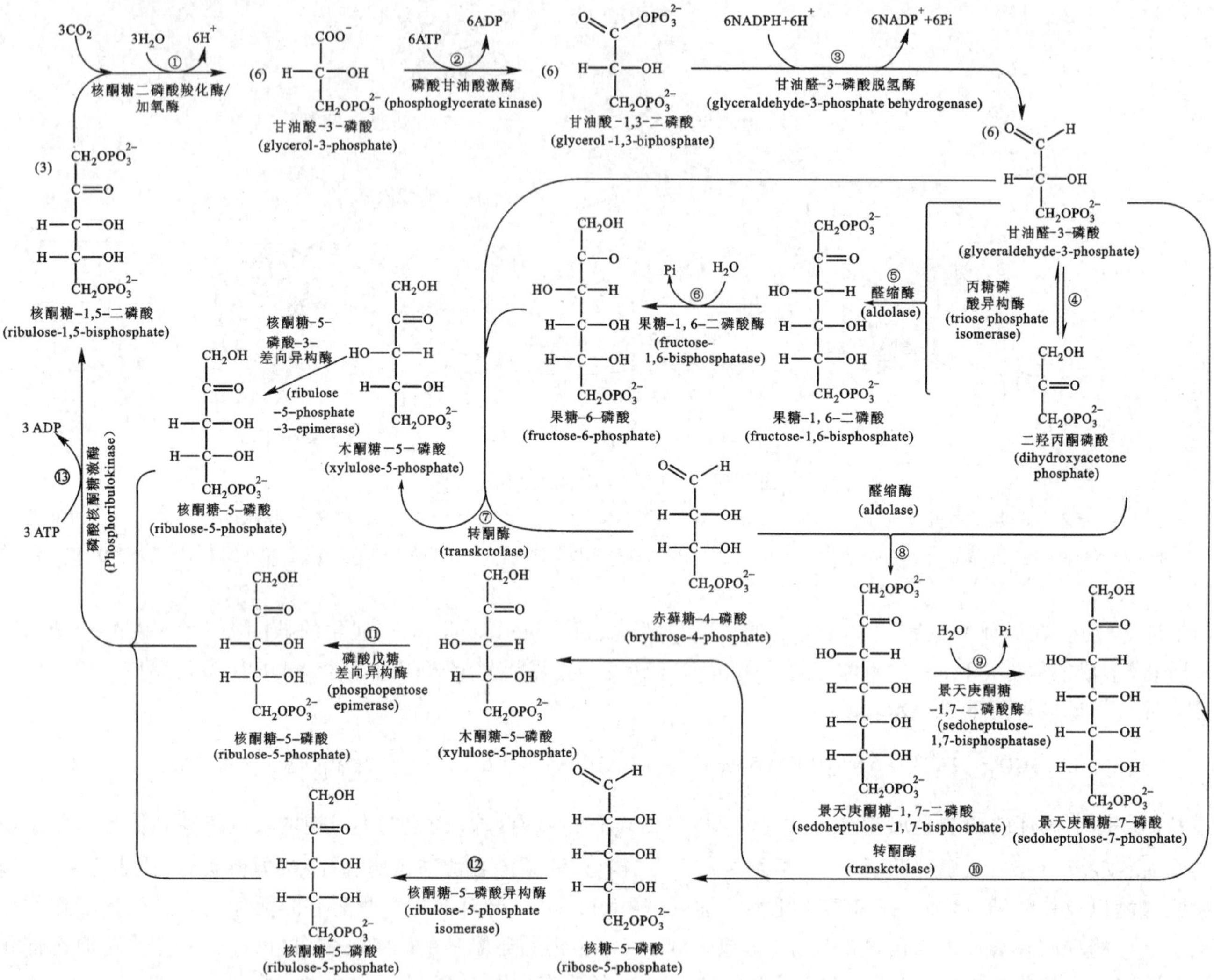

图 21-18 还原戊糖磷酸循环（reductive pentose phosphate cycle, RPP cycle）

当固定 3 分子 CO_2 以后有 1 分子丙糖磷酸（甘油醛-3-磷酸或二羟丙酮磷酸）存在于循环中，该循环中的各个中间物就得到维持。图中带"○"的数字表明反应步骤数，带"( )"的数字表示产生的分子数。G-3-P 为甘油醛-3-磷酸（glyceraldehyde-3-phosphate）之简写，DHAP 为二羟丙酮磷酸（dihydroxyacetone phosphate）之简写。每固定 3 分子 CO_2 产生 1 分子丙糖磷酸需消耗 9 分子 ATP 和 6 分子 NADPH

习　题

1. 线粒体呼吸链的 NADH 还原酶复合体催化下列 3 组氧化还原反应，其中 Fe^{3+}、Fe^{2+} 代表铁硫中心的铁原子，Q 为泛醌，QH_2 为还原型泛醌，E 为酶，请指出反应中 a. 电子供体，b. 电子受体，c. 共扼氧还电对，d. 还原剂，e. 氧化剂。

　　(1) $NADH + H^+ + E-FMN \longrightarrow NAD^+ + E-FMNH_2$

　　(2) $E-FMNH_2 + 2Fe^{3+} \longrightarrow E-FMN + 2Fe^{2+} + 2H^+$

　　(3) $2Fe^{2+} + 2H^+ + Q \longrightarrow 2Fe^{3+} + QH_2$

[(1)：(a),(d) NADH；(b),(e) E-FMN；(c) $NAD^+/NADH$, $E-FMN/E-FMNH_2$

(2)：(a),(d) $E-FMNH_2$；(b),(e) Fe^{3+}；(c) $E-FMN/E-FMNH_2$, Fe^{3+}/Fe^{2+}

(3)：(a),(d) Fe^{2+}；(b),(e) Q；(c) Fe^{3+}/Fe^{2+}, Q/QH_2]

2. 在糖酵解和柠檬酸循环中所有的脱氢酶都用 NAD^+ 作为电子受体（$E'^{\ominus}_{NAD/NADH} = -0.32V$），只有琥珀酸脱氢酶用以共价结合的 FAD 作为电子受体(此酶中的 $E'^{\ominus}_{FAD/FADH_2} = -0.05V$),从延胡索酸/琥珀酸的 $E'^{\ominus} = 0.03V$,以及 NAD/NADH 和琥珀酸脱氢酶 - FAD/FADH$_2$ 的 $E'^{\ominus}$ 出发,考虑为什么 FAD 作为琥珀酸脱氢酶的电子受体比 NAD 更为适合?

[从每个电对半反应的标准还原势差($\Delta E'^{\ominus}$)可计算出 $\Delta G'^{\ominus}$。以 FAD 形式氧化的琥珀酸所得 $\Delta G'^{\ominus} = -3.86$ kJ/mol,而以 NAD$^+$ 作为氧化剂,其所需标准自由能变化为 $\Delta G'^{\ominus} = +67.6$ kJ/mol,远比前者大得多。]

3. 在氧化呼吸链中,当 NADH 和 O$_2$ 都充分时,呼吸链中电子载体的还原程度都比较低,因此电子能不断地顺利传递到 O$_2$,但如果在电子传递链中某一环节受到抑制,电子传递则受到阻断,请预计在下列情况下,电子传递受阻断后,Q、细胞色素 b、c$_1$、c 以及 a + a$_3$ 的氧化情况?

(a) 有充足的 NADH 和 O$_2$,但加入氰化物。
(b) 有充足的 NADH,但 O$_2$ 被耗尽。
(c) 有充足的 O$_2$,但 NADH 已用尽。
(d) NADH 和 O$_2$ 都很充分。

[(a) CN$^-$ 阻断由细胞色素氧化酶催化的 O$_2$ 的还原,因此所有的载体被还原。
(b) 在无 O$_2$ 的情况下,还原的载体无法再氧化,因此所有的载体被还原。
(c) 所有的载体被氧化。
(d) 前段载体更多呈还原态,靠后载体更多呈氧化态。]

4. 在正常线粒体中,电子传递速度和机体对 ATP 的需要紧密相联。对 ATP 的需要相对降低或升高,电子传递也随之降低或升高,P/O 比约为 2.5。请预计,较低浓度和较高浓度的解偶联剂对电子传递和 P/O 的影响。

[因电子传递的速度必需和形成 ATP 的速度即机体对能量的需要相一致,有少量的偶联剂存在,则需有更多的电子传递到 O$_2$,因此 P/O 比下降。当有高浓度的解偶联剂时,P/O 比接近于 0。因 P/O 比下降,需要更多的电子传递提供能量以合成 ATP,解偶联的结果造成产生过多热量使体温升高。]

5. 由纯化的电子传递链组分和线粒体膜囊泡可重组成有功能的电子传递系统。请判断下列每套组分的最终电子受体是什么(这些体系有 O$_2$ 的充分供应)?

a. NADH、Q、复合体 Ⅰ、Ⅲ 和 Ⅳ。
b. NADH、Q、细胞色素 c、复合体 Ⅱ 和 Ⅲ。
c. 琥珀酸、Q、细胞色素 c、复合体 Ⅱ、Ⅲ 和 Ⅳ。
d. 琥珀酸、Q、细胞色素 c、复合体 Ⅱ 和 Ⅲ。

[a. 复合体 Ⅱ、细胞色素 c 的缺失电子不能传递。
b. 无电子传递发生,因接受 NADH 的电子受体,复合体 Ⅰ 缺失。
c. O$_2$。
d. 细胞色素 c、复合体 Ⅳ 的缺失,电子不能继续传递。]

6. 将一种止痛药(Demerol)加入到线粒体电子传递悬浮液中时,发生了 NADH/NAD$^+$ 和 Q/QH$_2$ 比值的升高,请问哪个电子传递组分受到抑制?

[Demerol 与复合体 Ⅰ 作用,阻止电子从 NADH 到 Q 的传递。NADH 浓度升高是因为它能再被氧化为 NAD$^+$。Q 升高是因为再没有 NADH 提供电子。]

7. 人体内有一种解偶联蛋白 -2(ucp - 2),已证明是一种线粒体膜的质子转移剂,它能使质子从线粒体膜转移到线粒体基质中。请解释为什么体内若增加 ucp - 2 含量会使体重减轻?

[ucp - 2 使质子再回到线粒体基质中,从而降低质子动力。使 ATP 合成受阻,结果食物能量不能得到贮存而消耗,造成体重减轻。]

8. 根据下列电子供体,请提出从线粒体转移的质子数、ATP 分子的合成数和 P/O 比值。假设电子最终传递到 O$_2$,在线粒体中 NADH 的形成、电子传递和氧化磷酸化系统都在发挥作用。

a. NADH,
b. 琥珀酸,
c. 抗坏血酸(将 2 个电子传递给细胞色素 c)。

[a. 10 个质子,2.5 个 ATP,P/O = 2.5;b. 6 个质子,1.5 个 ATP,P/O = 1.5;c. 4 个质子,1.0 个 ATP,P/O = 1.0]

9. 计算质子泵出线粒体内膜的自由能变化。此时温度 25℃,膜内外电势差为 0.2 V,膜内 pH 为 7.5,膜外 pH 为 6.7。

[$\Delta G = 23.86$ kJ/mol]

10. 光合作用的反应式为什么可以有两种表示方法？解释反应式 b。

    a. $CO_2 + H_2O \xrightarrow{\text{光}} (CH_2O) + O_2$

    b. $CO_2 + 2H_2O \xrightarrow{\text{光}} (CH_2O) + O_2 + H_2O$

O_2 的 2 个氧原子是由 H_2O 或 CO_2 或二者衍生的，如何设计实验加以证明。

    [反应式 b 表明糖类中的氢和生成的 O_2 都是来自水分子。用同位素 ^{18}O 标记水 H_2O^* 或 CO_2^* ($H_2^{18}O$, 或 $C^{18}O_2$)，可测得其来源。]

11. a. 在光合作用中每产生 1 分子 O_2 需吸收多少光子？

    b. 合成 1 分子丙糖磷酸需吸收多少光子以产生足够的 NADPH 供合成之需要？

    [a. 2 分子 H_2O，需从 $2H_2O$ 中转移 4 个电子通过电子传递系统到使 $2NADP^+$ 还原。1 个光子可供 1 个电子传递通过 PSⅠ，另 1 光子提供通过 PSⅡ 之需要。传递 1 个电子需要 2 个光子，因此共需要 8 个光子。]

12. 循环电子传递在某些条件下可与非循环电子传递同时进行。循环电子传递是否产生 ATP、O_2 和 NADPH？

13. 在植物中通过光合 CO_2 固定作用合成 1 分子葡萄糖需要多少 ATP 分子和 NADPH？

    [由 CO_2 合成 1 分子丙糖磷酸需 9 分子 ATP 和 6 分子 NADPH，合成 1 分子葡萄糖需 18 分子 ATP 和 12 分子 NADPH。]

主要参考书目

[1] Garrett R H, Grisham C M. Biochemistry. 2nd ed. 北京：高等教育出版社，2002.

[2] Nelson D L, Cox M L. Lehninger Principles of Biochemistry. 4th ed. New York: Worth Publishers, 2005.

[3] Horton H R, Moran L A, Ochs R S, Rawn J D, Scrimgeour K G. Principles of Biochemistry. 3rd ed. USA: Prentice Hall, 2002.

[4] Voet D, Voet J G, Pratt C W. Fundamentals of Biochemistry. John Wiley & Sons, 1999.

[5] Mitchell P. Keilin's respiratory chain concept and its chemiosmotic consequences. Science, 1979, 206: 1148–1159 (Mitchell 获得 Nobel prize 的讲演).

[6] Arnon D I. The discovery of photosynthetic phosphorylation. Trends Biochem Sci, 1984, 9: 258–262.

[7] Voet D, Voet J G. Biochemistry. 3th ed. New York: John Wiley & Sons, 2004.

[8] Stryer L. Biochemistry. 5th ed. New York: W H Freeman & Comp, 2006.

[9] Govindjee H, Coleman W J. How plants make oxygen. Sci Amer, 1990, 262(2): 42–45.

[10] Bennett J. Phosphorylation in green plant chloroplasts. Annu Rcv Plant Physiol Plant Mol Biol, 1991, 42: 281–311.

[11] Schnarrenberger C, Martin W. The Calvin cycle - a historical perspective. Photosynthetica, 1997, 33: 331–345.

[12] Junge W, Zill H, Engelbrecht S. ATP synthase: an electrochemical transducer with rotatory mechanics. Trand Biochem Sci, 1997, 22: 420–423.

[13] 王镜岩，朱圣庚，徐长法. 生物化学. 第三版. 北京：高等教育出版社，2002.

（王镜岩）

第22章 戊糖磷酸途径

一、戊糖磷酸途径的发现

戊糖磷酸途径（pentose phosphate pathway）又称戊糖支路（pentose shunt）、己糖单磷酸途径（hexose monophosphate pathway）、磷酸葡糖酸途径（phosphogluconate pathway）及戊糖磷酸循环（pentose phosphate cycle）等。这些名称强调的是从磷酸化的六碳糖形成磷酸化的五碳糖。

这条途径的发现是从研究糖酵解过程的观察中开始的。向供研究糖酵解使用的组织匀浆中添加碘乙酸、氟化物等抑制剂，葡萄糖的利用仍在继续。许多现象表明在已发现的糖酵解途径之外，还存在有另外未知的糖的代谢途径。特别是1931年，Otto Warburg及同事，还有Fritz Lipman发现了葡萄糖-6-磷酸脱氢酶（glucose phosphate dehydrogenase）和6-磷酸葡萄糖酸脱氢酶（6-phosphogluconate dehydrogenase），这两种酶都促使葡萄糖分子的代谢走向糖酵解以外的未知途径。他们还发现了NADP$^+$（当时称为TPN，是triphosphopyridinenucleotide的缩写，中文名称为三磷酸吡啶核苷酸）是上述两种酶的辅酶。这些发现不只引起人们对这条未知途径的进一步探索，还在酶学、中间代谢以及维生素和辅酶研究的发展中具有重要的历史意义。他们还提出6-磷酸葡萄糖酸脱氢酶催化6-磷酸葡萄糖酸氧化脱羧形成的直接产物可能是戊糖磷酸。Frank Dickens继续O. Warburg等人的研究，分离得到许多戊糖磷酸途径的混合中间产物，包括磷酸戊糖酸（phosphopentonic acid）和磷酸己糖酸（phosphohexonic acid）以及其他一些五碳和四碳化合物的磷酸酯等，其中五碳化合物经鉴定证明是戊糖。Frank Dickens还提出了一条葡萄糖-6-磷酸降解新途径的设想。此外，在各种生物体内所发现的五碳糖、六碳糖、七碳糖以及它们的衍生物景天庚酮糖（sedoheptulose）、核糖（ribose）、脱氧核糖（deoxyribose）等，它们的来源不可能从糖酵解途径中得到解释，这些事实也支持有未知的新途径存在，但当时的酶制剂还不可能达到只催化某单一反应的纯度，也缺乏分离和鉴定少量反应产物的方法，因此通过实验和推理所得到的研究结果还有待进一步地验证。

20世纪30年代虽然已发现了戊糖磷酸途径的存在，也认识到这条途径的某些重要性，但由于战争和研究的极大困难，这一课题竟停顿了约10年之久。1953年F. Dickens总结了前人的研究成果，发表在英国的医学杂志上（British Medical Bulletin，英国医学公报），这项研究又得到了进一步发展。50年代开始，随着酶分离方法的进展，获得了较纯的酶制剂，大大促进了对一步反应产物的认识。最早分离得到戊糖的是在1951年，D. B. Scott和S. S. Cohen。他们用F. Dickens的酶制剂得到少量的核糖-5-磷酸。当时的鉴定手段是用纸层析法和酶促分析法。

同位素标记研究的应用使这条途径得到了进一步地确证，还显示了这条途径存在的普遍性。

在探索戊糖磷酸途径中做出重要贡献的人除了前述的Otto Warburg、Fritz Lipman、Frank Dickens等人外，还应提出Bernard Horecker、Efraim Racker等人。有人也将戊糖磷酸途径称为Warburg-Dickens戊糖磷酸途径。

二、戊糖磷酸途径的主要反应

戊糖磷酸途径是糖代谢的第二条重要途径，它是葡萄糖分解的另外一种机制。这条途径在细胞溶胶内进行，广泛存在于动植物细胞内。

它由一个循环式的反应体系构成。该反应体系的起始物为葡萄糖-6-磷酸，经过氧化分解后产生五碳糖、

CO_2、无机磷酸和 NADPH 即还原型烟酰胺嘌呤二核苷酸磷酸(reduced nicotinamide adenine dinucleotide phosphate, 又称还原型辅酶Ⅱ)。NADPH 的结构式如图 22-1 所示。

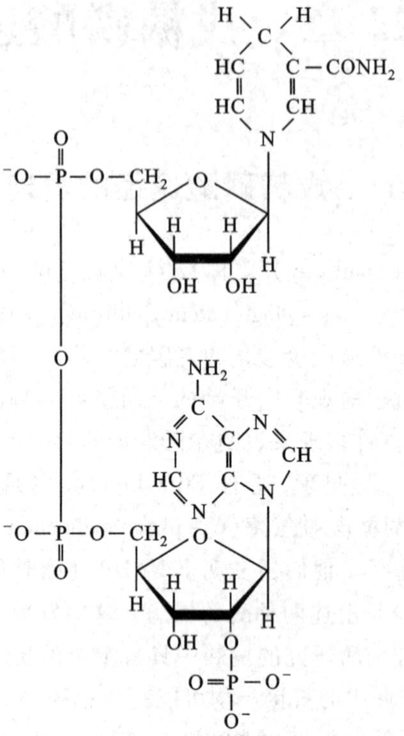

图 22-1 还原型 NADPH 的结构式

戊糖磷酸途径的核心反应可作如下的概括:

$$葡萄糖-6-磷酸 + 2NADP^+ + H_2O \longrightarrow 核糖-5-磷酸 + 2NADPH + 2H^+ + CO_2$$

一般可将其全部反应划分为两个阶段:氧化阶段(oxidative phase)和非氧化阶段(nonoxidative phase)。

1. 氧化阶段——产生还原型 NADPH

这个阶段包括六碳糖氧化脱羧形成五碳糖(核酮糖,ribulose)并使 $NADP^+$ 还原形成还原型 NADPH。氧化阶段共包括三步反应:

(1) 葡萄糖-6-磷酸在葡萄糖-6-磷酸脱氢酶(glucose-6-phosphate dehydrogenase)的作用下形成 6-磷酸葡萄糖酸-δ-内酯(6-phosphoglucono-δ-lactone)。该反应是分子内第 1 碳(C1)的羧基和第 5 碳(C5)的羟基之间发生酯化作用。酶的催化过程需要辅酶 $NADP^+$ 参加反应。

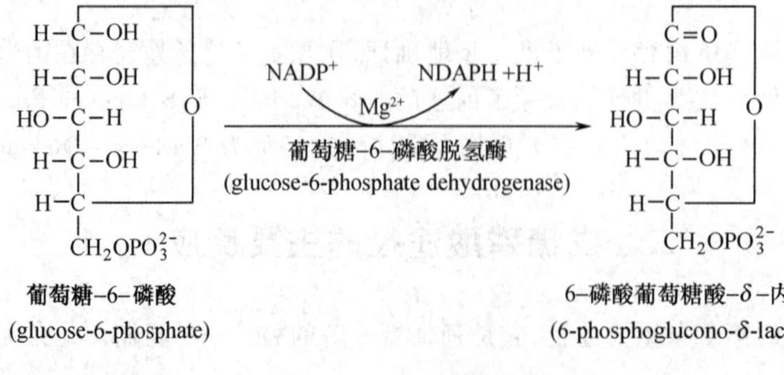

葡萄糖-6-磷酸 (glucose-6-phosphate) → 6-磷酸葡萄糖酸-δ-内酯 (6-phosphoglucono-δ-lactone)

葡萄糖-6-磷酸脱氢酶高度严格地以 $NADP^+$ 为电子受体。以 NAD^+ 为辅酶测得的 K_M 值相当于以 $NADP^+$

为辅酶的千倍。

(2) 6-磷酸葡萄糖酸-δ-内酯在一个专一内酯酶(lactonase)作用下水解,形成6-磷酸葡萄糖酸(6-phosphogluconate)。这是戊糖磷酸途径的第2步反应:

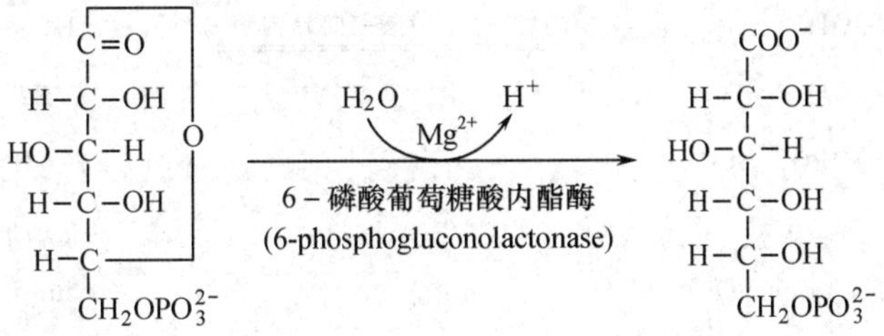

$$\text{6-磷酸葡萄糖酸-}\delta\text{-内酯} \xrightarrow[\text{6-磷酸葡萄糖酸内酯酶}]{H_2O, Mg^{2+}, H^+} \text{6-磷酸葡萄糖酸}$$

6-磷酸葡萄糖酸-δ-内酯
(6-phosphoglucono-δ-lactone)

6-磷酸葡萄糖酸
(6-phosphogluconate)

(3) 6-磷酸葡萄糖酸在6-磷酸葡萄糖酸脱氢酶(6-phosphogluconate dehydrogenase)作用下,氧化脱羧形成核酮糖-5-磷酸(ribulose 5-phosphate,简称 Ru5P)。这里参与反应的电子受体仍是 NADP$^+$。

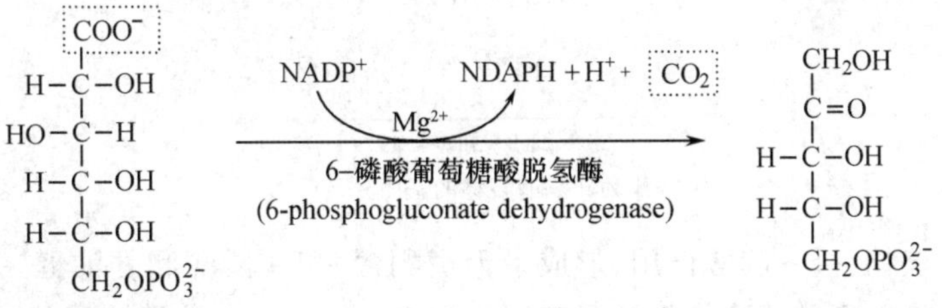

$$\text{6-磷酸葡萄糖酸} \xrightarrow[\text{6-磷酸葡萄糖酸脱氢酶}]{NADP^+, Mg^{2+}, NDAPH+H^+, CO_2} \text{核酮糖-5-磷酸}$$

6-磷酸葡萄糖酸
(6-phosphogluconate)

核酮糖-5-磷酸
(D-ribulose-5-phosphate)

6-磷酸葡萄糖酸脱氢酶也是专一地以 NADP$^+$ 为电子受体,催化的反应包括脱氢和脱羧步骤。

2. 非氧化反应阶段

全部戊糖磷酸途径除上述的三步反应外,都是非氧化反应。包括核酮糖-5-磷酸通过形成烯二醇中间步骤,异构化为核糖-5-磷酸。核酮糖-5-磷酸还通过差向异构形成木酮糖-5-磷酸,再通过转酮基反应和转醛基反应,将戊糖磷酸途径与糖酵解途径联系起来,并使葡萄糖-6-磷酸再生。

(1) 核酮糖-5-磷酸异构化为核糖-5-磷酸 核酮糖-5-磷酸在其异构酶(ribulose-5-phosphate isomerase)作用下,通过形成烯二醇中间产物,异构化为核糖-5-磷酸(ribose 5-phosphate):

$$\text{D-核酮糖-5-磷酸} \xrightleftharpoons[\text{核酮糖-5-磷酸异构酶}]{H^+} \text{烯二醇中间产物} \xrightleftharpoons{H^+} \text{D-核糖-5-磷酸}$$

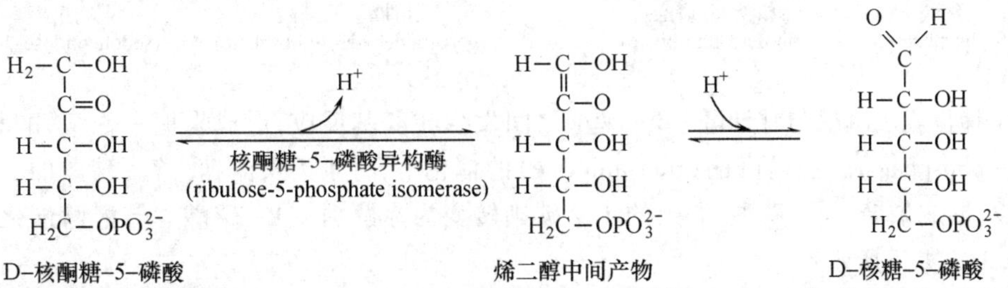

D-核酮糖-5-磷酸
(D-ribulose-5-phosphate)

烯二醇中间产物
(enediol intermediate)

D-核糖-5-磷酸
(D-ribose-5-phosphate)

上述反应和糖酵解过程中葡萄糖-6-磷酸转变为果糖-6-磷酸的反应以及二羟丙酮磷酸异构化为甘油醛-3-磷酸的反应都属于酮-醛异构化反应。它们都通过烯二醇中间产物步骤。

葡萄糖-6-磷酸通过三步氧化反应和一步异构化反应形成两分子 NADPH 和一分子核糖-5-磷酸。

(2) 核酮糖-5-磷酸转变为木酮糖-5-磷酸 核酮糖-5-磷酸在其差向异构酶(ribulose-5-phosphate

epimerase)作用下转变成核酮糖-5-磷酸的差向异构体(epimer)木酮糖-5-磷酸(xylulose-5-phosphate):

$$\begin{array}{c} CH_2OH \\ | \\ C=O \\ | \\ H-C-OH \\ | \\ H-C-OH \\ | \\ H_2C-OPO_3^{2-} \end{array} \xrightarrow{\text{核酮糖-5-磷酸差向异构酶}} \begin{array}{c} CH_2OH \\ | \\ C=O \\ | \\ HO-C-H \\ | \\ H-C-OH \\ | \\ H_2C-OPO_3^{2-} \end{array}$$

核酮糖-5-磷酸
(ribulose-5-phosphate)

木酮糖-5-磷酸
(xylulose-5-phosphate)

核酮糖-5-磷酸转变为差向异构体木酮糖-5-磷酸具有特别的生物学意义。因为酮糖(ketose)作为转酮酶(transketolase)的底物只有当其C3位羟基的构型(configuration)相当于木酮糖C3的构型时才起作用。核酮糖C3位羟基的构型不能满足转酮酶的要求。木酮糖的C1和C2构成转酮酶转移的基团:

$$\begin{array}{c} H_2C-OH \\ | \\ C=O \end{array}$$

木酮糖 C1 和 C2
作为转酮酶转移的基团

(3) 木酮糖-5-磷酸与核糖-5-磷酸作用,形成景天庚酮糖-7-磷酸和甘油醛-3-磷酸 木酮糖不仅具有转酮酶所要求的结构,还将戊糖磷酸途径与糖酵解途径联成一体。木酮糖经转酮酶的作用,将两碳单位(two-carbon unit)转移到核糖-5-磷酸上。结果木酮糖转变为甘油醛-3-磷酸,同时形成另外一个七碳产物,即景天庚酮糖-7-磷酸(sedoheptulose-7-phosphate):

$$\begin{array}{c} CH_2OH \\ | \\ C=O \\ | \\ HO-C-H \\ | \\ H-C-OH \\ | \\ CH_2OPO_3^{2-} \end{array} + \begin{array}{c} O\;\;H \\ \diagdown\!\!\diagup \\ C \\ | \\ H-C-OH \\ | \\ H-C-OH \\ | \\ H-C-OH \\ | \\ CH_2-OPO_3^{2-} \end{array} \xrightarrow[\text{(transketolase)}]{\text{转酮酶-TPP}} \begin{array}{c} O\;\;H \\ \diagdown\!\!\diagup \\ C \\ | \\ H-C-OH \\ | \\ CH_2OPO_3^{2-} \end{array} + \begin{array}{c} CH_2OH \\ | \\ C=O \\ | \\ OH-C-H \\ | \\ H-C-OH \\ | \\ H-C-OH \\ | \\ CH_2OPO_3^{2-} \end{array}$$

木酮糖-5-磷酸
(xylulose-5-phosphate)

核糖-5-磷酸
(ribose-5-phosphate)

甘油醛-3-磷酸
(glyceraldehyde-3-phosphate)

景天庚酮糖-7-磷酸
(sedoheptulose-7-phosphate)

(4) 景天庚酮糖-7-磷酸与甘油醛-3-磷酸之间发生转醛基反应,形成果糖-6-磷酸和赤藓糖-4-磷酸(erythrose-4-phosphate) 在转醛酶(transaldolase)的催化下,将景天庚酮糖-7-磷酸的3个碳单位转移给甘油醛-3-磷酸,形成果糖-6-磷酸,剩余的4个碳则转变为赤藓糖-4-磷酸。转醛酶催化转移的三碳单位(three-carbon unit),如下所示:

$$\begin{array}{c} H_2C-OH \\ | \\ C=O \\ | \\ HO-C- \end{array}$$

转醛酶转移的三碳单位

转醛酶催化的全部反应如下:

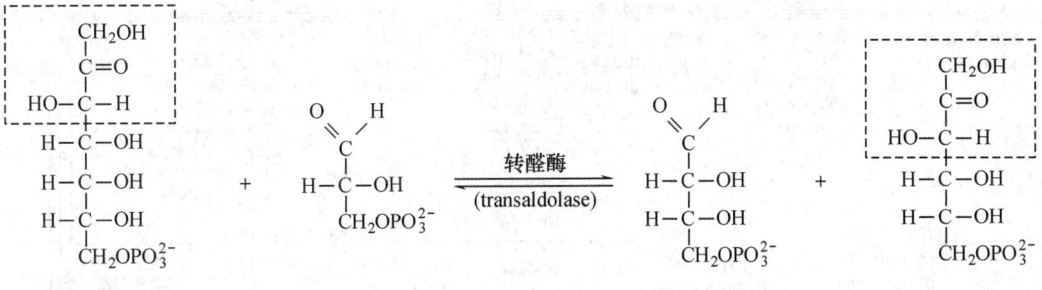

$$\text{景天庚酮糖-7-磷酸} + \text{甘油醛-3-磷酸} \xrightleftharpoons[\text{(transaldolase)}]{\text{转醛酶}} \text{赤藓糖-4-磷酸} + \text{果糖-6-磷酸}$$

(5) 木酮糖-5-磷酸和赤藓糖-4-磷酸作用形成甘油醛-3-磷酸和果糖-6-磷酸 这是戊糖磷酸途径的第2次转酮基反应。木酮糖-5-磷酸和赤藓糖-4-磷酸之间发生转酮基作用,生成糖酵解途径的两个中间产物:甘油醛-3-磷酸和果糖-6-磷酸。反应如下:

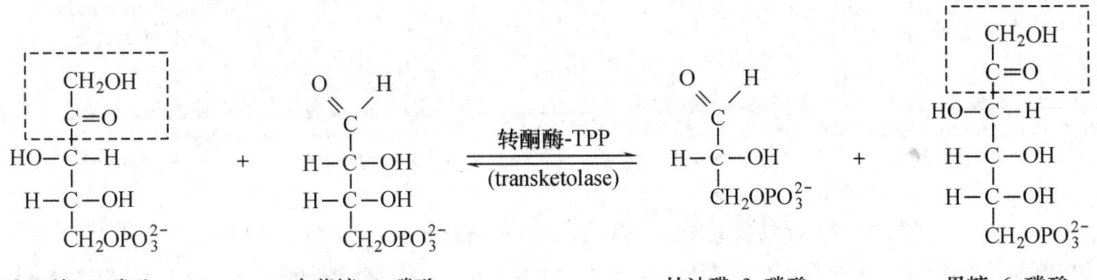

$$\text{木酮糖-5-磷酸} + \text{赤藓糖-4-磷酸} \xrightleftharpoons[\text{(transketolase)}]{\text{转酮酶-TPP}} \text{甘油醛-3-磷酸} + \text{果糖-6-磷酸}$$

由前述反应可看出,在转酮酶和转醛酶的作用下,戊糖磷酸途径和糖酵解途径之间的沟通主要是通过下列的碳原子的转换过程:

$$C_5 + C_5 \xrightleftharpoons[\text{(transketolase)}]{\text{转酮酶}} C_3 + C_7$$

$$C_7 + C_3 \xrightleftharpoons[\text{(transaldolase)}]{\text{转醛酶}} C_4 + C_6$$

$$C_5 + C_4 \xrightleftharpoons[]{\text{转酮酶}} C_3 + C_6$$

这些反应的结果由3分子五碳糖可产生2分子六碳糖和1分子三碳糖。这里提供2碳和3碳单位的糖永远是酮糖,接受此单位的则永远是醛糖。

通过上述的沟通,可产生更多的NADPH,使那些需要更多NADPH的细胞满足其对还原力的需要。

另一方面,果糖-6-磷酸可在磷酸葡萄糖异构酶(phosphoglucose isomerase)催化下转变为葡萄糖-6-磷酸。如果6个葡萄糖-6-磷酸分子通过戊糖磷酸途径后,每个葡萄糖-6-磷酸分子氧化脱羧失掉一个CO_2,最后失去了一个葡萄糖-6-磷酸分子,又生成了5个葡萄糖-6-磷酸分子。全部反应可用下式表示:

$$6\text{ 葡萄糖-6-磷酸} + 6H_2O + 12NADP^+ \longrightarrow 6CO_2 + 5\text{ 葡萄糖-6-磷酸} + 12NADPH + 12H^+ + Pi$$

由上式可看出通过戊糖磷酸途径使一个葡萄糖-6-磷酸分子全部氧化为6分子CO_2,并产生12个具有强还原力的分子即12个NADPH。但此反应不可能由1个葡萄糖-6-磷酸分子来完成,而是由6个葡萄糖-6-磷酸分子共同作用才能完成全部过程。

戊糖代谢的非氧化阶段,全部反应都是可逆的。这保证了细胞能以极大的灵活性满足自己对糖代谢中间产物以及大量还原力的需求。戊糖磷酸途径的总览以3个葡萄糖-6-磷酸分子为例如图22-2所示。

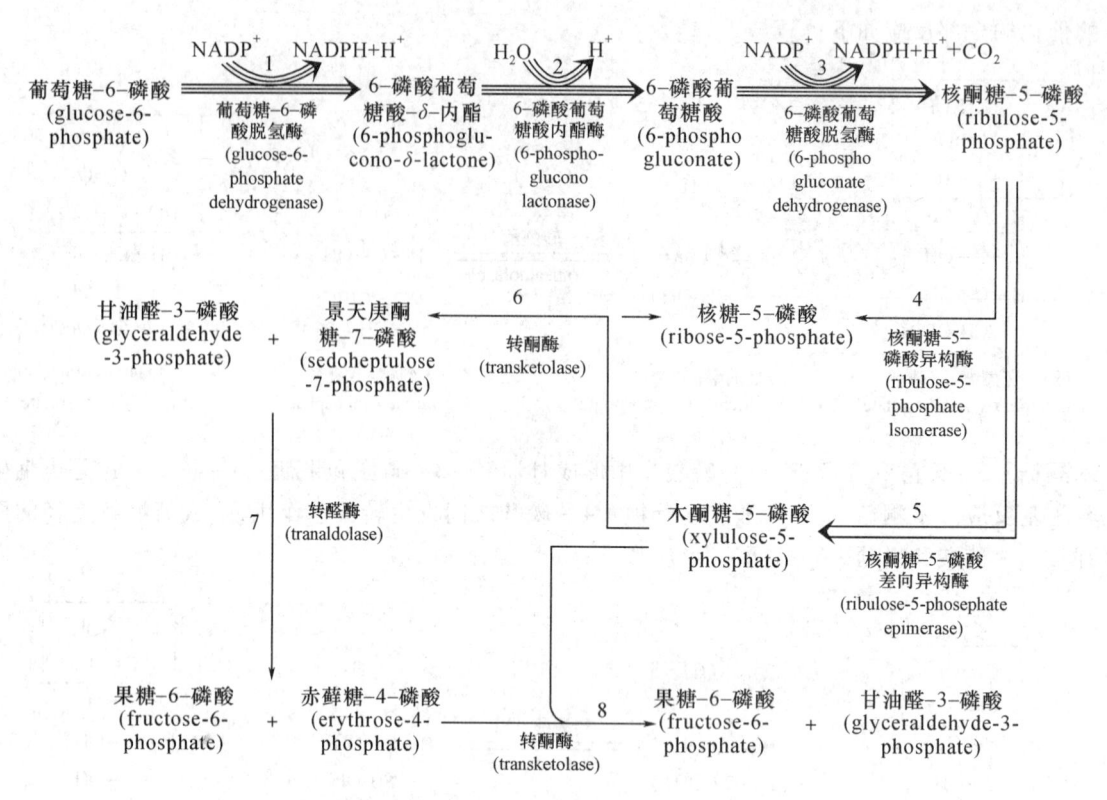

图 22-2　戊糖磷酸途径总览（以 3 分子葡萄糖-6-磷酸的转变为例）

图中带箭头的线条数表示在将 3 分子葡萄糖-6-磷酸转变为 3 分子 CO_2、2 分子果糖-6-磷酸、1 分子甘油醛-3-磷酸的 1 次轮回中所参加的分子数。图中还表明 3 分子葡萄糖-6-磷酸转变为 3 分子 CO_2、2 分子果糖-6-磷酸、1 分子甘油醛-3-磷酸，并将 6 个 $NADP^+$ 转变为 6 个 $NADPH + 6H^+$。为了容易理解，在反应箭头中用数字（1～8）表示出反应步骤

三、戊糖磷酸途径反应速率的调控

戊糖磷酸途径氧化阶段的第一步反应，即葡萄糖-6-磷酸脱氢酶催化的葡萄糖-6-磷酸的脱氢反应，实质上是不可逆的。在生理条件下属于限速反应（rate-limiting reaction），是一个重要的调控点。最重要的调控因子是 $NADP^+$ 的水平。因为 $NADP^+$ 在葡萄糖-6-磷酸氧化形成 6-磷酸葡萄糖酸 δ-内酯的反应中起电子受体的作用。形成的还原型 NADPH 与 $NADP^+$ 争相与酶的活性部位结合从而引起酶活性的降低，即竞争性地抑制葡萄糖-6-磷酸脱氢酶及 6-磷酸葡萄糖酸脱氢酶的活性。所以 $NADP^+$/NADPH 的比例直接影响葡萄糖-6-磷酸脱氢酶的活性。从营养充足的大白鼠肝脏细胞溶胶测得的 $NADP^+$/NADPH 的比值大约为 0.014，这个比值比 NAD^+ 和 NADH 的比值低若干个数量级。NAD 和 NADH 的比值在完全相同的条件下为 700。0.014 表明 $NADP^+$ 的水平只略高于 NADPH 水平。这表明，$NADP^+$ 的水平对戊糖磷酸途径的氧化阶段具有极明显的效果。只要 $NADP^+$ 的浓度稍高于 NADPH，即能够使酶激活从而保证所产生的 NADPH 及时满足还原性生物合成以及其他方面的需要。所以说 $NADP^+$ 的水平对戊糖磷酸途径在氧化阶段产生 NADPH 的速度和机体在生物合成时对 NADPH 的利用形成偶联关系。

如前所述，转酮酶和转醛酶催化的反应都是可逆反应。因此根据细胞代谢的需要，戊糖磷酸途径和糖酵解途径可以灵活地相互沟通。

戊糖磷酸途径中葡萄糖-6-磷酸的去路，可受到机体对 NADPH、核糖-5-磷酸和 ATP 不同需要的调节。可能有 3 种情况：

第1种情况是机体对核糖-5-磷酸的需要远远超过对NADPH的需要。这种情况可见于细胞分裂期,这时需要由核糖-5-磷酸合成DNA的前体——核苷酸。为了满足这种需要,大量的葡萄糖-6-磷酸通过糖酵解途径转变为果糖-6-磷酸以及甘油醛-3-磷酸。这时由转酮酶和转醛酶将2分子果糖-6-磷酸和1分子甘油醛-3-磷酸通过反方向戊糖磷酸途径反应转变为3分子核糖-5-磷酸。全部反应的化学计算关系可表示如下:

$$5\text{ 葡萄糖-6-磷酸} + ATP \longrightarrow 6\text{ 核糖-5-磷酸} + ADP + H^+$$

第2种情况是机体对NADPH的需要和对核糖-5-磷酸的需要处于平衡状态。这时戊糖磷酸途径的氧化阶段处于优势。通过这一阶段形成2分子NADPH和1分子核糖-5-磷酸。这一系列反应的化学计算关系可表示为:

$$\text{葡萄糖-6-磷酸} + 2NADP^+ + H_2O \longrightarrow \text{核糖-5-磷酸} + 2NADPH + 2H^+ + CO_2$$

第3种情况是机体需要的NADPH远远超过核糖-5-磷酸,于是葡萄糖-6-磷酸彻底氧化为CO_2。例如,脂肪组织[①]需要大量的NADPH作为还原力来合成脂肪酸(参看第29章脂质的生物合成)。组织对NADPH的需要促使以下3组反应活跃起来:首先,是由戊糖磷酸途径在氧化阶段形成2分子NADPH和1分子核糖-5-磷酸;第2组反应是核糖-5-磷酸由转酮酶和转醛酶转变为果糖-6-磷酸和甘油醛-3-磷酸;第3组反应是果糖-6-磷酸和甘油醛-3-磷酸,通过葡糖异生途径(见第23章)形成葡萄糖-6-磷酸。三组反应全过程的化学计算式可表示如下:

① $6\text{ 葡萄糖-6-磷酸} + 12NADP^+ + 6H_2O \longrightarrow 6\text{ 核糖-5-磷酸} + 12NADPH + 12H^+ + 6CO_2$

② $6\text{ 核糖-5-磷酸} \longrightarrow 4\text{ 果糖-6-磷酸} + 2\text{ 甘油醛-3-磷酸}$

③ $4\text{ 果糖-6-磷酸} + 2\text{ 甘油醛-3-磷酸} + H_2O \longrightarrow 5\text{ 葡萄糖-6-磷酸} + Pi$

以上3种反应的总反应式即是:

$$\text{葡萄糖-6-磷酸} + 12NADP^+ + 7H_2O \longrightarrow 6CO_2 + 12NADPH + 12H^+ + Pi$$

从物质的计量关系上看,1分子葡萄糖-6-磷酸可以完全被氧化为6分子CO_2,同时产生12个NADPH。实际上形成的核糖-5-磷酸又通过转酮基、转醛基和葡糖异生途径中的一些酶的作用又转变为葡萄糖-6-磷酸。

此外,由戊糖磷酸途径形成的核糖-5-磷酸还可转变为丙酮酸。丙酮酸又可进一步氧化产生ATP,也可用作生物合成中的结构元件。由核糖-5-磷酸形成的果糖-6-磷酸和甘油醛-3-磷酸都可进入糖酵解途径。所以既可产生ATP又可产生NADPH。

四、戊糖磷酸途径的生物学意义

可将戊糖磷酸途径的主要功能概括为以下两个方面:

1. 戊糖磷酸途径是细胞产生还原力(NADPH)的主要途径

生活细胞将获得的燃料分子经分解代谢将一部分高潜能的电子通过电子传递链传至O_2,产生ATP提供能量消耗的需要,另一部分高潜能的电子并不产生ATP,而是以还原力的形式供还原性生物合成的需要。NADPH分子不只是因为它的核糖单位的第2个碳原子上有一个磷酸基团而在结构上区别于NADH,它的功能在大多数生物化学反应中也和NADH根本不同。NADH的作用主要是通过呼吸链提供ATP分子,而NADPH在还原性生物合成中起氢负离子供体的作用。例如,肝脏、脂肪组织、授乳期的乳腺脂肪酸合成强劲的部位,肝脏、肾上腺、性腺等胆固醇和固醇类合成的部位都需要NADPH。(参看脂肪酸及胆固醇的生物合成);还可用于抵消氧自由基造成

[①] 脂肪组织的戊糖磷酸途径比肌肉的该途径活跃得多。这是用放射性同位素(^{14}C)分别标记葡萄糖分子的第1个碳原子(C1)和第6个碳原子(C6)并比较它们在两种组织中的代谢情况(观察CO_2的形成)所得到的结果。

的损伤在光合作用中戊糖磷酸途径的部分途径参加由 CO_2 合成葡萄糖的途径,由核糖核苷酸转变为脱氧核糖核苷酸等都需要 NADPH。

在脊椎动物的红细胞(red blood cells)中戊糖磷酸途径酶类的活性也很高。因为在红细胞中戊糖磷酸途径提供的还原力可保证红细胞中的谷胱甘肽(glutathion,GSSG)处于还原状态:

$$\underset{\substack{\text{谷胱甘肽}\\(\text{glutathione})}}{\text{GSSG}} + \text{NADPH} + \text{H}^+ \xrightarrow[(\text{glutathione reductase})]{\text{谷胱甘肽还原酶}} \underset{\substack{\text{还原型谷胱甘肽}\\(\text{reduced glutathione})}}{2\text{GSH}} + \text{NADP}^+$$

红细胞需要大量的还原型谷胱甘肽,一方面红细胞与还原型谷胱甘肽共用—SH 基团来维持其蛋白质结构的完整性;另一方面用于保护脂膜防止被过氧化物、过氧化氢等氧化;再一方面使维持红细胞内血红素的铁原子处于 2 价(Fe^{2+})状态;含有 Fe^{3+} 的高铁血红蛋白(methemoglobin)没有运输氧的功能。NADPH 水平的降低可使蛋白质发生变化,使脂质发生过氧化作用,使红细胞产生高血红素(Fe^{3+})。此外,眼球、角膜组织直接暴露于氧气环境易受氧自由基的侵害,都需要 NADPH 的保护。

有些人群,在我国多发生在南方,在国外多发生在黑人,因遗传缺陷葡萄糖-6-磷酸脱氢酶,他们的红细胞中 NADPH 浓度达不到需要水平,很容易患贫血症(anemia)。这种病人对具有氧化性的药物例如原奎宁、磺胺类药物(sulfa drugs)以及阿司匹林(aspirin)等药物过敏。他们的氧化红细胞内因缺乏 NADPH 保护而容易破裂,结果造成严重的溶血性贫血症(hemolytic anemia),表现为黄胆、尿呈黑色、血色素下降等症状,严重者甚至因大量红细胞破裂而导致死亡。

2. 戊糖磷酸途径是细胞内不同结构糖分子的重要来源,并为各种单糖的相互转变提供条件

三碳糖、四碳糖、五碳糖、六碳糖以及七碳糖的碳骨架都是细胞内糖类不同的结构分子,其中核糖及其衍生物作为 ATP、CoA、NAD^+、FAD、RNA 以及 DNA 等重要生物分子的组成部分,都来源于戊糖磷酸途径。核酸等的生物合成在生长、再生的组织例如骨髓、皮肤、小肠黏膜以及癌细胞中,其速度都是极高的,因此需要戊糖磷酸途径迅速地提供原料。

习 题

1. 如果在葡萄糖-6-磷酸的 C2 上作标记,在戊糖磷酸途径的产物果糖-6-磷酸的 C1 和 C3 都得到标记,请绘出标记 C 转变的过程。

[参看图 22-2 戊糖磷酸途径总览]

2. 用 ^{14}C 标记葡萄糖的 C6 原子,加入到含有戊糖磷酸途径的酶和辅助因子的体系中,请问放射性标记将在何处出现?

[标记将出现在核酮糖-5-磷酸的 C5 原子上]

3. 用 ^{14}C 标记核糖-5-磷酸的 C1 原子,加入到含有转酮酶、转醛酶、磷酸戊糖差向异构酶、磷酸戊糖异构酶和甘油醛-3-磷酸的溶液中,在赤藓糖-4-磷酸和果糖-6-磷酸中的放射性标记将怎样分布?

[果糖-6-磷酸的 C1 和 C3 将被标记,赤藓糖-4-磷酸不含放射性碳原子]

4. 写出由葡萄糖-6-磷酸到核糖-5-磷酸在不产生 NADPH 情况下的化学平衡式。

[5 葡萄糖-6-磷酸 + ATP ⟶ 6 核糖-5-磷酸 + ADP + H^+]

5. 写出葡萄糖-6-磷酸在不产生戊糖的情况下产生 NADPH 的化学平衡式?

[葡萄糖-6-磷酸 + 12$NADP^+$ + 7H_2O ⟶ 6CO_2 + 12NADPH + 12H^+ + Pi]

6. 戊糖磷酸途径受到怎样的调控?

7. 说明戊糖磷酸途径的生物学意义。

主要参考书目

[1] Greenberg D M. Metabolic Pathways. Vol. 1. New York and London：Academic Press，1960.

[2] Nelson D L, Cox M M. Lehninger Principles of Biochemistry. 4th ed. USA：Worth Publishers, 2005.

[3] Voet D, Voet J G, Prant C W. Fundamentals of Biochemistry. USA：John Wiley & Sons, 1999.

[4] Voet D, Voet J G. Biochemistry. 3rd ed. New York：John Wiley & Sons, 2004.

[5] Stryer L. Biochemistry. 5th ed. New York：W H Freeman & Comp, 2006.

[6] Adams M J, Ellis G H, Gover S, Naylor C E, Phillips C. Crystallographic study of coenzyme, coenzyme analogue and substrate binding in 6 - phosphogluconate dehydrogenase：implications for NADP specificity and enzyme mechanism. Structure, 1994, 2：651 - 668.

[7] Wood T. The Pentose Phosphate Pathway. USA：Academic Press, 1985.

（王镜岩）

第23章　葡糖异生和糖的其他代谢途径

一、葡糖异生作用

葡糖异生作用(gluconeogenesis)来源希腊语,genesis 是产生的意思,neo 是新,gluco 为葡萄糖,整体意思是产生新的葡萄糖,指的是以非糖物质作为前体合成葡萄糖的作用。它存在于所有的动、植物、真菌以及微生物。非糖物质包括乳酸、丙酮酸、丙酸、甘油以及某些氨基酸等,对于高等动物以及人类葡糖异生作用具有特别重要的意义。例如,人脑以葡萄糖作为主要燃料,对葡萄糖有高度的依赖性。红细胞也需要提供葡萄糖。成人脑每日大约需要 120 g 葡萄糖,占人体对葡萄糖每日总需要量(约为 160 g)的绝大部分。体液中的葡萄糖含量大约为 20 g,从糖原(glycogen)可随时提供的葡萄糖大约为 190 g。因此机体在一般情况下,体内的葡萄糖量足够维持一天的需要,但是如果机体处于饥饿状态,或膳食中葡萄糖量供应不足,以及肝糖原耗竭等情况,这时葡糖异生作用就显得特别重要。机体必须由非糖物质转化成葡萄糖提供急需。当机体处于剧烈运动时,也需要由非糖物质及时提供葡萄糖。除中枢神经系统和红细胞需直接提供葡萄糖外,肾髓质、睾丸、眼晶状体等组织也主要利用葡萄糖提供能量。机体必须将血糖维持在一定水平,才能使这些器官及时得到葡萄糖的供应。因此即使每日从膳食得到葡萄糖而且体内有储存的糖原,机体仍需不断地从非糖物质合成葡萄糖以保证不间断地将葡萄糖提供给那些主要依赖葡萄糖为能源的组织。在高等动物,葡糖异生作用主要存在于肝脏,肾皮质也有少许作用。形成的葡萄糖进入血流运送到其他组织。种子的幼苗能将贮存的脂肪和蛋白质转变为双糖即蔗糖提供给正在发育的植株,许多微生物则依靠葡糖异生作用存活在单纯的乙酸、乳酸或丙酸的环境中。

(一) 葡糖异生作用的途径

虽然葡糖异生作用的基本反应在所有生物体都是一致的,但不同种属以及不同组织之间都可能有差异。本章只介绍在哺乳动物肝脏中的反应过程。也涉及一些在植物中的调节特点。在糖酵解过程中,葡萄糖转变为丙酮酸成为糖代谢的中心途径,而由丙酮酸转变为葡萄糖又成为葡糖异生作用的中心途径。

1. 葡糖异生作用和糖酵解作用的关系

葡糖异生作用虽然所经历的途径绝大部分是糖酵解过程的逆反应,但并不完全相同。糖酵解作用是放能过程,其中有三步反应是不可逆的。即:① 由己糖激酶催化的葡萄糖和 ATP 形成葡萄糖-6-磷酸和 ADP,② 由磷酸果糖激酶催化的果糖-6-磷酸和 ATP 形成果糖-1,6-二磷酸和 ADP,③ 由丙酮酸激酶催化的磷酸烯醇式丙酮酸和 ADP 形成丙酮酸和 ATP 的反应。葡糖异生作用要利用糖酵解过程中的可逆反应步骤必须对上述 3 个不可逆过程采取迂迴措施绕道而行。

2. 葡糖异生对糖酵解的不可逆过程采取的迂迴措施

(1) 丙酮酸通过草酰乙酸形成磷酸烯醇式丙酮酸　该措施分两步进行:

① 丙酮酸在丙酮酸羧化酶(pyruvate carboxylase)催化下,消耗 ATP 分子的一个高能磷酸键形成草酰乙酸。丙酮酸羧化酶含有一个以共价键结合的生物素(biotin)作为辅基。生物素起 CO_2 载体的作用。生物素的末端羧基与酶分子的一个赖氨酸残基的 ε-氨基以酰胺键相连。使生物素和赖氨酸形成丙酮酸羧化酶的一个长摆臂:

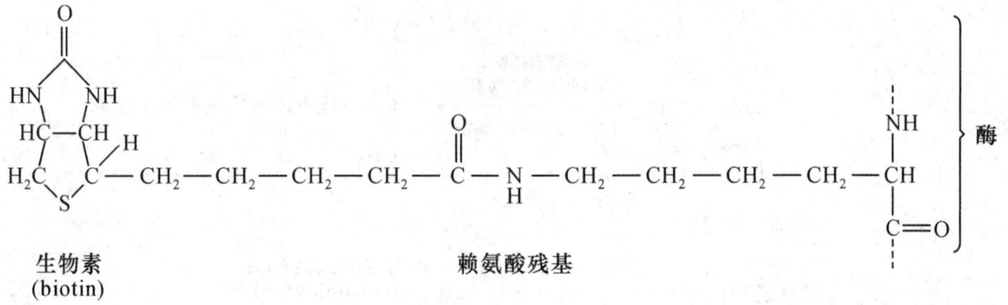

生物素 (biotin)　　　　　赖氨酸残基　　　　　　　　　　酶

丙酮酸的羧化分两步进行：

ⓐ 丙酮酸羧化酶在 ATP 参与下与 CO_2 结合使其成为活化形式。ATP 的水解推动此反应的进行：

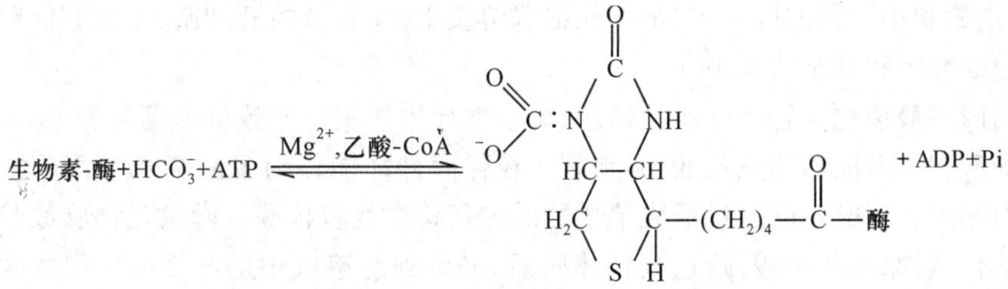

$$\text{生物素-酶} + HCO_3^- + ATP \xrightleftharpoons[]{Mg^{2+},\text{乙酰-CoA}} \text{活化生物素-酶} + ADP + Pi$$

上式表明：CO_2 以羧基形式结合到酶的辅基生物素环的 N1 原子上，形成活化羧基。此活化羧基水解的 $\Delta G'^{\ominus}$ = −19.7 kJ/mol(−4.7 kcal/mol)。因此，它的转移不需提供能量。

ⓑ 活化的羧基从羧化生物素转移到烯醇式丙酮酸上形成草酰乙酸：

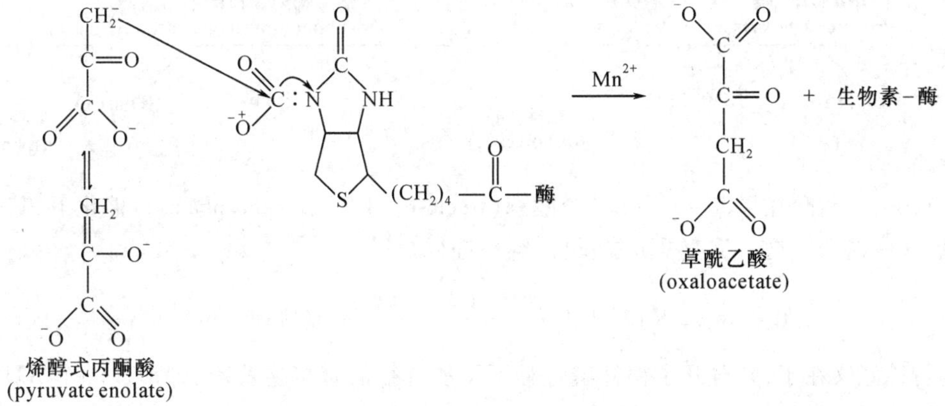

烯醇式丙酮酸 (pyruvate enolate)　　　　　　　　　　　草酰乙酸 (oxaloacetate)

丙酮酸羧化酶是存在于线粒体基质的酶，由 4 个相同亚基组成四聚体。每个亚基都与 Mg^{2+} 相结合。每个亚基的相对分子质量为 120 000。乙酰-CoA 是该酶强有力的别构激活剂(allosteric activator)。如果该酶不与乙酰-CoA 结合，则生物素不能羧化。

上述的总反应可用下式表示：

$$\text{丙酮酸} + CO_2 + ATP + H_2O \longrightarrow \text{草酰乙酸} + ADP + Pi + 2H^+$$

② 草酰乙酸在磷酸烯醇式丙酮酸羧激酶(phosphoenolpyruvate carboxykinase, PEPCK)催化下，形成磷酸烯醇式丙酮酸。该反应需消耗一个 GTP 分子，反应如下：

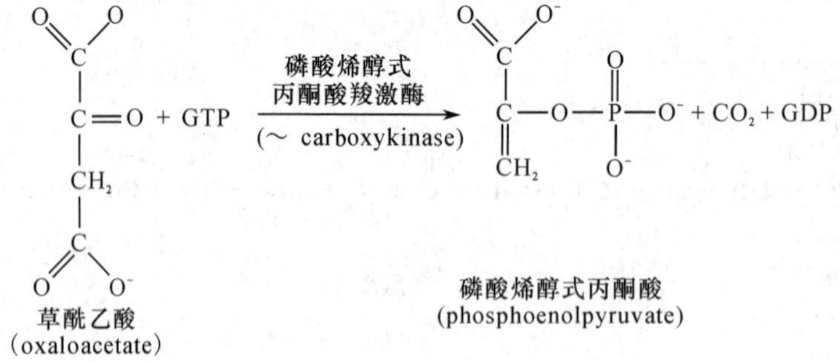

$$\underset{\text{草酰乙酸 (oxaloacetate)}}{\begin{matrix} \text{COO}^- \\ | \\ \text{C}=\text{O} \\ | \\ \text{CH}_2 \\ | \\ \text{COO}^- \end{matrix}} + \text{GTP} \xrightarrow[\text{(}\sim\text{ carboxykinase)}]{\text{磷酸烯醇式丙酮酸羧激酶}} \underset{\text{磷酸烯醇式丙酮酸 (phosphoenolpyruvate)}}{\begin{matrix} \text{COO}^- \\ | \\ \text{C}-\text{O}-\text{PO}_3^{2-} \\ \| \\ \text{CH}_2 \end{matrix}} + \text{CO}_2 + \text{GDP}$$

磷酸烯醇式丙酮酸羧激酶由一条单一肽链构成,其相对分子质量为740 000。该酶在不同生物的亚细胞内位置不同。例如,在大白鼠和小白鼠的肝细胞,全部在细胞溶胶中;鸟和兔的肝细胞,全部在线粒体中;豚鼠和人类,则比较均匀地分布在线粒体和细胞溶胶中。

在前述反应中的丙酮酸羧化酶是一种线粒体酶,而葡糖异生作用中导致形成葡萄糖-6-磷酸的其他酶都是细胞溶胶酶。由丙酮酸羧化形成的草酰乙酸,必须到线粒体膜外才能作为磷酸烯醇式丙酮酸羧激酶的底物被催化形成磷酸烯醇式丙酮酸。草酰乙酸通过形成苹果酸的途径跨过线粒体膜。草酰乙酸在线粒体内由与NADH相联的苹果酸脱氢酶催化,还原为苹果酸,跨过线粒体膜后,又由细胞溶胶中的与NAD$^+$相联的苹果酸脱氢酶再氧化形成草酰乙酸。

总结上述由丙酮酸转变为磷酸烯醇式丙酮酸的反应可表示如下:

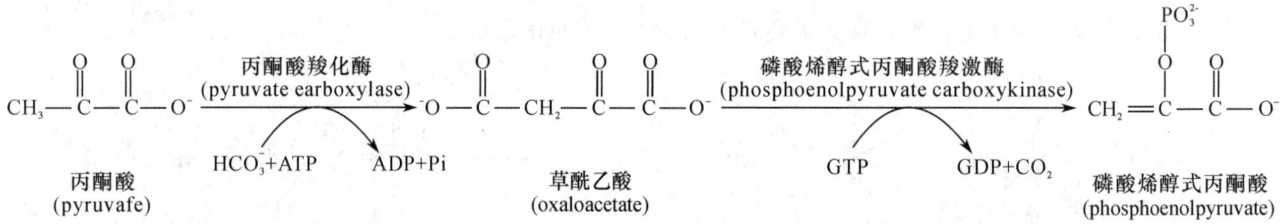

丙酮酸 (pyruvate) $\xrightarrow[\text{HCO}_3^-+\text{ATP} \quad \text{ADP+Pi}]{\text{丙酮酸羧化酶 (pyruvate carboxylase)}}$ 草酰乙酸 (oxaloacetate) $\xrightarrow[\text{GTP} \quad \text{GDP+CO}_2]{\text{磷酸烯醇式丙酮酸羧激酶 (phosphoenolpyruvate carboxykinase)}}$ 磷酸烯醇式丙酮酸 (phosphoenolpyruvate)

(2) 果糖-1,6-二磷酸在果糖-1,6-二磷酸酶(fructose-1,6-bisphosphatase)催化下,其C1位的磷酸酯键水解形成果糖-6-磷酸。这一反应是放能反应,容易进行。

$$\text{果糖-1,6-二磷酸} + \text{H}_2\text{O} \xrightarrow{\text{果糖-1,6-二磷酸酶}} \text{果糖-6-磷酸} + \text{Pi}$$

上述反应的特殊意义在于,它避开了糖酵解过程不可能进行的直接逆反应,即形成一个ATP分子和果糖-6-磷酸的吸能反应,将其改变为释放无机磷酸的放能反应。

(3) 葡萄糖-6-磷酸在葡萄糖-6-磷酸酶(glucose 6-phosphatase)催化下水解为葡萄糖。

$$\text{葡萄糖-6-磷酸} + \text{H}_2\text{O} \xrightarrow{\text{葡萄糖-6-磷酸酶}} \text{葡萄糖} + \text{Pi}$$

葡萄糖-6-磷酸酶是结合在光面内质网膜的一种酶。它的活性需有一种与Ca^{2+}结合的稳定蛋白(Ca^{2+}-bindingstabilizing protein)协同作用。葡萄糖-6-磷酸在转变为葡萄糖之前必须先转移到内质网内才能接受葡萄糖-6-磷酸酶的水解作用;形成的葡萄糖和无机磷酸,通过不同的转运途径又回到细胞溶胶中。

肝、肠和肾细胞内由葡萄糖-6-磷酸形成的葡萄糖进入血液,对维持血液中葡萄糖(血糖)浓度的平衡起着重要作用。脑和肌肉中不存在葡萄糖-6-磷酸酶,因此脑和肌肉细胞不能利用葡萄糖-6-磷酸形成葡萄糖。在肝脏中,葡糖异生作用所利用的主要物质是骨骼肌活动的产物乳酸和丙氨酸。当肌肉紧张活动时形成的乳酸随血流进入肝脏加工,以有利于减轻肌肉的繁重负担。

上述三步迂迴措施实际上是由不同的酶绕过了糖酵解中不可逆的三步反应。葡糖异生作用和糖酵解作用中酶的差异可用表23-1表明。

表 23-1 糖酵解和葡糖异生反应中的酶的差异

	糖酵解作用	葡糖异生作用
1	己糖激酶(hexokinase)	葡萄糖-6-磷酸酶(glucose-6-phosphatase)
2	磷酸果糖激酶(phosphofructokinase)	果糖-1,6-二磷酸酶(fructose-1,6-bisphosphatase)
3	丙酮酸激酶(pyruvate kinase)	丙酮酸羧化酶(pyruvate carboxylase) 磷酸烯醇式丙酮酸羧激酶 (phosphoenolpyruvate carboxykinase)

（二）葡糖异生途径总览

图 23-1 表明葡糖异生途径的全过程。为便于理解葡糖异生途径和糖酵解途径的关系，用糖酵解途径的次序和相反的箭头方向相对比。

（三）由丙酮酸形成葡萄糖的能量消耗及意义

由两分子丙酮酸形成一分子葡萄糖的总反应可用下式表示：

$$2\text{ 丙酮酸} + 4\text{ATP} + 2\text{GTP} + 2\text{NADH} + 6\text{H}_2\text{O} \longrightarrow$$
$$\text{葡萄糖} + 4\text{ADP} + 2\text{GDP} + \text{Pi} + 2\text{NAD}^+ + 2\text{H}^+$$

上述反应的 $\Delta G'^{\ominus} = -37.66$ kJ/mol(-9 kcal/mol)。

若完全走糖酵解的逆反应过程，可推算出如下的反应和能量消耗：

$$2\text{ 丙酮酸} + 2\text{ATP} + 2\text{NADH} + 2\text{H}_2\text{O} \longrightarrow \text{葡萄糖} + 2\text{ADP} + 2\text{Pi} + 2\text{NAD}^+$$

$\Delta G'^{\ominus} = +83.68$ kJ/mol($+20$ kcal/mol)（反应不可能进行）。

从上述两种不同途径的比较可看到，由葡萄糖经酵解途径形成丙酮酸可产生两个 ATP 分子。由丙酮酸合成葡萄糖需消耗 4 个 ATP 分子和两个 GTP 分子即 6 个高能磷酸键。总算起来，由丙酮酸再形成葡萄糖需消耗 4 个额外的高能键。这 4 个额外的高能磷酸键的能量即用于将不可能逆行的过程转变为可以通行的反应。此外，ATP 分子参加反应可改变反应的平衡常数。已知一个 ATP 分子参加到反应中或与某一反应相偶联可改变其平衡常数的系数为 10^8。如果有 n 个 ATP 分子参与反应，可使反应平衡比改变系数为 10^{8n}。因此葡糖异生作用中参与的 4 个额外的 ATP 分子，可使反应的平衡常数的系数变为 10^{32}。这又从另一个角度表明葡糖异生作用在热力学上是有利的。

（四）葡糖异生作用的调节

葡糖异生作用和糖酵解作用有密切的相互协调关系。如果糖酵解作用活跃，则葡糖异生作用必受一定限制。如果糖酵解的主要酶受到抑制，则葡糖异生作用的酶活性就受到促进。这种相互制约又相互协调的关系主要是受两种途径不同的酶活性和浓度的调节。每条途径的酶浓度和活性也都受到调控。此外底物浓度也起调节作用。葡萄糖的浓度对糖酵解起调节作用。乳酸浓度以及其他葡萄糖前体的浓度对葡糖异生起调节作用。下面着重讨论对几种酶的调节作用：

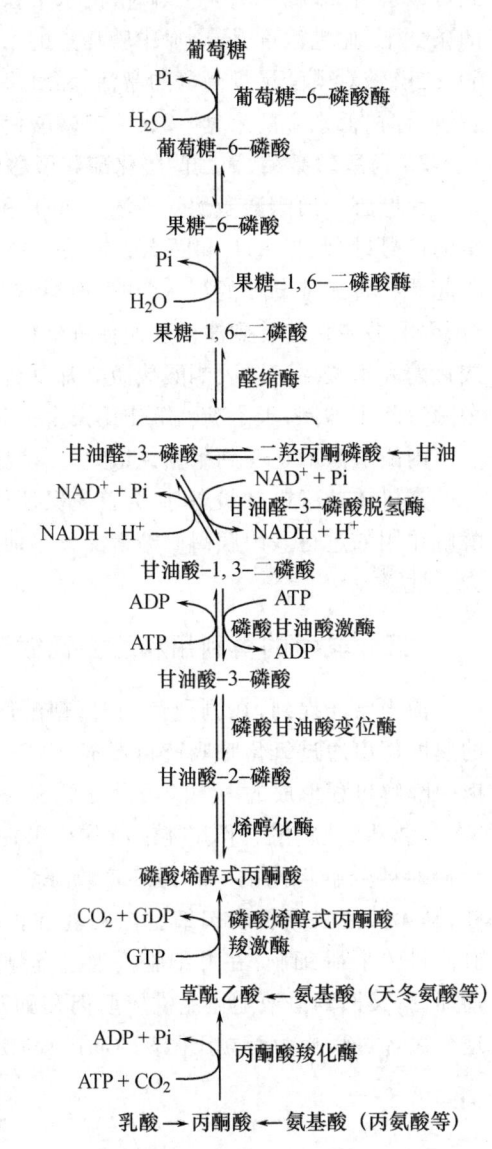

图 23-1 葡糖异生途径总览图
图中单箭头表示与糖酵解不同的反应途径，其他反应都属糖酵解过程的逆反应

1. 磷酸果糖激酶(PFK)和果糖-1,6-二磷酸酶的调节

AMP对磷酸果糖激酶有激活作用。当AMP浓度高时,表明机体需要合成更多的ATP。AMP刺激磷酸果糖激酶使糖酵解过程加速,同时制约果糖-1,6-二磷酸酶使葡糖异生作用不再进行。ATP和柠檬酸对磷酸果糖激酶都起抑制作用,当二者的浓度升高时,磷酸果糖激酶受到抑制从而降低糖酵解作用,同时柠檬酸还刺激果糖-1,6-二磷酸酶,通过它使葡糖异生作用加速进行。

当饥饿时,机体血糖含量下降,刺激血液中的胰高血糖素水平升高。胰高血糖素有启动cAMP级联反应的作用(关于级联反应请参看第26章糖原代谢的调节),使果糖二磷酸酶-2和磷酸果糖激酶-2都发生磷酸化,结果导致果糖二磷酸酶-2受到激活,同时磷酸果糖激酶-2受到抑制。磷酸果糖激酶-2是使果糖-6-磷酸转变为果糖-2,6-二磷酸(F-2,6-BP)的酶。果糖-2,6-二磷酸是一个信号分子(signal molecule),它对磷酸果糖激酶和果糖-1,6-二磷酸酶具有协同调节作用。果糖-2,6-二磷酸对磷酸果糖激酶具有强烈的激活作用,而对果糖-1,6-二磷酸酶有抑制作用;果糖-2,6-二磷酸酶使果糖-2,6-二磷酸水解形成果糖-6-磷酸。因此可以理解,果糖-2,6-二磷酸的水平在饥饿情况下对调节糖酵解和葡糖异生作用有特殊的重要意义。在饱食的条件下,血糖浓度升高,血中胰岛素的水平也升高,这时果糖-2,6-二磷酸的水平也随之升高。由于果糖-2,6-二磷酸对磷酸果糖激酶的激活,和对果糖-1,6-二磷酸酶的抑制,而加速糖酵解过程,并抑制葡糖异生作用。在饥饿时,低水平的果糖-2,6-二磷酸使葡糖异生作用处于优势。

2. 丙酮酸激酶、丙酮酸羧化酶和磷酸烯醇式丙酮酸羧激酶之间的调节

在肝脏中丙酮酸激酶受高浓度ATP和丙氨酸的抑制。高浓度的ATP和丙氨酸是能荷高和细胞结构元件丰富的信号,因此当ATP和丙酮酸等供生物合成所需的中间物充足时,糖酵解作用就受到抑制。催化由丙酮酸作为起始物合成葡萄糖的第一个酶,丙酮酸羧化酶受乙酰-CoA的激活和ADP的抑制,当乙酰-CoA的含量充分时,丙酮酸羧化酶受到激活从而促进葡糖异生作用。但如果细胞的供能情况不够充分,ADP的浓度升高,丙酮酸羧化酶和磷酸烯醇式丙酮酸羧激酶都受到抑制,而使葡糖异生作用停止进行。因这时的ATP水平很低,丙酮酸激酶解除了抑制,于是糖酵解作用又发挥其有效作用。

丙酮酸激酶还受到果糖-1,6-二磷酸的正反馈激活作用,也加速糖酵解作用的进行。

当机体处于饥饿状态时,为首先保证供应脑和肌肉足够的血糖,肝脏中的丙酮酸激酶受到抑制从而限制了糖酵解作用的进行。因胰高血糖素的分泌加强,进入血液后激活cAMP的级联效应使丙酮酸激酶由于磷酸化而失去活性。

(五)乳酸的再利用和可立氏循环

前面已经提到,在剧烈运动时,糖酵解作用产生NADH的速度超出通过氧化呼吸链再形成NAD^+的速度。这时肌肉中酵解过程形成的丙酮酸由乳酸脱氢酶转变为乳酸以使NAD^+再生,使糖酵解作用能继续作用以提供ATP。乳酸属于葡萄糖分解代谢的一种最终产物,除了再转变为丙酮酸外,别无其他去路。肌肉细胞内的乳酸扩散到血液并随着血流进入肝脏细胞,在肝细胞内通过葡糖异生途径转变为葡萄糖,又回到血液随血流供应肌肉和脑对葡萄糖的需要。这个循环过程称为可立氏循环(Cori cycle)(图23-2)。

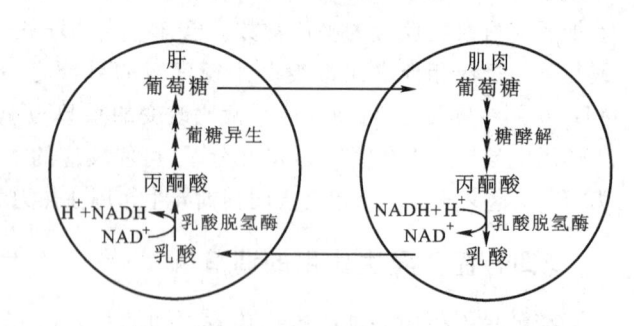

图23-2 可立氏循环(Cori cycle)示意图

二、糖的其他代谢途径

糖的种类很多,不能一一列举其代谢途径,此处仅以乳糖的生物合成与分解为例,作简要介绍。

1. 乳糖的生物合成

乳糖是半乳糖和葡萄糖以 β-1,4-糖苷键连接的双糖。它的合成需要活化的半乳糖作为供体,葡萄糖作为受体。活化形式的半乳糖即 UDP-半乳糖,来源于 UDP-葡萄糖。首先半乳糖在半乳糖激酶(galactokinase)的催化下,由 ATP 提供磷酸基团形成半乳糖-1-磷酸:

$$D-半乳糖 + ATP \xrightarrow{半乳糖激酶 (galactokinase)} 半乳糖-1-磷酸 + ADP$$

在半乳糖-1-磷酸转移酶的催化下,UDP-葡萄糖的尿苷酰基转移到半乳糖-1-磷酸分子上,形成 UDP-半乳糖:

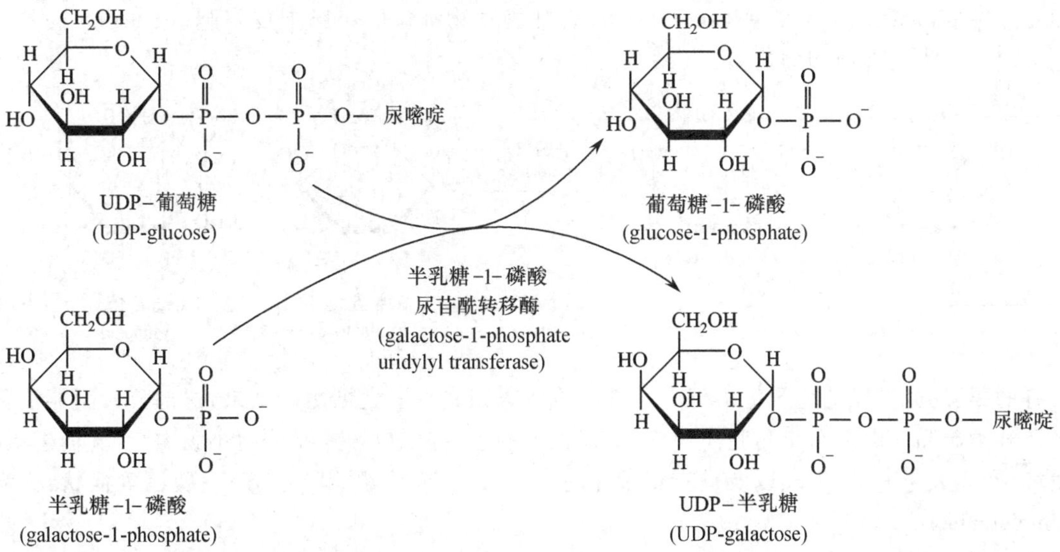

乳糖合成于哺乳动物授乳期的乳腺中。催化乳糖合成的酶为乳糖合酶(lactose synthase)。它是一种特殊的酶,由两个亚基组成,一个是能单独起催化作用的催化亚基,称为半乳糖基转移酶(galactosyl transferase),单独存在于多种组织。在一般情况下,它的作用主要是在糖蛋白的合成中,催化 UDP-半乳糖的半乳糖基向 N-乙酰葡糖胺(N-acetylglucosamine)分子上转移,产物是 N-乙酰乳糖胺(N-acetyllactosamine),它是许多复杂寡糖的组成分;而以葡萄糖作为转移受体的活性极小。

乳糖合酶的另一个亚基是存在于乳腺中的一种没有活性的 α-乳清蛋白(α-lactalbumin)。它一旦与半乳糖基转移酶结合,其专一性就发生改变,不再以 N-乙酰葡糖胺作为半乳糖基的受体,而以葡萄糖为受体,从而产生乳糖。

上述酶的催化反应可表示如下:

1. 非乳腺组织

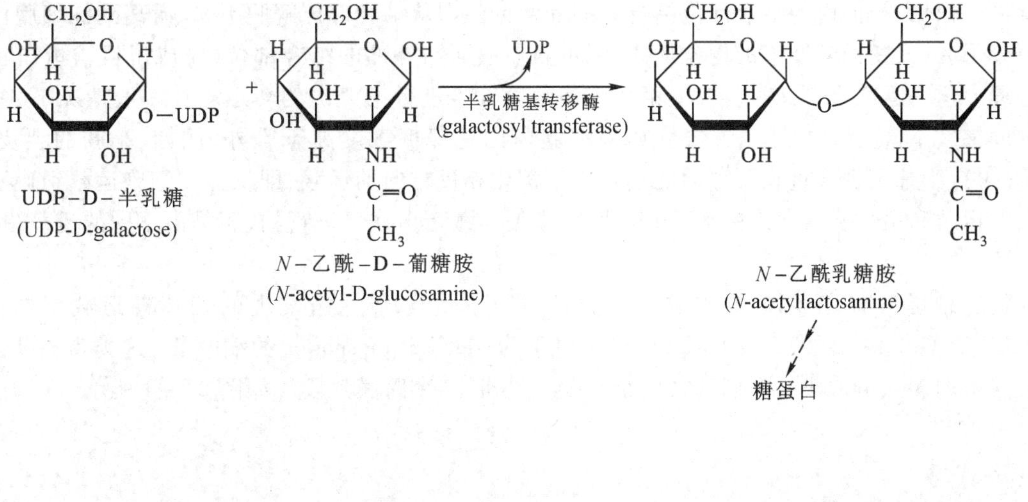

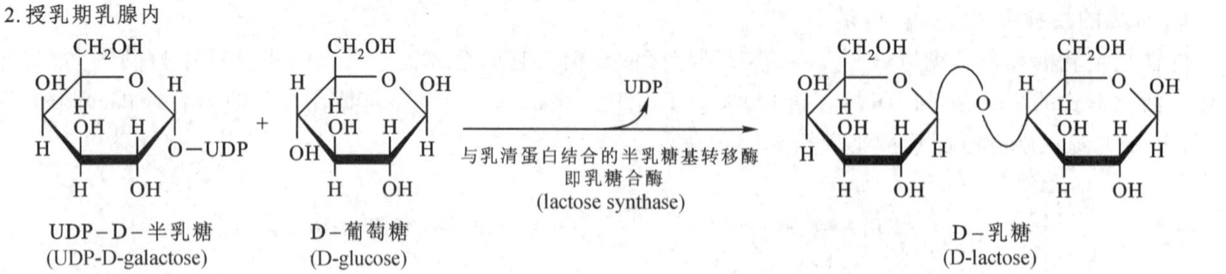

2. 授乳期乳腺内

[UDP-D-半乳糖 (UDP-D-galactose) + D-葡萄糖 (D-glucose) →(与乳清蛋白结合的半乳糖基转移酶即乳糖合酶 lactose synthase, -UDP) D-乳糖 (D-lactose)]

2. 乳糖的分解

分解乳糖的酶称为乳糖酶（lactase），又称 β-D-半乳糖苷酶（β-D-galactosidase）。乳糖酶以及其他水解双糖的酶如麦芽糖酶（maltase）、蔗糖酶（sucrase）等，在哺乳动物都位于小肠上皮细胞（epithelial cells）的外表面。乳糖酶催化乳糖水解为半乳糖和葡萄糖：

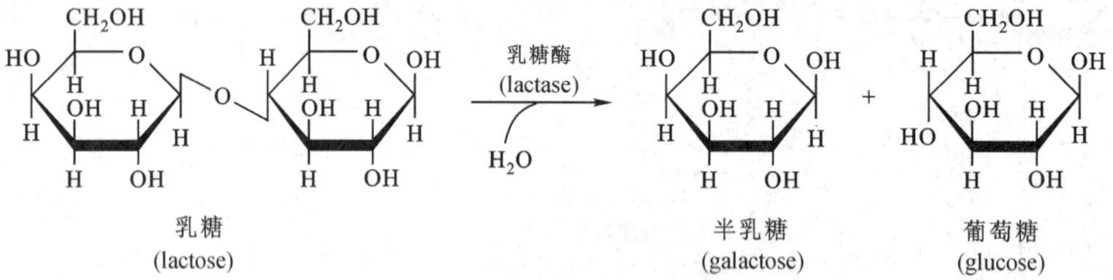

[乳糖 (lactose) →(乳糖酶 lactase, H_2O) 半乳糖 (galactose) + 葡萄糖 (glucose)]

几乎所有的婴、幼儿都能消化乳糖。但有一部分成年人则失去了乳糖酶。结果，这部分人不能消化乳糖而不能接受牛乳及乳类制品。乳糖在小肠腔内积累，引起强烈的渗透效应，导致流体向小肠内流；乳糖进入结肠后，又受到细菌发酵，产生大量的 CO_2、H_2 以及具有刺激性的有机酸，引起腹胀、排气、腹痛、腹泻等症状，称为乳糖不耐症（lactose intolerance）。

三、葡萄糖出入动物细胞的特殊运载机构

葡萄糖出入细胞质膜（palsma membrane）并不是简单的扩散作用，而是靠葡萄糖的特殊运送机构，称为葡萄糖运载蛋白（glucose transporter）。运载蛋白对葡萄糖的转运速度是简单扩散的 50 000 倍。用红细胞进行的研究对了解细胞的运输机制起到了关键性的作用。红细胞的跨膜运载蛋白往复进行着两种形式的构象变化。在一种构象状态下，运载蛋白的葡萄糖结合部位（glucose-binding site）面向细胞质膜的外面，在另一种构象状态下，其结合部位则变为面向质膜内面。当面向外面的结合部位与葡萄糖结合后即引起运载蛋白发生构象变化，使结合着的葡萄糖分子从原来面向外的结合部位转移到新形成的面向内的结合部位。这种转换并不是整个蛋白质分子的翻转而只是由于构象的变化。葡萄糖分子由于两种不同构象的转换，完成了它的跨膜转移。面向细胞内面的结合部位失去作用，与向内的结合部位结合着的葡萄糖随即从结合部位解脱下来，游离到红细胞内。运载蛋白失去葡萄糖分子后，又变回到原来的构象形式，又重新形成面向外部的结合部位，完成了运输蛋白转运葡萄糖的一次循环过程。这一运载蛋白又可再接受第 2 个葡萄糖分子进行第 2 次的转运。在一般情况下，葡萄糖的转运是一种顺浓度梯度下降形式的运载方式。如果细胞内的葡萄糖浓度高于胞外，例如，小肠的上皮细胞（intestinal epithelial cell），则葡萄糖通过相反方向的运载蛋白催化相反方向的运载：即从上皮细胞运载到血液。葡萄糖由质膜外向内的运载和由质膜内向外的运载是由同一类型运载蛋白往复进行的，还是由不同的运载蛋白执行，目前尚未彻底明了。

葡萄糖运载蛋白有许多种，在结构和功能上属于一个家族。已发现的葡萄糖运载蛋白命名为 GLUT1，GLUT2，GLUT3，GLUT4，GLUT5 及 GLUT7 等（GLUT 为 glucose transporter 的缩写）。这类蛋白质由一条约为 500 个氨基酸残基的多肽链构成。它们的共同结构要点是有 12 个跨膜片段。如图 23-3 所示。

目前已知的不同运载所起的作用有以下一些不同情况。

① CLUT 1 和 GLUT 3 几乎存在于所有哺乳类细胞，负责基本的葡萄糖摄取：两种运载蛋白对葡萄糖的 K_M 值约为 1 mmol/L。一般血清的葡萄糖浓度为 4~8 mmol/L，因此这两种运载蛋白不断地以稳定的速度运转葡萄糖到细胞内。

② GLUT2 存在于肝脏和胰腺的 β 细胞。它的特点是对葡萄糖的 K_M 值特别高，可达 15~20 mmol/L；葡萄糖进入该组织的速度和血糖的水平成正比。胰腺依据葡萄糖浓度的高低调整胰岛素的分泌。GLUT2 的高 K_M 值还保证，只有当葡萄糖非常充足时，才迅速进入肝细胞。当血糖浓度低时，葡萄糖则先进入脑、肌肉以及其他 K_M 值低于肝细胞的组织。

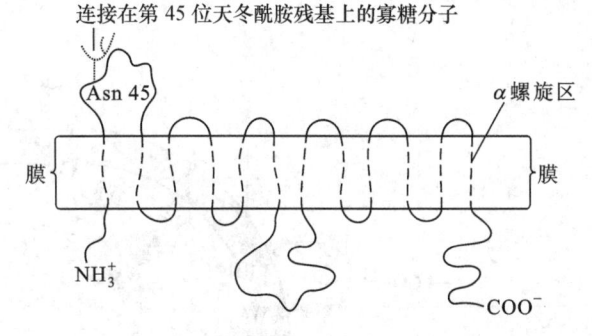

图 23-3 葡萄糖运载蛋白的结构示意图
注：虚线表示 α 螺旋区，都是跨膜螺旋

③ GLUT4 主要存在于肌肉和脂肪细胞。它的 K_M 值为 5 mmol/L。在摄食充足的情况下，胰岛素作为一种信号使质膜上的 GLUT4 运载蛋白的数量增加。

④ GLUT5 存在于小肠细胞。它是 Na^+ 和葡萄糖的共同运载蛋白（Na^+-glucose symporter），负责从肠腔吸收葡萄糖。这种共同运载蛋白将葡萄糖从肠腔吸收到小肠的上皮细胞。在细胞质膜内侧的 GLUT5 又将葡萄糖释放到血液中。

⑤ HLUT7 位于内质网膜，运载葡萄糖-6-磷酸进入内质网内。

四、糖蛋白的生物合成

人体内的蛋白质有 1/3 以上属于糖蛋白。由于糖蛋白在结构上的多样性和复杂性，增添了其生物合成的复杂性。糖蛋白中的肽链部分是在核糖体合成的，将在第 33 章蛋白质的生物合成中讨论。本章只着重介绍糖链的合成。

前面已经介绍过，糖蛋白中的寡糖链与多肽链的连接主要有两种类型，称为 N-连接型（N-连型）和 O-连接型（O-连型）。此外还有一种连接类型称为糖基磷脂酰肌醇连接型。这里只简要讨论 N-连型和 O-连型的合成。

1. N-连寡糖的生物合成概貌

N-连寡糖开始在内质网合成，随后在高尔基体加工。全部合成可大致分为 4 步：

第 1 步：合成以酯键相连的寡糖前体

第 2 步：将前体转移到正在增长着的肽链上。

第 3 步：除去前体的某些糖单位

第 4 步：在剩余的寡糖核心上再加入另外的糖分子。

N-连寡糖最初形成时是以一个长链多萜醇又称长醇作为载体。长醇往往含有 14~24 个异戊二烯单元。它以焦磷酸为桥通过酯链与寡糖分子相连，形成前体。长醇起锚定作用。

糖蛋白中的寡糖分子虽然多种多样，但合成时都经过一个共同的寡糖前体（又称核心）过程，寡糖中的单糖单位是由各种高度专一的糖基转移酶（glycosyl transferase）一个个地加到不断增长着的糖脂上。全部合成过程如图 23-4 所示。

由图 23-4 可见，参加寡糖前体的组分有 N-乙酰葡糖胺（2 分子）、甘露糖（9 分子）、葡萄糖（3 分子）和长醇。整个合成过程是相当复杂的，此处不详述。

N-连寡糖从长醇链上转移到蛋白质的多肽链是在多肽链的合成过程中就开始了。

糖蛋白中寡糖部分的加工开始于内质网，完成于高尔基体。根据 N-连寡糖的差异，又可将寡糖部分划分为几种类型。这都说明寡糖部分的复杂性。

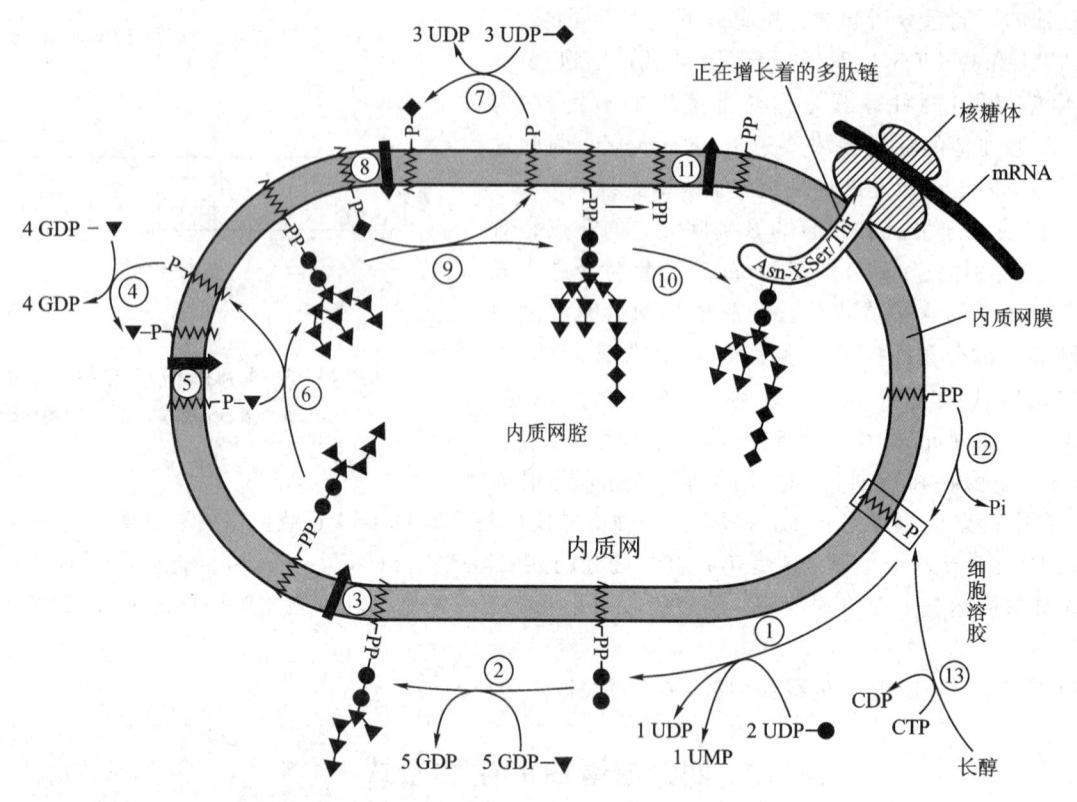

图 23-4 寡糖前体——长醇焦磷酸寡糖的合成途径

◆代表葡萄糖(glucose, Glc); ▼代表甘露糖(mannose, Man); ●代表 N-乙酰葡糖胺(N-acetylglucosamine, NAG); ∿∿∿-PP代表长醇焦磷酸(dolichol pyrophosphate)

图中①,2分子UDP-NAG连续加到长醇磷酸上形成长醇-PP-(NAG)$_2$;② 5分子GDP-Man加到长醇-PP-(NAG)$_2$上,形成长醇-PP-(NAG)$_2$-(Man)$_5$,并形成分支;③ 在内质网的细胞溶胶侧形成的上述分子"翻转"到内质网腔内;④ 细胞溶胶侧由GDP-Man和长醇-P合成长醇-P-Man;⑤ 长醇-P-Man跨过内质网膜到内质网腔;⑥ 4个长醇-P-Man上的甘露糖基再加到长醇-PP-(NAG)$_2$-(Man)$_5$分子上;⑦ 在细胞溶胶侧由UDPG和长醇-P合成长醇-P-Glc;⑧ 长醇-P-Glc跨膜进入内质网腔;⑨ 再由3个长醇-P-Glc加入3分子葡萄糖;⑩ 将形成的寡糖分子从长醇-PP转移到多肽链具有Asn-X-Ser/Thr序列的Asn上,同时释出长醇-PP;⑪ 长醇-PP由面向内质网腔转向膜的外面;⑫ 长醇-PP水解形成长醇-P;⑬ 长醇-P由另外的途径即长醇和CTP形成

N-连寡糖对多肽链的连接点有严格的要求,与其形成糖苷键的氨基酸残基一定是天冬酰胺(Asn);而且与Asn相隔的氨基酸必须是丝氨酸(Ser)或苏氨酸(Thr),而与其相邻的氨基酸是除脯氨酸(Pro)和天冬氨酸(Asp)以外的任何氨基酸。这段序列可写为-Asn-X-Ser-或-Asn-X-Thr-,为寡糖转移酶所识别。但由于肽链构象等原因,在全部肽链中的-Asn-X-Ser/Thr-序列中,只有约1/3能够与寡糖链结合。

寡糖的加工在内质网特别在高尔基体经过复杂的途径,其中主要的加工过程是除去某些单糖分子,如葡萄糖残基、甘露糖残基等,又根据需要加入N-乙酰葡糖胺、半乳糖、岩藻糖以及唾液酸等分子。最后完成的糖蛋白分子在高尔基体的外侧网络进行分类并准备转移到细胞的相关部位。

2. O-连寡糖的生物合成概貌

O-连寡糖是先合成蛋白质的多肽链,然后合成寡糖链;所以是翻译后加工形成。O-连寡糖链是由酶促连续地向已完成的多肽链上逐个加入单糖单位形成的。合成的开始是在称为多肽-O-N-乙酰半乳糖胺转移酶(polypeptide-O-GalNAc transferase)的催化下,UDP-N-乙酰半乳糖胺(UDP-GalNAc)上的N-乙酰半乳糖胺转移到多肽链的丝氨酸或苏氨酸残基上,然后由相应的糖基转移酶催化将半乳糖、唾液酸、N-乙酰葡糖胺、岩藻糖等根据需要逐步地加上去。不同糖蛋白O-糖基化的地点并不一致,有的在内质网,有的在内质网-高尔基体中间结构,有的在内侧高尔基体;但外侧糖基的添加都是在高尔基体完成的。

O-连寡糖在合成时也有核心形成,它的核心类型较多,此处不多讨论。

五、糖蛋白糖链的分解代谢

糖蛋白的分解代谢是在溶酶体进行的,彻底降解需要蛋白水解酶和糖苷酶联合作用。N-连糖蛋白的水解先从裸露在外的肽链开始。肽链的降解为 N-糖链的水解提供空间。当肽链和糖链分开后,两部分即分别进行降解。糖链的糖基由不同的外切糖苷酶从非还原端逐个将糖基单位水解脱下。肽链上剩余的个别 N-乙酰葡糖胺残基则被专一的糖肽水解酶降解脱下。肽链则被蛋白水解酶降解。

O-连糖蛋白的水解根据糖链的密集程度不同,其多肽链和寡糖链的水解可同时进行,也可先后不同,和肽链的暴露情况直接有关。

习 题

1. 糖酵解、戊糖磷酸途径和葡糖异生途径之间如何联系?
2. 鸡蛋清中有一种对生物素亲和力极强的抗生物素蛋白。它是含生物素酶的高度专一的抑制剂,请考虑它对下列反应有无影响?
   (1) 葡萄糖——→丙酮酸　　(2) 丙酮酸——→葡萄糖　　(3) 核糖-5-磷酸——→葡萄糖　　(4) 丙酮酸——→草酰乙酸
3. 计算从丙酮酸合成葡萄糖需提供多少高能磷酸键? [6 个]
4. 为什么有人不能耐受乳糖,而乳婴却靠乳汁维持生命?
5. 糖蛋白中寡糖与多肽链的连接形式主要是哪两种类型?它们的连接是否有规律性?
6. N-连寡糖和 O-连寡糖的生物合成各有何特点?

主要参考书目

[1] Nelson D L, Cox M M. Lehninger Principles of Biochemistry. 3 rd ed. New York:Worth Publishers, 2000.
[2] Voet D. Voet J G, Prant C W. Fundamentals of Biochemistry. New York:John Wiley & Sons, 1999.
[3] Voet D,Voet J G. Biochemistry. 3rd ed. New York:John Wiley & Sons,2004
[4] Stryer L. Biochemistry. 5th ed. New York:W H Freeman & Comp,2006.
[5] Hames B D, Hooper N M. Instant Notes Biochemistry. 2 nd ed. Oxford: Bios Scientific Publishers Limited, 2000.
[6] Hers H G, Hue L. Gluconeogenesis and related aspects of glycolysis. Annu Rev Biochem, 1983, 52: 617-653.
[7] Knowles J R. The mechanism of biotin-dependent enzymes. Annu Rev Biochem, 1989, 58:195-221.
[8] Krauss-Friedman N. Hormonal Control of gluconeogenesis. Vols Ⅰ、Ⅱ. USA: CRC Press, 1986.
[9] Shulman G I. Quantitation of hepatic gluconeogenesis in fasting humans with ^{13}C NMR. Science,1991, 254: 573-576.
[10] Lodish H F. Transport of secretory and membrane glycoproteins from the rough endoplasmic reticulum to the Golgi. J Biol Chem, 1988,263: 2107-2110.
[11] Hirschberg C B, Snider M D. Topography of glycosylation in the rough endoplasmic reticulum and the Golgi apparatus. Annu Rev Biochem, 1987,56:63-87.
[12] Ferguson M A I. Glycosyl-phosphatidylinositol membrane anchors: The tale of a tail. Biochem Sec Trans, 1992, 20:243-256.
[13] Kornfeld R, Kornfeld S. Assembly of asparagine-linked oligosaccharides. Annu Rev Biochem, 1985,54: 631-664.

(王镜岩)

第 24 章　糖原的分解与合成代谢

糖原(glycogen)是贮存能量而且容易动员的多糖。它是葡萄糖高效能的贮存形式。脊椎动物从膳食中食入的葡萄糖大约有 2/3 在体内转化为糖原。糖原降解的产物是葡萄糖-1-磷酸(glucose-1-phosphate)。它降解的实质是其葡萄糖残基的磷酸解。磷酸解只需要磷酸参与反应,不需要消耗 ATP。糖原分子的 90% 降解为葡萄糖-1-磷酸,其余的 10% 则成为游离的葡萄糖分子。葡萄糖-1-磷酸在进一步分解前先转变为葡萄糖-6-磷酸,也不消耗 ATP 分子。糖原降解产生的游离葡萄糖若转变为葡萄糖-6-磷酸则需消耗 1 个 ATP 的高能磷酸键。若贮存一个葡萄糖-6-磷酸分子也只消耗约 1 个 ATP 高能键稍多的能量。而葡萄糖-6-磷酸彻底氧化为 CO_2 和水则可产生约 31 个 ATP 的高能键。因此葡萄糖转变为贮存形式的糖原大约可收到高达 97% 的效益。

体内的贮脂比糖原丰富得多,为什么机体要选择糖原作为不可缺少的贮能物质？可能有三重意义:① 肌肉不可能像动员糖原那样迅速地动员贮脂;② 脂肪不可能在无氧条件下进行分解代谢;③ 动物不能将脂肪酸转变为葡萄糖的前体,因此单纯的脂肪酸代谢不可能维持血糖的正常水平。

机体贮存糖原的器官主要是肝脏和肌肉。肝中的糖原约占湿重的 7%~10%;肌肉中约占湿重的 1%~2%。因肌肉的总重量比肝脏重得多,因此肌肉中糖原的贮量反而超过肝脏。肌肉中的糖原主要提供运动时的需要,它的动员不如肝脏来得迅速。因此肝脏中的糖原在维持血糖水平的稳定中起着重要作用。饥饿时机体首先动员的也是肝糖原。血糖水平的稳定对确保机体细胞执行正常功能具有重要意义,正常人血糖水平(空腹)一般为每 100 毫升血液含 80 mg 葡萄糖(80 mg/100 mL),相当于 4.5 mmol/L。饥饿时肝糖原可在 1~2 天内下降至正常含量的 10%。人在晚餐后直至第二天清晨肝脏能够提供大约 100g 葡萄糖。人脑消耗的能量约占全身总能耗的 20% 以上。脑在正常情况下只利用葡萄糖作为能源。每天的需要量大约为 140 g,主要来源于血糖,当然脑内也含有少量的糖原以及水解、合成和调节糖原代谢的各种酶。

糖原在供能前必须先降解为葡萄糖。这和植物细胞内的淀粉一样。糖原和淀粉的降解都是从大分子上移下葡萄糖残基,只是所需的酶前者是糖原磷酸化酶(glycogen phosphorylase),后者是淀粉磷酸化酶(starch phosphorylase)。两种酶催化的反应都是磷酸解作用。

磷酸解作用和水解作用的根本区别在于,前者是由正磷酸引起断键反应。而不是由水分子引起断键反应。正磷酸作为一个基团加到断键的一端。

糖原的降解主要包括 3 步反应,需要 3 种酶的催化作用;若全部降解为葡萄糖,则还需要第 4 种酶。下面先扼要介绍糖原的降解途径再介绍糖原的生物合成,然后讨论糖原代谢的调控并简单介绍糖原累积症。

一、糖原的分解代谢

对糖原分解代谢途径的阐明作出卓越贡献的人应提出 Carl Cori 和 Gerry Cori。他们最初发现了糖原能够被正磷酸分解并产生一种新型磷酸化的糖,随后又鉴定出这种糖是葡萄糖-1-磷酸。他们还分离出糖原磷酸化酶,这是第一个被发现的磷酸化酶,因此一直简称此酶为磷酸化酶。他们还得到了该酶的结晶,并且证明该酶催化的是如下的反应:

$$\text{糖原} + \text{无机磷酸} \underset{\text{glycogen phosphorylase}}{\overset{\text{糖原磷酸化酶}}{\rightleftharpoons}} \text{葡萄糖-1-磷酸} + \text{糖原(缺少一个葡萄糖残基)}$$

糖原降解不只需要糖原磷酸化酶的作用,还需要糖原脱支酶(glycogen debranching enzyme)和磷酸葡萄糖变位酶(phosphoglucomutase)以及葡萄糖-6-磷酸酶的协同催化作用。

1. 糖原磷酸化酶的作用

糖原磷酸化酶(简称磷酸化酶)催化的反应是从糖原分子的非还原末端(nonreducing end)葡萄糖残基的C1原子与相邻葡萄糖的C4原子之间的α(1→4)糖苷键的断裂,产生一个葡萄糖-1-磷酸分子同时又出现一个新的非还原末端。这样可以连续地将末端葡萄糖残基一个个地移去。葡萄糖(1→4)糖苷键断裂后,原来与糖苷相连的氧原子仍留在相邻葡萄糖残基的第4个碳原子上(图24-1)。糖原磷酸化酶催化的作用位点是距离糖原分支点至少5个以上葡萄糖残基的位置。

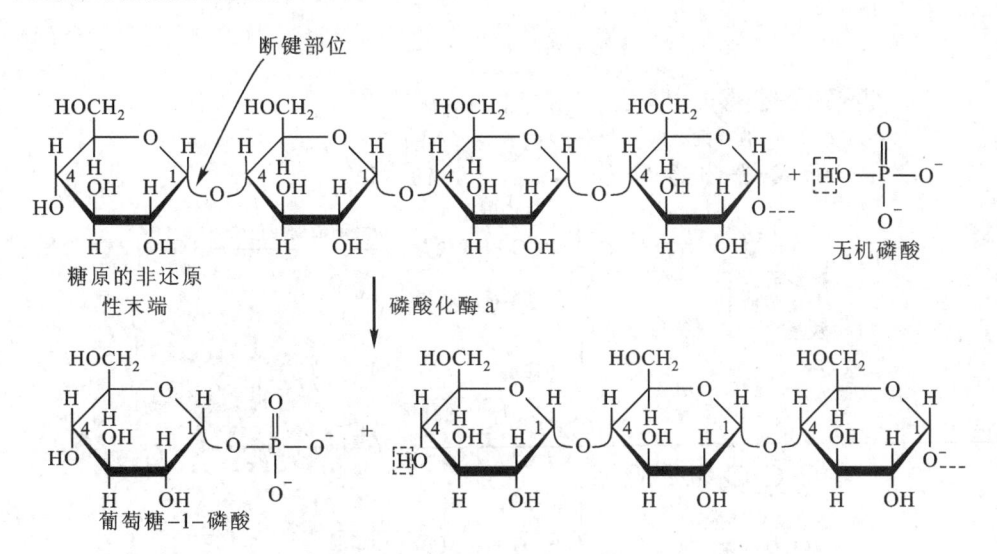

图24-1 磷酸化酶的作用位点和产物

糖原磷酸解产生葡萄糖-1-磷酸反应的标准自由能变化($\Delta G'^\circ$)很小。因为磷酸解反应是由磷酯键取代糖苷键。这两种键型的转移势能大体相当。但在体内的条件下,无机磷酸与葡萄糖-1-磷酸浓度之比([Pi]/[葡萄糖-1-磷酸])往往大于100,所以磷酸解作用可以顺利地沿着糖原分解的方向进行。

糖原磷酸解使解下的葡萄糖分子带上磷酸基团。葡萄糖-1-磷酸不需要提供能量即可容易地转变为葡萄糖-6-磷酸而进一步走向降解途径。如果是水解而不是磷酸解,则所得到的水解产物是葡萄糖,它需要消耗1个ATP分子才能转变为葡萄糖-6-磷酸。此外,在生理条件下,磷酸解生成的葡萄糖-1-磷酸呈解离形式,不致扩散到细胞外,而葡萄糖分子则可以扩散。

早在1938年Carl Cori和Gerty Cori就发现磷酸化酶有两种,分别称为磷酸化酶a和磷酸化酶b。实际上它们是一种酶的两种不同存在形式。这个酶由两个相同的亚基组成,若每个亚基多肽链中的第14个丝氨酸的羟基被磷酸化而带上磷酸基团就成为有催化活性的磷酸化酶a;若缺少这两个亚基上的磷酸基团则成为没有催化活性的磷酸化酶b。它们以两种可以互相转变的形式存在。磷酸化酶由b转变为a的作用是共价修饰作用(covalent modification),是由专一的磷酸化酶激酶(phosphorylase kinase)实现的;去修饰作用(demodification)是由另一种专一的磷酸酶(phosphatase)实现的。磷酸化酶的辅基是磷酸吡哆醛。

2. 糖原脱支酶的作用

糖原磷酸化酶的作用直至到达与α(1→6)糖苷键分支点相距4~5个葡萄糖残基处即行停止。结果形成一个具有许多短分支的多糖分子称为极限糊精(limit dextrin)。α(1→6)-糖苷键的分解需要糖原脱支酶(glycogen debranching enzyme)的作用。糖原脱支酶的肽链上具有两个起不同作用的活性部位:一个起转移葡萄糖残基的作用,也可称为糖基转移酶(glycosyl transferase);一个起分解葡萄糖α(1→6)糖苷键的作用,即为糖原脱支酶。因此糖原脱支酶被视为双重功能酶(bifunctional enzyme)。

磷酸化酶和脱支酶的协同作用如图24-2所示。当磷酸化酶的作用停止后,脱支酶分子上糖基转移酶的活性先起作用,将极限糊精分支点前面的以α(1→4)连接的3~4个葡萄糖残基转移到另外一个分支的非还原性末端的葡萄糖残基上,或者转移到糖原的核心链上。结果形成带有 3~4 个葡萄糖残基的新的 α(1→4)糖苷键,同时又暴露出一个以 α(1→6)糖苷键相连的葡萄糖残基。这时脱支酶即行使其分解 α(1→6)糖苷键的作用,将分支点消除。于是磷酸化酶又可继续发挥作用。脱支酶脱下葡萄糖分子不是磷酸解作用而是水解作用。

3. 磷酸葡萄糖变位酶的作用

糖原分子磷酸解形成的葡萄糖-1-磷酸必须转变为葡萄糖-6-磷酸才有可能进入代谢主流,参加糖酵解或转变成游离葡萄糖。担负磷酸基团转移的酶就是磷酸葡萄糖变位酶(phosphoglucomutase)。

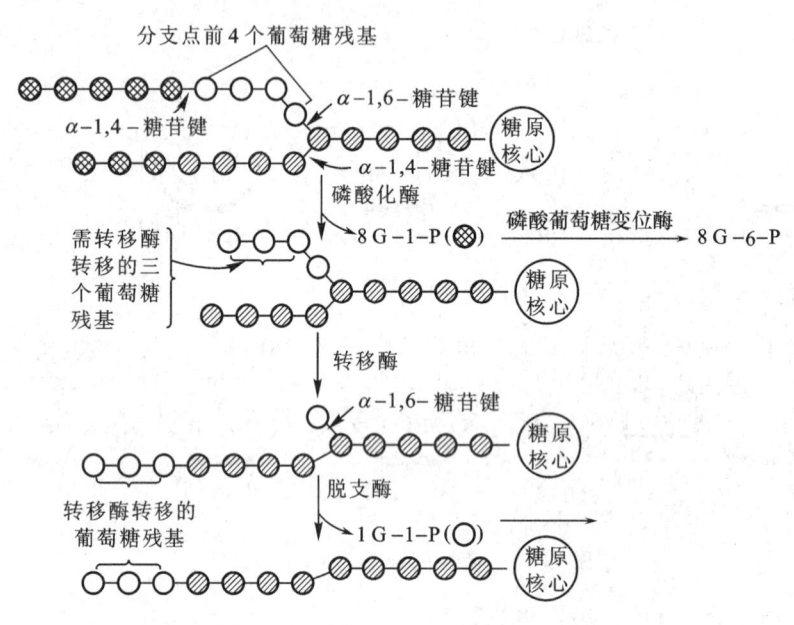

图 24-2 磷酸化酶、糖基转移酶和糖原脱支酶的协同作用
⊗、◨、○代表糖原分子中处于不同位置的葡萄糖残基

活化的磷酸葡萄糖变位酶的一个丝氨酸分子的羟基上带有一个磷酸基团,它催化的正反应第 1 步是由葡萄糖-6-磷酸 C1 原子上的羟基攻击酶分子的磷酸基团,形成葡萄糖-1,6-二磷酸结合的中间体。第 2 步,葡萄糖-1,6-二磷酸 C6 上的磷酸基团又转移到磷酸葡萄糖变位酶分子原来的羟基上,于是葡萄糖-1,6-二磷酸即转变成葡萄糖-1-磷酸。由葡萄糖-1-磷酸转变为葡萄糖-6-磷酸是此变位酶催化的逆反应,其催化机制如下所示:

4. 葡萄糖-6-磷酸酶的作用

葡萄糖-6-磷酸(glucose-6-phosphatase)酶专门催化葡萄糖-6-磷酸的水解,形成葡萄糖和无机磷酸分子。

该酶主要存在于肝、肾、肠等组织。肌肉和脑中都不存在此酶。因糖原对肌肉和脑主要是提供能量,葡萄糖-6-磷酸可迅速地直接进入糖酵解途径。肝细胞必须依靠此酶维持血糖水平的相对稳定,因此需将葡萄糖-6-磷酸转变为葡萄糖,才能扩散到血流中。

葡萄糖-6-磷酸酶是一种膜蛋白,存在于细胞光面内质网膜的内腔面。它的作用需要5种蛋白质共同合作才能实现:转运蛋白T₁将葡萄糖-6-磷酸转运至细胞内质网腔,才能由结合在膜上的酶将其水解。转运蛋白T₂将水解下的无机磷酸运至细胞溶胶。转运蛋白T₃将水解下的葡萄糖分子运至细胞溶胶。葡萄糖-6-磷酸酶的活性还需要一种钙结合稳定蛋白(Ca^{2+} - binding stabilizing protein)协同作用(图24-3)。

机体内,一种酶发挥作用往往需要其他多种蛋白质的协同合作才能完成使命。葡萄糖-6-磷酸酶便是一个很好的例子。

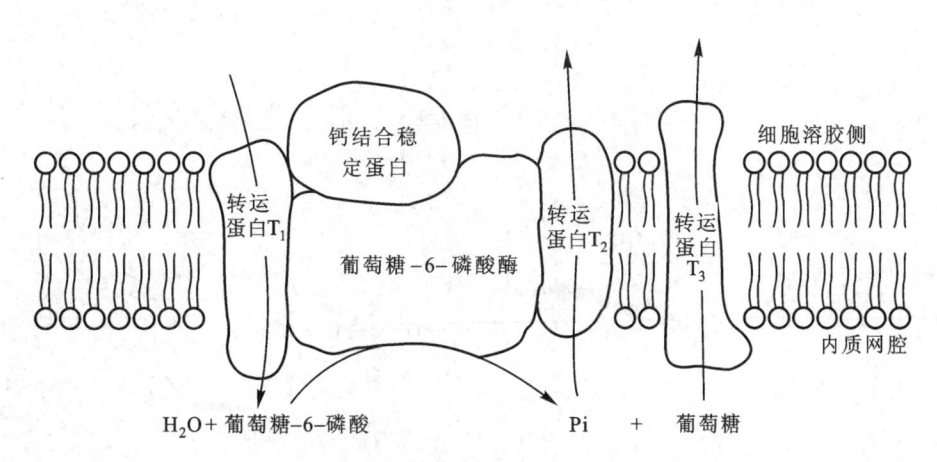

图24-3 葡萄糖-6-磷酸酶的存在及作用
葡萄糖-6-磷酸酶存在于细胞光面内质网膜的内腔面,它的作用需5种蛋白质共同合作。转运蛋白T₁使葡萄糖-6-磷酸进入内质网腔,转运蛋白T₂将Pi运至细胞溶胶,转运蛋白T₃将葡萄糖运至细胞溶胶。葡萄糖-6-磷酸酶的活性还需有Ca^{2+}-结合稳定蛋白协同作用

二、糖原的生物合成

机体经小肠摄取的葡萄糖经血液进入各种细胞,经己糖激酶(hexokinase)的催化转变为葡萄糖-6-磷酸。由葡萄糖-6-磷酸分子合成为糖原分子首先需经葡萄糖变位酶催化,将葡萄糖-6-磷酸转变为葡萄糖-1-磷酸。由葡萄糖-1-磷酸合成糖原还需3种酶参与作用。它们是:UDP-葡萄糖焦磷酸化酶(UDP - glucose pyrophosphorylase)、糖原合酶(glycogen synthase)和糖原分支酶(glycogen branching enzyme)。

1. UDP-葡萄糖焦磷酸化酶的作用

UDP-葡萄糖焦磷酸化酶(尿苷二磷酸葡萄糖焦磷酸化酶)催化葡萄糖-1-磷酸与UTP(尿苷三磷酸)的反应。此反应葡萄糖-1-磷酸分子中的磷酸基团带负电荷的氧原子向UTP的α-磷原子进攻。结果,葡萄糖-1-磷酸以其磷酸基团取代了UTP的β-和γ-磷酸基团与UTP的α-磷酸基团相连,形成UDP-葡萄糖(UDPG)。被取代的β和γ-磷酸基团则形成焦磷酸(图24-4)。

生成的焦磷酸迅速被无机焦磷酸酶水解为无机磷酸。葡萄糖-1-磷酸与UTP形成UDPG反应的标准自由能变化($\Delta G'^{\ominus}$)接近于零,本为可逆反应,因焦磷酸水解的$\Delta G'^{\ominus}$为 -25 ~ -31 kJ/mol,致使该反应成为不可逆的单向反应。

核苷三磷酸在反应中产生焦磷酸的现象在生物合成中广泛存在。焦磷酸的水解与核苷三磷酸的水解反应相偶联,有力地推动那些在热力学上原来可逆的甚至是吸能的反应,使之得以向一个方向进行。焦磷酸的随即水解推动着许多生物合成反应。

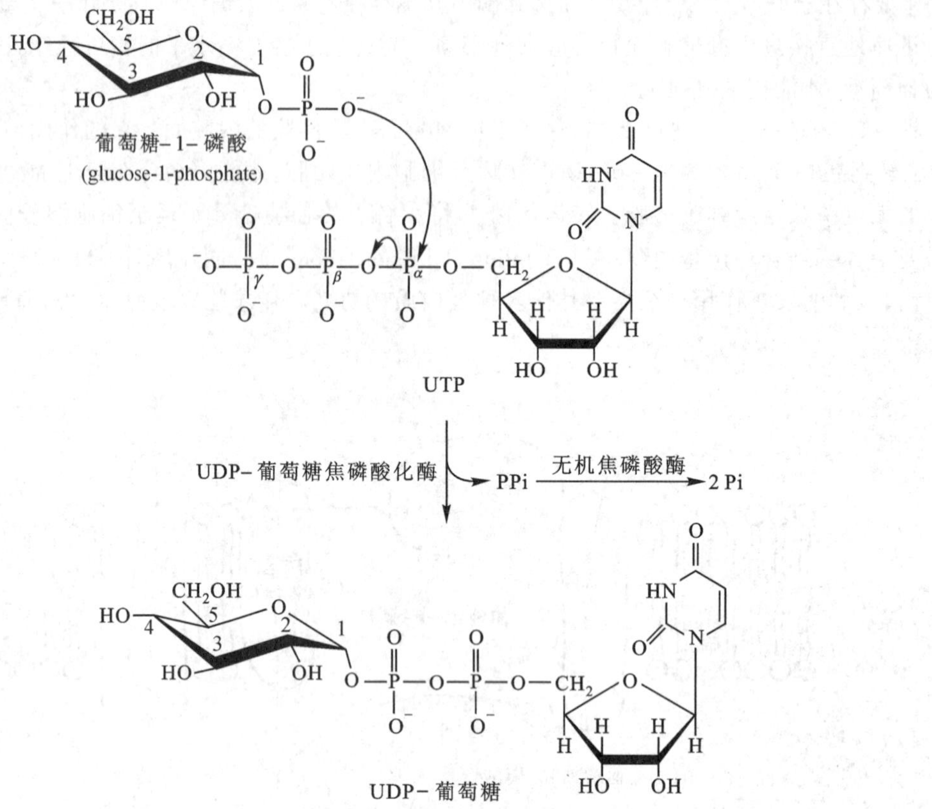

图 24-4 UDP-葡萄糖焦磷酸化酶催化的反应

葡萄糖-1-磷酸分子中磷酸基团的氧原子向UTP分子的α-磷酸基团的磷原子进攻,结果形成UDP-葡萄糖和无机焦磷酸(PPi),后者在无机焦磷酸酶(inorganic pyrophosphatase)催化下迅速水解。该图表明葡萄糖分子一般以椅式参加反应。UTP 为 uridine triphosphate 的简称(尿苷三磷酸)。UDP-葡萄糖为 uridine diphosphate glucose 的简称,又简称为 UDPG。UDP 葡萄糖焦磷酸化酶即 UDP-glucose pyrophosphorylase

葡萄糖形成 UDPG 使葡萄糖变为更活泼的活化形式,UDPG 分子中葡萄糖基上的 C1 原子,因其羟基与 UDP 的磷酸基团形式酯键而活化。高能态的 UDPG 可容易地将其糖基供给糖原的合成。在许多双糖和多糖的合成中,UDPG 都起着糖基供体的作用。

2. 糖原合酶的作用

糖原合酶(glycogen synthase)催化的反应是将 UDPG 上的葡萄糖分子转移到已存在的糖原分子的某个分支的非还原性末端上(图 24-5)。糖原合酶只能催化 α(1→4)糖苷键的形成。其产物只能是直链形式,而且它的催化能力只能将葡萄糖分子加到已经具有 4 个以上相连葡萄糖末端的分子上,不能从零开始将两个葡萄糖分子连接在一起。因此它的催化作用必须有"引物"(primer)存在。起引物作用的是一种相对分子质量为 37 000 的特殊蛋白质称为 glycogenin,译为生糖原蛋白或糖原引物蛋白,也有译为糖原素的。这种蛋白质分子上带有一个以 α-(1→4)糖苷键连接的寡糖分子,其第 1 个葡萄糖单位由酪氨酸葡糖基转移酶(tyrosine glucosyltransferase)催化,以共价键连接到生糖原蛋白分子专一酪氨酸的酚羟基上;生糖原蛋白具有自动催化作用(autocatalysis),可在其分子上连续地催化形成大约 8 个葡萄糖单位,各以 α(1→4)糖苷键相连成键的寡糖链,其糖基供体都是UDP-葡萄糖。在此基础上糖原合酶才能继续延伸糖基链。生糖原蛋白实际上构成糖原分子的核心。它与糖原合酶紧密地结合在一起。二者一旦分离,糖原合酶即不再行使其合成作用。

糖原合酶之所以称为"合酶"(synthase)而不是"合成酶"(synthetase),是因为合酶在催化反应中没有 ATP 直接参加反应。若在合成反应中有 ATP 直接参加反应,就称为合成酶。这已成为合酶和合成酶的名称定义。

糖原合酶含有两个相同的亚基,各有 9 个丝氨酸残基,可被不同的蛋白激酶催化其磷酸化而受到不同的抑制。

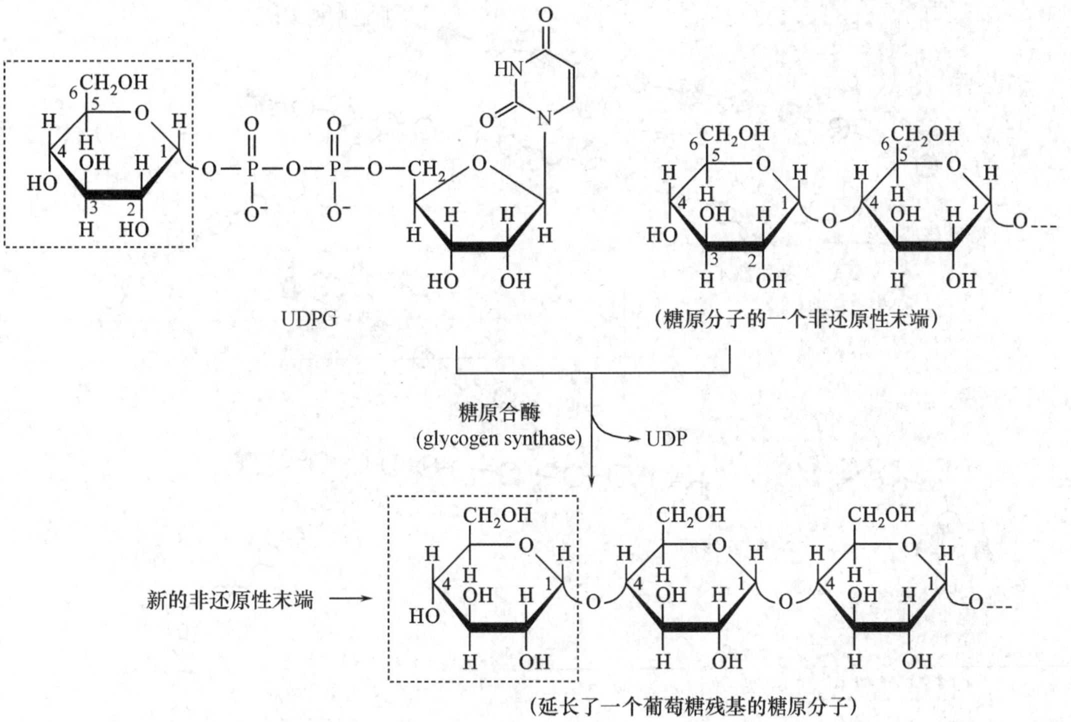

图 24-5　糖原合酶(glycogen synthase)催化的反应

糖原合酶将 UDPG 上的葡萄糖分子转移到糖原分子某一分支的非还原性末端的葡萄糖残基上,形成一个新的非还原性末端,同时使糖原增加了一个葡萄糖残基

3. 糖原分支酶的作用

糖原分支酶(glycogen branching enzyme)又称淀粉(1,4)→(1,6)转糖基酶(amylo-(1,4)→(1,6) transglycosylase)或称糖基(4→6)转移酶[glycosyl-(4→6)-transferase]。它的作用包括断开 α(1→4)糖苷键和形成 α(1→6)糖苷键,并且有严格的条件和规律。它催化糖原分支中处于直链状态的葡萄糖残基从非还原末端的 6 至 7 个葡萄糖残基处的 α(1→4)糖苷键断裂。并将切下的片段转移到同一个或其他糖原分子比较靠内部的某一个葡萄糖残基的第 6 个碳原子的羟基上(C6-OH)进行(1→6)连接。该酶转移的 6~7 个葡萄糖片段是从至少已经有 11 个葡萄糖残基的直链上断下的;其转移到,并进行连接的新位点即是形成的新的(1→6)分支点。此分支点必须与其他分支点至少有 4 个葡萄糖残基的距离(图 24-6)。

糖原的多分支增加了非还原性末端的数目。也增加了糖原的可溶性,从而大大增加了其分解与合成的效率。无论是糖原磷酸化酶或糖原合酶的催化作用都从糖原的非还原性末端作为起始点。因此多分支具有重要的生理意义。

糖原分支酶和糖原脱支酶的作用相比较有明显的区别。分支酶只需要催化 1 步反应:即断开 α(1→4)糖苷键和紧接着形成 α(1→6)糖苷键,而脱支酶则是催化两步反应:第 1 步是 α(1→4)糖苷键的断裂和同样的 α(1→4)糖苷键的形成,第 2 步是 α(1→6)糖苷键的水解。分支酶催化的一步反应所以可行,主要是由反应系统的热力学效应决定的。α(1→4)糖苷键水解的标准自由能变化为 -15.5 kJ/mol,而 α(1→6)糖苷键的标准自由能变化仅为 -7.1 kJ/mol。因此 α(1→4)糖苷键的水解可以驱动一个 α(1→6)糖苷键的形成,若相反的过程则需要提供能量。

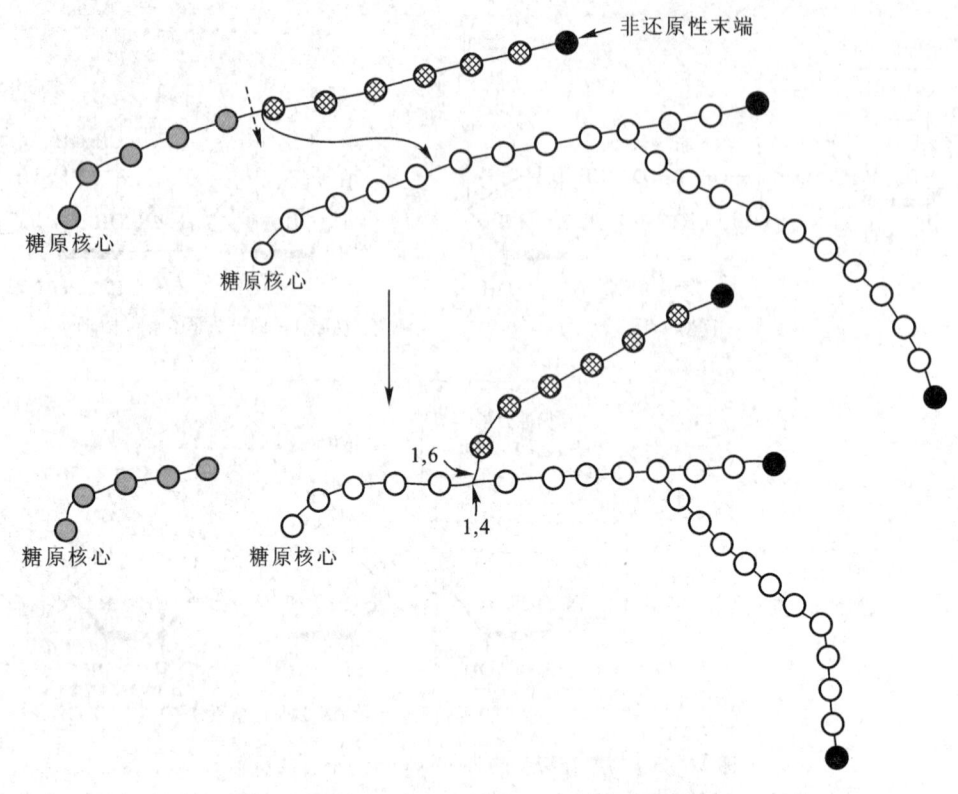

图 24-6 糖原分支酶催化的反应

●代表非还原性末端,◐代表糖基片段转移后留下的葡萄糖基,⊗代表被转移的葡萄糖基,○代表糖原的葡萄糖残基。图中表明在两个糖原分子之间糖基片段转移形成分支的情况

三、糖原代谢的调控

糖原的合成和分解都根据机体的需要由一系列的调节机制进行调控。磷酸化酶和糖原合酶的作用都受到多重灵活的调控。磷酸化酶有两种互相转变的形式;磷酸化酶 a 是活化形式,磷酸化酶 b 是钝化形式。在静息的肌肉中磷酸化酶 b 占优势激烈活动的肌肉以活化的磷酸化酶 a 占优势,当磷酸化酶充分活跃时(磷酸化酶 a),糖原合酶几乎不起作用,而当糖原合酶活跃时,磷酸化酶又受到抑制(磷酸化酶 b)。这两种酶既受到别构调控,又受到激素的调控。

(一) 糖原磷酸化酶的别构调节因素

1. AMP、ATP 以及葡萄糖-6-磷酸对磷酸化酶的别构调节效应

AMP、ATP 和葡萄糖-6-磷酸对磷酸化酶的别构效应不同 AMP 是磷酸化酶 b 的别构活化剂 ATP 和葡萄糖-6-磷酸都使磷酸化酶 a 钝化。ATP 对酶的抑制作用起因于它和 AMP 竞争酶的结合位点,从而阻止了磷酸化酶活性所需的构象形式。葡萄糖-6-磷酸使磷酸化酶处于无活性的"b"状态。

因此在静息的肌肉中,高浓度的 ATP 和葡萄糖-6-磷酸与 AMP 相对抗,使磷酸化酶处于无活性的"b"状态。在此情况下不发生明显的糖原降解。当肌肉运动时,ATP 和葡萄糖-6-磷酸的浓度下降,AMP 的浓度上升,这时磷酸化酶 b 就转变为活性的磷酸化酶 a,从而导致糖原的快速降解。

在肝脏中,磷酸化酶 b 不被 AMP 活化,因此和肌肉不同,肝糖原的降解速度不受细胞能量需求情况的影响。但是葡萄糖却对肝脏细胞的磷酸化酶 a 有抑制效应。这正与肝糖原在维持血糖恒定中的作用相适应。当葡萄糖水平高时,肝脏细胞的磷酸化酶 a 对糖原的降解作用即受到抑制。只有当葡萄糖水平下降后,糖原的降解才再开始。

2. 磷酸化酶激酶、蛋白激酶 A 和 Ca^{2+} 对磷酸化酶的调节作用

催化磷酸化酶 b 转变为磷酸化酶 a 的酶是磷酸化酶激酶(phosphorylase kinase),又称磷酸化酶 b 激酶。该激酶也受到磷酸化还有 Ca^{2+} 的双重调控,磷酸化使它从低活性形式转变为高活性形式。催化此激酶磷酸化的酶是蛋白激酶 A(protein kinase A,简称 PKA)。在蛋白激酶 A 的催化下,由 ATP 提供磷酸基团使其磷酸化,进而使磷酸化酶 b 转变为有活性的磷酸化酶 a,再由被激活的磷酸化酶 a 促进糖原的降解。这一连串的反应系列所起的作用称为级联作用(cascade)。蛋白激酶 A 又受到环 AMP(cAMP)的活化,因此又称为 cAMP-依赖性蛋白激酶。它们的级联关系可用线形关系表示如下:

$$CAMP \xrightarrow{活化作用} 蛋白激酶 A \xrightarrow[ATP \quad ADP]{活化作用} \begin{array}{c}磷酸化酶激酶\\(磷酸化酶 b 激酶)\end{array} \xrightarrow[2ATP \quad 2ADP]{活化作用} \begin{array}{c}磷的化酶 b (无活性)\\转变\\磷的化酶 a (有活性)\end{array}$$

Ca^{2+} 对磷酸化酶激酶也起激活作用,事实上磷酸化酶激酶的一个亚基就是钙调蛋白(CaM,calmodulin)。

Ca^{2+} 对磷酸化酶激酶的活化作用具有特殊的生理意义。因为肌肉收缩是由神经冲动引起细胞溶胶侧 Ca^{2+} 浓度的短暂升高而启动的。Ca^{2+} 使糖原降解的速度和肌肉收缩之间发生联系。糖原迅速降解为肌肉收缩提供能源保证。

3. 蛋白磷酸酶和 cAMP 对磷酸化酶的调控作用

和蛋白激酶 A 作用相反的酶称为蛋白磷酸酶-1(protein phosphatase-1,简称 PP1),又称磷蛋白磷酸酶-1。它的作用是催化带有磷酸基团的酶分子上磷酸基团的水解。"激酶"和蛋白磷酸酶-1 共同调节着磷酸化和去磷酸化的平衡。蛋白磷酸酶-1 是在调节糖原代谢中起重要作用的酶。它的主要作用是使肌肉糖原磷酸化酶 a、磷酸化酶激酶等去磷酸化从而抑制它们的作用。当前,已发现在基因编码中约有 500 种蛋白磷酸酶与约 2000 种编码蛋白激酶相拮抗。

蛋白磷酸酶-1 的作用受葡萄糖-6-磷酸的激活又受到一种小分子蛋白质称为蛋白磷酸酶抑制剂的抑制。该抑制蛋白又由一种 cAMP 依赖性蛋白激酶使其磷酸化而激活。蛋白磷酸酶-1 又能使其去磷酸化而失去活性。cAMP 的不同浓度可通过调控酶的磷酸化情况而提高酶的催化活性。高浓度的 cAMP 不只使磷酸化酶提高其催化反应速度,同时也降低该酶的失活速度。cAMP 的作用还将再下面讨论。

(二)糖原合酶的调节因素

糖原合酶和磷酸化酶相似,也以磷酸化和去磷酸化的形式受到别构调节,只是其磷酸化的形式为无活性的称为糖原合酶 b,非磷酸化的是活化形式称为糖原合酶 a。这正好与磷酸化酶 a 和 b 的情况相反。糖原合酶有各种残基可被磷酸化。已知至少有 11 种以上的蛋白激酶可使其磷酸化。最重要的调节激酶是糖原合酶激酶 3(glycogen synthase kinase 3,简称 GSK3)。它将磷酸基团加到糖原合酶分子上,产生强烈的抑制作用。但是 GSK3 的作用受到严格的控制,它的作用只能在另一种蛋白激酶称为酪蛋白激酶Ⅱ(casein kinase Ⅱ,简称 CKⅡ)先结合到糖原合酶分子上以后才能行使。因此糖原合酶激酶 3 必须"引发"(priming)才起作用。

肝脏中糖原合酶 b 由蛋白磷酸酶Ⅰ(PPI)使其活化。葡萄糖-6-磷酸结合到糖原合酶的一个别构部位,使酶更容易地被 PPI 去磷酸化而激后。肌肉中的磷酸酶可能不同于肝脏。

(三)激素对糖原代谢的调节

哺乳动物的糖原代谢主要受到三种激素的调节。即肾上腺素、胰高血糖素和胰岛素。

当肌肉收缩或引起神经兴奋时,肾上腺髓质即释放出肾上腺素,结合到靶细胞的受体上,引起受体蛋白发生构象变化,通过受体与G蛋白的偶联激活G蛋白,进而激活腺苷酸环化酶。后者将ATP转化为cAMP。cAMP随即结合到蛋白激酶A上而发挥作用(见前述)。少数激素的作用能使细胞内产生许多cAMP分子从而进一步推动前述的一系列酶的级联反应,使少数激素分子的原始信号得以极大地扩大其效应。

胰高血糖素作用于肝脏的糖原磷酸化酶,促进肝脏糖原降解。当血糖水平过低时,胰高血糖素激活磷酸化酶激酶,使磷酸化酶从b型转变为活化的a型。当磷酸化酶a使血糖的浓度达到正常水平后,葡萄糖进入肝细胞与磷酸化酶a的一个别构位点结合,引起磷酸化酶a发生构象变化,暴露出能与磷酸化酶a磷酸酶(phosphorylase a phosphatase)结合的酪氨酸残基,使磷酸化酶a的磷酸基团移去而失去催化活性。

当肾上腺素或胰高血糖素在血液中的浓度下降时,结合在受体上的激素分子与受体脱离。于是不再产生cAMP。原来的cAMP被细胞中活性稳定的cAMP磷酸二酯酶转化为非环化的5′-AMP。结果由cAMP引发的级联作用即行停止。原来被磷酸化了的酶受到蛋白磷酸酶-1的作用而脱去磷酸基团。

由激素作为信号引起的糖原降解过程可归纳为图24-7。

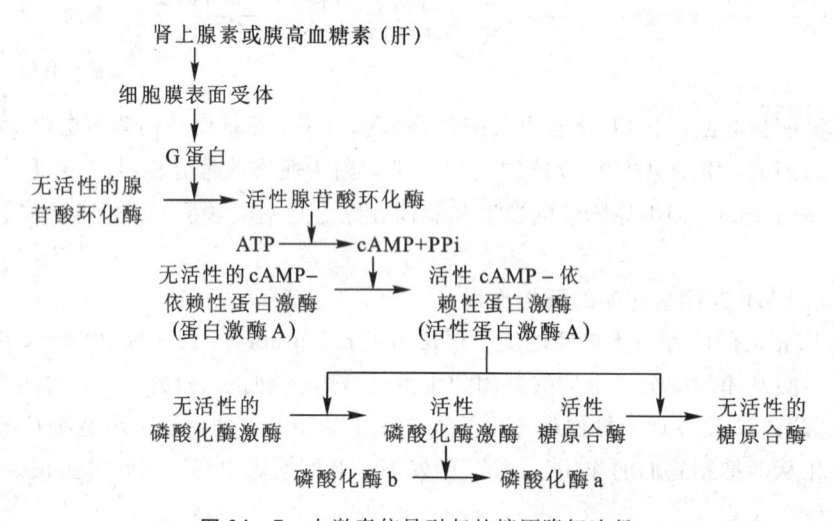

图24-7 由激素信号引起的糖原降解途径

胰岛素是促进糖原合成的主要激素,它通过对糖原合酶的去磷酸化使糖原合酶活化;同时使磷酸化酶激酶和磷酸化酶a去磷酸化而失去活性。胰岛素也是通过级联放大而发挥作用。胰岛素的分泌机制是相当复杂的,主要是由血液所含的葡萄糖浓度作为信号进行调节。当血糖浓度升高时,血中葡萄糖迅速地进入胰脏的β细胞,先刺激糖酵解作用,再通过一些未知步骤促进Ca^{2+}跨越质膜再启动胰岛素分泌。胰岛素在质膜上的专一受体由两两相同的4个亚基($\alpha_2\beta_2$)构成。胰岛素和受体的α亚基结合,其β亚基实际上是一种酪氨酸激酶。胰岛素和受体结合后,即使其β亚基的酪氨酸激酶能够利用ATP的γ-磷酸基团将自身关键性的酪氨酸残基磷酸化。自身磷酸化的结果,进一步使该酶活化,通过激活一种激酶而间接地激活胰岛素敏感蛋白激酶(insulin-sensitive protein kinase)也称受胰岛素刺激的蛋白激酶(insulin-stimulated protein kinase)。通过胰岛素敏感蛋白激酶的作用又使蛋白磷酸酶-1活化。前述的蛋白激酶A也使蛋白磷酸酶-1活化。这两种激酶对蛋白磷酸酶-1磷酸化的部位不同。胰岛素对糖原合成的促进途径可简单地用图24-8表示。

此外,胰岛素还有促进葡萄糖进入肌细胞和脂肪组织的作用。当血糖升高时释放出的胰岛素结合到细胞表面的受体后,启动细胞内含有葡萄糖转运蛋白4(glucose transporter 4,简称GLU4)的囊泡与细胞表面融合,增加了细胞转运葡萄糖的能力。因为GLUT4只大量存在于横纹肌和脂肪组织,受胰岛素调节的葡萄糖摄取只发生在这两种组织。肝脏细胞的葡萄糖转运蛋白称为葡萄糖转运蛋白2(GLUT2)。它是双向催化,能够保证在血液和肝细胞之间葡萄糖的瞬间平衡。

对糖原代谢调控的复杂过程作出如上简单的剖析,实际并未能正确反映糖原代谢调控的真实复杂情况。

胰岛素 →激活→ 受体上的酪氨酸激酶 →通过某种激酶激活→ 胰岛素敏感蛋白激酶 →激活→ 磷蛋白磷酸酶-1 (去磷酸化作用) → 激活 糖原合酶 / 抑制 磷酸化酶激酶

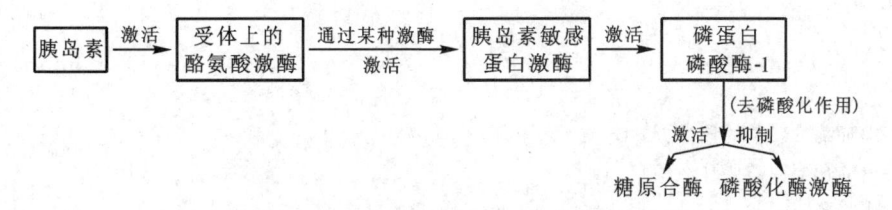

图 24-8　胰岛素对糖原合成的促进途径

胰岛素和受体结合后激活受体上的酪氨酸激酶,又通过某种激酶激活胰岛素敏感蛋白激酶,后者又使蛋白磷酸酶-1(PP1)活化,PP1 催化的去磷酸化作用一方面激活了糖原合酶,另方面又抑制了磷酸化酶激酶的作用。

四、糖原累积症

糖原累积症(glycogen storage disease)是一种遗传缺陷病,由于遗传原因,缺失糖原代谢过程中的某种酶从而表现出组织中糖原的结构不正常或含量不正常,并在临床上表现出各种病态症状。表 24-1 列举出几种已发现的主要糖原累积症,其缺欠的酶种类、受影响的器官、其中糖原含量的情况以及临床症状等供参考。

表 24-1　几种遗传性糖原累积症

类型	疾病名称	缺欠酶	主要受损器官	主要受损器官糖原含量	糖原结构	临床症状
Ⅰ型	von Gierk 病	葡萄糖-6-磷酸酶或运载系统的酶	肝	增加	正常	肝及肾小管细胞糖原大量沉积,严重低血糖,酮血,高尿酸血,生长发育受影响
Ⅱ型	Pompe 病	溶酶体内缺乏 α-1,4-葡糖苷酶	全部器官(全部溶酶体)	大量增加	正常	细胞溶酶体堆积糖原,心脏、呼吸衰竭,通常 2 岁前致死,血糖正常
Ⅲa 型	Cori 病(又称 Forbes)	脱支酶	全部器官特别是骨骼肌和肝脏、心肌	增加	外部链缺失或极短	和Ⅰ型情况类似,病情较轻
Ⅲb 型	——	肝脏脱支酶(肌肉脱支酶正常)	肝脏	——	——	婴儿期肝脏增大
Ⅳ型	Andersen 病	分支酶(α-1,4→α-1.6)	肝脏及全部器官	无影响	长支多,分支少	肝、脾增大,肝脏进行性硬化,尿中出现肌红蛋白。通常 2 岁前死于肝功能衰竭
Ⅴ型	McArdle 病	肌糖原磷酸化酶	肌肉	稍有增加	正常	肌肉痛性痉挛,无法从事剧烈运动,尿中出现肌红蛋白
Ⅵ型	Hers 病	肝糖原磷酸化酶	肝脏	增加	正常	低血糖,类似Ⅰ型情况,但较轻
Ⅶ型	Tarui 病	肌肉磷酸果糖激酶-1	肌肉	增加	正常	与Ⅴ型相似,还有溶血现象
Ⅷ型	X-相关磷酸化酶激酶缺乏症	磷酸化酶激酶	肌肉	增加	正常	肝略增大,轻度低血糖
Ⅸ型(又称Ⅵb 型、Ⅷ型)	——	磷酸化酶激酶	全部组织	下降	正常	
O 型	——	糖原合酶	肝脏		正常	低血糖,高酮体,早逝
Ⅺ型	Fanconi-Bickel 病	葡萄糖转运蛋白	肝脏	——		肝脏增大,佝偻病,肾脏机能障碍

习 题

1. 写出糖原分子中葡萄糖残基的连接方式。
2. 糖原降解为游离的葡萄糖需要什么酶？
3. 糖原合成需要哪些酶？
4. 从"0"开始合成糖原需要什么条件？
5. 概述肾上腺素、胰高血糖素对糖原代谢怎样起调节作用？
6. 血糖浓度如何维持相对稳定？
7. 将一肝病患者的糖原样品与正磷酸、磷酸化酶、脱支酶(包括转移酶)共同保温,结果得到葡萄糖-1-磷酸和葡萄糖的混合物,二者的比值: $\dfrac{葡萄糖-1-磷酸}{葡萄糖}=100$,试推测该患者可能缺乏哪种酶？[患者缺乏脱支酶]
8. 根据下列观察请判断糖原合成中何处是调节位点？

(1) 经测定,在静息肌肉中,糖原合酶每分钟每克用去的UDP-葡萄糖(UDPG)明显低于磷酸葡萄糖变位酶和UDP-葡萄糖焦磷酸化酶每分钟每克用去底物的微摩尔数。

(2) 刺激糖原合成,导致葡萄糖-6-磷酸和葡萄糖-1-磷酸的浓度有少许下降,却使UDPG的浓度大大下降和UDP浓度的大量增加。

[糖原合酶为合成过程的调节位点。因催化活性最低。而且通过活化调节酶,使UDPG浓度明显下降同时UDP产物浓度明显升高]

主要参考书目

[1] 王镜岩,朱圣庚,徐长法.生物化学(下册).第三版.北京:高等教育出版社,2003.

[2] 张迺蘅.生物化学.第二版.北京:北京医科大学、中国协和医科大学联合出版社,1999.177-183.

[3] 王琳芳,杨克恭.医学分子生物学原理.北京:高等教育出版社,2001.834-883.

[4] Hames B D, Hooper N M, Houghton J D. Instant Notes in Biochemistry. 2 nd ed. Oxford: Bios Seientific Publishers Limited, 2000.

[5] Stryer L. Biochemistry. 5 th ed. New York:W H Freeman & Comp,2006.

[6] Voet D, Voet J G. Biochemistry. 3 rd ed. New York:John Wiley & Sons,2004.

[7] Nelson D L, Cox M M. Lehninger Principles of Biochemistry. 4th ed. USA:Worth Publishers,2005.

[8] Krebs E G. Protein phosphorylation and cellular regulation Ⅰ. Biosci Rep, 1993(13):127-142(Nobel Lecture).

[9] Fischer E H. Protein phosphorylation and cellular regulation Ⅱ. Angew Chem Int Ed, 1993(32):1130-1137(Nobel Lecture).

[10] Madsen N B. Structural basis for activation of glycogen phosphorylase by adenosine monophosphate. Science, 1991(254):1367-1371.

[11] Shulman R G, Bloch G, Rothman D L. In vivo regulation of muscle glycogen synthase and the control of glycogen synthesis. Proc Natl Acad Sci,1995(92):8535-8542.

[12] Roach P, Skurat A. Self-glucosylating initiator proteins and their role in glycogen biosynthesis. Prog Nucl Acid Res Mol Biol,1997,57:289-316.

[13] Sprang S R, et al. Structural change in glycogen phosphorylase induced by phosphorylation. Nature,1988(336):215-221.

[14] Smyth C, Cohen P. The discovery of glycogenin and the priming mechanism for glycogen biosynthesis. Eur J Biochem,1991,200:625-631.

(王镜岩)

第 25 章　脂质的代谢

生物体内贮能最多的分子是脂质中的三酰甘油。因此关于三酰甘油中的组成成分脂肪酸的分解代谢及其生物合成必然成为本章讨论的主题。此外磷脂类、胆固醇、类二十烷酸以及脂蛋白，鉴于它们在机体生命活动中的重要性，其代谢虽然复杂，有些问题也尚未阐明，也是不可忽视的内容，本章将作扼要的介绍。

一、脂肪酸的分解代谢

在讨论脂肪酸的代谢之前，还需简单介绍关于三酰甘油（triacylglycerol，又称甘油三酯）的消化、吸收和运转。

（一）三酰甘油的消化、吸收和转运

三酰甘油的消化开始于胃中的胃脂肪酶，但在胃中的消化是有限的。主要在小肠内，由胰腺分泌的胰脂肪酶（pancreatic lipase）（也称小肠脂肪酶）进行。经脂肪酶的作用，三酰甘油相继转化为 1,2-二酰甘油（1,2-diacylglycerol）和 2-单酰甘油以及脂肪酸的 K^+、Na^+ 盐。胰脂肪酶是水溶性酶。它与脂肪作用只能在脂肪和水的界面进行，与脂水界面的结合需要有胰腺产生的小蛋白质辅脂肪酶（colipase）的参与。后者与酶结合形成有利于与脂肪结合的复合物。辅脂肪酶也是维持脂肪酶活性构象所必需的。胰液中还有一种酯酶（esterase），作用于单酰甘油、胆固醇脂和维生素 A 的酯等。此外胰腺还分泌磷脂酶（phospholipase），催化磷脂的 2-酰基的水解。

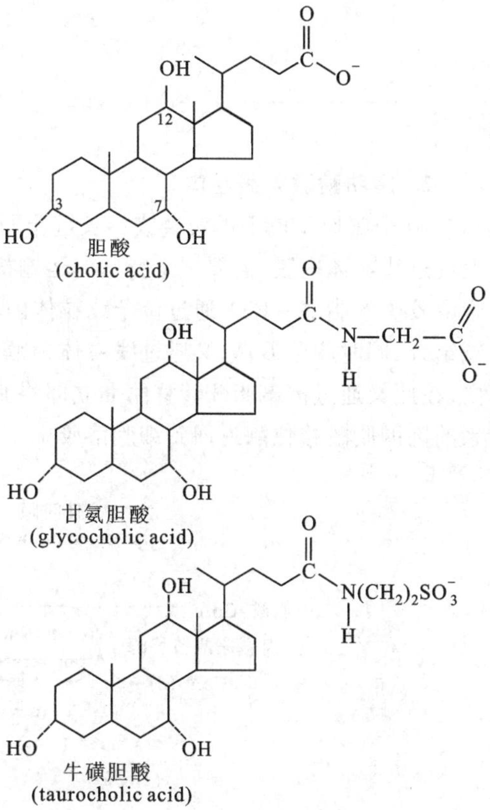

脂质中的磷脂（参看第 8 章磷脂的结构）可被胰磷脂酶 A_2 在 C2 位水解。产物为脂肪酸和溶血磷脂。该酶也是在脂质-水的界面进行催化反应。

在小肠中脂质降解产生的单酰甘油，二酰甘油和脂肪酸由小肠上皮细胞吸收，这一过程需有胆汁酸参与。胆汁酸包括胆酸、甘氨胆酸和牛磺胆酸，是胆固醇的氧化产物（图 25-1）。胆汁酸作为脂质载体，与脂质降解产物形成混合的微团（micelle），它的亲水部分暴露在微团之外，将疏水的脂质消化产物包裹于内，形成乳化物。被小肠粘膜吸收。随后，在细胞内又转变为三酰甘油。后者和载脂蛋白（apolipoprotein），还有胆固醇一起包装成乳糜微粒（chylomicron）（即血沉物质）（参看本章脂蛋白）从小肠黏膜细胞释出，经毛细血管进入血流和淋巴系统运送到各种组织，特别是肌肉和脂肪组织。短的和中长链的脂肪酸在膳食中含量不多，它们被吸收后，绕过形成脂蛋白的途径，通过门静脉，直接以脂肪酸形式进入肝脏。

图 25-1　胆汁酸（bile acids）包括的胆酸、甘氨胆酸、牛磺胆酸的结构

经脂肪组织和骨骼肌毛细血管中的脂蛋白脂肪酶（lipoprotein lipase）由载脂蛋白 C-Ⅱ（ApoC-Ⅱ）活化，将乳糜微粒的组分三酰甘油又水解为游离脂肪酸和甘油。产生的游离脂肪酸被这些组织吸收而利用，同时甘油被运送到肝脏和肾脏。经这里的甘油激酶（glycerol kinase）和甘油-3-磷酸脱氢酶（glycerol-3-phosphodehydrogenase）转化为

糖酵解的中间产物二羟丙酮磷酸。

贮存在脂肪组织中的三酰甘油的转移包括以下内容：在对激素敏感的三酰甘油脂肪酶（hormone-sensitive lipase）的作用下，三酰甘油被水解为甘油和游离脂肪酸。被释出的游离脂肪酸进入血流与血流中的清蛋白（albumin）结合运行。血清清蛋白是一个可溶性的单体蛋白质，构成血清中接近一半的蛋白质。

（二）脂肪酸的氧化分解

1. 脂肪酸的活化

脂肪酸的分解代谢，原核细胞在细胞溶胶内进行，真核生物在线粒体基质进行。脂肪酸在进入线粒体基质之前，先与CoA—SH结合形成硫酯化合物。催化此反应的酶称为脂酰-CoA合成酶，又称硫激酶Ⅰ（fatty acid thiokinase Ⅰ），存在于线粒体外膜。催化反应需要一分子ATP。生成的PPi立即水解，因此反应的总体为不可逆的。反应式如下：

$$R-COO^- + ATP + HS-CoA \xrightarrow{\text{脂酰-CoA合成酶 (acyl-CoA synthetase)}} R-CO-S-CoA + AMP + PPi$$

$$PPi \xrightarrow{\text{无机焦磷酸酶 (pyrophosphatase)}} 2Pi$$

$$\Delta G'^{\ominus} = -33.6 \text{ kJ/mol}$$

2. 脂肪酸进入线粒体

10个碳原子以下的短链或中长链脂肪酸可容易地透过线粒体内膜。但是更长链的脂酰-CoA就不能轻易地透过线粒体内膜，需要一个特殊的运输机制。这就是先与一个极性分子即肉碱（carnitine）结合的转运机制。细胞溶胶中的脂酰-CoA通过位于线粒体内膜外侧面的肉碱脂酰转移酶Ⅰ（carnitine acyl transferase Ⅰ）的催化与肉碱结合，同时脱下CoA，又通过线粒体内膜上的肉碱脂酰移位酶（carnitine acyl translocase）被运送到线粒体基质内，在此又通过肉碱脂酰转移酶Ⅱ立即将脂酰基转移到基质的CoA上，又形成脂酰-CoA，而肉碱本身再通过原来的肉碱脂酰移位酶返回到细胞溶胶中。全部转移机制如图25-2所示。

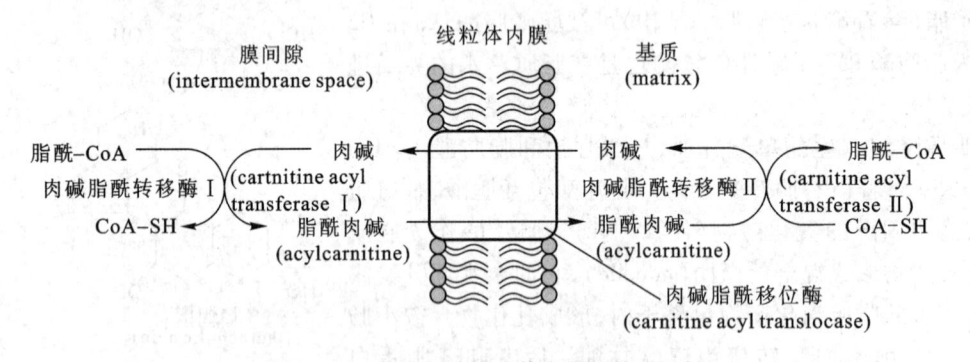

图25-2 脂肪酸跨线粒体内膜的转移机制

当今已弄清肉碱脂酰转移酶Ⅰ位于线粒体内外膜间隙，肉碱脂酰转移酶Ⅱ位于线粒体基质。跨内膜的酶称为肉碱脂酰移位酶负责肉碱和脂酰肉碱的往复转运

3. 脂肪酸的β-氧化途径

脂肪酸的β-氧化途径不包括其活化步骤，共有4步反应（图25-3）。

（1）脂酰-CoA（acyl-CoA）的氧化形成烯酰-CoA（enoyl-CoA）　在脂酰-CoA分子羧基邻位的两个碳原子之间脱氢形成一个反式Δ^2双键，生成反式-烯酰-CoA。氧化脱氢由脂酰-CoA脱氢酶（acyl-CoA dehydrogenase）催化；其辅酶为FAD；与脱氢的同时产生一个$FADH_2$分子。此反应中形成的双键为反式，而自然界存在的不饱和脂肪酸的不饱和双键都是顺式。

(2) 烯酰－CoA 水合，形成 β－羟酰－CoA(β－hydroxyacyl－CoA) 在烯酰－CoA 水合酶(enoyl－CoA hydratase)的催化下，烯酰－CoA 的反式双键处进行立体专一的加水，形成 β－L－羟酰－CoA(β－L－hydroxyacyl－CoA)。

(3) β－羟酰－CoA(β－羟酰－CoA)氧化，形成 β－酮酰－CoA(β－ketoacyl－CoA) 在 β－羟酰－CoA 脱氢酶的催化下，对二级醇氧化脱氢形成酮即是 β－酮酰－CoA，此酶的辅酶为 NAD^+，于是在脱氢的同时产生一个 NADH。

(4) β－酮酰－CoA 硫解(裂解)，产生一分子乙酰－CoA 和比原来脂酰－CoA 缺少两个碳原子的脂酰－CoA 催化此反应的酶为脂酰－CoA 酰基转移酶(acyl－CoA acetyltransferase)又称硫解酶(thiolase)或 β－酮硫解酶，催化中还需有另外一分子 HS－CoA 参加反应。

上述 4 步反应反复循环进行，直到形成四碳脂酰－CoA，再经一次循环生成两个乙酰－CoA。一个 16 碳的软脂酰－CoA 需经 7 次 β－氧化循环，最后形成 8 分子乙酰－CoA。

脂酰－CoA 脱氢酶有 3 种同工酶，每种对脂酰基的链长都有一定要求，长链脂酰 CoA 脱氢酶要求碳链长度为 12－18 个碳，中长链脂酰－CoA 脱氢酶要求 4－14 碳，短链脂酰 CoA 脱氢酶要求 4－8 个碳。烯酰－CoA 水合酶，羟酰－CoA 脱氢酶和硫解酶结合在一起形成具有 3 种功能的多酶复合体，它们对脂肪酸链长要求在 12 个碳以上，少于 12 碳的氧化则由 4 种在基质中的可溶性酶分别催化。

在动物体内，由脂肪酸降解产生的乙酰－CoA 不能形成丙酮酸或草酰乙酸。虽然乙酰－CoA 都经过柠檬酸循环，但都转变为 CO_2。因此，动物体不能将脂肪酸转变为葡萄糖。而植物，因为具有另外两种酶，即异柠檬酸裂解酶和苹果酸合酶，它们可使乙酰－CoA 转变为草酰乙酸。这就是前面讨论过的乙醛酸循环途径。脂肪酸 β－氧化的结果直接产生还原型 $FADH_2$ 和 NADH，所形成的乙酰－CoA 通过柠檬酸循环也产生 $FADH_2$ 和 NADH。通过电子传递链即合成大量提供能量的 ATP。因此脂肪酸氧化的功能无疑是产生大量的能量。

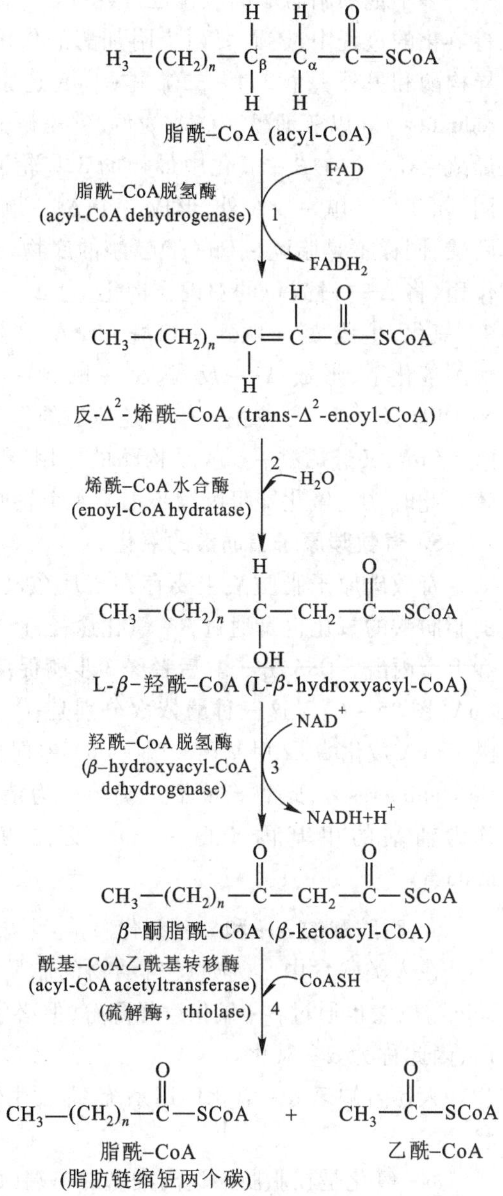

图 25－3 脂肪酸的 β－氧化的全过程

4. 不饱和脂肪酸的氧化

如图 25－4 所示，不饱和脂肪酸的氧化与饱和脂肪酸基本相同，也是经过 β－氧化而降解。但在双链处还需有另外的附加步骤。例如具有 18 碳和一个双键的油酸(oleic acid)，(双键在 C9 和 C10 之间)基本上也以 β－氧化形式进行分解。在起始的 3 个循环，完全与饱和脂肪酸一致，当脂酰－CoA 脱氢酶遇到第 3 轮回产生的 Δ^3－顺式烯酰－CoA 这个不合格的底物后，反应即行停止。这时需要另外一个酶即 Δ^3,Δ^2－烯酰－CoA 异构酶(Δ^3,Δ^2－enoyl－CoA isomerase)。该酶将 Δ^3－顺式－十二烯酰－CoA 转化为 Δ^2－反式－十二烯酰－CoA($12:\Delta^2$)，于是又成为 β－氧化途径中烯酰－CoA 水合酶的正常底物，即可继续步上 β－氧化的正路。这样，在油酰－CoA 的 β－氧化中有一处没有使用脂酰－CoA 脱氢酶，与饱和的硬脂酰－CoA 相比，少产生一个 $FADH_2$。

多不饱和脂肪酸的氧化也可经过β-氧化途径降解,但它在进行氧化的过程中,还需要两个附加酶的作用,即同上的烯酰-CoA异构酶和另外一个2,4-二烯酰-CoA还原酶(2,4-dienoyl-CoA reductase)。以亚油酰-CoA为例,它是顺式-Δ^9,Δ^{12}-十八碳二烯酰-CoA。在β-氧化中最初的3步轮回与油酰-CoA完全相同,除产生乙酰-CoA外,形成一个Δ^3-顺式,Δ^6-顺式不饱和脂肪酸,同样不是脂酰-CoA脱氢酶的底物,经烯酰-CoA异构酶的作用,将Δ^3-顺式位的双键异构化,为Δ^2-反式位,就可继续进行β-氧化,生成Δ^4-顺式-烯酰-CoA,在随后的脂酰-CoA脱氢酶的催化下,形成Δ^2-反式,Δ^4-顺式-二烯酰-CoA。后者在NADPH及2,4-二烯酰-CoA还原酶的作用下生成Δ^3-反式-烯酰-CoA,又经烯酰-CoA异构酶的作用,再转化为Δ^2-反式异构体。此时,β-氧化即可继续步上第4个轮回(图25-5)。

5. 奇数碳原子脂肪酸的氧化

奇数碳原子脂肪酸主要存在于反刍动物。具有17个碳原子的脂肪酸的氧化也是通过β-氧化途径,产生7个乙酰-CoA分子和1个丙酰-CoA分子。后者经3步酶促反应,最后形成琥珀酰-CoA(图25-6)。这三种酶依次分别是:①需生物素作为辅酶的丙酰-CoA羧化酶,②甲基丙二酰-CoA差向异构酶(methylmalonyl-CoA epimerase),此酶曾被不正确的称为消旋酶。③以维生素B_{12}作为辅基的甲基丙二酰-CoA变位酶(methylmalonyl-CoA mutase)。

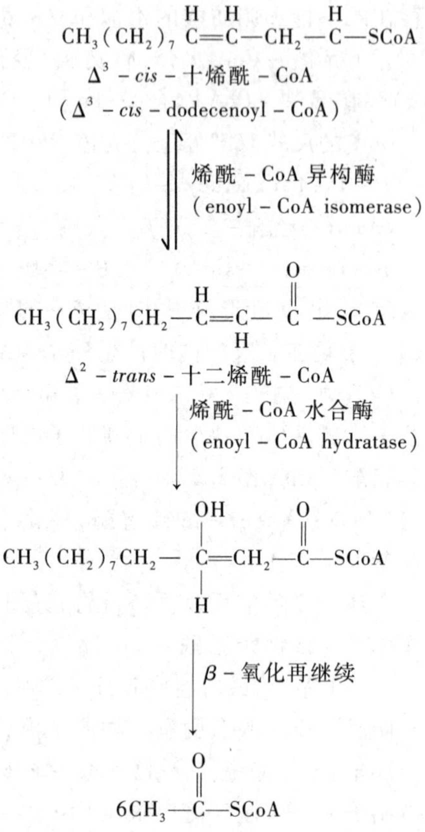

图25-4 不饱和脂肪酸,以油酸为例,在线粒体内的氧化降解

6. 脂肪酸的α-和ω-氧化

在人类膳食中 例如反刍动物的脂肪含有一种在奇数碳原子上带甲基分支键的二十碳植烷酸(phytanic acid),虽然也通过β-氧化途径降解,但必须先由几种酶克服甲基的障碍。主要是在植烷酸的α位发生氧化作用,因此称为α-氧化。

人体若缺乏α-氧化作用系统,即发生体内植烷酸的积累,会导致外周神经类型的运动失调及视网膜炎等症状。

ω-氧化是在脂肪酸远离羧基的一端(即ω碳)发生氧化,转变为二羧酸的作用。催化此反应的酶,存在于肝和肾细胞的内质网中。第一步反应是使ω位的碳加上一个羟基。羟基中的氧来自分子氧(O_2)。这是一步包括细胞色素P 450和NADPH电子受体的复杂反应过程。这种类型的反应是由混合功能氧化酶(mixed-function oxidases)催化的。此外,还有两种酶参与反应:醇脱氢酶将羟基氧化为醛基,醛脱氢酶将醛基氧化为羧基。两端都具羧基的脂肪酸其两端都可与CoA结合进行β-氧化,这加速了脂肪酸的降解。

7. 脂肪酸从β-氧化开始到形成水和CO_2产生的能量

脂肪酸氧化的生理功能无疑是产生代谢能。β-氧化每一轮回产生1个NADH,1个$FADH_2$和1个乙酰-CoA。后者进入柠檬酸循环又产生1个$FADH_2$,3个NADH和1个GTP(相当1个ATP)。如是计算每分子乙酰-CoA通过柠檬酸循环和氧化磷酸化后可产生的ATP分子数为1.5($FADH_2$)+3(NADH)×2.5+1(GTP)=10个ATP分子。如果含16个碳的软脂酸进行β-氧化,需经过7个轮回,共产生8个乙酰-CoA和7个NADH及7个$FADH_2$,这样软脂酸β-氧化可导致产生的能量为8(乙酰-CoA)×10(ATP)+7(NADH)×2.5(ATP)+7($FADH_2$)×1.5(ATP)=80+17.5+10.5=108 ATP。考虑到脂肪酸在活化时耗去了两个ATP高能键相当2个ATP,因此一个分子软脂酸经β-氧化,柠檬酸循环和氧化磷酸化最后产生的ATP分子数是106个。

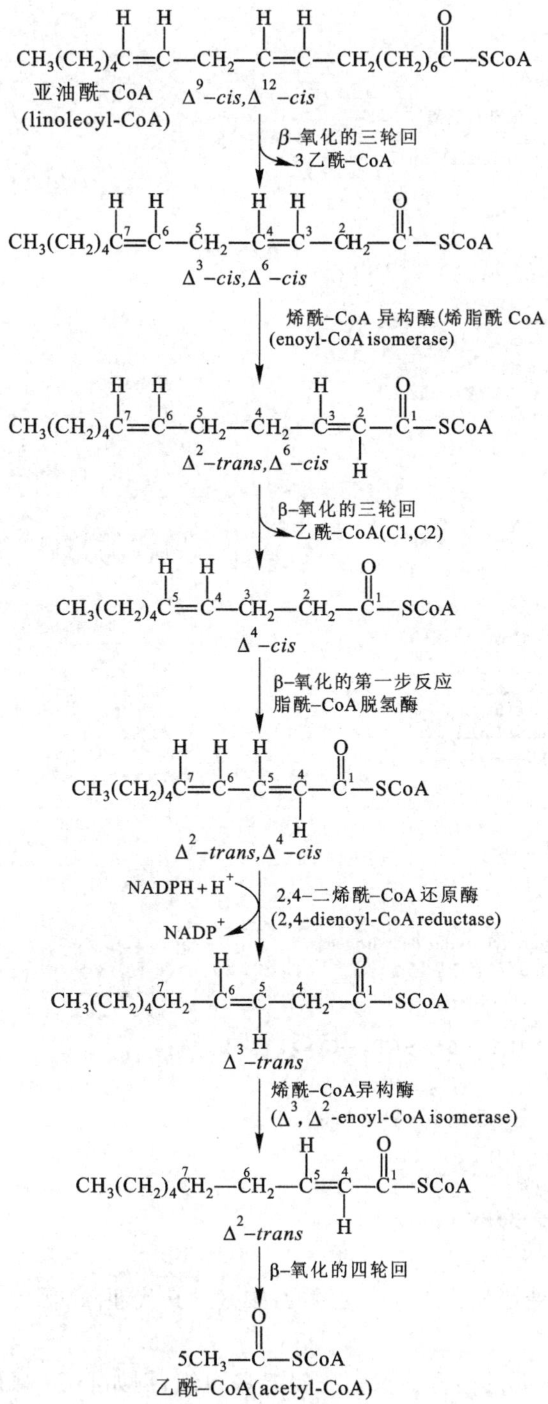

图 25-5　多不饱和脂肪酸的氧化降解

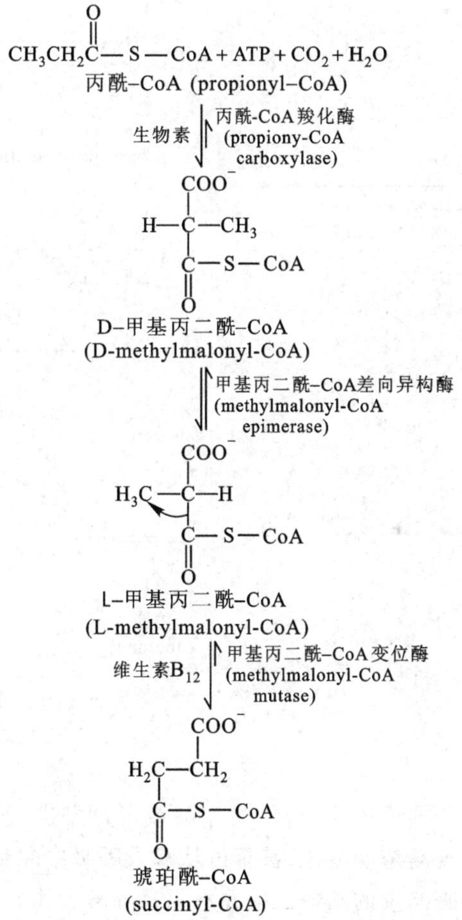

图 25-6　由丙酰-CoA 形成琥珀酰-CoA

8. 酮体的形成

酮体的合成主要是肝脏的功能。在这里乙酰-CoA 可转变为乙酰乙酸，D-β-羟丁酸和丙酮。这三个化合物统称为酮体(ketone body)。酮体的生成如图 25-7 所示。

当 β-氧化产生的乙酰-CoA 超过柠檬酸循环的需要量时，就走向酮体合成的道路。

两分子乙酰-CoA 缩合形成乙酰乙酸，这实际是 β-氧化中硫解反应的逆反应。乙酰乙酰-CoA 再和 1 分子乙酰-CoA 反应形成 β-羟-β-甲基戊二酰-CoA(HMG CoA)，后者进一步裂解形成乙酰乙酸和乙酰-CoA。

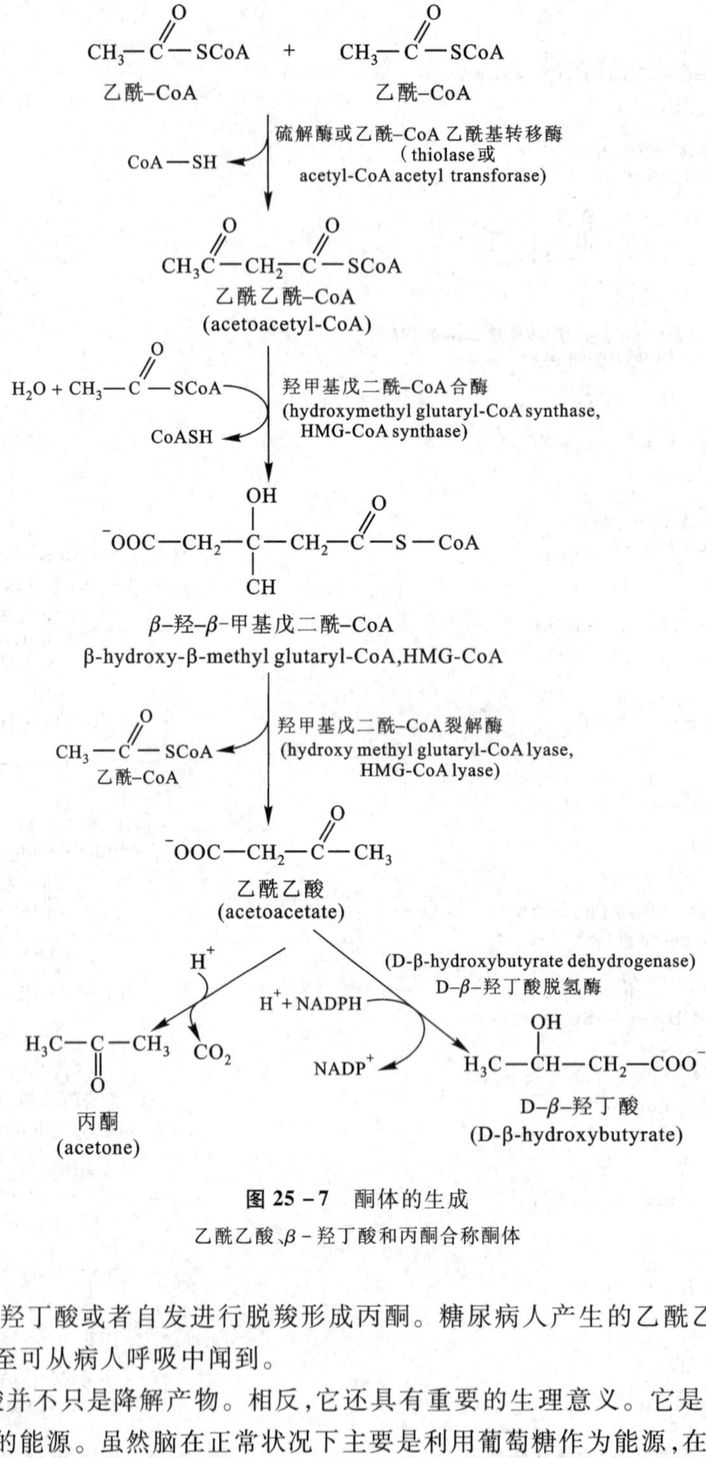

图 25-7 酮体的生成
乙酰乙酸、β-羟丁酸和丙酮合称酮体

乙酸乙酸即可还原为β-羟丁酸或者自发进行脱羧形成丙酮。糖尿病人产生的乙酰乙酸盛过其代谢量,因此血液中出现高浓度酮体,甚至可从病人呼吸中闻到。

肝脏产生的乙酰乙酸并不只是降解产物。相反,它还具有重要的生理意义。它是某些组织,例如心脏、肾脏皮质和肌肉,优于葡萄糖的能源。虽然脑在正常状况下主要是利用葡萄糖作为能源,在饥饿或患糖尿病的情况下却首先利用乙酰乙酸作为能源。

二、脂肪酸的生物合成

脂肪酸的生物合成最早是用 *E. coli* 的无细胞提取液开始研究的。在大肠杆菌中催化脂肪酸合成的酶都是独立存在的,以分离状态起作用。这一点和哺乳动物不同(见后面)。脂肪酸的合成和降解所经的途径完全不同。脂肪酸的β-氧化分解在线粒体中进行,而脂肪酸的合成在细胞溶胶中进行。两者需要的酶也完全不同。

脂肪酸 β-氧化产物是乙酰-CoA,而脂肪酸合成的起始物是由乙酰-CoA 转变成的一个中间体即丙二酸单酰-CoA(malonyl-CoA)。脂肪酸 β-氧化产生 NADH 和 $FADH_2$,而脂肪酸合成需要参与的辅酶是 NADPH。值得注意的还有,脂肪酸在合成过程中需要一个特殊的载体即酰基载体蛋白(acyl carrier protein,ACP)。

为阐明脂肪酸合成的全貌需首先讨论在线粒体内产生的乙酰-CoA 如何转运到细胞溶胶中。然后再讨论脂肪酸的合成步骤。

(一)乙酰-CoA 从线粒体到细胞溶胶的转运

如图 25-8 所示,线粒体内膜不能容许乙酰-CoA 穿过,因此乙酰-CoA 必须加以改造,成为可以穿过内膜的分子。乙酰-CoA 若与草酰乙酸缩合形成柠檬酸就克服了这一障碍。穿过线粒体内膜到细胞溶胶后,即由溶胶中的 ATP-柠檬酸裂解酶(ATP-citrate lyase)将柠檬酸裂解为乙酰-CoA 和草酰乙酸。不参与脂肪酸合成的草酰乙酸也不能穿过线粒体膜回到线粒体基质。它必须转变为能够穿过线粒体内膜的苹果酸或丙酮酸。催化这一反应的酶为苹果酸脱氢酶。苹果酸由苹果酸酶氧化脱羧即形成丙酮酸。进入线粒体内的苹果酸再经氧化又变回草酰乙酸。参与作用的辅酶为 $NADP^+$,它被还原为 NADPH。还原型 NADPH 为合成脂肪酸所必需。

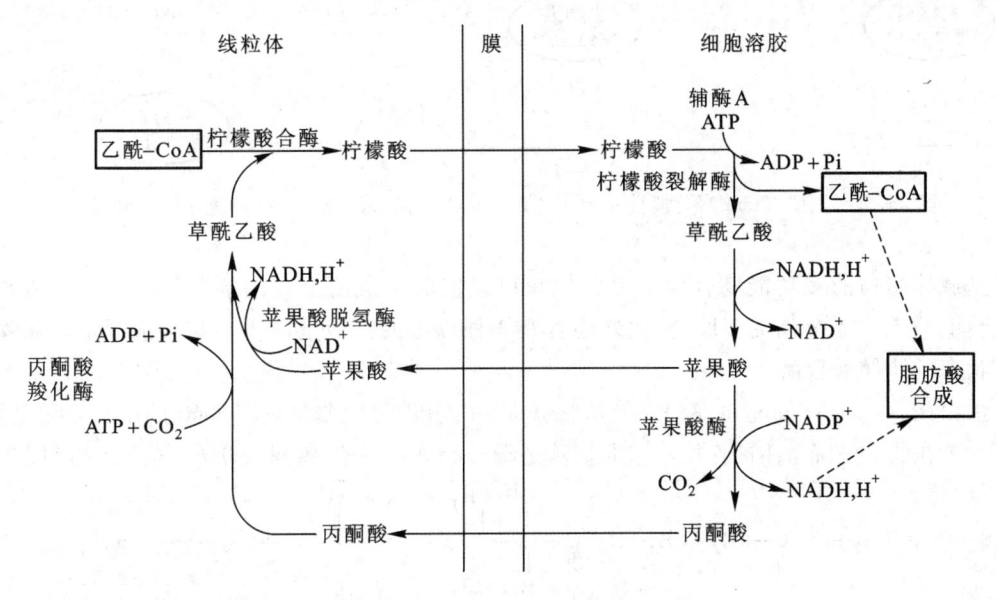

图 25-8 乙酰-CoA 的跨膜过程

(二)脂肪酸的合成步骤

动物体脂肪酸的合成共有 7 步反应。在讨论这 7 步合成反应之前,还需先讨论关于丙二酸单酰-CoA 的形成,并了解在脂肪酸合成的全过程中起作用的脂肪酸合酶。

1. 丙二酸单酰-CoA 的形成

这步反应是乙酰-CoA 和碳酸氢盐在乙酰-CoA 羧化酶(acetyl-CoA carboxylase)作用下进行的。该酶由 3 个多肽链构成,分别称为生物素载体蛋白、生物素羧化酶和转羧基酶。在细菌,这 3 个多肽链是分离存在的;在动物,则结合成一个多功能酶;植物则两种形式都存在。它们都含有一个以共价键与酶的赖氨酸残基相结合的生物素辅基。来源于碳酸(HCO_3^-)的羧基,借助 ATP 降解为 ADP+Pi 的推动力转移到载体蛋白的生物素辅基上。生物素辅基起着 CO_2 临时载体的作用,随后由转羧基酶(transcarboxylase)将 CO_2 转移到乙酰-CoA 分子上,形成丙二酸单酰-CoA(malonyl-CoA)(图 25-9)。

2. 脂肪酸合酶的结构与功能

在动物细胞溶胶中,脂肪酸合酶(fatty acid synthase)是一个对称形式的二聚体,每个单体是一个具有 7 种酶

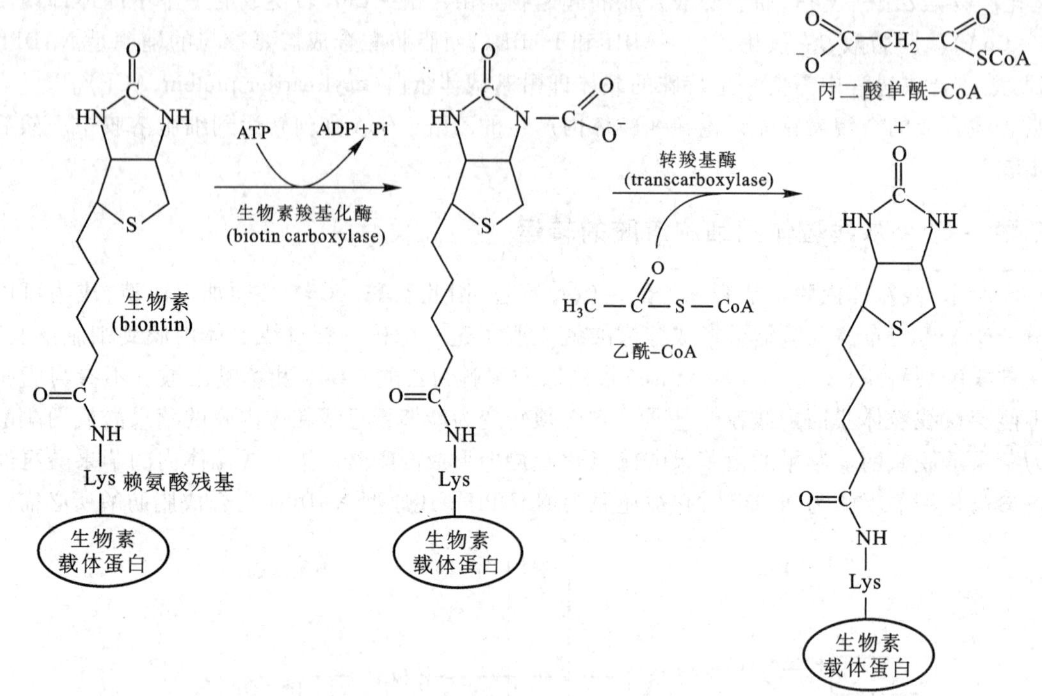

图 25-9 乙酰-CoA 羟化酶催化的由乙酰-CoA 和碳酸形成丙二酸单酰-CoA 的反应

活性和一个酰基载体蛋白的多功能复合体。因此该酶可以同时合成两个相同的脂肪酸分子。在细菌，例如 *E. coli* 的脂肪酸合酶，含有 7 条分离的多肽链；此外还含有 3 种以上的其他蛋白质参与合成反应。植物则是在叶绿体中存在分离状态的脂肪酸合酶。

酰基载体蛋白(acyl carrier protein, ACP)在 *E. coli* 是一个相对分子质量只有 8860 的小肽。它在脂肪酸合成中的作用犹如辅酶 A 在脂肪酸降解中的作用。它的辅基是磷酸泛酰巯基乙胺(phosphopantetheine)(图 25-10A)。该

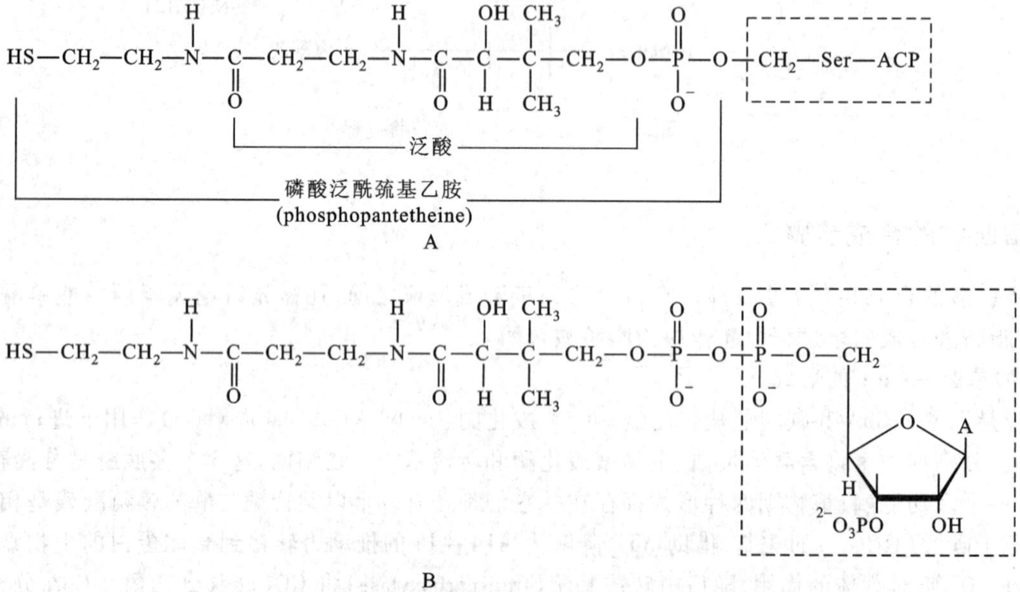

图 25-10 磷酸泛酰巯基乙胺是 ACP 和辅酶 A 的活性部位
A. 磷酸泛酰巯基乙胺作为 ACP 的辅基与 ACP 的丝氨酸相连
B. 磷酸泛酰巯基乙胺构成辅酶 A 的活性部位

辅基的磷酸基团与 ACP 多肽的 Ser 残基以磷酯键相接。磷酸泛酰硫基乙胺的另一端为—SH 基团，与脂酰基形成硫酯键。这样构成一个长的摆臂，可把脂酰基在一个酶反应后转移到另一个酶。由此即得到"酰基载体蛋白"的名称。磷酸泛酰硫基乙胺又是辅酶 A 的一部分(图 25-10B)，它在脂肪酸的降解中也起重要作用。

动物体的脂肪酸合酶独自多出一种酶，称为软脂酰 - ACP 硫酯酶(palmitoyl - ACP thioesterase)。它催化最后生成的软脂酰 - ACP 的水解，生成软脂酸和 ACP。该酶只在 16 碳脂肪酸合成后才显示功能。其他生物机体缺乏此酶而是直接利用软脂酰 - ACP。

3. 由脂肪酸合酶催化的各步反应

在动物体中脂肪酸合成包含以下 7 步反应，以软脂酸为例如图 25-11 所示。这 7 步反应简单概括如下：

① 启动(priming)　由丙二酸单酰/乙酰 - CoA - ACP 转酰基酶(malonyl/acetyl - CoA - ACP transacylase, MAT)催化

② 装载(loading)　由上面同一酶催化

③ 缩合(condensation)　由 β - 酮酰 - ACP 合酶(β - ketoacyl - ACP synthase)催化

④ 还原(reduction)　由 β - 酮酰 - ACP 还原酶(β - ketoacyl - ACP reductase)催化

⑤ 脱水(dehydration)　由 β - 羟酰 - ACP 脱水酶(β - hydroxyacyl - ACP dehydrase)催化

⑥ 还原(reduction)　由烯酰 - ACP 还原酶(enoyl - ACP reductase)催化

⑦ 释放(release)　由软脂酰 - ACP 硫酯酶(palmitoyl - ACP thioesterase)催化

(1) 启动　启动反应由丙二酸单酰/乙酰 - CoA - ACP 转酰基酶(malonyl/acetyl - CoA - ACP transacylase, MAT)催化。反应分两步进行。第 1 步，乙酰 - CoA 的乙酰基转移到 ACP 上(图中的 1a)。第 2 步，乙酰基由 ACP 转移到脂肪酸合酶上形成乙酰 - 合酶(1b)。

(2) 装载　在丙二酸单酰/乙酰 - CoA - ACP 转酰基酶(malonyl/acetyl - CoA - ACP transacylase, MAT)催化下，丙二酸单酰基转移到 ACP 上形成丙二酸单酰 - ACP。

通过"启动"和"装载"两步反应，即为以下的缩合反应准备好了两个底物即乙酰—合酶和丙二酸单酰 - ACP。

(3) 缩合　在 β - 酮酰 - ACP 合酶催化下，与酶的—SH 相连的乙酰基和丙二酸单酰 - ACP 进行缩合。形成乙酰乙酰 - ACP，丙二酸单酰 - ACP 的脱羧活化了它的次甲基，CO_2 的丢失在热力学上也有助于反应的进行，而且使反应不可逆。

(4) 还原　在 β - 酮酰 - ACP 还原酶催化下，乙酰乙酰 - ACP 的 β 位发生还原反应。作为还原剂的是 NADPH。生成 D - β - 羟丁酰 - ACP。该产物的 β - 碳原子成为不对称碳原子。

(5) 脱水　在 β - 羟酰 - ACP 脱水酶(β - hydroxyacyl - ACP dehydrase)的催化下，D - β - 羟丁酰 - ACP 脱水形成 α,β - 反式 - 丁烯酰 - ACP。

(6) 还原　这是脂肪酸合成过程中的第二次还原。同样发生在 β - 位上，还原剂也是 NADPH。起催化作用的酶为烯酰 - ACP 还原酶(enoyl - ACP reductase)。α,β - 反式 - 丁烯酰 - ACP 被还原成为丁酰 - ACP。如此即完成了第一轮回碳链的延伸。丁酰 - ACP 又可以进入第二轮回的碳链延伸。丁酰 - ACP 取代了第一轮回的起始物乙酰 - ACP，再通过 1a 反应与丙二酸单酰 - ACP 缩合(反应 3)，再经过反应 4、5、6，即生成 6 个碳的脂酰 - ACP。如此循环，每一循环碳链即延伸两个碳原子单元。

(7) 释放　在动物细胞脂肪酸合成经过 7 次循环后，其延伸长度到达 16 个碳原子后即停止延伸程序，最终产物形成软脂酰 - ACP。这时软脂酰 - ACP 硫酯酶即开始作用，软脂酸从脂肪酸合酶复合体中被水解释出：

$$\text{软脂酰 - ACP} + H_2O \longrightarrow \text{软脂酸} + \text{HS - ACP} + H_2O$$

软脂酸若形成更长链的脂肪酸或引进双键，必须接受其他酶的作用。将在后述。

综上所述，每合成一分子软脂酸需要的乙酰 - CoA 和丙二酸单酰 - CoA 以及还原型 NADPH 的分子数如下式：

$$\text{乙酰 - CoA} + 7 \text{丙二酸单酰 - CoA} + 14\text{NADPH} + 14H^+ \longrightarrow$$
$$\text{软脂酸} + 7CO_2 + 14\text{NADP}^+ + 8\text{CoA—SH} + 6H_2O$$

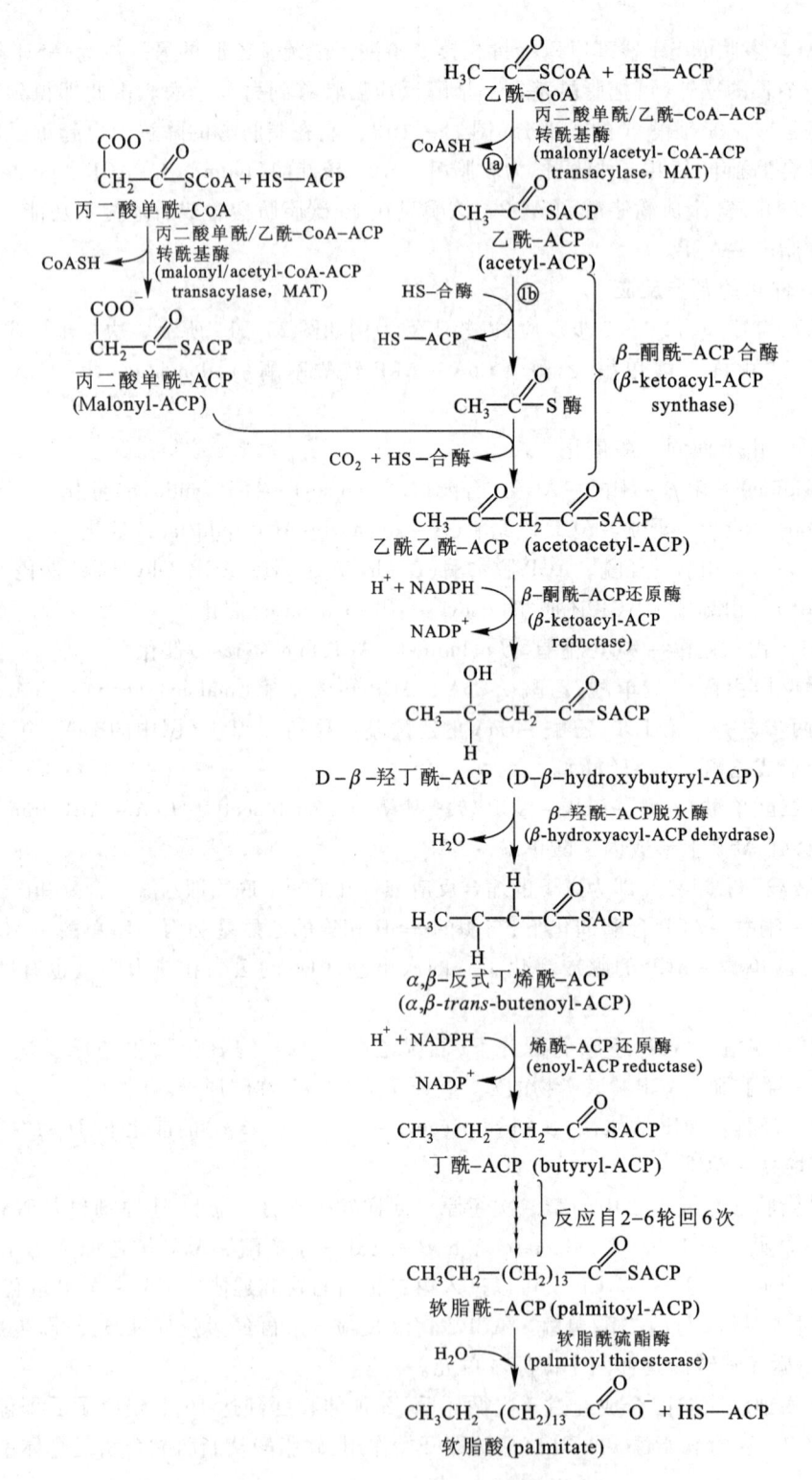

图 25-11 动物体脂肪酸生物合成步骤

形成软脂酸的过程中从 2 碳出发经过 7 次重复循环后形成 16 碳的软脂酰 - ACP，再水解产生软脂酸并释出 ACP—SH

7 分子丙二酸单酰 - CoA 的形成，需 7 分子乙酰 - CoA 和 7 分子 ATP。总反应如下：

$$7 \text{乙酰-CoA} + 7CO_2 + 7ATP \longrightarrow 7 \text{丙二酸单酰-CoA} + 7ADP + 7Pi$$

总计:从乙酰-CoA开始到产生软脂酸的化学计量总反应式如下:

$$8乙酰-CoA + 7ATP + 14NADPH + 14H^+ \longrightarrow$$
$$软脂酸 + 14NADP^+ + 8CoA—SH + 6H_2O + 7ADP + 7Pi$$

其中所消耗的还原力 NADPH 来源于苹果酸酶反应和戊糖磷酸途径。

4. 脂肪酸碳链的延长与去饱和

(1) 碳链的延长 以16碳软脂酸为起始物,在线粒体和内质网中脂肪酸的延长机制有所差异。

线粒体中的延长是独立于脂肪酸合成之外的过程。它是乙酰单元的加成和还原,恰恰是脂肪酸降解过程的逆反应。差异只是脂肪酸延长的最后一步反应使用了 NADPH 作为还原剂,而脂肪酸降解的最前一步使用的是 FAD 作为氧化剂。

脂肪酸延长系统在光面内质网中进行得更为活跃。此处的延伸系统使用的酰基载体不是 ACP 而是 CoA。延伸过程和软脂酸合成过程相同,先是由丙二酸单酰-CoA 提供二碳单元,随后是还原、脱水、再还原而形成饱和的18碳硬脂酰-CoA。

(2) 去饱和 最常见的动物体内的饱和脂肪酸是软脂酸和硬脂酸。它们依次是棕榈酸($16,\Delta^9$)和油酸($18,\Delta^9$)的前体。催化双键形成的酶称为脂酰-CoA 去饱和酶(fatty acyl-CoA desaturase),该酶是一种混合功能氧化酶,它的催化反应需要 $NADPH,O_2$。它与细胞色素 b_5 还原酶(黄素蛋白)和细胞色素 b_5 三者都结合在光面内质网膜上构成一个电子传递体系。细胞色素 b_5 还原酶将一对电子从 NADPH 通过 FAD 转移到细胞色素 b_5。被还原的细胞色素 b_5 的氧化通过去饱和酶的非血红素铁原子($Fe^{3+} \rightarrow Fe^{2+}$),$Fe^{3+}$ 从细胞色素 b_5 接受一对电子(一个一个地接收),同时使饱和脂肪酸的9-10位之间形成顺式不饱和双键。O_2 是最终的电子受体。在此反应中共形成2个 H_2O,也就是共转移了4个电子:2个电子来源于 NADPH,2个电子来源于去饱和的脂肪酸。因此也可以说去饱和酶实际是同时对两个底物(脂肪酸和 NADPH)进行双对电子的氧化作用。去饱和作用的全部反应见图25-12。

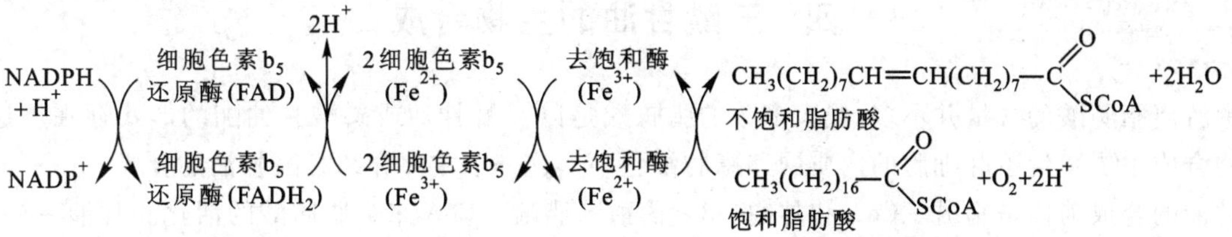

图25-12 脊椎动物由饱和脂肪酸(脂酰-CoA)到不饱和脂肪酸(不饱和脂酰-CoA)的转化

由脂酰-CoA 去饱和酶通过包括细胞色素 b_5 和细胞色素 b_5 还原酶的一系列反应,一对电子从 NADPH 通过反应链,另一对电子来源于脂酰-CoA,电子传递至 O_2 最后生成2分子 H_2O。在植物中的去饱和途径与此相似,只是电子载体有差异。图中以硬脂酸到油酸的转化为例

形成在 Δ^9 以外的双键只有植物和无脊椎动物有此功能。但是哺乳动物需要多不饱和脂肪酸,例如亚油酸($18:2\Delta^{9,12}$)和亚麻酸($18:3\Delta^{9,12,15}$),因此必须从食物中获得。凡本身不能制造,必须从外界获得的脂肪酸称为必需脂肪酸(essential fatty acid)。

哺乳动物可将获得的亚油酸转变为花生四烯酸($20:4\Delta^{5,8,11,14}$)。

花生四烯酸是类二十烷酸(白三烯、前列腺素、凝血噁烷等)的必需前体,因此在体内占有重要地位。

三、脂肪酸代谢的调节

脂肪酸 β-氧化的调节关键是血液中脂肪酸的供给情况。血液中游离脂肪酸主要来源于三酰甘油的分解。贮存在脂肪组织中的三酰甘油,接受激素敏感的三酰甘油酯酶的调节。脂肪酸分解代谢与合成代谢协同地受调

控,而防止了耗能性的无效循环。

在细胞内脂肪酸分解代谢的调控首先是控制脂肪酸进入线粒体内。前面已讨论过的负责脂酰-CoA转入线粒体的脂酰肉碱转移酶Ⅰ,强烈地受丙二酸单酰-CoA的抑制。丙二酸单酰-CoA在脂肪酸合成中担负重要的角色。当丙二酸单酰-CoA处于高水平时,它指向脂肪酸合成,也就抑制了脂肪酸的分解代谢。

脂肪酸的分解代谢有二个激素起着重要的调节作用,即胰高血糖素(glucagon)和肾上腺素。肾上腺素和胰高血糖素都会使脂肪组织的cAMP含量升高,cAMP别构激活cAMP-依赖性蛋白激酶,从而增加三酰甘油酯酶磷酸化的水平,而加速脂肪组织中的脂解作用,又进一步提高血液中脂肪酸的水平,最终活化其他组织例如肝脏和肌肉中的 β-氧化作用。cAMP依赖性蛋白激酶通过激活一个蛋白激酶使乙酰-CoA羧化酶磷酸化而抑制乙酰-CoA羧化酶。又由另外专一的磷酸酶脱掉磷酸而再活化。因此cAMP依赖性磷酸化作用随机体对能量的需要和燃料供应情况调节着既刺激脂肪酸氧化或抑制脂肪酸合成的双向反应。乙酰-CoA羧化酶催化的反应是脂肪酸生物合成的限速步骤,也是脂肪酸合成中重要的调节位点。在脊椎动物,脂肪酸合成的主要产物即软脂酰-CoA,对该酶起反馈抑制作用,柠檬酸是该酶的别构激活剂。柠檬酸在决定细胞内代谢燃料走向分解利用或贮存(以脂肪酸形式)方面起着重要作用。当细胞线粒体内的乙酰-CoA和ATP浓度都很高时,柠檬酸即从线粒体内转移到细胞溶胶中。随之转变为溶胶中的乙酰-CoA(通过柠檬酸裂解酶),它起着对乙酰-CoA羧化酶别构激活的信号作用。

胰岛素则和肾上腺素、胰高血糖素的作用相反,它刺激三酰甘油和糖原的合成,也有降低cAMP水平的作用,导致去磷酸化从而抑制对激素敏感的酯酶的活性,致使供 β-氧化的脂肪酸量减少。此外,胰岛素还能诱导乙酰-CoA羧化酶、脂肪酸合酶,以及柠檬酸裂解酶的合成,从而促进脂肪酸的合成。

脂肪代谢不只受到上述的种种调节,还受到基因表达水平的调节。这里不作讨论。当今的研究发现,如果动物摄入大量多不饱和脂肪酸,肝脏中编码广泛的生脂肪酶类(lipogenic enzymes)基因的表达会受到抑制,它的机制尚未阐明。

四、三酰甘油的生物合成

细胞中游离脂肪酸的含量并不多,绝大多数的脂肪酸是以三酰甘油或磷酸甘油酯的形式存在。这两种类型脂质的生物合成主要发生于肝细胞的内质网和脂肪细胞中。这一节主要介绍三酰甘油的合成

三酰甘油的合成前体是脂酰-CoA和甘油-3-磷酸。脂酰-CoA来自脂肪酸的活化。甘油-3-磷酸由两条途径形成。其一是由糖酵解的中间体二羟丙酮磷酸形成,其二是甘油的磷酸化(图25-13)。

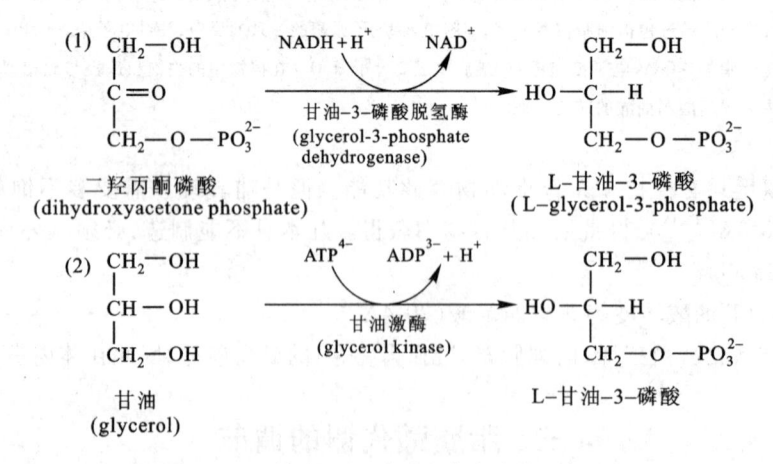

图25-13 甘油-3-磷酸生物合成的两条途径

单酰-和二酰甘油是甘油-3-磷酸与脂酰-CoA经相继酯化形成的。二酰甘油是1,2-二酰甘油-3-磷

酸(磷脂酸,PA)经2步反应生成:第1步水解,除去磷酸基团;第二步二脂甘油再与另一分子脂酰-CoA反应生成三酰甘油(图25-14)。

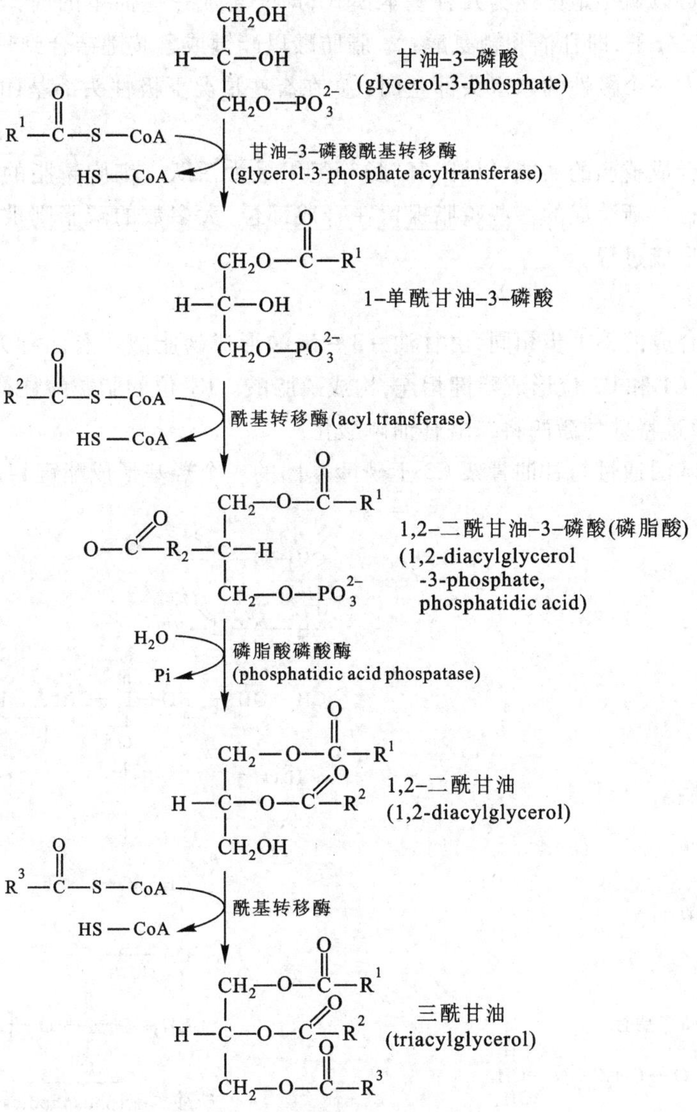

图25-14 三酰甘油的生物合成

五、磷脂的分解代谢与合成

(一)甘油磷脂的分解代谢

绝大多数膜中存在降解甘油磷脂的酶,称为磷脂酶(phospholipase)。磷脂酶根据其裂解酯键的位置不同名称各异。磷脂酶 A_1、A_2、C、D 四种酶对磷脂攻击的部位如图25-15所示。此外还有一种磷脂酶 B,被认为是 A_1 和 A_2 的混合酶。磷脂水解后生成的脂肪酸进入 β-氧化途径,甘油和磷酸则进入糖代谢途径。

（二）磷脂的生物合成

各种不同磷脂的合成可以概括地归纳为几种基本模式，即先合成一些简单的前体，然后再组装成各种磷脂。大致的程序是：① 合成骨架分子，即甘油和鞘氨醇；② 脂肪酸以酯键或酰胺键结合到骨架分子上；③ 以磷酸二酯键的形式在骨架分子上加入一个极性的亲水头部基团；④ 在有些情况下极性头部基团还可发生变化或转换形成其他最终产物。

动物的各种细胞都有合成磷脂的功能，以肝、肾、肠等组织最为活跃。细胞磷脂的合成主要在光面内质网的表面以及线粒体的内膜进行。新合成的一些磷脂保留在合成部位，大多数的磷脂则被运送到其他细胞的不同部位。以下举出几种磷脂的形成过程。

1. 甘油磷脂的合成

第1阶段和三酰甘油合成的第1步相同，由甘油-3-磷酸形成磷脂酸。有两种方式：其一是由2分子脂酰基与L-甘油-3-磷酸的C1和C2位形成酯键相连，构成磷脂酸。C1位的脂肪酸往往是饱和脂肪酸，C2位往往是不饱和脂肪酸；其二是通过特殊的激酶将二酰甘油磷酸化。

甘油磷脂的极性头部基团通过与甘油骨架C3上磷酸基团的一个羟基形成酯键相连（图25-16）。

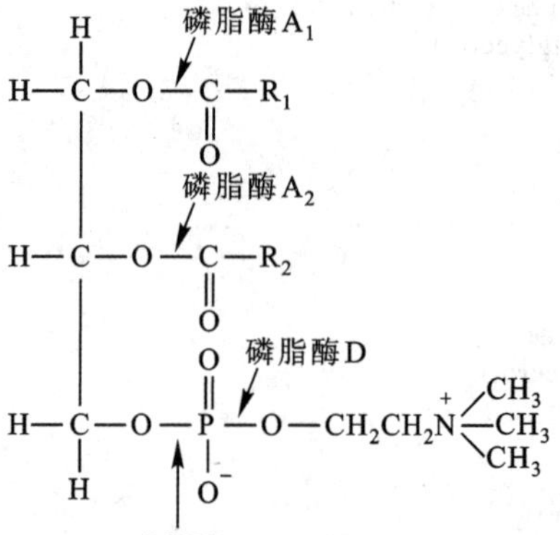

图25-15　不同磷脂酶对磷脂酰胆碱的不同作用点

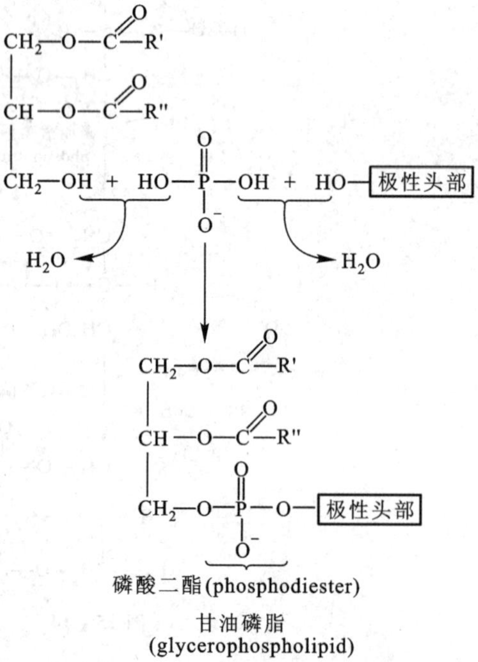

图25-16　磷脂的极性头部以磷酸酯键与二酰甘油相连接，在反应过程中脱掉2分子水

甘油磷脂在合成时，磷酸基团与甘油的C3羟基相连的方式有两种，一种是二酰甘油先活化，形成CDP-二酰甘油，再由甘油分子上的羟基向磷酸基团进行亲核攻击而与之相连，同时将CMP从分子上释出，生成带极性头部的甘油磷脂（图25-17）；第二种方式是，极性头部在未结合到二酰甘油上之前，先活化成为CDP-极性头部，然后由1,2-二酰甘油C3上的羟基向CDP-极性头部的磷酸基团进攻，也取代下CMP，而形成甘油磷酸脂（图25-17）。原核细胞只有第1种方式。

二酰甘油的活化是磷脂酸与CTP作用，水解下一个焦磷酸形成CDP-二酰甘油而实现的。若由丝氨酸的羟基进行亲核攻击替换CMP，则生成磷脂酰丝氨酸。若由甘油-3-磷酸的C1羟基取代下CMP，则生成磷脂酰甘油-3-磷酸（phosphatidylglycerol-3-phosphate）。后者进一步发生磷酸单酯的裂解而生成磷脂酰甘油，同时释

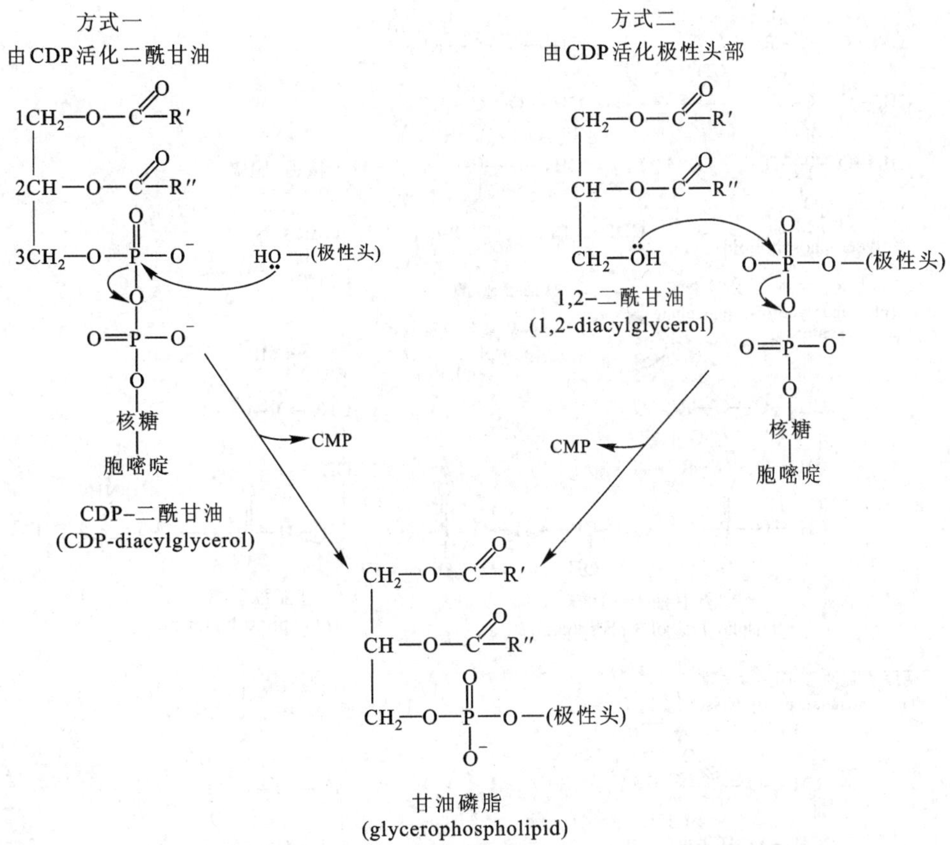

图 25-17 磷脂形成磷酸二酯键的两种方式
两种方式形成的磷酸酯键,其磷酸基团都来源于 CDP

出一个 Pi。反应如图 25-18 所示。参与作用的酶都在图中注明。

磷酸丝氨酸和磷脂酰甘油都可作为其他膜脂的前体。磷脂酰丝氨酸脱羧即形成磷脂酰乙醇胺。两分子磷脂酰甘油缩合,除去 1 分子甘油即形成心磷脂(cardiolipin)又称二磷脂酰甘油(diphosphatidyl glycerol)(图 25-18)。

真核生物心磷脂合成的微小区别是磷脂酰甘油与 CDP-二酰甘油缩合而不是另一分子磷脂酰甘油(图 25-19)。

磷脂酰肌醇(phosphatidylinositol)的合成是由 CDP-二酰甘油在肌醇合酶(inositol synthase)催化下与肌醇缩合而成。在磷脂酰肌醇激酶的催化下,磷脂酰肌醇可转变为相应的磷酸衍生物(图 25-19)。

真核生物合成磷脂酰丝氨酸、磷脂酰乙醇胺和磷脂酰胆碱的途径是相互联系的。图 25-20 表明它们相互之间的关联。

在哺乳动物,磷脂酰丝氨酸并不由 CDP-二酰甘油先合成甘油磷脂,而是由磷脂酰乙醇胺与丝氨酸交换极性头部形成(参看图 25-20)。哺乳动物磷脂酰乙醇胺和磷脂酰胆碱的合成是通过图 25-17 的方式 2 完成的,极性头部先活化再与二酰甘油缩合。在肝脏中,磷脂酰胆碱还可通过使磷脂酰乙醇胺的氨基甲基化的方式直接合成,甲基来源于 S-腺苷甲硫氨酸;而在其他组织,磷脂酰胆碱的合成只存在 CDP-胆碱与二酰甘油缩合的途径。机体还可以利用体内的胆碱合成磷脂酰胆碱。

2. 缩醛磷脂和烷基酰基甘油磷脂的合成

缩醛磷脂(plasmalogen)和烷基酰基甘油磷脂(alkylacylglycerol phospholipid)是另外两种甘油磷脂,前者在甘油的 C1 位上通过乙烯醚键与一个碳氢链相连;后者是一个烷基链与甘油的 C1 位通过醚键相连。此外,它们在 C3 位上的磷酸基团可与各种不同基团结合,包括碱胆、乙醇胺和丝氨酸。

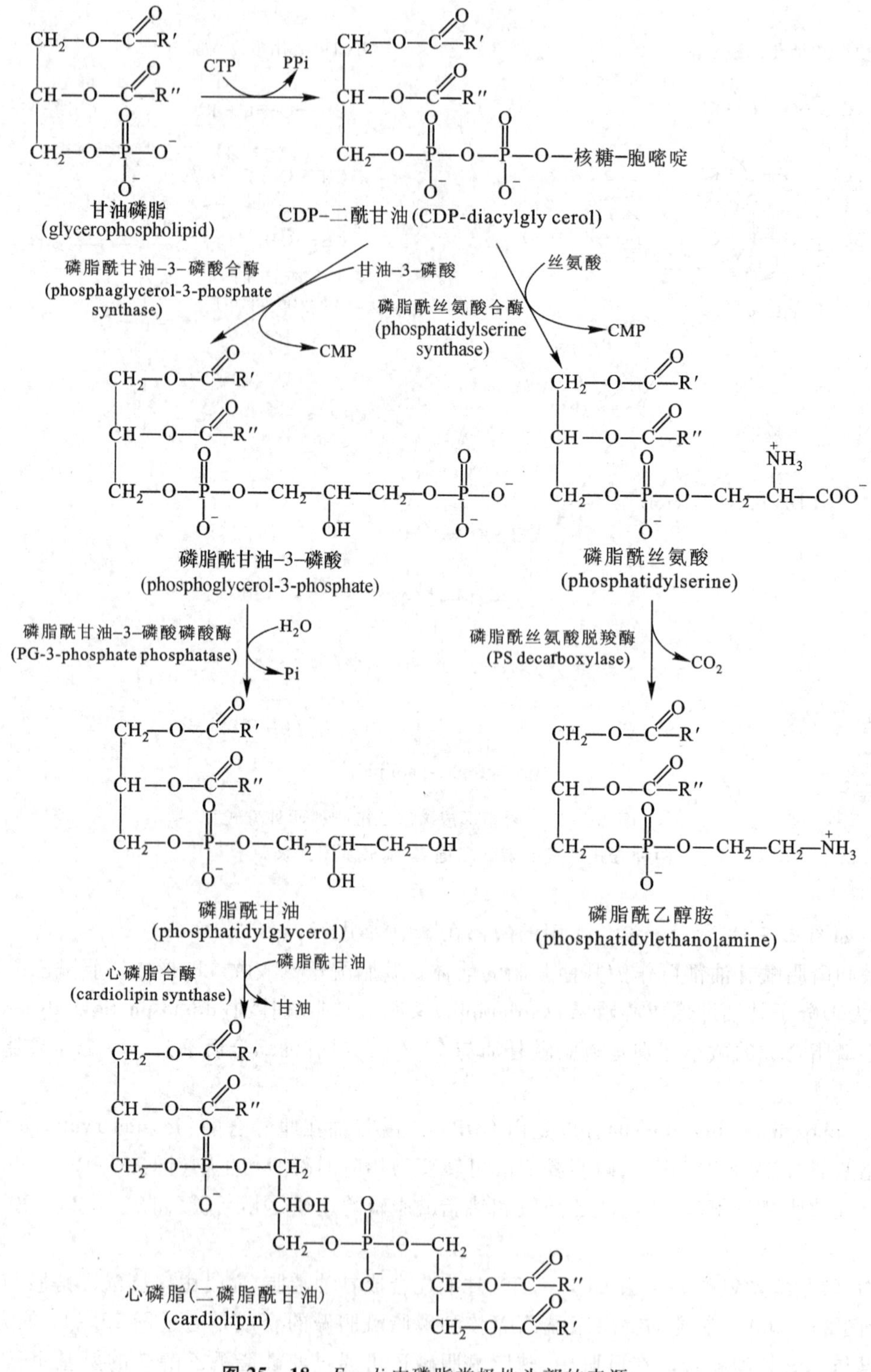

图 25-18 *E. coli* 中磷脂类极性头部的来源

极性头部，或是丝氨酸或是甘油-3-磷酸通过 CDP-二酰甘油相接（方式1），磷脂酰丝氨酸以外的磷脂，其极性头部经过进一步的修饰

构成哺乳动物细胞膜的甘油磷脂中，大约20%都是缩醛磷脂。在同一种生物不同组织中的含量有很大差异，例如在人的肝脏中，缩醛磷脂只占磷脂的0.8%；而在人的神经组织却占磷脂的23%。

烷基酰基甘油磷脂中最引人注意的是血小板活化因子（platelet activating factor, PAF）。它的 C2 位是一个乙

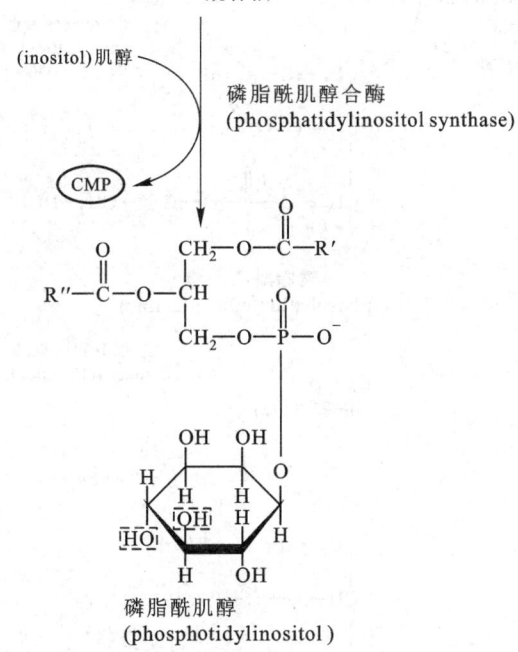

图 25-19 真核生物磷脂酰肌醇的合成
甘油磷脂的合成同前面方式1，磷脂酰甘油的合成同细菌的合成
OH代表可被磷酸化的羟基

酰基，与磷酸基团结合的是胆碱。此因子是由嗜碱性粒细胞（basophil）分泌的，是一个强的信号分子。它刺激血小板凝集和从血小板中释放 5-羟色胺，以促进血管收缩。它还对肝脏、平滑肌、心脏、子宫、肺等各种不同组织的活动产生强力效应；此外，在炎症和过敏性反应中也起重要作用。

缩醛磷脂和烷基酰基甘油磷脂的生物合成都需要与长链的脂肪醇形成醚键。它们的合成步骤如图 25-21 所示。

3. 鞘脂和鞘糖脂的生物合成

鞘脂（sphingolipids）的结构都有一个长链脂肪酸，一个二级胺和一个醇羟基。哺乳动物中最常见的醇羟基是鞘氨醇（参看第8章）。与前述的甘油磷脂相比较，脂肪酸不是与甘油分子结合，而是与其他组分结合。鞘脂是所有脊椎动物细胞膜的组成成分，在细胞和血浆脂蛋白中都存在，更在神经髓鞘中含量丰富，起保护和使神经纤维绝缘的作用。鞘糖脂不只是细胞膜的重要组成分，特别与血型、抗原、组织和器官的特异性以及细胞之间的识别等都有关。

（1）鞘磷脂，作为鞘脂的代表，直接由神经酰胺生成。合成神经酰胺和鞘磷脂的路线如图 25-22 所示。

（2）鞘糖脂也以神经酰胺为母体。以葡糖-神经酰胺为代表的合成路线和鞘磷脂在形成神经酰胺的步骤完全一致。差异只在以后的结合物不同。全部合成路线如图 25-22 所示。

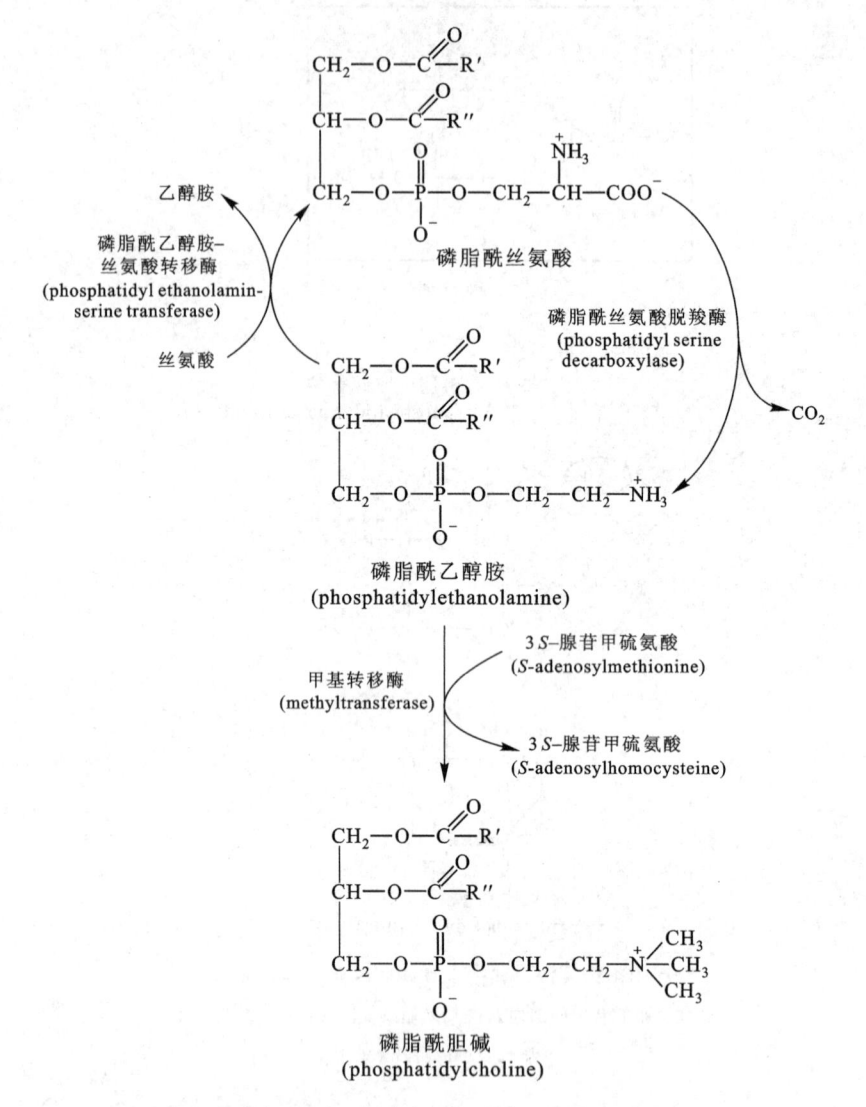

图 25-20 酵母中磷脂酰丝氨酸、磷脂酰乙醇胺和磷脂酰胆碱之间的相互关联

磷脂酰丝氨酸和磷脂酰乙醇胺可由极性头部的互换而互相转变。哺乳动物的磷脂酰丝氨酸是由磷脂酰乙醇胺经过上述相反的头部交换而形成的

六、类二十烷酸的生物合成

具有强力生物信号作用的局部激素(local hormones)类二十烷酸(eicosanoids),是对激素或其他刺激的应答反应物质。这类物质包括前列腺素(prostaglandin,PG)、血栓烷(thromboxane,TX)、白三烯(leucotriene)等。类十二烷酸的主要前体是花生四烯酸(存在于膜上的磷脂中)。磷脂酶 A_2 受到激素或其他刺激被激活后,将膜上磷脂中的花生四烯酸释出,光面内质网的有关酶类即将其转化为前列腺素。花生四烯酸可先转化为前列腺素 G_2 (PGG_2)再转化为前列腺素 H_2(PGH_2)。后者是其他许多前列腺素和血栓烷的直接前体。有两条途径可使花生四烯酸转变为 PGH_2。起催化作用的酶称为环加氧酶(cyclooxygenase,COX)。它是一种双功能酶,又称为前列腺素 H_2 合酶(prostaglandin H_2 synthase)。催化的第 1 步是由环氧化酶的活性将分子氧引入花生四烯酸形成 PGG_2,第 2 步是由同一酶的过氧化物酶活性(peroxidase activity)将 PGG_2 转变为 PGH_2(图 25-23)。

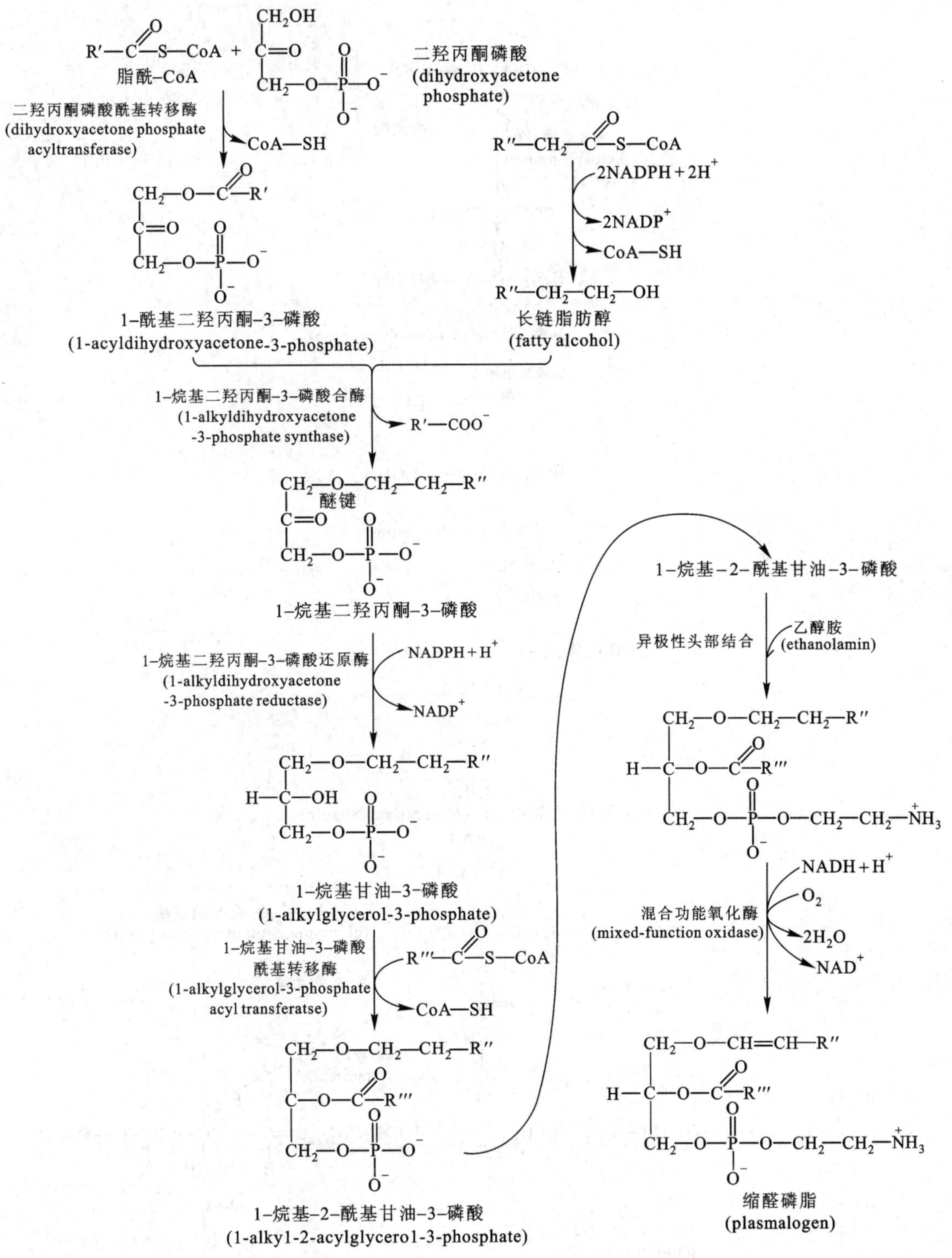

图 25-21 烷基酰基甘油磷脂和缩醛磷脂的合成

长链脂肪醇由脂酰-CoA还原而来,它取代1-烷基二羟丙酮-3-磷酸的 R'—C(=O)—O— 基团形成醚基,生成的1-烷基二羟丙酮-3-磷酸经还原、酰基转移生成烷基酰基甘油磷脂(1-烷基-2酰基甘油-3-磷酸)它作为缩醛磷脂的前体加入极性头部(乙醇胺)并脱氢氧化形成烯基醚键而完成缩醛磷脂的合成

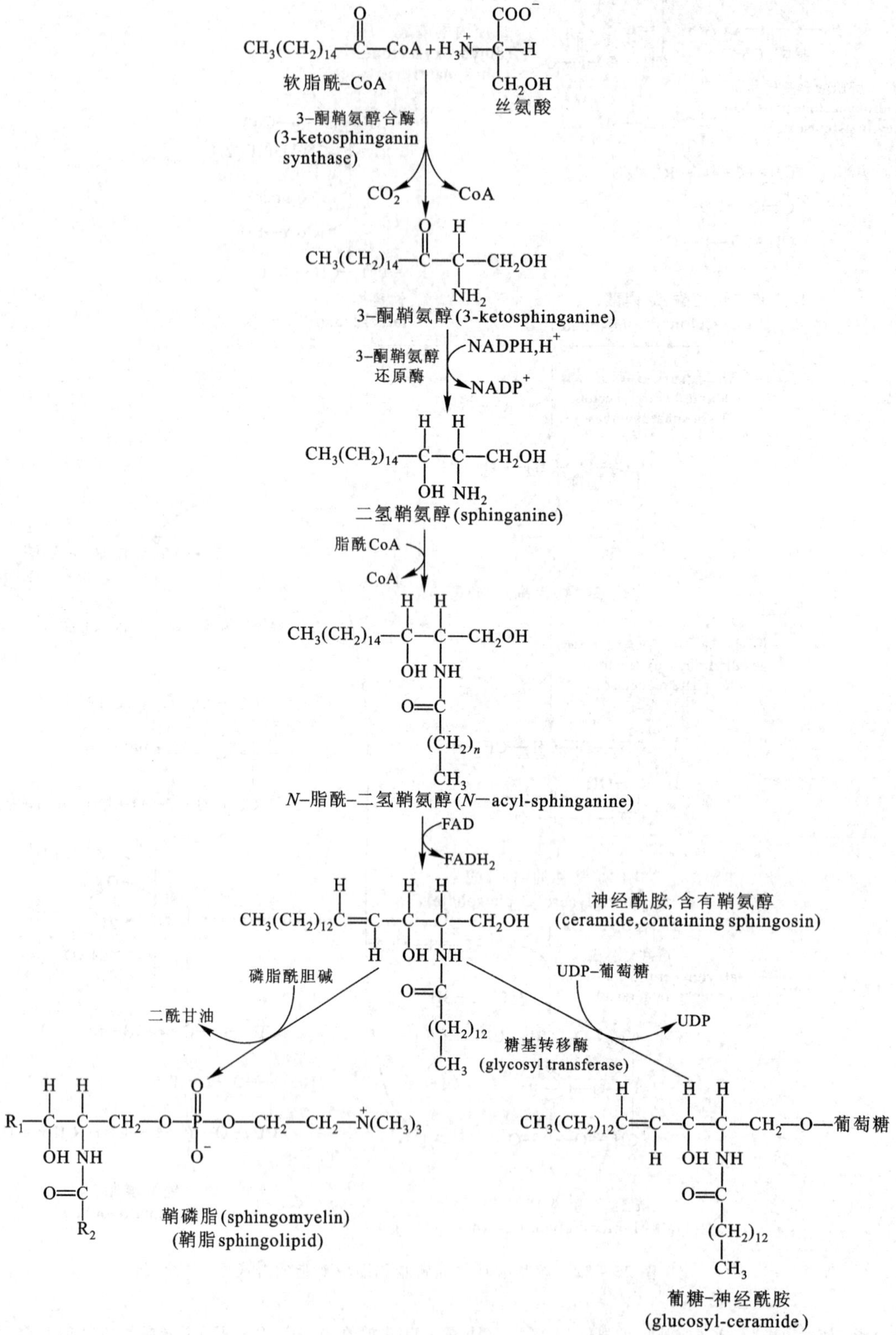

图 25-22 鞘脂和鞘糖脂的生物合成

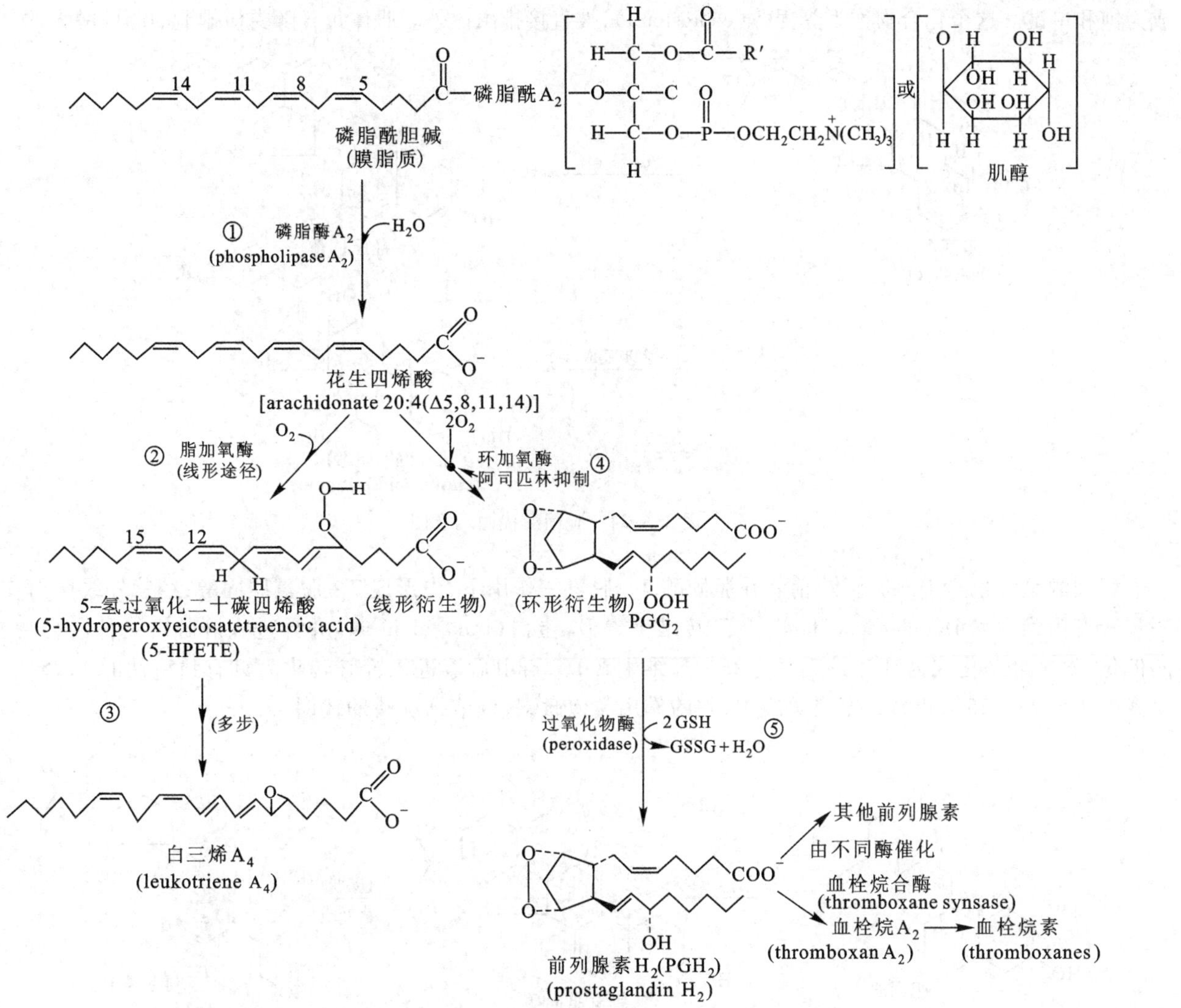

图 25-23 类二十烷酸合成前列腺素 H₂（环式途径）和合成白三烯（线形途径）

血栓烷由前列腺素 H₂ 衍生而来

血栓烷类的直接前体是血栓烷 A₂（thromboxane A₂）。后者是由血小板（thrombocytes）内的血栓烷合酶将 PGH₂ 转变形成（图 25-23）。

阿司匹林（aspirin）对前述的环氧化酶有不可逆的抑制作用（图 25-23），从而抑制前列腺素 G₂ 的合成，也继而抑制血栓烷的形成。这有利于抑制血管收缩和血小板凝集，减少心脏突发症的产生。

七、胆固醇的代谢

（一）胆固醇代谢的特点

胆固醇（cholesterol）的结构参看第 8 章，其代谢与一般脂质不同，它不被降解，不氧化为水和 CO_2，而是通过氧化形成许多具有特殊生物活性物质的前体。它在肝脏中代谢的主要途径是转化为胆汁酸（图 25-24）。在 7-α-羟化酶（7-α-hydroxylase）作用下，先转变为 7-α-羟胆固醇。然后经多步反应转变为胆汁酸。胆汁酸形成后，绝大部分都转变为胆汁酸盐（胆盐）进入肠道。胆汁酸盐对来自膳食中脂质的消化和吸收是不可缺的。它乳化肠内的脂质，帮助肠内消化脂质的酶对脂质进行分解。进入肠道的剩余胆汁酸在细菌作用下，其 C5、C6 间的双键被还原成为饱和单键。这个化合物称为粪固醇(coprosterol),被直接排出体外。肌体每日随粪便排泄的胆固醇大约0.4g。

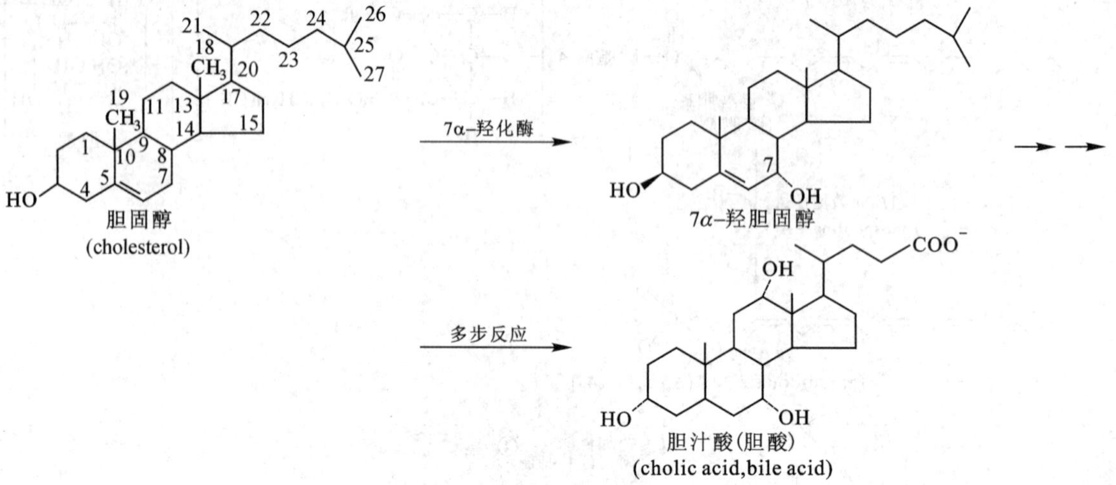

图 25-24 胆固醇代谢示意图

胆固醇是维生素 D_3 的前体,前者在胆固醇 7-脱氢酶作用下,先形成 7-脱氢胆固醇,经紫外线照射皮肤后,一步转变为维生素 D_3(cholecalciferol)。经转维生素 D_3 蛋白(transcalciferin)介导进入肝脏由一种混合功能氧化酶催化,发生羟基化成为具有弱活性的 25-羟维生素 D_3,再由血液进入肾脏转化为具有强活性的 1,25-二羟维生素 D_3(图 25-25),再转送至有关组织,它的作用类似激素,调节钙和磷的代谢。

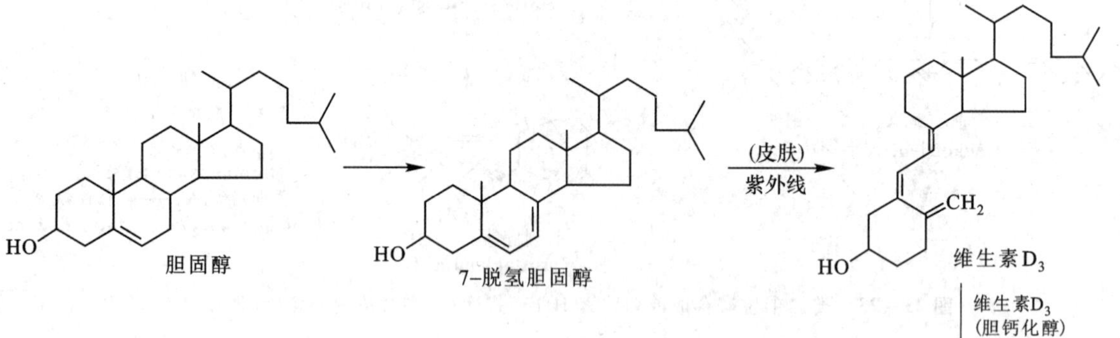

图 25-25 胆固醇向维生素 D_3 及其衍生物的转变

胆固醇的 3-位羟基还可与脂肪酸(脂酰-CoA)结合成胆固醇酯。在内质网细胞溶胶面的脂酰—CoA:胆固醇脂酰转移酶(acyl-CoA:cholesterol acyl transferase, ACAT)作用下,将脂酰基转移到游离胆固醇上而形成胆固醇酯(图 25-26)。

在血浆中的胆固醇酯是低密度脂蛋白(LDL)以及高密度脂蛋白(HDL)内核的主要成分。HDL 可从肝外组织将胆固醇运送到肝内进行代谢,称为逆向转运。机体通过这样的转运将衰老细胞膜中的胆固醇送到肝脏,再排泄到体外。

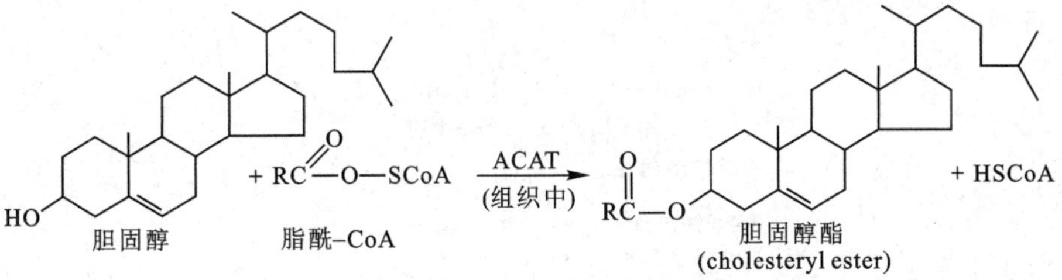

图 25-26 血浆中胆固醇与脂酰-CoA形成胆固醇酯

注：图中 ACAT 代表脂酰-CoA:胆固醇脂酰转移酶(acyl-CoA:cholesterol acyl transferase)

（二）胆固醇的生物合成

胆固醇结构的 27 个碳原子都来源于细胞溶胶中的乙酰-CoA。胆固醇的全合成可分为以下 5 个阶段，可看到 5 个阶段中碳原子数目的变化。

$$\text{乙酸} \xrightarrow{1} \text{甲羟戊酸} \xrightarrow{2} \text{异戊二烯单元} \xrightarrow{3} \text{(角)鲨烯} \xrightarrow{4} \text{羊毛固醇} \xrightarrow{5} \text{胆固醇}$$
$$C_2 \quad\quad (\text{mevalonate}) \quad (\text{isoprene units}) \quad (\text{squalene}) \quad (\text{lanosterol}) \quad (\text{cholesterol})$$
$$\quad\quad\quad C_6 \quad\quad\quad\quad C_5 \quad\quad\quad\quad C_{30} \quad\quad C_{30}(\text{环合}) \quad C_{27}$$

(1) 第 1 阶段 甲羟戊酸的合成。甲羟戊酸是胆固醇生物合成的关键中间体。它的合成如图 25-27 所示。由 3 分子乙酰-CoA 缩合而成。此过程与酮体生成的反应相同，只是酮体在肝脏细胞线粒体形成，胆固醇合成则在肝脏以及其他组织的细胞溶胶中进行。反应中的 β-羟-β-甲基戊二酰-CoA（又称 3-羟-3-甲基戊二醇单酰-CoA）(HMG-CoA) 还原酶为调节酶。该酶可受到甲羟戊酸的类似物、真菌产物密实菌素和洛伐他丁（Lovastatin）的抑制。

(2) 第二阶段 由甲羟戊酸形成两个活化的异戊二烯，即 Δ^3-异戊酰焦磷酸和二甲烯丙基焦磷酸。其转变过程如图 25-28 所示。

(3) 第三阶段 六个活化异戊二烯单元缩合形成(角)鲨烯。活化异戊二烯单元即异戊酰焦磷酸和二甲烯丙基焦磷酸进行首尾缩合，释出焦磷酸构成牻(máng)牛儿焦磷酸（图 25-29）。"首"即是与焦磷酸相连的一端。牻牛儿焦磷酸又与另一分子异戊酰焦磷酸首尾相接，构成具有 15 碳的法尼焦磷酸。最后两分子法尼焦磷酸以头对头相接，释出 2 分子焦磷酸形成 30 碳的(角)鲨烯。全部反应如图 25-29 所示。

(4) 第 4 阶段 在动物体内，(角)鲨烯环合形成羊毛固醇。30 碳的(角)鲨烯经二步反应环合形成羊毛固醇(C_{27})。在此阶段搭成了类固醇的 4 个环的骨架。反应过程如图 25-30 所示。

(5) 第 5 阶段 自羊毛固醇经过约 20 步反应转变为胆固醇。这些反应大多需要 NADH（或 NADPH）及分子氧。胆固醇的合成过程需 ATP 提供能量。在此合成过程中，起催化作用的酶都存在

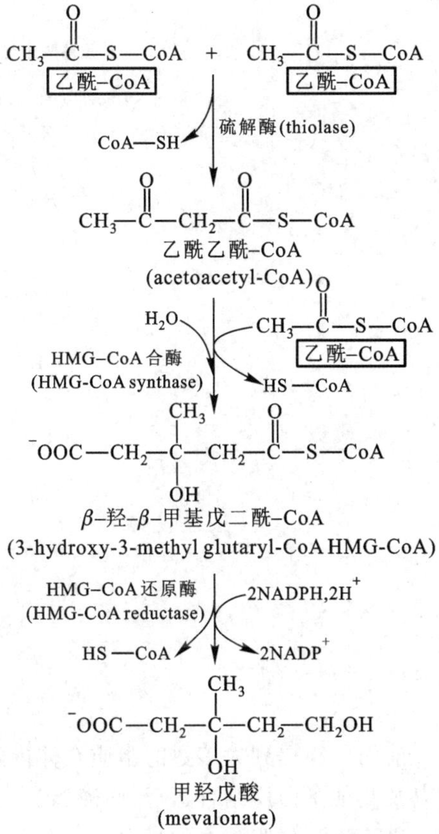

图 25-27 胆固醇合成的关键中间体甲羟戊酸的合成

甲羟戊酸由 3 分子乙酰-CoA 转化形成。其中 HMG-CoA 还原酶为限速调节酶

于细胞的内质网膜上。

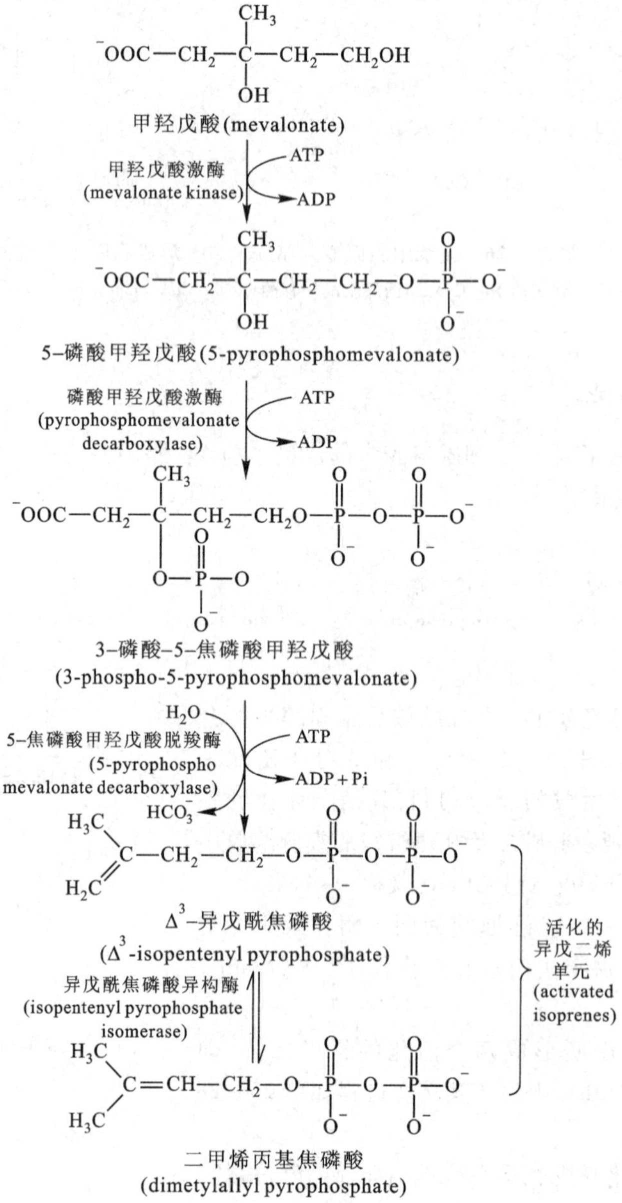

图 25-28 由甲羟戊酸转变为活化的异戊二酰单元

八、脂蛋白的代谢

前面已经提到大多数的脂质在体内运行时都以脂蛋白复合体的形式进行。未酯化的脂肪酸与血浆中的清蛋白以及其他蛋白质结合运行,而磷脂类、三酰甘油类、胆固醇以及胆固醇酯都不易溶于水溶液,则作为脂蛋白的组成分进行运转。脂蛋白的蛋白质部分称为载脂蛋白(apolipoprotein),也简称 apoprotein。载脂蛋白和脂质结合成球形,将脂质的疏水部分包裹在球心,外部裸露的则是蛋白质的亲水的侧链以及脂质的亲水头部。载脂蛋白至少有9种,分别用英文字头及数字表示,如 apo-48、apoC-Ⅰ、apoB-100 等。在机体的各个部位,脂蛋白与各部位专一的受体作用后,才能进入各有关组织。不同种类的脂蛋白担负着不同的代谢使命(参看第8章有关部分),但共

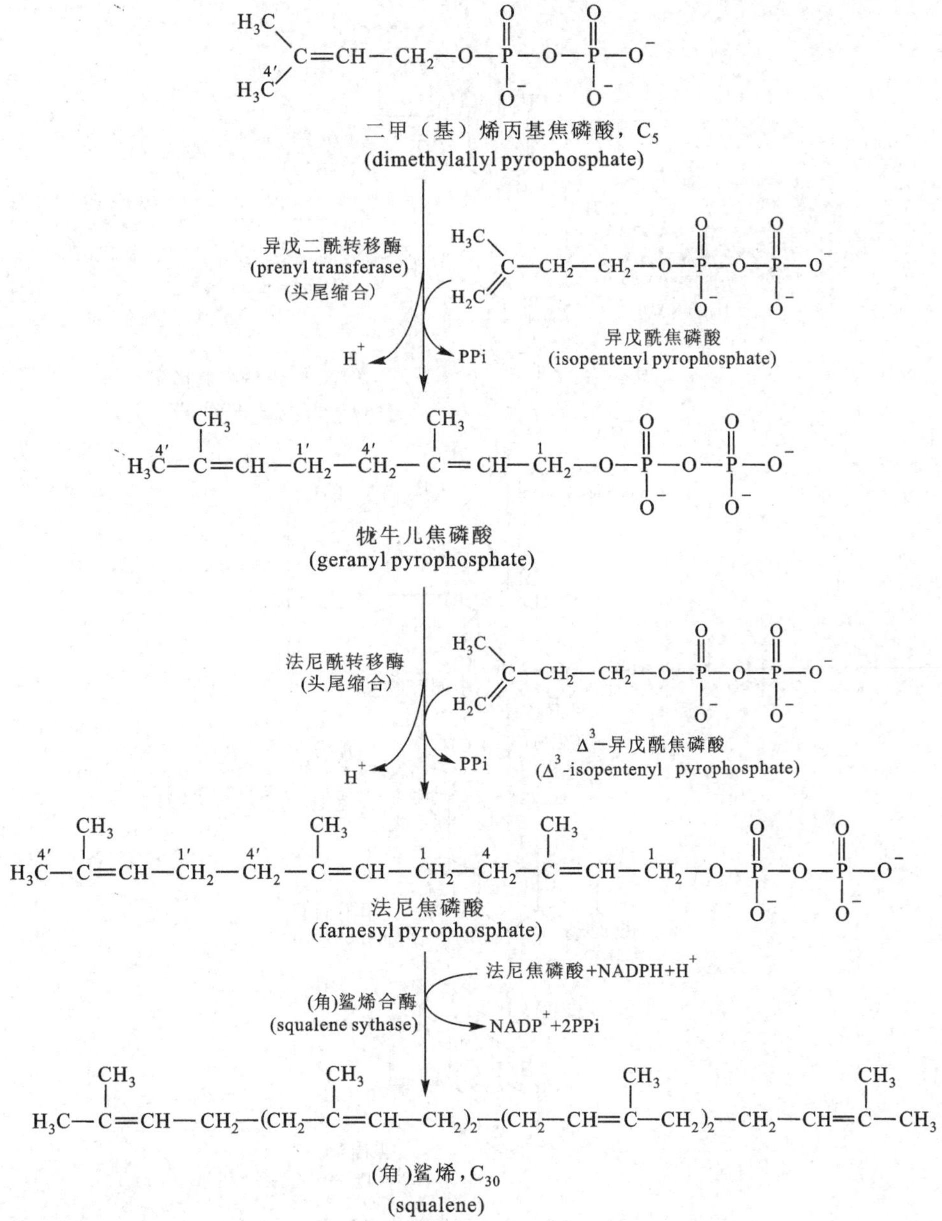

图 25-29　六个活化异戊二烯单元缩合形成(角)鲨烯的过程

图中法尼焦磷酸是由 3 个活化异戊二烯单元(即二甲烯丙基焦磷酸)形成。两个法尼焦磷酸缩合构成(角)鲨烯

同的特点就是使不溶性的脂质成分能维持在水溶液中。脂蛋白根据密度的不同可分为五类,即乳糜微粒(chylomicron)、极低密度脂蛋白(VLDL)、中间密度脂蛋白(IDL)、低密度脂蛋白(LDL)和高密度脂蛋白(HDL),已如前述(第 8 章)。

乳糜微粒是体积最大的脂蛋白,因含有大量的三酰甘油而使其密度最低。它在小肠上皮细胞的内质网合成,通过淋巴系统流动,并进入血流。乳糜微粒的载脂蛋白包括有 apo-48,apoE 和 apoC-Ⅱ。apo-48 是乳糜微粒独有的。Apo-Ⅱ有活化脂肪组织、心脏、骨骼肌和乳腺组织毛细管中的细胞外酶——脂蛋白脂肪酶(lipoprotein lipase)的作用,从而使三酰甘油水解为脂肪酸和单酰甘油并被这些组织吸收。失去绝大部分三酰甘油的残留乳糜微粒仍含有胆固醇、apo-E 和 apo-48。它通过血流进入肝脏;由肝脏的专一受体与残留乳糜微粒中的 apoE

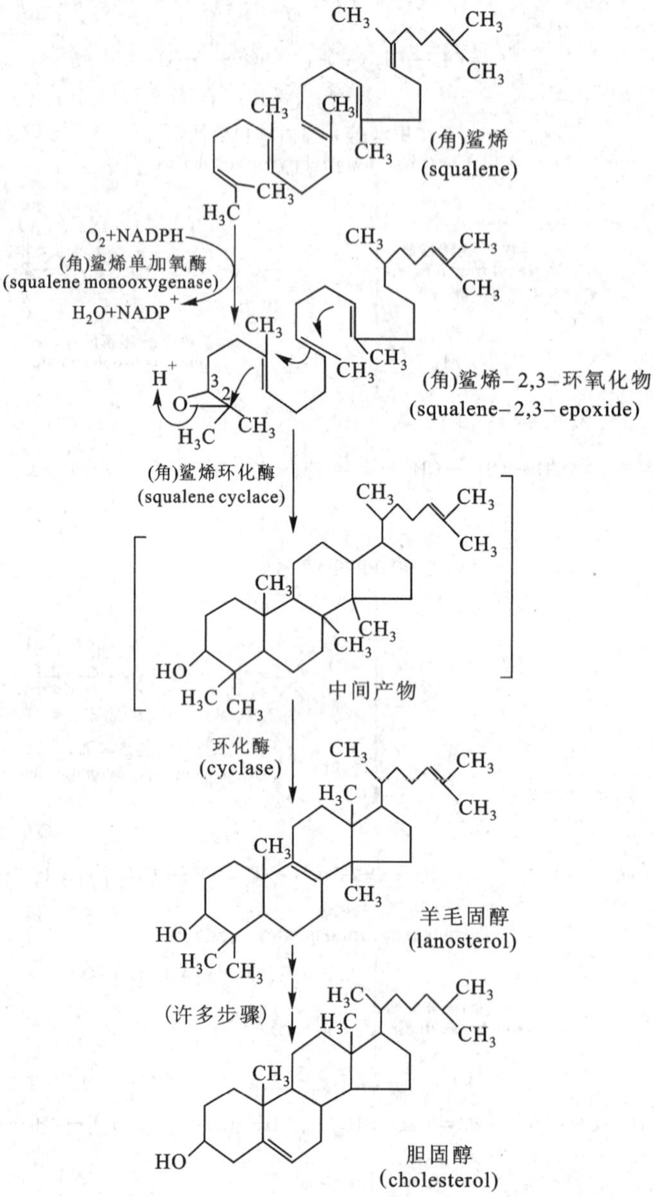

图 25-30　第 4 阶段和第 5 阶段

(角)鲨烯转化为羊毛固醇经过 2 步反应。羊毛固醇转化为胆固醇经过约 20 步反应

相结合,经受体介导通过胞吞作用(endocytosis)进入肝细胞。

当膳食中所含的脂肪酸超过肌体各组织的需要时,过量的脂肪酸在肝脏中又转变为三酰甘油,并与特定的载脂蛋白包装成极低密度脂蛋白(VLDL)。极低密度脂蛋白除含有三酰甘油外,也含有胆固醇和胆固醇酯、apoB-100、apoC-Ⅰ、apoC-Ⅱ、apoC-Ⅲ和 apoE。极低密度脂蛋白从肝脏进入血流,再运至肌肉和脂肪组织,其中的 apoC-Ⅱ激活脂蛋白脂肪酶,将 VLDL 中三酰甘油分子的脂肪酸水解形成游离脂肪酸由脂细胞吸收并转变为三酰甘油脂肪滴贮存于细胞内。肌肉细胞主要是利用脂肪酸氧化产生能量。VLDL 的残留部分又称为中(间)密度脂蛋白(intermediate density lipoproteins, IDL)。

VLDL 失去绝大部分的三酰甘油后,其大部分胆固醇由一种与高密度脂蛋白相结合的称为卵磷脂-胆固醇酰基转移酶(lecithin-cholesterol acyl transferase, LCAT)催化,从卵磷脂 C2 位转移一个脂肪酸使胆固醇酯化,而 VLDL 则转变为低密度脂蛋白(LDL),因此 LDL 富含胆固醇和胆固醇酯。它的载脂蛋白主要是 apoB-100。LDL

将胆固醇运送到肝外的各组织。这些组织的细胞膜上具有识别 apoB-100 的专一受体。它介导使 LDL 以胞吞作用(endocytosis)形式连同受体一同进入细胞,形成胞内体(endosome)。后者和溶酶体(lysosome)相融合。溶酶体所含的酶将胆固醇酯水解,释出的胆固醇和脂肪酸,进入细胞溶胶。apoB-100 也被水解,形成氨基酸,进入细胞溶胶。而 LDL 受体却不被水解,又回到细胞表面发挥作用。虽然 VLDL 也含有 apoB-100,但它并不能被此受体接受,因从结构上未能暴露出能与此受体结合的结构域。

高密度脂蛋白(HDL)合成于血浆。它所含的载脂蛋白有 apoA-Ⅰ、apoA-Ⅱ、apoA-Ⅳ、apoC-Ⅰ、apoC-Ⅱ、apoc-Ⅲ、apoD、apoE 等,此外还富含胆固醇。新生成的 HDL 不含胆固醇酯,在它的表面结合着卵磷脂-胆固醇酰基转移酶它将胆固醇酯化合成为一个核心使盘状的 HDL 转变为成熟的球状。成熟的 HDL 又回到肝脏。在此胆固醇又被释出。一部分转变为胆汁盐。

HDL 进入肝脏可能是通过受体介导的胞吞作用。在 HDL 中也有一部分胆固醇以及其他脂质通过一种另外的机制被运送到其他组织细胞。失去胆固醇和某些脂质的,枯竭的 HDL 又随着血流从其余的乳糜微粒和 VLDL 中吸取更多的胆固醇和脂质。前面已经提到 HDL 能吸取肝外组织贮存的胆固醇,以逆向胆固醇转移(reverse cholesterol transport)途径运送到肝脏。鉴于 HDL 对组织胆固醇运转的重要作用人们往往将 HDL 认作是清除组织胆固醇的清道夫。

习 题

1. 试比较脂肪酸 β-氧化与生物合成的异同。
2. 脂肪酸碳键的延长有何要点?作出软脂酸在内质网延长为硬脂酸的反应图解。
3. 乙酰-CoA 羟化酶在脂肪酸合成中起什么作用?
4. 不饱和脂肪酸和奇数碳原子脂肪酸的氧化和一般脂肪酸的 β-氧化有何区别?
5. 酮体是怎样形成的?有何作用?
6. 脂肪酸转移到线粒体,乙酰-CoA 转移到细胞溶胶通过什么系统?
7. 说明三酰甘油、甘油磷脂、鞘脂类和胆固醇的合成要点?
8. 如果一个体重为 70kg 的人含有 15% 的三酰甘油。(a) 请计算他的三酰甘油共贮存了多少能量?(以 kJ 计算);(b) 如果他每天对能量的基本需要为 8 400 kJ/d,假设他体内的三酰甘油是提供给他的唯一能量来源,请问他能活多少天?(c) 在此饥饿条件下,他每天减少的体重为多少?

[(a) 400 000 kJ,(b) 48 天,(c) 0.23kg]
9. 由甘油和软脂酸合成软脂酰甘油需要多少个 ATP 分子提供能量?[7 个 ATP 分子]
10. 具有 19 个碳的分支链脂肪酸——降植烷酸(pristanic acid)结构如下:

$$CH_3-(CH-CH_2-CH_2-CH_2)_3-CH-C(=O)-O^-$$
其中两个 CH 上各带 CH_3 支链

通过 β-氧化途径进行降解,请问可产生几个乙酰-CoA?几个丙酰-CoA?和几个甲基丙酰-CoA?植烷酸经过几个 β-氧化的轮回才能完全降解?

[共产生 3 个乙酰-CoA,3 个丙酰-CoA 和 1 个甲基丙酰-CoA。全部反应共经过 6 次 β-氧化轮回]
11. 试述血浆脂蛋白在脂质代谢中的作用,考虑为什么在临床检验中注重检测脂蛋白含量?

主要参考书目

[1] Hames B D, Hooper N M. Instant Notes in Biochemistry. 2nd ed. 北京:科学出版社,2003.
[2] 王镜岩,朱圣庚,徐长法. 生物化学. 第三版. 北京:高等教育出版社影印版,2002.
[3] Garrtte R H, Grisham C M. Biochemistry. 2nd ed. 北京:高等教育出版社,2002.
[4] Horton H R, Moran L A, Ochs R S, Rawn J D, Scrimgeour K G. Principles of Biochemistry. 3rd ed. USA:Prentice Hall, 2002.

[5] Nelson D L, Cox M L. Lehninger Principles of Biochemistry. 4th ed. New York: Worth Publishers, 2005.

[6] Voet D, Voet J G, Pratt C W. Fundamentals of Biochemistry. USA: John Wiley & Sons, 1999.

[7] Veet D, Voet J G. Biochemistry. 3rd ed. New York: John Wiley & Sons, 2004.

[8] Stryer L. Biochemistry. 5th ed. New York: W H Freeman & Comp, 2006.

[9] Eaton S, Bartlett K, Pourfarzam M. Mammalian mitochondrial β-oxidation. Biochem J, 1996, 320: 345-357.

[10] Kent C. Eukaryotic phospholipid biosynthesis. Annu Rev Biochem, 1995, 64: 315-343.

[11] Vance D E, Vance J. Biochemistry of Lipids, Lipoproteins and Membranes. New York: Elsevier Science Publishing Co Inc, 1996.

[12] Kim K H. Regulation of mammalian acetyl coenzyme A carboxylase. Annu Rev Nutr, 1997, 17: 77-99.

[13] Dowhan W. Molecular basis for membrane phospholipid diversity: why are there so many lipids? Annu Rev Biochem, 1997: 66, 199-232.

[14] Edwards P A, Ericsson J. Sterols and isoprenoids: signaling molecules derived from the cholesterol biosynthetic pathway. Annu Rev Biochem, 1999, 68: 157-185.

[15] Olson R E. Discovery of the lipoproteins, their role in fat transport and their significance as risk factors. J Nutr, 1998, 128(2 suppl.): 439s-443s.

（王镜岩）

第26章 蛋白质降解和氨基酸的分解代谢

一、蛋白质的降解

1940年 Henry Borsook 和 Rudolf Schoenheimer 证明了活细胞的组成成分在不断地转换更新。蛋白质有自己的存活时间，短到30秒，长则可达许多天。不论何种情况，细胞总在不断地由氨基酸合成蛋白质，又把蛋白质降解为氨基酸。蛋白质不断更新至少有两重意义：其一是排除那些不正常的蛋白质；其二是通过排除累积过多的酶以及调节蛋白（regulatory protein）使细胞代谢的井然有序得以维持。酶的活动能力主要决定于它的合成和降解速度。在细胞"经济学"中，控制蛋白质的降解与控制其合成速度是同样重要的。在本章中将讨论细胞内蛋白质的降解及其影响的有关问题。

（一）蛋白质降解的特性

细胞有选择地降解非正常蛋白质，例如，血红蛋白与一种缬氨酸的类似物（α-氨基-β-氯代丁酸，α-amino-β-clorobutyric acid）结合，其半存活期（半寿期）就只有约10分钟，而正常血红蛋白可随红细胞延续其存活期可达100～120天。同样，不稳定的突变株血红蛋白在与此种丁酸衍生物结合后，即迅速降解。因此，它成了溶血性贫血疾患的治疗药物。

$$\begin{array}{cc}
\text{Cl} \quad \text{CH}_3 & \text{H}_3\text{C} \quad \text{CH}_3 \\
\text{CH} & \text{CH} \\
\text{H}_3\overset{+}{\text{N}}-\text{CH}-\text{COO}^- & \text{H}_3\overset{+}{\text{N}}-\text{CH}-\text{COO}^- \\
\alpha\text{-氨基-}\beta\text{-氯代丁酸} & \text{缬氨酸}
\end{array}$$

细菌也表现有选择性降解。例如，在大肠杆菌（E. coli）中，β-半乳糖苷酶的突变型（amber 与 ochre），其半寿期仅为几分钟，而广域的这种酶却是绝对稳定的。绝大多数的非正常蛋白质很可能基于某种化学修饰或由于这些脆弱分子的不断变性而容易发生降解。

正常细胞内蛋白质被排除的速度是由它们的特性所决定的。有时蛋白质的降解也有偶然选择的情况，这与其存活寿命无关。在组织中，不同酶的半寿期有着很大差异。

很显然，绝大多数快速降解的酶都居于重要的"代谢调控"位置，而较为稳定的酶在生理条件下有着较稳定的催化活性。酶对降解的敏感性很明显的与它们的催化活性以及别构性质密切相关。

细胞中蛋白质降解的速度还因它的营养及激素状态而有所不同。在营养被剥夺的条件下，细胞提高它的蛋白质降解速度，以维持它的必需营养源，使不可缺的代谢过程得以进行。

蛋白质的周转代谢使种种代谢途径之调节得以容易地实现。

（二）蛋白质降解的反应机制

真核细胞对于蛋白质降解可概括为两种体系：一种是溶酶体的降解机制（lysosomal mechanism），另一种是 ATP-依赖性的蛋白质降解体系。分别阐述如下：

1. 溶酶体降解蛋白质体系

溶酶体（lysozyme）含有约50种水解酶，包括不同种的组织蛋白酶（cathepsins）。溶酶体保持其内部 pH 在5

左右,而它含有的酶之最适 pH 也是酸性的。在细胞溶胶的 pH 下,溶酶体的各种酶几乎都是无活性的。可以设想这可抵制溶酶体偶然渗漏对细胞造成损伤。

溶酶体可降解包括膜蛋白、细胞外的蛋白质以及那些长半寿期的蛋白质等。各种组分形成的氨基酸可由细胞再利用。溶酶体通过自(体吞)噬泡(autophagic vacuole)将待分解物纳入,并随即将其分解。细胞外的蛋白质由细胞通过胞吞作用(endocytosis)先引入细胞。

许多正常的和病理的活动经常伴有溶酶体活性的升高。糖尿病会刺激溶酶体对蛋白质的分解。机体不使用的肌肉或由于神经切除以及创伤等导致的肌肉损毁都可引起溶酶体的活性增高。如产后子宫的萎缩,此时这个肌肉器官的重量在 9 天内可从 2 kg 降到 50 g。很多慢性炎症,例如,类风湿性关节炎(rheumatoid arthritis)等,引起溶酶体酶的细胞外释放,这些释出的酶也会损坏周围的组织。

2. ATP - 依赖性的蛋白质降解体系

最初设想真核细胞中的蛋白质降解,主要是溶酶体的活动过程。但是,缺少溶酶体的网织红细胞却可选择性地降解非正常蛋白质。

从实验观察得到:在无氧条件下蛋白质的分解受到阻断,从而发现了这里有 ATP - 依赖的蛋白质水解体系存在。这种现象是热力学上未曾料到的,因为多肽水解是一个放能过程。

ATP - 依赖的蛋白质分解需要有泛肽相伴,泛肽是一个有 76 个氨基酸残基的蛋白质单体,由于它无所不在(ubiquitous),而且在真核细胞中含量丰富而得名"ubiquitin"。它高度保守、氨基酸序列极少变化,在不同种属生物中往往只相差几个氨基酸。泛肽给选定降解的蛋白质加以标记。

被选定降解的蛋白质先以共价键与泛肽连接。这个程序分三步进行(图 26 - 1)。

(1) 在"需 - ATP"的情况下,泛肽的羧基末端通过硫酯键与泛肽活化酶(ubiquitin-activating enzyme,E$_1$)偶联。

(2) 泛肽随即转接到几种小蛋白质(相对分子质量为 25 000 ~ 70 000)中的某一小蛋白质的巯基(sulfhydryl group)上。这个结合物称为"泛肽 - 携带蛋白"(ubiquitin-carrier protein,E$_2$)。

(3) 第三步,泛肽 - 蛋白连接酶(ubiquitin-protein ligase,E$_3$),将活化了的泛肽从 E$_2$ 转移到赖氨酸的 ε - 氨基上。这个 NH$_2$—Lys 是事先已与蛋白质结合了的一个残基。这样形成了一个异肽键(isopeptide bond)。在选择蛋白质发生降解的过程中,E$_3$ 似乎起着关键的作用。在一般情况下是若干个泛肽分子形成的多聚体与那些宣布无用的蛋白质相连接。

泛肽连接的蛋白质由一个较大(相对分子质量为 2.5 ×10^6)的多蛋白质复合体——蛋白水解酶体(protoasome)降解。该酶的结构和作用相当复杂,与它结合上的蛋白质先被降解为小的肽段再将此片段释放,由细胞溶胶中的肽酶(peptidase)水解为氨基酸。蛋白水解酶体也高度保守,而且在许多细胞过程的调节中起着重要作用。

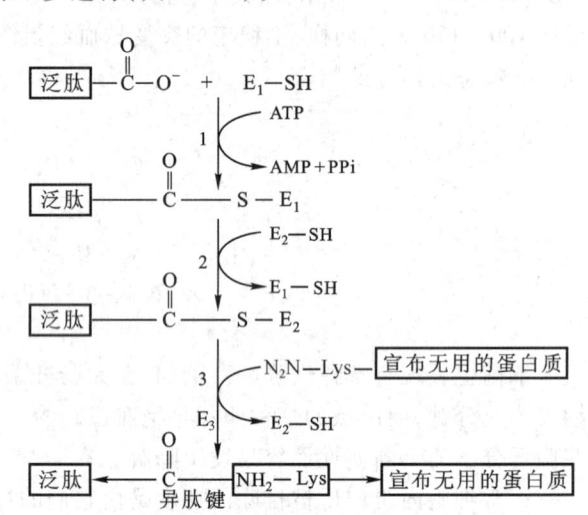

图 26 - 1 泛肽与选择性降解蛋白的相接

第 1 步:泛肽的羧基在 ATP 水解的推动下,以巯基与 E$_1$ 相接;

第 2 步:活化了的泛肽立即与 E$_2$ 的巯基相连接;

第 3 步:在 E$_3$ 的催化下,泛肽与宣布无用的蛋白质之一 Lys 的 ε - 氨基相接。这就形成了"标记"的蛋白质。

E$_1$:泛肽活化酶,E$_2$:泛肽携带蛋白,E$_3$:泛肽蛋白连接酶

(三) 机体对外源蛋白质的需要及其消化作用

外源蛋白质进入体内,总是先经过水解作用变为小分子的氨基酸,然后才被吸收。高等动物摄入的蛋白质在消化道内消化后形成游离氨基酸,吸收入血液,供给细胞合成自身蛋白质的需要。氨基酸的分解代谢主要在肝脏进行。同位素示踪法表明,一个吃一般膳食体重 70 kg 的人,每天有 400 g 蛋白质发生变化。其中约有四分之一

进行氧化降解或转变为葡萄糖,并由外源蛋白质加以补充;其余四分之三在体内进行再循环。机体每天由尿中以含氮化合物排出的氨基氮约为 6~20 g,甚至在未进食蛋白质时也是如此。每天排泄 5 克氮相当于丢失 30 g 内源蛋白质。

在哺乳动物消化道中蛋白质经过一系列的消化过程降解为氨基酸。食物进入胃后,胃分泌胃泌素(gastrin)刺激胃中壁细胞(parietal cells)分泌盐酸,主细胞(chief cells)分泌胃蛋白酶原(pepsinogen)。胃液的酸性(pH1.5~2.5)可促使球状蛋白质变性和松散。胃蛋白酶原经自身催化(autocatalysis)作用,脱下自 N 端的 42 个氨基酸肽段转变为活性胃蛋白酶(pepsin),它催化苯丙氨酸、酪氨酸、色氨酸以及亮氨酸、谷氨酸、谷氨酰胺等连接的肽键断裂,使大分子的蛋白质变为较小分子的多肽。

蛋白质在胃中消化后,连同胃液进入小肠。在胃液的酸性刺激下,小肠分泌肠促胰液肽(secretin)进入血液,刺激胰腺分泌碳酸进入小肠中和胃酸。食物中的氨基酸刺激十二指肠分泌胰蛋白酶、糜蛋白酶、羧肽酶、氨肽酶等。这些酶也以酶原形式分泌,随后被激活而发挥作用。胰蛋白酶被肠激酶(enterokinase)激活,胰蛋白酶也有自身催化作用。其酶原从分子的 N 端脱掉一段六肽,转变为有活性的酶。胰蛋白酶可水解由赖氨酸、精氨酸的羧基形成的肽键。糜蛋白酶原分子中含有 4 个二硫键,由胰蛋白酶水解断开其酶原中的两个二硫键,并脱掉分子中的两个肽而被激活,形成的活性糜蛋白酶分子,是由二硫键连接着的三段肽链构成的。该酶的作用是水解由苯丙氨酸、酪氨酸、色氨酸等羧基形成的肽键。

肠中还有一种弹性蛋白酶(elastase),其专一性最低,能水解缬氨酸、亮氨酸、丝氨酸及丙氨酸等各种脂肪族氨基酸羧基形成的肽键。

经胃蛋白酶、胰蛋白酶、糜蛋白酶及弹性蛋白酶作用后的蛋白质,已变成短链的肽和部分游离氨基酸。短肽又经羧肽酶和氨肽酶的作用,分别从肽段的 C 端和 N 端水解下氨基酸残基。羧肽酶有 A、B 两种,分别称为羧肽酶 A 和羧肽酶 B。羧肽酶 A 主要水解由各种中性氨基酸为羧基末端构成的肽键。羧肽酶 B 主要水解由赖氨酸、精氨酸等碱性氨基酸为羧基末端构成的肽键。氨肽酶则水解氨基末端的肽键。

蛋白质经过上述消化道内各种酶的协同作用,最后可全部转变为游离氨基酸。通过血流,进入肝脏及其他组织。

氨基酸在细胞内的代谢有多种途径。一种是合成机体蛋白质,一种是进行分解代谢。氨基酸的分解一般总是先脱去氨基,形成 α-酮酸,可进行氧化,形成二氧化碳和水,产生 ATP,也可以转化为糖和脂肪。

多数细菌,体内氨基酸的分解不占主要位置,而以氨基酸的合成为主。有些细菌又以氨基酸作为唯一碳源。这类细菌则以氨基酸的分解为主。高等植物随着机体的不断增长需要氨基酸,因此合成过程胜于分解过程。下面主要讨论动物体内氨基酸的分解代谢。

二、氨基酸的分解代谢

(一) 氨基酸的转氨基作用

α-氨基酸一旦进入肝脏,若进行分解代谢,第一步就是脱去氨基。绝大多数氨基酸之脱氨基是出自转氨基作用。起催化作用的酶称为氨基转移酶(aminotransferase)或称转氨酶(transaminase)。氨基酸的氨基转移到一个 α-酮酸上,具有优势的酮酸是 α-酮戊二酸,经转氨后形成谷氨酸。原来的氨基酸则变成相应的酮酸。转氨作用的意义在于将不同氨基酸的氨基集中成为谷氨酸的氨基。谷氨酸可在生物合成中提供氨基,也可通过排泄系统将氨排出体外。

转氨酶的种类很多,多数以 α-酮戊二酸作为专一的氨基受体。转氨酶的命名则以不同的氨基供给者为准。例如催化天冬氨酸转氨基的酶称为天冬氨酸转氨酶。

所有的氨基转移酶都以吡哆醛磷酸(pyridoxal phosphate,PLP)(参看第 12 章维生素与辅酶)作为辅基。PLP 以醛基与酶分子 Lys 残基的 ε-氨基共价连接形成一个亚胺型希夫碱(Schiff-base)(图 26-2)。PLP 接受氨基后转化为吡哆胺磷酸(pyridoxamine phosphate,PMP)。

氨基转移酶的反应是双底物反应机制,它的两段反应步骤各由三步反应组成(参看图26-3),即:

(1) 步骤Ⅰ 氨基酸转化为酮酸。

① 氨基酸的亲核氨基向酶-希夫碱的碳原子(4′)进攻,形成氨基酸-PLP希夫碱(醛亚胺 aldimine),同时酶-Lys残基暂时与氨基酸希夫碱脱离。

② 在酶-Lys催化下使氨基酸与吡哆醛形成的醛亚胺分子失去氨基酸α-位的一个氢原子,并使PLP的C(4′)原子质子化。形成共振稳定的碳负离子中间体,共振稳定化更有助于 C_α—H 键的断裂。从而使氨基酸-PLP希夫

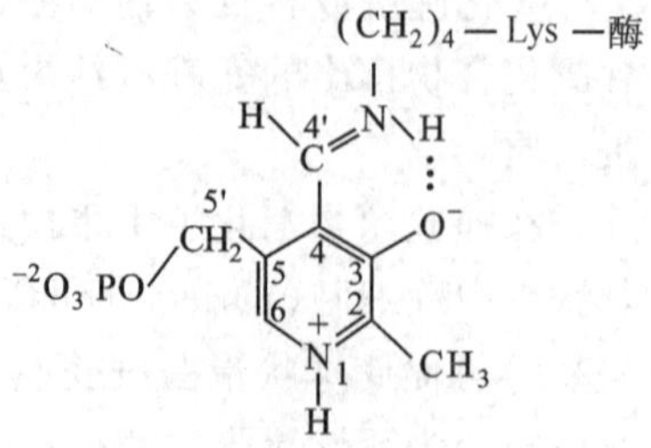

图26-2 亚胺型希夫碱

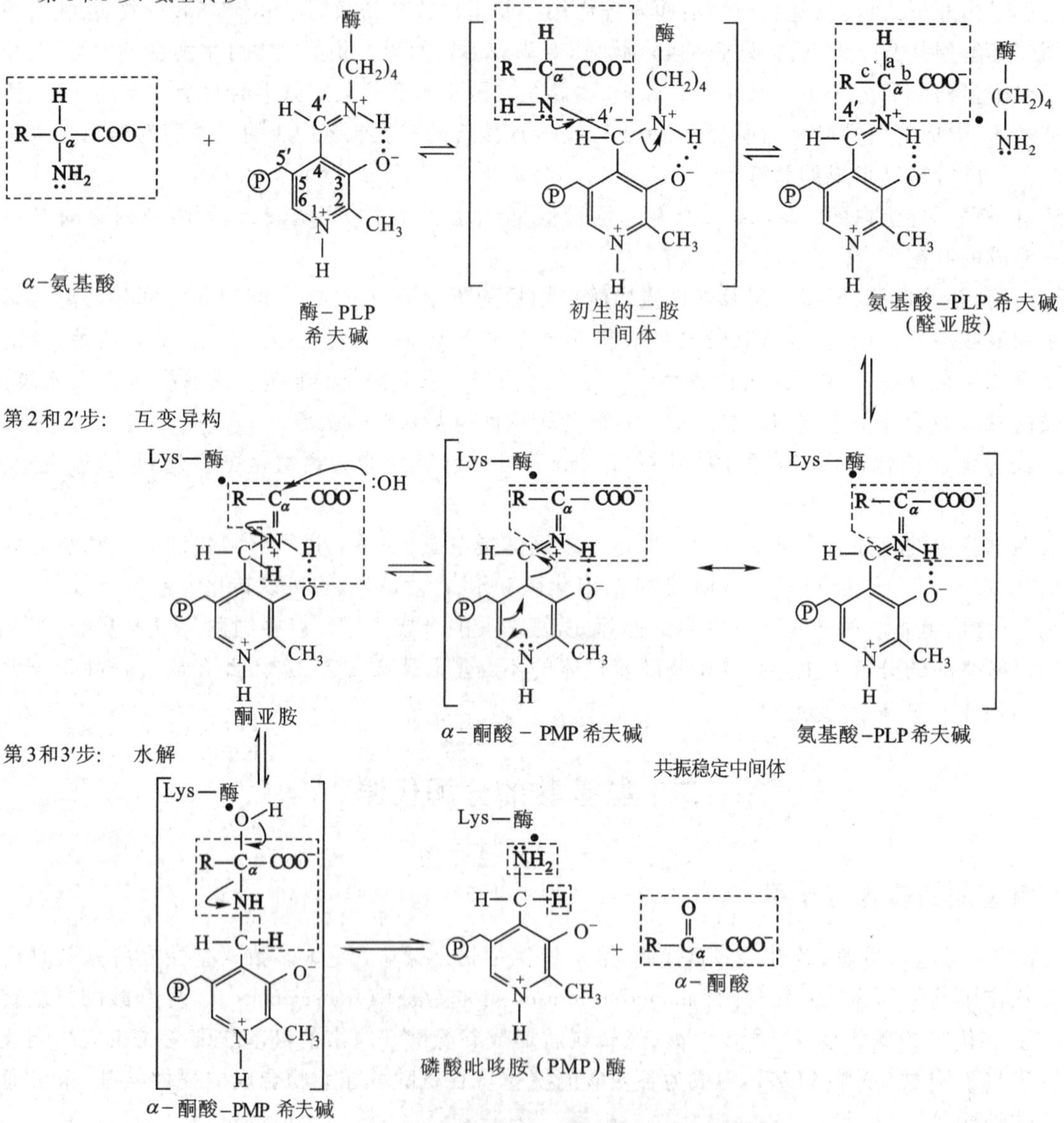

图26-3 以吡哆醛5′-磷酸为辅酶的酶催化氨基转移反应的机制

反应步骤Ⅰ:氨基酸的α-氨基转移给PLP形成PMP(吡哆胺-5′-磷酸)及α-酮酸,它包括三步反应,即图中的①氨基转移,②互变异构,③水解。

反应步骤Ⅱ:PMP的氨基转移给另一α-酮酸,形成PLP及一新的氨基酸,它也包括三步反应实际是步骤Ⅰ的三步反应的逆反应

碱互变异构为 α-酮酸-PMP 希夫碱(即酮亚胺)。

③ α-酮酸-PMP 希夫碱水解,形成 PMP 及 α-酮酸。

(2) 步骤Ⅱ α-酮酸转化为氨基酸。

为了完成氨基转移酶的催化循环(catalytic cycle),这里的辅酶必须把 PMP 转化回归为酶-PLP 希夫碱。它包括与上述3步反应相同,但方向相反的反应。即:

③ PMP 与 α-酮酸反应形成希夫碱。

② α-酮酸-PMP 希夫碱互变异构为氨基酸-PLP 希夫碱。

① Lys 残基的 ε-氨基在氨基转移反应中向氨基酸-PLP 希夫碱进攻,再生成活泼的酶-PLP 希夫碱,与此同时释出新形成的氨基酸。

仔细究明氨基酸-PLP 希夫碱的结构,可以了解:为什么这个体系被称为"乐于推出电子的体系"(eletron pusher's delight)?氨基酸 $C_α$ 原子的三个键(图中的 a、b 和 c)中任何一个的断裂皆可产生一个共轭稳定的 $C_α$ 碳负离子,这个碳负离子的电子都远离 $C_α$ 原子而靠近辅酶的吡啶中质子化的正氮原子。因此 PLP 可视为起着"电子槽"(electric sink)的作用。在氨基转移反应中,这种拉电子的能力可容易地在希夫碱的互变异构中移走 α 质子(得自图 26-3 中 α 键的断裂)。PLP 引起的反应还包括 b 键的断裂(氨基酸的脱羧)和 c 键的活化。

(二) 葡萄糖-丙氨酸循环将氨运入肝脏

肌肉中有一种氨基转移酶(心肌含量丰富),可把丙酮酸转化为丙氨酸被释放进入血流,传送到肝脏。在肝脏中经过转氨基作用又产生丙酮酸,经葡糖异生作用(gluconeogenesis)(见第23章)形成葡萄糖又回到肌肉中,在这里又以糖酵解方式降解为丙酮酸。以上称之为葡萄糖-丙氨酸循环(glucosealanine cycle)。氨基酸最后以氨或天冬氨酸告终,产物即用于尿素的形成。葡萄糖-丙氨酸循环起着将氨运入肝脏的作用。

(三) 谷氨酸脱氢酶催化的氧化脱氨基作用

谷氨酸携带着由许多氨基酸脱下的氨基进入肝细胞后,由细胞溶胶转入到线粒体中。在这里进行氧化脱氨基作用(oxidative deamination),催化这一反应的是谷氨酸脱氢酶;这是唯一为人所知的既能利用 NAD^+ 又能利用 $NADP^+$ 作为辅酶的酶。谷氨酸脱氢后形成 α-亚氨基戊二酸,再经水解即形成 α-酮戊二酸及氨(图 26-4)。氨基酸的氨基转移酶和谷氨酸脱氢酶联合脱掉氨基的作用称为联合脱氨基作用(transdeamination)。有少数氨基酸不经过联合脱氨基途径而直接进行氧化脱氨基作用。

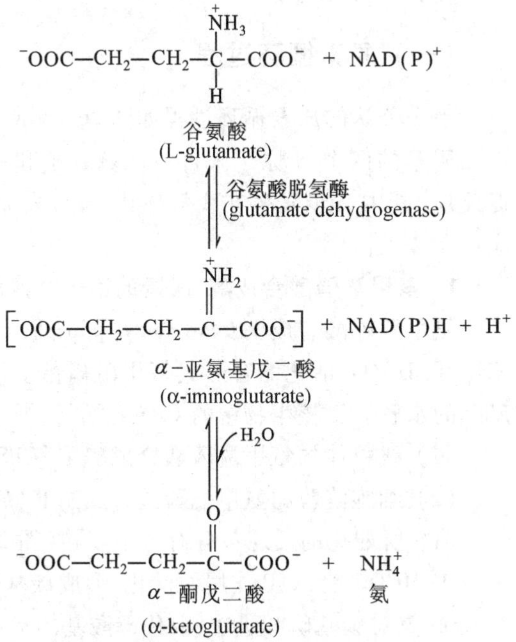

谷氨酸脱氢酶是调控机体碳、氮代谢相互交叉的重要酶。它是由六个亚基组成的别构调节酶,接受许多别构调节剂的调节。

(四) 氨的命运

氨基酸脱氨基后形成的氨是有毒物质。特别是对脑组织。血液中1%的氨就会引起神经中毒。氨中毒症状表现为语言紊乱、视力模糊、发生特有的机体震颤甚至昏迷死亡。机体防止高浓度氨的措施,一方面是由谷氨酸脱氢酶将 α-酮戊二酸氨基化形成谷氨酸,即上述反应的逆反应;另方面由谷氨酰胺合成酶(glutamine synthetase)催化谷氨酸与氨结合形成谷氨酰胺。特别对脑组织,这是脑组织氨的主要解除方式。谷氨酰胺是中性无毒物质,容易透过细胞膜,血液将其运送到肝脏,进入肝细胞后,由谷氨酰胺酶

图 26-4 谷氨酸的氧化脱氨基作用

(glutaminase)将其分解为谷氨酸和氨。

氨的排泄方式随种属不同有很大差异。

有些微生物可将游离氨用于形成细胞的其他含氮物质；当以某种氨基酸作为氮源时，从氨基酸上脱下的氨，一部分用于进行生物合成，多余的氨即排到周围环境中。

某些水生的或海洋动物，如原生动物和线虫以及鱼类、水生两栖类等，都以氨的形式将氨基氮排出体外。这些动物称为排氨动物(ammonotelic animals)。例如鱼类，以谷氨酰胺形式将氨运至鳃，经谷氨酰胺酶分解，游离的氨借助扩散作用排出体外。

绝大多数陆生动物将脱下的氨转变为尿素排泄。鸟类和陆生的爬虫类，因体内水分有限，它们的排氨方式是形成固体尿酸的悬浮液排出体外。因此鸟类和爬虫类又称为排尿酸动物(uricotelic animals)。

有些两栖类处于中间位置，幼虫为排氨动物，如蝌蚪，变态时肝脏产生出必要的酶，成蛙后，即排泄尿素。

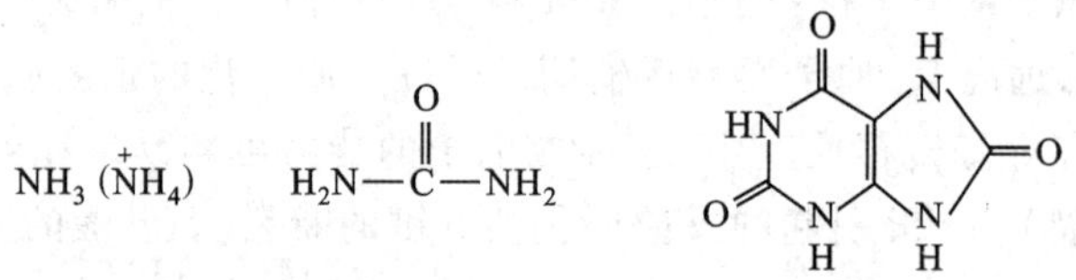

$NH_3(NH_4^+)$　　$H_2N-\overset{O}{\underset{\|}{C}}-NH_2$　　尿酸结构式

氨　　　　　　尿素　　　　　　尿酸

三、尿素的形成——尿素循环

尿素是肝脏中由称为尿素循环(或称鸟氨酸循环)的一系列酶催化形成的。合成的尿素进入血流，再汇集到肾脏，从尿中排出。

(一)尿素循环过程

当今公认的尿素循环过程如图 26-5 所表示。

尿素的两个 N 原子来自一个氨分子和一个天冬氨酸分子，其 C 原子则来自 HCO_3^-。尿素循环包括 5 步酶促反应，其中 2 步发生在线粒体内，3 步发生在细胞溶胶中(图 26-5)。下面着重讨论鸟氨酸循环的酶促反应：

1. 氨甲酰磷酸合成酶，尿素的第一个氮原子的获取

氨甲酰磷酸合成酶(carbamoyl phosphate synthetase，CPS)严格地说，其实不属于尿素循环的一员。它催化 NH_4^+ 和 HCO_3^- 活化缩合形成氨甲酰磷酸。后者是尿素循环的两个含氮底物中的一个。这个反应伴随有两个 ATP 的水解。真核生物中的 CPS 有两类，即：

(1)线粒体的氨甲酰磷酸合成酶Ⅰ(CPSⅠ)　用氨作为氮的供体，参与尿素的生物合成。

(2)细胞溶胶的氨甲酰磷酸合成酶Ⅱ(CPSⅡ)　用谷氨酸作为氮的给体，分担着嘧啶生物合成的任务。

CPS 所催化的反应包含有 3 个步骤(图 26-6)：

① HCO_3^- 受 ATP 作用而活化，形成羧基磷酸。

② 氨对羧基磷酸进攻，取代磷酸基团形成氨基甲酸酯。

③ 受第 2 个 ATP 作用，发生氨基甲酸的磷酸化，形成氨甲酰磷酸及 ADP。

本反应基本上是不可逆的，它在尿素循环中是限速的一步。

2. 鸟氨酸转氨甲酰酶的作用

鸟氨酸转氨甲酰酶(ornithine transcarbamoylase)将氨甲酰磷酸的氨甲酰基转移到鸟氨酸(ornithine)上，形成瓜氨酸(citrulline)，这是尿素循环的第 2 步。此反应发生在线粒体中，而鸟氨酸则产生于细胞溶胶，所以它必须通过特异的运送体系进入线粒体。同样地，尿素循环的以后几步又都在细胞溶胶中进行，瓜氨酸又必须从线

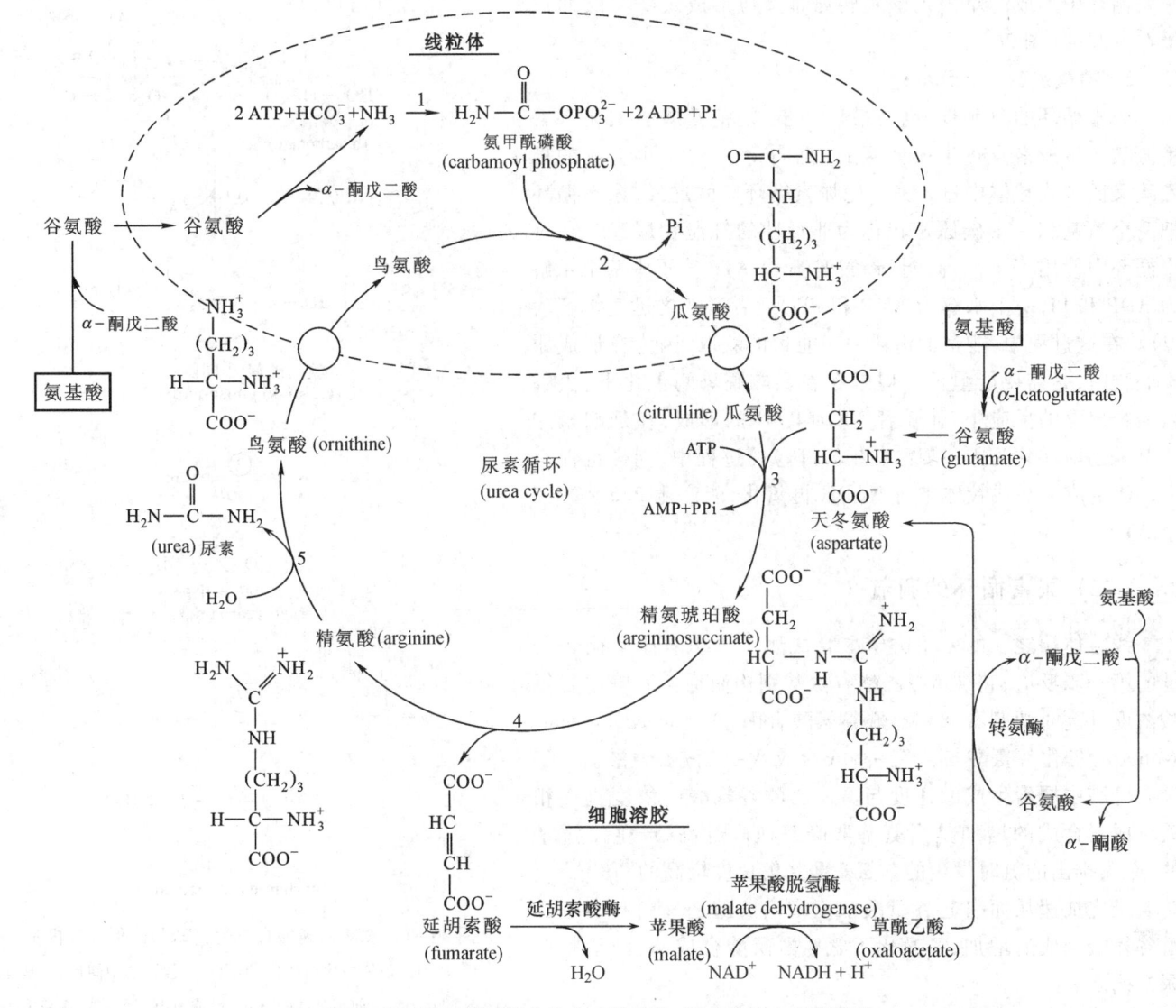

图 26-5 尿素循环部分发生在线粒体,部分发生在细胞溶胶

其通路是分别经鸟氨酸及瓜氨酸在特异的运输体系下穿过线粒体膜实现的。在尿素循环中分布有 5 种酶:
①氨甲酰磷酸合成酶;②鸟氨酸转氨甲酰基酶;③精氨琥珀酸合成酶;④精氨琥珀酸裂解酶;⑤精氨酸酶

粒体中脱出(见图 26-5)。

3. 精氨琥珀酸合成酶,尿素第二个氮原子的获取

尿素第 2 个氮原子的获取是在尿素循环的第 3 步反应中实现的,即:在精氨琥珀酸合成酶(argininosuccinate synthetase)作用下,瓜氨酸的脲基(ureido group)与天冬氨酸的氨基进行缩合。反应的机制是瓜氨酸经 ATP 作用,形成瓜氨酸 - AMP(citrullyl - AMP)中间体,此时瓜氨酸的脲基氧乃活化成为脱离基团。这个中间体立即与天冬氨酸的氨基发生置换反应,形成精氨琥珀酸(argininosuccinate)(图 26-7)。

4. 精氨琥珀酸酶的作用

精氨琥珀酸形成之后,尿素分子的全部组成成分都已齐备。但是天冬氨酸所提供的氨基仍然连接在天冬氨酸的碳骨架上。这时需要精氨琥珀酸酶(argininosuccinase)的作用,精氨琥珀酸酶又称精氨琥珀酸裂解酶,在它的催化下,精氨酸与天冬氨酸的碳骨架脱离,脱下的是延胡索酸(见图 26-5 反应 4)。精氨酸最终成为尿素的直接前体。请注意尿素循环与柠檬酸循环之间的沟通正是通过尿素循环中精氨琥珀酸酶催化形成的延胡索酸和在柠檬酸循环中形成的草酰乙酸经转氨基反应形成天冬氨酸而连接在一起的(图26-8)。

5. 精氨酸酶(arginase)

尿素循环的第5步,也是最后一步,是精氨酸酶催化水解精氨酸产生尿素及再生成鸟氨酸(见图26-5)。再生成的鸟氨酸又回到线粒体中进入另一轮尿素循环。就这样,尿素循环把两个氨基和一个碳原子转化为非毒性的排泄物尿素。在这个循环中使用了4个"高能"磷酸键(3个ATP分子中两个水解为ADP和Pi,一个水解为AMP和PPi,后者又随之迅速水解为Pi)。在这过程中,能量的消耗大于能量的获取,因为在形成尿素底物时,是需要能量的。但是在谷氨酸脱氢酶催化下,由谷氨酸释出氨的反应中,伴随着NAD(P)H的形成;在延胡索酸经草酰乙酸转化为天冬氨酸(图26-8)的过程中,同样也伴有NADH生成。在线粒体中对NADH再氧化,能产生$2.5 \times 2 = 5$个ATP。

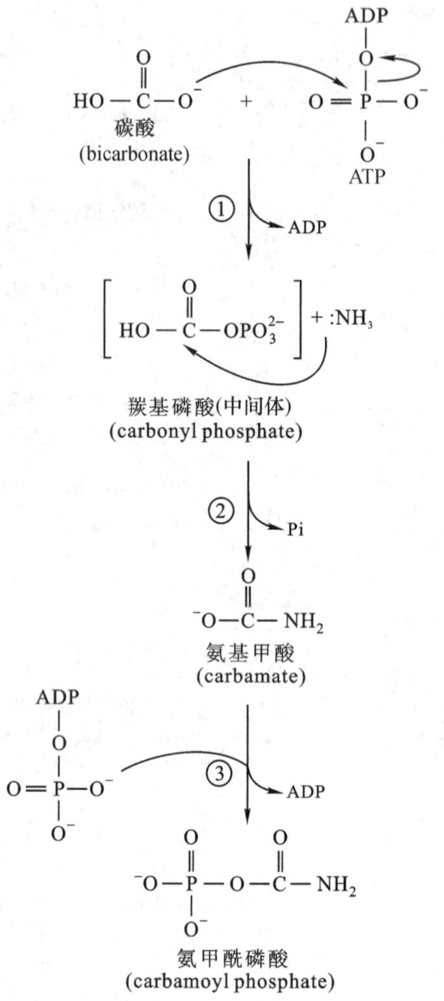

(二)尿素循环的调节

线粒体酶之一的氨甲酰磷酸合成酶I承担着尿素循环关键的第一步反应,它被N-乙酰谷氨酸别构激活。肝脏中谷氨酸浓度升高时即刺激N-乙酰谷氨酸合酶(N-acetylglutamate synthase)催化谷氨酸与乙酰-CoA合成N-乙酰谷氨酸。

肝脏中尿素生成的速度与N-乙酰谷氨酸的浓度直接相关。尿素合成的增加是当氨基酸降解速度升高,产生出过量的、必须排出的氮时发生的。氨基酸降解速度增高的"信号"使转氨反应加速从而引起谷氨酸浓度增高。随之又引起N-乙酰谷氨酸合成的增加,又激化了氨甲酰磷酸合成酶,乃至整个尿素循环。

尿素循环中的其他酶则是由它们的底物浓度所控制。正因为这样,遗传性尿素循环中某些酶的不足,除精氨酸酶以外,都不会因此发生尿素的重大减量(但是任何一种尿素循环酶的完全丧失,都会导致初生儿死亡)。当这些缺欠酶的底物增加时,它会使由于缺欠某种酶引起的某一速度之不足得到恢复。当然,这种欠量底物之增加,不是没有

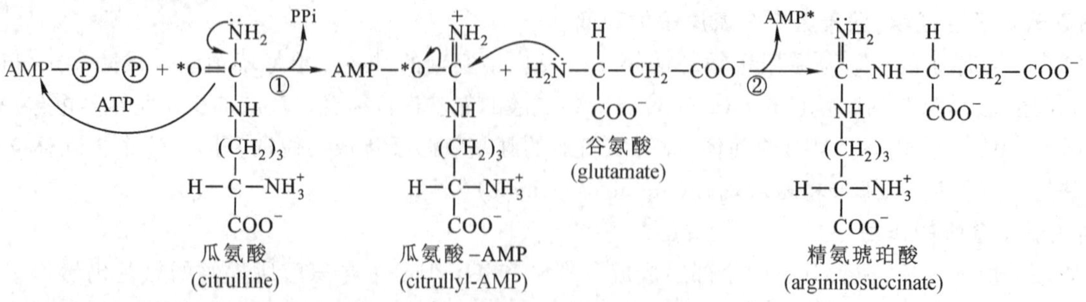

图26-6 氨甲酰磷酸合成酶(CPSI)酶促反应机制
① HCO_3^-被磷酸化而活化,形成一个假设的中间体,羰基磷酸;② NH_3向羰基磷酸进攻,形成氨基甲酸;③ 氨基甲酸受ATP作用发生磷酸化反应,产生氨甲酰磷酸

图26-7 精氨琥珀酸合成酶的催化反应机制
① 瓜氨酸的脲基氧由于形成瓜氨酸-AMP而被活化;② 天冬氨酸以其氨基与AMP置换,星号(*)表示用^{18}O标记的氧及相应化合物

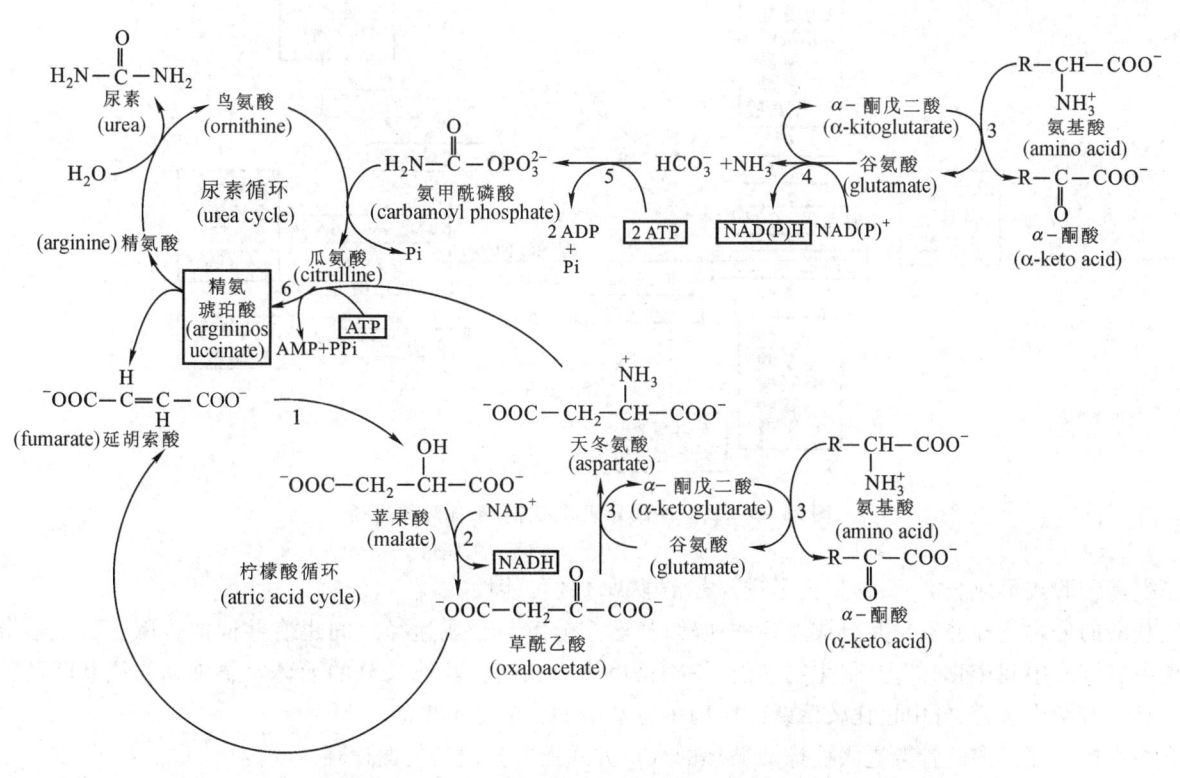

图 26-8　尿素循环与柠檬酸循环的联系是基于精氨琥珀酸的断裂与形成实现的

酶(1)延胡索酸酶及(2)苹果酸脱氢酶是属于柠檬酸循环的成员。草酰乙酸自柠檬酸循环改道形成天冬氨酸是受酶(3)氨基转移酶的作用所致。ATP 的水解发生于酶(5)氨甲酰磷酸合成酶Ⅰ及(6)精氨琥珀酸合成酶所催化的二反应中。在酶(4)谷氨酸脱氢酶的作用下,由于产生出的 NAD(P)H 及酶(2)苹果酸脱氢酶的反应中产生出 NADH,经氧化磷酸化作用后又形成 5 个 ATP

代价的。底物浓度的提升会使尿素循环逆行直至产生氨的各个途径,结果会发生"高血氨症(hyperammonemia)"。迄今,氨毒性的根源尚未彻底弄清,氨的高浓度会使"氨清除体系(ammonia-clearing system)"过分消耗,特别是在脑中。尿素循环酶缺欠症状包括有智力迟钝,嗜眠症等。上述的"氨清除体系"中包含有谷氨酸脱氢酶(反方向工作)及谷氨酰胺合成酶。这个体系可使 α-酮戊二酸及谷氨酸的"蓄池水位"下降,这些蓄池如若耗竭,脑将发生极其敏感的反应已如前述。α-酮戊二酸的耗尽,会引发产生能量的柠檬酸循环失速,而谷氨酸既是神经递质,又是"γ-氨基丁酸(GABA)"的前体,后者是另一种神经递质。

四、氨基酸碳骨架的分解代谢

氨基酸的分解代解并不是机体获得能量的途径。它们的分解充其量也只能提供给机体 10%～15% 的能量。它们的分解代谢平均所需能量则少于 1%。

脊椎动物体内的 20 种氨基酸的碳骨架，由 20 种不同的多酶体系进行氧化分解。虽然氨基酸的氧化分解途径各异，但它们都集中形成 7 种中间产物而进入柠檬酸循环。它们是：丙酮酸、乙酰-CoA、乙酰乙酰-CoA、草酰乙酸、延胡索酸、琥珀酰-CoA、α-酮戊二酸。图 26-9 表明 20 种氨基酸进入柠檬酸循环的途径。

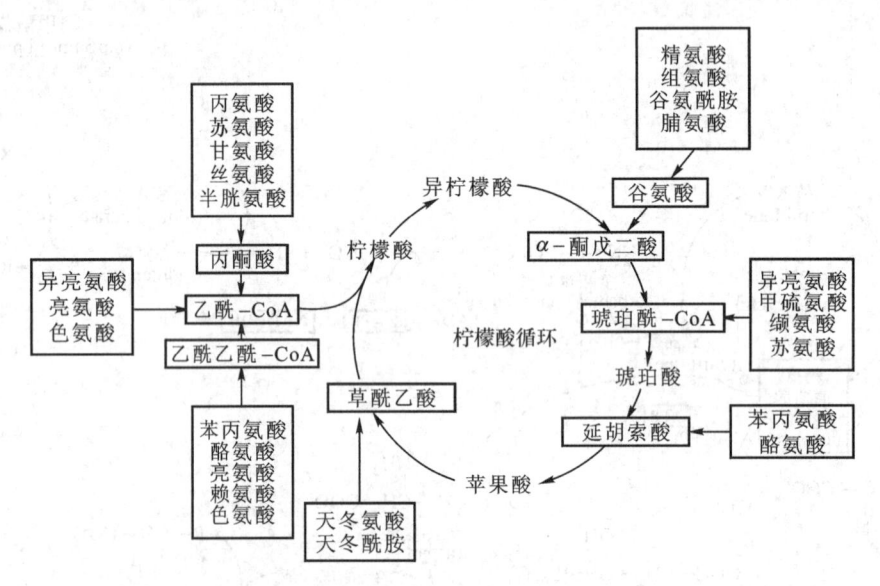

图 26-9　氨基酸碳骨架进入柠檬酸循环的途径

当氨基酸脱羧形成胺类后，即失去了进入柠檬酸循环的可能性。

氨基酸的分解途径并不是其合成途径的逆转，虽然在分解与合成途径之间也有共同的步骤。氨基酸分解代谢过程中有许多中间产物具有其他生物功能，特别是用作组成细胞其他成分的前体。脊椎动物氨基酸的分解代谢主要是在肝脏中进行，肾中也比较活跃。肌肉中氨基酸的分解是很少的。

下面将按照氨基酸碳骨架进入柠檬酸循环的入口方式扼要分述其代谢途径。

（一）经丙酮酸形成乙酰-CoA

5 种氨基酸先形成丙酮酸再形成乙酰-CoA：丙氨酸、色氨酸、半胱氨酸、丝氨酸、甘氨酸（图 26-10）。有些生物，苏氨酸也降解为丙酮酸再转变为乙酰-CoA，但人类则降解为琥珀酰-CoA。丙氨酸直接通过转氨基作用形成丙酮酸。色氨酸经裂解其支链形成丙氨酸，从而形成丙酮酸。半胱氨酸经两步反应转变为丙酮酸：第一步是除去硫原子，第二步是转氨基反应。丝氨酸经丝氨酸脱水酶（serine dehydratase）作用转变为丙酮酸。丝氨酸的 β-羟基和 α-氨基在一步反应中同时脱掉。该酶催化的反应以磷酸吡哆醛作为辅助因子。这一反应与苏氨酸的转变反应相类似。

甘氨酸有两条代谢途径。微生物通过丝氨酸羟甲基转移酶（serine hydroxymethyl transferase）的作用将甘氨酸分子加入一个羟甲基转变为丝氨酸。该酶以磷酸吡哆醛和四氢叶酸为辅酶。在动物中，甘氨酸主要是裂解为 CO_2、NH_4^+ 和一个乙烯基（—CH_2—）。催化这一反应的酶称为甘氨酸合酶（glycine synthase）（图 26-11）。甘氨酸的一个碳原子形成 CO_2，另一个碳原子成为 N^5,N^{10}-甲烯四氢叶酸的甲烯基，是一碳单位的提供者。

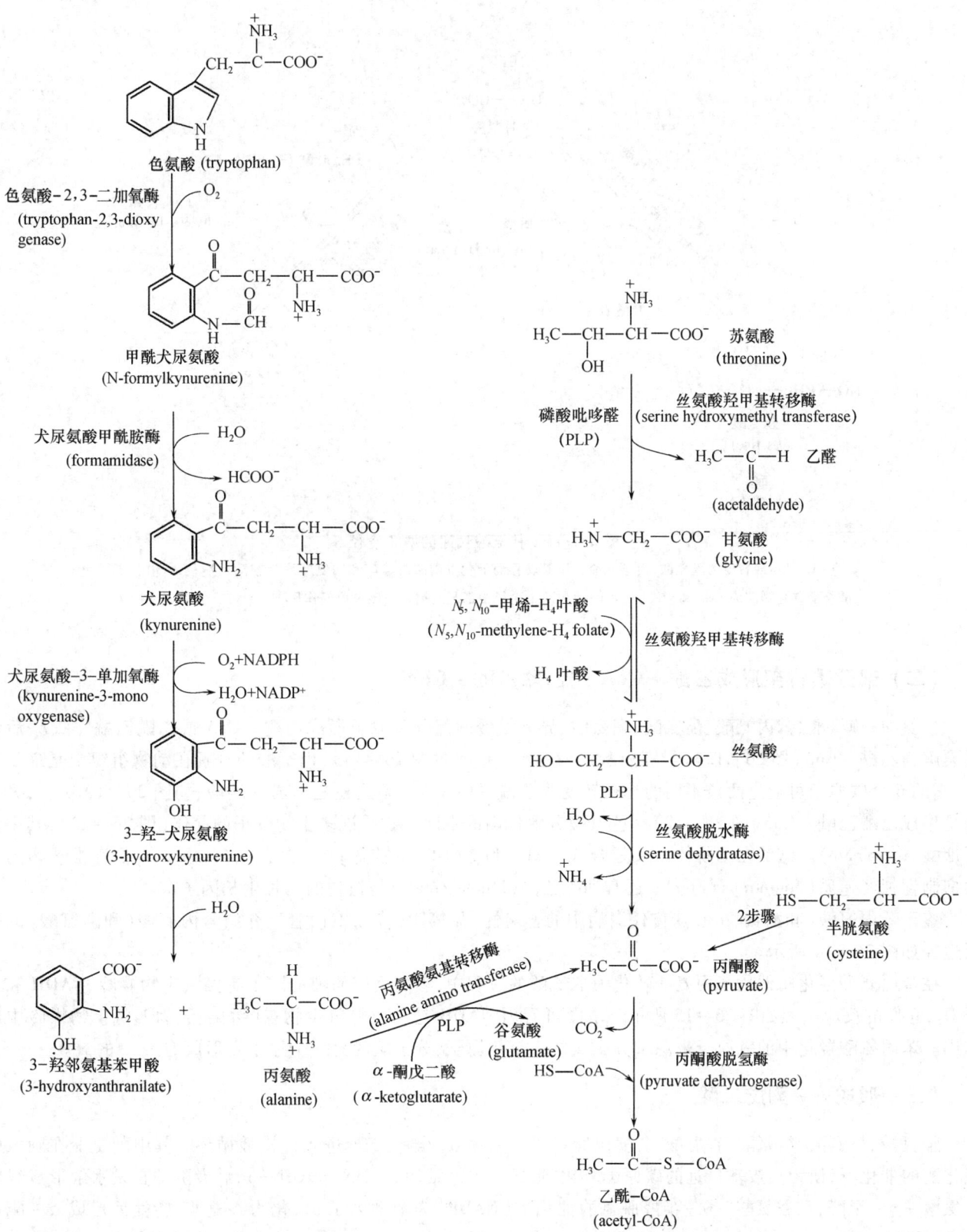

四、氨基酸碳骨架的分解代谢 439

图26-10 丙氨酸、甘氨酸、丝氨酸、半胱氨酸、色氨酸、苏氨酸分解经丙酮酸再形成乙酰-CoA示意图

色氨酸的吲哚环另有代谢途径。甘氨酸转变为丝氨酸以及甘氨酸的另一条代谢途径见后面。人类苏氨酸的降解不在此图内。半胱氨酸可通过不同途径转变为丙酮酸,半胱氨酸的硫原子也有不同的命运(H_2S、SO_3^{2-}、SCN^-)。丝氨酸羟甲基转移酶的催化作用包括磷酸吡哆醛和四氢叶酸两种辅助因子

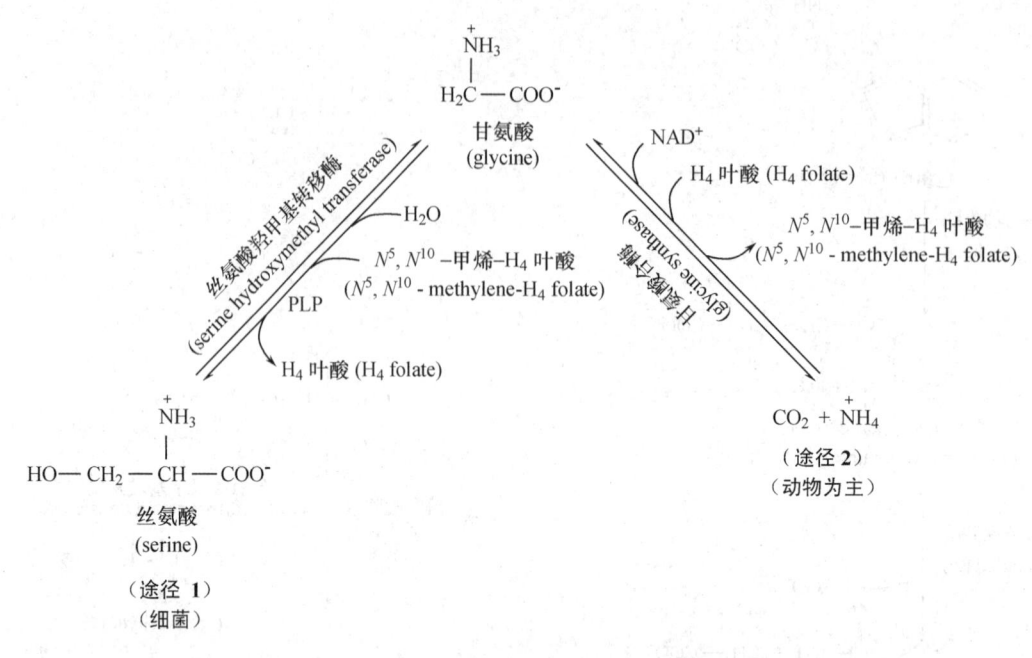

图 26-11 甘氨酸代谢的两条途径

途径 1. 甘氨酸转变为丝氨酸,由丝氨酸羟甲基转移酶催化以磷酸吡哆醛和四氢叶酸为辅酶。途径 2. 由甘氨酸合酶催化裂解为 CO_2 和 NH_4^+,四氢叶酸在两个途径中都起到携带一碳单位的作用

(二) 部分碳骨架形成乙酰-CoA 或乙酰乙酰-CoA

色氨酸、赖氨酸、苯丙氨酸、酪氨酸、亮氨酸、异亮氨酸的部分碳原子形成乙酰-CoA 或乙酰乙酰-CoA,后者再裂解为乙酰-CoA(图 26-12)(异亮氨酸形成乙酰-CoA 见图 26-14),色氨酸的分解在动物组织中是最复杂的,它的 6 个碳原子可通过两条不同的途径转变为乙酰-CoA。一条途径是形成丙酮酸,如图 26-10 所示;另一条是形成乙酰乙酰-CoA(图 26-12)。色氨酸分解代谢的中间产物是许多生物分子的前体(图 26-13),其中包括烟酸(nicotinate)。烟酸在动物体内又是合成 NAD^+ 和 $NADP^+$ 的前体;5-羟色胺(serotonin)是脊椎动物的一种抑制性神经递质(neurotransmitter);还有吲哚乙酸(indoleacetate)是植物的一种生长因子。

鉴于苯丙氨酸(和酪氨酸)在遗传代谢病中的普遍性(见第 10 节),下面着重介绍苯丙氨酸(和酪氨酸)的代谢途径如图 26-14 所示。

在苯丙氨酸羟化酶催化苯丙氨酸转化为酪氨酸的过程中,参加反应的辅助因子有四氢生物蝶呤、NADH 和分子 O_2,它们的反应过程如图 26-15 所示。由图可看出 NADH 是在由二氢生物蝶呤再还原为四氢生物蝶呤中起作用。苯丙氨酸羟化中的氧原子来源于分子氧的一个氧原子;分子氧的另一个原子则形成 H_2O 中的氧。

(三) 形成 α-酮戊二酸

脯氨酸、精氨酸、组氨酸、谷氨酸、谷氨酰胺都可转变为 α-酮戊二酸进入柠檬酸循环。其中脯氨酸在脯氨酸氧化酶的催化下,使距离羧基最远的碳原子氧化,形成希夫碱结构(—HN$^+$=CH—),后者随即自发水解形成线状谷氨酸-γ-半醛,在谷氨酸-γ-半醛脱氢酶催化下($NADP^+$ 为辅助因子)氧化为谷氨酸,转氨后形成 α-酮戊二酸(图 26-16)

精氨酸在精氨酸酶的作用下水解形成尿素和鸟氨酸。经鸟氨酸转氨酶的作用,将 δ-氨基转给 α-酮戊二酸,本身转变为谷氨酸-γ-半醛。以下转变同上述直到形成 α-酮戊二酸(图 26-16)。

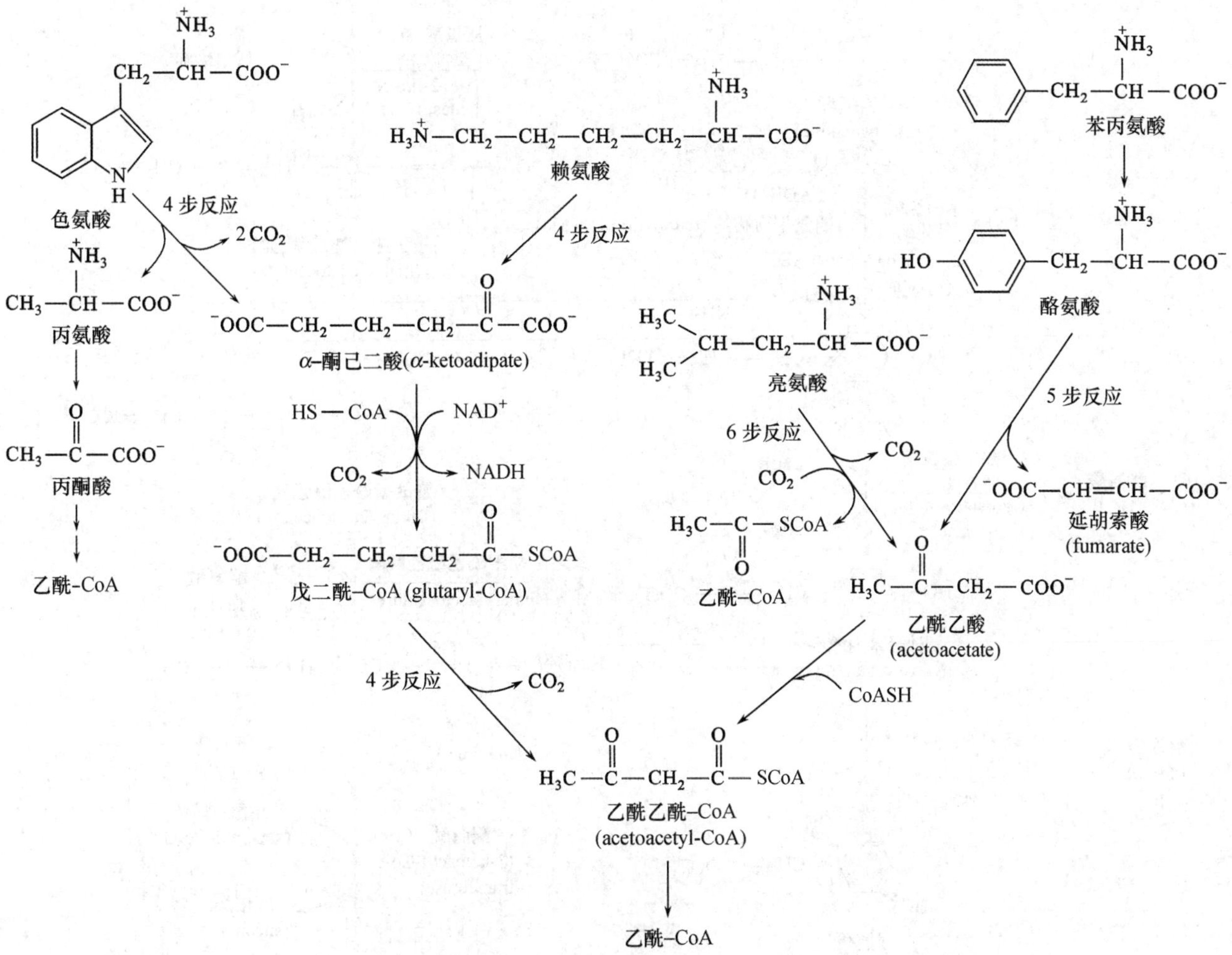

图 26-12 色氨酸、赖氨酸、苯丙氨酸、酪氨酸、亮氨酸的分解代谢途径示意

这些氨基酸的部分碳原子(色氨酸、赖氨酸、苯丙氨酸和酪氨酸各提供 4 个碳原子,亮氨酸的 3 个碳原子再加入 CO_2 的一个碳原子)形成乙酰乙酰-CoA。氨基酸大多通过与 α-酮戊二酸转氨而脱去氨基

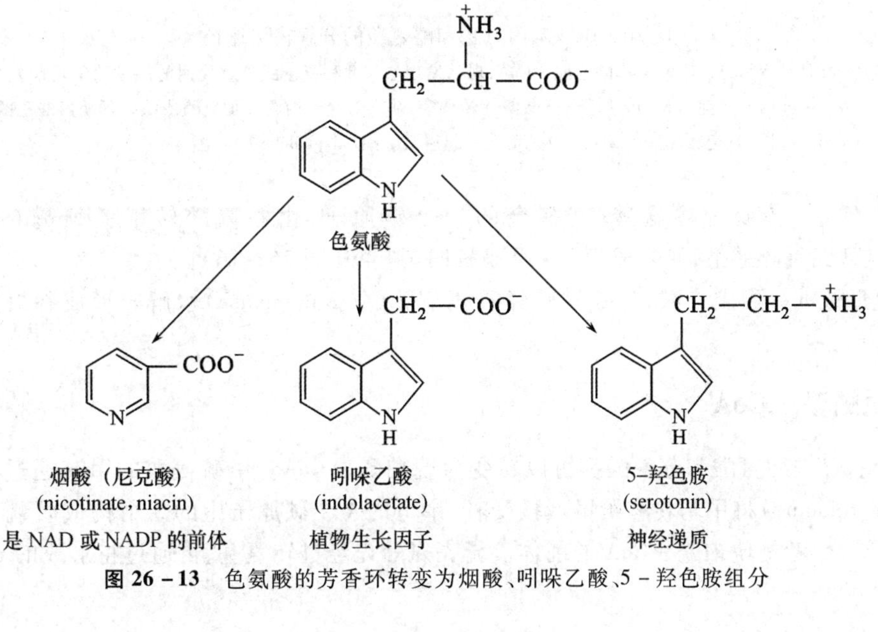

图 26-13 色氨酸的芳香环转变为烟酸、吲哚乙酸、5-羟色胺组分

- 烟酸(尼克酸)(nicotinate, niacin) 是 NAD 或 NADP 的前体
- 吲哚乙酸(indolacetate) 植物生长因子
- 5-羟色胺(serotonin) 神经递质

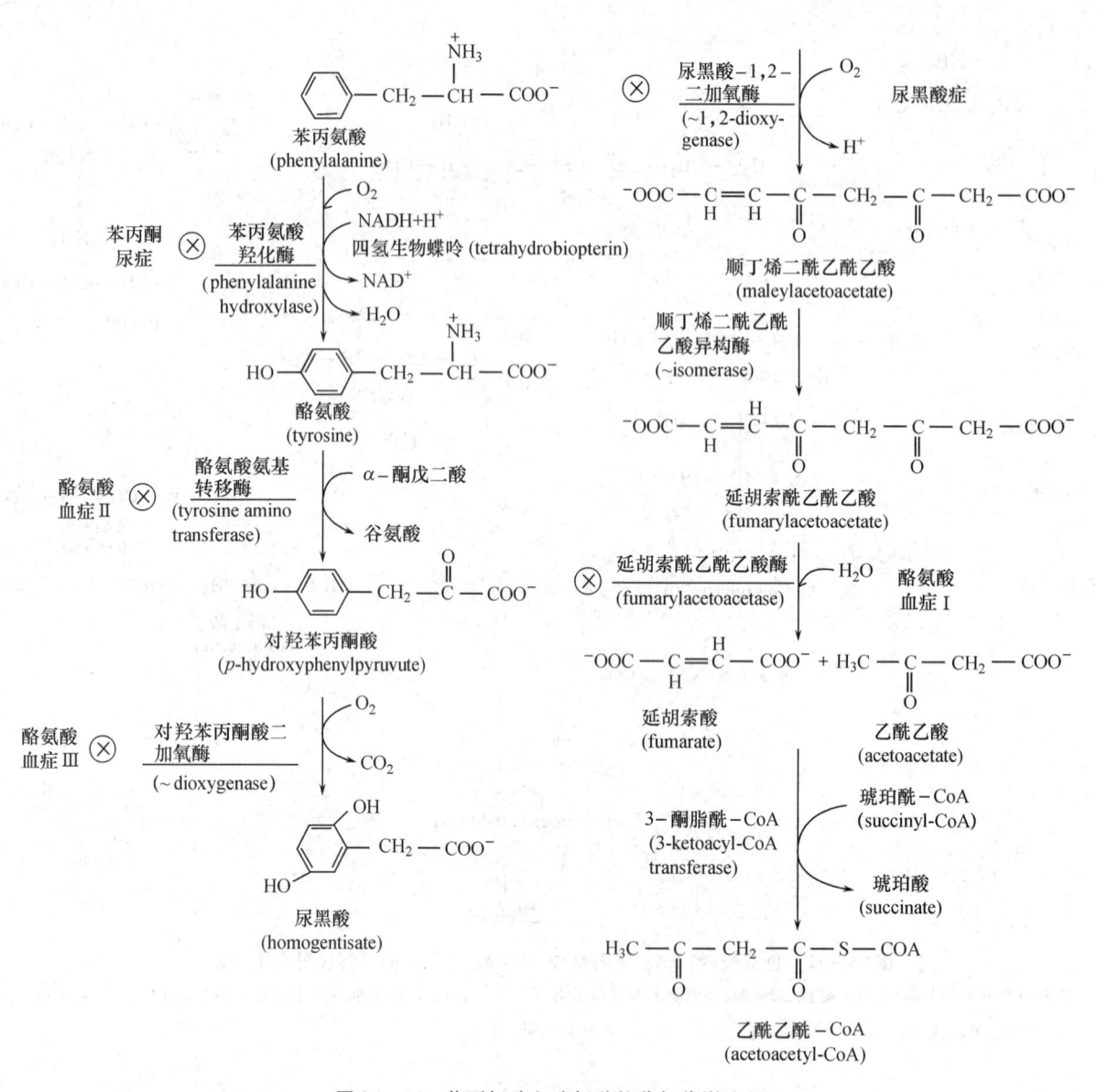

图 26-14　苯丙氨酸和酪氨酸的分解代谢途径

这两种氨基酸在人类是转变为延胡索酸和乙酰-CoA,现已发现参与此种氨基酸分解代谢的多种酶都可能发生遗传缺欠症。缺乏苯丙酸羟化酶产生苯丙酮尿症(PKU),缺乏酪氨酸氨基转移酶、缺乏对羟苯丙酮二加氧酶或缺乏延胡索酸乙酰乙酸酶都会引起酪氨酸血症(tyrosinemia)。缺乏尿黑酸1,2-二加氧酶会引起尿黑酸症(alkaptonuria)。

组氨酸经4步反应,转变为谷氨酸;其多余的一个碳原子,由谷氨酸转甲亚氨酶(glutamate formimino transferase)催化,转到四氢叶酸上,使之成为5-甲亚氨四氢叶酸(图26-16)。

谷氨酸经转氨形成α-酮戊二酸,谷氨酰胺经谷氨酰胺酶(glutaminase)水解先形成谷氨酸和NH_4^+,再形成α-酮戊二酸。

(四) 形成琥珀酰-CoA

甲硫氨酸、异亮氨酸、缬氨酸和苏氨酸都可以转变为琥珀酰-CoA。甲硫氨酸的甲基通过形成S-腺苷甲硫氨酸(S-adenosyl methionine)将甲基转移给甲基接受者,余下的4个碳原子中的3个构成丙酰-CoA(propionyl-CoA)的3个碳原子。后者是琥珀酰-CoA的前体。异亮氨酸先经过转氨基,再通过将形成的α-酮酸氧化脱羧,

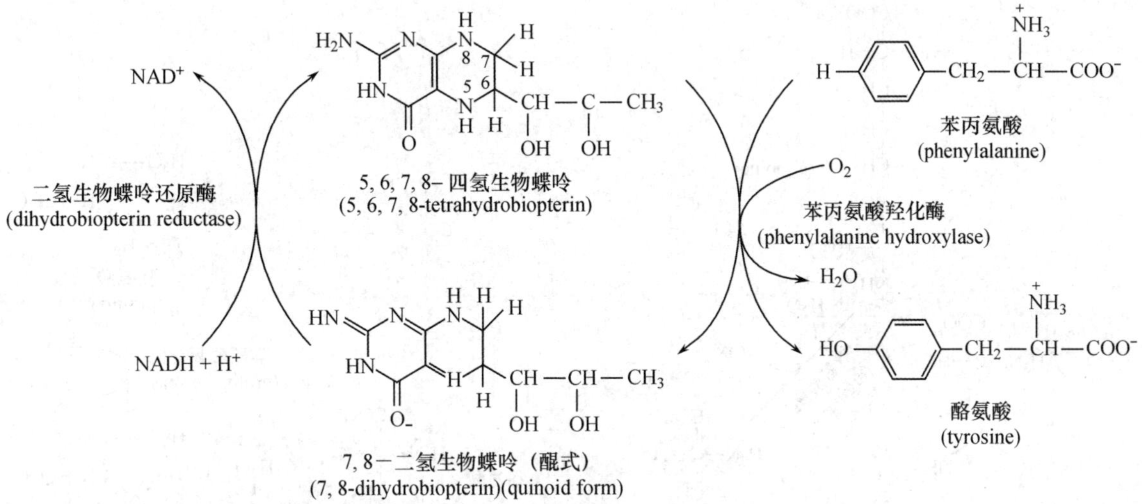

图 26-15 四氢叶酸在苯丙氨酸羟基化过程中的作用

再进一步氧化形成乙酰-CoA 和丙酰-CoA。后者再经 2 步反应形成甲基丙二酰-CoA。再经以维生素 B_{12} 为辅酶的变位酶作用生成琥珀酰-CoA。缬氨酸也是经过转氨基、脱羧和随后一系列的氧化和再脱羧反应，使它的 4 个碳原子中的 3 个转变为丙酰-CoA。苏氨酸（在人类）经以磷酸吡哆醛为辅酶的苏氨酸脱水酶的作用，脱水、脱 NH_4^+，形成 α-酮丁酸（α-ketobutyrate），再经包括氧化脱羧等 4 步反应最后形成琥珀酰-CoA。以上各氨基酸的转变概括如图 26-17。上述四种氨基酸形成琥珀酰-CoA 的直接前体是甲基丙二酰-CoA。它由甲基丙二酰-CoA 变位酶催化转变为琥珀酰-CoA。有少数遗传性缺乏此酶的病人，患酸血症（acidemia），引起呕吐、抽搐、智力迟钝以至死亡。

（五）形成草酰乙酸的途径

天冬氨酸和天冬酰胺形成草酰乙酸的途径如下：

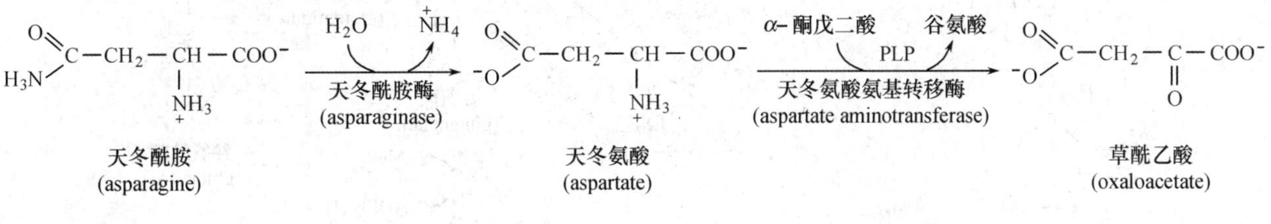

（六）分支氨基酸脱氨基和脱羧基的特殊性

大多数氨基酸的分解代谢都是在肝脏中进行。但是带有分支链的氨基酸（亮氨酸、异亮氨酸和缬氨酸）却是在肝脏以外的组织，如肌肉、脂肪、肾脏、脑等组织主要作为燃料被氧化。这些组织含有在肝脏中不存在的一种对以上三种氨基酸都适用的氨基转移酶。转氨基后形成相应的分支酮酸，由一种分支链 α-酮酸脱氢酶复合体（branched-chain α-keto acid dehydrogenase complex）催化三种酮酸氧化脱羧，形成脂酰-CoA 衍生物。这一催化机制与丙酮酸脱羧酶复合体以及 α-酮戊二酸脱氢酶复合体的脱羧机制是非常相似的。

（七）生糖氨基酸和生酮氨基酸

有些氨基酸如苯丙氨酸、酪氨酸、亮氨酸、异亮氨酸、色氨酸、苏氨酸、赖氨酸，在分解过程中转变为乙酰乙酰-CoA，而乙酰乙酰-CoA 在动物的肝脏中可转变为乙酰乙酸和 β-羟丁酸，因此这些氨基酸称为生酮氨基酸

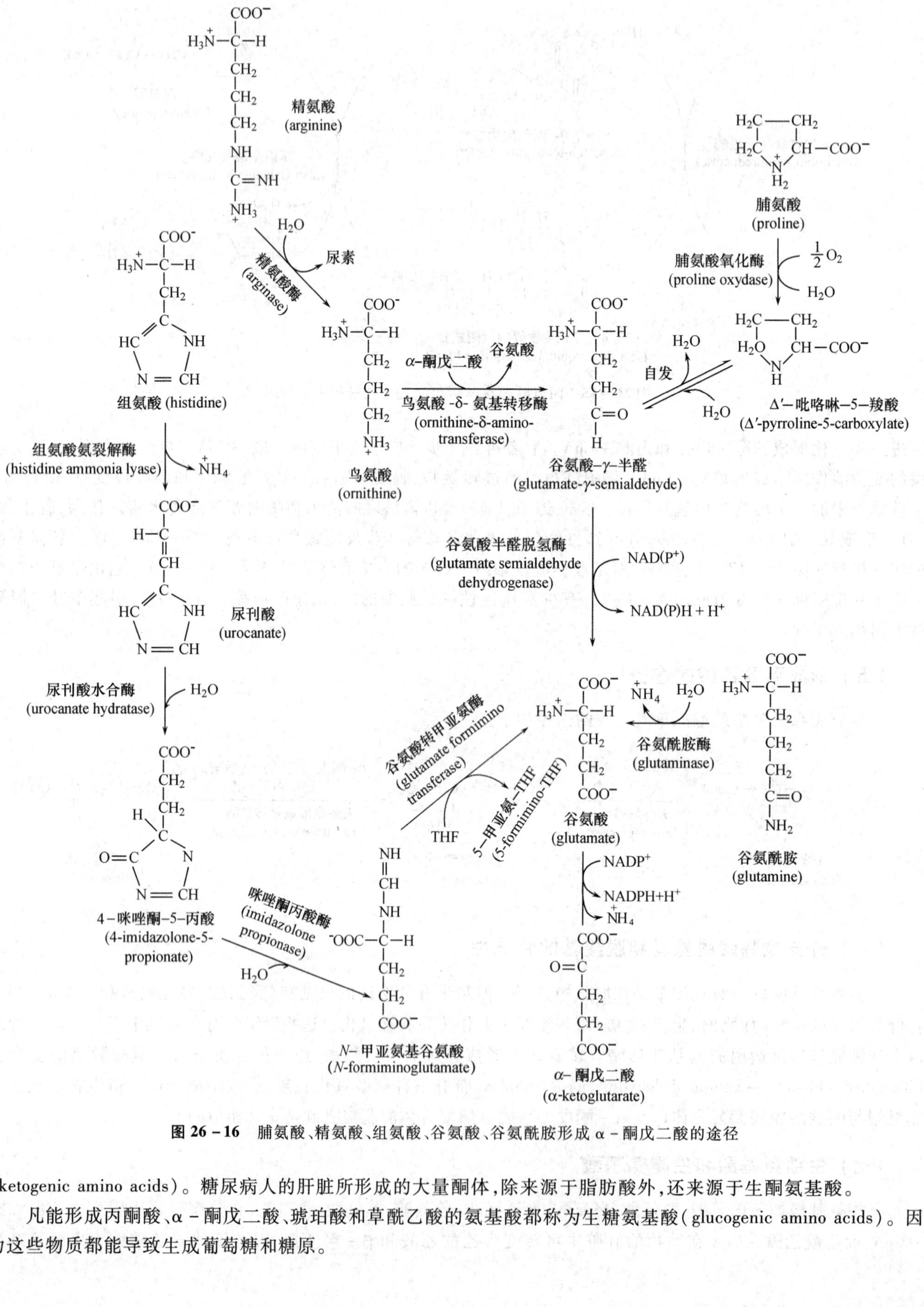

图 26-16 脯氨酸、精氨酸、组氨酸、谷氨酸、谷氨酰胺形成 α-酮戊二酸的途径

(ketogenic amino acids)。糖尿病人的肝脏所形成的大量酮体，除来源于脂肪酸外，还来源于生酮氨基酸。

凡能形成丙酮酸、α-酮戊二酸、琥珀酸和草酰乙酸的氨基酸都称为生糖氨基酸(glucogenic amino acids)。因为这些物质都能导致生成葡萄糖和糖原。

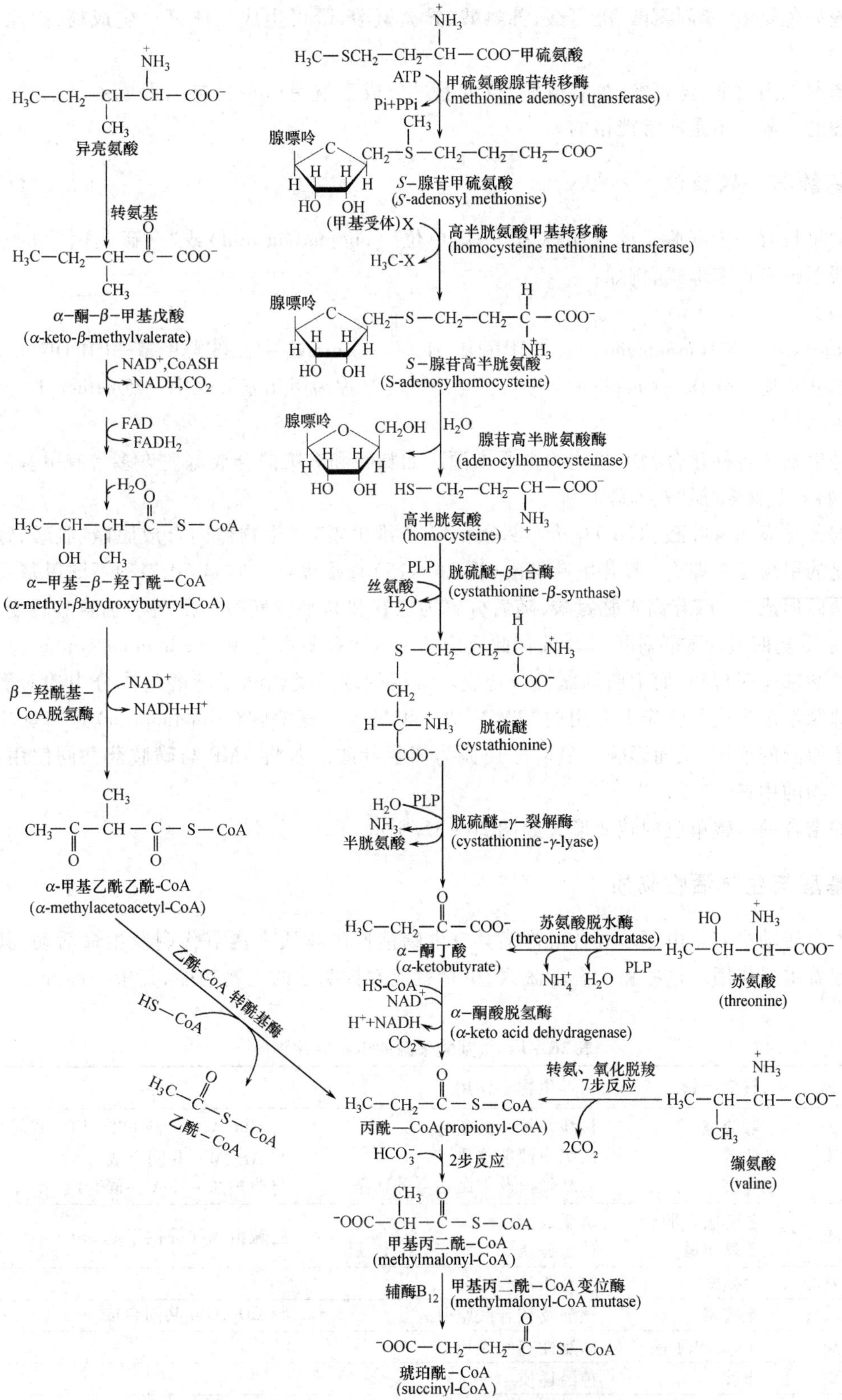

图 26-17 甲硫氨酸、异亮氨酸、缬氨酸和苏氨酸的分解代谢途径

此 4 种氨基酸都可转变为琥珀酰-CoA,异亮氨酸在形成丙酰-CoA 的同时还产生一个乙酰-CoA。图中的苏氨酸途径是在人体内发生的。甲硫氨酸形成 S-腺苷甲硫氨酸后成为甲基(即一碳单元)的提供者,产物用 H_3C-X 表示,"X"表示多种受体

有的氨基酸如色氨酸、苯丙氨酸、酪氨酸、苏氨酸、异亮氨酸,既可生成酮体又可生成糖,因此,称为生酮和生糖氨基酸。

还有些氨基酸如丙氨酸、丝氨酸、半胱氨酸,也可通过形成乙酰-CoA 后进而形成乙酰乙酸,因此,生酮氨基酸和生糖氨基酸的界限并不是非常严格的。

(八) 氨基酸与一碳单位

生物化学中将具有一个碳原子的基团称为"一碳单位"(one carbon unit)或"一碳基团"(one carbon group)。生物体内的一碳单位有许多形式,例如:

① 亚胺甲基—CH=NH(formimino-),② 甲酰基 H—C(=O)—(formyl-),③ 羟甲基—CH$_2$OH(hydroxymethyl-),④ 亚甲基(又称甲叉基)—CH$_2$—(methylene-),⑤ 次甲基(又称为甲川基)—CH=(methenyl-),⑥ 甲基—CH$_3$(methyl-)

一碳单位是生物体各种化合物甲基化的主要来源。如嘌呤和嘧啶的合成等。许多带有甲基的化合物都有重要的生物功能,如肾上腺素、肌酸、卵磷脂等。

一碳单位的转移靠四氢叶酸(THF)中介(参看第 12 章维生素)。生物体内合成胆碱、肌酸、肾上腺素等所需的甲基都由活化的甲硫氨酸即 S-腺苷甲硫氨酸(图 26-15)直接提供。它是 50 多种不同甲基受体的甲基供给者。它脱去甲基后形成 S-腺苷高半胱氨酸,随后分解为腺苷和高半胱氨酸。由高半胱氨酸转变为甲硫氨酸,主要途径是从 N^5-甲基四氢叶酸转移甲基。催化此反应的酶为甲硫氨酸合酶(methionine synthase)。

人体所需叶酸来源于食物,而细菌则靠自身合成。常用的磺胺类药物是叶酸组成分中的对氨基苯甲酸的拮抗剂。因此能抑制细菌生成。临床上常用的"TMP"即三甲氧苄二氨嘧啶(trimethoprim)是二氢叶酸的类似物能抑制二氢叶酸还原酶的活性,从而影响二氢叶酸还原为四氢叶酸。若将 TMP 与磺胺药共同使用,可明显增强药力并减少两种药物的用量。

与四氢叶酸结合的一碳单位的转变形式如图 26-18 所示。

(九) 氨基酸与生物活性物质

生物体在生命活动中需要由氨基酸合成许多具有生物活性的物质来调节代谢及生命活动,其中许多种在神经系统活动中起着重要作用。这些物质有如激素,少量就能发挥明显的生物功能,其中一部分可参看表 26-1。

表 26-1 氨基酸来源的生物活性物质

氨基酸	转变产物	生物学作用	备注
甘氨酸	嘌呤碱	核酸及核苷酸组分	与 Gln、Asp、一碳单位、CO$_2$ 共同合成
	肌酸	组织中储能物质	与 Arg、Met 共同合成
	卟啉	血红蛋白及细胞色素等辅基	与琥珀酰-CoA 共同合成
丝氨酸	乙醇胺及胆碱	磷脂成分	胆碱由 Met 提供甲基
	乙酰胆碱	神经递质	
半胱氨酸	牛磺酸	结合胆汁酸组分	
天冬氨酸	嘧啶碱	核酸及核苷酸组分	与 CO$_2$、Gln 共同合成
谷氨酸	γ-氨基丁酸	抑制性神经递质	
组氨酸	组胺	神经递质	
酪氨酸	儿茶酚胺类	神经递质	肾上腺素由 Met 提供甲基
	甲状腺激素	激素	
	黑色素	皮、发形成黑色	

氨基酸	转变产物	生物学作用	备注
色氨酸	5-羟色胺 黑素紧张素 烟酸	神经递质促进平滑肌收缩 松果体激素 维生素PP	（即N-乙酰-5-甲氧色胺）
鸟氨酸	腐胺亚精胺	促进细胞增殖	
天冬氨酸	—	兴奋性神经递质	
谷氨酸	—	兴奋性神经递质	

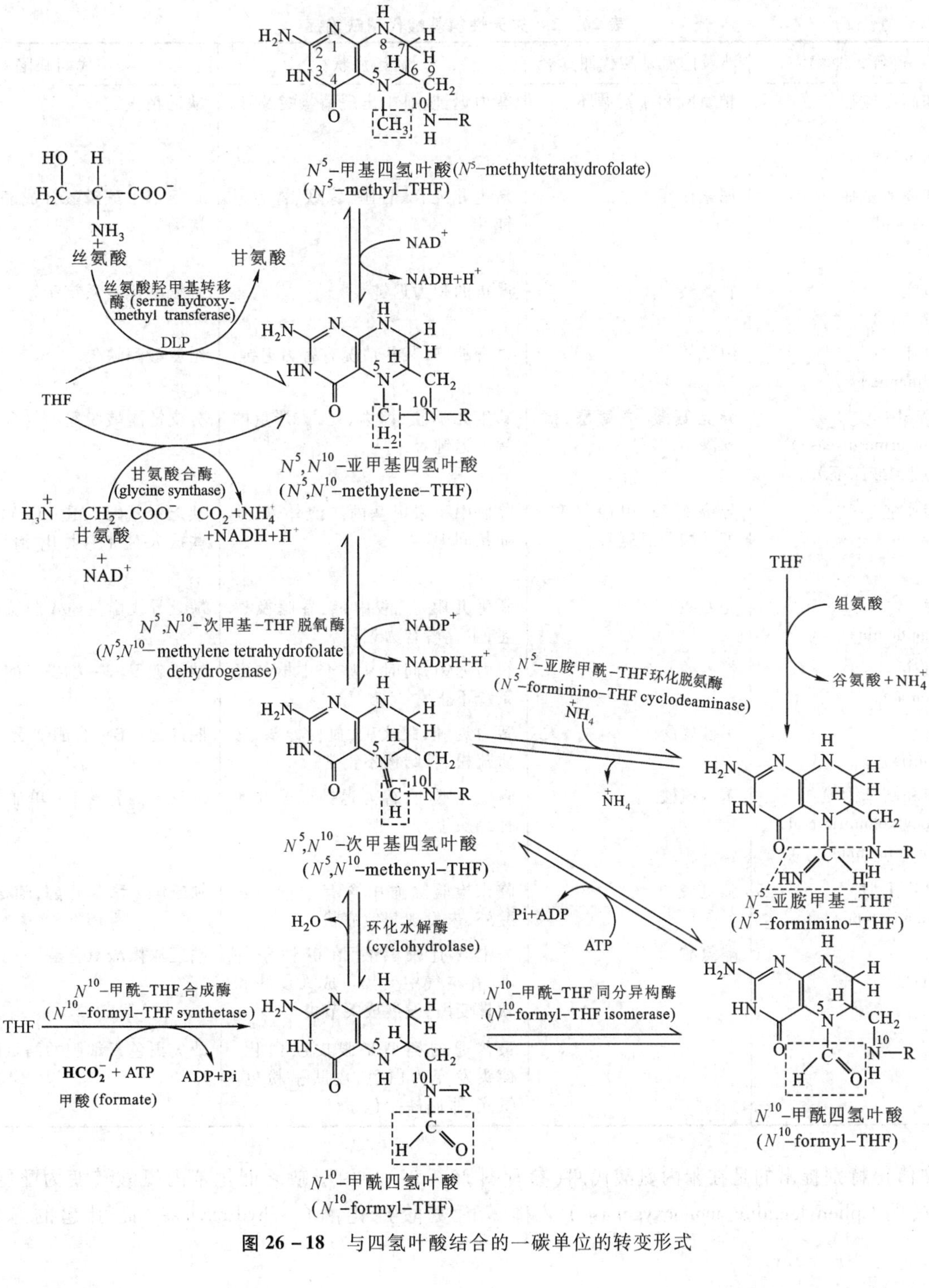

图26-18 与四氢叶酸结合的一碳单位的转变形式

（十）氨基酸代谢缺陷症

氨基酸代谢中缺乏某一种酶致使该酶的作用物在血中或尿中大量出现。这种代谢缺陷症属于分子疾病。其病因和 DNA 分子突变有关，往往是先天性的，又称为先天性遗传代谢病，大部分发生在婴儿时期，常在幼年就导致死亡。发病的症状表现有智力迟钝、发育不良、周期性呕吐、沉睡、搐搦、共济失调及昏迷等。目前已发现的氨基酸代谢病已达 30 多种。表 26-2 列举了一些与先天性氨基酸代谢病有关的酶，以及血或尿中出现的不正常代谢产物供参考。

表 26-2　先天性氨基酸代谢缺陷症

病名	涉及的氨基酸代谢途径	临床症状	代谢缺陷
精氨酸血和高血氨症（argininemia and hyperammonemia）	精氨酸和尿素循环	智力迟钝，血中出现精氨酸及氨	缺乏精氨酸酶
鸟氨酸血和高血氨症（ornithinemia and hyperammonemia）	尿素循环	新生儿死亡、昏睡、惊厥、智力迟钝	缺乏氨甲酰磷酸合成酶，鸟氨酸脱羧酶
高甘氨酸血症（hyperglycinemia）	甘氨酸	严重的智力迟钝	甘氨酸代谢系统疾患
高组氨酸血症（hyperhistidinemia）	组氨酸	语言缺陷，某些情况有智力迟钝	组氨酸酶缺欠
槭糖尿症（MSUD）（maple syrup urine disease）（又称分支链酮酸尿症）	异亮氨酸，亮氨酸，缬氨酸	新生儿呕吐、惊厥、死亡，严重的智力迟钝	分支链酮酸脱氢酶复合体缺欠
甲基丙二酸血症（methylmalonic acidemia）	异亮氨酸、甲硫氨酸、苏氨酸及缬氨酸	除血中积累甲基丙二酸外，其他症状同上	缺乏甲基丙二酰-CoA、变位酶（有些病人对维生素 B_{12} 治疗有反应）
异戊酸血症（isovaleric acidemia）	亮氨酸	新生儿呕吐、酸中毒、昏睡及昏迷，生存者智力迟钝	缺乏异戊酰-CoA 脱氢酶
高赖氨酸血症（hyperlysinemia）	赖氨酸	智力迟钝，同时某些非中枢神经系统不正常	缺乏赖氨酸-酮戊二酸还原酶
高胱氨酸尿症（homocystinuria）	甲硫氨酸	智力迟钝，眼疾患，血栓栓塞，骨质疏松、骨结构不正常	脱硫醚-β-合酶缺乏
苯丙酮尿症和高苯丙氨酸尿症（phenylketonuria and hyperphenylalaninemia）	苯丙氨酸	新生儿呕吐，智力迟钝以及其他神经疾患	缺乏苯丙氨酸 L-单加氧酶
高脯氨酸血症 I 型（hyperprolinemia type I）	脯氨酸	临床检验除血中含有过量脯氨酸外，未发现其他症状	缺乏脯氨酸氧化酶，脯氨酸脱氢酶
尿黑酸症（alkaptonuria）	酪氨酸	尿中含有尿黑酸，在碱性条件下，在空气中变黑。成人皮肤和软骨变黑，发展成关节炎	缺乏尿黑酸氧化酶
白化病（albinism）		最普通的类型是眼皮肤白化。使头发变为白色，皮肤呈粉色。惧光，眼睛缺少色素	缺失黑色素细胞的酪氨酸酶

上表中值得特别提出的是在苯丙氨酸代谢（参看图 26-14）中由于缺乏催化苯丙氨酸转变为酪氨酸的苯丙氨酸单加氧酶（phenylalanine monooxygenase）又称苯丙氨酸羟化酶（~ hydroxylase）而引起的苯丙酮尿症

(phenylketonuria,PRU 症)。这种病,在氨基酸代谢缺陷症中占居首位,10 000 人中即可发现一人。当机体缺乏这种酶时,苯丙氨酸即与丙酮酸转氨形成苯丙酮酸,聚集在血液中,最后由尿中排出体外。这是人们最早认识的一种代谢遗传缺陷症。患者若在儿童时期限制吃含有苯丙氨酸的饮食,可以防止发生智力迟钝。

习 题

1. 动物体内有哪些主要的酶参加蛋白质降解反应?总结这些酶的作用特点。
2. 氨基酸脱氨基后的碳链如何进入柠檬酸循环?
3. 有一种遗传病人。在血浆中异戊酸的含量增高,可能影响了哪种氨基酸的代谢?如果这种氨基酸及其 α-酮酸在血液中含量是正常的,可能缺乏哪一种酶?[a.亮氨酸,b.异亮氨酰-CoA 脱氨酶]
4. 写出苯丙氨酸在排氨动物和排尿素动物体内完全氧化时的平衡式,包括全部活化和能量贮存步骤。
[苯丙氨酸 + $10O_2$ + 46ADP + 46Pi ⟶ $9CO_2$ + NH_3 + 45ATP + AMP + PPi + $45H_2O$]
5. 分支链氨基酸碳链的分解有何特点?
6. 说明尿素的两个氨基和碳原子的来源。
7. 写出丙氨酸转变为乙酰乙酸和尿素的总平衡式:
[2 丙氨酸 + $4NAD^+$ + 3ATP + $4H_2O$ → 乙酰乙酸 + 尿素 + CO_2 + 4NADH + $4H^+$ + 2ADP + AMP + 4Pi]
8. 根据化学计算,在尿素合成中消耗了 4 个高能磷酸键能(~P),在此反应中天冬氨酸转变为延胡索酸,假设延胡索酸又转回到天冬氨酸,尿素合成的化学计算结果如何?消耗了几个高能磷酸键?
[延胡索酸形成天冬氨酸不影响尿素合成的化学计算,因此尿素合成的化学反应式仍为:
CO_2 + $\overset{+}{N}H_4$ + 3ATP + NAD^+ + 天冬氨酸 + $3H_2O$ ⟶ 尿素 + 2ADP + 2Pi + PPi + NADH + H^+ + 草酰乙酸,因此共消耗了 4 个高能磷酸键]
9. 用成年大白鼠做同位素示踪实验,得到下面的结果:肌酸分子中的标记原子是由下面所列的一些前体而来,从这样的实验结果设计一条肌酸合成的可能途径。

$$H_3\overset{+}{N}^*-C-NH-(CH_2)_3-CH-COO^-\quad 精氨酸$$
$$\|\quad\quad\quad\quad\quad\quad\quad |$$
$$NH\quad\quad\quad\quad\quad\quad\overset{+}{N}H_3$$

$$\overset{+}{H_3}N^*$$
$$|$$
$$C=NH\quad 肌酸$$
$$H_3C^*-N^*-CH_2-COO^-$$
$$|$$
$$H_2N^*-CH_2-COO^-\quad 甘氨酸$$

$$H_3C^*-S-(CH_2)_2-CH-COO^-\quad 甲硫氨酸$$
$$|$$
$$NH_2$$

[甘氨酸 + 精氨酸 ⟶ $H_2N-(CH_2)_3-CH-COO^-$ + $H_3\overset{+}{N}-C-NH-CH_2-COO^-$
$\quad\quad\quad\quad\quad\quad\quad\quad\quad\quad\quad\quad\quad |\quad\quad\quad\quad\quad\quad\quad\quad\quad\quad \|$
$\quad\quad\quad\quad\quad\quad\quad\quad\quad\quad\quad\quad\quad NH_3\quad\quad\quad\quad\quad\quad\quad\quad\quad NH$
$\quad\quad\quad\quad\quad\quad\quad\quad\quad\quad\quad\quad\quad +$

$H_3\overset{+}{N}-C-NH-CH_2-COO^-$ + 甲硫氨酸 ⟶ 肌酸 + 高半胱氨酸]
$\quad\|$
$\quad NH$

10. 参与尿素形成的酶有哪些?它们都催化什么反应?
11. 如果你的食物中富含丙氨酸但是缺少天冬氨酸,试问你是否会患天冬氨酸缺乏病?为什么?
12. 参照图 26-3 写出丙氨酸转变为丙酮酸的反应机制。

13. 用 ^{14}C 和 ^{15}N 标记谷氨酸的氨基和 α-碳原子。当在大鼠肝脏中进行氧化分解时,请判断下列的化合物中在何处会出现标记物:① 尿素,② 琥珀酸,③ 精氨酸,④ 瓜氨酸,⑤ 鸟氨酸。

14. 解释为什么体内高浓度氨会降低柠檬酸循环速度?

15. 在人类构成蛋白质的 20 种氨基酸中,哪些是生糖氨基酸,哪些是生酮氨基酸,哪些是既生糖又生酮的氨基酸,解释为什么?

主要参考书目

[1] Nelson D L,Cox M M. Lehninger Principles of Biochemistry. 4th ed. New York:Worth Publishers,2005.

[2] Voet D, Voet J G,Prant C W. Fundamentals of Biochemistry. USA:John Wiley & Sons,1999.

[3] Voet D,Voet J G. Biochemictry. 3rd ed. New York:John Wiley & Sons,2004.

[4] Horton H R,Moran L A,Ochs R S,Rawn J D,Scrimgeour K G. Principles of Biochemistry. 3rd ed. USA:Prentice Hall,2002.

[5] Garrett R G,Grisham C M. Biochemistry. 2nd ed. 北京:高等教育出版社,2002.

[6] Stryer L. Biochemistry. 5th ed. New York:W H Freeman & Comp,2006.

[7] Cohen G M. Caspases:the executioners of apoptosis. Biochem J,1997,326:1-16.

[8] Earnshaw W C,Martins L M,Kaufmann S H. Mammalian caspases:structure, activation, substrates, and functions during apoptosis. Annu Rev Biochem, 1999,68:383-424.

[9] Hayashi H. Pyridoxal enzymes:mechanistic diversity and uniformity. J Biochemistry,1995,118:463-473.

[10] Holmes,F L. Hans Krebs and the discovery of the ornithine cycle. Fed Proc,1980,39:216-225.

[11] Curthoys N P,Watford M. Regulation of glutaminase activity and glutamine metabolism. Annu Rev Nutr,1995,15:133-159.

[12] Scriver C R,Beaudet A L,Sly W S,Valle D(eds). The Metabolic and Molecular Bases of Inherited Disease. 7th ed. Part 5:Amino Acids. New York:McGraw-Hill,1995.

(王镜岩)

第27章 氨基酸的生物合成和生物固氮

一、生物固氮

生物机体氨基酸分子中的氮归根结底来源于空气中的氮气。自然界只有少数细菌和蓝绿藻类(blue-green algae)能够将空气中的 N_2 还原为 $NH_3(NH_4^+)$，将分子氮转化为含氮化合物的过程称为生物固氮，简称固氮(nitrogen fixation)。形成的 NH_4^+，由土壤中的微生物氧化为 NO_2^- 及 NO_3^-。称为硝化作用(nitrification)。植物和许多微生物都含有硝酸及亚硝酸还原酶能将 NO_2^- 及 NO_3^- 再还原为 NH_4^+。植物即利用它作为合成氨基酸的氮源。动物则利用植物作为氨基酸的来源。

氮还原为 NH_4^+ 的反应是放能反应：

$$N_2 + 3H_2 \longrightarrow 2NH_3 \xrightarrow{H_2O} 2NH_4^+ + OH^-$$
$$\Delta G'^{\ominus} = -33.5 \text{kJ/mol}$$

虽然 N_2 是不易参与反应的惰性气体，在机体酶的催化下固氮反应却具有极高的活化能促使过程进行。

生物固氮反应是由固氮酶复合体(nitrogenase complex)简称固氮酶完成的。它由两个主要组分构成：固氮酶还原酶(dinitrogenase reductase)(简称还原酶)和固氮酶(dinitrogenase)。还原酶又称铁蛋白，相对分子质量 60 000~64 000，是有相同亚基的二聚体，每个亚基含有一个铁硫[4Fe-4S]中心，可接受或给出一个电子，还有两个接受 ATP 的位点。固氮酶又称铁钼蛋白，相对分子质量 220 000~240 000，是两两相同亚基的四聚体，由 2 个钼原子(Mo)，32 个铁(Fe)原子和 30 个硫(S)原子构成的复合体。最近还发现有含钒(V, vanadium)，而不是含钼的固氮酶。

固氮酶复合体的还原酶能使电子具有高的还原力。而固氮酶则利用高的还原力电子将 N_2 还原为 NH_3。电子从还原酶到固氮酶的转移需消耗 ATP 分子。固氮酶催化的固氮作用共需要 8 个电子参与反应。其实由 N_2 还原为 NH_3 只需要 6 个电子参与反应：

$$N_2 + 6e^- + 6H^+ \longrightarrow 2NH_3$$

但由于还原酶的催化作用还不够完善，在催化形成 NH_3 时，还需要另外两个电子产生 1 分子 H_2。

$$N_2 + 8e^- + 8H^+ \longrightarrow 2NH_3 + H_2$$

生物固氮化学反应的总计量式可表示如下：

$$N_2 + 8e^- + 16ATP + 16H_2O \longrightarrow 2NH_3 + H_2 + 16ADP + 16Pi + 8H^+$$

所需的 8 个高势能电子来自还原型的铁氧还蛋白(ferredoxin)。铁氧还蛋白的电子或是由叶绿体中的光合系统 I 产生，或是在电子传递的氧化中产生。这种关系可用图 27-1 表示。

还有一点值得提出的是，固氮酶复合体对 O_2 的抑制作用非常敏感。氧会不可逆地破坏固氮酶组分的结构，因此固氮酶的催化反应需在厌氧环境下进行。但固氮作用所需的 ATP 又必须靠氧化作用获得，因此固氮生物利用细胞内精细的功能区域化来保证二者的顺利进行。不同固氮生物其固氮酶的保护机制不同。例如在根瘤菌与豆科植物共生形成的根瘤中，有一种豆血红蛋白(leghemoglobin)，作为 O_2 的载体，在氧分压高时吸氧，以降低根瘤中的氧浓度，保护固氮菌免受氧的伤害；在氧分压低时则放氧，保证氧化磷酸化的进行以提供 ATP。

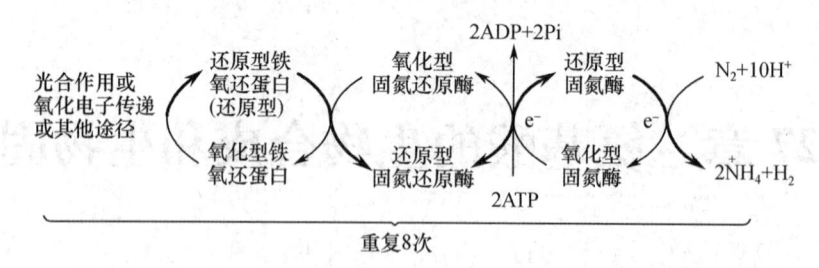

图 27-1　固氮酶催化下 N_2 还原为 NH_3 中的电子转移

二、氨的同化作用——氨通过谷氨酸和谷氨酰胺掺入生物分子

由固氮作用形成的氨是合成氨基酸所需氨基的来源。氨不只给氨基酸提供氨基，也是其他含氮生物分子的氮源。在将氨引入氨基酸分子中起中介作用的有两个氨基酸，即谷氨酸和谷氨酰胺。通过转氨基作用，谷氨酸提供氨基使形成许多其他氨基酸。谷氨酰胺的酰胺氮则是生物合成中广泛的氨基提供者。

氨在动物、植物、微生物中都存在的同化径途是通过谷氨酸脱氢酶的作用，使 α-酮戊二酸还原氨基化形成谷氨酸。这一途径虽然普遍存在，但并不是主要的。谷氨酸脱氢酶在不同生物种属甚至不同组织中对辅酶 NADH 或 HADPH 的要求不尽一致，也有的无选择性。谷氨酸脱氢酶催化的反应可表示如下：

谷氨酸脱氢酶的催化作用随不同种属还各有特点。例如，大肠杆菌当环境中的 NH_4^+ 浓度高时，催化 NH_4^+ 和 α-酮戊二酸直接合成谷氨酸；粗糙脉孢菌（*Neurospora crassa*）含有两种同工酶，一种利用 NADPH 使 NH_4^+ 和 α-酮戊二酸合成谷氨酸，相反方向则由另一种谷氨酸脱氢酶利用 NAD^+ 作为辅酶。在哺乳动物和植物，谷氨酸脱氢酶催化的方向则倾向于使谷氨酸分解为 α-酮戊二酸。

生物中最重要的同化氨的途径是谷氨酰胺合成酶（glutamine synthetase）催化的由谷氨酸和氨形成谷氨酰胺。该反应发生在酶分子上分 2 步进行。第一步先形成 γ-谷氨酰磷酸，然后由 NH_4^+ 取代其磷酸基团形成谷氨酰胺。

谷氨酰胺合成酶对哺乳动物机体还有更重要的生理作用。它将对机体有毒的氨转变为无毒的谷氨酰胺。

在细菌和植物由谷氨酰胺提供氨基给 α-酮戊二酸由谷氨酸合酶（glutamate synthase，动物体内不存在此酶）催化形成两个谷氨酸：

$$\alpha\text{-酮戊二酸} + \text{谷氨酰胺} + NADPH + H^+ \longrightarrow 2\,\text{谷氨酸} + NADP^+$$

在原核生物，当环境中的氨浓度低时，谷氨酰胺合成酶和谷氨酸合酶联合作用，谷氨酰胺合成酶可将氨与谷氨酸合成谷氨酰胺，再由谷氨酸合酶将酰胺部分转给 α-酮戊二酸形成谷氨酸（图 27-2），大多数的原核细胞内，当 NH_4^+ 的浓度低时，仍可进行由 α-酮戊二酸形成谷氨酸的

图 27-2　原核细胞谷氨酰胺合成酶和谷氨酸合酶联合作用通过谷氨酸产生氨基酸

反应。因为谷氨酰胺合成酶对$\overset{+}{N}H_4$的K_M值远远低于谷氨酸脱氢酶对NH_4^+的K_M值。

谷氨酰胺合成酶由12个相同的亚基组成。每个亚基的相对分子质量为50 000。它受到别构效应、共价修饰以及反馈效应的多重调节。而且各种抑制效应对酶的抑制可以加合。因此该酶对控制谷氨酰胺的水平起着关键作用。

三、氨基酸的生物合成

有些氨基酸只能在植物和微生物中合成。人和其他动物不具备合成蛋白质中全部氨基酸的途径，因此他们必须从食物中获得不能合成的氨基酸。这些不能自己合成，必须从食物中获得的氨基酸称为必需氨基酸（essential amino acids）。能够自己合成的氨基酸则称为非必需氨基酸（nonessential amino acids）。人类和大鼠的必需氨基酸是相同的，共有10种即苯丙氨酸、缬氨酸、色氨酸、亮氨酸、异亮氨酸、苏氨酸、甲硫氨酸、赖氨酸、组氨酸、精氨酸（对幼小动物需要）。

虽然生物合成氨基酸的能力有种种差异，合成某种氨基酸的途径也不尽相同，但仍可总结出氨基酸生物合成的一些共性。概括地说，生物合成中，各种氨基酸的碳骨架来源于代谢的几种"主要干线"（柠檬酸循环、糖酵解以及戊糖磷酸途径等）中的关键中间体。它们的氨基则多来自谷氨酸和谷氨酰胺的转氨基作用。

根据氨基酸合成起始物的不同可将其归纳为6个族系。如表17-1所示。

表27-1 氨基酸合成根据前体物的分族情况

1. α-酮戊二酸	3. 3-磷酸甘油酸
① 谷氨酸	① 丝氨酸
② 谷氨酰胺	② 甘氨酸
③ 脯氨酸	4. 丙酮酸
④ 精氨酸	① 丙氨酸
2. 草酰乙酸	② 缬氨酸
① 天冬氨酸	③ 亮氨酸
② 天冬酰胺	5. 磷酸烯醇式丙酮酸　赤藓糖-4-磷酸
③ 甲硫氨酸	① 色氨酸
④ 苏氨酸	② 苯丙氨酸
⑤ 赖氨酸	③ 酪氨酸
⑥ 异亮氨酸	6. 核糖-5-磷酸
	① 组氨酸
	③ 半胱氨酸

（一）由α-酮戊二酸形成的氨基酸——谷氨酸、谷氨酰胺、脯氨酸、精氨酸、赖氨酸

谷氨酸、谷氨酰胺的生物合成已如前述。脯氨酸是谷氨酸环化的产物。反应的第1步是谷氨酸的γ-羧基与ATP反应形成一个酰基磷酸，再由NADPH或NADH还原成为谷氨酸-γ-半醛（glutamate-γ-semialdehyde），随后自发环化，再还原为脯氨酸，反应如图27-3所示。

精氨酸由谷氨酸经过5步反应形成鸟氨酸后，即通过与尿素循环相同的步骤合成精氨酸，如图27-4所示。

由α-酮戊二酸形成赖氨酸存在于蕈类和眼虫。细菌和绿色植物则是通过天冬氨酸途径合成（见后面）。这两条途径完全不同。由α-酮戊二酸形成赖氨酸需经过碳链延长，由乙酰-CoA加入两个碳，再经脱羧、转氨等共10步反应最后形成赖氨酸（如图27-5）。

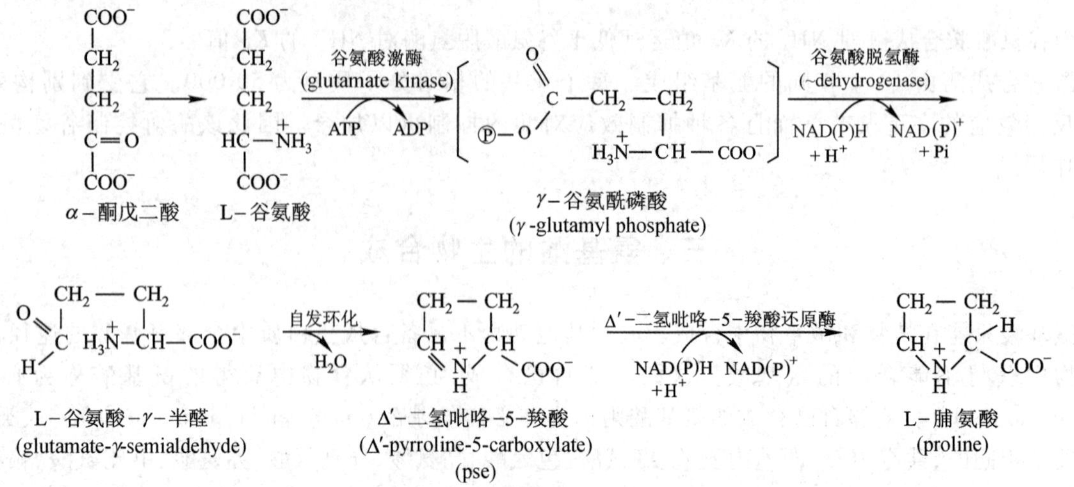

图 27-3 脯氨酸的生物合成途径

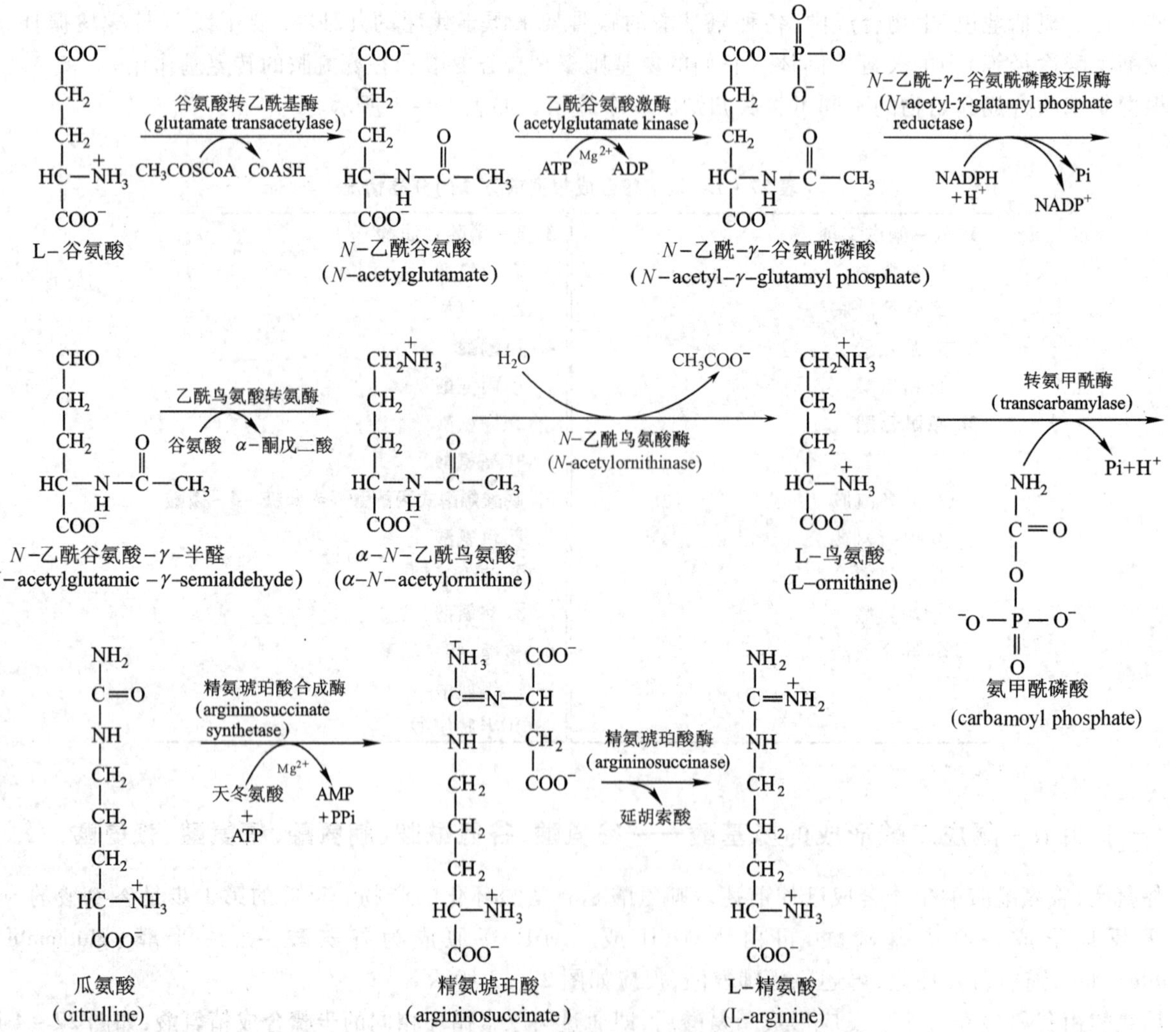

图 27-4 精氨酸的合成途径

图中所示,谷氨酸 α-氨基的乙酰化,是使氨基受到保护,以利于羧酸的活化和还原,也防止环化而走向形成脯氨酸的途径。催化各反应的酶都列于图中

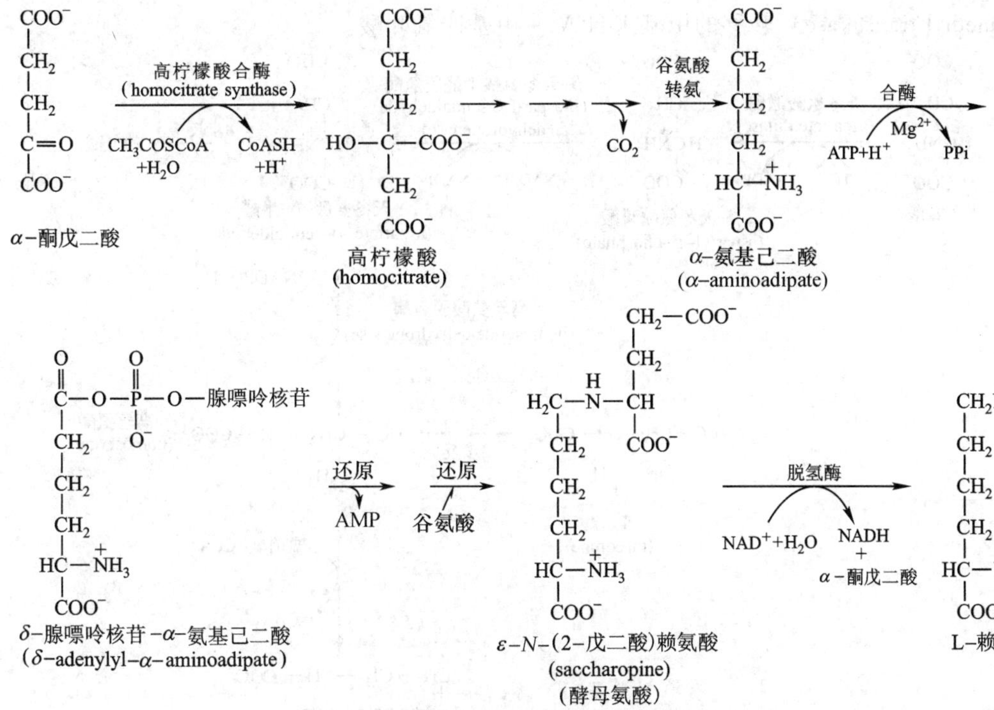

图 27-5 蕈类和眼虫赖氨酸的合成途径
参与氧化还原反应的辅酶为 NAD⁺ 和 NADPH

（二）由草酰乙酸形成的氨基酸——天冬氨酸、天冬酰胺、甲硫氨酸、苏氨酸、赖氨酸（细菌、植物）、异亮氨酸

1. 天冬氨酸和天冬酰胺的生物合成途径

天冬氨酸由草酰乙酸与谷氨酸转氨基而形成。催化此反应的酶称为谷氨酸草酰乙酸氨基转移酶简称谷草转氨酶（反应 1）；天冬酰胺（哺乳动物）则由谷氨酰胺的酰胺基转移到天冬氨酸的 β-羧基上而成。催化此反应的酶称为天冬酰胺合成酶，需 ATP 参与作用[反应(2)]。

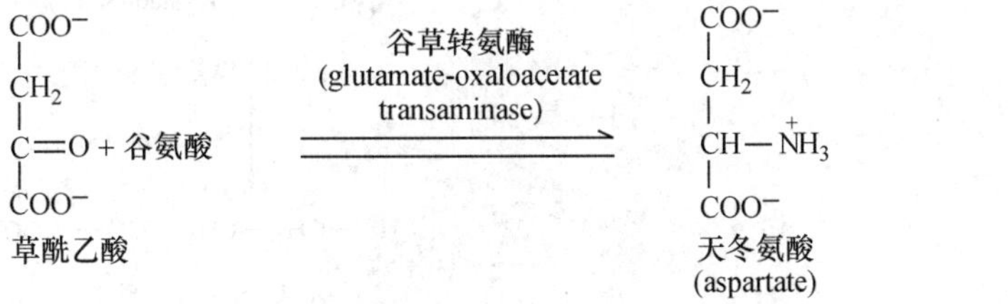

$$\text{草酰乙酸} + \text{谷氨酸} \xrightarrow{\text{谷草转氨酶 (glutamate-oxaloacetate transaminase)}} \text{天冬氨酸 (aspartate)} \tag{1}$$

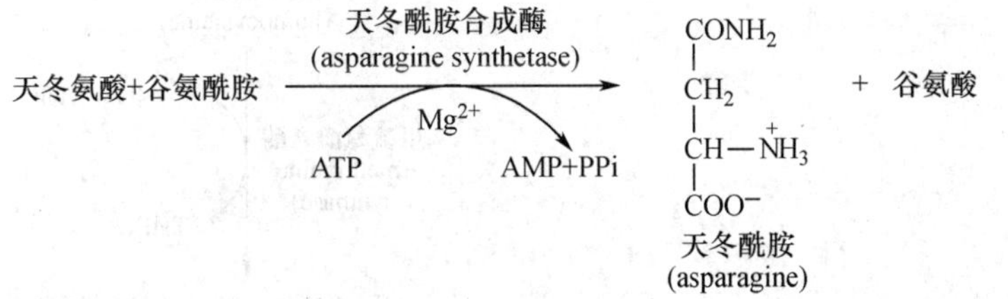

$$\text{天冬氨酸} + \text{谷氨酰胺} \xrightarrow[\text{ATP} \quad \text{AMP+PPi}]{\text{天冬酰胺合成酶 (asparagine synthetase)} \atop \text{Mg}^{2+}} \text{天冬酰胺 (asparagine)} + \text{谷氨酸} \tag{2}$$

2. 甲硫氨酸、苏氨酸和赖氨酸（植物、细菌）的生物合成途径

此三种氨基酸的生物合成途径如图 27-6 所示。

从图中可看到天冬氨酸-β-半醛是甲硫氨酸、苏氨酸与赖氨酸合成的分支点；高丝氨酸是甲硫氨酸和苏氨酸合成的分支点。甲硫氨酸由甲硫氨酸合酶催化高半胱氨酸甲基化而形成。此酶又名高半胱氨酸甲基转移酶

(homocysteine methyl transferase)，转移的甲基来自 N^5 - 甲基四氢叶酸。

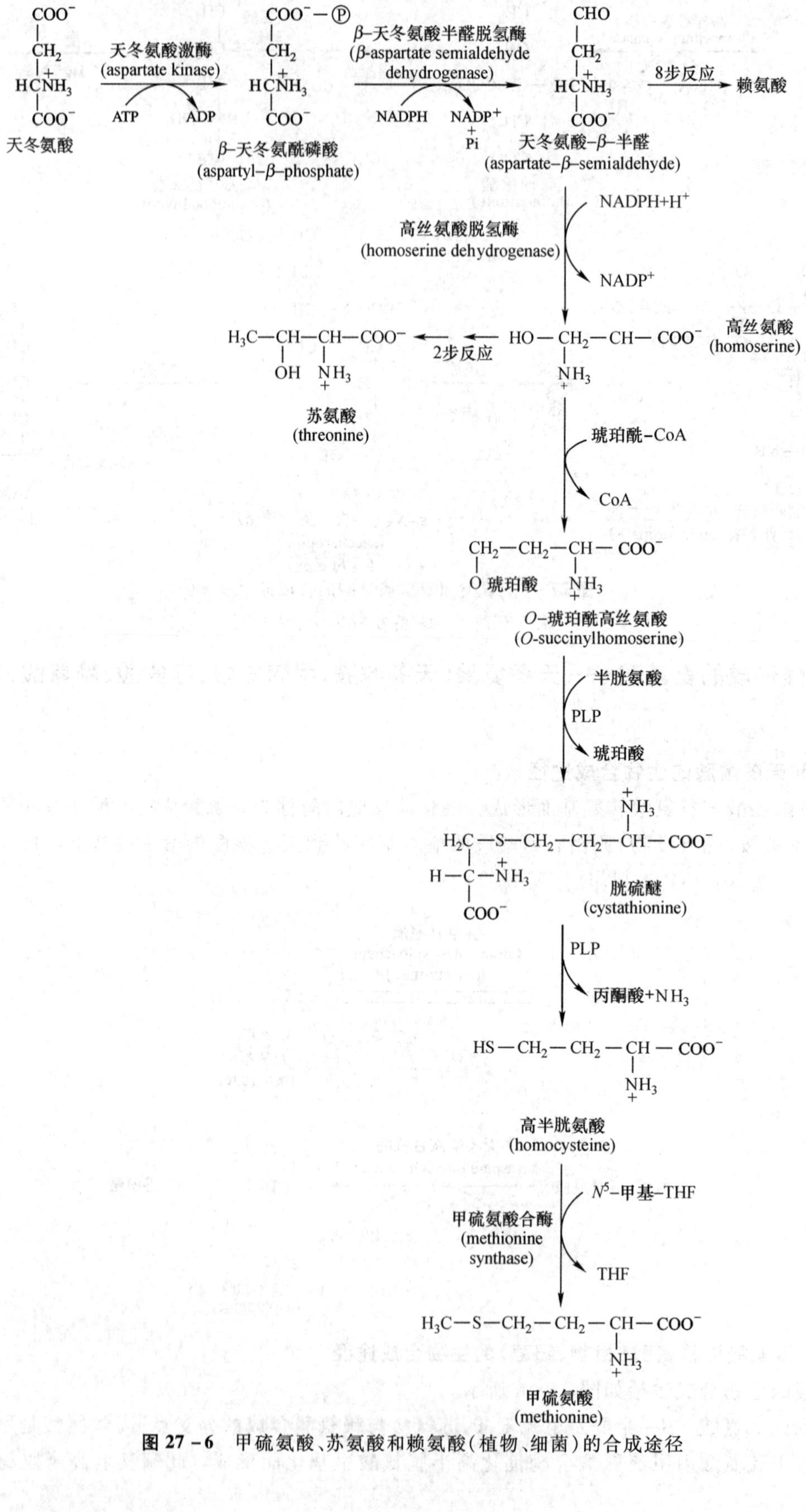

图 27-6　甲硫氨酸、苏氨酸和赖氨酸（植物、细菌）的合成途径

(三) 由丙酮酸形成的氨基酸——亮氨酸、异亮氨酸、缬氨酸、丙氨酸

缬氨酸和异亮氨酸的开始合成步骤,用一个共同化合物,即是丙酮酸与硫胺素焦磷酸(TPP)结合并脱羧生成的羟乙酰-TPP(图27-7)。这是一个共振稳定的带有碳负离子的化合物。它加到第二个丙酮酸的酮基上形成

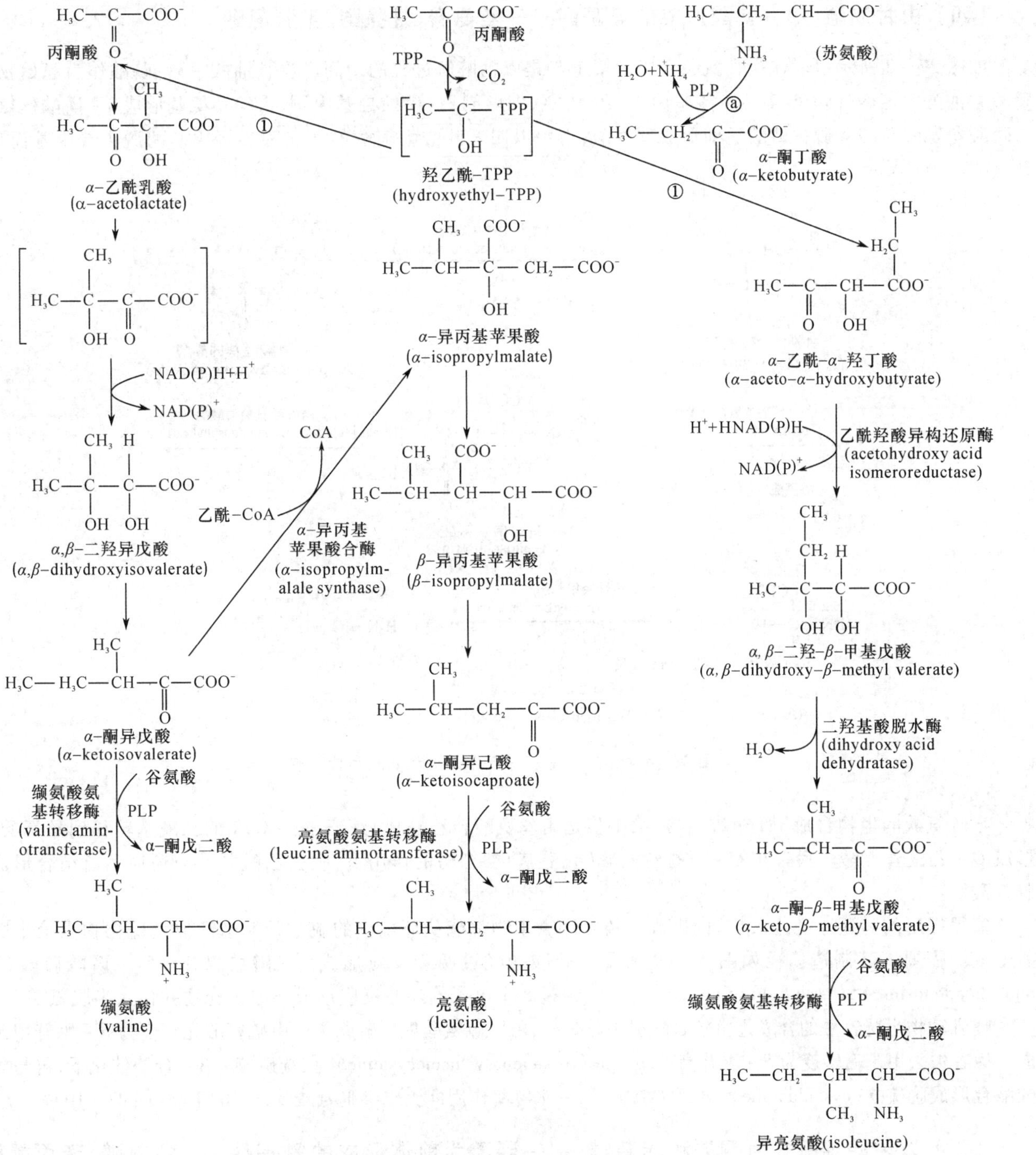

图 27-7 由丙酮酸形成的氨基酸——缬氨酸、亮氨酸、异亮氨酸的合成途径

图中①为乙酰乳酸合酶(acetolactate synthase)催化两个反应方向,一方面是催化形成缬氨酸和亮氨酸,另一方面是催化形成异亮氨酸;还有,在形成缬氨酸和异亮氨酸的最后一步转氨基反应中,起催化作用的酶是同一个酶称为缬氨酸氨基转移酶。来源于苏氨酸氧化脱氨基作用形成α-酮丁酸,催化此反应的酶ⓐ为苏氨酸脱水酶(threonine dehydratase)又是丝氨酸脱水酶。

乙酰乳酸(acetolactate)，即走上生成缬氨酸的途径；若加到 α-酮丁酸的酮基上形成乙酰-α-羟丁酸，则走上生成异亮氨酸的途径(图27-7)。

丙氨酸直接由丙酮酸经与谷氨酸转氨基形成。催化此反应的酶为谷丙转氨酶(谷氨酸-丙酮酸氨基转移酶)。机体可根据需要改变丙酮酸和丙氨酸的转变方向。

（四）由甘油酸-3-磷酸形成的氨基酸——丝氨酸、甘氨酸、半胱氨酸

如图27-8所示，丝氨酸、甘氨酸合成的第1步是以糖酵解过程的中间产物甘油酸-3-磷酸作为起始物，在磷酸甘油酸脱氢酶催化下，其α-羧基由 NAD^+ 脱氢，先形成3-磷酸羟基丙酮，再经转氨基形成3-磷酸丝氨酸，由磷酸丝氨酸磷酸酶脱去磷酸后即形成丝氨酸；再由以四氢叶酸为辅酶的丝氨酸转羟甲基酶脱去羟甲基而形成甘氨酸。

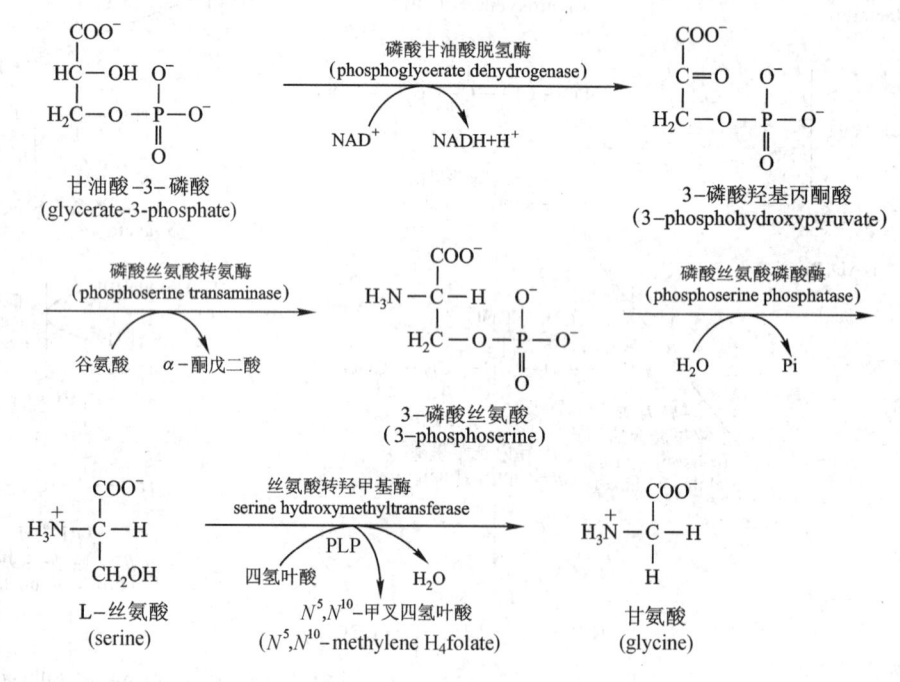

图 27-8　由甘油酸-3-磷酸形成丝氨酸和甘氨酸

半胱氨酸的生物合成(如图27-9)，第1步是由丝氨酸转乙酰基酶将乙酰-CoA的乙酰基转移到丝氨酸上，形成O-乙酰丝氨酸。后者在O-乙酰丝氨酸(硫醇基)裂合酶的作用下，脱去乙酰基并与还原型硫结合形成半胱氨酸。

值得提出的是还原型硫(S^{2-})的来源。植物和微生物都能从环境中的硫酸盐制造还原型硫化物供给半胱氨酸合成的需要。其制造途径如图27-9所示。硫酸盐经过两步反应形成3-磷酸腺苷-5'-磷酸硫酸(3-phosphoadenosine-5'-phosphosulfate, PAPS)，它经过8个电子的还原反应形成还原硫化物并掺入半胱氨酸。

哺乳动物半胱氨酸的合成是由丝氨酸提供碳骨架，由甲硫氨酸提供硫原子。甲硫氨酸先转变为S-腺苷甲硫氨酸。后者失去甲基后转变为S-腺苷高半胱氨酸(S-adenosyl homocysteine)，在胱硫醚-β-合酶催化下，再与丝氨酸缩合形成胱硫醚(cystathionine)，再经胱硫醚-γ-水解酶作用即生成半胱氨酸及α-酮丁酸(图27-10)。

（五）以磷酸烯醇式丙酮酸和赤藓糖-4-磷酸为前体形成的氨基酸——色氨酸、苯丙氨酸、酪氨酸

这三种氨基酸只能由植物和微生物合成。它们的合成途径有7步是共同的，形成共同的中间产物分支酸(chorismate)，这也是三种氨基酸合成的分支点。先讨论分支酸的合成途径，如图27-11所示。

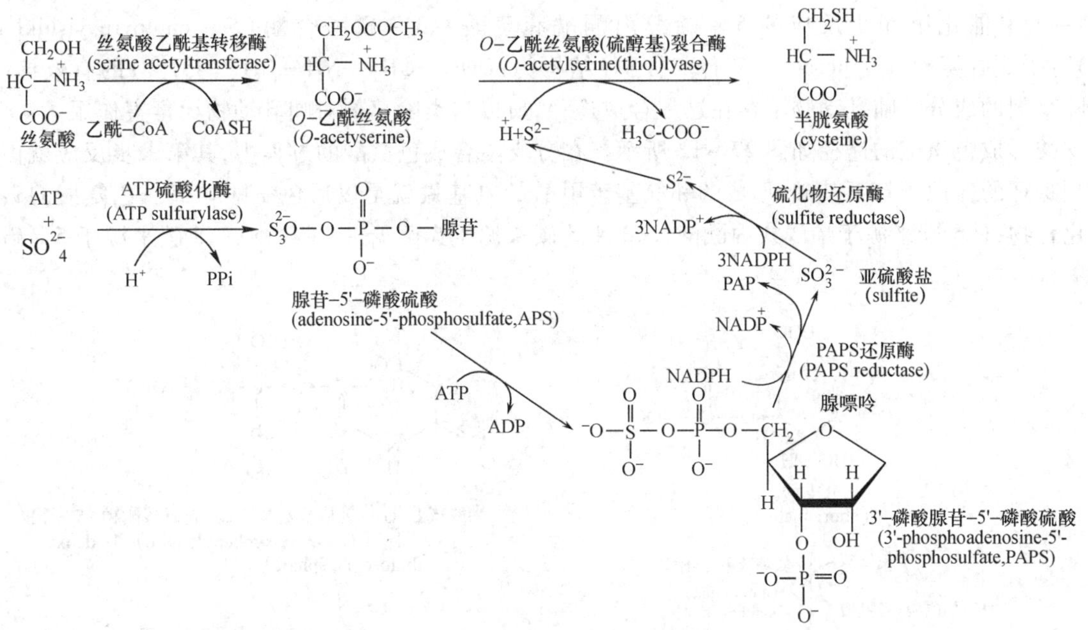

三、氨基酸的生物合成

图 27-9 由丝氨酸合成半胱氨酸的途径及半胱氨酸分子中硫的来源

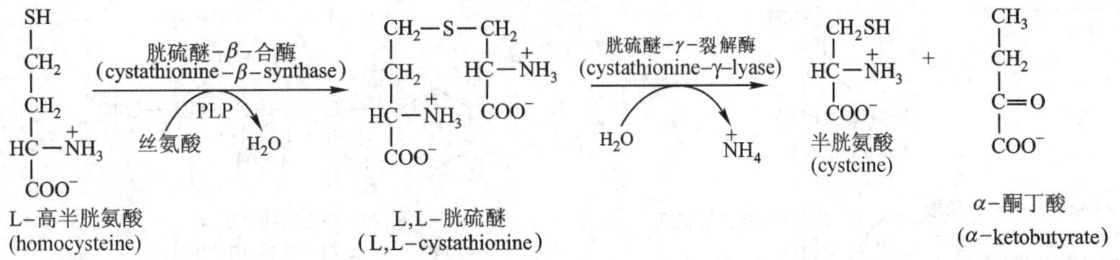

图 27-10 哺乳动物合成半胱氨酸的途径

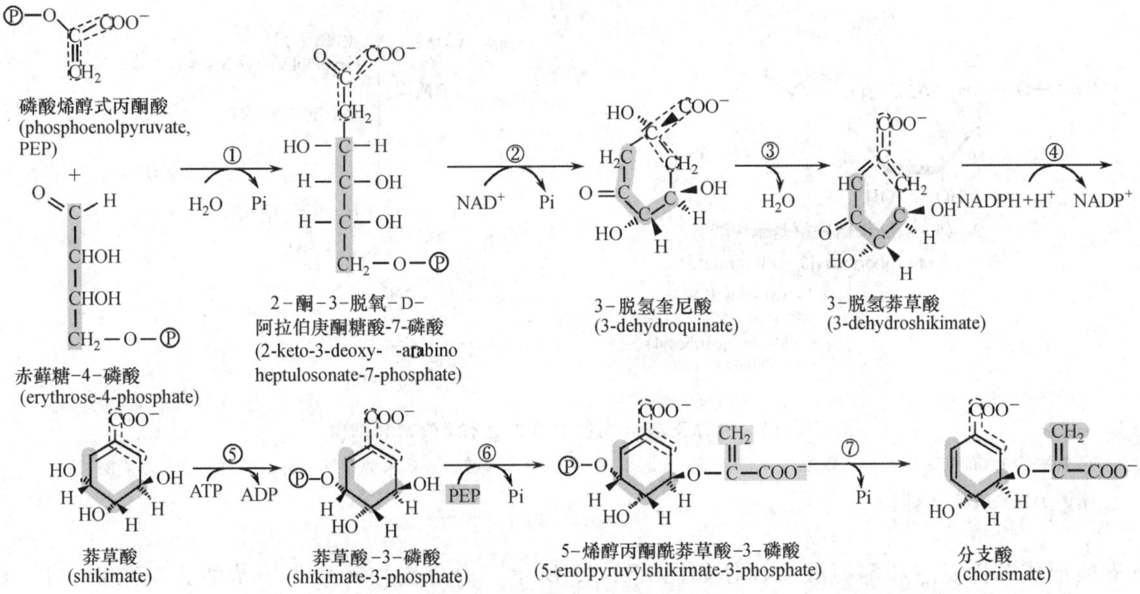

图 27-11 色氨酸、苯丙氨酸、酪氨酸的共同前体化合物——分支酸的生物合成

图中的酶：① 2-酮-3-脱氧-D-阿拉伯庚酮糖酸-7-磷酸合酶（2-keto-3-deoxy-D-arabinoheptulosonate-7-phosphate synthase），② 脱氢奎尼酸合酶（dehydroquinate synthase），③ 3-脱氢奎尼酸脱水酶（3-dehydroquinate dehydratase），④ 莽草酸脱氢酶（shikimate dehydrogenase），⑤ 莽草酸激酶（shikimate kinase），⑥ 5-烯醇丙酮酰莽草酸-3-磷酸合酶（5-enolpyruvylshikimate-3-phosphate synthase），⑦ 分支酸合酶（chorismate synthase）在脱氢奎尼酸合酶催化的反应②中，需 NAD^+ 作为辅酶，但在反应中仍释出 NAD^+。它可能在反应进行的瞬间起到接受某中间体的氢还原为 NADPH，随后又迅速受到氧化。PEP = 磷酸烯醇式丙酮酸（phosphoenolpyruvate）

图 27-9 中催化第 6 步反应的 5-烯醇丙酮酰莽草酸-3-磷酸合酶（5-enolpyruvylshikimate-3-phosphate）可受到甘氨磷（glyphosate），又名草甘膦（结构为：$^-OOC—CH_2—NH—CH_2—PO_3^{2-}$）的有效抑制，因此被广泛用作除草剂的成分。哺乳动物不存在这一合成途径，所以这类除草剂对哺乳动物无毒害作用。

由分支酸形成色氨酸的途径如图 27-12 所示。在分支酸合成色氨酸的过程中，其第 1 步反应就由谷氨酰胺为色氨酸吲哚环的氮原子打下基础，形成的邻氨基苯甲酸的氨基氮就是以后色氨酸的氮。色氨酸的碳骨架则来源于 4 种化合物：1、6 碳来源于烯醇式丙酮酸，2、3、4、5 碳来源于赤藓糖-4-磷酸，7、8 碳来源于 5-磷酸核糖-α-焦磷酸。

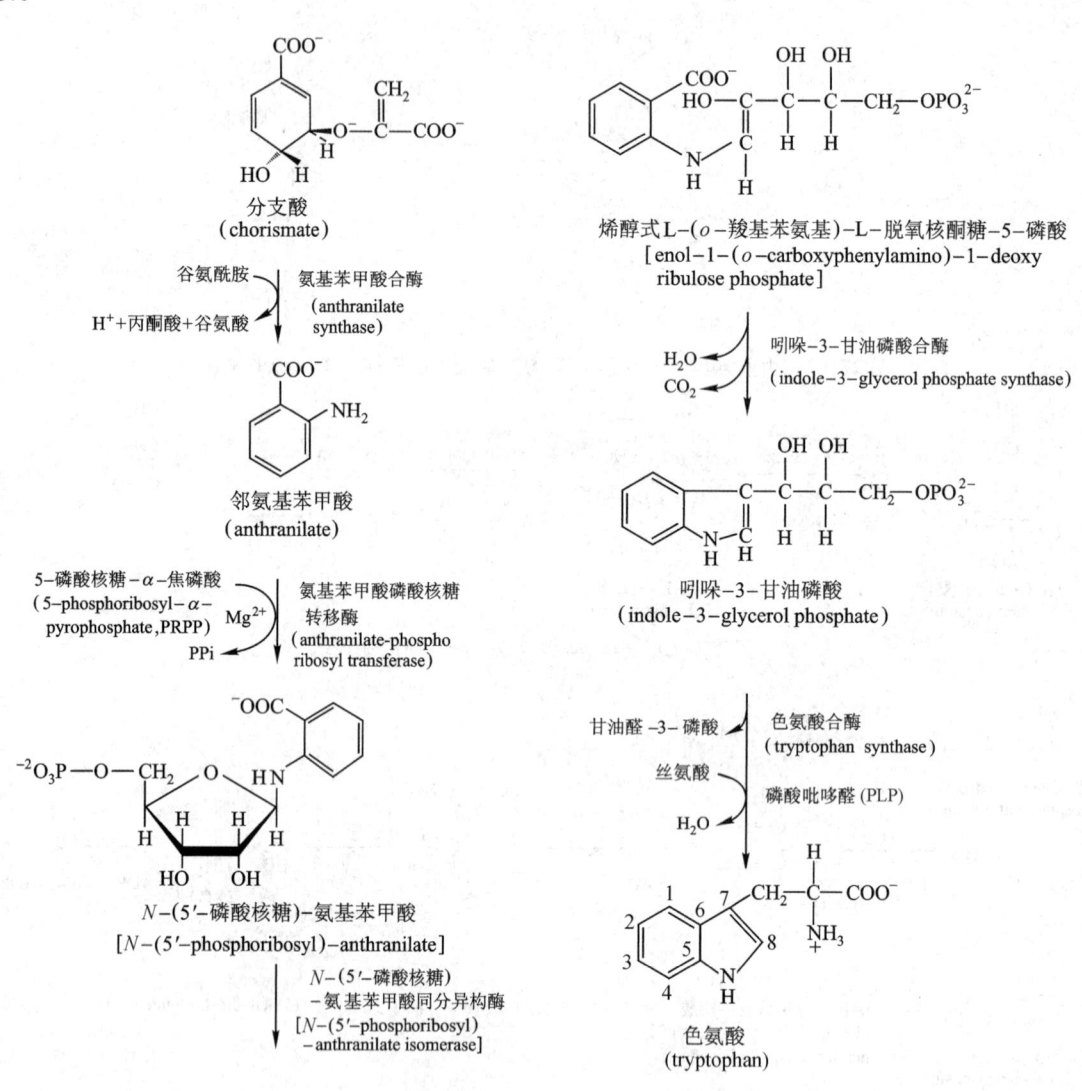

图 27-12　由分支酸形成色氨酸的途径（植物和细菌）

色氨酸的 1、6C 来源于烯醇式丙酮酸，2、3、4、5C 来源于赤藓糖-4-磷酸，7、8C 来源于 5-磷酸核糖-α-焦磷酸，N 来源于谷氨酰胺的酰胺基

由分支酸形成苯丙氨酸和酪氨酸的途径如图 27-13 所示。由分支酸转变为预苯酸为克莱森重排（Claisen rearrangement）反应，是生物学中少有的例子。

动物体内的酪氨酸可由苯丙氨酸在苯环的 C4 位羟基化形成，催化此反应的酶称为苯丙氨酸羟化酶（phenylalanine hydroxylase）。此酶也在苯丙氨酸降解中起作用。

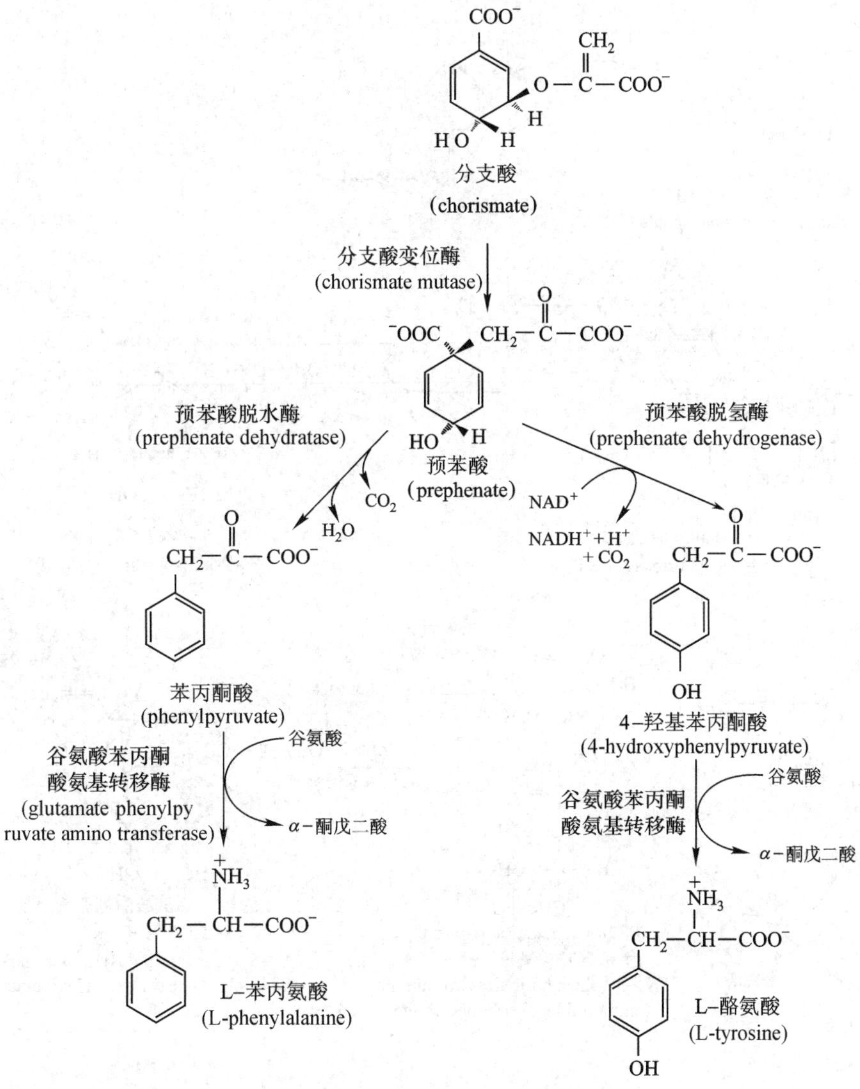

图 27-13　由分支酸合成苯丙氨酸和酪氨酸的途径（植物和细菌）

（六）组氨酸的生物合成

组氨酸由 3 种前体形成。它的 6 个碳原子中有 5 个来自 5-磷酸核糖-1-焦磷酸(5-phosphoribosyl-1-pyrophosphate, PRPP)，它的五元环中的 1 个碳和 1 个氮原子来自 ATP 的嘌呤环，另一个氮原子来自谷氨酰胺。全部合成过程如图 27-14 所示。参与反应的酶见图注。

四、氨基酸生物合成的调节

氨基酸生物合成最迅速的调节机制是反应的终端产物对最先反应步骤的反馈抑制，它通过对酶的别构效应抑制其活性。例如由苏氨酸形成异亮氨酸（图 27-7），催化此过程的第 1 个酶是苏氨酸脱水酶，异亮氨酸通过对该酶的别构抑制效应抑制异亮氨酸的合成。可简图表示如下：

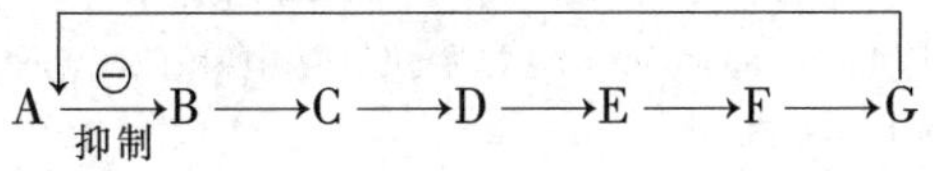

$$A \xrightarrow{\ominus \text{抑制}} B \longrightarrow C \longrightarrow D \longrightarrow E \longrightarrow F \longrightarrow G$$

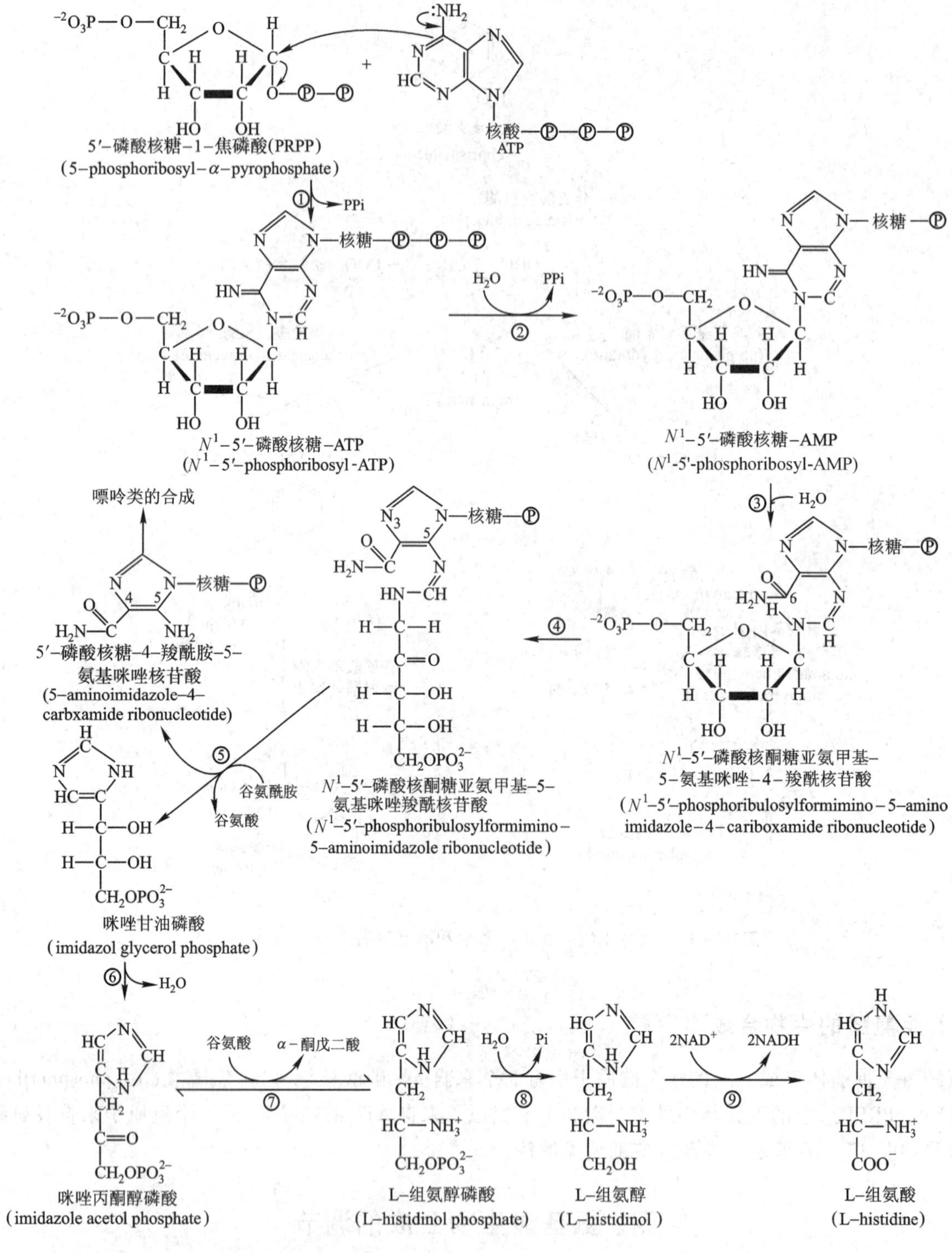

图 27-14 组氨酸的生物合成

图中参与反应的酶：① ATP 磷酸核糖转移酶（ATP phosphoribosyl transferase）② 焦磷酸水解酶（pyrophosphorydrolase），③ 磷酸核糖-AMP 环水解酶（phosphoribosyl-AMP cyclohydrolase），④ 磷酸核糖亚氨甲基-5-氨基咪唑-4-羧酰胺核苷酸同分异构酶（phosphoribosylformimino-5-aminoimidazole-4-caboxamide ribonucleotide isomerase），⑤ 谷氨酰胺酰氨基转移酶（glutamine amidotransferase），⑥ 咪唑甘油-3-磷酸脱水酶（imidazole glycerol-3-phosphate dehydratase），⑦ L-组氨醇磷酸氨基转移酶（L-histidinol phosphate aminotransferase），⑧ 组氨醇磷酸磷酸酶（histidinol phosphate phosphatase），⑨ 组氨醇脱氢酶（histidinol dehydrogenase）

这是最简单的例子。反馈别构抑制的形式多种多样,不同终端产物对共经合成途径有协同抑制(concerted inhibition),不同分支产物使多个同工酶受到多重性(enzyme multiplicity)抑制等。因20种氨基酸必须以准确的比例提供蛋白质合成的需要,细胞不只发展了对单个氨基酸中合成酶的调节机制,还发展了各种氨基酸之间合成的协同调节机制。这里举出催化谷氨酸和 NH_4^+ 合成谷氨酰胺的谷氨酰胺合成酶所受到的多重产物的反馈抑制效应(图27-15)以及由天冬氨酸生成赖氨酸、甲硫氨酸、异亮氨酸所出现的多种类型的抑制现象(图27-16)来说明在氨基酸生物合成中所受到的错综复杂的调节关系。

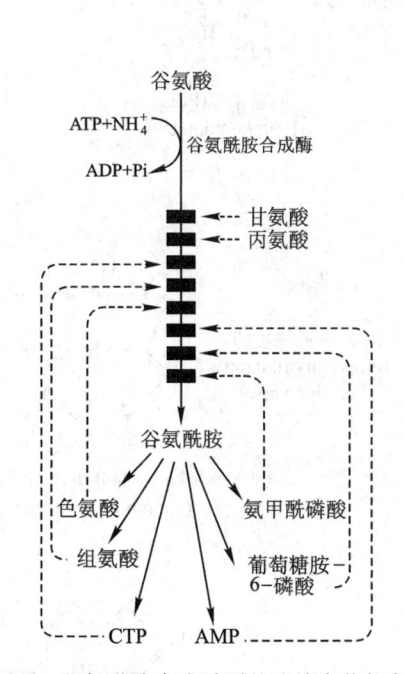

图27-15 谷氨酰胺合成受到的连续产物抑制

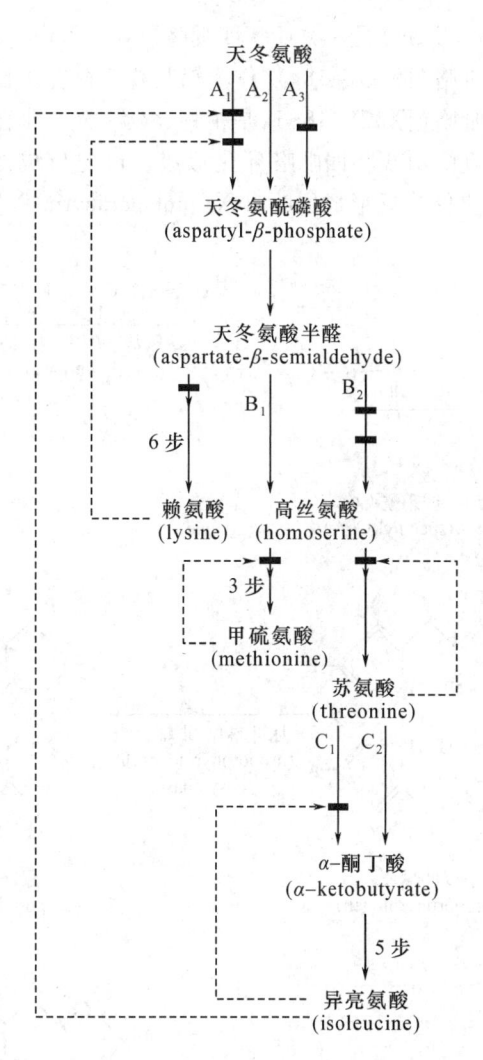

图27-16 大肠杆菌由天冬氨酸合成几种氨基酸过程中相互制约(interlocking)的调节机制

A、B、C代表3种酶,A为天冬氨酸激酶(aspartokinase),B为高丝氨酸脱氢酶(homoserine dehydrogenase),C为苏氨酸脱水酶(threonine dehydratase)。它们都有2或3个同工酶,分别用右下角数字标示。3种酶中 A_2、B_1、C_2 同工酶都不受别构调节。这些同工酶受合成产物数量变化的调节。A_2 和 B_1 的合成作用当甲硫氨酸合成量高时就受到抑制。当异亮氨酸的合成量增高时,C_2 的合成作用就受到抑制

五、由氨基酸合成的其他特殊生物分子

氨基酸不只是合成蛋白质的结构单元,还是合成许多重要生物分子的前体。例如许多种激素、辅酶、核苷酸、生物碱、卟啉、抗生素、色素、神经递质等。这里只举例说明。

(一) 卟啉的生物合成

卟啉(porphyrin)是一类环状四吡咯(cyclic tetrapyrrole)化合物的统称,包括血红素和叶绿素等。血红素是含铁的环状四吡咯(图27-18a),作为辅基普遍存在于血红蛋白、肌红蛋白和细胞色素等。叶绿素则是修饰过的含镁的环状四吡咯(图27-18b),是植物、藻类、光合细菌等在光合作用中起作用的重要色素。

环状四吡咯由线状四吡咯环化形成。最先形成的环状四吡咯是尿卟啉原Ⅲ(uroporphyrinogen Ⅲ)(图27-18),经进一步修饰后形成原卟啉Ⅸ(protoporphyrin Ⅸ)(图27-17)。后者分子中若插入铁原子则形成血红素,若

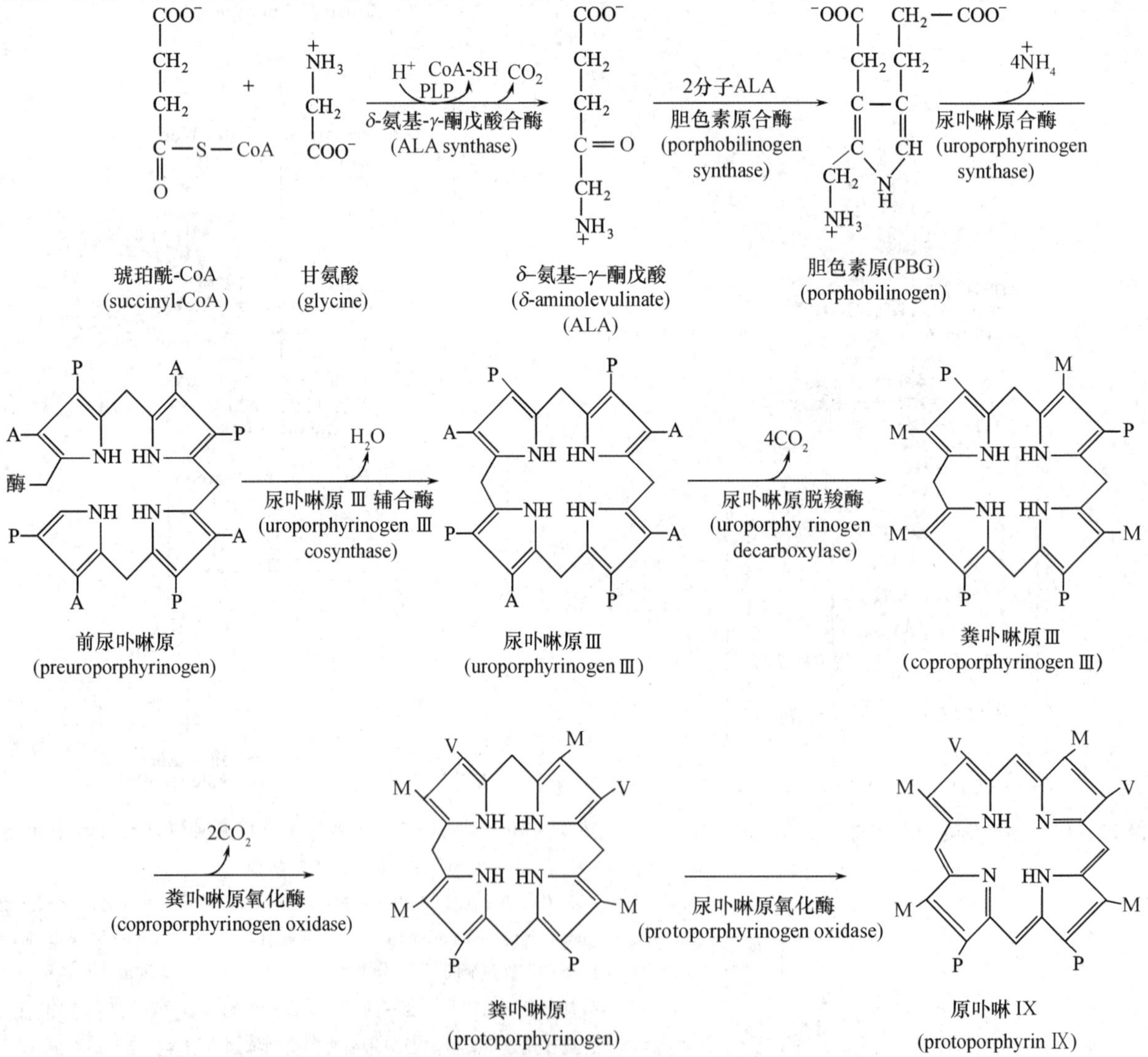

图 27-17　由琥珀酰-CoA 和甘氨酸形成原卟啉Ⅸ的途径

琥珀酰-CoA 和甘氨酸在 5-氨基-γ-酮戊酸合酶催化下缩合形成 δ-氨基-γ-酮戊酸(ALA)。该酶以吡哆醛磷酸(PLP)为辅酶,2 分子 ALA 缩合形成胆色素原(PBG),4 分子 PBG 缩合形成线形四吡咯,环化后形成尿卟啉原Ⅲ,再经一系列酶的作用形成原卟啉Ⅸ。图中 A = —CH$_2$—COO$^-$,P = —CH$_2$—CH$_2$—COO$^-$,M = —CH$_3$,V = —CH$_2$=CH$_2$

插入镁原子,再经过一系列变化则形成叶绿素。从尿卟啉原走向另一途径还可生成维生素 B_{12}。

合成尿卟啉原Ⅲ的途径可概括如图 27-17。形成它的起始物是甘氨酸和琥珀酰-CoA,由二者缩合形成 δ-氨基-γ-酮戊酸(amino levulinic acid, ALA),该反应的催化酶是以吡哆醛磷酸为辅酶的 ALA 合酶,在真核细胞,此酶存在于线粒体内。植物、藻类以及多种细菌有合成 ALA 的另外途径,即以谷氨酸的五碳骨架经 3 步反应转变形成 ALA。所有生物都用胆色素原合酶(porphobilinogen synthase)又称 ALA 脱水酶(ALA dehydratase),将 2 分子 ALA 缩合形成胆色素原。临床上急性铅中毒主要是此酶受到了抑制。4 个胆色素原分子在胆色素原脱氢酶的催化下,头尾缩合,形成与酶结合着的线型四吡咯(linear tetrapyrrole),随后即环化形成尿卟啉原Ⅲ(uroporphyrinogen Ⅲ),再经 3 步反应形成原卟啉Ⅸ(protoporphyrin Ⅸ)(图 27-17)。

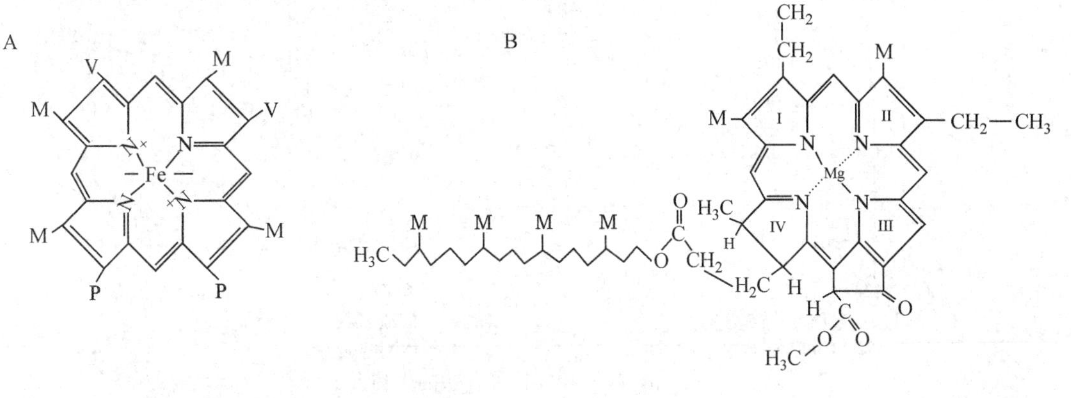

图 27-18 卟啉

A. 血红素的结构　血红素由原卟啉Ⅸ衍生而来,在其中加入了一个铁原子,它处于 Fe^{2+} 状态。原卟啉Ⅸ是卟啉的一个例子。血红素的 Fe 原子有 6 个配位键(coordination bonds),4 个与四吡咯环相连,并与之平行,另外两个键与四吡咯环扁平面垂直。图中 M=甲基,V=乙烯基,P=丙酰基($-CH_2-CH_2-COO^-$)。B. 叶绿素 a 的结构　由侧基的变换而产生不同种类的叶绿素。吡咯环上的不饱和键也有差异。图中 M 代表甲基

临床上由于遗传原因血红素合成的某种酶缺失,引起卟啉化合物或前体堆积,称为卟啉症(porphyria)。不同酶的缺失,表现出不同的临床症状。如血中和尿中出现卟啉类积累物,使尿改变颜色呈红色,皮肤对阳光过敏等,另一类则出现周期性精神和行为失常。

应附带提及的是,铁卟啉或血红素降解后的产物为 Fe^{2+} 和胆红素(bilirubin),后者是一线形四吡咯衍生物,其结构和形成如图 27-19。

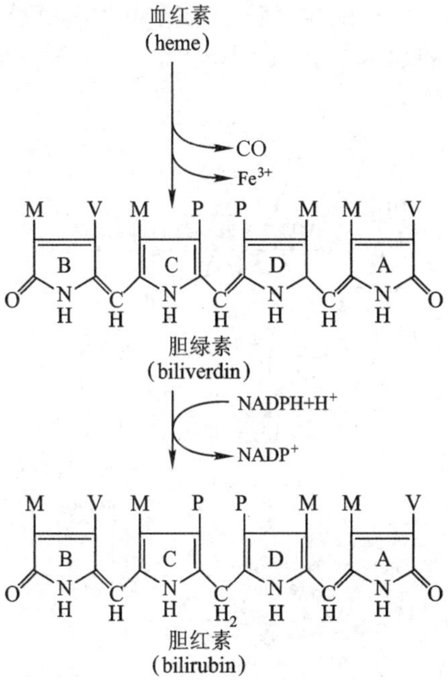

(二) 谷胱甘肽的生物合成

谷胱甘肽(glutathione)含有巯基(—SH)能保护红细胞不受氧化损伤。正常情况下还原型谷胱甘肽(GSH)与氧化型谷胱甘肽(GSSG)之比为 500:1 以上。GSH 可与 H_2O_2 或其他有机氧化物反应起到解毒作用。此外,GSH 还参与氨基酸的跨膜运转。

GSH 的生物合成第 1 步是谷氨酸的 γ-羧基与半胱氨酸的氨基在 γ-谷氨酸半胱氨酸合成酶的催化下,缩合形成肽键。谷氨酸的 γ-羧基由 ATP 活化,形成 γ-谷氨酰磷酸,随之受半胱氨酸 α-氨基的进攻成键,同时脱下磷酸。该反应受谷胱甘肽的反馈抑制。反应的第 2 步缩合反应,半胱氨酸的 α-羧基在谷胱甘肽合成酶的催化下,先由 ATP 将 α-羧基活化,形成易接受甘氨酸氨基进攻的羧基。全部反应如图 27-20 所示。

图 27-19　血红素降解形成胆红素

图中 M = $-CH_3$, V = $-CH=CH_2$, P = $-CH_2-CH_2-COO^-$

图 27-20 谷胱甘肽的生物合成

图中① 代表 γ-谷氨酸半胱氨酸合成酶（γ-glutamyl cysteine synthetase），② 代表谷胱甘肽合成酶（glutathione synthetase）

（三）肌酸的生物合成

肌酸（creatine）是磷酸肌酸的前体，在肌肉和神经的贮能中占有重要地位（参看第 18 章生物能学）。

肌酸由甘氨酸、精氨酸和甲硫氨酸合成。精氨酸提供胍基（guanidinium group），甲硫氨酸提供甲基。其合成步骤如图 27-21 所示。

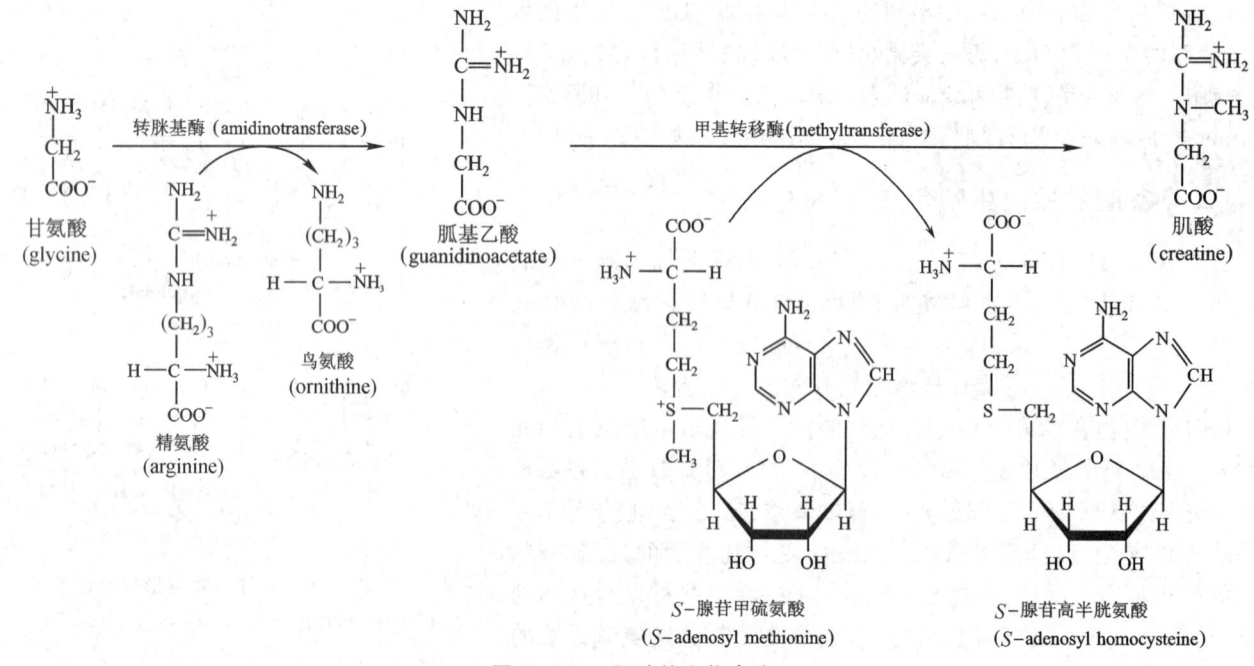

图 27-21 肌酸的生物合成

（四）氧化氮的生物合成

最近发现氧化氮（nitric oxide，NO）在脊椎动物体内是一种重要的信息分子，在信号传递中起重要作用。其生物合成是在氧化氮合酶（nitric oxide synthase，NOS）催化下，由精氨酸经两步反应形成（图 27-22）。

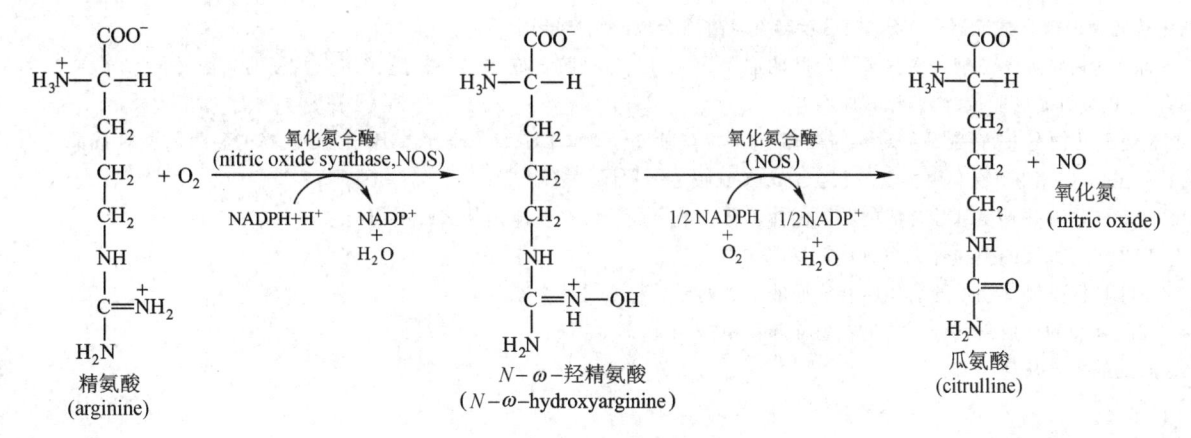

图 27-22　氧化氮的形成途径

习　题

1. 说明生物固氮为何需消耗大量能？
2. 哪些氨基酸对人体是必需氨基酸？为什么称为必需氨基酸？
3. 写出由谷氨酸脱氢酶和谷氨酰胺合成酶将 2 分子 NH_4^+ 掺入到谷氨酰胺分子中的反应式？

$$[NH_4^+ + \alpha\text{-酮戊二酸} + NAD(P)H + H^+ \longrightarrow 谷氨酸 + NAD(P)^+ + H_2O$$
$$NH_4^+ + 谷氨酸 + ATP \longrightarrow 谷氨酰胺 + ADP + Pi$$

总反应：$2NH_4^+ + \alpha\text{-酮戊二酸} + NAD(P)H + ATP \longrightarrow 谷氨酰胺 + NAD(P)^+ ADP + Pi + H_2O]$

4. 非必需氨基酸的生成前体有何特点？举例说明。
5. 用 ^{15}N 标记天冬氨酸喂给动物，解释标记氮怎样出现在其他氨基酸分子中？
6. 血液中如果高丝氨酸的浓度过高会严重损害血管，极易引起动脉硬化以致心力衰竭（heart attack）。如果给患者服用适量的叶酸，可降低高丝氨酸的浓度和心脏疾病的危险。解释叶酸起的作用？
7. 有一种称为草甘膦或甘氨磷（glyphosate）的广谱除草剂，它的结构与磷酸烯醇式丙酮酸极相似：

这种除草剂通过抑制哪种氨基酸的合成发挥作用？为什么它对人类无毒害？

8. 缺乏苯丙氨酸羟化酶（苯丙氨酸单加氧酶）的病人，为何出现苯丙酮酸尿症？
9. 从漂白过的面粉中，有时可分离到一种甲硫氨酸衍生物——甲硫氨酸亚砜亚胺（methionine sulfoximine），它的结构如下：

它可引起机体抽搐,是谷氨酰胺合成酶的强烈抑制剂。试提出这一抑制剂可能的作用机制?

[甲硫氨酸亚砜亚胺与谷氨酸的差异仅在 γ 位。一个是亚砜亚胺($O=\overset{NH}{\underset{CH_3}{S}}-$),一个是羧基($O=\overset{OH}{C}-$)。甲硫氨酸甲砜亚胺经酶催化转变为甲硫氨酸亚砜亚胺磷酸,后者与谷氨酰胺合成酶结合牢固。]

10. 哺乳动物将天冬氨酸转变为天冬酰胺的途径是利用天冬酰胺合成酶以谷氨酰胺作为氨基的来源,而且在合成谷氨酰胺时还需要有 ATP 参与提供能量,试解释其原因。

[氨对哺乳动物有毒,特别是脑对氨的毒害十分敏感,哺乳动物体内产生的游离 NH_4^+ 由活性高的谷氨酰胺合成酶将氨转化为无毒的谷氨酰胺。哺乳动物利用谷氨酰胺合成天冬酰胺是一种保护措施。]

11. 分支酸是哪几种氨基酸合成的共同前体?分支酸合成的原初前体是什么?由何而来?
12. ATP 在组氨酸的生物合成中有什么特殊作用?
13. 原卟啉Ⅸ是哪些物质的前体?合成原卟啉Ⅸ的原始物质是什么?
14. 谷胱甘肽的合成需几分子 ATP?怎样起作用?
15. 肌酸的甲基从何而来?

主要参考书目

[1] Nelson D L,Cox M M. Lehninger Principles of Biochemistry. 4th ed. New York:Worth Publishers,2005.
[2] Voet D,Voet J G,Prant C W. Fundamentals of Biochemistry. USA:John Wiley & Sons,1999.
[3] Voet D,Voet J G. Biochemistry. 3rd ed. New York:John Wiley & Sons,2004.
[4] Horton H R,Horan L A,Ochs R S,Rawn J D,Serimgeour K G. Principles of Biochemistry. 3rd ed. USA:Prentice Hall, 2002.
[5] Garrett R G,Grisham C M. Biochemistry. 2nd ed. 北京:高等教育出版社,2002.
[6] Stryer L. Biochemistry. 5th ed. New York:W H Freeman & Comp,2006.
[7] Zubay J D,Biochemistry. 3rd ed. Oxford:Wm C Brown Publishers,1993.
[8] Howard J B,Rees D C. Nitrogenase:a nucleotide – dependent molecular switch. Annu Rev Biochem, 1994,64:235 – 264.
[9] Kim J,Rees D C. Nitrogenase and biological nitrogen fixation. Biochemistry, 1994, 33:389 – 397.
[10] Herrmann K M,Somerville R L(Eds). Amino acids:Biosynthesis and genetic regulation. USA:Addison – Wesley,1983.
[11] Bredt D S,Snyder S H. Nitric oxide:A Physiologic messenger molecule. Annu Rev Biochem, 1994, 63:175 – 195.
[12] Meister A,Anderson M E. Glutathione. Annu Rev Biochem, 1983, 52:711 – 760.
[13] Warren M J,Scott A I. Tetrapyrrole assembly and modification into the ligands of biologically functional cofactors. Trends Biochem Sci, 1990, 15:486 – 491.
[14] Scriver C R,Beaudet A L,Sly W S. (alle D Leds) The Metabolic and Molecular Bases of Inherited Disease. 7th ed. New York:Mc-Graw – Hill,1995.

(王镜岩)

第28章 核酸的降解和核苷酸代谢

核酸的基本结构单位是核苷酸。遗传信息的复制、转录和各种变化均借助核酸代谢才得以实现,而核酸代谢则与核苷酸代谢密切关联。核苷酸是极为重要的生命物质,细胞内存在许多游离的核苷酸,它们几乎参与细胞的所有生化过程。总结起来,核苷酸有以下几个方面的作用:①核苷酸是核酸生物合成的前体。②ATP 是生物能量代谢中通用载体;GTP 是推动重要生物学过程的能量供体。③核苷酸衍生物是许多生物合成反应的活性中间物。例如,UDP-葡萄糖和 CDP-二酰甘油分别是糖原和磷酸甘油酯合成的中间物。④腺苷酸是三种重要辅酶(烟酰胺核苷酸、黄素腺嘌呤二核苷酸和辅酶 A)的组分。⑤核苷酸作为信号分子,用以调节细胞功能和基因表达。如 cAMP 和 cGMP 是在细胞间传递信号和将信号传入细胞内的第二信使。腺苷酰基、尿苷酰基是酶的共价修饰基团,用以调节酶活性。ATP 在蛋白质激酶作用下给出磷酸基以调节蛋白质活性。(p)ppGpp 是细菌在氨基酸饥饿时调节生长的效应分子。

核酸降解产生核苷酸,核苷酸还能进一步分解。在生物体内,核苷酸可由其他化合物合成。嘧啶环由碳酸盐、天冬氨酸和谷氨酰胺装配而成。嘌呤环是在核苷酸水平上由二氧化碳、甲酸盐、甘氨酸、天冬氨酸和谷氨酰胺装配起来的。脱氧核糖核苷酸由核糖核苷酸还原而成。核苷酸在生物合成中存在反馈调节。核苷酸代谢异常将造成疾病。

一、核酸和核苷酸的分解代谢

动物和异养型微生物可以分泌消化酶类来分解食物或体外的核蛋白和核酸类物质,以获得各种核苷酸。核苷酸水解脱去磷酸而生成核苷,核苷再分解生成嘌呤碱或嘧啶碱和戊糖。核苷酸及其水解产物均可被细胞吸收和利用。植物一般不能消化体外的有机物质。但所有生物的细胞都含有与核酸代谢有关的酶类,能够分解细胞内各种核酸,促使外界入侵或胞内无用核酸的分解。在体内,核酸的水解产物戊糖可参加戊糖代谢,嘌呤碱和嘧啶碱还可以进一步分解。核酸的分解过程如下:

$$\text{核酸} \xrightarrow[\text{(磷酸二酯酶)}]{\text{核酸酶}} \text{核苷酸} \xrightarrow[\text{(磷酸单酯酶)}]{\text{核苷酸酶}} \text{核苷} + \text{磷酸} \xrightleftharpoons{\text{核苷磷酸化酶}} \text{嘌呤碱和嘧啶碱} + \text{戊糖-1-磷酸}$$

(一) 核酸的解聚作用

核酸是由许多核苷酸以 3′,5′-磷酸二酯键连接而成的大分子化合物。核酸分解代谢的第一步是水解连接核苷酸之间的磷酸二酯键,生成低级多核苷酸或单核苷酸。在生物体内有许多磷酸二酯酶可以催化这一解聚作用。作用于核酸的磷酸二酯酶称为核酸酶。水解核糖核酸的称核糖核酸酶,水解脱氧核糖核酸的称脱氧核糖核酸酶。核糖核酸酶和脱氧核糖核酸酶中能够水解核酸分子内磷酸二酯键的酶又称为核酸内切酶(endonuclease);从核酸链的一端逐步水解下核苷酸的酶称为核酸外切酶(exonuclease)。

细胞中 DNA 的含量是相当恒定的,而 RNA 的含量却有显著变化。但是,令人惊异的是脱氧核糖核酸酶含量在相当众多的细胞中却是很高的。推测这种脱氧核糖核酸酶的可能生理功能在于消除无用的、异常的或外来的 DNA,以维持细胞遗传性的稳定;或是用于细胞凋亡和自溶。

最近研究发现,细胞可通过形成双链 RNA 作为一种信号,表明外来基因的入侵、转座子转录和内源异常 RNA 的产生,该机制借以将之清除。总之,细胞核酸,无论是 DNA 或 RNA,都不是恒定不变的,细胞的各种核酸酶参与了核酸的代谢。

（二）核苷酸的降解

核苷酸水解下磷酸即成为核苷。生物体内广泛存在的磷酸单酯酶或核苷酸酶可以催化这个反应。非特异性的磷酸单酯酶对一切核苷酸都能作用，无论磷酸基在核苷的 2′、3′或 5′位置上都可被水解下来。某些特异性强的磷酸单酯酶只能水解 3′-核苷酸或 5′-核苷酸，则分别称为 3′-核苷酸酶或 5′-核苷酸酶。

核苷经核苷酶（nucleosidase）作用分解为嘌呤碱或嘧啶碱和戊糖。分解核苷的酶有两类。一类是核苷磷酸化酶（nucleoside phosphorylase），另一类是核苷水解酶（nucleoside hydrolase）。前者分解核苷生成含氮碱和戊糖的磷酸酯，后者生成含氮碱和戊糖：

$$\text{核苷} + \text{磷酸} \xrightleftharpoons{\text{核苷磷酸化酶}} \text{嘌呤碱或嘧啶碱} + \text{戊糖-1-磷酸}$$

$$\text{核苷} + H_2O \xrightarrow{\text{核苷水解酶}} \text{嘌呤碱或嘧啶碱} + \text{戊糖}$$

核苷磷酸化酶存在比较广泛，其所催化的反应是可逆的。核苷水解酶主要是存在于植物和微生物体内，并且只能对核糖核苷作用，对脱氧核糖核苷没有作用，反应是不可逆的。它们对作用底物常具有一定的特异性。

核苷酸的降解产物嘌呤碱和嘧啶碱还可以继续分解。

（三）嘌呤碱的分解

不同种类的生物分解嘌呤碱的能力不一样，因而代谢产物亦各不相同。人和猿类及一些排尿酸的动物（如鸟类、某些爬行类和昆虫等）以尿酸作为嘌呤碱代谢的最终产物。其他多种生物则还能进一步分解尿酸，形成不同的代谢产物，直至最后分解成二氧化碳和氨。

嘌呤碱的分解首先是在各种脱氨酶的作用下水解脱去氨基。腺嘌呤和鸟嘌呤水解脱氨分别生成次黄嘌呤和黄嘌呤。脱氨反应也可以在核苷或核苷酸的水平上进行。在动物组织中腺嘌呤脱氨酶（adenine deaminase）的含量极少，而腺嘌呤核苷脱氨酶（adenosine deaminase）和腺嘌呤核苷酸脱氨酶（adenylate deaminase）的活性较高，因此，腺嘌呤的脱氨分解可在其核苷和核苷酸的水平上发生，然后再水解生成次黄嘌呤。它们的关系如下：

$$\text{腺嘌呤核苷酸（腺嘌呤核苷）} \xrightarrow[H_2O,\ -NH_3]{\text{腺嘌呤核苷酸（核苷）脱氨酶}} \text{次黄嘌呤核苷酸（次黄嘌呤核苷）}$$

$$\text{次黄嘌呤核苷酸} \xrightarrow[H_2O \quad Pi]{\text{核苷酸酶}} \text{次黄嘌呤核苷} \xrightarrow[Pi \quad \text{核糖-1-P}]{\text{核苷磷酸化酶}} \text{次黄嘌呤}$$

鸟嘌呤脱氨酶（guanine deaminase）的分布较广，鸟嘌呤的脱氨分解主要是在该酶的作用下进行的：

$$\text{鸟嘌呤} + H_2O \xrightarrow{\text{鸟嘌呤脱氨酶}} \text{黄嘌呤} + NH_3$$

次黄嘌呤和黄嘌呤在黄嘌呤氧化酶（xanthine oxidase）的作用下氧化生成尿酸：

$$\text{次黄嘌呤} + O_2 + H_2O \xrightarrow{\text{黄嘌呤氧化酶}} \text{黄嘌呤} + H_2O_2$$

$$\text{黄嘌呤} + O_2 + H_2O \xrightarrow{\text{黄嘌呤氧化酶}} \text{尿酸} + H_2O_2$$

黄嘌呤氧化酶是一种复合黄素酶，它由 2 个相同的亚基所组成，相对分子质量为 260 000。每一个亚基含有一个 FAD，一个钼辅因子和两个不同的 Fe 中心。黄嘌呤（或次黄嘌呤）的氧化是一极其复杂的过程，它要求分子氧作为电子受体，还原产物是过氧化氢，进入尿酸的氧来自水。当底物与酶结合后，Mo(VI)被还原成 Mo(IV)，电子经过黄素、铁硫中心等一系列转移步骤而传递给分子氧，并与氢离子形成过氧化氢，Mo(IV)则再氧化成 Mo(VI)。产物过氧化氢随即被过氧化氢酶所分解。

结构与次黄嘌呤很相似的别嘌呤醇(allopurinol)对黄嘌呤氧化酶有很强的抑制作用。所以有时用它治疗痛风。该病是由于尿酸在体内过量积累而引起的。经别嘌呤醇治疗的患者排泄黄嘌呤和次黄嘌呤以代替尿酸。别嘌呤醇可被黄嘌呤氧化酶氧化成别黄嘌呤(alloxanthine),它与酶活性中心的Mo(Ⅳ)牢固结合,从而使Mo(Ⅳ)不易转变成Mo(Ⅵ)。这种底物类似物经酶作用后成为酶的灭活物,称为自杀作用物(suicide substrate)。别嘌呤醇转变成别黄嘌呤的反应如下:

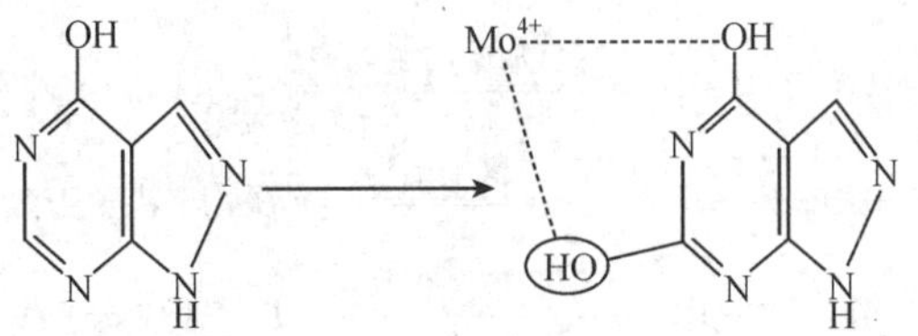

别嘌呤醇　　别黄嘌呤（Mo^{4+}螯合）

如前所述,尿酸的进一步分解代谢随不同种类生物而异。人和猿类缺乏分解尿酸的能力。鸟类等排尿酸动物不仅可将嘌呤碱分解成尿酸,还可以把大量其他含氮代谢物转变成尿酸,再排出体外。然而大多数种类的生物能够继续分解尿酸。尿酸在尿酸氧化酶(urate oxidase)的作用下被氧化,同时脱掉二氧化碳,而生成尿囊素(allantoin):

$$尿酸 + 2H_2O + O_2 \xrightarrow{尿酸氧化酶} 尿囊素 + CO_2 + H_2O_2$$

尿酸氧化酶是一种铜酶,它以氧作为直接电子受体,但产生过氧化氢而不产生水。

尿囊素是除人及猿类以外其他哺乳类嘌呤代谢的排泄物。也就是说,它们分解尿酸到尿囊素为止。其他多数种类生物则含有尿囊素酶(allantoinase),能水解尿囊素生成尿囊酸(allantoic acid):

$$尿囊素 + H_2O \xrightarrow{尿囊素酶} 尿囊酸$$

尿囊酸是某些硬骨鱼的嘌呤碱代谢排泄物。尿囊酸在尿囊酸酶(allantoicase)作用下水解生成尿素和乙醛酸:

$$尿囊酸 + H_2O \xrightarrow{尿囊酸酶} 2 尿素 + 乙醛酸$$

尿素是多数鱼类及两栖类的嘌呤碱代谢排泄物。然而,某些低等动物还能将尿素分解成氨和二氧化碳再排出体外。

植物和微生物体内嘌呤碱代谢的途径大致与动物相似。植物体内广泛存在着尿囊素酶、尿囊酸酶和脲酶等;嘌呤碱代谢的中间产物,如尿囊素和尿囊酸等也在多种植物中大量存在。微生物一般能分解嘌呤碱类物质,生成氨、二氧化碳以及一些有机酸,如甲酸、乙酸、乳酸等。现将嘌呤碱的分解过程总结如图28-1。

(四) 嘧啶碱的分解

核苷酸的分解产物嘧啶碱可以在生物体内进一步被分解。不同种类生物对嘧啶碱的分解过程也不完全一样。一般具有氨基的嘧啶需要先水解脱去氨基,如胞嘧啶脱氨生成尿嘧啶:

$$胞嘧啶 + H_2O \xrightarrow{胞嘧啶脱氨酶} 尿嘧啶 + NH_3$$

在人和某些动物体内其脱氨过程也可能是在核苷或核苷酸的水平上进行的。

尿嘧啶经还原生成二氢尿嘧啶,并水解使环开裂,然后水解生成二氧化碳、氨和 β-丙氨酸;β-丙氨酸经转氨作用脱去氨基后还可参加有机酸代谢:

$$\text{尿嘧啶} + \text{NAD(P)H} + \text{H}^+ \xrightleftharpoons{\text{二氢尿嘧啶脱氢酶}} \text{二氢尿嘧啶} + \text{NAD(P)}^+ \tag{1}$$

$$\text{二氢尿嘧啶} + \text{H}_2\text{O} \xrightleftharpoons{\text{二氢嘧啶酶}} \beta\text{-脲基丙酸} \tag{2}$$

$$\beta\text{-脲基丙酸} + \text{H}_2\text{O} \xrightarrow{\text{脲基丙酸酶}} \beta\text{-丙氨酸} + \text{CO}_2 + \text{NH}_3 \tag{3}$$

胸腺嘧啶的分解与尿嘧啶相似,其分解过程如下:

$$\text{胸腺嘧啶} + \text{NAD(P)H} + \text{H}^+ \xrightleftharpoons{\text{二氢尿嘧啶脱氢酶}} \text{二氢胸腺嘧啶} + \text{NAD(P)}^+ \tag{1}$$

$$\text{二氢胸腺嘧啶} + \text{H}_2\text{O} \xrightleftharpoons{\text{二氢嘧啶酶}} \beta\text{-脲基异丁酸} \tag{2}$$

$$\beta\text{-脲基异丁酸} + \text{H}_2\text{O} \xrightarrow{\text{脲基丙酸酶}} \beta\text{-氨基异丁酸} + \text{CO}_2 + \text{NH}_3 \tag{3}$$

现将嘧啶碱的分解途径总结如图 28-2。

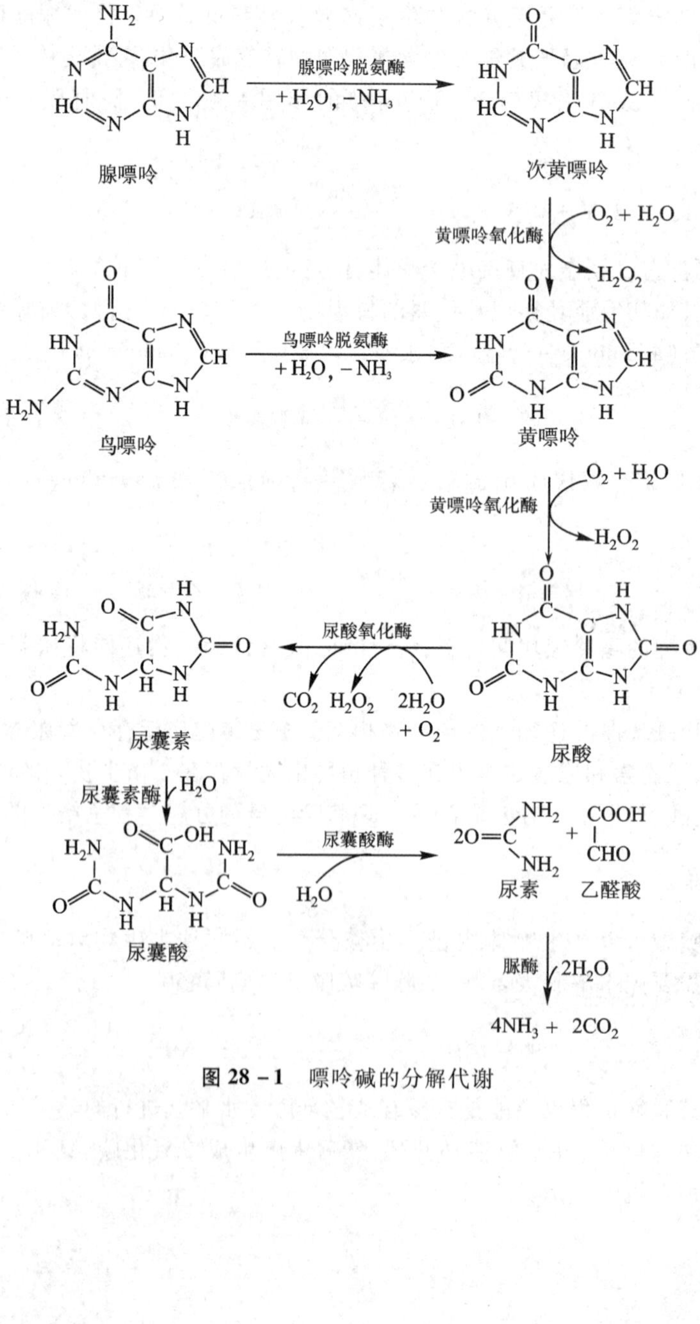

图 28-1 嘌呤碱的分解代谢

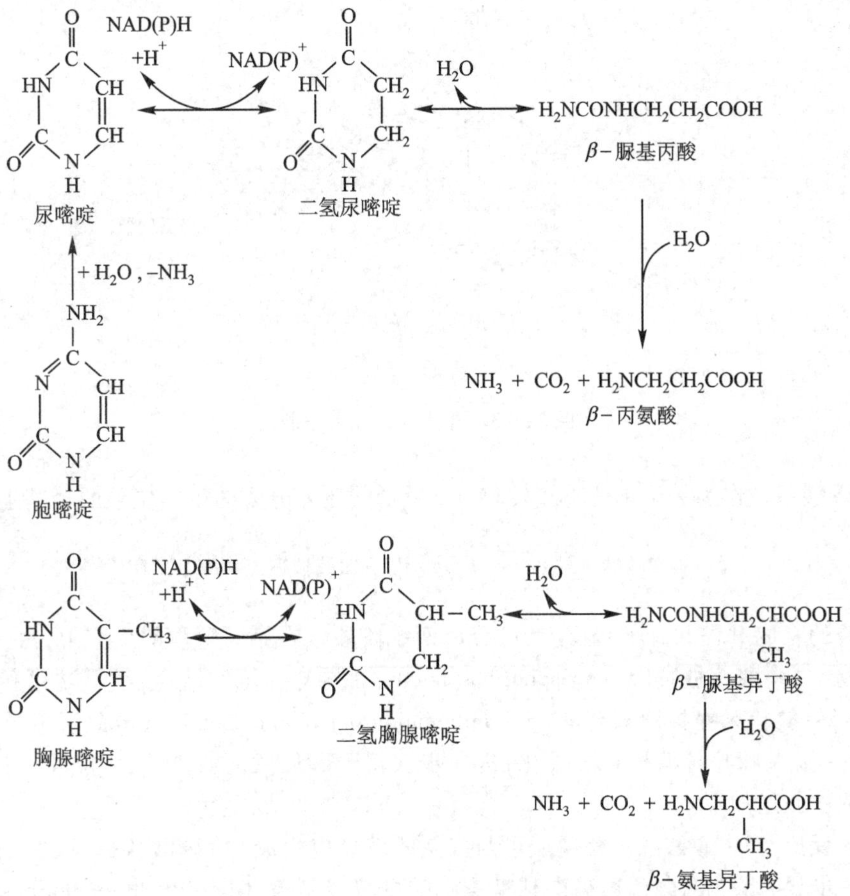

图 28 – 2　嘧啶碱的分解代谢

二、核苷酸的生物合成

无论动物、植物或微生物，通常都能合成各种嘌呤和嘧啶核苷酸。

（一）嘌呤核糖核苷酸的合成

用同位素标记的化合物做实验，证明生物体内能利用二氧化碳、甲酸盐、谷氨酰胺、天冬氨酸和甘氨酸作为合成嘌呤环的前体。嘌呤环中的第 1 位氮来自天冬氨酸的氨基，第 3 位及第 9 位氮来自谷氨酰胺的酰胺基。第 2 及第 8 位碳来自 N^{10} – 甲酰四氢叶酸，甲酰基由甲酸盐供给；第 6 位碳来自二氧化碳；而第 4 位碳、第 5 位碳及第 7 位氮则来自甘氨酸。这些关系如图 28 – 3 所示。

目前关于嘌呤碱的合成途径已经了解得比较清楚。生物体内不是先合成嘌呤碱，再与核糖和磷酸结合成核苷酸，而是从 5 – 磷酸核糖焦磷酸开始，经过一系列酶促反应，生成次黄嘌呤核苷酸，然后再转变为其他嘌呤核苷酸。

1. 次黄嘌呤核苷酸的合成

次黄嘌呤核苷酸的酶促合成过程，主要是以鸽肝的酶系统为材料研究清楚的。以后在其他动物、植物和微生物中也找到有类似的酶和中间产物，由此推测它们的合成过程也大致相同。

次黄嘌呤核苷酸的合成是一系列连续的酶促反应过程，首先需要由 5 – 磷酸核糖焦磷酸（5 – phosphoribosyl pyrophosphate）供给核苷酸的磷酸核糖部分，在其上再完成嘌呤环的装配。在体内，5 – 磷酸核糖焦磷酸可由 5 – 磷酸核糖与 ATP 作用产生。催化这一反应的酶称为磷酸核糖焦磷酸激酶（phosphoribosyl pyrophosphokinase）。在

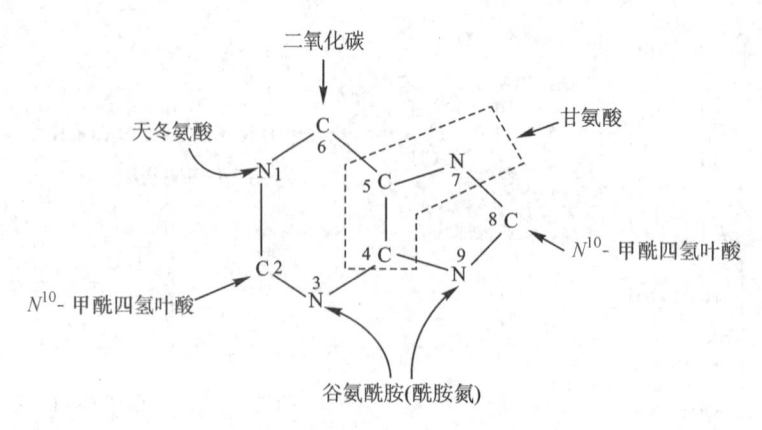

图 28-3 嘌呤环的元素来源

此反应中 ATP 的焦磷酸基是作为一个单位直接转移到 5-磷酸核糖分子的第一位碳的羟基上。

$$5-磷酸核糖 + ATP \xrightleftharpoons[Mg^{2+}]{焦磷酸激酶} 5-磷酸核糖焦磷酸 + AMP$$

次黄嘌呤核苷酸的合成过程共有十步反应,可分成两个阶段。在第一阶段的反应中,由 5-磷酸核糖焦磷酸与谷氨酰胺反应生成 5-磷酸核糖胺(5-phosphoribosylamine),再与甘氨酸结合,经甲酰化和转移谷氨酰胺的氮原子,然后闭环生成 5-氨基咪唑核糖核苷酸(5-aminoimidazole ribonucleotide),至此形成了嘌呤的咪唑环。第二阶段的反应则由 5-氨基咪唑核糖核苷酸羧化,进一步获得天冬氨酸的氨基,再甲酰化,最后脱水闭环生成次黄嘌呤核苷酸。现依次叙述如下。

(1) 第一阶段的反应 5-磷酸核糖焦磷酸可与谷氨酰胺反应生成 5-磷酸核糖胺、谷氨酸和无机焦磷酸盐(反应1)。催化这一步骤的酶为谷氨酰胺磷酸核糖焦磷酸酰胺转移酶(Gln-PRPP amidotransferase)。

$$5-磷酸核糖焦磷酸 + 谷氨酰胺 + H_2O \xrightarrow[Mg^{2+}]{酰胺转移酶} 5-磷酸核糖胺 + 谷氨酸 + PPi \tag{1}$$

也就在这一步,使原来的 α-构型核糖化合物变为 β-构型。因为 5-磷酸核糖焦磷酸具有 α-构型,而 5-磷酸核糖胺则具有 β-构型。

5-磷酸核糖胺和甘氨酸在有 ATP 供给能量的情况下,合成为甘氨酰胺核糖核苷酸(glycinamide ribonucleotide,GAR),同时 ATP 分解成 ADP 和正磷酸盐(反应2)。这一步骤是由甘氨酰胺核糖核苷酸合成酶(GAY synthetase)所催化,反应是可逆的。

$$5-磷酸核糖胺 + 甘氨酸 + ATP \xrightarrow[Mg^{2+}]{合成酶} 甘氨酰胺核糖核苷酸 + ADP + Pi \tag{2}$$

甘氨酰胺核糖核苷酸经甲酰化生成甲酰甘氨酰胺核糖核苷酸(formylglycinamide ribonucleotide,FGAR)。在此处甲酰基的供体为 N^{10}-甲酰四氢叶酸(N^{10}-formyltetrahydrofolate)(反应3)。催化这个甲酰化反应的酶为甘氨酰胺核糖核苷酸转甲酰基酶(FGAR transformylase)。

$$甘氨酰胺核糖核苷酸 + N^{10}-甲酰四氢叶酸 + H_2O \xrightarrow[Mg^{2+}]{转甲酰基酶} 甲酰甘氨酰胺核糖核苷酸 + 四氢叶酸 \tag{3}$$

在体内,N^{10}-甲酰四氢叶酸的甲酰基可由甲酸供给。在酶的催化下,甲酸经 ATP 活化并以甲酰基形式转移给四氢叶酸生成 N^{10}-甲酰四氢叶酸(N^{10}-formyltetrahydrofolate)。

甲酰甘氨酰胺核糖核苷酸在有谷氨酰胺供给酰胺基并有 ATP 存在时,转变成甲酰甘氨脒核糖核苷酸(formylglycinamidine ribonucleotide,FGAM)。谷氨酰胺脱去酰胺基后生成谷氨酸,ATP 则分解成 ADP 和正磷酸盐

(反应4)。促进这个反应的酶为甲酰甘氨脒核糖核苷酸合成酶(FGAM synthetase)。

$$\text{甲酰甘氨酰胺核糖核苷酸} + \text{谷氨酰胺} + ATP + H_2O \xrightarrow{\text{合成酶}} \text{甲酰甘氨脒核糖核苷酸} + \text{谷氨酸} + ADP + Pi \quad (4)$$

这一步反应可被抗生素重氮丝氨酸(azaserine)和6-重氮-5-氧-L-正亮氨酸(6-diazo-5-oxo-L-norleucine)不可逆地抑制。这两种抗生素与谷氨酰胺有类似的结构:

$$\underset{\text{谷氨酰胺}}{HO-\underset{\parallel}{\underset{O}{C}}-\underset{\mid}{\underset{NH_2}{CH}}-CH_2-CH_2-\underset{\parallel}{\underset{O}{C}}-NH_2}$$

$$\underset{\text{重氮丝氨酸}}{HO-\underset{\parallel}{\underset{O}{C}}-\underset{\mid}{\underset{NH_2}{CH}}-CH_2-O-\underset{\parallel}{\underset{O}{C}}-CHN_2}$$

$$\underset{6-\text{重氮}-5-\text{氧}-L-\text{正亮氨酸}}{HO-\underset{\parallel}{\underset{O}{C}}-\underset{\mid}{\underset{NH_2}{CH}}-CH_2-CH_2-\underset{\parallel}{\underset{O}{C}}-CHN_2}$$

其他有谷氨酰胺参与的反应,如5-磷酸核糖胺的合成等,也受重氮丝氨酸和6-重氮-5-氧-L-正亮氨酸的抑制。这些抗生素虽有抗癌作用,但副作用大,临床上不宜使用。

在有ATP存在时,甲酰甘氨脒核糖核苷酸经氨基咪唑核糖核苷酸合成酶(AIR synthetase)的作用转变成5-氨基咪唑核糖核苷酸(5-aminoimidazole ribonucleotide,AIR)。这个作用可被镁离子和钾离子激活。反应式如下:

$$\text{甲酰甘氨脒核苷酸} + ATP \xrightarrow[Mg^{2+},K^+]{\text{合成酶}} 5-\text{氨基咪唑核苷酸} + ADP + Pi \quad (5)$$

(2) 第二阶段的反应 在咪唑环上进一步装配嘌呤第二个环,首先加入一个羧基,生成羧基氨基咪唑核糖核苷酸(carboxyaminoimidazole ribonucleotide,CAIR)。此过程与一般羧化反应不同,无需生物素,而是由溶液中的碳酸氢盐经ATP磷酸化所激活,随即加在咪唑环的氨基上,然后经分子重排转移至咪唑环的第四位上(反应6)。催化前一反应的酶为N^5-CAIR合成酶;催化后一反应的酶为N^5-CAIR变位酶。但在哺乳动物中这步却无需ATP,碳酸氢根直接与咪唑环上的氨基反应,然后转移到环上,因此被认为由羧化酶所催化。可能不同生物的反应略有差异。

$$5-\text{氨基咪唑核糖核苷酸} + HCO_3^- + ATP \xrightarrow{\text{合成酶}} N^5-\text{羧基氨基咪唑核糖核苷酸} + ADP + Pi$$

$$N^5-\text{羧基氨基咪唑核糖核苷酸} \xrightarrow{\text{变位酶}} 5-\text{氨基}-4-\text{羧酸}-\text{咪唑核糖核苷酸} \quad (6)$$

在有ATP存在时,5-氨基-4-羧酸-咪唑核糖核苷酸与天冬氨酸缩合生成N-琥珀酸(基)-5-氨基咪唑-4-羧胺核糖核苷酸(N-succino-5-aminoimidazole-4-carboxamide ribonucleotide,SAICAR)(反应7)。反应由SAICAR合成酶所催化的。该分子进而脱去延胡索酸,生成5-氨基咪唑-4-羧酰胺核糖核苷酸(5-aminoimidazole-4-carboxamide ribonucleotide,AICAR)(反应8)。现已了解这个酶同时具有分解腺苷酸(基)琥珀酸(adenylosuccinate)的活力,因此称为腺苷酸琥珀酸裂合酶(adenylosuccinate lyase)或SAICAR裂合酶。

$$5-\text{氨基}-4-\text{羧酸}-\text{咪唑核糖核苷酸} + \text{天冬氨酸} + ATP \xrightarrow{\text{合成酶}}$$
$$N-\text{琥珀酸}-5-\text{氨基咪唑}-4-\text{羧酰胺核糖核苷酸} + ADP + Pi \quad (7)$$

$$N-\text{琥珀酸}-5-\text{氨基咪唑}-4-\text{羧酰胺核糖核苷酸} \xrightarrow{\text{裂合酶}} 5-\text{氨基咪唑}-4-\text{羧酰胺核糖核苷酸} + \text{延胡索酸} \quad (8)$$

在以N^{10}-甲酰四氢叶酸供给甲酰基的情况下,5-氨基咪唑-4-羧酰胺核糖核苷酸经甲酰化生成N-甲酰氨基咪唑-4-羧酰胺核糖核苷酸(N-formamidoimidazole-4-carboxamide ribonucleotide,FAICAR)(反应9)。

催化这个反应的酶是 AICAR 转甲酰基酶 (AICAR transformylase)。

$$5-氨基咪唑-4-羧酰胺核糖核苷酸 + N^{10}-甲酰四氢叶酸 \xrightarrow{转甲酰基酶} N-甲酰氨基咪唑-4-羧酰胺核糖核苷酸 + 四氢叶酸 \tag{9}$$

N-甲酰氨基咪唑-4-羧酰胺核糖核苷酸在次黄嘌呤核苷酸合酶 (IMP synthase) 作用下脱水环化, 形成次黄嘌呤核苷酸 (inosinate, IMP), 这一步无需 ATP 供给能量。

$$N-甲酰氨基咪唑-4-羧酰胺核糖核苷酸 \xrightarrow{合酶} 次黄嘌呤核苷酸 + H_2O \tag{10}$$

现将次黄嘌呤核苷酸全部酶促合成过程总结如图 28-4。

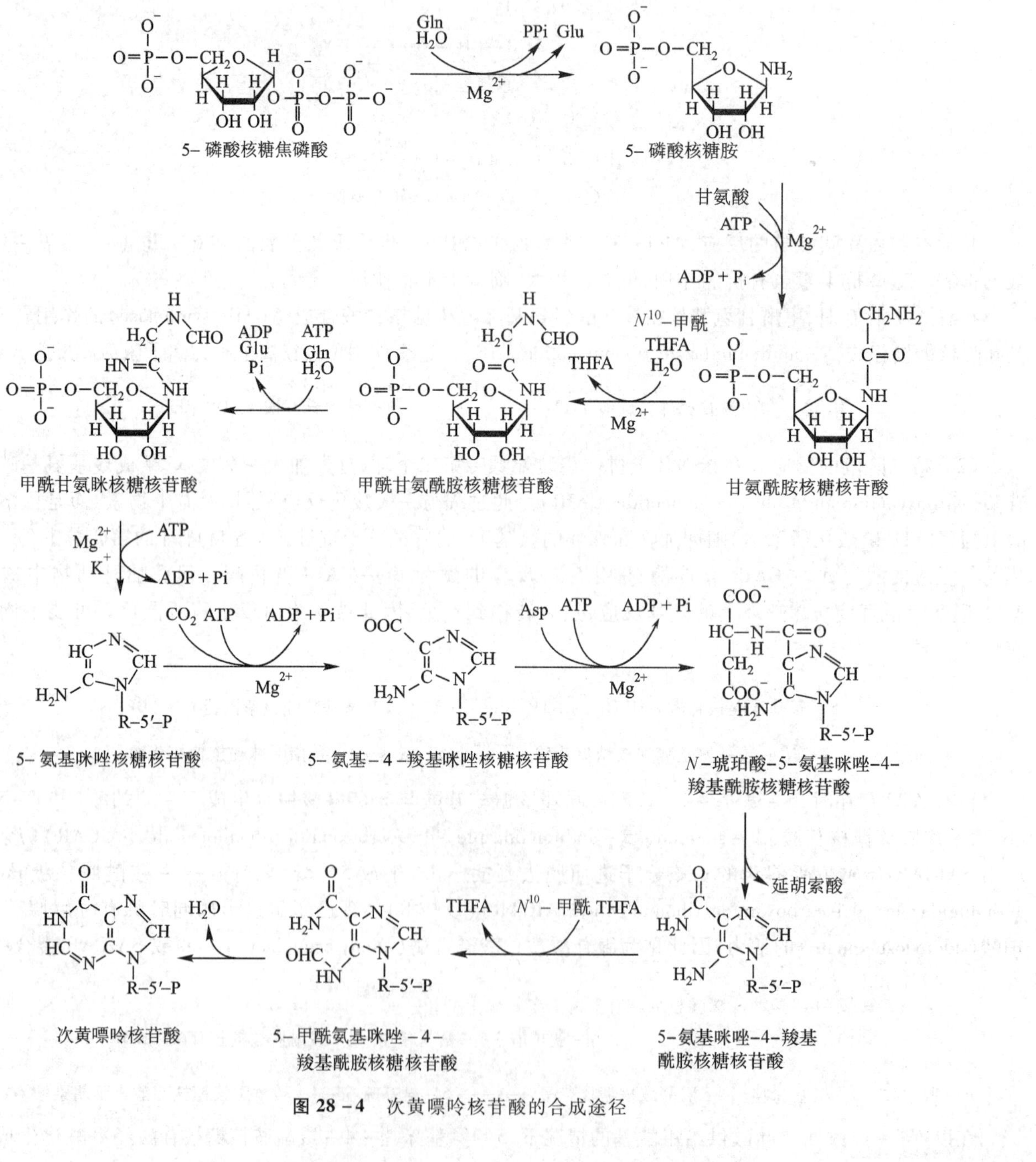

图 28-4 次黄嘌呤核苷酸的合成途径

次黄嘌呤核苷酸合成过程的个别反应可能是可逆的,但整个过程是不可逆的。合成过程共消耗 7 个高能磷酸键以推动反应的完成,这些高能磷酸键都是由 ATP 供给的。第一步反应由谷氨酰胺的酰胺取代 5 - 磷酸核糖焦磷酸的焦磷酸基,脱下的焦磷酸随即被水解。其后包括五步需要 ATP 的合成酶催化的反应,两步由 N^{10} - 甲酰四氢叶酸供给甲酰基的转甲酰基反应和两步裂合酶催化的反应。正如色氨酸合成组氨酸的生物合成,次黄嘌呤核苷酸合成途径的酶在细胞中组成一个大的多酶复合物(multienzyme complex)。这就使一个酶促反应的产物直接进入下一个反应,防止了中间产物被扩散丢失,也防止了不稳定中间产物的分解。在真核生物中还发现几个酶融合成一条多功能的肽链,而且它们催化的反应可以是非连续的步骤。例如,反应(2)、(3)和(5),反应(9)和(10)分别由单个的多功能酶所催化。此外,催化反应(7)的酶还具有使羧基变位的酶活性。多功能酶使反应产物由一个活性中心经隧道直达第二个活性中心,比多酶复合物有更高效率。

2. 腺嘌呤核苷酸的合成

生物体内由次黄嘌呤核苷酸氨基化生成腺嘌呤核苷酸,共分两步进行:次黄嘌呤核苷酸在 GTP 供给能量的条件下与天冬氨酸合成腺苷酸琥珀酸(adenylosuccinic acid),GTP 则分解成 GDP 和正磷酸盐。这个反应是由腺苷酸琥珀酸合成酶(adenylosuccinate synthetase)所催化的。中间产物腺苷酸琥珀酸随即在腺苷酸琥珀酸裂合酶的催化下分解成腺嘌呤核苷酸和延胡索酸。反应过程如下:

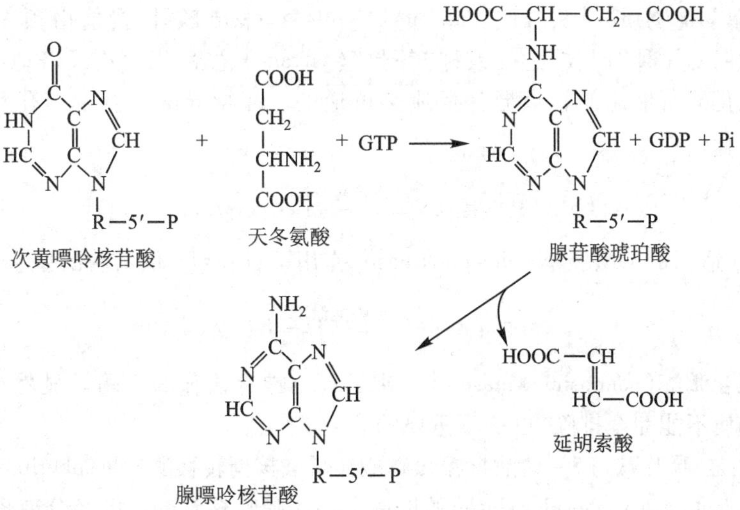

此过程与次黄嘌呤核苷酸生物合成的反应(7)和(8)十分类似,所不同的是在反应(7)中由 ATP 供给能量,在此则由 GTP 供给能量。腺苷酸的合成需由 GTP 供给能量,使腺苷酸与鸟苷酸的水平得以协调,鸟苷酸水平低时腺苷酸的合成受阻,只有当鸟苷酸水平高时才能大量合成腺苷酸。

3. 鸟嘌呤核苷酸的合成

次黄嘌呤核苷酸经氧化生成黄嘌呤核苷酸。反应由次黄嘌呤核苷酸脱氢酶(inosine - 5' - phosphate dehydrogenase)所催化,并需要 NAD^+ 作为辅酶和钾离子激活。黄嘌呤核苷酸再经氨基化即生成鸟嘌呤核苷酸。细菌直接以氨作为氨基供体;动物细胞则以谷氨酰胺的酰胺基作为氨基供体。氨基化时需要 ATP 供给能量。促使黄嘌呤核苷酸氨基化生成鸟嘌呤核苷酸的酶称为鸟嘌呤核苷酸合成酶(guanylate synthetase)。鸟苷酸的合成需要 ATP 提供能量,正如腺苷酸合成需要 GTP 提供能量一样,起着协调两种核苷酸水平的作用,值得注意的是,在此 ATP 以 AMP 而不是磷酸基活化羟基,使其氨基化,焦磷酸随后分解,通过消耗两个高能磷酸键来推动反应的完成。

$$\text{次黄嘌呤核苷酸} + NAD^+ + H_2O \xrightarrow{K^+} \text{黄嘌呤核苷酸} + NADH + H^+$$

$$\text{黄嘌呤核苷酸} + \text{谷氨酰胺} + ATP + H_2O \longrightarrow \text{鸟嘌呤核苷酸} + \text{谷氨酸} + AMP + PPi$$

4. 由嘌呤碱和核苷合成核苷酸

生物体内除能以简单前体物质"从头合成"(de novo synthesis)核苷酸外,尚能由预先形成的碱基和核苷合成核苷酸,这是对核苷酸代谢的一种"回收"途径或称"补救"(salvage)途径,以便更经济地利用已有的成分。

前已提到,核苷磷酸化酶所催化的转核糖基反应是可逆的。在特异的核苷磷酸化酶作用下,各种碱基可与1-磷酸核糖反应生成核苷:

$$\text{碱基} + 1-\text{磷酸核糖} \xrightleftharpoons{\text{核苷磷酸化酶}} \text{核苷} + Pi$$

由此所产生的核苷在适当的磷酸激酶(phosphokinase)作用下,由ATP供给磷酸基,即形成核苷酸:

$$\text{核苷} + ATP \xrightleftharpoons{\text{核苷磷酸激酶}} \text{核苷酸} + ADP$$

但在生物体内,除腺苷激酶(adenosine kinase)外,缺乏其他嘌呤核苷的激酶。显然,在嘌呤类物质的再利用过程中,核苷激酶途径即使不能完全排除,也是不重要的。

另一更为重要的途径是,嘌呤碱与5-磷酸核糖焦磷酸在磷酸核糖转移酶(phosphoribosyl transferase,PRT),或称为核苷酸焦磷酸化酶(nucleotide pyrophosphorylase)的作用下形成嘌呤核苷酸。已经分离出两种具有不同特异性的酶:腺嘌呤磷酸核糖转移酶(APRT)催化形成腺嘌呤核苷酸;次黄嘌呤-鸟嘌呤磷酸核糖转移酶(HGPRT)催化形成次黄嘌呤核苷酸和鸟嘌呤核苷酸。嘌呤核苷则可先分解成嘌呤碱,再与5-磷酸核糖焦磷酸反应,而形成核苷酸。

$$\text{腺嘌呤} + 5-\text{磷酸核糖焦磷酸} \xrightleftharpoons{\text{磷酸核糖转移酶}} \text{腺嘌呤核苷酸} + PPi$$

$$\text{次黄嘌呤} + 5-\text{磷酸糖核焦磷酸} \xrightleftharpoons{\text{磷酸核糖转移酶}} \text{次黄嘌呤核苷酸} + PPi$$
(或鸟嘌呤) (鸟嘌呤核苷酸)

Lesch-Nyhan综合征是一种与X染色体连锁的遗传代谢病,患者先天性缺乏次黄嘌呤-鸟嘌呤磷酸核糖转移酶。这种缺陷是伴性的隐性遗传性状,主要见之于男性。由于鸟嘌呤和次黄嘌呤回收途径的障碍,导致过量产生尿酸。嘌呤核苷酸的从头合成和回收途径之间通常存在协调和平衡。5-磷酸核糖焦磷酸是回收途径的主要底物,失去HGPRT活性导致5-磷酸核糖焦磷酸大量积累,引起嘌呤核苷酸合成的增加。结果大量积累尿酸,并导致肾结石和痛风。这些症状可通过别嘌呤醇对黄嘌呤氧化酶的抑制而得到缓解。Lesch-Nyhan综合征更严重的后果是招致神经系统损伤,例如痉挛、智力发育迟缓、高度攻击性与破坏性的行为以及自残肢体,别嘌呤醇对此症状无效。现在还不知道,缺少回收途径为什么会造成如此的神经疾病症状。

5. 嘌呤核苷酸生物合成的调节

嘌呤核苷酸的从头合成受其两个终产物腺苷酸和鸟苷酸的反馈控制。主要控制点有三个。第一个控制点在合成途径的第一步反应,即氨基被转移到 5-磷酸核糖焦磷酸上以形成 5-磷酸核糖胺。催化该反应的酶是一种变构酶,它可被终产物 IMP、AMP 和 GMP 所抑制。因此,无论是 IMP、AMP 或是 GMP 的过量积累均会导致由 PRPP 开始的合成途径第一步反应的抑制。5-磷酸核糖焦磷酸是合成反应的最初底物,它的合成也受 IMP、AMP 和 GMP 的反馈抑制。5-磷酸核糖焦磷酸是由 5-磷酸核糖和 ATP 在磷酸核糖焦磷酸激酶作用下合成的。它受上述核苷酸的抑制。另两个控制点分别位于次黄苷酸后分支途径的第一步反应,这就使得 GMP 过量的变构效应仅抑制其自身的形成,而不影响 AMP 的形成。反之,AMP 的积累抑制其自身的形成,而不影响 GMP 的生物合成。大肠杆菌中嘌呤核苷酸生物合成的反馈控制机制如图 28-5 所示。不同生物的调节方式略有不同。

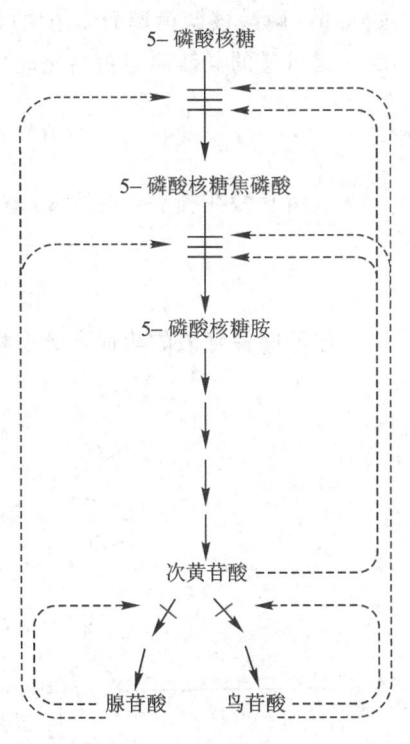

图 28-5 嘌呤核苷酸生物合成的反馈控制机制

(二) 嘧啶核糖核苷酸的合成

嘧啶核苷酸的嘧啶环是由氨甲酰磷酸和天冬氨酸合成的(图 28-6)。

与嘌呤核苷酸不同,在合成嘧啶核苷酸时首先形成嘧啶环,再与磷酸核糖结合成为乳清苷酸(orotidine-5′-phosphate),然后生成尿嘧啶核苷酸。其他嘧啶核苷酸则由尿嘧啶核苷酸转变而成。

1. 尿嘧啶核苷酸的合成

由氨甲酰磷酸(carbamyl phosphate)与天冬氨酸合成氨甲酰天冬氨酸(carbamyl aspartate),闭环并被氧化生成乳清酸(orotic acid)。乳清酸与 5-磷酸核糖焦磷酸作用生成乳清苷酸,脱羧后就成为尿嘧啶核苷酸。

真核生物有两类氨甲酰磷酸合成酶(carbamyl phosphate synthetase)。酶 I 存在于线粒体,参与尿素合成,酶 II 存在于胞质,参与嘧啶环的合成。用于形成嘧啶环的氨甲酰磷酸需由谷氨酰胺作为氨基的供体,与 HCO_3^- 和 ATP 反应,每合成 1 分子氨甲酰磷酸消耗 2 分子 ATP。细菌则只有一类氨甲酰磷酸合成酶。合成反应如下:

图 28-6 嘧啶环的来源

$$\text{谷氨酰胺} + 2ATP + HCO_3^- + H_2O \xrightarrow{\text{氨甲酰磷酸合成酶}} \text{氨甲酰磷酸} + 2ADP + Pi + \text{谷氨酸} \quad (1)$$

氨甲酰磷酸在天冬氨酸转氨甲酰酶(aspartate carbamyl transferase)的作用下,将氨甲酰部分转移至天冬氨酸的 α-氨基上,形成氨甲酰天冬氨酸。

$$\text{氨甲酰磷酸} + \text{天冬氨酸} \xrightleftharpoons{\text{转氨甲酰酶}} \text{氨甲酰天冬氨酸} + Pi \quad (2)$$

氨甲酰天冬氨酸通过可逆的环化脱水作用转变成二氢乳清酸(dihydroorotic acid)。催化这一步骤的酶为二氢乳清酸酶(dihydroorotase)。

$$\text{氨甲酰天冬氨酸} \xrightleftharpoons{\text{二氢乳清酸酶}} \text{二氢乳清酸} + H_2O \quad (3)$$

二氢乳清酸随后在二氢乳清酸脱氢酶(dihydroorotate dehydrogenase)催化下被氧化成乳清酸。该酶是一含铁的黄素酶。在以氧作为电子受体时生成过氧化氢,烟酰胺腺嘌呤二核苷酸可代替氧被还原。

$$\text{二氢乳清酸} + NAD^+ \xrightleftharpoons[\text{Fe, FMN}]{\text{二氢乳清酸脱氢酶}} \text{乳清酸} + NADH + H^+ \quad (4)$$

乳清酸是合成尿嘧啶核苷酸的重要中间产物,至此已形成嘧啶环,而后再和 5-磷酸核糖相连接。催化乳清酸与5-磷酸核糖焦磷酸作用生成乳清苷酸的酶,称为乳清酸磷酸核糖转移酶(orotate phosphoribosyl transferase)。反应是可逆的。镁离子可活化此反应。

$$\text{乳清酸} + 5\text{-磷酸核糖焦磷酸} \xrightleftharpoons[Mg^{2+}]{\text{磷酸核糖转移酶}} \text{乳清苷酸} + PPi \tag{5}$$

乳清苷酸在乳清苷酸脱羧酶(orotidylic acid decarboxylase)作用下脱去羧基,即生成尿嘧啶核苷酸。

$$\text{乳清苷酸} \xrightarrow{\text{脱羧酶}} \text{尿嘧啶核苷酸} + CO_2 \tag{6}$$

尿嘧啶核苷酸的酶促合成过程总结如图28-7。

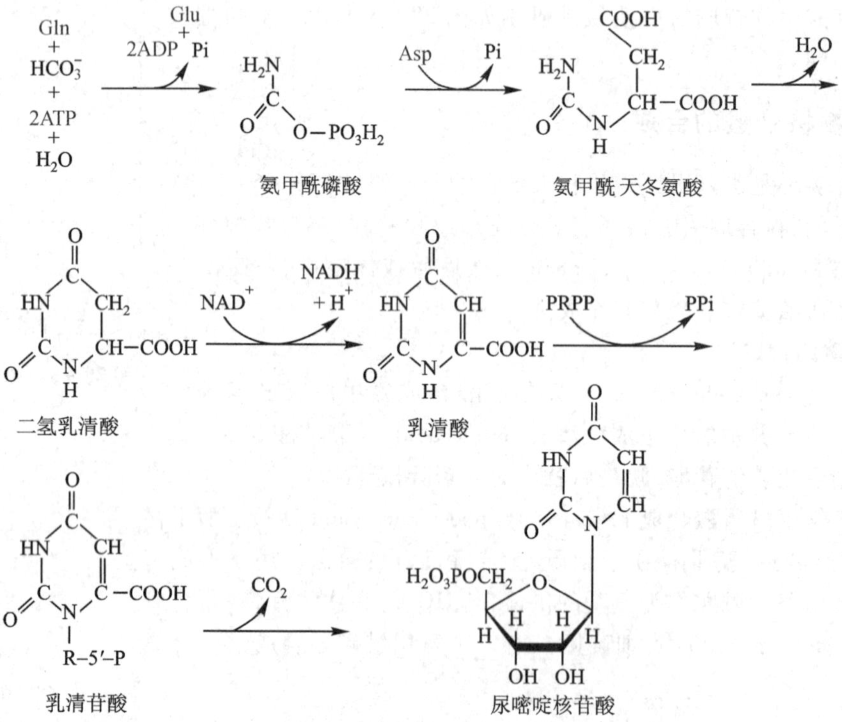

图28-7 尿嘧啶核苷酸的合成途径

与次黄嘌呤核苷酸的生物合成相似,在动物中尿嘧啶核苷酸合成途径前三个酶即氨甲酰磷酸合成酶Ⅱ、天冬氨酸转氨甲酰酶和二氢乳清酸酶,组成一个多功能酶,缩写为CAD。它由三个相同的多肽链亚基(各自M_r为230 000)组成,每一亚基都包含全部三个反应的活性中心。最后两步反应的酶也融合成一条多肽链,简称为UMP合成酶。当这个酶有缺陷时,即患乳清酸尿症。患者需在饮食中提供尿苷或胞苷,或抑制氨甲酰磷酸合成酶Ⅱ,以减少乳清酸的合成。

2. 胞嘧啶核苷酸的合成

由尿嘧啶核苷酸转变为胞嘧啶核苷酸是在尿嘧啶核苷三磷酸的水平上进行的。尿嘧啶核苷三磷酸可以由尿嘧啶核苷酸在相应的激酶作用下经ATP转移磷酸基而生成。催化尿嘧啶核苷酸转变为尿嘧啶核苷二磷酸的酶为特异的尿嘧啶核苷酸激酶(uridine-5′-phosphate kinase)。催化尿嘧啶核苷二磷酸转变为尿嘧啶核苷三磷酸的酶为特异性较广的核苷二磷酸激酶(nucleoside diphosphokinase)。

$$UMP + ATP \xrightleftharpoons[Mg^{2+}]{\text{尿嘧啶核苷酸激酶}} UDP + ADP$$

$$UDP + ATP \xrightleftharpoons[Mg^{2+}]{\text{核苷二磷酸激酶}} UTP + ADP$$

尿嘧啶、尿嘧啶核苷和尿嘧啶核苷酸都不能氨基化变成相应的胞嘧啶化合物,只有尿嘧啶核苷三磷酸才能氨基化生成胞嘧啶核苷三磷酸。在细菌中尿嘧啶核苷三磷酸可以直接与氨作用;动物组织则需要由谷氨酰胺供给氨基。反应要由 ATP 供给能量。催化此反应的酶为 CTP 合成酶(CTP synthetase)。反应式如下:

$$UTP + 谷氨酰胺 + ATP + H_2O \xrightarrow{CTP 合成酶} CTP + 谷氨酸 + ADP + Pi$$

3. 由嘧啶碱和核苷合成核苷酸

生物体对外源的或核苷酸代谢产生的嘧啶碱和核苷可以重新利用。在嘌呤核苷酸的(回收或补救)途径中,主要是通过磷酸核糖转移酶反应,直接由碱基形成核苷酸;然而嘧啶核苷激酶(pyrimidine nucleoside kinase)在嘧啶的回收(补救)途径中却起着重要作用。例如,尿嘧啶转变为尿嘧啶核苷酸可以通过两种方式进行:①与 5-磷酸核糖焦磷酸反应;②尿嘧啶与 1-磷酸核糖反应产生尿嘧啶核苷,后者在尿苷激酶作用下被磷酸化而形成尿嘧啶核苷酸。反应式如下:

$$尿嘧啶 + 5-磷酸核糖焦磷酸 \xrightleftharpoons{UMP 磷酸核糖转移酶} 尿嘧啶核苷酸 + PPi$$

$$尿嘧啶 + 1-磷酸核糖 \xrightleftharpoons{尿苷磷酸化酶} 尿嘧啶核苷 + Pi$$

$$尿嘧啶核苷 + ATP \xrightleftharpoons[Mg^{2+}]{尿苷激酶} 尿嘧啶核苷酸 + ADP$$

胞嘧啶不能直接与 5-磷酸核糖焦磷酸反应,而是通过激酶途径生成胞嘧啶核苷酸。尿苷激酶也能催化胞苷被 ATP 磷酸化而形成胞嘧啶核苷酸。

$$胞嘧啶核苷 + ATP \xrightleftharpoons[Mg^{2+}]{尿苷激酶} 胞嘧啶核苷酸 + ADP$$

4. 嘧啶核苷酸生物合成的调节

细菌的嘧啶核苷酸合成主要通过对天冬氨酸转氨甲酰酶(ATCase)活性的控制来进行的。该酶是一个调节酶,由六个催化亚基和六个调节亚基所组成。大肠杆菌对 ATCase 调节的效应物是终产物 CTP(图 28-8),当全部调节亚基都未与 CTP 结合时酶活性最高。CTP 积累并结合于调节亚基,通过变构效应使催化亚基由活性构象转变为无活性构象。ATP 能够阻止 CTP 诱导酶构象的变化。但在另一些细菌中,变构效应物则是 UTP。

在动物中,ATCase 不是调节酶,嘧啶核苷酸生物合成的控制点是氨甲酰磷酸合成酶Ⅱ(CPSⅡ),它受 UDP 和 UTP 的反馈抑制。由此可见,嘧啶核苷酸生物合成受产物的反馈控制,但具体机制不同生物不尽相同。

(三) 脱氧核糖核苷酸的合成

脱氧核糖核苷酸是脱氧核糖核酸合成的前体。此外,某些脱氧核糖核苷酸衍生物在代谢中还起着重要作用。如 dTDP-鼠李糖可由 dTDP-葡萄糖还原而成;dTDP-葡萄糖还可转化成 dTDP-半乳糖。

生物体内脱氧核糖核苷酸可以由核糖核苷酸还原形成。腺嘌呤、鸟嘌呤和胞嘧啶核糖核苷酸经还原,将其中核糖第二位碳原子上的氧脱去,即成为相应的脱氧核糖核苷酸。胸腺嘧啶脱氧核糖核苷酸的形成则需要经过两个步骤,首先由尿嘧啶核糖核苷酸还原形成尿嘧啶脱氧核糖核苷酸,然后尿嘧啶再经甲基化转变成胸腺嘧啶。

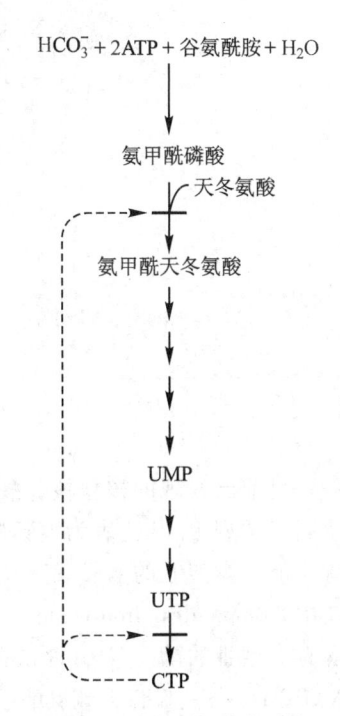

$HCO_3^- + 2ATP + 谷氨酰胺 + H_2O$
↓
氨甲酰磷酸
↓ 天冬氨酸
氨甲酰天冬氨酸
↓
⋮
↓
UMP
↓
⋮
↓
UTP
↓
CTP

图 28-8 大肠杆菌嘧啶核苷酸生物合成的调节

1. 核糖核苷酸的还原

在生物体内,腺嘌呤、鸟嘌呤、胞嘧啶和尿嘧啶四种核糖核苷酸均可被还原成相应的脱氧核糖核苷酸。由细菌和动物组织中已分别提取出催化此还原反应的酶体系。核糖核苷酸还原酶由 R1 和 R2 亚基所组成,它们分开时没有酶的活性,只有合在一起并有镁离子存在时才形成有催化活性的酶。R1 亚基含有两条相同的多肽链 (α_2),每条多肽链上有两个变构调节位点和一对参与还原反应的硫氢基。R2 亚基也含有两条相同的多肽链 (β_2),每条多肽链上有一个酪氨酰自由基和一个铁中心。铁中心含有两个铁 (Fe^{3+}) 离子,由氧 (O^{2-}) 离子桥连在一起,其功能是产生和稳定酪氨酰自由基。R1 与 R2 亚基的交界处形成催化反应的活性位点。酪氨酰自由基使活性位点上产生另一自由基。从而发动单电子转移反应,导致 R1 亚基上一对巯基(—SH)被氧化,同时核糖核苷酸上 2'-羟基被氢取代生成脱氧核糖核苷酸和水。通常核糖核苷酸是在核糖二磷酸的水平被还原的,4 种 NDP(即 ADP、GDP、UDP 和 CDP)是还原反应的底物。ATP、dATP、dGTP、dTTP 是还原酶的变构效应物。大肠杆菌核糖核苷酸还原酶的结构如图 28-9 所示。

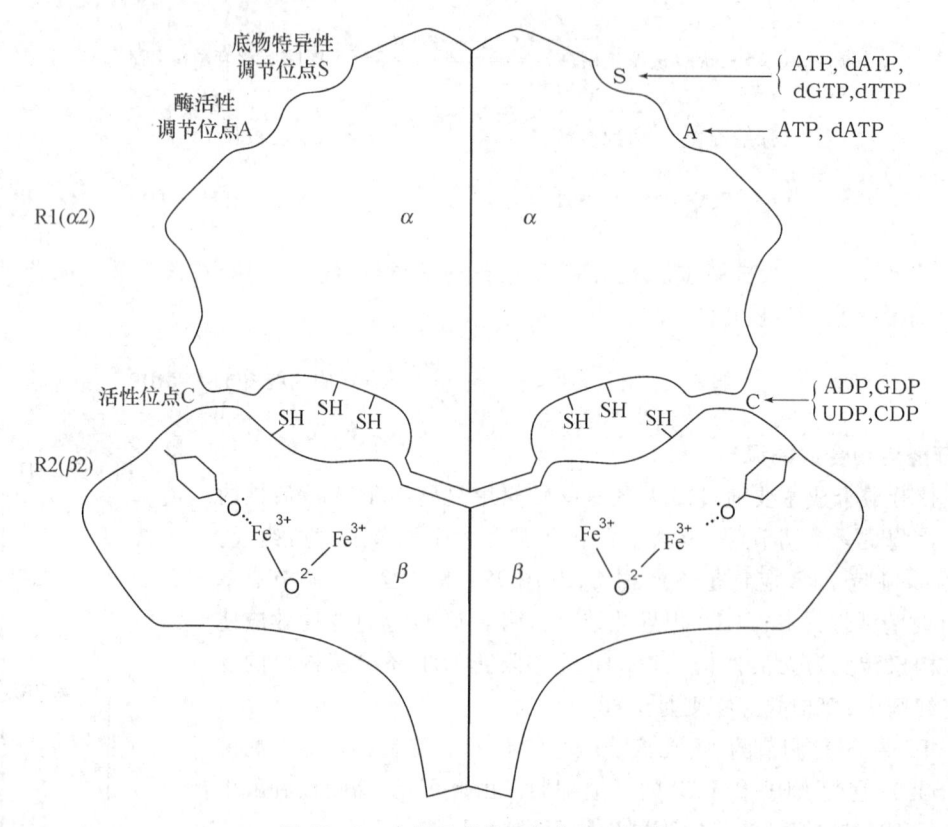

图 28-9 大肠杆菌核糖核苷酸还原酶

目前已发现的核糖核苷酸还原酶可分为四种类型,它们的区别是在于产生自由基的基团不同。以上所述的酶属于类型Ⅰ,其代表为大肠杆菌的酶,在酪氨酰自由基被淬灭后要求氧进行再生,因此必须在有氧环境下才具有功能。类型Ⅱ的酶发现于其他微生物,它含有 5'-脱氧腺苷钴胺素(5'- deoxyadenosylcobalamin),而不是双核铁中心(binuclear iron center)。类型Ⅲ核糖核苷酸还原酶适应于厌氧环境下反应,大肠杆菌除类型Ⅰ的酶外,还含有类型Ⅲ的酶。该酶含铁硫簇(iron-sulfur cluster),其结构有别于类型Ⅰ的双核铁中心,并且活化要求 NADPH 和 S-腺苷甲硫氨酸。它以核苷三磷酸作为底物,而不是通常的核苷二磷酸。类型Ⅳ核糖核苷酸还原酶含有双核锰中心(binuclear manganese center),它存在于某些微生物中。生物在进化过程中产生不同种类核糖核苷酸还原酶,使得不同环境下均能合成 DNA 的前体,二者基本过程和机制又完全相同,反映了该反应在核苷酸代谢中的重要性。

核糖核苷酸还原酶催化反应的自由基机制最初是由 J. A. Stubbe 于 1990 年提出来的。研究主要以大肠杆菌的酶为对象进行,但后来在其他来源的酶中也证实存在同样的自由基反应。大致过程为:反应开始时大肠杆菌还原酶 R2 亚基上 Cys^{439} 的 H 原子被 Tyr^{122} 自由基的孤电子所置换,Cys 生成高活性的硫自由基。它吸引底物 NDP 上 C$_{3'}$ – H,因而产生 3′- 碳自由基。该自由基促使 C$_{2'}$ – OH 从另一 Cys 获得 H$^+$ 并脱 H$_2$O,产生 C$_{2'}$ 阳离子。然后从第三个 Cys 上获得氢负离子,C$_2$ 位被还原,同时 R1 亚基的 Cys^{225} 和 Cys^{462} 被氧化形成二硫键。C$_{3'}$ 自由基再次从 Cys^{439} 捕获氢原子,生成的 dNDP 离开酶。酶的二硫键由还原型硫氧还蛋白(或谷氧还蛋白)所还原。自由基反应机制见图 28 – 10。需要指出的是,该图已简化了整个反应过程,只表明了酶与底物自由基的转化。

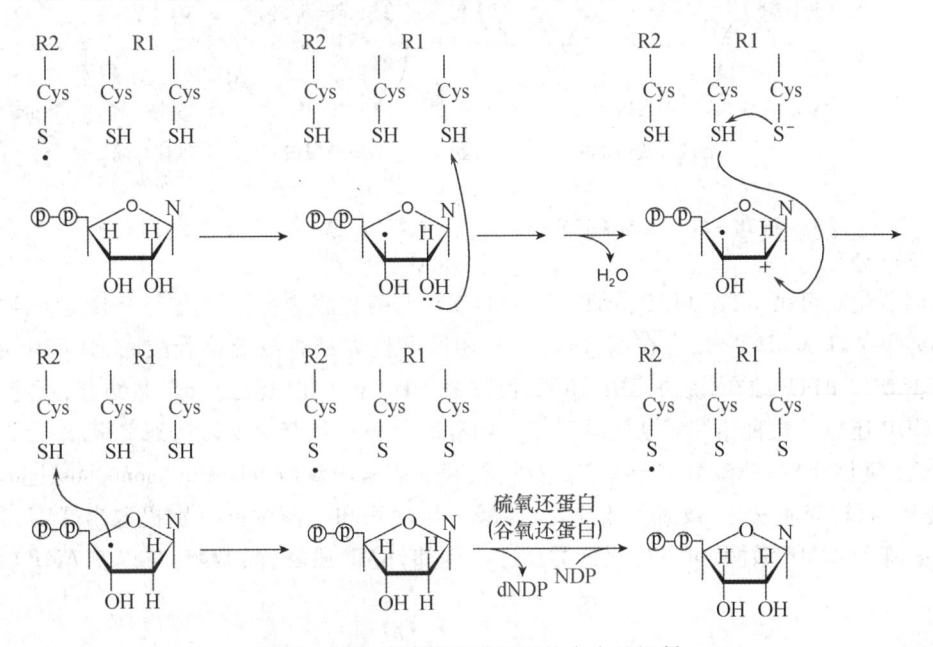

图 28 – 10 核糖核苷酸还原的自由基机制

① 大肠杆菌核糖核苷酸还原酶 R2 亚基 Cys^{439} 在 Tyr^{122} 自由基作用下形成硫自由基,从而导致底物 NDP 上 C$_{3'}$ – H 被除去,并产生 C$_{3'}$ 自由基。② C$_{3'}$ 自由基有助于 C$_{2'}$ 自 R1 亚基 Cys 处获取 H$^+$,脱去 H$_2$O,形成 C$_{2'}$ 阳离子。③ C$_{2'}$ 再获两个单电子和 H$^+$,从而被还原,R1 亚基的 Cys^{225} 和 Cys^{462} 上 2 个 SH 被氧化成二硫键。④ C$_{3'}$ 自由基使 Cys^{439} 再次生成硫自由基,NDP 还原成 dNDP。⑤ 生成的产物 dNDP 离开酶,新的底物 NDP 进入酶活性中心,R1 亚基的二硫键被还原型硫氧还蛋白(或谷氧还蛋白)还原成两个巯基

核糖核苷酸被酶还原成脱氧核糖核苷酸需要提供两个氢原子,酶失去两个氢原子后需要氢供体使其恢复,氢的最终给体是 NADPH,其间经氢携带蛋白(hydrogen carrying protein)再转移给还原酶,再传递到四种底物核苷酸上。硫氧还蛋白(thioredoxin)是一种广泛参与氧化还原反应的小分子蛋白质,它含有一对巯基,给出两个氢后即成为氧化型或二硫化物型,在硫氧还蛋白还原酶催化下被 NADPH 所还原。硫氧还蛋白还原酶是一种含 FAD 的黄素酶。另一种氢携带蛋白谷氧还蛋白(glutaredoxin),也能起同样传递氢的作用。谷氧还蛋白还原酶结合两分子的谷胱甘肽(GSH,氧化型为 GSSG),可以还原谷氧还蛋白。谷胱甘肽还原酶也是一种黄素酶,它从 NADPH 获得氢,并还原谷胱甘肽。它们传递的关系如图 28 – 11 所示。

由于核糖核苷酸还原反应极为重要,核糖核苷酸还原酶受到两方面的精确调节:一是核糖核苷酸和脱氧核苷酸供求关系的调节;二是四种脱氧核苷二磷酸之间维持平衡。核糖核苷酸还原酶 R1 有两个酶活性调节位点和两个底物特异性调节位点。前一位点可根据细胞内核糖核苷酸和脱氧核糖核苷酸水平打开或关闭酶的整个活性;后一位点是用于选择底物,使四种核苷酸获得协调。DNA 合成的前体是 dATP、dGTP、dTTP 和 dCTP 四种 dNTP,dATP 的浓度可以作为反映四种 dNTP 水平的指标。ATP 的浓度则反映了核糖核苷酸和供能的水平。当 ATP 结合于酶活性调节位点时,酶被激活,dATP 结合时酶被抑制。换言之,前者是酶活性的正效应物,后者是负效应物,它们竞争同一位点。

A

NADPH+H⁺ ⇌ FAD ⇌ SH HS ⇌ S—S ⇌ SH HS ⇌ NDP
NADP⁺ ⇌ FADH₂ ⇌ S—S ⇌ SH HS ⇌ S—S ⇌ dNDP

硫氧还蛋白还原酶　　　硫氧还蛋白　　　核糖核苷酸还原酶

B

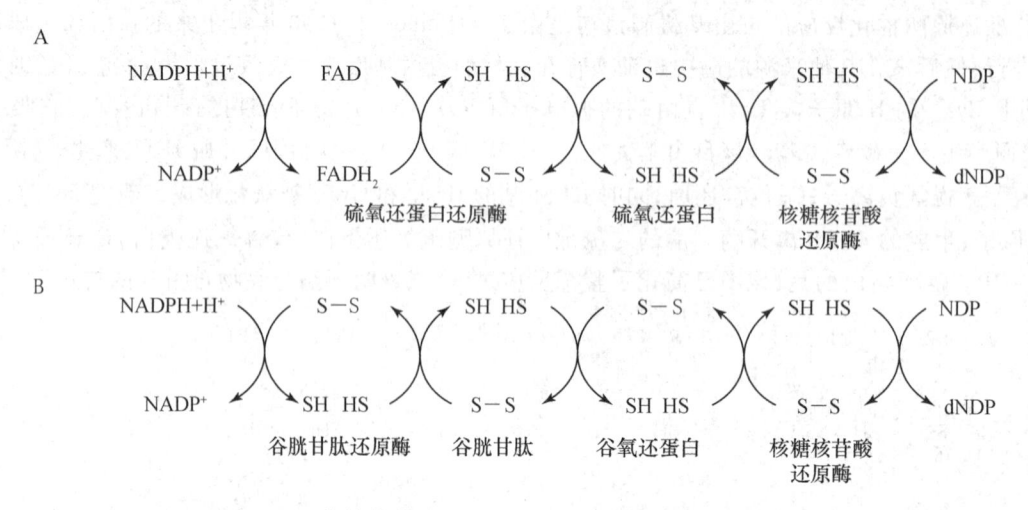

NADPH+H⁺ ⇌ S—S ⇌ SH HS ⇌ S—S ⇌ SH HS ⇌ NDP
NADP⁺ ⇌ SH HS ⇌ S—S ⇌ SH HS ⇌ S—S ⇌ dNDP

谷胱甘肽还原酶　　谷胱甘肽　　谷氧还蛋白　　核糖核苷酸还原酶

图 28-11　核糖核苷酸还原为脱氧核糖核苷酸的电子传递过程

底物特异性调节位点可被 ATP、dATP、dGTP 和 dTTP 结合,酶的底物特异性决定于上述四种核苷酸何者结合在调节位点上。如果 ATP 或 dATP 结合在调节位点上,还原酶优先结合嘧啶核苷酸底物(UDP 或 CDP),并使其还原为 dUDP 和 dCDP。dTTP 结合,促进 GDP 还原,但抑制 UDP 和 CDP 还原。dGTP 结合,促进 ADP 还原,但抑制 UDP、CDP 和 GDP 还原。这种错综复杂的关系使得四种脱氧核糖核苷酸得以达到平衡。

四种核苷(或脱氧核苷)一磷酸可以分别在特异的核苷一磷酸激酶(nucleoside monophosphate kinase)作用下,由 ATP 供给磷酸基,而转变成核苷(或脱氧核苷)二磷酸。从动物和细菌中已分别提取出 AMP 激酶、GMP 激酶、UMP 激酶、CMP 激酶和 dTMP 激酶,可以催化这类反应。例如,AMP 激酶(肌激酶)可以使 AMP 转变成 ADP,反应如下:

$$\text{ATP} + \text{AMP} \xrightleftharpoons{\text{AMP 激酶}} \text{ADP} + \text{ADP}$$

核苷二磷酸与核苷三磷酸可在核苷二磷酸激酶(nucleoside diphosphokinase)作用下相互转变。核苷二磷酸激酶的特异性很低,如以 X 和 Y 代表几种核糖核苷和脱氧核糖核苷,它可催化下列反应:

$$\text{XDP} + \text{YTP} \xrightleftharpoons{\text{核苷二磷酸激酶}} \text{XTP} + \text{YDP}$$

脱氧核糖核苷酸也能利用已有的碱基和核苷进行合成。但体内不存在相应于磷酸核糖转移酶的磷酸脱氧核糖转移酶途径;四种脱氧核糖核苷可以分别在特异的脱氧核糖核苷激酶和 ATP 作用下,被磷酸化而形成相应的脱氧核糖核苷酸。脱氧核糖核苷则由碱基和脱氧核糖-1-磷酸,在嘌呤或嘧啶核苷磷酸化酶的催化下形成。微生物体内存在的核苷脱氧核糖基转移酶(nucleoside deoxyribosyl transferase),还可以使碱基与脱氧核糖核苷之间互相转变。例如,胸腺嘧啶与脱氧腺苷可转变成脱氧胸苷与腺嘌呤,反应式如下:

$$\text{胸腺嘧啶} + \text{脱氧腺苷} \xrightarrow{\text{脱氧核糖基转移酶}} \text{脱氧胸苷} + \text{腺嘌呤}$$

2. 胸腺嘧啶核苷酸的合成

胸腺嘧啶核苷酸(dTMP)是脱氧核糖核酸的组成部分,它是由尿嘧啶脱氧核糖核苷酸(dUMP)经甲基化而生成。催化尿嘧啶脱氧核糖核苷酸甲基化的酶称为胸腺嘧啶核苷酸合酶(thymidylate synthase)。甲基的供体是 N^5,N^{10}-亚甲基四氢叶酸(N^5,N^{10}-methylenetetrahydrofolate)。N^5,N^{10}-亚甲基四氢叶酸给出亚甲基并使其还原成甲基,自身即变成二氢叶酸。二氢叶酸再经二氢叶酸还原酶催化,由还原型烟酰胺腺嘌呤二核苷酸磷酸供给氢,而被还原成四氢叶酸。如果有亚甲基的供体,例如丝氨酸存在时,四氢叶酸可获得亚甲基而转变成 N^5,N^{10}-

亚甲基四氢叶酸。其反应过程如下：

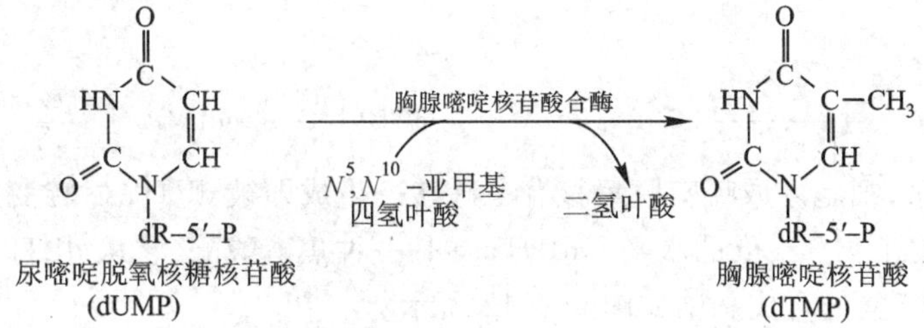

$$\text{尿嘧啶脱氧核糖核苷酸 (dUMP)} \xrightarrow[\text{二氢叶酸}]{\text{胸腺嘧啶核苷酸合酶} \atop N^5,N^{10}-\text{亚甲基四氢叶酸}} \text{胸腺嘧啶核苷酸 (dTMP)}$$

$$7,8-\text{二氢叶酸} + \text{NADPH} + \text{H}^+ \xrightleftharpoons{\text{二氢叶酸还原酶}} 5,6,7,8-\text{四氢叶酸} + \text{NADP}^+$$

$$\text{丝氨酸} + \text{四氢叶酸} \xrightleftharpoons{\text{丝氨酸羟甲基转移酶}} \text{甘氨酸} + N^5,N^{10}-\text{亚甲基四氢叶酸} + \text{H}_2\text{O}$$

叶酸的衍生物四氢叶酸是一碳单位的载体，它在嘌呤和嘧啶核苷酸的生物合成中起着重要的作用。某些叶酸的结构类似物，如氨基蝶呤（aminopterin）、氨甲蝶呤（methotrexate）等，能与二氢叶酸还原酶牢固结合，结果阻止了四氢叶酸的生成，从而抑制了它参与的各种一碳单位转移反应。氨甲蝶呤等的主要作用点是胸腺嘧啶核苷酸合成中的一碳单位转移反应。它们的结构式如下：

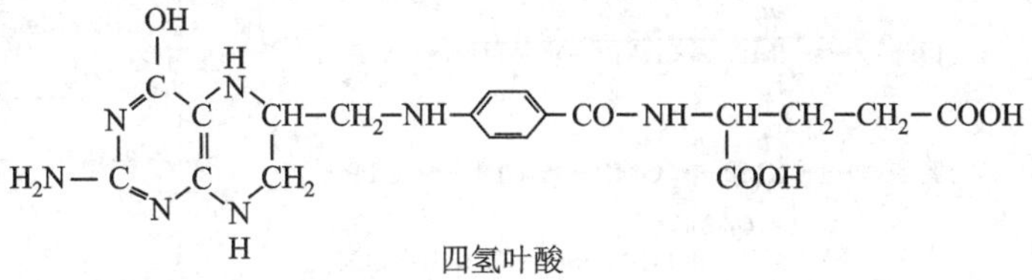

四氢叶酸

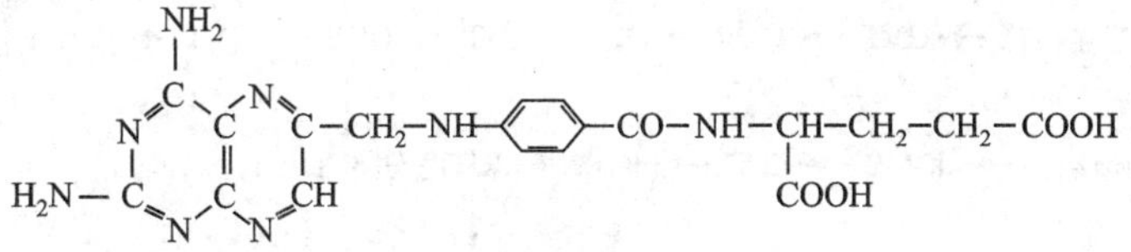

氨基蝶呤

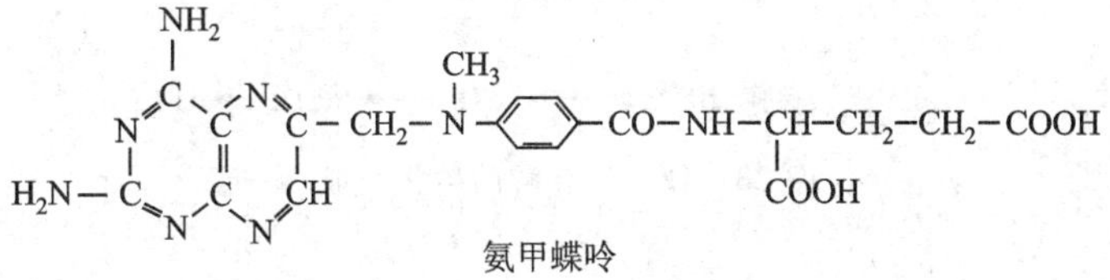

氨甲蝶呤

氨甲蝶呤是一类重要的抗肿瘤药物，它对急性白血病、绒毛膜上皮癌等有一定疗效。这类药物能够抑制肿瘤细胞核酸的合成，但对正常细胞亦有影响，故毒性较大，限制了在临床上的应用。但作为二氢叶酸还原酶特异抑制剂，在实验室可用于配制选择培养基，筛选抗性基因或鉴定胸腺嘧啶核苷激酶基因，十分有用。

5-氟尿嘧啶在临床上是有用的抗肿瘤药物。它在体内能转化为氟脱氧尿苷酸（fluorodeoxyuridylate，F-dUMP），作为dUMP的类似物，与胸苷酸合酶发生不可逆的结合，成为自杀性抑制物。胸苷酸合酶和二氢叶酸还原酶常被选作设计抗肿瘤药物的靶位点。

至于合成胸腺嘧啶核苷酸时所需要的底物尿嘧啶脱氧核苷酸，可以由尿嘧啶核苷二磷酸还原成尿嘧啶脱氧核苷二磷酸，经磷酸化成为尿嘧啶脱氧核苷三磷酸，再经尿嘧啶脱氧核苷三磷酸酶（dUTPase）转变成尿嘧啶脱氧核苷一磷酸。另一条途径是由胞嘧啶脱氧核苷三磷酸脱氨，经尿嘧啶脱氧核苷三磷酸再转变成尿嘧啶脱氧核苷酸。何者为主在不同生物体内可能不一样。胸苷酸（thymidylate）的合成途径如下：

$$\text{CDP} \xrightarrow{\text{核糖核苷酸还原酶}} \text{dCDP} \xrightarrow{\text{核苷二磷酸激酶}} \text{dCTP}$$
$$\downarrow \text{脱氨酶}$$
$$\text{UDP} \longrightarrow \text{dUDP} \longrightarrow \text{dUTP} \xrightarrow{\text{dUTPase}} \text{dUMP} \xrightarrow{\text{胸苷酸合酶}} \text{dTMP}$$

为防止尿苷酸掺入 DNA,细胞内尿嘧啶脱氧核苷三磷酸一生成即被 dUTPase 转变成尿嘧啶脱氧核苷一磷酸,保持尿嘧啶脱氧核苷三磷酸在一个很低的水平。dUTPase 是一种焦磷酸酶,它从 dUTP 上水解 PPi。

根据以上所述,可将核苷酸的合成总结如图 28-12 所示。

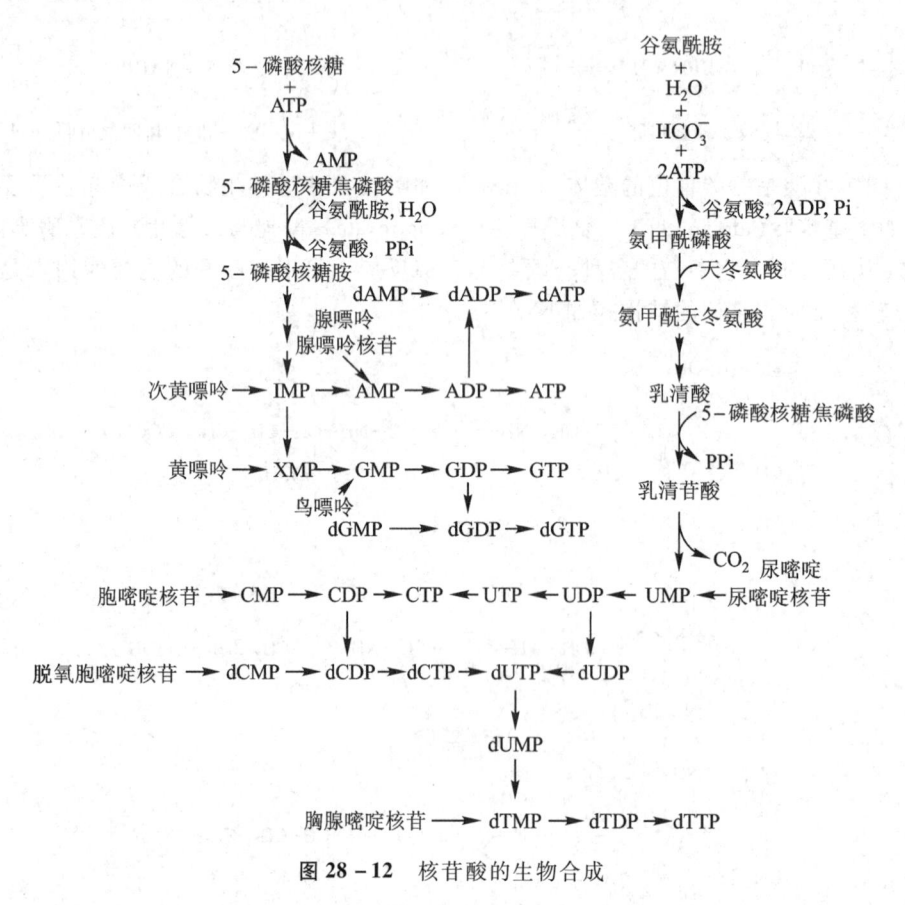

图 28-12 核苷酸的生物合成

三、辅酶核苷酸的生物合成

生物体内尚有多种核苷酸衍生物作为辅酶而起作用。其中重要的有:烟酰胺腺嘌呤二核苷酸、烟酰胺腺嘌呤二核苷酸磷酸、黄素单核苷酸、黄素腺嘌呤二核苷酸及辅酶 A。这几种辅酶核苷酸可在体内自由存在。现将其生物合成途径分别叙述如下。

(一) 烟酰胺核苷酸的合成

烟酰胺腺嘌呤二核苷酸(即辅酶 I、NAD 或 DPN)和烟酰胺腺嘌呤二核苷酸磷酸(辅酶 II,NADP 或 TPN)是含有烟酰胺的两种腺嘌呤核苷酸的衍生物。它们为脱氢酶的辅酶,在生物氧化还原系统中起着氢传递体的作用。烟酰胺腺嘌呤二核苷酸由一分子烟酰胺核苷酸(NMN)和一分子腺嘌呤核苷酸连接而成。烟酰胺腺嘌呤二核苷酸磷酸则在腺苷酸核糖的 2′-羟基上多一个磷酸基。烟酰胺核苷酸的结构和作用见维生素和辅酶一章。

由烟酸合成烟酰胺腺嘌呤二核苷酸需要经过三步反应。烟酸先与5-磷酸核糖焦磷酸反应产生烟酸单核苷酸;催化该反应的酶称为烟酸单核苷酸焦磷酸化酶(nicotinate mononucleotide pyrophosphorylase)。在5-磷酸核糖焦磷酸中,焦磷酸部分为α-构型,而在NAD中,核糖与烟酰胺之间的连接为β-构型,因此认为可能在这一步发生构型的变化。第二步为烟酸单核苷酸与三磷酸腺苷在脱酰胺-NAD焦磷酸化酶(deamido-NAD pyrophosphorylase)催化下进行缩合。最后,烟酸腺嘌呤二核苷酸(脱酰胺-NAD)酰胺化形成烟酰胺腺嘌呤二核苷酸。催化该反应的酶称为NAD合成酶(NAD synthetase),并且需要谷氨酰胺作为酰胺氮的供体。

$$\text{烟酸} + 5\text{-磷酸核糖焦磷酸} \xrightleftharpoons[]{\text{烟酸单核苷酸焦磷酸化酶}} \text{烟酸单核苷酸} + \text{PPi} \tag{1}$$

$$\text{烟酸单核苷酸} + \text{ATP} \xrightleftharpoons[]{\text{脱酰胺-NAD焦磷酸化酶}} \text{脱酰胺-NAD} + \text{PPi} \tag{2}$$

$$\text{脱酰胺-NAD} + \text{谷氨酰胺} + \text{ATP} \xrightleftharpoons[]{\text{NAD合成酶}} \text{NAD}^+ + \text{谷氨酸} + \text{AMP} + \text{PPi} \tag{3}$$

烟酰胺腺嘌呤二核苷酸磷酸是由NAD经磷酸化转变而成。NAD激酶(NAD-kinase)催化NAD与ATP反应生成NADP。

$$\text{NAD}^+ + \text{ATP} \xrightarrow{\text{NAD激酶}} \text{NADP}^+ + \text{ADP}$$

(二)黄素核苷酸的合成

黄素核苷酸是核黄素的衍生物,通常又称为异咯嗪核苷酸,共有两种:黄素单核苷酸(异咯嗪单核苷酸,FMN)和黄素腺嘌呤二核苷酸(异咯嗪腺嘌呤二核苷酸,FAD)。它们是许多氧化还原酶的辅基;以其异咯嗪部分的氧化还原而参与传递氢和电子的作用。FMN由6,7-二甲基异咯嗪核醇和磷酸所组成。FAD由一分子FMN和一分子腺苷酸联结而成。其结构式和作用参看维生素和辅酶一章。

动物、植物和微生物均能利用核黄素以合成黄素核苷酸。核黄素的来源见维生素和辅酶一章。核黄素在黄素激酶(flavokinase)的催化下与ATP反应生成5'-磷酸核黄素,即异咯嗪单核苷酸。

$$\text{核黄素} + \text{ATP} \xrightarrow[\text{Mg}^{2+}]{\text{黄素激酶}} \text{FMN} + \text{ADP}$$

FMN又在FAD焦磷酸化酶(FAD pyrophosphorylase)的作用下与ATP反应而生成FAD。反应是可逆的。在此反应中所释放的焦磷酸完全来自ATP。

$$\text{FMN} + \text{ATP} \xrightleftharpoons[]{\text{FAD焦磷酸化酶}} \text{FAD} + \text{PPi}$$

(三)辅酶A的合成

辅酶A分子中含有腺苷酸、泛酸、巯基乙胺和磷酸,它们连接的方式是3-磷酸-ADP-泛酰-巯基乙胺。辅酶A是酰基转移酶的辅酶。关于辅酶A的结构和作用以及泛酸的来源等见维生素和辅酶一章。

从泛酸开始合成辅酶A,其主要合成途径如下:

第一步,在泛酸激酶(pantothenate kinase)催化下泛酸与ATP反应形成4'-磷酸泛酸(4'-phosphopantothenate)。该激酶已从动物、细菌和酵母中分别提取得到。

$$\text{泛酸} + \text{ATP} \xrightarrow{\text{激酶}} 4'\text{-磷酸泛酸} + \text{ADP}$$

下一步反应为:4'-磷酸泛酸与半胱氨酸缩合产生4'-磷酸泛酰半胱氨酸(4'-phosphopantothenyl-cysteine)。催化此反应的酶称为磷酸泛酰半胱氨酸合成酶(phosphopantothenylcysteine synthetase)。从细菌中提取得到的合成酶必须以 CTP 供给能量,但从动物系统中提得的合成酶可用其他核苷三磷酸来代替 CTP。

$$4'-\text{磷酸泛酸} + \text{半胱氨酸} \xrightarrow[\text{CTP 或 ATP}]{\text{合成酶}} 4'-\text{磷酸泛酰半胱氨酸}$$

所生成的 4'-磷酸泛酰半胱氨酸在磷酸泛酰半胱氨酸脱羧酶(phosphopantothenylcysteine decarboxylase)的催化下脱去羧基,转变成 4'-磷酸泛酰巯基乙胺(phosphopantetheine)。

$$4'-\text{磷酸泛酰半胱氨酸} \xrightarrow{\text{脱羧酶}} 4'-\text{磷酸泛酰巯基乙胺} + CO_2$$

4'-磷酸泛酰巯基乙胺可与 ATP 缩合形成脱磷酸辅酶 A(dephospho-CoA),并释放出无机焦磷酸。这是辅酶 A 生物合成过程中唯一的可逆反应;催化该反应的酶为脱磷酸辅酶 A 焦磷酸化酶(dephospho-CoA pyrophosphorylase)。

$$4'-\text{磷酸泛酰巯基乙胺} + ATP \xrightleftharpoons{\text{焦磷酸化酶}} \text{脱磷酸辅酶 A} + PPi$$

最后,脱磷酸辅酶 A 在脱磷酸辅酶 A 激酶(dephospho-CoA kinase)催化下,被磷酸化而形成辅酶 A,磷酸基的供体必须是 ATP,并且在有半胱氨酸时酶活性最大。

$$\text{脱磷酸辅酶 A} + ATP \xrightarrow{\text{激酶}} \text{辅酶 A} + ADP$$

习 题

1. 细胞内游离核苷酸有何重要生物功能?
2. 催化核酸水解的酶有哪几类?参与核苷酸分解的酶有哪几类?
3. 核酸有无营养价值?如果供给动物缺乏核酸的食物,动物能否生存?
4. 为什么别嘌呤醇能治疗痛风?过量服用别嘌呤醇可能会造成什么代谢紊乱?
5. 举例说明两个"自杀作用物"的原理。
6. 比较不同生物分解嘌呤碱能力的差异,从中能总结出什么规律?
7. 生物分解嘌呤碱和嘧啶碱需要消耗 ATP,还是产生 ATP?
8. 说明嘌呤环上各个原子的来源。装配一个嘌呤环共需要消耗多少个 ATP 分子?
9. 合成次黄嘌呤核苷酸的酶组成多酶复合物,在真核生物有些融合为多功能蛋白,试说明其生物学意义?
10. 由次黄嘌呤核苷酸转变为腺嘌呤核苷酸和鸟嘌呤核苷酸都有氨基化反应,两者氨基来源有何不同,能量供给有何差别?
11. 嘌呤碱和核苷的回收途径以何者为主?
12. 何谓 Lesch-Nyhan 综合征?如何治疗?
13. 嘌呤核苷酸生物合成的反馈控制点有哪几个?
14. 分析 6-巯基嘌呤(次黄嘌呤的类似物)和氮鸟嘌呤(鸟嘌呤的类似物)进入体内后可能的转变途径和作用机制。
15. 嘧啶环的合成与嘌呤环的合成有何异同?
16. UMP 合成酶发生缺陷的患者可表现出什么症状?如何治疗?
17. 嘧啶碱和核苷的回收主要通过什么途径?
18. 说明下面抗代谢物抑制核苷酸生物合成的原理和主要作用点。
    重氮丝氨酸　　6-重氮-5-氧-正亮氨酸　　氨基蝶呤　　氨甲蝶呤　　5-氟尿嘧啶
19. 说明核糖核苷酸还原的自由基机制。
20. 比较核糖核苷酸还原过程中硫氧还蛋白和谷氧还蛋白传递电子的异同。
21. 解释核糖核苷酸还原酶的调节机制。
22. 胸腺嘧啶核苷酸合酶如何使尿嘧啶甲基化?

23. 请解释为什么在含胸苷和氨甲蝶呤的培养基中正常细胞即死亡,而胸苷酸合酶有缺陷的突变菌株却能存活生长。

24. 尿苷酸需在不同磷酸化水平上转变为其他核苷酸,如 UTP 氨基化为 CTP,UDP 还原为 dUDP,dUMP 甲基化为 dTMP,dUTP 水解焦磷酸为 dUMP,这是为什么?

25. 哪些辅酶含有核苷酸?它们合成的共同步骤是什么?

主要参考书目

[1] Nelson D L,Cox M M. Lehninger Principles of Biochemistry. 4th ed. New York:W H Freeman and Company,2005.

[2] Berg J M,Tymozko J L,Stryer L. Biochemistry. 5th ed. New York:W H Freeman and Company,2002.

[3] Garrett R H,Grisham C M. Biochemistry. 2nd ed. Orlando:Thomson Learning,1999.

[4] Voet D,Voet J G,Pratt C W. Fundamentals of Biochemistry. New York:John Wiley & Sons, 2002.

[5] McKee T, McKee J R. Biochemistry:An Introduction. 2nd ed. Dubuque:McGraw – Hill,1999.

(朱圣庚)

第3篇

遗传信息

第3章

甲状腺

第29章 遗传信息概论

生物功能由生物不同层次的结构所决定。生物不同层次的结构则是由生物大分子装配而成(图29-1)。生物大分子有四类:蛋白质、核酸、多糖和脂质化合物。蛋白质是主要的生物功能分子,它参与所有的生命活动过程,并起着主导作用。核酸包括 DNA 和 RNA,是主要的遗传信息携带分子。RNA 还在遗传信息的传递、加工和调节以及其他重要生命活动过程中起关键的作用。多糖和脂质化合物协助蛋白质完成其功能。脂质化合物本身虽然仍属于生物小分子,但能聚集成复合物而具大分子的性质,它与蛋白质构成生物膜,形成细胞基本的结构。核酸能够复制,蛋白质的合成由核酸所控制,多糖和脂质化合物由蛋白质作为酶催化合成。因此,生物的形态结构可通过核酸的自复制和生物分子的自装配而完成。单独生物分子本身并无生命,一切生命现象均存在于生物分子的相互作用之中,其中 DNA、RNA 和蛋白质起着决定的作用。

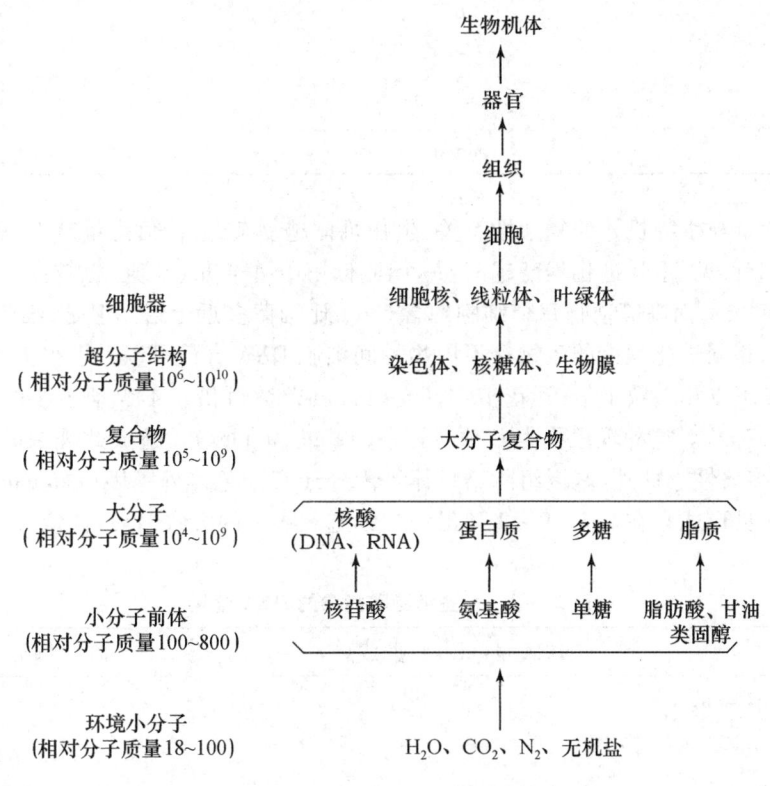

生物机体
↑
器官
↑
组织
↑
细胞
↑
细胞器   细胞核、线粒体、叶绿体
↑
超分子结构   染色体、核糖体、生物膜
(相对分子质量 $10^6 \sim 10^{10}$)
↑
复合物   大分子复合物
(相对分子质量 $10^5 \sim 10^9$)
↑
大分子   核酸(DNA、RNA)   蛋白质   多糖   脂质
(相对分子质量 $10^4 \sim 10^9$)
↑
小分子前体   核苷酸   氨基酸   单糖   脂肪酸、甘油、类固醇
(相对分子质量 $100 \sim 800$)
↑
环境小分子 H_2O、CO_2、N_2、无机盐
(相对分子质量 $18 \sim 100$)

图 29-1 生物的不同层次结构

子代细胞来自亲代细胞,细胞组装的某些特征作为先存结构(pre-existing structure)可被传递下来,在子代细胞的形成中起指导作用,因此也携带一定的遗传信息。例如,细胞膜可按原有的成分和结构生长;染色体经修饰后可指导子代染色体具有同样的修饰结构;细胞内的淀粉粒可保持其特殊的花纹等。然而,决定生物大分子的遗传信息主要编码在核酸分子上,表现为特定的核苷酸序列。半个多世纪以来,生物化学与分子生物学揭示了基因的许多重要编码规律,破译了氨基酸密码表。所谓遗传密码(genetic code)通常就是指核苷酸三联体(triplet)决定氨基酸的对应关系。实际上,在高等动物和植物基因组中只有1%左右用于编码蛋白质氨基酸序列,更多部分是用于编码基因表达的调控信息。相信随着研究的深入,会有第二套、第三套遗传密码表被破译。

一、DNA是遗传信息的携带分子

虽然早在1869年F. Miescher就发现了细胞核中存在DNA,但直到20世纪中叶才了解这类物质是遗传信息的携带分子。其后半个世纪的研究,揭示了遗传信息的编码、传递和表达机制。

(一)细胞含有恒定量的DNA

细胞中DNA含量分析结果表明,任何一种生物的细胞,其DNA含量都是恒定的,不受外界环境、营养条件和细胞本身代谢状态的影响。单倍体生殖细胞的DNA含量正好是双倍体体细胞的一半。这些数据都符合遗传物质的特性。表29-1列出几种动物细胞中DNA的平均含量。

表29-1 细胞的DNA含量(pg/细胞)

生物种类	体细胞(二倍体)	精细胞(单倍体)
牛	6.5	3.4
小鼠	5.3	2.7
鸡	2.4	1.3
蟾蜍	7.3	3.7
鲤鱼	3.4	1.6

每个细胞中DNA含量与生物机体的复杂性有关,生物机体越复杂,遗传信息量越大,就需要更多遗传物质携带遗传信息。从表29-2可见,生物进化程度越高,每个细胞中DNA含量(C值)也越高。例如,细菌每个细胞约含DNA 0.006pg(6×10^{-12}g),而高等动物每个细胞约含6 pg,比细菌多近千倍。但是,细胞DNA含量与进化程度并不是简单的平行关系,相同进化程度的生物在不同物种间细胞DNA含量可以差别很大。例如,昆虫、两栖类不同种之间细胞DNA含量可以相差数十倍,开花植物甚至可以相差数百倍。不少动植物的细胞DNA含量远大于人类细胞DNA含量(6.57pg)。这种现象称为C值悖谬(C value paradox)。造成此现象的原因是基因组DNA存在重复序列和染色体的多倍性。此外,基因组除染色体基因外还有染色体外基因(extrachromosomal gene)和细胞器基因,它们往往以多拷贝形式存在。表29-2列出一些细胞和病毒的大致DNA含量。

表29-2 一些细胞和病毒的DNA含量

生物种类	DNA量(pg/细胞*或病毒)	碱基对数目/bp
开花植物	0.3~200	$5.6 \times 10^8 \sim 2 \times 10^{11}$
哺乳类	6	5.5×10^9
鸟类	2	2×10^9
爬虫类	5	4.5×10^9
两栖类	1.6~160	$1.5 \times 10^9 \sim 1.5 \times 10^{11}$
鱼类	0.6~21	$6 \times 10^8 \sim 2 \times 10^{10}$
昆虫类	0.2~10	$2 \times 10^8 \sim 1 \times 10^{10}$
甲壳类	3	2.8×10^9
软体动物	1.2	1.1×10^9
线虫	0.08	8×10^7
海绵	0.1	1×10^8
霉菌	0.02~0.17	$2 \times 10^7 \sim 1.6 \times 10^8$
细菌	0.002~0.06	$2 \times 10^6 \sim 6 \times 10^7$
噬菌体T	0.000 24	1.7×10^5
噬菌体λ	0.000 08	4.8×10^4

* 真核细胞是体细胞的数值。

由此可知，DNA 的信息量只与 DNA 的复杂度（complexity）有关，而 DNA 的复杂度是指单倍体细胞基因组 DNA 非重复序列的碱基对数，并不相等于细胞 DNA 含量。信息量（I）与概率（P）有关，可按以下公式计算：

$$I = -k\ln P$$

k 是常数，P 由 DNA 的碱基对数（n）决定：

$$P = \frac{1}{4^n}$$

生物在进化过程中，借助基因扩增和重组，基因组 DNA 增大，信息量增加。随机突变经中性漂移而固定，增加了生物的多样性，也增加了适应的潜力。然而，只有经过自然选择，才使生物性状具有适应性。DNA 的大小只表明它可能编码信息的量，它实际具有的编码信息，是在进化过程中获得的。换句话说，遗传漂变和自然选择赋予 DNA 有义信息。现有生物分子的结构都是进化的结果。

（二）DNA 是细菌的转化因子

细菌的转化现象，最初是在 1928 年由 F. Griffith 所发现。肺炎球菌通常包有一层黏稠的多糖荚膜，形成光滑的菌落，称为 S 型。这个多糖荚膜是细菌致病所必需。失去荚膜的突变株就没有致病能力，成为粗糙不光滑的菌落，称为 R 型。Griffith 发现，单独给小鼠注射活的 R 型肺炎球菌，或单独注射加热杀死的 S 型肺炎球菌都不能致病。但是若将两者混合后一起注射，则可使小鼠得肺炎致死，并且从小鼠体内分离出 S 型肺炎球菌。这一事实说明，非致病的 R 型肺炎球菌可被存在于 S 型菌中一种耐热成分转化为 S 型。在这之后他又发现，S 型菌加热杀死后的无细菌提取液，也能在体外经试管培养，使 R 型菌转化为 S 型菌。转化产生的 S 型后代，还能继续繁殖，并遗传此性状。

1944 年，O. T. Avery 通过实验证明，使无荚膜的肺炎球菌产生荚膜的转化因子是 DNA。然而当时比较普遍的看法仍然认为遗传物质是蛋白质，对 Avery 的实验或是抱怀疑态度，认为也许是 DNA 制剂中混杂了少量不被检测出来的蛋白质起作用；或是认为 DNA 只不过是一种特异诱变剂，改变了菌体的特性。直到 20 世纪 50 年代初，Hershey 和 Chase 证明噬菌体的遗传物质是 DNA 后，才逐渐改变了学术界的看法。

在此之后，许多细菌的遗传性状都用 DNA 转化获得成功；并且真核生物也同样可用 DNA 进行转化。其实，细菌的转化现象十分普遍。在自然界，细菌借此而获得新的有用基因。由于滥用抗生素而使不少致病菌提高了对药物的抗性，R 质粒（抗性质粒）的横向扩散也是其中原因之一。在实验室，借助转化而得以构建各种基因工程菌。

（三）病毒是游离的遗传因子

1952 年属于噬菌体小组的 Hershey 和 Chase 用 ^{32}P 标记 T2 噬菌体的 DNA，用 ^{35}S 标记噬菌体蛋白质，然后用此双标记的噬菌体去感染大肠杆菌。经短暂培养后，将培养物搅拌数分钟，使吸附在大肠杆菌表面的噬菌体脱落。通过离心，上清液中可检测到 ^{35}S 标记物，^{32}P 却在管底菌体内。这就有力证明了进入宿主细胞内的是噬菌体 DNA，它携带了噬菌体的全部遗传信息。在 Hershey 和 Chase 实验的启发下，Watson 和 Crick 才于 1953 年提出 DNA 双螺旋结构模型。1969 年 Delbrück、Hershey 和 Luria 共获诺贝尔生理学和医学奖，以表彰他们在噬菌体遗传学研究中的功绩。

有些病毒不含 DNA 而含 RNA，例如多数植物病毒都是 RNA 病毒。1955 年 H. Fraenkel-Conrat 和 B. Singer 将提纯的烟草花叶病毒（TMV）外壳蛋白和 RNA 在体外混合，它们可以自装配成棒状的病毒。如果将甲株的 RNA 与乙株的外壳蛋白混合，所得到重组 TMV 具感染力和产生的子代病毒特征都与甲株完全相同，而与乙株相异；反之亦然。实际上，从 TMV 中分离出来的 RNA 也具有感染性，只是比天然完整病毒的感染力要低得多。Fraenkel-Conrat 的重组实验表明，RNA 也可以是遗传因子，携带亲代传递给子代的遗传信息。

1970 年 D. Baltimore 和 H. Temin 同时发现动物致瘤 RNA 病毒含有逆转录酶，当病毒 RNA 侵入宿主细胞后可以逆转录成 cDNA，然后整合到宿主染色体 DNA 中去。其后知道，嗜肝 DNA 病毒和植物花椰菜花叶病毒（CaMV）

虽是 DNA 病毒,但其病毒 DNA 是由病毒 RNA 逆转录而来的。这说明 RNA 能指导 DNA 的合成。

病毒感染宿主细胞后,病毒核酸(无论是 DNA 还是 RNA)可以在细胞内单独复制;或是整合到宿主染色体 DNA 中去(RNA 需逆转录成 cDNA)随宿主 DNA 一起复制。游离的或整合的病毒核酸,在适当条件下又可装配成病毒粒子,而离开宿主细胞。总之,病毒不能离开细胞独立生活,病毒的一切生命活动都需要在细胞内进行,这就是说病毒核酸所能做的事(包括 RNA 复制和逆转录)都是细胞核酸原本就可做的事,病毒核酸只是获得了游离的能力。

(四) 基因是 DNA 的一段序列

早在 1866 年奥地利学者 G. Mendel 根据他的豌豆杂交实验结果发表了"植物杂交试验"的论文,提出植物性状由遗传因子所决定,揭示了现在被称为孟德尔定律的遗传规律,从而奠定了遗传学基础。1909 年丹麦遗传学家 W. L. Johannsen 称 Mendel 式遗传中的遗传因子为基因(gene),并提出基因型和表现型两个术语,前者指生物的基因组成,后者指这些基因表现的性状。1917 年 T. H. Morgan 发表"基因论",因其在基因学说研究中的贡献而于 1933 年被授予诺贝尔奖。

遗传学家通过实验证明基因的存在,并对基因的属性有了一定的认识,但在相当长的时间内并不知道基因的物理性质。虽然 1869 年 Miescher 就已提取出 DNA,但却不了解它的生物功能,直到 20 世纪中叶 Avery 证明 DNA 是细菌的转化因子,Hershey 等证明 DNA 是噬菌体的遗传物质,才开始认识到这类物质与遗传有关。遗传学对基因的定义是:在染色体上占有一定位置的遗传单位,通过控制代谢对表型有专一性的效应,并可突变成为各种等位型式。也就是说基因有三个最基本的属性:①它能复制;②能控制生物大分子的合成而影响代谢;③能产生突变。Watson 和 Crick 提出 DNA 双螺旋分子结构模型,以及其后一些科学家对 DNA 复制和遗传信息表达的研究表明,基因是 DNA 的一个片段。

DNA 具有基因的一切属性。DNA 通过半保留复制,使遗传信息得以由亲代传递给子代;在子代经转录和翻译表现出与亲代相似的性状;又因变异而使后代产生差异。分子生物学的深入研究又发现基因可以是重叠的(overlapping gene)、间断的(interrupted gene)、可移动的(mobile gene)、并且可以选择性地表达(alternative expression)。传统遗传学认为"一个基因一条多肽链",现在知道一个基因可以按不同方式编码不止一条多肽链,通过解读得到多种同源异型体(isoform)蛋白质。于是"一个基因一条多肽链"变成了"一条多肽链一个基因"。无论如何,基因仍然代表 DNA 的一段序列。

(五) DNA 重组技术为基因组的研究提供了最有力的手段

20 世纪 70 年代 DNA 重组技术开始兴起,以重组技术系统为依托的基因工程获得迅速的发展。基因工程是对基因(DNA)的分子施工。在 DNA 重组技术的带动下,各种生物技术和生物工程不断产生和发展。生物学进入了技术大突破和大规模工程研究的时代。这就使基因组的研究得以空前的规模和速度进行。

DNA 重组技术导致分子生物学的第二次革命,带动生物学进入一个新的创造性发展的时期。借助 DNA 重组技术,生物学已能够在认识基因的基础上,去改造基因,创造出新的基因、新的基因产物和新的生物性状。以往生物学的研究是从性状至基因,即先认识生物的性状,进而了解控制性状的蛋白质,再深入研究其基因;现在可以先从基因入手,再研究其功能和所控制的性状,因此被称为反向生物学(reverse biology)。反向生物学通过基因序列资料来研究其生物功能,因此更直接、更抓住本质,并且能够更充分利用现代生物信息学的成果。

生物科学和生物技术的发展使得生物科学的发展规律变得更易预测,因此可以集中人力物力按照规划进行大规模的科学工程。DNA 重组技术日臻完善,测定人类基因组序列已成为可能。首先由美国科学家提出"人类基因组计划",并得到政府支持,计划用 15 年时间,投资 30 亿美元,完成人类基因组序列测定。该计划于 1990 年启动,并很快得到各国科学家和政府的重视,英国、日本、法国、德国和中国相继加入。"人类基因组计划"就其规模堪与曼哈顿核武器研究计划以及阿波罗登月计划相比拟,是生物学有史以来最宏大的科学工程。这一计划经多国科学家和生物技术公司的努力,已于 2003 年提前完成。现在生物学已进入后基因组时代,蛋白质组学、RNA

组学、结构基因组学和功能基因组学等研究计划相继提出,科学家们关心如何攻克癌症、如何揭开人类胚胎发育和大脑活动的奥秘,这样一些令人神往的课题。生物学已成为各学科共同关注的领域。

DNA 重组技术不仅促进了生物学的发展,也促进了生物技术产业的兴起。基因操作技术已在医药、食品和化工等领域崭露头角。一批基因工程药物在临床得到广泛应用,其意义远比抗生素的发现和应用更为深远。基因重组和细胞克隆等技术可以构建和培育出抗病虫害、优质、高产的农作物和饲养动物新品种,从而极大地提高农业的劳动生产率。生物技术已成为新产业革命的重要支柱,它正在促进产业结构的改变,生物技术产业已成为决定未来经济的关键性产业群。DNA 重组技术对生产力的发展做出了重大贡献。

二、RNA 使遗传信息得以表达

RNA 是单链分子,并可自身回折形成局部双螺旋,再折叠成特殊的空间结构,这就使 RAN 既能像 DNA 那样贮存和传递遗传信息,又能像蛋白质那样具有催化和调节功能。RNA 能够传递和加工遗传信息,控制蛋白质合成,并在细胞内执行各种功能。细胞依赖 RNA 而使遗传信息得以表达。

转录水平的调节使得细胞在不同环境和时空条件下,表达不同基因编码的信息。但转录是一个传真的过程,初级转录物(primary transcript)RNA 与被转录 DNA 的序列基本一致。RNA 在转录后常常要经过一系列的加工才成为成熟的、有功能的 RNA。一般性加工,包括切割(cutting)、修剪(trimming)、添加(appending)、修饰(modification)和异构化(isomerization),不改变 RNA 的编码序列。编码序列加工,包括剪接(splicing)、编辑(editing)和再编码(recoding)则改变了 RNA 的序列,也改变了携带的遗传信息。不同的加工可以得到不同的表达产物,因此基因的表达有赖于 RNA 的解读。最近还发现小 RNA 在遗传信息表达的调节中起重要作用。总之,如果说 DNA 是遗传信息的储存器,RNA 则是遗传信息的处理器。

(一) RNA 参与蛋白质的合成

早在 20 世纪 40 年代,Caspersson 使用显微紫外分光光度法、Brachet 使用组织化学法证明,蛋白质合成旺盛的细胞,如生长和分泌细胞,特别富含 RNA。由此推测 RNA 与蛋白质合成有关。及至 50 年代末、60 年代初,相继分离出参与蛋白质合成的 tRNA、rRNA 和 mRNA。这三类 RNA 也是细胞中含量丰富并研究得最多的 RNA。

现在知道,转移 RNA(transfer RNA,tRNA)即相当于 Crick 于 1958 年所设想的在核酸语言转变为蛋白质语言时所需要的转换器(adapter),它携带氨基酸至核糖体上,由其反密码子识别 mRNA 的密码子,起翻译作用。核糖体 RNA(ribosomal RNA,rRNA)与数十种蛋白质组成核糖体,使 mRNA 和 tRNA 在其上正确定位,并催化肽键的合成,起装配者(assembler)作用。信使 RNA(messenger RNA,mRNA)从 DNA 处携带遗传信息以决定蛋白质的氨基酸序列,起指导者(instructor)的作用。它们共同决定着蛋白质的合成,这是细胞新陈代谢中最复杂的过程。

长期以来一直以为 RNA 的功能只是控制蛋白质的合成,在上世纪 80 年代才开始发现 RNA 的多种新的功能。然而,控制蛋白质合成仍然是 RNA 的核心功能。

(二) RNA 进行信息加工

所谓 RNA 的信息加工是指 RNA 在传递遗传信息过程中进行抽提信息、消除差错、转换信号、调节流向等作用;RNA 还能在此过程中增加新的有用信息。由于生物分子的合成途径是生物分子在进化过程中形成的,它在一定程度上反映了生物分子的进化历程。RNA 转录后的加工在所有生物大分子的合成过程中最为复杂,表明这类分子进化的复杂性。RNA 不仅能编码、贮存和传递遗传信息,而且不稳定,易于进行切割、剪接和修饰,这种变异可部分改变所携带的遗传信息,经过自然选择保留下有意义的信息,也就成为现今 RNA 的信息加工过程。RNA 编码序列的改变主要涉及选择性转录、剪接、编辑和再编码。

一个基因可以有不只一个转录起点和终点,在转录过程中还可通过模板滑动等方式重复或失去一段序列,因此由一个基因可得到不只一种转录物。这种现象在真核生物中比较普遍。因其与剪接和编辑常有关联,故通常放在剪接或编辑中一起叙述。

真核生物的基因通常都是断裂基因,插入的非编码序列(内含子)需在转录后加工过程中删除。将编码序列(外显子)剪接成有义链,是一个抽提信息的过程。生物分子在进化过程中的核心问题是如何尽可能保存原有的有用信息,并不断获取新的有用信息。最有效的方式是基因和基因产物由一些模块(module)组装而成,每一外显子对应于基因产物的一个基本结构元件或模块(结构域、亚结构域和基序),也即遗传信息用于编码模块。外显子可通过随机组合和自然选择而产生新的基因。基因突变多数是有害的,或者是中性的,有益突变的概率极低。由外显子剪接产生新的基因可以减少基因突变带来的危害。当基因点突变产生一个新的剪接点时,原有剪接点依旧存在,在产生新的剪接产物同时还保留着旧的剪接产物。如果新的剪接产物无用,该剪接点逐渐被淘汰;而新的剪接产物有用,就可通过选择保留该突变,这是十分有效的进化方式。

RNA 的序列发生改变称为编辑,这种改变主要可通过酶促转酯反应插入或删除若干核苷酸,或通过酶促脱氨和氨基化反应改变碱基性质,从而改变了 RNA 的编码信息。RNA 编辑的发现表明基因与蛋白质的共线性关系并非绝对不变的。RNA 编辑需要的信息,或者来自指导 RNA(gRNA),或者来自被编辑 RNA 自身(帮助酶识别编辑位点)。RNA 编辑可消除基因移码突变或无义突变带来的危害,通过编辑恢复正确的阅读框架。选择性编辑(alternative editing),为生物发育的基因调节提供了一种途径,甚至为大脑的学习记忆提供了可能的机制。RNA 编辑作为一种信息加工过程,在基因的进化中也可能起一定的作用。

基因贮存的遗传信息在表达过程中需转换信号,经由 RNA 翻译成蛋白质。复制或转录过程中发生的差错,可通过解码(decoding)即译码环节来纠正。某些 tRNA 能校正基因的有害突变,称为校正 tRNA(suppressor tRNA)。校正 tRNA 通常是由于反密码子发生改变,不按常规引入氨基酸,却起了校正功能。基因突变造成密码子的改变,称为错义突变(missense mutation)。基因突变使有义密码子变成终止密码子,称为无义突变(nonsense mutation)。对应于三种终止密码子,无义突变有琥珀型(UAG)、赭石型(UAA)和乳白型(UGA)三种。校正 tRNA 或是在错义密码子处引入正确氨基酸(这种情况较为少见);或是在无义突变造成的终止密码子处引入一个氨基酸,使多肽链得以继续合成,引入的氨基酸决定于校正 tRNA 的种类,往往并非原来的氨基酸,因此只是部分恢复蛋白质活力。值得注意的是,无义突变的校正 tRNA 并不在 mRNA 正常终止密码子处引入氨基酸,说明正常翻译终止还有其他信号存在。还有一类校正 tRNA,在反密码子区或其附近核苷酸发生改变,导致识别的密码子为两个核苷酸或四个核苷酸,因而可校正 -1 或 +1 移码突变。

近年来还发现,在核糖体上进行翻译时,mRNA 的解读框架可以发生程序性移位,由某些信号决定在特定位点上作 -1 或 +1 移动,甚至跳过 50 个核苷酸。这一过程称为程序性阅读框架移位和跳跃(programmed reading frame shifts and hops),或者称为核糖体移码(ribosomal frame shifting)。这种现象广泛存在于细菌、酵母、植物和哺乳动物中。移位信号来自 mRNA,由 mRNA 的假结、颈环结构以及 mRNA 与 rRNA 的相互作用,促使在一定位点发生滑动和移位。

蛋白质的结构信息编码在核酸分子中,通过 mRNA、tRNA 和 rRNA 之间的相互作用将核酸编码信息翻译出来,用以指导蛋白质的合成。通常 mRNA 上的遗传信息按不重叠、无标点三联体密码子的规则进行翻译。但在上述三种情况下,通过校正 tRNA,mRNA 的翻译内含子(形成假结或颈环结构)和核糖体移码,改变了常规读码方式,称为 RNA 的再编码(recoding)。RNA 再编码可以校正有害的基因突变。然而令人费解的是,当基因失活之后何以会产生 RNA 再编码加以校正?合乎逻辑的推理是 RNA 原来就是多变的,正常的基因可因 RNA 的变异而产生错误的蛋白质,在众多拷贝的 RNA 和蛋白质中有少数拷贝的错误分子并不影响细胞功能。但是,一些重要的基因发生突变则是致死的,如果正好遇到细胞中存在某种变异的 RNA 能够纠正有害的突变,经过自然选择就能固定下来。

信息有三个层次的意义:语言信息、语义信息和语用信息。各种密码和信号构成了语言信息,它们的生物学意义则是语义信息,而在生物体内的表达和作用则是语用信息。在信息加工过程中通常会删除一些核苷酸,减少信息量,丢掉无用信息,增加有用信息。

（三）RNA 干扰

RNA 干扰（RNA interference, RNAi）现象最初是在秀丽新小杆线虫（*Caenorhabditis elegans*）中发现的。1998 年 A. Fire、C. Mello 及其同事在用反义 RNA 抑制线虫控制胚胎极性基因的表达时发现，双链 RNA 比有义 RNA（sense RNA）或反义 RNA（antisense RNA）更为有效，他们将此双链 RNA 引起特异序列基因沉默称为 RNA 干扰。dsRNA 通过注射、喂饲或浸泡即可干扰线虫有关基因的表达，少量 dsRNA 进入细胞可引发系统（全身）反应，并且还能传递给后一代。随后在果蝇和哺乳动物中也发现存在 RNA 干扰，并证明在植物中也有类似的过程。

现在知道，RNA 干扰可发生在基因表达的不同水平。最初在线虫中观察到的干扰现象发现在转录后水平，即为转录后基因沉默（post-transcriptional gene silencing, PTGS），由 dsRNA 引起同源 mRNA 降解所致。dsRNA 通常在以下情况下可产生：①随机整合多拷贝外源基因或基因组中的重复序列，如两侧存在相反方向的启动子可从两条互补链转录出 dsRNA；②具有长末端重复序列（long terminal repeat, LTR）的前病毒或逆转座子其转录物经回折形成 dsRNA；③病毒 RNA 的复制物；④某些异常 RNA（aberrant RNA）被依赖于 RNA 的 RNA 聚合酶（RdRp）识别和复制；⑤外来的 dsRNA。在这里 dsRNA 成为一种信号，表明外源基因入侵、转座子转录或异常 RNA 的产生，使机体借以将之消除。因此 RNA 干扰又被称之为基因组的免疫系统。

dsRNA 作为信号引发基因沉默的起始步骤是，它被 RNaseⅢ 家族成员切酶（Dicer）切割成约 21～25 核苷酸长的小分子干扰 RNA（small interfering RNA, siRNA）。随后 siRNA 与核酸酶及有关蛋白质组成 RNA 诱导的沉默复合物（RNA-induced silencing complex, RISC）。RISC 需在 ATP 作用下活化，改变其结构并使双链 siRNA 解链。在解链 siRNA 引导下，RISC 与同源 mRNA 结合，使 mRNA 在同源区间切开，随即使其降解（图 29-2A）。

RNAi 还可通过其他机制影响基因表达。已知在植物中 dsRNA 可引起同源序列基因的甲基化，如果甲基化发生在启动子部位，就造成转录沉默（transcriptional silencing, TS）。在果蝇、线虫和真菌中已证明 RNAi 引起染色质结构改变而影响基因表达。在上述两种不同水平的作用中，mRNA 的降解是快速高效的过程；基因组和染色质水平的基因沉默则是缓慢持久的过程。

尤为引人注目的是，从线虫中先后发现控制发育时序的小分子 RNA lin-4 和 let-7，称为小分子时序 RNA（small temporal RNA, stRNA）；前者长 22 个核苷酸，后者为 21 个核苷酸。它们与控制发育程序的蛋白质 mRNA3′非编码区互补，可抑制其翻译功能。后来陆续发多种与 lin-4 和 let-7 类似的 RNA，大小在 22 核苷酸左右，广泛存在于所研究的各类生物中，被称为微（小）RNA（microRNA, miRNA）。目前已有将近数百种存在于线虫、果蝇、哺乳动物、人、水稻、拟南芥等真核生物的 miRNA 被报导。miRNA 与 siRNA 有许多相似之处，如长度均为 20 多核苷酸，都由 Dicer 酶加工产生，都与蛋白质形成复合物以影响基因活性。但与 siRNA 不同，miRNA 由茎环结构的前体经 Dicer 酶不对称切割，形成单链分子，主要在转录后和翻译水平起调节作用（图 29-2B）。miRNA 的发现极大丰富了对于 RNA 在基因表达调控中重要性的认识。

（四）RNA 的表型效应

基因通过转录对表型有专一性的效应，这种效应或是由蛋白质产生，或是由 RNA 产生。这就是说，基因对表型的影响是通过基因产物来实现的，基因产物包括蛋白质和 RNA 两类，而前者也是在后者控制下合成的，因此基因表达依赖于 RNA。

如前所述，由信使 RNA（mRNA）、转移 RNA（tRNA）和核糖体 RNA（rRNA）共同完成蛋白质的生物合成。RNA 的信息加工可以选择性表达不同的异型体蛋白质。RNA 干扰是调节和控制基因表达的重要方式。还有一些 RNA 分别在转录、转录后加工、翻译以及控制 mRNA 和蛋白质稳定性等水平上调节基因表达。除此之外，有些 RNA 如同蛋白质一样具有专一的功能。例如，核酶具有催化功能，染色体 RNA 组成染色体结构，端粒酶 RNA 指导 DNA 端粒结构的形成，RNA 引物参与 DNA 的复制，果蝇和哺乳动物的性分化和剂量补偿由相应 RNA 控制，枯草芽孢杆菌噬菌体 φ29 的 pRNA（package RNA）组装噬菌体 DNA 等，这些 RNA 功能造成生物独特的性状。

所有 RNA 在转录后都要经过复杂的加工过程。过去以为一些加工过程切下的碎片是无用的加工产物，现在

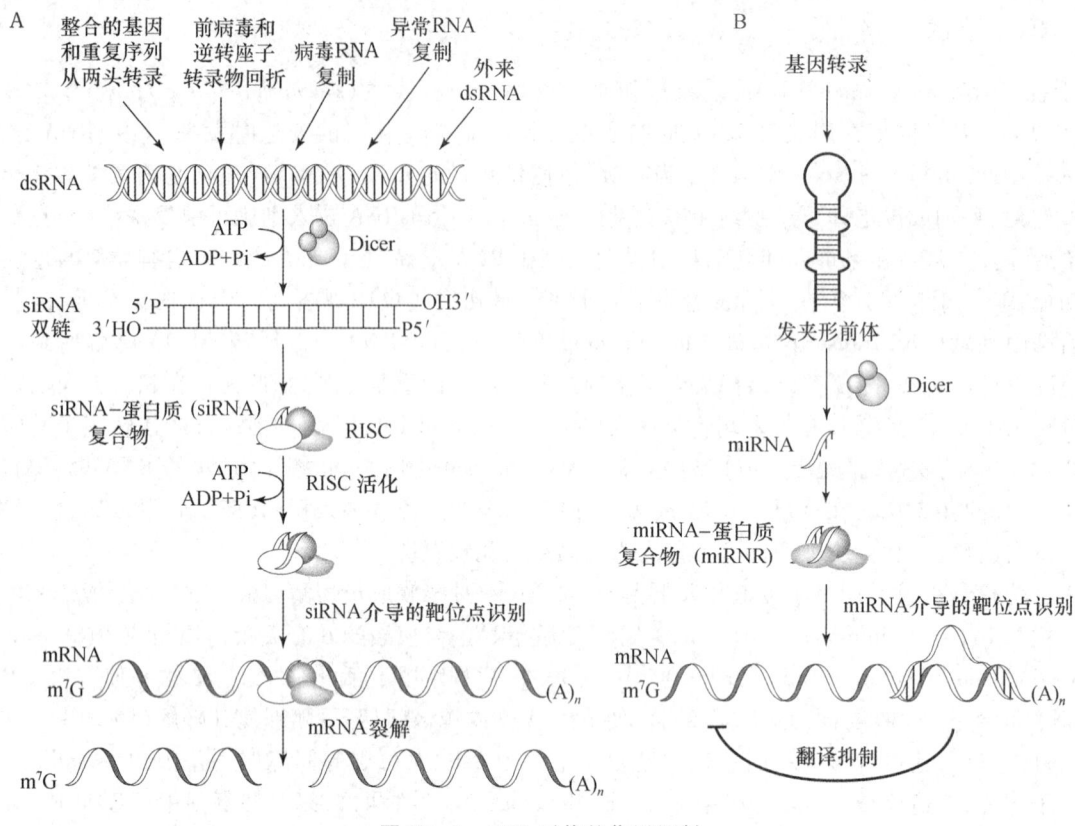

图 29-2 RNA 干扰的作用机制
A. siRNA 途径；B. miRNA 途径

却发现它们也可能有特殊的功能。迄今不知道究竟有多少种类的 RNA。有些加工成熟的 RNA 存在半寿期非常短，很难与加工的中间物相区分。无论如何，可将具有某种特定功能的 RNA 称为功能 RNA(functional RNA)。其中，mRNA 携带编码蛋白质信息，指导蛋白质的合成；除 mRNA 外的功能 RNA 称为非编码 RNA(noncoding RNA，ncRNA)。近年来非编码 RNA 发现的种类越来越多，并且不断发现新的功能。

总之，基因所携带的遗传信息只有通过 RNA 才得以表达。

（五）RNA 对基因的解读

基因表达是对基因所携带遗传信息的解读。通常一个基因可因解读方式不同而产生不止一个产物。例如，细菌一个基因平均产生 1.2～1.3 个蛋白质；酵母一个基因平均产生～3 个蛋白质；哺乳动物和人类一个基因平均产生～10 个蛋白质。功能 RNA 的产生可能也有类似情况，但目前还不清楚。实际上基因解读是通过对基因转录本（转录物）的加工和翻译来进行的，因此基因解读也就是对基因转录本的解读。生物大分子常由一些模块所组成。在 RNA 水平上外显子的选择性剪接可以保留模块的结构信息而又增加了分子结构与功能的多样性。RNA 的编辑和核糖体阅读框架移位都能增加 RNA 对基因解读的多样性。

基因组测序结果表明，人类基因组大约有三万个基因，而不是原先估计的十万个基因。低等后生动物线虫有一万九千个基因，而发育和分化比之复杂得多的果蝇却只有一万三千六百个基因。很难理解人类与无脊椎动物相比，只多了不到半数的基因，结构机能的差别竟有如此之大。看来生物的进化并不仅仅是增加基因，低等生物与高等生物之间的差别也许更大程度上取决于 RNA 对基因解读的差别。

三、遗传密码的破译

20世纪中叶已经知道DNA是遗传信息的携带分子,并通过RNA控制蛋白质的合成,于是科学家们的注意力被吸引到核酸分子如何指导蛋白质中氨基酸排列顺序的问题。一些科学家从不同角度去破译遗传密码。

1954年物理学家G. Gamov首先对遗传密码进行探讨。核酸分子中只有4种碱基,要为蛋白质分子的20种氨基酸编码,不可能是一对一的关系,两个碱基决定一个氨基酸也只能编码16种氨基酸,如果用三个碱基决定一个氨基酸,$4^3=64$,就足以编码20种氨基酸。这是编码氨基酸所需碱基的最低数目,故密码子(codon)应是三联体(triplet)。那么密码子是重叠的还是不重叠的?Gamov指出,重叠的密码子更为经济。但是,重叠密码子使氨基酸序列中每一个氨基酸都受上下氨基酸的约束。这种现象在已知的蛋白质序列中却并未见到。

1961年F. H. C. Crick及其同事提供了确切的证据,说明三联体密码子学说是正确的。他们研究T噬菌体γⅡ位点A和B两个基因(顺反子)变异的影响,这两个基因与噬菌体能否感染大肠杆菌κ株有关。吖啶类染料是扁平的杂环分子,可插入DNA两碱基对之间,而引起DNA插入或丢失核苷酸。他们的研究发现,在上述位点缺失一个核苷酸或插入一个核苷酸产生的突变体,以及两个缺失或两个插入突变体重组得到的重组体,都是严重缺陷性的,不能感染大肠杆菌κ株。然而从一个缺失突变体和一个插入突变体得到的重组体却能恢复感染活性。他们还观察到,如果缺失三个核苷酸,或插入三个核苷酸,这些核苷酸彼此非常靠近,这样的突变体也表现正常的功能。但缺失或插入四个核苷酸,虽然彼此非常靠近,其突变体却是严重缺陷性的。

```
        CAT   CAT   CAT   CAT   CAT   CAT
-1      CAT   CAᵛC  ATC   ATC   ATC   ATC
-1+1    CAT   CAᵛC  AXT   CAT   CAT   CAT
+3      CAX   TXC   ATX   CAT   CAT   CAT
```

图29-3 缺失或插入核苷酸引起三联体密码的改变
-1,删除一个核苷酸,在删除位置以符号V表示;
-1+1,在相近位置分别删除和插入一个核苷酸,插入核苷酸以X表示;
+3,在相近位置分别插入三个核苷酸

Crick等的实验结果表明三联体密码是非重叠的,而且连续编码并无标点符号隔开,因为在序列的任一位置上插入或删除一个核苷酸都会改变三联体密码的阅读框架,发生移码突变使基因失活。但是如果插入或删除三个核苷酸,或者插入一个核苷酸后又删除一个核苷酸,阅读框架仍可维持不变,原来编码的信息便能够在变异位点之后照旧表现出来(图29-3)。这是基因与蛋白质共线性(colinearity)的最早证据。

在Crick等提出遗传信息是在核酸分子上以非重叠、无标点、三联体的方式编码的同时,S. S. Spiegelman以及F. Jacob和J. Monod证明了mRNA的存在,而M. W. Nirenberg和J. H. Matthaei开始了用人工合成的mRNA在无细胞蛋白质合成系统中寻找氨基酸与三联体密码子的对应关系。Nirenberg等将大肠杆菌破碎,离心除去细胞碎片,上清液含有蛋白质合成所需各种成分,其中包括DNA、mRNA、tRNA、核糖体、氨酰tRNA合成酶以及蛋白质合成必需的各种因子。将上清液保温一段时间,内源mRNA被降解,该系统自身蛋白质的合成即停止。当补充外源mRNA以及ATP、GTP和氨基酸等成分,再在37℃保温就能合成新的蛋白质。为检测某种氨基酸是否掺入新合成的蛋白质,需将氨基酸用放射性标记。

Nirenberg等早期实验使用的多聚核糖核苷酸为均聚尿嘧啶核苷酸(poly U)。原以为poly U大概不能替代mRNA,或活性很低。出乎意料的是,在无细胞蛋白质合成系统中,它能指导多聚苯丙氨酸的合成,而且只合成多聚苯丙氨酸。由此推断密码子UUU代表Phe。用同样的方法证明poly C指导Pro掺入蛋白质,poly A指导Lys掺入蛋白质。poly G因易于形成多股螺旋,不宜作mRNA。这三个密码子最早得到破译。当时对起始密码子和终止密码子还一无所知,虽然从Crick等的实验结果已预示遗传密码的阅读有起始和终止信号。十分幸运的是,

Nirenberg 等的实验采用的 Mg^{2+} 浓度较高,以致合成的均聚核苷酸不需要起始密码子便可指导肽链的合成,此时密码子阅读的起点是任意的。

均聚核苷酸的实验获得成功之后,Nirenberg 和 Ochoa 等又进一步用两种核苷酸或三种核苷酸的共聚物作模板,重复上述实验。例如,U 和 G 的共聚物 poly UG 可以出现 8 种不同的三联体,即 UUU、UUG、UGU、GUU、GUG、GGU、UGG 和 GGG。酶促合成共聚核苷酸时,根据加入核苷酸底物的比例可以计算出各种三联体出现的相对频率,而标记氨基酸掺入的相对量应与其密码子的出现频率相一致(表 29-3)。需要指出的是,用此方法可以确定 20 种氨基酸密码子的碱基组成,但不知道它们的排列顺序。

1964 年 Nirenberg 发现,用人工合成的三核苷酸取代 mRNA,在没有 GTP 时,不能合成蛋白质,但是核苷酸三联体却能与其对应的氨酰 tRNA 一起结合在核糖体上。将此反应混合物通过硝酸纤维素滤膜时,核糖体便和核苷酸三联体以及特异结合的氨酰 tRNA 形成复合物而留在膜上。用这种核糖体结合技术可以直接测出三联体对应的氨基酸。所有 64 种可能的三联体都已合成,经试验其中 50 种都得到确切的结果。但是在此系统中仍有一些三联体编码的氨基酸不能肯定,需要用其他方法来破译。

表 29-3 无序 poly UG 对氨基酸的密码(U:G=5:1)

可能的密码子	按计算可能出现的相对频率*	氨基酸掺入的相对分子质量
UUU	100	Phe(100)
UUG UGU GUU	20	Cys(20) Val(20)
GUU GUG GGU	4	Gly(4) Trp(5)
GGG	0.8	—

* UUU 出现的频率为 100。

与此差不多同一时间,H. G. Khorana 和他的同事将化学合成和酶促合成巧妙地结合起来,合成含有重复序列的多聚核苷酸。例如 poly(UG),它含有两种三联体密码子,UGU 和 GUG,在无细胞蛋白质合成系统中指导合成 poly(Cys·Val)。经与核糖体结合技术所得结果相比较,可以确定 UGU 是 Cys 的密码子,GUG 是 Val 的密码子。如果用聚三核苷酸作模板,由于阅读框架不同,可以指导产生三种不同的均聚多肽。例如,poly(UUC)指导 poly Phe、poly Ser 和 poly Leu 的合成。用四核苷酸多聚物作模板,可合成共聚四肽,或因出现终止密码子而合成小肽,如 poly(UUAC)可合成(Leu·Leu·Thr·Tyr)$_n$。由其他二核苷酸、三核苷酸和四核苷酸共聚物作模板时,所合成的多聚氨基酸见表 29-4。

表 29-4 重复序列共聚核苷酸指导下多聚氨基酸的合成

多聚核苷酸	含有密码子	合成多肽
(AG)$_n$	AGA,GAG	(Arg·Glu)$_n$
(AC)$_n$	ACA,CAC	(Thr·His)$_n$
(UC)$_n$	UCU,CUC	(Ser·Leu)$_n$
(UG)$_n$	UGU,GUG	(Cys·Val)$_n$
(AAG)$_n$	AAG,AGA,GAA	(Lys)$_n$,(Arg)$_n$,(Glu)$_n$
(UUC)$_n$	UUC,UCU,CUU	(Phe)$_n$,(Ser)$_n$,(Leu)$_n$
(UUG)$_n$	UUG,UGU,GUU	(Leu)$_n$,(Cys)$_n$,(Val)$_n$
(AAC)$_n$	AAC,ACA,CAA	(Asn)$_n$,(Thr)$_n$,(Gln)$_n$

续表

多聚核苷酸	含有密码子	合成多肽
(UAC)$_n$	UAC,ACU,CUA	(Tyr)$_n$,(Thr)$_n$,(Leu)$_n$
(AUC)$_n$	AUC,UCA,CAU	(Ile)$_n$,(Ser)$_n$,(His)$_n$
(GAU)$_n$	GAU,AUG,UGA	(Asp)$_n$,(Met)$_n$
(GUA)$_n$	GUA,UAG,AGU	(Val)$_n$,(Ser)$_n$
(UAUC)$_n$	UAU,CUA,UCU,AUC	(Tyr·Leu·Ser·Ile)$_n$
(UUAC)$_n$	UUA,CUU,ACU,UAC	(Leu·Leu·Thr·Tyr)$_n$
(GAUA)$_n$	GAU,AGA,UAG,AUA	
(GUAA)$_n$	GUA,AGU,AAG,UAA	二、三肽

用以上所述方法,经过5年的努力,终于在1966年完全确定了编码20种氨基酸的密码子,另有3个密码子用作翻译的终止信号。表29-5为全部64个遗传密码子的字典。除甲硫氨酸和色氨酸只有一个密码子外,其余氨基酸均有不只一个密码子。已知多肽合成的第一个氨基酸为甲酰甲硫氨酸(原核生物)或甲硫氨酸(真核生物),但甲硫氨酸的密码子只有一个,这就是说编码多肽链内部甲硫氨酸和起始氨基酸是同一个密码子。

破译遗传密码是用无细胞系统进行实验得出的。那么生物体内的情况是否也是如此呢?不少实验室对此作了许多研究,都得到肯定的结论。例如,Sanger等测定噬菌体R17 RNA一些区段的序列并与其编码蛋白质的氨基酸序列相比较,完全符合遗传密码表。还有一些实验室利用突变,得出三联体密码子的可靠资料。20世纪70年代兴起的基因克隆和快速测序技术,充分证明了遗传密码表的正确。

表29-5 遗传密码字典

第一位碱基(5'端)	第二位碱基(中间)				第三位碱基(3'端)
	U	C	A	G	
U	Phe	Ser	Tyr	Cys	U
	Phe	Ser	Tyr	Cys	C
	Leu	Ser	终止	终止	A
	Leu	Ser	终止	Trp	G
C	Leu	Pro	His	Arg	U
	Leu	Pro	His	Arg	C
	Leu	Pro	Gln	Arg	A
	Leu	Pro	Gln	Arg	G
A	Ile	Thr	Asn	Ser	U
	Ile	Thr	Asn	Ser	C
	Ile	Thr	Lys	Arg	A
	Met	Thr	Lys	Arg	G
G	Val	Ala	Asp	Gly	U
	Val	Ala	Asp	Gly	C
	Val	Ala	Glu	Gly	A
	Val	Ala	Glu	Gly	G

四、遗传密码的基本特性

经过许多科学家的共同努力,于20世纪60年代中期才完全破译了编码蛋白质中氨基酸的遗传密码,并发现有以下特点:

(一) 密码的基本单位

如上所述,Crick 等最早推测蛋白质中氨基酸序列的遗传密码编码在核酸分子上,其基本单位是按 $5'\rightarrow 3'$ 方向编码、不重叠、无标点的三联体密码子。其后一系列实验证明这个推测是正确的,并找出了各种氨基酸对应的密码子。AUG 为甲硫氨酸兼起始密码子。UAA、UAG 和 UGA 为终止密码子。其余 61 个密码子对应于 20 种氨基酸。因此要正确阅读密码,必须从起始密码子开始,按一定的阅读框架(reading frame)连续读下去,直至遇到终止密码子为止。若插入或删除一个核苷酸,就会使这以后的读码发生错位,称为移码突变(frame-shift mutation)。

目前已经证明,在绝大多数生物中基因是不重叠的;但在少数病毒中,部分基因的遗传密码却是重叠的。即使在重叠基因(overlapping genes)中,各自的开放阅读框架仍按三联方式连续读码。

(二) 密码的简并性

一共有 64 个三联体密码子,除了三个终止密码子外,余下 61 个密码子编码 20 种氨基酸,所以许多氨基酸的密码子不只一个。同一种氨基酸有两个或更多密码子的现象称为密码子的简并性(degeneracy)。对应于同一种氨基酸的不同密码子称为同义密码子(synonymous codon),只有色氨酸与甲硫氨酸密码子无简并性(表 29-6)。

表 29-6 氨基酸密码子的简并

氨基酸	密码子数目	氨基酸	密码子数目
Ala	4	Leu	6
Arg	6	Lys	2
Asn	2	Met	1
Asp	2	Phe	2
Cys	2	Pro	4
Gln	2	Ser	6
Glu	2	Thr	4
Gly	4	Trp	1
His	2	Tyr	2
Ile	3	Val	4

密码的简并性具有重要的生物学意义,它可以减少有害突变。设若每种氨基酸只有一个密码子,64 个密码子中只有 20 个是有意义的,剩下 44 个密码子都将是无意义的,将使肽链合成导致终止。因而由基因突变而引起肽链合成终止的概率将会大大提高,这极不利于生物生存。简并增加了密码子中碱基改变仍然编码原来氨基酸的可能性。密码简并也可使 DNA 上碱基组成有较大变动余地,不同种细菌 DNA 中 G+C 含量变动很大,但却可以编码出相同的多肽链。所以密码简并性在物种的稳定上起一定作用。

曾有科学家提出,氨基酸的密码子数目与该氨基酸残基在蛋白质中的使用频率有关,频率越大,密码子数目也越多。图 29-4 所示为大肠杆菌蛋白质中氨基酸的使用频率与各种氨基酸密码子数目之间的关系。其间可以看出有一定的倾向,越是常见的氨基酸其密码子数目越多,但它们之间并无严格的对应关系。需要指出的是,遗传密码是在生命起源的早期形成的,如果氨基酸的密码子数目与其在蛋白质中的使用频率有关,应该对应于原始蛋白质中氨基酸的出现频率,而不是现今某种生物蛋白质的氨基酸频率。

(三) 密码的变偶性

密码的简并性往往表现在密码子的第三位碱基上,如甘氨酸的密码子是 GGU、GGC、GGA 和 GGG,丙氨酸的密码子是 GCU、GCC、GCA 和 GCG。它们的前两位碱基都相同,只是第三位碱基不同。有些氨基酸只有两个密码子,通常第三位碱基或者都是嘧啶,或者都是嘌呤。例如,天冬氨酸的密码子 GAU、GAC,第三位皆为嘧啶;谷氨酸

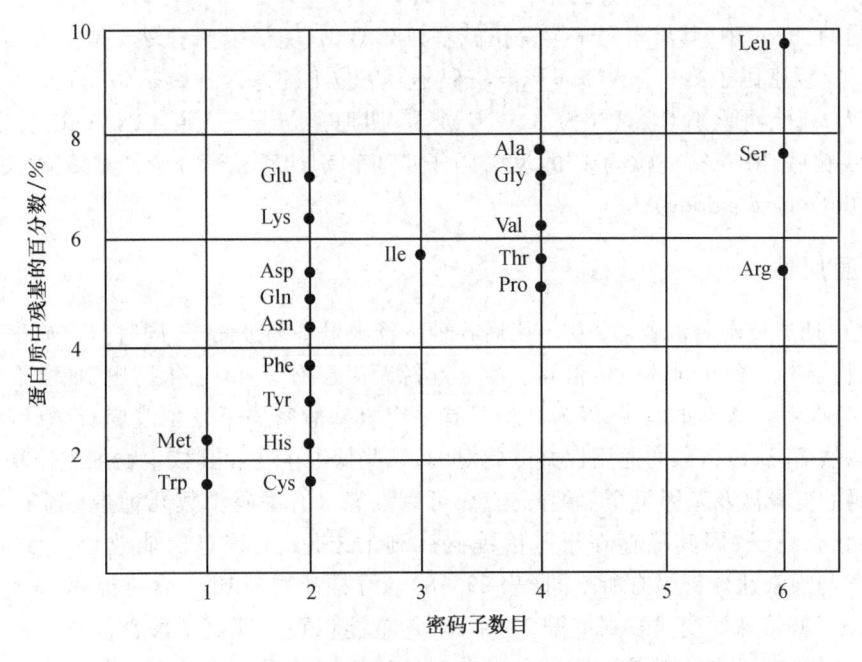

图 29-4　氨基酸的密码子数目与在蛋白质中的使用频率

的密码子 GAA、GAG,第三位皆为嘌呤。所以几乎所有氨基酸的密码子都可以用 XY(U、C)和 XY(A、G)来表示。显然,密码子的专一性基本上取决于前两位碱基,第三位碱基起的作用有限。有些科学家注意到了这一点,并进而发现 tRNA 上的反密码子(anticodon)与 mRNA 密码子反向配对时,密码子第一位、第二位碱基配对是严格的,第三位碱基可以有一定的变动。Crick 称这一现象为变偶性(wobble)。特别应该指出的是,在 tRNA 反密码子中除 A、U、G、C 四种碱基外,还经常在第一位出现次黄嘌呤(I)。次黄嘌呤的特点是可以与 U、A、C 三者任一之间形成碱基配对,这就使带有次黄嘌呤的反密码子可以识别更多的简并密码子。这一点已有实验证明。酵母丙氨酸 tRNA 的反密码子 IGC 可阅读 GCU、GCC、GCA 三个密码子:

$$\text{反密码子：} 3'-C-G-I-5' \quad 3'-C-G-I-5' \quad 3'-C-G-I-5'$$
$$\text{密码子：} 5'-G-C-U-3' \quad 5'-G-C-U-3' \quad 5'-G-C-U-3'$$

tRNA 上的反密码子与 mRNA 的密码子呈反向互补关系。按照 Crick 于 1966 年提出的变偶假说,反密码子的第一位碱基与密码子第三位碱基的配对可以在一定范围内变动(变偶)。如 U 可以和 A 或 G 配对,G 可以和 U 或 C 配对,I 可以和 U、C、A 配对,但 A 和 C 只能与 U 和 G 配对(表 29-7)。由于变偶性的存在,细胞内只需要 32 种 tRNA,就能识别 61 个编码氨基酸的密码子。

表 29-7　反密码子与密码子之间的碱基配对

反密码子第一位碱基	密码子第三位碱基
A	U
C	G
G	U, C
U	A, G
I	U, C, A

从已知一级结构的 tRNA 中,其反密码子第一位碱基为 C、G、U、I,没有 A,显然 I 是由 A 转变而来的。体外实验表明,在有些情况下,反密码子第一位碱基可以与密码子第三位上任意四种碱基(A、G、C、U)配对。例如,家蚕 tRNAGly1 反密码子为 GCC,可识别 GGN(N 为 A、G、C 或 U)四种密码子。兔肝 tRNAVal1 反密码子为 IAC,可识别 GUN。哺乳动物线粒体 tRNA 第一位为 U 的反密码子也可识别四种密码子。这类配对关系被称为是"三配二"(two-out-of-three base pairing)。

(四)密码的通用性

20 世纪 60 年代中期遗传密码被破译,70 年代后各种生物大量基因被测序,同时蛋白质序列的资料也迅速积累,结果充分证明生物界有一套共同的遗传密码。生命起源距今已有近 40 亿年历史,现今不同生物仍共用一套遗传密码,说明其十分保守。这不难理解,因为即使只有一个氨基酸密码子发生改变,都有可能对蛋白质结构带来巨大有害的影响。然而,遗传密码的通用性并非绝对的,某些低等生物和真核生物细胞器基因的密码仍发现有一些改变。遗传密码的变异涉及基因组全部编码信息,可以设想只有编码少数几种蛋白质的小基因组才有可能发生。其次,三个终止密码子,因其只存在于基因编码序列的末尾,也较有可能改变。目前已知线粒体 DNA(mtDNA)的编码方式与通常遗传密码有所不同(表 29-8)。脊椎动物 mtDNA 含有编码 13 种蛋白质、2 种 rRNA 和 22 种 tRNA 的基因。其特殊的变偶规则使得 22 种 tRNA 就能识别全部氨基酸密码子。在线粒体的遗传密码中,有四组密码子其氨基酸特异性只决定于三联体的前两位碱基,它们由一种 tRNA 即可识别,该 tRNA 的反密码子第一位为 U。其余的 tRNA 或者识别第三位为嘌呤(A、G)的密码子,或者识别第三位为嘧啶(U、C)的密码子。这就是说,所有 tRNA 或者识别两个密码子,或者识别四个密码子。

在正常密码中,有两种氨基酸只有一个密码子,这两种氨基酸为甲硫氨酸和色氨酸。按照线粒体的编码规则,它们各有两个密码子,即各增加一个密码子。正常的甲硫氨酸密码子为 AUG,在线粒体中 AUA 由异亮氨酸密码子转变为甲硫氨酸密码子。正常的色氨酸密码子为 UGG,在线粒体中终止密码子 UGA 转变为色氨酸密码子。甲硫氨酸的两个密码子和色氨酸的两个密码子各由单个 tRNA 识别。

表 29-8 线粒体中变异的密码子

	密码子*				
	UGA	AUA	AGG、AGA	CUN	CGG
通用密码	终止	Ile	Arg	Leu	Arg
动物					
脊椎动物	Trp	Met	终止	+	+
果蝇	Trp	Met	Ser	+	+
酵母					
酿酒酵母(*S. cerevisiae*)	Trp	Met	+	Thr	+
光滑球拟酵母(*T. galabrate*)	Trp	Met	+	Thr	?
彭贝裂殖酵母(*S. pombe*)	Trp	+	+	+	+
丝状真菌	Trp	+	+	+	+
锥虫	Trp	+	+	+	+
高等植物	+	+	+	+	Trp

* N 为任意碱基;+ 表示与正常密码子相同。

除了线粒体外,某些生物的染色体基因密码也出现个别的变异。在原核生物的支原体中,UGA 也被用于编码色氨酸。十分特殊的是,在真核生物中少数纤毛类原生动物以终止密码子 UAA 和 UAG 编码谷氨酰胺。在有些情况下密码子的含义可随上下文不同而改变。在大肠杆菌中,有时缬氨酸密码子 GUG 和亮氨酸密码子 UUG

也可被用作起始密码子,当其位于特殊 mRNA 翻译的起始位置时,可被起始 tRNA(tRNA^{fMet})所识别。

蛋白质中的修饰氨基酸一般都是在翻译后进行修饰的;但有例外,含有硒代半胱氨酸(selenocysteine)的蛋白质其硒代半胱氨酸是在翻译过程中掺入的。硒代半胱氨酸与半胱氨酸类似,但以硒代替硫,为硒蛋白(selenoprotein)或硒酶(selenoenzyme)功能所必需。如细菌中的甲酸脱氢酶、哺乳动物的谷胱甘肽过氧化物酶都是含硒的酶。已知大肠杆菌中有一类丝氨酸 tRNA,其存在水平比其他丝氨酸 tRNA 更低,它携带丝氨酸后在酶的催化下转变为硒代半胱氨酸,然后根据 mRNA 的上下文只识别阅读框架内的 UGA 密码子,而对任何作为终止密码子的 UGA 并无反应。在编码硒蛋白的 mRNA 中有一段称为硒代半胱氨酸插入序列(selenocysteine insertion sequence,SECIS)所构成的二级结构,帮助硒代半胱氨酸 tRNA 识别这种密码子。在细菌中,SECIS 位于 mRNA 编码区;而在真核生物中,SECIS 位于 3′非编码区。在大肠杆菌中一种帮助硒代半胱氨酰 - tRNA 进入核糖体 A 位点的鸟苷酸结合蛋白(Sel B)已被发现。从诸多迹象来看,硒代半胱氨酸可被认为是蛋白质的第 21 个氨基酸,UGA 正在演变成编码该氨基酸的密码子,也许还未进化完善。

(五) 密码的防错系统

虽然密码子的简并程度各不相同,但同义密码子在密码表中的分布十分有规则,而且密码子中碱基顺序与其相应氨基酸物理化学性质之间存在巧妙的关系。在密码表中,氨基酸的极性通常由密码子的第二位(中间)碱基决定,简并性由第三位碱基决定。例如,①中间碱基是 U,它编码的氨基酸是非极性、疏水的和支链的,常在球蛋白的内部;②中间碱基是 C,相应的氨基酸是非极性的或具有不带电荷的极性侧链;③中间碱基是 A 或 G,其相应氨基酸常在球蛋白外周,具有亲水性;④第一位碱基是 A 或 C,第二位碱基是 A 或 G,第三位可以是任意碱基,其相应氨基酸具有可解离的亲水性侧链并多数具有碱性;⑤带有酸性亲水侧链的氨基酸其密码子前两位为 GA,第三位为任意碱基。

这种分布使得密码子中一个碱基被置换,其结果或是仍然编码相同的氨基酸;或是以物理化学性质最接近的氨基酸相取代。从而使基因突变可能造成的危害降至最低程度。这就是说,密码的编排具有防错功能,密码表是一个故障 - 安全系统(fail - safe system),这是在进化过程中获得的最佳选择。

五、遗传物质的进化

生物进化是指生物随时间发生演变,并产生多样性和适应性的过程。生物进化过程中的变化表现在各个方面——它们的形态、生理、行为和生态,遗传物质的变化则是所有这些变化的基础。从遗传水平的进化来看,生物进化是一个两步的过程。首先发生遗传变异,包括突变和重组;然后才有遗传漂变(genetic drift)和自然选择(natural selection),使各突变体有区别地世代相传下去。中性变异的漂变增加了机体的多样性;自然选择使机体获得适应性。适应是相对的,一定环境条件下"有益"的性状,换一个环境条件也许成为"无益",甚至"有害"。自然选择是对生物表型的选择,然而经选择传递下来的则是生物的基因型。

所有生命活动都有其分子基础,生物进化也同样以生物分子的进化为基础,但其生物学意义却需要在生物不同层次上体现。也就是说,存在不同层次的进化与选择。由于生物大分子研究技术的改进,积累了大量生物大分子的结构数据,从中揭示了生物分子进化规律,这就为建立统一的生物进化理论奠定了基础。

(一) 生物进化的热力学和动力学

20 世纪数理科学从各个领域渗入生命科学,从而导致生物学的重大变革。1932 年量子论的先驱 N. Bohr 在题为"生命和光"("Life and Light")的演讲中指出,量子物理学以统计概率取代了一对一的因果关系。生物学也会如此。他认为生物学也将像物理学一样,当它运用了新的概念和新的研究方法时,就能上升到新的认识水平。受 Bohr 的影响,一批很有造诣的数理科学家转向生物学研究。但是生物系统的不断进化,与热力学原理表明的孤立系统趋向退化的结论相矛盾,这成为沟通物理学与生物学的一大障碍。另一位量子理论的奠基者 E.

Schrödinger1945年在《什么是生命？》一书中提出，生命有机体为了摆脱死亡唯一的办法就是从环境中吸取负熵。负熵的概念指明了跨越热力学障碍的途径。

经典热力学研究的是平衡态和可逆过程，它对熵趋向极大值的论断是就孤立系统而言。然而生命运动有赖于和外界不断地进行物质、能量和信息的交流，所以要用开放系统、非平衡态或称之为不可逆过程的热力学来研究。在接近平衡态区域，由于系统不均匀性产生作用"力"，推动物质粒子、能量和熵"流"动，"力"与"流"之间存在线性关系。然而在远离平衡区时，运动方程是非线性的，而且必然存在耗散。随着偏离平衡参量的增大，非线性方程的解一再出现分岔，最终将导致混沌。离平衡点越远，结构也越复杂。当达到某一临界点附近时，微小的扰动也会被放大，使系统进入不稳定状态。然后又会跃迁到一个新的具有更大耗散、更大熵输出的稳定状态。Prigogine学派的进化热力学能解释许多生物进化现象。

生物进化是一个在动力学控制下的开放系统热力学过程。生命系统借助能流和熵流而维持其远离平衡的定态，从无序的环境中吸取有序，产生生命和组织，并从一种有序的结构跃变为另一种有序度更高的结构。当一个物种在进化中获得成功，却有更多物种趋向绝灭，这就是生物进化付出的代价。

生物进化动力学和热力学研究表明，物种是一种相对的稳定态。它是由于存在环境隔离和生殖隔离而保持一个共有基因库的生物类群，因此物种间是不连续的，以此抵消了有性生殖带来的遗传不稳定性。生物进化既有个体和种群层次上的小进化；又有种以上的大进化。物种是大进化的基本单位。物种的存在体现了生物与环境间的复杂关系。物种绝灭说明，物种不能在一定范围内始终保持稳定和延续；新物种形成和新生态关系的建立说明，生物与环境之间从不平衡又达到新的平衡。

当前数理科学家与生物学家正合作致力于生命复杂系统进化模型的研究，通过设定初态和演化规则，以推导出各种动态过程。新的数学模型认为，自然界存在的各种复杂结构和过程，都可以归结为由大量基本组成单元的简单相互作用所引起。人们期望通过这类研究可以揭示生物分子的进化历程和进化机制，从而有助于对生物进化规律的理论认识。

（二）生命的起源和进化

早在1924年，苏联科学家奥巴林(А. И. Опарин)就对生命如何在古代原始海洋中从有机物产生的化学进化过程作了说明。1953年在Urey实验室工作的S. L. Miller模拟古老地球的"大气"和"海洋"，在烧瓶中由甲烷、氨、氢和水汽经连续放电，产生许多种氨基酸，从而为前生命期(prebiotic stage)地球上的化学进化提供了证据。现在认为，地球大约形成于46.5亿年前，至42亿年前成为稳定的表面分布大片海洋的星球，通过海底火山喷发、空中雷电和天外来星溅落等途径，产生含碳、氢、氧、氮、磷、硫等元素的有机分子，包括各种糖、有机酸、氨基酸和核苷酸。在供能条件下，氨基酸和核苷酸发生聚合反应。故此42亿～40亿年前即为前生命的化学进化时期。

生物体内DNA和RNA的合成都需要蛋白质的催化，而蛋白质的合成又需核酸的指令，那么生命起源的初期先形成核酸还是先形成蛋白质？这类似于"先有鸡还是先有蛋的问题"。1981年Cech发现RNA具有催化功能，称之为核酶。既然RNA能像DNA一样携带和复制遗传信息，又能像蛋白质一样催化生化反应，可以设想生命起源最早出现的应是RNA，而不是DNA和蛋白质。因而W. Gilbert于1986年提出了"RNA世界"的假说，认为生命起源于早期存在的RNA世界，蛋白质和DNA世界是在此之后产生的。"RNA世界"的假说显得十分合理，因此被广泛接受。然而争论仍然很多。RNA不稳定，在碱性溶液中RNA的水解速度是DNA的10^6倍，一些科学家怀疑如此不稳定的RNA何以能构成生命起源的世界。其实RNA在中性偏酸性溶液中还是比较稳定的，RNA在实验操作中极易降解乃是由于广泛存在分解RNA的酶所致。通过实验室进化已获得各种功能的RNA，包括合成核苷酸前体和进行RNA复制的核酶，从而证明了RNA世界的存在。

"RNA世界"假说的提出是生命起源研究的一个里程碑。形成RNA世界的核心过程是RNA的自我复制。在前生命期化学进化太杂乱无章，虽能产生RNA的某些前体，但似乎不能直接聚合生成RNA，原因在于：①前体量太少，尤其缺乏嘧啶核苷酸，而且存在种类太多；②核糖核苷酸的聚合可产生2′,5′-、3′,5′-和5′,5′-磷酸二酯键各种连接的混合结构，而不是单一的规则结构；③核糖存在D型和L型两种手性异构体，在RNA中核苷酸的糖为 D 型,若生长链的末端加入一个 L 型的核苷酸就会产生"对映异构体交叉抑制"(enantiomeric cross-inhibition)。对此科学家提出了一种新的设想,认为在"RNA 世界"之前可能存在一个"前 RNA 世界"。这种前 RNA(pre-RNA)分子的自发合成可能没有 RNA 那么困难,但其催化和复制能力也不如 RNA,它只是作为一种过渡,以便为 RNA 世界的起源做好准备。

一种可能的 pre-RNA 分子称为肽核酸(peptide nucleic acid,PNA),它具有类似多肽的非手性链骨架,不带电荷,能够形成双螺旋。另外,它还可以与 RNA(或 DNA 链)形成稳定的互补结构。这类分子的骨架是由 N-(2-氨基乙基)甘氨酸单体聚合而成,碱基通过亚甲基羧基附着其上。值得注意的是,在当年 Miller-Urey 的实验中就发现还原性大气经放电可以产生 N-(2-氨基乙基)甘氨酸。另一种可能的 pre-RNA 是苏糖核酸(threose nucleic acid,TNA)。苏糖是自然界仅有的两种四碳糖之一,其单体只能按 3′,2′-磷酸二酯键方式连接,无过多异构体问题。现在还不知道生命起源早期出现的 pre-RNA 究竟是什么?也许出现不只一种 pre-RNA 分子。总之,存在"pre-RNA 世界"的假设是合理的。TNA 和 PNA 的分子结构如图 29-5 所示。

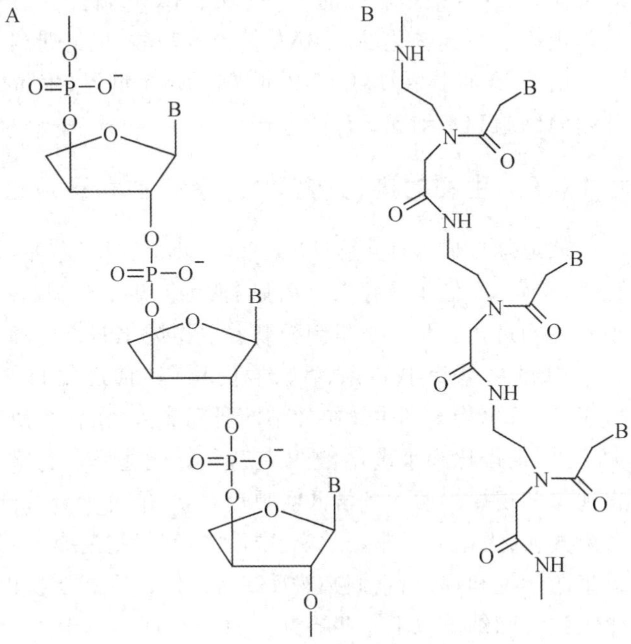

图 29-5 TNA 和 PNA 的分子结构
A. TNA;B. PNA

手性是生命起源研究必然涉及的问题。生物体内的糖都是 D 型,氨基酸都是 L 型,但是自然界化学合成的都是消旋混合物。即使存在某种拆分机制能将对映异构体分开,在水溶液中也难以抵挡自发的外消旋作用。因此手性的出现应是生物选择或生物合成的结果。例如,在某种矿物的表面进行 RNA 的复制,或许它只允许 D-核糖构成的核苷酸掺入。

在化学进化阶段,所有有机物都是自生自灭的,包括核苷酸的随机聚合物和氨基酸的随机聚合物在内。由 pre-RNA 或 RNA 构成的核酶可促进其前体底物分子的合成并促进其自我复制,使 pre-RNA 或 RNA 得以扩增。然而,复制免不了引入错误。如果自我复制能力只限于特定结构,任何变异都将使其失去这种能力,该 pre-RNA 或 RNA 仍然避免不了自生自灭的命运。只有当更一般的自我复制核酶出现,即不仅能复制其自身,还能复制其变异体,也就开始了达尔文式进化,这意味着生命的开始。合成底物、复制自身、复制变异体,这三项也许在 pre-RNA 世界就已完成,但更可能的是在建立 RNA 世界中完成的。换句话说,生命起源于 RNA 世界。

进入 RNA 世界,RNA 的核酶功能不断被扩展,RNA 链也随之被修饰和加入辅基,以适应新的功能需要。也许最初氨基酸是作为辅基加到 RNA 链上的。由于氨基酸和多肽显著提高了酶的催化功能,核糖核蛋白(ribonucleoprotein,RNP)世界得到了发展。随后大部分催化功能逐渐由 RNA 转移给了蛋白质。蛋白质世界的出现有三个条件:①合成氨基酸底物;②形成合成蛋白质的装置;③进化出一套适宜的遗传密码。实验室进化得到的核酶可以催化完成上述各种反应。近年核糖体晶体结构获得高分辨率的解析,揭示了 RNA 世界维持至今积极参与蛋白质合成的面貌。

遗传密码的起源和进化是一个备受瞩目的问题。早在 1967 年 C.Woese 就提出假说,认为遗传密码产生的基础是氨基酸与三联体核苷酸之间可能存在某种化学匹配关系,即具有亲和力。Crick 则反对这种观点,认为密码起源于"冻结的偶然事件"。这一争论一直持续至今。最近有科学家提出,RNA 结合氨基酸位点的序列与其对应氨基酸之间有一定的相关性,至少对某些氨基酸(例如精氨酸)是如此。另一些科学家则反对,认为实验无统计学上的意义。生命起源和进化,包括遗传密码的起源和进化,是一个极为复杂的过程,决不能简单归之为立体化学的相互作用,也不是纯属偶然,这里有机率也有自然选择的作用。

随着 RNA 世界的进化,积累的遗传信息增多,储存在 RNA 基因组中"渐感不便"。于是更稳定的双链 DNA 便被用作基因组,以储存更多的遗传信息。所以主张蛋白质世界的出现先于 DNA 世界,有两个理由:①合成 DNA 的底物脱氧核苷酸是由核糖核苷酸还原产生的,迄今未找到能还原核苷酸的核酶,而蛋白质核苷酸还原酶能催化此反应;②现今细胞所有的 RNA(除了 tRNA)都与蛋白质形成复合物,说明自早期 RNA 世界保留至今的 RNA 都是与蛋白质一起进化的。tRNA 携带氨基酸,也许是最早参与蛋白质生物合成的分子。

由 RNA 世界转变成 RNP 世界和 DNA 世界,生命世界变得更为复杂,更为多样化。在此基础上出现了细胞,开始向细胞和多细胞机体的进化。

(三) 生物的进化:驱动力、多样性和适应性

从地球形成水球至今 42 亿年间,分子进化(包括化学进化和生命进化)约占 7 亿年,多细胞生物进化也约 7 亿年,中间 28 亿年只存在单细胞生物(包括原核和真物生物)的进化。在漫长的生物进化过程中,是什么力量推动着生物进化?是什么机制控制着生物进化的方向和速度?生物的多样性和适应性是如何形成的?

20 世纪 40 年代以来,生物学获得了空前迅猛的发展,进化理论也日新月异。它吸取了分子遗传学、发育学、生态学、古生物学和生物统计学的研究成果,在各个研究方向上形成了严谨、定量的理论体系,揭示了物种形成和大绝灭、大进化和小进化、进化趋势和进化速率、大分子构造与进化关系、中性漂变与自组织等从宏观到微观的进化现象和规律。然而各学派间观点对立,争论十分激烈,也许没有一个学科领域的学术争论是如此持续和针锋相对。其实,无论分子驱动学说、中性漂变学说、还是自然选择学说,或者断续平衡论与灾变论,都是根据事实总结得出的学说和理论,它们必然反映了一定范围或层次的进化规律。从生物化学与分子生物学的角度来看,生物进化大致可归纳出以下一些要点:

(1) **进化是生命运动的基本特征** 一切生命运动都是由生物分子,即核酸(DNA、RNA)、蛋白质和其他生物分子,以特定关系相互作用所形成,生物进化也是如此。生命系统的自组织特征表现为,可依赖于能量耗散和负熵输入使系统由一种定态跃进为另一种有序度更高的定态。生物不同层次的结构都是由生物分子自组装而成,更高层次的结构是在较低层次结构的基础上产生的,并有更高层次的功能和生物学意义。生物合成和形态发生都是生物在进化过程中产生的,因此一定程度上可反映生物进化的历史进程。总之,生物进化是由开放系统热力学所支持并受动力学束缚的生物分子相互作用所驱动。

(2) **生物在进化过程中不仅改进了性状,也改进了进化能力** 也就是说,生物的遗传结构能够影响子代性状的多样性、适应性,以及进化潜力。生物进化有赖于变异,可遗传的变异是进化的源泉,没有变异就没有进化。按照经典遗传学的观点,变异完全是随机的,并且否定有获得性遗传。然而,进化总是在原有遗传结构基础上进行的。达尔文和综合进化论或多或少忽略了生物内在因素对适应进化的作用,自然选择的作用被夸大了。现在知道,生物的遗传结构具有减小突变危害的机制,并将进化过程中获得的遗传信息分别贮存在各种结构和调控单元内,通过重组可以产生新的优化组合。变异具有随机性,但也有一定的非随机性。生物控制变异的机制也就是进化的内因,它能一定程度上影响进化的方向。生物经长期进化获得的遗传信息,促使其进化总的趋势是向更高级、更复杂、多样化、增加适应性和进化潜力方向演变。

(3) **达尔文进化论的最大挑战来自中性漂变理论** 基于对蛋白质和核酸分子进化变异的比较研究,木村资生(Motoo Kimura)于 1968 年提出分子水平的进化速率可能是近似恒定的。其后,他在《分子进化的中性理论》一书中对此作了详细的论述,认为蛋白质和核酸序列的改变绝大部分在选择上是中性的。中性等位基因的替换率是一个恒定的概率,可以证明该概率即为等位基因的突变率。中性理论虽然承认自然选择在表型(形态、生理、行为和生态的特征)进化中的作用,但否认自然选择在分子进化中的作用,认为生物大分子进化的主要因素是突变的随机固定。

从分子层次上看,绝大多数突变都是选择中性的,有显著表型效应的突变很少发生。在基因编码序列中,每一个密码子有 9 种替换突变,64 个密码子中共有 576 种替换,其中同义替换 138 种,占 24.0%;近义替换(替换的

氨基酸性质相近)184种,占32.0%,两者相加超过一半。而且蛋白质许多部位氨基酸替换都不影响其功能。再者,高等动、植物基因组DNA中,编码序列只占1%,存在大量重复序列和间隔序列,绝大多数突变发生在非编码区DNA上。与表型进化速率相比,蛋白质和核酸分子的进化速率甚高,而且相对恒定。这就表明相当大部分的突变与表型无关。换句话说分子进化速率与表型进化速度不"匹配"。在所有可能出现的突变中,有一部分突变是有害的,携带这些突变者即被自然选择所淘汰;另一些是有益的,它的数量极少,因此对总的进化速率作用很小。

通常用于度量自然选择的参数是适合度,即基因型繁殖的相对几率。为了运算的方便,可将生殖效能最高的基因型适合度值定为1,适合度常用 W 表示。另一个度量是选择系数(selection coefficient),用 s 表示,定义 $s = 1 - W$,用以度量一个基因适合度的降低。所谓选择中性,不能简单理解为"无利也无害",而是指它们的变化主要是由于漂变而不是自然选择。这取决于两个因素:一是种群有效大小(指具有生殖能力的个体数量);另一个是选择系数 s。自然选择是否起作用,不仅取决于 s 值,还取决于种群大小。如若种群很小,不足以排除偶然因素的影响,基因频率的变化仍然是一个随机漂变过程,选择几乎不起作用,即可视为选择中性。

木村对中性突变频率的变化作了数学推算。大多数中性或接近中性的突变,在经历不多几代的漂变中随机地绝灭了;只有很少突变经过很长时间,才能扩散到整个种群而被固定下来。设 K 为分子进化速率,时间可以是年或世代。在有 N 个二倍体随机交配群中,

$$K = 2Nux$$

这里 u 是单位时间(与 K 同一个单位)内每个配子的突变率,x 是一个中性等位基因最后固定的概率。假定等位基因是中性的,群体内所有该基因固定的概率都一样,可以得出 x 为 $1/2N$,代入上式得到

$$K = 2Nu \frac{1}{2N} = u$$

即中性等位基因的进化率就是它们的突变率,与群体大小和任何其他参数无关。这个结果虽然简明,却非常重要。

根据分子进化中性学说,生物大分子进化速度是恒定的,因此存在所谓的分子钟(molecular clock),即蛋白质和核酸分子进化改变量(替换数)可作为生物进化时间的度量。检测是否存在分子钟就以可判断中性学说是否正确。许多科学家为此进行了大量的比较研究,所得结果甚不一致,争议颇多。例如有人比较了18种脊椎动物(从鱼类到哺乳动物)的4种蛋白质(血红蛋白的 α 与 β、细胞色素 c 和血肽 A)序列,经统计学检验表明它们的分子进化速率无论以年计算或以世代计算都不是恒定的,由此怀疑分子钟的存在。许多学者认为分子钟是有事实依据的,不能简单否定,尽管存在不少例外,而且分子进化率的变动大于预期值;然而对许多不同生物的许多同源大分子研究表明,在相当长时间内平均进化速率仍十分恒定,分子进化似有规律可循。如果考虑到在长期进化过程中不可避免会受到各种因素的影响,大分子在不同时期以不同速率进化,也就不足为奇了。

(4)生物在进化过程中复杂性与多样性不断增加,表明新的基因在不断形成 根据对细菌和支原体基本功能的分析,现今细胞最核心的持家基因(house-keeping gene)数为256个,主要是编码重要代谢途径的酶和某些结构蛋白。原始细胞的基因数或许更少,估计至少要100多个基因。迄今所知,新的基因形成方式有三种:一是基因通过倍增和歧化,从而产生新的基因;二是由基因模块(外显子)改组,往往产生一些多功能基因;三是由RNA逆转录产生逆基因,或由逆序列再进化形成新的基因。

DNA重组可产生重复基因或重复序列,新的基因往往起源于这些重复序列。所有基因都各有其自身的功能,当基因结构发生改变(突变或重排)时,可能失去原有的功能,并获得新的功能。自然选择压力将束缚单拷贝基因,使其不能转变为新的基因,因为这种转变会失去基因原有的功能。基因发生重复,这种束缚就被解除。此时一个拷贝的基因发生改变,还有另一拷贝的基因维持原有的功能。

许多基因以基因家族的形式存在,它们排列成簇(cluster),编码某些结构与功能相近的蛋白质,组成蛋白质家族。这些略有不同的蛋白质往往在机体发育不同阶段和不同分化组织中表达。在高等动植物中此现象尤为显著。序列分析表明,它们是从一个共同的祖先,经基因重复和歧化而来。

长期以来遗传学家认为起决定作用的遗传物质是染色体和 DNA,因此否定获得性遗传。20 世纪 80 年代后开始重新认识 RNA,动摇了 DNA 中心的观点。其实,在分子水平上已有不少实验证据表明获得性可以遗传。当然,并不是所有后天获得的性状都能传递给后代,对于多细胞生物来说必须通过生殖细胞才能遗传。最常见的获得性遗传现象有以下几类:①先存结构的指导作用;②基因的表达方式,如血清型的转变;③由 RNA 携带新的遗传信息,如 RNA 干扰可通过 RNA 复制酶扩增并传递给后代。后天获得的性状对基因变异进行选择,从而影响变异的方向;RNA 携带的遗传信息也可以通过逆转座子成为新的基因。

5. 进化可以是少数分子或基因逐渐变异,即小进化;或者是一大群分子和基因组突然爆发变异,即量子式的飞跃或大进化。过去对小进化机制研究较多,对大进化机制的了解则是近年间才发展起来的。目前已知至少有三种情况会造成大突变。第一,转座子或逆转座子的活跃转座,打破了基因组的稳定性,造成大量基因突变。真核生物尤以逆转座子更为重要,如酵母的 Ty 因子、果蝇的 Copia、玉米的 Bs I 和人类的 Alu 序列等。第二,结构基因的变异只影响单个基因产物,而调节基因或控制元件的变异却影响一系列基因产物。控制个体发育的基因往往是一些编码转录因子的基因,它们在生物进化历史中必然曾起过重大作用。第三,美国科学家 S. Lingest 通过实验观察果蝇的变异与进化,当降低热激蛋白 Hsp 90 在体内的水平时,其后代畸形的数量明显增多。这表明热激蛋白能使许多突变蛋白仍按正常方式折叠,但热激蛋白自身活性降低立即爆发出众多原被掩盖的突变。

国内外科学家都已证明,生物体内关系密切的分子通常呈协同进化(coevolution),例如配体和受体、底物和酶、相互传递信号的蛋白质,它们之间的进化速率大致相同。L. M. Van Valen 借用 L. Carroll 童话故事中红皇后的话:"必须快跑才能留在原位",原意是用于说明物种间的生态关系;所有物种都在进化,为了保持与其他物种之间的关系,也必须发生相应进化。这里用来说明的生物分子之间的相互关系也是如此。生物分子发生变异往往不是用来改进性状,而是维持其功能,即保持与相关分子的相互识别和作用。这就是红皇后假说。

新的大分子或其基因需借助变异和自然选择才能产生并不断完善其功能。但在经历漫长的进化岁月后,基本上已无改进的余地,例如原核生物和真核生物的持家基因便是如此。参与糖酵解的磷酸丙糖异构酶也许是最古老的酶之一,原核生物与真核生物该酶的变化不多,说明在 20 亿年的进化中已无大的改进。基因频率随机"涨落",而使某些等位基因或被删除,或被固定,并在自然选择压力下束缚着分子的保守区。自然选择并不能完全淘汰隐性有害基因,中性漂变则能够彻底将其排除。由此可见,分子驱动、中性漂变和自然选择对分子进化各起不同的作用,并且不同时期的作用也不完全相同。

通过不同层次的研究才有可能揭示生物进化规律,深刻了解进化机制。生物化学与分子生物学在技术上的突破,以空前的高速度积累了大量生物分子的结构资料,从而为阐明生物分子进化历程和进化机理奠定了基础,为建立统一的生物进化理论作出了重大贡献。

习 题

1. 何谓遗传信息?亲代细胞如何将遗传信息传递给子代细胞?
2. 细胞具有恒定量的 DNA 说明什么?生殖细胞(精子和卵)的 DNA 量只有体细胞的一半,其 A+T/G+C 的比值是否仍和体细胞一样? A=T,G=C 的关系是否仍存在?
3. DNA 的信息量与复杂度有何关系?当 DNA 的序列增加一倍时其信息量增加多少?[一倍]
4. O. T. Avery 的细菌转化实验能否证明 DNA 是遗传物质?
5. 为什么说病毒是游离的遗传因子?或者说是"裸露的"染色体?有一学说认为病毒是生命进化的前细胞阶段,你如何看待这个问题?
6. 什么是基因?发现一个基因的表达产物不只一种蛋白质后对基因的概念有无改变?
7. 何谓反向生物学?它的出现有何意义?
8. 为什么说 DNA 重组技术导致分子生物学的第二次革命?
9. 蛋白质、RNA 和 DNA 在生命系统中各起何作用?何者为主?还是同样重要?
10. 哪些 RNA 参与蛋白质的生物合成?各起什么作用?

11. 什么是 RNA 的信息加工？RNA 在信息加工中能否获得新的遗传信息？
12. 什么是 RNA 干扰？它的发现有何生物学意义？
13. 什么是 RNA 的表型效应？
14. 线虫大约有 19 000 多个基因，而比之更复杂的果蝇只有 13 000 多个基因，如何分析此现象？
15. 什么是遗传密码？通过哪些实验得以破译？
16. 遗传密码的基本特性是什么？
17. 根据遗传密码的变偶性，细胞内至少需要多少种反密码子，才能识别 61 种密码子？线粒体内则需要多少种反密码子？
18. 为什么说 UGA 正在演变成硒代半胱氨酸的密码子？
19. 遗传密码的防错系统有何生物学意义？
20. 为什么说负熵概念的提出消除了物理科学与生命科学之间沟通的障碍？
21. 生物通过不同层次进行组装有何生物学意义？
22. 为什么说生物进化是一个在动力学控制下开放系统热力学过程？
23. 从开放系统热力学角度如何看待物种的形成过程？
24. 简要说明生命起源的"RNA 世界"学说。何谓"前 RNA 世界"？它与"RNA 世界"学说是否矛盾？
25. 为什么序列同源性可以反映生物的亲缘关系？
26. 为什么不同生物大分子的进化速率不同？
27. 何谓基序（motif）？何谓模块（module）？它们之间是何关系？
28. 木村的中性漂变学说有何理论意义？它与达尔文的自然选择学说是否对立？
29. 如何看待生物在进化过程中不断提高进化能力？
30. 逆转座子对生物进化有何意义？
31. 试分析有关生物进化的分子驱动、中性漂变和自然选择三学说的要点。是否可能将它们统一起来？
32. 为什么说 S. Lingest 的果蝇实验真实揭示了生物的进化过程？
33. 什么是"红皇后"假说？如何用来解释生物分子的"协同进化"？
34. 如何区分适应能力和进化潜力？哪些因素影响生物的适应能力和进化潜力？
35. 如何看待获得性遗传问题？
36. 生物在进化过程中如何获得遗传信息的？

主要参考书目

[1] Watson J D, Baker T A, Bell S P, Gann A, Levine M, Losick R. Molecular Biology of the Gene. 5th ed. San Francisco：Pearson Education, Inc, 2004.
[2] 弗朗西斯科·乔·阿耶拉, 约翰·亚·基杰. 现代遗传学. 潘武城, 等译. 长沙, 湖南科学技术出版社, 1987.
[3] Nelson D L, Cox M M. Lehninger Principles of Biochemistry. 4th ed. New York：W H Freeman and Company, 2005.
[4] Bery J M, Tymoczko J L, Stryer L. Biochemistry. 5th ed. New York：W H Freeman and Company, 2002.
[5] 张昀. 生物进化. 北京：北京大学出版社, 1998.

（朱圣庚）

第30章 DNA 的复制和修复

现代生物学已充分证明,DNA 是生物遗传的主要物质基础。生物机体的遗传信息以密码的形式编码在 DNA 分子上,表现为特定的核苷酸排列顺序,并通过 DNA 的复制(replication)由亲代传递给子代。在后代的生长发育过程中,遗传信息自 DNA 转录(transcription)给 RNA,然后翻译(translation)成特异的蛋白质,以执行各种生命功能,使后代表现出与亲代相似的遗传性状,即遗传信息的表达(expression)。DNA 分子虽然十分稳定,但在机体生命活动过程中不可避免会受到各种物理、化学和生物因素的作用,遭到损伤,而机体具有修复机制,在一定程度上使其复原。

一、DAN 的复制

原核生物每个细胞只含有一个染色体,真核生物每个细胞常含有多个染色体。在细胞增殖周期的一定阶段整个染色体组都将发生精确的复制,随后以染色体为单位把复制的基因组分配到两个子代细胞中去。一旦复制完成,就可发动细胞分裂;细胞分裂结束后,又可开始新的一轮 DNA 复制。

染色体外的遗传因子,包括原核生物的质粒、真核生物的细胞器以及细胞内共生或寄生生物的 DNA,它们也在细胞周期内复制。质粒或是受染色体复制的控制,与染色体复制同步,每个细胞只有一个或少数几个拷贝,因此称为单拷贝质粒;或是不受染色体复制的控制,在细胞分裂间期随时都可进行,每个细胞含有许多拷贝(通常在 20 个以上),称为多拷贝质粒。细胞器 DNA 的复制受细胞器组成成分的控制,细胞器可与细菌类似进行分裂。上述不同 DNA 的复制方式和调节机制虽有不同,但基本生物化学过程是一致的。

由于 DNA 是遗传信息的载体,在合成 DNA 时决定其结构特异性的遗传信息只能来自其本身,因此必须由原来存在的分子为模板来合成新的分子,即进行自我复制(self-replication)。细胞内存在极为复杂的系统,以确保 DNA 复制的正确进行,并纠正可能出现的误差。本节将着重介绍 DNA 的半保留复制(semiconservative replication)、复制的单位和酶系、复制的半不连续性(semidiscontinuity)、复制的拓扑学(topology)、复制体(replisome)结构和复制的调控机理等。

(一) DNA 的半保留复制

DNA 由两条螺旋盘绕的多核苷酸链所组成,两条链通过碱基对之间的氢键连接在一起,所以这两条链是互补的。一条链上的核苷酸排列顺序决定了另一条链上的核苷酸排列顺序。由此可见,DNA 分子的每一条链都含有合成它的互补链所必需的全部遗传信息。Watson 和 Crick 在提出 DNA 双螺旋结构模型时即推测,在复制过程中首先碱基间氢键需破裂并使双链解开,然后每条链可作为模板在其上合成新的互补链(图 30-1)。在此过程中,每个子代分子的一条链来自亲代 DNA,另一条链则是新合成的,这种方式称为半保留复制。

1958 年 M. Meselson 和 F. Stahl 利用氮的同位素 ^{15}N 标记大肠杆菌 DNA,首先证明了 DNA 的半保留复制。他们让大肠杆菌在以 $^{15}NH_4Cl$ 为唯一氮源的培养基中生长,经过连续培养 12 代,使所有 DNA 分子标记上 ^{15}N。^{15}N-DNA 的密度比普通 ^{14}N-DNA 的密度大,在氯化铯密度梯度离心(CsCl density gradient centrifugation)时,这两种 DNA 形成位置不同的区带(zone)。如果将 ^{15}N 标记的大肠杆菌转移到普通培养基(含 ^{14}N 的氮源)中培养,经过一代之后,所有 DNA 的密度都介于 ^{15}N-DNA 和 ^{14}N-DNA 之间,即形成了 DNA 分子的一半含 ^{15}N,另一半含 ^{14}N 的杂合分子。两代后,^{14}N 分子和 ^{14}N-^{15}N 杂合分子等量出现。若再继续培养,可以看到 ^{14}N-DNA 分子增多。当把 ^{14}N-^{15}N 杂合分子加热时,它们分开成 ^{14}N 链和 ^{15}N 链。这就充分证明了,在 DNA 复制时原来的 DNA 分子可被分成两个亚单位,分别构成子代分子的一半,这些亚单位经过许多代复制仍然保持着完整性(图 30-2)。

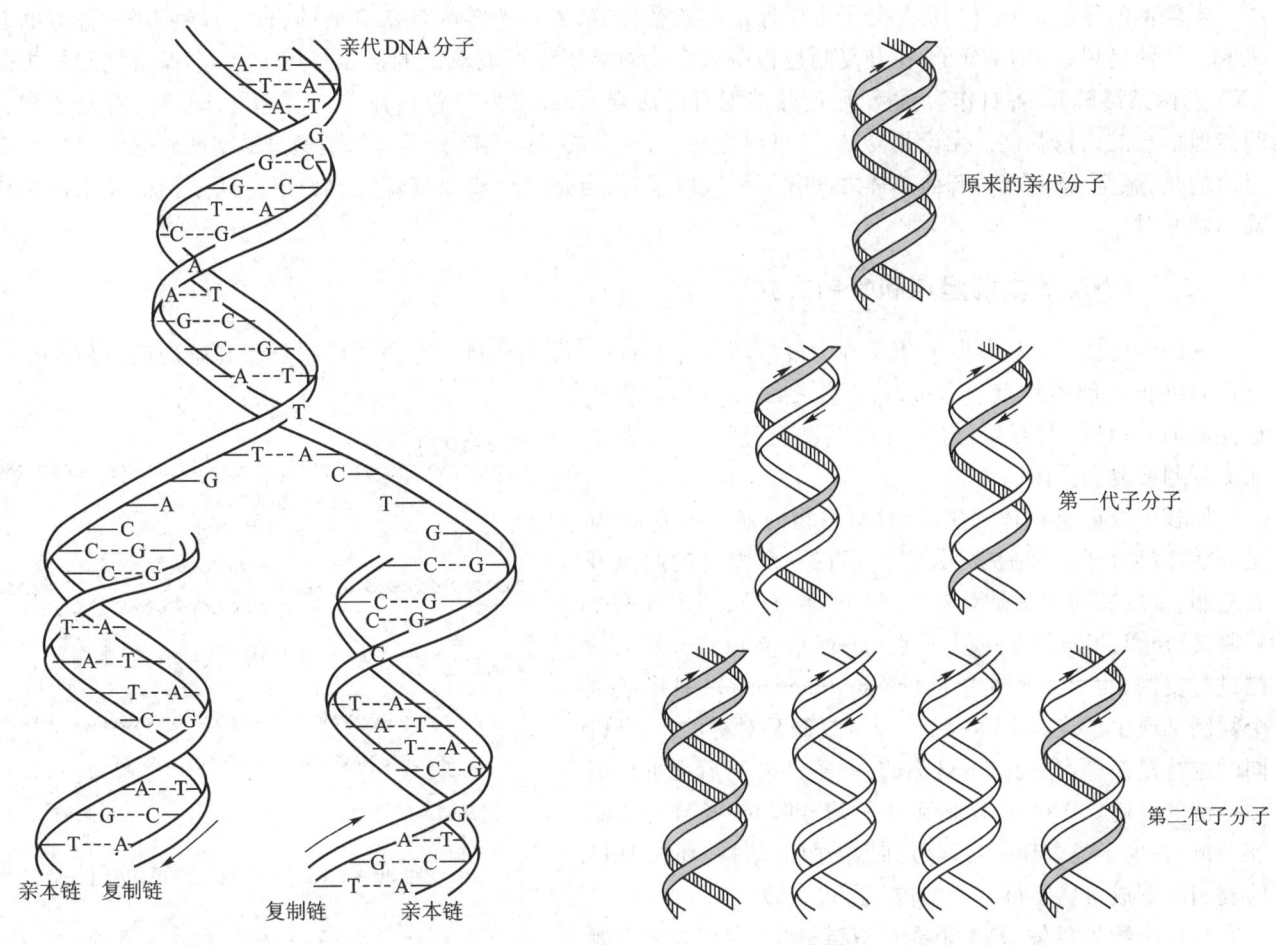

图 30-1 Watson 和 Crick 提出的 DNA 双螺旋复制模型

图 30-2 DNA 的半保留复制

第一代子分子含有一条亲代的链(用黑色表示),与另一条新合成的链(用白色表示)配对。在以后的连续复制过程中,原来亲代的两条链仍然保持完整。

在这以后,用不同生物材料做了类似的实验,都证实了 DNA 复制的半保留方式。然而,这类实验所研究的复制中 DNA 在提取过程中已被断裂成许多片段,得到的信息只涉及 DNA 复制前和复制后的状态。1963 年 J. Cairns 用放射自显影(autoradiography)的方法第一次观察到完整的正在复制的大肠杆菌染色体 DNA。他将 ^3H-脱氧胸苷标记大肠杆菌 DNA,然后用溶菌酶把细胞壁消化掉,使完整的染色体 DNA 释放出来,铺在一张透析膜上,在暗处用感光乳胶覆盖于干燥了的膜表面,放置若干星期。在这期间 ^3H 由于放射性衰变而放出 β 粒子,使乳胶曝光生成银粒。显影以后银粒黑点轨迹勾画出 DNA 分子的形状,黑点数目代表了 ^3H 在 DNA 分子中的密度。把显影后的片子放在光学显影镜下就可以观察到大肠杆菌染色体的全貌。借助这种方法,Cairns 阐明了大肠杆菌染色体 DNA 是一个环状分子,并以半保留的方式进行复制(图 30-3)。

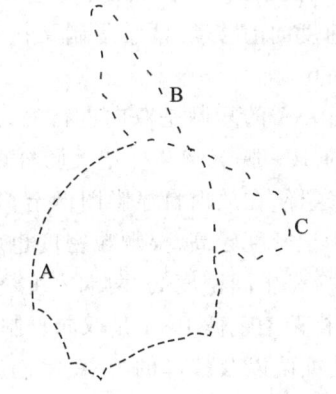

图 30-3 复制中的大肠杆菌染色体放射自显影图

^3H-胸苷掺入大肠杆菌 DNA,经过将近两代时间。非复制部分(C)银粒子密度较低,由一股放射性链和一股非放射性链构成。已复制的部分约占整个染色体的三分之二,其中一条双链(B)仅一股链是标记的;另一条双链(A)的两股链都是标记的,银粒子密度为二者的两倍。染色体全长约为 1 100 μm

半保留的复制,即子代 DNA 分子中仅保留一条亲代链,另一条链则是新合成的,这是双链 DNA 普遍的复制机制。即使是单链 DNA 分子,在其复制过程中通常也总是要先形成双链的复制型(RF)。半保留复制要求亲代 DNA 的两条链解开,各自作为模板,通过碱基配对的法则,合成出另一条互补链。在这里,碱基配对是核酸分子间传递信息的结构基础。无论是复制、转录或逆转录,在形成双链螺旋分子时都是通过碱基配对来完成的。需要指出的是,碱基、核苷或核苷酸单体之间并不形成碱基对,但是在形成双链螺旋时由于空间结构的关系而构成特殊的碱基对。

(二) DNA 的复制起点和复制方式

基因组能独立进行复制的单位称为复制子(replicon)。每个复制子都含有控制复制起始的起点(origin),可能还有终止复制的终点(terminus)。复制是在起始阶段进行控制的,一旦复制开始,它即继续下去,直到整个复制子完成复制或复制受阻。

原核生物的染色体和质粒,真核生物的细胞器 DNA 都是环状双链分子。实验表明,它们都在一个固定的起点开始复制,复制方向大多是双向的(bidirectional),即形成两个复制叉(replication fork)或生长点(growing point),分别向两侧进行复制;也有一些是单向的(unidirectional),只形成一个复制叉或生长点(图 30-4)。通常复制是对称的,两条链同时进行复制;有些则是不对称的,一条链复制后再进行另一条链的复制。DNA 在复制叉处两条链解开,各自合成其互补链,在电子显微镜下可以看到形如眼的结构,环状 DNA 的复制眼形成希腊字母 θ 形结构(图 30-5)。

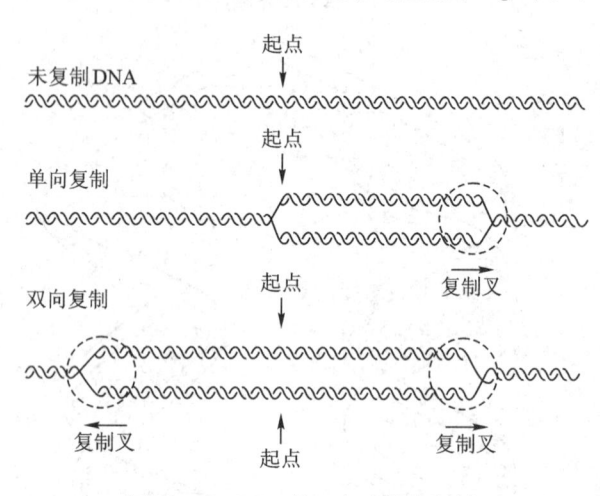

图 30-4 DNA 的双向或单向复制

真核生物染色体 DNA 是线性双链分子,含有许多复制起点,因此是多复制子(multireplicon)。病毒 DNA 有多种多样,或是环状分子,或是线性分子,或是双链,或是单链。每一个病毒基因组 DNA 分子是一个复制子,它们的复制方式也是多种多样的:双向的,或是单向的;对称的,或是不对称的。有些病毒线性 DNA 分子在侵入细胞后可转变成环状分子,而另一些线性 DNA 分子的复制起点在末端。

在一个生长的群体中多数细胞的染色体都处在复制过程中,因此离复制起点越近的基因出现频率越高,越远的基因出现频率越低。将大肠杆菌提取出来的 DNA 切成大约 1% 染色体长度的片段,通过分子杂交的方法测定各基因片段的频率,结果表明 ori C 位于基因图谱的 ilv 位点处(83 分附近)。一旦复制开始以后,复制叉向两侧以相等速度向前移动,两个复制叉在起点 180°的 trp 位点处(33 分附近)相会合(图 30-6)。

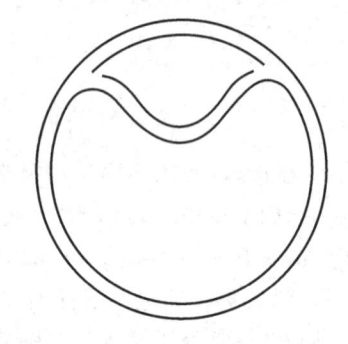

图 30-5 环状 DNA 的复制眼形成 θ 结构

通过放射自显影的实验可以判断 DNA 的复制是双向进行的,还是单向进行的。在复制开始时,先用低放射性的 ^{3}H - 脱氧胸苷标记大肠杆菌。经数分钟后,再转移到含有高放射性的 ^{3}H - 脱氧胸苷培养基中继续进行标记。这样,在放射自显影图像上,复制起始区的放射性标记密度比较低,感光还原的银颗粒密度就较低;继续合成区标记密度较高,银颗粒密度也就较高。若是单向复制,银颗粒的密度分布应是一端低,一端高。若是双向复制,则应是中间密度低,两端密度高。由大肠杆菌所获得的放射自显影图像都是两端密,中间稀,这就清楚证明了大肠杆菌染色体 DNA 是双向复制的(图 30-7)。

大肠杆菌和其他几种革兰氏阴性细菌以及酵母的 DNA 复制起始区已被克隆并测定了它们的核苷酸顺序。从质粒中分离出带有抗药性基因(例如氨苄青霉素的抗性基因 amp^r)的限制片段,它是不能自主复制的。如用同

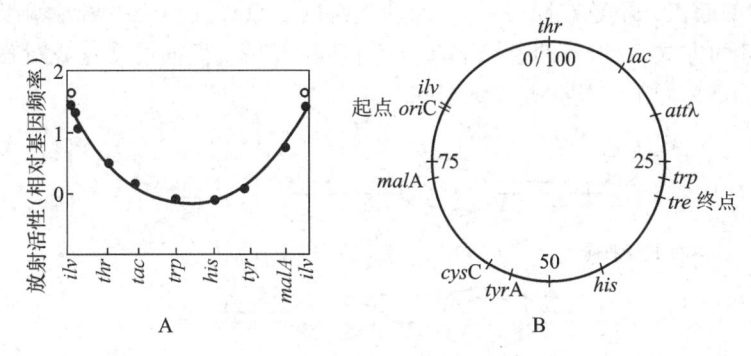

图 30－6　大肠杆菌复制起点和终点在基因图谱上的位置
A. DNA 复制起点的测定；B. 复制起点和终点的位置

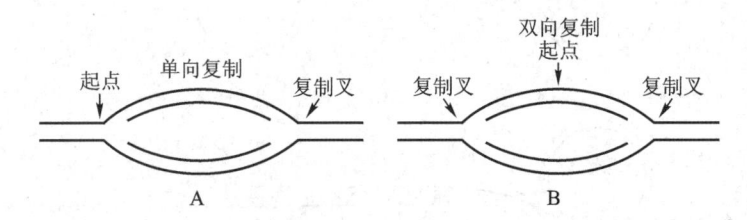

图 30－7　单向和双向复制的放射自显影示意图
A. 单向复制；B. 双向复制

一种限制性酶处理大肠杆菌的染色体 DNA，经 DNA 连接酶加以连接后转化大肠杆菌，筛选抗氨苄青霉素的转化子(transformant)，在这些转化细胞中的重组质粒含有大肠杆菌的复制起点(ori C)。克隆的复制起始区可用来研究复制的控制机制。

含有 ori C 区 1 000 bp 的重组质粒在大肠杆菌中的复制行为与细菌染色体一样，受到严紧控制，每个细胞只有 1～2 个拷贝。用核酸外切酶缩短 ori C 克隆片段的大小，最后得 245 bp 的基本功能区，携带它的质粒依然能自主复制，但拷贝数可增加到 20 以上，这说明决定拷贝数和发动复制的作用是由不同序列控制的。

鼠伤寒沙门氏菌(Salmonella typhimurium)的起点位于一段 296 bp 的 DNA 片段上，与大肠杆菌的起点相比，它们之间的相似程序达 86%。其他的细菌，即使亲缘较远的细菌，其起点在大肠杆菌中亦能进行复制。看来起始区的结构是很保守的。比较已知序列的起始区，发现它们都含有一系列对称排列的反向重复(inverted repeats)和某些短的成簇的保守序列，这些序列的意义还不完全清楚。

有些种类 DNA 的复制是不对称的，两个复制叉或两条亲本链并不同时进行复制。有一种单向复制的特殊方式，称为滚环(rolling circle)式。噬菌体 ϕX 174 DNA 是环状单链分子。它在复制过程中首先形成共价闭环的双链分子(复制型)，然后其正链由 A 蛋白在特定位置切开，游离出一个 3′－OH 末端，A 蛋白连在 5′－磷酸基末端。随后，在 DNA 聚合酶(DNA polymerase)催化下，以环状负链为模板，从正链的 3′－OH 末端加入脱氧核苷酸，使链不断延长，通过滚动而合成出新的正链。合成一圈后，露出切口序列，A 蛋白再次将其切开，并连在切出的 5′－磷酸基末端，游离出单位长度噬菌体环状单链 DNA 分子。实验证明，某些双链 DNA 的合成也可以通过滚环的方式进行。例如，噬菌体 λ 复制的后期以及非洲爪蟾(Xenopus)卵母细胞中 rRNA 基因的扩增都是以这种方式进行的。

另一种单向复制的特殊方式称为取代环(displacement loop)或 D－环(D-loop)式。线粒体 DNA 的复制采取这种方式(纤毛虫的线粒体 DNA 为线性分子，其复制方式与此不同)。双链环在固定点解开进行复制，但两条链的合成是高度不对称的，一条链先复制，另一条链保持单链而被取代，在电镜下可以看到呈 D－环形状。待一条链复制到一定程度，露出另一链的复制起点，另一条链才开始复制。这表明复制起点是以一条链为模板起始合成

DNA 的一段序列；两条链的起点并不总在同一点上，当两条链的起点分开一定距离时就产生 D-环复制。叶绿体 DNA 的复制也采取 D-环的方式，双链环两条链的起点不在同一位置，但同时在起点处解开双链，进行 D-环复制，故称为 2D-环复制。DNA 的不同复制方式见图 30-8。

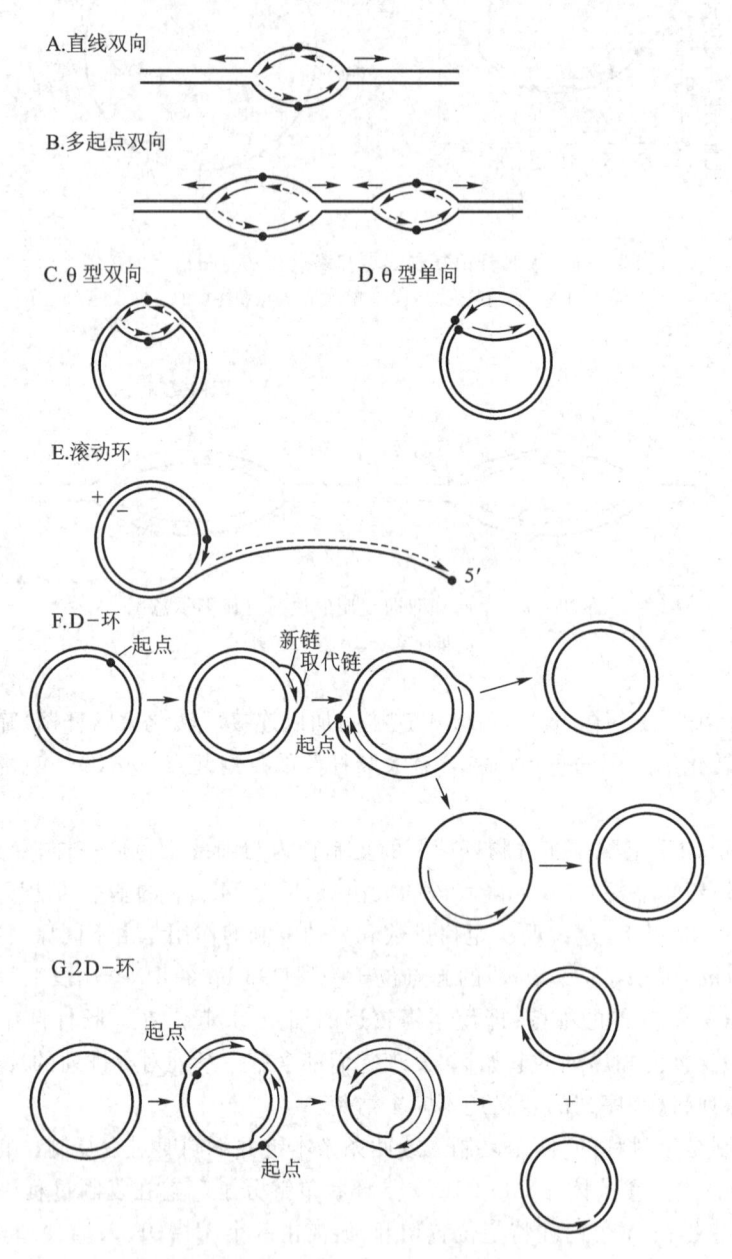

A. 直线双向

B. 多起点双向

C. θ 型双向   D. θ 型单向

E. 滚动环

F. D-环

G. 2D-环

图 30-8　DNA 的不同复制方式

利用放射自显影的方法测定，细菌 DNA 的复制叉移动速度大约每分钟 50 000 bp。大肠杆菌染色体完成复制需要 40 min。但是在丰富培养基中，大肠杆菌每 20 min 即可分裂一次。实验分析结果表明，复制叉前进的速度是比较恒定的，复制速度实际取决于起始频率。在丰富培养基中，大肠杆菌染色体一轮复制尚未完成，起点已开始第二轮的复制，因此一个染色体可以不只 2 个生长点（图 30-9）。

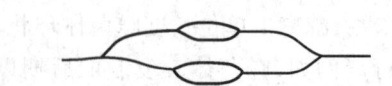

图 30-9　大肠杆菌的多复制叉染色体 DNA

真核生物染色体 DNA 的复制叉移动速度比原核生物慢得多，这是由于真核生物的染色体具有复杂的高级结构,复制时需要解开核小体(nucleosome),复制后又需重新形成核小体。它们的复制叉移动速度大约为 1 000 ~ 3 000 bp/min。高等真核生物一般复制单位长度是 100 ~ 200 kb,低等真核生物要小一些,每一复制单位在 30 ~ 60 min 内复制完毕。由于各复制子发动复制的时间有先后,就整个细胞而言,通常完成染色体复制的时间要用 6 ~ 8 h。

(三) DNA 聚合反应和有关的酶

DNA 由脱氧核糖核苷酸聚合而成。与 DNA 聚合反应有关的酶包括多种 DNA 聚合酶和 DNA 连接酶。

1. DNA 的聚合反应和聚合酶

1956 年 A. Kornberg 等首先从大肠杆菌提取液中发现 DNA 聚合酶。其后从广泛不同的生物中都找到有这种酶。用提纯的酶制剂作实验表明,在有适量 DNA 和镁离子存在时,该酶能催化四种脱氧核糖核苷三磷酸合成 DNA,所合成的 DNA 具有与天然 DNA 同样的化学结构和物理化学性质。dATP、dGTP、dCTP 和 dTTP 四种脱氧核糖核苷三磷酸缺一不可;它们不能被相应的二磷酸或一磷酸化合物所取代,也不能被核糖核苷酸所取代。在 DNA 聚合酶催化下,脱氧核糖核苷酸被加到 DNA 链的末端,同时释放出无机焦磷酸。DNA 的聚合反应可表示如下:

$$n_1 \text{dATP} + n_2 \text{dGTP} + n_3 \text{dCTP} + n_4 \text{dTMP} + \text{DNA} \xrightleftharpoons[\text{Mg}^{2+}]{\text{DNA 聚合酶}} \begin{bmatrix} \text{dATP} \\ | \\ \text{dGMP} \\ | \\ \text{dCMP} \\ | \\ \text{dTMP} \end{bmatrix} - \text{DNA} + (n_1 + n_2 + n_3 + n_4)\text{PPi}$$

在 DNA 聚合酶催化的链延长反应中,链的游离 3'-羟基对进入的脱氧核糖核苷三磷酸 α 磷原子发生亲核攻击,从而形成 3',5'-磷酸二酯键并脱下焦磷酸(图 30-10)。形成磷酸二酯键所需要的能量来自 α- 与 β- 磷酸基之间高能键的裂解。聚合反应是可逆的;但随后焦磷酸的水解可推动反应的完成。DNA 链由 5'向 3'方向延长。DNA 聚合酶只能催化脱氧核糖核苷酸加到已有核酸链的游离 3'-羟基上,而不能使脱氧核糖核苷酸自身发生聚合,也就是说,它需要引物链(primer strand)的存在。加入核苷酸的种类则由模板链所决定。

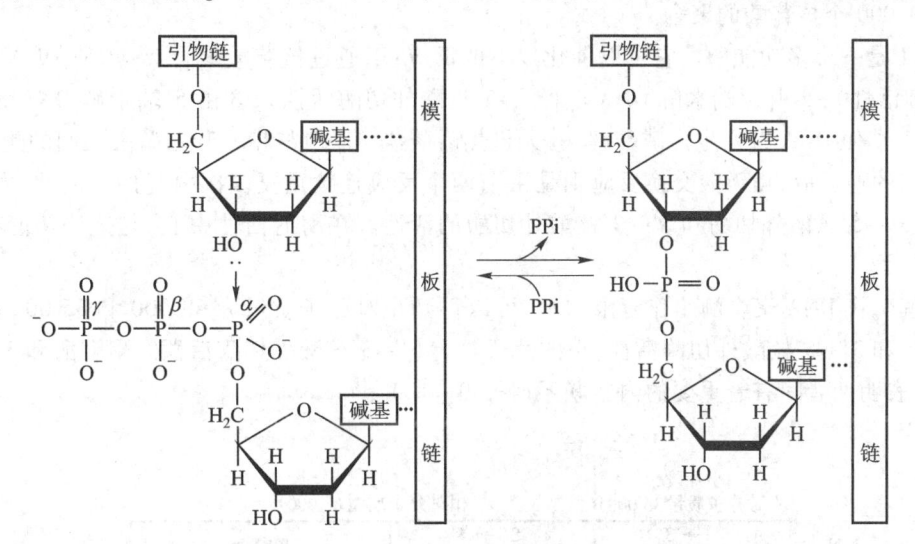

图 30-10 DNA 聚合酶催化的链延长反应

与生物小分子的合成不同,信息大分子(informational macromolecule)的合成除需要底物、能量和酶外,还需要模板(template)。DNA 聚合酶催化的反应是按模板的指令(instruction)进行的。只有当进入的核苷酸碱基能与模板链的碱基形成 Watson-Crick 类型的碱基对时,才能在该酶催化下形成磷酸二酯键。因此,DNA 聚合酶是一种模板指导的酶。加入各种不同生物来源的 DNA 作模板,可以同样引起和促进新的 DNA 的酶促合成,而且产物

DNA的性质不取决于聚合酶的来源,也与四种核苷酸前体的相对比例无关,而仅仅取决于所加进去的模板DNA。产物DNA与作为模板的双螺旋DNA具有相同的碱基组成,这说明在DNA聚合酶作用下,模板DNA的两条链都能进行复制。

DNA的体外酶促合成必须加入少量的DNA才能进行。由于DNA在提取过程中常受到机械切力或酶的作用,从而引起磷酸二酯键的断裂。在一条链上失去一个磷酸二酯键称为切口(nick),失去一段单链称为缺口(gap)。显露出3'-羟基的核酸链可作为引物,链延长的信息来自对应的互补链。由此可见,在DNA聚合酶反应中,加入的DNA同时起两者作用:一条链作为引物,另一条作为模板(图30-11)。

综上所述,DNA聚合酶的反应特点为:① 以四种脱氧核糖核苷三磷酸作底物,② 反应需要接受模板的指导,③ 反应需要有引物3'-羟基存在,④ DNA链的生长方向为5'→3',⑤ 产物DNA的性质与模板相同。这就表明了DNA聚合酶合成的产物是模板的复制物。

2. 大肠杆菌DNA聚合酶

大肠杆菌中共含有五种不同的DNA聚合酶,它们分别称为DNA聚合酶Ⅰ、Ⅱ、Ⅲ、Ⅳ和Ⅴ。

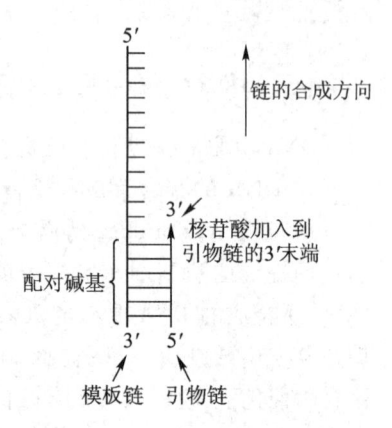

图30-11 DNA酶促合成的引物链和模板链

(1) DNA聚合酶Ⅰ　Kornberg等最初从大肠杆菌中分离出来的酶称为DNA聚合酶Ⅰ或Kornberg酶。DNA聚合酶Ⅰ已得到高度纯化,从100 kg大肠杆菌中可以分离得到约500 mg纯化的酶。DNA聚合酶Ⅰ的相对分子质量为103 000,由一条单一多肽链组成。多肽链中含有两个二价金属离子(镁或锌),参与聚合反应。酶分子形状像球体,直径约6.5 nm,为DNA直径的三倍左右。每个大肠杆菌细胞约有400个分子的DNA聚合酶Ⅰ。

当有底物和模板存在时,DNA聚合酶Ⅰ可使脱氧核糖核苷酸逐个地加到具有3'-OH末端的多核苷酸链上。与其他种类的DNA聚合酶一样,DNA聚合酶Ⅰ只能在已有核酸链上延伸链,而不能从无到有开始DNA链的合成,也就是说,它催化的反应需要有引物链(DNA链或RNA链)的存在。在37℃条件下,每分子DNA聚合酶Ⅰ每分钟可以催化约1 000个核苷酸的聚合。

DNA聚合酶Ⅰ是一个多功能酶。它可以催化以下的反应:①通过核苷酸聚合反应,使DNA链沿5'→3'方向延长(DNA聚合酶活性);②由3'端水解DNA链(3'→5'核酸外切酶活性);③由5'端水解DNA链(5'→3'核酸外切酶活性);④由3'端使DNA链发生焦磷酸解;⑤无机焦磷酸盐与脱氧核糖核苷三磷酸之间的焦磷酸基交换。焦磷酸解是聚合反应的逆反应,焦磷酸交换反应则是由前两个反应连续重复多次引起的。因此,实际上DNA聚合酶Ⅰ兼有聚合酶、3'→5'核酸外切酶和5'→3'核酸外切酶的活性。在酶的活性中心,与这些功能有关的结合位置分布得十分精巧。

若用蛋白水解酶将DNA聚合酶Ⅰ作有限水解,可以得到相对分子质量为68 000和35 000的两个片段。大的片段具有聚合酶和3'→5'核酸外切酶活性,小的片段具有5'→3'核酸外切酶活性。聚合酶和3'→5'外切酶活性紧密结合在一起,表明两者间有着重要的内在联系(图30-12)。

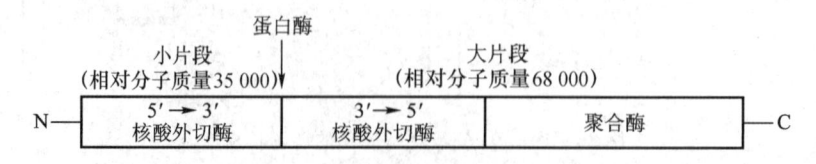

图30-12 DNA聚合酶Ⅰ的酶切片段

DNA聚合酶Ⅰ被蛋白酶切开得到的大片段称为Klenow片段,X射线晶体学研究揭示它有两个明显的裂隙,彼此接近垂直。其中一个裂隙为双链DNA的结合位点;另一裂隙为聚合反应的催化位点,两个金属离子结合其上并可分别与生长链3'-OH的氧和底物核苷三磷酸的三个磷形成配位键而促进聚合反应。3'→5'核酶外切酶位点十分靠近聚合酶位点,合成链的3'端可在其间摆动(图30-13)。其他种类的DNA聚合酶往往无5'→3'核酸外切酶活性,但有3'→5'核酸外切酶活性,其空间结构与Klenow片段类似,相当于右手形状。实际上不仅是DNA聚合酶Ⅰ,右手结构是所有核酸聚合酶的共同特征。

当核酸落入核酸聚合酶拇指与指形结构和掌形结构间的凹槽时,引起构象改变,使核酸合成链的3'端正好位于催化位点。聚合酶所以能够辨别进入的底物核苷酸,是因为凹槽空间只允许底物与模板之间形成Watson-Crick类型的碱基配对。非配对碱基因空间位置不适合而不能进行聚合反应,这就保证了新合成的链严格按模板链的互补碱基顺序进行聚合。在这里,酶对底物进行了专一性的核对。然而错配的碱基仍然不可避免地会出现。例如,碱基的瞬时互变异构即可造成不正常碱基配对。DNA聚合酶的3'→5'核酸外切酶活性能切除单链DNA的3'末端核苷酸,而对双链DNA不起作用,故

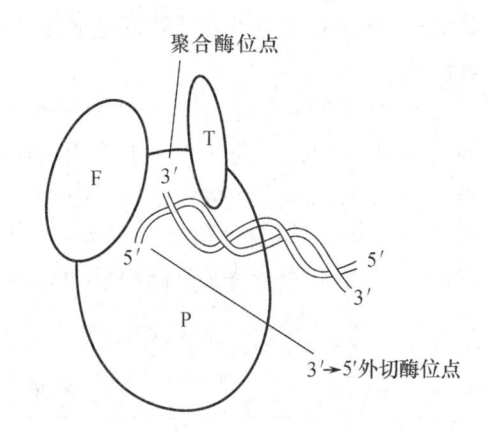

图30-13 DNA聚合酶Ⅰ大片段(Klenow片段)的结构

P. 掌形结构区,F. 指形结构区,T. 拇指结构区

不能形成碱基对的错配核苷酸可被该酶水解下来。3'→5'核酸外切酶活性被认为起着校对的功能(proofreading function),它能切除聚合过程中的错配碱基。由此可见,DNA复制过程中碱基配对要受到双重核对:聚合酶的选择作用和3'→5'外切酶的校对作用。在无3'→5'外切酶的校对功能时,DNA聚合酶Ⅰ掺入核苷酸的错误率为10^{-5};具有校对功能后,错误率降低至5×10^{-7}。体内DNA修复系统进一步降低DNA复制的错误率。

DNA聚合酶Ⅰ尚具有5'→3'核酸外切酶活性,它只作用于双链DNA的碱基配对部分,从5'末端水解下核苷酸或寡核苷酸。因而该酶被认为在切除由紫外线照射而形成的嘧啶二聚体(pyrimidine dimer)中起着重要作用。DNA半不连续合成中冈崎片段5'端RNA引物的切除也有赖于这个外切酶。

(2) DNA聚合酶Ⅱ和Ⅲ　DNA聚合酶Ⅰ发现后,随着对其性质的逐步了解,增加了对该酶是否真是细胞DNA复制酶的怀疑。首先,该酶合成DNA的速度太慢,只及细胞内DNA复制速度的百分之一。其次,它的持续合成能力(processivity)较低,细胞内DNA的复制不会如此频繁中断。第三,遗传学分析表明,许多基因突变都会影响DNA的复制,但都与DNA聚合酶Ⅰ无关。1969年P. DeLucia和J. Cairns分离到一株大肠菌变异株,它的DNA聚合酶Ⅰ活性极低,只为野生型的0.5%~1%,这一变异株称为pol A1或pol A⁻。该变异株可以像它的亲代株一样以正常速度繁殖,但是对紫外线、X射线和化学诱变剂甲基磺酸甲酯等敏感性高,容易引起变异和死亡。这表明DNA聚合酶Ⅰ不是复制酶,而是修复酶。后来证明,它在DNA复制过程中起着取代RNA引物的作用,只是参与局部修复。

由于pol A1变异株中DNA聚合酶Ⅰ的聚合反应活力很低,因此是寻找其他聚合酶的适宜材料。T. Kornberg在1970年分离出了另外一种聚合酶,称为DNA聚合酶Ⅱ。该酶由一条相对分子质量为88 000的多肽链组成,活力比DNA聚合酶Ⅰ高,若以每分子酶每分钟促进核苷酸掺入DNA的转化率计算,约为2 400个核苷酸。每个大肠杆菌细胞约含有100个分子的DNA聚合酶Ⅱ。它也是以四种脱氧核糖核苷三磷酸为底物,从5'→3'方向合成DNA,并需要带有缺口的双链DNA作为模板-引物,缺口不能过大,否则活性将会降低。反应需Mg^{2+}和NH_4^+激活。DNA聚合酶Ⅱ具有3'→5'核酸外切酶活力,但无5'→3'外切酶活力。已分离到一株大肠杆菌变异株(pol B1),它的DNA聚合酶Ⅱ活力只有正常的0.1%,但仍然以正常速度生长,表明DNA聚合酶Ⅱ也不是复制酶,而是一种修复酶。

1971年M. Gefter分离到一种聚合酶,称为DNA聚合酶Ⅲ。它是由多个亚基组成的蛋白质,现在认为它是大肠杆菌细胞内真正负责从新合成DNA的复制酶(replicase)。经诱变处理,分离到一些大肠杆菌温度敏感条件致死变异株。dna E(pol C)基因的温度敏感株在允许温度(30℃)下,DNA能正常复制;当培养温度上升到限制温度(45℃)时,DNA的合成立即停止。亦已鉴定该位点编码DNA聚合酶Ⅲ的α亚基。从这种变异株中分离出来的DNA聚合酶Ⅲ是对温度敏感的,而聚合酶Ⅰ和Ⅱ则不敏感。虽然每个大肠杆菌细胞只有10~20个DNA聚合

Ⅲ分子,然而它催化的合成速度达到了体内 DNA 合成的速度。DNA 聚合酶Ⅲ的许多性质都表明,它就是 DNA 的复制酶。

DNA 聚合酶Ⅰ、Ⅱ和Ⅲ的基本性质总结于表 30-1。DNA 聚合酶Ⅲ的亚基很容易解离,在分离酶的过程中常得到不同的组分,对每一组分的作用也还不十分清楚,因此要区分酶的组成成分和辅助因子是比较困难的。现认为 DNA 聚合酶Ⅲ的全酶(holoenzyme)由 α、β、γ、δ、δ′、ε、θ、τ、χ 和 ψ 10 种亚基所组成,含有金属离子。其中 α 亚基的相对分子质量为 132 000,具有 5′→3′方向合成 DNA 的催化活性。ε 亚基具有 3′→5′核酸外切酶活性,起校对作用,可提高聚合酶Ⅲ复制 DNA 的保真性。θ 亚基可能起组建的作用。由 α、ε 和 θ 三种亚基组成全酶的核心酶(core enzyme)。

表 30-1 大肠杆菌三种 DNA 聚合酶的性质比较

	DNA 聚合酶Ⅰ	DNA 聚合酶Ⅱ	DNA 聚合酶Ⅲ
结构基因*	*pol* A	*pol* B(*din* A)	*pol* C(*dna* E)
不同种类亚基数目	1	1	10
相对分子质量	103 000	88 000	130 000*
3′→5′核酸外切酶	+	+	+
5′→3′核酸外切酶	+	−	−
聚合速度(核苷酸/min)	1 000 ~ 1 200	2 400	15 000 ~ 60 000
持续合成能力	3 ~ 200	1 500	≥500 000
功能	切除引物,修复	修复	复制

*对于多亚基酶,这里仅列出聚合活性亚基的结构基因和相对分子质量。

DNA 聚合酶Ⅲ为异二聚体(heterologous dimer),它使 DNA 解开的双链可以同时进行复制,但二聚化的两个聚合酶亚基种类并不完全相同,在这里 τ 亚基起着促使核心酶二聚化的作用。β 亚基的功能犹如夹子、两个 β 亚基夹住 DNA 分子并可向前滑动,使聚合酶在完成复制前不再脱离 DNA,从而提高了酶的持续合成能力(图 30-14)。γ 亚基是一种依赖 DNA 的 ATP 酶,γ 亚基与另 4 个亚基构成 γ 复合物(γδδ′χψ),其主要功能是帮助 β 亚基夹住 DNA 以及其后卸下来,故称为夹子装卸器(clamp-loader)。DNA 聚合酶Ⅲ的亚基组成列于表 30-2,其全酶的结构如图 30-15 所示。DNA 聚合酶Ⅲ的复杂亚基结构使其具有更高的忠实性(fidelity)、协同性(cooperativity)和持续性(processivity)。如无校对功能,DNA 聚合酶Ⅲ的核苷酸掺入错误率为 $7×10^{-6}$,具有校对功能后降低至 $5×10^{-9}$。各亚基的功能相互协调,全酶可以持续完成整个染色体 DNA 的合成。

图 30-14 DNA 聚合酶Ⅲ
两个 β 亚基夹住 DNA

表 30-2 DNA 聚合酶Ⅲ全酶的亚基组成

亚基	相对分子质量	亚基数目	基因	亚基功能
α	132 000	2	*pol* C(*dna* E)	聚合活性
ε	27 000	2	*dna* Q(*mut* D)	3′→5′外切酶校对功能
θ	10 000	2	*hol* E	组建核心酶
τ	71 000	2	*dna* X	核心酶二聚化
γ	52 000	1	*dna* X*	依赖 DNA 的 ATP 酶,形成 γ 复合物 ⎫
δ	35 000	1	*hol* A	可与 β 亚基结合,形成 γ 复合物 ⎬ 夹子装配器
δ′	33 000	1	*hol* B	形成 γ 复合物 ⎪
χ	15 000	1	*hol* C	形成 γ 复合物 ⎪
ψ	12 000	1	*hol* D	形成 γ 复合物 ⎭
β	37 000	4	*dna* N	两个 β 亚基形成滑动夹子,以提高酶的持续合成能力

γ 亚基由 τ 亚基的基因一部分所编码,τ 亚基氨基末端 80% 与 γ 亚基具有相同的氨基酸序列。

（3）DNA 聚合酶Ⅳ和Ⅴ　DNA 聚合酶Ⅳ和Ⅴ是在 1999 年才被发现的，它们涉及 DNA 的易错修复（error-prone repair）。当 DNA 受到较严重损伤时，即可诱导产生这两个酶，它们在遇到 DNA 损伤部分时并不像一般的 DNA 聚合酶那样的无法产生正确碱基配对而停止聚合反应。该两酶能进行跨越损伤的合成（translesion synthesis，TLS），却使修复缺乏准确性（accuracy），因而出现高突变率。编码 DNA 聚合酶Ⅳ的是 dinB。编码 DNA 聚合酶Ⅴ的基因是 umuC 和 umuD。基因 umuD 产物 UmuD 被裂解产生较短的 UmuD'，两个 UmuD' 与一个 UmuC 形成复合物，成为 DNA 聚合酶Ⅴ。高突变率虽会使许多细胞死亡，但至少可以克服复制障碍，使某些突变的细胞得以存活。

3. DNA 连接酶

DNA 聚合酶只能催化多核苷酸链的延长反应，不能使链之间连接。环状 DNA 的复制表明，必定存在一种酶，能催化链的两个末端之间形成共价连接。1967 年不同实验室同时发现了 DNA 连接酶（DNA ligase）。这个酶催化双链 DNA 切口处的 $5'$-磷酸基和 $3'$-羟基生成磷酸二酯键。大肠杆菌 DNA 连接酶要求断开的两条链由互补链将它们聚在一起，形成双螺旋结构。它不能将两条游离的 DNA 链连接起来。T4DNA 连接酶不仅能在模板链上连接 DNA 和 DNA 链之间的切口，而且能连接无单链黏性末端的平头（blunt）双链 DNA。

图 30-15　DNA 聚合酶Ⅲ异二聚体的亚基结构示意图

在 γ 复合物帮助下，β 夹子夹往模板与引物双链并与核心酶结合，开始 DNA 复制

连接反应需要供给能量。大肠杆菌和其他细菌的 DNA 连接酶以烟酰胺腺嘌呤二核苷酸（NAD^+）作为能量来源，动物细胞和噬菌体的连接酶则以腺苷三磷酸（ATP）作为能量来源。反应分三步进行。首先由 NAD^+ 或 ATP 与酶反应，形成腺苷酰化的酶（酶-AMP 复合物），其中 AMP 的磷酸基与酶的赖氨酸之 ε-氨基以磷酰胺键相结合。然后酶将 AMP 转移给 DNA 切口处的 $5'$-磷酸基，以焦磷酸键的形式活化，形成 AMP-DNA。最后通过相邻的 $3'$-OH 对活化的磷原子发生亲核攻击，生成 $3',5'$-磷酸二酯键，同时释放出 AMP（图 30-16）。

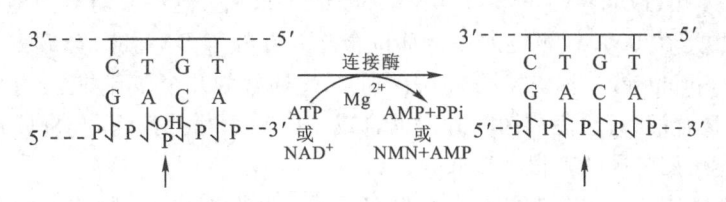

图 30-16　DNA 连接酶催化的反应

大肠杆菌 DNA 连接酶是一条相对分子质量为 74 000 的多肽。连接酶缺陷的大肠杆菌变异株中 DNA 片段积累，对紫外线敏感性增加。DNA 连接酶在 DNA 的复制、修复和重组等过程中均起重要的作用。

（四）DNA 的半不连续复制

在体内，DNA 的两条链都能作为模板，同时合成出两条新的互补链。由于 DNA 分子的两条链是反向平行的，一条链的走向为 $5'→3'$，另一条链为 $3'→5'$。但是，所有已知 DNA 聚合酶的合成方向都是 $5'→3'$，而不是 $3'→5'$。这就很难理解，DNA 在复制时两条链如何能够同时作为模板合成其互补链。为了解决这个矛盾，日本学者冈崎等提出了 DNA 的不连续复制模型，认为 $3'→5'$ 走向合成的 DNA 实际上是由许多 $5'→3'$ 方向的 DNA 片段连接起来的（图 30-17）。

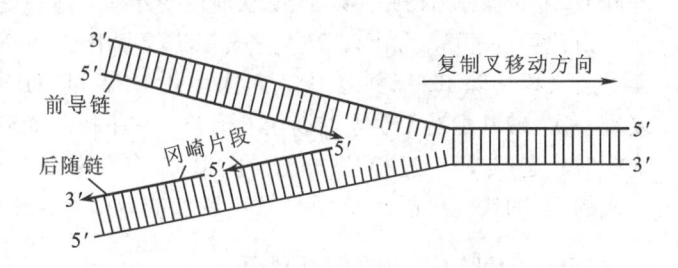

图 30-17　DNA 的一条链以不连续方式合成

1968 年，冈崎等用 ^3H-脱氧胸苷标记噬菌体 T4 感

染的大肠杆菌,然后通过碱性密度梯度离心法分离标记的 DNA 产物,发现短时间内首先合成的是较短的 DNA 片段,接着出现较大的分子,最初出现的 DNA 片段长度约为 1 000 个核苷酸左右,一般称为冈崎片段(Okazaki fragment)。用 DNA 连接酶变异的温度敏感株进行实验,在连接酶不起作用的温度下,便有大量 DNA 片段积累。这些实验都说明在 DNA 复制过程中首先合成较短的片段,然后再由连接酶连成大分子 DNA。

从大肠杆菌中分离出冈崎片段之后,许多实验室的研究进一步证明,DNA 的不连续合成不只限于细菌,真核生物染色体 DNA 的复制也是如此。细菌的冈崎片段长度为 1 000～2 000 个核苷酸,相当于一个顺反子(cistron),即基因的大小;真核生物的冈崎片段长度为 100～200 个核苷酸,相当于一个核小体 DNA 的大小。冈崎等最初的实验不能判断 DNA 链的不连续合成只发生在一条链上,还是两条链都如此,对冈崎片段进行测定,结果测得的数量远超过新合成 DNA 的一半,似乎两条链都是不连续的。后来发现这是由于尿嘧啶取代胸腺嘧啶掺入 DNA 所造成的假象。DNA 中的尿嘧啶可被尿嘧啶 - DNA - 糖苷酶(uracil - DNA - glycosidase)切除,随后该处的磷酸二酯键断裂,在此过程中也会产生一些类似冈崎片段的 DNA 片段。用缺乏糖苷酶的大肠杆菌变异株(ung^-)进行实验时,DNA 的尿嘧啶将不再被切除,新合成 DNA 大约有一半放射性标记出现于冈崎片段中,另一半直接进入长的 DNA 链。由此可见,当 DNA 复制时,一条链是连续的,另一条链是不连续的,因此称为半不连续复制(semidiscontinuous replication)。

以复制叉向前移动的方向为标准,一条模板链是 $3'\to 5'$ 走向,在其上 DNA 能以 $5'\to 3'$ 方向连续合成,称为前导链(leading strand);另一条模板链是 $5'\to 3'$ 走向,在其上 DNA 也是从 $5'\to 3'$ 方向合成,但是与复制叉移动的方向正好相反,所以随着复制叉的移动,形成许多不连续的片段,最后连成一条完整的 DNA 链,该链称为后随链(lagging strand)。由于 DNA 复制酶系不易从 DNA 模板上解离下来,因此前导链的合成通常总是连续的。但是有很多因素会影响到前导链的连续性,例如,模板链的损伤、复制因子和底物的供应不足等,都会引起前导链复制中断并重新起始。

在用大肠杆菌提取液进行 DNA 合成的实验表明,冈崎片段的合成除需要四种脱氧核糖核苷酸外,还需要四种核糖核苷酸(ATP、GTP、CTP 和 UTP)。通过对新合成的 DNA 片段进行分析,发现它们以共价键连着一小段 RNA 链。用专一的核酸酶水解证明,RNA 链位于 DNA 片段的 5' 末端。这些实验有力地说明了,冈崎片段的合成需要 RNA 引物。RNA 引物是在 DNA 模板链的一定部位合成并互补于 DNA 链,合成方向也是 $5'\to 3'$,催化该反应的酶称为引物(合成)酶(primase,又称引发酶)。引物的长度通常为几个核苷酸至 10 多个核苷酸,DNA 聚合酶 III 可在其上聚合脱氧核糖核苷酸,直至完成冈崎片段的合成。RNA 引物的消除和缺口的填补是由 DNA 聚合酶 I 来完成的。最后由 DNA 连接酶将冈崎片段连成长链。

随着研究的深入,人们对 DNA 复制机制的复杂性也有了进一步的认识。生物体为什么要用如此复杂的机制来复制 DNA 呢?主要是为了保持 DNA 复制的高度忠实性。假定观察到的生物自发突变都是由 DNA 复制时碱基对的错配引起的,则可估计出大肠杆菌复制时每个碱基配对错误的频率为 $10^{-9}\sim 10^{-10}$。实际上还存在其他来源的变异和修复机制,生物的突变频率往往比这个数值还低。这是令人惊异的高保真系统。从热力学的角度考虑,碱基对的错配使双螺旋结构不稳定,因而给出正的自由能值,但由此计算的碱基对错误频率大约在 10^{-2}。DNA 聚合酶对底物的选择作用和 $3'\to 5'$ 核酸外切酶的校对作用分别使错配频率下降 10^{-2},因而达 10^{-6}。这是一般 DNA 聚合酶在体外合成 DNA 时所能达到的水平。在体内,复制叉的复杂结构进一步提高了复制的准确性;修复系统可以检查出错配碱基和 DNA 的各种损伤并加以修正,从而使变异率下降到更低的水平(对生物进化适宜的水平)。

由此可以理解,为什么 DNA 聚合酶需要引物,而 RNA 聚合酶则不需要;为什么冈崎片段要以 RNA 为引物,而最后又要切除 RNA,并以 DNA 链来取代 RNA 链。DNA 聚合酶具有校对功能,它在每引入一个核苷酸后都要复查一次,碱基配对无误才继续往下聚合。它不能从无到有合成新的链,这是因为在未核实前一个核苷酸处于正确配对状态,是不会进行聚合反应的。RNA 聚合酶没有精确的校对功能,不需要引物。RNA 引物都是从新开始合成的,它的错配可能性大,在完成引物功能后即将它删除,而代之以高保真的 DNA 链。

(五) DNA 复制的拓扑性质

核酸的拓扑结构(topology,拓扑学或拓扑结构)是指核酸分子结构的空间关系。拓扑学是近代数学的一个分支,它研究曲线或曲面的空间关系和内在数学性质,而不考虑它们的度量(大小、形状等)。两条互相缠绕的双螺旋核酸分子表现出许多拓扑学的关系。在 DNA 的复制、重组、转录和装配等过程中无不牵涉到其拓扑结构的转变。DNA 在复制时,首先需要将两条链解开,因而会产生扭曲张力。早期曾认为 DNA 分子可通过旋转而消除这种张力。然而一条很长的 DNA 双螺旋分子进行高速的旋转,这是不可思议的。通过对 DNA 的拓扑结构和拓扑异构酶的研究,现在已能较好了解 DNA 在复制时双链是如何解开的。

1966 年 Vinograd 和 Lebowitz 在研究闭环 DNA 的空间关系时提出了以下公式:

$$\alpha = \beta + \tau$$

其中 α 为双链闭环中两条链的互绕数(intertwining number),或称为拓扑连环数(topological linking number);β 为 DNA 构象所应有的螺旋数(helical turns)或扭转数(twisting number);τ 为超螺旋数(superhelical turns),亦即缠绕数(writhing number)。当双链闭环的两条链保持连续时,α 值不变。β 值只与 DNA 分子的碱基对数目和构象有关,B 型 DNA 的 β 值为碱基对数目除以 10.4。α 值减 β 值之差即为超螺旋数 τ。α 值必定是整数,β 值与 τ 值不一定是整数。α 与 β 的正负表示螺旋方向,右手螺旋为正,左手螺旋为负;τ 的正负则表示 α 大于还是小于 β,即双链闭环的螺旋圈数增加还是减少。

超螺旋数目是整个环状 DNA 分子为单位的,为便于比较,需引入另一个概念,比超螺旋(specific superhelix),或称为超螺旋密度(superhelical density),以符号 σ 来表示:

$$\sigma = \frac{\alpha + \beta}{\beta}$$

生物体内的 DNA 分子通常处于负超螺旋状态。从热力学上考虑,超螺旋 DNA 处于较高自由能状态,因此,如果 DNA 的一条链有一个切口,它即自发转变成松弛状态。负超螺旋状态有利于 DNA 两条链的解开,而 DNA 的许多生物功能都需要解开双链才能进行,生物体内可通过 DNA 不同的负超螺旋结构来控制其功能状态。除连环数不同外其他性质均相同的 DNA 分子称为拓扑异构体(topological isomers),引起拓扑异构反应的酶称为拓扑异构酶(topoisomerase)。DNA 拓扑异构酶通过改变 DNA 的 α 值来影响其拓扑结构。拓扑异构酶可分为两类:类型 I 的酶能使 DNA 的一条链发生断裂和再连接,反应无需供给能量;类型 II 的酶能使 DNA 的两条链同时发生断裂和再连接,当它引入超螺旋时需要由 ATP 供给能量。

类型 I 拓扑异构酶首先在大肠杆菌中发现。过去称为 ω 蛋白,或切口封闭酶(nick-closing enzyme),现在统一称为拓扑异构酶 I,为相对分子质量 97 000 的一条多肽链,由基因 *top* A 所编码。该基因突变将导致 DNA 负超螺旋水平的增加,并影响到转录活性。拓扑异构酶 I 只能消除负超螺旋,对正超螺旋无作用,每次作用改变的 α 值为 +1。除消除负超螺旋外,拓扑异构酶 I 还能引起 DNA 其他的拓扑转变,例如,单链环形成拓扑结和互补单链环形成环状双链。

当大肠杆菌的拓扑异构酶 I 与 DNA 作用时,DNA 的一条链断裂,其 5′-磷酸基与酶的酪氨酸羟基形成酯键。在此发生的是磷酸二酯键的转移反应,由 DNA 转移到蛋白质。随后使 DNA 链重新连接,即磷酸二酯键又由蛋白质转到 DNA。整个过程并不发生键的不可逆水解,没有能量的丢失。因此 DNA 链的断裂和再连接并不需要外界供给能量。由于酶与 DNA 相结合,DNA 链并不能自由转动,超螺旋 DNA 的扭曲张力不会自动消失。但是酶分子可牵引另一条链通过切口,然后使断链重新连接,从而改变 DNA 的连环数和超螺旋数。拓扑异构酶 I 只能消除负超螺旋,说明该酶只能按一方向牵引 DNA 链。大肠杆菌细胞内还有另一种类型 I 拓扑异构酶,称为拓扑异构酶 III,其性质与拓扑异构酶 I 相似,功能也可能相同。

细菌的 DNA 旋转酶(gyrase)是一种类型 II 的拓扑异构酶,称为拓扑异构酶 II,它可连续引入负超螺旋到同一个双链闭环 DNA 分子中去,每分钟引入大约 100 个负超螺旋。反应需要由 ATP 供给能量。在无 ATP 存在时,旋转酶可松弛负超螺旋,但不作用于正超螺旋,而且松弛负超螺旋的速度比引入负超螺旋的速度慢 10 倍。大肠杆菌旋转酶由两条相对分子质量为 105 000 的 A 亚基和两条相对分子质量为 95 000 的 B 亚基所组成,即 A_2B_2,整个酶的相对分子质量为 400 000。这两个亚基分别由基因 *gyr* A 和 *gyr* B 所编码。对抗生素抗性突变的分析表明,*gyr* A 是抗萘啶酮酸(nalidixic acid)和奥啉酸(oxolinic acid)突变的位点;*gyr* B 是抗香豆霉素 A1(coumermycin

A1）和新生霉素（novobiocin）突变的位点。这些抗生素均能抑制复制，因而推测 DNA 旋转酶对 DNA 的合成是必需的。

图 30-18 说明了旋转酶的作用机制。当酶结合到 DNA 分子上时，可同时使两条链交错断裂，交错 4 个碱基对。2 个 A 亚基通过酪氨酸分别与断链 5′-磷酸基结合，在酶构象改变的牵引下，DNA 双链穿过切口，然后断裂的 2 条链又重新连接。每次反应改变的连环数为 -2。ATP 水解产生的能量用来恢复酶的构象，从而可进行下一次循环。新生霉素通过抑制 ATP 与 B 亚基的结合而干扰依赖 ATP 的反应。萘啶酮酸则抑制 A 亚基的功能。大肠杆菌有两种类型 Ⅱ 的拓扑异构酶，除拓扑异构酶 Ⅱ 外，还有拓扑异构酶 Ⅳ，该酶的功能可能为分离环状 DNA 复制后形成的连锁体（catenane）。

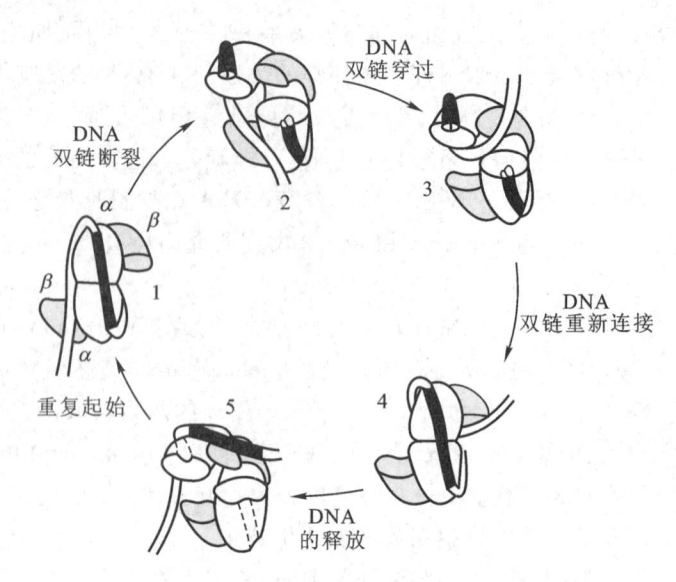

图 30-18 拓扑异构酶 Ⅱ 作用机制示意图

真核生物的细胞也有类型 Ⅰ 和类型 Ⅱ 拓扑异构酶。拓扑异构酶 Ⅰ 和 Ⅲ 均属于类型 Ⅰ。与原核生物的拓扑异构酶 Ⅰ 不同，真核生物的拓扑异构酶 Ⅰ 既能消除负超螺旋，又能消除正超螺旋。真核生物拓扑异构酶 Ⅲ 只消除负超螺旋，而且活性较弱。真核生物两种类型 Ⅱ 拓扑异构酶分别称为拓扑异构酶 Ⅱα 和 Ⅱβ，它们能够消除正超螺旋和负超螺旋，但不能导入负超螺旋。真核生物染色体 DNA 的负超螺旋可能是在 DNA 盘绕组蛋白核心时扭曲张力使未与组蛋白结合的 DNA 部分形成正超螺旋，随后正超螺旋即被拓扑异构酶消除。

拓扑异构酶 Ⅰ 和 Ⅱ 广泛存在于原核生物和真核生物。细胞内的定位分析表明，拓扑异构酶 Ⅰ 主要集中在活性转录区，与转录有关。拓扑异构酶 Ⅱ 分布在染色质骨架蛋白和核基质部位，与复制有关。原核生物拓扑异构酶 Ⅱ 可引入负超螺旋，拓扑异构酶 Ⅰ 可减少负超螺旋。真核生物略有不同，但均在它们协同作用下控制着 DNA 的拓扑结构。复制时需要较高水平的负超螺旋，复制结束后需要降低负超螺旋水平，以便在活性染色质部位进行转录。拓扑异构酶在重组、修复和其他 DNA 的转变方面也起着重要的作用。

DNA 拓扑异构酶引入负超螺旋，可以消除复制叉前进时带来的扭曲张力，从而促进双链的解开。而将 DNA 两条链解开，则有赖于 DNA 解旋酶（helicase）。这类酶能通过水解 ATP 获得能量来解开双链，每解开一对碱基，需要水解 2 分子 ATP 成 ADP 和磷酸盐。分解 ATP 的活力要有单链 DNA 的存在。如双链 DNA 中有单链末端或缺口，解旋酶即可结合于单链部分，然后向双链方向移动。大肠杆菌有许多种解旋酶，其中解旋酶 Ⅰ、Ⅱ 和 Ⅲ 可以沿着模板链的 5′→3′ 方向移动，而 rep 蛋白则沿 3′→5′ 方向移动。过去以为在 DNA 复制中，这两种解旋酶的配合作用推动着 DNA 双链的解开。但是上述酶经诱变并不影响细胞复制。曾经分离出一些大肠杆菌 DNA 复制温度敏感突变株。其中一株当培养温度由 30℃ 上升到 40℃，DNA 复制立即停止，分析表明 dna B 基因发生温度敏感突变。该基因产物 Dna B 是一种解旋酶，可沿 DNA 链 5′→3′ 方向移动，由 ATP 供给能量。这就证明，该解旋酶参与 DNA 的复制，其余的可能参与修复过程。

解开的两条单链随即被单链结合蛋白（single-strand binding protein，SSB）所覆盖。大肠杆菌的 SSB 蛋白相对分子质量为 75 600，由 4 个相同亚基所组成。过去这类蛋白曾被称为解链蛋白（unwinding protein）、熔解蛋白（melting protein）、螺旋去稳定蛋白（helix destabilizing protein）等。值得指出的是，这一蛋白实际并非 DNA 解链蛋白，它的功能在于稳定 DNA 解开的单链，阻止复性和保护单链部分不被核酸酶降解。原核生物的 SSB 蛋白与 DNA 的结合表现出明显的协同效应，当第一个蛋白结合后，其后蛋白的结合能力可提高 10^3 倍。因此一旦结合反应开始后，它即迅速扩展，直至全部单链 DNA 都被 SSB 蛋白覆盖。从真核生物中分离到的 SSB 蛋白没有表现出这种协同效应，可能它们的作用方式有所不同。

(六) DNA 的复制过程与复制体变化

大肠杆菌染色体 DNA 的复制过程可分为三个阶段:起始、延伸和终止。其间的反应和参与作用的酶与辅助因子各有不同。在 DNA 合成的生长点(growth point),即复制叉上,分布着各种各样与复制有关的酶和蛋白质因子,它们构成的多蛋白复合体称为复制体(replisome)。DNA 复制的阶段表现在其复制体结构的变化。

1. 复制的起始

大肠杆菌的复制起点称为 ori C,由 245 个 bp 构成,其序列和控制元件在细菌复制起点中十分保守。关键序列在于两组短的重复:三个 13 bp 的序列和四个 9 bp 序列(图 30-19)。

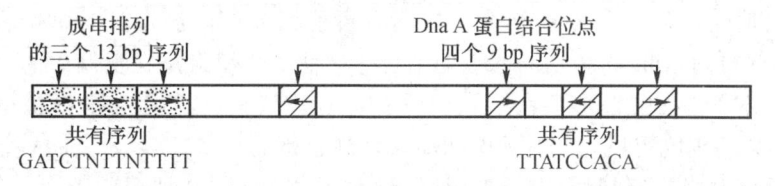

图 30-19 大肠杆菌复制起点成串排列的重复序列

复制起点上四个 9 bp 重复序列为 Dna A 蛋白的结合位点,大约 20~40 个 Dna A 蛋白各带一个 ATP 结合在此位点上,并聚集在一起,DNA 缠绕其上,形成起始复合物(initial complex)。HU 蛋白是细菌的类组蛋白,可与 DNA 结合,促使双链 DNA 弯曲。受其影响,邻近三个成串富含 AT 的 13 bp 序列被变性,成为开链复合物(open complex),所需能量由 ATP 供给。Dna B(解旋酶)六聚体随即在 Dna C 帮助下结合于解链区(unwound region),借助水解 ATP 产生的能量沿 DNA 链 5'→3'方向移动,解开 DNA 的双链,此时构成前引发复合物(prepriming complex)。DNA 双链的解开还需要 DNA 旋转酶(拓扑异构酶Ⅱ)和单链结合蛋白(SSB),前者可消除解旋酶产生的拓扑张力,后者保护单链并防止恢复双链(图 30-20)。复制的起始,要求 DNA 呈负超螺旋,并且起点附近的基因处于转录状态。这是因为 Dna A 只能与负超螺旋的 DNA 相结合。RNA 聚合酶对复制起始的作用可能是因其在起点邻近处合成 RNA,可形成 RNA 突环(R-loop),影响起点的结构,因而有利于 Dna A 的作用。与复制起始有关的酶和蛋白质辅助因子列于表 30-3。

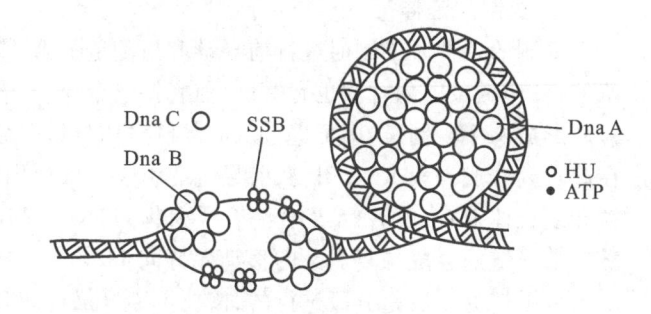

图 30-20 大肠杆菌复制起点在起始阶段的结构模型

表 30-3 大肠杆菌起点与复制起始有关的酶与辅助因子

蛋白质	相对分子质量	亚基数目	功能
Dna A	52 000	1	识别起点序列,在起点特异位置解开双链
Dna B	300 000	6	解开 DNA 双链
Dna C	29 000	1	帮助 Dna B 结合于起点
HU	19 000	2	类组蛋白,DNA 结合蛋白,促进起始
引物合成酶(Dna G)	60 000	1	合成 RNA 引物单链 DNA
单链结合蛋白(SSB)	75 600	4	结合单链 DNA
RNA 聚合酶	454 000	5	促进 Dna A 活性
DNA 旋转酶(拓扑异构酶Ⅱ)	400 000	4	释放 DNA 解链过程产生的扭曲张力
Dam 甲基化酶	32 000	1	使起点 GATC 序列的腺嘌呤甲基化

DNA 复制的调节发生在起始阶段,一旦开始复制,如无意外受阻,就能一直进行到完成。现在知道,DNA 复

制的发动与 DNA 甲基化以及与细菌质膜的相互作用有关。在 245 bp 的 ori C 位点中总共有 11 个 4 bp 回文序列 GATC,Dam 甲基化酶可使该序列中腺嘌呤第 6 位 N 上甲基化。当 DNA 完成复制后,ori C 的亲代链保持甲基化,新合成的链则未甲基化,因此是半甲基化的 DNA(hemimethylated DNA)。半甲基化的起点不能发生复制的起始,直到 Dam 甲基化酶使起点全甲基化。然而,起点处 GATC 位点在复制后一直保持半甲基化状态,约经过 13 min 才再甲基化。这点很特殊,基因组其余部位的 GATC 在复制后通常很快(<1.5 min)就能再甲基化。只有与 ori C 靠近的 dna A 基因启动子的再甲基化需要同样的延迟期。当 dna A 启动子处于半甲基化时,转录被阻遏,从而降低了 Dna A 蛋白的水平。此时起点本身是无活性的,并且关键性起始蛋白 Dna A 的产生也受到阻遏。

什么原因造成 ori C 和 dna A 位点再甲基化的延迟? 实验表明,半甲基化的 ori C DNA(dna A 基因位于起点附近)可与细胞膜结合,但全甲基化就不能结合。推测有可能因 ori C 与膜结合而阻碍了 Dam 甲基化酶对其 GATC 位点的甲基化,也抑制了 Dna A 蛋白与起点的结合。这种结合使得正在复制中的 DNA 可随着细胞膜的生长而被移向细胞的两半部分。只在此过程完成后,DNA 的起点才从膜上脱落下来,并被甲基化,于是又开始新一轮的复制起始。在延迟期内细胞得以完成有关的功能。复制起始的调节还涉及 Dna A 蛋白活性的循环变化;它与 ATP 结合为活性形式,随之结合到起点上,ATP 被缓慢水解;它与 ADP 结合为无活性形式。膜磷脂可以促进 Dna A 的 ADP 被 ATP 置换。调节的许多细节还不清楚,但上述实验结果为了解调节机制提供了线索。

2. 复制的延伸

复制的延伸阶段同时进行前导链和后随链的合成。这两条链合成的基本反应相同,并且都由 DNA 聚合酶Ⅲ所催化;但两条链的合成也有差别,前者持续合成,后者分段合成,因此参与的蛋白质因子也有不同。复制起点解开后形成两个复制叉,即可进行双向复制。前导链开始合成后通常都一直继续下去。先由引物酶(Dna G 蛋白)在起点处合成一段 RNA 引物,前导链的引物一般比冈崎片段的引物略长一些,大约为 10~60 个核苷酸。某些质粒和线粒体 DNA 由 RNA 聚合酶合成引物,其长度可以更长。随后 DNA 聚合酶Ⅲ即在引物上加入脱氧核糖核苷酸。前导链的合成与复制叉的移动保持同步。

后随链的合成是分段进行的,需要不断合成冈崎片段的 RNA 引物,然后由 DNA 聚合酶Ⅲ加入脱氧核糖核苷酸。后随链合成的复杂性在于如何保持它与前导链合成的协调一致。由于 DNA 的两条互补链方向相反,为使后随链能与前导链被同一个 DNA 聚合酶Ⅲ不对称二聚体所合成,后随链必须绕成一个突环(loop),如图 30-21 所示。合成冈崎片段需要 DNA 聚合酶Ⅲ不断与模板脱开,然后在新的位置又与模板结合。这一作用是由 β 夹子和 γ 复合物(β 夹子装卸器)来完成的。

当引物酶在适当位置合成出 RNA 引物后,β 夹子的两个亚基即在 γ 复合物($\gamma\delta\delta'\chi\psi$)帮助下将引物与模板双链夹住,并与聚合酶核心酶结合。β 亚基的二聚体形成一个环,套在双链分子上,使聚合酶得以束缚在双链上滑动。完成冈崎片段合成后,β 夹子即从 DNA 双链上拆卸下来,此过程仍然依赖于 γ 复合物的帮助。β 夹子与 γ 复合物的 δ 亚基以及核心酶的 α 亚基都有高的亲和力,二者的结合位点也相同,但随着 β 夹子状态的改变,对二者亲和力大小发生改变,推动其功能循环。当 β 夹子在溶液中时,它趋向于和 γ 复合物结合。γ 复合物使环状 β 夹子的一处亚基界面被打开,并将开环 β 夹子带到模板/引物前端,通过水解 ATP 提供的能量使 β 夹子夹住双链。然后 β 夹子发生构象变化,与 γ 复合物脱离,而与聚合酶核心酶结合。一旦冈崎片段合成结束,它又脱开核心酶与 γ 复合物结合,并在其帮助下开环脱落,此过程同样需由 ATP 提供能量。由此使 β 夹子得以反复循环使用。

Dna B 有两个功能,其一是解旋酶,以解开 DNA 的双螺旋;另一是活化引物酶,促使其合成 RNA 引物。由 Dna B 解旋酶和 Dna G 引物合成酶构成了复制体的一个基本功能单位,称为引发体(primosome)。在某些噬菌体 DNA 的复制过程中,引发体还包括一些辅助蛋白质,例如 ϕX174,它含有 6 个前引发蛋白(prepriming protein):Dna B、Dna C、Dna T、Pri A、Pri B 和 Pri C。Pri A 可识别引发体装配位点,与 Pri B 和 Pri C 一起结合其上,然后由 Dna T 引入 Dna B 和 Dna C,该多蛋白复合体称为前引发体(preprimosome),加入 Dna G 后组成引发体。Dna T、Pri A、Pri B 和 Pri C 过去也曾称作 i、n、n′和 n″蛋白。无论是哪一种引发体,都能依赖 ATP 沿复制叉运动方向在 DNA 链上移动,并合成冈崎片段的 RNA 引物。引物的合成方向与复制叉前进的方向正好相反。DNA 聚合酶Ⅲ在模板链上合成冈崎片段,遇到上一个冈崎片时即停止合成,β 亚基随即脱开 DNA 链。可能正是此停顿成为合成 RNA

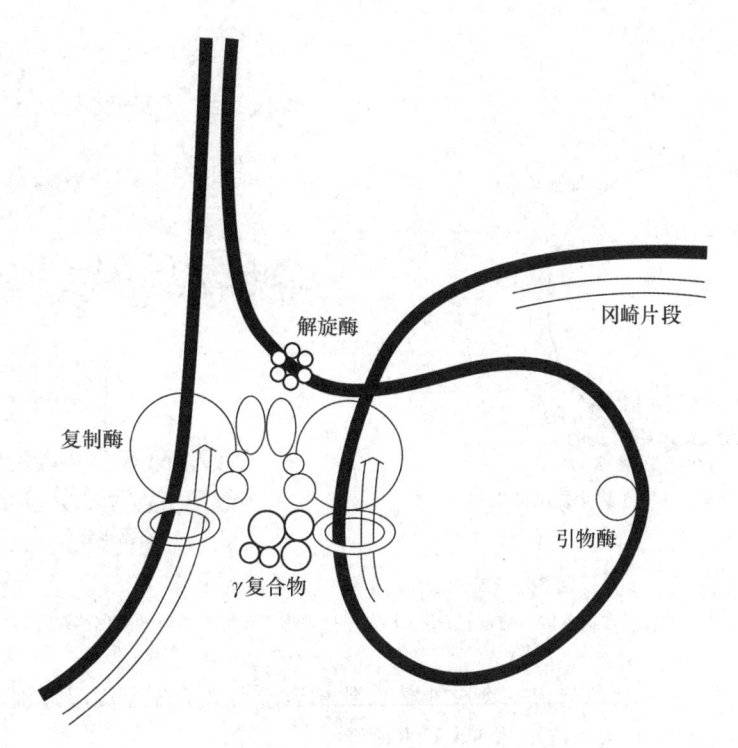

图 30-21 大肠杆菌复制体结构示意图
━━：亲代 DNA 链；⟹：新合成 DNA 链

引物的信号,由引物酶沿反方向合成引物,并被 β 夹子带到核心酶上,开始又一个冈崎片段的合成。

复制体的蛋白质与 DNA 之间的移动是相对的,过去认为是聚合酶复合物沿 DNA 分子运动,实际上是聚合酶复合物推动 DNA 运动,全部染色体 DNA 经过复制装置就可以完成一轮复制。

3. 复制的终止

细菌环状染色体的两个复制叉向前推移,最后在终止区(terminus region)相遇并停止复制,该区含有多个约 22 bp 的终止子(terminator)位点。大肠杆菌有 6 个终止子位点,分别称为 ter A - ter F。与 ter 位点结合的蛋白质称为 Tus(terminus utilization substance)。Tus - ter 复合物只能够阻止一个方向的复制叉前移,即不让对侧复制叉超过中点后过量复制。在正常情况下,两个复制叉前移的速度是相等的,到达终止区后就都停止复制;然而如果其中一个复制叉前移受阻,另一个复制叉复制过半后,就受到对侧 Tus - ter 复合物的阻挡,以便等待前一复制叉的会合。这就是说,终止子的功能对于复制来说并不是必需的,它只是使环状染色体的两半边各自复制。因为两半边的基因方向也正好是相反的,如果让复制叉超过中点后继续复制就可能与转录方向对撞。

两个复制叉在终止区相遇而停止复制,复制体解体,其间大约仍有 50~100 bp 未被复制。其后两条亲代链解开,通过修复方式填补空缺。此时两环状染色体互相缠绕,成为连锁体(catenane)。此连锁体在细胞分裂前必须解开,否则将导致细胞分裂失败,细胞可能因此死亡。大肠杆菌分开连锁环需要拓扑异构酶Ⅳ(属于类型Ⅱ拓扑异构酶)参与作用。该酶两个亚基分别由基因 *par* C 和 *par* E 编码。每次作用可以使 DNA 两链断开和再连接,因而使两个连锁的闭环双链 DNA 彼此解开(图 30-22)。其他环状染色体,包括某些真核生物病毒,其复制的终止相可能以类似的方式进行。

(七)真核生物 DNA 的复制

真核生物的 DNA 通常都与组蛋白构成核小体,组蛋白核心为 H2A、H2B、H3 和 H4 各两分子组成的八聚体,DNA 在其上绕 1.8 圈,约 146 bp。组蛋白 H1 结合在进出核小体之间的连接 DNA 上,核小体连接 DNA 长度随不同生物或不同基因区而变化。通常每一核小体 DNA 的长度变动在 156~260 bp 之间,平均为 200 bp。由于 DNA

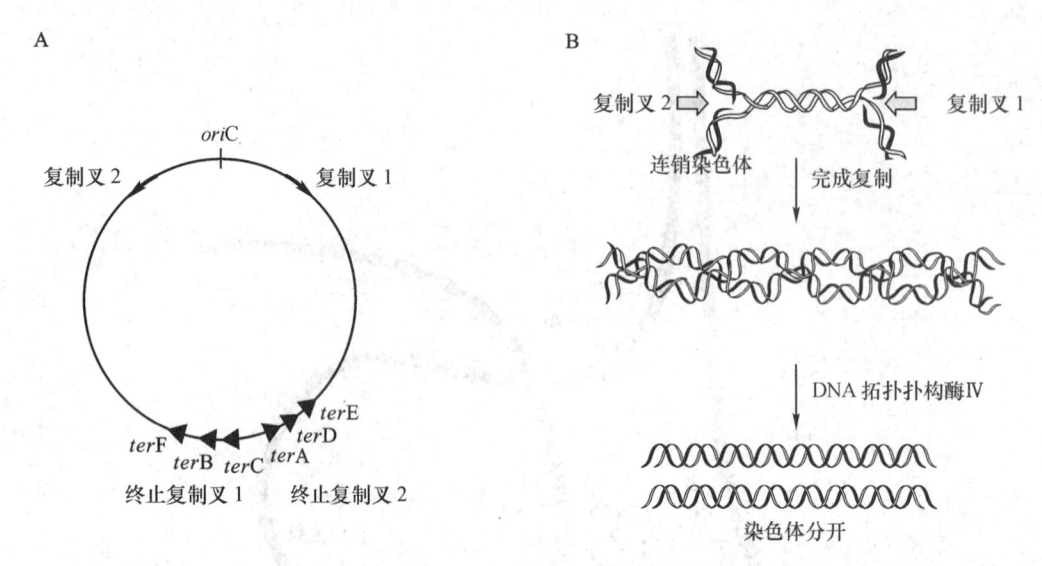

图 30-22 大肠杆菌染色体复制的终止
A. ter 位点在染色体上的位置；B. DNA 拓扑异构酶Ⅳ使连锁环状染色体解开

以左手螺旋方向绕在组蛋白核心上，每形成一个核小体大致相当于引入 1.2 个负超螺旋。真核生物 DNA 复制的冈崎片段长约 200 bp 左右，相当于一个核小体 DNA 的长度。

真核生物染色体有多个复制起点。酵母的复制起点已被克隆。它们称为自主复制序列（autonomously replicating sequence, ARS），或复制基因（replicator）。酵母的 ARS 元件大约为 150 bp，含有几个基本的保守序列。单倍体酵母有 16 个染色体，其基因组约有 400 个复制基因。在起点上有一个由 6 个蛋白质组成，相对分子质量约为 400 000 的起点识别复合物（origin recognition complex, ORC）。它与 DNA 的结合要求 ATP。一些蛋白质与 ORC 作用，并调节其功能，从而影响着细胞周期。

5 - 氟脱氧尿苷（floxuridine）能够抑制胸腺嘧啶核苷酸的合成，因而是 DNA 合成的强烈抑制剂。用 5 - 氟脱氧尿苷处理真核生物的培养细胞以抑制 DNA 的合成，随后加入 ^{3}H - 脱氧胸苷就可以使 DNA 复制同步化。复制中的 DNA 放射自显影图像在电子显微镜下观察，可以看到很多复制眼，每个复制眼都有独立的起点，并呈双向延长。哺乳动物的复制子大多在 100～200kb 之间。果蝇或酵母的复制子比较小，平均为 40kb。

真核生物 DNA 的复制速度比原核生物慢，基因组比原核生物大，然而真核生物染色体 DNA 上有许多复制起点，它们可以分段进行复制。例如，细菌 DNA 复制叉的移动速度为 50 000 bp/min，哺乳类动物复制叉移动速度实际仅 1 000～3 000 bp/min，相差约 20～50 倍，然而哺乳类动物的复制子只有细菌的几十分之一，所以从每个复制单位而言，复制所需时间在同一数量级。真核生物与原核生物染色体 DNA 的复制还有一个明显的区别是：真核生物染色体在全部复制完成之前起点不再从新开始复制；而在快速生长的原核生物中，起点可以不断重新发动复制。真核生物在快速生长时，往往采用更多的复制起点。例如，黑腹果蝇的早期胚胎细胞中相邻两复制起点的平均距离为 7.9kb，培养的成体细胞中复制起点的平均距离为 40kb，说明成体细胞只利用一部分复制起点。

真核生物有多种 DNA 聚合酶。从哺乳动物细胞中分出的 DNA 聚合酶多达 15 种，主要有 5 种，分别以 α、β、γ、δ、ε 来命名。它们的性质列于表 30-4。真核生物 DNA 聚合酶和细菌 DNA 聚合酶的基本性质相同，均以 4 种脱氧核糖核苷三磷酸为底物，需 Mg^{2+} 激活，聚合时必须有模板和引物 3′- OH 存在，链的延伸方向为 5′→3′。

细胞核染色体的复制由 DNA 聚合酶 α 和 DNA 聚合酶 δ 及 ε 共同完成。DNA 聚合酶 α 为多亚基酶，其中两个亚基具有 RNA 引物合成酶活性，另两个亚基具有 DNA 聚合酶活性，无外切酶活性的亚基。因该酶具有合成引物的能力，过去以为它的功能是合成后随链，但是它无校正功能，很难解释真核生物 DNA 复制何以具有高度忠实性。现在认为它的功能只是合成引物，但它在合成一小段～10 个核苷酸的 RNA 链后还可聚合 20～30 个多聚脱氧核糖核苷酸，称为起始 DNA（initiator DNA, iDNA）。DNA 聚合酶 α/引物酶的持续合成能力较低，合成一段

iDNA 后即脱落,而由 DNA 聚合酶 δ 和 ε 完成染色体 DNA 的复制,此过程称为聚合酶转换(polymerase switching)。推测在复制叉上由 DNA 聚合酶 α 合成引物;两个 DNA 聚合酶 δ 或者一个 δ 一个 ε 分别合成前导链和后随链。DNA 聚合酶 δ 及 ε 与一种称为增殖细胞核抗原(proliferating cell nuclear antigen,PCNA)的复制因子相结合,该因子相对分子质量为 29 000。PCNA 相当于大肠杆菌 DNA 聚合酶Ⅲ的 β 亚基,但由 3 个亚基组成,它能形成环状夹子,极大增加聚合酶的持续合成能力。RNA 引物被 RNase H1 和 MF-1 核酸酶水解,然后由 DNA 聚合酶 ε 填补缺口,DNA 连接酶Ⅰ将片段相连接。DNA 聚合酶 β 是修复酶。DNA 聚合酶 γ 是线粒体的 DNA 合成酶。

表 30-4 哺乳动物的 DNA 聚合酶*

	DNA 聚合酶 α(Ⅰ)	DNA 聚合酶 β(Ⅳ)	DNA 聚合酶 γ(M)	DNA 聚合酶 δ(Ⅲ)	DNA 聚合酶 ε(Ⅱ)
定位	细胞核	细胞核	线粒体	细胞核	细胞核
亚基数目	4	1	2	4	4
外切酶活性	无	无	3′→5′外切酶	3′→5′外切酶	3′→5′外切酶
引物合成酶活性	有	无	无	无	无
持续合成能力	低	低	高	有 PCNA 时高	高
抑制剂	蚜肠霉素	双脱氧 TTP	双脱氧 TTP	蚜肠霉素	蚜肠霉素
功能	引物合成	修复	线粒体 DNA 复制和修复	核 DNA 复制和修复	核 DNA 复制和修复

* 酵母相应 DNA 聚合酶以括弧内罗马数字和 M 表示。

在真核生物的 DNA 复制中,另有两个蛋白质复合物参与作用。RP-A 是真核生物的单链 DNA 结合蛋白,相当于大肠杆菌的 SSB 蛋白。RF-C 是夹子装卸器(clamp loader),相当于大肠杆菌的 γ 复合物,帮助 PCNA 因子安装到双链上以及拆下来,它还促进复制体的装配。现将细菌和真核生物复制体的组成总结于表 30-5。

表 30-5 细菌和真核生物复制体的组成

组成成分	细菌	真核生物
复制酶	DNA 聚合酶Ⅲ全酶	DNA 聚合酶 α/DNA 聚合酶 δ
进行性因子	β 夹子	PCNA
定位因子	γ 复合物	RF-C
引物合成酶	Dna G	DNA 聚合酶 α(引物合成酶)
去除引物的酶	RNase H 和 DNA 聚合酶Ⅰ	RNase H1 和 MF-1(5′→3′核酸外切酶)
后随链修复酶	DNA 聚合酶Ⅰ和 DNA 连接酶	DNA 聚合酶 ε 和 DNA 连接酶Ⅰ
解旋酶	Dna B(定位需要 Dna C)	T 抗原
消除拓扑张力的酶	旋转酶	拓扑异构酶Ⅱ
单链结合蛋白	SSB	RP-A

真核生物线性染色体的两个末端具有特殊的结构,称为端粒(telomere),它是由许多成串短的重复序列所组成。该重复序列中通常一条链上富含 G(G-rich),而其互补链上富含 C(C-rich)。例如,原生动物四膜虫端粒的重复单位为 TTGGGG(仅列一条链的序列);人的端粒为 TTAGGG。TG 链常比 AC 链更长些,形成 3′单链末端。端粒的功能为稳定染色体末端结构,防止染色体间末端连接,并可补偿后随链 5′末端在消除 RNA 引物后造成的空缺。原核生物的染色体是环状的,其 5′最末端冈崎片段的 RNA 引物被除去后可借助另半圈 DNA 链向前延伸来填补。但是真核生物线性染色体在复制后,不能像原核生物那样填补 5′末端的空缺,从而会使 5′末端序列因此而缩短。真核生物通过形成端粒结构来解决这个问题。复制使端粒 5′末端缩短,而端粒酶(telomerase)可外加重

复单位到 5′末端上,结果维持端粒一定长度。

端粒酶是一种含有 RNA 链的逆转录酶,它以所含 RNA 为模板来合成 DNA 端粒结构。通常端粒酶含有约 150 个碱基的 RNA 链,其中含 1 个半拷贝的端粒重复单位的模板。如四膜虫端粒酶的 RNA 为 159 个碱基的分子,含有 CAACCCCAA 序列。端粒酶可结合到端粒的 3′末端上,RNA 模板的 5′末端识别 DNA 的 3′末端碱基并相互配对,以 RNA 链为模板使 DNA 链延伸,合成一个重复单位后酶再向前移动一个单位(图 30-23)。端粒的 3′单链末端又可回折作为引物,合成其互补链。

在动物的生殖细胞中,由于端粒酶的存在,端粒一直保持着一定的长度。体细胞随着分化而失去端粒酶活性,主要是因为编码该催化亚基的基因表达受到了阻遏。在缺乏端粒酶活性时,细胞连续分裂将使端粒不断缩短,短到一定程序即引起细胞生长停止或凋亡。组织培养的细胞证明,端粒在决定细胞的寿命中起重要作用,经过多代培养老化的细胞端粒变短,染色体也变得不稳定。然而,主要的肿瘤细胞中均发现存在端粒酶活性,因此设想端粒酶可作为抗癌治疗的靶位点。

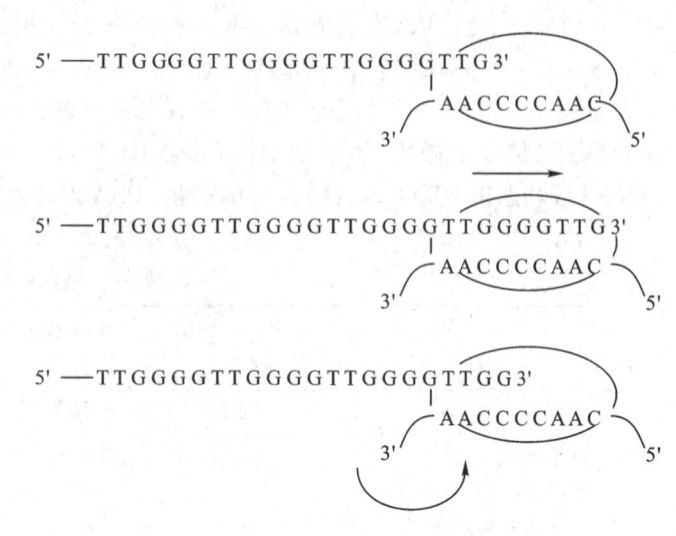

图 30-23 端粒酶以自身携带的 RNA 为模板合成 DNA 的 3′末端

真核生物 DNA 复制的调节远比原核生物更为复杂。真核生物的细胞有多条染色体,每一染色体上有多个复制起点,所以是多复制子。它们的复制是由时间控制的,并不是所有起点都在同一时间被激活,而是有先有后。复制时间与染色质结构、DNA 甲基化以及转录活性有关。通常活性区先复制,异染色质区晚复制。复制是双向的,相邻两复制起点形成的复制叉相遇后借助拓扑异构酶而使子代分子分开。真核生物似乎没有复制终止子。染色体复制在一个细胞周期中只发生一次,这一机制被认为是复制许可因子(replication licensing factor)所控制。该因子为复制起始所必需,但一旦复制起始后它即被灭活或降解。由于该因子不能通过核膜,只能经有丝分裂在重建核结构时才能进入核内并作用于染色体的复制起点。这使其仅在有丝分裂后期才能与复制起点相互作用。

真核生物的细胞周期可分为 DNA 合成前期(G_1 期)、DNA 合成期(S 期)、DNA 合成后期(G_2 期)和有丝分裂期(M 期)等四个时相(图 30-24)。间期的细胞(包括 G_1、S 和 G_2 期)进行着复杂的生物化学变化,为 M 期进行准备,生物大分子和细胞器都在此时先后进行倍增。G_1 期合成 DNA 复制所要求的蛋白质和 RNA,其中包括合成底物和 DNA 复制的酶系、辅助因子和起始因子等。在具备了 DNA 合成的必要条件后,细胞 DNA 才开始复制。DNA 复制完成后即进入有丝分裂的准备期(G_2 期)。S、G_2 和 M 期长短相对比较恒定,G_1 期变动较大。

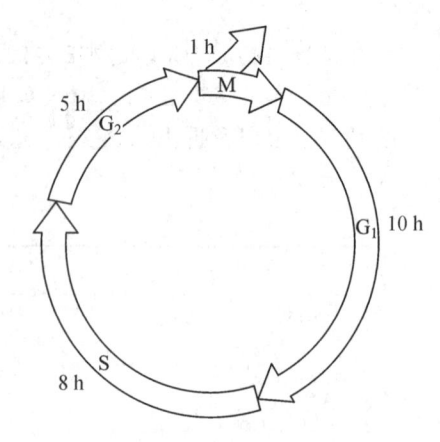

图 30-24 哺乳动物培养细胞各周期阶段的持续时间

在细胞分裂后,一部分细胞可再进入 G_1 期,开始第二个周期;另一些细胞失去了分裂的能力,或者进行分化,或者进入静止状态即 G_0 期。成年动物组织大部分细胞处于 G_0 期。G_0 期细胞一旦解除对增殖的抑制,即又进入细胞周期的 G_1 期。细胞周期受 cdk-周期蛋白复合物的控制,cdk(cyclin-dependent kinase)为依赖于周期蛋白的激酶。在这里有关蛋白质的磷酸化和去磷酸化起着重要的调节作用。详细内容参看细胞周期调节部分。

二、DNA 的损伤修复

DNA 在复制过程中可能产生错配。DNA 重组、病毒基因的整合,更常常会局部破坏 DNA 的双螺旋结构。某些物理化学因子,如紫外线、电离辐射和化学诱变剂等,都能作用于 DNA,受到破坏的可能是 DNA 的碱基、糖或是磷酸二酯键。总之,DNA 的正常双螺旋结构遭到破坏,就可能影响其功能,从而引起生物突变,甚而导致死亡。然而在一定条件下,生物机体能使其 DNA 的损伤得到修复。这种修复是生物在长期进化过程中获得的一种保护功能。目前已知,细胞对 DNA 损伤的修复系统有五种:错配修复(mismatch repair)、直接修复(direct repair)、切除修复(excision repair)、重组修复(recombination repair)和易错修复(error-prone repair)。

(一) 错配修复

早在 1895 年,Alfred Warthin 的女佣告诉他,她将得癌症而早死,因为她家庭中许多人都死于癌症。不久她的预感得到应验,她死于子宫癌。Warthin 对她的家族进行了研究,发现确实存在高发癌症的倾向;许多成员患结肠癌、胃癌或子宫癌。其后的研究表明,这是一种遗传性疾病,称为遗传性非息肉结肠直肠癌(hereditary nonpolyposis colorectal cancer,HNPCC)或 Lynch 综合征。现在了解到 HNPCC 是由于 DNA 错配修复有缺陷而造成的。人类的两个基因,即 hMSH2 和 hMLH1,发生突变被认为是导致癌症的主要遗传诱因。

DNA 的错配修复机制是在对大肠杆菌的研究中被阐明的。错配修复需分辨新旧链,否则如果模板链被校正,错配就会被固定。细菌借助半甲基化 DNA 而区分"旧"链和"新"链。Dam 甲基化酶可使 DNA 的 GATC 序列中腺嘌呤 N6 位甲基化。复制后 DNA 在短期内(数分钟)保持半甲基化的 GATC 序列,一旦发现错配碱基,即将未甲基化链的一段核苷酸切除,并以甲基化链为模板进行修复合成。

大肠杆菌参与错配修复的蛋白质至少有 12 种,其功能或者是区分两条链,或者是进行修复合成,其中几个特有的蛋白由 mut 基因编码。Mut S 二聚体识别并结合到 DNA 的错配碱基部位,Mut L 二聚体与之结合。二者组成的复合物可沿 DNA 双链向前移动,DNA 由此形成突环,水解 ATP 提供所需能量,直至遇到 GATC 序列为止。随后 Mut H 核酸内切酶结合到 Mut SL 上,并在未甲基化链 GATC 位点的 5′端切开。如果切开处位于错配碱基的 3′侧,由核酸外切酶 Ⅰ 或核酸外切酶 Ⅹ 沿 3′→5′方向切除核酸链;如果切开处位于 5′侧,由核酸外切酶 Ⅶ 或 Rec J 沿 5′→3′方向切除核酸链。在此切除链的过程中,解旋酶 Ⅱ 和 SSB 帮助链的解开。切除的链可长达 1 000 个核苷酸以上,直到将错配碱基切除(图 30-25)。新的 DNA 链由 DNA 聚合酶 Ⅲ 和 DNA 连接酶合成并连接。为了校正一个错配碱基,启动如此复杂的修复机制,由此可以看出维持基因信息的完整性对于生物是何等重要。

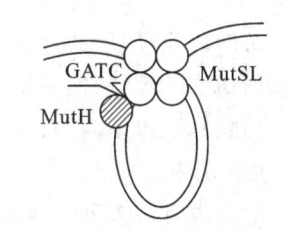

图 30-25 大肠杆菌 DNA 的错配修复

真核生物的 DNA 错配修复机制与原核生物相似,也存在 Mut S 和 Mut L 同源的蛋白质,分别称为 MSH(Mut S homolog)和 MLH(Mut L homolog)。但是,真核生物没有 Mut H 的同源物,并且不靠半甲基化的 GATC 来区别"旧链"和"新链"。最近的研究表明,人的 Mut S 类似物(MSH)可与复制体的滑动夹子(PCNA)相互作用,推测它可紧附其上,随着复制过程检查错配。后随链冈崎片段间的断开处就相当于 Mut H 的切口,由外切酶自此逐个切下核苷酸直至切除错配碱基。前导链则能自 3′端生长点切除核苷酸,然后由聚合酶和连接酶填补缺口。这就是说真核生物是在 DNA 复制过程中进行错配修复,一旦发现错配即从新合成的链上加以切除。

(二) 直接修复

紫外线照射可以使 DNA 分子中同一条链两相邻胸腺嘧啶碱基之间形成二聚体(TT)。这种二聚体是由两个胸腺嘧啶碱基以共价键连接成环丁烷的结构而形成(图 30-26)。其他嘧啶碱基之间也能形成类似的二聚体

(CT、CC),但数量较少。嘧啶二聚体的形成,影响了 DNA 的双螺旋结构,使其复制和转录功能均受到阻碍。

图 30-26 胸腺嘧啶二聚体的形成

胸腺嘧啶二聚体的形成和修复机制研究得最多,也最清楚。其修复有多种类型,常见的有光复活修复(photoreactivation repair)和暗修复(dark repair)。最早发现细菌在紫外线照射后立即用可见光照射,可以显著提高细菌存活率。稍后一些时间了解到光复活的机制是可见光(最有效波长为 400nm 左右)激活了光复活酶(photoreactivating enzyme),它能分解由于紫外线照射而形成的嘧啶二聚体(图 30-27)。

光复活作用是一种高度专一的直接修复方式。它只作用于紫外线引起的 DNA 嘧啶二聚体。光复活酶在生物界分布很广,从低等单细胞生物一直到鸟类都有,而高等的哺乳类却没有。这种修复方式在植物中特别重要。高等动物更重要的是暗修复,即切除含嘧啶二聚体的核酸链,然后再修复合成。

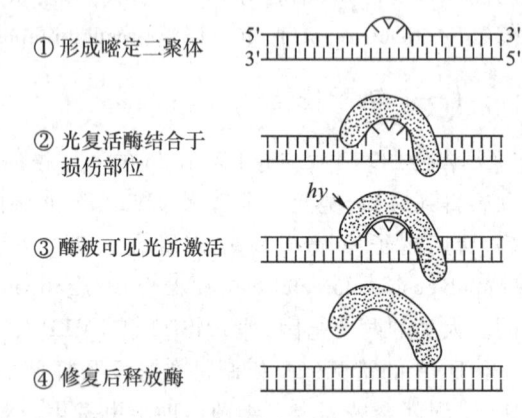

① 形成嘧啶二聚体
② 光复活酶结合于损伤部位
③ 酶被可见光所激活
④ 修复后释放酶

图 30-27 紫外线损伤的光复活过程

另一种直接修复的例子是 O^6-甲基鸟嘌呤的修复。在烷化剂作用下碱基可被烷基化,并改变了碱基配对的性质。甲基化的鸟嘌呤在 O^6-甲基鸟嘌呤-DNA 甲基转移酶(O^6-methylguanine-DNA methyltransferase)作用下,可将甲基转移到酶自身的半胱氨酸残基上。甲基转移酶因此而失活,但却成为其自身基因和另一些修复酶基因转录的活化物,促进它们的表达。

(三)切除修复

所谓切除修复,即是在一系列酶的作用下,将 DNA 分子中受损伤部分切除掉,并以完整的那一条链为模板,合成出切去的部分,然后使 DNA 恢复正常结构的过程。这是比较普遍的修复机制,它对多种损伤均能起修复作用。切除修复包括两个过程:一是由细胞内特异的酶找到 DNA 的损伤部位,切除含有损伤结构的核酸链;二是修复合成并连接。

细胞内有许多种特异的 DNA 糖基化酶(glycosylase),它们能识别 DNA 中不正常的碱基,而水解其与糖的连键。例如,电离辐射和化学反应剂可以产生自由基和强氧化剂($OH^\bullet$、O^{-2} 和 H_2O_2 等),它们作用于 DNA 使鸟嘌呤氧化,形成 7,8-二氢-8-羟鸟嘌呤(OXOG),因其既可与腺嘌呤又可与胞嘧啶配对,故为强诱变剂。很可能电离辐射和强氧化剂的致癌作用与产生 OXOG 有关。体内特异的糖基化酶可识别并除去 OXOG。烷化剂可使碱基烷基化,如甲基磺酸甲酯(MMS)作用于 DNA 引起鸟嘌呤第 7 位氮原子,或腺嘌呤第 3 位氮原子甲基化。烷基腺嘌呤 DNA 糖基化酶可除去烷基化的碱基,包括 3-甲基腺嘌呤、7-甲基鸟嘌呤和 7-甲基次黄嘌呤。DNA 的胞嘧啶脱氨产生尿嘧啶,可被尿嘧啶-DNA 糖基化酶除去。经修饰的碱基因不能参与碱基配对而被排除双螺旋结构之外,糖基化酶沿 DNA 浅沟移动,遇到异常碱基随即将其切除。已从人的细胞核内分出 8 种特异的 DNA 糖基化酶。

DNA 切除碱基的部位为无嘌呤(apurinic)或无嘧啶位点(apyrimidinic site),简称为 AP 位点。一旦 AP 位点形成后,即有 AP 核酸内切酶在 AP 位点附近将 DNA 链切开。不同 AP 核酸内切酶的作用方式不同,或在 5′侧切开,或在 3′侧切开。然后核酸外切酶将包括 AP 位点在内的 DNA 链切除。DNA 聚合酶 I 兼有聚合酸和外切酶活性,它使DNA链3'端延伸以填补空缺,而后由DNA连接酶将链连上。在AP位点处必须切除若干核苷酸后才能进行修复合成,细胞内没有酶能在AP位点处直接将碱基插入,因为DNA合成的前体物质是核苷酸而不是碱基。

通常只有单个碱基缺陷才以碱基切除修复(base-excision repair)方式进行修复。如果DNA损伤造成DNA螺旋结构较大变形,则需要以核苷酸切除修复(nucleotide-excision repair)方式进行修复。最常见的是短片段的修复(short-patch repair),只有多处发生严重的损伤才会诱导长片段修复(long-patch repair)。损伤链由切除酶(excinuclease)切除。该酶也是一种核酸内切酶,但在链的损伤部位两侧同时切开,与一般的核酸内切酶不同。编码此酶的基因是uvr,酶由多个亚基组成。大肠杆菌ABC切除酶包括三种亚基:Uvr A(相对分子质量104 000)、Uvr B(相对分子质量78 000)和Uvr C(相对分子质量68 000)。由Uvr A和Uvr B蛋白组成复合物(AB),它寻找并结合在损伤部位。Uvr A二聚体随即解离(此步需要ATP),留下Uvr B与DNA牢固结合。然后Uvr C蛋白结合到Uvr B上,Uvr B切开损伤部位3'侧距离3~4个核苷酸的磷酸二酯键,Uvr C切开5'侧7个核苷酸磷酸二酯键。结果12~13个核苷酸片段(决定于损伤碱基是1个还是2个)在Uvr D解旋酶帮助下被除去,空缺由DNA聚合酶Ⅰ和DNA连接酶填补。人类和其他真核生物的酶水解损伤部位3'侧第6个磷酸二酯键以及5'侧第22个磷酸二酯键,切除27至29个核苷酸片段,然后用DNA聚合酶ε和DNA连接酶填补空缺。

切除酶可以识别许多种DNA损伤,包括紫外线引起的嘧啶二聚体、碱基的加合物(如DNA暴露于烟雾中形成的苯并芘鸟嘌呤)和其他各种反应物等。真核生物具有功能上类似的切除酶,但在亚基结构上与原核生物并不相同。在转录过程中,RNA聚合酶遇到模板链的损伤部位,将无法识别而停止转录,此时可招致核苷酸切除酶系统进行修复,称为转录偶联的修复(transcription-coupled repair)。转录偶联修复广泛存在于原核和真核生物中。切除修复过程可总结如图30-28所示。

细胞切除修复系统和癌症的发生也有一定的关系。有一种称为着色性干皮病(xeroderma pigmentosa)的遗传病,这种病患者对日光或紫外线特别敏感,往往容易出现皮肤癌。经分析表明,共有7个称为XP的基因与此有关,它们突变将导致着色性干皮病,这些基因都是编码与核苷酸切除修复有关的酶。这说明切除修复系统的障碍可能是癌症发生的一个原因。

DNA的两条链序列互补,这就是说两条链编码的信息相同,当一条链受到损伤时可以用另一条链为模板进行修复。但在有些情况下无法为修复提供正确的模板,例如,双链断裂、双链交联、模板链遭损伤、单链损伤而无正常互补链等。当复制叉遇到未修复的DNA损伤时,正常复制过程受阻,这种情况将导致重组修复或易错修复。

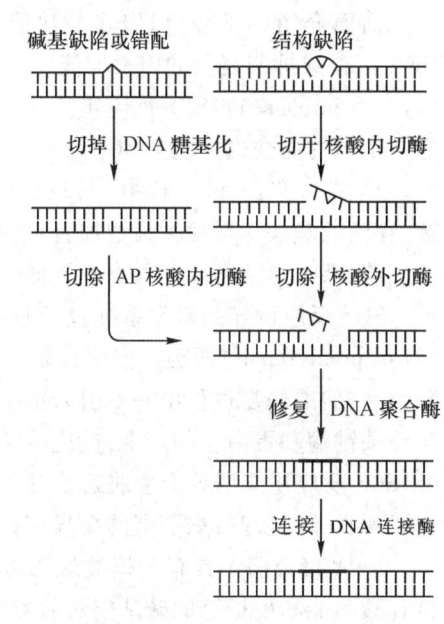

图30-28 DNA损伤的切除修复过程

(四) 重组修复

上述切除修复过程发生在DNA复制之前,因此又称为复制前修复。然而,当DNA发动复制时尚未修复的损伤部位也可以先复制再修复。例如,含有嘧啶二聚体,烷基化引起的交联和其他结构损伤的DNA仍然可以进行复制,当复制酶系在损伤部位无法通过碱基配对合成子代DNA链时,它就跳过损伤部位,在下一个冈崎片段的起始位置或前导链的相应位置上重新合成引物和DNA链,结果子代链在损伤相对应处留下缺口。这种遗传信息有缺损的子代DNA分子可通过遗传重组而加以弥补,即从同源DNA的母链上将相应核苷酸序列片段移至子链缺口处,然后用再合成的序列来补上母链的空缺(图30-29)。此过程称为重组修复,因为发生在复制之后,又称为复制后修复(post-replication repair)。

在重组修复过程中,DNA链的损伤并未除去。在进行第二轮复制时,留在母链上的损伤仍会给复制带来困难,复制经过损伤部位时所产生的缺口还需通过同样的重组过程来弥补,直至损伤被切除修复所消除。但是,随着复制的不断进行,若干代后,即使损伤始终未从亲代链中除去,而在后代细胞群中也已被稀释,实际上消除了损伤对群体的影响。

参与重组修复的酶系统包括与重组有关的主要酶类以及修复合成的酶类。重组基因 rec A 编码一种相对分子质量为 38 000 的蛋白质,它具有交换 DNA 链的活力。基因 rec BCD 编码多功能酶 Rec BCD,具有解旋酶、核酸酶和 ATP 酶活性,使 DNA 在重组位点产生 3′单链,为重组和重组修复所必需。修复合成需要 DNA 聚合酶和连接酶,其作用如前所述。

重组修复机制的缺陷,有可能导致癌症。业已发现,妇女的 Brca 1 和 Brca 2 两个基因如果有缺陷,80% 的概率可能会发生乳腺癌。实验表明,这两个基因编码的蛋白质 BRCA1 和 BRCA2 可以与重组蛋白 Rad 51 相作用,很可能是参与重组修复过程。

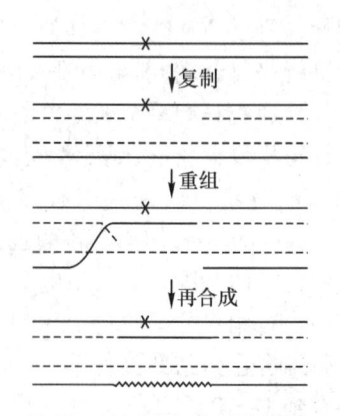

图 30 – 29　重组修复的过程
× 表示 DNA 链受损伤的部位,虚线表示通过复制新合成的 DNA 链,锯齿线表示重组后缺口处再合成的 DNA 链

(五) 应急反应(SOS)和易错修复

前面介绍的 DNA 损伤修复功能可以不经诱导而发生。然而许多能造成 DNA 损伤或抑制复制的因素均能应急产生一系列复杂的诱导效应,称为应急反应(SOS response)。SOS 反应包括诱导 DNA 损伤修复、诱变效应、细胞分裂的抑制以及溶原性细菌释放噬菌体等等。细胞的癌变也可能与 SOS 反应有关。

早在 20 世纪 50 年代中,Weigle 就发现用紫外线照射过的 λ 噬菌体感染事先经低剂量紫外线照射的大肠杆菌,存活的噬菌体数便大为增加,而且存活的噬菌体中出现较多的突变型(Weigle 效应)。如果感染的是未经照射的细菌,那么存活率和变异率都较低。可见这些效应是经紫外线照射后诱导产生的。

SOS 反应诱导的修复系统包括避免差错的修复(error free repair,又称免错修复或无差错修复)和易错修复(error prone repair)两类。错配修复、直接修复、切除修复和重组修复能够识别 DNA 的损伤或错配碱基而加以消除,在它们的修复过程中并不引入错配碱基,因此属于避免差错的修复。SOS 反应能诱导切除修复和重组修复中某些关键酶和蛋白质的产生,使这些酶和蛋白质在细胞内的含量升高,从而加强切除修复和重组修复的能力。此外,SOS 反应还能诱导产生缺乏校对功能的 DNA 聚合酶,它能跨越损伤进行合成(translesion synthesis, TLS)而避免了死亡,可是却带来了高的变异率。SOS 的诱变效应与此有关。

DNA 聚合酶 I 具有 3′核酸外切酶活性而表现出校对功能,它在 DNA 损伤部位进行复制时,由于新合成链的核苷酸不能和模板链的碱基配对而被切除,再次引入的核苷酸如还不能配对仍将被切除,这样 DNA 聚合酶就会在原地打转而不前进,或是脱落下来使 DNA 链的合成中止。SOS 诱导产生 DNA 聚合酶 IV 和 V,它们不具有 3′核酸外切酶校正功能,于是在 DNA 链的损伤部位引入任意核苷酸,使 DNA 合成仍能继续前进。在此情况下允许错配可增加存活的机会。

SOS 反应使细菌的细胞分裂受到抑制,结果长成丝状体。其生理意义可能是在 DNA 复制受到阻碍的情况下避免因细胞分裂而产生不含 DNA 的细胞,或者使细胞有更多进行重组修复的机会。

现在知道,SOS 反应是由 Rec A 蛋白和 Lex A 阻遏物相互作用引起的。Rec A 蛋白不仅在同源重组中起重要作用,而且它也是 SOS 反应最初发动的因子。在有单链 DNA 和 ATP 存在时,Rec A 蛋白被激活而促进 Lex A 自身的蛋白水解酶活性,Rec A 被称为辅蛋白酶(coprotease)。Lex A 蛋白(相对分子质量为 22 700)是许多基因的阻遏物。当它被 Rec A 激活自身的蛋白水解酶活性后自我分解,使一系列基因得以表达,其中包括紫外线损伤的修复基因 uvr A、uvr B、uvr C(分别编码切除酶的亚基),以及 rec A 和 lex A 基因本身,此外还有编码单链结合蛋白的基因 ssb,与 λ 噬菌体 DNA 整合有关的基因 him A,与诱变作用有关的基因 umu DC(编码 DNA 聚合酶 V)和 din B(编码 DNA 聚合酶 IV),与细胞分裂有关的基因 sul A、ruv 和 lon 以及一些功能还不清楚的基因 din D、F 等。SOS 反应的机制见图 30 – 30。

SOS 反应广泛存在于原核生物和真核生物,它是生物在不利环境中求得生存的一种基本功能。SOS 反应主

图 30-30 SOS 反应的机制

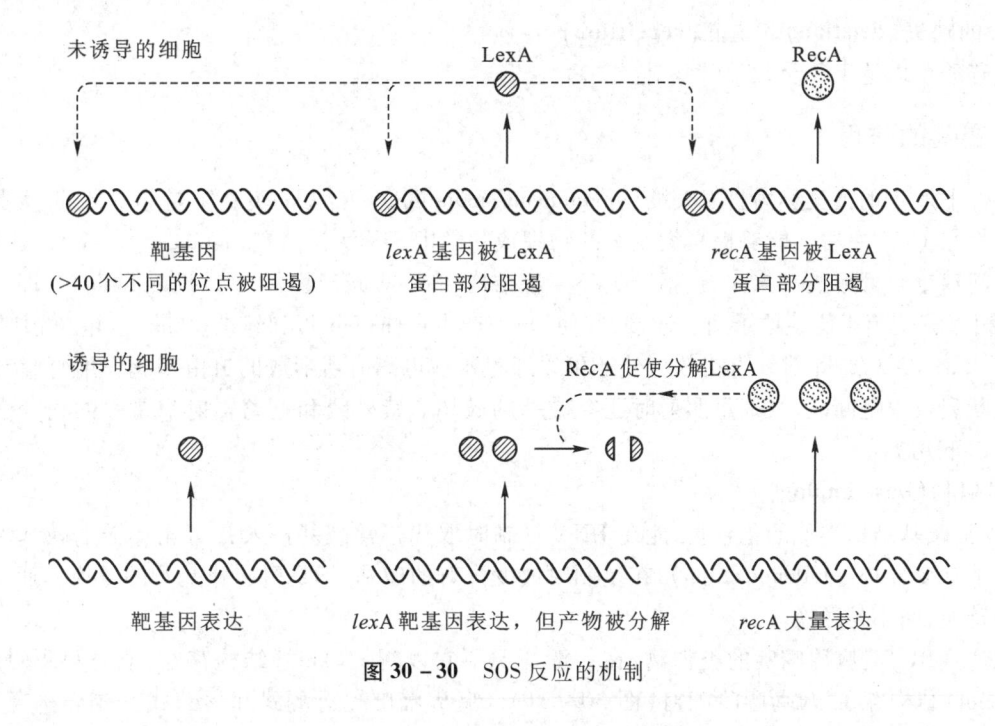

要包括两个方面：DNA 修复和导致变异。在一般环境中突变常是不利的，可是在 DNA 受到损伤和复制被抑制的特殊条件下生物发生突变将有利于它的生存和进化。然而，另一方面，大多数能在细菌中诱导产生 SOS 反应的作用剂，对高等动物都是致癌的：如 X 射线、紫外线、烷化剂及黄曲霉毒素等。而某些不能致癌的诱变剂却并不引起 SOS 反应，如 5-溴尿嘧啶。因此猜测，癌变可能是通过 SOS 反应诱变造成的。目前有关致癌物的一些简便检测方法即是根据 SOS 反应原理而设计的。

三、DNA 的突变

DNA 作为遗传物质有三个基本功能：一是通过复制将遗传信息由亲代传递给子代；二是进行转录使遗传信息在子代得以表达；三是产生变异为进化提供基础。变异是 DNA 的核苷酸序列改变的结果，它包括由于 DNA 损伤和错配得不到修复而引起的突变，以及由于不同 DNA 分子之间片段的交换而引起的遗传重组。

（一）突变的类型

DNA 的编码序列发生改变就会引起突变或死亡，死亡是致死突变的结果。改变单个核苷酸的突变称位点突变。已知突变有以下几种类型：

1. 碱基对的置换（substitution）

碱基对置换包括两种类型：一种称为转换（transition），即两种嘧啶之间或两种嘌呤之间互换，这种置换方式最为常见。另一种称为颠换（transversion），是在嘌呤与嘧啶之间的发生互换，较为少见。易错修复可以发生颠换。由于密码的简并性，突变使核苷酸序列改变但不改变蛋白质的序列，称为沉默突变（silent mutation）。三联体密码子发生突变导致蛋白质中原有氨基酸被另一种氨基酸取代，称为错义突变（missense mutation）。当氨基酸密码子变为终止密码子时，称为无义突变（nonsense mutation），它导致翻译提前结束而常使产物失活。

2. 移码突变（frameshift mutation）

由于一个或多个非三整倍数的核苷酸插入（insertion）或缺失（deletion），而使编码区该位点后的密码阅读框架改变，导致其后氨基酸都发生错误，如出现终止密码子则使翻译提前结束，该突变常使基因产物会完全失活。

3. 大片段的缺失(deletion)和重复(repetition)

缺失的核苷酸可以达十几至几千碱基对。

(二) 诱变剂的作用

在自然条件下发生的突变称为自发突变(spontaneous mutation)。自发的突变率是非常低的,大肠杆菌和果蝇的基因突变率都在 10^{-10} 左右。能够提高突变率的物理或化学因子称为诱变剂(mutagen)。紫外线的高能量可以使相邻嘧啶之间双键打开形成二聚体,包括产生环丁烷结构和 6-4 光产物(6-4 photoproduct),即一个嘧啶的第 6 位碳原子与相邻嘧啶第 4 位碳原子间的连接,并使 DNA 产生弯曲(bend)和纽结(kink)。电离辐射(如 X 射线、γ 射线等)的作用比较复杂,除射线直接效应外还可以通过水在电离时所形成的自由基起作用(间接效应)。DNA 可以出现双链断裂或单链断裂,大剂量照射时还有碱基的破坏。紫外线和电离辐射都是强的诱变剂。最常见的化学诱变剂有以下几类:

1. 碱基类似物(base analog)

与 DNA 正常碱基结构类似的化合物,能在 DNA 复制时取代正常碱基掺入并与互补链上碱基配对。但是这些类似物易发生互变异构(tautomerization),在复制时改变配对的碱基,于是引起碱基对的置换。通常碱基类似物引起的置换是转换,而不是颠换。

5-溴尿嘧啶(BU)是胸腺嘧啶的类似物,在一般情况下它以酮式(keto)结构存在,能与腺嘌呤配对;但它有时以烯醇式(enol)结构存在,与鸟嘌呤配对(图 30-31)。胸腺嘧啶也有酮式和烯醇式互变异构现象,但其烯醇式发生率极低。而 5-溴尿嘧啶中由于溴原子负电性很强,其烯醇式发生率要高得多,因此显著提高了诱变的能力。结果使 AT 对转变为 GC 对;而在相反的情况下使 GC 对转变成 AT 对。

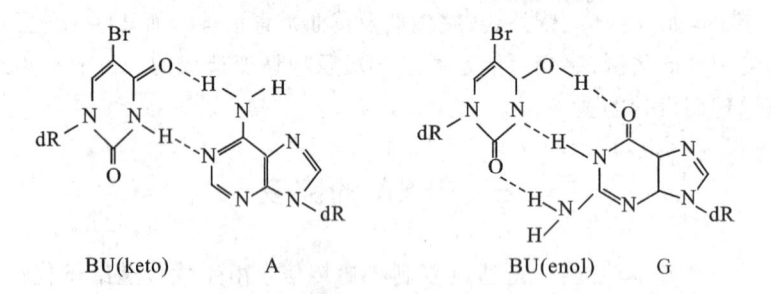

图 30-31 5-溴尿嘧啶的酮式和烯醇式具有不同配对性质

2-氨基嘌呤(AP)是腺嘌呤的类似物,正常状态下与胸腺嘧啶配对,但以罕见的亚氨基状态存在时却与胞嘧啶配对(图 30-32)。因此,它能引起 AT 对转换为 GC 对,以及 GC 对转换为 AT 对。

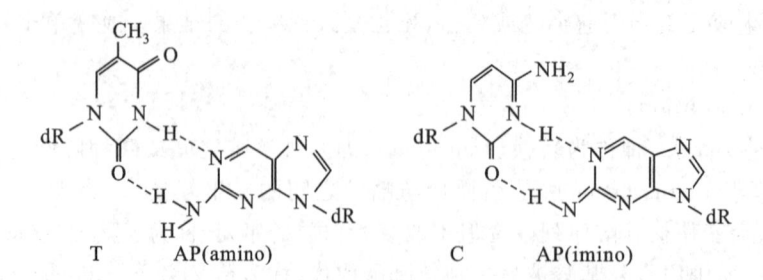

图 30-32 2-氨基嘌呤的不同配对性质

2. 碱基的修饰剂(base modifier)

某些化学诱变剂通过对 DNA 碱基的修饰作用,而改变其配对性质。例如,亚硝酸能脱去碱基上的氨基。腺嘌呤脱氨后成为次黄嘌呤(I),它与胞嘧啶配对,而不是与原来的胸腺嘧啶配对。胞嘧啶脱氨后成为尿嘧啶,它成为与腺嘌呤配对的碱基。鸟嘌呤脱氨后成为黄嘌呤(X),它仍与胞嘧啶配对,因此经过 DNA 复制后即恢复正常,并不引起碱基对置换。

羟胺(NH$_2$OH)与碱基作用十分特异,它只与胞嘧啶作用,生成 4-羟胺胞嘧啶(HC),而与腺嘌呤配对,结果 GC 对变为 AT 对(图 30-33)。

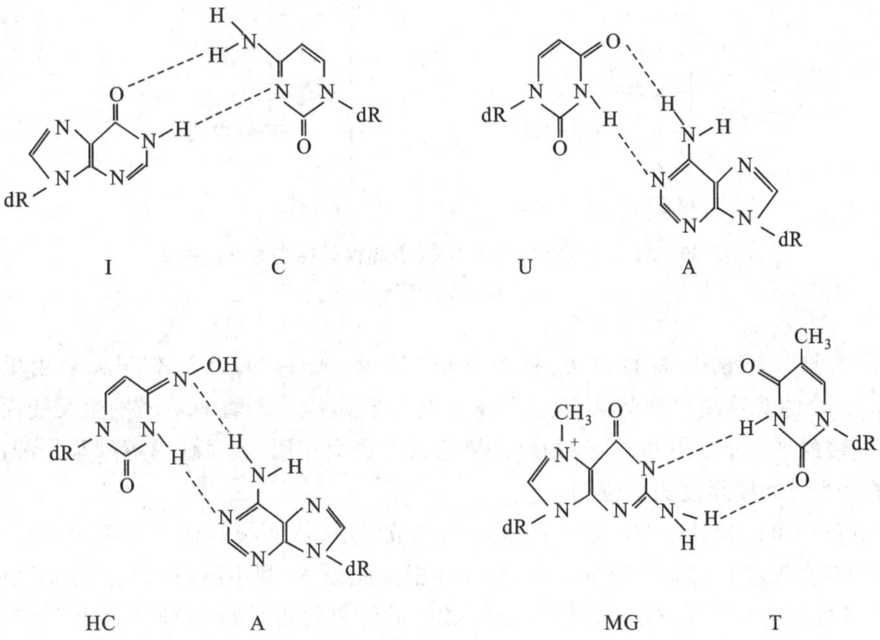

图 30-33 化学修饰剂改变碱基的配对性质

烷化剂(alkylating agent)是极强的化学诱变剂,其中较常见的包括氮芥(nitrogen mustard)、硫芥(sulfur mustard)、乙基甲烷磺酸(ethyl methane sulfonate, EMS)、乙基乙烷磺酸(ethylethane sulfonate, EES)和亚硝基胍(nitrosoguanidine, NTG)等。烷化剂使 DNA 碱基上的氮原子烷基化,最常见的是鸟嘌呤上第 7 位氮原子的烷基化,引起分子电荷分布的变化而改变碱基配对性质,如 7-甲基鸟嘌呤(MG)与胸腺嘧啶配对(图 30-33)。氮芥是二(氯乙基)胺的衍生物,硫芥是二(氯乙基)的硫醚,它们的双功能基能同时与 DNA 同一条链或两条不同链上鸟嘌呤相连。DNA 两条链的交联阻止了正常的修复,因此交联剂往往是强致癌剂。亚硝基胍在适宜条件下可使 DNA 复制叉部位出现多个紧相靠近的成簇突变,因此精确控制培养条件和加入亚硝基胍的时间与剂量可选择性地使细胞 DNA 特殊片段发生突变。烷化后的嘌呤和脱氧核糖结合的糖苷键变得不稳定,容易使嘌呤脱落。氧化也能使其破坏并被水解掉。

3. 嵌入染料(intercalating dye)

一些扁平的稠环分子,例如吖啶橙(acridine)、原黄素(proflavine)、溴化乙锭(ethidium bromide)等染料,可以插入到 DNA 的碱基对之间,故称为嵌入染料。这些扁平分子插入 DNA 后将碱基之间的距离撑大约一倍,正好占据了一个碱基对的位置。嵌入染料插入碱基重复位点处可造成两条链错位。在 DNA 复制时,新合成的链或者增加核苷酸插入,或者使核苷酸缺失,结果造成移码突变。其可能的机制如图 30-34 所示。

(三)诱变剂和致癌剂的检测

医学和分子生物学的研究表明,人类癌症的发生是由于控制细胞分裂的基因发生突变,或是致瘤病毒核酸的入侵,原癌基因因为癌基因,抑癌基因失去抑制细胞恶性生长的能力所致。细胞生长失控就形成肿瘤,能转移的恶性肿瘤称为癌。因此,细胞癌变与修复机制的受损坏以及突变率的提高有关。

由于食品、日用品和环境中存在的诱变剂和致癌剂对人类健康十分有害,需要有效的方法将它们检测出来。

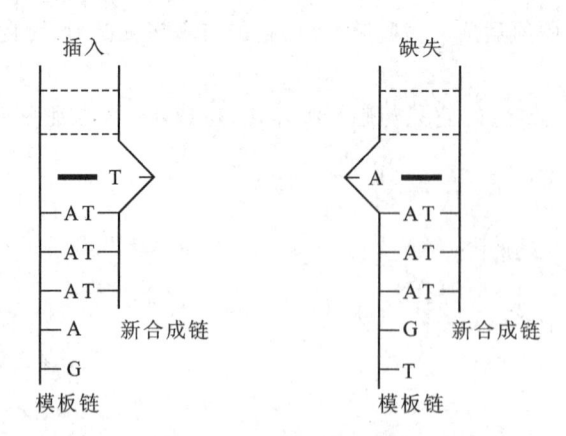

图 30-34　嵌入染料插入 DNA 引起移码突变的可能机制

嵌入染料以粗短线表示

B. Ames 发明了一种简易检测诱变剂的方法，称为 Ames 试验（Ames test）。该方法采用鼠伤寒沙门氏杆菌（*Salmonella typhimurium*）的营养缺陷型菌株，其组氨酸生物合成途径一个酶的基因发生突变而使酶失活，将该菌与待测物置于无组氨酸的平皿培养基中培养，如果待测物具有诱变作用，就可使营养缺陷型细菌因恢复突变而产生菌落，根据菌落的多少可判断诱变力的强弱。

大肠杆菌的 SOS 反应可以使处于溶原状态的 λ 噬菌体被激活，从而裂解宿主细胞产生噬菌斑。通常引起细菌 SOS 反应的化合物对高等动物都是致癌的。R. Devoret 根据此原理，利用溶原菌被诱导产生噬菌斑的方法来检测致癌剂，大大简化了检测方法。由 Ames 试验和动物试验的结果发现，致癌物质中 90% 都有诱变作用，而诱变剂中 90% 有致癌作用。不少化合物需在体内经过代谢活化才有诱变或致癌作用，在测试时可将待测物与肝提取物一起保温，使其转化，这样可使潜在的诱变剂和致癌剂也能被检测出来。

习　题

1. 生物的遗传信息如何由亲代传递给子代？
2. 何谓 DNA 的半保留复制？是否所有 DNA 的复制都以半保留的方式进行？［双链 DNA 通常都以半保留方式复制。］
3. 若使 ^{15}N 标记的大肠杆菌在 ^{14}N 培养基中生长三代，其 ^{14}N-DNA 分子与 ^{14}N，^{15}N-杂合 DNA 分子之比应为多少？若经变性密度梯度离心，其 ^{14}N 单链和 ^{15}N 单链之比应为多少？［1:3；7:1］
4. 何谓复制子，何谓复制叉，何谓复制体？三者有何关系？
5. 在丰富培养基中大肠杆菌染色体 DAN 有几个复制叉？［6个］
6. 大肠杆菌染色体 DNA 大小为 $4.6×10^6$bp，复制叉移动速度为 60 000bp/min，复制起点发动复制后需相隔 13min 才能再次发动复制，若细胞分裂过程 DNA 照常复制，而复制起始、终止及交换过程等共需 5min，问完成全部染色体复制需要多少时间？细胞倍增需要多少时间？［38.3min，18min］
7. 比较 DNA 聚合酶 Ⅰ、Ⅱ 和 Ⅲ 性质的异同。DNA 聚合酶 Ⅳ 和 Ⅴ 的功能是什么？有何生物学意义？
8. DNA 复制的精确性、持续性和协同性是通过怎样的机制实现的？
9. 何谓 DNA 的半不连续复制？试述冈崎片段合成的过程。
10. 若天然双链闭环 DNA（cccDNA）的比超螺旋（σ）为 -0.05，复制时解旋酶将双链撑开，如果反应系统中无旋转酶，当比超螺旋达到 +0.05 时，DNA 的扭曲张力将阻止双链解开，此时已解开的双链占 DNA 分子的百分数是多少？［9.52%］
11. 何谓拓扑异构体？试比较类型 Ⅰ 和类型 Ⅱ 拓扑异构酶作用机制的异同。
12. 简单叙述大肠杆菌 *ori* C 的结构特点，这些结构有何生物学意思？
13. 参与大肠杆菌染色体复制起始的酶和辅助因子主要有哪些？它们各起何作用？
14. 绘制简图表示大肠杆菌复制体的结构。
15. 何谓复制终止子？它的生物学意义是什么？

16. 为什么闭环双链 DNA 复制后会形成连锁体？连锁体是如何解开的？
17. 比较真核生物和原核生物染色体 DNA 复制的异同。
18. 真核生物 DNA 聚合酶有哪几种？它们主要功能是什么？
19. 真核生物 DNA 复制时在合成 iDNA 后为什么要进行聚合酶转换？有何生物学意义？
20. 真核生物染色体 DNA 的端粒有何功能？它是如何合成的？
21. 何谓复制许可因子？它有何功能？
22. 生物借助什么机制来维持低突变率？
23. 哪些因素能引起 DNA 损伤？生物机体是如何修复的？
24. 何谓错配修复？为什么原核生物可通过半甲基化 GATC 序列来区别"旧"链和"新"链，而真核生物则不能？真核生物是如何纠正错配的？
25. 为什么哺乳动物没有光复活作用？哺乳类动物通过何种作用修复紫外线造成的 DNA 损伤？
26. 何谓转录偶联的修复？它有何生物学意义？
27. 什么是应急反应(SOS)和易错修复？它们之间是什么关系？
28. 何谓突变？突变有哪几种类型？突变与细胞癌变有何关系？
29. DNA 复制时前导链和后随链发生错配的概率是否相等？两条链错配修复的概率是否相等？
30. 为什么引起 SOS 反应的化合物通常都是致癌剂？
31. 试述 Ames 试验的原理。比较 Devoret 试验和 Ames 试验的异同。

主要参考书目

[1] Watson J D, Baker T A, Bell S P, Gamn A, Levine M, Lasick R. Molecular Biology of the Gene. 5th ed. San Francisco：Pearson Education, Inc, 2004.
[2] Lewin B. Genes Ⅶ. Upper Saddle River：Pearson Education, Inc, 2004.
[3] Berg J M, Tymozko J L, Stryer L. Biochemistry. 5th ed. New York：W H Freeman and Company, 2002.
[4] Voet D, Voet J G, Pratt C W. Fundamentals of Biochemistry. New York：John Wiley & Sons, 2002.
[5] Nelson D L, Cox M M. Lehninger Principles of Biochemistry. 4rd ed. New York：W H Freeman and Company, 2005.

(朱圣庚)

第31章 DNA的重组

DNA 分子内或分子间发生遗传信息的重新组合,称为遗传重组(genetic recombination),或者基因重排(gene rearrangement)。重组产物称为重组体 DNA(recombinant DNA)。DNA 的重组广泛存在于各类生物。真核生物基因组间重组多发生在减数分裂(meiosis)时同源染色体之间的交换(crossover)。细菌及噬菌体的基因组为单倍体,来自不同个体两组 DNA 之间可通过多种形式进行遗传重组。

DNA 重组对生物进化起着关键的作用。生物进化以不断产生可遗传的变异为基础。首先有突变和重组,由此产生可遗传的变异,然后才有遗传漂变和自然选择,才有进化。可遗传变异的根本原因是突变。然而,突变的机率很低,而且多数突变是中性的或有害的。如果生物只有突变没有重组,在积累具有选择优势的突变同时不可避免积累许多难以摆脱的不利突变,有利突变将随不利突变一起被淘汰,新的优良基因就不可能出现。重组的意义在于,它能迅速增加群体的遗传多样性;使有利突变与不利突变分开;通过优化组合积累有意义的遗传信息。此外,DNA 重组还参与许多重要的生物学过程。它为 DNA 损伤或复制障碍提供修复机制;某些基因表达过程受 DNA 重组的调节;有些生物发育过程也受其控制。DNA 重组包括同源重组(homologous recombination)、特异位点重组(site-specific recombination)和转座重组(transpositional recombination)等类型,以下分别予以介绍。

一、同源重组

同源重组又称为一般性重组(general recombination),它是由两条具有同源区的 DNA 分子,通过配对、链的断裂和再连接,而产生片段交换(crossing over)的过程。同源重组的最初证据来自细胞遗传学对减数分裂时染色体行为的研究。真核生物在形成配子时,细胞染色体进行一次复制,细胞核进行两次分裂,由此从双倍体细胞产生单倍体细胞,故称为减数分裂。在减数分裂前期,参与联会(synapsis)的同源染色体实际上已复制形成两条姊妹染色单体,从而出现由四条染色单体构成的四联体(tetrad)。在四联体的某些位置,非姊妹染色单体之间可以发生交换。光学显微镜可看到联会复合体中存在染色体交叉(chiasma)现象。Holliday 对遗传重组的可能机制成功提出了一个模型予以说明。在分子水平上了解重组过程是在细菌的研究中加以解决的。

(一) Holliday 模型

Robin Holliday 于 1964 年提出一个模型,对于认识同源重组起了十分重要作用(图 31-1)。在这一模型中,关键步骤有四个:①两个同源染色体 DNA 排列整齐;②一个 DNA 的一条链裂断并与另一个 DNA 对应的链连接,形成的连接分子(joint molecule)称为 Holliday 中间体(intermediate);③ 通过分支移动(branch migration)产生异源双链(heteroduplex)DNA;④ Holliday 中间体切开并修复,形成两个双链重组体 DNA。切开的方式不同,所得到的重组产物也不同。如果切开的链与原来断裂的是同一条链(见 Holliday 模型左边的产物),重组体含有一段异源双链区,其两侧来自同一亲本 DNA,称为片段重组体(patch recombinant)。但如切开的链并非原来断裂的链(模型右边产物),重组体异源双链区的两侧来自不同亲本 DNA,称为剪接重组体(splice recombinant)。

Holliday 模型能够较好解释同源重组现象,但也存在问题。该模型认为进行重组的两个 DNA 分子在开始时需要在对应链相同位置上发生断裂。DNA 分子单链断裂是经常发生的事,但很难设想两个分子何以能在同一位置发生断裂。M. Meselson 和 C. Radding 对此提出了修正意见,他们认为同源 DNA 分子中只有一个分子发生单链断裂,随后单链入侵另一 DNA 分子的同源区,造成链的置换,被置换的链再切断并与最初断链连接,即形成 Holliday 中间体。但是更多的事实表明,重组是由双链断裂所启动。现在认为,同源重组是减数分裂的原因,而不是减数分裂的结果。DNA 分子双链断裂才能与同源分子发生链的交换,藉以将同源染色体分配到子代细胞中去。因此,双链断裂启动重组,也启动了减数分裂。

　　DNA 同源重组是一个十分精确的过程,哪怕只有一个核苷酸的差错都会造成基因失活。同源重组的分子基础是链间的配对,通过碱基配对才能找到正确位置,进行链的交换。当两同源 DNA 分子之一发生双链断裂,经核酸酶和解旋酶作用,产生具有 3′末端的单链,它在另一 DNA 分子的同源区寻找互补链并与之配对。相对应的链则被置换出来,与原来断裂的链配对。经修复合成和链的再连接,形成两个交叉,而不是单链交换时形成的一个交叉。值得注意的是,在两交叉之间,由交换和分支移动产生的是异源双链,而由修复合成产生的是同源双链(图 31-2)。实验表明,两 DNA 分子必需具有 75 bp 以上的同源区才能发生同源重组,同源区小于此数值将显著降低重组率。

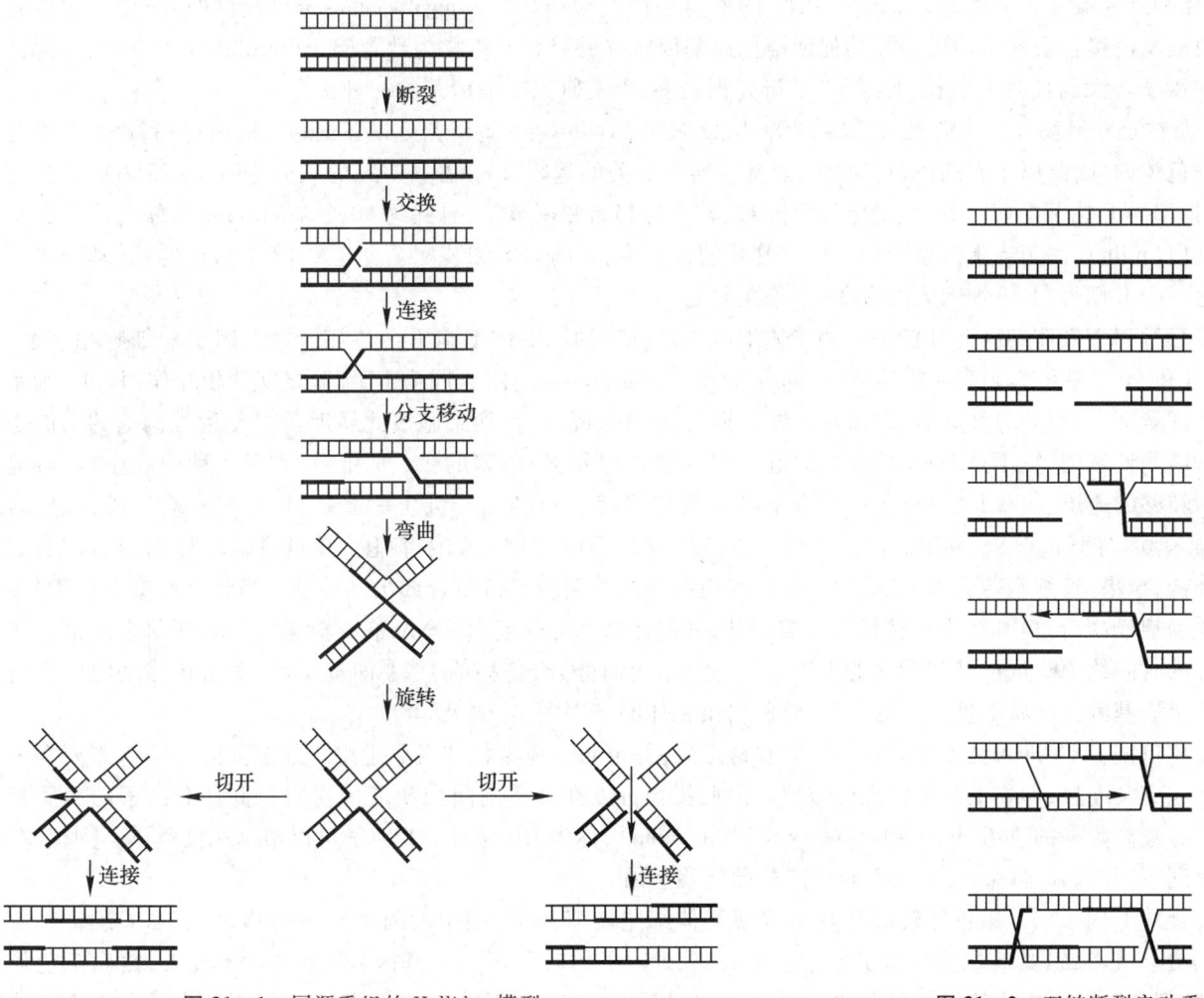

图 31-1　同源重组的 Holliday 模型
两同源 DNA 分别以粗线和细线表示

图 31-2　双链断裂启动重组

　　在不同生物体内同源重组的具体过程可以有许多变化,但基本步骤大致相同。同源性并不意味序列完全相同。两 DNA 分子只要含有一段碱基序列大体类似的同源区,即使相互间略有差异,仍然可以发生重组。同源重组是最基本的重组方式,它参与各种重要的生物学过程。复制、重组和重组修复三个过程是密切相关的,许多有关的酶和辅助因子也都是共用的。同源重组也在基因的加工、整合和转化中起着重要的作用。

(二) 细菌的基因转移与重组

　　细菌可以通过多种途径进行细胞间基因转移,并通过基因重组以适应随时改变的环境。这种遗传信息的流动不仅发生在种内,也发生在种间,甚至与高等动植物细胞之间也存在横向遗传传递(horizontal genetic transmission)。例如,从人体内寄生的细菌基因组中可以找到确定属于人类的基因。被转移的基因称为外基因子(exogenote),如果与内源基因组或称内基因子(endogenote)的一部分同源,就成为部分二倍体(partial diploid),这种情况下可以发生同源重组。细菌的基因转移主要有四种机制:接合(conjugation)、转化(transformation)、转导(transduction)和细胞融合(cell fusion)。进入受体细胞(recipient cell)的外源基因通常有四种结果:降解、暂时保留、与内源基因置换和发生整合。

1. 细菌的接合作用

细菌的细胞相互接触时遗传信息可以由一个细胞转移到另一个细胞,称为接合作用。供体细胞被定义为雄性,受体细胞为雌性。通过接合而转移 DNA 的能力是由接合质粒(conjugative plasmid)提供的,与接合功能有关的蛋白质均由接合质粒所编码。能够促使染色体基因转移的接合质粒称为致育因子(fertility factor),简称为性因子或 F 因子。大肠杆菌 F 质粒(F 因子)是研究得最多,也是研究得最清楚的一种接合质粒。

F 质粒是双链闭环的大质粒,总长约 100kb,复制起点为 $ori\ V$。F 质粒可以在细胞内游离存在,也可以整合到宿主染色体内,因此属于附加体(episome)。其与转移有关的基因(tra)占据质粒的三分之一(~33kb),称为转移区,包括编码 F 性菌毛(F pilus)、稳定接合配对、转移的起始和调节等,总共约 40 个基因。$tra\ A$ 编码性菌毛单个亚基蛋白(pilin),由菌毛蛋白聚合形成中空管状的性菌毛,它的修饰和装配至少还要 12 个另外的 tra 基因参与作用。每一个 F 阳性(F^+)细胞大约有 2~3 条性菌毛。

接合过程由供体细胞 F 性菌毛接触受体细胞表面所启动。供体细胞不会与其他含 F 因子的细胞相接触,因为 $tra\ S$ 和 $tra\ T$ 基因编码表面排斥蛋白(surface exclusion protein),阻止同为 F^+ 细胞之间的相互作用。F^+ 细胞的性菌毛固着 F 阴性(F^-)细胞后,即通过回缩与拆装(disassemble)使两细胞彼此靠近。F^+ 细菌性菌毛的功能是识别和联结阴性细菌,它不是 DNA 转移的通道。DNA 转移需要 F^+ 细胞的 Tra D 蛋白,它是一种内膜蛋白,可提供或成为转移的通道。Tra I 在 Tra Y 的帮助下结合到转移起点 $ori\ T$ 上,切开一条链,并与 5′末端形成共价连接。Tra I 兼有切口酶(nickase)和解旋酶的活性。游离的 5′末端由此导入受体细胞。单链进入受体细胞后即合成出其互补链,结果 F^- 细胞转变为 F^+ 细胞。给体细胞留下的 F 质粒单链也合成出互补链。当整合在染色体 DNA 中的 F 质粒启动接合过程时,质粒转移起点被切开,其前导链引导染色体 DNA 单链转移。大肠杆菌全部染色体完成转移的时间约 100 min,其间配对的细胞如受外力作用而分开,转移的 DNA 即被打断,根据转移基因所需时间可以确定该基因在环状染色体上的位置,绘制出染色体的基因图。

给体单链 DNA 进入受体细菌后转变为双链形式,并可与受体染色体发生重组。外源基因的插入需要在两端分别形成交叉连接,即发生两个位点的重组。因此接合可以在细菌之间交换遗传物质。整合 F 因子的大肠杆菌菌株具有较高频率的重组(high-frequency recombination),称为 Hfr 菌株。F 因子可以整合在染色体不同位置,由此而得到不同的 Hfr 菌株,它们从不同位点开始转移基因。

整合的 F 因子引导染色体转移往往不能使受体细胞转变为 F^+ 细胞。因为发生转移时,F 因子在转移起点($ori\ T$)处切开单链,其 5′端前导链引导染色体转移,F 因子的转移区(tra 基因)直至最后才转入,然而染色体很长,随时都会断裂而中止转移。整合的 F 因子可被切割出来,有时不精确切割使 F 因子带有若干宿主染色体基因,此时称为 F′因子。使 F′细胞与 F^- 细胞杂交,供体部分染色体基因随 F′因子一起进入受体细胞,无需整合就可以表达,实际上形成部分二倍体,此时受体细胞也变成 F′。细胞基因的这种转移过程称为性导(sexduction)。

2. 细菌的遗传转化

遗传转化(genetic transformation)是指细菌品系由于吸收了外源 DNA(转化因子)而发生遗传性状的改变现象。具有摄取周围环境中游离 DNA 分子能力的细菌细胞称为感受态细胞(competent cell)。很多细菌在自然条件下就有吸收外源 DNA 的能力(如固氮菌、链球菌、芽孢杆菌、奈氏球菌及嗜血杆菌等),虽然感受态经常是瞬时的,与特定的生理状态有关。

转化过程涉及细菌染色体上 10 多个基因编码的功能。例如,感受态因子(competence factor)、与膜联结的 DNA 结合蛋白(membrane-associated DNA binding protein)、自溶素(autolysin)以及多种核酸酶(nuclease)均参与感受态的形成。感受态因子可诱导与感受态有关蛋白的表达，其中包括自溶素，它使细胞表面的DNA结合蛋白和核酸酶裸露出来。当游离DNA与细胞表面DNA结合蛋白相结合后，核酸酶使其中一条链降解，另一条链则被吸收，并与感受态特异蛋白相结合，然后转移到染色体，与染色体DNA重组。不同细菌的转化途径不完全相同，也有细菌能吸收双链DNA。细菌广泛存在自然转化现象，表明这是细菌遗传信息转移和重组的一种重要方式。

有些细菌在自然条件下不发生转化或转化效率很低，但在实验室中可以人工促使转化。例如大肠杆菌，用高浓度Ca^{2+}处理，可诱导细胞成为感受态，重组质粒得以高效转化。人工转化的机制目前还不十分清楚，可能与增加细胞通透性有关。实际上在自然条件下，除接合质粒外，一些小质粒也能在大肠杆菌细胞间转移，表明存在质粒穿过细胞被膜的途径。

3. 细菌的转导

转导(transduction)是通过噬菌体将细菌基因从供体转移到受体细胞的过程。转导有两种类型：普遍性转导(generalized transduction)，是指宿主基因组任意位置的一段DNA组装到成熟噬菌体颗粒内而被带入受体菌；局限性转导(specialized transduction)，某些温和噬菌体在装配病毒颗粒时将宿主染色体整合部位的DNA切割下来取代病毒DNA。在上述两种类型中，转导噬菌体均为缺陷型，因为都有噬菌体基因被宿主基因所取代。缺陷型噬菌体仍然能将颗粒内DNA导入受体菌，前宿主的基因进入受体菌后即可与染色体DNA发生重组。

4. 细菌的细胞融合

在有些细菌的种属中可发生由细胞质膜融合导致的基因转移和重组。在实验室中，用溶菌酶除去细菌细胞壁的肽聚糖，使之成为原生质体，可人工促进原生质体的融合，由此使两菌株的DNA发生广泛的重组。

（三）重组有关的酶

已经分离并鉴定了原核生物和真核生物促进同源重组各步骤有关的酶，研究最多的还是大肠杆菌的酶。在大肠杆菌中，Rec A蛋白参与重组是最关键的步骤。Rec A有两个主要的功能：诱发SOS反应和促进DNA单链的同化(assimilation)。所谓单链同化即是指单链与同源双链分子发生链的交换，从而使重组过程中DNA配对、形成Holliday中间体和分支移动等步骤得以产生。当Rec A与DNA单链结合时，数千Rec A单体协同聚集在单链上，形成螺旋状纤丝(helical filament)。Rec F、Rec O和Rec R蛋白调节Rec A纤丝的装配和拆卸。Rec A蛋白相对分子质量为38 000，它与单链DNA结合形成的螺旋纤丝每圈含六个单体，螺旋直径10 nm，碱基间距0.5 nm。此复合物可以与双链DNA作用，部分解旋以便阅读碱基序列，迅速扫描寻找与单链互补的序列。互补序列一旦被找到，双链进一步被解旋以允许转换碱基配对，使单链与双链中的互补链配对，同源链被置换出来（图31-3）。链的交换速度大约为6bp/s，交换沿单链$5' \rightarrow 3'$方向进行，直至交换终止，在此过程中由Rec A水解ATP提供反应所需能量。

任何部位的单链DNA都能借助Rec A蛋白与同源双链DNA进行链的交换。单链DNA可以由许多途径产生，Rec BCD酶是产生参与重组的DNA单链主要途径。该酶的亚基分别由基因 *rec* B、*rec* C和 *rec* D编码。Rec BCD酶具有三种酶活性：①依赖于ATP的核酸外切酶活性；②可被ATP增强的核酸内切酶活性；③ATP依赖的解旋酶活性。当DNA分子断裂时，它即结合在其游离端，使DNA双链解旋并降解，解旋所需能量由ATP水解供给。及至酶移动到chi位点(5'GCTGGTGG3')，在其3'侧4~6个核苷酸处将链切开，产生具有3'末端的游离单链。随后单链可参与重组各步骤。大肠杆菌基因组共有1 009个chi位点，分布在DNA各部位，平均5kb有一个，成为重组热点。

由于DNA分子具有螺旋结构，在持续进行链的交换时需要两DNA分子发生旋转。Rec A能够介导单链绕入另一DNA分子，并水解ATP。一旦Holliday中间体形成，即由Ruv A和Ruv B蛋白促进异源双链的形成。Ruv A蛋白能够识别Holliday联结体(junction)的交叉点，Ruv A四聚体结合其上形成四方平面的构象，使得分支点易于移动，Ruv A还帮助Ruv B六聚体环结合在双链DNA上，位于交叉点上游。Ruv B是一种解旋酶，通过水解ATP而推动分支移动（图31-4）。Ruv AB复合物的移动速度约为10~20bp/s。

同源重组最后由Ruv C将Holliday联结体切开，并由DNA聚合酶和DNA连接酶进行修复合成。Ruv C是一

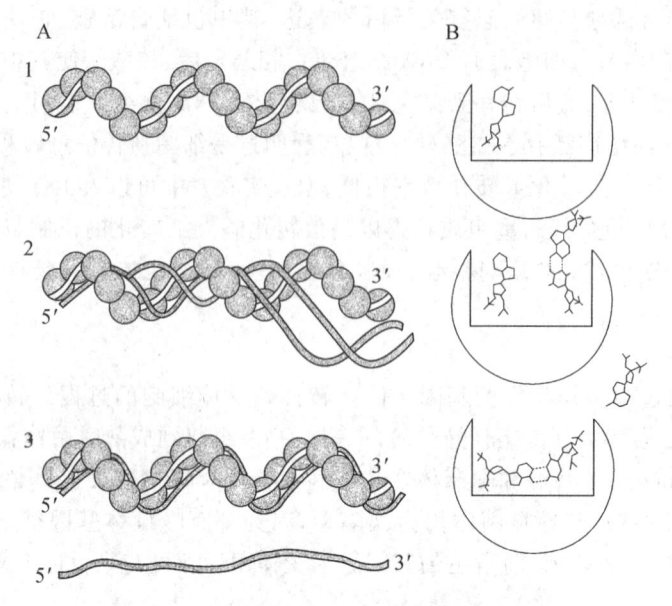

图 31-3 Rec A 蛋白介导的 DNA 链交换模型

A. DNA 链交换的侧面观：1. Rec A 蛋白与单链 DNA 结合；2. 复合物与同源双链 DNA 结合；3. 入侵单链与双链中的互补链配对，同源链被置换出来。B. DNA 链交换过程 Rec A 蛋白的横切面

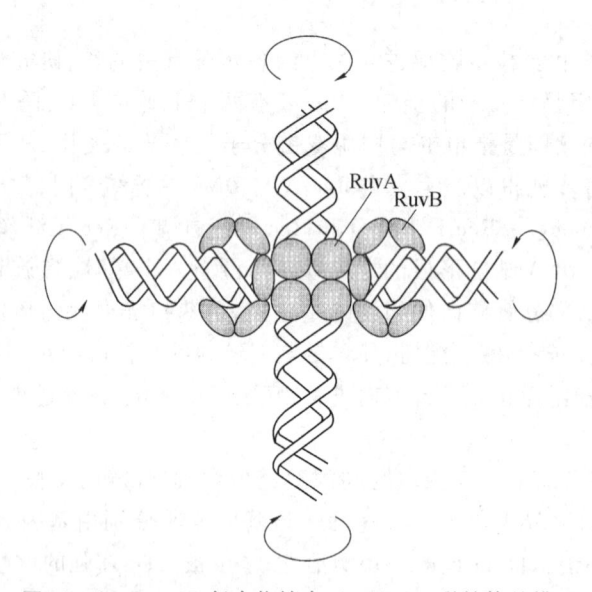

图 31-4 Ruv AB 复合物结合于 Holliday 联结体的模型

种核酸内切酶，特异识别 Holliday 联结体并将其切开。它识别不对称的四核苷酸 ATTG，此序列因而成为切开 Holliday 联结体的热点，并决定结果是片段重组还是剪接重组，即异源双链区两侧来自同一分子还是不同分子。相当于原核生物与重组有关酶的对应物也已在真核生物中发现。在酿酒酵母中的 rad 51 基因与大肠杆菌 rec A 基因同源，二者的功能有关。该基因突变造成双链断裂积累，并且无法形成正常的联会复合物。但此蛋白质不能在体外与单链 DNA 形成纤丝，表明原核生物与真核生物的同源重组机制可能有所不同。

二、特异位点重组

特异位点重组广泛存在于各类细胞中,起着各种不同的特殊作用。它们的作用包括某些基因表达的调节,发育过程中程序性 DNA 重排,以及有些病毒和质粒 DNA 的整合与切除等。此过程往往发生在一个特定的短的(20~200 bp) DNA 序列内(重组位点),并且有特异的酶(重组酶)和辅助因子对其识别和作用。特异位点重组的结果决定于重组位点的位置和方向。如果重组位点以相反方向存在于同一 DNA 分子上,重组结果发生倒位。重组位点以相同方向存在于同一 DNA 分子上,重组发生切除;在不同分子上,重组发生整合,即前一反应的逆过程(图 31-5)。重组酶通常由 4 个相同的亚基组成,它作用于两个重组位点的 4 条链上,使 DNA 链断开产生 3'-磷酸基与 5'-羟基,3'-磷酸基与酶形成磷酸酪氨酸(phosphotyrosine)或磷酸丝氨酸(phosphoserine)酯键。这种暂时的蛋白质-DNA 连接可以在 DNA 链再连接时无需提供能量。重组的两个 DNA 分子,首先断裂相同序列的两条链,交错连接,此时形成中间联结体;然后另两条链断裂并交错连接,使联结体分开。有些重组酶使 4 条链同时断裂并再连接,而不产生中间物。本节简要介绍噬菌体 DNA 的整合与切除,细菌的特异重组和免疫球蛋白基因重排。

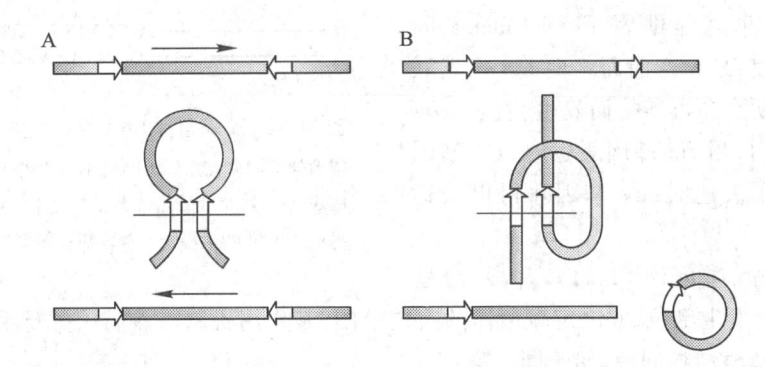

图 31-5 特异位点重组的结果依赖于重组位点的位置和方向
重组位点以白箭头表示。A. 重组位点反方向位于同一 DNA 分子,重组结果发生倒位。
B. 重组位点同方向位于同一 DNA 分子,重组发生切除;位于不同分子,重组发生整合

1. λ 噬菌体 DNA 的整合与切除

最早研究清楚的特异位点重组系统是 λ 噬菌体 DNA 在宿主染色体上的整合与切除。λ 噬菌体 DNA 进入宿主大肠杆菌细胞后存在溶原和裂解两条途径,二者的最初过程是相同的,都要求早期基因的表达,为溶原和裂解途径的歧化作好准备。两种生活周期的选择取决于 CI 和 Cro 蛋白相互拮抗的结果。CI 蛋白抑制除自身外所有噬菌体基因的转录,如果 CI 蛋白占优势,溶原状态就得到建立和维持。Cro 蛋白抑制 cI 基因的转录,它占优势噬菌体即进入繁殖周期,并导致宿主细胞裂解。λ 噬菌体的整合发生在噬菌体和宿主染色体的特定位点,因此是一种特异位点重组。整合的原噬菌体随宿主染色体一起复制并传递给后代。但在紫外线照射或升温等因素诱导下,原噬菌体可被切除下来,进入裂解途径,释放出噬菌体颗粒。

λ 噬菌体与宿主的特异重组位点(recombination site)称为附着位点(attachment site)。删除实验确定噬菌体的附着位点(attP)长度为 240bp,细菌相应的附着位点(attB)只有 23bp,二者含有共同的核心序列 15bp(O 区)。噬菌体 attP 位点的序列以 POP'表示,细菌 attB 位点以 BOB'表示。整合需要的重组酶(recombinase)由 λ 噬菌体编码,称为 λ 整合酶(λ integrase,Int),此外还需要由宿主编码的整合宿主因子(integration host factor,IHF)协助作用。整合酶作用于 POP'和 BOB'序列,分别交错 7 bp 将两 DNA 分子切开,然后交互再连接,噬菌体 DNA 被整合,其两侧形成新的重组附着位点 BOP'和 POB',无需 ATP 提供能量(图 31-6)。整合酶的作用机制类似于拓扑异构酶 I,它催化磷酸基转移反应,而不是水解反应,故无能量丢失。在切除反应中,需要将原噬菌体两侧附着位点联结到一起,因此除 Int 和 IHF 外,还需要噬菌体编码的 Xis 蛋白参与作用。

2. 细菌的特异位点重组

鼠伤寒沙门氏杆菌(*Salmonella typhimurium*)由鞭毛蛋白引起的 H 抗原有两种,分别为 H1 鞭毛蛋白和 H2 鞭毛蛋白。从单菌落的沙门氏菌中经常能出现少数呈另一 H 抗原的细菌细胞,这种现象称为鞭毛相转变(phase variation)。遗传分析表明,这种抗原相位的改变是由一段 995bp 的 DNA,称为 H 片段(H segment),发生倒位所决定。

H 片段的两端为 14bp 特异重组位点(hix),其方向相反,发生重组后可使 H 片段倒位。H 片段上有两个启动子(P),其一驱动 *hin* 基因表达;另一取向与 H2 和 *rH1* 基因一致时驱动这两基因表达,倒位后 H2 和 *rH1* 基因不表达。hin 基因编码特异的重组酶,即倒位酶(invertase)Hin。该酶为 22 000 亚基的二聚体,分别结合在两个 hix 位点上,并由辅助因子 Fis(factor for inversion stimulation)促使 DNA 弯曲而将两 hix 位点联结在一起,DNA 片段经断裂和再连接而发生倒位。*rH1* 表达产物为 H1 阻遏蛋白,当 *H2* 基因表达时,*H1* 基因被阻遏;反之,*H2* 基因不表达时,*H1* 基因才得以表达(图 31-7)。

噬菌体 Mu 的 G 片段,噬菌体 P1 的 C 片段,分别由倒位酶 Gin 和 Cin 控制发生倒位,并决定噬菌体的宿主范围,其作用机制与沙门氏菌鞭毛相转变类似。Hin、Gin 和 Cin 与转座子 Tn*3* 解离酶结构同源,属于同一家族。

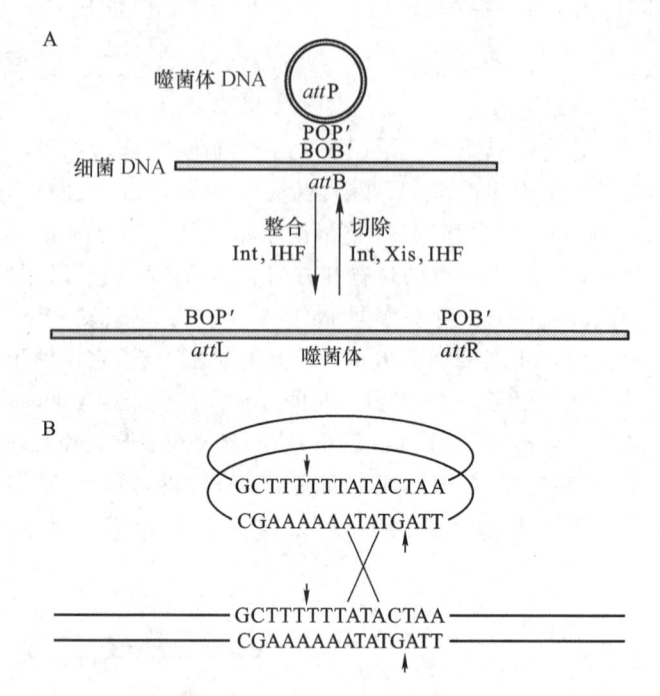

图 31-6 λ 噬菌体 DNA 在宿主染色体靶位点的整合与切除
噬菌体的附着位点(*att* P)与细菌附着位点(*att* B)之间有 15bp 共同的序列(O),整合后在被整合噬菌体 DNA 两侧产生两个新的附着位点(*att* R 和 *att* L)。A. 整合和切除过程;B. 共同的核心序列

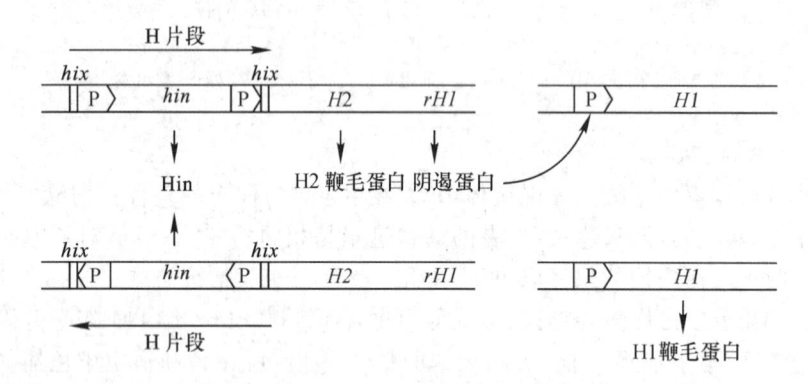

图 31-7 沙门氏菌 H 片段倒位决定鞭毛相转变
hix 为 14bp 的反向重复序列,它们之间的 H 片段可在 Hin 控制下进行特异位点重组(倒位)。H 片段上有两个启动子,其一驱动 hin 基因表达,另一正向时驱动 H2 和 rH1 基因表达,反向(倒位)时 H2 和 rH1 不表达。rH1 为 H1 阻遏蛋白基因,P 代表启动子

3. 免疫球蛋白基因的重排

脊椎动物和人的淋巴细胞在其成熟过程中抗体基因的重排,是有关基因重排研究中一个最重要的实例。按照 F. M. Burnet 的克隆选择学说,每一个浆细胞只能产生一种或几种抗体,无数由淋巴细胞分化而来的浆细胞就能产生无数种类的抗体分子。抗体分子也即免疫球蛋白(Ig),由两条轻链(L 链)和两条重链(H 链)组成,它们分别由三个独立的基因家族(gene family)所编码,其中两个编码轻链(κ 和 λ),一个编码重链。小鼠的 κ、λ 和重链

基因分别位于第 6、16 和 12 号染色体上。决定轻链的基因家族上各有 L、V、J、C 四类基因片段。L 代表前导片段(leader segment)，V 代表可变片段(variable segment)，J 代表连接片段(joining segment)，C 代表恒定片段(constant segment)。决定重链的基因家族上共有 L、V、D、J、C 五类基因片段，其中 D 代表多样性片段(diversity segment)。在 J 和 C 片段之间存在增强子(enhancer)。

抗体基因在进化过程中可通过倍增和歧化来增加其数量，在同一种系(germ line)中基因数目有较大变动，因此难于确定。抗体各链基因的 V 片段约有数百个，J 片段 4～6 个。小鼠 λ 链基因 V 片段数异常少，可能是其在过去曾遭剧变而丢失大部分的 V 片段。轻链的恒定区只 1 个，但 λ 链每个 J 片段都与其本身 C 片段相连。重链基因除 V 片段和 J 片段外，还有 10～30 个 D 片段，并有多个恒定区(C 片段)以决定抗体的效应功能，即抗体的类型和亚类型。小鼠 IgH 的基因恒定区存在 8 个 C 片段。人的 IgH 基因恒定区 C 片段依次为：C_μ、C_δ、$C_{\gamma 3}$、$C_{\gamma 1}$、ψ_ε、$C_{\alpha 1}$、ψ_γ、$C_{\gamma 2}$、$C_{\gamma 4}$、C_ε、$C_{\alpha 2}$（其中 ψ_ε 和 ψ_γ 是两个无活性的假基因），它们分别表达产生免疫球蛋白 IgM、IgD、IgG3、IgG1、IgA1、IgG2、IgG4、IgE 和 IgA2。小鼠和人种系抗体基因片段的排列如图 31-8 所示。

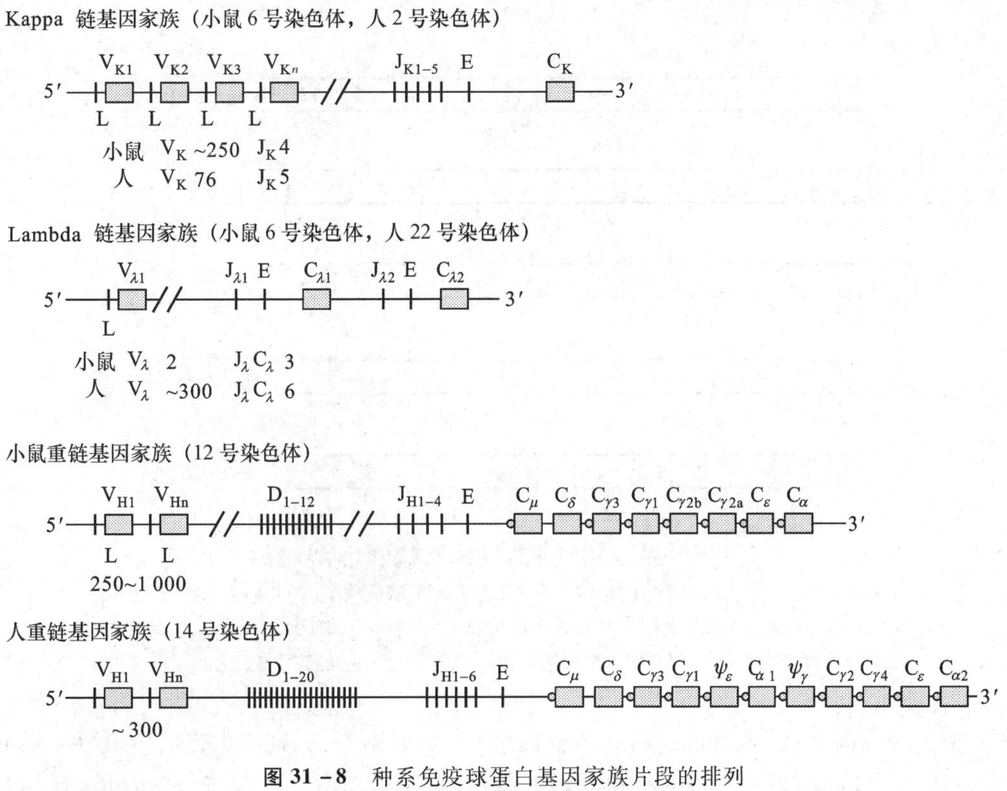

图 31-8　种系免疫球蛋白基因家族片段的排列

L 代表前导片段，V 代表可变片段，J 代表连接片段，D 代表多样性片段，C 代表恒定片段，E 代表增强子，C 片段前的 ○ 代表类型转换位点

除淋巴细胞外，所有细胞免疫球蛋白基因族的结构都是相同的，称为种系结构。只有骨髓干细胞在分化为成熟 B 淋巴细胞的过程中才出现免疫球蛋白基因的体细胞重排(somatic rearrangement)。利根川进(S. Tonegawa)揭示了抗体基因重排机制，因而获得 1987 年诺贝尔生理学和医学奖。在 B 细胞分化过程中，免疫球蛋白基因重排具有严格的顺序，第一次重排发生在前 B 细胞中，最先由编码免疫球蛋白重链的基因家族片段参与重排，使在种系中相互分离的片段经重排后连接在一起，称为 V-D-J 连接。其间，D 片段与 J 片段先连接，接着 V 片段加到 D-J 上，形成 V-D-J 复合体。重排中选择的片段是随机的，片段之间序列在重排中被删除。重链重排后接着是轻链 κ 链基因重排，形成 V-J 复合体。只有 κ 链基因重排失败，才发动 λ 链基因重排，故抗体中大部分轻链是 κ 链，λ 链只占少部分。淋巴细胞在繁殖过程中还发生体细胞突变，以增加抗体的多样性。

单个 B 淋巴细胞只产生一种抗体基因，因此是单特异性的(mono specific)。由于淋巴细胞是二倍体，因而 H

链、κ链和λ链都有两个等位基因家族,然而重排表现出等位基因排斥(allelic exclusion),即两个等位基因中只发生一个等位基因重排。二者之中何者重排是随机的,但只要一个等位基因发生重排,另一等位基因即受到抑制,不再发生重排。轻链基因重排还表现出同型性排斥(isotypic exclusion),即κ链和λ链基因只有一种轻链基因发生重排。等位排斥和同型性排斥的可能机制为重排基因的产物对未重排基因具有抑制作用。

重链(IgH)基因的V-D-J重排和轻链(IgL)基因的V-J重排均发生在特异位点上。在V片段的下游,J片段的上游以及D片段的两侧均存在保守的重组信号序列(recombination signal sequence,RSS)。该信号序列都由一个共同的回文七核苷酸(CACAGTG)和一个共同的富含A九核苷酸(ACAAAAACC),中间为固定长度的间隔序列,或为12bp,或为23bp。间隔长度也是一种识别信号,重组只发生在间隔为12bp与间隔为23bp的不同信号序列之间,称为12-23规则。重链基因V片段的信号序列间隔为23bp,D片段两侧信号序列间隔为12bp,J片段信号序列的间隔为23bp,而且信号序列总是以七核苷酸一端与基因片段相连,间隔为12与23两信号序列的方向相反。因此,在V-D-J连接中不会发生连接错误。同样,在轻链基因中,V片段和J片段与不同信号序列相连,只能在它们之间发生连接(图31-9)。

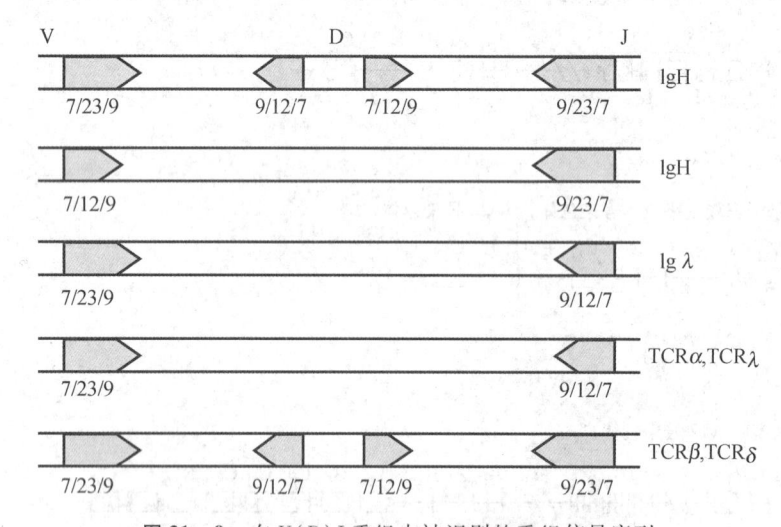

图31-9 在V(D)J重组中被识别的重组信号序列

免疫球蛋白(Ig)和T细胞受体(TCR)基因片段的各对重组信号序列(RSS)以反相存在,保守的最初识别位点为九核苷酸ACAAAAACC,七核苷酸↓CACAGTG为切割位点,间隔序列或12,或23个核苷酸,重组只发生在间隔为12bp与间隔为23bp的信号序列之间

促使重排的重组酶基因rag(recombination activating gene)共有两个,分别产生蛋白质RAG1和RAG2。RAG1识别信号序列,包括12/23间隔以及七核苷酸和九核苷酸信号,然后RAG2加入复合物。RAG1/RAG2复合物在接头的一条链上切开一个缺刻,形成3'-OH和5'-P末端。游离的3'-OH基对双链的另一条链磷酸酯键发生攻击,在基因片段末端形成发夹结构。然后由另外的酶进一步将发夹结构切开。单链切开的位置往往不是原来通过转酯反应连接的位置,多出的核苷酸称为P核苷酸。末端可以被外切酶删除一些核苷酸;也可以由脱氧核苷酸转移酶外加一些核苷酸,称为N核苷酸。最后两基因片段填平补齐并连接。此过程由DNA双链断裂的修复系统来完成,称为非同源末端连接(non-homologous end-joining,NHEJ)。在接头处随机插入和删除若干核苷酸可以增加抗体基因的多样性,然而插入或删除核苷酸的总数如不是3的倍数,就将改变阅读框架而使抗体基因失活,或许这是为增加抗体多样性所付出的代价。抗体基因片段的连接过程如图31-10所示。

抗体重链和轻链基因重排后转录成初级mRNA前体,经加工修饰产生成熟的mRNA并翻译成免疫球蛋白。第二次重排发生在成熟B细胞经抗原刺激后,这次重排出现重链基因改变恒定区,即类型转换,其抗原特异性不变。B细胞分化至此称为浆细胞,它的特点是可以大量分泌抗体,并且是单特异性的抗体。重链基因C片段的转换发生在转换区(switch region,S区),该区位于C片段的5'端,S区内存在成串的重复序列,转换即Sμ与各S位点间的重组。C_δ片段前无S区,故IgM与IgD通常都共表达。

T淋巴细胞的受体有两类,一类是$\alpha\beta$受体,一类是$\gamma\delta$受体。$\gamma\delta$受体只存在于缺失α、β链的T细胞和发育早期的T细胞;$\alpha\beta$受体出现于成熟的T细胞,是主要的T细胞受体。它们的基因重排与抗体基因重排十分类似,也存在β链与γ链的V-D-J连接和α链与δ链的V-J连接。

抗体和T细胞受体基因重排与转座子的转座机制十分类似,推测他们可能是由古代转座子演变而来的。

三、转座重组

转座因子(transposable element)是一种可以由染色体的一个位置转移到另外位置的遗传因子,也就是一段可以发生转座(transposition)的DNA,又称为转座子(transposon)。转座的位置通常或多或少是随机的。当转座子插入一个基因内时,该基因即失活,如果是重要的基因就可能导致细胞死亡。因此转座必须受到控制,而且频率都很低。转座子对基因组而言是一个不稳定因素,它可导致宿主序列删除、倒位或易位,并且其在基因组中成为"可移动的同源区",位于不同位点的两个拷贝转座子之间可以发生交互重组,从而造成基因组不同形式的重排。有些转座子与基因组的关系犹如寄生,它们的功能只是为了自身的扩增与繁衍,因此被称为是"自私的"DNA(selfish DNA,又称自在DNA)。

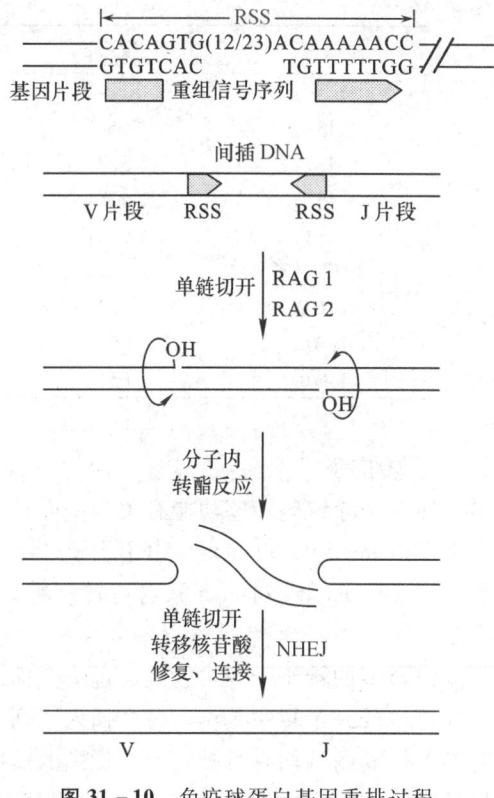

图31-10 免疫球蛋白基因重排过程

早在20世纪40年代,美国遗传学家B. McClintock在研究玉米的遗传因子时发现,某些基因活性受到一些能在不同染色体间转移的控制因子(controlling element)所决定。这一发现与当时传统的遗传学观点相抵触,因而不被学术界所普遍接受。直到60年代后期,美国青年细菌学家J. Shapiro在大肠杆菌中发现一种由插入序列(insertion sequence, IS)所引起的多效突变,之后又在不同实验室发现一系列可转移的抗药性转座子,才重新引起人们重视。1983年McClintock被授予诺贝尔生理学与医学奖,距离她公布玉米控制因子的时间已有32年之久。

(一)细菌的转座因子

细菌的转座因子有两类:一类为插入序列(IS),是简单的转座子,除转座所需基因外不携带任何标记基因,它的存在只能借助插入位点有关基因的失活来判断,或者通过分子杂交和测序来检测。另一类是复杂转座子(Tn),除转座酶(transposase)基因外还携带各种标记基因,因而易于检测其存在。

1. 插入序列

插入序列是最小的转座因子。所有插入序列的两端都有反向重复(inverted repeats),反向重复为转座酶识别所需,通常重复序列长度为15~25bp。重复序列有时只是类似,并非完全相同。当插入序列转座时,宿主靶部位双链被交错切开,经修复后插入序列两侧形成短的正向重复(direct repeats)。靶序列通常是任意的,但交错切开的长度,也就是正向重复的长度是固定的,一般常见到的正向重复为5bp和9bp。常可根据末端重复来确定插入序列的位置。表31-1列出几种较常见的插入序列结构和性质。例如,通常标准大肠杆菌菌株中含有8个拷贝IS1,5个拷贝IS2。只存在于转座子中的插入序列称为类IS因子。

转座频率随不同转座因子而异,通常每一世代的转座频率为10^{-3}至10^{-4},而自发突变的频率为10^{-5}至10^{-7},因此二者可以相区分。IS被精确切除而使基因恢复活性的频率更低,约为10^{-6}至10^{-10}。

表 31－1　一些插入序列的结构和性质

插入序列	长度/bp	两侧正向重复/bp	末端反向重复/bp	靶部位的选择
IS 因子				
IS1	768	9	23	随机
IS2	1 327	5	41	热点
IS3	1 428	11～13	18	AAAN$_{20}$TTT
IS4	1 195	4	16	热点
类 IS 因子				
IS10R	1 329	9	22	NGCTNAGCN
IS50R	1 531	9	9	热点
IS90R	1 057	9	18	随机

2. 转座子

转座子除编码转座功能有关的基因外还携带抗性或其他标记基因。转座子按其结构又分为两类：一类为组合因子(composite element)，由个别模件组合而成，通常包括两个插入序列作为两臂，中间为标记基因。另一类为复合因子(complex element)，含有转座酶基因、解离酶(resolvase)基因以及标记基因，两端为反向重复，不含插入序列。

组合型的转座子很可能是通过一个插入序列的拷贝插在附近区域而形成的。两个插入序列中间夹着一段序列即可构成一个转座单位。每个插入序列两端为反向重复，因此，无论两插入序列处于正向还是反向位置，作为转座单位其两端均有可被转座酶识别的反向重复序列。如果两个插入序列正好位于抗性基因两侧，该转座单位携带的性状对宿主细胞是有利的，因而具有选择优势。组合转座子的两个插入序列以正向或反向(更常见)位于两端，它们的序列可以不完全相同，有时只有一个插入序列具有转座活性，另一个已在多次传代中失去活性。组合转座子的结构如下：

```
┌──┬────────┬──┐
│臂L│ 中心区 │臂R│  两臂正向
│ISL>        <ISR│
└──┴────────┴──┘

┌──┬────────┬──┐
│臂L│ 中心区 │臂R│  两臂反向
│ISL>        <ISR│
└──┴────────┴──┘
```

复合型的转座子以转座酶基因取代插入序列。TnA 家族即属于这一类型的转座子，其中包括 Tn3、Tn1、Tn1000(过去称为 γδ)和 Tn501 等。它们的两端通常有 38bp 的反向重复，两侧为 5bp 的正向靶序列。Tn3 转座子中 tnp A 基因编码产物为 1 021 个氨基酸的转座酶，相对分子质量为 120 000。tnp R 基因编码一个 185 个氨基酸的蛋白质，相对分子质量为 23 000。它有两个功能：一是其作为解离酶，促使转座中间产物拆开；另一是作为阻遏蛋白，调节 tnp A 和 tnp R 两个基因的表达。解离的控制位点称为 res，它位于左右转录单位间的 163bp 富含 A－T 区。该区共有三个长 30～40bp 的同源序列，Tnp R 蛋白即可结合其上。Tn3 的结构如下：

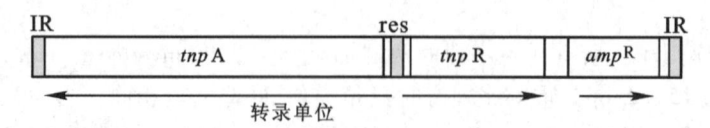

```
IR                    res              IR
┌──┬──────────────┬──┬────────┬───────┬──┐
│  │    tnp A     │  │ tnp R  │ amp^R │  │
└──┴──────────────┴──┴────────┴───────┴──┘
   ←──────转录单位──────→
```

现将几种主要的转座子列于表 31－2。

3. 转座过程与效应

转座酶能够识别转座子的末端反向重复序列并且在其 3′端切开，同时在靶部位交错切开两条单链，由转座酶将转座子两末端联在一起，称为联会复合物(synapsis complex)，或称为转座体(transpososome)。靶位点的 5′突出末端与转座子的 3′末端连接，形成 Shapiro 中间体。不同种类转座子形成与靶序列连接中间体的过程大致相同；随后步骤各不一样。按其转座过程是否发生复制，可分为非复制转座(nonreplicative transposition)和复制转座

(replicative transposition)两类。非复制转座又称为保留性转座(conservative transposition),转座子从原来位置上切除下来转入新的位置,其两条链均被保留。复制转座则在形成靶部位与转座子连接中间体后即进行复制。通过复制使原来位置与新的靶部位各有一个转座子,其一条链是原有的,另一条链是新合成的。复制转座使给体与受体分子连在一起,成为共整合体(cointegrate),因此下一步必须通过重组将二者拆开。非复制转座与复制转座过程见图31-11。

表31-2 一些转座子的结构和性质

转座子	长度/bp	遗传标记	末端结构		两侧正向重复/bp	靶部位的选择
组合转座子(Ⅰ类)						
Tn10	9 300	tet^R	IS10R IS10L(低活性)	反向,2.5%差异	9	NGCTNAGCN
Tn5	5 700	kan^R	IS10R IS10L(低活性)	反向,差1 bp	9	热点
Tn903	3 100	kan^R	IS903	反向,相同	9	随机
Tn9	2 500	cam^R	IS1	正向,相同	9	随机
复合转座子(Ⅱ类)						
Tn3	4 957	amp^R	38bp		5	区域优先
Tn1	5 000	amp^R	38bp		5	区域优先
Tn1000(γδ)	5 800	amp^R	37bp		5	区域优先
Tn501	8 200	Hg^R	38bp		5	—

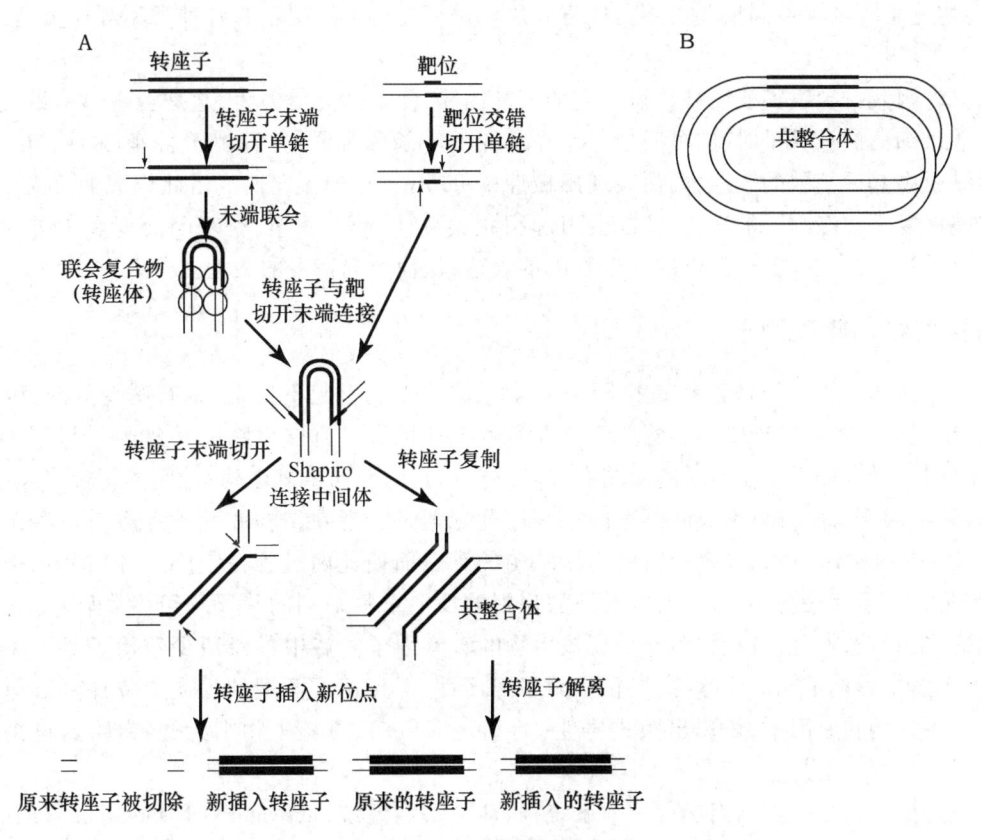

图31-11 转座过程示意图
A.非复制转座与复制转座的基本过程;B.共整合体的结构

所有转座因子都有在基因组中增加其拷贝数的能力。此过程可以借助两种方式来完成：一是通过转座过程的复制（复制转座）；另一是从染色体已完成复制的部位转到尚未复制的部位，然后随着染色体而复制。非复制转座的转座因子只能借后一种方式来扩增。

共整合体含有两个拷贝的转座子，故可通过同源重组将连接的两部分分开。但是借助 Rec A 蛋白拆分效率较低。转座子编码的解离酶可在解离区（res）进行重组，极大提高解离效率。解离酶是一种重组酶，它所催化 DNA 链的断开和再连接并不需要供给能量。当它在 res 位点断开两条链时，解离酶以共价键连在键的 5′ 末端。链的断裂发生在一个短的回文对称区：

$$5'TTATAA3'$$
$$3'AATATT5'$$
$$\downarrow$$

5′TTAT　　　　　　　蛋白质 —AA3′
3′AA— 蛋白质　　+　　TATT5′

这种情况与 λ 噬菌体 DNA 特异位点重组十分相似。λ 噬菌体整合位点 att 的核心序列与 res 位点有 15bp 序列类似，其中 10bp 相同。该序列为：

$$\downarrow$$
res　GATAATTTATAATAT
$$\downarrow$$
att　GCTTTTTTATACTAA

不同种类的转座子可能以不同的方式进行转座。IS1、IS903 通常以非复制的方式转座，TnA 家族总是以复制的方式转座，另一些转座子可以视不同情况而用两种方式之一进行转座。转座子有各种类型和亚类型，转座作用也是多种多样的。

转座因子首先因其可导致突变而被认识。它插入基因后，使基因突变失活，这是转座作用最直接的效应。当转座因子自发插入细菌的操纵子时，即可阻止它所在基因的转录和翻译；并且由于转座因子带有终止子，它的插入将影响到操纵子中其后基因的表达，因而表现出极性（polarity），也即方向性。由此构成的负突变只有在插入因子被切除后才能恢复。转座因子的存在，往往会引起宿主染色体 DNA 重组，是基因突变和重排的重要原因。转座因子也可通过其自身或调控因子而影响邻近基因的表达，从而改变宿主的表型。

（二）真核生物的转座因子

最早发现能转移的遗传因子是玉米转座子，它对染色体基因能引起不稳定，具有诱变效应，因而影响其遗传性状，故称为控制因子。其后发现真核生物广泛存在各种转座因子。真核生物的转座因子与原核生物转座因子十分相似：转座依赖于转座酶，转座因子的两端有被转座酶识别的反向重复序列；转座的靶位点是随机的；靶位点交错切开，插入转座因子后经修复形成两侧正向重复序列。但是二者在结构和性质上也有一些差别。原核生物的转录和翻译几乎是同时进行的，真核生物由于核结构的存在而使此两过程在空间上和时间都被分隔开了。因此，真核生物细胞内只要存在转座酶，任何具有该酶识别的反向重复末端的片段均可发生转移，而无需由被转移序列自身编码这些酶。这就可以说明，为什么真核生物的转座因子家族中只保留少数拷贝具有编码转座酶的活性，而多数拷贝中发生程度不同的删除，失去转座酶基因活性，但保留了两端的反向重复序列。原核生物的转座酶主要作用于产生它的转座因子，表现出顺式显性（cis dominance），真核生物则无此特性，这也是二者最明显的差别。

玉米中研究得比较清楚的控制因子有三个系统，激活－解离系统（activator - dissociation system，Ac - Ds），抑制－促进－增变系统（suppressor - promoter - mutator，Spm）和斑点系统（dotted，Dt）。激活因子 Ac 和解离因子 Ds 是属于同一家族的控制因子。Ac 是自主因子（autonomous element），它编码有活性的转座酶，能自主发生转座。

Ds 是非自主因子（nonautonomous element），它与 Ac 同源，只是不同程度缺失了中间序列，从而丢失转座酶的功能。Ds 的存在能抑制邻近基因的表达。它本身不能转座，但有 Ac 存在时由 Ac 的转座酶以反式作用使其激活而转移到新的位置。真核生物转座因子通常以非复制方式转座，而且总是只转移到邻近的位置。玉米的 Ds 因子插入新靶位点后，原来位置上即失去 Ds 因子，结果可造成染色体断裂或重排，由此引起显性基因丢失，隐性基因得以表达。

Spm 和 En 因子除个别碱基不同外，二者基本一样，均为自主因子；其对应的非自主因子为 dSpm（defective Spm），即有缺陷的 Spm 因子。该家族的因子发生转座时可使靶位点的基因或被抑制，或被促进，这决定于插入的位置。插入的位置如果在一个基因的内含子中，可以在转录后通过剪接（splicing）除去。此外，Spm 产生被称为 TnpA 的蛋白可以起抑制因子（suppressor）的作用，因其能结合在靶部位，阻止转录的进行。插入的位置如在一个基因附近，由于转座因子所携带增强子（enhancer）的影响，促进了靶位点基因的表达，Spm 缩写的含意也源于此。现将玉米几种主要转座因子的性质列于表 31-3。

果蝇中也存在几种转座因子家族。P 因子是在对果蝇杂种不育（hybrid dysgenesis）现象的研究中发现的。黑腹果蝇的某些品系中含有 40~50 个 P 因子，而其他品系缺少 P 因子。自主的 P 因子为 2.9kb，两端为 31bp 的反向重复，优先的靶位点是 GGCCAGAC，两侧产生 8bp 的正向重复。大约三分之二的 P 因子是缺陷的，中间序列有不同程度的删除，成为非自主因子。

表 31-3　玉米转座因子的性质

自主因子	非自主因子	反向末端重复	靶位点正向重复
Ac(activator) 4.5 kb Mp(modulator)	Ds(dissociation)	11 bp	8 bp
Spm(suppressor-promoter-mutator) 8.3 kb En(enhancer)	dSpm	13 bp	3 bp
斑点(dotted)	未取名	—	—

杂种不育只发生在 P 品系雄性与 M 品系雌性果蝇之间。P 品系果蝇染色体携带 P 因子，M 品系不含 P 因子。当 P 雄性与 M 雌性果蝇杂交时，子一代体细胞是正常的，生殖细胞则发育不全，因而无后代。研究表明，P 因子在体细胞和生殖细胞中 mRNA 前体的剪接方式不同。在其前体中共有 3 个内含子，体细胞的剪接保留了第 3 个内含子，因为有一蛋白质结合其上，阻止该内含子的剪接。由此翻译的产物是一个相对分子质量为 66 000 的蛋白质，它是转座反应的阻遏蛋白。而在生殖细胞中可以剪接除去全部内含子，包括内含子 3，翻译产物相对分子质量为 87 000 的转座酶。二者的这一差别，使得 P 因子在体细胞中不能发生转座，而在生殖细胞中转座十分活跃。转座因子插入新的位点可引起突变，原来位置失去转座因子造成染色体断裂，两者均带来有害的效果。如果改变交配亲本品系就不会造成后代不育。M 雄性与 M 雌性果蝇交配，二者都不携带 P 因子，当然不会有 P 因子转座。P 雄性或 M 雄性与 P 雌性果蝇交配，因 P 雌性果蝇卵中存在抑制 P 因子活性转座酶合成的蛋白质，从而阻遏 P 因子的转座。这是一种细胞质效应，由细胞质中存在的相对分子质量 66 000 的蛋白质所致。

杂种不育在物种形成中可能是一个重要环节。如果某个地区的种群由转座因子造成杂种不育系统，另一些因子在别的地区造成不同的系统。它们之间在遗传上将被隔开，并且进一步分离。多个杂种不育系统就可能造成相互不配对，并导致物种形成。

由 RNA 介导的转座子称为逆转座子，它由 RNA 经逆转录产生 cDNA，再插入到染色体 DNA 中去而成。真核生物基因组中存在数量甚多的逆转座子，这部分将在下一章中介绍。

习　题

1. DNA重组有何生物学意义？是否可以说没有DNA重组就没有生物进化？
2. 试分析DNA复制、修复和重组三者之间关系。
3. DNA重组可分为哪几种类型？它们的主要特点是什么？
4. 什么是同源重组？它有何功能？
5. 简要说明Holliday模型。Holliday模型有何不足之处？现在对此模型有何修正和补充。
6. 细菌基因转移有哪几种方式？它们有何生物学意义？
7. 参与同源重组主要的酶和辅助因子有哪些？简要说明其作用机制。
8. 何谓特异位点重组？其作用特点是什么？
9. 说明λ噬菌体DNA的整合和切除过程。
10. 何谓鞭毛相转变？它如何控制鞭毛基因的表达？
11. 试总结免疫球蛋白基因重组的规则。
12. 免疫球蛋白基因重组信号序列有何特征？何谓12－23规则？
13. 免疫球蛋白基因重组过程中产生的P核苷酸和N核苷酸是如何来的？它们产生的意义和需要付出的代价是什么？
14. 何谓非同源末端连接？叙述它的基本过程。
15. 比较免疫球蛋白和T细胞受体基因重排的异同？
16. 何谓转座重组？它有何生物学意义？
17. 细菌的转座因子有几种？它们的结构有何特点？
18. 何谓联会复合物（转座体）？何谓Shapiro中间体？何谓共整合体？它们之间有何关系？是否所有种类转座子在转座过程中都会产生三者？
19. 为什么真核生物转座因子可分为自主因子和非自主因子？它们转座的生物效应是否相同？
20. 比较玉米的Ac－Ds系统和Spm－dSpm系统的特点。
21. 果蝇P因子在杂种不育中起何作用？杂种不育与物种形成有何关系？

主要参考书目

[1] 特怀曼 R M. 高级分子生物学要义. 陈淳，徐沁，等译. 北京：科学出版社，2000.
[2] Nelson D L, Cox M M. Lehninger Principles of Biochemistry. 4th ed. New York：W H Freeman and Company, 2005.
[3] Berg J M, Tymozko J L, Stryer L. Biochemistry. 5th ed. New York：W H Freemen and Company, 2002.
[4] Lewin B. Genes Ⅷ. Upper Saddle River：Pearson Education, Inc, 2004.
[5] Watson J D, Baker T A, Bell S P, Gamn A, Levine M, Lasick R. Molecular Biology of the Gene. 5th ed. San Francisco：Pearson Education, Inc, 2004.
[6] Voet D, Voet J G, Pratt C W. Fundamentals of Biochemistry. New York：John Wiley & Sons, 2002.

（朱圣庚）

第32章 RNA 的生物合成和加工

贮存于 DNA 中的遗传信息需通过转录和翻译而得到表达。在转录过程中，RNA 聚合酶以 DNA 的一条链作为模板，通过碱基配对的方式合成出与模板链互补的 RNA。最初转录的 RNA 产物通常都需要经过一系列加工和修饰才能成为成熟的 RNA 分子。RNA 所携带的遗传信息也可以用于指导 RNA 或 DNA 的合成，前一过程即 RNA 复制，后一过程为逆转录。RNA 的信息加工和各种细胞功能的发现，已使 RNA 研究成为生命科学最活跃的研究领域之一。

一、DNA 指导下 RNA 的合成

RNA 链的转录起始于 DNA 模板的特定起点，并在下游终点处终止。此转录区域称为转录单位。一个转录单位可以是一个基因，也可以是多个基因。基因是遗传物质的最小功能单位，相当于 DNA 的一个片段。它通过转录对表型有专一性的效应。基因的转录是有选择性的，随着细胞的不同生长发育阶段和细胞内外条件的改变而转录不同的基因。转录的起始由 DNA 的启动子（promoter）控制，终止位点则称为终止子（terminator）。转录是通过 DNA 指导的 RNA 聚合酶来实现的，现在已从各种原核生物和真核生物中分离到了这种聚合酶。通过提纯的酶在体外对 DNA 进行选择性的转录，基本上搞清楚了转录的机制。

（一）DNA 指导的 RNA 聚合酶

1960 年至 1961 年，由微生物和动物细胞中分别分离得到 DNA 指导的 RNA 聚合酶（DNA-directed RNA polymerase），该酶需要以 4 种核糖核苷三磷酸（NTP）作为底物，并需要适当的 DNA 作为模板，Mg^{2+} 能促进聚合反应。RNA 链的合成方向也是 $5'\to 3'$，第一个核苷酸带有 3 个磷酸基，其后每加入一个核苷酸脱去一个焦磷酸，形成磷酸二酯键，反应是可逆的，但焦磷酸的分解可推动反应趋向聚合。与 DNA 聚合酶不同，RNA 聚合酶无需引物，它能直接在模板上合成 RNA 链。

$$\begin{matrix} n_1 dATP \\ + \\ n_2 dGTP \\ + \\ n_3 dCTP \\ + \\ n_4 dUTP \end{matrix} \xrightarrow[\text{DNA}, Mg^{2+} \text{ 或 } Mn^{2+}]{\text{DNA 指导的 RNA 聚合酶}} RNA + (n_1 + n_2 + n_3 + n_4) PPi$$

在体外，RNA 聚合酶能使 DNA 的两条链同时进行转录；但在体内 DNA 两条链中仅有一条链可用于转录，或者某些区域以这条链转录，另一些区域以另一条链转录。用于转录的链称为模板链，或负链（-链）；对应的链为编码链，即正链（+链）。编码链与转录出来的 RNA 链碱基序列一样，只是以尿嘧啶取代胸腺嘧啶，它不能作为转录的模板，只能进行复制。RNA 在体外转录时失去控制机制，使两条链同样进行转录，这种不正常情况被认为可能是由于 DNA 在制备过程因断裂而失去控制序列，或 RNA 聚合酶在分离时丢失起始亚基 σ 引起的。分子杂交实验表明，合成的 RNA 只与模板 DNA 形成杂交体，而与其他 DNA 不能产生杂交。

在 RNA 聚合酶催化的反应中，天然（双链）DNA 作为模板比变性（单链）DNA 更为有效。这表明 RNA 聚合酶对模板的利用与 DNA 聚合酶有所不同。DNA 在复制时，首先需要将两条链解开，DNA 聚合酶才能将它们作为模板，以半保留的方式形成两个子代分子。转录时无需将 DNA 双链完全解开，RNA 聚合酶能够局部解开 DNA 的两条链，并以其中一条链作为模板，在其上合成出互补的 RNA 链，DNA 经转录后仍以全保留的方式（conservative mode）保持双螺旋结构，已合成的 RNA 链则离开 DNA 链（图 32-1）。

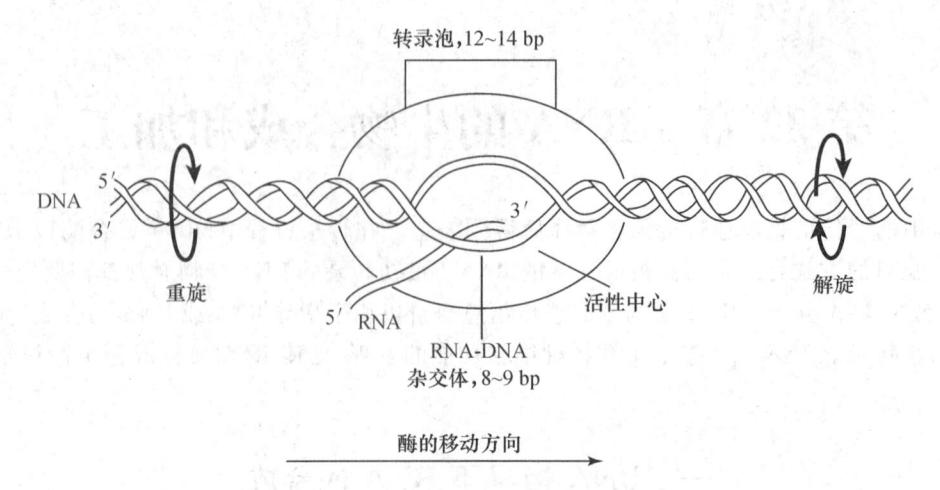

图 32-1 大肠杆菌 RNA 聚合酶进行转录

大肠杆菌的 RNA 聚合酶全酶(holoenzyme)相对分子质量 465 000,由五个亚基($\alpha_2\beta\beta'\sigma$)组成,还含有两个金属离子,它们与 β' 亚基相结合。没有 σ 亚基的酶($\alpha_2\beta\beta'$)叫核心酶(core enzyme)。核心酶只能使已开始合成的 RNA 链延长,但不具有起始合成 RNA 的能力。这就是说,在开始合成 RNA 链时必须有 σ 亚基参与作用,因此称 σ 亚基为起始亚基。此外,在全酶制剂中还存在一种相对分子质量较小的成分,称为 ω 亚基。各亚基的大小和功能列于表 32-1。每个大肠杆菌细胞含有 7 000 个酶分子。RNA 聚合酶的转录速度在 37℃ 约为 40-50 个核苷酸/s,与多肽链的合成速度(15 个氨基酸/s)相当,但远比 DNA 的合成速度(800bp/s)为慢。

表 32-1 大肠杆菌 RNA 聚合酶各亚基的性质和功能

亚基	基因	相对分子质量	亚基数目	功 能
α	rpo A	40 000	2	酶的装配 与启动子上游元件的活化因子结合
β	rpo B	155 000	1	结合核苷酸底物 催化磷酸二酯键形成 } 催化中心
β'	rpo C	155 000	1	与模板 DNA 结合
σ	rpo D	32 000 ~ 92 000	1	识别启动子 促进转录的起始
ω		9 000	1	未知

已有多种细菌、噬菌体和真核生物的 RNA 聚合酶用 X 射线测定了它们的晶体结构,T7 噬菌体 RNA 聚合酶虽为一条多肽链,但其空间结构仍与原核和真核生物类似。酶的形状有如一个多突起椭球体,长达 16nm。最大的两个亚基 β 和 β' 由不同的基因编码,但它们的结构与功能十分相似,推测它们在进化上有共同的起源。β 和 β' 亚基犹如螃蟹的前螯,活性中心位于两个亚基底部界面处。α 亚基在酶的另一端,它与酶的组装以及转录起始有关。ω 亚基的功能未知。σ 亚基窄而长,分 4 个区,位于核心酶表面。例如,大肠杆菌一般基因转录共用的起始因子 σ^{70},以其 2 区与启动子的 -10 序列结合并解开双螺旋,4 区与 -35 序列结合,1 区与 3 区的某些部位带有强的负电荷,前者可抑制 σ 亚基与 DNA 的结合,后者可堵住酶的 RNA 通道,两者均起调节作用。全酶各亚基相对位置如图 32-2 所示。

RNA 聚合酶的活性中心有多个通道。β 和 β' 亚基间的裂缝为 DNA 入口的通道。进入活性中心的 DNA 遇到的蛋白质壁产生转折,促使双链解开,模板链和非模板链经分开的两通道而于出口处重新形成双螺旋。RNA 链在模板链上不断合成,并经 RNA 出口通道离开酶。核苷三磷酸由底物入口通道到达 RNA 链的生长点(图 32-3)。σ^{70} 亚基游离存在时并不与 DNA 的启动子结合,因其 N 端部位回折封闭了 2 和 4 区与启动子结合的活性部位,只有当 σ^{70} 与核心酶结合时才暴露出该活性部位。

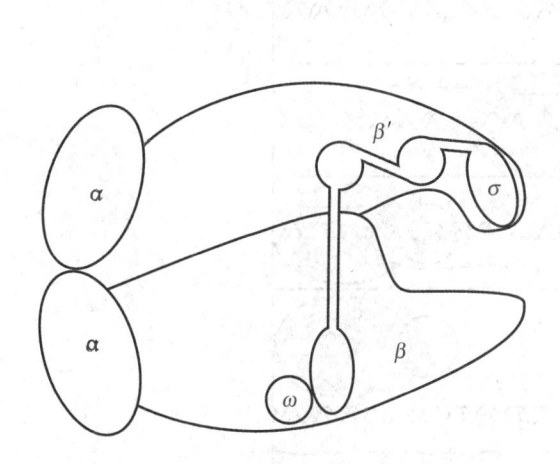

图 32-2 大肠杆菌 RNA 聚合酶的亚基结构

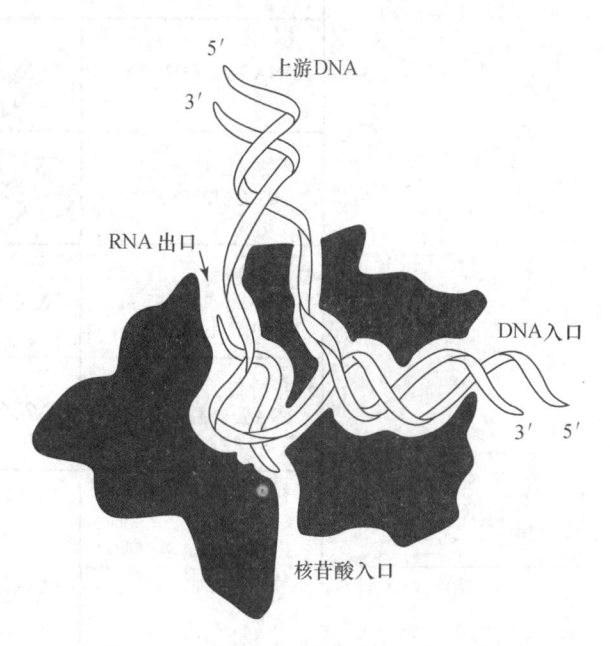

图 32-3 DNA 在活性部位转折并使双链解开

转录反应可分为三个阶段:转录的起始、延伸和终止。起始阶段又可分为三步。首先 RNA 聚合酶在 σ 亚基引导下识别并结合到启动子上,启动子的 -10 和 -35 区由 σ 亚基识别,上游序列则由 α 亚基识别。此时全酶与 DNA 形成闭合型复合物(closed complex)。然后,复合物由闭合型转变为开放型(open complex)。DNA 双链被局部解开,形成转录泡(transcription bubble),酶的构象也发生改变,β 和 β' 亚基牢固夹住 DNA 直至转录结束,σ 亚基的 N 端部分离开 DNA 入口,方便 DNA 的移动。最后,酶的催化中心按照模板链的碱基选择与其配对的底物核苷酸,形成二酯键并脱下焦磷酸。第一个核苷酸通常为腺苷酸(或鸟苷酸)。最初产生不超过 10 个核苷酸的 RNA 链即被释放,称为流产起始(abortive initiation),也许这只是一种转录前的试探。在转录条件合适,转录物超过 10 个核苷酸之后,转录才进入延伸阶段。随着 σ 亚基脱离核心酶,后者也就离开启动子,起始阶段至此结束。

在延伸阶段,随着核心酶沿 DNA 分子向前移动,解链区也跟着移动,新生 RNA 链得以不断生长。在解链区 RNA 与 DNA 模板链形成杂交体,其后 DNA 恢复双螺旋结构,RNA 被置换出来。有时转录会突然受阻,例如遇到 DNA 受损或进入核苷酸类似物,核心酶的移动随即停止,此种情况称为熄火(stall)。当除去受阻因素以后,核心酶为恢复转录需后退若干核苷酸,在辅助因子(大肠杆菌为 GreA 和 GreB,真核生物为 TFⅡS)帮助下切除一段 RNA,在新产生的 3'-OH 上继续 RNA 链的生长。最后,RNA 聚合酶在 Nus A 因子(亚基)帮助下识别转录终止信号,停止转录,酶与 RNA 链离开模板,DNA 恢复双螺旋结构(图 32-4)。

σ 因子(σ 亚基)的功能在于引导 RNA 聚合酶稳定地结合到 DNA 启动子上。单独核心酶也能与 DNA 结合。β' 亚基是一碱性蛋白,与酸性 DNA 之间可借静电引力结合;β 亚基也可借疏水相互作用与 DNA 结合,但是此种结合与 DNA 的特殊序列无关,DNA 仍保持其双链形式。σ 因子的存在导致 RNA 聚合酶与 DNA 一般序列和启动子序列的亲和力产生很大不同,极大降低了酶与一般序列的结合常数和停留时间,同时又大大增加了酶与启动子的结合常数和停留时间。大肠杆菌 RNA 聚合酶核心酶和一般序列的结合常数为 10^9 (mol/L)$^{-1}$,停留的半寿期约 60min。当 σ 因子与核心酶结合后,与 DNA 一般序列的结合常数为 10^5,半寿期小于 1s;而与 DNA 启动子的结合常数达到 10^{12},半寿期为数小时,二者结合常数相差约 10^7。这只是一个平均数,因为酶与不同基因启动子的亲和力并不一样,它们的结合常数变动范围在 $10^{12} \sim 10^6$。受亲和力影响,起始频率也各不相同,rRNA 基因启动频率

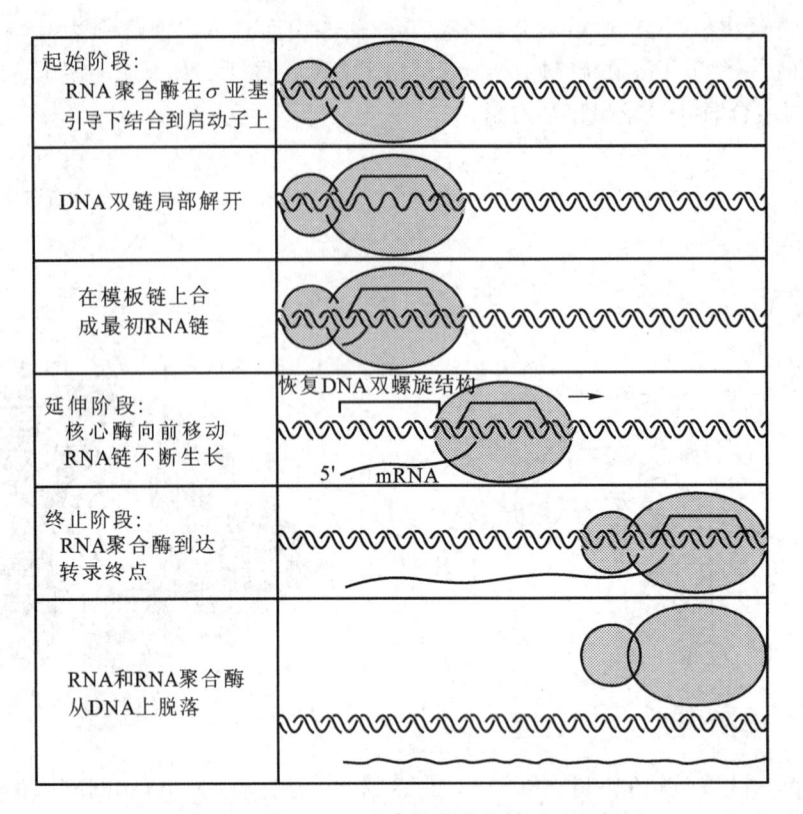

起始阶段： RNA聚合酶在σ亚基 引导下结合到启动子上	
DNA双链局部解开	
在模板链上合 成最初RNA链	
延伸阶段： 核心酶向前移动 RNA链不断生长	恢复DNA双螺旋结构 5' mRNA
终止阶段： RNA聚合酶到达 转录终点	
RNA和RNA聚合酶 从DNA上脱落	

图32-4 RNA聚合酶催化的转录过程

为每秒一次，lac I 启动频率为每30min一次。

全酶可通过扩散与DNA任意部位结合，这种结合是疏松的，并且是可逆的。随后酶结合的DNA迅速被置换。DNA置换显然比酶从DNA上脱落下来再经扩散结合到另外部位要快得多。全酶不断改变与DNA的结合部位，直到遇上启动子序列，随即由疏松结合转变为牢固结合，并且DNA双链被局部解开。

不同的σ因子识别不同类型的启动子，可借以调节基因的转录。大肠杆菌一般基因由σ^{70}因子所识别，其他σ因子可介导特殊基因的协同表达，如识别应激反应有关基因的因子为σ^S，热休克(heat shock)蛋白基因的因子为σ^{32}，利用不同氮源有关基因的因子为σ^{54}，某些不利环境下反应有关基因为σ^E，以及与鞭毛运动有关基因的因子σ^F(表32-1)。一些噬菌体(如T4噬菌体)编码自身的σ因子，这些σ因子使宿主细胞的核心酶被用于转录噬菌体的基因；另一些噬菌体(如T3，T7)合成自己的RNA聚合酶。这类聚合酶仅为一条相对分子质量小于100 000的单链多肽，也无σ亚基，但对自身DNA的启动子具有高度专一型和高的转录效率，在37℃转录速度可达200个核苷酸/s，相当于细菌转录速度的3~4倍。

表32-2 大肠杆菌的起始因子(基因)

基因	因子	-35序列	间隔	-10序列	功能
rpo D	σ^{70}	TTGACA	16~18 bp	TATAAT	一般基因转录
rpo S	σ^S				应激反应
rpo H	σ^{32}	CCCTTGAA	13~15 bp	CCCGATNT	热休克
rpo E	σ^E				极端环境
rpo N	σ^{54}	CTGGNA	6 bp	TTGCA	不同氮源利用
fli A	$\sigma^{28}(\sigma^F)$	CTAAA	15 bp	GCTGAATCA	鞭毛运动

过去以为 RNA 聚合酶无校对功能,实际上无论是 DNA、RNA 或蛋白质的合成都有校对功能,并能对错误加以纠正,只不过 RNA 聚合酶的校对作用十分有限。RNA 聚合酶可以在两个水平上进行校对。一是借焦磷酸解(pyrophosphorolysis)除去错误掺入的核苷酸,这是聚合反应的逆反应。由于 RNA 聚合酶在遇到错配核苷酸时停留时间比正常核苷酸为长,故给予了切除的机会。另一种校对机制是聚合酶发生熄火,酶向后退,切除一段 RNA(包括错配碱基),然后再重新开始转录。

真核生物的基因组远比原核生物更大,它们的 RNA 聚合酶也更为复杂。真核生物 RNA 聚合酶主要有三类,相对分子质量大致都在 500 000 左右,通常有 10～15 个亚基,并含有二价金属离子。原核生物 RNA 聚合酶的亚基(除 σ 亚基)在真核生物的酶中都有其对应物。利用 α-鹅膏蕈碱(α-amanitine)的抑制作用可将真核生物三类 RNA 聚合酶区分开;RNA 聚合酶 I 对鹅膏蕈碱不敏感,RNA 聚合酶 II 可被低浓度 α-鹅膏蕈碱(10^{-9}～10^{-8} mol/L)所抑制,RNA 聚合酶 III 只被高浓度 α-鹅膏蕈碱(10^{-5}～10^{-4} mol/L)所抑制。α-鹅膏蕈碱是一种毒蕈(鬼笔鹅蕈 Amanita phallaides)产生的八肽化合物,对真核生物有较大毒性,但对细菌的 RNA 聚合酶只有微弱的抑制作用。

真核生物 RNA 聚合酶 I 转录 45S rRNA 前体,经转录后加工产生 5.8S RNA、18S rRNA 和 28S rRNA。RNA 聚合酶 II 转录所有 mRNA 前体和大多数核内小 RNA(snRNA)。RNA 聚合酶 III 转录 tRNA、5S rRNA、U6 snRNA 和胞质小 RNA(scRNA)等小分子转录物。真核生物 RNA 聚合酶中没有细菌 σ 因子的对应物,必须借助各种转录因子才能选择和结合到启动子上。因此真核生物转录反应可分为四个阶段:装配、起始、延伸和终止。真核生物 RNA 聚合酶的种类和性质列于表 32-3。

表 32-3 真核生物 RNA 聚合酶的种类和性质

酶的种类	功能	对抑制物的敏感性
RNA 聚合酶 I	转录 45S rRNA 前体,经加工产生 5.8S RNA、18S rRNA 和 28S rRNA。	对 α-鹅膏蕈碱不敏感
RNA 聚合物 II	转录所有编码蛋白质的基因和大多数核内小 RNA	对 α-鹅膏蕈碱敏感
RNA 聚合物 III	转录小 RNA 的基因,包括 tRNA、5S rRNA、U6 snRNA 和 scRNA	对 α-鹅膏蕈碱中等敏感

除了上述细胞核 RNA 聚合酶外,还分离到线粒体和叶绿体 RNA 聚合酶,它们分别转录线粒体和叶绿体的基因组。线粒体和叶绿体的 RNA 聚合酶不同于细胞核的 RNA 聚合酶,它们的结构比较简单,类似于细菌的 RNA 聚合酶,能催化所有种类 RNA 的生物合成,并被原核生物 RNA 聚合酶的抑制物利福平等抑制。

(二) 启动子和转录因子

启动子是指 RNA 聚合酶识别、结合和开始转录的一段 DNA 序列。转录因子(transcription factor)则是 RNA 聚合酶在特异启动子上起始转录所需要的作用因子。

利用足迹法(footprint)和 DNA 测序法可以确定启动子的核心序列。所谓足迹法即是将 DNA 起始转录的限制片段分离出来,加 RNA 聚合酶使之结合。利用 DNA 酶进行部分水解,与酶结合的部位被保护而不水解,其余部位水解成长短不同的片断,经凝胶电泳即可测出酶所结合的部位(图 32-5)。

习惯上 DNA 的序列按其转录的 RNA 链(有义链,正链)来书写,由左到右相当于 5′到 3′方向。转录单位的起点(start point)核苷酸为 +1,从转录的近端(proximal)向远端(distal)计数。转录起点的左侧为上游(upstream),用负的数码来表示,起点前一个核苷酸为 -1。起点后为下游(downstream),即转录区。通过比较已知启动子的结构,可寻找出它们的共有序列(consensus sequence)。大肠杆菌基因组为 4.7×10^{6} bp,为避免假信号的出现,估计信号序列最短必须有 12bp($4^{12} = 1.68 \times 10^{7}$,略大于基因组)。信号序列并不一定要连续,因为分开距离的本身也是一种信号。从起点上游约 -10 序列处找到 6bp 的保守序列 TATAAT,称为 Pribnow 框(box)或称为 -10 序列。实际位置在不同启动子中略有变动。该保守序列各碱基出现的统计频率为：

$$T_{80}A_{95}T_{45}A_{60}A_{50}T_{96}$$

若将上述片段提纯，RNA 聚合酶不能与之再结合，因此必定另外还有序列为 RNA 聚合酶识别和结合所必需。在 −10 序列的上游又找到一个保守序列 TTGACA，其中心约为 −35 位置，称为识别区或 −35 序列。各碱基出现的频率如下：

$$T_{82}T_{84}G_{78}A_{65}C_{54}A_{45}$$

利用定位诱变技术使启动子发生突变可获得有关共有序列功能的信息。−35 序列的突变将降低 RNA 聚合酶与启动子结合的速度，但不影响转录起点附近 DNA 双链的解开；而 −10 序列的突变不影响 RNA 聚合酶与启动子结合的速度，可是会降低双链解开速度。由此可见，−35 序列提供了 RNA 聚合酶识别的信号，−10 序列则有助于 DNA 局部双链解开，−10 序列含有较多的 A−T 碱基对，因而双链分开所需能量也较低。启动子共有序列的功能见图 32−6。启动子的结构是不对称的，它决定了转录的方向。

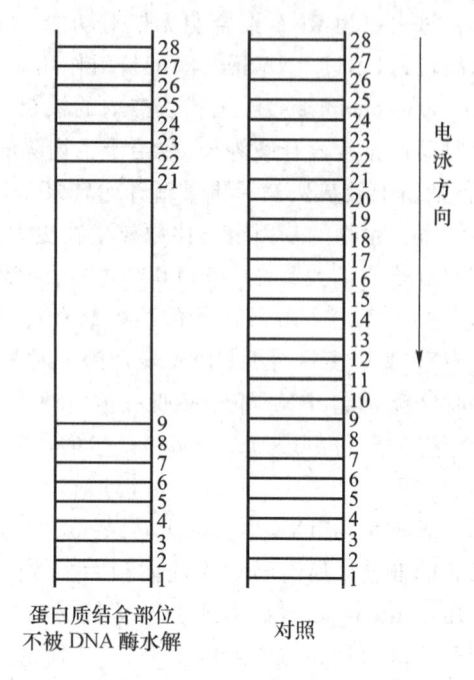

图 32−5 足迹法测定 DNA 上蛋白质的结合部位

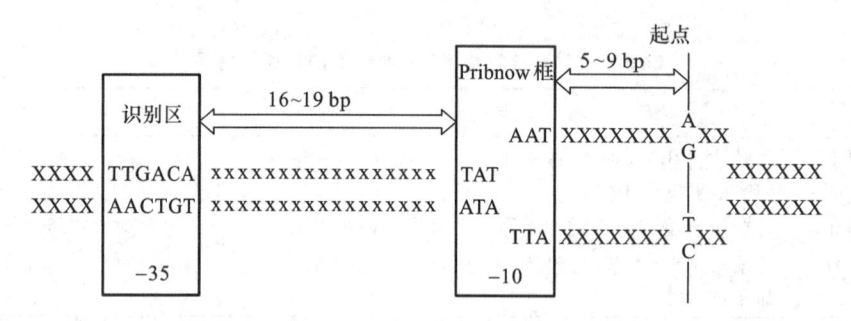

图 32−6 启动子共有序列的功能

启动子 −35 序列以及 −10 序列正好位于双螺旋 DNA 的同一侧。它们之间距离的改变将影响 σ 因子的作用力而改变起始效率。启动子的序列是多种多样的，尽管分成两个保守位点是最为常见的结构，最弱的启动子完全没有 −35 序列，转录速度几近乎零，必须在另外的激活蛋白帮助下 RNA 聚合酶才能结合。转录调节因子，包括激活因子和抑制因子，其在 DNA 上的结合位点（应答元件）或是在启动子内，或是在启动子附近，也可能在上游。

真核生物对应于三类 RNA 聚合酶，其启动子也有三类。真核生物的启动子由转录因子而不是 RNA 聚合酶所识别，多种转录因子和 RNA 聚合酶在起点上首先形成前起始复合物（preinitiation complex）而后进行转录。启动子通常由一些短的保守的序列所组成，它们被适当种类的辅助因子（ancillary factor）识别。RNA 聚合酶 I 和 III 的启动子种类有限，对其识别所需辅助因子的数量也较少。RNA 聚合酶 II 的启动子序列多种多样，基本上由各种顺式作用元件（cis-acting element）组合而成，它们分散在转录起点上游大约 200bp 的范围内。某些元件和其识别因子是各类启动子共有的；有些元件和因子是特异的，只存在于某些种类的基因，常见于发育和分化的控制基因。参与 RNA 聚合酶 II 转录起始的各类因子数目很大，可分为三类：通用因子（general factor）、上游因子（upstream factor）和可诱导因子（inducible factor）。

类别 I（class I）启动子控制 rRNA 基因的转录，由 RNA 聚合酶 I 催化。该类基因有许多拷贝，往往成簇存在。类别 I 启动子由两部分（bipartite）保守序列所组成。其一为核心启动子（core promoter）位于转录起点附近，从 −45 至 +20；另一为上游控制元件（upstream control element, UCE）位于 −180 至 −107。两部分都有富含 GC 的区域。RNA 聚合酶 I 对其转录需要两种因子参与作用。UBF1 是一条相对分子质量为 97 000 的多肽链,可结合在上游控制元件富含 GC 区。随后 SL1 因子转移到核心启动子上。SL1 因子是一个异四聚体蛋白,它含有一个另两类 RNA 聚合酶起始转录也需要的蛋白 TBP 和 3 个特异的转录辅助因子 TAF I。在 SL1 因子介导下 RNA 聚合酶 I 结合在转录起点上并开始转录。SL1 因子起着定位的作用,有些类似于细菌的 σ 因子。类别 I 启动子的结构与转录因子的结合位置见图 32-7。

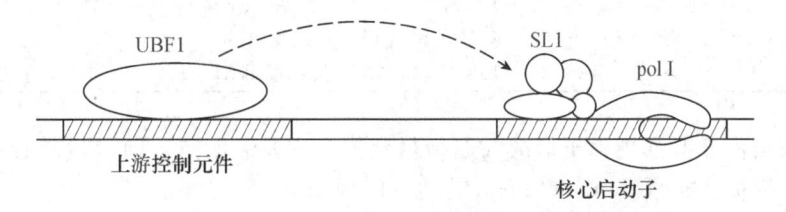

图 32-7 类别 I 启动子的结构与相应转录因子的结合位置

类别 II(class II)或 RNA 聚合酶 II 启动子涉及众多编码蛋白质的基因表达的控制。该类型启动子包含五类控制元件:基本启动子(basal promoter)、起始子(initiator)、上游元件(upstream element)、下游元件(downstream element)、有时还有各种应答元件(response element)。这些元件的不同组合,再加上其他序列的变化,构成了数量十分庞大的各种启动子。它们受相应转录因子的识别和作用。其中有些是组成型的,可在各类细胞中存在;有些是诱导型的,在时序、空间和各种内外条件调节下产生。

基本启动子序列为 -25 至 -30 左右的 7bp 保守区,其碱基频率为:

$$T_{82}A_{97}T_{93}A_{85}(A_{63}T_{37})A_{82}(A_{60}T_{37})$$

这一共有序列称为 TATA 框(TATA box)或 Goldberg-Hogness 框,序列中全为 A-T 碱基对,仅少数启动子中含有一个 G-C 对,其功能与 RNA 聚合酶的定位有关,DNA 双链在此解开并决定转录的起点位置。失去 TATA 框,转录将在许多位点上开始。

作用于基本启动子上的辅助因子称为通用(转录)因子(general transcription factor, GTF),或基本转录因子(basal transcription factor),它们为任何细胞类别 II 启动子起始转录所必需,以 TF II X 来表示,其中 X 按发现先后次序用英文字母定名。目前已知至少有 6 种以上通用因子参与作用。最先结合到 TATA 框上的因子是 TF II D,它是一种寡聚蛋白,包含 TATA 结合蛋白(TATA-binding protein, TBP)和多种 TBP 相联因子(TBP-associated factor, TAF),起定位因子的作用。TBP 结合于 DNA 的小沟,使 DNA 弯曲成约 80°,有助于双链解开。TAF 具有特异性,作用类别 II 启动子的因子为 TAF II,含有不同 TAF II 的 TF II D 可以识别不同的启动子。其后 TF II A 结合其上,它有两个亚基,其作用为稳定 TF II D 与启动子的结合,并且活化 TF II D 中的 TBP。然后结合 TF II B,它有两结构域,其一结合 TBP,另一功能为引进 TF II F/pol II 复合物。TF II F 可与 RNA 聚合酶 II(pol II)形成复合物。TF II F 由 3 个亚基所组成。较大的亚基 RAP74 具有依赖 ATP 的 DNA 解旋酶活性,可能参与起点的解链;较小的亚基 RAP38 能与 RNA 聚合酶 II 牢固结合。TF II D 也可和 RNA 聚合酶 II C 端结构域(CTD)直接相互作用,从而使 RNA 聚合酶 II 定位于转录起点,并促进其作用。在聚合酶存在下 TF II E 进入结合位点,后者又引入 TF II H 并提高其活性。TF II E 和 TF II H 均为多亚基蛋白质,TF II E 有两个亚基,TF II H 有 9 个亚基。TF II H 是最大最复杂的转录因子,具有多种酶活性,包括 ATP 酶、解旋酶和激酶。它借助水解 ATP 获得能量参与启动子的解链,使闭合型转化为开放型;其激酶活性促使 RNA 聚合酶 II 催化亚基羧基端结构域(carboxyl terminal domain, CTD)多个位点磷酸化,起始复合物构象改变而进行转录;并使聚合酶在开始 RNA 链合成后脱离起始复合物。TF II H 除参与转录外还参与 DNA 损伤修复。在起始阶段结束后大部分基本转录因子均被清除,只保留 TF II H 与另一些延伸因子(elongation factor, EF)参与下一步作用。现将通用转录因子归纳列于表 32-4。

表 32-4 RNA 聚合酶 II 的通用转录因子

通用转录因子	亚基数	功能
TF II D(TBP,TAFs)	4	定位
TF II A	2	稳定 TF II D 与启动子的结合，活化 TBP
TF II B	1	引入 TF II F/DNA 聚合酶 II 复合物
TF II E	2	引入和调节 TF II H
TF II F	2	与 RNA 聚合酶 II 形成复合物
TF II H	9	启动子解链，RNA 聚合酶 II CTD 磷酸化，转录因子的清除，修复

TATA 框是 RNA 聚合酶 II 和通用因子形成前起始复合物的主要装配点。前起始复合物覆盖了转录的起点，在该起点处有一保守序列称起始子(initiator, Inr)，其共有序列如下：

$$\text{PyPyA}^{+1}\text{NTAPyPy}$$

其中 Py 为嘧啶碱(C 或 T)，N 为任意碱基，A 为转录的起点。能够准确进行转录的最小序列元件称为核心启动子，核心启动子包括 TATA 框和起始子。有些启动子无 TATA 框，有些无起始子，或二者均无。如果无 TATA 框(TATA-less)，核心启动子由起始子和下游元件(AGAC)组成。如 TATA 框和起始子都无，则通过结合于上游元件上的激活因子介导并装配起始复合物。RNA 聚合酶 II 与通用转录因子在启动子上的装配过程如图 32-8 所示。

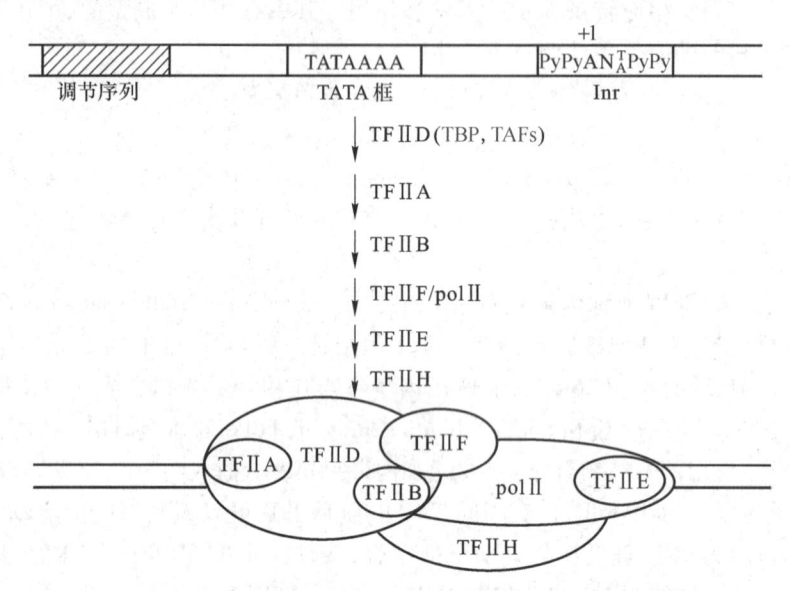

图 32-8 RNA 聚合酶 II 和转录因子在启动子上的装配

上述基本启动子和转录因子对于 RNA 聚合酶 II 的转录是必要的，但不是足够的，它们单独只能给出微弱的效率，而要达到适宜水平的转录还需要许多附加序列，作为影响 RNA 聚合酶 II 活性的转录调节因子结合位点，这些附加序列或围绕 TATA 框，或位于起始子的上、下游，或在基本启动子的上游。通常一个序列元件可以被不止一种转录调节因子所识别，有些因子存在于所有细胞，有些因子只存在一定种类的细胞和发育时期。普遍存在的上游元件有 CAAT 框、GC 框和八聚体(octamer)框等。识别上游元件的转录调节因子称为上游因子或转录辅助因子(transcription ancillary factor)。CAAT 框的共有序列是 GCCAATCT，与其相互作用的因子有 CTF 家族的成员 CP1、CP2 和核因子 NF-1。GC 框的共有序列为 GGGCGG 和 CCGCCC，后者是前者的反向序列，识别该序列的因子为 Sp1。八聚体框含有 8bp，其共有序列为 ATGCAAAT，它的识别因子为 Oct-1 和 Oct-2，前者普遍存在，后者只存在 B 淋巴细胞中。所有这些激活因子都需要通过所谓中介复合物(mediator complex)才能作用于 RNA 聚合酶 II，帮助形成起始复合物，并稳定其与启动子的结合，以提高转录活性。中介复合物由许多亚基所组成，它们分别识别不同的激活因子。

在真核生物中，与细胞类型和发育阶段相关的基因表达，主要通过转录因子的重新合成来进行调节的，因此是长期的过程。对外界刺激的快速反应则主要通过转录激活物（transcription activator）的可诱导调节。细菌细胞调节蛋白的活性以变构调节为主；真核生物诱导调节则以共价修饰为基本机制，由此产生的转录激活因子与靶基因上应答元件相作用。例如，热休克效应元件 HSE 的共有序列可被热休克因子 HSF 识别和作用；血清效应元件 SRE 的共有序列可被血清效应因子 SRF 识别和作用；γ-干扰素的效应元件 IGRE 的共有序列可被信号转导及转录活化蛋白（signal transducer and activator of transcription, STAT）识别和作用。它们的活性受因子磷酸化和脱磷酸化的调节。

类别Ⅲ（class Ⅲ）启动子为 RNA 聚合酶Ⅲ所识别。其中，5S rRNA 和 tRNA 以及胞质小 RNA 基因的启动子位于转录起点下游，也即在基因内部；核内小 RNA 基因的启动子在转录起点的上游，与通常的启动子类似。无论是上游启动子，还是下游启动子，都由一些为转录因子所识别的元件所组成，在转录因子的指引下 RNA 聚合酶Ⅲ方始结合其上。基因内启动子最初是在鉴定爪蟾 5S rRNA 基因启动子的序列时发现的，在此之前总以为启动子都是在转录起点的上游。通过删除实验发现，转录起点上游序列对转录无影响，然而切除基因内 +55 至 +80 位置，转录即停止。这就表明，启动子位置在该区域内。其后用系统碱基诱变的方法，在该区内找到 3 个敏感区，其碱基改变会显著降低启动子的功能。它们分别称为框架 A（box A）、中间元件（intermediate element）和框架 C（box C）。用类似的方法从腺病毒 VA RNA 和 tRNA 基因中找到两个控制元件，分别为框架 A 和框架 B（图 32-9）。

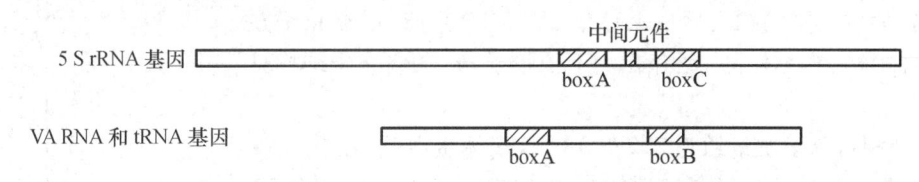

图 32-9 由 RNA 聚合酶Ⅲ转录的基因内启动子

上述两类基因内启动子各含有两个框架序列，分别被 3 种转录因子所识别。因子 TFⅢA 是一种锌指蛋白。TFⅢB 含有 TBP 和另两种辅助蛋白质。TFⅢC 是一个大的蛋白质复合物（$M_r > 500\ 000$），有至少 5 个亚基，其大小与 RNA 聚合酶相当。类别Ⅲ启动子，如 5S rRNA 基因的启动子，先由 TFⅢA 结合在框架 A 上，然后促使 TFⅢC 结合，后者又使 TFⅢB 结合到转录起点附近，并引导 RNA 聚合酶Ⅲ结合在起点上。TFⅢA 和 TFⅢC 是装配因子（assembly factor）；TFⅢB 才是真正的起始因子（initiation factor）。TFⅢB 的功能是使 RNA 聚合酶正确定位，起"定位因子"（positioning factor）的作用。另一类别Ⅲ的启动子，如 tRNA 基因的启动子，由 TFⅢC 识别框架 B，其结合区域包括框架 A 和框架 B，然后依次引导 TFⅢB 和 RNA 聚合酶结合。如前所述，TBP 也存在于其他类别启动子的转录因子中，它能直接与 RNA 聚合酶相互作用并定位于启动子上。

有些类型启动子，如 snRNA 基因的启动子，位于转录起点上游。这类启动子含有 3 个上游元件（图 32-10）。在 RNA 聚合酶Ⅲ的上游启动子中，只要靠近起点存在 TATA 元件，就能起始转录。然而 PSE 和 OCT 元件的存在将会增加转录效率。PSE 表示近侧序列元件（proximal sequence element），OCT

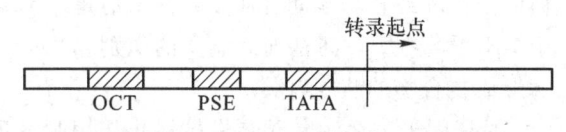

图 32-10 RNA 聚合酶Ⅲ的上游启动子

表示八聚体基序（octamer motif），它们各自被有关因子识别和结合。有些 snRNA 的基因由 RNA 聚合酶Ⅱ转录；其余 snRNA 的基因由 RNA 聚合酶Ⅲ转录。然而这二者的启动子都存在上述 3 个上游元件（TATA、PSE、OCT）。究竟是由聚合酶Ⅱ还是聚合酶Ⅲ转录，似乎是由 TATA 框的序列所决定。关键的 TATA 元件由包含 TBP 的转录因子所识别，TBP 又与其他辅助蛋白质结合，其中有些是对聚合酶Ⅲ启动子特异的蛋白质。由 TBP 和 TAF 的功能使 RNA 聚合酶Ⅲ正确定位于起点。

（三）终止子和终止因子

细菌和真核生物转录一旦起始，通常都能继续下去，直至转录完成而终止。但在转录的延伸阶段 RNA 聚合酶遇到障碍会停顿和受阻,酶脱离模板即终止。真核生物中有一些能与酶结合的延伸因子(elongation factor),可抑制停顿(如延伸蛋白 elongin)和防止受阻(如 TEFb、TFⅡs)。转录结束,RNA 聚合酶和 RNA 转录产物即被释放。

提供转录停止信号的 DNA 序列称为终止子,协助 RNA 聚合酶识别终止信号的辅助因子(蛋白质)则称为终止因子(termination factor)。有些终止子的作用可被特异的因子所阻止,使酶得以越过终止子继续转录,这称为通读(readthrough)。这类引起抗终止作用的蛋白质称为抗终止因子(anti-termination factor)。

在转录过程中,RNA 聚合酶沿着模板链向前移动,它所感受的终止信号来自正在转录的序列,即终止信号应位于已转录的序列中。所有原核生物的终止子在终止点之前均有一个回文结构,其产生的 RNA 可形成茎环结构(发夹结构)。该结构可使 RNA 聚合酶减慢移动或暂停合成。然而,RNA 产生具有发夹型的二级结构远比终止信号为多,如果酶所遇到的不是终止序列,它将继续移动并进行转录。

大肠杆菌存在两类终止子:一类称为不依赖于 rho(ρ)的终止子,即内在终止子或简单终止子;另一类称为依赖于 rho(ρ)的终止子。简单终止子回文对称区通常有一段富含 G-C 的序列,在终点前还有一系列 U 核苷酸(约有 6 个)。由 rU-dA 组成的 RNA-DNA 杂交分子具有特别弱的碱基配对结构。当聚合酶暂停时,RNA-DNA 杂交分子即在 rU-dA 弱键结合的末端区解开。

依赖于 rho(ρ)的终止子必须在 rho(ρ)因子存在时才发生终止作用。依赖于 rho 的终止子结构特点是胞苷酸含量高,可能存在短的回文结构,但不含富有 G-C 区,短的回文结构之后也无寡聚 U。依赖于 rho 的终止子在细菌染色体中少见,而在噬菌体中广泛存在。不依赖于 rho 的终止子结构见图 32-11。

rho 因子是一种相对分子质量约为 275 000 的六聚体蛋白质,在有 RNA 存在时它能水解腺苷三磷酸,即具依赖于 RNA 的 ATPase 活力。由此推测,rho 结合在新产生的 RNA 链上,借助水解 ATP 获得的能量推动其沿着 RNA 链移动。RNA 聚合酶遇到终止子时发生暂停,使 rho 得以追上酶。rho 与酶相互作用,造成释放 RNA,并使 RNA 聚合酶与该因子一起从 DNA 上脱落下来。体外实验发现 rho 具有 RNA-DNA 解旋酶(helicase)活力,进一步说明了该因子的作用机制。

正如 RNA 聚合酶识别启动子需要有 σ 因子一样,识别终止子也需要一些特殊的辅助因子。已知 nus 位点与终止功能有关,其中包括:nus A、nus B、nus E 和 nus G。Nus A 因子可提高终止效率,可能是由于它能促进 RNA 聚合酶在终止子位置上的停顿。Nus E 也就是核糖体蛋白 S10,作为核糖体蛋白和终止功能间有何关系尚不清楚。Nus B 和 S10 形成二聚体,作用于 RNA 聚合酶,促进酶对终止子的识别。Nus G 与诸 Nus 因子和 RNA 聚合酶形成复合物的装配有关。

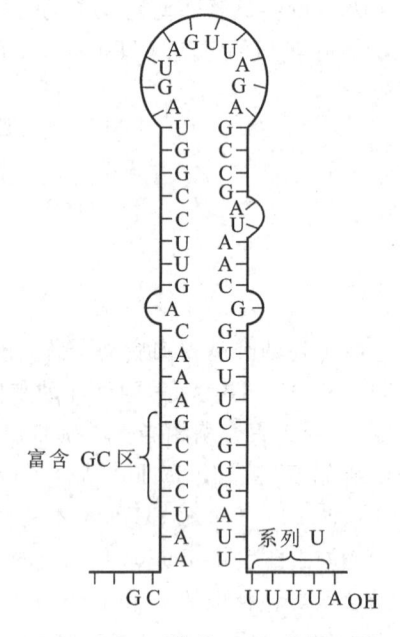

图 32-11 不依赖于 rho 的终止子

Nus 因子是在研究 N 蛋白抗终止作用时发现的,名称也由此而来(nus 是 N utilization substance 的缩写)。抗终止作用主要见于某些噬菌体的时序控制。λ噬菌体前早期(immediate early)基因的产物 N 蛋白是一种抗终止因子,它与 RNA 聚合酶作用阻止其在终止子处停止转录,从而发生通读,后早期(delayed early)基因得以表达。因此,后早期基因的表达是由于 RNA 链的延长所致。N 蛋白阻止不依赖于 rho 的终止子作用,仅有 Nus A 因子就已足够;然而 N 蛋白阻止依赖于 rho 的终止子作用,要求有 4 种 Nus 因子的参与。后早期基因的产物 Q 蛋白也是一种抗终止因子,它能使晚期基因得以表达。Q 蛋白的作用与 N 蛋白类似。

Nus A 可与 RNA 聚合酶的核心酶结合,形成 $α_2、ββ'$Nus A 复合物。当 σ 因子存在时,它可取代 Nus A,形成 $α_2ββ'σ$。此全酶($α_2ββ'σ$)可识别并结合到启动子上。σ 因子完成起始功能后即脱落下来,由核心酶($α_2ββ'$)合成 RNA。然后 Nus A 结合到核心酶上,由 Nus A 识别终止子序列。转录终止后,RNA 聚合酶脱离模板,Nus A 又被 σ 所取代,由此形成 RNA 聚合酶起始复合物和终止复合物两种形式的循环。因此 Nus 因子也可以看作是 RNA

聚合酶的亚基。

有关真核生物转录的终止信号和终止过程了解甚少。实验表明,RNA 聚合酶 II 的转录产物是在 3′末端切断,然后腺苷酸化,而并无终止作用。但在病毒 SV40 的 DNA 中仍可检测到类似细菌不依赖于 *rho* 的 t 位点,在发夹结构后有一段 U 序列。RNA 聚合酶 I 和 RNA 聚合酶 III 转录产物末端常有连续的 U,有的为 2 个、有的 3 个、甚至 4 个 U。显然,仅仅连续 U 的本身不足以成为终止信号。在细菌终止子中为 5 个 U,而真核生物常仅 2 个 U。很可能 U 序列附近的特殊序列结构在终止反应中起重要作用。

(四) 转录的调节控制

细胞基因的表达,即由 DNA 转录成 RNA 再翻译成蛋白质的过程,存在严格的调节控制。在细胞的生长、发育和分化过程中,遗传信息的表达可按一定时间程序发生变化,而且随着细胞内外环境条件的改变而加以调整,这就是时序调节(temporal regulation)和适应调节(adaptive regulation)。在这里,转录水平的调控是关键的环节,因为遗传信息的表达首先涉及的是转录过程。尤其是原核生物,转录和翻译几乎同时进行,转录水平的调控就显得更为重要。

法国生物化学家 Monod 和 Jacob 对大肠杆菌酶产生的诱导和阻遏现象进行深入研究后,提出了操纵子结构模型(operon structural model)。所谓操纵子即是指细菌基因表达和调控的单位,它包括结构基因、调节基因(regulatory gene)和由调节基因产物所识别的控制序列。通常在功能上彼此有关的编码基因串联在一起,有共同的启动子并受操纵基因(operator)的控制。当调节基因的产物阻遏蛋白(repressor protein)与操纵基因结合后,即可阻止其邻近启动子起始转录。阻遏蛋白的作用属于负调控。但调节基因的产物可以是负调节(抑制)因子,也可以是正调节(激活)因子。

真核生物的转录调节与原核生物相比,有相似之处,也有显著的不同。其间主要差别为:①原核生物以操纵子作为基因表达和调节的单位。真核生物不组成操纵子,每个基因都有自己的基本启动子和调节元件,单独进行转录;但相关基因间也存在协同调节(cooperative regulation),拥有共同顺式元件(调控序列)和反式因子(调节蛋白)的基因组成基因群(gene battery)。②原核生物只有少数种类的调节元件,包括激活蛋白和阻遏蛋白的结合位点,它们常与启动子重叠或在其附近。真核生物为数众多的调节元件包括组成型元件、可诱导元件、增强子和沉默子,分散在核心启动子的上游,它们由许多短的共有序列所组成,并能各自结合反式因子,作用于基因。③无论是原核生物或是真核生物,其转录受反式调节因子(激活因子或抑制因子)所调节,这种调节可在两个水平上进行,一是调节因子的生物合成(数量的调节),另一是它们的变构或共价修饰(活性的调节)。原核生物以负调节为主,调节因子活性常受变构效应调节;真核生物以正调节为主,调节因子常受共价修饰,主要是磷酸化的调节。④真核生物具有染色质结构,基因活化首先需要改变染色质的状态,使转录因子能够接触 DNA,此过程称为染色质重构(chromatin remodeling)。这一过程只是使基因转录成为可能;转录的实现还有赖于顺式作用元件、反式作用因子与 RNA 聚合酶的相互作用。染色质水平的调节在原核生物中不存在,它涉及真核生物发育与细胞分化等长期(long term)的调节;DNA 水平的调节属于短期(short term)的调节,基本与原核生物相似。

转录调节的具体机制请见基因表达调控有关章节。

(五) RNA 生物合成的抑制剂

某些核酸代谢的拮抗物和抗生素能抑制核苷酸或核酸的生物合成,因此被用作治疗疾病的药物,特别是抗病毒和抗肿瘤药物,而在临床上得到广泛应用。在实验室中研究核酸的代谢也常要用到这些抑制剂。按照作用性质的不同,RNA 生物合成的抑制剂可分为三类:一类是嘌呤和嘧啶类似物,它们能抑制核酸前体的合成或破坏核酸功能;第二类是通过与 DNA 结合而改变模板的功能;第三类则是与 RNA 聚合酶结合而影响其活力。现分别举例说明如下:

1. 嘌呤和嘧啶类似物

有些人工合成的碱基类似物(analogue)能够抑制和干扰核酸的合成。其中重要的如:6 - 巯基嘌呤(6 -

mercaptopurine)、硫鸟嘌呤(thioguanine)、2,6-二氨基嘌呤(2,6-diaminopurine)、8-氮鸟嘌呤(8-azaguanine)、5-氟尿嘧啶(5-fluorouracil)以及氮尿嘧啶(azauracil)等。这些碱基类似物进入体内后需要转变成相应的核苷酸，才表现出抑制作用。在体内至少有两方面的作用：它们或者作为抗代谢物(antimetabolite)，直接抑制核苷酸生物合成有关的酶类；或者通过掺入到核酸分子中去，形成异常的 DNA 或 RNA，从而影响核酸的功能并导致突变。

例如，6-巯基嘌呤进入体内后，在酶催化下与 5-磷酸核糖焦磷酸反应，转变成巯基嘌呤核苷酸，然后在核苷酸水平上阻断体内嘌呤核苷酸的生物合成。具体的作用部位可能有两个：一是抑制次黄嘌呤核苷酸转变为腺嘌呤核苷酸和鸟嘌呤核苷酸；另一是通过反馈抑制阻止 5-磷酸核糖焦磷酸与谷氨酰胺反应生成 5-磷酸核糖胺。6-巯基嘌呤是重要的抗癌药物，临床上用于治疗急性白血病和绒毛膜上皮癌等。又如 8-氮鸟嘌呤在形成核苷酸后，除能抑制嘌呤核苷酸的生物合成外，尚能显著地掺入到 RNA 中去，有时也有少量掺入 DNA。8-氮鸟嘌呤对蛋白质合成的抑制作用，可能与它构成不正常的 RNA 有关。6-氮尿嘧啶在体内则先转变成核苷然后再转变成核苷酸，后者对乳清苷酸脱羧酶有明显的抑制作用；而其核苷三磷酸则能抑制 DNA 指导的 RNA 聚合酶。通常氮尿嘧啶并不掺入 RNA。

嘧啶的卤素化合物常能掺入到核酸中，造成不正常的核酸分子。5-氟尿嘧啶能掺入 RNA，但不能掺入 DNA。5-氯、5-溴、5-碘尿嘧啶均能取代胸腺嘧啶掺入到 DNA 中去。这是因为氟的范德华半径为 0.135nm，与氢的范德华半径 0.120nm 相近似，故氟尿嘧啶类似于尿嘧啶；而胸腺嘧啶中甲基的范德华半径为 0.202nm，氯为 0.180nm，溴为 0.195nm，碘为 0.215nm，尿嘧啶的氯、溴、碘取代物均类似于胸腺嘧啶。但三者间也有差别，以溴的范德华半径与甲基最为相近，因而溴尿嘧啶最易掺入 DNA。溴尿嘧啶掺入 DNA 中能与腺嘌呤配对，但它通过互变异构而形成较罕见的烯醇式时，却能和鸟嘌呤配对，因此造成碱基配对错误。某些卤素取代的嘧啶类似物也是常见的抗癌药物，其中以 5-氟尿嘧啶较为重要，它进入体内后能先转变成核糖核苷酸(F-UMP)，再转变成脱氧核糖核苷酸(F-dUMP)，后者能抑制胸腺嘧啶核苷酸合成酶。在正常细胞内，5-氟尿嘧啶能被分解为 α-氟-β-氨基丙酸，但在癌细胞内则否。这可能是 5-氟尿嘧啶具有选择性抑制癌细胞生长的原因之一。

2. DNA 模板功能的抑制物

有一些化合物由于能够与 DNA 结合，使 DNA 失去模板功能，从而抑制其复制和转录，并致诱变。某些重要的抗癌和抗病毒药物属于这一类抑制物。现举一些例子说明其作用原理。

烷化剂(alkylating agent)，如氮芥[nitrogen mustard，为二(氯乙基)胺的衍生物]、磺酸酯(sulfonate)、氮丙啶(aziridine)或乙烯亚胺(ethylenimine)类的衍生物等，它们带有一个或多个活性烷基，能使 DNA 烷基化。烷基化位置主要发生在鸟嘌呤碱基的 N7 上，腺嘌呤的 N1、N3 和 N7 以及胞嘧啶的 N1 也有少量被烷基化。鸟嘌呤烷基化后不稳定，易被水解脱落下来，留下的空隙可能干扰 DNA 复制或引起错误碱基的掺入。带有双功能基团的烷化剂(即有两个活性基团的烷化剂)能同时与 DNA 的两条链作用，使双链间发生交联(cross-link)，从而抑制其模板功能。磷酸基也可以被烷基化，这样形成的磷酸三酯是不稳定的，可以导致 DNA 链断裂。

通常烷化剂都具有较大毒性，能引起细胞突变和致癌作用。有些烷化剂因能较有选择性地杀死肿瘤细胞而在临床上用于治疗恶性肿瘤。例如，环磷酰胺(cyclophosphamide)在体外几乎无毒性，肿瘤细胞有较高磷酰胺酶活性，使其水解成活泼氮芥，因而可用于治疗多种癌症。再如，苯丁酸氮芥(chlorambucil)因含有酸性基团，不易进入正常细胞；而癌细胞酵解作用旺盛，大量积累乳酸，pH 较低，故容易进入癌细胞。环磷酰胺与苯丁酸氮芥的结构式如下：

$$\begin{matrix} ClCH_2CH_2 \\ ClCH_2CH_2 \end{matrix} N-P=O \begin{matrix} NH-CH_2 \\ | \\ CH_2 \\ | \\ O-CH_2 \end{matrix}$$
环磷酰胺

$$\begin{matrix} ClCH_2CH_2 \\ ClCH_2CH_2 \end{matrix} N-\underset{}{\bigcirc}-CH_2CH_2CH_2COOH$$
苯丁酸氮芥

放线菌素有抗菌和抗癌作用，临床上应用很广泛。放线菌素 D 含有一个吩噁嗪酮稠环(phenoxazone)和两个五肽环。它能与 DNA 发生非共价结合，其吩噁嗪酮稠环部分插入 DNA 的邻近两 G-C 碱基对之间，双链上两个鸟嘌呤的 2-氨基分别与环肽 L-苏氨酸残基的羰基氧形成氢键，两个环肽则位于 DNA 双螺旋的"浅沟"上，如同阻遏蛋白一样抑制 DNA 的模板功能。低浓度(1 mmol/L)的放线菌素 D 即可有效地抑制 DNA 指导的 RNA 的合成,也就是说阻止遗传信息的转录;但对 DNA 的复制,则必须在较高浓度(10 mmol/L)下才有抑制作用。在实验室中,常用它来研究核酸的生物合成。放线菌素的结构与功能见抗生素一章。

某些具有扁平芳香族发色团的染料,可插入双链 DNA 相邻碱基对之间,因而称为嵌入染料(intercalative dye)。嵌入剂通常含有吖啶(acridine)或菲啶(phenanthridine)环,它们与碱基对差不多大小,插入后使 DNA 在复制中缺失或增添一个核苷酸,从而导致移码突变。吖啶类染料有原黄素(proflavine)、吖啶黄(acridine yellow)、吖啶橙(acridine orange)等。它们也能抑制 RNA 链的起始以及质粒复制。溴化乙锭(ethidium bromide)常用于检测 DNA 和 RNA,是一种高灵敏的荧光试剂,与 DNA 结合后增强荧光效率。这类化合物的结构式如下:

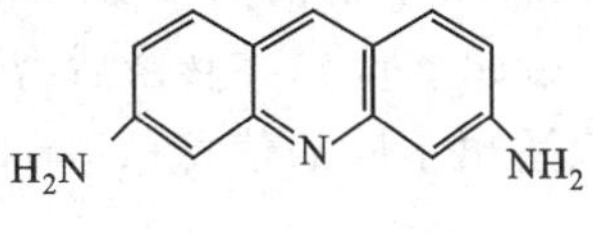

原黄素 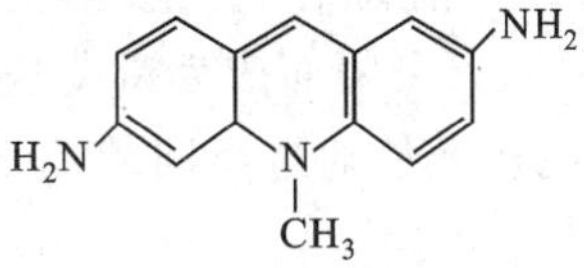　　　　吖啶黄

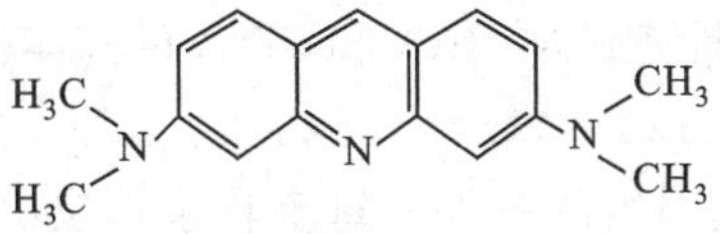

吖啶橙 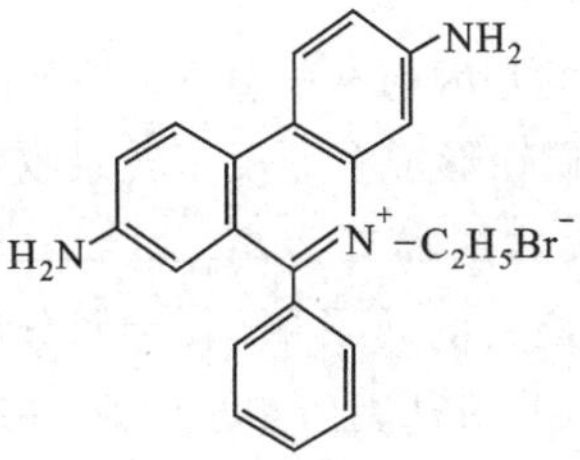　　　　溴化乙锭

3. RNA 聚合酶的抑制物

有些抗生素或化学药物,由于能够抑制 RNA 聚合酶,因而抑制 RNA 的合成。例如,利福霉素(rifamycin)是 1957 年分离得到的一族抗生素,它能强烈抑制革兰氏阳性菌和结核杆菌,对革兰氏阴性菌的抑制作用较弱。随后进行了对利福霉素结构改造工作。1962 年获得半合成的利福霉素 B 衍生物利福平(rifampicin),它可供口服,且具有广谱的抗菌作用,对结核杆菌有高效,并能杀死麻疯杆菌,在体外有抗病毒作用。许多实验说明,利福霉素及其同类化合物的作用机制与前类抗生素不同,它们不作用于 DNA,而主要是特异地抑制细菌 RNA 聚合酶的活性。它们的结构式见本书"抗生素"一章。

α-鹅膏蕈碱是从毒蕈(鬼笔鹅膏 Amanita phalloides)中分离出来的一种八肽化合物。它抑制真核生物 RNA 聚合酶,但对细菌 RNA 聚合酶的抑制作用极为微弱。α-鹅膏蕈碱的结构式如下:

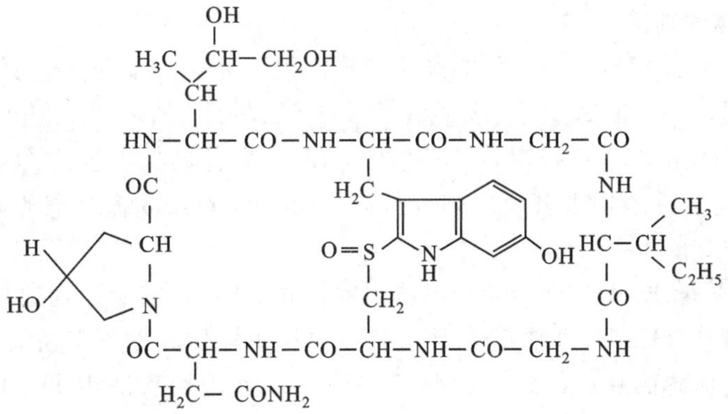

二、RNA 的转录后加工

在细胞内，由 RNA 聚合酶合成的原初转录物（primary transcript）往往需要经过一系列的变化，包括链的裂解、5′端与3′端的切除、末端特殊结构的形成、核苷的修饰和糖苷键的改变以及剪接和编辑等信息加工过程，始能转变为成熟的 RNA 分子。此过程总称之为 RNA 的成熟，或称为转录后加工（post-transcriptional processing）。原核生物的 mRNA 一经转录通常立即进行翻译，除少数例外，一般不进行转录后加工。但稳定的 RNA（tRNA 和 rRNA）都要经过一系列加工才能成为有活性的分子。真核生物由于存在细胞核结构，转录与翻译在时间上和空间上都被分隔开来，其 mRNA 前体的加工极为复杂。而且真核生物的大多数基因都被居间序列（intervening sequence），即内含子（intron），所分隔而成为断裂基因（interrupted gene），在转录后需通过剪接（splicing）使编码区成为连续序列。在真核生物中还能通过不同的加工方式，表达出不同的信息（alternative gene）。因此，对于真核生物来讲，RNA 的加工尤为重要。

（一）原核生物中 RNA 的加工

在原核生物中，rRNA 的基因与某些 tRNA 的基因组成混合操纵子。其余 tRNA 基因也成簇存在，并与编码蛋白质的基因组成操纵子。它们在形成多顺反子转录物后，经断链成为 rRNA 和 tRNA 的前体，然后进一步加工成熟。

1. 原核生物 rRNA 前体的加工

大肠杆菌共有 7 个 rRNA 的转录单位，它们分散在基因组的各处。每个转录单位由 16S rRNA、23S rRNA、5S rRNA 以及一个或几个 tRNA 的基因所组成。16S rRNA 与 23S rRNA 的基因之间常插入 1 个或 2 个 tRNA 的基因，有时在 3′端 5S rRNA 的基因之后还有 1 个或 2 个 tRNA 的基因。rRNA 的基因原初转录物的沉降常数为 30S，相对分子质量为 2.1×10^6，约含 6 500 个核苷酸，5′末端为 pppA。由于在原核生物中 rRNA 的加工往往与转录同时进行，因此不易得到完整的前体。从 RNaseⅢ 缺陷型大肠杆菌中分离到 30S rRNA 前体（P30）。RNaseⅢ 是一种负责 RNA 加工的核酸内切酶，它的识别部位为特定的 RNA 双螺旋区，在茎部的两切割位点间相差 2bp。16S rRNA 和 23S rRNA 前体的两侧序列互补，形成茎环结构，经 RNaseⅢ 切割产生 16S 和 23S rRNA 前体 P16 和 P23。5S rRNA 前体 P5 是 RNase E 作用下产生的，它可识别 P5 两端形成的茎环结构。P5、P16 和 P23 两端的多余附加序列需进一步由核酸酶切除。可能 rRNA 前体需先经甲基化修饰，再被核酸内切酶和核酸外切酶切割（图 32-12）。不同细菌 rRNA 前体的加工过程并不完全相同，但基本过程类似。

原核生物 rRNA 含有多个甲基化修饰成分，包括甲基化碱基和甲基化核糖，尤其常见的是 2′-甲基核糖。16S rRNA 含有约 10 个甲基，23S rRNA 约 20 个甲基，其中 $N^4, 2'-O$-二甲基胞苷（m^4Cm）是 16S rRNA 特有的成分。一般 5S rRNA 中无修饰成分，不进行甲基化反应。

2. 原核生物 tRNA 前体的加工

大肠杆菌染色体基因组共有 tRNA 的基因约 60 个。这个数字远大于按变偶假说所要求的反密码子数，也就是说，某些反密码子可以不只一个 tRNA 分子，或某些 tRNA 基因不只一个拷贝。tRNA 的基因大多成簇存在，或与 rRNA 基因，或与编码蛋白质的基因组成混合转录单位。tRNA 前体的加工包括：①由核酸内切酶在 tRNA 两端切断（cutting）；②由核酸外切酶逐个切去多余序列进行修剪（trimming）；③核苷酸的修饰和异构化；④在 tRNA 3′端加上胞苷酸-胞苷酸-腺苷酸（-CCA）。

与 DNA 限制性内切酶不同，RNA 核酸内切酶不能识别特异的序列，它所识别的是加工部位的空间结构。大肠杆菌 RNase P 是一类切断 tRNA 5′端的加工酶，属于核酸内切酶性质。差不多所有大肠杆菌及其噬菌体 tRNA 前体都是在该酶作用下切出成熟的 tRNA 5′端。因此，这个 5′-核酸内切酶是 tRNA 的 5′成熟酶。RNase P 是一个很特殊的酶，它含有蛋白质和 RNA 两部分。RNA 链由 375 个核苷酸组成（相对分子质量约 130 000），蛋白质多肽链的相对分子质量仅 20 000。在某些条件下（提高 Mg^{2+} 浓度或加入多胺类物质），RNase P 中的 RNA 单独也能切断 tRNA 前体的 5′端序列。RNase P 中的 RNA 称为 M1 RNA。有关 RNA 的催化功能，后面还将进一步讨论。

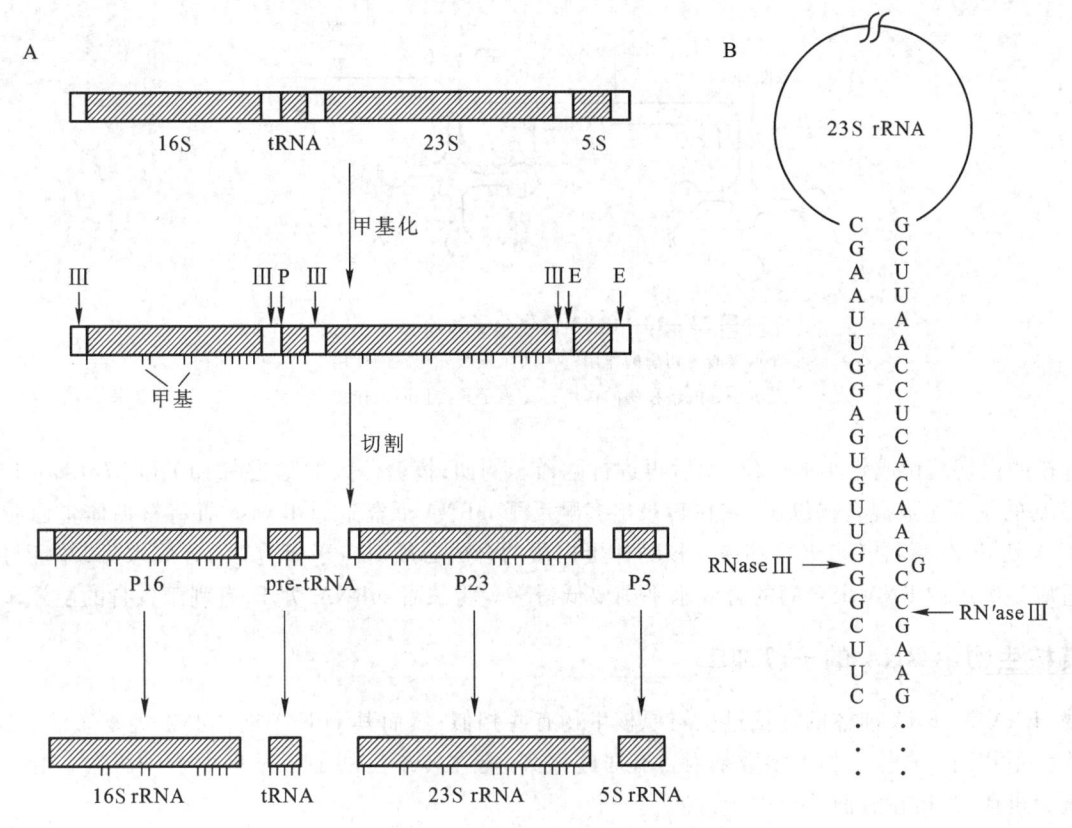

图 32-12 大肠杆菌 rRNA 前体的加工过程

加工 tRNA 前体 3′端的序列还需要另外的核酸内切酶，例如 RNase F，它从靠近 3′端处切断前体分子。为了得到成熟的 3′端，需要有核酸外切酶进一步进行修剪，直至 tRNA 的 3′端。负责修剪的核酸外切酶可能主要为 RNase D。这个酶由相对分子质量为 38 000 的单一多肽链所组成，具有严格的选择活性。实验表明它识别的是整个 tRNA 结构，而不是 3′末端的特异序列。由此可见，RNase D 是 tRNA 的 3′端成熟酶。

所有成熟 tRNA 分子的 3′端都有 CCAOH 结构，它对于接受氨酰基的活性是必要的。细菌的 tRNA 前体存在两类不同的 3′端序列。一类其自身具有 CCA 三核苷酸，位于成熟 tRNA 序列与 3′端附加序列之间，当附加序列被切除后即显露出该末端结构；另一类其自身并无 CCA 序列，当前体切除 3′端附加序列后，必须在 tRNA 核苷酰转移酶(nucleotidyl transferase)催化下由 CTP 和 ATP 供给胞苷酸和腺苷酸，反应式如下：

$$tRNA + CTP \rightarrow tRNA-C + PPi$$
$$tRNA-C + CTP \rightarrow tRNA-CC + PPi$$
$$tRNA-CC + ATP \rightarrow tRNA-CCA + PPi$$

成熟的 tRNA 分子中存在众多的修饰成分，其中包括各种甲基化碱基和假尿嘧啶核苷。tRNA 修饰酶具有高度特异性；每一种修饰核苷都有催化其生成的修饰酶。tRNA 甲基化酶对碱基及 tRNA 序列均有严格要求，甲基供体一般为 S-腺苷甲硫氨酸(SAM)，反应如下：

$$tRNA + SAM \rightarrow 甲基\text{-}tRNA + S\text{-}腺苷高半胱氨酸$$

tRNA 假尿嘧啶核苷合酶催化尿苷的糖苷键发生移位反应，由尿嘧啶的 N1 变为 C5。

细菌 tRNA 前体的加工如图 32-13 所示。

3. 原核生物 mRNA 前体的加工

细菌中用于指导蛋白质合成的 mRNA 大多不需要加工，一经转录即可直接进行翻译。但也有少数多顺反子

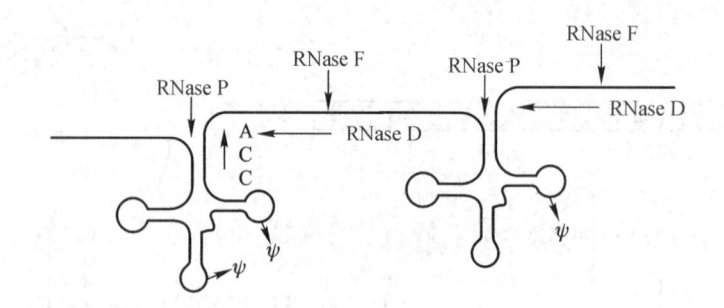

图 32-13 tRNA 前体分子的加工
↓表示核酸内切酶的作用；←表示核酸外切酶的作用
↑表示核苷酰转移酶的作用；↘表示异构化酶的作用

mRNA 需通过核酸内切酶切成较小的单位,然后再进行翻译。例如,核糖体大亚基蛋白 L10 和 L7/L12 与 RNA 聚合酶 β 和 β′ 亚基的基因组成混合操纵子,它在转录出多顺反子 mRNA 后需通过 RNase Ⅲ 将核糖体蛋白质与聚合酶亚基的 mRNA 切开,然后再各自进行翻译。核糖体蛋白质的合成必须对应于 rRNA 的合成水平,并且与细胞的生长速度相适应。细胞内 RNA 聚合酶的合成水平则要低得多。将二者 mRNA 切开,有利于各自的翻译调控。

(二) 真核生物中 RNA 的一般加工

真核生物 rRNA 和 tRNA 前体的加工过程与原核生物有些相似；然而其 mRNA 前体必须经复杂的加工过程,这与原核生物大不相同。真核生物大多数基因含有居间序列,需在转录后的加工过程中予以切除。由于这方面研究的进展极为迅速,故留在后面单独进行讨论。

1. 真核生物 rRNA 前体的加工

真核生物的核糖体比原核生物的核糖体更大,结构也更复杂。其核糖体的小亚基含有一条 16S~18S rRNA；大亚基除 26S~28S rRNA 和 5S rRNA 外,还含有一条原核生物中所无的 5.8S rRNA。真核生物 rRNA 基因拷贝数较多,通常在几十至几千之间。rRNA 基因成簇排列在一起,由 16S~18S、5.8S 和 26S~28S rRNA 基因组成一个转录单位,彼此被间隔区分开,由 RNA 聚合酶 Ⅰ 转录产生一个长的 rRNA 前体。不同生物的 rRNA 前体大小不同。哺乳类动物 18S、5.8S 和 28S rRNA 基因转录产生 45S rRNA 前体。果蝇 18S、5.8S 和 28S rRNA 基因的转录产物为 38S rRNA 前体。酵母 17S、5.8S 和 26S rRNA 基因的转录产物为 37S 的 rRNA 前体。

在真核生物中 5S rRNA 基因也是成簇排列的,中间隔以不被转录的区域。它由 RNA 聚合酶 Ⅲ 转录,经过适当加工即与 28S rRNA 和 5.8S rRNA 以及有关蛋白质一起组成核糖体的大亚基。18S rRNA 与有关蛋白质则组成小亚基。核仁是 rRNA 合成、加工和装配成核糖体的场所。然后它们通过核孔再转移到细胞质中参与核糖体循环。

rRNA 在成熟过程中可被甲基化,主要的甲基化位置也在核糖 2′-羟基上。真核生物 rRNA 的甲基化程度比原核生物 rRNA 的甲基化程度高。例如,哺乳类细胞的 18S 和 28S rRNA 分别含甲基约 43 和 74 个,大约 2% 的核苷酸被甲基化,相当于细菌 rRNA 甲基化程度的 3 倍。与原核生物类似,真核生物 rRNA 前体也是先甲基化,然后再被切割。现在知道,真核生物 rRNA 前体的甲基化、假尿苷酸化(pseudouridylation)和切割是由核仁小 RNA(small nucleolar RNA, snoRNA)指导的。真核细胞的核仁中存在种类甚多的 snoRNA,从酵母和人类细胞中已发现有上百种。含有 C 框(AUGAUGA)和 D 框(CUGA)的 snoRNA 可借助互补序列识别 rRNA 前体中进行甲基化(2′OMe)和切割的位点；含 H 框(ANANNA)和 ACA 框的 snoRNA 可识别假尿苷酸化的位点。酵母 rRNA 中假尿苷酸有 43 个,以及众多的甲基化位点,依靠 snoRNA 才能精确加工(图 32-14)。

多数真核生物的 rRNA 基因不存在内含子。有些 rRNA 基因含有内含子但并不转录。例如,果蝇的 285 个 rRNA 基因中有约三分之一含有内含子,它们均不转录。四膜虫(*Tetrahymena*)的核 rRNA 基因和酵母线粒体 rRNA 基因含有内含子,它们的转录产物可自动切去内含子序列。

线粒体和叶绿体 rRNA 基因的排列方式和转录后加工过程一般都与原核生物的 rRNA 基因类似。

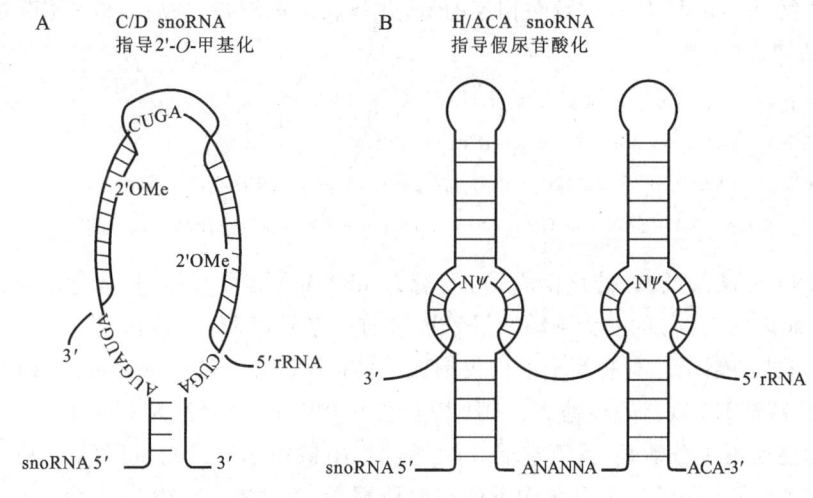

图 32-14　snoRNA 指导 rRNA 前体特异位点的修饰

2. 真核生物 tRNA 前体的加工

真核生物 tRNA 基因的数目比原核生物 tRNA 基因的数目要大得多。例如，大肠杆菌基因组约有 60 个 tRNA 基因，啤酒酵母有 320～400 个，果蝇 850 个，爪蟾 1 150 个，而人体细胞则有 1 300 个。真核生物的 tRNA 基因也成簇排列，并且被间隔区所分开。tRNA 基因由 RNA 聚合酶Ⅲ转录，转录产物为 4.5S 或稍大的 tRNA 前体，相当于 100 个左右的核苷酸。成熟的 tRNA 分子为 4S，约 70～80 个核苷酸。前体分子在 tRNA 的 5′端和 3′端都有附加的序列，需由核酸内切酶和外切酶加以切除。与原核生物类似的 RNase P 可切除 5′端的附加序列，但是真核生物 RNase P 中的 RNA 单独并无切割活性。3′端附加序列的切除需要多种核酸内切酶和核酸外切酶的作用。

真核生物 tRNA 前体的 3′端不含 CCA 序列，成熟 tRNA 3′端的 CCA 是后加上去的，由核苷酰转移酶催化，CTP 和 ATP 供给胞苷酰和腺苷酰基。tRNA 的修饰成分由特异的修饰酶所催化。真核生物的 tRNA 除含有修饰碱基外，还有 $2'-O-$ 甲基核糖，其含量约为核苷酸的百分之一。具有居间序列的 tRNA 前体还须将这部分序列切掉。

3. 真核生物 mRNA 前体的一般加工

真核生物编码蛋白质的基因以单个基因作为转录单位，其转录产物为单顺反子 mRNA。大多数蛋白质基因存在居间序列，需在转录后加工过程中切除。由于细胞核结构将转录和翻译过程分隔开，mRNA 前体在核中需经过一系列复杂的加工过程并转移到细胞质中才能表现出翻译功能，因此它的调控序列变得更为复杂，半寿期也更长。mRNA 的原初转录物在核内加工过程中形成分子大小不等的中间物，称为核内不均一 RNA（heterogeneous nuclear RNA，hnRNA），它们在核内迅速合成和降解，半寿期很短，比细胞质 mRNA 更不稳定。不同细胞类型 hnRNA 半寿期不同，从几分钟至 1h 左右；而细胞质 mRNA 的半寿期一般为 1～10h。神经细胞 mRNA 最长半寿期可达数年，甚至终生。

hnRNA 分子大小分布极不均一，最大的沉降系数可达 100S 以上，主要在 30S～40S 间。哺乳类动物 hnRNA 平均链长在 8 000～10 000 个核苷酸之间，而细胞质 mRNA 平均链长为 1 800～2 000 核苷酸。由于 hnRNA 代谢转换率极高，而稳定性 RNA 则较低，用同位素脉冲标记技术，即短期加入同位素标记前体随即除去并用非标记前体取代，可追踪 hnRNA 的去向。用这样的方法测定总 hnRNA 中只有一小部分的分子可加工转变成 mRNA，对哺乳类细胞来说大约为 5%。考虑到 hnRNA 分子大小约为 mRNA 的 4～5 倍，粗略计算加工的 hnRNA 中约 25% 的序列转变成 mRNA。

由 hnRNA 转变成 mRNA 的加工过程包括：①5′端形成特殊的帽子结构（$m^7G5'ppp5'NmpNp-$），②在链的 3′端切断并加上多聚腺苷酸（poly A）尾巴，③通过剪接除去内含子序列，④链内部核苷被甲基化。

（1）5′端加帽　真核生物的 mRNA 都有 5′端帽子结构。该特殊结构亦存在于 hnRNA 中，它可能在转录的早期就已形成。原初转录的巨大 hnRNA 分子 5′端为三磷酸嘌呤核苷（pppPu），转录起始后不久从 5′端三磷酸脱去一个磷酸,然后与GTP反应生成5′,5′-三磷酸相连的键,并释放出焦磷酸,最后以S-腺苷蛋氨酸(SAM)进行甲基化产生所谓的帽子结构,反应如下:

$$pppN_1pN_2p-RNA \rightarrow ppN_1pN_2p-RNA + Pi \quad (1)$$

$$ppN_1pN_2p-RNA + GTP \rightarrow G5'ppp5'N_1pN_2p-RNA + PPi \quad (2)$$

$$G5'ppp5'N_1pN_2p-RNA + SAM \rightarrow m^7G5'ppp5'N_1pN_2p-RNA + S-腺苷高半胱氨酸 \quad (3)$$

$$m^7G5'ppp5'N_1pN_2p-RNA + SAM \rightarrow m^7G5'ppp5'N_1mpN_2p-RNA + S-腺苷高半胱氨酸 \quad (4)$$

催化反应(1)的酶为RNA三磷酸酯酶,催化反应(2)的酶为mRNA鸟苷酰转移酶,催化反应(3)的酶为mRNA(鸟嘌呤-7)甲基转移酶,催化反应(4)的酶为mRNA(核苷-2′)甲基转移酶。不同生物体内,由于甲基化程度的不同,可以形成几种不同形式的帽子。有些帽子结构仅形成7-甲基鸟苷三磷酸m^7Gppp,被称为Cap O型;有些在m^7Gppp之后的N1核苷甚至N2核苷的核糖2′-OH基上也被甲基化,分别称为Cap Ⅰ型和Cap Ⅱ型。

5′端帽子的确切功能还不十分清楚,推测它能在翻译过程中被识别以及对mRNA起稳定作用。用化学方法除去m^7G的珠蛋白mRNA在麦胚无细胞系统中不能有效地翻译,表明帽子结构对翻译功能是很重要的。5′-脱氧-5′-异丁酰基腺苷是腺苷高半胱氨酸的类似物,它能强烈抑制劳氏肉瘤的生长,这是因为该抑制剂可抑制mRNA(鸟嘌呤-7)甲基转移酶活力,从而阻止了帽子结构上鸟嘌呤的甲基化。

(2) 3′末端的产生和多聚腺苷酸化 真核生物mRNA的3′端通常都有20~200个腺苷酸残基,构成多聚腺苷酸的尾部结构。但也有例外,如组蛋白、呼肠孤病毒和不少植物病毒的mRNA并没有多聚腺苷酸。核内hnRNA的3′端也有多聚腺苷酸,表明加尾过程早在核内已完成。hnRNA中的多聚腺苷酸比mRNA的略长,平均长度为150~200个核苷酸。

实验表明,RNA聚合酶Ⅱ的转录产物是在3′端切断,然后多聚腺苷酸化(polyadenylation)。高等真核生物(酵母除外)的细胞和病毒mRNA在靠近3′端区都有一段非常保守的序列AAUAAA,这一序列离多聚腺苷酸加入位点的距离不一,大致在11~30个核苷酸范围内。将病毒转录单位的该段序列删除后,原来位置上就不再发生切断和多聚腺苷酸化。一般认为,这一序列为链的切断和多聚腺苷酸化提供了某种信号。

hnRNA链的切断可能是由RNase Ⅲ完成的。多聚腺苷酸化则由多聚腺苷酸聚合酶(poly(A) polymerase)所催化,该酶以带3′-OH基的RNA为受体,ATP作供体,需Mg^{2+}或Mn^{2+}。此外,还需十多个蛋白质参与作用,协助切割和多聚腺苷酸化。

多聚腺苷酸化可被类似物3′-脱氧腺苷,即冬虫夏草素(cordycepin)所阻止。这是一种多聚腺苷酸化的特异抑制剂;它并不影响hnRNA的转录,但在加入该抑制剂时,即可阻止细胞质中出现新的mRNA。另一方面,珠蛋白mRNA上的多聚腺苷酸尾巴被除去后,仍然能在麦胚无细胞系统中翻译,显示该尾部结构并非翻译所必需。然而除去多聚腺苷酸尾巴的mRNA稳定性较差,可被体内有关酶所降解,翻译效率下降。当mRNA由细胞核转移到细胞质中时,其多聚腺苷酸尾部常有不同程度的缩短。由此可见,多聚腺苷酸尾巴至少可以起某种缓冲作用,防止核酸外切酶对mRNA信息序列的降解作用。

(3) mRNA的内部甲基化 真核生物mRNA分子内部往往有甲基化的碱基,主要是N^6-甲基腺嘌呤(m^6A)。这类修饰成分在hnRNA中已经存在。不过也有一些真核生物细胞和病毒mRNA中并不存在N^6-甲基腺嘌呤,似乎这个修饰成分对翻译功能不是必要的。据推测,它可能对mRNA前体的加工起识别作用。

(三) RNA的剪接、编辑和再编码

大多数真核基因都是断裂基因,但也有少数编码蛋白质的基因以及一些tRNA和rRNA基因是连续的。断裂基因的转录产物需通过剪接,去除插入部分(即内含子),使编码区(外显子)成为连续序列。这是基因表达调控的一个重要环节。内含子具有多种多样的结构,剪接机制也是多种多样的。有些内含子可以催化自我剪接(self-splicing),有些内含子需在剪接体(spliceosome)作用下才能剪接。RNA编码序列的改变称为编辑(editing)。RNA编码和读码方式的改变称为再编码(recoding)。由于存在选择性剪接(alterative splicing)、编辑和再编码,一个基

因可以产生多种蛋白质。

1. RNA 的剪接

1977 年 R. J. Roberts 和 P. A. Sharp 分别发现断裂基因(interrupted gene)。当用 RNA 与其转录的模板 DNA 分子杂交时,RNA 链取代 DNA 双链中对应的链,形成 R-突环(R-loop)。Roberts 等用腺病毒(Ad2)纤维(fiber)mRNA 与病毒 DNA 限制片段杂交,然后用电子显微镜观察 R-突环的结构,结果令人惊异的发现 mRNA 的 5′端与其余部分分别与不同 DNA 限制片段形成杂交。Sharp 等用腺病毒六邻体(hexon)mRNA 与 DNA 杂交,在电子显微镜镜下也看到 mRNA 5′端不与同一 DNA 片段杂交(图 32-15)。这说明腺病毒 mRNA5′前导序列与其余序列由基因组不同部位转录而来。其后研究进一步了解到真核生物基因大部分都是不连续的,插进去的序列称为居间序列(intervening sequence,又称间插序列),需在转录后通过 RNA 剪接加以切除。1978 年 W. Gilbert 将断裂基因中经转录被剪接除去的序列称为内含子(intron);而在成熟 RNA 产物中出现的序列称为外显子(exon)。Roberts 和 Sharp 由于发现断裂基因以及其后有关 RNA 剪接研究中的贡献而获 1993 年诺贝尔生理学和医学奖。

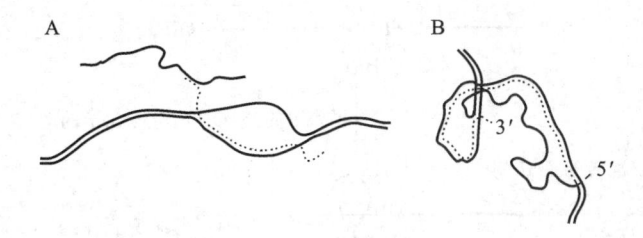

图 32-15 腺病毒-2 晚期 mRNA 与互补 DNA 片段形成 R-突环示意图
A. 腺病毒-2 纤维 mRNA 与两 DNA 片段形成杂交体;
B. 腺病毒-2 六邻体 mRNA 与互补 DNA 片段形成 R-突环,5′和 3′末端游离在外
——DNA 链;……RNA 链

迄今所知,RNA 的剪接共有 4 种方式:类型 I 自我剪接(group I self-splicing),类型 II 自我剪接(group II self-splicing),核 mRNA 剪接体的剪接(nuclear mRNA spliceosomal splicing),核 tRNA 的酶促剪接(nuclear tRNA enzymatic splicing)。它们的剪接过程如图 32-16 所示。

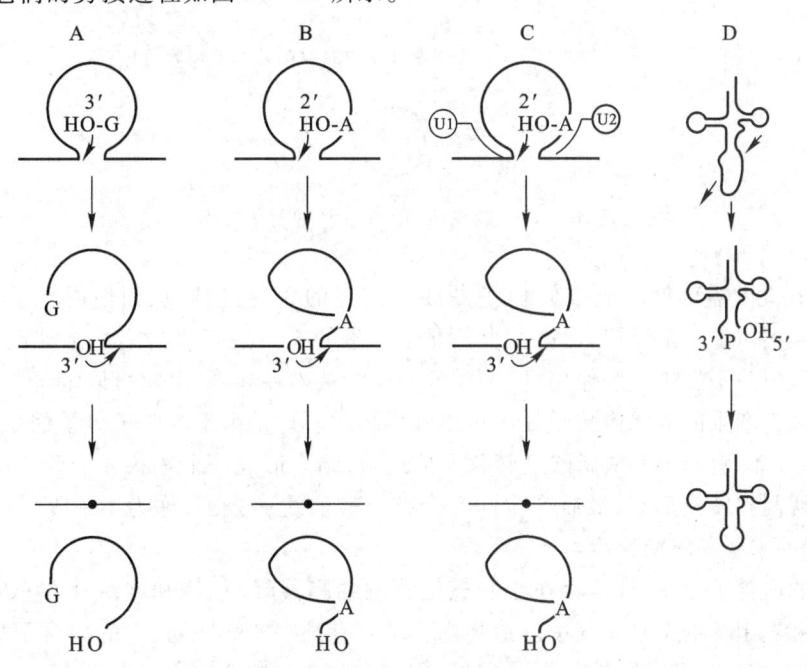

图 32-16 RNA 的剪接方式
A. 类型 I 自我剪接;B. 类型 II 自我剪接;C. 核 mRNA 剪接体的剪接;D. 核 tRNA 的酶促剪接

(1) 类型 I 自我剪接 1981年 T. Cech 在研究四膜虫(*Tetrahymena thermophila*) rRNA 前体剪接过程中发现,此类剪接无需蛋白质的酶参与作用,它可自我催化完成。Cech 称这种具有催化功能的 RNA 为核酶(ribozyme)。由于发现核酶,1989年 T. Cech 和 S. Altman 共同获诺贝尔化学奖。Altman 的贡献是发现 RNase P 中的 M1 RNA 单独也有催化功能。

四膜虫的大核含有大量经扩增的 rRNA 的基因(rDNA),这些 rDNA 以回文二聚体的形式构成微染色体。每一个回文二聚体由两个同样的转录单位所组成,其转录产物为 35S rRNA 前体。35S rRNA 含 6 400 个核苷酸,经加工生成 17S、5.8S 和 26S rRNA。某些品系的四膜虫在其 26S rRNA 的基因中有一个内含子,长 413bp。35S rRNA 前体需经过剪接以切除内含子序列。此剪接过程只需要 1 价和 2 价阳离子以及鸟苷酸(或鸟苷)存在即能自发进行,无需酶催化和供给能量。剪接实际上是磷酸酯的转移反应,如图 32-17 所示。

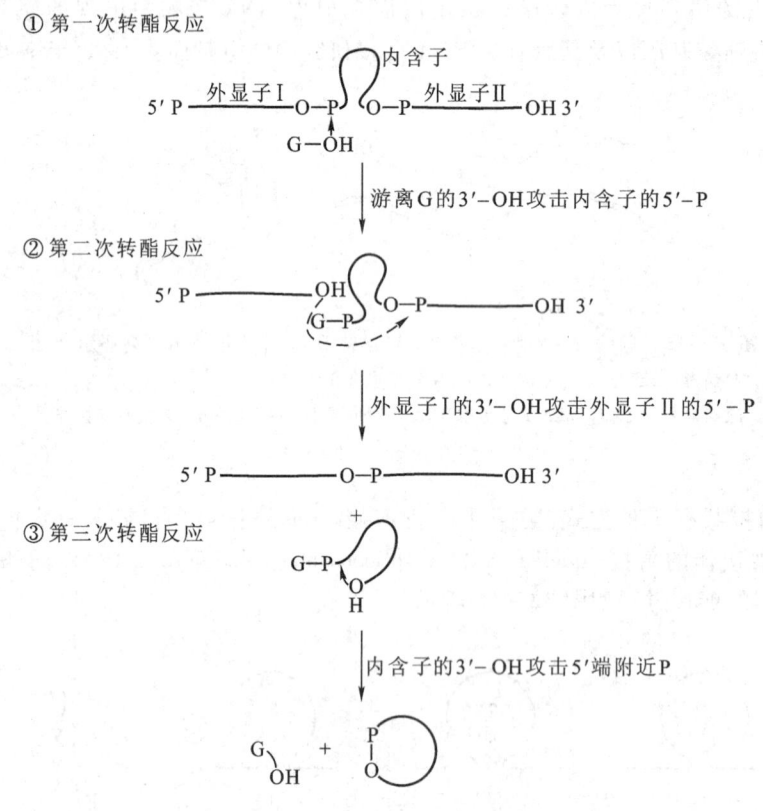

① 第一次转酯反应

游离 G 的 3′-OH 攻击内含子的 5′-P

② 第二次转酯反应

外显子 I 的 3′-OH 攻击外显子 II 的 5′-P

③ 第三次转酯反应

内含子的 3′-OH 攻击 5′端附近 P

图 32-17 四膜虫 rRNA 前体的剪接过程

鸟苷酸(或鸟苷)在此起着辅助因子的作用,它提供了游离的 3′-羟基,从而使内含子的 5′-磷酸基转移其上。紧接着发生第二次类似的转酯反应,由第一个外显子产生的 3′-羟基攻击第二个外显子的 5′-磷酸基。因为在磷酸酯的转移过程中并不发生水解作用,磷酸酯键的能量被贮存起来,由此可以解释为什么反应不需要供给能量。在两次转酯反应中产生的线状内含子片段可以发生环化。这是由于内含子分子的 3′-羟基攻击 5′-末端第 15 个核苷酸处的磷酸基,引起第三次磷酸基转移反应所致,结果形成一个环状分子和一小段 15 聚核苷酸。环状内含子还具有自我切割和转酯反应,最后产生 395 个核苷酸的线形分子,称为 L-19。它不再自我切割,但可以催化适当 RNA 底物的水解和转酯反应。

类型 I 自我剪接的内含子分布很广,存在于真核生物的细胞器(线粒体和叶绿体)基因,低等真核生物核的 rRNA 基因,以及细菌和噬菌体的个别基因中。这类内含子含有某些特殊序列,它的内含子指导序列(intron guide sequence, IGS) GGAGGG 可与左侧外显子末端的 CUCUCU 序列配对,整个内含子包括 IGS 在内共有 9 个碱基配对区,其中 P、Q、R、S 四个序列十分保守,其核酶活性与该内含子 RNA 所形成特定的折叠有关(图 32-18)。

图 32-18 类型 I 内含子的二级结构

粗黑线为保守序列；双线为外显子

(2) 类型 II 自我剪接　类型 II 内含子本身也具有催化功能，能够自我完成剪接。它与类型 I 内含子自我剪接的差别在于转酯反应无需游离鸟苷酸（或鸟苷）发动，而是由内含子靠近 3′端的腺苷酸 2′-羟基攻击 5′-磷酸基引起的。经过两次转酯反应，内含子成为套索（lariat）结构被切除，两个外显子得以连接在一起（图 32-19）。类型 II 内含子只见于某些真菌线粒体和植物叶绿体基因。

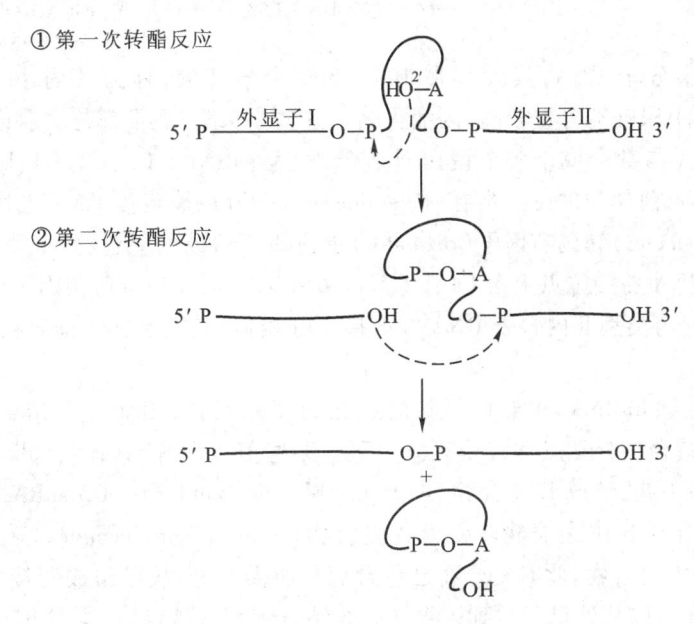

图 32-19 类型 II 内含子的自我剪接

类型 II 内含子的结构更复杂，也更保守，这也是这类内含子存在受局限的重要原因之一。该内含子有 6 个螺旋区，其中螺旋区 I 有两个外显子结合位点（exon binding site, EBS），可以与左侧外显子的内含子结合位点（intron binding site, IBS）配对。内含子靠近 3′端有一保守序列 CUGAC，其上 A 的 2′-OH 可与末端 5′-P 形成磷酸酯键。由于已有两个磷酸酯键，此反应较弱，对核酶的要求也就比较高。类型 II 内含子的自我剪接活性有赖于其二级结构和进一步折叠，如图 32-20 所示。

(3) hnRNA 的剪接　真核生物编码蛋白质的核基因含有数目巨大的内含子，它们占据了所有内含子的绝大部分。这些内含子的左端（5′端）均为 GT，右端（3′端）均为 AG，此称为 GT-AG 规则（对应于 RNA 为 GU-AG）。此规则不适合于线粒体和叶绿体基因的内含子，也不适合于 tRNA 和 rRNA 核基因的内含子。根据大量资料分析

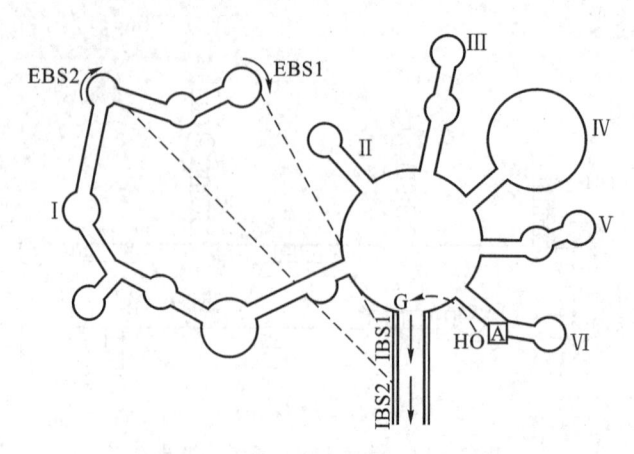

图 32-20　类型 Ⅱ 内含子的二级结构

的结果，脊椎动物、酵母和植物 mRNA 前体（hnRNA）的内含子具有以下的保守结构：

$$\text{脊椎动物} \quad AG\ GUAAGU \longrightarrow \longleftarrow UNCU\ ^{G}_{A}AC \longrightarrow (Py)_{10\sim15} \longrightarrow NCAG\ G$$

$$\text{酵母} \quad GUAAGU \longrightarrow \longleftarrow UNCU\ AAC \longrightarrow PyAG$$

$$\text{植物} \quad AG\ GUAAGU \longrightarrow \longleftarrow \text{富含 UA 的序列} \longrightarrow UGCAG\ GU$$

细胞核内存在许多种类的小分子 RNA，其大小在 100～300 个核苷酸，称为核内小 RNA（small nuclear RNA，snRNA）。U 系列的 snRNA 中尿嘧啶含量较高，因而得名。这些小 RNA 通常都与多肽或蛋白质相结合，形成核糖核蛋白（RNP）。每一 snRNA 与数个或十多个蛋白质结合，称为 snRNP。U1、U2、U4、U5、U6 snRNP 参与 hnRNA 的剪接；U3 snRNP 参与 rRNA 前体的加工。剪接体（spliceosome）为在被剪接 RNA 上由上述 5 种 U 系列 snRNP 与数十种剪接因子（splicing factor）和调节因子（regulator）蛋白质所组成的复合物，沉降常数为 50S～60S，呈有突起的椭球体。剪接体是在 RNA 剪接位点上由 U1、U2、U4-6 snRNP 以及一些剪接因子（splicing factor，SF）逐步装配而成。hnRNA 的剪接过程与类型 Ⅱ 内含子 RNA 的剪接十分相似，其差别在于前者由剪接体完成，后者由内含子自我催化完成。

U1 snRNA 的 5′端序列与 hnRNA 内含子 5′剪接点处的序列互补，因而可以结合其上。U2 辅助因子（U2 auxiliary factor，U2AF）随后结合在分支点下游嘧啶（Py）区。某些剪接和调节因子（splicing factor & regulator，SR）将 U1 snRNP 和 U2 AF 连在一起，组成 E 复合物（early presplicing complex）。U2 snRNA 含有与分支点互补的序列，在其辅助因子帮助下结合其上，E 复合物转变为 A 复合物（A presplicing complex）。U4 与 U6 和 U5 snRNP 三聚体进入 A 复合物后形成 B1 复合物，此时复合物已包含剪接所需成分，故已组成剪接体。U1 snRNP 随被释放，从而腾出空间，使 U5 snRNP 得以从外显子转到内含子，U6 结合到 5′剪接点上，构成 B2 复合物。关键步骤是释放 U4 snRNP，U4 与 U6 的解离需由 ATP 供给能量。U6 活性受 U4 封闭，因此 U4 脱离后 U6 即可和 U2 碱基配对，并自身回折形成发夹结构，构成类似于 Ⅱ 型内含子的催化中心。U5 snRNP 可以识别两外显子的剪接点并与之结合。在 U6/U2 催化下完成两次转酯反应使两个外显子连接在一起，剪接过程如图 32-21 所示。

上述 GT-AG 内含子见于绝大多数 hnRNA 的编码基因，但有少数内含子与此不同，而以 AT 开头和 AC 结尾，称为 AT-AC 内含子。前者为主要内含子，后者为次要内含子。参与次要内含子剪接体的成分也有不同，除保留 U5 snRNP 外，以 U11 snRNP 和 U12 snRNP 取代 U1 和 U2，分别识别内含子的 5′剪接点和分支点，以作用于 AT-AC 内含子的 U4atac 和 U6atac 取代 U4 和 U6 催化转酯反应。

由于核 mRNA 前体的剪接与类型 Ⅱ 内含子的自我剪接基本相同，推测 snRNA 可能是从类型 Ⅱ 内含子演变而来。核 mRNA 前体的含内子数目如此庞大，在进化过程中很难设想可以保持其核酶的结构，唯一可行的途径是将 Ⅱ 型内含子的催化功能转交某些小 RNA 和辅助蛋白，以专司其职。迄今仍可从 snRNA 中看到与 Ⅱ 型内含子结

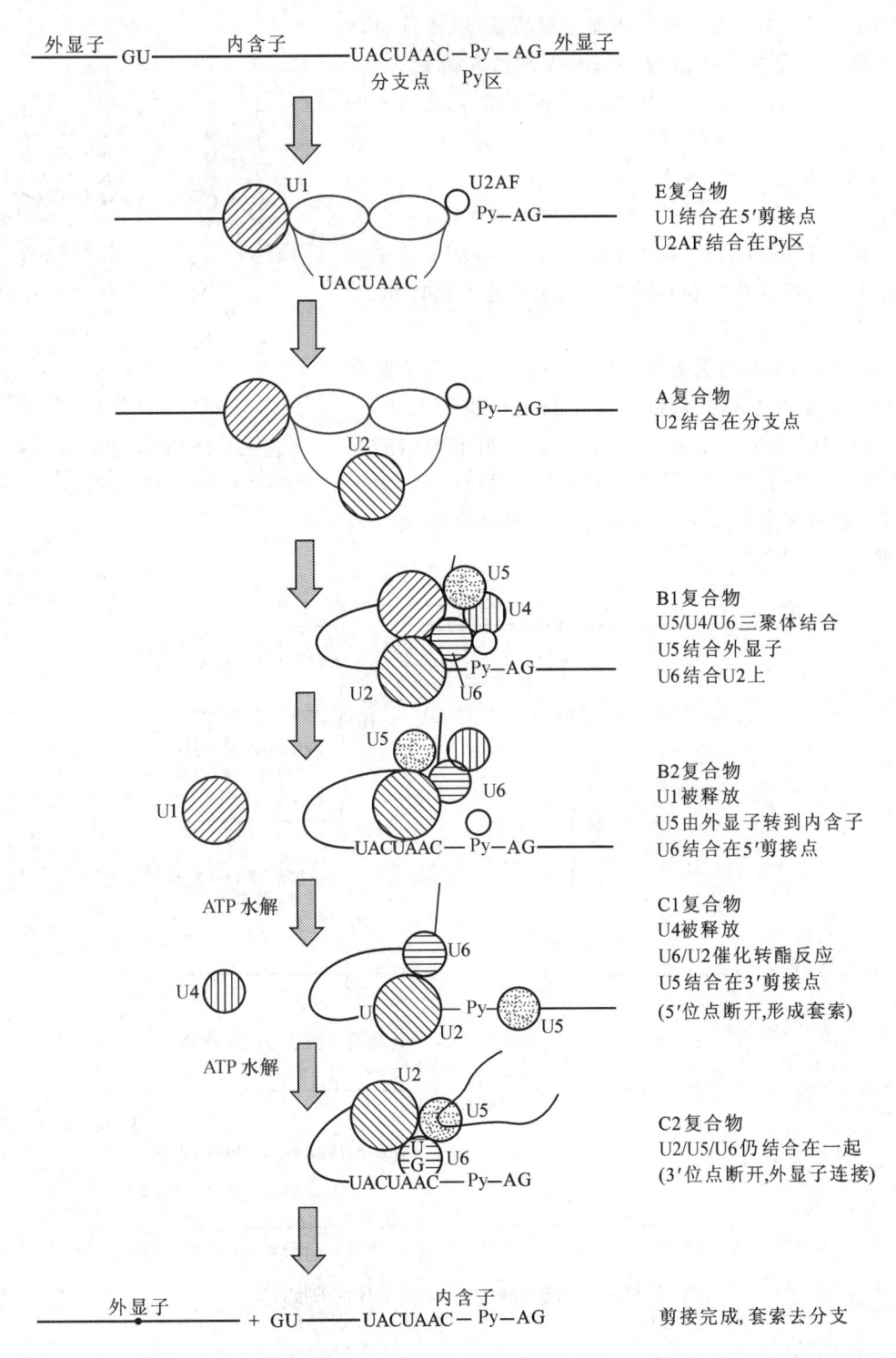

图 32-21 hnRNA 的剪接过程

构域的一些类似之处。

（4）核内 tRNA 前体的酶促剪接　酵母 tRNA 前体的剪接机制研究得比较清楚。酵母基因组共有约 400 个 tRNA 基因，含有内含子的基因仅占十分之一。内含子的长度从 14~46bp 不等，它们之间并无保守序列。推测切除内含子的酶识别的仅是共同的二级结构，而不是共同的序列。通常内含子插入到靠近反密码子处，与反密码子碱基配对，反密码子环不再存在，代之以插入的内含子环（图 32-22）。

研究 tRNA 前体在无细胞提取液中的剪接过程表明,反应分两步进行。第一步是由一个特殊核酸内切酶断裂磷酸二酯键,切去插入序列,反应不需要 ATP。第二步由 RNA 连接酶催化使切开的两部分共价连接,需要 ATP 供给能量。核酸内切酶断裂 tRNA 前体,产生 tRNA 的两个半分子和一个线状内含子分子。它们的 5′端均为羟基;3′端为 2′,3′-环状磷酸基。两个半分子 tRNA 通过碱基对仍然维系在一起。在有激酶和 ATP 存在时,5′-羟基可转变成 5′-磷酸基。2′,3′-环状磷酸基在环磷酸二酯酶催化下被打开,形成 2′-磷酸基和 3′-羟基。

连接反应(ligation reaction)需先由 ATP 活化连接酶,形成腺苷酸化蛋白质。AMP 的磷酸基以共价键连接在酶蛋白质的氨基上。然后 AMP 被转移到 tRNA 半分子的 5′-磷酸基上,形成焦磷酸键连接。在 tRNA 另一半分子 3′-羟基攻击下 AMP 被取代,产生 5′,3′-磷酸二酯键。此时多余的 2′-磷酸基被磷酸酯酶所除去。整个剪接过程如图 32-23 所示。

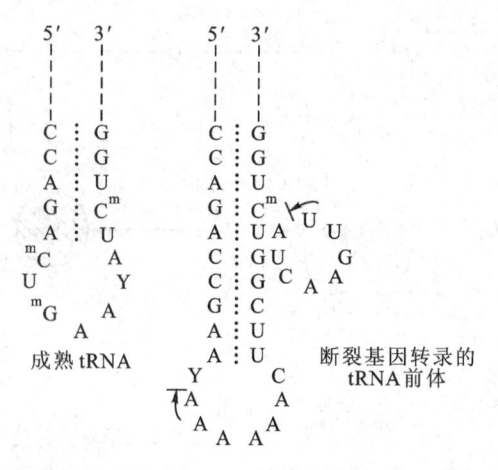

图 32-22 酵母 tRNA 前体剪接前后的结构
GAA 为反密码子;|←→|内含子

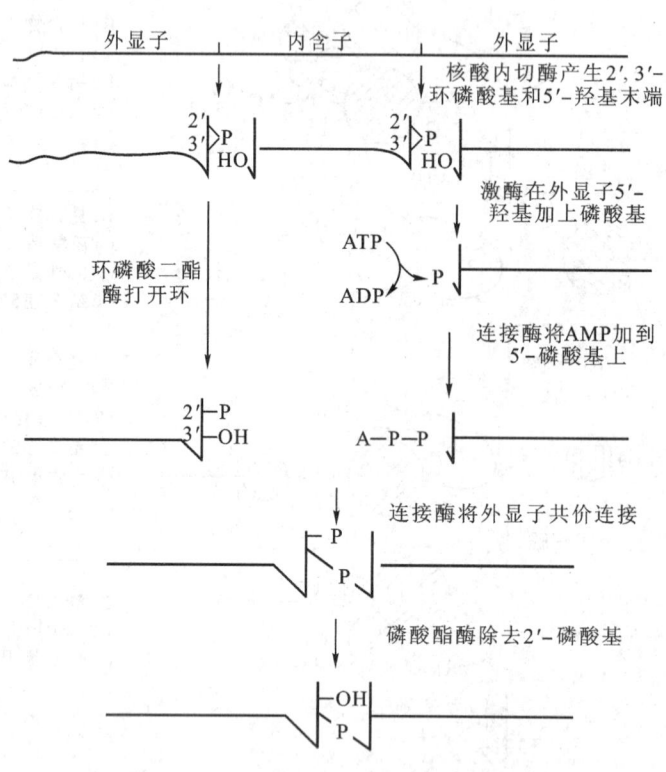

图 32-23 酵母和植物 tRNA 前体的剪接过程

植物和哺乳动物 tRNA 前体被核酸内切酶断裂时也产生 2′,3′-环磷酸。植物的剪接过程与酵母类似。哺乳动物的反应则有些差别。HeLa(人)细胞的连接酶可将 RNA 的 2′,3′-环磷酸基直接与 5′-羟基末端连接。因此,当 tRNA 前体被核酸内切酶除去内含子后,两个 tRNA 半分子可直接由 RNA 连接酶催化连接,无需末端基的转变。

(5) 反式剪接与选择性剪接 上述四类剪接均为分子内剪接,即顺式剪接。但生物体内还存在分子间的剪接,即反式剪接。如果一个 RNA 分子具有 5′剪接点,另一分子具有 3′剪接点,它们又靠得很近,就可以发生反式剪接。结果使一分子 5′剪接点上游序列与另一分子 3′剪接点下游序列连在一起,被切除的序列(相当于内含子)

形成类似套索的 Y 形结构。分支点形成不稳定的磷酸三酯，随即水解脱去分支。反式剪接较为少见。一个研究较多的反式剪接例子是锥虫的 mRNA，其众多 mRNA 的 5′端有一共同的 35 个碱基长的前导序列。该前导序列并非由各个转录单位的上游所编码，而是来自一些重复单位的转录产物（图 32-24）。给出 35 碱基前导序列的 RNA 称为 SL RNA（spliced leader RNA）。在其他生物中也发现有个别反式剪接现象。

一个基因的转录产物在不同的发育阶段、分化细胞和生理状态下，通过不同的剪接方式，可以得到不同的 mRNA 和翻译产物，称为选择性剪接（alternative splicing）。所产生的多个蛋白质即为同源体（isoform）。例如，α 原肌球蛋白基因可得到 10 个不同蛋白质产物。肌钙蛋白可产生 64 个蛋白质同源体。果蝇的性分化是由一系列基因产物相互作用的结果，通过关键基因转录物的选择性剪接决定了雄性和雌性的差别。选择性剪接广泛存在，在基因表达的调节控制中起了十分重要的作用。

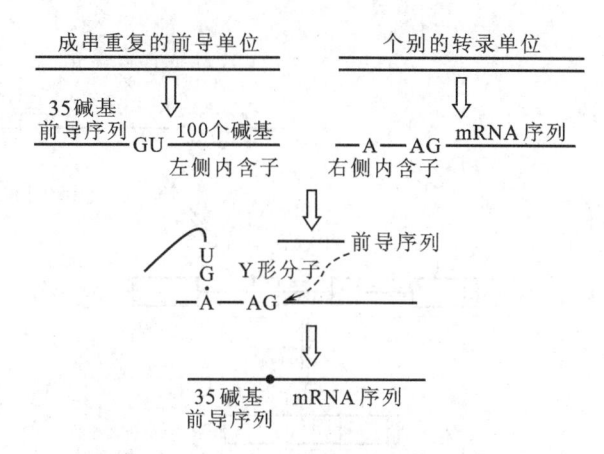

图 32-24 锥虫 mRNA 前导序列的反式剪接

选择性剪接可以有许多种方式进行，归纳起来有以下 4 种：①剪接产物缺失一个或几个外显子；②剪接产物保留一个或几个内含子作为外显子的编码序列；③外显子中存在 5′剪接点或 3′剪接点，从而部分缺失该外显子；④内含子中存在 5′剪接点或 3′剪接点，从而使部分内含子变为编码序列。由于转录的起点不同以及 mRNA 前体 3′端聚腺苷酸位点不同，增加了最后成熟 mRNA 的种类。图 32-25 列出各种选择性剪接的方式。

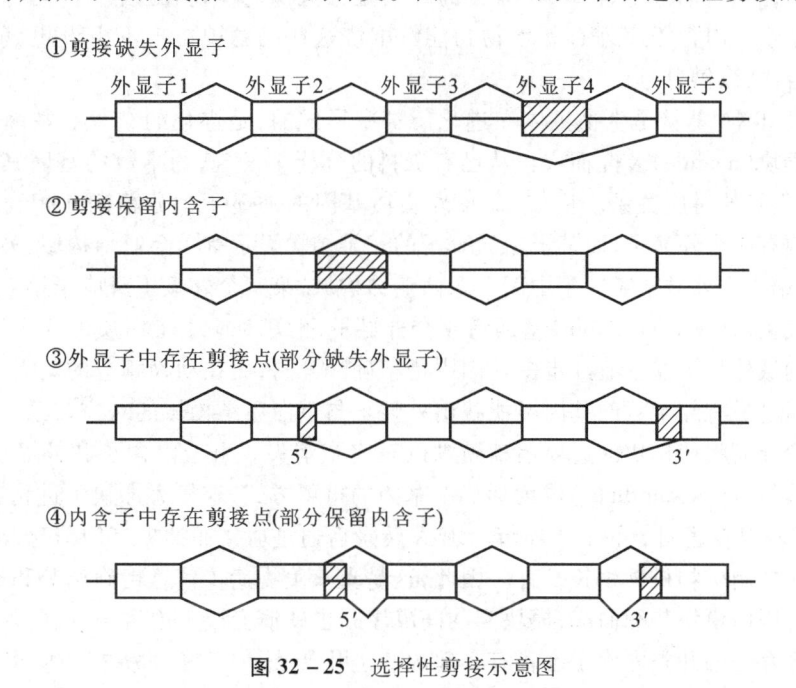

图 32-25 选择性剪接示意图

现以降钙素（calcitonin）的 mRNA 前体为例，说明具选择性剪接的机制。降钙素基因有 6 个外显子。它的原初转录物 3′端有两个 poly(A) 位点，其一显现于甲状腺中，另一显现于脑中。在甲状腺中，通过剪接产生降钙素 mRNA，它包括外显子 1～4。在脑中剪接去除降钙素外显子（外显子 4），产生降钙素基因相关肽（calcitonin-gene-related peptide，CGRP）mRNA。同一基因在不同组织中由于在剪接激活蛋白和抑制蛋白影响下加工的不同而得到两种不同的激素（图 32-26）。

(6) RNA 剪接的生物学意义　RNA 剪接现象的发现，给生物学家带来了一系列令人困惑的疑问。为什么生

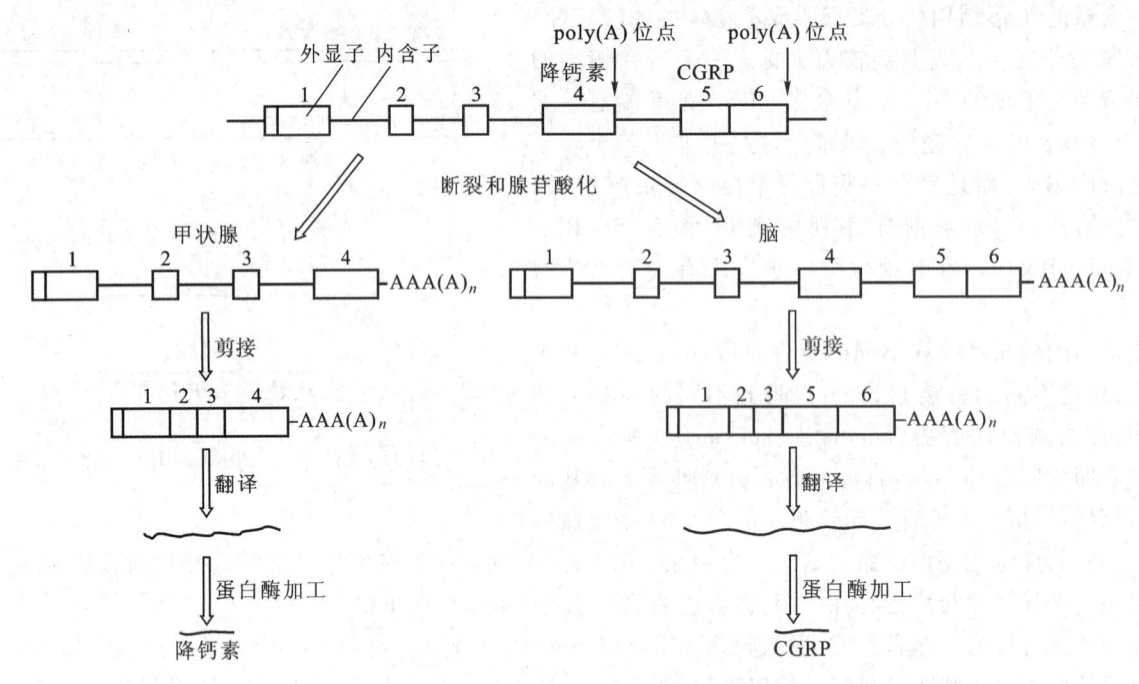

图 32-26 降钙素基因转录物的选择性加工

物机体要先转录内含子,然后将其切除？RNA 剪接的耗费是巨大的,其收益是什么？内含子由何而来？为什么内含子主要见于真核生物？内含子序列有无生物功能？围绕这些问题曾提出不少设想,争论很大,迄今尚无定论。这里仅提出一些看法,以供思考。

首先需要指出的是,RNA 剪接是生物机体在进化历史中形成的,是进化的结果。基因与基因产物蛋白质都是由一些构造元件即模块(module)装配而成。从已有资料的分析中发现,约半数的基因其外显子与蛋白质结构域、亚结构域或基序有很好的对应关系。例如,免疫球蛋白基因的外显子十分精确地相当于蛋白质折叠的结构域。再有血红蛋白基因有 3 个外显子,而其蛋白质分子的三维结构显示有 4 个亚结构域,第一个外显子对应于蛋白质第一个亚结构域,第二个外显子对应于中间 2、3 两亚结构域,第三个外显子对应于第 4 个亚结构域。而且还发现豆科植物的豆血红蛋白(leghemoglobin)基因有 4 个外显子,正好对应于蛋白质的 4 个亚结构域。这就是说,结合血红素的两亚结构域外显子在豆血红蛋白基因中是精确分开的,而在动物相应的基因中合并为一个外显子。类似的例子还很多。但是另有约半数的基因不能找出外显子与蛋白质结构域的对应关系;这毫不奇怪,因为在漫长的进化历程中由于变异而将使模块的边界逐渐模糊以至完全消失。由于内含子和外显子的存在,使得外显子的重新组合即外显子改组(exon shuffling)成为形成新基因的重要方式,这极大加快了进化速度。

其次,RNA 剪接是基因表达调节的重要环节。RNA 转录后通过剪接而抽提有用信息,形成连续的编码序列,并可通过选择性剪接而控制生物机体生长发育。因此,这是真核生物遗传信息精确调节和控制的方式之一。

第三,如上所述,基因由模块装配而成,模块间的间隔序列也就演变成为内含子,因此外显子和内含子有着同样古老的历史。而现今存在的几类内含子也各有其起源和进化历史,从它们的剪接方式和分布(表 32-5)可以大致推测其起源时间。Ⅰ型内含子能够自我剪接,并且分布极广,从蓝细菌、噬菌体到低等真核生物 rRNA 基因和高等真核生物的细胞器基因都有,估计它出现于 35 亿年前。Ⅱ型自我剪接的内含子也许与Ⅰ型内含子同时或稍后出现。核 tRNA 前体的内含子应在真细菌和真核生物分化之前出现,也就是说 17 亿年前。而核 mRNA 前体的内含子应在真核生物出现之后,大约 7 亿～10 亿年前出现。另一方面,某些Ⅰ型内含子含有编码核酸内切酶的序列,它们可以如同转座子一般在基因组内由一位点转移到另一位点;Ⅱ型内含子含有核酸内切酶或逆转录酶的编码序列,可以如同转座子和逆转座子一般扩散。这是内含子横向转移的过程。

表 32-5 内含子的剪接方式与分布

剪接方式	真细菌	古细菌	真核生物 细胞核	真核生物 线粒体	真核生物 叶绿体
Ⅰ型自我剪接	蓝细菌 Leu-tRNA 大肠杆菌 T 偶数噬菌体（*td*、*nrd*、*sunY* 基因） 枯草芽孢杆菌 SPO1 噬菌体		原生动物、真菌、藻类 rRNA 的基因	mRNA、rRNA	mRNA、rRNA Leu-tRNA
Ⅱ型自我剪接				mRNA	mRNA、tRNA
核 mRNA 前体依赖剪接体的剪接			mRNA		
核 tRNA 的酶促剪接		tRNA、rRNA	tRNA		

第四，RNA 剪接主要存在于真核生物，原核生物极为少见，但并非完全没有。一种合理的解释是原核生物为适应快速生长的需要，在进化过程中已将内含子丢掉。事实上，快速生长的单细胞真核生物，如酵母，其编码基因也几乎没有内含子。然而，内含子的存在使同源重组 DNA 分子间链的断裂和再连接可以发生在内含子中，避免了在重组过程中由于错位而造成基因失活，因而促进了重组。内含子增加了基因组的复杂性，可成为新的编码序列。尤其重要的是，当基因内由突变产生新的 5′ 或 3′ 剪接点时，旧的剪接依然存在，使生物机体不因突变而失去原有的蛋白质。许多突变是有害的，有益突变只是极少数，新旧蛋白质并存使机体能在长时间内对它们进行选择，只有对生物机体有益的突变才被固定下来。

第五，外显子和内含子是相对的，有些内含子具有编码序列，能够产生蛋白质或功能 RNA。前面提到 Ⅰ 型内含子能产生核酸内切酶，Ⅱ 型内含子能产生核酸内切酶或逆转录酶，以帮助内含子转移。也有些 Ⅰ 型和 Ⅱ 型内含子能产生成熟酶（maturase），帮助内含子自身折叠，促进自我剪接。许多核仁小 RNA 是由内含子产生的。上述内含子在表达时就成为外显子。再者，许多内含子对基因表达有一定影响，也就是说它们编码了某些基因表达的调控信息。因此，不能将内含子看成是无用的序列。

2. RNA 的编辑

1986 年 R. Benne 等在研究锥虫线粒体 DNA 时发现，其细胞色素氧化酶亚基 Ⅱ（*co*Ⅱ）基因与酵母或人的相应基因比较存在一个 -1 的移码突变，然而酶的功能又是正常的。进一步对比 *co*Ⅱ 基因与其转录物的序列，发现转录物在移码突变位点附近有 4 个不被基因 DNA 编码的额外尿苷酸，正好纠正了基因的移码突变（图 32-27）。由于用分子杂交技术在线粒体内找不到第二个 *co*Ⅱ 基因，所以认为这些尿苷酸是在转录中或转录后插进去的。他们将这种改变 RNA 编码序列的方式称为 RNA 编辑。

```
DNA 正链序列     GA     G     A   A
mRNA 序列       GAU    UGU   AUA
                 *      *     *
蛋白质序列      Asp    Cys   Ile
```

图 32-27 锥虫 *co*Ⅱ 基因与其表达产物的序列比较
* 标出插入核苷酸的位置

继 Benne 等人的工作之后，又有一些实验室陆续在多种生物中发现 RNA 的编辑，其中包括 U 的插入和删除，C、A 和 G 的插入，C 被 U 取代或 U 被 C 取代，A 转变为 I 等方式（表 32-6）。在锥虫线粒体细胞色素氧化酶亚基 Ⅲ（*co*Ⅲ）中，来自原始基因的遗传信息只占成熟 mRNA 的 45%，而 55% 的遗传信息来自 RNA 编辑。还发现副黏病毒的 P 基因在插入 G 的编辑中，由于插入数量的不同引起阅读框架改变，一个 mRNA 前体的编辑产物可以产生多种蛋白质。

表 32-6 RNA 编辑的不同类型和分布

编辑类型	机制	存在
U 的插入与删除	gRNA 指导的反应	锥虫线粒体 mRNA
C、A 或 U 的插入		多头绒孢菌线粒体 mRNA 和 rRNA
G 的插入	RNA 聚合酶重复转录	副黏病毒的 P 基因
C 转变为 U	酶促脱氨	哺乳类肠的 apoB mRNA
转变为 U 或 U 转变为 C	脱氨或氨基化	植物线粒体 mRNA 和 rRNA
		牛心线粒体 tRNA
A 转变为 I	脱氨	脑谷氨酸受体亚基 mRNA

Blum B 等揭示了 RNA 编辑中插入尿苷酸的机制。他们从线粒体中分离出一些长约 60 个核苷酸的 RNA，与被编辑 mRNA 前体序列互补，可作为编辑的模板，称为指导 RNA(guide RNA,gRNA)。gRNA 由另外的编码基因转录而来。编辑通常沿 mRNA 由 3′端向 5′端方向进行，当 gRNA 与 mRNA 配对而遇到不配对的核苷酸时，即以 gRNA 为模板在 mRNA 前体中插入和删除尿苷酸。此编辑过程由 20S 的酶复合物所催化，其中包括核酸内切酶、末端尿苷酰转移酶 (terminal uridyl transferase,TUTase) 和 RNA 连接酶，编辑过程如图 32-28 所示。由内切酶在不配对处将待编辑的 RNA(pre-edited RNA) 切开，末端尿苷酸转移酶以 UTP 为底物转移尿苷酸到切开的 3′末端上，或由外切酶除去 RNA 中多余的尿苷酸，然后经 RNA 连接酶使断口连上。至于多头绒孢菌 (Physarum polycephalum) 线粒体 mRNA 和 rRNA 的编辑插入 C、A 和 U，是否也由 gRNA 所导致，目前还不清楚。

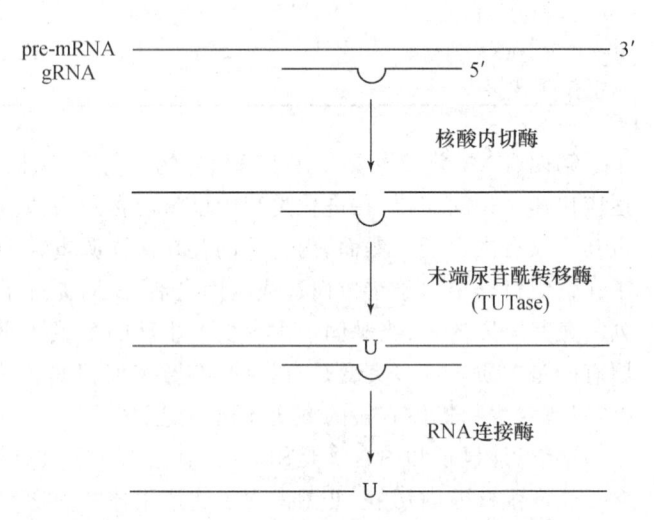

图 32-28 在 gRNA 指导下 pre-mRNA 的编辑过程

哺乳类动物的载脂蛋白 B(Apolipoprotein B, Apo B) 按大小可分为 Apo B100 和 Apo B48 两种，二者是同一基因产物。人的 Apo B100(M_r 512 000) 在肝中合成；Apo B48(M_r 241 000) 在小肠中合成。在小肠细胞中 Apo B mRNA 前体于特定位置上一个 C 脱氨变成 U，原来编码谷氨酸的密码子 CAA 变成终止密码子 UAA，从而引起翻译提前结束。研究表明，编辑位点附近一段序列(约 26 个碱基)很重要，推测编辑酶 (editing enzyme) 识别并结合其上，然后脱去一定位置上 C 的氨基。

尤为引人瞩目的是脑受体离子通道亚基 mRNA 的编辑。脑进行学习和记忆的快速兴奋突触反应以及建立并维持突触可塑性通路均与受体离子通道有关。大鼠脑谷氨酸受体通道蛋白有 6 个亚基，其中三个亚基的 mRNA 能发生编辑，使一个谷氨酰胺的密码子变成精氨酸的密码子，以此控制神经递质引起的离子流。在受体的另一位置上，还发生一个精氨酸密码子转变成甘氨酸密码子。这些变化都涉及腺嘌呤的脱氨反应。腺苷脱氨酶作用于双链 RNA 区上的 A 使其变为 I(次黄嘌呤)。I 的碱基配对行为与 G 相当，因此改变了 mRNA 翻译的蛋白质性质。编辑酶能够特异识别编辑位点的茎环结构，其作用十分精确(图 32-29)。同样的事件也发生在 5-羟色胺受体的 mRNA。

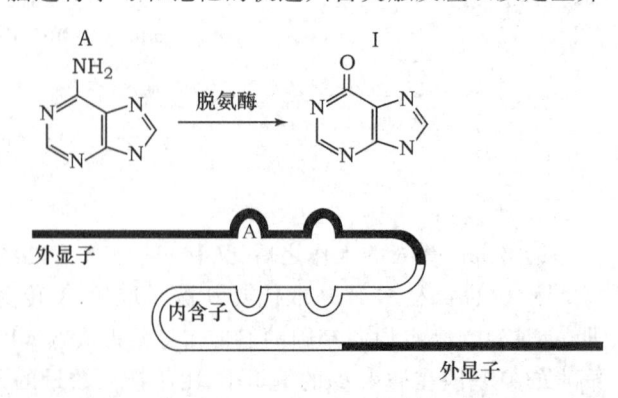

图 32-29 在内含子指导下 pre-mRNA 的脱氨反应

RNA 的编辑有何生物学意义？首先,从锥虫线粒体 mRNA 编辑和其他的例子中可以看到,RNA 编辑可以消除突变的为害。甚至某些基因在突变过程中丢失达一半以上的遗传信息都可藉 gRNA 一一加以补足。令人费解的是何以 RNA 编辑恰好可以纠正基因突变带来的损害？合乎逻辑的推理是 RNA 原来就是多变的,它能通过分子内和分子间反应产生种种 RNA 重排或由酶进行修饰,如果有 RNA 或酶引起 mRNA 众多变异中的一种恰好补救了基因突变引起的灾难,自然选择就将这种变异固定下来,成为 RNA 编辑。其次,RNA 编辑增加了基因产物的多样性,由同一基因转录物经编辑可以表达出多种同源体蛋白质。第三,RNA 编辑还和生物发育与分化有关,是基因调控的一种重要方式。第四,RNA 编辑还可能使基因产物获得新的结构和功能,有利于生物进化。

3. RNA 的再编码

过去一直以为编码在 mRNA 上的遗传信息是以固定的方式进行译码的,然而并不尽然。日益积累的事实表明,在某些情况下可以用不同的方式译码,也就是说改变了原来编码的含义,称为再编码(recoding)。由于基因的错义、无义和移码突变,使基因降低或失去活性。校正 tRNA 通常是一些变异的 tRNA,它们或是反密码子环碱基发生改变,或是决定 tRNA 特异性即个性的碱基发生改变,从而改变了译码规则,故而使错误的编码信息受到校正。校正 tRNA 在错义或无义突变的位置上引入一个与原来氨基酸相同或性质相近的氨基酸,因而恢复或部分恢复基因编码蛋白质的活性,并通过阅读一个二联体(doublet)密码子或四联体(quadruplet)密码子而消除 -1 移码或 +1 移码的效应。这是 RNA 再编码的一种重要方式。有时 rRNA 的突变也有助于消除移码突变的影响。

在蛋白质合成过程中核糖体按照 mRNA 上三联体阅读框架移动,另两个可能的阅读框架是不含有用遗传信息的。然而,核糖体遇到某些 mRNA 可在翻译的一定位点上发生"打嗝"或"跳跃",由此改变阅读框架。此过程称为核糖体移码,或程序性阅读框架移位(programmed reading frame shift),简单称为翻译移码(translational frameshifting)。翻译移码可能与 mRNA 的高级结构有关。这一机制可以使一个 mRNA 产生两个或更多相互有关但是不同的蛋白质,也可以借以调节蛋白质的合成。

（四）RNA 生物功能的多样性

按照传统的观点,RNA 只是基因表达的中间物,主要功能是控制蛋白质的生物合成。上世纪 80 年代初发现 RNA 也具有催化功能,称之为核酶,从而破除了"酶一定是蛋白质"的传统观点,也破除了"RNA 的功能只是控制蛋白质的合成"这一传统观点。此后 RNA 的重要功能不断有新的发现。归纳起来,RNA 的主要功能有以下几个方面：

第一,RNA 在遗传信息的翻译中起着决定的作用。蛋白质生物合成是生物机体最复杂也是最重要的代谢过程,三类 RNA 共同承担并完成这一过程。rRNA 起着装配(assembler)作用,tRNA 起着信息转换(adaptor)的作用,mRNA 起信使(messenger)的作用。蛋白质是在核糖体上合成的。按照传统的观点,催化肽键形成的肽基转移酶活性应归之于核糖体上一个或几个蛋白质。1992 年,H. F. Holler 等证明,该活性是由大亚基 rRNA 所催化,而核糖体蛋白质被认为只起辅助作用。2000 年在多个实验室共同努力下,核糖体小亚基和大亚基高分辨率的结构已被揭示,在蛋白质合成的活性中心只有 rRNA,核糖体蛋白质位于外周,从结构角度证明了蛋白质是由 RNA 控制合成的。

第二,RNA 具有重要的催化功能和其他持家功能。20 世纪 80 年代初由 Cech 和 Altman 首先发现 RNA 有催化功能。随后陆续发现一些噬菌体、类病毒(viroid)、拟病毒(virusoid)和卫星 RNA 在复制过程中能够自我切割和环化。自然界存在的核酶多数催化自身加工反应。催化分子间反应的核酶通常都与蛋白质结合,形成核糖核蛋白复合物,如 RNase P、1,4 - α - 葡聚糖分支酶、马铃薯邻苯二酚氧化酶、端粒酶等。从这些复合物中分离出的 RNA,有些单独即具催化活性,多数单独无催化活性。生物体内一些非常重要的 RNA - 蛋白质颗粒,如核糖体、剪接体、编辑体及信号识别颗粒等也可以看成是核酶的复合物。RNA 的持家功能包括形成细胞的结构成分,如原核和真核生物染色体的结构 RNA,噬菌体的装配 RNA(packaging RNA,pRNA)等。

第三,RNA 转录后加工和修饰依赖于各类小 RNA 和其蛋白质复合物。RNA 转录后加工十分复杂,除少数比较简单的过程可以直接由酶完成外,通常都要由一些特殊的 RNA 参与作用。它们或选择加工部位,或完成加工反应,并且这些 RNA 常与蛋白质形成复合物,如 UsnRNP。近年来发现核仁中存在大量小 RNA(snoRNA),它们与 rRNA 前体的加工有关,包括断裂、甲基化、假尿嘧啶核苷的形成。另一特点是,snoRNA 不是由其单独的基因所编码,而是由切除的内含子片段加工而成。有关 RNA 的信息加工,前面已有介绍,这里不再重复。

第四,RNA 对基因表达和细胞功能具有重要调节作用。反义 RNA(antisense RNA)可通过与靶部位序列互补而与之结合,或直接阻止其功能,或改变靶部位构象而影响其功能。早期发现的 micRNA(mRNA interfering complementary RNA)可调节 mRNA 的翻译。一般 micRNA 结合于 mRNA 的 5′末端,但也有结合于 3′端的。近年来发现一系列 siRNA(small interfering RNA)和 miRNA(microRNA),前者用于对付入侵基因或基因的不正常表达,使之沉默;后者调节机体生长发育过程中的基因表达。例如,线虫 C. elegans 的 lin4 RNA 可结合于 lin14 和 lin28 mRNA 的 3′非翻译区,影响其翻译功能,lin14 和 lin28 基因均与控制幼虫发育有关。

细胞应激反应涉及一系列细胞功能和基因表达的调节。大肠杆菌在氧应力诱导下产生一种稳定的小 RNA,称为 oxyS RNA,它可激活或阻遏 40 多种基因的表达,其中包括转录调节因子 Fh1A 和起始因子 σ^S 的基因,并且还具有抗诱变作用。

较早就发现 RNA 在个体发育和组织分化中起重要调节作用。例如,异配动物的性决定和剂量补偿可由 RNA 进行调节。果蝇和哺乳动物雌性细胞带有两条 X 染色体,雄性细胞带有一条 X 染色体和一条 Y 染色体。果蝇通过活化雄性细胞的 X 染色体,使其转录水平达到雌性细胞两条 X 染色体的转录水平,这种活化作用是由 X 染色体编码的 roX1 RNA 所调节。哺乳动物采取另一种剂量补偿机制,在发育早期雌性细胞两条 X 染色体中的一条随机失活,以浓缩的异染色质小体形式存在,由此使雌性细胞 X 连锁基因表达水平与雄性细胞相当。X 染色体失活的起始和维持均由 Xist RNA 介导,该 RNA 是从失活 X 染色体上所产生。

第五,RNA 在生物的进化中起重要作用。RNA 进化的研究一直是一个十分活跃的领域。核酶的发现表明 RNA 既是信息分子,又是功能分子,生命起源早期可能首先出现的是 RNA。据此 W. Gilbert 提出"RNA 世界"的假说,这对"DNA 中心"的观点是一次有力的冲击。如果说生物大分子的合成在一定程度上反映了它们的演化历史,那么 RNA 就是最具复杂演化历史的生物大分子,它的转录后加工远比任何一类大分子合成后加工都更复杂。从 RNA 的剪接过程中可以推测到蛋白质及基因由模块构筑的演化历程。剪接和编辑可以降低基因突变的危害,增加遗传信息的多样性,促进生物进化。RNA 也可能是某些获得性遗传的分子基础。

逆转座子是基因组的不稳定因素,它们能够促进基因组的流动性,并在进化中成为形成新的基因和调控元件的种子。上述许多问题目前还知道不多,有待更深入研究。

(五) RNA 的降解

基因表达可在不同水平上进行调节。RNA 降解是涉及基因表达的一个重要环节。rRNA 和 tRNA 是稳定的 RNA,其更新率较低;mRNA 是不稳定 RNA,其更新率非常高。因为 mRNA 与其编码基因的表达活性直接有关,不同的 mRNA 需要以不同速度进行降解。对于一个基因产物仅短暂需要的 mRNA,其半寿期只有几分钟,甚至几秒钟。然而,细胞对基因产物如果恒定需要,其 mRNA 将在细胞的许多世代中都是稳定的。脊椎动物细胞 mRNA 的平均半寿期约为 3h,细胞每一世代中各类 mRNA 约周转 10 次。细菌 mRNA 的半寿期大约只有 1.5 min,以适应快速生长和对环境作出快速反应的要求。

在所有细胞中都存在各种核糖核酸酶,可以降解 RNA。但由核糖核酸外切酶按 5′→3′方向降解 RNA 较为常见,虽然 3′→5′核糖核酸外切酶也存在。在细菌中,通常 mRNA 还未转录完,已有核糖体跟着结合上去进行翻译,经过几轮翻译,mRNA 即被降解。具有不依赖于 rho 因子终止子的 mRNA 其末端可形成发夹结构,因而具有对降解的稳定性。类似的发夹结构可以使多顺反子 mRNA 的某些部分变得更加稳定。在真核细胞中,3′多聚腺苷酸尾巴对许多 mRNA 的稳定性十分重要。真核生物 mRNA 降解的主要途径首先是 poly(A) 尾巴的缩短。去腺苷酸化既能诱发 5′端脱掉帽子结构,然后由 5′→3′方向降解 RNA;也能直接由 3′→5′方向降解 mRNA。

三、在 RNA 指导下 RNA 和 DNA 的合成

核糖核酸(RNA)在遗传信息表达和调节中的重要作用已如上述。在有些生物中,核糖核酸也可以是遗传信息的基本携带者,并能通过复制而合成出与其自身相同的分子。例如,某些 RNA 病毒,当它侵入寄主细胞后可借助于复制酶(replicase)(RNA 指导的 RNA 聚合酶)而进行病毒 RNA 的复制。遗传信息还可以从 RNA 传递给 DNA,即以 RNA 为模板借助逆转录酶(RNA 指导的 DNA 聚合酶)合成 DNA。

(一) RNA 的复制

从感染 RNA 病毒的细胞中可以分离出 RNA 复制酶。这种酶以病毒 RNA 作模板,在有 4 种核苷三磷酸和镁离子存在时合成出互补链,最后产生病毒 RNA。用复制产物去感染细胞,能产生正常的病毒。可见,病毒的全部遗传信息,包括合成病毒外壳蛋白质(coat protein)和各种有关酶的信息均贮存在被复制的 RNA 之中。

1. 噬菌体 Qβ RNA 的复制

复制酶的模板特异性很高,它只识别病毒自身的 RNA,而对宿主细胞和其他与病毒无关的 RNA 均无反应。例如,噬菌体 Qβ 的复制酶只能以 Qβ RNA 作模板,而代用与其类似的噬菌体 MS2、R17 和 f2RNA 或其他 RNA 都不行。

噬菌体 Qβ 是一种直径为 20nm 的正二十面体小噬菌体,含 30% 的 RNA,其余为蛋白质。RNA 为相对分子质量 1.5×10^6 的单链分子,由约 4 500 个核苷酸组成,含有编码 3~4 个蛋白质分子的基因。其有关蛋白质为:成熟蛋白(A 或 A_2 蛋白)、外壳蛋白和复制酶 β 亚基。Qβ 还含有另一特异蛋白称之为 A_1,它是完整病毒的次要组分。氨基酸序列分析表明,A_1 蛋白 N 端氨基酸序列与外壳蛋白一致。推测编码 A_1 蛋白的 RNA 序列具有两个终止位点,在第一个位点终止时仅产生外壳蛋白,但如通读过去直到第二个终止位点,这样就产生 A_1 蛋白。Qβ 的基因次序是:

5′末端 - 成熟蛋白 - 外壳蛋白(或 A1 蛋白) - 复制酶 β 亚基 - 3′末端

Qβ 复制酶有 4 个亚基,噬菌体 RNA 只编码其中的 β 亚基,另外 3 个亚基(α、γ 和 δ)则来自宿主细胞。现已证明,α 是核糖体的蛋白质 S1。γ 和 δ 是缩主细胞蛋白质合成系统中的肽链延长因子 EF-Tu 和 EF-Ts。它们的性质和功能总结于表 32-7。

表 32-7 Qβ 复制酶亚基的性质和功能

亚基名称	相对分子质量	来源	功能
I (α)	65 000	宿主细胞核糖体的蛋白质 S1	与噬菌体 Qβ RNA 结合
II (β)	65 000	噬菌体感染后合成	聚合反应中磷酸二酯键形成的活性中心
III (γ)	45 000	宿主细胞的 EF-Tu 因子	与底物结合,识别模板并选择底物
IV (δ)	35 000	宿主细胞的 EF-Ts 因子	稳定 α、γ 亚基结构

当噬菌体 Qβ 的 RNA 侵入大肠杆菌细胞后,其 RNA 可以直接进行蛋白质的合成。通常将具有 mRNA 功能的链称为正链,而它的互补链为负链;故噬菌体 Qβ RNA 为正链。在噬菌体特异的复制酶装配好后不久,就被吸附到正链 RNA 的 3′末端,以正链为模板合成出负链 RNA,直至合成进程结束,负链从模板上释放。同样的酶又吸附到负链 RNA 的 3′末端,并以负链为模板合成正链(图 32-30)。所以两条链都是由 5′→3′方向延长。在最适宜条件下,无论正链或负链的合成速度均为每秒 35 个核苷酸。

噬菌体 RNA 通过回折形成大量短的双螺旋区,在此二级结构基础上还可形成紧密的三级结构。噬菌体 RNA 的高级结构参与翻译的调节控制。当噬菌体 RNA 处于天然高级结构状态时,成熟蛋白基因的起始区处于折叠结构之中,无法与核糖体结合,因而被关闭。只有刚完成复制的噬菌体 RNA,成熟蛋白基因的起始区才能接受核糖体,进行成熟蛋白的翻译。同样,RNA 复制酶亚基的合成起始区与外壳蛋白基因部分序列碱基配对,核糖体能直

接起动外壳蛋白合成,但不能直接起动 RNA 复制酶亚基的合成。只有当外壳蛋白合成过程中核糖体使双链结构打开,RNA 复制酶亚基的起始区才能接受核糖体,并开始复制酶亚基的合成(图 32-31)。通过这种方式可以控制各种蛋白质合成的时间和合成的量。

图 32-30 噬菌体 Qβ RNA 的合成

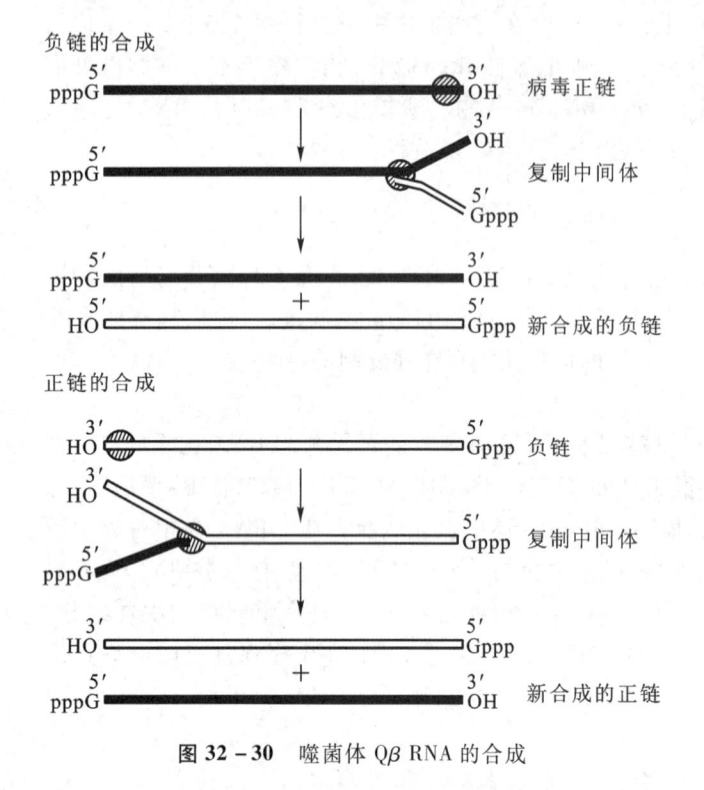

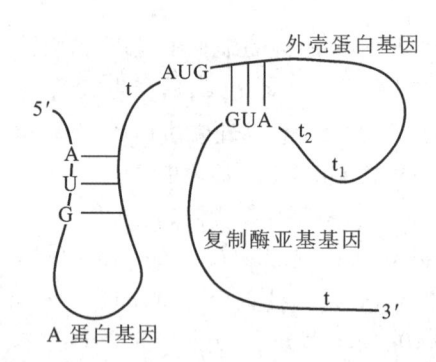

图 32-31 Qβ RNA 翻译和复制的自我调节
A 蛋白基因和复制酶亚基基因的起始区可通过碱基配对形成双螺旋,AUG 是起始密码子。外壳蛋白基因有两个终止位点,t_1 和 t_2。刚复制的 QβRNA 可起动 A 蛋白的合成,复制酶亚基的合成有赖于外壳蛋白的合成

当以正链为模板合成负链时,除需要复制酶外,还需要两个来自宿主细胞的蛋白质因子,称为 HFI 和 HFII。但是,由负链为模板合成正链时并不需要这两个因子。在感染后期,噬菌体 RNA 大量合成,这时正链 RNA 的合成远超过负链 RNA 的合成,其原因就是宿主的蛋白质因子起了限速作用。

进化的压力使病毒具有极高的复制效率,精确的识别和控制机制,并且尽量依赖宿主的条件。病毒的一个显著特点是,它的各组成成分常具有多种复杂的功能。例如,Qβ 复制酶不仅能将噬菌体 RNA 与大量存在于宿主细胞的 RNA 区别开来,特异地催化噬菌体 RNA 的复制;而且还能强力地抑制核糖体结合到 Qβ 的 RNA 上,起蛋白质合成阻遏物的作用,这在病毒复制的早期有重要意义。再如,作为病毒颗粒结构组分的外壳蛋白,同时又是复制酶合成的调节(阻遏)蛋白,因此感染后期当外壳蛋白的需要达到高潮时,复制酶的合成即大大降低。

2. 病毒 RNA 复制的主要方式

RNA 病毒的种类很多,其复制方式也是多种多样的,归纳起来可以分成以下几类:

(1)病毒含有正链 RNA　进入宿主细胞后首先合成复制酶(以及有关蛋白质),然后在复制酶作用下进行病毒 RNA 的复制,最后由病毒 RNA 和蛋白质装配成病毒颗粒。噬菌体 Qβ 和脊髓灰质炎病毒(poliovirus)即是这种类型的代表。脊髓灰质炎病毒是一种小 RNA 病毒(picornavirus)。它感染细胞后,病毒 RNA 即与宿主核糖体结合,产生一条长的多肽链,在宿主蛋白酶的作用下水解成 6 个蛋白质,其中包括 1 个复制酶,4 个外壳蛋白和 1 个功能还不清楚的蛋白质。在形成复制酶后病毒 RNA 才开始复制。

(2)病毒含有负链 RNA 和复制酶　例如,狂犬病病毒(rabies virus)和马水疱性口炎病毒(vesicular-stomatitis virus)。这类病毒侵入细胞后,借助于病毒带进去的复制酶合成出正链 RNA,再以正链 RNA 为模板,合成病毒蛋白质和复制病毒 RNA。

(3)病毒含有双链 RNA 和复制酶　例如,呼肠孤病毒(reovirus)。这类病毒以双链 RNA 为模板,在病毒复制

酶的作用下通过不对称的转录,合成出正链 RNA,并以正链 RNA 为模板翻译成病毒蛋白质。然后再合成病毒负链 RNA,形成双链 RNA 分子。

(4) 致癌 RNA 病毒　主要包括白血病病毒(leukemia virus)和肉瘤病毒(sarcoma virus)等逆转录病毒。它们的复制需经过 DNA 前病毒阶段,由逆转录酶所催化。这类病毒的复制过程,后面再予详细介绍。

不同类型的 RNA 病毒产生 mRNA 的机制大致可分为 4 类(图 32-32)。由病毒 mRNA 合成各种病毒蛋白质,再进行病毒基因组的复制和病毒装配。因此病毒 mRNA 的合成在病毒复制过程中处于核心地位。

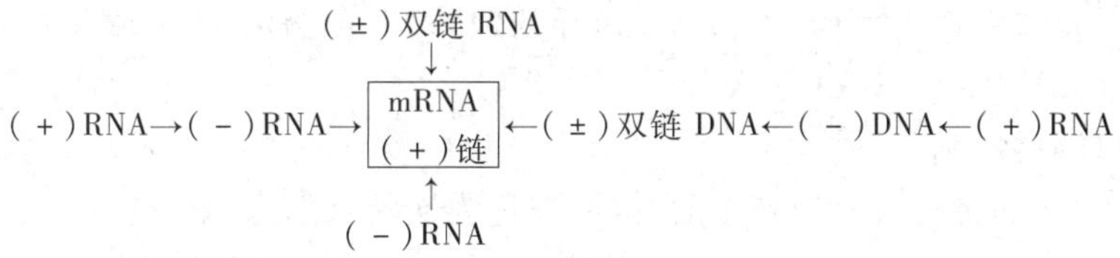

$$(+)RNA \rightarrow (-)RNA \rightarrow \boxed{\begin{array}{c}(\pm)双链 RNA\\ mRNA\\(+)链\\(-)RNA\end{array}} \leftarrow (\pm)双链 DNA \leftarrow (-)DNA \leftarrow (+)RNA$$

图 32-32　RNA 病毒合成 mRNA 的不同途径

(二) RNA 的逆转录

以 RNA 为模板、即按照 RNA 中的核苷酸序列合成 DNA,这与通常转录过程中遗传信息流从 DNA 到 RNA 的方向相反,故称为逆转录(reverse transcription)。催化逆转录反应的酶最初是在致癌 RNA 病毒中发现的。

1. 逆转录酶的发现

1970 年,Temin 与 Mizufani 以及 Baltimore 分别从致癌 RNA 病毒中发现逆转录酶(reverse transcriptase),这就有力证明了 Temin 的前病毒学说(provirus theory)。

致癌 RNA 病毒是一大群能引起鸟类、哺乳类等动物白血病和肉瘤以及其他肿瘤的病毒。这类病毒侵染细胞后并不引起细胞死亡,却可以使细胞发生恶性转化。Temin 等注意到致癌 RNA 病毒的复制行为与一般 RNA 病毒不同,用特异的抑制物(放线菌素 D)能抑制致癌 RNA 病毒的复制,但不能抑制一般 RNA 病毒的复制。已经知道放线菌素 D 专门抑制以 DNA 为模板的反应,可见致癌 RNA 病毒的复制过程必然涉及 DNA。Temin 于 1964 年提出了前病毒的假设,认为致癌 RNA 病毒的复制需经过一个 DNA 中间体(即前病毒),此 DNA 中间体可部分或全部整合(integration)到细胞 DNA 中,并随细胞增殖而传递至子代细胞。细胞的恶性转化就是由前病毒引起的。前病毒学说的一个关键,即是认为遗传信息可以由 RNA 传递给 DNA。这种观点虽然能解释一些现象,但却不能被当时生物学界所接受;因为按照传统的"中心法则",遗传信息的传递只能由 DNA 到 RNA 然后再到蛋白质,是一种单向进行的过程。为了证明前病毒学说,促使 Temin 等人努力去寻找逆转录酶。

Bader 用嘌呤霉素(puromycin)抑制静止细胞的蛋白质合成,发现这种细胞仍然能感染劳氏肉瘤病毒(RSV,一种致癌 RNA 病毒),说明有关的酶不是感染后在细胞中合成的,而是在病毒中早已存在并由病毒带进细胞的。在这之后陆续报道在病毒粒子中发现有 DNA 聚合酶或 RNA 聚合酶存在。以上结果推动了 Temin 等以及 Baltimore 从致癌 RNA 病毒中寻找合成前病毒的酶,终于在 1970 年分别在劳氏肉瘤病毒和鼠白血病病毒(MLV)中找到了逆转录酶。这一发现具有重要的理论意义和实践意义。它表明不能把"中心法则"绝对化,遗传信息也可以从 RNA 传递到 DNA,从而冲破了传统观念的束缚。它还促进了分子生物学、生物化学和病毒学的研究,为肿瘤的防治提供了新的线索。逆转录酶现已成为研究这些学科的有力工具。Temin 和 Baltimore 于 1975 年因发现逆转录酶而获诺贝尔生理学与医学奖。

2. 逆转录酶的性质

禽类成髓细胞瘤病毒的逆转录酶由一个 α 亚基和一个 β 亚基所组成。α 亚基的相对分子质量为 65 000,它是由相对分子质量为 90 000 的 β 亚基加工产物。鼠类白血病病毒的逆转录酶由一条多肽链组成,相对分子质量为 84 000。该酶由 *pol* 基因所编码。正如所有 DNA 和 RNA 聚合酶一样,逆转录酶亦含有二价金属离子。

逆转录酶催化的 DNA 合成反应以 4 种脱氧核苷三磷酸作为底物,要求有模板和引物,此外还需要适当浓度的二价阳离子(Mg^{2+} 和 Mn^{2+})和还原剂(以保护酶蛋白中的巯基),DNA 链的延长方向为 $5'\to 3'$。这些性质都与 DNA 聚合酶相类似。当以其自身病毒 RNA 作为模板时,该酶表现出最大的逆转录活力,但是带有适当引物的任何种类 RNA 都能作为合成 DNA 的模板。引物可以是寡聚脱氧核糖核苷酸,也可以是寡聚核糖核苷酸,但必须与模板互补,并且具有游离 $3'-OH$ 末端,其长度至少要有 4 个核苷酸。实验室常用该酶合成 mRNA 的 cDNA。

现在知道,逆转录酶是一种多功能酶,它兼有 3 种酶的活力。①它可以利用 RNA 作模板,在其上合成出一条互补的 DNA 链,形成 RNA-DNA 杂合分子(RNA 指导的 DNA 聚合酶活力);②它还可以在新合成的 DNA 链上合成另一条互补 DNA 链,形成双链 DNA 分子(DNA 指导的 DNA 聚合酶活力);③除了聚合酶活力外,它尚有核糖核酸酶 H 的活力,专门水解 RNA-DNA 杂合分子中的 RNA。

3. 逆转录病毒的基因组

所有已知的致癌 RNA 病毒都含有逆转录酶,因此被称为逆转录病毒(retrovirus)。这类病毒的基因组通常是由两条相同的(+)RNA 链所组成,在 RNA 分子靠近 5′端附近区域以氢键结合在一起,因此在各类病毒中是独特的二倍体。基因组 RNA 的两端具有同样的序列,成为正向重复。5′端有帽子结构($m^7G^{5'}ppp^{5'}N-$),3′端有多聚腺苷酸,与一般真核生物 mRNA 相似。(+)RNA 靠近 5′端处还通过碱基配对带有 1 分子宿主 tRNA,以作为逆转录的引物。某些鸟类逆转录病毒携带的是 $tRNA^{Trp}$;鼠类是 $tRNA^{Pro}$;人嗜 T 淋巴细胞病毒(human T lymphotropic virus,HTLV)也是 $tRNA^{Pro}$,而获得性免疫缺损综合征(acquired immunodeficiency syndrome,AIDS)病毒是 $tRNA^{Lys}$。

典型的逆转录病毒 RNA 基因组长约 7000~10 000 个核苷酸,携带 3 个基因:*gag*、*pol* 和 *env*。*gag* 和 *pol* 通常翻译成一条长的多肽链,由病毒的蛋白酶切成 6 个蛋白。*gag*(group associated antigen)基因编码病毒颗粒内的核心蛋白,包括基质(matrix,MA)、衣壳(capsid,CA)和核衣壳(nucleocapsid,NC)3 个蛋白。*pol* 基因编码蛋白酶、整合酶(integrase)和逆转录酶。许多逆转录酶含有 α 和 β 两个亚基,α 亚基是由 β 亚基被蛋白酶切去 C 端后形成的;也有只含一条多肽链。*env* 基因编码被膜(envelope)蛋白,其 RNA 经剪接后翻译成一条多肽链,由蛋白酶切成两个蛋白,即表面蛋白(surface protein,SU)和跨膜蛋白(transmembrane,TM)。

劳氏肉瘤病毒的 RNA 基因组还有第 4 个基因(*src*),为病毒携带的癌基因(v-*onc*),仅与转化宿主细胞有关,对病毒自身繁殖并非必需。目前已知肉瘤病毒携带的癌基因编码一种酪氨酸蛋白激酶,它的高表达造成细胞分裂失控。人嗜 T 淋巴细胞病毒和获得性免疫缺损综合征病毒的基因组更为复杂,除 *gag*、*pol* 和 *env* 基因外,还有多个开放阅读框架,编码不同功能的蛋白质。其中有些框架序列被内含子分开,需要经过剪接才能翻译。图 32-33 显示某些逆转病毒的基因组。

4. 逆转录的过程

逆转录病毒的生活周期十分复杂。借助于病毒颗粒的表面蛋白和跨膜蛋白,使病毒与宿主细胞相融合,病毒颗粒所携带的基因组 RNA 以及逆转录和整合所需要的引物(tRNA)和酶(逆转录酶、整合酶)得以进入宿主细胞内。在细胞质内发生病毒 RNA 的逆转录,由 cDNA 进入细胞核,在整合酶帮助下整合到宿主染色体 DNA 内,成为前病毒(provirus)。前病毒可随宿主染色体 DNA 一起复制和转录。只有整合的前病毒 DNA 转录的 mRNA 才能翻译产生病毒蛋白质,刚进入细胞的病毒 RNA 是无翻译活性的。因此,逆转录和整合所需的酶必须由病毒颗粒所携带。由此可见,在逆转录病毒生活周期中最关键的是逆转录过程。

逆转录过程可分为十步反应,其中需要经过逆转录酶两次转换模板(或称为两次跳跃)。首先,由结合在靠近 5′端引物结合位点(primer-binding site,PBS)的 tRNA 作为引物,在逆转录酶作用下合成 U5(unique to the 5′ end)和 R(repeat)区的互补序列。第二步,由逆转录酶的 RNase H 将模板 RNA 的 U5 和 R 区水解掉。第三步,新合成的(-)链 DNA 3′端 R 区与模板 RNA 3′端的 R 区配对,这是第一次逆转录酶转换模板(跳跃)。第四步,(-)链 DNA 继续延长。第五步,模板 RNA 的 U3(unique to the 3′ end)、R 和 poly(A)$_n$ 被水解掉,5′端也开始水解,保留 3′端附近的多聚嘌呤片段(poly purine tract,PPT)作为合成(+)链 DNA 的引物。第六步,(+)链 DNA 开始合成。第七步,引物 tRNA 被降解掉。第八步,(+)链 DNA 与(-)链 DNA 在 PBS 位点处配对,酶第二次转换模板(跳跃)。第九步,继续合成双链 DNA。第十步,两末端序列重复合成形成长末端重复序列(long terminal

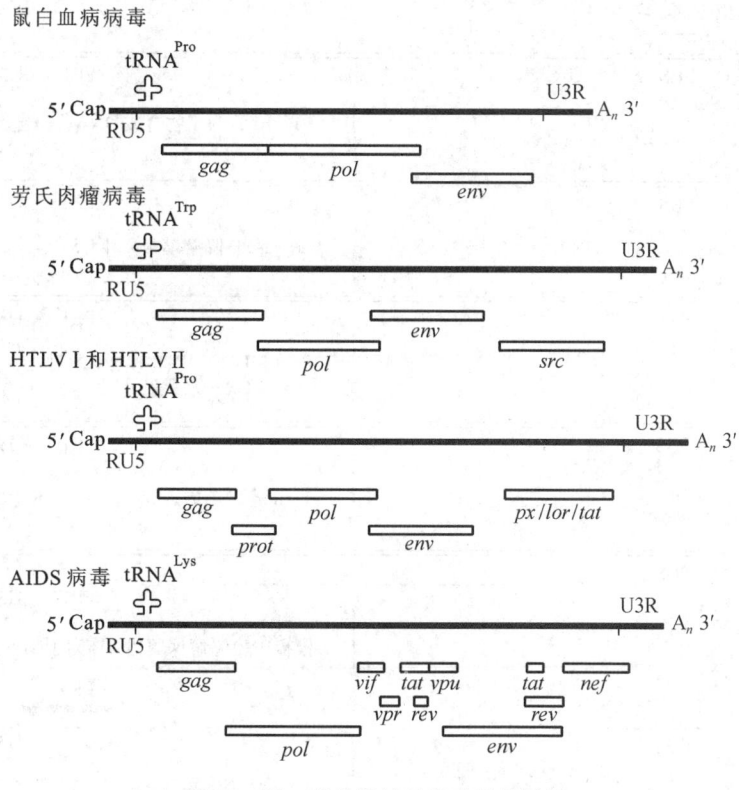

图32-33 某些逆转录病毒的基因组
▭ 开放阅读框架,其中有些阅读框架被内含子分开

repeat,LTR)。全部过程如图32-34所示。

逆转录产生的线型双链cDNA进入核内即可发生整合。逆转录病毒DNA的整合机制与转座子的转座过程类似。前病毒的两端LTR各失去2bp,两侧形成4~6bp的正向重复。逆转录病毒RNA是从整合的前病毒DNA上经转录而来。它们转运到胞质,在那里进行翻译。基因组RNA和病毒蛋白质转移到质膜,经装配通过出芽的方式形成新的病毒颗粒(图32-35)。

5. 逆转录的生物学意义

病毒只是游离的基因或基因组,这就是说病毒RNA的逆转录过程是细胞所具有的,而并不仅限于病毒,虽然最初逆转录过程是从病毒中发现的。其后发现众多的逆转座子,表明逆转录过程在细胞中频繁发生。但是在一般的细胞中并无可觉察的逆转录酶活性。其实端粒酶就是一种逆转录酶,其活性只存在于胚胎和肿瘤细胞中。可能细胞的逆转录酶只在一定条件下才能表达,这也是细胞染色体遗传信息得以保持相对稳定的一个原因。

逆转录过程的发现,对中心法则是一次冲击,并且扩充了其内容。DNA和RNA之间遗传信息流虽以双向箭头来表示,但并不是所有DNA的遗传信息都能传递给RNA,而且传递受到严格的调节控制;而遗传信息从RNA传递给DNA更受限制。它们之间的相互关系正是遗传、发育和进化的核心问题之一。

逆转录病毒能够转导宿主的染色体DNA序列。通过重组,前病毒DNA可以与宿主染色体DNA组合在一起,由此产生的病毒有时以宿主的一段DNA序列取代了自身的基因片段,故而是复制有缺陷的,不能依靠自身完成感染周期。逆转录病毒的二倍体基因组对于细胞DNA序列的转导十分重要。由于二倍体的存在,一个基因组发生重组,造成功能上的缺陷;另一仍是正常的,可提供所失去的病毒功能。如果重组病毒携带了宿主控制细胞生长分裂的原癌基因,使其以异常高的水平表达,或经突变失去了调节机制,就成为癌基因。逆转录过程的发现,有助于人们对RNA病毒致癌机制的了解,并对防治肿瘤提供了重要线索和途径。

1983年发现人类免疫缺损病毒(human immune deficiency virus,HIV),它是一类逆转录病毒,其RNA基因组

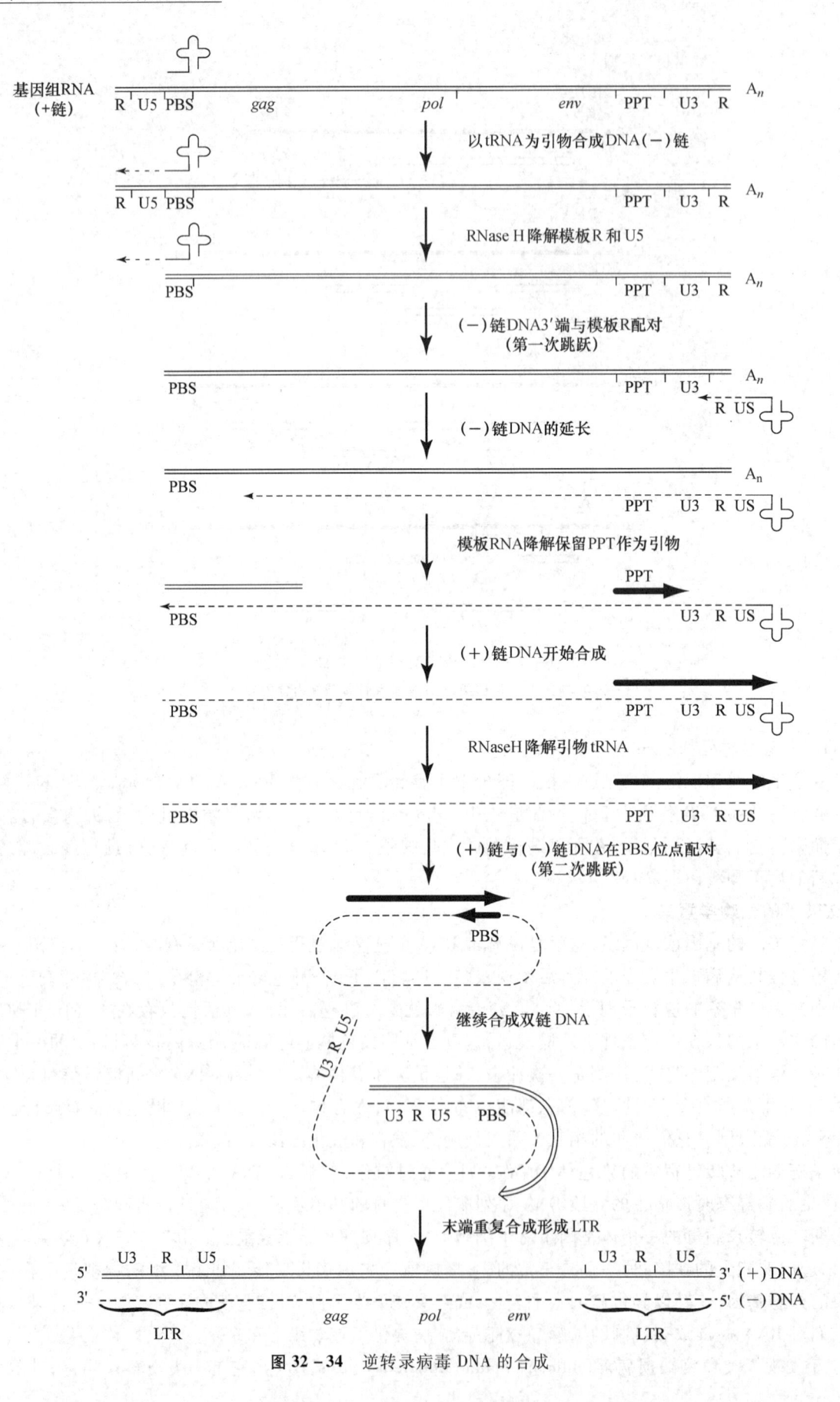

图 32-34 逆转录病毒 DNA 的合成

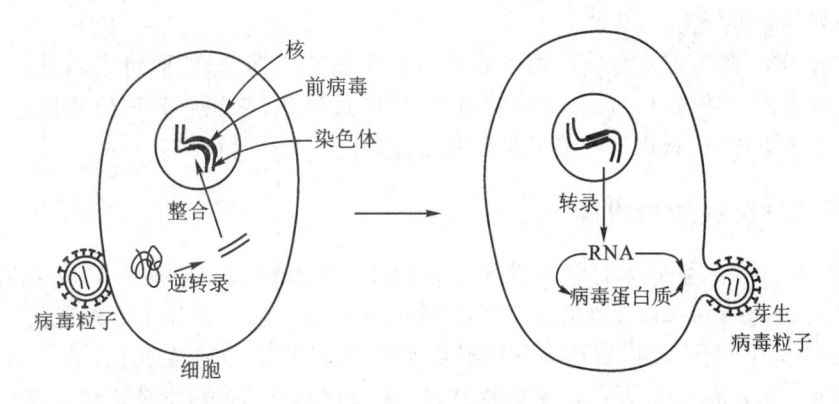

图 32-35 逆转录病毒的生活周期

中除一般常见基因外,还有一些特殊的基因,使其表现出不寻常的行为。通常逆转录病毒侵入细胞后并不杀死宿主细胞,而是发生病毒基因组的整合,带有癌基因的病毒可引起宿主细胞转化。但是 HIV 却不同,它感染(主要是 T 淋巴细胞)后即杀死细胞,造成宿主机体免疫系统损伤,引起艾滋病(AIDS)。根据艾滋病的起因和逆转录过程已设计和研制了一批治疗药物。药物作用的靶部位主要选择对逆转录病毒特异的逆转录酶和蛋白酶,其中治疗效果较好的有叠氮胸苷(3′-azido-2′,3′-dideoxythymidine,AZT)和双脱氧肌苷(2′,3′-dideoxyinosine,DDI)。AZT 原设计作为抗肿瘤药物,临床试验发现它抗肿瘤的效果很不理想,但是意外发现它对 AIDS 有很好疗效。当 AZT 被 T 淋巴细胞吸收后,即转变为 AZT 三磷酸,而 HIV 的逆转录酶对 AZT 三磷酸有很高亲和力,从而竞争性抑制了酶对 dTTP 的结合。当 AZT 加入到 DNA 链生长的 3′端时,病毒 DNA 链的合成迅即终止。AZT 对 T 淋巴细胞的毒性不大,因为细胞 DNA 聚合酶对其亲和力较低。然而对骨髓细胞却有较大毒性,尤其是红细胞的祖细胞,因此采用 AZT 治疗常会引起贫血,这是该类药物的缺点。DDI 具有类似的作用机制。AZT 和 DDI 的结构式如下:

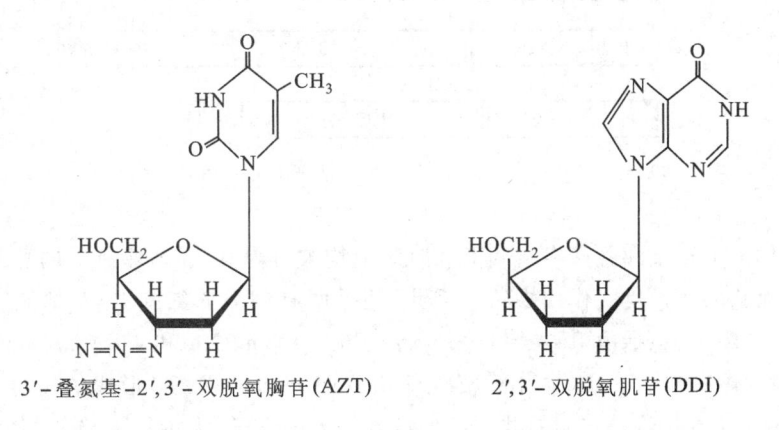

3′-叠氮基-2′,3′-双脱氧胸苷(AZT)   2′,3′-双脱氧肌苷(DDI)

嗜肝 DNA 病毒(Hepadnavirus),如乙型肝炎病毒(hepatitis B virus),在复制周期中也需经过逆转录的步骤。乙型肝炎病毒的基因组是一个带缺口的环状 DNA 分子,其大小为 3 200 bp。病毒粒子中携带有 DNA 聚合酶(即逆转录酶)和蛋白质引物。当细胞感染乙型肝炎病毒后,基因组 DNA 的缺口即由 DNA 聚合酶所填补,从而形成闭环分子,然后转录产生(+)链 RNA。RNA 被装配到核壳内,在那里进行逆转录,最后加上外壳成为成熟的病毒粒子。由此可见,嗜肝 DNA 病毒的复制过程与逆转录病毒很相像,二者均有逆转录的阶段。但它们之间也有明显的差别:①嗜肝 DNA 病毒含 DNA,其复制过程为 DNA→RNA→DNA;逆转录病毒含 RNA,其复制过程为 RNA→DNA→RNA;②嗜肝 DNA 病毒以蛋白质作为合成(-)链 DNA 的引物;逆转录病毒则以 tRNA 作为合成(-)链 DNA 的引物;③在复制过程中,逆转录病毒的前病毒 DNA 形成长末端重复序列;嗜肝 DNA 病毒则否;④逆转录病毒能有效地将其前病毒 DNA 整合到细胞 DNA 中去,嗜肝 DNA 病毒只能低频随机整合。这可能与嗜肝 DNA 病毒缺乏长末端重复序列和整合酶有关。

逆转录病毒和嗜肝 DNA 病毒严重危害人类健康并给畜牧业造成损失,然而将它们进行改造,也可以成为向细胞内引入外源遗传信息的有效工具。尤其是逆转录病毒,经过改建,它能成为理想的信息载体,用于肿瘤和遗传病等的基因治疗。在这方面,已取得了令人鼓舞的初步成功。

(三) 逆转座子的种类和作用机制

真核生物的基因组内存在大量分散的重复序列,使基因组变得极为庞大。现在知道,基因组的分散重复序列主要是由一些移动因子(mobile element)所组成。DNA 重组一章已对转座子作了介绍。另一类移动因子因其在转座过程中需要以 RNA 为中间体,经逆转录再分散到基因组中,故称之为逆转座子(retroposon)。过去曾将逆转座子看成是一些无用的、"自私的"、进入进化死端的 DNA,认为它们只不过被杂乱堆放在基因组内。最近有关逆转座子活动和作用的一些发现表明,这一观点并不正确;逆转座子可能在基因组结构动态变化中起着关键的作用,故有深入研究的必要。

1. 逆转座子的结构特点

逆转座作用的关键酶为逆转录酶和整合酶。自身编码逆转录酶和/或整合酶的非传染性转座因子称为逆转录转座子(retrotransposon)。按其结构特征可分为两类:一类具有与逆转录病毒类似的长末端重复(LTR)结构,并含 gag 和 pol 基因,但无被膜蛋白基因 env,不形成细胞外相。这类中包括酵母的 Ty 因子,果蝇的 copia 和 gypsy,玉米的 Bs1,啮齿类的 LAP,人类的 THE1。另一类不具有 LTR,但有 3'poly(A),其中心编码区含有与 gag 和 pol 类似的序列,5'端常被截短,其中包括果蝇的 I 因子,哺乳类的长分散因子(又称长散在元件,long interspersed element,LINE)L1 和线粒体质粒等。它们的结构如图 32-36 所示。

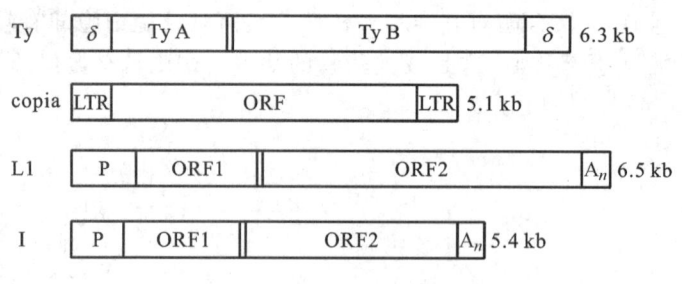

Ty	δ	Ty A	Ty B	δ	6.3 kb
copia	LTR	ORF		LTR	5.1 kb
L1	P	ORF1	ORF2	A$_n$	6.5 kb
I	P	ORF1	ORF2	A$_n$	5.4 kb

图 32-36 几种逆转录转座子的结构

另一方面,真核生物由于转录和翻译在空间上和时间上均被分隔开,逆转座有关的酶并不一定需要由移动因子自身编码,可以由其他基因通过反式作用供给。因此,几乎所有种类的细胞 RNA 都能产生其逆转座序列。自身不编码逆转录酶的逆转座子,包括由 RNA 聚合酶Ⅱ转录物(各种 mRNA 和 snRNA)形成的逆基因和逆假基因;由 RNA 聚合酶Ⅲ转录物(tRNA、4.5S RNA、7SK RNA、7SL RNA、Alu 序列等)形成的短分散因子(又称短散在元件,short interspersed element,SINE)。它们的共同结构特点是无内含子,无重复末端,通常有 3'poly(A),5'端或 3'端可能被截短。

2. 逆转座子的转座作用

一般认为逆转座子插入基因组的位点是随机的,但实际上它仍有一定程度的选择,并非完全任意。某些有关序列有较高的整合频率,具体机制目前还不清楚。

逆转录转座子自身能编码整合酶,它们整合部位的两侧有固定长度的正向重复,表明整合酶能交错切开靶序列,整合后通过复制而使靶序列倍增。通常整合酶对靶序列并无严格选择,但交错切开的长度是固定的。然而,逆基因和逆假基因两侧的正向重复长度却不固定,最短为零,最长可达 41 bp,不像是由整合酶交错切开而成,很可能是随机插入染色体 DNA 的断裂部位,再由连接酶接上。DNA 富含 AT 区最易断裂,由此可以理解为什么该区是插入热点。许多逆转座子具有 3'poly(A)结构,它在整合中可能起一定作用。另外,活性基因 5'端上游的

DNase Ⅰ 超敏感区是染色体 DNA 暴露的部位,易于和各种因子接触,也是较易整合的部位。

人类的 Alu 家族与 7SL RNA(信号识别颗粒的 RNA)的两端序列高度同源,其中间和 3′端为连续的 A。当 7SL RNA 发夹结构的中间部分被切除后再连接,即构成 Alu 序列。人类 Alu 序列常以二聚体(或四聚体)形式存在;灵长类和啮齿类常为单体。它们内部都有 RNA 聚合酶Ⅲ启动子。RNA 聚合酶Ⅲ转录终止于 oligo(U),U_n 回折与 A_n 配对可引发 cDNA 的合成。Alu 序列可能以这种方式得以大量扩增。在人类单倍体基因组中它的拷贝数可达 50 万以上,是拷贝数最多的一种逆转座子。实验表明,Alu RNA 的二级结构为其逆转座所必需。

3. 逆转座子的生物学意义

逆转座子广泛分布于真核生物的基因组中,必将对真核生物基因组的功能带来影响。归纳起来可能有以下几方面的作用:

(1) **逆转座子对基因表达的影响**　逆转录转座子的两个 LTR 包括 U3、R 和 U5 序列。U3 区含增强子以及转录起始信号,U5 区含有 poly(A)加工信号。左 LTR 可启动自身基因的表达,右 LTR 可启动邻近宿主基因的表达。逆转录转座子编码有关逆转座作用的酶,它们可造成细胞内 RNA 的逆转座作用。一般的逆转座子不编码逆转座的酶,它们只有顺式作用,对宿主基因表达的影响与其整合的部位有关。当它们插入基因的编码序列和启动子序列时即造成基因失活;插入基因 3′和 5′非翻译区或内含子时可能会影响到基因的转录、转录后加工或翻译过程,有时还会影响表达的组织特异性和发育阶段性。

(2) **逆转座子介导基因的重排**　逆转座子自身在复制时易发生重排,已如上所述。分散在真核生物基因组中的大量逆转座子是基因组的不稳定因素,它们可引起基因组序列的删除、扩增、倒位、移位及断裂等重排。由逆转座子介导的基因重排有时可引起人类某些遗传疾病的形成。例如,血友病 A 是由于缺乏凝血因子Ⅷ所致,经分析知道这是因为 L1 因子插入该凝血因子基因造成的。已知癌基因的形成和活化与基因重排有关。据文献报道,发现一些肿瘤组织的特定基因位点内存在 L1,但其周围正常细胞的该位点则不存在 L1 因子。人类基因组中 L1 因子的拷贝数大于 10 000,该因子造成了人类的许多遗传突变。

(3) **逆转座子在生物进化中的作用**　逆转座子除了能够促进基因组的流动性,从而有利于遗传的多样性外;它们散布在基因组中,还可成为基因进化的种子,通过突变而形成新的基因、基因的结构域,或是与先存的基因匹配成为新的调节因子。在众多逆转座子中,也有一些具有表达功能,称为半加工的逆基因。例如,大鼠和小鼠(还有少数鱼类)有两个非等位的前胰岛素原基因,基因Ⅰ在 5′非翻译区含有单个小的内含子,而基因Ⅱ除此小内含子外,在 C 肽编码区还有一个大的内含子。比较这两个基因的结构可以看到,基因Ⅰ的两侧有 41 bp 的正向重复,5′端有与基因Ⅱ类似的启动子和调控序列,但少一个内含子,3′端有 oligo(A)。显然基因Ⅰ是由基因Ⅱ的不正常转录产物,即从基因Ⅱ上游至少 0.5 kb 处由另一启动子(或类似序列)转录出来,经部分加工然后逆转座而成。

RNA 较易变异,而且与环境有着更直接的联系,因此它所包含的遗传信息比 DNA 丰富得多。它通过逆转座作用能将所获得的遗传信息逆向转移给 DNA,并促进基因结构域或基因的最优组合。昆虫和哺乳类动物在进化上的优势很可能与它们含有大量活跃的逆转座子有关。逆转座子的功能和活动规律虽还不很清楚,但它们在真核生物进化中无疑起着重要作用。对于逆转座子的深入研究,将有助于对基因组动态结构的了解,并且还能为基因工程的实践提供新的途径和手段。

习　题

1. 比较四类核酸聚合酶性质和作用的异同(四类核酸聚合酶是:DNA 指导的 DNA 聚合酶,DNA 指导的 RNA 聚合酶,RNA 指导的 RNA 聚合酶,RNA 指导的 DNA 聚合酶)。
2. 原核生物 RNA 聚合酶是如何找到启动子的?真核生物 RNA 聚合酶与之相比较有何异同?
3. 何谓启动子?保守序列与共有序列的概念是否一样?Pribnow 框与启动子之间是何关系?
4. 真核生物三类启动子各有何结构特点?
5. 何谓终止子和终止因子?依赖于 rho 的转录终止信号是如何传递给 RNA 聚合酶的?

6. 何谓时序调控？何谓适应调控？分别对原核生物和真核生物的转录调控举例加以说明。
7. 简要说明原核生物和真核生物转录调控的主要特点。
8. 转录调节因子的结构有何特点？
9. 比较启动子上游元件、增强子和绝缘子的作用特点。
10. 什么是染色质的结构域？它有哪些控制位点？
11. 目前有哪些重要的 RNA 合成抑制剂已在临床上用作抗癌药物、抗病毒药物和治疗艾滋病的药物？其作用机制是什么？
12. 为什么 RNA 转录后加工比任何生物大分子合成后的加工过程都更复杂？
13. 试述 snoRNA 的结构和作用？
14. 由 hnRNA 转变为 mRNA 需经过何种加工？这些加工有何意义？
15. 何谓 RNA 剪接？为何要先转录内含子，然后再将其切除？
16. RNA 剪接可分为几类？它们有何特点？
17. 比较不同剪接方式在进化上出现的先后关系。
18. 何谓剪接体？它如何催化剪接？
19. 比较 GU－AG 内含子和 AT－AC 内含子剪接的异同。
20. 选择性剪接有何生物学意义？它如何调节控制？
21. 举例说明同源体蛋白质的形成机制和意义。
22. RNA 编辑有哪几类？其遗传信息如何获得？
23. 比较 RNA 剪接和编辑的异同？
24. 何谓 RNA 再编码？它有何生物学意义？
25. 校正 tRNA 可以消除错义、无义和移码突变带来的危害，但它是否会将正确的密码子翻译错误？
26. RNA 剪接、编辑和再编码三者对生物进化有何意义？
27. 简要说明 RNA 功能的多样性。
28. 你认为细胞 DNA 和 RNA 何者储存的遗传信息更多？
29. 细胞正常 RNA 能否复制？它与病毒 RNA 的复制有何异同？
30. 比较各类 RNA 病毒产生 mRNA 的途径。
31. 何谓转录子？它有何生物学意义？
32. 逆转录病毒 RNA 的 LTR 是如何来的？它有何功能？
33. 为什么逆转座子只存在于真核生物？比较它对真核生物带来的"利"与"弊"。
34. 逆转座子的结构有何特点？
35. 逆转座子对物种形成有何作用？

主要参考书目

[1] Nelson D L, Cox M M. Lehninger Principles of Biochemistry. 4th ed. New York: W H Freeman and Company, 2005.

[2] Watson J D, Baker T A, Bell S P, Gamn A, Levine M, Lasick R. Molecular Biology of the Gene. 5th ed. San Francisco: Pearson Education, Inc, 2004.

[3] Lewin B. Genes VIII. Upper Saddle River: Pearson Education, Inc, 2004.

[4] Berg J M, Tymozko J L, Stryer L. Biochemistry. 5th ed. New York: W H Freemen and Company, 2002.

[5] Voet D, Voet J G, Pratt C W. Fundamentals of Biochemistry. New York: John Wiley & Sons, 2002.

(朱圣庚)

第33章 蛋白质的生物合成

蛋白质是细胞功能的主要负荷者,它具有复杂的空间结构和众多的反应基团,能参与所有的生命活动过程。蛋白质的生物合成是机体新陈代谢途径中最复杂的过程,有多种 RNA 和上百种蛋白质分子参与该过程。早在上世纪 30-40 年代就开始了解 RNA 与蛋白质的生物合成有关,经过半个多世纪的努力,才基本了解其过程。有关遗传密码问题已在遗传信息概论一章中予以介绍,本章侧重叙述蛋白质生物合成的反应过程。

一、参与蛋白质生物合成的 RNA 和有关装置

主要有三类 RNA 参与蛋白质合成:核糖体 RNA(ribosomal RNA,rRNA)、转移 RNA(transfer RNA,tRNA)和信使 RNA(messenger RNA,mRNA)。在原核生物和真核生物中分别由 3 至 4 种 rRNA 和 50 多至 80 多种蛋白质构成核糖体(ribosome),成为合成蛋白质的装置(apparatus)。mRNA 携带指导蛋白质合成的遗传信息,tRNA 携带活化的氨基酸,一起在核糖体上完成多肽链的合成。

(一)核糖体

P. Zamecnik 于 1955 年用 ^{14}C - 标志的氨基酸进行实验证明,蛋白质是在被称作微粒体(microsome)的含 RNA 细胞器上合成的,放射性氨基酸首先短暂与该细胞器结合,然后才出现于游离的蛋白质中。其后知道微粒体是在破碎细胞时产生的附着核糖核蛋白质颗粒(ribonucleoprotein particle,RNP)的内质网膜碎片。"核糖体"(ribosome)这一名词是 1957 年才开始采用,专指参与蛋白质合成的核糖核蛋白颗粒。核糖体广泛存在于真细菌、古细菌和真核生物细胞,以及线粒体和叶绿体等细胞器中。细菌和细胞器的核糖体小一些,真核生物细胞的核糖体相对更大一些,但它们都是由大、小两个亚基所组成。

大肠杆菌核糖体近似一个不规则椭圆球体$(13.5 \times 20.0 \times 40nm)$,沉降系数 70S。它有两个亚基。小亚基 30S,由一个 16S rRNA 和 21 种不同的蛋白质所组成,蛋白质分别以 S1-21 来表示。大亚基 50S,含有一个 5S 和一个 23S rRNA 及 31 种蛋白质,蛋白质分别以 L1~31 来表示。其中 L7 为 N 端乙酰化的 L12,该两种蛋白质各有 2 个拷贝,其余蛋白质均只有 1 个拷贝。此外,S20 和 L26 完全相同。核糖体 RNA 约占细胞总 RNA 的 ~80%,核糖体蛋白质占细胞总蛋白质 ~10%。核糖体 RNA 和蛋白质能在体外自动组装成核糖体亚基和核糖体。有关核糖体 RNA 的结构与功能请参考第 14 章。

从上世纪中叶发现核糖体以来,许多科学家致力于核糖体结构的研究。主要研究方法有三类:一是化学的方法,如蛋白质和 RNA 的酶解分析、化学标记和交联剂反应等;二是电子显微镜和后来的冷冻电镜(cryoelectron microscopy)观察;三是 X 射线晶体学测定。在所有这些方法中以 X 射线衍射法最为精确。2000 年核糖体结构研究取得重大突破,在这一年中分别对细菌核糖体 30S 和 50S 亚基的晶体结构获得原子水平或接近原子水平分辨率的解析,随后在类似分辨率上阐明了完整 70S 核糖体的结构。完成这一结构测定需要确定超过 100 000 个原子的位置,这是多么了不起的成就!

在电子显微镜下,细菌核糖体小亚基犹如一颗带壳的花生,由头部和底部组成,但在一侧翘起一叶扁平突起,形成平台,相互间为裂缝。大亚基有三个突起,中央突起(central protuberance)较大,一侧突起成翼状(wing),为核糖体蛋白 L1 所在,另一侧突起较长,称为柄(stalk)。小亚基以平台一侧与大亚基中间部分结合。mRNA 恰好穿过小亚基裂缝,并与位于核糖体位点 A 和 P 的 tRNA 反密码子相互作用,位点 E 上的脱负荷 tRNA 可随即离去。细菌核糖体的结构如图 33-1 所示。核糖体大、小两亚基的关系可用手来表示:将左手中间三指并拢,拇指和小指伸开,比作大亚基;右手四指并拢,与拇指相对,比作小亚基,横贴在左手上,正如两者的相互关系(图 33-2)。

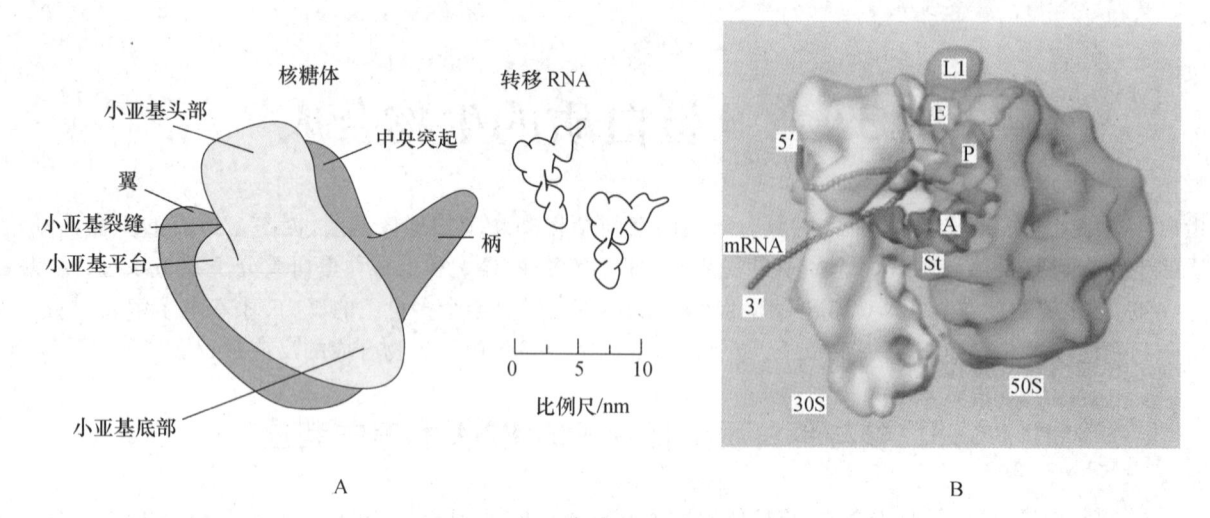

图 33-1 细菌核糖体结构模型

A. 核糖体小亚基以平台一侧横贴在大亚基的中间部分；B. 图示 mRNA、tRNA 与核糖体的关系，mRNA 穿过小亚基裂缝，tRNA 分别位于核糖体 A、P 和 E 位点，大亚基中央突起朝上。(引自 Frank J. Current Opinion in Structural Biology, 1997, 7:266-272.)

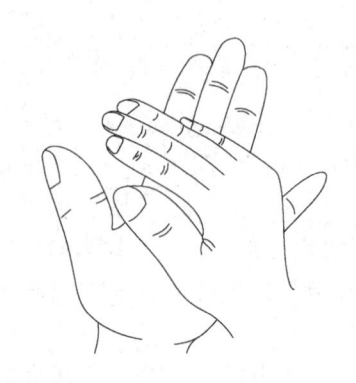

图 33-2 细菌核糖体大、小亚基关系示意图

左手并拢中间三指作为中央突起，伸开拇指和小指作为两侧突起，以此比作大亚基；右手并拢四指，与拇指相对，比作小亚基，将右手横放在左手上，表示大亚基和小亚基之间关系

核糖体精细晶体结构的揭示对了解核糖体结构与功能起了关键的作用：

（1）核糖体的外形与核糖体 RNA 的三级结构基本一致，核糖体蛋白质分布在外表，并不包埋在 rRNA 的内部。这一现象支持了"RNA 世界"学说，表明最早出现的核糖体是由 RNA 所组成，蛋白质是后来加上去的。并且也表明了核糖体的功能主要由 rRNA 来完成，蛋白质只起着辅助的作用(图 33-3)。

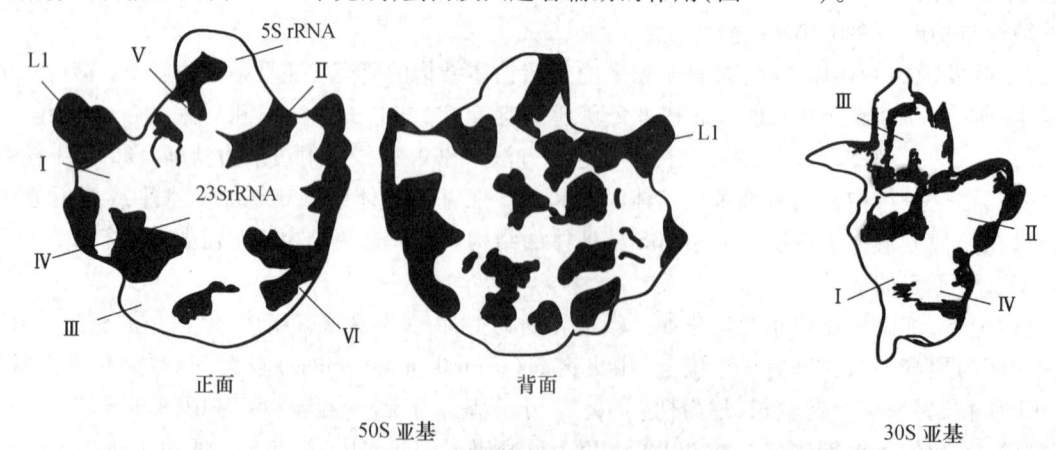

图 33-3 细菌核糖体亚基的结构

核糖体 50S 亚基正面中心的无蛋白质区与 30S 亚基形成相互作用的界面

(2) 核糖体大亚基的肽基转移酶性中心(peptidyl transferase centre)只有 RNA,没有蛋白质,进一步证明肽基转移反应是由大亚基 rRNA 所催化的。大亚基结合底物、底物类似物以及产物的晶体结构显示,结合于 A 位点和 P 位点的 tRNA 氨基酸臂 CCA 序列分别与 A 突环(23S rRNA 的螺旋 92)和 P 突环(螺旋 80)碱基配对,结果使 A 位点上氨酰-tRNA 的 α-氨基正好攻击在 P 位点上肽酰-tRNA 的羰基碳。推测位于活性中心的腺嘌呤(大肠杆菌的 A2451 或嗜盐古菌的 A2486)N3 参与催化反应。可能的催化机制如图 33-4 所示。大亚基背面存在一个肽链出口(peptide exit),以隧道与活性中心相连,新合成的肽可由此离开核糖体。

图 33-4 肽键形成的可能机制

(3) 核糖体小亚基的译码中心(decoding centre)具有忠实性校对(fidelity-checking)功能。与肽基转移酶活性中心不同,在译码中心除 RNA 外还有蛋白质,但显然蛋白质只起次要作用。在 A 位点 3′一侧的蛋白质 S3、S4 和 S5 可作为解旋酶去除 mRNA 的二级结构。进入 A 位点的 tRNA 其反密码子正好可与 mRNA 的密码子相互识别和作用,核糖体 A 位点 RNA 的核苷酸和蛋白质的氨基酸也协助识别。当 tRNA 与 mRNA 密码子第一、第二和第三个碱基形成碱基对,小亚基的 A1493 与第一个碱基对结合,A1492 和 S12 与第二个碱基对结合,而与第三个碱基对反应的主要是 G530,它似乎不太敏感,因而第三个位置得以产生变偶性。可是如果 tRNA 不匹配,就不被小亚基所接纳。这一校对功能对翻译的忠实性十分重要。从进化的观点的来看,"原始的核糖体"只有合成肽键一种功能,只有一个亚基,并且只含 RNA,蛋白质是后来加进去的。随着译码和校对功能的发展才产生大、小两个亚基。核糖体有 A、P 和 E 三个位点,E 位点产生较后,它有更多蛋白质似乎表明了这点。

真核生物的核糖体无论在结构上还是功能上都与原核生物的核糖体十分类似,但是显然真核生物核糖体更大、更复杂。哺乳类动物的核糖体沉降系数为 80S,由 40S 和 60S 两个亚基所组成。小亚基含有 18S rRNA 和 33 种蛋白质;大亚基含有 5S、5.8S 和 28S 三个 rRNA 分子以及 49 种蛋白质。5.8S rRNA 与原核生物 23S rRNA5′端序列同源,可见它是在进化过程中通过转录后加工方式的突变而产生的第四种 rRNA。哺乳类核糖体的 RNA 比细菌增加 ~50%,但蛋白质的增加近一倍,表明有更多蛋白质参与作用。

采用温和的条件小心地从细胞中经超速离心分离核糖体,可以得到数个成串甚至上百个成串的核糖体,称为多(聚)核糖体(polysome)。这表明核糖体可以依次与 mRNA 结合,沿 mRNA 由 5′向 3′端方向移动以合成多肽链,一条 mRNA 链上同时有多个核糖体进行多条多肽链的合成(图 33-5)。这样就提高了蛋白质合成的效率。

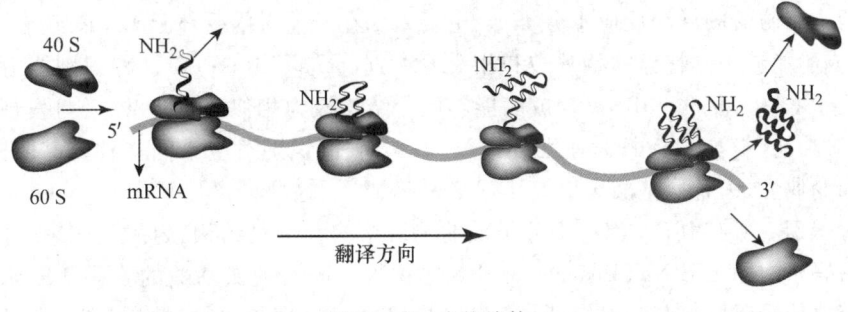

图 33-5 多核糖体

(二) 转移 RNA 和氨酰 – tRNA 合成酶

1957年Zamecnik及其同事利用大鼠无细胞蛋白质合成系统进行实验时发现，超速离心的上清液在pH5时产生沉淀，其中有氨基酸激活酶（pH5酶）和一种小的可溶性RNA（soluble RNA，sRNA）。将^{14}C - 标记的氨基酸与ATP和其反应，放射性氨基酸即与小RNA偶联。以此携带氨基酸的小RNA与微粒体保温，放射性氨基酸可掺入微粒体新合成的蛋白质中。由此证明该小RNA相当于Crick假设的"转换器"RNA，它携带活化的氨基酸至核糖体上，识别模板序列，使多肽链得以按模板的遗传信息合成。此后改称其为转移RNA，氨基酸激活酶改称为氨酰 - tRNA合成酶（aminoacyl - tRNA synthetase, aaRS）。

1965年R. Holley首先测定了酵母丙氨酸tRNA（tRNA^{Ala}）76个核苷酸的序列。现已知道数百种生物数千种tRNA的序列，其长度在60至95个核苷酸（18～28）×10^{3}之间变动，最常见的为～76个核苷酸长（～25×10^3）。1974年S. H. Kim测定了酵母tRNA^{Phe}的晶体结构。1983年我国科学家完成了酵母tRNA^{Ala}的人工全合成。tRNA可能是一种最古老的生物大分子，也是研究最多、了解最多的RNA分子，然而至今对它的起源、进化、精细结构和诸多功能仍不十分清楚，有待深入研究。

tRNA具有三叶草形二级结构，并借助茎环结构之间的作用力折叠形成倒L形三级结构，参与交互作用的碱基大部分都是通过非Watson - Crick的配对氢键结合，碱基与磷酸基和核糖2′ - OH之间的氢键在维持构象稳定性中也起一定作用。反密码子的碱基和接受氨基酸的CCA末端位于倒L形tRNA的两端，以保证其生物功能的完成。

合成蛋白质的氨基酸共20种，氨酰 - tRNA合成酶也相应有20种。氨酰 - tRNA合成酶催化两步反应：
(1) 氨基酸与ATP反应而被激活，形成氨酰 – 腺苷酸（aminoacyl - adenylate）：

$$\text{氨基酸} + ATP \rightleftharpoons \text{氨酰 - AMP（氨酰 - 腺苷酸）} + PPi$$

通常此中间产物牢固结合在酶上。
(2) 上述混合酸酐（氨酰 - AMP）与相应tRNA反应，形成氨酰 - tRNA：

$$\text{氨酰 - AMP} + tRNA \rightleftharpoons \text{氨酰 - tRNA} + AMP$$

某些氨酰 - tRNA合成酶将氨基酸连接到相应tRNA的3′ - OH末端上；另一些连到2′ - OH上，然后再转移到3′末端。总的氨酰化反应为：

$$\text{氨基酸} + tRNA + ATP \longrightarrow \text{氨酰 - tRNA} + AMP + PPi$$

氨酰 - tRNA是一种"高能"化合物，故第一步反应需由ATP激活氨基酸，反应中产生的PPi水解可推动反应的完成。氨基酸激活与脂肪酸的激活反应十分类似，主要差别在于前者的受体是tRNA，后者为CoA。

氨酰 - tRNA合成酶能够识别特异的氨基酸和相关tRNA（cognate tRNA）。这种识别能力与通常酶对底物识别的主要不同之处在于：第一，氨酰 - tRNA合成酶能够区分结构极为相似的氨基酸，一旦发现反应错误还能予以校正，即具有双重校对功能（核酸聚合酶也有此功能）。第二，它能识别对应于同一种氨基酸的多种tRNA。由于遗传密码的简并性和变偶性，一种氨基酸可以有不只一种密码子，这些同义密码子（synonymous codon）又各可被不只一种反密码子所识别。所有tRNA都有十分类似的二级结构和三级结构，氨酰 - tRNA合成酶是如何使具有不同序列和不同反密码子的同工tRNA（isoacceptor tRNA）携带上同一种氨基酸的？科学家认为翻译过程存在两套遗传密码。第一套遗传密码即氨基酸的三联体（三核苷酸）密码，携带氨基酸的tRNA借以辨认模板核酸上的指令以指导多肽链合成。第二套遗传密码为tRNA个性要素（identify element）的识别标志，氨基酸特异的酶借以辨认同工 tRNA，使氨基酸与相应 tRNA 连接。

通过多种方法研究 tRNA 与合成酶的相互作用，主要采用 tRNA 的片段、tRNA 的定位诱变、化学交联剂反应、计算机的序列比较和 X 射线晶体学分析等，现已基本破译了第二套遗传密码。与第一套遗传密码不同，第二套遗传密码是以空间结构进行编码。合成酶接触的位点都在倒 L 形 tRNA 的内面，即凹面。tRNA 被相应合成酶识别各有其特点，并无简单的共同规则。

一般而言，受体臂最为关键，其中螺旋区碱基对和 CCA 末端前一个未配对碱基为主要的鉴别碱基。其次是反密码子环，通常有一个或多个碱基被识别，但也有 tRNA 的个性要素中并不包括反密码子环的碱基。再有，起关键作用的碱基也可存在于各茎环结构中。决定个性（identity）的要素可以是单个碱基，也可以是碱基对，数量从几个至 20~30 个碱基，不同 tRNA 各不相同。合成酶根据识别到的个性要素而催化氨酰化反应。例如最简单的 tRNA^{Ala}，其个性要素只是位于受体茎的 G3 和 U70 单个碱基对。

20 种氨酰-tRNA 合成酶其大小、三级结构和序列各不相同，有些是单体，也有些是二聚体或四聚体。根据合成酶的多项特征，可将合成酶分为两类（class），各有 10 种酶。两类酶的主要区别在于：①类群 I 是一些较大氨基酸的酶，通常是单体，个别是二聚体，可能在进化上是较晚出现的酶；类群 II 是一些较小氨基酸的酶，通常是二聚体，少数是同源或异源四聚体，可能是较古老的酶。②类群 I 的酶含有 Rossmann 折叠，即两个相邻的 βαβαβ 超二级结构，常见于结合 NAD$^+$ 和 ATP 的蛋白质；类群 II 的酶无此结构，代之以独特的七条反平行 β 片层，外侧为三个螺旋，以此形成催化结构域的核心。③类群 I 的酶结合于 tRNA 受体臂螺旋的浅沟，3'-CCA 末端回折成发夹结构，使 2'-OH 参与氨酰化反应；类群 II 的酶结合于 tRNA 受体臂螺旋的深沟，末端不回折，3'-OH 参与氨酰化反应，两者犹如镜像对称（图 33-6）。④类群 I 的酶必定能识别相应 tRNA 的反密码子；而类群 II 的酶有些不识别 tRNA 反密码子。现将大肠大杆菌氨酰-tRNA 合成酶的类别列于表 33-1。

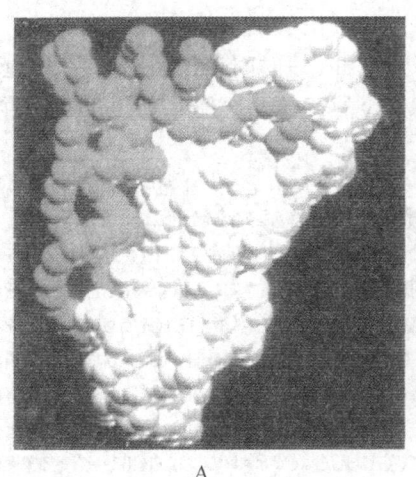

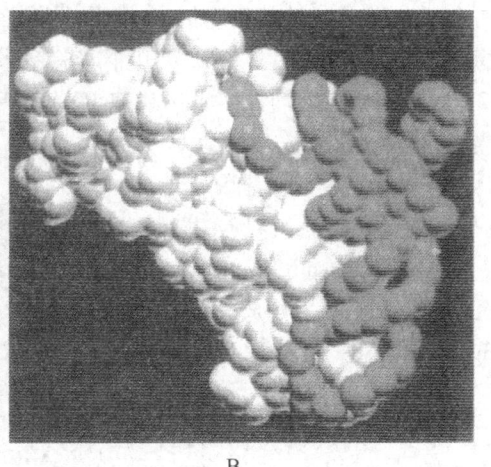

图 33-6 tRNA 与氨酰-tRNA 合成酶复合物的结构模型

A. tRNA^{Gln} 与谷酰胺酰-tRNA 合成酶复合物；B. tRNA^{Asp} 与天冬氨酰-tRNA 合成酶复合物

（引自 Arnez J G, Moras D. Trends in Biochemical Sciences, 1997, 22: 211-216.）

tRNA 不仅是一个古老的生物分子，而且是一个多功能的生物分子。tRNA 的主要功能是携带氨基酸到核糖体上，在蛋白质合成中起翻译作用，包括校正 tRNA 的校正作用。此外，还能进行不依赖于核糖体的多肽合成。例如，将氨基酸转移到多糖、脂肪和蛋白质上，参与细胞壁、细胞膜的合成。叶绿素和硒代半胱氨酸都是在 tRNA 上合成的。逆转录病毒以 RNA 基因组为模板合成 cDNA 时需以 tRNA 为引物。有些 tRNA 可以是植物的激素。在蚕体内，tRNA^{Lys} 还可以作为转录调节因子。tRNA 的诸多功能也许正反映了它在 RNA 世界早期曾活跃参与各种生命活动。

表33-1 大肠杆菌氨酰-tRNA合成酶的类别*

类群 I	肽链残基数	类群 II	肽链残基数
Arg(α)	577	Ala(α_4)	875
Cys(α)	461	Asn(α_2)	467
Gln(α)	551	Asp(α_2)	590
Glu(α)	471	Gly($\alpha_2\beta$)	303/689
Ile(α)	939	His(α_2)	424
Leu(α)	860	Lys(α_2)	505
Met(α_2)	676	Pro(α_2)	572
Trp(α_2)	325	Phe($\alpha_2\beta_2$)	327/795
Tyr(α_2)	424	Ser(α_2)	430
Val(α)	951	Thr(α_2)	642

*引自 Carter C W Jr., Annu Rev Biochem, 1993, 62: 717.

(三) 信使 RNA

最初以为核糖体 RNA 是蛋白质合成的模板。但在 1959 年同位素标记实验表明,大肠杆菌感染噬菌体 T2 后并不合成新的 rRNA,这就排除了合成特异蛋白质的模板是 rRNA 的可能性。于是 F. Jacob 和 J. Monod 提出了信使 RNA(messenger RNA,mRNA)的概念,认为必定有一种中间物质,从 DNA 上获得遗传信息,带到核糖体上用作蛋白质合成的模板。他们在研究大肠杆菌乳糖代谢有关酶类的生物合成时还发现,诱导物(底物和底物类似物)加入可以使酶蛋白合成速度立即增加数千倍;一旦除去诱导物又可使酶蛋白质合成随即停止。他们相信蛋白质合成的模板极不稳定,其半寿期很短。1961 年几个实验室采用脉冲(短时间)标记技术,在 T2 感染的大肠杆菌细胞,后又在不经 T2 感染的细胞中,均证实了不稳定 RNA(mRNA)的存在。这种 RNA 可以与其模板 DNA 杂交,例如 T2mRNA 可以与 T2DNA 杂交,故又称为 D-RNA。

原核生物基因组中相关功能的基因常组成操纵子,作为一个转录单位,转录产生多顺反子 mRNA。在多顺反子 mRNA 中有多个基因的编码区,各编码区为一开放阅读框架(open reading frame, ORF),又称可译框,以起始密码子 AUG 或 GUG 开头,终止密码子 UAA、UAG、UGA 结束,读框正好为是三的倍数。起始密码子前(上游)为核糖体结合位点(ribosome binding site, RBS),与核糖体小亚基 16S rRNA 的 3'端序列互补,最初由 Shine 和 Dalgarno 所发现,故称为 Shine-Dalgarno 序列,或 SD 序列。通常 SD 序列长 4~9 个核苷酸,富含嘌呤碱基,位于起始密码子上游 3~11 个核苷酸处(图 33-7)。mRNA 或多顺反子的 mRNA 可以形成二级和三级结构,但在沿核糖体小亚基移动时被解开,其存在会影响翻译速度。

真核生物基因并不组成操纵子,除了某

```
        SD 序列                   起始密码子
AGCACGAGGGGAAAUCUGAUGGAACGCUAC    大肠杆菌 trpA
UUUGGAUGGAGUGAAACGAUGGCGAUUGCA    大肠杆菌 araB
GGUAACCAGGUAACAACCAUGCGAGUGUUG    大肠杆菌 thrA
CAAUUCAGGUGGUGAAUGGAAACCAGUA      大肠杆菌 lacI
AAUCUUGGAGGCUUUUUUAUGGUUGGUUCU    噬菌体 φX174 蛋白
UAACUAAGGAUGAAAUGCAUGUCUAAGACA    噬菌体 Qβ 复制酶
UCCAGGAGGUUUGACCUAUGCGAGCUUUU     噬菌体 R17A 蛋白
AUGUACUAAGGAGGUUGUAUGGAACAACGC    噬菌体 λ cro
            与 16S rRNA      与起始 tRNA
              配对             配对
                 G
3' OH            A
      A       U       16S rRNA 的 3'末端
      U       C           核糖体
      UCCUCCA                              3'
GAUUCCU AGGAGGUUUGACCU AUG CGA GCU UUU AGU — mRNA
                        fMet—Arg—Ala—Phe—Ser —多肽链
```

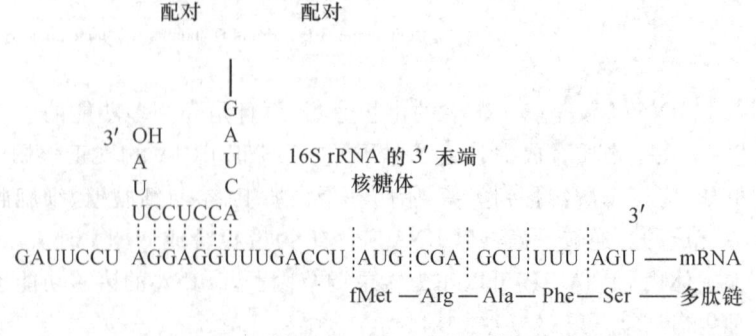

图 33-7 原核生物 mRNA 的核糖体结合位点

些病毒的基因例外,通常真核生物基因转录产生单顺反子 mRNA。有些病毒基因不仅组成操纵子而且基因还彼此重叠或形成多聚蛋白质(polyprotein),需在翻译后切开。真核生物 mRNA 5′端有甲基鸟苷酸[m⁷G5′ppp5′Nm(Nm)]构成的帽子;3′端有 poly(A)尾巴,平均长 200 个核苷酸,在其上游存在腺苷酸化的信号序列 AAUAAA。真核生物 mRNA 无 SD 序列,在 5′非翻译区和 3′非翻译区存在调控序列,可结合各种调节因子以影响翻译的进行。在 5′端起始密码子 AUG 附近常存在不同的茎环结构,它们或起正调节,或起负调节。总之,在最适宜的序列(例如 ACCAUGG)和二级结构环境中,起始密码子具有最高的起始频率。而在 3′非翻译区除具有调节因子结合位点外,还有 mRNA 的定位信号序列。现将原核生物和真核生物的 mRNA 的结构特点图解如图 33-8。

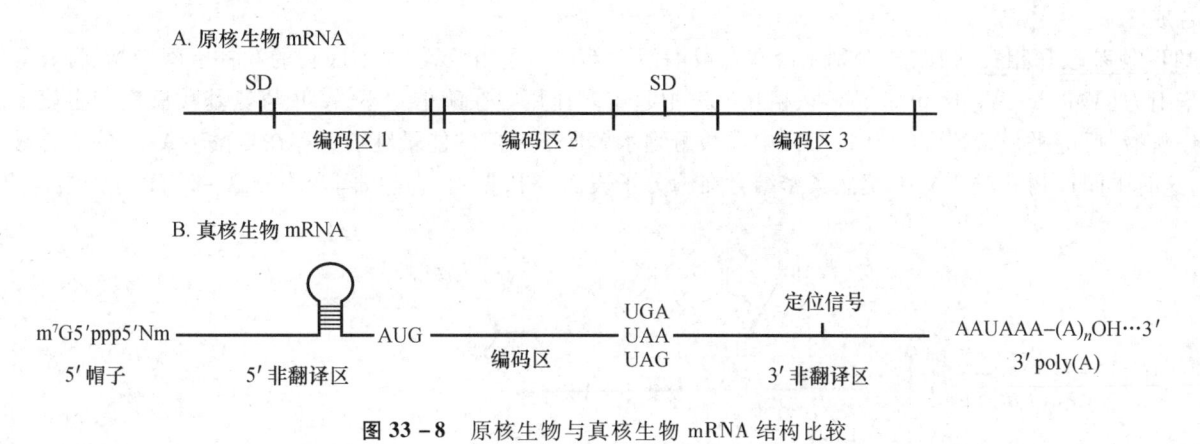

图 33-8 原核生物与真核生物 mRNA 结构比较

二、蛋白质生物合成的步骤

蛋白质生物合成十分复杂,采用无细胞体系(cell-free system)进行研究,现已基本弄清楚其过程。以大肠杆菌为例,蛋白质占细胞干重的 50% 左右,每个细胞中约有 3000 种不同的蛋白质,每种蛋白质又有数量甚多的分子,而大肠杆菌细胞分裂周期不过 20min。其蛋白质生物合成速度之快由此可见,而且还十分精确,错误率低于 10^{-3} 至 10^{-4}。

多肽链的合成由 N 端向 C 端进行,这与 DNA 和 RNA 链由 5′向 3′方向编码和合成是一致的。H. M. Dintzis 等人在 1961 年用 ³H-亮氨酸作标记揭示了兔网织红细胞无细胞体系中血红蛋白生物合成过程。血红蛋白含有较多的亮氨酸,并且其氨基酸序列已知。为了降低合成速度,反应在较低温度(15℃)下进行。在反应开始后 4~60min 内,每隔一定时间取样分析。将带有放射性标记的蛋白质分离出来,拆开 α、β 两条链,用胰蛋白质酶水解,然后经纸层析分开水解碎片,测定其所含放射性强度。实验结果如图 33-9 所示。从图中可以看出,反应 4min 只有羧基端肽段含有 ³H-亮氨酸。随着标记反应时间延长,带有标记的肽段自 C 端向 N 端延伸,到 60min 时几乎整个肽段都布满标记。这个实验证明了多肽链合成的方向。多肽链的合成极快,α 链 146 个氨基酸残基在 37℃ 约需 3min。大肠杆菌具有更高的速度,一个核糖体每秒钟可合成 40 个氨基酸的多肽。

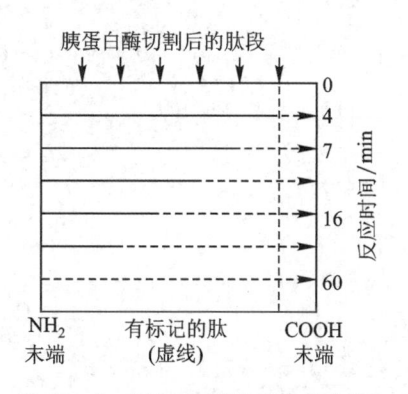

图 33-9 标记亮氨酸掺入血红蛋白 α 链羧基末端图解
虚线为带有标记肽段

蛋白质生物合成可分为五个步骤:①氨酰-tRNA 的合成(aminoacyl-tRNA synthesis);②多肽链合成的起始(initiation);③多肽链合成的延伸(elongation);④多肽链合成的终止(termination);⑤多肽链的折叠与加工(folding & processing)。现分别叙述如下。

(一) 氨酰-tRNA 的合成

蛋白质合成的第一步是胞质中 20 种不同的氨基酸与各自的 tRNA 以酯键结合，催化这一步的酶为氨酰-tRNA 合成酶。每种酶对于一种氨基酸和一种或多种相应的 tRNA 是特异的。这一步十分关键。首先，氨基酸必需附着在特定的 tRNA 分子上，正确的翻译才成为可能。tRNA 携带氨基酸，通过其反密码子对 mRNA 密码子的识别，使氨基酸得以掺入多肽链的指定位置。酶的校正功能后面还要讨论。第二，由游离氨基酸合成肽键需要供给能量。合成酶利用 ATP 使氨基酸腺苷酸化，从而使氨基酸激活，与 tRNA 反应形成高能酯键，有利于下一步肽键的合成。

ATP、氨基酸和相关的 tRNA 分别结合在合成酶活性部位的适当位置，酶与底物的互补空间结构、特异氢键和范德华引力(Van der Waals attraction)在相互识别中起重要作用。在酶催化下，ATP 与氨基酸反应产生氨酰腺苷酸和焦磷酸，反应平衡常数大约为 1，ATP 中磷酸酐键水解所能释放的能量继续保存在氨酰-AMP 的混合酸酐分子中，这时中间产物氨酰-AMP 仍然紧密结合在酶分子表面(图 33-10)。中间产物氨酰-AMP 分子结构如下：

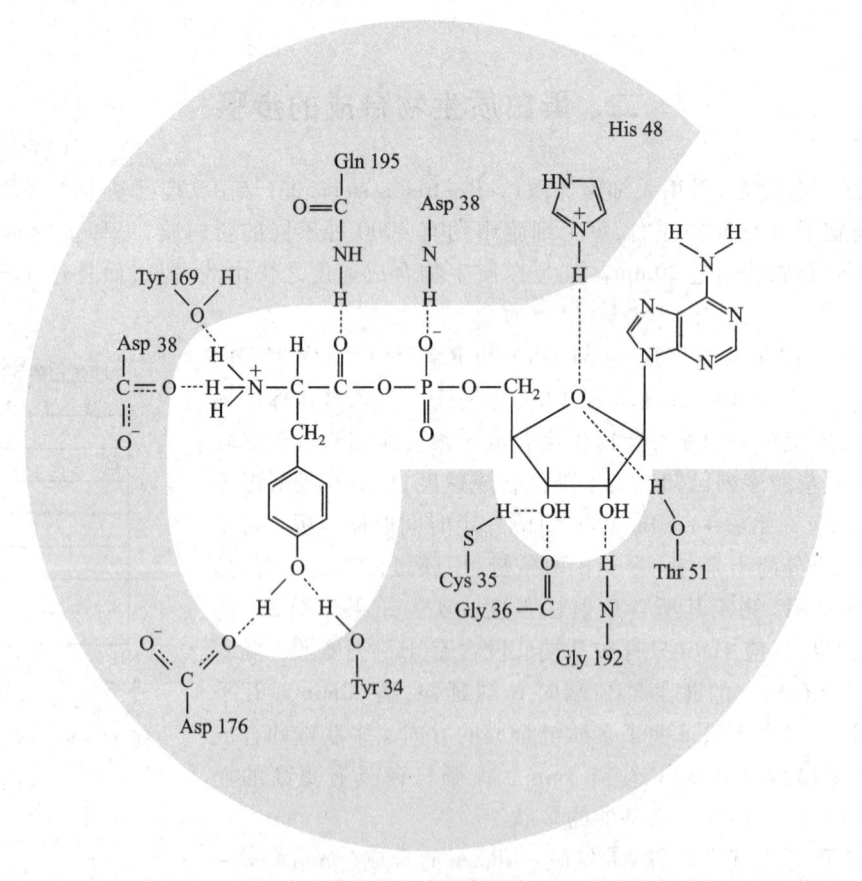

图 33-10 酪氨酰-tRNA 合成酶与反应中间物酪氨酰-腺苷酸复合物的相互作用
反应中间物结合在酶分子的深沟中，两者间形成 11 个氢键

氨基酸被激活后与相关 tRNA 反应,产生 2′或 3′氨酰酯,视酶的类群而异,2′或 3′羟基酯之间可互换,但在合成肽键时必定是 3′羟基酯。氨酰 - tRNA 的结构如下:

$$\text{氨酰 - tRNA}$$

由氨酰腺苷酸与相应 tRNA 产生氨酰 - tRNA 并释放出 AMP,反应平衡常数接近 1,自由能降低极少。氨基酸与 tRNA 之间的酯键与高能磷酸键相仿,水解时产生高的负标准自由能($\Delta G'^{\ominus} = -29 \text{kJ/mol}$)。ATP 激活氨基酸产生的焦磷酸随被焦磷酸酶水解成无机磷酸,推动反应的完成。因此产生一分子氨酰 - tRNA,消耗两个高能磷酸键。

(二) 多肽链合成的起始

所有多肽链的合成都以甲硫氨酸作为 N 端的起始氨基酸,但在翻译后的加工过程中有些被保留,有些则被除去。编码多肽链的阅读框架通常以 AUG 为起始密码子,但在细菌中有时也用 GUG(偶而用 UUG)为起始密码子。甲硫氨酸的 tRNA 有两种,一种用于识别起始密码子(无论是 AUG 或 GUG 以及 UUG),另一种识别阅读框架内部的 AUG 密码子。两种 tRNA 分别以 $\text{tRNA}_i^{\text{Met}}$ 和 $\text{tRNA}_m^{\text{Met}}$ 来表示。甲硫氨酰 - tRNA 合成酶则只有一种。

在细菌和原核生物细胞器中起始 tRNA 所携带甲硫氨酸通常其氨基都被甲酰化,此 tRNA 可写作 $\text{tRNA}_f^{\text{fMet}}$ 或 $\text{tRNA}_f^{\text{Met}}$。甲硫氨酰 - tRNA$_f$ 甲酰化后氨基被封闭,不能再参与肽链的延伸过程,可以防止起始 tRNA 误读框架内部密码子。真核细胞起始 tRNA 在辅助因子帮助下严格识别起始密码子 AUG,故无甲酰化。甲酰化反应由特异的甲酰化酶所催化,甲酰基来自 N^{10} - 甲酰四氢叶酸,反应式如下:

$$N^{10} - \text{甲酰四氢叶酸} + \text{Met - tRNA}_f \longrightarrow \text{四氢叶酸} + \text{fMet - tRNA}_f$$

原核生物参与起始的蛋白质因子有三个,起始因子(initiation factor,IF)1、起始因子 2 和起始因子 3。在起始因子帮助下,由 30S 小亚基、mRNA、fMet - tRNA$_f$ 和 50S 大亚基依次结合,形成起始复合物(initiation complex)。在此过程需要分解一分子 GTP 成 GDP 和无机磷供给能量,并要求 Mg^{2+} 作用。起始阶段又可分为三步:①30S - mRNA 复合物的形成;②fMet - tRNA$_f$ 的加入;③50S 亚基的加入。各步都有辅助因子参与作用。

在步骤 1,IF - 1 和 IF - 3 两个起始因子与 30S 小亚基结合。IF - 1 占据小亚基的 A 位点,空出 P 位点留待 fMet - tRNA$_f$ 的进入。A 位点在多肽链延伸阶段供非起始 tRNA 携带氨基酸进入核糖体之用。IF - 1 结合在 30S 小亚基上也妨碍了它与 50S 大亚基的结合。IF - 3 有两个功能。首先,它控制 70S 核糖体的解离平衡,起着抗结合因子(anti-association factor)的作用。IF - 3 和 50S 大亚基在 30S 小亚基上的结合部位相互重叠,小亚基结合 IF - 3 后就不能再与大亚基结合。其次,它促使小亚基与 mRNA 结合。核糖体小亚基 16S rRNA 3′端序列与 mRNA 的 SD 序列互补,两者结合并在 IF - 3 的帮助下使 mRNA 的起始密码子正好落在 P 位点。

在步骤 2,上述复合物(30S - mRNA、IF - 1、IF - 3)与 IF - 2 结合。IF - 2 能特异结合 fMet - tRNA$_f$,并使其进入 P 位点,于是 tRNA$_f$ 的反密码子得以与起始密码子正确配对。IF - 2 的功能与延伸因子 EF - Tu 有些类似,两者差别在于前者特异介导 fMet - tRNA$_f$ 进入 P 位点;后者在延伸阶段介导一般氨酰 - tRNA 进入 A 位点。

在步骤 3,IF - 3 离开 30S 小亚基,以便 50S 大亚基加入复合物形成完整的 70S 核糖体。IF - 1 和 IF - 2 随即离开核糖体,同时结合在 IF - 2 上的 GTP 水解成 GDP 和 Pi,产生的能量用于推动核糖体构象改变,使其成为活化的起始复合物。原核生物多肽链合成的起始如图 33 - 11 所示。

真核生物多肽链合成的起始过程与原核生物基本类似,但也有不同点。主要差别为:①真核生物多肽链合成的起始甲硫氨酸不被甲酰化,仅借助起始 tRNA$_i^{\text{Met}}$ 与内部 tRNA$_m^{\text{Met}}$ 的差别依靠辅助因子来区分起始和阅读框架内

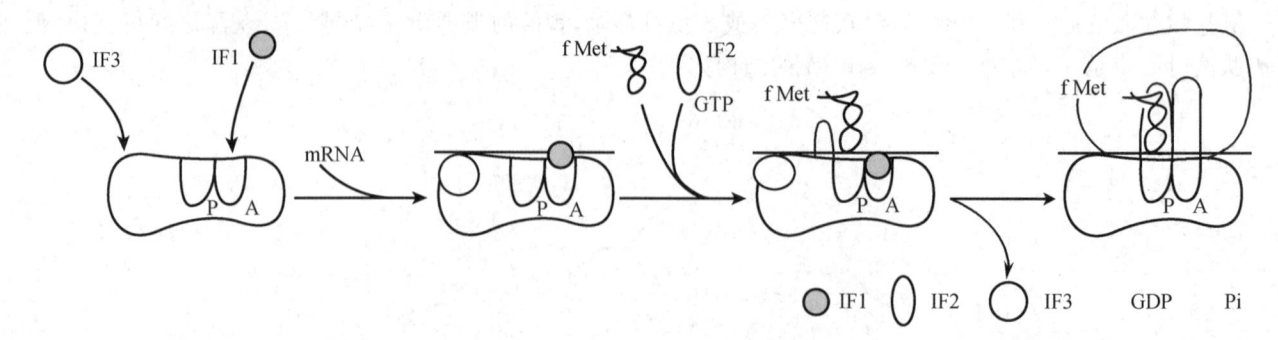

图 33-11 原核生物多肽链合成的起始步骤

部的密码子。②真核生物有 10 多个起始因子(表 33-2),原核生物则只有三个。③真核生物 mRNA 无 SD 序列,核糖体结合位点(ribosome binding site,RBS)在起始密码子 AUG 附近,最常见的 RBS 为 GCCAGCCAUGG。④与原核生物相反,Met-tRNA_i 先于 mRNA 与 40S 小亚基结合。⑤真核生物 40S 小亚基在起始因子帮助下从 mRNA 5′端移向 RBS 需要水解 ATP 供给能量,以解开 mRNA 的二级结构。

表 33-2 真核生物参与多肽链合成起始的蛋白质因子*

因 子	功 能
eIF1	多功能,使小亚基沿 mRNA 扫描
eIF1A	使小亚基沿 mRNA 扫描
eIF2	介导 Met-tRNA_i 与小亚基 P 位点结合;水解 GTP
eIF2B	以 GTP 交换 eIF2 上水解产生的 GDP
eIF3	阻止 40S 小亚基与 60S 大亚基结合
eIF4A	具有 RNA 解旋酶活性
eIF4B	结合 ATP 并促进 eIF4A 与 mRNA 结合
eIF4E	具有结合 mRNA 5′端帽子的活性
eIF4G	能与多种蛋白质(eIF3、eIF4A、PABP)结合,通过 eIF4E 连到 5′帽子周围
eIF5	促进小亚基与大亚基结合
eIF6	与 60S 大亚基结合,阻止大亚基与小亚基的结合
PABP	与 poly(A)相结合的蛋白质

*真核生物的起始因子以"eIF"来表示。

真核生物多肽链合成都的起始阶段也分为三个步骤:

步骤 1,eIF3 结合 40S 小亚基,阻止其与大亚基结合;eIF2 帮助 Met-tRNA_i 结合于 P 位点,它带有 GTP 以便在解离时水解成 GDP 和 Pi。mRNA 的 5′端帽子与 eIF4A、eIF4B、eIF4E、eIF4G 结合,其中真正的帽结合蛋白(cap-binding protein,CBP)是 eIF4E,余者均通过衔接蛋白(adapter protein)eIF4G 结合到 eIF4E 上。mRNA 3′端 poly(A)通过 poly(A)结合蛋白(poly(A)-binding protien,PABP)也结合在 eIF4G 上。步骤 2,40S 小亚基上的 eIF3 与衔接蛋白 eIF4G 结合,连带小亚基与 mRNA 结合,在 eIF1 和 eIF1A 的帮助下沿 mRNA 移动,扫描到核糖体结合位点,通过 Met-tRNA_i 的反密码子识别起始密码并与之结合。步骤 3,脱去完成功能的起始因子,在 eIF5 的帮助下 60S 大亚基与小亚基结合,形成核糖体起始复合物(图 33-12)。

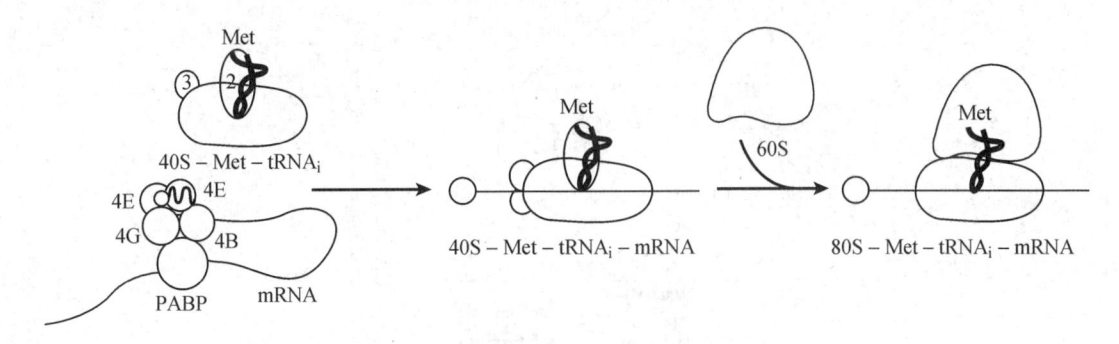

图 33-12　真核生物多肽链合成的起始步骤

（三）多肽链合成的延伸

核糖体与起始氨酰-tRNA 和 mRNA 组成起始复合物后，多肽链合成即进入延伸阶段，mRNA 上编码序列的翻译由三个连续的重复反应来完成。每循环一次，多肽链羧基端添加一个新的氨基酸残基。延伸反应在进化过程中十分保守，原核生物和真核生物基本相同，并且都需要三个延伸因子（elongation factor, EF）参与作用。（细菌的三个延伸因子是 EF-Tu、EF-Ts 和 EF-G）。值得指出的是，肽键的形成并不需要蛋白质的酶来催化，而是由大亚基的 rRNA 催化。延伸的三步反应分别是，氨酰-tRNA 结合（binding）到核糖体 A 位点上、进行转肽反应（transpeptidation）、核糖体沿 mRNA 移位（translocation，又称易位）。这里首先介绍细菌的多肽合成过程，然后再比较真核生物与原核生物的差别。

延伸步骤 1：所有氨酰-tRNA 都是在 EF-Tu 的帮助下，进入核糖体结合在 A 位点。上面曾提到，起始因子 IF-2 与延伸因子 EF-Tu 功能类似，两者都起着运送氨酰-tRNA 到核糖体上的作用，并且都有水解 GTP 的酶活性（GTPase）。但前者特异识别 fMet-tRNA$_f$，将其引导到 P 位点；后者识别除了起始氨酰-tRNA 外的各种氨酰-tRNA，导入 A 位点。结合了 GTP 的 EF-Tu 可与氨酰-tRNA 形成三元复合物（氨酰-tRNA·EF-Tu·GTP）。该复合物进入 A 位点后由 tRNA 的反密码子与位于 A 位点的 mRNA 密码子配对，碱基正确配对触发核糖体构象改变，导致 tRNA 的结合变稳定，并且引起 EF-Tu 对 GTP 的水解。当反密码子与密码子配对时，所携带氨基酸正好落在 50S 大亚基的肽基转移酶活性中心，引发催化反应。二元复合物 EF-Tu·GDP 随即被释放。

另一因子 EF-Ts 的功能是帮助无活性的 EF-Tu·GDP 再生为有活性的 EF-Tu·GTP。首先 EF-Ts 置换 GDP，形成 EF-Tu·EF-Ts 复合物；然后再被 GTP 置换，从新形成 EF-Tu·GTP。EF-Ts 可以反复使用，使细胞内有充裕的 EF-Tu·GTP，以供多肽链合成之用。

EF-Tu 的作用可影响多肽链合成的忠实性。氨酰-tRNA 被带到 A 位点，如果反密码子与密码子不配对，迅即离去。EF-Tu·GTP 的水解相对较慢，留下足够时间使不正确的氨酰-tRNA 离开 A 位点。水解后，EF-Tu·GDP 的释放也较慢，如还有不正确氨酰-tRNA 也可于此时离开。

延伸步骤 2：肽酰转移反应由 23S rRNA 所催化。反应实质是使起始氨酰基（fMet）或肽酰基（peptidyl）的酯键转变成肽键，即由 P 位点的 tRNA 上转移到 A 位点氨酰-tRNA 的氨基上。通过转肽，新生肽链得以由 N 端向 C 端延伸。反应是由新加入氨基酸的氨基向起始氨酰-或肽酰-tRNA 上酯键的羰基作亲核攻击所发动。如图 33-13 所示。

嘌呤霉素（puromycin）对蛋白质合成的抑制作用就发生在这一步上。嘌呤霉素的结构与氨酰-tRNA 3′端上的 AMP 残基的结构十分相似。肽基转移酶也能促使起氨酰基或肽酰基与嘌呤霉素结合，形成肽酰嘌呤霉素，但其连键不是酯键，而是肽键。肽酰-嘌呤霉素复合物很易从核糖体上脱落，从而使多肽链合成过程中断。这一点不仅证明了嘌呤霉素的作用机制，也说明了活化氨基酸是添加在延伸肽链的羧基上。嘌呤霉素结构如下：

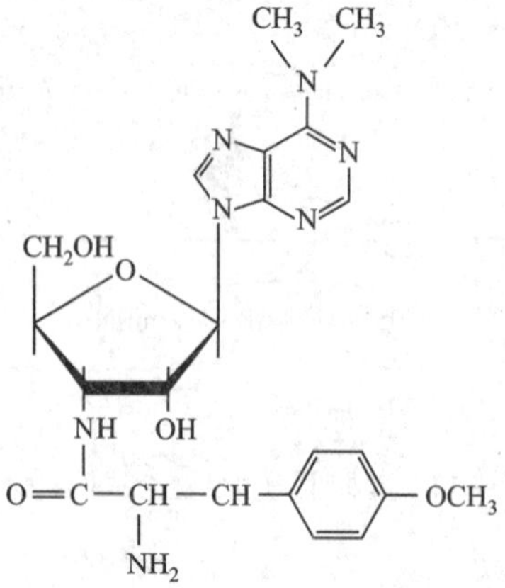

嘌呤霉素

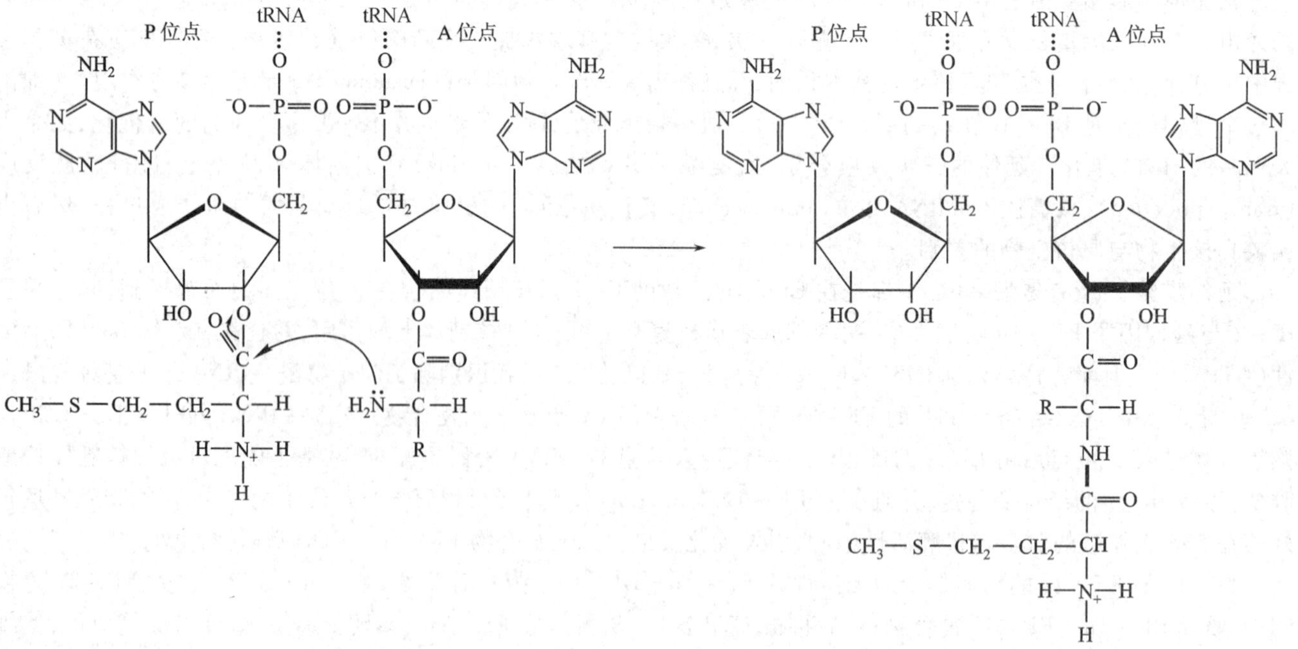

图 33-13 多肽链合成中第一个肽键的形成

延伸步骤 3：紧接着转肽反应之后，核糖体沿 mRNA 由 5′向 3′方向移动一个密码子，以便继续翻译。移位依赖于因子 EF-G 和 GTP。核糖体不能同时结合 EF-Tu 和 EF-G，必须在 EF-Tu·GDP 离开后 EF-G·GTP 才能结合上去；同样只有在 EF-G·GDP 离开后新的氨酰-tRNA·EF-Tu·GTP 三元复合物才能进入 A 位点。氨酰-tRNA·EF-Tu·GTP 的三级结构与 EF-G 的三级结构十分相似。两者有共同的保守结构，EF-G 的其余部分模拟了 EF-Tu·tRNA 中的 tRNA 成分，故而可以进入前者在核糖体上的结合位置（图 33-14）。

原核生物核糖体有三个 tRNA 结合位点，分别横跨大、小两亚基。倒 L 形 tRNA 可分两部分，反密码子区位于 A 位点和 P 位点的小亚基部分，氨基酸臂区位于大亚基部分，E 位点大部分都在大亚基上，和小亚基只有少许接触。移位是一个十分复杂的过程，核心问题是核糖体、tRNA 和 mRNA 三者间究竟如何进行相对移动。移位后，卸去氨酰基的 tRNA(deacylated tRNA) 由 P 位点转至 E 位点，然后再脱落；肽酰-tRNA 由 A 位点转至 P 位点，空出的 A 位点又可接受新的氨酰-tRNA。对此一种较可信的解释是移位可分两步进行：首先由大亚基与小亚基交错运动形成杂合位点，即 50SE/30SP 和 50SP/30SA。此时两 tRNA 的 CCA 末端脱开 50S 大亚基原来位置的束缚，进入新的位置。然后大亚基与小亚基再次交错运动以恢复原状。两 tRNA 的反密码子末端脱开 30S 小亚基束缚，也

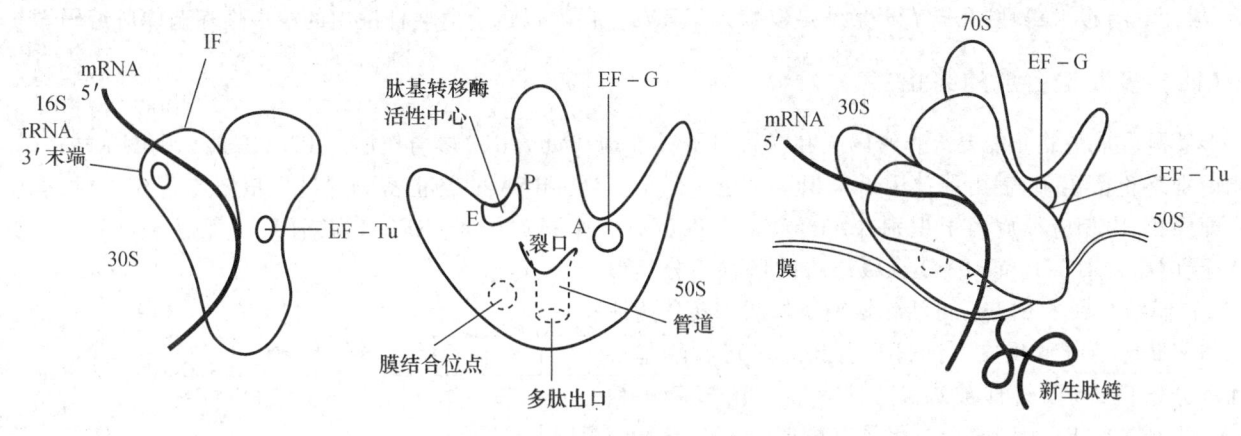

图 33-14 原核生物核糖体的功能位点

进入新的位置。mRNA 借助密码子与反密码子之间的碱基对结合，跟随 tRNA 一起移动。移位发生在 GTP 水解之后，想必 GTP 水解产生的能量先引起 EF-G 的构象改变，进而引起核糖体构象的改变。核糖体与 tRNA 的相对移动不涉及碱基对的重新配对。

原核生物多肽链合成的延伸循环如图 33-15 所示。

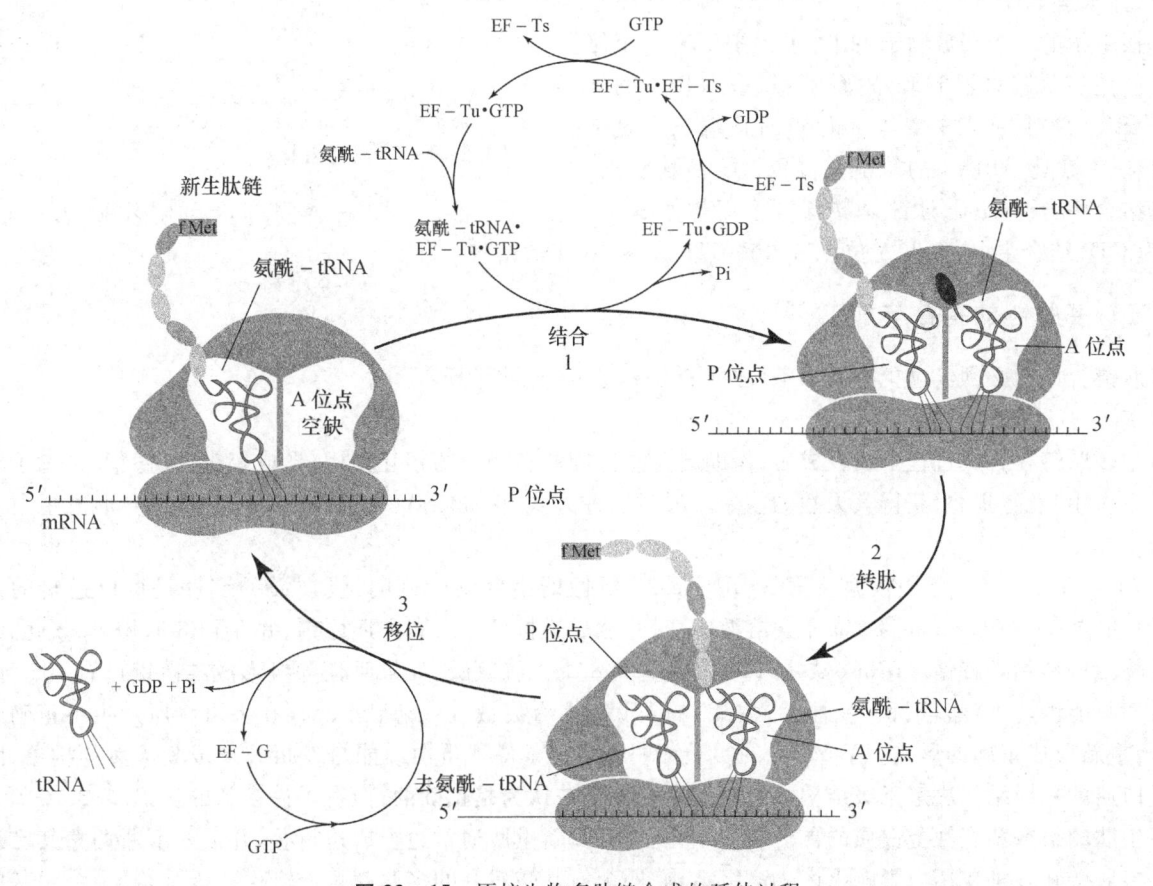

图 33-15 原核生物多肽链合成的延伸过程

真核生物多肽链合成的延伸循环与原核生物十分相似，三个延伸因子分别称为 eEF1A、eEF1B 和 eEF2。eEF1A 和 1B 分别相当于原核生物的 EF-Tu 和 Ts，eEF2 相当于 EF-G。真核生物核糖体无 E 位点，脱酰 tRNA 直接从 P 位点脱落。白喉毒素（diphtheria toxin）能利用 NAD$^+$ 将腺苷二磷酸核糖基（ADPR）转移到 eEF2 上，使其失活，故而具有极大毒性，几微克毒素就足以致人于死命。白喉毒素由白喉杆菌内的溶原性噬菌体所编码。

（四）多肽链合成的终止

多肽链合成的终止需要终止密码子和释放因子（release factor，RF）参与作用。tRNA 只能识别氨基酸密码子，不能识别终止密码子，需由释放因子来识别终止密码子。当 mRNA 的终止密码子进入核糖体 A 位点时，多肽链合成即停止，由相应释放因子识别并结合其上。细菌有三个释放因子，RF－1 识别 UAA 和 UAG，RF－2 识别 UAA 和 UGA。RF－1 和 RF－2 三级结构的形状十分类似 tRNA，它们结合到 A 位点后可活化核糖体的肽基转移酶活性。与多肽链的延伸反应不同，RF 引起的是将肽酰基转移到水分子上，多肽链即被水解下来。将大肠杆菌核糖体、fMet－$tRNA_f$、RF－1、两个三聚核苷酸 AUG 和 UAA 一起保温，可在体外观察到 RF 的水解作用（图 33－16）。RF－3 是一个 GTP 结合蛋白，它与 EF－Tu 和 EF－G 类似，结合到核糖体后引起 GTP 水解，并使 RF－1 或 RF－2 脱落。核糖体与 tRNA 和 mRNA 的解离还需要核糖体再循环因子（ribosome recycling factor，RRF）、EF－G 和 IF－3 参与作用，并水解 GTP。

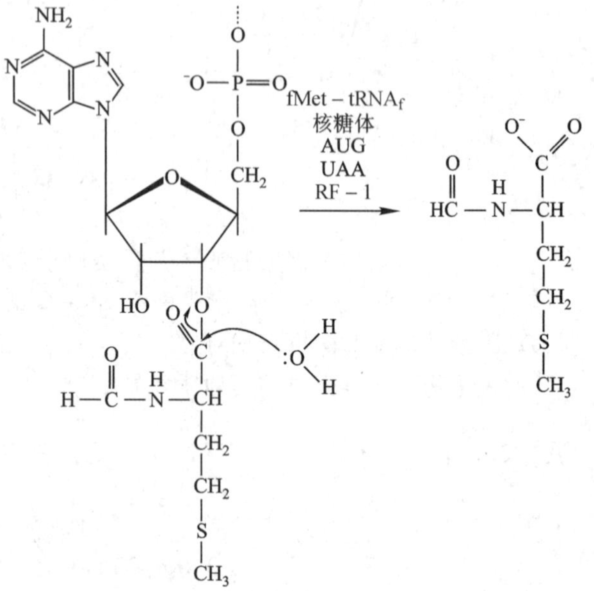

图 33－16 释放因子的体外活性实验

真核生物的一个释放因子 eRF1 可识别所有三个终止密码子并使多肽链水解下来，故而无 eRF2。eRF1 的外形类似于 tRNA，当其进入核糖体 A 位点时顶端三个氨基酸 GGQ 正好在氨酰－tRNA 的氨酰基位置，Q（谷氨酰胺）的酰胺基结合一分子 H_2O，肽酰基转移其上而被水解下来。eRF3 为 GTP 结合蛋白，进入 A 位点后水解 GTP 并使 eRF1 脱落。

（五）多肽链的折叠与加工

多肽链合成后必须经过折叠和加工，才能成为具有生物活性的形式。

1. 新生多肽链的折叠

新生多肽链在合成过程中或合成后，借助自身主链间和各侧链的相互作用，形成氢键、范德华力、离子键以及疏水相互作用，发生折叠，获得其天然的构象。通过这种方式，由 mRNA 一维结构编码信息指导形成蛋白质的三维结构。

C. Anfinsen 在 1957 年用核糖核酶 A（RNase A）所做的出色实验表明，蛋白质的变性是可以逆转的。他将 RNase A 在含 β－巯基乙醇的 8mol 尿素溶液中变性，然后透析除去尿素和还原剂，并在 pH8 时用 O_2 氧化，结果完全恢复酶活性和物理特性。RNase A 有 124 个残基和 8 个半胱氨酸，如果听任随机形成二硫键可有 105 种方式，活性最多只能恢复 1%。实际上变性后“散乱”的多肽链在有痕量 β－巯基乙醇存在下可将所产生不正确的二硫键打开，重新形成正确的形式。Anfinsen 的实验证明在生理条件下蛋白质能自发折叠形成其天然的构象，因此他认为蛋白质的一级结构决定三级结构。这一原则至今仍被认为是正确的，但有了许多新的认识。

新生肽的折叠和变性蛋白质的再折叠并不完全相同，新生肽通常边合成边折叠，并需要不断调整其已折叠的结构。多肽链在各种作用力影响下产生高级结构，四个氨基酸残基的多肽就可以产生二级结构，十个残基的多肽可以产生超二级结构，四十个以上残基的多肽其凝聚力才可以产生结构域，但仍然需要次级键和二硫键来稳定其结构。有两个酶可以改变多肽链的共价结构，一个是蛋白质二硫键异构酶（protein disulfide isomerase，PDI），它可以进行二硫键交换，以调整不正确的二硫键；另一个是肽基脯氨酰异构酶（peptidyl prolyl isomerase，PPIase），可以改变脯氨酸残基的顺反构型。在蛋白质分子中大部脯氨酸残基都是反式构型，但也有约 6% 的顺式，PPIase 可以调整此构型。

上世纪70年代发现，蛋白质折叠和寡聚蛋白的组装需要一类称为分子伴侣（molecular chaperone）的蛋白质参与作用。这类蛋白质某些方面与酶相似，能帮助蛋白质折叠与组装，但不是最终结构的一部分。但它与酶又不一样，一是对底物蛋白不具有高度专一性，同一分子伴侣可以作用于多种不同多肽链的折叠。二是并不促进正确折叠，只是防止错误折叠。分子伴侣作用于新生肽的折叠，跨膜蛋白的解折叠和再折叠，变性或错折叠蛋白的重折叠，以及蛋白质分子的装配。由于细胞内蛋白质的浓度极高，并且存在诸多各类化学分子，多肽链的折叠易受到干扰，可能产生非天然的折叠，并使多肽链各疏水区段发生聚集和形成沉淀。携带ATP的分子伴侣可以与多肽的疏水区段结合，ATP水解成ADP后分子伴侣即脱落，ADP被ATP替换后又可与多肽链结合，在脱落的间隙多肽进行正常的折叠，不断结合分子伴侣起着阻止疏水区段聚集的作用，直至完成折叠为止。

许多分子伴侣属于热激蛋白（heat shock protein，HSP）。HSP是在升温或其他刺激作用下增加合成速率的一类蛋白质，可用于恢复热变性蛋白或阻止外界不利条件下多肽链的错误折叠。分子伴侣主要有两类：一类为Hsp70家族，其成员均为单体的蛋白质；另一类伴侣蛋白家族（chaperonine family），为寡聚体的蛋白质（表33-3）。

表33-3 分子伴侣的主要群类

种 类	结构与功能
Hsp70家族（单体蛋白质）	
Hsp70（Dnak）	ATPase
Hsp40（DnaJ）	促进ATPase
GrpE	核苷酸交换因子
Hsp90	作用于信号转导蛋白
伴侣蛋白家族（寡聚复合物）	
类群Ⅰ	
Hsp60（GroEL）	形成两个七聚体环状结构
Hsp10（GroES）	形成帽状结构
类群Ⅱ	
TRic	形成两个八聚体环

Hsp70借助水解ATP来完成对未对叠和部分折叠多肽链的结合-释放循环。Hsp40的功能是促进Hsp70的作用。GrpE使Hsp70上的ADP与ATP发生交换。经过多轮结合-释放循环，多肽链得以获得天然构象。Hsp90作用类似于Hsp70，在作用过程中需水解ATP，但它专一作用于信号转导途径蛋白质的构象改变。

与上述系统不同，伴侣蛋白家族成员可形成大的寡聚复合物。Hsp60（大肠杆菌中为GroEL）的14聚体，分成上下两环，每环7个亚基，构成中空的圆筒。上下两环亚基的方向相反，圆筒中间由各亚基的羧基端突起将筒隔成两半。每一亚基结合一个ATP，中空筒内表面的疏水区段与未完成折叠的多肽链结合。Hsp10（在大肠杆菌中为GroES）由7个亚基构成类似帽子的结构，待底物进入空筒后即盖上。于是多肽链可在被隔离的空间内进行折叠，待ATP水解后盖子（Hsp10或GroES）打开，底物被释放。也许底物一次进入圆筒内不能完成折叠，可以多次进入有ATP的圆筒内继续折叠，直到全部完成。上下两环可以交替使用。上环腾清后在ATP/ADP交换期间，可以利用下环空间进行多肽链折叠；同样，下环在准备阶段可以利用上环进行折叠。伴侣蛋白的寡聚复合物结构如图33-17所示。真核生物的TriC和GimC与之相似，只是各亚基

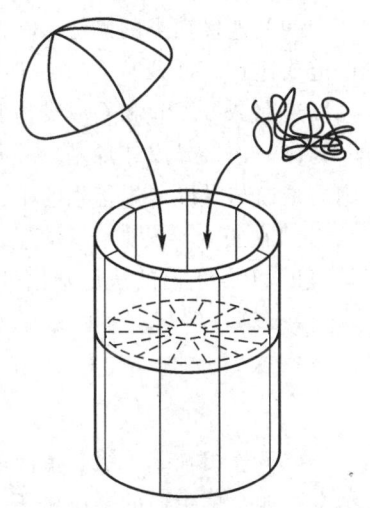

图33-17 伴侣蛋白形成大的寡聚复合物

14个GroEL形成两环组成的中空圆筒，7个GroES形成帽子，多肽链在筒内完成折叠

2. 翻译后的加工与修饰

多肽链合成后常常不是其最后具有生物学活性的形式,而需要经过一系列的加工和修饰。主要的加工和修饰有以下几类:

(1) 氨基末端和羧基末端的修饰 所有多肽链合成最起始的残基都是甲酰甲硫氨酸(细菌中)或甲硫氨酸(真核生物中)。在合成后,甲酰基、氨基末端的甲硫氨酸残基、甚至多个氨基酸残基或是羧基末端的残基常被酶切除,因此它们并不出现在最后有功能的蛋白质中。在真核生物的蛋白质中约有50%氨基末端残基的氨基都被 N-乙酰化。有时羧基末端残基也被修饰。

(2) 信号肽被切除 分泌蛋白和膜蛋白的氨基末端存在一段序列约长 15 至 30 个残基,它引导蛋白质穿越质膜(细菌)或内质网膜(真核生物)。这段序列在穿膜后即被信号肽酶所切除。

(3) 肽链个别氨基酸被修饰 蛋白质某些 Ser、Thr 和 Tyr 残基上的羟基可被激酶利用 ATP 进行磷酸化。不同蛋白质磷酸化的意义是不一样的。例如,乳液中酪蛋白的磷酸化可增加 Ca^{2+} 的结合,有利于幼儿营养。细胞内许多酶和调节蛋白可借助磷酸化和去磷酸化以调节其活性。

凝血机制中的关键成分凝血酶原,其氨基末端区的 Glu 残基常被增加一个 γ-羧基,催化该反应的酶为羧化酶,需要维生素 K 作为辅酶。这些羧基可结合 Ca^{2+},为凝血机制所需要。γ-羧基谷氨酸的结构式如下:

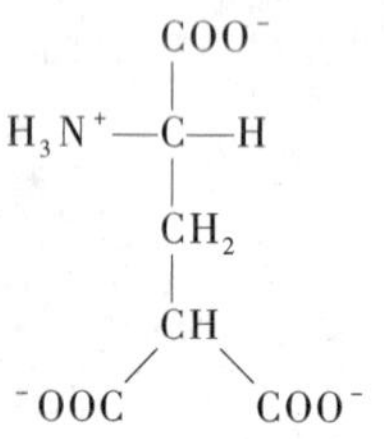

此外,在某些肌肉蛋白和细胞色素 c 中还存在甲基赖氨酸和二甲基赖氨酸残基。有些生物的钙调蛋白(calmodulin)中有三甲基赖氨酸。这些甲基位于赖氨酸残基的 ε-氨基上。还有些蛋白质谷氨酸的 γ-羧基可被甲基化形成酯。

(4) 连接糖类的侧链 在肽链合成过程中或合成后某些位点被连以糖类侧链,糖蛋白有重要生物学功能。糖链或连在 Asn 残基上(N-连接寡糖);或连在 Ser、Thr、Hyl(羟赖)及 Hyp(羟脯)残基上(O-连接寡糖);少数可以连在 Asp、Glu 和 Cys 残基上。详见糖生物学。

(5) 连接异戊二烯基 一些真核生物的蛋白质可通过连接异戊二烯基(isoprenyl)衍生物进行修饰。例如,胞质蛋白与异戊二烯衍生的十五碳法尼基焦磷酸反应(farnesyl pyrophosphate)生成羧酸酯,使蛋白质疏水的羧基端"锚"在膜上。又如,ras 癌基因和原癌基因的产物 Ras 蛋白以 Cys 与法尼基焦磷酸生成硫酯键。引人关注的是,阻止 Ras 蛋白的法尼基化可以使其失去致癌性。法尼基化 Ras 蛋白结构如下:

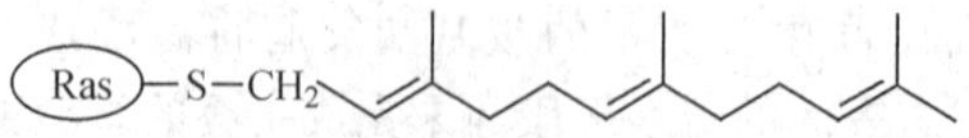

(6) 连接辅基 缀合蛋白的活性与其辅基(prosthetic group)有关,多肽链合成后需与辅基以共价键或配位键结合。如金属蛋白的金属离子,血红素蛋白的血红素,黄素蛋白的含核黄素辅基等。

(7) 蛋白酶解加工 许多蛋白质最初合成较大的、无活性的前体蛋白质,合成后需经蛋白酶的酶解加工(proteolytic processing)产生较小的、活性形式。蛋白酶解加工可用于控制蛋白质的活性,如酶和激素常见先合成其非活性形式蛋白原(proprotein),在额外序列被蛋白酶切去后产生活性蛋白质。选择性酶解可以产生多种不同的蛋白质,如病毒的多蛋白质,哺乳动物的脑肽。

(8) 二硫键的形成　在多肽链折叠形成天然的构象后,链内或链间的 Cys 残基间有时会产生二硫键。二硫键可以保护蛋白质的天然构象,以免分子内外条件改变或凝聚力较低的情况下引起变性。

三、蛋白质合成的忠实性

蛋白质合成不仅是细胞新陈代谢中最复杂的过程,也是一个速度快、表达遗传信息高度忠实的过程。这些都需要付出能量的代价。

(一) 蛋白质合成的忠实性需要消耗能量

蛋白质合成是一个高耗能的过程,自由能不仅用来合成肽键,更多用来保证遗传信息表达的忠实性(fidelity)。每合成一分子氨酰 – tRNA,需要分解 2 个高能磷酸键。这一步活化氨基酸需要的能量由 ATP 供给。如果合成发生错误,不正确产物将被水解,还需额外消耗 ATP。在延伸阶段第一步(结合)和第三步(移位)各分解一个高能磷酸键,能量用于推动分子运动故由 GTP 供给,GTP 分解成 GDP 和 Pi。因此每合成一个肽键,至少需要水解 4 个高能磷酸键,共消耗能量 $4 \times 30.5 \text{kJ/mol} = -122 \text{kJ/mol}$。水解肽键的标准自由能变化为 -21kJ/mol,合成肽键的净自由变化为 $-101 \text{kJ/mol}(-24.14 \text{kcal/mol})$。多付出的能量允许蛋白合成达到非常高的忠实性。

(二) 合成酶的校对功能提高了忠实性

氨酰 – tRNA 合成酶的识别能力直接关系到翻译的忠实性。它既要从 20 种氨基酸中分辨出一种,又要从数十至上百种 tRNA 中分辨出 1~3 种相关 tRNA。合成酶对相关 tRNA 的分辨能力相对较高,可能是由于酶与 tRNA 的接触面积大,根据同工 tRNA 的个性特征(第二套遗传密码),能够较精确区分相关 tRNA 和非相关 tRNA。但合成酶对于结构相似的氨基酸就不易区分。通常 tRNA 的选择错误率为 $\sim 10^{-6}$,氨基酸的选择错误率为 $\sim 10^{-4}$ 至 10^{-5}。无论是不正确的氨基酸,或是不正确的 tRNA,一旦发生错误,酶具有校正功能,可以在一定程度上查出加以校正。合成酶的校对功能有两类,一是动力学校对(kinetic proofreading);另一是化学校对。

动力学校对是基于相关 tRNA 与非相关 tRNA 对酶的亲和力不同,因而反应速度不同。相关 tRNA 与酶结合迅速,解离较慢,结合后引起酶构象改变,迅即发生相关 tRNA 的氨酰化反应。而非相关 tRNA 与酶结合慢,解离快,不引起酶构象改变,氨酰化反应发生缓慢。因此,进入酶活性部位的非相关 tRNA 可在随后被排除。

化学校对是根据底物空间结构进行鉴别。氨酰 – tRNA 合成反应分为两步进行,氨基酸先被 ATP 活化形成氨酰腺苷酸,待相关 tRNA 进入活性部位后再形成氨酰 – tRNA。这两步反应都能进行校对。校对发生在相关 tRNA 进入活性部位后,如发现氨基酸不正确,或者水解氨酰腺苷酸,或水解氨酰 – tRNA,不同的酶不完全一样。甲硫氨酸、异亮氨酸和缬氨酸优先作用于第一步,另一些酶主要作用于第二步。举例来说,异亮氨酰 – tRNA^{Ile} 合成酶除合成位点外还有校对位点(editing site),可以水解不正确的氨酰 – tRNA。比 Ile 大的氨基酸(如 Leu)无法进入该酶合成位点;Val 比 Ile 小,可以进入合成位点,但随后送往校正位点,Val – tRNA^{Ile} 即被水解成 Val 和 tRNA^{Ile}。Ile 能进入合成位点,但不能进入较小的校正位点,经过双重筛选,只有 Ile 可与其相关 tRNA^{Ile} 连接。校正有赖于 tRNA 氨酰化末端核苷酸链的柔性构象,它能将氨基酸从合成位点送往校正位点。许多合成酶都有此校正位点。

有少数合成酶虽无校对功能,但也能达到高度精确选择氨基酸。例如,酪氨酰 – tRNA^{Tyr} 合成酶能够精确分辨酪氨酸和苯丙氨酸,因羟基的存在,酶对前者的结合是后者的 10^4 倍。

(三) 核糖体对忠实性的影响

蛋白质生物合成是一个高度精确的过程,通常误差 $< 10^{-5}$。容易引入错误的步骤有两个:一是在合成酶催化下,氨基酸连接到相关 tRNA 上;二是在核糖体上氨酰 – tRNA 通过反密码子与 mRNA 的密码子配对。前已谈到,借助合成酶的校正功能,可以使选择氨基酸和 tRNA 的错误率降低到 10^{-5} 以下。然而,反密码子与密码子的结合

常数很小,远不足维持蛋白质合成的错误率 $< 10^{-5}$。因此很容易想到,核糖体必定存在某种机制来增强反密码子与密码子的相互作用。这种机制表现在两个方面,一是核糖体在结构上能识别是否正确配对;二是使不正确配对的氨酰-tRNA 在多个步骤上可以脱离,亦即动力学校对,此过程需要蛋白因子参与作用。

从核糖体晶体结构分析中知道,16S rRNA 可与氨酰-tRNA 多处接触。在反密码子与密码子配对时,16S rRNA 的两个碱结合在 tRNA 反密码子与 mRNA 密码子形成的螺旋前两个碱基对浅沟上,从而稳定了配对结构。一方面使氨酰-tRNA 束缚在 A 位点;另一方面 rRNA 构象的改变触发了下一步反应,导致 EF-Tu 对 GTP 的水解。校对作用还受到动力学的控制。不配对的氨酰-tRNA 解离速度约比配对氨酰-tRNA 的解离速度快 5 倍。延迟转肽反应也可以使不配对氨酰-tRNA 有更多机会脱离。就是说降低速度可以增加忠实性。

四、蛋白质的运输和定位

多肽链在核糖体上合成后即自发装配成蛋白质,并被运送到细胞的各个部分,"各就各位"以行使其生物功能。真核生物的细胞、亚细胞结构和细胞器都被膜所包围,分泌蛋白、溶酶体蛋白和膜蛋白在结合于内质网膜的核糖体上合成后,需与翻译同时穿过内质网膜,或者被送往高尔基体、分泌小泡、质膜或溶酶体;或者停留在内质网膜上。在此过程中蛋白质被糖基化,糖基化与定位有关。线粒体、叶绿体和细胞核的蛋白质则在翻译完成后再运输。大肠杆菌新合成的蛋白质有些仍停留在胞浆中,有些则被送往质膜、外膜或质膜与外膜之间的空隙,有些也可分泌到胞外。

(一) 蛋白质的信号肽与跨膜运输

蛋白质的运输尽管比较复杂,但生物体中蛋白质的运输机制基本上已了解。每一需要运输的蛋白质都含有一段氨基酸序列,称为信号肽或导肽序列(signal or leader sequence),引导蛋白质至特定的位置。在真核细胞中,核糖体以游离状态停留在胞浆中,它们中一部分合成胞浆蛋白质或成为线粒体及叶绿体的膜蛋白质。另一部分受新合成多肽链 N 端上信号肽(signal sequence)的引导而到内质网膜上,使原来表面光洁的光面内质网(smooth ER)变成带有核糖体的粗面内质网(rough ER)。停留在内质网上的核糖体可合成三类主要的蛋白质:溶酶体蛋白、分泌蛋白和构成质膜骨架的蛋白。信号肽的概念首先是由 D. Sabatini 和 G. Blobel 于 1970 年所提出。以后,C. Milstein 和 G. Brownlee 在体外合成免疫球蛋白肽链的 N 端找到了这种信号肽,但在体内合成经过加工的成熟免疫球蛋白上找不到它。因为多肽链在体内合成后的加工过程中,信号肽被信号肽酶(signal peptidase)切掉了。许多蛋白质激素就是以前体蛋白质形式合成,例如,胰岛素 mRNA 通过翻译,可得到前胰岛素原蛋白,其前面 23 个氨基酸残基的信号肽在转运至高尔基体的过程中被切除。以后在很多真核细胞的分泌蛋白中都发现有信号肽。

信号肽序列通常在被转运多肽链的 N 端,长度在 10~40 个氨基酸残基范围,氨基端至少含有一个带正电荷的氨基酸,中部有一段长度为 10~15 个高度疏水性氨基酸,常见的如丙氨酸、亮氨酸、缬氨酸、异亮氨酸和苯丙氨酸,组成疏水肽段。这个疏水区极重要,其中某一个氨基酸被极性氨基酸置换时,信号肽即失去其功能。一般蛋白质是很难通过脂膜,而信号肽可引导它通过膜至特定的细胞部位,可能与这段疏水肽段有关。在信号肽的 C 端有一个可被信号肽酶识别的位点,此位点上游常有一段疏水性较强的五肽,信号肽酶切点上游的第一个(-1)及第三个(-3)氨基酸常为具有一个小侧链的氨基酸(如丙氨酸)。图 33-18 为一些真核细胞多肽链的信号肽序列。信号肽的位置并不一定在新生肽的 N 端,有些蛋白质(如卵清蛋白)的信号肽位于多肽链的内部,24 至 45 残基处,它们不被切除,但其功能则相同。

随后 Blobel 等发现,信号肽可被信号识别颗粒(signal recognition particle,SRP)识别。SRP 的相对分子质量为 325 000,由一分子 7SL RNA(长 300 核苷酸)和 6 个不同的多肽分子组成。SRP 有两个功能域,一个用以识别信号肽,另一个用以干扰进入核糖体的氨酰-tRNA 和肽基转移酶的反应,以停止多肽链的延伸。信号肽与 SRP 的结合发生在蛋白质合成开始不久,即 N 端的新生肽链刚一出现时,一旦 SRP 与带有新生肽链的核糖体相结合,肽

		切点
人生长激素	MATGSRTSLLLAFGLLCLPWLQEGSA	FPT
人胰岛素原	MALWMRLLPLLALLALWGPDPAAA	FVN
牛血清蛋白原	MKWVTFISLLLFSSAYS	RGV
小鼠抗体H链	MKVLSLLYLLTAIPHIMS	DVQ
鸡溶菌酶	MKSLLILVLCFLPKLAALG	KVF
蜂毒蛋白	MKFLVNVALVFMVVYISYIYA	APE
果蝇胶蛋白	MKLLVVAVIACMLIGFADPASG	CKD
玉米蛋白19	MAAKIFCLIMLLGLSASAATA	SIF
酵母转化酶	MLLGAFLFLLAGFAAKISA	SMT
人流感病毒A	MKAKLLVLLYAFVAG	DQI

图33-18　一些真核细胞多肽链氨基端的信号肽序列
疏水氨基酸残基以加重线字母表示，碱性氨基酸残基用带网纹字母表示

链的延伸作用暂时停止，或延伸速度大大降低。SRP-核糖体复合物随即移到内质网上并与那里的SRP受体停泊蛋白（docking protein）相结合。SRP与受体结合后，蛋白质合成的延伸作用又重新开始。SRP受体是一个二聚体蛋白，由相对分子质量为69 000的α亚基与相对分子质量为30 000的β亚基组成。然后，带有新生肽链的核糖体被送到多肽转运装置（translocation machinery）上，SRP被释放到胞浆中，新生肽链又继续延长。SRP和SRP受体都结合了GTP，当它们解离时均伴有GTP的水解。转运装置含有两个整合膜蛋白（integral membrane protein），即核糖体受体蛋白Ⅰ和Ⅱ（ribophorin Ⅰ & Ⅱ）。多肽链通过转运装置送入内质网腔，此过程由ATP所驱动。多肽链进入内质网腔后，信号肽即被信号肽酶所切除。信号肽指导新生肽链进入内质网腔的过程如图33-19所示。进入内质网腔的多肽链在信号肽切除后即进行折叠、糖基化及二硫键形成等加工过程。膜蛋白肽链的C端一般有11～25个疏水氨基酸残基，紧接着是一些碱性氨基酸残基，它们的作用与信号肽相反，引起膜上核糖体受体及孔道的解聚，使多肽链"锚"在内质网膜上。

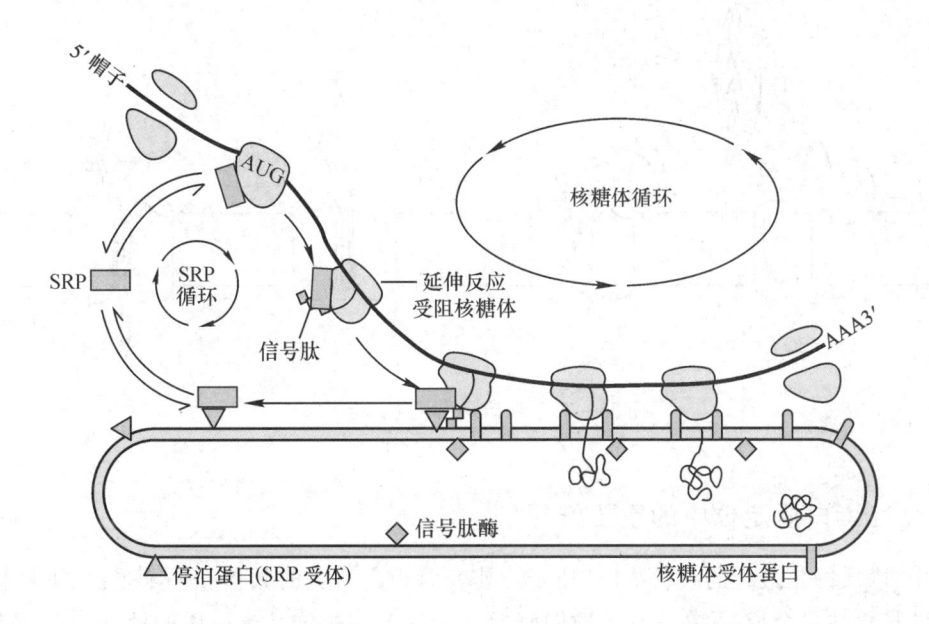

图33-19　信号肽的识别过程

细菌的分泌蛋白和膜蛋白也依赖于信号肽指导跨膜运输。真核细胞多肽链在信号肽指导下对内质网膜的跨膜运输是边翻译边转运，故称为共翻译转运（cotranslational translocation）。细菌除存在类似的共翻译转运外，还存在翻译后转运（post-translational translocation）。细菌的信号肽如图33-20所示。

细菌的SRP由4.5S RNA与Ffh和FtsY蛋白所组成它将核糖体上新合成的多肽链带到位于内膜的转运子

内膜蛋白		切点
噬菌体fd主要外壳蛋白	MKKS**LVLKASVAVATLVPMLS**TA	AE
噬菌体fd少量外壳蛋白	MKK**LLFAIPLVVPFY**SHS	AE
周质蛋白		
碱性磷酸酶	MKQS**TIALALLPLL**FTPVTKA	RT
亮氨酸特异结合蛋白	MKANAK**TIIAGMIALAI**SHTAMA	DD
β-内酰胺酶	MSIQHFR**VALIPFFAAFCLPVFA**	HP
外膜蛋白		
脂蛋白	MKATK**LVLGAVIL**GSTLLAG	CS
Lam B	LRK**IPLAVAVAAGVM**SAQAMA	VD
Omp A	MMITMKK**TAIAIAVALAGFA**TVAQA	AP

图 33-20 细菌多肽氨基端的信号肽结构

疏水氨基酸残基以黑体字母表示,碱性氨基酸残基以网文字母表示

(translocon) 上。转运子或称转运装置,转运复合物,形成多肽链通过的孔道。除此之外,细菌还另有转运系统,其中包括 SecA、SecB、SecD、SecF 和 SecYEG。SecB 是一种分子伴侣,当新生肽合成后 SecB 即与之结合。SecB 的主要功能有二,一是与蛋白质的信号肽或其他特征序列结合,防止多肽链的进一步折叠,以便于转运;二是将结合的多肽链带到 SecA 上,因其与 SecA 有很高的亲和力。SecA 位于内膜表面,既是受体,又是转运的 ATPase。SecD 和 SecG 协助 SecA 作用。多肽链由 SecB 转移到 SecA,然后送到膜上的转运复合物 SecY、E 和 G 上。SecA 借助构象的变化,将多肽链推进到转运复合物的孔道内,通过水解 ATP 获得的能量来推动多肽链运动,每分解一分子 ATP 多肽链前进约 20 个氨基酸残基,直至全部肽链通过(图 33-21)。多肽链的"锚"序列还可使多肽链插入内膜或外膜。

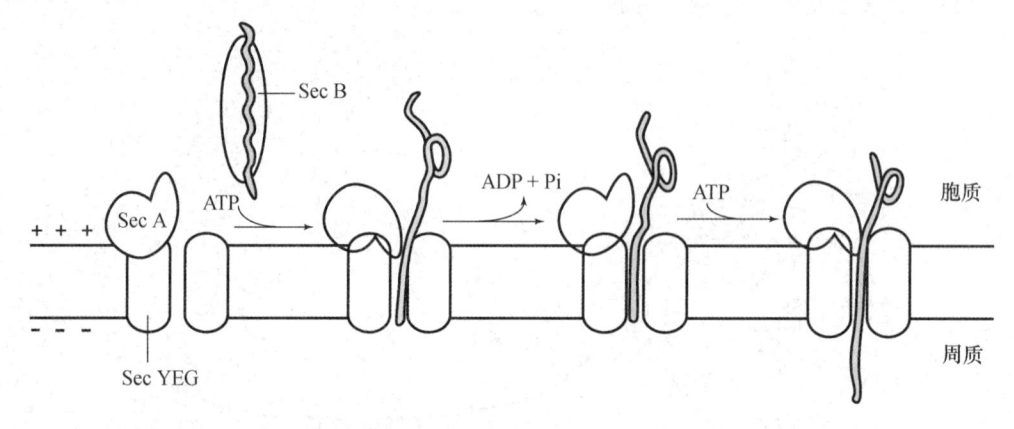

图 33-21 细菌蛋白质转运示意图

(二) 糖基化在蛋白质定位中的重要作用

在真核细胞中,内质网是最大的膜状结构细胞器,其表面积为质膜的数倍。分泌蛋白、溶酶体蛋白和膜蛋白在内质网膜表面的核糖体上合成,并在进入内质网腔后进行加工和修饰。蛋白质的糖基化主要发生在内质网和高尔基体内。糖蛋白包括许多酶、蛋白质激素、血浆蛋白、抗体和补体、血型物质、黏液组分以及许多膜蛋白。

新合成的多肽链在信号肽引导下穿过内质网膜,信号肽被切除,多肽链发生折叠,二硫键形成,其中许多蛋白质被糖基化。糖基化发生在内质网膜的腔内侧。尽管糖蛋白上的寡糖多种多样,但其形成的途径基本相同。在内质网膜上,由多萜醇磷酸酯 (dolichol phosphate) 作为寡糖载体,在转移酶作用下将其上形成的核心寡糖转移到蛋白质上,与 Asn 残基以 N-糖苷键连接。多萜醇磷酸酯的结构如下:

$$\begin{array}{c}\quad\quad\quad CH_3CH_3CH_3\\\quad\overset{\displaystyle O}{\underset{\displaystyle O^-}{\|}}\quad\quad\quad |||\\-O-P-O-CH_2-CH_2-C-CH_2-(CH_2-CH=C-CH_2)_n-CH_2-CH=C-CH_3\\\quad\quad\quad\quad |\\H\end{array}$$

多萜醇磷酸酯（$n=9\sim22$）

核心寡糖是由尿苷二磷酸 - N - 乙酰葡糖胺(uridine diphosphate - N - acetylglucosamine, UDP - GlcNAc)、鸟苷二磷酸 - 甘露糖(guanosine diphosphate - mannose, GDP - Man)和尿苷二磷酸 - 葡萄糖(uridine diphosphate - glucose, UDPG)在多萜醇磷酸酯上逐步合成的，由 14 个残基所组成(图 33 - 22)。核心寡糖转移到蛋白质上后再进一步修饰和加工。

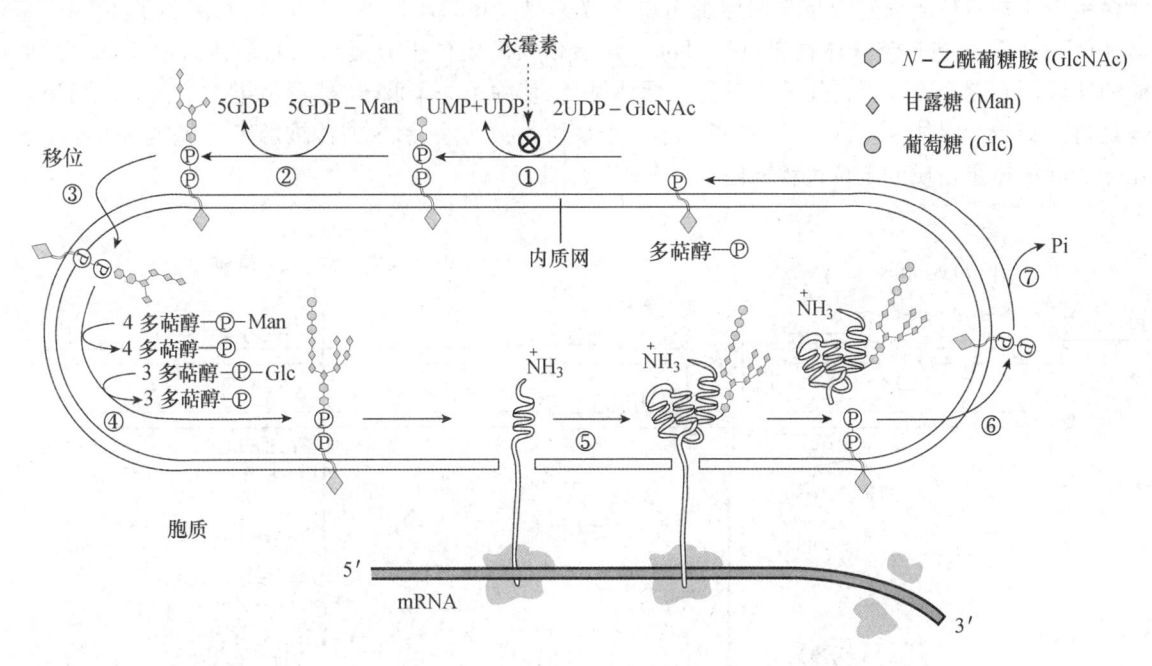

图 33 - 22 糖蛋白核心寡糖的合成

步骤①和②，在内质网胞质一侧多萜醇磷酸酯上加入 2 个 GlcNac 和 5 个 Man。步骤③，寡糖由胞质一侧转到腔内。步骤④，完成核心寡糖的合成。步骤⑤，核心寡糖由多萜醇磷酸酯转移到蛋白质上，以 N - 糖苷键与 Asn 连接。步骤⑥多萜醇焦磷酸酯再次转移到胞质一侧。⑦磷酸基被水解除去，重新产生多萜醇磷酸酯

经适当修饰的蛋白质随后被转运到细胞内各靶部位。首先由内质网形成运输泡(transport vesicle)将腔内蛋白质转运到高尔基体(Golgi)，进行进一步加工。在高尔基体内产生 O - 糖苷键连接的寡糖，并对 N - 连接的寡糖进行修饰。糖基化蛋白质易被识别，分别按其结构特征包裹到分泌粒(granule)、运输泡和溶酶体内，将它们分泌到胞外、运输到质膜或保存在溶酶体中。

(三) 线粒体和叶绿体蛋白质的定位

线粒体和叶绿体 DNA 基因组可编码其全部 RNA，但只编码一小部分蛋白质。大部分线粒体和叶绿体蛋白质由核基因编码，在胞浆内由游离核糖体合成，再送到细胞器中去，因此这种运输为翻译后转运，与内质网的共翻译转运不同。但三者都是需要一段信号序列(signal sequence)的引导，以进行跨膜运输。引导线粒体和叶绿体蛋白质靶定位(target localization)的肽段常称为导向序列或导肽(targeting sequence)。因其位于 N 端，故也称为前导序列或前导肽(leader sequence)。

线粒体的前导肽一般长度为 25 至 35 个氨基酸残基，富于 Ser、Thr 和碱性氨基酸。当线粒体蛋白质前体多肽链合成后即与 Hsp70 或 MSF(mitochondrial import stimulation factor)相结合，这些分子伴侣可稳定前体多肽链未折叠的构象。然后前体多肽链被转移到膜的受体上，并通过通道蛋白进入线粒体的基质。前导肽被特异的蛋白酶

切除，多肽链折叠成为成熟的线粒体蛋白质。蛋白质跨膜运输需要消耗能量，由线粒体 Hsp70（mHsp 70）与 ATP 水解相偶联以及内膜的跨膜电化学梯度来提供所需的能量。

线粒体具有两层膜结构，蛋白质进入线粒体后需要定位在外膜、内膜、膜间间隙和基质（matrix）四个不同的部位。在前导肽引导下蛋白质前体首先进入基质，前导肽识别基质的序列随即被基质中的蛋白酶切除，基质蛋白质到此为止。内、外膜蛋白和间隙蛋白需要在第二个信号序列引导下再转移到靶部位。第一个信号序列切除后第二个信号序列即成为 N 端序列，它使蛋白质前体再次穿过膜通道，并决定到达的部位，然后第二个信号序列也被蛋白酶切除。当前体穿越内膜或外膜时，如遇到疏水氨基酸的肽段使转移停止，多肽链即锚在膜内，而成为整合膜蛋白。在某些情况下，穿越内膜的前体被加工成为间隙的可溶性蛋白质。

叶绿体蛋白质的定位运输过程与线粒体蛋白质十分类似。叶绿体也有内、外膜、间隙和基质（stroma），其内还有类囊体（thylakoid），包括类囊体膜和内腔（lumen），蛋白质的定位十分复杂。叶绿体蛋白质的前导肽可分成不同功能的肽段。它首先引导蛋白质前体进入叶绿体基质，切除第一个肽段，然后由第二个信号序列决定穿越类囊体膜还是再次穿越叶绿体膜。同样，在越膜后第二个肽段也被切除，然后前体被加工为成熟的蛋白质。

线粒体和叶绿体蛋白质的定位过程如图 33-23 所示。

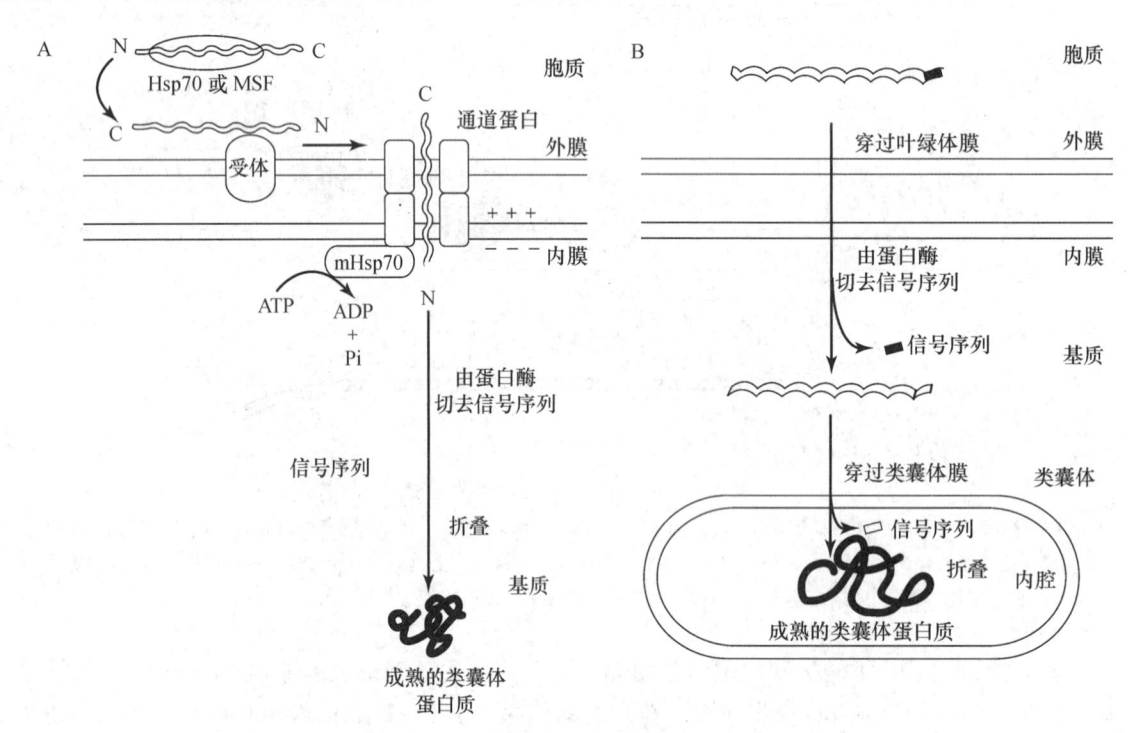

图 33-23　线粒体和叶绿体蛋白质的定位
A. 蛋白质定位于线粒体基质；B. 蛋白质定位于叶绿体类囊体

（四）核的运输和定位

真核生物细胞有细胞核和细胞质的分化，两者间由两层膜组成的核被膜（nuclear envelope）隔开，内膜包围核质，外膜上分布许多核糖体，并与胞质的内质网膜局部相连，核膜间隙可与内质网内腔相通。核膜上存在许多核孔，核孔有复杂的结构，构成核孔的物质称为核孔复合物（nucleopore complex）。核孔呈 8 重对称，由球状亚基构成上下两圈的环状结构，每圈 8 个亚基，各亚基有臂与中央圆孔小体连接。圆环直径 120nm，中央小孔直径约 10nm，整个复合物由数百个蛋白质分子组成。核孔贯穿内、外膜，因此溶于水的离子、核苷酸和其他小的生物分子可以自由出入细胞核。相对分子质量在 $(5\sim50)\times10^3$ 的生物大分子也能通过核孔扩散，扩散速度与分子大小成反比。实际上更大的复合物（>20nm）也能穿过核孔，例如核糖体亚基和核糖核蛋白颗粒可在核内形成后转移到细胞质。此时核孔可以变大，大分子和复合物的构象也可能发生改变。

RNA 在核内合成和加工后需要输送到细胞质中去，蛋白质在细胞质中合成后需要输送到核内，还有一些 RNA、蛋白质和其复合物需要在核质间穿梭来往。所有这些大分子的运输通常都不是被动扩散，而是需要消耗能量的主动运输过程，能量由 ATP 或 GTP 的水解供给。RNA 和蛋白质的转运首先需与运输受体（载体蛋白）结合，再经过核孔出入细胞核。运输受体按其转运的方向可分为输出蛋白（exportin）、输入蛋白（importin）或可出入的转运蛋白（transportin）。有些运输受体是单条多肽链，如转运蛋白和输入蛋白 β3；有些是多亚基结构，如输入蛋白 αβ。运输受体能识别并结合底物，又能与核孔蛋白（nucleoporin）结合，由此将底物蛋白带到核孔处。如输入蛋白 αβ 的 α 亚基与底物结合，β 亚基与核孔蛋白结合。单链的运输受体由不同结构域分别与底物和核孔蛋白结合。

运输受体能够识底物蛋白的核定位信号（nuclear localization signal，NLS）和核输出信号（nuclear export signal，NES）。NLS 常为短的、含有多个碱性氨基酸的肽段，在碱性氨基酸残基上游还常有中断 α-螺旋的脯氨酸残基。典型的 NES 为 ~10 个氨基酸的序列，并有特定的亮氨酸。携带 NLS 或 NES 序列的蛋白质如与另外的蛋白质或 RNA 结合，即可一起进行转运。

一种小的单体 G 蛋白（鸟苷酸结合蛋白）Ran 控制着运输的方向。Ran 以结合 GTP 或 GDP 的状态存在，并具有 GTP 酶（GTPase）活性。Ran-GAP（Ran-GTPase activating protein）存在于细胞质中，它能促使 Ran-GTP 水解产生 Ran-GDP。Ran-GEF（Ran guanine nucleotide exchange factor）存在于细胞核中，它促使 Ran-GDP 与 GTP 交换，再生 Ran-GTP。因此，在核内由底物、受体与 Ran-GTP 形成三元复合物，由核内转移到细胞质，Ran-GTP 水解产生 Ran-GDP，底物与受体也就随之解离。与之相反，在细胞质中形成底物-受体-Ran-GDP 三元复合物，进入核内后 Ran-GDP 交换为 Ran-GTP，复合物解离。由此可见，核运输是在 Ran 控制下的主动扩散过程。核的运输和定位如图 33-24 所示。

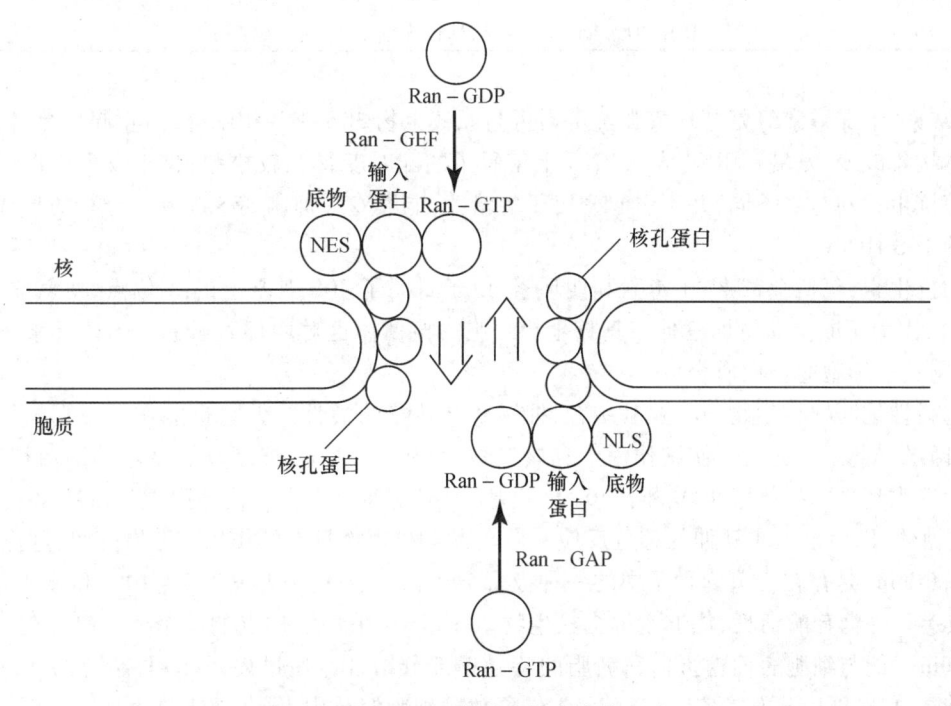

图 33-24 核的运输和定位

与内质网、线粒体和叶绿体定位的信号序列不同，核的定位序列在运输后并不切除。

五、蛋白质生物合成的抑制物

研究蛋白质生物合成的抑制物有两个重要的目的。首先，它可用于揭示蛋白质合成的生化机制。其次，某些抑制物可抑制或杀死病原体，在临床用作抗生素治疗或在实验室用作抗菌制剂。表 33-4 列出部分抑制物及其作用方式。

表 33-4 某些蛋白质合成的抑制物

抑制物	抑制对象	作用方式
春日霉素（kasugamycin）	原核生物	抑制 fMet-tRNA$_f$ 的结合
链霉素（streptomycin）	原核生物	结合于 30S 亚基，阻止起始复合物形成，并造成错读
新霉素（neomycin）	原核生物	结合于 30S 亚基，阻止起始复合物形成，并造成错读
卡那霉素（kanamycin）	原核生物	结合于 30S 亚基，阻止起始复合物形成，并造成错读
四环素（tetracycline）	原核生物	结合于 30S 亚基，抑制氨酰-tRNA 进入 A 位点
氯霉素（chloramphenicol）	原核生物	抑制 50S 亚基的肽基转移酶活性
红霉素（erythromycin）	原核生物	与 50S 亚基结合，抑制移位反应
麦迪霉素（midecamycin）	原核生物	与 50S 亚基结合，抑制移位反应
螺旋霉素（spiramycin）	原核生物	与 50S 亚基结合，抑制移位反应
环己酰亚胺（cycloheximide）	真核生物	作用于 60S 亚基，抑制肽基转移酶活性
梭链孢酸（fusidic acid）	两者	抑制 EF-G·GDP 从核糖体解离
白喉毒素（diphtheria toxin）	真核生物	通过 ADP-核糖基化使 eEF2 失活
嘌呤霉素（puromycin）	两者	作为氨酰-tRNA 类似物接受肽基使肽链合成终止
蓖麻毒素（ricin）	真核生物	核糖体失活

链霉素、新霉素、卡那霉素等氨基环醇类抗生素可与原核生物 30S 亚基相结合，阻止起始复合物的形成，并且其结合使核糖体构象改变，氨酰-tRNA 与 mRNA 上密码子的配对变得比较松弛，易于发生错误。春日霉素及其他一些氨基环醇抗生素却与之不同，并不引起密码子的错读，能够专一抑制 30S 起始复合物的形成。它的作用位点是 30S 亚基的 16S rRNA。

四环素族的抗生素，包括金霉素、土霉素和四环素，由于封闭了 30S 亚基上的 A 位点，使氨酰-tRNA 无法进入与 mRNA 结合，因而阻断了肽链的延伸。真核生物细胞的核糖体也对四环素敏感。但四环素不能透过真核细胞膜，因此不抑制真核细胞的蛋白质合成。

氯霉素能选择性地与原核生物 50S 亚基结合，抑制肽基转移酶活性。但它也能作用于真核生物线粒体内的大亚基，其毒性即缘于此。环己酰亚胺则作用于真核生物的 60S 大亚基，抑制其肽基转移酶活性。红霉素、麦迪霉素和螺旋霉素等大环内酯抗生素也作用于 50S 大亚基，但抑制移位反应。梭链孢酸是甾环化合物它抑制 EF-G·GDP 脱离核糖体，因而也阻止延伸的移位反应。白喉毒素和嘌呤霉素的作用前已有介绍，这里不重复。

蓖麻毒蛋白（ricin）是存在于蓖麻种子中的一种极毒糖蛋白。它由 A 亚基（32×10^3）和 B 亚基（33×10^3）所组成。A 亚基具有 N-糖苷酶活性，能够水解真核生物 28S rRNA 中特定位点的一个 N-腺苷键。B 亚基是一种植物凝集素（lectin），能与细胞表面糖蛋白和糖脂的特异糖部分结合。通过内吞作用，结合的蓖麻毒蛋白得以进入细胞。随后连接 A 链和 B 链的二硫键被打开，A 链释放到细胞溶质中，催化核糖体大亚基失活。一分子蓖麻毒蛋白的 A 链可使 50 000 个核糖体失活，从而杀死一个真核细胞。目前已知多种核糖体失活蛋白（ribosome-inactivating protein，RIP）多来自植物。

习 题

1. 如何看待 DNA、RNA 和蛋白质三者的关系？
2. 参与蛋白质生物合成的 RNA 有哪几类？它们各起什么作用？
3. 核糖体晶体结构的研究取得何成就？从晶体结构了解其功能可以得出哪些结论？
4. 比较原核生物与真核生物核糖体结构与功能的异同。
5. 何谓多核糖体？它有何生物学意义？
6. 合成 1mol 氨酰-tRNA 需要消耗多少能量？[-32kJ/mol]
7. 何谓第二套遗传密码？试述第二套遗传密码的要点。
8. 两类氨酰-tRNA 合成酶的主要区别是什么？
9. 何谓校正 tRNA？它有何生物学意义？
10. mRNA 的概念是如何形成的？如何证实的？
11. 何谓 SD 序列？有何生物学意义？
12. 比较原核生物和真核生物 mRNA 结构的异同。
13. 什么是蛋白质生物合成的无细胞体系？最常用的有哪几种？
14. 如何证明多肽链的合成是由 N 端向 C 端进行的？
15. 蛋白质的生物合成可分为哪些步骤？有哪些种类的酶参与反应？
16. 写出合成 fMet-tRNA$_f$ 的反应式和催化反应的酶。
17. 原核生物参与多肽链合成起始的因子有哪些？各起何作用？
18. 原核生物多肽链合成起始阶段包括哪些步骤？
19. 真核生物多肽链合成起始阶段与原核生物有何区别？
20. 多肽链合成的延伸包括哪些步骤？各有何因子参与作用？原核生物与真核生物有无区别？
21. 多肽链合成过程中核糖体如何沿 mRNA 移动？
22. 试述白喉毒素的作用机制。
23. 原核生物和真核生物多肽链合成终止各有哪些因子参与作用？
24. 试述 C. Anfinsen 有关 RNase A 复性的实验，从中能得出什么结论？你认为他的结论是否正确？
25. 新生肽的折叠和变性蛋白质复性过程中的折叠是否相同？
26. 哪些酶参与蛋白质的折叠过程？
27. 分子伴侣在蛋白质折叠中起何作用？
28. 分子伴侣可分为哪些家族？各有何特点？
29. 翻译后的加工和修饰都有哪些内容？
30. 在蛋白质生物合成中每合成一个肽键需要消耗多少能量？(-101kJ/mol) 原核生物与真核生物是否相同？
31. 多肽链合成过程中如何保证其忠实性？什么是化学校对？什么是动力学校对？在第一套遗传密码和第二套遗传密码的识别过程中是如何校对的？
32. 何谓共翻译转运？何谓翻译后转运？
33. 跨膜运输的信号序列是如何发现的？
34. 试述多肽链跨越内质网膜的过程。内质网内膜和外膜上的蛋白质是如何运输和定位的？
35. 比较细菌两种蛋白质转运途径的异同。
36. 举例说明糖基化在蛋白质定位中的重要作用。
37. 什么是前导肽？其结构有何特点？
38. 比较线粒体和叶绿体蛋白质定位的异同。
39. 什么是核孔复合物？其功能是什么？
40. 核的运输可分为哪些步骤？有哪些因子参与作用？
41. 核运输受体可分哪几类？它们的结构各有何特点？
42. Ran 蛋白有何功能？

43. 核定位的信号有何特点？
44. 比较内质网、线粒体、叶绿叶、核和质膜蛋白质定位的异同。
45. 蛋白质运输需要消耗能量，比较各类运输对能量的需求。
46. 链霉素等氨基环醇类抗生素抑制蛋白质合成的作用机制是什么？
47. 四环素、氯霉素、红霉素、梭链孢酸和嘌呤霉素的作用机制是否相同？
48. 为什么氯霉素等抑制细菌蛋白质合成的抗生素对人体会有毒性？
49. 什么是核糖体失活蛋白？植物产生该毒蛋白有何生物学意义？
50. 你认为"蛋白质生物合成是细胞代谢的中心"这一观点是否正确？为什么？

主要参考书目

[1] Nelson D L, Cox M M. Lehninger Principles of Biochemistry. 4th ed. New York: W H Freeman and Company, 2005.
[2] Berg J M, Tymoczko J L, Stryer L. Biochemistry. 5th ed. New York: W H Freeman and Company, 2002.
[3] Voet D, Voet J G, Pratt C W. Fundamentals of Biochemistry Upgrade. New York: John Wiley and Sons, 2002.
[4] Lewin B. Genes Ⅷ. Upper Saddle River: Pearson Education, Inc, 2004.
[5] Garrett R. Grisham C M. Biochemistry. 2nd ed. Orlando: Thomson Learning, 1999.
[6] Weaver R F. Molecular Biology. New York: McGraw-Hill, 1999.

（朱圣庚）

第34章 细胞代谢与基因表达调控

细胞是生物机体的结构和功能单位,细胞代谢是一切生命活动的基础。细胞代谢包括物质代谢、能量代谢和信息代谢三个方面。任何系统的物质变化总伴有能量变化,而能量变化又总表现出其组织结构相对无序和有序的变更。系统的这种无序和有序变化可以通过称为"熵"的热力学函数进行度量。熵标志着一个系统的混乱程度,或者说无组织程度。熵越大,系统越混乱;反之熵越小,系统的有组织程度就越高。信息也可以作为系统组织程度的量度,获得信息便意味着混乱程度或者不确定程度的减少,也就是说它的组织程度提高。在物理学的计算公式中,信息与熵只差一个符号,因此可以说信息就是负熵。活细胞不断与环境交换物质,摄取能量,输入负熵,从而得以构建和维持其复杂的组织结构;一旦这种关系破坏,死亡便到来,细胞就解体了。

前面我们分别叙述了各类物质的代谢过程,以及在这些物质代谢过程中能量和信息的变化。实际上,生物机体的新陈代谢是一个完整统一的过程,并且存在复杂的调节机制。生物体内的代谢调节在三种不同的水平上进行,即分子水平调节、细胞水平调节和多细胞整体水平调节。所有这些调节机制都是在基因产物蛋白质和RNA的作用下进行的,也就是说与基因表达调控有关。在这一章里,我们将着重介绍生物体内各种代谢途径间的调节网络,酶促反应的前馈和反馈,细胞结构对代谢的控制,神经体液的调节作用,以及原核和真核生物基因表达的调控机制。

一、细胞代谢的调节网络

生物界,包括人类、动物、植物和微生物,其结构特征和生活方式多种多样,千变万化。然而,它们的新陈代谢有着共同的规律。这也表明地球上的生物有统一的起源。

所有细胞都是由四类生物大分子(多糖、脂质复合物、蛋白质和核酸)、为数有限的生物小分子、无机盐和水所组成。生物大分子的相对分子质量在数千以上。多糖、蛋白质和核酸都是高聚物,它们由较小的基本结构单位所组成。脂质分子虽仍属于小分子,然而它们可以聚集成超分子结构,因此将脂质复合物也归之为生物大分子。生物大分子具有高度特异性;生物之间的差别是由它们的生物大分子所决定。多糖和脂质复合物的结构特异性由合成它们的酶所决定,此外也受到先存结构(preexisting structure)的影响。蛋白质和核酸的合成除需要底物、能量和酶外,还需要模板;它们的结构信息来自DNA和RNA模板。因此,核酸被称为遗传信息分子。

细胞从环境中取得物质和能量,用以构建自身的组成结构,同时分解已有的成分,加以再利用,并将不被利用的代谢产物排出胞外。细胞是如何经济有效地转化各类物质的?这里就细胞代谢调节总的原则和方略作一概述。

(一)代谢途径交叉形成网络

细胞内有数百种小分子在代谢中起着关键的作用,由它们构成了成千上万种生物大分子。如果这些分子各自单独进行代谢而互不相关,那么代谢反应将变得无比庞杂,以致细胞无法容纳。细胞代谢的原则和方略是,将各类物质分别纳入各自的共同代谢途径,以少数种类的反应,例如,氧化还原、基团转移、水解合成、基团脱加及异构反应等,转化种类繁多的分子。不同的代谢途径可通过交叉点上关键的中间代谢物而相互作用和相互转化。这些共同的中间代谢物使各代谢途径得以沟通,形成经济有效、运转良好的代谢网络通路。其中三个最关键的中间代谢物是:葡萄糖-6-磷酸、丙酮酸和乙酰辅酶A。

细胞内4类主要生物分子:糖、脂质、蛋白质和核酸在代谢过程中相互转化,密切相关,在代谢部分已有介绍。在此需强调指出,三羧酸循环不仅是各类物质共同的代谢途径,而且也是它们之间相互联系的渠道。现将4类物质的主要代谢关系总结如图34-1。

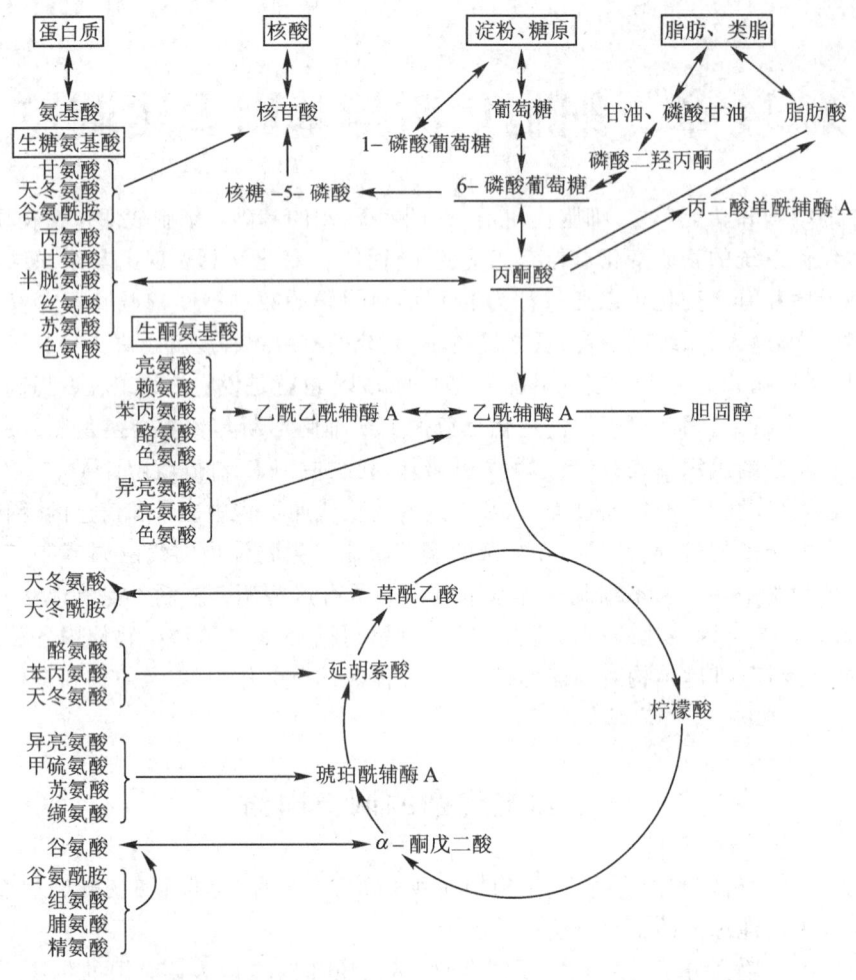

图 34-1　糖、脂质、蛋白质及核酸代谢的相互关系示意图
不同代谢途径之间虽然相互沟通，但它们各自存在控制与调节，相互转化是有节制的

（二）分解代谢和合成代谢的单向性

生物体内的代谢反应都是由酶催化的。任何催化剂，包括酶在内，仅能改变化学反应的速度，并不能改变化学反应的平衡点。因此，它对正反应和逆反应起着同样的促进作用。代谢途径中大量生化反应都是可逆的。然而，实际上整个代谢过程是单向的，分解代谢和合成代谢各有其自身的途径。在一条代谢途径中，某些关键部位的正反应和逆反应往往是由两种不同的酶所催化，一种酶催化正向反应，另一种酶催化逆向反应。因此，这些反应被称为相对立的单向反应（opposing unidirectional reaction）。这种分开机制可使生物合成和降解途径或者正向反应和逆向反应分别处于热力学最有利状态。生物合成是一个吸能反应（endergonic reaction），它通过与一定数量 ATP 的水解相偶联而得以进行。降解则是放能反应（exergonic reaction）。这些吸能反应和放能反应均远离平衡点，从而保证了反应的单向进行。

（三）ATP 是通用的能量载体

绿色植物和光合细菌能够利用太阳能，一般生物只能利用分解代谢所产生的化学能。体内的生物分子如葡萄糖由于其存在复杂有序结构而含有较高的势能。当葡萄糖被氧化降解成简单的终产物 CO_2 和 H_2O 时，有较多可被利用的自由能释放。

如果这些释放的自由能不被捕捉或贮存起来，就将以热能的形式散发到周围环境中去。在活细胞的分解代谢中,由葡萄糖和其他生物分子释放的自由能通过与腺苷三磷酸(ATP)高能磷酸键的合成相偶联而被贮存。然后由ATP将能量传递给需能的过程,随着能量的转移,它的末端磷酸基即被脱落下来。由此可见,ATP是细胞主要的能量传递者(图34-2)(参看生物能学)。

(四) NADPH 以还原力形式携带能量

将分解代谢释放的自由能传递给生物合成的需能反应,第二种方式是先形成氢原子或电子的还原力。在光合作用中由二氧化碳合成葡萄糖,或是由乙酸合成长链脂肪酸,均需要氢原子或电子形式的还原力

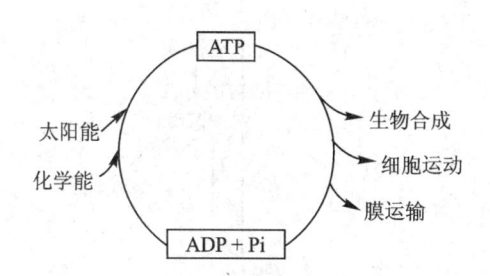

图 34-2 ATP 携带能量由能源传递给细胞的需能过程

将酮基($-\overset{O}{\underset{\parallel}{C}}-$)还原为亚甲基($-CH_2-$)。一般来说,细胞的有机成分比代谢终产物的还原程度高,生物合成是一个还原性的反应过程。还原型烟酰胺腺嘌呤二核苷酸磷酸(NADPH)是还原性生物合成的氢和电子供体。它的氧化型是$NADP^+$。NADPH与NADH的差别仅在于腺苷部位的$2'$-羟基与磷酸形成酯,它们携带氢和电子的方式相似。NADH和$FADH_2$是生物氧化过程中氢和电子携带者,其主要功能是通过呼吸链产生ATP。NADPH则专一用于还原性生物合成。NADPH的作用如图34-3所示。

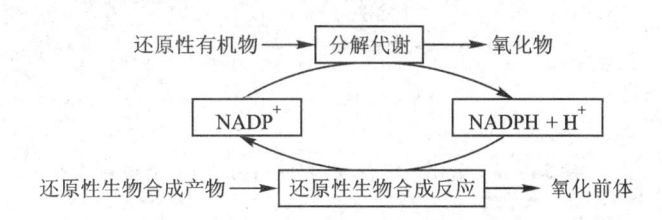

图 34-3 通过 NADPH 循环将还原力由分解代谢转移给生物合成反应

NADH和NADPH的产生途径和生化功能都不相同,在NADPH上额外的磷酸基可作为标记,以使有关酶能区别这两类辅酶。这在细胞代谢调节和控制上是有重要意义的。

(五) 代谢的基本要略在于形成 ATP、还原力和构造单元以用于生物合成

细胞代谢包括分解代谢和合成代谢,或者说异化作用和同化作用,其基本要略在于形成ATP、还原力和构造单元(building block),以用于生物合成。底物水平的磷酸化可以产生有限的ATP,绿色植物和光合细菌的光合磷酸化以及呼吸链的氧化磷酸化是ATP的主要来源。绿色植物经光照引起的电子传递还可用于还原$NADP^+$;光合细菌则不能,它的NADPH是由外源还原剂产生或是由分解代谢供给。NADPH主要来自戊糖磷酸途径。此外,当乙酰辅酶A由线粒体转移到细胞溶胶伴随有NADH的氧化和$NADP^+$的还原,所产生的NADPH可用于脂肪酸合成。

分解营养成分以产生能量和构造材料,大致可分为三个步骤。第一步,将大分子降解成小分子单位。蛋白质被水解成20种氨基酸,多糖水解成葡萄糖和其他简单的糖,脂肪水解成脂肪酸和甘油。这一步释放的能量不能被利用。第二步将各种构造单元分子进一步分解并转变成共同的降解产物乙酰辅酶A,在这一阶段可产生还原力NADPH和少量ATP。第三步,乙酰辅酶A通过三羧酸循环被完全氧化成CO_2,每个二碳单位给出4对电子,经氧化磷酸化产生大量ATP(图34-4)。

由ATP、NADPH和构造单元可合成各类生物分子,并进而装配成生物不同层次的结构。生物合成和生物形态建成是一个耗能和增加有序结构的过程,需要由物质流、能量流和信息流来支持。

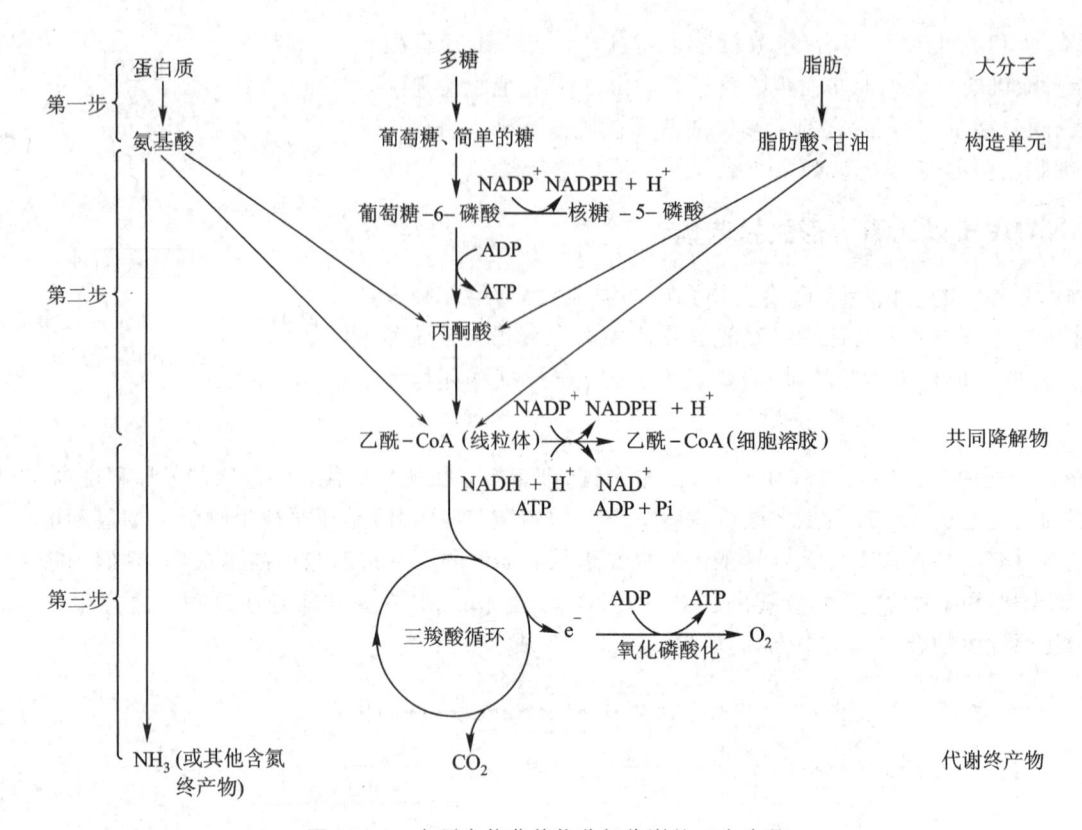

图 34-4　主要产能营养物分解代谢的三个步骤

二、酶活性的调节

生物体内的各种代谢变化都是由酶驱动的。酶有两种功能：其一，催化各种生化反应，是生物催化剂；其二，调节和控制代谢的速度、方向和途径，是新陈代谢的调节物。虽说酶并不改变反应的热力学性质，但却能从动力学上使本来不易发生的反应得以进行。酶对正反应和逆反应起着同样的促进作用，这是对单个反应来说的，酶对代谢过程的调节控制是由于：①酶使吸能反应与放能反应相偶联，因而能推动吸能反应的完成；②代谢途径由系列酶所催化，中间产物迅速被除去，并不积累；③反应在酶或酶复合物的表面进行，往往直到终产物才脱离，成为定向的过程。"酶水平"的调节是代谢最基本、最关键的调节。酶调节主要有两种方式：一种是通过激活或抑制以改变细胞内已有酶分子的催化活性；另一种是通过影响酶分子的合成或降解，以改变酶分子存在的量。虽然，代谢底物和代谢产物都对代谢反应有影响。质量作用定律表明，反应速度与反应物的摩尔浓度乘积成正比。因此，增加代谢底物的浓度，将促进正向反应；反之，增加代谢产物的浓度，将促进逆向反应。代谢物的调节也属于分子水平的调节，然而代谢物的调节是十分有限的，主要受到酶的调节。

酶活性的调节主要包括酶的抑制和激活作用、变构效应、共价修饰和酶解等方式。而酶的合成则属于基因表达调控，放在后面再作介绍。本节侧重介绍酶促反应的前馈和反馈、能荷的调节、级联反应、酶解和共价修饰。

（一）酶促反应的前馈和反馈

前馈（feedforward）和**反馈**（feedback）这两个术语来自电子工程学。前者意思是"输入对输出的影响"，后者意思是"输出对输入的影响"。这里分别借用来说明代谢底物和代谢产物对代谢过程的作用。前馈或反馈又可分为正作用和负作用两种。凡反应物能使代谢过程速度加快者，称为正作用；反之，则称为负作用。下面图解表明前馈和反馈，S 代表底物，有 $S_0, S_1, \cdots, S_n$ 等先后出现的各种底物；E 代表酶，有 $E_0, E_1, \cdots, E_n$ 等先后出现的不同的酶;"+"表示正作用,"-"表示负作用。无论是前馈还是反馈都是变构效应,代谢底物和代谢产物在这里起效应物的作用。

通常,代谢底物对代谢反应具有促进作用。在代谢途径中前面的底物对其后某一催化反应的调节酶起激活作用,称为正前馈作用。正前馈的例子很多,例如,果糖二磷酸对磷酸烯醇式丙酮酸羧化酶的激活作用是正前馈作用。在某些特殊的情况下,为避免代谢途径的过分拥挤,当代谢底物过量存在时,对代谢过程亦可呈负前馈作用。此时过量的代谢底物可以转向另外的途径。例如,高浓度的乙酰辅酶 A 是乙酰辅酶 A 羧化酶的变构抑制剂,因而避免丙二酸单酰辅酶 A 过多合成。

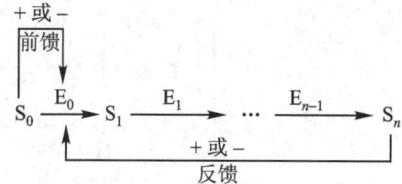

图 34-5 酶促反应的前馈和反馈

代谢产物对代谢过程的调节即为反馈调节。当生物合成或分解代谢产物大量积累时,产物对代谢途径第一步反应的酶或关键步骤的酶活性发生抑制作用,这就是反馈抑制。反馈抑制可以节省代谢物和能量,有重要生物学意义,因而广泛存在于各代谢途径。代谢产物对酶活性的调节,不仅表现为反馈抑制,也可以表现为对酶的反馈激活。磷酸烯醇式丙酮酸通过羧化反应,形成草酰乙酸,这是复杂分支代谢的共同第一步。由草酰乙酸可以转变成各种氨基酸和核苷酸。另一方面,草酰乙酸还可以促使乙酰辅酶 A 通过三羧酸循环而被氧化。草酰乙酸作为合成氨基酸和核苷酸的前体物质,能被产物连续地进行反馈抑制。即当嘧啶核苷酸积累时,其合成途径第一步反应的酶受到抑制,这就导致天冬氨酸的积累,进而对磷酸烯醇式丙酮酸羧化酶的活性产生反馈抑制。然而,对于三羧酸循环中柠檬酸的合成,又必需有草酰乙酸参加,从而对磷酸烯醇式丙酮酸羧化酶产生了三种正调节:①嘧啶核苷酸的反馈激活;②乙酰辅酶 A 的反馈激活;③前体果糖-二磷酸的前馈激活。此外,乙酰辅酶 A 还能增加磷酸烯醇式丙酮酸羧化酶对嘧啶核苷酸的亲和力,从而促进了它们的反馈激活效应。这样,通过错综复杂的调节系统,就能使磷酸烯醇式丙酮酸羧化反应处于最适当的水平(图 34-6)。

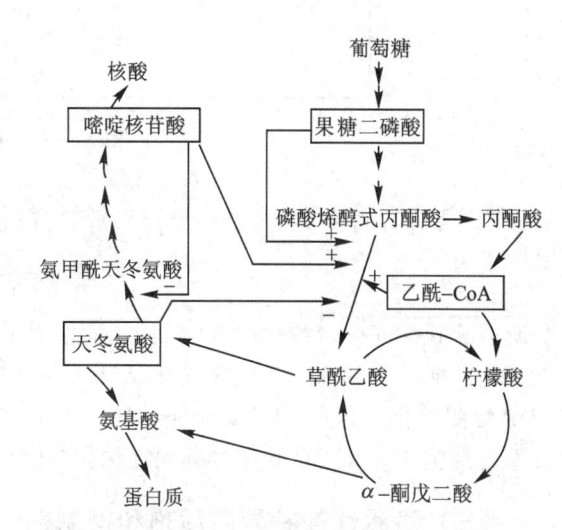

图 34-6 磷酸烯醇式丙酮酸羧化反应的调节控制

(二)产能反应与需能反应的调节

细胞内许多代谢反应受到能量状态的调节。ATP 是通用的能量载体,ADP 是形成 ATP 的磷酸受体。ATP、ADP 和无机磷酸盐广泛参与细胞的各种能量代谢。通常产能反应与 ADP 的磷酸化相偶联,需能反应则与 ATP 高能磷酸键的水解相偶联。因此 ATP 与 ADP 和 Pi 的浓度比值[ATP]/[ADP][Pi],成为细胞能量状态的一种指标,被称作 ATP 系统的质量作用比(mass-action ratio)。在正常状态下,该比值是很高的,ATP-ADP 系统总是充分被磷酸化。这使 ADP 的浓度变得非常低,远不足以使氧化磷酸化达到最大速度。此时 ATP 的合成速度足够用来维持细胞的一般需要。但当某些需要 ATP 的细胞活动突然增加时,ATP 迅速分解成 ADP 和磷酸盐,从而降低[ATP]/[ADP][Pi]比值。ADP 浓度的增加即能自动增加电子传递和氧化磷酸化的速度,从而加速由 ADP 合成 ATP 的反应。该过程一直持续到[ATP]/[ADP][Pi]比值返回正常的高水平,于是氧化磷酸化的速度再次降低。

正常情况时,细胞有机物氧化速度的调节极其灵敏和精确,ATP、ADP 和磷酸盐不仅通过质量作用效应而调节能量代谢,而且更重要的还是许多重要调节酶的变构效应物。例如,在糖酵解、三羧酸循环和氧化磷酸化途径中,ATP 是抑制效应物,ADP、AMP 和磷酸盐是激活效应物。因此,它们浓度发生任何变化都将迅速引起相应调节酶活性的改变。它们对调节酶的作用见图 34-7。

Atkinson 建议以能荷来表示细胞的能量状态。能荷的定义为在总的腺苷酸系统中(即 ATP、ADP 和 AMP 之

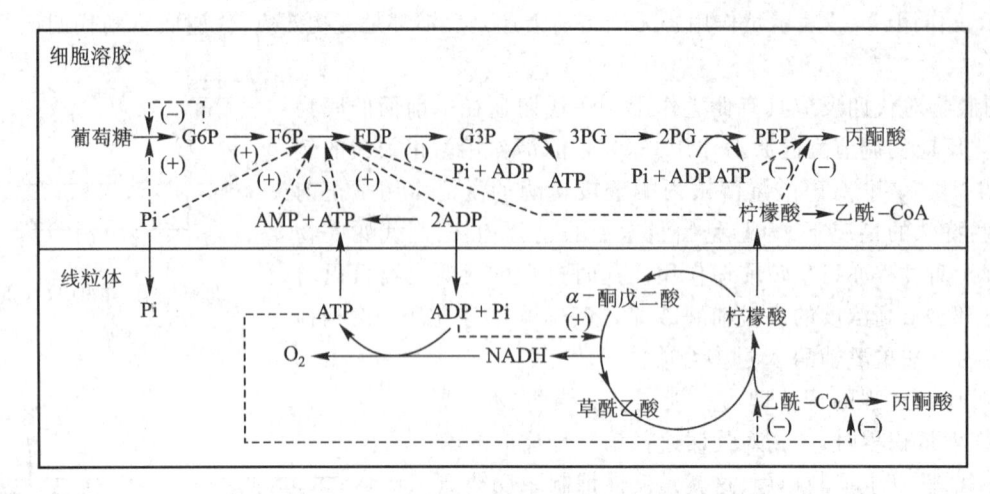

图 34-7 糖酵解与三羧酸循环途径的调节

和）所负荷的高能磷酸基数量：

$$能荷 = \frac{[ATP] + 1/2[ADP]}{[ATP] + [ADP] + [AMP]}$$

当所有腺苷酸充分磷酸化为 ATP 时，能荷值为 1.0；如所有腺苷酸"卸空"成为 AMP 时，能荷则等于零。正常情况下细胞的能荷大约为 0.9，变动范围从 0.85～0.95。能荷是腺苷酸总池中 ATP 或其当量的物质量的分数；由于 AMP 激酶催化二分子 ADP 转化成一分子 ATP 和一分子 AMP，故 ADP 只相当于 1/2ATP。在某些条件下，能荷值可作为细胞产能和需能代谢过程间变构调节的信号。

（三）酶活性的特异激活剂和抑制剂

酶活性受到多种离子和有机分子的影响，尤其是特异的蛋白质激活剂和抑制剂在酶活性的调节中起重要作用。例如，钙调蛋白，它能感受细胞内 Ca^{2+} 浓度的变化，当钙的水平升高时即激活许多种相关蛋白质。

蛋白水解酶也许是最早出现的酶，自有蛋白质世界就有蛋白酶。蛋白酶进化至今已成为最庞大的酶家族，其中包括丝氨酸蛋白酶、半胱氨酸蛋白酶、金属蛋白酶和酸性蛋白酶 4 个主要家族，它们广泛参与各种重要生理过程，并有各类特异的激活剂和抑制剂精确调节其功能。凝血系统的大多组分都是丝氨酸蛋白酶，凝血因子Ⅷ（抗血友病因子）和凝血因子 V 本身不是蛋白酶，而是丝氨酸蛋白酶激活剂。它们通过级联激活，促使血纤维蛋白原转变为血纤维蛋白，在伤口处造成血液凝固。一旦出现血液栓塞，则由溶栓系统将其水解，该系统也由丝氨酸蛋白酶所组成，并受丝氨酸蛋白酶抑制剂的限制。凝血与溶栓之间的平衡和调节，依赖于诸多丝氨酸蛋白酶激活剂和抑制剂的作用。血浆中还含有 α_1-抗胰蛋白酶，它与抗凝血酶Ⅲ均属于丝氨酸蛋白酶抑制剂（serpin）家族，但二者的特异性不同。α_1-抗胰蛋白酶这一名称并不恰当，其实它主要抑制弹性蛋白酶。外伤常引起血浆中 α_1-抗胰蛋白酶活性增加，用以抵消中性白细胞在受刺激后过量产生弹性蛋白酶。类似例子，不胜枚举。

还有一些调节酶，其催化活性是由调节亚基来控制的。如蛋白激酶 A，在激素引发产生胞内信使 cAMP 后，抑制亚基脱离酶而使之活化。

（四）蛋白酶解对酶活性的影响

不少蛋白质在合成之初并无活性，需将一个或少数几个特异肽键切开后才被活化。最为熟知的例子是消化酶的激活，胃和胰腺合成的蛋白酶，如胃蛋白酶、糜蛋白酶、胰蛋白酶、羧肽酶及弹性蛋白酶等，都是以酶原的形式存在，分泌到消化管后才被酶切激活。

与酶类似，有些蛋白质激素以无活性前体形式被合成。例如，胰岛素是由胰岛素原经蛋白酶除去一段 C 肽才被激活。一些多肽激素，如垂体激素，其前体经蛋白酶加工，切成许多小肽，才成为有活性激素。

纤维状的胶原蛋白(collagen)是皮肤和骨骼的主要成分,它的前体是可溶性的前胶原蛋白(procollagen)。动物变态涉及胶原蛋白的分解,在此过程中无活性的胶原蛋白酶原在变态的一定时间转变为有活性的胶原蛋白酶。

前面已经提过,凝血过程是由一个系列凝血因子连续激活引起的。凝血因子都是一些丝氨酸蛋白酶或其激活剂,由此构成蛋白酶解激活的级联反应。通过级联反应,一方面能够对外伤作出瞬间放大效应;另一方面也便于调节,能够有效控制凝血的速度和进程。凝血的级联系统如图34-8所示。

(五) 酶的共价修饰与连续激活

酶的可逆共价修饰是调节酶活性的重要方式。其中最重要、最普遍的调节是对靶蛋白的磷酸化。催化此反应的酶称为蛋白激酶,由ATP供给磷酸基和能量,磷酸基转移到靶蛋白特异的丝氨酸、苏氨酸或酪氨酸残基上。蛋白的脱磷酸是由蛋白磷酸酯酶催化水解反应将其脱下。磷酸化和脱磷酸分别由不同酶促反应来完成,以便于对反应的控制。磷酸化反应,具有高度放大效应。一个活化的激酶能够在很短时间内催化数百个靶蛋白的磷酸化,新被激活的激酶又能激活下一个激酶,由此引起级联激活,信号呈指数递增,迅速达到生理效果。酶的磷酸化和脱磷酸作用,主要在真核生物细胞信号转导途径中进行。

腺苷酰化和脱腺苷酰作用(adenylylation and deadenylylation)则是细菌中共价修饰调节酶活性的另一种重要方式,其中以大肠杆菌谷氨酰胺合成酶(GS)研究得比较清楚。谷氨酰胺合成酶催化谷氨酸、NH_4^+和ATP合成谷氨酰胺。它由12个完全相同的亚基(亚基M_r为50 000),有规则地排列成两层六角环的结构,每个亚基含有与底物反应的催化部位和结合效应物的别构部位。此外各个亚基的酪氨酸残基上还能进行可逆的腺苷酰基化,完全腺苷酰化可结合12个AMP,完全和部分腺苷酰化的酶是低活性的,只有全部脱腺苷酰的酶才是高活性的。该酶在中间代谢中起着关键的作用,通过调节氮代谢而影响细胞的许多反应。谷氨酰胺的酰胺基是合成AMP、CTP、色氨酸、组氨酸、氨甲酰磷酸及葡萄糖-6-磷酸等化合物氮的来源;它的氨基可通过转氨反应为甘氨酸和丙氨酸提供氮源。谷氨酰胺合成酶活性受到上述8种终产物的积累反馈抑制,并且在腺苷酰化后提高了对这些反馈抑制剂的敏感性,致使酶分子具有对多种信号敏感反应的调节特性(图34-9)。

腺苷酰化酶的AMP单位来自ATP;共价结合的AMP单位可通过磷酸解而脱去,并产生ADP。这两个反应都是由腺苷酰转移酶(adenylyl transferase, AT)催化完成的。腺苷酰转移酶的特异性是由调节蛋白P所控制,该调节蛋白以两种形式存在,分别称为P_A和P_D。P_A与腺苷酰转移酶的复合物催化谷氨酰胺合成酶的腺苷酰化反应;P_D与腺苷酰转移酶的复合物则催化脱腺苷酰反应。而调节蛋白P本身又受到尿苷酰化和脱尿苷酰的可逆共价修饰。P_A通过尿苷酰化而转

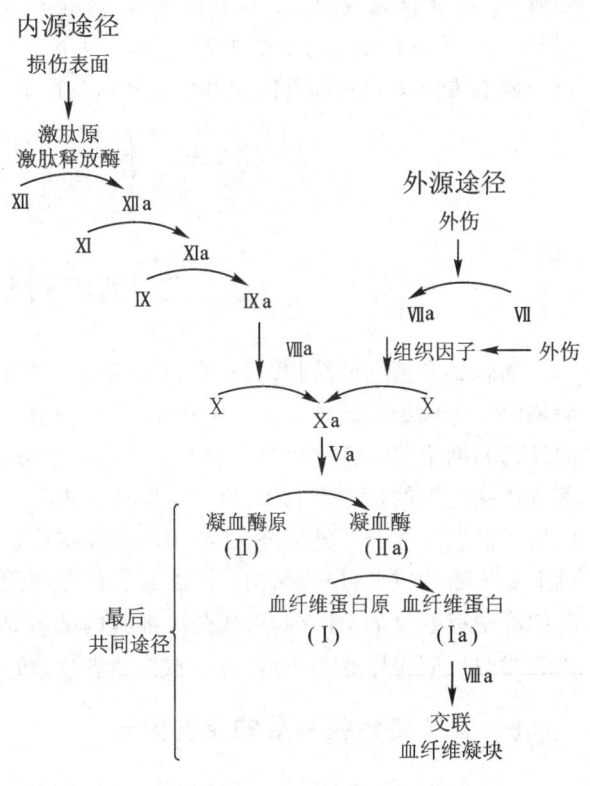

图34-8 凝血级联系统

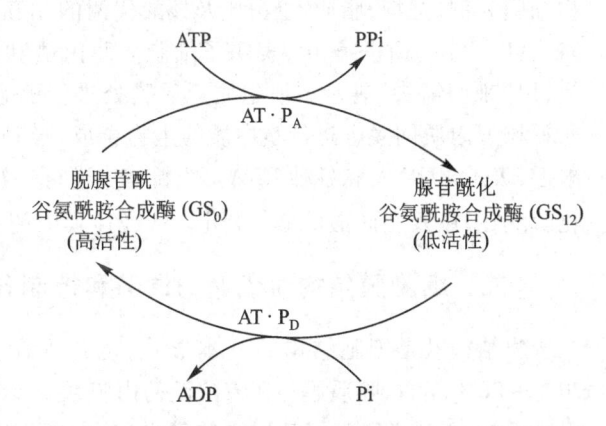

图34-9 谷氨酰胺合成酶的活性通过可逆共价修饰进行调节

$AT \cdot P_A$ 腺苷酰转移酶与调节蛋白P_A的复合物;$AT \cdot P_D$ 腺苷酰转移酶与调节蛋白P_D的复合物;GS_0 完全脱腺苷酰的谷氨酰胺合成酶;GS_{12} 12个亚基全部腺苷酰化的谷氨酰胺合成酶

变成 P_D，催化该反应的酶为尿苷酰转移酶（uridyl transferase），酶活性受 ATP 和 α-酮戊二酸激活，并受谷氨酰胺抑制。P_D 的尿苷酰基可被酶水解下来。

调节蛋白 P 通过尿苷酰化和脱尿苷酰反应而改变其调节作用的特异性：

$$\begin{cases} P_A + 2UTP \xrightarrow{\text{尿苷酰转移酶}} P_D + 2PPi \\ P_D + 2H_2O \xrightarrow{\text{水解酶}} P_A + 2UMP \end{cases}$$

三、细胞对代谢途径的分隔与控制

细胞具有精细的结构，真核生物的细胞还具有由膜包围的各种细胞器，如核、内质网、线粒体、高尔基体和溶酶体等。组成细胞结构的基本生物大分子彼此特异地结合而成超分子复合物，再由这些复合物装配成细胞本身的结构和细胞器。生物大分子装配所需的信息可能完全包含在大分子内，例如，多聚体酶、多酶复合物、核糖体、剪接体和简单的病毒颗粒等，所有这些结构都是由大分子相互作用自由能状态所决定。但也有一些细胞结构装配所需信息除大分子携带外，还必须由先存结构提供，例如染色体、细胞壁和膜等。这种装配是在原有结构的基础上加入新的成分，原有结构对装配起着指导作用。蛋白质在合成后立即定位于细胞的特定部位，各类酶也同样在细胞中有各自的空间分布，或是与细胞的某些结构（膜、颗粒或纤维）相结合，或是存在于胞液内。因此，酶催化的代谢反应得以有条不紊、各不相扰地进行，而且能够相互协调和制约，受到精确的调节。

（一）细胞结构和酶的空间分布

原核细胞，包括支原体、细菌和蓝藻，其细胞分化较低，有些细菌质膜有凹陷。真核细胞，无论是单细胞的原生动物和酵母，或是多细胞的动、植物，其细胞均具有核和胞质细胞器，细胞内膜结构比较复杂。另一类介于真细菌和真核生物之间的生物机体，称为古细菌，其某些生化特征类似于真核细胞，但并无细胞核等结构。现在以动物的肝细胞为例，按照它的电镜切面图，绘制简明细胞图解如图 34-10。

无论是原核细胞还是真核细胞，各代谢途径的酶和酶复合物分布于膜结构或胞内各分化区域，以使代谢有条不紊、彼此协调的进行。现仍以动物细胞为例，把糖、脂质、蛋白质及核酸代谢的相互关系，用图解来表示（图 34-11）。在这个图解中，表明了细胞质膜内侧和细胞质膜外侧的物质交换，用"来回箭头"表示。细胞质近质膜处进行酵解和脂肪酸的生物合成，在颗粒型内质网膜上进行蛋白质的生物合成。细胞核、核仁和有孔核膜的附近，表示出 DNA 和各种 RNA。线粒体内进行三羧酸循环、电子传递和氧化磷酸化，以及脂肪酸的 β-氧化。线粒体膜内侧和细胞质之间也有物质交换，也用"来回箭头"表示。

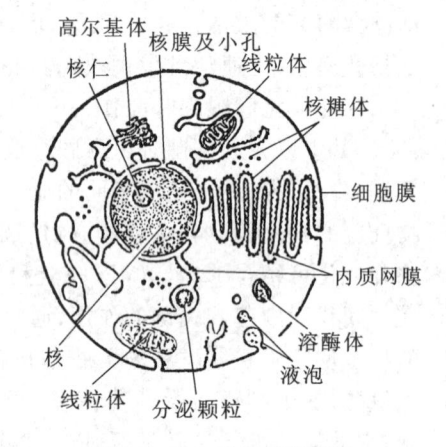

图 34-10 动物细胞图解

（二）细胞膜结构对代谢的调节和控制作用

膜结构既是细胞结构的基本形式，也是生命活动的主要结构基础。在真核细胞中膜结构占细胞干重的 70%~80% 左右，除质膜外还有广泛的内膜系统，将细胞分隔成许多特殊区域，形成各种细胞器。原核细胞缺乏内膜系统，但某些细胞的质膜内陷形成中体或质膜体（mesosome）。各种膜结构对代谢的调节和控制作用有以下几种形式：

1. 控制跨膜离子浓度梯度和电位梯度

由于生物膜的选择透性，造成膜两侧的离子浓度梯度和电位梯度。因此当离子逆浓度梯度转移时，需要消耗自由能；而离子沿浓度梯度转移时，则释放自由能。膜的三种最基本功能：物质运输、能量转换和信息传递无不与

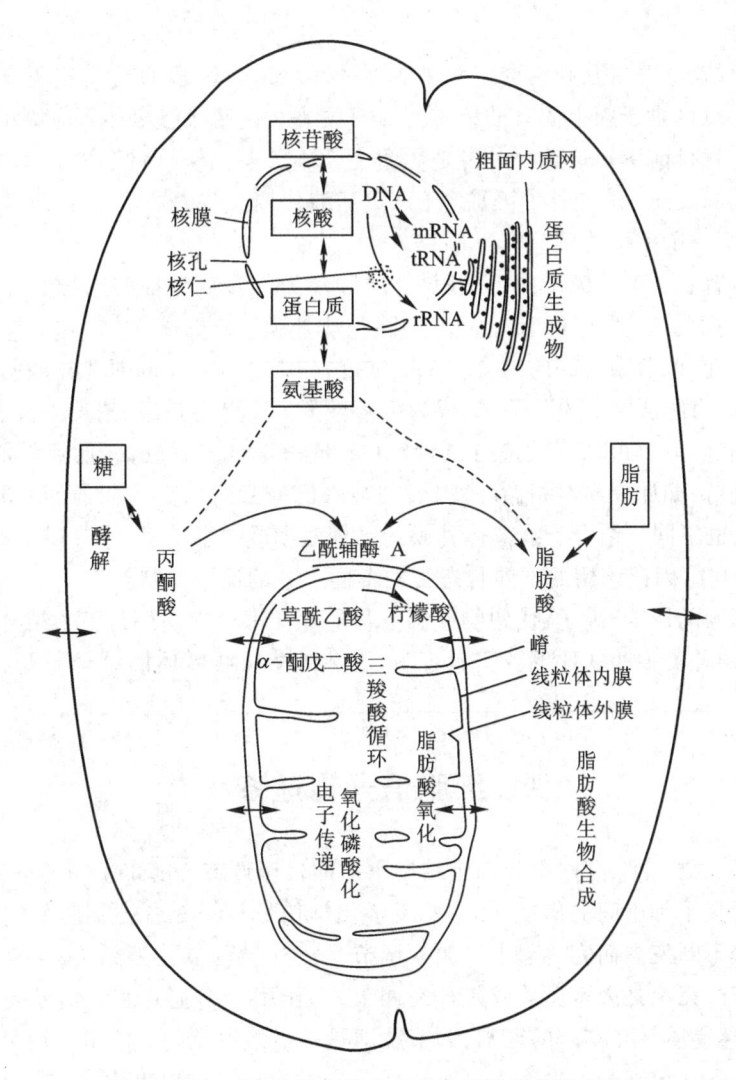

图 34-11 动物细胞结构和各类物质代谢的联系图解

离子和电位梯度的产生和控制机制有关。细菌质膜和线粒体内膜可利用质子浓度梯度的势能合成 ATP 和吸收磷酸根等物质。在动物细胞以及某些植物、真菌和细菌的细胞中，Na^+ 离子流可驱动氨基酸和糖的主动运输。神经肌肉的兴奋传导则与跨膜离子流产生膜电位有关。此外，Ca^{2+} 是重要的胞内信使，通过控制质膜、内质网膜和线粒体内膜的 Ca^{2+} 通道蛋白，可以调节细胞不同区域的代谢功能。例如，在静息的骨骼肌中，肌浆 Ca^{2+} 浓度为 $10^{-7} \sim 10^{-8}$ mol/L，大量的 Ca^{2+} 被贮存在肌浆网中（浓度达 10^{-3} mol/L）。当肌膜兴奋时，它的去极化作用传导到肌浆网，使其中 Ca^{2+} 迅速释放，肌浆 Ca^{2+} 浓度上升到 10^{-5} mol/L，从而触发肌肉收缩。收缩过后，肌浆中的 Ca^{2+} 又被肌浆网的钙泵利用水解 ATP 释放的能量主动吸收进入肌浆网中，恢复并维持该两区域的 Ca^{2+} 浓度。

2. 控制细胞和细胞器的物质运输

细胞膜由于具有高度的选择透性，使细胞不断从外界环境中吸收有用的营养成分，并排出代谢废物，维持了细胞恒定的内环境，细胞代谢得以顺利进行。细胞器同样需要吸收代谢底物，转移出代谢产物。细胞膜和细胞器膜中的运输系统担负着与周围环境的物质交换。通过运输系统可以控制底物进入细胞或细胞器，从而调节细胞内该物质的代谢。实验证明，葡萄糖进入肌肉和脂肪细胞的运输是它们利用葡萄糖的限速过程。胰岛素可以促进肌肉及脂肪细胞对葡萄糖的主动运输，这也是它能降低血糖、促进肌肉和脂肪细胞中糖的利用、糖原合成和糖转变为脂肪的重要因素。某些载体在代谢底物运入细胞器中起着关键作用。

3. 膜与酶的可逆结合

有些酶能可逆地与膜结合，并以其膜结合型和可溶型的互变来影响酶的性质和调节酶活性。这类酶称为双关酶(ambiguous enzyme)，以区别于膜上固有的组成酶。双关酶对代谢状态变动的应答迅速，调节灵敏，是细胞代谢调节的一种重要方式。就目前所知这类酶大多是代谢途径中关键的酶或调节酶。例如，糖酵解途径中的己糖激酶、磷酸果糖激酶、醛缩酶及3-磷酸甘油醛脱氢酶；氨基酸代谢的谷氨酸脱氢酶、酪氨酸氧化酶，以及一些参与共价修饰的蛋白激酶、蛋白磷酸酯酶等。

双关酶与膜结合和溶解状态的构象不同，其理化性质和动力学参数也都有差异。如己糖激酶的两种类型对ATP的K_m值不同，可溶性酶的K_m为0.035mmol/L，与线粒体外膜结合的酶K_m为0.1mmol/L。细胞内ATP浓度的变化还可通过酶的双关性，调节酶与膜的结合。ATP浓度在0.1~0.035mmol/L，有利于己糖激酶结合于膜上；ATP浓度大于0.1mmol/L，酶便从膜上脱落下来，成为可溶性酶。ATP经消耗，浓度下降，酶又结合到膜上。膜结合酶是高活性的，使糖的有氧分解得以高效进行，但当ATP量积累过多时，酶以低活性的可溶型形式存在，限制了糖的有氧分解代谢的进行，如此周而复始循环变化。此外，己糖激酶的产物葡萄糖-6-磷酸又是酶的反馈抑制物，其两种类型的K_i值也不同。结合于线粒体外膜的己糖激酶其对葡萄糖-6-磷酸的K_i为0.035mmol/L；可溶性酶的K_i为0.007mmol/L，因此该酶的不同状态受到不同水平的反馈抑制。

双关酶很易受一些因素的影响，离子、代谢物或调节物的存在都会影响酶与膜的结合。激素能够调节这些具双关性的酶的行为，改变两种类型酶的比例。实验表明，己糖激酶与线粒体的结合需要胰岛素，而肾上腺素则有相反效应。

四、细胞信号传递系统

前面三节分别介绍了底物水平、酶水平和细胞结构水平的代谢调节。随着生物的进化，代谢调节机制也跟着得到发展。多细胞生物增强了细胞间的信息交流，发展了化学信号分子对各类细胞代谢的调节。动物机体的神经系统和神经调节也随着不断发展而完善起来。激素调节是比神经调节较为原始的一种调节方式，但二者都体现了机体水平的代谢调节。无论是激素调节或是神经调节，都作用于细胞并通过信号转导系统而发挥作用。从分子水平来看，激素和神经递质并无本质的区别，调节肽即是神经组织及内分泌组织均可产生和释放并起着同样作用的化学信号分子。实际上单细胞生物就需要对环境信号做出应答，在细胞之间进行通讯，协调彼此的行为，或进行有性接合。有关激素的作用已有专门章节作介绍，这里不再重复。本节主要介绍化学信号的转导系统、细胞增殖的调节以及神经信号传递。

(一) 激素和递质受体的信号转导系统

细胞产生的信号分子(即内源配体)，包括激素、神经递质和调节肽等，在释放后可以三种方式作用于膜受体，即自分泌(autocrine)、旁分泌(paracrine)和内分泌(endocrine)。自分泌的信号分子作用于分泌细胞自身，如神经末梢分泌的递质可作用于前突触膜的递质受体，以进行反馈调节。旁分泌的产物或经细胞外液或经细胞间隙接头(gap junction)局部作用于邻近细胞，如神经组织和内脏器官分泌的调节肽。内分泌的产物则在释放后经血液流到特定器官作用于靶细胞受体。一些小的非极性信号分子，如一氧化氮(NO)和甾类激素等，直接透过脂双层膜，在细胞内与受体结合，调节细胞代谢，或进入核内调节基因表达。但一些大的极性信号分子不能进入细胞，仅作用于质膜受体，经受体介导将信号传给胞内，称为跨膜信号传递(transmembrane signalling)或信号转导(signal transduction)。

细胞质膜上化学信号分子的受体可分为三大类：第一类受体是依赖于神经递质的离子通道(neurotransmitter-dependent channel)，或称为配体门控离子通道，例如烟碱型乙酰胆碱受体(nAChR)、γ-氨基丁酸受体(GABA)、谷氨酸受体(GluR)等，多数为寡聚体蛋白质，并含有受体亚基。第二类受体与膜上信号转导蛋白(GTP结合蛋白或G蛋白)相偶联，例如，肾上腺素能α-受体、肾上腺素能β-受体和毒蕈碱型乙酰胆碱受体(mAChR)等。它们多为单链多肽,跨膜部分蛇形来回弯曲,共有7段α螺旋(seven-transmembrane-helix,7TM)。当与激素或神经递质结合后,经G蛋白将信息转给效应器,产生第二信使,才能激活细胞内有关的酶系统。第三类则包括一些生长因子的受体,例如,表皮生长因子(EGF)受体、血小板衍生的生长因子(PDGF)受体、成纤维细胞生长因子(FGF)受体以及胰岛素受体等。它们的主要特点是具有酪氨酸蛋白激酶(TPK)活性,或能结合具有酪氨酸蛋白激酶活性的蛋白质。当它们与各自相应的生长因子结合后,该酶活性即被激活,从而构成信号转导的重要环节。

现在已经分离出多种G蛋白,它们分别介导不同的信号转导系统(表34-1)。对腺苷酸环化酶起调节作用的G蛋白有两种:G_s和G_i,分别偶联刺激性(stimulatory)受体(如肾上腺素能β-受体)和抑制性(inhibitory)受体(如肾上腺素能α-受体和毒蕈碱型乙酰胆碱受体)与腺苷酸环化酶。前者促进cAMP生成;后者抑制cAMP生成。作用于磷酸肌醇系统的G蛋白称为G_p。刺激视网膜cGMP磷酸二脂酶的转导蛋白称为G_t。还有一些其他的G蛋白。所有这些G蛋白都是由α、β和γ三个亚基组成,迄今已知α亚基有21种,β亚基5种,γ亚基11种,使G蛋白富有多样性。不同种类G蛋白的α-亚基都有鸟苷酸结合区,可与GDP结合。当受体与其相应配体结合后,诱导α-亚基构象变化,促进GDP与GTP变换,此步骤需要Mg^{2+}。GTP的结合导致α-亚基与β,γ-亚基分开,α-亚基激活并作用于效应器,产生胞内信使,引起各种细胞反应。α-亚基有GTP酶活性,在Mg^{2+}存在下水解GTP,产生GDP,使α亚基复合物失活并重新与β,γ-亚基结合。该过程可简单用反应式表示如下:

$$G_{\alpha\beta\gamma} + GTP \xrightleftharpoons{配体-受体} G_\alpha \cdot GTP + G_{\beta\gamma} + GDP$$
$$| \qquad\qquad\qquad\qquad\qquad (活性)$$
$$GDP$$

G蛋白的α-亚基可被共价修饰而改变活性。某些细菌毒素,如霍乱毒素(cholera),催化其依赖NAD的腺二磷核糖基化(ADP-ribosylated),使NAD的腺二磷核糖基转移到$G_{s\alpha}$的精氨酸残基上,结果抑制GTP酶活性,加强GTP对G蛋白的活化,从而导致腺苷酸环化酶持续活化,肠表皮细胞内cAMP水平保持升高,引起大量Na^+和水外流到肠腔造成严重腹泻。相反,百日咳毒素(pertussis)催化$G_{i\alpha}$的半胱氨酸腺二磷核糖基化,阻断激素和GTP对G_i的活化,使之丧失抑制功能。

表34-1 G蛋白介导的生理效应

信号分子	受体	G蛋白	效应器	生理效应
肾上腺素	β-肾上腺素能受体	G_s	腺苷酸环化酶	糖原分解
5-羟色胺	5-羟色胺受体	G_s	腺苷酸环化酶	记忆和学习
光	视紫质	G_t(转导素)	cGMP磷酸二酯酶	视觉兴奋
气味剂	嗅觉受体	G_{olf}	腺苷酸环化酶	嗅觉
fMet肽	趋化因子受体	G_q	磷脂酶C	趋化
乙酰胆碱	毒蕈碱受体	G_i	抑制腺苷酸环化酶	起搏变慢
			活化钾通道	

磷酸肌醇系统是不经过腺苷酸环化酶的另一信使系统。当毒蕈碱型乙酰胆碱受体、肾上腺素能α-受体、组胺受体、5-羟色胺受体、多肽激素受体以及生长因子受体与其激素或递质结合时,能通过G蛋白活化效应器磷脂酶C,引起特异磷脂酰肌醇二磷酸(PIP_2)的水解,产生肌醇三磷酸(IP_3)和二(脂)酰甘油(DAG)。由这两种物质作为第二信使,导致胞内游离Ca^{2+}浓度瞬间增加,蛋白激酶C活化,以及鸟苷酸环化酶活化等一系列级联反应。

Ca^{2+}是一种广泛存在的胞内信使,对细胞反应起着重要的调节作用。通常动物细胞溶质中游离Ca^{2+}的浓度很低($\leq 10^{-7}$ mol/L),与细胞外的浓度($\geq 10^{-3}$ mol/L)相差一千倍以上。这是由于质膜上存在的Ca^{2+}泵,由ATP供给能量将Ca^{2+}排出细胞外;内质网膜和线粒体内膜结合的Ca^{2+}泵能够摄取大量的Ca^{2+}。此外,某些小分子(如磷酸盐)和大分子(如钙调蛋白,CaM)亦能结合游离的Ca^{2+}。上述受体的活化,都将导致胞内游离Ca^{2+}增加,或是从胞外跨膜流入胞内,或是从胞内Ca^{2+}储库释放到胞液。对神经细胞,似乎主要是前者;而对肝、胰、血小板、平滑肌及腺细胞等,受体活化首先引起质膜磷脂酰肌醇的水解,生成的肌醇三磷酸扩散到胞质,诱发Ca^{2+}

从胞内储库（主要是内质网）释放，这过程称为 Ca^{2+} 动员（Ca-mobilization），造成 Ca^{2+} 浓度的瞬间增加。已知许多酶和蛋白质依赖 Ca^{2+}/CaM，其中包括几种蛋白激酶、磷酸酯酶、核苷酸环化酶、Ca^{2+}-ATP 酶泵、离子通道蛋白和肌肉收缩蛋白等。

蛋白激酶 C（PKC）是一种依赖 Ca^{2+} 的蛋白激酶。正常条件下，蛋白激酶 C 以无活性形式存在于胞液中，对 Ca^{2+} 不敏感；当细胞受刺激后，磷脂酰肌醇二磷酸水解，质膜上瞬时二酰甘油积累，同时胞内 Ca^{2+} 浓度增加，促使蛋白激酶 C 由胞质转移到含磷脂的质膜内表面。在二酰甘油和磷脂（主要是磷脂酰丝氨酸，PS）的共同作用下，大大提高了酶对 Ca^{2+} 的敏感性，因而使蛋白激酶 C 活化。蛋白激酶 C 由一条多肽链组成。它可以引起许多底物蛋白丝氨酸或苏氨酸残基磷酸化，其中包括各种受体、膜蛋白、收缩蛋白、细胞骨架蛋白、核蛋白和酶类等，从而影响细胞代谢、生长和分化。

二酰甘油在 α-脂肪酸水解酶或磷脂酰肌醇二磷酸在磷脂酶 A 作用下产生花生四烯酸，后者可转化为各种前列腺素。它们能激活鸟苷酸环化酶（GC），使 cGMP 浓度升高。cGMP 通过激活多种酶及依赖于 cGMP 的蛋白激酶而发挥生理效应。依赖于 cGMP 的蛋白激酶即蛋白激酶 G（PKG），它由两条相同的肽链组成，与 cGMP 结合后被活化，而二聚体并不解离。蛋白激酶 G 对底物蛋白质的磷酸化方式与蛋白激酶 A 类似，但二者的激活剂和抑制剂以及活性调节作用不一样，推测它们的天然底物也不相同。

上述蛋白激酶 A、蛋白激酶 C 和蛋白激酶 G 都属于丝氨酸/苏氨酸蛋白激酶，酪氨酸蛋白激酶（TPK）则发现较晚。目前已知的酪氨酸蛋白激酶有三类：第一类是生长因子受体，第二类是某些癌基因产物，第三类是正常细胞中非受体的酪氨酸蛋白激酶。在正常细胞中酪氨酸蛋白激酶的活性很低，但在生长旺盛、迅速分裂的细胞和癌细胞中却非常高，许多事实表明，蛋白质酪氨酸的磷酸化是细胞增殖的信号，并与细胞癌变有关。因此，这类酶的研究始终受到人们的极大关注。

生长因子或更适当的称为细胞因子（cytokine），可促使某些种类的细胞生长，并有多种效应，其受体为单条肽链，可分成三个结构域：质膜外侧 N 端肽段，常有糖基化部位；中间为疏水性跨膜区；质膜内侧 C 端肽段具有受体酪氨酸激酶活性（recepter tyrosine kinase，RTK）。如前所述，配体和偶联 G 蛋白的受体结合，通过三级结构的改变而活化 G 蛋白；生长因子与其受体的结合则通过二聚化，即四级结构的改变而活化受体酪氨酸激酶。二聚化使受体在胞质部分的两条肽链交互磷酸化，成为靶蛋白的结合位点，并引发底物蛋白质的磷酸化。胰岛素的受体与此略有不同，其受体是一种跨膜糖蛋白，由 4 条多肽链组成，即 $\alpha_2\beta_2$。α 亚基全部在胞外，含胰岛素结合部位；β 亚基的 N 端在质膜外侧，以二硫键与 α 亚基结合，经一跨膜区段，其含酪氨酸激酶活性的 C 端位于质膜内侧。胰岛素受体虽以二聚体形式存在，但其受体酪氨酸激酶活性仍需在与胰岛素结合后才被激活。

受体酪氨酸激酶的活化一方面可激活某些酶，如磷脂酶 C 和脂质激酶，导致产生第二信使。另一方面通过蛋白激酶级联反应，最后激活转录因子，从而影响细胞周期。在受体酪氨酸激酶引发的信号级联反应中，首先与受体磷酸化位点相结合的为生长因子受体结合蛋白（growth factor receptor-binding protein，Grb），例如 Grb-2。Grb 是一类含有 Src 同源域（Src homology，SH）的蛋白质，起衔接蛋白（adaptor protein）的作用。Grb-2 有一个 SH2 结构域，可识别和结合在受体磷酸酪氨酸位点；还有 2 个 SH3 结构域，可结合富含脯氨酸区的蛋白质，如 SOS 蛋白（son of sevenless protein）。该蛋白是一类鸟苷酸交换因子（guanine-nucleotide exchange factor，GEF），可与信号转导蛋白 Ras 结合，并使 Ras 的 GDP 被 GTP 取代。Ras 是一类小的单链 G 类蛋白，通过异戊二烯基锚定在膜上，它能结合鸟苷酸，具有 GTPase 活性。GDP 被 GTP 取代并被活化，从而可激活 Ser/Thr 激活酶系统，最后通过磷酸化激活促分裂原活化蛋白激酶（mitogen-activated protein kinase，MAPK），它在胞质或进入核内激活转录因子，以调节基因转录活性。Ras 家族包含多个亚家族，如 Rab、Rac、Ran 和 Rho 等，它们可以与不同激酶系统连接，从而导致不同的效应（表 34-2）。

某些细胞因子受体其自身并无蛋白激酶活性，例如干扰素 γ（interferon，IFNγ）。当细胞因子与受体结合后即发生二聚化，并激活一种酪氨酸激酶 JAK（just another kinase 或 Janus kinase）。该激酶进而激活信号转导及转录活化蛋白 STAT（signal transducer and activator），磷酸化的 STAT 形成二聚体并进入核内调节转录。JAK 有多种，STAK 也至少有 7 种以上，它们可转导不同信号，Ras-MAPK 信号转导途径和 JAK-STAT 途径见图 34-12 所示。

表 34-2　Ras(单体 G 蛋白)家族中各个亚家族的功能

亚家族	功　能
Ras	经丝氨酸-苏氨酸蛋白激酶调节细胞生长
Rab	在细胞分泌和内吞中起重要作用
Rac	细胞循环进入 G_1 期
Ran	RNA 和蛋白质运输进出核
Rho	经丝氨酸-苏氨酸蛋白激酶对细胞骨架的再组织

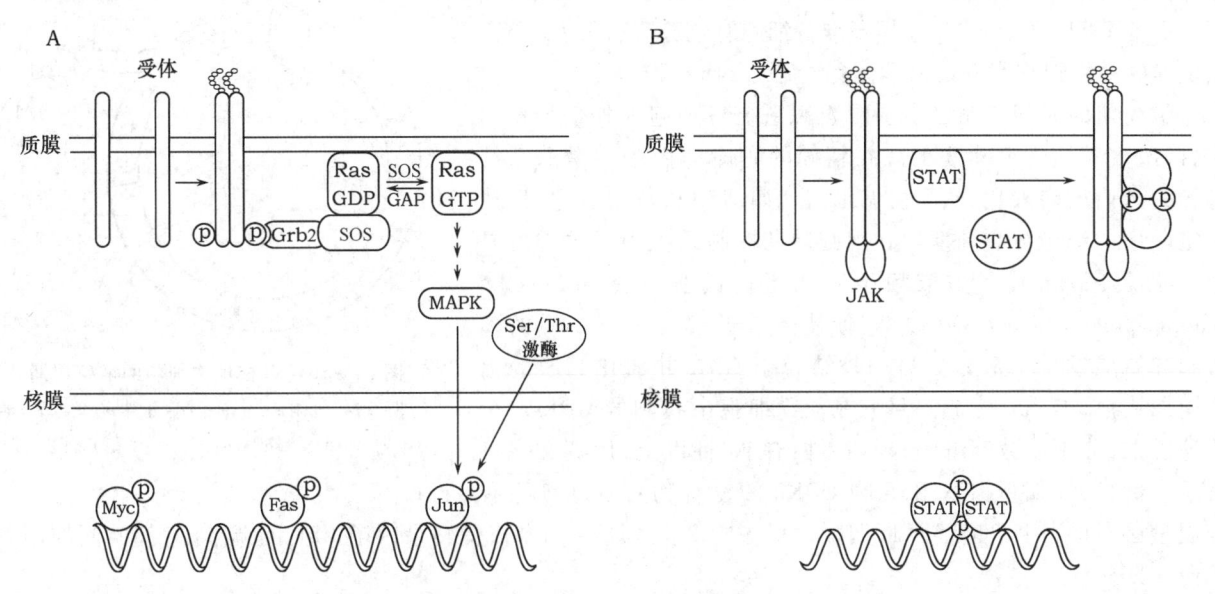

图 34-12　细胞因子受体的信号转导途径
A. Ras-MAPK 途径；B. JAK-STAT 途径

受体酶是多种多样的。一氧化氮(NO)受体是一种鸟苷酸环化酶,它含有一个血红素基团,存在于细胞质内。NO 具有不成对的电子,因此是一种自由基气体。研究表明,它在信号转导中起着十分重要的信使作用。在生物体内,NO 由精氨酸经复杂的反应产生,催化此反应的酶是一氧化氮合酶(nitric oxide synthase, NOS)。NO 的合成需要 NADPH 和 O_2,产物有瓜氨酸,反应式如下：

$$\underset{\text{精氨酸}}{NH_2-\overset{+NH_2}{\underset{}{C}}-NH-(CH_2)_3-\overset{COO^-}{\underset{}{CH}}-NH_3} + O_2 \xrightarrow[\text{NO 合酶}]{NADPH\ NADP^+} \underset{\text{瓜氨酸}}{NH_2-\overset{O}{\underset{}{C}}-NH-(CH_2)_3-\overset{COO^-}{\underset{}{CH}}-NH_3} + NO$$

NO 是非极性的小分子,容易穿过质膜,从产生的细胞扩散到邻近的细胞中,与鸟苷酸环化酶的血红素结合,并激活酶产生 cGMP。在心脏,cGMP 促使 Ca^{2+} 离子泵将 Ca^{2+} 从胞液中排出,从而使心肌松弛。当冠状动脉梗塞,心脏因缺氧收缩引起疼痛,服用硝酸甘油片剂可缓解心绞痛。NO 十分不稳定,它产生后只在数秒钟内作用,随即被氧化生成亚硝酸或硝酸盐。硝基血管舒张药物能在几小时内不断分解产生 NO,因而能够使心肌持续松弛。NO 具有十分广泛的生理作用,它对免疫反应、胚胎发育、心血管系统及神经信号传递等过程都起着重要的调节作用。它的大部分作用都是通过依赖于 cGMP 的蛋白激酶(PKG)途径而发生的。R. F. Furchgott、L. J. Ignarro 和 F. Murad 因发现一氧化氮传递信号的机制而获 1998 年诺贝尔生理学和医学奖。

受体与信号转导系统是当前分子生物学和医学最热广的研究课题之一,美国科学家 R. Axel 和 L. Back 发现大约 1 000 个编码嗅觉受体的基因(占基因总数的 3%),这一发现有助于揭示嗅觉的本质,因而获 2004 年诺贝尔生理学和医学奖。实际上近年来连续多年诺贝尔奖均奖励这一领域研究的科学家。例如，2000年诺贝尔生理学和医学奖授予神经系统信号转导的研究，2001年授予细胞周期调节的研究，2002年授予器官发育和细胞程序性死亡的研究，2003年诺贝尔化学奖授予发现水通道和离子通道的科学家。由此可见这一研究领域的重要性。

（二）细胞增殖的调节

真核生物细胞分裂受生长因子、数量众多的细胞因子和各种环境因素的影响和调节。真核细胞分裂周期可分为四个时相；S期，即合成期，DNA经复制而倍增；M期，细胞经有丝分裂生成两个子代细胞。在S期和M期前各有一个间隙期，G_1期用于准备DNA的合成，G_2期用于准备细胞有丝分裂（图34-13）。组织培养的动物细胞完成整个过程大约需要24h。

细胞周期的时间控制是由蛋白激酶系统对细胞内外信号作出反应，以改变其活性而实现的。在精确的时段内由蛋白激酶系统使特异的蛋白质磷酸化，从而协调细胞代谢活动和基因表达，以产生一定顺序的细胞分裂周期。在细胞周期控制系统中最关键的是两个蛋白质家族，其一为依赖于周期蛋白的蛋白激酶（cyclin-depending protein kinase，CDK），它促使下游过程特定蛋白质的丝氨酸和苏氨酸发生磷酸化。另一是结合于CDK并活化其激酶活性的周期蛋白（cyclin）家族。目前在动物细胞中找到的CDK至少有8种以上，分别以数字编码；周期蛋白有10种以上，用英文字母来表示。例如，周期蛋白A和B与CDK2的复合物对发动细胞有丝分裂是必要的；周期蛋白D、周期蛋白E、CDK2和CDK4的合成受转录因子E2F的调节，它们共同控制着G_1期转向S期。

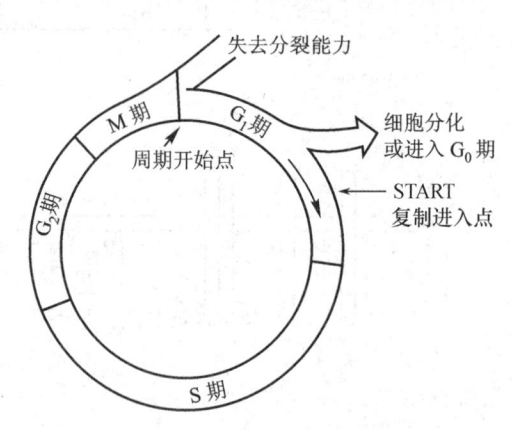

图34-13　真核生物细胞的增殖周期
S期：DNA复制期；M期：细胞分裂（有丝分裂）期；
G_1期：DNA复制准备期；G_2期：细胞分裂准备期

周期蛋白是调节蛋白，它在细胞周期中积累并激活CDK，作用后即被消除。新合成的促细胞分裂周期蛋白（mitotic cyclin）与CDK结合，所形成的复合物称为促M期因子（M-phase-promoting factor，MPF），其活性受磷酸化的调节。在CDK2上有两个磷酸化位点，Y15为抑制位点，它的磷酸化正好掩盖了ATP结合位点；T161为促进位点，它位于T突环肽段，磷酸化使T突环移开，导致底物结合位点暴露并提高了激酶活性。在活化的CDK激酶催化下Y15和T161先后被磷酸化，这时复合物并无活性，及至细胞分裂周期基因（cell-division-cycle gene）产物Cdc25，一种特异磷酸酯酶，将Y15上的磷酸基水解掉，MPF才被活化，促使许多靶蛋白被磷酸化，导致有丝分裂的开始（图34-14）。活化的周期蛋白-CDK复合物可以使特异磷酸酯酶磷酸化而激活，通过正反馈加速复合物自身活化。另一方面激活销毁序列识别蛋白（destruction box recognizing protein，DBRP）。周期蛋白上有一段销毁的信号序列RTALGDIGN，可被经活化的DBRP识别，在其指引下由泛素（ubiquitin）连接酶使周期蛋白带有泛素标记，从而可被由蛋白水解酶复合物构成的蛋白酶体（proteasome）所降解。

生长因子受体与配体结合后，其受体酪氨酸激酶活性促使一系列蛋白质磷酸化级联反应，将信号传递到核内，激活有关基因的转录，促进细胞增殖或分化，上述受体-Ras-MAPK是细胞增殖信号传递的重要途径。另外许多细胞因子的受体不存在酪氨酸激酶的结构域，无激酶活性，它们需借助激酶JAK及其底物STAT二者构成的JAK-STAT通路。JAK是一类非受体的酪氨酸蛋白激酶家族，能识别细胞因子受体，与之结合后发生激酶的活化。STAT兼有转导信号和活化转录的功能，它的SH功能区能识别酪氨酸激酶并与其结合，导致形成同源或异源二聚体；另一方面通过其DNA结合区与DNA的特定位点结合。它的C端有一保守的丝氨酸残基，被MAPK磷酸化后能激活转录。在N端的保守区与蛋白质之间的相互作用有关，可与其他转录因子或蛋白质信号分子结合。受体-Ras-MAPK途径与JAK-STAT途径之间，以及与其他途径之间均存在相互影响和作用，因而表现出对生长因子和各种细胞因子应答的多样性。

肿瘤和癌是细胞分裂失去控制的结果。正常情况下，细胞分裂受到各类因子的调节。生长因子使休止细胞

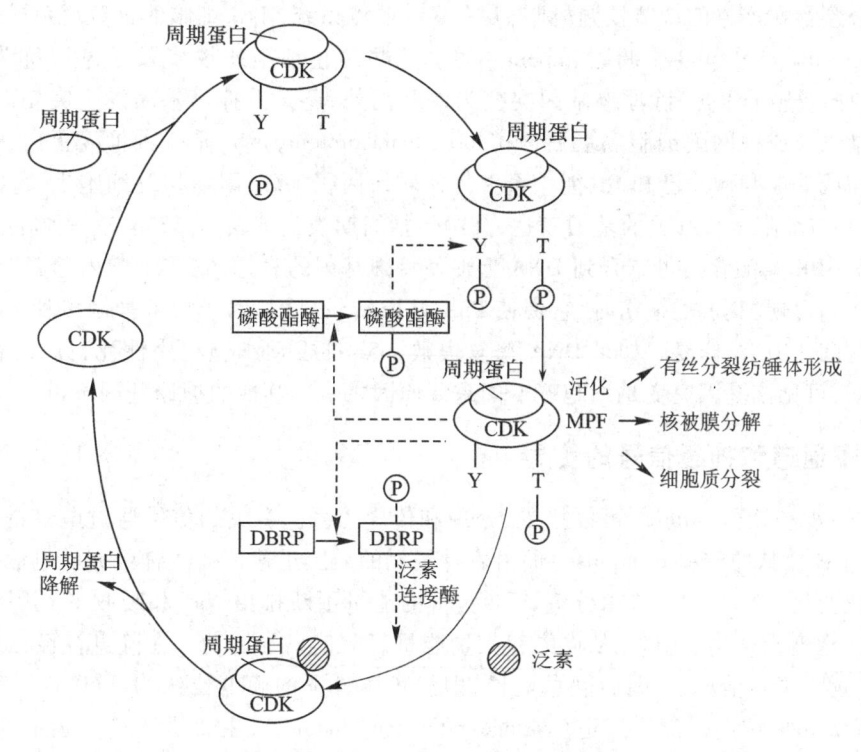

图 34-14 细胞有丝分裂启动的控制

进入分裂周期,在某些条件下可进行分化。一旦控制细胞增殖的基因发生突变,即成为癌基因(oncogene)。原癌基因(proto-oncogene)是指可经突变转变为癌基因的细胞基因,它们通常都是编码信号传导蛋白(signaling protein),如生长因子、生长因子受体、酪氨酸蛋白激酶、G 蛋白及 DNA 结合蛋白等的基因。突变可以发生在编码区,表达的癌蛋白失去调节功能,从而促使细胞恶性增殖;突变也可以发生在调控区,结果使信号蛋白异常高水平的表达。

逆转录病毒感染动物细胞后,其 RNA 基因组在细胞内逆转录成 cDNA,并整合到宿主染色体 DNA 中去。如果整合部位附近存在原癌基因,经重组即转录成为病毒基因组的一部分,由病毒携带并插入新的宿主细胞染色体 DNA 中去,在此过程中原癌基因可突变为癌基因。因此,逆转录病毒是一种致癌 RNA 病毒。某些 DNA 病毒基因组也能整合并致癌。病毒致癌只是细胞癌变的一个原因。许多物理、化学因素也都能造成基因突变,使原癌基因转变为癌基因。目前已经发现为数众多的癌基因。表 34-3 列出由逆转录病毒携带的几个主要的癌基因。

表 34-3 逆转录病毒的癌基因

种类	癌基因	逆转录病毒
血小板衍生生长因子	*sis*	猴肉瘤病毒
表皮生长因子受体	*erbB*	鸟类成红细胞增多症病毒
酪氨酸蛋白激酶	*abl*	艾贝尔逊鼠白血病病毒
	src	鸟类肉瘤病毒(劳氏肉瘤病毒)
鸟苷酸结合蛋白	*H-ras*	哈维鼠肉瘤病毒
	K-ras	基尔施泰因鼠肉瘤病毒
核蛋白质	*fos*	FBJ 骨肉瘤病毒
	myb	鸟类成髓细胞性白血病
	myc	鸟类髓细胞血症病毒

细胞的生长和分裂存在严格的调节控制机制,并有多种监测系统,阻止细胞的过分增殖或对失控的细胞发动程序性死亡(programmed cell death)或凋亡(apoptosis)。这些防止细胞恶性生长的基因称为抑癌基因(cancer suppressor gene)。肿瘤或癌的形成,除原癌基因突变为癌基因外,还必需抑癌基因发生突变而失活,因此是多个不正常基因作用的结果。成视网膜细胞癌蛋白(retinoblastoma protein,Rb)是一种抑癌蛋白,失去该蛋白的基因将导致视网膜细胞瘤或其他肿瘤。已知 Rb 能结合并抑制转录因子 E2F,因而抑制细胞生长;CDK 使其磷酸化后即释放 E2F,促使多种与细胞生长有关的基因表达,其中包括周期表达基因。p53 也是一种肿瘤抑制蛋白,但其功能比较复杂。p53 被 CDK 磷酸化后可结合到 DNA 上促使特殊基因的表达,它在细胞内起着"分子警察"的作用,监视基因的完整性。当发现 DNA 受损伤时,它促使 Pic1 基因转录,该基因产物可抑制多种 CDK 的活性,从而停止细胞周期以便有时间让 DNA 修复。如果 DNA 修复失败,p53 即发动细胞程序性死亡。约有 50% 人类癌细胞中 p53 基因存在突变,可见该基因突变是细胞癌变的重要原因之一。其他的抑癌基因不再一一介绍。

(三)门控离子通道和神经信号的传导

神经细胞,或称为神经元(neuron),可以接受、处理和传导信号。有关的信号通过电兴奋传导波作为动作电位(action potential)或神经脉冲(nerve impulse)而沿着神经元的质膜迅速传播。神经元的电信号依赖于离子通过膜通道引起的膜电位变化。Na^+-K^+ 泵由分解 ATP 获得的能量不断排出 Na^+ 和吸收 K^+,因而使细胞内 Na^+ 浓度远低于胞外,而 K^+ 浓度则远高于胞外,从而贮存大量能量以驱使离子运动。在静息神经元中,膜的 K^+ 选择渗漏通道使 K^+ 的透性远大于其他离子,因而静息电位,即静止条件下的膜电位约为 $-60mV$,接近于 K^+ 的平衡电位 $-75mV$。动作电位是由电位门控离子通道(voltage-gated ion channel),主要是 Na^+ 通道的暂时打开而产生的。具有许多 Na^+ 通道的膜由于瞬间刺激而局部去极化,某些通道迅即被打开,使 Na^+ 得以进入细胞。带正电荷的离子流进一步使膜去极化,该过程以自我扩增的方式继续下去,直到膜电位由静息值达到 $+30mV$。此时 Na^+ 流的净电化学驱动为零,细胞处于一种新的休止状态。随后由于 Na^+ 通道的自动失活而关闭,在 Na^+-K^+ 泵的作用下膜电位逐渐恢复原先的静息值。

许多类型的神经元(并非全部,哺乳类有髓鞘的轴突即是例外)由于质膜存在门控 K^+ 通道而加速恢复。与 Na^+ 通道相似,K^+ 通道可因膜的去极化而打开,但其反应相对较慢。当 Na^+ 通道因失活而关闭时,增加膜对 K^+ 的透性,有助于迅速恢复静息状态。膜的重新极化,使 K^+ 通道再次关闭,并使 Na^+ 通道从失活状态下恢复。这就使细胞膜能少于 1ms 时间内准备好对第二次极化刺激的反应。

门控离子通道有两类:一类是电位门控通道;一类是配体门控通道(ligand-gated channel)。电位门控通道,如 Na^+ 通道、K^+ 通道和 Ca^{2+} 通道,它们由一条肽链组成,但分成多个主结构域和亚结构域,跨膜部分形成 α 螺旋,中央部分为离子通道。配体门控通道即由化学信号激活而开放的离子通道,如乙酰胆碱受体通道、氨基酸受体通道、单胺类受体通道和 Ca^{2+} 激活的 K^+ 通道等等,主要是神经递质(neurotransmitter)控制的通道。Ca^{2+} 作为细胞内信使亦能激活通道受体。它们通常由多个亚基所组成,除受体亚基外即是通道本身。两种类型门控通道的作用方式见图 34-15。

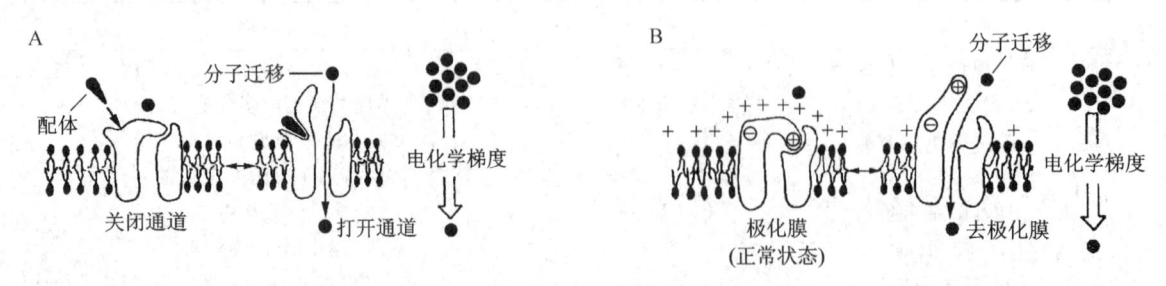

图 34-15 两种类型门控离子通道示意图
A. 配体门控通道:在与胞外配体结合时打开; B. 电位门控通道:在膜去极化时打开

神经元之间或神经元与靶细胞(如肌肉细胞)之间的接触部位称为突触(synapse)。现在知道,某些神经元之间的突触可以直接传递电信号,称为电突触;但大多数突触以神经递质来传递信号,称为化学突触。神经递质贮存于轴突末梢的突触泡(synaptic vesicle)内。当神经脉冲到达末梢时,膜电位降低(去极化)造成暂时打开前突触膜(presynaptic membrane)的电位门控 Ca^{2+} 通道。由于细胞外的 Ca^{2+} 浓度远大于细胞内游离 Ca^{2+} 浓度,Ca^{2+} 大量流入神经末梢(终末),刺激突触泡与前突触膜融合,神经递质被释放到突触裂隙(cleft)内。游离 Ca^{2+} 浓度的升高是短暂的,因为 Ca^{2+} 结合蛋白、隔离 Ca^{2+} 的小泡和线粒体能迅速摄取进入末梢的 Ca^{2+}。神经递质经扩散到达突触后细胞(postsynaptic cell),并与其膜受体相结合。神经递质的受体有两类:一类是配体门控离子通道,它将化学信号又重新转变为电信号;另一类受体通过信号转导产生胞内信使,以调节细胞代谢,最后引起各种生理效应。存在于突触裂隙的神经递质即被分解,或被分泌它的前突触膜重吸收。

神经递质的种类很多,除乙酰胆碱外还有各种单胺类、氨基酸和肽类等,其中有些是兴奋性的,有些是抑制性的。例如,骨骼肌细胞膜的乙酰胆碱受体是一种单价阳离子通道,对 Na^+ 和 K^+ 有较小的选择性。当乙酰胆碱与其结合后即被打开,在细胞膜去极化达到阈值时触发动作电位,因而属于兴奋性作用。而 γ-氨基丁酸(GABA)受体则介导抑制性作用,它打开时允许小的负离子(主要是 Cl^-)通过,而正离子是不可通过的,Cl^- 的浓度在细胞外大于细胞内,相应于 Cl^- 的平衡电位接近于正常静息电位或更负一些。当 Cl^- 通道打开时,膜电位即保持在非常负的甚至超极化的值上,使膜难以去极化,因此难于使细胞兴奋。

不同神经递质有不同类型的受体,同一神经递质也可能有不同类型的受体。例如,乙酰胆碱作用于骨骼肌细胞和心肌细胞引起截然相反的效应,前者是兴奋性的,后者是抑制性的,因为二者的受体不同。乙酰胆碱作用于骨骼肌细胞受体,打开的是阳离子(Na^+)通道,从而引起动作电位传播和肌肉收缩,如图 34-16 所示。然而在心肌细胞由于是另一类型的乙酰胆碱受体,即与 G 蛋白偶联的受体,其结果却引起心肌松弛。

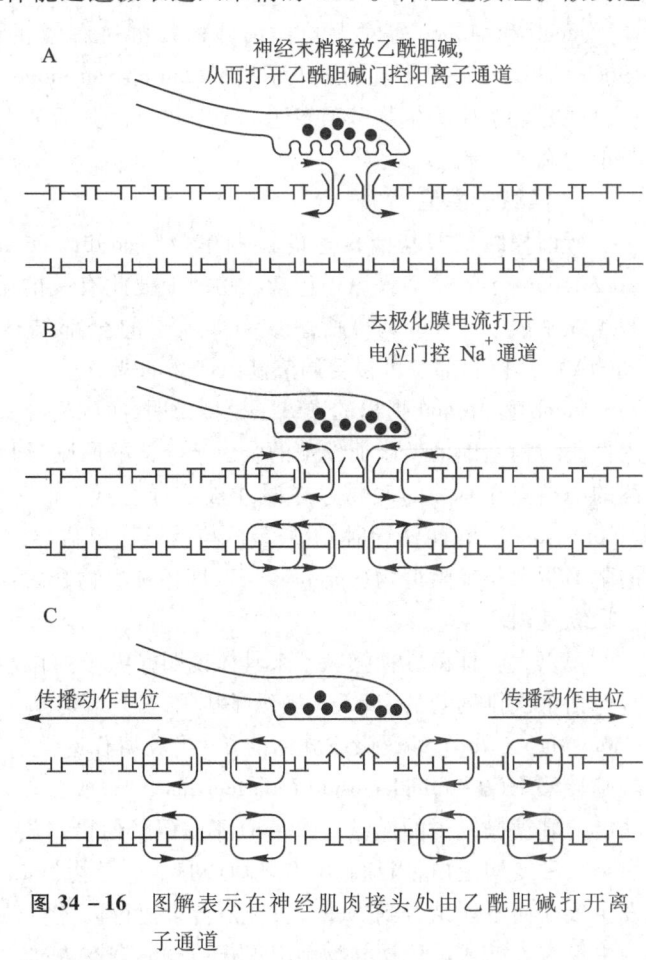

图 34-16 图解表示在神经肌肉接头处由乙酰胆碱打开离子通道

A. 神经末梢释放乙酰胆碱;B. 细胞膜去极化触发动作电位;C. 传播动作电位

五、基因表达的调节

蛋白质参与并控制细胞的一切代谢活动,而决定蛋白质合成的结构信息和时序信息则编码在核酸分子中,表现为特定的核苷酸序列。生物在生长发育过程中,遗传信息的展现,即基因表达,可按一定时间程序发生改变,而且随着内外环境条件的变化而加以调整,这就是时序调节(temporal regulation)和适应调节(adaptive regulation)。基因由此而分为两类:持家基因(housekeeping genes),其表达产物大致以恒定水平始终存在于细胞内,这类基因的表达为组成型表达(constitutive expression);可调基因(regulated genes),它们的产物只在细胞需要时才表达,为可调型表达(regulated expression)。

基因表达的调节可以在不同水平上进行,在转录的水平(包括转录前、转录和转录后),或在翻译的水平(包括翻译和翻译后）。原核生物的基因组和染色体结构都比真核生物简单，转录和翻译可在同一时间和位置上发生，功能相近的基因往往组成一个转录单位协同表达，基因调节主要是在转录水平上进行，并以负调节为主。真核生物由于存在细胞核结构的分化，转录和翻译过程在时间上和空间上都被分隔开，每个基因单独表达，以正调节为主，且在转录和翻译后都有复杂的信息加工过程，故其基因表达需要进行多级调节和控制。

（一）原核生物基因表达的调节

Jacob 和 Monod 等对大肠杆菌乳糖发酵过程酶的适应合成以及对有关突变型进行深入的研究，终于在 1960—1961 年提出了乳糖操纵子模型（lac operon model），开创了基因表达调节机制研究的新领域。操纵子模型可以很好说明原核生物基因表达的调节机制。其后的大量研究工作证明并发展了这一模型，同时也发现了许多其他的调节机制。

1. 操纵子模型

所谓操纵子即基因表达的协调单位（coordinated unit），它们有共同的控制区（control region）和调节系统（regulation system）。操纵子包括在功能上彼此有关的结构基因和共同的控制部位，后者由启动子（promoter, P）和操纵基因（operator, O）所组成。操纵子的全部结构基因通过转录形成一条多顺反子 mRNA（polycistronic mRNA）；其控制部位可接受调节基因产物的调节。

Jacob 和 Monod 提出的操纵子模型说明，酶的诱导和阻遏是在调节基因产物阻遏蛋白的作用下，通过操纵基因控制结构基因的转录而发生的。由于经济的原则，细菌通常并不合成那些在代谢上无用的酶，因此一些分解代谢的酶类只在有关的底物存在时才被诱导合成；而一些合成代谢的酶类在产物足够量存在时，其合成被阻遏（repression）。在酶诱导时，阻遏蛋白与诱导物相结合，因而失去封闭操纵基因的能力。在酶阻遏时，原来无活性的阻遏蛋白与辅阻遏物（corepressor），即各种生物合成途径的终产物（或产物类似物）相结合而被活化，从而封闭了操纵基因。

现以大肠杆菌乳糖操纵子来具体说明操纵子的作用机制。大肠杆菌乳糖操纵子是第一个被发现的操纵子，它包括依次排列着的启动子、操纵基因和三个结构基因。结构基因 *lacZ* 编码水解乳糖的 β-半乳糖苷酶（β-glactosidase），*lacY* 编码吸收乳糖的 β-半乳糖苷透性酶（β-glactoside permease），*lacA* 编码 β-硫代半乳糖苷乙酰基转移酶（β-thioglactoside transacetylase），该酶虽非乳糖代谢所必需，但对透性酶输入的某些毒性物质有解毒功能。乳糖操纵子的操纵基因 *lacO* 不编码任何蛋白质，它是调节基因 *lacI* 所编码阻遏蛋白的结合部位。阻遏蛋白是一种变构蛋白，当细胞中有乳糖或其他诱导物（inducer）时阻遏蛋白便和它们相结合，结果使阻遏蛋白的构象发生改变而不能结合到 *lacO* 上，于是转录便得以进行，从而诱导产生摄取和分解乳糖的酶（图 34-17）。如果细胞中没有乳糖或其他诱导物则阻遏蛋白就结合在 *lacO* 上，阻止了启动子 P 上 RNA 聚合酶向前移动，转录便不能进行。

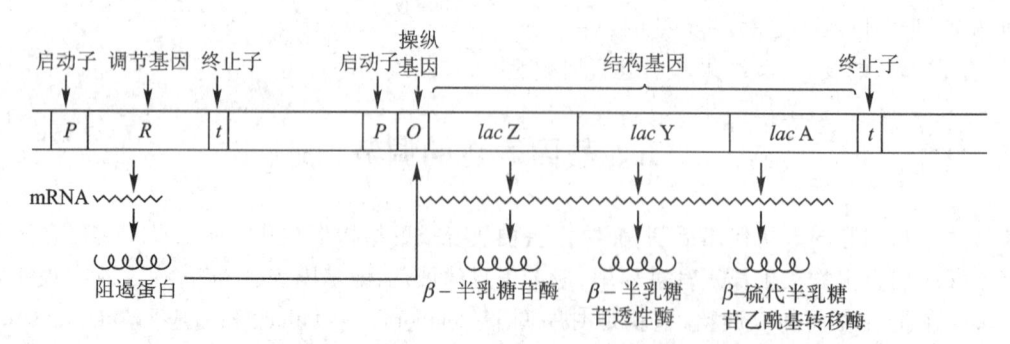

图 34-17 大肠杆菌乳糖操纵子模型

乳糖操纵子的阻遏蛋白是由 4 个相对分子质量为 37 000 的亚基聚合而成。亚基与 DNA 结合的结构域含有螺旋-转角-螺旋（helix-turn-helix）基序（motif），该结构常见于 DNA 结合蛋白。基序由两个短的 α 螺旋中间夹一个β-转角所组成,其中一个α螺旋为识别螺旋,能与DNA相互作用,识别操纵基因序列并与之结合。核酸酶保护实验表明,操纵基因为一段含有28bp旋转对称的回文结构(palindrome),阻遏蛋白亚基二聚体与其结合时正好贴在DNA的深沟处,识别螺旋的氨基酸分别与回文序列的碱基对之间形成特异的氢键。操纵基因O_1在其上游和下游还各有一个相似的回文结构序列,称为O_2和O_3。阻遏蛋白两个亚基与操纵基因回文结构结合,另两个亚基与上游或下游回文结构结合,中间DNA形成突环,由此增加了阻遏蛋白阻止转录的效果(图34-18)。

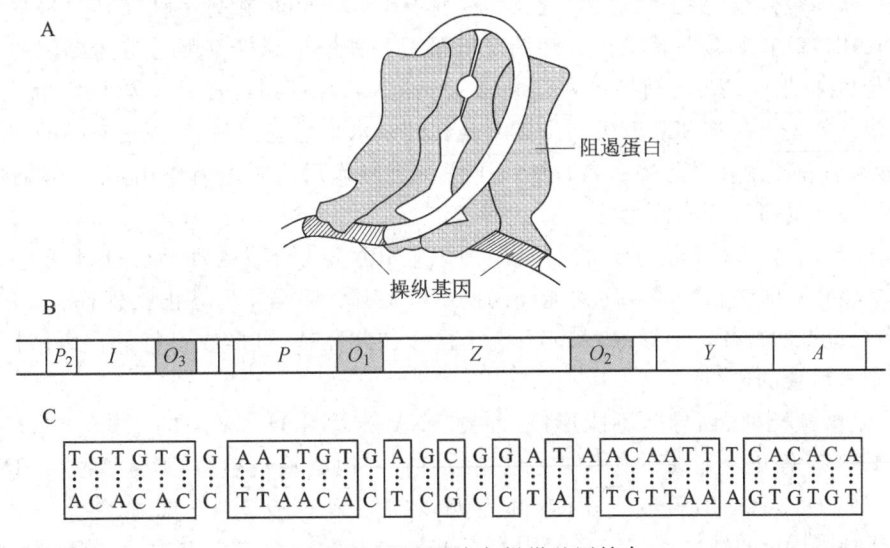

图 34-18 阻遏蛋白与操纵基因结合

A,B.乳糖操纵子除启动子内含有主要操纵基因O_1外,还有两个阻揭蛋白结合位点,分别在Y基因和I基因内,称为O_2和O_3,阻遏蛋白亚基与操纵基因及上游或下游相似回文结构结合,中间DNA形成突环;C.操纵基因序列,方框内碱基对为回文结构

在上述过程中,无论是产物对合成途径酶的阻遏或是底物对分解途径酶的诱导,阻遏蛋白所起的都是负调节作用,诱导实际上只是去阻遏。但是在操纵子模型提出后不久即发现,并非所有调节蛋白都对操纵子起负调节作用,而有些调节基因产物对操纵子起着正调节作用。

2. 降解物阻遏

当细菌在含有葡萄糖和乳糖的培养基中生长时,通常优先利用葡萄糖,而不利用乳糖。只有在葡萄糖耗尽后,细菌经过一段停滞期,由乳糖诱导合成β-半乳糖苷酶,细菌才能充分利用乳糖。这种现象过去称为葡萄糖效应。后来了解到这是由于一些分解代谢的酶类受葡萄糖降解物的影响而停止合成,因此又称为降解物阻遏(catabolite repression)。受到降解物阻遏的酶类包括代谢乳糖、半乳糖、阿拉伯糖及麦芽糖等的操纵子。分解葡萄糖的酶是组成酶(constitutive enzyme),在有葡萄糖时不需分解其他糖的酶类。在这里调节基因的产物为环腺苷酸受体蛋白(cyclic AMP receptor protein, CRP)或称为降解物基因活化蛋白(catabolite gene activation protein, CAP)。当它与环腺苷酸(cAMP)结合后即被活化,并结合于分解代谢酶类操纵子的一定部位,促进转录的进行。葡萄糖分解代谢的降解物能抑制腺苷酸环化酶活性并活化磷酸二酯酶,因而降低cAMP浓度,使许多分解代谢酶的基因不能转录。

CRP为相对分子质量22 000亚基的二聚体,其结合DNA的结构域也有螺旋-转角-螺旋基序。cAMP-CRP复合物与可诱导分解代谢操纵子结合位点均含有TGTGA序列。当cAMP-CRP结合于DNA时,可使DNA发生94°弯曲,促进了RNA聚合酶与启动子的结合,二者正好位于弯曲DNA的同一方向,彼此作用得以加强。由此可以解释,为什么cAMP-CRP能够增强转录。

基因表达是正调节还是负调节,决定于调节蛋白的作用机制是激活还是抑制,而不取决于调节的结果是诱导还是阻遏。如上所述,代谢乳糖的酶可由阻遏蛋白的去阻遏所诱导,为负调节;还可由葡萄糖降解物使激活蛋白

(CRP)失活所阻遏,为正调节。同受一种调节蛋白控制的几个操纵子构成的调节系统称为调节子(regulon)。cAMP与CRP复合物对各种不同糖分解代谢的调节即属于一种调节子。

3. 合成途径操纵子的衰减作用

生物合成途径的操纵子通常借助阻遏作用来调节有关酶类的合成。例如,色氨酸操纵子的调节基因(*trp*R)产生阻遏物蛋白(aporepressor),在有过量色氨酸存在时与之结合,成为有活性的阻遏物,它作用于操纵基因可阻止转录的进行。进一步研究发现,除了阻遏物-操纵基因的调节外,还存在另一种在转录水平上的调节,称为衰减作用(attenuation),用以终止和减弱转录。这种调节依赖于一种位于结构基因上游前导区的终止子,称为衰减子(attenuator)。前导区编码mRNA的前导序列(leader sequence),该序列可合成一段小肽(前导肽),它在翻译水平上控制前导区转录的终止。阻遏和衰减机制虽然都是在转录水平上进行调节,但是它们的作用机制完全不同,前者控制转录的起始,后者控制转录起始后是否继续下去。衰减作用比之遏阻作用是更为精细的调节。衰减机制首先是从色氨酸操纵子的研究中弄清楚的。

色氨酸mRNA的5′端有162个核苷酸的前导序列,当mRNA的合成启动后除非缺乏色氨酸,否则大部分mRNA仅合成140个核苷酸即终止。前导序列能编码一小段14肽,编码序列终止区具有潜在的茎环结构和成串的U,表现出一段终止位点的特征。前导RNA链有4个区域彼此互补,可形成奇特的二级结构。推测由于RNA的特殊空间结构控制着转录的进行。

分析认为,当氨基酸缺乏时,前导肽不能形成,前导RNA链以图34-19A的结构存在,转录在终止信号处(RNA茎环结构和寡聚U)停止。如果环境中缺乏色氨酸但有其他氨基酸存在,则色氨酰-tRNA^{Trp}不能形成,前导肽翻译至色氨酸密码子(UGG)处停止,核糖体占据区域1的位置,区域2与3配对,终止信号不能形成,转录继续进行,RNA链以图34-19B的结构存在。环境中有足够量氨基酸存在或合成过量,前导14肽被正常合成,这时核糖体占据1和2位置,终止信号形成,故转录也终止,如图34-19C所示。衰减子模型能够较好地说明某些氨基酸生物合成的调节机制。

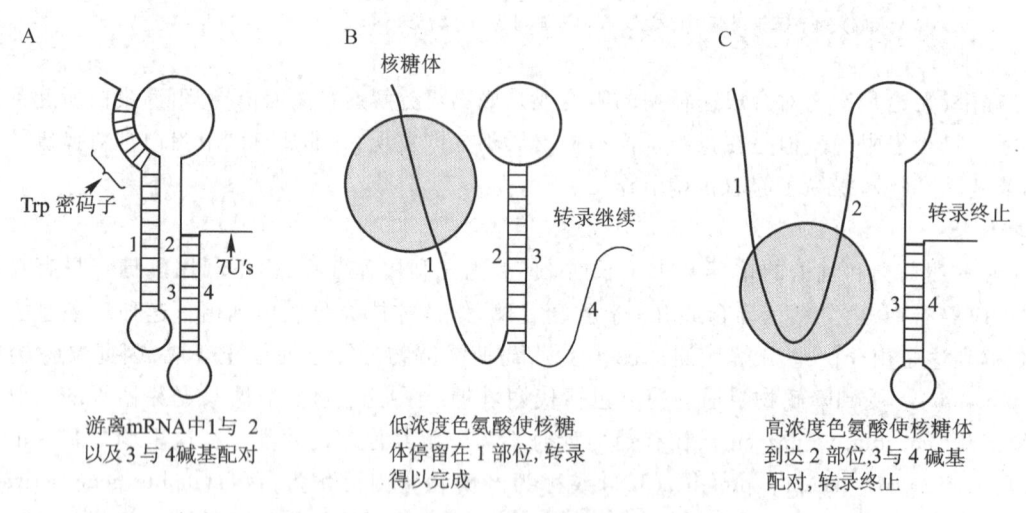

图34-19 大肠杆菌色氨酸操纵子的衰减机制

A 游离mRNA中1与2以及3与4碱基配对

B 低浓度色氨酸使核糖体停留在1部位,转录得以完成

C 高浓度色氨酸使核糖体到达2部位,3与4碱基配对,转录终止

除色氨酸外,苯丙氨酸、苏氨酸、亮氨酸、异亮氨酸-缬氨酸和组氨酸的操纵子中都存在衰减子的调节位点,前导RNA可编码前导肽,能在翻译水平上抑制相应基因的转录。为了提高控制效率,前导RNA链中往往存在重复的调节密码子,这种现象在苯丙氨酸和组氨酸的前导序列中尤为明显,前者有7个苯丙氨酸密码子,后者有7个组氨酸密码子。有关几种氨基酸合成途径操纵子前导肽的序列和调节的氨基酸列于表34-4。

嘧啶核苷酸的生物合成由6个酶催化完成,编码这些酶的基因分散在大肠杆菌染色体DNA上,受控于一个调节基因,因此是一个调节子。最近的研究发现,嘧啶调节子也有前导区,它编码的前导RNA能形成典型终止信号的茎环结构,随后紧接一串U,并能翻译出前导肽。因此推测嘧啶调节子的转录也受衰减作用的调节。在低浓度 UTP 条件下，RNA 聚合酶转录到一串 U 的部位，移动受到阻滞，挡住了正在进行翻译的核糖体，从而阻止终止信号结构的形成，由此 RNA 聚合酶继续向前转录，基因得以表达。在高浓度 UTP 条件下，核糖体不被 RNA 聚合酶阻挡，此时 RNA 聚合酶的结合部位形成终止信号茎环结构，因此转录停止。看来衰减子并非仅限于氨基酸合成操纵子，其他合成途径酶类的基因表达也受到它的调节。

表 34-4　氨基酸合成操纵子前导肽序列和调节的氨基酸

操纵子	前导肽序列	调节的氨基酸
trp	Met–Lys–Ala–Ile–Phe–Val–Leu–Lys–Gly–Trp–Trp–Arg–Thr–Ser	Trp
his	Met–Thr–Arg–Val–Gln–Phe–Lys–His–His–His–His–His–His–His–Pro–Asp	His
pheA	Met–Lys–His–Ile–Pro–Phe–Phe–Ala–Phe–Phe–Phe–Thr–Phe–Pro	Phe
leu	Met–Ser–His–Ile–Val–Arg–Phe–Thr–Gly–Leu–Leu–Leu–Leu–Asn–Ala–Phe–Ile–Val–Arg–Gly–Arg–Pro–Val–Gly–Gly–Ile–Gln–His	Leu
thr	Met–Lys–Arg–Ile–Ser–Thr–Thr–Ile–Thr–Thr–Thr–Ile–Thr–Ile–Thr–Thr–Gly–Asn–Gly–Ala–Gly	Thr, Ile
ilv	Met–Thr–Ala–Leu–Leu–Arg–Val–Ile–Ser–Leu–Val–Val–Ile–Ser–Val–Val–Val–Ile–Ile–Ile–Pro–Pro–Cys–Gly–Ala–Ala–Leu–Gly–Arg–Gly–Lys–Ala	Leu, Val, Ile

4. 生长速度的调节

细菌在不同的生长培养基中表现出不同的生长速度。在葡萄糖作为碳源的基本培养基中，大肠杆菌在 37℃ 约每 45min 分裂一次；然而在以脯氨酸为唯一碳源的培养基中，倍增时间增加至 500min。在含有葡萄糖、氨基酸、核酸碱基、各种维生素和脂肪酸的丰富培养基中，生长极为迅速，世代时间缩短到 18min。不同生长速度是通过调节蛋白质的合成能力而实现的，多肽链的生长速度实际上是由每个细胞的核糖体数目所决定。在迅速生长的细胞中，中隔的形成落后于 DNA 的合成，因此每个细胞可含有不止一个 DNA 分子。表 34-5 列出不同生长速度下大肠杆菌的 DNA 分子数和相对于 DNA 分子的核糖体数。

细菌可通过控制 rRNA 和 tRNA 的合成来调整生长速度。rRNA 基因与 tRNA 基因混合组成操纵子。所有核糖体蛋白质（r-蛋白质）以及蛋白质合成的各种因子和 DNA 引物合成酶、RNA 聚合酶及有关附属蛋白质的基因互相混杂，组成二十几个操纵子。这些基因协同表达，以使复制、转录、翻译过程相互协调，适应于细胞生长速度的需要。通过 r-蛋白质的翻译阻遏，即游离的核糖体蛋白质可抑制其自身 mRNA 的翻译，从而使各种 r-蛋白质水平相应于细胞的生长条件。其他有关蛋白质亦可通过类似的基因自身调节机制维持在适当的水平上。

表 34-5　大肠杆菌在不同生长速度时的某些特征

倍增时间/min	每个细胞的 DNA 分子数	每个 DNA 分子的核糖体数
25	4.5	15 500
50	2.4	6 800
100	1.7	4 200
300	1.4	1 450

当细菌处于贫瘠环境，缺乏氨基酸供给蛋白质合成，即关闭大部分的代谢活性，这种现象称为严紧型控制（stringent control）。任何一种氨基酸的缺乏，或突变导致任何一种氨酰-tRNA 合成酶的失活都将引起严紧控制反应。此时细胞内出现两种不寻常的核苷酸，电泳呈现两个特殊斑点，称之为魔点（magic spots）Ⅰ和Ⅱ。现已鉴定此两斑点为 ppGpp（鸟苷四磷酸，即 5′ 和 3′ 位置各连两个磷酸）和 pppGpp（鸟苷五磷酸，5′ 位置连以三个磷酸，3′ 位置连两个磷酸）。大肠杆菌的严紧反应主要积累 ppGpp，不同细菌的情况不同。

氨基酸饥饿可引起（p）ppGpp 迅速积累，而 rRNA 和 tRNA 以及细菌的生长被强烈抑制。通过消除此种严紧反应的松弛突变(relaxed mutation)表明,编码此严紧控制因子(stringent factor,SF)的基因为 rel A。该基因产生的蛋白质(SF)位于核糖体上,它催化由 ATP 转移焦磷酸基给 GDP 或 GTP 而分别形成 ppGpp 及 pppGpp。反应式如下:

$$\text{ATP} + \text{GDP(或GTP)} \xrightarrow[\text{核糖体}]{\text{Mg}^{2+}} \text{AMP} + \text{ppGpp(或pppGpp)}$$

它们的合成需要有 mRNA 和相应的未负载 tRNA(idling tRNA)的存在。用人工合成的 TpψpCpGp 可以代替未负载的 tRNA,说明 tRNA 的 TψC 环参与此反应。当未负载的 tRNA 进入核糖体的 A 位点时,可能触发了核糖体构象的某种改变,引起(p)ppGpp 的合成。未负载 tRNA 进入核糖体,反映了氨基酸饥饿的环境条件,它可作为合成该两种核苷酸的信号,通过调节稳定 RNA 的合成,从而影响蛋白质的合成和细胞的生长。

ppGpp 是控制多种反应的效应分子,最显著的作用是与 RNA 聚合酶结合,降低 rRNA 的合成。其结果:一是抑制 rRNA 操纵子启动子的转录起始作用;另一是增加 RNA 聚合酶在转录过程中的暂停,因而放慢延长相。但是 ppGpp 对不同操纵子的效应有很大差异。

5. 翻译水平的调节和反义 RNA

原核生物的基因表达除了转录水平上的调节外,还存在翻译水平的调节,已知表现有:①不同 mRNA 翻译能力的差异,②翻译阻遏作用,③反义 RNA 的作用。

(1) mRNA 的翻译能力 原核生物 mRNA 边合成边翻译,经多次翻译后即被降解,其翻译能力与 mRNA 存留期有关。mRNA 的二级结构也影响翻译效率,茎环结构的存在将降低翻译速度。mRNA 还要受控于 5′端的核糖体结合部位(SD 序列),强的控制部位造成翻译起始频率高,反之则翻译频率低。此外,mRNA 采用的密码系统也会影响其翻译速度。大多数氨基酸由于密码子的简并性且具有不只一种密码子,它们对应 tRNA 的丰度可以差别很大,因此采用常用密码子的 mRNA 翻译速度快,而稀有密码子比例高的 mRNA 翻译速度慢。多顺反子 mRNA 在进行翻译时,通常核糖体完成一个编码区的翻译后即脱落和解离,然后在下一个编码区上游重新形成起始复合物。当各个编码区翻译频率和速度不同时,它们合成的蛋白质量也就不同。

(2) 翻译阻遏 组成核糖体的蛋白质共有 50 多种,它们的合成严格保持与 rRNA 数量相应的水平。当有过量核糖体游离蛋白质存在时即引起它自身 mRNA 的翻译阻遏(translational repression)。对核糖体蛋白质起翻译阻遏作用的调节蛋白质均为能直接和 rRNA 相结合的核糖体蛋白质,例如,在 L11 操纵子中,起调节作用的为第二个蛋白质 L1,它与多顺反子 mRNA 第一个编码区(L11)起始密码子邻近的部位结合,以阻止其翻译。通常,起调节作用的核糖体蛋白质与 rRNA 的结合能力大于和自身 mRNA 的结合能力,它们合成出来后首先与 rRNA 结合装配成核糖体,如有多余游离的核糖体蛋白质积累,就会与其自身 mRNA 结合,从而起阻遏作用。然而操纵子中还常存在非核糖体蛋白质,它们则可按其自身需要的速度合成,而不受核糖体蛋白质翻译的束缚。RNA 聚合酶亚基可受到其自身的调节。EF-Tu 和 L7/L12 则具有更强的翻译效率。这就使得同一操纵子中不同蛋白质以不同的水平进行合成,各自相应于细胞的生长要求。

(3) 反义 RNA 反义 RNA(antisense RNA)亦能够调节 mRNA 的翻译功能。所谓反义 RNA 即是指具有互补序列的 RNA。1983 年 Mizuno 等以及 Simons 和 Kleckner 同时发现反义 RNA 的调节作用,从而揭示了一种新的基因表达调节机制。反义 RNA 可以通过互补序列与特定的 mRNA 相结合,结合位置包括 mRNA 结合核糖体的序列(SD 序列)和起始密码子 AUG,也可在 mRNA 得下游,而抑制 mRNA 的翻译。因此,他们称这类 RNA 为干扰 mRNA 的互补 RNA(mRNA interfering complementary RNA,micRNA)。

Mizuno 等研究了渗透压变化对大肠杆菌外膜蛋白表达的调节,发现有两种外膜蛋白,OmpC 和 OmpF,它们的合成受渗透压调节。在高渗的条件下,OmpC 的合成增加,而 OmpF 的合成受抑制;反之,低渗使 OmpC 合成抑制,而优先合成 OmpF。两种蛋白质的量随渗透压的变化而改变,但总量保持不变。他们从 ompC 基因的启动子前发现一段 DNA 序列,称之为 CX28 区域。当 ompC 基因进行转录时,该区域以相反方向转录出一种 6S RNA(174 个核苷酸),称为 micF。在这个小 RNA 中有很大一部分序列与 OmpF 的 mRNA 5′末端互补,二者可结合而使 mRNA 失去翻译活性。这就解释了为什么高渗时,随着 OmpC 蛋白合成的增加,OmpF 蛋白的合成受到抑制(图 34-20)。

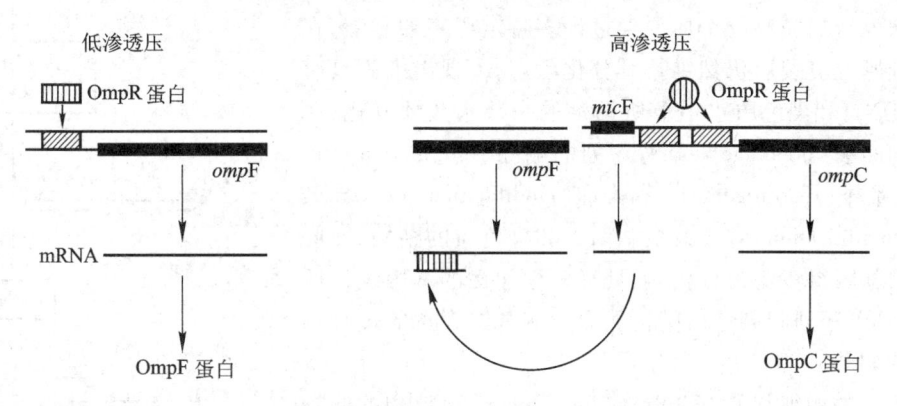

图 34-20 渗透压调节中 micRNA 的调节机制模型

Simons 和 Kleckner 在分析 Tn*10* 转座子的调节机制时发现一种类似的互补小分子 RNA。该转座子的两端各有一个插入序列 IS*10*,转座酶是由这一序列编码的。转座活性主要存在于右侧插入序列。转座酶的启动部位有两个启动子,其一转录转座酶 mRNA,另一反方向转录 micRNA,二者 5′末端重叠 40 个碱基,因此可以形成碱基配对(图 34-21)。micRNA 与转座酶的 mRNA 结合后,即可抑制转座酶的合成,从而控制转座活性。

反义 RNA 对基因表达调节机制的发现不仅具有重大的理论意义,而且也为人类控制生物的实践提供了新的途径。不少科学家正在试图将 micRNA 的基因引入家畜和农作物以获得抗病毒的新品种,或是利用反义 RNA 抑制有害基因(如癌基因)的表达。在这方面亦已取得令人鼓舞的成果。

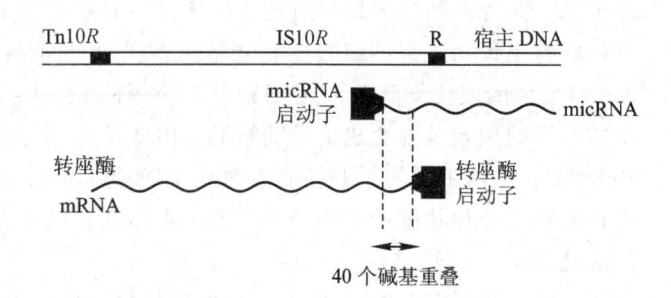

图 34-21 转座酶 mRNA 和 micRNA 转录的模式

(二) 真核生物基因表达的调节

当前分子生物学的研究重点已从原核生物转向真核生物。真核生物基因表达的调节和控制已成为最引人注目的研究课题之一。对真核生物基因表达调节机制的认识将使我们更有效地控制真核生物的生长发育,并有助于真核生物基因工程的发展。

原核生物与真核生物不仅在结构复杂程度上有很大差别,而且它们沿着两条不同的演化途径发展。前者结构小巧,较少分化,表达高效,生长快速;后者结构复杂,功能分化,调节精确,适应潜力大。真核生物细胞内 DNA 含量远大于原核生物,其中很大部分是用于贮存调控信息。核内 DNA 和蛋白质构成以核小体为基本单位的染色质,DNA 以很高的压缩比装配成染色体。转录和翻译分别发生在细胞核和细胞质中,并存在复杂的信息加工过程。真核生物基因不组成操纵子,即使某些基因连在一起并受共同调节基因产物的调节,但也不形成多顺反子 mRNA,其 mRNA 的半寿期比较长。多细胞真核生物是由不同的组织细胞构成的,从受精卵到完整个体要经过复杂的分化发育过程,细胞间的信息传递对调节起重要作用。真核细胞基因表达可在不同表达水平上加以精确调节。这种在不同水平上进行调节的机制称为多级调节系统(multistage regulation system),如图 34-22 所示。

真核生物基因表达存在两种类型的调节和控制机制,一种称为短期或可逆的调控;另一种称为长期调控,一般是不可逆的。短期调控主要是细胞对环境变动,特别是对代谢作用物或激素水平升降做出反应,表现出细胞内酶或某些特殊蛋白质合成的变化。长期调控则涉及发育过程中细胞的决定(determination)和分化

(differentiation)。细菌基因调控属于短期调控,长期调控仅发生于真核生物。

1. 转录前水平的调节

从一个受精卵发育成完整的个体要经过许多特定程序的步骤,在此过程中分化的细胞经分裂后仍然维持其分化状态,表现出细胞具有某种"记忆"。在 DNA 和染色质水平上所发生的一些永久性变化,例如,染色体 DNA 的断裂(breakage)、某些序列的删除(elimination)、扩增(amplification)、重排(rearrangement)和修饰(modification)以及异染色质化(heterochromatinization)等。改变基因组和染色质的结构,使胚原型(germ line)的基因组转变为分化的、具有表达活性的基因组。所有这些通过改变 DNA 序列和染色质结构从而影响基因表达的过程均属于转录前水平的调节。

现在知道高等生物的细胞具有全能性(totipotency)。植物的体细胞和生长尖细胞可以离体培养成完整植株,花药细胞可以培养成单倍体植株。高等动物的体细胞虽然不能离体培养成完整个体,但通过核移植实验也证明了它们细胞核的全能性。例如,从非洲爪蟾(*Xenopus laevis*)成体的表皮细胞分离出细胞核,然后注射到去核的受精卵中,少数存活的细胞可发育成正常的蝌蚪。由此可见,成体蟾蜍表皮细胞核 DNA 必定携带了为早期胚胎发育所需的全部遗传信息;而细胞质中存在决定分化状态的某些控制因子。将体细胞核移入去核的受精卵内,获得克隆羊、克隆牛以及其他克隆动物的成功例子,更充分证明了细胞的全能性。

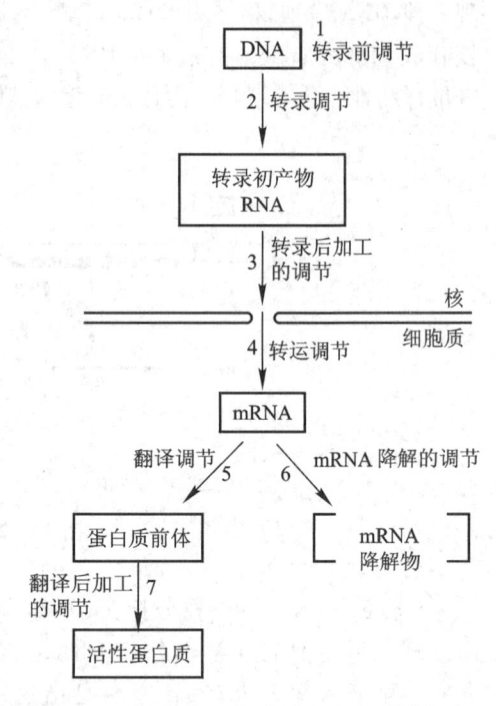

图 34-22 真核生物基因表达在不同水平上进行调节

一般来说,低等动物发育过程中细胞的决定和分化常通过基因组水平的加工改造来实现;高等动物对于分化后不再需要的基因则采取异染色质化的方式来永久性地加以关闭。但在高等生物中依然可以看到基因组序列的某种重排现象,例如,产生抗体的淋巴细胞在发育过程中有明显的基因重排。转座因子能引起基因组序列和表达的改变,而转座频率又受到发育阶段和组织分化的影响,可能转座因子在发育过程中起着某种作用。此外,当基因组发生重排时,可能引起严重的缺陷和失调,例如造成细胞癌变。因此转录前水平的调控,特别是基因重排,引起人们的极大关注。

(1) **染色质丢失** 某些低等真核生物,如蛔虫和甲壳类的剑水蚤(*Cyclops*),在其发育早期卵裂阶段,所有分裂细胞除一个之外,均将异染色质部分删除掉,从而使染色质减少约一半。而保持完整基因组的细胞则成为下一代的生殖细胞。推测所删除的 DNA 仅对生殖细胞是必需的。在此加工过程中 DNA 必定发生切除并重新连接。

原生动物四膜虫(*Tetrahymena*)含有一个大核和一个小核,大核由小核发育而来。大核为营养核,可进行转录;小核为生殖核,无转录活性。在核发育过程中有多处染色质断裂,并删除约 10% 的基因组 DNA,有些部位 DNA 切除后两端又重新连接。在删除这些序列之前基因并不表现转录活性,删除之后即成为表达型的基因,因此推测这些被删除序列的存在可能抑制了基因正常功能的表达。

最突出的例子是哺乳类的红细胞,它在成熟过程中整个核都丢失了。

(2) **基因扩增** 另一种基因调控方式为基因扩增,即通过改变基因数量而调节基因表达产物的水平。基因扩增是细胞短期内大量产生某一基因的拷贝从而适应特殊需要的一种手段。某些脊椎动物和昆虫的卵母细胞(oocyte),为贮备大量核糖体以供卵细胞受精后发育的需要,通常都要专一性地增加编码核糖体 RNA 的基因(rDNA)。例如,非洲爪蟾在核仁周围大量积累 rDNA,其后可形成 1 000 个以上的核仁。这些 rDNA 可通过滚动环方式进行复制,拷贝数由 1 500 剧增至 2 000 000,其总量可达细胞 DNA 的 75%,当胚胎期开始后,这些 rDNA 失去需要而逐渐消失。原生动物纤毛虫的大核在发育过程中也要扩增 rDNA,这些 rDNA 以微染色体(minichromosome)的形式大量存在于大核内。昆虫在需要大量合成和分泌卵壳蛋白(chorion)时,其基因也先行专一的扩增。此外,在癌细胞中常可检查出有癌基因的扩增。

(3) 基因重排　基因组序列发生改变,较常见的是失去一段特殊序列,或是一段序列从一个位点转移到另一位点。重排可使表达的基因发生切换,由表达一种基因转为表达另一种基因,例如,单倍体酵母配对型(mating type)的转换,非洲锥虫(African trypanosome)表面抗原的改变等。这是一种调节基因表达的方式。重排的另一种意义是产生新的基因,以适合特殊的需要,例如,数量巨大抗体基因借此而产生,并被活化表达。有关基因重排,见 DNA 重组一章。

(4) 染色体 DNA 的修饰和异染色质化　DNA 的碱基可被甲基化,主要形成 5-甲基胞嘧啶(5-mC)和少量 6-甲基腺嘌呤(6-mA)。甲基化的胞苷通常与邻近鸟苷的 5′-磷酸基相连。生物体内有两类甲基化的酶:一类为保持性(maintenance)的甲基转移酶,可在甲基化的母链(模板链)指导下使对应部位发生甲基化;另一类为从头合成(de novo)的甲基转移酶,它不需要母链的指导。凝缩状态的染色质称为异染色质,为非活性转录区。真核生物可以通过异染色质化而关闭某些基因的表达。例如,雌性哺乳动物细胞有两个 X 染色体,其中一个高度异染色质化而永久性失去活性。通常染色质的活性转录区无或很少甲基化;非活性区则甲基化程度高。而且,生物机体不同发育阶段和不同组织 DNA 甲基化的方式也不同。将克隆的 DNA 微量注射到爪蟾卵母细胞或培养的哺乳动物细胞核内,甲基化的基因不被表达,而未甲基化的基因则可以表达。

2. 转录活性的调节

真核生物基因表达可在不同水平上进行调节,但转录活性的调节尤为重要。基因转录活性与染色质空间结构和基因启动子活化有关。因此真核细胞基因的活化可分为两个步骤:首先由某些调节因子识别基因组的特定序列,改变染色质结构使其疏松活化;然后才激活蛋白、阻遏蛋白或其他调节因子进一步影响基因活性。第二步调节在某种程度上类似于原核生物。然而真核生物有远比原核生物多得多的顺式元件和反式调节因子。生物在生长发育过程中染色质 DNA 和组蛋白会发生修饰,这种影响表型的变化可被细胞所记忆,在细胞分裂时遗传给子代细胞,称为后成遗传(epigenetic heredity)。后成遗传是对基因活化条件的遗传,而不涉及其序列。

(1) 染色质的活化与阻遏　具有转录活性的染色质表现出对核酸酶有较高的敏感性。用 DNase I 对小心制备的染色质进行消化,通常可得到 200bp 左右阶梯式的 DNA 降解片段,此结果反映了核小体的结构;但转录活性区染色质被核酸酶水解则得到的片段较小,较不整齐。该活性区还含有对 DNase I 特别敏感的部位,称为超敏感位点(hypersensitive sites),位于转录基因 5′末端一侧 1 000bp 内约长 200bp,相当于启动子区域。有些基因超敏感位点也存在于 3′末端或基因内。超敏感位点相当于一些已知调节蛋白结合的位点,在其介导下甚至比裸露 DNA 更易被核酸酶水解。在转录非常活跃的区域,缺少或全然没有核小体,如 rRNA 基因就是如此。

在染色质中与转录相关的结构变化称为染色质重构(chromatin remodeling)。核小体是染色质的基本结构单位,染色质重构涉及核小体的移动、调整和取代等变化。染色质重构使启动子和相关调节序列上核小体解开,转录因子和 RNA 聚合酶得以结合其上。重构过程需要能量,由水解 ATP 所提供。从酵母、果蝇和人类细胞中发现一些类似的重构复合物,如 SWI/SNF 和 ISW 家族,它们各有其不同的作用范围,并都含有 ATPase 亚基。染色质重构的发生首先由序列特异的激活蛋白(activator)结合到 DNA 上,在其介导下重构复合物取代核小体,并导致染色质结构的重新改造(图 34-23)。

染色质功能状态的转变可由修饰所引起,并与细胞周期和细胞分化相关联。染色质的修饰主要包括组蛋白的磷酸化、乙酰化和甲基化以及 DNA 的甲基化。启动子的激活大致过程为:①激活蛋白识别特殊的序列并结合其上;②激活蛋白介导重构复合物与之结合;③激活蛋白被释放;④重构复合物取代核小体;⑤重构复合物介导修饰酶复合物与之结合;⑥组蛋白被乙酰化影响染色质结构使基因活化。与其相反,阻遏蛋白引起重构可能招致组蛋白脱乙酰基或是磷酸化和甲基化,并使基因失活。组蛋白的甲基化与 DNA 的甲基化彼此密切关联。

组蛋白 H2A、H2B、H3 和 H4 组成核小体的八聚体核心,而各组蛋白 N 末端大约 20 来个氨基酸残基则游离在核心之外,犹如尾巴。它们可被修饰,主要发生在 H3 和 H4 的尾部。H1 结合在 DNA "进"、"出"核小体的位点上,它在有丝分裂时被 Cdc2 激酶磷酸化,推测其修饰可能与染色质的凝聚有关。组蛋白 N 末端区段有多个 Lys 可在组蛋白乙酰基转移酶(histone acetyltransferase, HAT)催化下发生乙酰化反应。促使组蛋白乙酰化的酶有两

① 序列特异激活蛋白结合到DNA上

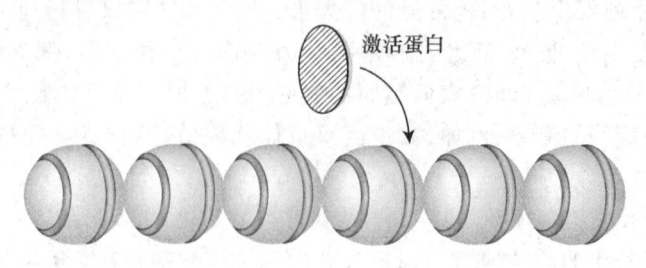

② 激活蛋白介导下重构复合物结合到特定位点

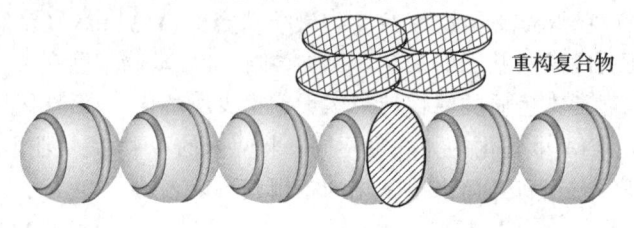

③ 重构复合物取代核小体

图 34-23 在激活蛋白介导下重构复合物结合到染色质的特定位点

种,其中一种 HAT 的功能与核小体的组装有关,存在于细胞质中,称为 B 型,它使新合成的组蛋白 H3 和 H4 乙酰化,以便于进入核内组装成核小体,在形成核小体后乙酰基随即被除去。调节染色质转录活性则需要另一种核内的 A 型 HAT。组蛋白 H3 和 H4 N 端区段 Lys 被乙酰化,降低了组蛋白核心对 DNA 的亲和力。乙酰化还可促进或阻止与转录有关蛋白质的相互作用。当基因不再转录时,核小体的乙酰基被组蛋白脱乙酰基酶(histone deacetylase,HDAC)所催化除去,染色质恢复无活性状态。

组蛋白 H3 尾部 2 个 Lys 和 H4 尾部 1 个 Arg 可被甲基化。DNA 的 CpG 岛胞嘧啶第 5 位碳也可被甲基化。无论是组蛋白的甲基化还是 DNA 的甲基化,都使染色质趋向失活,然而具体效应还与其他部位的变化有关。组蛋白的甲基化与 DNA 的甲基化常相伴发生,一方面某些组蛋白的甲基转移酶易于和甲基化的 CpG 二联体结合;另一方面组蛋白的甲基化似乎又能招致 DNA 甲基化酶作用。在染色质的凝聚区,包括异染色质和局部基因不表达的小片段区,常有组蛋白的甲基化。同样,DNA 的甲基化也主要存在于异染色质区;转录活化区的 DNA 常没有或较少甲基化。DNA 甲基化酶有两类,一类为维持性甲基化酶(maintenance methylase);另一类是从头甲基化酶(de novo methylase)。甲基化的 DNA 经复制产生两个半甲基化 DNA(hemimethylated DNA)分子,其一条链来自亲代分子,仍保持甲基化;另一条新合成的链,则未甲基化。维持性甲基化酶按甲基化链中甲基的位置使互补链甲基化,半甲基化 DNA 得以成为全甲基化 DNA(fully methylated DNA)。从头甲基化酶需借助于修饰复合物识别染色质的特殊部位使 DNA 两条链同时甲基化。DNA 的高度重复序列常构成组成型异染色质(constitutive heterochromatin),如着丝粒异染色质(centromeric heterochromatin)和端粒异染色质(telomeric heterochromatin)。但在多细胞生物发育过程中细胞常通过异染色质化而关闭某些基因的活性,造成细胞分化。此为功能性异染色质,或称为兼性异染色质(facultative heterochromatin),因其在某些细胞中为活性染色质,另一些细胞中为异染色质,故而称兼性。异染色质化可沿染色质丝扩展,使附近的基因失活。外来基因如整合在异染色质附近,常因此而不能表达。某些参与形成异染色质的蛋白质,如异染色质蛋白 1(heterochromatin protein 1,HP1)能特异结合于甲基化的组蛋白上,并在核小体链上发生聚集。

染色质的结构域(或许即相当于染色体上的染色带)是指包含一个或一个以上活性基因的染色质区域。结构域通常都有3种类型的作用位点,此外还有增强子和多个转录单位。其作用位点为:①基因座控制区(locus control region, LCR)是一类真核生物的顺式作用元件,包括 DNase Ⅰ 高度敏感区和许多转录因子的结合位点,常位于所控制基因的5′端,可能也存在3′端,为本区域基因转录活性所必需。而各基因还有其自身特异的控制,以进一步调节。②绝缘子(insulator)或称为边界元件(boundary element),是近年发现的一类很特殊的顺式作用元件,它与增强子和沉默子都不同,其功能只是阻止激活或阻遏作用在染色质上的传递,因而使染色质活性限定于结构域之内。如果将一个绝缘子置于增强子和启动子之间,它能阻止增强子对启动子的激活。另一方面,如果一个绝缘子在活性基因和异染色质之间,它可以保护基因免受异染色质化扩展招致的失活。有些绝缘子只有其一作用,有些兼有两种作用。③基质附着位点(matrix attachment region, MAR)借助有关蛋白质使染色质附着在核周质一定部位。这三类元件或存在于结构域的一端,或存在于两端,如图34-24所示。

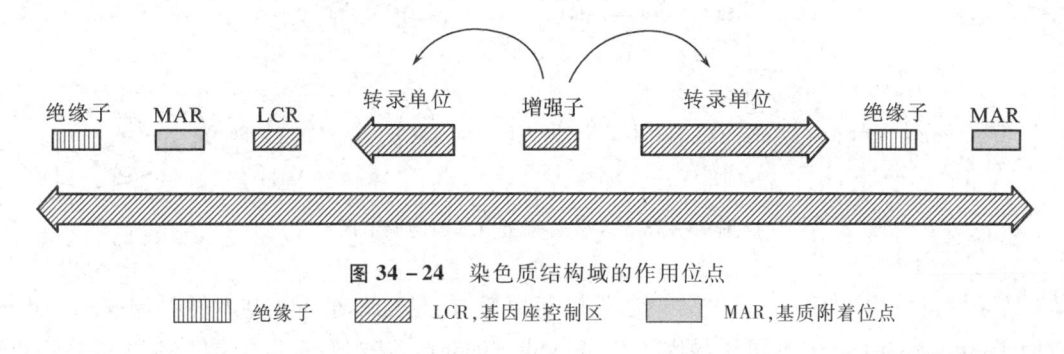

图34-24 染色质结构域的作用位点

绝缘子　　LCR,基因座控制区　　MAR,基质附着位点

(2) 启动子和增强子的顺式作用元件　真核细胞基因的启动子由一些分散的保守序列所组成,其中包括 TATA 框(box)、CAAT 框和多个 GC 框等,CAAT 框、GC 框均属于上游控制元件(upstream control element, UCE)。对于可诱导的基因来说,除基本的控制序列或称为控制元件外,还存在一些信号分子作用的位点,可对细胞内外环境因素变动作出反应的应答元件(response element)。

启动子只是转录的基本控制元件,还需由增强子(enhancer)、沉默子(silencer)及其应答元件来进一步调节转录活性。增强子最早发现于 DNA 病毒 SV40,它位于转录起点上游大约200bp处的超敏感位点,由两个相同的72bp序列前后串联而成,删除这两个序列将会显著降低体内的转录活性。增强子广泛存在于各类真核生物基因组中,其作用有几个明显特点:①能在很远距离(大于几 kb)对启动子产生影响;②无论位于启动子上游或是下游都能发挥作用;③其功能与序列取向无关;④无生物种属特异性;⑤受发育和分化的影响。增强子具有组织特异性,它往往优先或只能在某种类型的细胞中表现其功能。这可以部分解释动物病毒要求一定宿主范围的原因。与此类似,组织特异的增强子为发育过程或成熟机体不同组织中基因表达的差别提供了基础。

增强子与启动子相似,是一类具有模块(保守序列)结构的顺式元件,许多模块在二者成分中都相同或相似,但在增强子中这类模块元件更加集中和紧密。从某种意义上来说,增强子也可以看作是启动子远离起点的上游元件。事实上作用其上的反式因子也相同或相似。同样,沉默子(silencer)和启动子负调节元件之间也无本质的差别,它们都能对某些激活因子起阻碍作用。从上述增强子的性质可以设想,细胞内必定存在一些特异的蛋白质可与其作用,从而影响转录,这种影响可以远距离(达几千碱基对)和无方向性地传递给相对最近的启动子,促使启动子易于结合 RNA 聚合酶或转录因子复合物。增强子与启动子之间距离对活性并无影响,这是因为 DNA 分子具有一定柔性,可以弯曲,结合在增强子上的反式激活因子能够与转录复合物相作用。位于增强子上的应答元件,可调节增强子的活性。沉默子则是负调节蛋白作用的位点。

现以金属硫蛋白(metallothionein, MT)基因的调节区为例,说明各顺式作用元件和反式作用因子对基因转录的调节(图34-25)。金属硫蛋白可与重金属离子结合,将其带出细胞外,从而保护细胞,免除重金属的毒害。通常该基因以基础水平表达,但被重金属离子(如镉)或糖皮质激素诱导以较高水平表达。TATA 框和 GC 框是两个组成型启动子元件,位于靠近转录起点的上游。两个基础水平元件(basal level element, BLE)属于增强子,为基础水平组成型表达所必需。佛波酯（phorbol ester）应答元件 TRE 是存在于多个增强子中的共有序列，SV40 增强子中也有该序列，其上可结合反式因子激活蛋白 AP1，该因子除作为上游因子促使组成型表达外，还能对佛波酯作为促肿瘤剂（promoter tumoragent）产生效应，而这种效应是由 AP1 与 TRE 相互作用介导的。佛波酯通过该途径（但不是唯一的）启动一系列转录的变化。金属应答元件（MRE）受相应转录因子 MTF1 调节，多个 MRE 元件可引起 MT 以较高水平表达，该序列可看作启动子的应答元件。糖皮质激素是一种类固醇激素，它的应答元件（glucocorticoid response element，GRE）是增强子的可调节位点，位于转录起点 250bp 的位置。类固醇激素与其受体结合于该位点而诱导 MT 高水平表达。与 GRE 相邻为 E 框（E-box），由上游激活因子 USF 所活化。

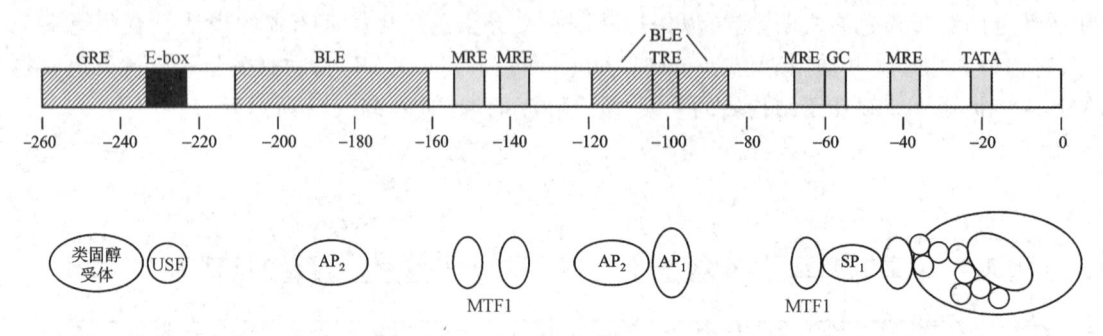

图 34-25 人金属硫蛋白基因的调节区

（3）调节转录的反式作用因子　调节转录活性的蛋白质有三类：即通用或基本转录因子（basal transcription factor）、上游因子（upstream factor）和可诱导因子（inducible factor）。基本转录因子结合在 TATA 框和转录起点，与 RNA 聚合酶一起形成转录起始复合物。上游因子结合在启动子和增强子的上游控制位点。可诱导因子与应答元件相互作用。有些因子只在特殊类型的细胞中合成，因而有组织特异性，如控制发育的同源域蛋白（homeodomain protein）。有些因子的活性直接受各种条件的修饰控制，如热激转录因子（heat shock transcription factor，HSTF），在热和其他刺激下经磷酸化而激活。又如，作用于增强子 TRE 序列的 AP1，是由 Jun 和 Fos 两亚基形成的异二聚体，在 Jun 亚基磷酸化后即被激活。有些因子的活性受配体调节，如类固醇受体，它与配体结合后即进入核内，与 DNA 结合。

多数结合 DNA 的转录调节因子都有三个结构域，即 DNA 结合结构域（DNA binding domain）、转录激活结构域（transcription activation domain）和二聚化结构域（dimerization domain）。蛋白质与 DNA 结合区域存在一些特殊的基序结构，常见的有以下几种：螺旋-转角-螺旋（helix-turn-helix）；锌指（zinc finger）；螺旋-突环-螺旋（helix loop helix）；亮氨酸拉链（leucine zipper）。通常结合 DNA 的蛋白质都是二聚体或具多重结构，靶序列为二重旋转对称，其单体各以一个 α 螺旋插入 DNA 的深沟，两侧的附加结构提高了对上游元件（存在于启动子或增强子的作用序列）的识别能力。几种主要的 DNA 结合结构域如下：

① 螺旋-转角-螺旋（HTH）是一种常见的结合 DNA 基序。噬菌体阻遏蛋白结合 DNA 的结构域最早被鉴定为该结构。HTH 基序结构存在很广，原核生物的 CI、Cro、Lac 阻遏蛋白、CRP，酵母配对因子 MFα$_1$、MFα$_2$，以及从酵母、果蝇到哺乳动物控制发育的同源域蛋白，都含有这种结构。同源域包括一个伸展的氨基末端臂和三个 α-螺旋，长约 60 个氨基酸残基。螺旋 1 和螺旋 2 彼此反向平行，螺旋 3 与之接近垂直。同源域蛋白可识别并结合到与发育有关的基因同源框（homeobox）上，同源域的氨基末端臂贴在 DNA 浅沟上，螺旋 3（识别螺旋）结合在深沟处。螺旋 2 和螺旋 3 呈现螺旋-转角-螺旋的关系，即为结合 DNA 基序。

② 锌指（ZnF）基序最早发现于转录因子 TFIIIA，该因子为 5S rRNA 基因转录所必需。锌指结构广泛存在于各种结合 DNA 的蛋白质，含有一个至多个重复单位，最多可达 37 个。每一锌指单位约有 30 个氨基酸残基，形成一个反平行 β 发夹，随后是一个 α 螺旋，由 β 片层上两个 Cys 和 α 螺旋上两个 His 与 Zn^{2+} 构成四面体配位结构。α 螺旋是主要的识别单元，它可接触 DNA 深沟中碱基对，相互间形成氢键。α 螺旋上不同的氨基酸残基识别不同的碱基对，于是不同排列的锌指就能联合识别 DNA 的特异序列。另一类锌指结构存在于类固醇激素受体、形态

发生素（morphogen）和酵母依赖半乳糖激活蛋白 GAL4。在其结合 DNA 的结构域中只有两个锌指单位，每个锌离子由 4 个半胱氨酸残基构成四面体配位结构。第一个锌指含有识别螺旋，其右侧序列决定 DNA 结合的特异性；第二个锌指提供二聚化表面，其左侧序列决定二聚化的特异性。它们称为 Cys_2/Cys_2 锌指，以区别于前者 Cys_2/His_2 锌指。GAL4 的含锌单位由两个锌离子和 6 个 Cys 形成锌簇（zinc cluster），它们的结构也与上述两类锌指不同。

③ 亮氨酸拉链（Zip）基序介导结合 DNA 的调节蛋白二聚化。调节蛋白往往都以二聚体形式起作用，这是以少数调节蛋白亚基达到加强特异结合的有效途径。亮氨酸拉链基序由约 35 个氨基酸残基形成两性的卷曲螺旋型 α-螺旋（coiled-coil α-helix）。疏水侧链位于螺旋一侧，解离基团位于另一侧，使螺旋具有两性性质。每圈螺旋 3.5 个残基，两圈有一个 Leu，单体通过 Leu 侧链疏水作用而二聚化，犹如拉链。该结构域借助 N 端碱性氨基酸构成 α 螺旋而与 DNA 结合，此种结构称为碱性亮氨酸拉链（bZip）。bZip 广泛存在于同或异二聚体的激活因子中。高等真核生物的 cAMP 应答元件结合蛋白（cAMP response element binding protein，CREB）以此结构而二聚体化并与 DNA 结合，磷酸化可增强其活性，多种磷酸激酶均能促使它磷酸化，表明它能综合多渠道来源的信号。前述转录因子 AP1 由 Jun 和 Fos 通过 Zip 而成为稳定的异二聚体，它们与细胞生长的调节有关。

④ 螺旋-突环-螺旋（HLH）基序含有两个两性的 α 螺旋，螺旋之间以一段突环连接，全长约 40~50 个残基，由于突环的柔性，使两螺旋可回折并叠加在一起。两亚基通过螺旋疏水侧链的相互作用而结合在一起。螺旋的 N 端与一段碱性氨基酸相连，以此与 DNA 结合。bHLH 蛋白以同二聚体或异二聚体作用于基因控制元件，如 E12/E47 结合在免疫球蛋白的增强子上。成肌素（myogenin）MyoD 和转录因子 Myf-5 均与肌细胞生成有关。上述几类结合 DNA 的基序结构见图 34-26。

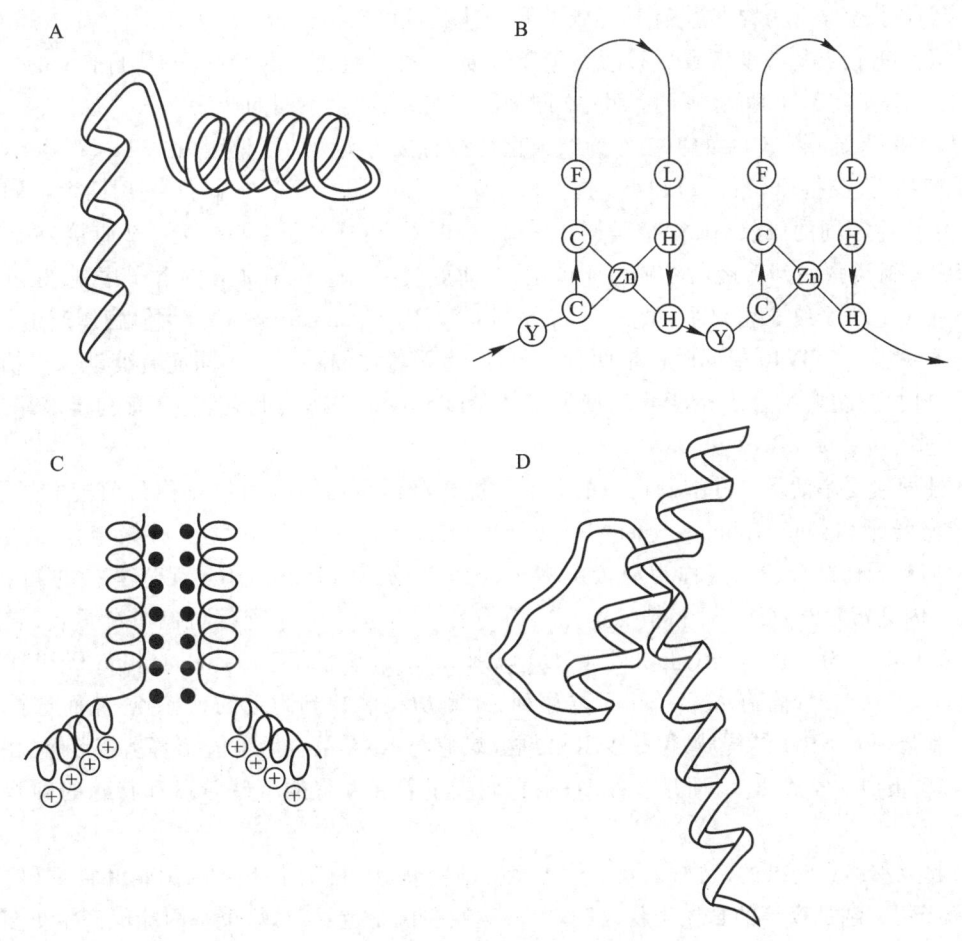

图 34-26　DNA 结合蛋白的几种常见结构
A. HTH　B. ZnF　C. bZip　D. bHLH

转录激活结构域常见的有 3 种：①酸性 α 螺旋（acidic αhelix）。该结构域含有酸性氨基酸的保守序列，形成带负电荷的螺旋区，如酵母活化因子 GAL4、糖皮质激素受体和 AP1 等。②富含谷氨酰胺结构域（glutamine rich domain）。首先在 SP1 中发现，其 N 端有两个转录激活区，其中谷氨酰胺（Gln）残基含量可达 25%。③富含脯氨酸结构域（proline rich domain）。CTF（CAAT 转录因子）家族的 C 端区与转录激活有关，其脯氨酸残基可达 20%～30%。

上游因子的转录激活作用，或是直接作用于转录起始复合物（包括 RNA 聚合酶和通用转录因子），刺激转录活性；或是通过蛋白质-蛋白质的介导，间接作用于转录复合物。大多数上游因子需经过中间蛋白质因子将信息传递给转录复合物。这类中间因子组成中介复合物（mediator complex），它们不能直接与 DNA 调节元件结合，只是在上游因子和转录复合物间起桥梁作用。转录抑制因子的作用通常是阻断激活因子对转录的促进作用。它们或是结合于 DNA 的调节元件，或是结合于激活因子，或是结合于转录复合物，使转录激活因子无法发挥作用。

3. RNA 加工和剪接的调节

真核生物的 mRNA 前体加工过程主要包括三个步骤：①在新生的 mRNA 前体 5′端上加一个甲基化的鸟苷酸（m^7GpppN）帽子；②当 RNA 聚合酶转录至终止信号处由特异的内切酶将 RNA 链切下，然后加上一段聚腺苷酸（polyA）尾巴；③将 mRNA 前体的内含子切去，并使外显子重新连接，称之为剪接。此外，mRNA 的内部还可发生甲基化，主要生成 6-甲基腺嘌呤（m^6A）。在某些特殊情况下 mRNA 还能改变序列，称为编辑。成熟的 mRNA 被转移到细胞质进行翻译，在此过程中存在复杂的调控机制。

mRNA 前体通过不同的剪接途径可以产生不同的 mRNA，并经翻译得到不同的蛋白质。这些蛋白质的功能可能相同，也可能不同，甚至相互拮抗。有时得到的异型体数目可以很大，甚至数千以上（如果蝇 *DSCAM* 基因）。异型体的产生主要由剪接点的改变所致。有两类选择剪接，一类是组成型的，另一类是调节型的。前者同时产生各种异型体蛋白；后者则随不同时间、不同条件、不同细胞或组织、产生不同的产物。

现以猴病毒 SV40 T 抗原 mRNA 的剪接作为组成型选择剪接的实例加以说明（图 34-27）。SV40 T 抗原基因编码两个蛋白质产物，大 T 抗原（T-ag）和小 t 抗原（t-ag）。该基因有两个外显子，利用两个不同的 5′剪接位点（5′SST 和 5′sst）可产生不同的成熟 mRNA。编码 T-ag 的 mRNA 由外显子 1 与外显子 2 直接剪接，除去内含子而成。t-ag 的 mRNA 则经另一 5′剪接点（5′sst）而产生，故而剪接产物包含了部分内含子序列，也就是说外显子变长了。由于内含子上有一个终止密码子，虽然 t-ag 的 mRNA 比 T-ag 的 mRNA 长，但翻译产生的 t-ag 多肽链比 T-ag 多肽链要短得多。SV40 能同时产生两种 T 抗原，但两者比例随情况不同而有变动。当细胞内剪接蛋白 SF2/ASF 水平升高时，它主要结合于外显子 2，使剪接体（spliceosome）在其上组装，并有利于最靠近的 5′sst 参与剪接，结果产生更多的 t-ag mRNA。

调节型选择性剪接受激活蛋白和抑制蛋白的调节。剪接激活蛋白结合的位点称为剪接增强子，在外显子上的为外显子剪接增强子（exonic splicing enhancer，ESE），在内含子上的为内含子剪接增强子（intronic splicing enhancer，ISE）。抑制蛋白结合的位点称为剪接沉默子，两者分别为 ISE 和 ISS。促进剪接的调节蛋白（激活蛋白）属于 SR 蛋白，因其富含丝氨酸（S）和精氨酸（R）而得名。SR 蛋白对于剪接机制十分重要，它参与各种剪接过程，上述 SF2/ASF 即为 SR 蛋白。SR 蛋白可通过其识别 RNA 的基序（RNA-recognition motif，RRM）结构域与 RNA 结合，又通过 RS 结构域（含有 Arg-Ser 重复序列）招募剪接装置到附近的剪接点，从而选择了剪接的外显子序列。剪接抑制蛋白有 RRM 结构域，但缺少 RS 结构域，它与 RNA 结合后不能招募剪接装置，由此阻塞了附近剪接点的作用。SR 蛋白质家族很大，而且多种多样，它们决定着在发育的特殊阶段和特殊的细胞类型中哪些剪接点参与剪接。

由不同转录起点和终点转录的产物，以及不同剪接点进行剪接，再加上不同的编辑和再编码，可以得到不同的 mRNA 和翻译产物。越是高等的真核生物，其基因表达调控机制越复杂，每个基因能够产生更多的蛋白质。粗略估计，细菌每个基因平均能产生 1.2～1.3 种蛋白质，酵母每个基因产生 3 种蛋白质，人类每个基因产生 10 种蛋白质。由此可见，基因表达在转录后加工水平上有非常复杂的调节和控制。

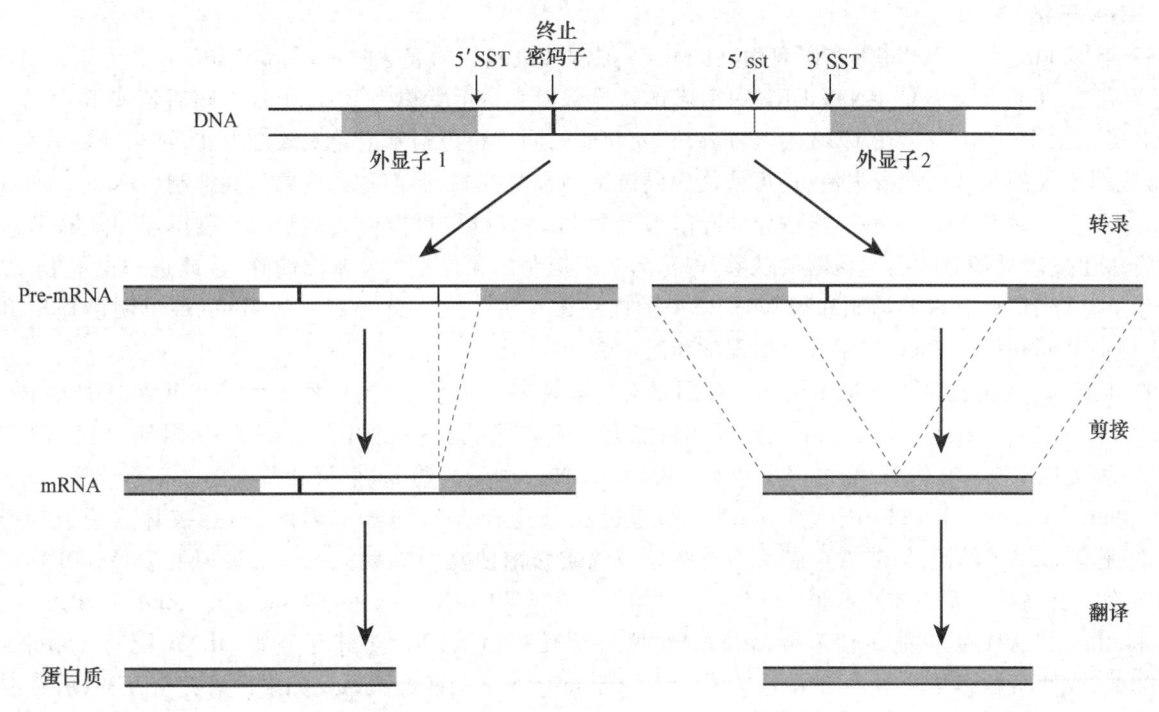

图 34-27　病毒 SV40 T 抗原 mRNA 的选择性剪接

4. 翻译水平的调节

真核生物在翻译水平进行调节,主要是影响 mRNA 的稳定性、mRNA 的运输和有选择的进行翻译。mRNA 5′端的帽子以及 3′端的多聚 A 尾巴都有利于 mRNA 分子的稳定。mRNA 通常只在完成加帽、剪接和加尾等加工过程后才被载体蛋白由核内运送到细胞质,并在细胞质进行翻译。实际上能从核内输出的 RNA 只是核内 RNA 的一小部分,许多其他不适用的、受损伤的、错误加工的 RNA 以及加工切下的碎片与内含子都不运送出去,或滞留核内或被降解掉。运输 RNA 是一个主动过程,需要能量,可由 GTP 水解提供,反应由 Ran 作为 GTPase 所催化。mRNA 的 5′端和 3′端非编码区的序列对 mRNA 的稳定性和翻译效率起重要调控作用。有些 mRNA 寿命很短,有些很稳定,与其有关。

现以网织红细胞的蛋白质合成为例,研究其调节机制。葡萄糖饥饿、缺氧和氧化磷酸化受抑制等所有导致缺乏 ATP 的因素均能诱导细胞产生翻译抑制物;血红素的缺乏亦有类似情况。在细胞中蛋白质的合成与能量代谢有关,而血红素由于在细胞色素和细胞色素氧化酶合成中的作用,可作为能量代谢水平的指标而调节 mRNA 的翻译功能。血红素对蛋白质合成的控制作用是通过一种称为血红素控制的翻译抑制物(heme-controlled translational inhibitor)来实现的,其本质是 eIF-2 激酶,它能选择性地将蛋白质合成起始因子 eIF-2 α 亚基的 Ser 磷酸化。这种起始因子磷酸化后便失去正常再生能力。eIF-2 激酶本身也有磷酸化和脱磷酸两种形式,磷酸化的 eIF-2 激酶具有活性,脱磷酸后失去活性。eIF-2 激酶的磷酸化是由依赖于 cAMP 的蛋白激酶 A 所催化,它的活性受控于血红素。如果有血红素存在时,蛋白激酶 A 不被 cAMP 活化,eIF-2 激酶以无活性的脱磷酸形式存在,eIF-2 具有起始活性。当血红素缺乏时,蛋白激酶 A 被 cAMP 活化,eIF-2 激酶以磷酸化的活化形式存在,使 eIF-2 被磷酸化而失去再生活性。这一级联反应通过控制 eIF-2 的起始活性而调节蛋白质的合成。

起始因子 eIF4E 是帽结合蛋白,其他有关的起始因子通过 eIF4G 而结合其上。一类可结合于 eIF4E 的蛋白质称为 4E-BPs,当细胞生长缓慢时它可结合在 eIF4E 上,由于妨碍其与 eIF4G 反应而限制了翻译。在细胞生长速度恢复或增加时,受生长因子或其他刺激的诱导,该结合蛋白被蛋白激酶磷酸化而失活。翻译水平存在多种调节机制。有关 mRNA 的翻译能力和翻译阻遏作用等与原核生物相似,这里不再重复。

5. RNA 干扰

1998年 A. Fire 和 C. Mello 等在研究用反义 RNA 抑制线虫基因的表达时发现,双链 RNA 比反义 RNA 和有义 RNA 更为有效,他们将此双链 RNA(dsRNA)引起的特异基因表达沉默称为 RNA 干扰。随后证实 RNA 干扰广泛存在于各类生物中。其实,早在1990年 R. Jorgensen 和他的同事将色素基因导入矮牵牛花,结果花的紫色反而被抑制,这表明不仅外源基因本身失活,还可使体内同源基因也受抑制,他们称此现象为共抑制(cosuppression)。与此同时,一些实验室发现 RNA 病毒能诱导同源基因沉默,植物还能借助类似共抑制的机制识别和降解病毒 RNA。在链孢霉中也发现外源基因引起沉默的现象,曾称为基因遏制。无论是外源基因的导入,或是病毒 RNA 的入侵,均能产生 dsRNA,因此基因共抑制和遏制与 RNA 干扰并无本质差别。由于 Fire 和 Mello 最早明确提出 RNA 干扰,故而他们共同获得了2006年诺贝尔生理学和医学奖。

现在知道,RNA 干扰是生物机体演化产生用以对付外源基因入侵、某些转座子和高度重复序列的转录或内源异常 RNA 生成的一种重要机制。上述情况都可能会产生以双链 RNA 为中间体的 RNA 复制过程。RNA 切酶 Dicer 是一种类似 RNase III 的酶,它可识别和消化长的 dsRNA,产生大约23个核苷酸长的短双链 RNA,即短的干扰 RNA(short interfering RNA,siRNA)。siRNA 可通过三条途径抑制同源基因的表达:破坏含有互补序列的 mRNA;抑制其 mRNA 的翻译;或者在启动子处诱导染色质修饰使基因沉默。无论通过何种途径,siRNA 在发挥其作用时都需要与有关蛋白质一起形成 RNA 诱导的沉默复合物(RNA-induced silencing complex, RISC)。在此复合物中,由水解 ATP 提供能量使双链 siRNA 解开,并促使单链 siRNA 与其互补的 mRNA 配对。结果或使靶 mRNA 降解,或使其翻译受抑制,可能取决于 siRNA 与靶 mRNA 之间匹配关系。如果两者完全互补,后者被降解;若两者并不完全互补,则主要是翻译受抑制。靶 mRNA 的降解由 RISC 的核酸酶来完成。

RISC 还能进入核内,由 siRNA 与其互补的基因组序列配对。当复合物结合到染色质上时,即能招募与染色质修饰有关的蛋白质聚集在基因的启动子处,使染色质修饰。这种修饰导致基因转录沉默。RNAi 的效率很高,极微量的 siRNA 可以使靶基因完全关闭。因此推测它可借助依赖 RNA 的 RNA 聚合酶获得扩增。值得指出的是,当给予 mRNA 某一区段特异的 siRNA 时,还能产生该区段邻近序列的 siRNA。这就表明 siRNA 与 mRNA 配对可以发生 RNA 复制,从而二次产生 siRNA。事实上某些 RNAi 还能由亲代传递给子代。RNA 干扰的产生途径见图 34-28。

生物机体以 siRNA 抑制外来的或异常表达的基因,使之沉默(包括转录沉默和转录后沉默);生物机体还能以另一种类似功能的 RNA,微 RNA(microRNA,miRNA),来控制发育。典型的 miRNA 长21或22个核苷酸,由非编码蛋白质的基因转录出长的前体(约70~90个核苷酸),经自身回折形成茎环结构,然后由 Dicer 或类似的酶切割所产生。miRNA 主要作用于发育调节蛋白的 mRNA,而且从线虫、果蝇到人类有相当高的同源性。这就表明,miRNA 可能是在演化上比较古老就产生的一种发育调节方式,并且类似 RNAi 的机制在基因调节中起着比最初想象更广泛的作用。

6. 翻译后加工过程的调节

多肽链合成后通常需经过一系列加工与折叠才能成为有活性的蛋白质。这种后加工过程在基因表达的调控上也起着重要作用。某些翻译产物经不同加工过程可形成不同活性产物。例如,前阿黑皮素原(POMC)分子至少可加工成7个活性肽,每一活性肽的末端各有一对碱性氨基酸残基划分出界线,一般为赖氨酸和精氨酸。界线处的氨基酸对是蛋白质裂解酶(protein-spliting enzymes)识别和切割部位,经酶切割即释放出活性调节肽。神经肽、调节肽和病毒蛋白常有此加工过程,并因不同加工而产生不同的产物。

近来发现,某些蛋白质能和 RNA 一样发生剪接,即有些序列在相应核酸中存在,但在蛋白质中却不存在。仿照 RNA 剪接的用语,在成熟蛋白质中保留的序列称为外显肽(extein),在剪接中除去的序列称为内含肽(intein)。蛋白质剪接需要经过一系列转酯反应使键重排,其机制并不与 RNA 剪接相同。第一个被发现的内含肽是在古菌的 DNA 聚合酶中,其基因有一段居间序列,而又不似内含子。其后证明,纯化的蛋白质可自我催化经剪接除去此系列。蛋白质剪接无需提供能量,反应由内含肽所催化,外显肽也可能具某些增强作用。现在知道,两外显肽的连接经过多步转移反应(图 34-29)。第一步反应由内含肽第一个氨基酸侧链的—OH 或—SH 攻击外显肽1与

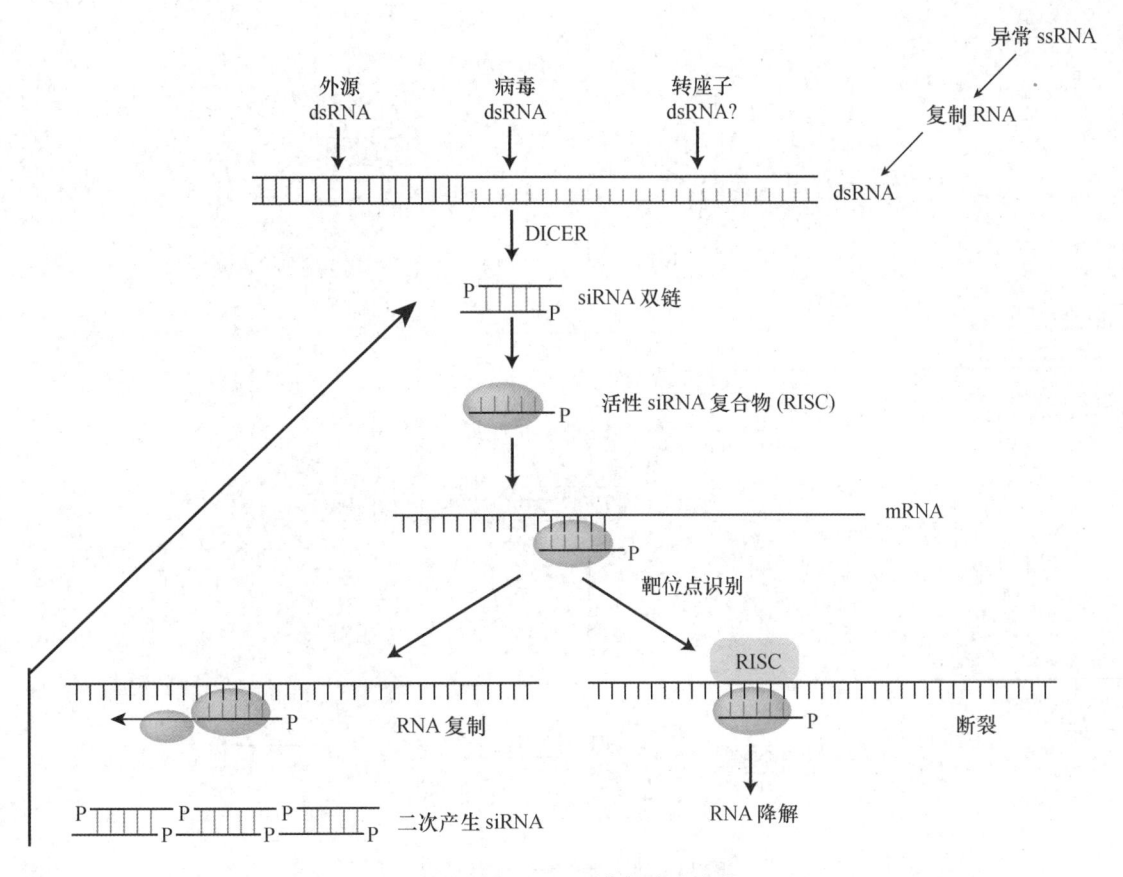

图 34-28　RNA 干扰的产生途径

内含肽之间的肽键,外显肽 1 转移到—OH 或—SH 侧链上。第二步反应由外显肽 2 第一个氨基酸侧链的—OH 或—SH 攻击内含肽与外显肽 2 之间的肽键,外显肽 1 转移其上。第三步反应为内含肽 C 端天冬酰胺发生环化,外显肽 2 的游离氨基攻击外显肽 1 的酰基,并形成肽键。由于前两反应中间物生成酯键或硫酯键,其能量与肽键相近,整个过程才可能无需供给能量的情况下进行。

目前已发现 100 多个蛋白质剪接的例子,分布在各类生物中。许多内含肽都有两个特殊的功能,一是催化自身的剪接,二是靶向核酸内切酶(homing endonuclease)。这两个功能似各自独立的。正如有些内含子编码靶向核酸内切酶,因而可在基因间转移。内含肽的靶向核酸内切酶功能也可使该肽段的编码序列得以扩散。有关蛋白质剪接调节的细节现还不清楚。

7. 蛋白质降解的调节

很早以前就已知道,细胞内蛋白质的寿命各不相同,有些蛋白质半寿期可达数年、数十年;有些则只有几分钟乃至几秒钟。而且蛋白质的寿命正如 RNA 的寿命,可随细胞内外环境的变动而改变。在细胞分化、衰老、饥饿或病态情况下,细胞内一部分结构和线粒体、内质网等细胞器包入液泡内,形成自噬泡(自体吞噬),可与溶酶体融合,而将内含物消化掉,然后吸收为营养物质。即使在正常生长的细胞中蛋白质周转率也是很高的,显然只有保持高周转率蛋白质才能不断更新,以适应内外环境的变动。溶酶体的作用也有一定的选择性。在长期禁食后,有些组织(如肝和肾)的溶酶体活化,可降解 Lys-Phe-Glu-Arg-Gln(KFERQ)五肽序列的蛋白质;但另一些组织(如脑、睾丸)则否。

蛋白质的寿命与其成熟蛋白质 N 端的氨基酸有关。A. Varshabsky 提出所谓 N-末端法则(N-end rule):N 末端为 Asp、Arg、Leu、Lys 和 Phe 残基的蛋白质不稳定,其半寿期仅 2~3min;N-末端为 Ala、Gly、Met、Ser 和 Val 残基的蛋白质较稳定,其半寿期在原核生物中 >10h,在真核生物中 >20h。实际情况比较复杂,其他一些信号在

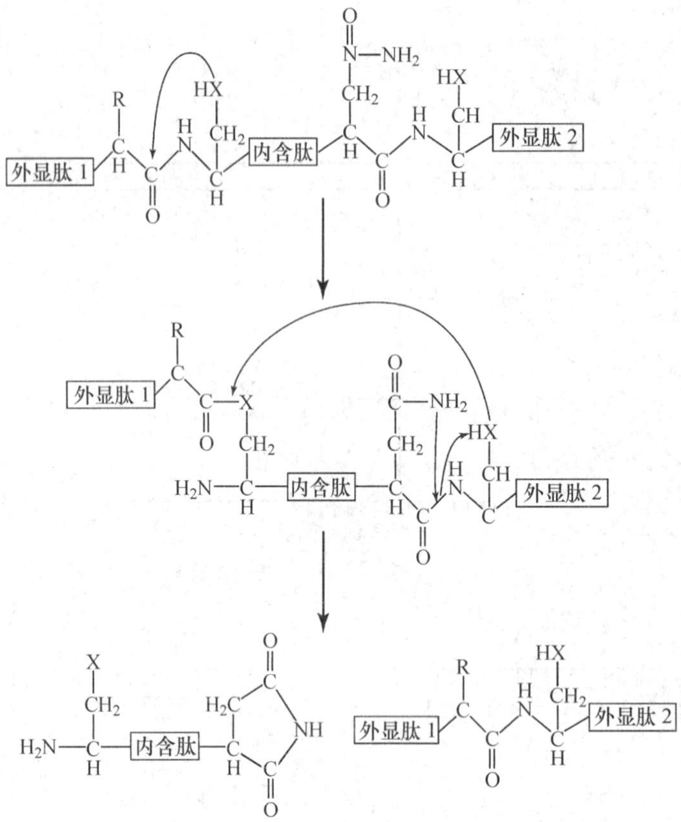

图 34-29 蛋白质的剪接过程

选择蛋白质降解中也起重要作用。例如，富含 Pro、Glu、Ser、和 Thr 肽段的蛋白质可被迅速降解，删掉此 PEST 序列后即延长蛋白质寿命。在这里影响蛋白质半寿期的是肽段，而不是 N 端氨基酸。

选择性降解蛋白质的系统需要 ATP 供给能量，这种能量用来控制降解的特异性。2004 年诺贝尔化学奖被授予 A. Ciechanover、A. Hershko 和 I. A. Rose 以表彰他们在揭示泛素介导的蛋白质降解机制中的杰出贡献。泛素-蛋白酶体途径是在上世纪 80 年代初期发现的。1980 年 Ciechanover 等通过 ^{125}I 标记，证实泛素（ubiquitin）可与一些将被降解的蛋白质形成共价连接。同年 Hershko 等发现多个泛素分子以链状方式，通过 C 端甘氨酸羧基与底物赖氨酸 ε-氨基形成异肽键。ATP 的参与提供了反应的可控性和底物特异性。次年 Rose 等分离鉴定了泛素活化酶（E1），接着又纯化出了另两个酶，E2 和 E3。

泛素由 76 个氨基酸残基所组成，广泛存在于真核生物，进化上高度保守，人类与酵母间仅有 3 个残基的差别。一个泛素分子的 C 端羧基可与另一泛素分子 Lys^{48} 的 ε-氨基连接从而串联形成长链。单个或 2~3 个泛素分子连在蛋白质底物上，给出的待降解信号较弱，4 个以上泛素链可给出较强的信号。有三类酶参与蛋白质底物的泛素化。一类是泛素活化酶（ubiquitin-activating enzyme，E1），它催化泛素的 C 端羧基被 ATP 腺苷酸化，活化的泛素与 E1 半胱氨酸残基的—SH 形成硫酯键。第二类是泛素缀合酶（ubiquitin-conjugating enzyme，E2），活化的泛素被转移到 E2 的 SH 基上。第三类是泛素蛋白质连接酶（ubiquitin-protein ligase，E3）它选择蛋白质底物，使活化的泛素由 E2 转移到底物 Lys 的 ε-氨基上。细胞内 E1 只有一种或少数几种，但却有许多不同的 E2 和 E3。这表明 E1 功能只是活化泛素，并不参与选择蛋白质底物；E2 和 E3 则与降解底物的特异性有关。从进化上来看，E2 起源于一个家族；E3 则起源于多个家族，因此更加多种多样。

带有泛素标记的蛋白质即被蛋白酶体（proteasome）所消化。蛋白酶体是一大的蛋白酶复合物（26S，2 000×10^3），呈 450×190Å 的中空圆柱体。两头各有一个 19S 的帽子。中间 20S 为四个环状结构叠加的桶（αββα），每个 α 环或 β 环状结构都由七个同源性高但是不同的亚基所组成。β 环状结构内表面具有蛋白水解酶活性。19S

的帽子结构由20个亚基组成,其中有六个具有不同功能的ATPase。19S结构具有多种功能:它能结合泛素链(UbR);它具有异肽酶活性,能水解下完整的泛素,以便再利用;它还能借ATPase活性,通过水解ATP获得能量使脱去泛素的蛋白质底物解折叠,并改变20S蛋白酶体的构象,让底物通过蛋白酶体的中心。蛋白酶体具有多种蛋白水解酶活性,它使蛋白质底物水解成七至九肽,然后再由细胞内其他蛋白酶使之完全水解(图34-30)。

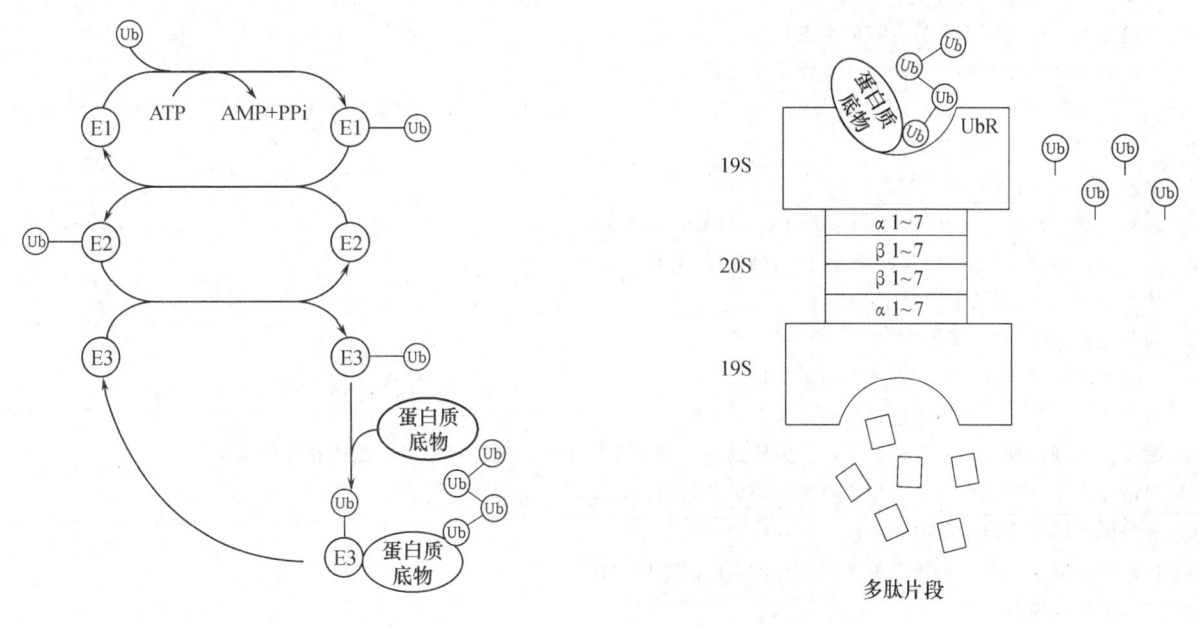

图34-30 泛素-蛋白酶体途径

蛋白质的选择性降解参与许多重要生物学功能的调节。例如,它可控制炎症反应。核因子NF-κB是一种转录因子,可促使许多有关炎症反应的基因转录。在细胞质内NF-κB与其抑制物I-κB结合,因而是无活性的。在炎症反应信号作用下,I-κB的两个Ser被磷酸化,产生了E3的结合位点,于是I-κB被泛素化和降解,NF-κB得以活化,由此产生炎症反应。许多生理过程,包括基因转录、细胞周期、器官形成、生物节律、肿瘤抑制、抗原加工等,都与泛素-蛋白酶体的降解途径有关。

原核生物没有泛素,原核生物虽有蛋白酶体,但只有20S的蛋白酶体核心结构,而无19S的调节结构。因此原核生物蛋白质降解缺乏精确的选择性和可控性。

以上扼要介绍了真核生物基因表达的多级调节系统,由此构成的调控网络控制着机体的代谢过程和生理功能。

习 题

1. 细胞代谢调控与基因表达调控之间有何关系?
2. 何谓代谢调节网络?它有何特点?
3. 构成生命活动基础的物质代谢、能量代谢和信息代谢三者之间有何关系?
4. 哪些化合物可以认为是联系糖、脂质、蛋白质和核酸代谢的重要环节?为什么?
5. 细胞代谢的基本要略是什么?
6. 如何看待酶对代谢的调控作用?
7. 什么叫前馈?什么叫反馈?各举例说明。
8. 酶活性的调节有哪些方式?各举例说明。
9. 酶激活的级联反应有那几种方式?
10. 细胞膜结构在代谢调节中起何作用?
11. 简要分析线粒体内代谢途径的调节机制。

12. 何谓信号转导？它有何意义？
13. 何谓自分泌、旁分泌和内分泌？细胞间化学通讯的信号分子有哪几类？
14. 膜受体有哪几类？各有何结构特点？
15. 哪些信号分子能直接进入细胞内，与胞内受体结合？
16. 何谓 G 蛋白？它可分几类？
17. 蛋白激酶主要有哪几种？各有何特点？
18. 受体酪氨酸激酶有哪些效应？其生物学意义是什么？
19. 胞内受体酶有哪些？各起何作用？
20. 何谓第二信使？有哪几类？
21. 细胞周期是如何控制的？
22. 解释下列缩写的含义：CDK、MPF、cdc、Ras-MAPK、JAK-STAT。
23. 什么是癌基因、原癌基因和抑癌基因？它们之间有什么关系？
24. 什么是 Rb？它有何生物学作用？
25. 为什么称 p53 为"分子警察"？
26. 门控离子通道有几类？它们各有何结构特点？
27. 何谓化学突触？它如何传递神经信号？
28. 简要说明神经递质与其受体的关系。为什么同一递质作用于不同细胞可以引起截然相反的效应？
29. 何谓操纵子？根据操纵子模型说明酶的诱导和阻遏。
30. 简要说明乳糖操纵子模型。
31. 在乳糖操纵子中有 3 个操纵基因 O_1、O_2、O_3，它们如何起作用？
32. 什么是葡萄糖效应？
33. 简要说明 cAMP-CRP 调节子。
34. 何谓衰减子？说明它的作用机制和生物学意义。
35. 简要说明 r-蛋白质的翻译阻遏作用。
36. 将细菌从贫瘠培养基中转移到丰富培养基中其代谢会发生什么变化？
37. 有哪些因素会影响 mRNA 的翻译能力？
38. 何谓反义 RNA？它的发现有何理论意义和实践意义？
39. 说明真核生物基因表达调节机制的主要特点。
40. 仅就你的知识解释分化组织的细胞保持其"记忆"的机制。
41. 真核生物转录前水平的基因调节主要有哪些方式？
42. 比较真核生物和原核生物转录活性的调节有何异同？
43. 真核生物活性染色质存在超敏感区有何作用？
44. 何谓染色质重构？
45. 有学说将组蛋白的修饰方式称为组蛋白密码，因其能决定基因的表达活性，你认为该学说是否正确？有何理由？
46. 以金属硫蛋白基因为例子，说明其启动子、增强子和有关的顺式元件。
47. 调节转录的反式作用因子有何共同的结构规律？结合 DNA 的结构域主要有哪几类？其结构特点是什么？
48. mRNA 前体的选择性剪接有哪些类型？如何调节的？
49. 何谓 SR 蛋白质？剪接激活蛋白和阻抑蛋白在结构上有何特点？
50. 真核生物翻译的起始过程如何通过起始因子的磷酸化而进行调节？
51. 何谓 RNA 干扰？它的发现有何理论和实践意义？
52. 为什么说 RNA 干扰是基因组的免疫系统？
53. 试比较 siRNA 和 miRNA 的异同。
54. 何谓蛋白剪接？内含肽有何特殊功能？
55. 溶酶体对外源蛋白和内源蛋白的降解有无选择性？
56. 简要叙述泛素-蛋白酶体选择性降解途径。该途径哪两步需要 ATP 提供能量？该降解途径如何调节细胞的重要生物功能？

主要参考书目

[1] Watson J D, Baker T A, Bell S P, Gann A, Levine M, Losick R. Molecular Biology of the Gene. 5th ed. San Francisco: Pearson Education, Inc, 2004.
[2] Lewin B. Genes VIII. Upper Saddle River: Pearson Education, Inc, 2004.
[3] Berg J M, Tymoczko J L, Stryer L. Biochemistry. 5th ed. New York: W H Freeman and Company, 2002.
[4] Voet D, Voet J G, Pratt C W. Fundamentals of Biochemistry. New York: John Wiley & Sons, 2002.
[5] Nelson D L, Cox M M. Lehninger Principles of Biochemistry. 4th ed. New York: W H Freeman and Company, 2005.
[6] Alaberts B, Bray D, Lewis J, Raff M, Roberts K, Watson J D. Molecular Biology of the Cell. 3rd ed. New York & London: Garland Publishing, 1994.

(朱圣庚)

第 35 章 基因工程及蛋白质工程

基因工程(genetic engineering)兴起于20世纪70年代初。1972年P. Berg和他的同事将λ噬菌体基因和大肠杆菌乳糖操纵子插入猴病毒SV40 DNA中,首次构建出DNA的重组体(recombinant)。由于SV40能使动物致癌,出于安全的考虑,这项工作没有进行下去。第二年,S. Cohen和H. Boyer将细菌质粒通过体外重组后导入宿主大肠杆菌细胞内,得到基因的分子克隆(molecular cloning),由此产生了基因工程。基因工程是对携带遗传信息的分子进行设计和施工的分子工程,包括基因重组、克隆和表达。基因工程这个术语既可用来表示特定的基因施工项目,也可泛指它所涉及的技术体系,其核心是构建重组体DNA的技术,因此基因工程和重组体DNA技术有时也就成为同义词。蛋白质工程(protein engineering)是在基因工程基础上发展起来的。1983年K. M. Ulmer最早提出蛋白质工程这个名词,随即被学术界广泛采用。蛋白质工程是指通过对蛋白质已知结构与功能的认识,借助计算机辅助设计,利用基因定位诱变等技术改造蛋白质,以达到改进其某些性能的目的。基因工程和蛋白质工程既反映了基础学科研究的最新成果,也充分体现了工程科学所开拓出来的新技术和新工艺。它的兴起标志着人类已经进入设计和创建新的基因、新的蛋白质和生物新的性状的时代。

一、DNA克隆的基本原理

克隆(clone)意为无性繁殖系。DNA克隆即将DNA的限制酶切片段插入自主复制载体,导入宿主细胞,经无性繁殖,以获得相同的DNA扩增分子。DNA克隆也就是基因的分子克隆。

(一) DNA限制酶与片段连接

W. Arber等早在20世纪50年代就已发现大肠杆菌具有对付噬菌体和外来DNA的限制系统,及至60年代后期始证明存在修饰酶和限制酶,前者修饰宿主自身的DNA,使之打上标记;后者用以切割无标记的外来DNA。1970年H. O. Smith和K. W. Wilcox从流感嗜血杆菌(*Hemophilus influenzae* Rd)中分离出特异切割DNA的限制性核酸内切酶,简称为限制酶。1971年K. Danna和D. Nathans用此限制酶切割SV40 DNA(5 234 bp),绘制出第一个DNA限制酶切图谱。此后数年从不同细菌中分离出许多修饰性甲基化酶(modification methylase)和限制性核酸内切酶(restriction endonuclease)。1973年Smith和Nathans提出修饰-限制酶的命名法:取分离菌属名的第一个字母,种名的前两个字母,如有株名也取一个字母,当一个分离菌中不只一种酶时,以罗马数字表示分离出来的先后次序。修饰性甲基化酶标以M,限制酶标以R。例如,Smith等最初分离到的限制酶因是第2个分离出来的酶,应称为R·Hind II,但R通常都省略不写;相应的甲基化酶则为M·Hind II。又如,从大肠杆菌 *Escherichia coli* RY13中最先分离到的甲基化酶为M·EcoRI,限制酶为 *Eco*RI。限制酶的发现为切割基因提供了方便的工具,DNA重组才得以成为可能。

修饰-限制酶主要有三类。类型 I 酶为多亚基双功能酶,对DNA甲基化和切割由同一酶完成。该酶共有三种亚基,S亚基为识别亚基,其DNA的识别位点分为两部分序列,中间隔以一定长度的任意碱基对。例如,*Eco*B识别序列为TGAN$_8$TGCT,*Eco*K识别序列为AACN$_6$GTGC。M亚基具有甲基化酶活性,甲基由S-腺苷甲硫氨酸(SAM)供给。R亚基具有限制酶活性,可在远离识别位点至少1kb以上处随机进行切割。当类型 I 酶特异结合在识别位点上时,由于两条链识别位点碱基甲基化的不同而反应不同。如果两条链均已甲基化则不发生反应,通过分解ATP获得能量而使酶脱落下来。对半甲基化DNA,即一条链甲基化,另一条链未甲基化,可使未甲基化的链甲基化。在识别位点上两条链均未甲基化,则DNA被酶切割,并需要由ATP提供能量,推测能量用来弯折DNA,并在其上移动,使酶得以在远处作用于DNA。由于切割是随机的,这类酶在基因操作中并无实际用途。

类型Ⅱ酶的修饰和限制活性由分开的两个酶来完成。甲基化酶由一条多肽链组成；限制酶由两条相同的多肽链组成。类型Ⅱ酶的识别序列常为4~6bp的回文序列。甲基化酶能使半甲基化DNA识别位点上特定碱基甲基化，产生5-甲基胞嘧啶、4-甲基胞嘧啶或6-甲基腺嘌呤。DNA两条链都已甲基化时无反应；两条链都未甲基化则被限制酶降解。限制酶的切割位点在识别位点内，或靠近识别位点。切割DNA或是将两条链对应酯键切开，形成平末端；或是将两条链交错切开，形成单链突出的末端。切开的两末端单链彼此互补，可以配对，故称为黏性末端。从已知的上千种限制酶来看，形成5'单链突出黏性末端的酶超过一半以上，形成平末端和3'单链突出黏性末端的酶较少。由不同微生物分离得到的限制酶，如果识别位点和切割位点完全一样，称为同裂酶（isoschizomer）；如仅仅是黏性末端突出的单链相同，称为同尾酶（isocaudarner）。由同尾酶切割的限制片段彼此相连，将不再被原来的限制酶切割。例如，BamHⅠ$\begin{pmatrix} G\downarrow GATCC \\ CCTAG\uparrow G \end{pmatrix}$的限制片段与BglⅡ$\begin{pmatrix} A\downarrow GATC\ T \\ T\ CTAG\uparrow A \end{pmatrix}$的限制片段相连后，其序列变为$\frac{GGATCT}{CCTAGA}$，与原来两个限制酶的识别序列均不相同，因此不再为原来的酶所切割。

类型Ⅲ酶为两个亚基双功能酶，M亚基负责识别与修饰，R亚基负责切割。其修饰与切割均需ATP提供能量，切割位点在识别位点下游24~26bp处。

在基因工程操作中限制酶可作为切割DNA分子的手术刀，用以制作DNA限制酶谱、分离限制片段、进行DNA体外重组等，是十分有用的工具酶。限制片段常用凝胶电泳或高效液相层析（HPLC）法分离。DNA连接酶（DNA ligase）可将DNA相容末端（compatible ends）彼此连接。实验室使用的DNA连接酶有两种：T4 DNA连接酶和大肠杆菌DNA连接酶，前者以ATP提供连接所需能量，后者以NAD^+提供能量。T4 DNA连接酶可以连接黏性末端，也可以连接平末端；大肠杆菌DNA连接酶只连接黏性末端。因此，DNA连接反应常用T4 DNA连接酶，大肠杆菌DNA连接酶使用较少。

互补黏性末端之间碱基配对促使连接反应容易进行。平末端之间连接反应效率很低，为提高平末端连接效率常采取以下措施：①提高T4 DNA连接酶浓度；②提高DNA片段浓度；③降低ATP浓度，以增强连接酶与DNA的结合；④加入多胺化合物，如亚精胺（spermidine），降低DNA的静电排斥力；⑤加浓缩剂，如大分子排阻剂乙二醇（PEG）、强水化物三氯化六氨钴等。

DNA片段两末端若为相容黏性末端或平末端，连接时可以发生分子间串联，或是分子自身环化。此两过程以何者占优势取决于DNA片段的链长与浓度，DNA链较短，浓度较低，有利于自身环化；反之，链较长，浓度较高，有利于分子间串联。DNA的黏性末端和平末端连接见图35-1。

在DNA的末端加上一段限制性内切酶的识别序列，随后用限制酶切出所需要的黏性末端，使DNA的平端得以转变成为较易进行连接的黏性末端。此合成的含限制酶识别序列的DNA称为接头（linker），通常是一条含回文结构（palindrome）的寡核苷酸，在溶液中自身配对成为双链片段。例如，EcoRⅠ的接头为GGAATTCC；HindⅢ的接头为CCCAAGCTTGGG。限制酶的切割位点靠近DNA片段的末端时其活性将受影响，不同限制酶所受影响不同，因此限制酶的接头通常要比识别序列长，EcoRⅠ的接头八核苷酸就足够了，HindⅢ的接头十二核苷酸仍然酶切不完全。当合成的片段含有不只一种限制酶的识别序列，则称为多接头（polylinker）。如果合成两条互补的寡核苷酸，使其配对后一端为平末端，另一端为黏性末端，或两端为不同的黏性末端，此合成的片段称为衔接物（adaptor）。衔接头可以使DNA片段的平末端转变为黏性末端，或由一种黏性末端转变为另一种黏性末端，并且无需用限制酶切，在基因工程中十分有用。

在需要连接的两个DNA片段末端加上互补的均聚核苷酸后，连接反应比较容易进行。末端核苷酸转移酶（terminal deoxynucleotidyl transferase）能催化DNA末端3'-OH上添加脱氧核苷酸。如果在一个DNA片段的末端添加寡聚dT，在另一片段末端添加寡聚dA；或者分别添加寡聚dC和寡聚dG，这样两个片段末端可以"黏合"。然后用DNA聚合酶（常用DNA聚合酶Ⅰ的大片段Klenow酶）填补缺口，最后留下的缺刻被T4 DNA连接酶连上。互补均聚核苷酸末端的连接可显著提高连接效率，其过程见图35-2。

在基因工程操作中需要用到许多工具酶，除上面提到的限制酶、修饰酶、DNA连接酶、DNA聚合酶及末端核

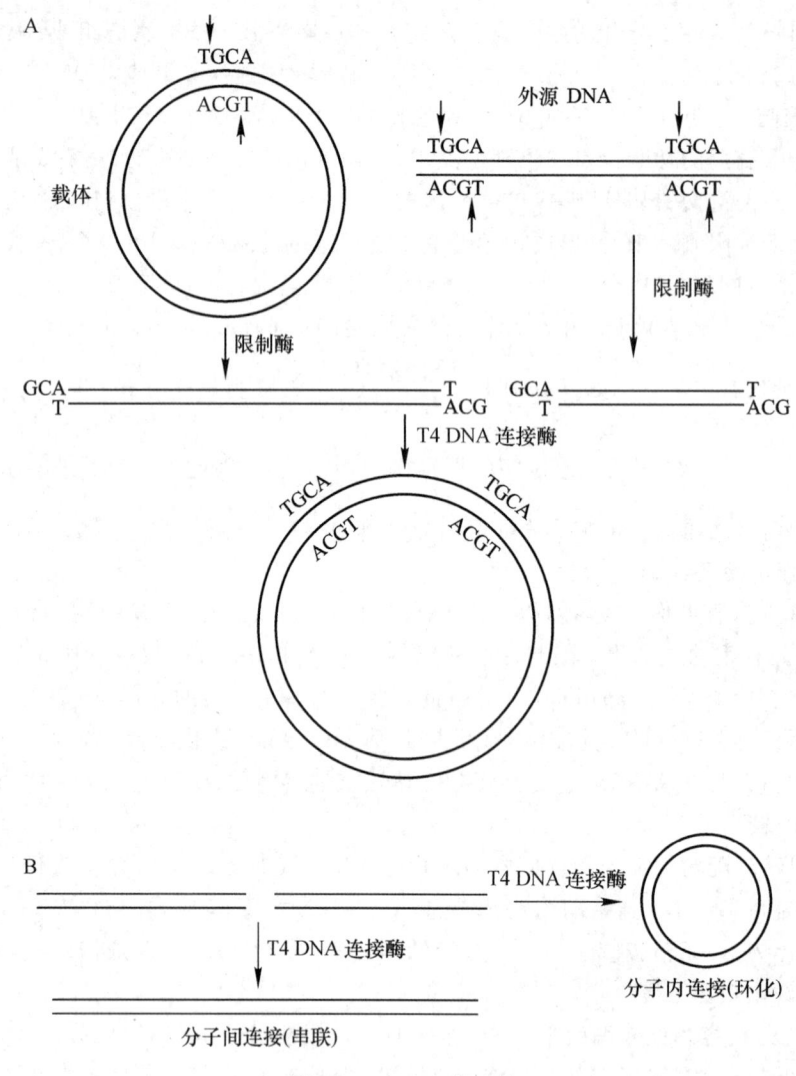

图 35-1 DNA 的连接
A. 黏性末端连接　B. 平末端连接

苷酸转移酶外,常用的酶还有逆转录酶、RNA 聚合酶、多核苷酸激酶、磷酸酯酶、核酸外切酶及核酸内切酶等。基因工程酶学已成为基因工程技术体系的主要内容之一。

(二) 分子克隆的载体与宿主

借助限制酶可切出含有目的基因序列的 DNA 片段。将外源 DNA 带入宿主细胞并进行复制的运载工具称为载体(vector)。克隆载体含有在受体细胞内复制的起点,因此可以自主复制,是一个复制子。克隆载体,通常是由质粒、病毒或一段染色体 DNA 改造而成。质粒是染色体外自主复制的遗传因子,多为共价闭环 DNA 分子。细菌与真菌的克隆载体常用质粒来构建,只对特殊的要求才用噬菌体构建。动、植物的基因载体更多是用病毒或染色体 DNA 构建。

作为克隆载体最基本的要求是:①具有自主复制的能力;②携带易于筛选的选择标记;③含有多种限制酶的单一识别序列,以供外源基因插入;④除保留必要序列外,载体应尽可能小,便于导入细胞和进行繁殖;⑤使用安全。从安全性上考虑,克隆载体应只存在有限范围的宿主,在体内不进行重组,不发生转移,不产生有害性状,并且不能离开工程宿主自由扩散。此外,根据不同目的还有各种特殊的要求。

构建载体时,通常需选择适当质粒、病毒或染色体复制子作为起始物质,删除其中非必需序列,然后插入或融

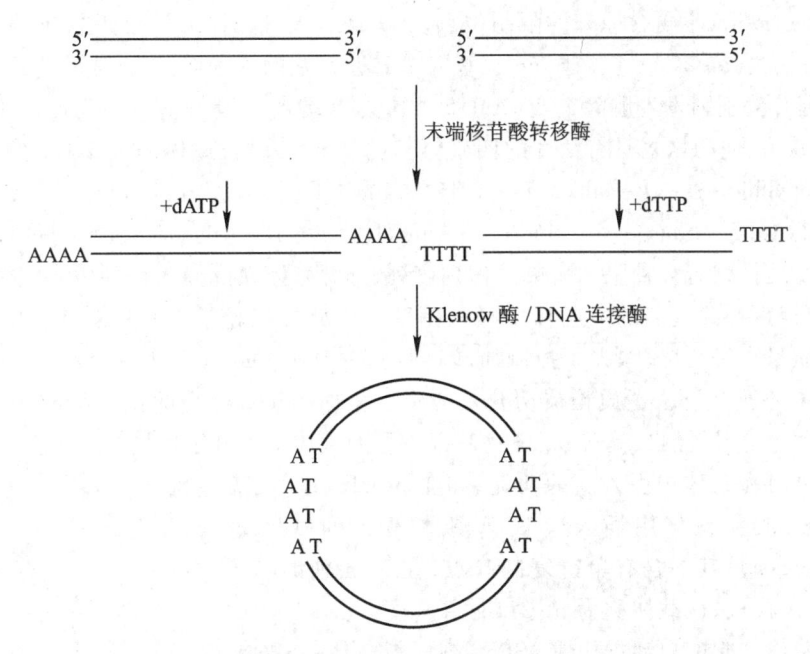

图 35-2 互补均聚核苷酸末端之间的连接

合选择标记序列。最常用的选择标记是对抗生素的抗性基因,如抗氨苄青霉素(amp^r)、抗四环素(tet^r)、抗氯霉素(chl^r)及抗卡那霉素(kan^r)等。利用营养缺陷型宿主可以将相应生物合成基因作为标记,带有合成基因的载体可使宿主细胞在基础培养基中生长,无需补充原来所缺的营养成分。如果抗性基因位于转座子中,可通过转座作用转入载体。当载体过大时,常用限制酶将其切成小碎片,再随机连接,并用选择培养基选出带有抗性、拷贝数多、长度较小的载体,此过程称为分子重排(rearrangement)。在构建载体时保留一些限制酶的切点可作为外源 DNA 插入位点。现常用一段合成的多接头插入载体,其上十分紧凑地排列着多种限制酶的单一识别序列,因此在用限制酶切时不致将载体切成碎片。对于载体上不合适的序列则需要用定位诱变的方法予以改造。

20 世纪 70 年代初期,从天然存在的质粒和 λ 噬菌体构建成各种克隆载体。1977 年 Bolivar 等从天然质粒出发,经删除、融合、转座及重排等操作,构建成功适合多种用途至今仍在广泛使用的克隆载体 pBR322。它全长 4 361bp,含两个抗性基因(tet^r 和 amp^r),具有天然质粒 pMB 的复制起点(ori)。最初分离的质粒受严紧型控制(stringent control),每个细胞只有 1～2 个拷贝;而 pBR322 为松弛型控制(relaxed control),每个细胞含 25 个拷贝以上(图 35-3)。由于染色体的复制需要新合成的蛋白质参与作用,质粒的复制通常无需蛋白质合成,因此当培养基中加入蛋白质合成的抑制剂,如氯霉素和链霉素,细胞不再生长,也不复制染色体,全部有关底物和酶都用于合成质粒,质粒载体的数目可达 1 000～3 000 拷贝。现今许多新构建的载体,往往是由 pBR322 改建而成。

1982 年 Vieira 和 Messing 构建出 pUC 系列的质粒载体,集中了当时载体的诸多优点。它包括 4 个组成部分:①来自 pBR322 的复制起点(ori);②氨苄青霉素抗性基因

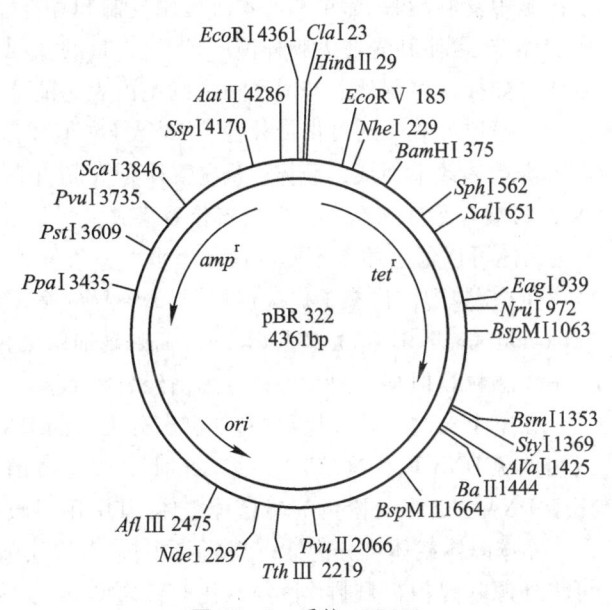

图 35-3 质粒 pBR322

(amp^r)，但其序列已经过改造，不再含原来的限制位点；③大肠杆菌乳糖操纵子的调节基因(lac i)、启动子($plac$)和β-半乳糖苷酶的α-肽($lac\ Z'$)；④位于$lac\ Z'$基因中靠近5'端的一段多接头，或称为多克隆位点(MCS)。当宿主细胞的β-半乳糖苷酶基因发生删除突变(ΔM15)，缺失N端的一段氨基酸序列使酶失活，但在α-肽存在时可以补足酶的N端缺失，使酶恢复具有活性的四聚体。携带pUC质粒载体的大肠杆菌细胞在异丙基硫代-β-D-半乳糖苷(isopropylthio-β-D-galactoside，IPTG)的诱导下发生α-互补，可使呈色底物5-溴-4-氯-3-吲哚-β-D-半乳糖苷(5-bromo-4-chloro-3-indolyl-β-D-galactoside，X-gal)被分解并氧化产生靛蓝。多接头上十分紧凑地排列着多种限制酶单一识别序列，外源基因在此插入后使α-肽失活，因此携带空载体的大肠杆菌呈蓝菌落，携带外源基因的大肠杆菌呈白菌落。用此组织化学方法能够十分方便地鉴别重组克隆。该载体不仅相对分子质量小，而且还除去了控制质粒拷贝数的基因rop，从而使每个细胞含质粒载体高达500~700个拷贝。此外，pUC系列还除去了质粒被切开与牵引蛋白(Mob)结合的位点nic/bom，不会发生转移。20世纪80年代初，一些用于酵母、昆虫，高等动、植物基因工程的载体也得到了发展。

借助一些辅助序列可在载体中引入新的功能，如在pUC18/19(两者差别只在多接头方向不同)质粒载体中插入丝状噬菌体M13的基因间隔区(intergenic region，IG region)，其中含有单链复制起点，在M13辅助噬菌体帮助下可以产生单链DNA模板，该载体称为pUC118/119(图35-4)。又如，在多接头的一端插入噬菌体SP6的启动子构成pSP系列质粒载体。SP6启动子可被SP6 RNA聚合酶特异识别，因而能够在体外进行高效转录。载体pGEM系列和Bluescript M13十分类似，它们都含有标记基因amp^r和$lacZ'$，丝状噬菌体f1的IG区，并在多接头的两端插入高效转录的启动子，pGEM系列载体插入T7和SP6启动子，Bluescript M13插入T3和T7启动子，因此用相应特异的RNA聚合酶在两个方向都能进行体外高效转录。

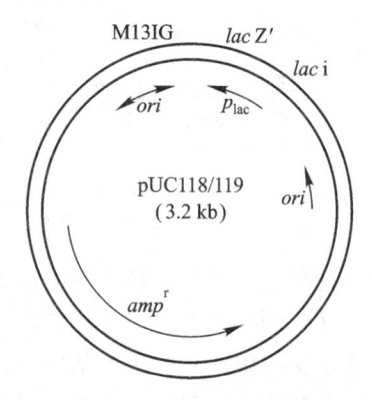

图35-4 质粒载体pUC118/119

质粒载体用途很广，借助插入各种特殊序列而适用于不同目的。当质粒含有噬菌体的复制起点时，称为噬菌粒(phagemid)，在有关噬菌体帮助下可按噬菌体的方式复制和装配。上述pUC118/119、pGEM系列以及Bluescript M13均为噬菌粒。若质粒含有两种宿主细胞中复制的起点，可在两种细胞中复制和存在，则称为穿梭质粒(shuttle plasmid)。真核生物的克隆载体，为便于操作，常使其先在大肠杆菌中扩增，将目的基因与之构成合适的重组体后，才转入真核细胞，因此常构成穿梭载体。如插入控制外源基因在宿主细胞内表达的序列，称为表达载体(expression vector)。

一般质粒载体约可携带外源DNA数kb，但如欲构建基因文库(genomic library)，需要载体的容量更大些，常用λ噬菌体改造而成的载体。λ噬菌体是大肠杆菌的一种温和噬菌体，基因组为双链DNA，大小在50kb左右。DNA两端有黏性末端，由12个核苷酸组成。一旦进入宿主细胞后，λDNA两端的黏性末端配对结合，形成环状。λ噬菌体可以通过两条不同的途径增殖。一条称为裂解途径(lytic pathway)。环状DNA经过多次复制后，才合成病毒蛋白，装配出许多子代病毒粒子，最终导致宿主细胞裂解，释放出许多病毒颗粒。另一条途径称为溶原途径(lysogenic pathway)。λ噬菌体DNA插入到细菌染色体DNA中，随染色体DNA的复制而复制。这时细胞内并无噬菌体颗粒。但某些因子可诱导细菌经裂解途径产生噬菌体。

在整个λ噬菌体基因组中，约有三分之一的DNA序列对于噬菌体的复制和装配来说并不是必需的，因此可以用外源DNA取代这部分DNA。此时，λ噬菌体携带外源DNA一起增殖，起到载体的作用。已经设计出许多可用于DNA大片段克隆的λ噬菌体载体，其中用得较多的是凯伦(Charon)、EMBL和λgt系列。

λ噬菌体载体可分为插入型(insertion)和置换型(substitution)两种，前者将线性载体用单个限制酶切开后即可将外源基因相容限制片段与载体两臂连接；后者需切除载体的一个片段，再将外源基因与之替换。无论是前者还是后者，携带外源基因后重组体DNA总长度应为λ噬菌体DNA的78%~105%，病毒外壳蛋白才能将其装配成病毒颗粒。用λ噬菌体DNA作载体进行DNA克隆的另一个优点是易于使细胞感染，提高了使外源DNA导入细胞的效率，这对于建库来说十分重要。图35-5为以λ噬菌体载体克隆DNA的图解。

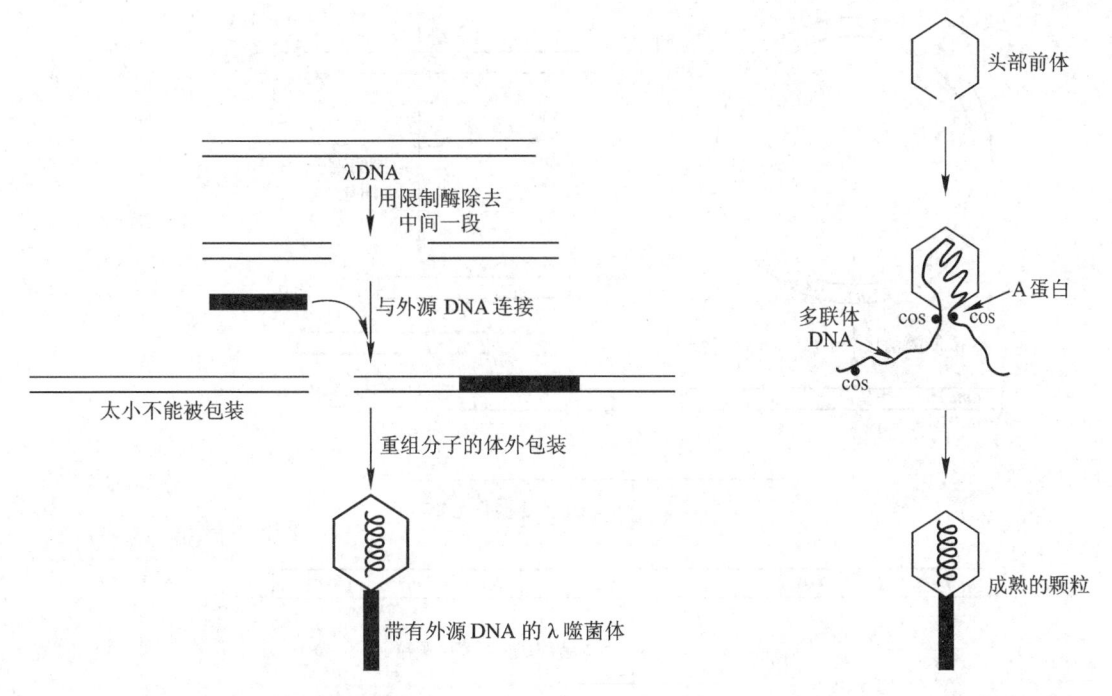

图 35-5　以 λ 噬菌体为载体进行 DNA 克隆

图 35-6　λ 噬菌体的装配过程

　　λ噬菌体外壳蛋白在包装噬菌体颗粒时,需先形成囊状头部前体。λDNA 经滚环复制使单位长度基因组(单体)串联成一条长链,称为多联体(concatemer),彼此以 cos 位点相连接。噬菌体编码的 Nu1 和 A 蛋白结合在左侧 cos 位点上,并将 λDNA 带到头部前体的入口处,DNA 填满头部,第二个 cos 位点也正好到达入口处,A 蛋白将二个 cos 位点交错切开产生黏性末端(cohesive end)。接着分别装配的针筒状尾部与头部结构连成一体,最终成为成熟的 λ 噬菌体颗粒(图 35-6)。含有 cos 位点的质粒称为柯斯质粒或黏粒(cosmid),这种质粒可以携带大至 35~48kb 的外源 DNA,而 λ 噬菌体载体最多只能携带 23kb 的外源 DNA。黏粒主要用于构建基因文库,以获得基因组大片段 DNA 的克隆。黏粒与外源 DNA 的重组体只要两 cos 位点间的长度合适,即可装配成 λ 噬菌体颗粒,但其中的 DNA 却并非 λDNA。该噬菌颗粒仍可感染大肠杆菌,进入宿主细胞内的重组黏粒携带了外源 DNA,因不含 λ 噬菌体基因,只能以质粒形式存在于细胞内。图 35-7 为黏粒克隆基因组 DNA 的示意图。

　　大肠杆菌丝状噬菌体包括亲缘关系十分相近的 M13、f1 和 fd,它们基因组为长度约 6.4kb 的单链环状 DNA,基因组共编码 11 种蛋白质(或小肽),复制起点和装配起始信号均位于基因间隔区(intergenic region,IG)。丝状噬菌体经 F 菌毛(pilus)感染大肠杆菌。噬菌体 DNA 的复制需先将单链 DNA(ssDNA)转变成双链复制型 DNA(replication form DNA,RF DNA)。构建 M13 载体(M13mp 系列)是在 M13 复制型的 IG 区插入乳糖操纵子(*lac*)的一个片段,其中包含 *lacI*^{q}(*lacI* 的突变体,可以产生超量阻遏蛋白)、*lac* 启动子(*P*)以及带多接头的 *lacZ'*(β-半乳糖苷酶的 α-肽),使 M13 载体转染宿主细胞后,在 IPTG 和 X-gal 存在下由于 α-互补作用产生蓝色噬菌斑;但载体插入外源 DNA 后不能形成 α-互补,只产生白色噬菌斑。这为重组噬菌体的筛选提供了方便的标志。

　　丝状噬菌体复制型双链 DNA 先经过几轮 θ 型复制,再通过滚环复制产生单链正链 DNA,正链 DNA 环化后装配成噬菌体颗粒。外壳蛋白在合成后即转移到质膜上,装配发生在噬菌体单链 DNA 复合物穿膜过程中。装配不受基因组 DNA 长度的影响,M13 载体通常携带外源 DNA 300~400bp,过长易造成基因组不稳定。由于从丝状噬菌体颗粒中可得到单链 DNA 模板,因此这类载体主要用于制备单链探针、单链测序和定位诱变。近年来噬菌体展示技术得到迅速发展,该技术是将外源基因通过接头与噬菌体外壳蛋白基因相融合,从而使外源蛋白能够在噬菌体表面展示,借此可以研究蛋白质分子的相互识别与作用,或从展示库中选择特定功能的蛋白质。噬菌体展示主要用噬菌体 M13 作为载体。

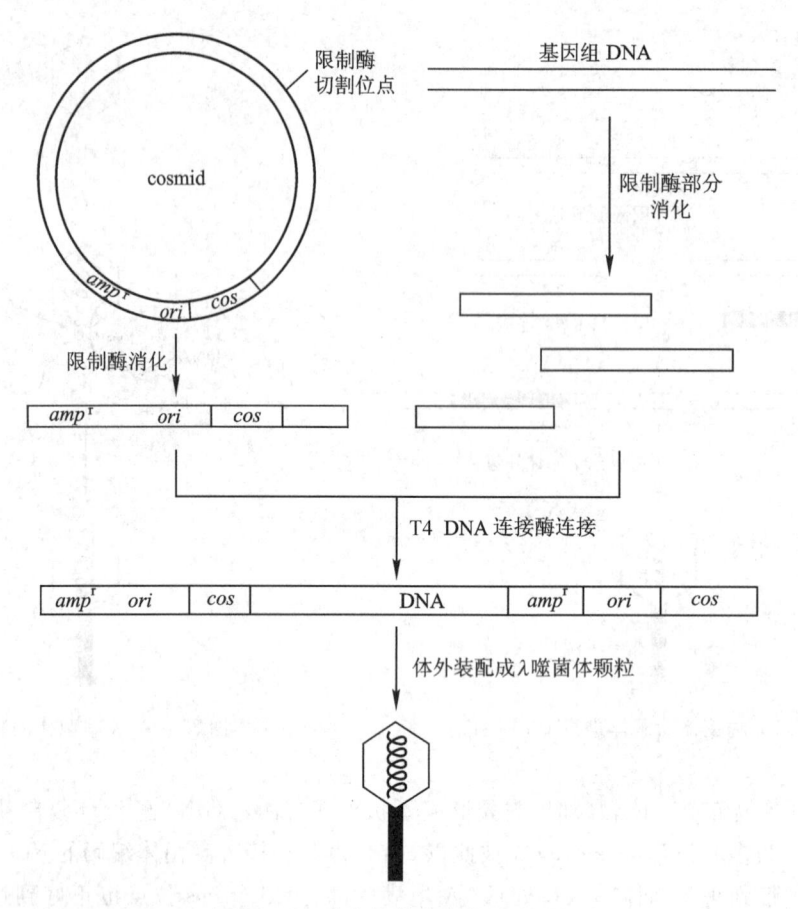

图 35-7 黏粒载体克隆基因组 DNA

现将大肠杆菌主要的载体系统列于表 35-1。

表 35-1 各类载体的主要功用

	质 粒	λ 噬菌体	黏 粒	单链噬菌体
实 例	pBR322、pUC 系列 Bluescript M13	凯伦、λgt 系列	pJC、pWE 系列	M13mp 系列
克隆 DNA 片段大小	<10 kb	<23 kb	<49 kb	300～400 bp
装配成噬菌体颗粒	不能	能	能	能
用 途	外源基因的克隆和表达，以及各种基因操作和分析	建基因文库和 cDNA 文库	建基因文库	制备单链模板和单链探针、定位诱变、噬菌体展示

选择克隆载体的宿主细胞通常要满足以下要求：①易于接受外源 DNA 的感受态细胞（competent cell）；②宿主细胞必须无限制酶，即其宿主防护 DNA 系统（host safeguarding DNA system, hsd）应为 S⁻、R⁻、M⁻；③宿主细胞应无重组能力，即 recA⁻；④宿主细胞应易于生长和筛选，克隆载体的选择标志必须与之匹配，例如载体带有 α-肽基因 lac Z'，其宿主细胞的 β-半乳糖苷酶基因必须是突变体 lacZ ΔM15；⑤符合安全标准。通常工程菌的生长都必须依赖人工培养基，在自然界不能独立生存。对于有害基因的克隆，宿主细胞应有更高的安全要求。

(三) 外源基因导入宿主细胞

1. 外源基因导入原核细胞

早在1944年，Avery就已证明DNA进入肺炎双球菌细胞能引起遗传性状的转化。1970年Mandel和Higa将大肠杆菌细胞置于冰冷的$CaCl_2$溶液中，然后瞬间加热，λDNA随即高效转染大肠杆菌。将外源DNA导入宿主细胞，以改变细胞遗传性状，称为转化(transformation)；将病毒DNA或病毒重组DNA直接导入宿主细胞，称为转染(transfection)，以与病毒的感染(infection)相区别。用氯化钙法使大肠杆菌细胞处于感受态，从而将外源DNA导入细胞，至今仍然是应用最广的方法。氯化钙法的作用机制并不完全清楚，可能是在低温下Ca^{2+}使质膜变脆，经瞬间加热产生裂隙，外源DNA得以进入细胞。制备感受态细胞的方法有不少改进，主要是加入各种金属离子或用还原剂和二甲亚砜处理细胞膜。

采用脉冲高压电瞬间击穿双脂层细胞膜能使外源DNA高效导入细胞，该方法称为电穿孔法(electroporation)。电击转化的效率与两电极间的电位梯度有关；在相等电位梯度下，细胞越大，细胞两端的电位差也越大，因此细胞膜易被击穿。用于动、植物细胞的电穿孔仪所需电压远比用于细菌的为低，前者只需数百伏，后者需要数千伏。早期电穿孔法主要用于转化动、植物细胞；现在已有专门用于细菌、真菌、藻类等的电穿孔仪出售，各类微生物用电穿孔法转化已十分普遍。

2. λ噬菌体的体外包装

λ噬菌体颗粒能将其DNA分子有效注入大肠杆菌宿主细胞内，而与颗粒内所含DNA的来源无关。前已提到，重组的λ噬菌体载体DNA或黏粒载体DNA，只要大小合适，都能和λ噬菌体外壳蛋白和协助包装的蛋白一起在体外包装成噬菌体颗粒。将重组体DNA包装成噬菌体颗粒可以大大提高导入宿主细胞的效率，在适宜条件下每微克重组DNA可形成10^9以上的pfu(plaque forming unit，噬菌斑形成单位)，比感受态细胞的转化率提高$10^2 \sim 10^3$倍。

λ噬菌体的体外包装技术，最初是由Becker和Gold于20世纪70年代中建立的。随后经过不少改进，现在已能十分简便和有效的进行操作，各种包装制剂也都有商品出售。为获得λ噬菌体的整套包装蛋白，以与重组DNA在体外进行包装，必须设法阻止包装蛋白与细胞内λDNA的包装。有两种方法可以实现这一点。其一，从两株各带有λ噬菌体缺陷溶源体的大肠杆菌中制备出一对互补的提取物。这两种提取物分别缺少一种关键的包装蛋白，它们单独存在时不会与内源λDNA发生包装，只在有重组DNA存在时将二者合并，包装才可完成。例如，溶源性菌株BHB2690和BHB2688，其λ噬菌体头部蛋白D和蛋白E的基因分别为琥珀突变，必须互补才能发生包装。其二，溶原菌中λ溶原体的cos位点被去除，因此可用单一菌株的包装蛋白提取物，因其只能和外源重组DNA发生包装。

3. 外源基因导入真核细胞

基因工程有时需要将外源基因导入真核细胞，以进行基因改造和表达。常用的真核工程细胞包括酵母、动物和植物细胞。酵母菌由于生长条件简单，成为真核生物基因工程优先选择的宿主细胞。酵母细胞进行外源DNA的转化，常需先用酶将细胞壁消化掉，制成原生质体。蜗牛消化酶含纤维素酶、甘露聚糖酶、葡糖酸酶及几丁质酶等，它对酵母菌的细胞壁有良好水解作用。原生质体在$CaCl_2$和聚乙二醇存下，重组DNA便很容易被细胞吸收。再将转化的原生质体悬浮在营养琼脂中，即再生出新的细胞壁。

外源基因导入动物细胞常用的方法有：①磷酸钙共沉淀法，用Ca^{2+}沉淀磷酸根离子和DNA，沉积在细胞质膜上的DNA被细胞吸收，可能是通过吞噬作用；②DEAE-葡聚糖(DEAE-dextran)或聚阳离子(polycation)，它能结合DNA并促使细胞吸收；③脂质体(liposome)法，利用类脂经超声波、机械搅拌等处理，形成双脂层小囊泡，将DNA溶液包裹在内，通过与细胞质膜融合而使DNA进入细胞；④脂质转染法(lipofection)，用人工合成的阳离子类脂与DNA形成复合物，借助类脂过质膜而将DNA导入细胞内；⑤电穿孔法，如上所述在脉冲高压电场作用下质膜瞬间被击穿，DNA得以进入细胞，细胞膜随即修复正常。在以上诸方法中，磷酸钙共沉淀法成本低，操作方便，但效率低；脂质转染法和电穿孔法成本高，前者需要昂贵的试剂，后者需要特殊的仪器，但效率高，现在较常用。对哺乳动物受精卵等较大的细胞,导入外源 DNA 可以用显微注射法。在显微镜下,用极细的玻璃注射器针头(0.1~0.5 μm)插入细胞内并注入 DNA 溶液。该方法效率极高,还可直接将 DNA 送入核内,但需要昂贵仪器,且技术复杂不易掌握好。

将外源 DNA 导入植物细胞,通常需要先用纤维素酶消化细胞壁,制备原生质体,再经聚乙二醇(PEG)、磷酸钙、氯化钙等化学试剂处理后,原生质体即可有效摄取外源 DNA。前述电穿孔法和脂质体法也适用于原生质体的转化。原生质体经细胞培养后可以再生出细胞壁。显微注射法可直接将外源 DNA 注入细胞内,而无需制备原生质体。根瘤土壤杆菌(Agrobacterium tumefaciens)的 Ti 质粒(tumor-inducing plasmid)有一段转移 DNA,即 T-DNA,能携带基因转移到植物细胞内并整合到染色体 DNA 中去。因此 Ti 质粒是目前植物基因工程最常用的基因载体。土壤杆菌能够从植株伤口处侵入,吸附在植物细胞壁上,T-DNA 随即进入植物细胞内,诱发植株形成冠瘿瘤,土壤杆菌本身并不进入植物细胞。将带有重组 Ti 质粒的土壤杆菌与刚开始再生新细胞壁的原生质体共同培养,易于促使植物细胞发生转化。目前较常用的是叶盘转化法(leaf disc transformation),即用打孔器从叶片上取下盘状圆片,然后接种上土壤杆菌,各在培养皿中培养,再经"长芽培养基"和"生根培养基"诱导叶盘长芽和生根,最后将转化的植株移栽在土壤中。借助土壤杆菌将外源基因导入植物细胞的方法有一定局限性,因土壤杆菌只能感染双子叶植物,不能感染单子叶植物。

利用动物病毒和植物病毒作为转移基因的载体,不仅能将外源基因导入培养的细胞,而且可以直接导入个体,通常效率都比较高。然而使用病毒载体应特别注意安全性,在构建载体时通常需将病毒的毒性基因删除,并有效防止病毒基因组在细胞内发生重组。在个体水平上进行转基因的另一有效方法是采用高速微弹发射装置(high-velocity microprojectiles bombardment),俗称基因枪(gene gun)。常用直径为 1μm 左右的惰性重金属粉末作为微弹,如钨粉或金粉,其上沾有 DNA,置于档板的凹穴内。当用火药或高压气体发射弹头撞击档板时,微弹即以极高的速度射向靶目标。基因枪在植物基因工程中使用较多,常用携带外源 DNA 的微弹射击植物的分生组织,获得转基因植物。用基因枪射击动物的表皮、肌肉和乳房等获得成功的例子已有不少报道。

二、基因的分离、合成和测序

从事一项基因工程,通常总是先要获得目的基因。利用限制酶切割生物基因组 DNA,然后用适当方法常可分离到所需要的基因片段。倘若基因的序列是已知的,可以用化学方法合成,或者用聚合酶链式反应(PCR)由模板扩增。此外,最常用并且无需已知序列的方法是建立一个基因文库(genomic library)或 cDNA 文库(cDNA library),从中筛选出目的基因的克隆。

(一) 基因文库的构建

基因文库是指整套由基因组 DNA 片段插入克隆载体获得的分子克隆之总和。在理想情况下基因文库应包含该基因组的全部遗传信息。究竟基因文库中应包含多少 DNA 克隆才能使任意所需要的基因以极高的概率存在于该库中?其计算公式如下:

$$N = \ln(1-p)/\ln(1-f)$$

式中:N——基因文库所包含克隆的数目;

p——任意所需基因存在于基因文库中的概率,通常要求其大于 99%;

f——克隆的 DNA 片段大小(bp)占基因组大小(bp)的分数。

例如,哺乳动物单倍体基因组含有 3×10^9 bp,用 λ 噬菌体为基因文库的克隆载体,所克隆基因组 DNA 片段的大小为 2×10^4 bp,为使目的基因存在库中的概率大于 99%,该基因文库含有重组体克隆数应大于:

$$N = \ln(1-0.99)/\ln[1-(2\times10^4/3\times10^9)] = 6.9\times10^5$$

在构建基因文库时按上公式计算,可以估计各步操作所应达到的数量。

基因文库的构建,大致可分为五个步骤:

(1) 染色体 DNA 的片段化　从生物组织中提取染色体 DNA 需将其切割成一定大小的片段,才能在插入 λ 噬菌体载体后被包装成噬菌体颗粒。DNA 的切割必须是随机的,这样才可使各种不同片段被克隆的概率相等。细长的 DNA 分子很容易用机械的方法随机切割,如 DNA 溶液用超声波处理、高速搅拌或通过细的注射器针头等。机械切割 DNA 片段的克隆操作比较麻烦,需要先将片段分级分离,取合适大小的片段,并使末端填平补齐,再连上衔接物,方能与相应切开的载体 DNA 两片段(臂)连接。而用限制酶部分消化的 DNA 片段克隆比较方便,只需将消化所得片段经分级分离后就可以直接与相应切开的载体 DNA 连接。但是由于限制酶的切点在染色体 DNA 中的分布并非随机的,采用识别序列较短的限制酶部分消化所得片段的随机程度比长识别序列限制酶消化片段要高些。常用来构建基因文库的限制酶是识别 4bp 的 *Mbo*I 和 *Sau*3A 等,它们接近于随机切割,称为准随机切割(quasi-random cutting)。此外,限制片段超过一定大小范围就不能在 λ 噬菌体载体中克隆,因此,在构建基因文库过程中可能会丢失一部分遗传信息。

(2) 载体 DNA 的制备　选择适当的 λ 噬菌体载体或黏粒 DNA,用限制酶切开,得到左、右两臂,以便分别与染色体 DNA 片段的两端连接。

(3) 体外连接与包装　将染色体 DNA 片段与载体 DNA 片段用 T4 DNA 连接酶连接。然后重组体 DNA 与 λ 噬菌体包装蛋白在体外进行包装。

(4) 重组噬菌体感染大肠杆菌　将 λ 噬菌体载体与外源 DNA 连接和包装得到的重组噬菌体,用以感染大肠杆菌。重组体 DNA 在大肠杆菌细胞内经增殖并裂解宿主细胞,得到重组噬菌体克隆库,即基因文库。黏粒具有更大的容载外源 DNA 能力,它虽然也能包装成类似噬菌体的颗粒并按噬菌体感染的方式将重组 DNA 导入大肠杆菌细胞,但载体中已将噬菌体增殖和裂解的基因删除,重组体 DNA 进入宿主细胞后只能以质粒的形式存在和复制,不再能包装成噬菌体颗粒。因此,由黏粒构建的基因文库是以细菌克隆组成的,而不是噬菌体克隆库。

(5) 基因文库的鉴定和扩增　构建得到的基因文库应测定其库容量,即库中包含的克隆数。噬菌体通常以噬菌斑形成单位(pfu)来表示;重组体不能形成噬菌斑则以菌落形成单位(colony forming unit,cfu)来表示。对于文库的鉴定,可以通过随机挑选一定数量的克隆,用限制酶切、PCR 或其他方法对重组体 DNA 进行分析。一个基因文库可以多次使用,从中筛选出各种克隆的基因,如果需要可以适当对文库加以扩增。但必须认识到,在扩增基因文库时并不是所有克隆成员都以同样速度增殖的,插入外源 DNA 在大小及序列上的差异可能会影响重组体的复制速度。这样,当基因文库经过扩增后,某些重组体的比例可能会增加,而另一些重组体可能会减少,甚至全然丢失。现在由于新的载体和克隆技术的发展,构建基因文库的程序已大为简化,一些工作者宁愿在每次筛选基因时重新构建文库,而不喜欢使用经过贮存和扩增的文库。

构建基因文库的全部过程可以归纳为图 35-8。

(二) cDNA 文库的构建

1. cDNA 文库构建的原理

真核生物基因的结构和表达控制元件与原核生物有很大的不同。真核生物的基因是断裂的,需经 RNA 转录后剪接过程才使编码序列连接在一起。真核生物的基因不能直接在原核生物中表达;只有将经加工成熟的 mRNA 逆转录合成互补的 DNA(complementary DNA,cDNA),接上原核生物表达控制元件,才能在原核生物中表达。再有,真核细胞的基因组通常只有一小部分基因进行表达,由于 mRNA 的不稳定性,对基因表达和存在的 mRNA 都常通过对其 cDNA 来进行研究的。为分离 cDNA 克隆或研究细胞的 cDNA 谱,需要先构建 cDNA 文库。所谓 cDNA 文库是指细胞全部 mRNA 逆转录成 cDNA 并被克隆的总和。

高等动、植物机体在发育过程中随着各种组织的分化,一些基因被永久性封闭,表达的基因随之减少。例如,哺乳类动物胚胎时期表达的 mRNA 种类大约为基因总数的 30%,分化成熟的组织 mRNA 种类只有基因总数 10% 左右。在表达的 mRNA 中,有些 mRNA 的丰度极高,每种有几十万个拷贝,有些 mRNA 丰度极低,只有几个或几十个拷贝。显然,从 cDNA 文库中分离高丰度的 cDNA 克隆很容易,但要分离低丰度的 cDNA 克隆就难多了。为

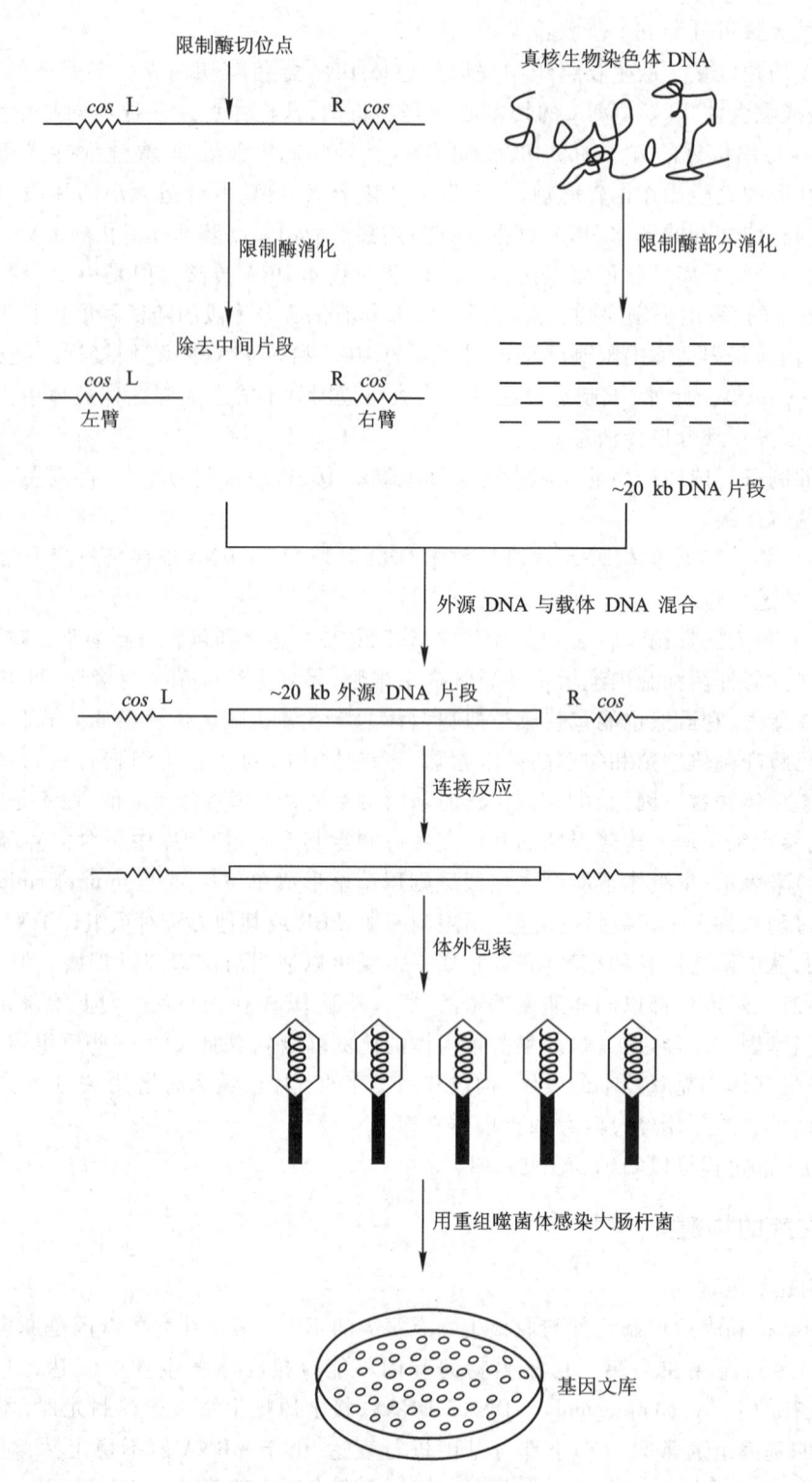

图 35-8 用随机切割的真核生物染色体 DNA 片段构建基因文库

使低丰度 mRNA 的 cDNA 克隆存在概率大于 99%，cDNA 文库应包含的克隆数可由以下公式来计算：

$$N = \ln(1-p)/\ln(1-1/n)$$

式中：N—cDNA 文库所包含的克隆数目；

p—低丰度 cDNA 存在于库中的概率,通常要求其大于 99%;

$1/n$—每一种低丰度 mRNA 占总 mRNA 的分数。

2. mRNA 的分离制备

构建 cDNA 文库质量好坏的关键是制得高质量的 mRNA。无处不在的 RNA 酶极易降解 mRNA,在制备 mRNA 的操作过程中自始至终都必须防止 RNA 酶的降解作用。①所有用于 mRNA 实验的器皿都要高温焙烤,或是用 RNA 酶的强变性剂焦碳酸二乙酯(diethyl pyrocarbonate,DEPC)0.1% 溶液洗涤,所有试剂都要用 DEPC 处理过的水配制,DEPC 经煮沸即分解除去,以避免残留物影响实验;②在破碎细胞的同时用强变性剂(如酚、胍盐等)使 RNA 酶失活;③在 mRNA 反应中加 RNA 酶的抑制剂 RNasin。

目前实验室中提取细胞总 RNA 的方法主要有:胍盐/氯化铯密度梯度超速离心法和酸性胍/酚/氯仿抽提法。前一方法常用于大量制备 RNA;后一方法用于一般小量制备 RNA,因此更为常用。真核生物的 mRNA 3′端通常都含有聚腺苷酸[poly(A)],可以用寡聚胸苷酸[oligo(dT)]纤维素或琼脂糖亲和层析法来分离纯化。在高盐缓冲溶液中 poly(A)RNA 与 oligo(dT)结合,低盐缓冲液使它们解离和洗脱。

3. cDNA 的合成

合成 cDNA 的逆转录酶有两种,一种来自禽成髓细胞性白血病病毒(avian myeloblastosis virus,AMV),另一种来自莫洛尼鼠白血病病毒(Moloney murine leukemia virus,M-MuLV)。逆转录酶为多功能酶,它能以 RNA 链为模板合成第一条 cDNA 链,并具有 RNase H 活性,水解杂合分子中的 RNA 链,再以第一条 cDNA 链为模板合成第二条 cDNA 链。逆转录酶以 4 种 dNTP 为底物,合成 cDNA 时需要引物,无校对功能。AMV 逆转录酶由两条多肽链组成,它们由同一基因编码,但在翻译后加工不同,使 A 链比 B 链短。AMV 逆转录酶反应的最适温度为 42℃,最适 pH 8.3,并且具有较强的 RNase H 活性。M-MuLV 逆转录酶由一条多肽链构成,反应最适温度为 37℃,最适 pH 7.6,具有较弱的 RNase H 活性。

第一条 cDNA 链的合成常用的引物为 oligo(dT)$_{12-18}$,或是六核苷酸的随机引物(dN)$_6$,如果序列是已知的,也可以用与 mRNA 3′端序列互补的引物。杂合分子中的 RNA 链用 RNase H 或碱溶液水解除去。

第二条 cDNA 链可用以下方法合成:①回折法,利用第一条 cDNA 链自身回折来引发第二条链的合成,双链合成后用核酸酶 S1(nuclease S1)切去回折处的单链 DNA。这一步操作常使 cDNA 失去 5′端的部分序列,因此现在较少使用。②取代法,用 RNase H 部分水解 DNA-RNA 杂合分子中的 RNA 链,留下一些小片段 RNA 作为合成 cDNA 第二条链的引物,反应系统除加入 DNA 聚合酶 I 和 4 种 dNTP 底物进行 DNA 合成外,还需加入大肠杆菌 DNA 连接酶和 NAD$^+$,使各片段连接。③随机引物法,用六核苷酸在 DNA 链上随机引发合成第二条链。④均聚物引发法(homopolymer priming),用末端转移酶和一种 dNTP 在 cDNA 第一条链 3′端加上均聚物尾巴,然后用配对的寡聚物作为引物合成第二条链。⑤如果序列是已知的,也可用特异引物来合成第二条链。

4. 双链 cDNA 的克隆

用来克隆 cDNA 的载体主要为质粒和 λ 噬菌体载体。常用的克隆方法有:①平端连接法,需先用 Klenow 酶或 T4 DNA 聚合酶将双链 cDNA 两端填平补齐,然后用平末端与载体 DNA 连接,平端连接效率较低。②cDNA 两端加接头或衔接物,接头需用限制酶水解,因此加接头前 cDNA 应先用相应甲基化酶加以甲基化,以保护 cDNA 不被消化。用衔接物则无需使 cDNA 甲基化。二者都可使 cDNA 以黏性末端与载体 DNA 连接。③均聚物加尾法,用末端转移酶在 cDNA 两条链的 3′端各加均聚(A)或均聚(G),载体 DNA 的 3′端加配对的均聚(T)或均聚(C),当 cDNA 末端与载体 DNA 末端"退火"(annealing)后彼此"粘合",即可用于转化宿主细胞。④在几种改进的方法中可以将上述几步合并进行,例如,用衔接物与引物合在一起,当合成 cDNA 后即具有黏性末端,或者将引物加在载体 DNA 上,cDNA 合成后直接连在载体上。

5. 构建 cDNA 文库的基本步骤

构建 cDNA 文库的基本步骤有五步:①制备 mRNA;②合成 cDNA;③制备载体 DNA;④双链 cDNA 的分子克隆;⑤对构建的 cDNA 文库进行鉴定,测定文库包含的克隆数,抽查克隆的质量和异质性,如果需要可适当扩增。上述步骤与基因文库的构建十分相似。对 cDNA 文库的要求:一是希望文库能包含各种稀有 mRNA 的 cDNA 克隆；二是克隆的 cDNA 应是全长的，避免丢掉 5′端的序列。现在已有一些改进的方法可以达到上述要求。cDNA 文库的构建如图 35 - 9 所示。

(三) 克隆基因的分离与鉴定

从一个庞大的库中分离出所需要重组体克隆，这是一项难度很大、费时费力的工作。现在虽然已经发展出一系列构思巧妙、效率极高的方法，但要分离得到目的基因，仍然要通过一系列繁杂操作，工作量很大。分离带有目的基因的重组体克隆，通常或是按照重组体某种特征直接从库中挑选出来，称为选择(selection)；或是将库筛一遍，从中得到所要的重组体，称为筛选(screening)。无论是选择或是筛选，所选的依据或是载体的特征，或是目的基因的序列，或是基因的产物。

1. 载体特征的直接选择

根据载体的表型特征直接选择重组体克隆是十分有效也是最常用的办法。将它与微生物学的方法技术相配合使用，常能处理大量的微生物群体。通常载体都带有可选择的遗传标志，最常用的是抗药性标记、营养标记和显色标记。对噬菌体而言，噬菌斑的形成则是其自我选择的结果。

(1) 抗药性选择　载体常携带氨苄青霉素抗性基因(amp^r)、氯霉素抗性基因(chl^r)、四环素抗性基因(tet^r)等。将细胞培养在含抗生素的选择培养基中，便可以检测出获得此种载体的转化子细胞。若将外源 DNA 插在抗性基因编码序列内，可通过插入失活进行选择。例如，外源 DNA 插在 tet^r 基因内，抗性基因失活成为对四环素敏感的表型 Tet^s，将转化子培养在加有环丝氨酸和四环素的培养基中，环丝氨酸能杀死生长的细胞，四环素只是抑制敏感细胞生长。经此处理，凡载体带有四环素抗性基因未被失活的细胞均被杀死；抗性基因插入失活的重组体细胞便被保存下来，及至转移到不含环丝氨酸和四环素的培养基中就能正常生长。

(2) 营养标记选择　当细胞生物合成途径某个酶的编码基因失活，就成为营养缺陷型(auxotroph)，但如果导入细胞的重组体 DNA 能够弥补缺陷的基因，培养基中就无需补充有关的营养成分。营养标记为重组体克隆的选择提供了方便的方法。

(3) β-半乳糖苷酶显色反应的选择　当载体的 $lacZ'$ 区插入外源 DNA 后就失去编码 α-肽的活性，在显色反应后带有外源 DNA 的菌落呈白色，不带外源 DNA 的菌落呈蓝色，由此将二者区分。

2. 细菌菌落或噬菌斑的原位杂交

从众多重组体中分离目的基因克隆常用特异的探针进行原位杂交(in situ hybridization)。这是一种十分灵敏、快速的方法。其大致步骤如下：将生长在平皿上的菌落复印到硝酸纤维素滤膜(nitrocellulose filter)或尼龙膜(nylon membrane)上，然后用 NaOH 处理膜上的菌落，使菌体裂解，DNA 变性并释放到膜上。中和并将膜在 80℃烘干 2h，使变性 DNA 牢固吸附在膜上。将膜与放射性同位素标记的探针在封闭的塑料袋内进行杂交。探针可以是一小段与所要筛选 DNA 互补的单链或双链 DNA，也可以是 RNA。杂交液的一个极重要因素是盐的浓度。杂交一般要十多小时以上，视样品浓度而定，然后用一定离子强度的溶液将膜上非专一吸附的放射性物质洗去。再烘干膜，进行放射自显影。从显影后的底片上，可以显示出曝光的黑点，即代表杂交菌落。全部过程如图 35 - 10 所示。然后按底片上菌落的位置找出培养基上相应的菌落，将它扩大培养，制备出重组体 DNA，以作进一步分析。这些分析包括：插入 DNA 的长度、限制酶切图谱、DNA 序列等等。将滤膜置于琼脂平板培养基上，细菌可以直接在膜上生长并形成菌落。通过滤膜与滤膜接触，还可复印多份。借此可以在一张滤膜上筛选出 50 000 个菌落。

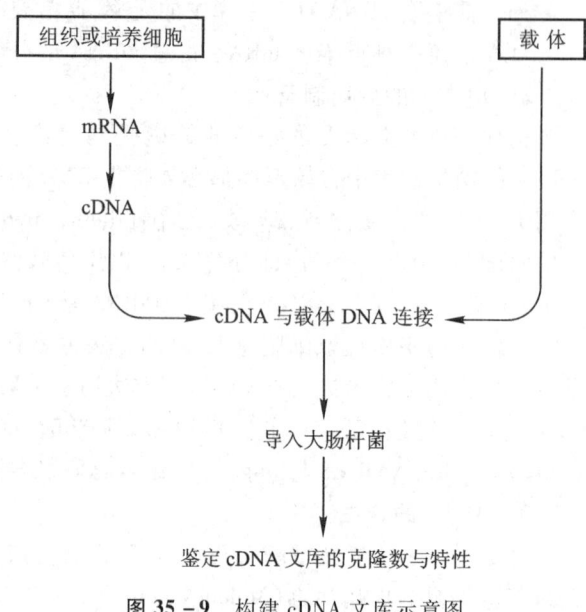

图 35 - 9　构建 cDNA 文库示意图

对于噬菌体载体的克隆,可以通过噬菌斑的原位杂交来筛选。用硝酸纤维滤膜或尼龙膜置于含噬菌斑的平板表面,使滤膜与噬菌斑直接接触,噬菌体 DNA 即转移到滤膜上。用 NaOH 溶液处理,然后中和,烘干,固定变性 DNA,用 ^{32}P-标记探针杂交,最后进行放射自显影。噬菌斑原位杂交与菌落原位杂交十分类似。

显然,有效进行杂交筛选的关键是获得特异的探针。如果目的基因序列是已知的或部分已知的,探针可以从已有的克隆中制备,或是设计一对引物从基因组中扩增,也可以用化学法合成一段寡核苷酸(一般应大于 16 个核苷酸)。但如果目的基因是未知的,而有其他种生物同源基因的序列是已知的,可用同源基因的序列作为探针。若基因序列完全不知道,但其蛋白质序列已知或部分已知,可以按照密码子的简并性,合成简并探针。选择简并探针的序列应使其简并性尽可能小。简并密码子的第三位加入 A、G、C、T 四种核苷酸,或用 I(次黄嘌呤核苷酸)代替。此外,还可利用遗传突变找出突变的序列,或利用基因表达差异找出差异的 cDNA,用来筛选特异的基因克隆。杂交的检测常用放射性标记探针,通过自显影来进行。现已发展出多种非放射性的检测方法,如探针偶联产生颜色反应的酶,或偶联发光物质等。

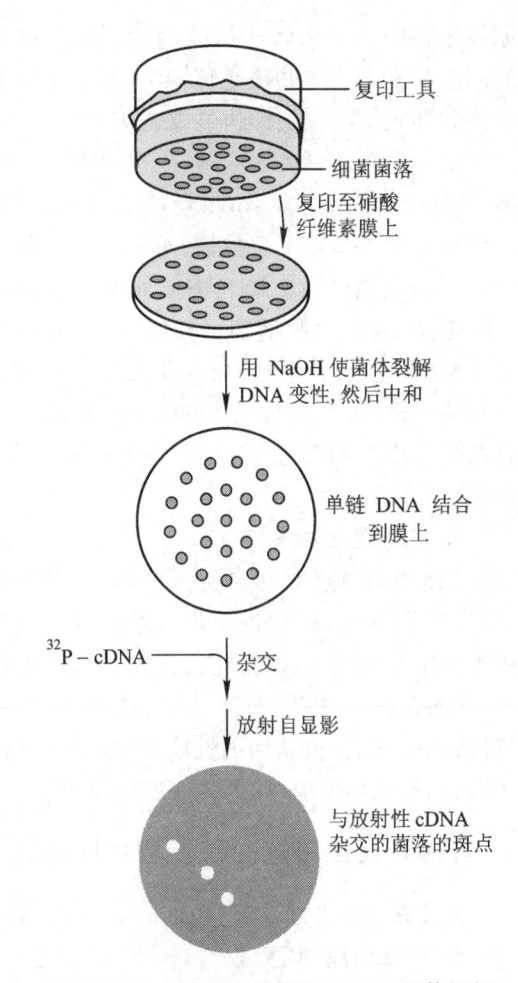

图 35-10 原位杂交法筛选 DNA 重组体图解

3. 差别杂交或扣除杂交法分离克隆基因

细胞在不同的发育、分化和生理状态下其基因表达往往有差别,有些决定某种状态的特异基因只在该状态细胞中表达,利用差别杂交法(differential hybridization)可以分离出该特异基因克隆。例如,为了了解生长因子对激活细胞基因表达的调节作用,将细胞培养物分成 A、B 两组,A 组用生长因子激活,B 组细胞不经处理。从激活细胞中提取 poly(A) mRNA,逆转录成 cDNA,经克隆构建成 cDNA 文库。然后分别用 A、B 两组细胞的 mRNA 或 cDNA 作探针对文库克隆进行原位杂交筛选。A、B 两组细胞的 mRNA 绝大多数是相同的,因此克隆对 A、B 探针大多为阳性,少数 A 探针为阳性、B 探针不能杂交的克隆即为生长因子特异诱导表达的克隆。

在差别杂交法中比较两组杂交的结果十分费时、费力,灵敏度又低,对于低丰度 cDNA 克隆的检测往往难以成功。于是发展出了扣除杂交法(subtractive hybridization)。所谓扣除杂交就是用一般细胞的 mRNA 与特殊细胞的 cDNA 杂交,先扣除一般共有的 cDNA,再将剩下特异的 cDNA 进行克隆,用此方法已成功克隆出控制动物胚胎发育和组织分化的基因。扣除杂交的操作流程是:从 A 组(特异)细胞中提取 mRNA,合成其第一条 cDNA 链,并与从 B 组(非特异)细胞中提取的过量(20 倍) mRNA 杂交,将杂交溶液通过羟基磷灰石(hydroxyapatite)柱。在适当盐浓度条件下,羟基磷灰石能吸附双链核酸,而使单链 cDNA 和 mRNA 流走。过量的与 A 组细胞特征无关的 mRNA 和其 cDNA 杂交并被羟基磷灰石吸附,以除去非特异的 cDNA。一次杂交可能扣除不完全,再用 50 倍和 100 倍过量的 mRNA 杂交,最后剩下特异的 cDNA,与自身 mRNA 杂交,并用羟基磷灰石吸附,洗脱后进行克隆,由此分离出与细胞特征相关的 cDNA 克隆。扣除杂交流程如图 35-11 所示。

4. 从表达文库中分离克隆基因

真核生物与原核生物的密码规则是相同的,只不过不同生物对各种简并密码子的使用频率不同,即存在偏爱性。但是真核生物与原核生物基因表达的调控机制却有很大不同。而且真核生物基因是断裂的,原核生物缺乏对其转录产物的加工剪接机制,因此真核生物基因不能在原核生物表达。只有将真核生物的 cDNA 或编码序列接上原核生物基因调控元件,其中包括启动子、SD 序列和终止子等,才能在原核细胞中表达,就是说外源 DNA 在原核生物的表达依赖于原核表达载体。将真核生物的 cDNA 或原核生物染色体 DNA 片段插入原核表达载体并导入宿主细胞即构建成表达文库。

从表达文库中可通过表达产物来分离克隆的基因。常用的方法主要有：①免疫学方法。用放射性、显色酶或发光物质标记抗体，可以十分灵敏检测到克隆基因的表达产物。②检测产物的功能活性。如果产物是酶，或酶的激活剂与抑制剂，可通过酶促反应来检测，显色反应还能直接在平板菌落上进行。如果产物是配体，可通过与受体的结合来筛选。③检测产物的蛋白质结构和性质，如产物的相对分子质量、肽谱等。

5. 克隆基因的鉴定

无论用哪种方法分离克隆的基因，首先要重复核实，避免假阳性，然后进一步对基因进行鉴定。通常用来鉴定基因的方法主要有：①基于基因的结构和序列，如限制酶切图谱、分子杂交、测序等；②基于表型特征，如抗性、报道基因的性状等；③基于基因产物的性质，如与抗体反应、肽谱、蛋白质活性等。

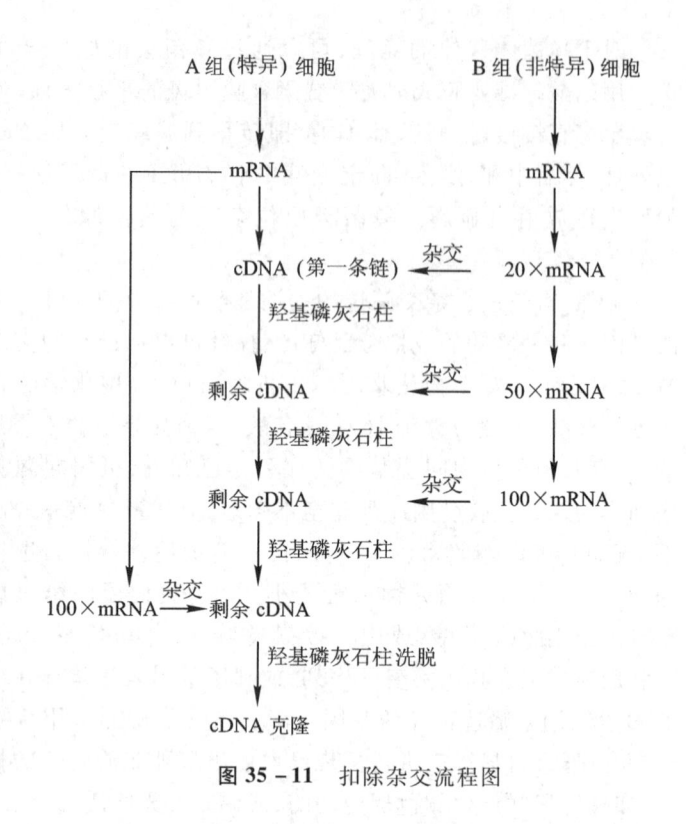

图 35-11 扣除杂交流程图

（四）聚合酶链（式）反应扩增基因

聚合酶链（式）反应（polymerase chain reaction, PCR）是 DNA 的体外酶促扩增，故又称为无细胞分子克隆法。

1. PCR 的基本原理

1985 年 K. Mullis 发明 PCR 快速扩增 DNA 的方法。PCR 方法模拟体内 DNA 的复制过程，首先使 DNA 变性，两条链解开；然后使引物模板退火，二者碱基配对；DNA 聚合酶随即以 4 种 dNTP 为底物，在引物的引导下合成与模板互补的 DNA 新链。重复此过程，DNA 以指数方式扩增。最初采用复制 DNA 的酶是 DNA 聚合酶 I 的大片段 klenow 酶，因此每轮加热变性 DNA 都会使酶失活，需要补充酶，十分不方便。1988 年 Saiki 等人从栖热水生菌（*Thermus aquaticus*）中分离出耐热的 DNA 聚合酶，称为 Taq DNA 聚合酶，用以取代 Klenow 酶，从而使 PCR 技术成熟并得到广泛应用。该技术可用于扩增任意 DNA 片段，只要设计出片段的两端引物。DNA 正链 5′端的引物又称为正向引物、右向引物、上游引物、有义链引物及 Watson 引物，简称为 5′引物；与正链 3′端互补的引物称为反向引物、左向引物、下游引物、反义链引物及 Crick 引物，简称为 3′引物。PCR 技术操作简便，只需加入试剂并控制三步反应的温度和时间，然而其扩增效率却是惊人的。扩增的公式为：

$$Y = (1 + X)^n$$

式中：Y—产量；

　　　X—扩增效率；

　　　n—循环次数。

设扩增效率为 60%，经过 30 次循环，DNA 量即可扩增 1.33×10^6 倍，只要极其痕量的 DNA 就可扩增达到能检测的水平。PCR 的原理如图 35-12 所示。

2. PCR 的最适条件

为取得 PCR 的成功，首要条件是设计好引物。设计引物的主要原则为：①引物长度应大于 16 个核苷酸，一般为 20~24 个核苷酸。这是因为 $4^{16} = 4.29 \times 10^9$，已大于哺乳类动物单倍体基因组 3×10^9 bp，故 16 个以上核苷酸的引物可防止随机结合。②引物与靶序列间的 T_m 值不应过低（一般不低于55℃）。小于30个核苷酸的引物可按公式 $T_m=(G+C)\times4+(A+T)\times2$ 来计算变性温度，即每个 G 或 C 为4℃，每个 A 或 T 为2℃。③引物不应有发夹结构，即不能有4bp以上的回文序列。④两引物间不应有大于4bp以上的互补序列或同源序列，在3′端不应有任何互补的碱基。实验证明，两引物3′端如有两个互补碱基，经PCR即可产生显著的引物二聚体。⑤引物中碱基的分布尽可能均匀，G+C含量接近50%。

PCR的温度控制十分关键。通常反应开始时先在94℃加热5~10min使DNA完全变性，然后进入热循环。循环包括三步反应：变性，94℃，45s~1min；退火 1 min，退火温度约比引物变性温度低2~3℃，实际最适退火温度要通过实验来确定；延伸，72℃，1~1.5 min，经过25~30次循环扩增后，最后一次延伸时间延长到10min。以上条件用于扩增300~500bp长的DNA片段，如果扩增更长的DNA，反应时间可以适当延长。

Taq DNA 聚合酶在 100μl 反应溶液中约加2单位。Taq DNA 聚合酶无校正功能，故 PCR 产物易发生错误。现在已有多种具有校正功能的耐热DNA聚合酶作为商品出售。模板DNA靶序列通常用量为1pg至1ng。缓冲溶液与底物按规定用量，一般不再变动。

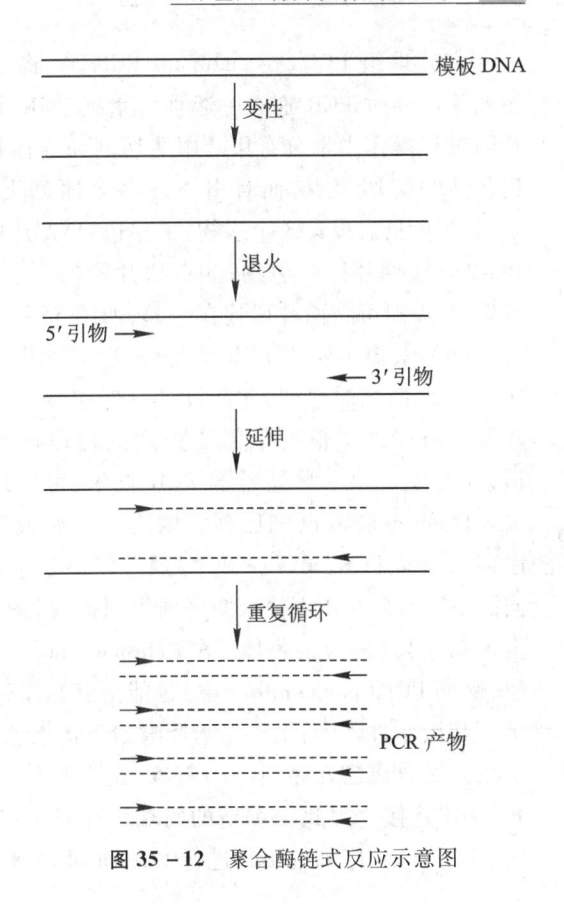

图35-12 聚合酶链式反应示意图

3. PCR 技术的发展与应用

在所有生物技术中，PCR技术是发展最迅速、应用最广泛的一项技术；它对生物学、医学和相邻学科带来了最巨大的影响。它发展的新技术和用途大约有以下几个方面：

（1）PCR 常用于合成基因或基因探针　利用两端已知序列，可以设计出一对引物，用以扩增出任意基因或基因片段。通常 PCR 所加两端引物的摩尔数是相等的，若加入不等量的引物，例如60:1，即为不对称PCR（asymmetric PCR），可用于合成单链探针或其他用途的单链模板。

（2）用于 DNA 的测序　PCR 可用于制备测序用样品。在 PCR 系统中加入测序引物和4种底物，并有一种双脱氧核苷三磷酸（ddNTP），即可按 Sanger 的双脱氧链终止法测定DNA序列。在染色体DNA中依次加入各种测序引物可以完成整个基因组测序（genomic sequencing）。

（3）逆转录与 PCR 偶联　RT-PCR 将特定 RNA 序列逆转录成 cDNA 形式，然后加以扩增。单个细胞或少数细胞中少于10个拷贝的特异 RNA 都能用此技术检测出来。Rappolee 等据此设计出"单个细胞 mRNA 的表型鉴定"方法。逆转录反应与PCR可分开进行，也可以合在一个系统中进行，在合成第一条cDNA后即作为PCR的模板进行扩增。RT-PCR 主要用途为：①分析基因转录产物；②构建 cDNA 库；③克隆特异 cDNA；④合成 cRNA 探针；⑤构建 RNA 高效转录系统。

（4）产生和分析基因突变　PCR技术十分容易用于基因定位诱变。利用寡核苷酸引物可在扩增DNA片段末端引入附加序列，或造成碱基的取代、缺失和插入。设计引物时应使与模板不配对的碱基安置在引物中间或是5′端，在不配对碱基的3′端必须有15个以上配对碱基。PCR的引物通常总是在扩增DNA片段的两端，但有时需要诱变的部位在片段的中间，这时可在DNA片段中间设置引物，引入变异，然后在变异位点外侧再用引物延伸，此称为嵌套式PCR（nested PCR）。有关PCR诱变技术在下一节中有较详细介绍，这里不再赘述。

PCR技术不仅可以有效促使基因定位诱变，而且也是检测基因突变的灵敏方法。已知人类的癌症和遗传疾病都与基因突变有关。应用PCR扩增可以快速获得患者需要检查的基因片段，通过分子杂交，含有不配对碱基时 T_m 将下降，以此检测突变；也可以根据癌变位点设计特殊的引物，通过PCR来直接检查是否有癌变基因。

(5) 重组 PCR(recombinant PCR)　将不同 DNA 序列片段通过 PCR 连在一起称为重组 PCR,该技术在基因工程操作中十分有用。用酶切割和连接常常找不到合适的酶切位点,而且引入的多余序列无法删除。重组 PCR 只需设计 3 个引物,①左边 DNA 片段的 5′引物;②连接两片段的引物;③右边片段的 3′引物,经过数轮 PCR 即可将两片段连在一起,如图 35-13 所示。

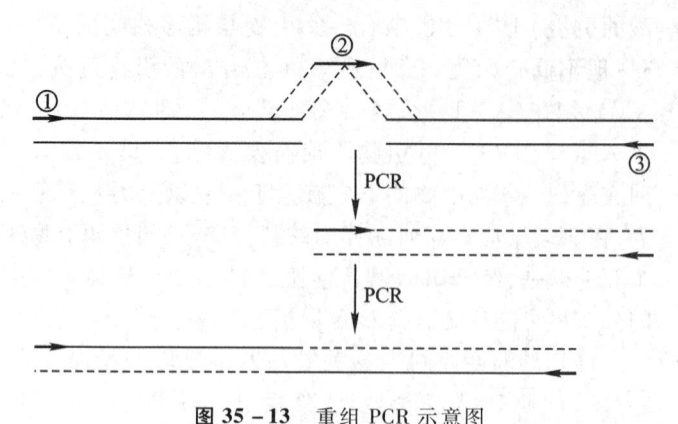

(6) 未知序列的 PCR 扩增　通常 PCR 必须知道 DNA 片段两端的序列,才能设计一对引物用以扩增该片段。但在许多情况下需要扩增的片段序列并不知道,为此发展出一些特殊的 PCR 技术,可以用来扩增未知序列,或者从已知序列扩增出其上游或下游未知序列。反向 PCR(inverse PCR)通过使部分序列已知的限制片段自身环化连接,然后在已知序列部位设计一对反向的引物,经 PCR 而使未知序列得到扩增(图 35-14A)。重复进行反向 PCR,从染色体已知序列出发,逐步扩增出未知序列,称为染色体步移(chromosome walking),为染色体 DNA 的研究提供了有用的手段。与反向 PCR 类似,锅柄 PCR(panhandle PCR)也能由已知序列扩增邻侧未知序列,但避开了限制片段自身环化的步骤,提高了效率。其操作过程为:①首先选择限制酶将染色体 DNA 切成适当大小片段,末端填平补齐,用碱性磷酸酯酶去除 5′磷酸。②合成已知序列(−)链 5′端互补的寡核苷酸参与 DNA 片段连接,寡核苷酸的 5′-P 只能与 DNA 片段 3′-OH 连接。因此(−)链的两端均有彼此互补的已知序列,变性后退火可形成链内二级结构,犹如锅柄故而得名。③将已知序列的引物进行 PCR 即可扩增出未知序列(图 35-14B)。

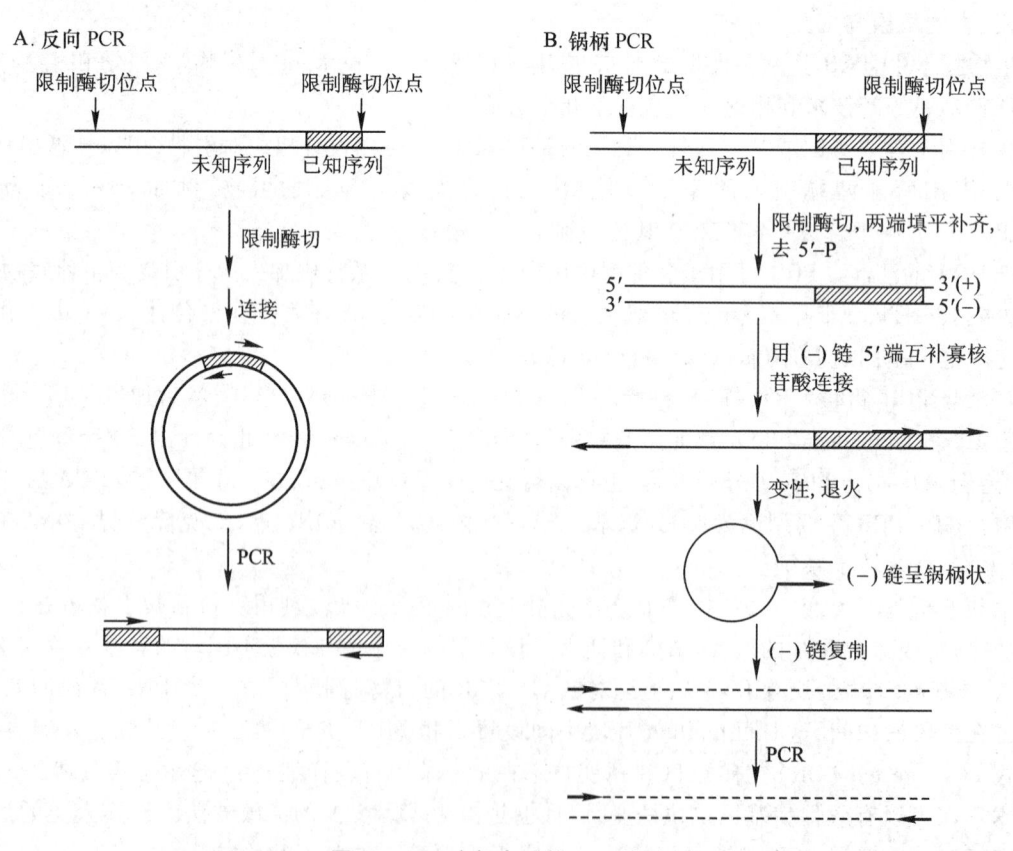

图 35-13　重组 PCR 示意图
①左边 DNA 片段的 5′引物;②连接引物;③右边片段 3′引物

图 35-14　未知序列的 PCR 扩增

此外还有一些 PCR 技术可以扩增未知序列。例如，锚定 PCR（anchored PCR），用末端核苷酸转移酶在合成 DNA 链的 3′端加上均聚物，再用此均聚物互补的寡聚核苷酸作为另一引物进行 PCR。利用人类基因组 DNA 中分散分布的 Alu 序列，用一段已知序列和 Alu 序列作为一对引物，也可以扩增出未知序列。

（7）基因组序列的比较研究　用随机引物进行 PCR 扩增，便能比较两个生物基因组之间的差异。这种技术称为随机扩增多态 DNA（random amplified polymorphic DNA，RAPD）。如用随机引物寻找生物表达基因的差异，称为 mRNA 的差异显示（differential display）。PCR 技术在人类学、古生物学、进化论等的研究中也起了重要作用。

（8）在临床医学和法医学中的应用　PCR 技术已被广泛用于临床诊断，如对肿瘤、遗传病等疑难病和恶性疾病的确诊，病原体的检测，胎儿的早期检查等。由于 PCR 技术的高度灵敏性，即使多年残存的痕量 DNA 也能够被检测出来，因此对刑侦工作，亲缘关系的确证等也起着重要作用。

（五）DNA 的化学合成

H. G. Khorana 于 20 世纪 50 年代开创了 DNA 的化学合成研究，并在 1956 年首次成功合成了二核苷酸。他将核苷酸所有活性基团都用保护剂加以封闭，只留下需要反应的基团，然后用活化剂使反应基团激活，再用缩合剂使一个核苷酸羟基与另一核苷酸磷酸基之间形成磷酸二酯键，从而定向发生聚合。由于他奠定了核酸的化学合成技术，与第一个测定 tRNA 序列的 Holley 以及从事遗传密码解译研究的 Nirenburg 共获 1968 年诺贝尔生理学和医学奖。

Khorana 采用的 DNA 合成法是磷酸二酯法。60 年代 Letsinger 等人发明了磷酸三酯法，即将磷酸基的一个酸根（P—OH）保护起来，剩下 2 个酸根可以形成二酯，这样既减少副反应，简化分离纯化步骤，又提高了产率。其后又发明亚磷酸三酯法，使反应速度大大提高。DNA 化学合成技术的进一步发展实现了固相化和自动化，合成采用快速的亚磷酸三酯法，全部操作都由仪器自动完成。商售四种核苷底物均已加以保护，腺嘌呤、胞嘧啶碱基上的氨基用苯甲酰基（Bz）保护，鸟嘌呤碱基的氨基用异丁酰基（Ib）保护，5′-羟基用二甲氧三苯甲基（DMT）保护。由亚磷酰氯酯衍生物亚磷酸化并缩合，然后再氧化，全部合成后从载体上脱落下来，再予脱保护基和纯化。

每一合成循环周期分为以下四步反应：①用酸处理脱去保护基。②用二异丙基氨基亚磷酰氯甲酯作为活化剂和缩合剂，在弱碱性化合物四唑催化下，偶联形成亚磷酸三酯。③加入乙酸酐使未参与偶联反应的 5′-羟基均被乙酰化封闭，以免与以后加入的核苷酸反应。④合成亚磷酸三酯后用碘溶液氧化，使之成为较稳定的磷酸三酯。待合成结束后用硫酚和三乙胺脱掉保护基，并用氨水将合成的全长序列寡核苷酸水解下来，然后用高效液相色谱仪（HPLC）和凝胶电泳纯化并鉴定。每个核苷酸合成循环大约要 7～10 min，十分方便（参看第 15 章）。

（六）基因定位诱变

基因定位诱变（site-directed mutagenesis）是基因工程的一项关键技术，借助这一技术才使基因有效表达和定向改造成为可能。基因定位诱变是指按照设计的要求，使基因的特定序列发生插入、删除、置换和重组等变异。目前常用的定位诱变方法主要有：在酶切位点处插入、删除和置换序列，用寡核苷酸指导的诱变（oligonucleotide-directed mutagenesis）和 PCR 诱变。

1. 酶切定位诱变

利用基因的酶切位点，可以在切点处改造基因序列。先选择合适的限制酶将基因切开，然后插入或删除有关序列。如若基因内部在需要诱变的部位缺乏可被利用的限制酶酶切位点，就要先用寡核苷酸指导的诱变或 PCR 诱变引入酶切位点。有时不能确定插入或删除的最适序列，可以插入一组变异的序列或是进行系统的插入或删除，由此构建成突变体库，从中再挑选最理想的突变体。

用一段人工合成具有变异序列的 DNA 片段，取代野生型基因中相应两酶切位点间的序列，如同置换盒式录音带，称为盒式诱变。应用简并寡核苷酸作盒式诱变，可在一次盒式置换中产生一群随机突变体，增加了选择的可能性。

2. 寡核苷酸指导的诱变

DNA 化学合成技术的发展,使得合成寡核苷酸十分方便,于是在单链噬菌体 DNA 体外复制的基础上产生了寡核苷酸指导的定位诱变技术。早在 20 世纪 70 年代末 C. A. Hutchison 及其同事就用合成的寡核苷酸在体外诱导单链噬菌体 ϕX174 发生变异。他们用带有错配碱基的寡核苷酸与 ϕX174 的单链 DNA 退火,并以其作为引物用 Klenow 酶合成 DNA,所产生局部异源双链的 DNA 转染细菌,结果使得显示预期突变表型噬菌体的频率有明显增加。1983 年 M. Smith 改进了寡核苷酸指导的诱变技术,他用噬菌体 M13 载体克隆基因作定位诱变,使定位诱变技术趋于成熟并得到广泛应用。寡核苷酸指导的定位诱变包括以下步骤(图 35 – 15):

(1) 制备单链 DNA 模板　将外源基因插入 M13 载体复制型(RF)双链 DNA 的克隆位点,转化大肠杆菌,制备重组单链 DNA 模板。

(2) 合成诱变寡核苷酸　作为诱变剂的寡核苷酸,除定位诱变的错配碱基外其余部分应和模板完全配对,如仅需引入一个核苷酸的取代、插入和删除,其长度约为 17~19 个核苷酸,错配碱基应置于中间;如引入两个核苷酸的变异,其长度应在 25 个核苷酸以上。

(3) 寡核苷酸与模板退火并合成异源双链 DNA　磷酸化的寡核苷酸引物与模板混合后加热变性,去除二级结构;再缓慢退火至室温,用 Klenow 酶或 T4 DNA 聚合酶合成互补链,DNA 连接酶封闭切口。

(4) 闭环异源双链 DNA 的富集　单链 M13 DNA 和未完全合成与封闭的双链 DNA 也会转染宿主,产生高的本底(即高比例的野生型 DNA),这部分 DNA 应用 S1 核酸酶处理除去,或用碱性蔗糖密度梯度离心法纯化闭环异源双链 DNA。

(5) 转染宿主细胞　异源双链 DNA 进入宿主细胞后进行复制,产生两类双链 DNA,一类是野生型的,另一类是突变型的。

(6) 突变体的筛选与鉴定　可以用限制位点、杂交和生物学方法来筛选突变体克隆。当诱变寡核苷酸引入新的酶切位点时,用限制酶来筛选比较简单和方便。一般的可用杂交法筛选。由于诱变引物与突变型基因完全同源,而与野生型基因有不配对碱基,前者变性温度高于后者,故而在较高杂交温度下出现的阳性噬菌斑可能含有突变型基因。如果突变体表型易于检测,也可用生物学方法来筛选。筛选到的突变体最后需经 DNA 测序,鉴定突变基因是否正确。

3. PCR 诱变

PCR 技术的发展,使定位诱变变得更为容易。通过 PCR 引物可以在扩增 DNA 片段的两端引入各种变异,嵌套式 PCR 还可以在基因内部或在一次 PCR 中同时在多处引入变异。各种变异,包括插入、删除、置换和重组,都可用 PCR 的方法来进行。图 35 – 16 表示嵌套式 PCR。

(七) DNA 序列的测定

DNA 体外重组工作中往往需要有关 DNA 序列的信息,以便于设计载体及重组体。目前通用的两种 DNA 序列测定法——Maxam 和 Gilbert 的化学法和 Sanger 的双脱氧终止法(酶法)都是建立在分辨力极高的变性聚丙烯酰胺凝胶电泳的基础上的。这种电泳可将相差仅为一个核苷酸的单链 DNA 区分开来。化学法可以提供比较清晰的结果,但比较费事。Sanger 提出的酶法十分快速、省事,也不需要比强很高的 ^{32}P – dNTP,但有时会出现一些不够清晰的实验结果。有关化学法和双脱氧终止法测序的原理可参看第 15 章。应用双脱氧法测序在 20 世纪 80 年代早期就已实现程序自动化,并有各种测序仪出售。人类基因组计划极大带动了测序技术的发展。

自动化测序需将寡核苷酸引物或双脱氧核苷酸用荧光染料标记,使检测更为方便。测序各 DNA 片段经凝胶电泳分离后用激光活化,并被光电倍增管捕获,用计算机控制显示器(CCD)获取图像。最初有两种自动化测序仪器,一种用单染色 4 泳道分离;另一种是用 4 染色单泳道分离,目前流行用的是后者。毛细管电泳因其管径(50~100 μm)小,在电泳过程中产生的热量易于散发,可以用高压在短时间内完成分离,因此较常用。4 组反应系统加入不同的荧光标记引物(引物是相同的)和不同的 ddNTP,其余成分相同。反应后被混合加到一个泳道内进行电泳。采用能量转移(energy transfer,ET)技术,由供体染料接受氩离子激光的激发,将能量转移给 4 组不同发射光

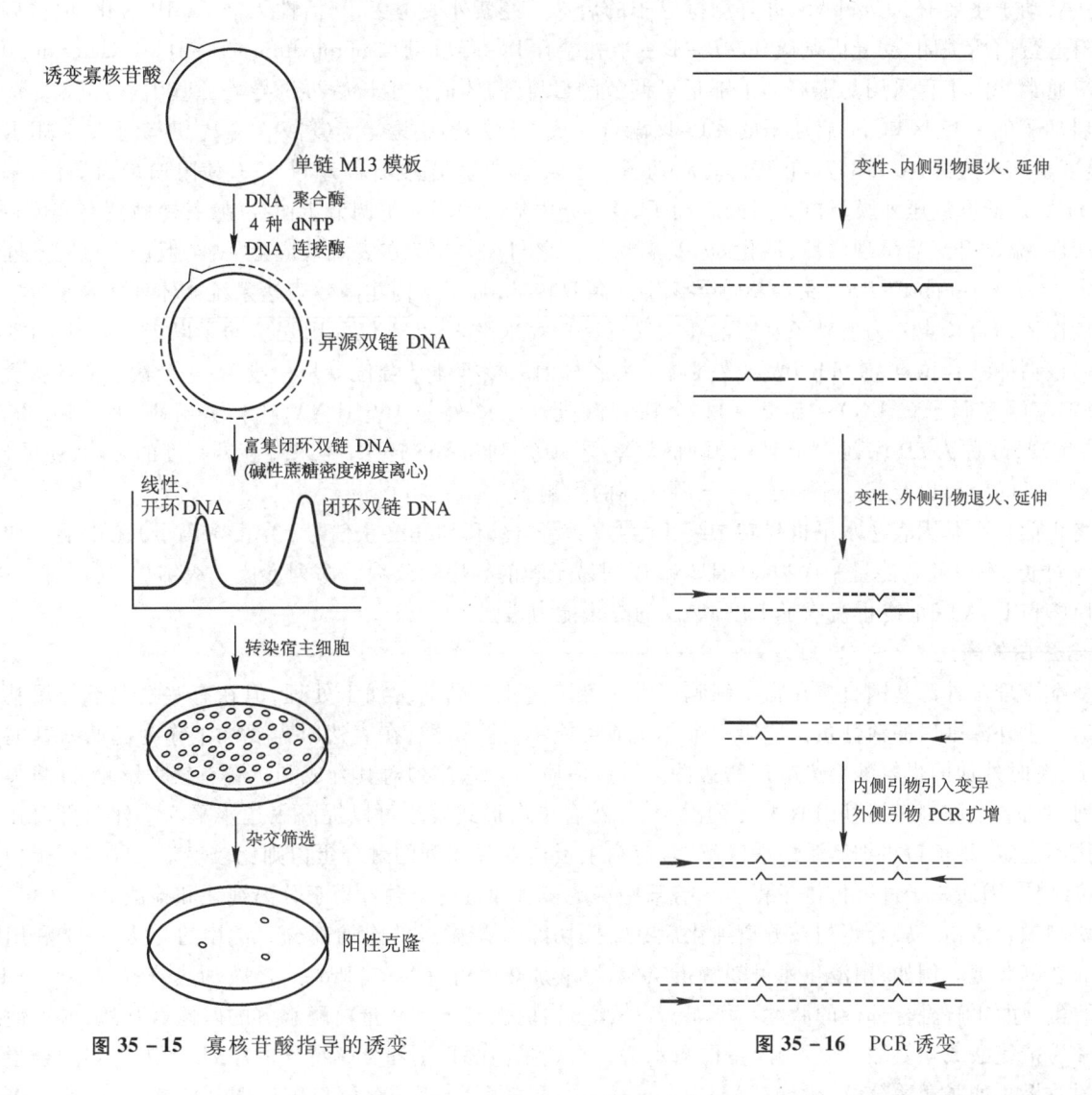

图 35-15　寡核苷酸指导的诱变　　　　　　　　　图 35-16　PCR 诱变

谱的受体染料上,使荧光信号增加 3~4 倍。末端标记比引物标记使用更为方便,4 种不同的荧光染料直接与 4 种 ddNTP 的氨基相偶联,因此省去了每次测序需要用 4 种荧光染料标记引物这一麻烦的步骤。难点在于选用合适的 DNA 聚合酶,它能同样有效的使 4 种带有不同染料的 ddNTP 掺入并终止 DNA 链的合成。现在这一难点基本解决,用末端标记的方法所得结果已与引物标记法相差无几了。

三、克隆基因的表达

真核生物基因通常都是不连续的(外显子被内含子隔开),并且与原核生物基因的表达调控有很大差别。因此真核生物的 cDNA 必须接上原核生物的调控元件,才能在原核细胞内表达。

(一) 外源基因在原核细胞中的表达

构建外源基因在原核细胞中的表达载体必须根据需要,选择合适的调控元件,以得到高水平、可调节的表达。
1. 基因表达的控制元件
(1) 启动子　基因的转录由启动子控制,选用强启动子可提高克隆基因转录的表达水平。在原核细胞内表达常用的强启动子主要有：①lacUV5，即乳糖操纵子的启动子经紫外线诱变，其活性无需 cAMP 活化，但被调节基因 lacI 的阻遏蛋白所关闭，受异丙基硫代 - β - D - 半乳糖苷 D - 半乳糖 (isopropylthio - β - D - galactoside, IPTG) 诱导表达。通常基因工程采用的强启动子都是可调节的，以待菌体适度生长后再诱导外源基因表达。②tac 启动子，由 trp 启动子的 -35 区和 lac 启动子的 -10 区融合而成，可被 IPTG 诱导。③λP_L 或 P_R 启动子受 λ 阻遏蛋白调节，其温度敏感突变体 (λcIts857) 在 30℃ 时启动子处于阻遏状态，温度升高超过 42℃ 使阻遏蛋白失活，基因即表达。④ompF 是低渗透压外膜蛋白基因的启动子，受 ompR 基因编码的正调节蛋白控制，其冷敏感突变体在较低温度时无活性，温度升高后呈现活性，活化 ompF 启动子。它与 λcIts857 在表观效应上一样，但作用机制不同。⑤T7 噬菌体的启动子，可被 T7 RNA 聚合酶特异识别并高效转录，常用于构建高效表达系统或体外转录系统。

（2）核糖体结合位点　为使外源基因能在大肠杆菌中高水平表达，不仅要用强启动子以产生大量 mRNA，而且还要强的核糖体结合位点，使 mRNA 高效翻译。大肠杆菌的核糖体结合位点是一段 3～9 个核苷酸长富含嘌呤的序列，位于起始密码子 (AUG) 上游 3～11 个核苷酸处。该序列与 16S rRNA 3′ 末端互补，因其由 Shine 和 Dalgarno 所发现，故称为 SD 序列。mRNA 的翻译效率受 SD 序列与 16S rRNA 3′ 末端互补程度的影响，还受 SD 序列与起始密码子间距离以及起始密码子上、下游序列的影响。

（3）终止信号　基因表达水平也受转录终止信号（终止子）和翻译终止信号（终止密码子）的影响。如果转录的 mRNA 过长，不仅耗费能量和底物，而且 3′ 端序列易于和前导序列或编码序列形成二级结构，妨碍翻译进行。在 UAA、UAG 和 UGA 三个终止密码子中以 UAA 的终止能力最强。

2. 融合蛋白的表达

（1）基本原理　外源基因直接在宿主细胞内表达可以简化产品的后加工处理，但在有些情况下外源基因不能直接表达。①外源基因的活性蛋白质第一个氨基酸可能不是蛋氨酸，在表达时需要加上作为起始氨基酸的蛋氨酸密码子，有时外加的蛋氨酸会影响产物活性。②蛋白质的 N 端序列对其合成和折叠有较大影响，如将外源基因编码序列与宿主细胞高表达基因 N 端序列融合，以融合蛋白形式表达可以提高表达水平。③外源蛋白在宿主细胞内往往不稳定，易被宿主细胞蛋白酶降解，含有宿主蛋白 N 端序列的融合蛋白则比较稳定。④融合蛋白不影响某些表位结构，因而易于进行抗体工程。⑤与某些特定多肽和蛋白质融合易于分离纯化和检测。

（2）切割融合蛋白　融合蛋白在分离纯化后常需切除 N 端融合的附加部分。常用的方法有：①利用特异的化学试剂裂解肽键。例如，用溴化氰可裂解蛋氨酸，甲酸加热分解 -Asp↓Pro-，羟胺加热分解 -Asn↓Gly-。②用特异的蛋白酶水解融合部位的肽键。例如，若外源蛋白内没有可被胰蛋白酶水解的碱性氨基酸，就可使融合处的氨基酸为精氨酸或赖氨酸，然后用胰蛋白酶水解。有些蛋白酶识别和分解特异的序列，用来切割融合蛋白可取得较好的效果。如肠激酶分解 -Asp-Asp-Asp-Asp-Lys↓，Xa 因子分解 -Ile-Glu(或 Asp)-Gly-Arg↓，枯草杆菌蛋白酶 Ala64 突变体分解 -Gly-Ala-His-Arg↓。

（3）切除分泌蛋白的信号肽　无论是真核生物还是原核生物，其分泌蛋白质 N 端都有一段信号肽引导新合成的肽链穿过细胞膜，然后由信号肽酶将信号肽切除。利用此机制，将外源蛋白和信号肽的编码序列融合，表达的蛋白质即被分泌到细菌的周质或培养基中，在此过程中信号肽被切除并产生有活性的蛋白质。

3. 提高外源基因的表达水平

许多因素会影响外源基因的表达，即使用强调控元件构建的表达载体也经常不能达到理想的表达水平。其主要原因：①外源基因的产物常不能正确折叠或不稳定，尤其是长度大于 100 个氨基酸残基的蛋白质，易被降解或形成包涵体。②外源基因的过量表达常对宿主细胞有害，有些产物还有毒。③不同外源基因的表达具有对细胞内外条件的要求，这些条件未必都已满足。总之，外源基因的表达并非正常的生理过程。对宿主细胞本身往往并不有利，因此必需对表达载体和宿主菌各项影响因素分别实验，以求得到高水平表达。

现已知道有不少措施可用来提高外源基因的表达水平，归纳起来有一下几类：①选用高效表达载体。对于某一外源基因需选择何种类型表达载体、何种启动子、与转录起点间的距离，以及起始密码子附近的序列等可逐项试验，以便得到最好的效果。②增加表达载体在细胞内的拷贝数。③挑选蛋白酶活性低或有缺陷的菌株作为宿主。④宿主细胞要能高水平表达分子伴侣，必要时通过基因工程增强其表达。⑤选用宿主细胞偏爱密码子

(biased codon)。由于密码存在简并性,对应于一个氨基酸可以有不只一个密码子,生物往往对其中某个密码子的使用频率高于另外的密码子。不同生物或不同的蛋白质其密码子的使用频率各不相同,挑选使用频率最高的密码子以提高表达。⑥以融合蛋白形式表达。使外源蛋白的N端与宿主细胞丰度高的蛋白质N端部分序列相连。⑦以分泌蛋白形式表达。⑧从包涵体中分离纯化外源蛋白,并使其复性。⑨选择合适的宿主菌,找出高产的生长、诱导和发酵条件。

通常在构建高产工程菌后还可通过诱变和选育以提高外源蛋白的产量。

(二) 基因表达产物的分离和鉴定

1. 产物的一般分离和鉴定方法

建成工程菌后通常要对菌体所含表达载体进行各种必要的鉴定,然后对表达产物进行SDS-聚丙烯酰胺凝胶电泳,初步判断外源基因是否表达以及表达产量多少。为检测表达产物,将工程菌培养和诱导后经离心得到菌体,悬浮于2%十二烷基硫酸钠(SDS)、0.1mol/L二硫苏糖醇(DTT)、0.05mol/L Tris-HCl(pH6.8)缓冲液,煮沸加热3min,除去不溶物,对产物进行SDS-聚丙烯酰胺凝胶电泳。以不表达外源基因的菌体蛋白作对照,检查有无新增加的表达产物。

为便于产物分离,常需确定表达产物在细胞内分布。用溶菌酶消化掉细菌细胞壁,提取周质蛋白。破碎细胞后离心,分成可溶性和沉淀部分,再测定表达产物主要存在哪一部位。

表达产物可按一般蛋白质分离纯化的方法来处理。最常用的方法有:盐析、离子交换层析、亲和层析、分子筛层析、电泳、超滤等,根据产物性质,选择合适的分离方法,以达到所需要的纯度。为便于分离纯化,可在构建表达载体时使外源蛋白质带上标签(tag),例如多聚组氨酸。但如果外加的标签会妨碍产物的应用,最后还需除去标签。

产物的鉴定主要有:①测定产物的相对分子质量。利用SDS-凝胶电泳、高效液相色谱、毛细管电泳以及质谱等技术可以快速、准确测出蛋白质的相对分子质量。②根据蛋白质的结构进行鉴定。如测定N末端和C末端氨基酸,测定氨基酸组成、利用蛋白酶测定肽谱等。③测定生物活性,也可以用抗体测定其免疫原性。

2. 从包涵体中纯化产物

蛋白质在细菌中高水平表达时,常常导致形成不溶性颗粒,这时大量折叠不完全的产物蛋白质中混杂少量其他蛋白质的聚集物,称为包涵体(inclusion body)。尽管以包涵体形式表达外源蛋白质有许多优点,例如易于分离纯化,免受胞内蛋白酶的降解,因无活性不会给宿主造成毒害等。然而,从包涵体中回收具有生物活性的产物却是十分困难的事,终产量常会因此而降低。

将培养物破碎、离心,包涵体很容易和可溶性蛋白及膜结合蛋白相分离。用去污剂(Triton X100)和螯合剂(EDTA)洗涤沉淀,除去包涵体表面吸附的杂蛋白,通常产物纯度可达90%以上。为了回收有活性的产物,需将包涵体溶于浓的变性剂和去污剂溶液,例如5~8mol/L盐酸胍、6~8mol/L尿素、SDS、碱性pH溶液或乙腈/丙酮等。如果产物蛋白质含有二硫键,溶解液中还应加入还原剂。然后逐渐除去变性剂,使蛋白再折叠。后一过程常用稀释、透析、超滤、分子筛层析等方法。控制复性的条件,或加入一些帮助蛋白质再折叠的制剂和复合物,常可提高得率。

为省去从包涵体中回收有活性产物这一费时、费力、得率又低的操作步骤,可在工程菌发酵时降低蛋白质合成速度,降低培养温度,或使分子伴侣共表达,都有可能使产物成为可溶性蛋白质,避免包涵体的形成。

3. 用金属螯合柱纯化带组氨酸标签的蛋白质。

多聚组氨酸能与多种过渡金属离子或其螯合物结合,因此在构建表达载体时将His$_6$引入外源蛋白,即可十分方便地用金属螯合柱分离产物。常用固相化的Ni^{2+}或Co^{2+}作为金属螯合亲和层析介质,例如次氮基三乙酸镍-琼脂糖(nickel nitrilotriacetate-agarose, NTA Ni^{2+}-Agarose)是目前最常用的介质。

为使His$_6$序列位于分离靶蛋白暴露的柔性部分,通常将其连在N端或C端,并在His$_6$与靶蛋白序列间插入一个或2个Gly残基,以增加柔性。在连接处也可以引入蛋白酶的切点,以便在纯化后切去His$_6$序列。当靶蛋白与金属螯合柱结合后,充分洗涤柱以除去杂蛋白。然后用螯合剂如咪唑或EDTA溶液洗脱靶蛋白。咪唑的选择性较好;EDTA效率更高,但易使柱上的Ni^{2+}洗下来,需要进一步透析或用其他方法去除Ni^{2+}。

金属螯合柱纯化带组氨酸标签的蛋白质因其效率高、容量大、体积较小、操作方便,而被广泛应用。而且Ni^{2+}柱还可回收,反复使用多次,成本也相对较低,不失为一种较理想的分离纯化蛋白质的方法。

(三) 外源基因在真核细胞中的表达

基因工程涉及的真核细胞主要有酵母(真菌)、昆虫、高等动植物等的细胞,其表达载体通常由质粒、病毒和染色体DNA改造而成。为便于操作,真核生物表达载体都含有在大肠杆菌中复制的起点,构建和鉴定操作都可以通过大肠杆菌进行。真核生物基因表达的调节主要在转录和翻译水平上进行,但还增加了转录后加工的调节,其控制元件比原核生物更为复杂。

1. 外源基因在酵母细胞中的克隆与表达

酵母是单细胞真核生物。因其基因组小($\sim 1.6 \times 10^7$ bp),世代时间短(在丰富培养基中仅90min),遗传学背景清楚(约6000多个基因,大多已知),故常作为真核生物细胞结构和基因表达调节研究的对象,真核生物基因工程也以它为首选,因而有真核生物的大肠杆菌之称。1996年完成其基因组全序列的测定,更有助于酵母的基因操作。

酵母细胞的克隆载体共有五类:酵母整合质粒(yeast integrating plasmid, YIP)含有可选择遗传标记,但无酵母复制起点,在酵母细胞内只有整合到染色体中才能稳定存在。酵母附加体质粒(yeast episomal plasmid, YEP)含有可选择遗传标记和酵母2μ质粒的复制起点,在酵母细胞内以高拷贝数存在。酵母复制质粒(yeast replicating plasmid, YRP)含有酵母染色体DNA的自主复制序列(autonomous replicating sequence, ARS),以中等拷贝数存在于酵母细胞内。酵母着丝粒(CEN)质粒(yeast centromere - containing plasmid, YCP),含有ARS和CEN,后者在有丝分裂时与纺锤体结合,以单拷贝稳定存在。酵母人工染色体(yeast artificial chromosome, YAC),含有构成染色体的关键序列ARS、CEN和TEL(telomere,端粒),能以微型染色体的形式存在,可用以克隆超过100kb的大片段DNA。上述载体的酵母选择标记常用生物合成基因,如合成尿苷酸的URA3,以便用营养缺陷型宿主细胞进行选择。为便于操作,除酵母选择标记和复制起点外,还常加入大肠杆菌的选择标记和复制起点,构成穿梭载体(图35-17)。

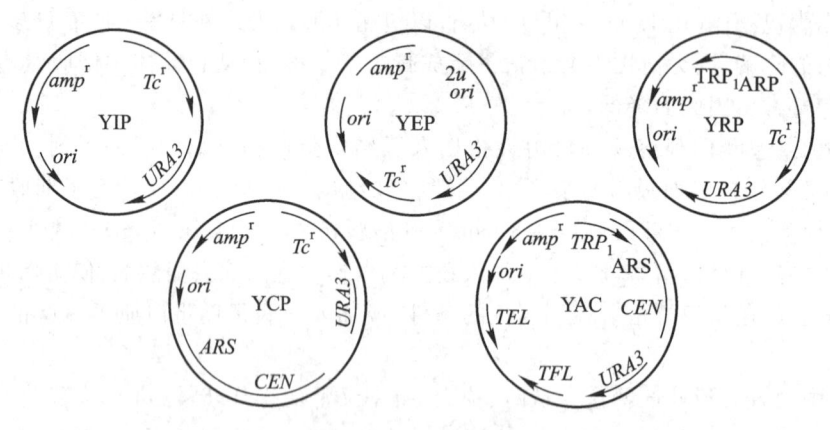

图35-17 酵母克隆载体

用于基因表达的酵母载体,需要具有酵母的各种表达控制元件。首先,要有可被RNA聚合酶Ⅱ识别的强启动子,或者是可诱导的(如GAL、PHO5),或者是组成型的(如ADH1、PGK、GPD)。GAL为半乳糖代谢有关基因,其中GAL1(半乳糖激酶)启动子受其正调节和负调节蛋白的调节。当激活因子(GAL4)结合于转录起点上游的UAS位点时,转录即开始。而细胞在含葡萄糖的培养基中,它的负调节因子(GAL80产物)可以与GAL4形成复合物,阻止启动子的活化;但在含半乳糖的培养基中,GAL80与GAL4解离,GAL4即结合到UAS上。与此类似,PHO5(碱性磷酸酯酶)启动子受激活因子(PHO4)和负调节因子(PHO80)的调节。细胞在缺无机磷的培养基中

PHO5启动子被活化，而在富含磷的培养基中PHO80阻止PHO4的活化作用。组成型的启动子能始终维持较高水平的转录，其mRNA可占细胞总mRNA的1%以上，这类常用的有ADH1（醇脱氢酶）、PGK（磷酸甘油酸激酶）和GPD（葡萄糖-6-磷酸脱氢酶）的启动子。组成型启动子虽说是不可诱导的，但其转录活性仍受各种生理条件的影响，当酵母生长在非葡萄糖碳源的培养基中时这类启动子的表达活性都较低。

mRNA的翻译活性受前导序列的影响较大，但是其间的关系还并不十分清楚。此外，转录的终止子包括形成3'末端和腺苷酸化的信号序列，对于表达效率都是十分重要的。

2. 克隆基因在植物细胞中的表达

根瘤土壤杆菌（Agrobacterium tumefaciens）是诱发裸子植物和双子叶植物产生冠瘿（crown gall）的病原菌。在植物创伤部位，这类病原土壤杆菌侵入并附着在植物细胞壁表面，产生细纤丝将细菌裹起来形成细菌集结。随后，根瘤土壤杆菌细胞内质粒上的一段DNA转移到植物细胞内，并整合到染色体DNA中，导致植物细胞形成肿瘤，然后大量合成和分泌冠瘿碱，以供细菌营养的需要。根瘤土壤杆菌携带的特殊质粒受到分子生物学家的关注并被开发成植物基因工程广泛使用的克隆载体。

根瘤土壤杆菌的质粒称为Ti质粒，即诱发寄主植物产生肿瘤的质粒（tumor-inducing plasmid），其大小在200kb左右（$M_r = 90 \times 10^6 \sim 150 \times 10^6$），为双链闭环分子。Ti质粒中与诱发肿瘤有关的基因区段有两个，即T-区段和毒性（vir）区段，其余的基因分别控制冠瘿碱代谢、细菌的生长周期、宿主特异性以及Ti质粒的接合转移等。

T-DNA长度约为15~30kb，相当于Ti质粒DNA长度的十分之一，其两端为25bp的正向重复，分别称为左端边缘（left-handed border, LB）和右端边缘（right-handed border, RB）。T-DNA的转移同细菌的接合作用十分相似。vir基因区段编码多种蛋白质，分别参与T-DNA的转移与整合，其中一种为核酸内切酶，可在T-DNA两端造成单链切口，单链分子从Ti质粒上脱离，5'端RB序列与vir基因编码的蛋白质共价结合，在其引导下转移到植物细胞的核内，并整合到染色体中去。

T-DNA携带的基因只有在插入植物染色体后才被激活表达，其中包括：①冠瘿碱合成酶的基因（opine synthetase gene），不同Ti质粒合成不同的冠瘿碱，章鱼碱（octopine）Ti质粒含有章鱼碱合成酶的基因ocs，胭脂碱（nopaline）Ti质粒含有胭脂碱合成酶的基因nos。②细胞分裂素合成酶的基因tmr，这个基因突变的结果激发肿瘤出现大量根的增生，故又称为根性肿瘤（rooty tumor）基因。③植物生长素合成酶的基因tms1和tms2，这两个基因中任何一个发生突变都会激发肿瘤出现芽的增生，故称为芽性肿瘤（shooty tumor）基因。tmr、tms1和tms2这三个基因统称为致瘤基因（onc）。

Ti质粒是理想的植物基因工程载体，将外源基因插入T-DNA，即可借以转化植物细胞。但是Ti质粒太大，操作十分不便，对此提出了两种解决的谋略：一是构建二元载体系统（binary vector system）；另一是采用共整合载体（cointegrate vector）。二元载体系统是将Ti质粒的T-DNA和vir基因区段分置于两个载体。T-DNA通常插在易于操作的细菌小质粒载体中，为免于引起宿主产生肿瘤，将T-DNA的致瘤基因全部除去，但保留合成胭脂碱的基因nos，作为遗传标记。vir基因则仍留在缺失T-DNA的Ti质粒内。外源基因插入小质粒的T-DNA中后，将质粒转移到根瘤土壤杆菌中，在vir基因产物的作用下T-DNA即转入植物细胞核染色体内。

共整合载体是使用无致瘤基因（onc⁻）的Ti质粒作载体，其中T-DNA只保留边缘区和nos基因，其余部分被删除，而代之以pBR型质粒的一段序列，例如，氨苄青霉素抗性基因（amp^r）序列。外源基因插入pBR型的质粒内。为便于T-DNA转化后植物细胞的筛选，pBR型质粒带有对植物细胞有剧毒的新霉素的抗性基因（neo），并与胭脂碱合成酶基因（nos）的启动子融合，nos-neo杂合基因可在植物细胞内表达。此外，pBR型质粒还带有细菌选择标记卡那霉素的抗性基因（kan^r）。携带外源基因的pBR型质粒转入根瘤土壤杆菌后，onc⁻ Ti质粒与pBR型质粒都存在一段相同的序列，很容易发生同源重组，形成两质粒的共整合体，其中外源基因被包围在T-DNA的边缘区之间，因此可转化植物细胞。图35-18表示二元载体系统与共整合载体的结构。

pBR型质粒与一般细菌小的质粒一样，其自身无接合转移的能力，转移需要在携带转移基因tra和牵引蛋白基因mob的质粒（如R64衍生质粒R64drd11）帮助下才能发生。pBR型质粒上有结合Mob蛋白的位点bom，故能被转移。将带有外源基因的重组质粒由大肠杆菌转移到土壤杆菌，还需要另外一个细菌菌株提供辅助转移的质

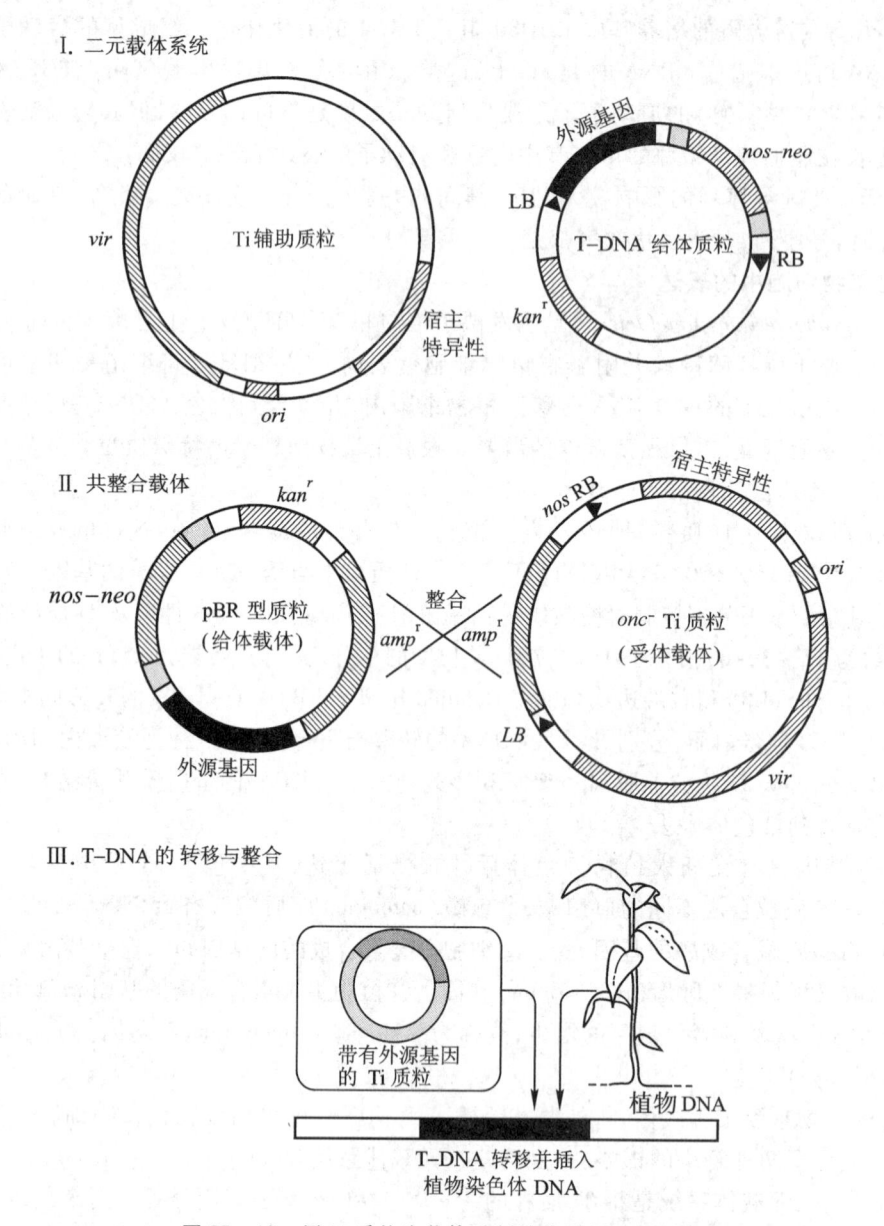

图 35-18 用 Ti 质粒为载体进行植物基因工程图解

粒。将三种有关的细菌菌株共同培养,彼此配对,促使质粒转移,称为三亲株配对(triparental mating)。三个菌株是:①具有辅助转移质粒的大肠杆菌菌株,②具有携带外源基因的给体载体的大肠杆菌菌株,③具 onc⁻ Ti 质粒衍生的受体载体的根瘤土壤杆菌菌株。它们共同培养时,辅助质粒即转移到给体载体的宿主细胞内,并帮助给体载体转入根瘤土壤杆菌细胞内,随之发生 T-DNA 携带外源基因转移。三亲株配对有较高的转移效率。

用于植物基因工程的克隆载体除 Ti 质粒外,还有另一种诱发植物形成肿瘤的质粒,即发根土壤杆菌(*Agrobacterium rhizogenes*)的产生毛根质粒(root-inducing plasmid,Ri)。与 Ti 质粒类似,Ri 质粒诱发植物产生茎瘿(cane gall),在茎部表面密布毛根。Ri 质粒已被改造成各种用途的载体。特别值得提出的是,Ri 质粒产生的不定根切下来经培养可以再生成可育的植株。此外,各种植物病毒也可改造成为基因载体,如花椰菜花叶病毒(CaMV)DNA 载体即是一例。花椰菜花叶病毒的 35S 启动子被广泛用于构建植物基因工程的表达载体。烟草花叶病毒(TMV)是单链 RNA 病毒,将其 RNA 逆转录成 cDNA 再插入质粒载体,由此构建成重组病毒载体。植物病毒载体易于操作,可以高效感染植物细胞,并在植物细胞中高水平表达。但一般植物病毒载体在植物细胞内并不发生整合,故其携带的外源基因不能通过种子稳定传代。

植物细胞具有全能性。转化的胚性悬浮细胞、胚性愈伤组织或者用叶盘转化法(leaf disc transformation)获得的转化叶片,可用植物激素诱导生芽和生根,产生转基因的再生植株。

3. 克隆基因在哺乳动物细胞中的表达

哺乳动物基因工程的表达载体通常都由动物病毒改造而得,常用的病毒如猿猴空泡病毒40(Simian vacuolating virus 40,SV40)、逆转录病毒和腺病毒等。载体的功能组分包括:①原核生物的复制起点和选择标记,常选用pBR型的基本序列,以构成穿梭质粒,便于操作。②真核生物的表达控制元件,如启动子和增强子,转录终止和腺苷酸化信号,剪接的信号等。③在真核细胞中复制和选择的遗传因子。

SV40是一种小的二十面体病毒,含双链环状DNA,长约5kb,它感染猿猴细胞,如CV-1细胞,便产生感染性病毒颗粒,并使寄主细胞裂解,故称猿猴细胞为受纳细胞(permissive cell)。但如果感染啮齿动物的细胞,就不产生感染性颗粒,病毒DNA整合到寄主DNA中去,细胞被转化,也就是说发生癌变,啮齿类细胞为非受纳细胞(non-permissive cell)。人体细胞是半受纳细胞(semi-permissive cell),只有1%~2%的细胞产生感染性病毒颗粒,在极少的例子中发生整合。在受纳细胞内,SV40的基因组的表达受严格的时序控制,早期基因转录产物经加工产生两种早期mRNA,它们分别编码T抗原和t抗原,T抗原的功能为启动复制,t抗原功能尚不清楚。晚期基因转录产物经加工产生三种晚期mRNA,它们分别产生病毒外壳蛋白VP1、VP2和VP3。SV40的基因组结构见图35-19。

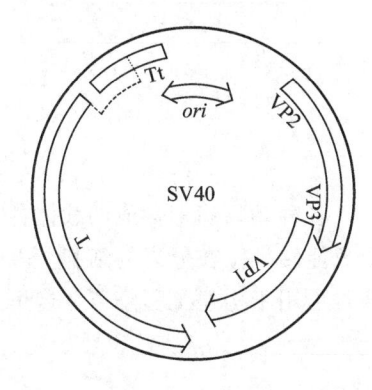

图35-19 V40病毒基因组结构

SV40病毒载体有两类:一类是取代型重组病毒载体(substitution recombinant virus vector)。在这种类型载体中,外源基因取代病毒基因组的一定区段,二者大小相等,因此形成的重组体DNA能够被包装成具有感染活性的病毒颗粒,并在哺乳动物受纳细胞中增殖。但是重组体中一部分病毒基因被取代,必须用与之互补的辅助病毒或辅助细胞补充缺失的基因功能。较常用的载体是晚期基因取代载体。而其互补的辅助病毒用温度敏感突变体tsA58,它合成一种温度敏感的T抗原,在41℃时T抗原不再合成,但能正常合成病毒外壳蛋白。重组体病毒能提供T抗原,结果重组体病毒与突变体tsA58均得到复制与包装。如果用早期基因取代载体,复制所需T抗原需要由辅助细胞来提供。将复制起点失活的SV40早期基因区段转化猿猴受纳细胞CV-1,由此得到的细胞株称为COS(CV-1 origin of SV40)细胞,该细胞能组成地表达T抗原,故早期基因取代载体可在其中繁殖,最终导致寄主细胞裂解。

另一类载体称为重组病毒质粒载体(recombinant virus plasmid vector)。它是将SV40复制起点的DNA片段插入大肠杆菌质粒载体中,由此构建成一种病毒复制子-质粒载体,当它在COS细胞内就能利用细胞提供的T抗原进行质粒的大量复制。无论是上述病毒载体,或是病毒-质粒载体,都只能短时间保留在寄主细胞中,外源基因只能作瞬时表达(transient expression),因为病毒的感染或复制子的复制失控,最终都会导致寄主细胞的裂解死亡。

逆转录病毒以其高效感染和整合而受关注,并被构建成基因工程的重要载体。逆转录病毒为致瘤RNA病毒,其病毒RNA经逆转录产生原病毒DNA,两端为重复逆转录形成的长末端重复序列(long terminal repeats,LTR),5′端附近有结合tRNA引物的引物结合位点(primer binding site,PBS),和包装位点ψ,3′端附近有多聚嘌呤序列(polypurine tract,PPT),可作为合成正链DNA的引物。共有三个编码基因,gag(group specific antigen,种群特异性抗原)、pol(polymerase,聚合酶)和env(envelope,被膜),在gag-pol左边有5′剪接位点(splicing site,SS),右边有3′剪接位点。在构建病毒质粒载体时,将原病毒DNA插入大肠杆菌质粒pBR322,然后删除gag、pol和env三个基因的大部分或全部序列,加入选择标记和外源基因,常用的选择标记为neo(新霉素抗性基因)、gpt(黄嘌呤-鸟嘌呤磷酸核糖转移酶基因)、dhfr(二氢叶酸还原酶基因)。重组体DNA用以转化适当的受体细胞,并用辅助病毒超感染转化细胞,产生"假型包装"(pseudotype)的病毒颗粒,就是说它具有感染所需的全部必要蛋白质,而其中基因组 RNA 却是重组体 DNA 转录的 RNA。如果用包装缺陷的原病毒 DNA 转化寄主细胞，并发生整合，由此可以得到辅助细胞，用以取代辅助病毒。它产生的重组病毒产量甚高，转移基因成功率几乎可达 100%。病毒载体的 LTR 具有控制基因整合和表达的能力，可使转化细胞持久表达外源基因，故广泛用于转基因动物和基因治疗。图 35-20 所示为逆转录病毒质粒载体及其 RNA 转录物的一般结构。

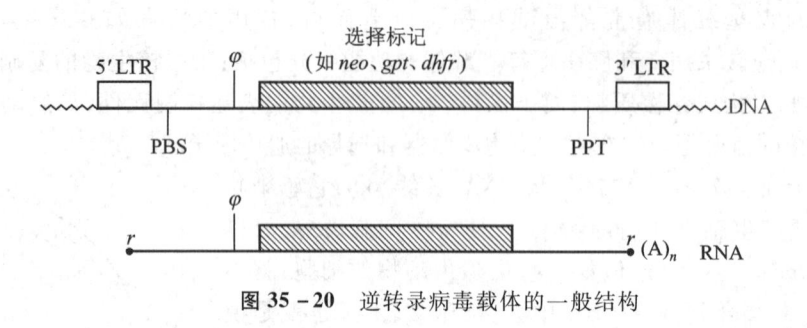

图 35-20　逆转录病毒载体的一般结构

各种动物病毒构成的载体各有其特点和特殊用途。逆转录病毒载体具有较高整合和表达外源基因的效率，但只能转染正在分裂的细胞。腺病毒较大，其载体可以容纳较大的外源基因片段，并且可以转染非分裂细胞。痘病毒可用于构建工程疫苗。这里不多作介绍。

四、蛋白质工程

通过基因工程能够大规模生产生物体内微量存在的活性物质，并借助转移基因而改变动、植物性状，得以在人类医疗保健中进行基因诊断和基因治疗。然而，在广泛利用自然界存在的各种蛋白质的过程中就发现，这些蛋白质只是适应生物自身的需要，而对它们产业化开发往往并不合意，需要加以改造。1983 年美国基因公司的 Ulmer 首先提出蛋白质工程这个名词，它是指按照特定的需要，对蛋白质进行分子设计和改造的工程。自此之后，蛋白质工程迅速发展，已成为生物工程的重要组成部分。

（一）蛋白质的分子设计和改造

蛋白质工程的产生和发展是许多学科相互融合、共同努力的结果，它涉及包括生物物理学、生物化学、分子生物学、计算机科学和化学工程学以及一些有关的相邻学科和交叉学科。蛋白质工程首先是以蛋白质的结构为基础的，通过对蛋白质一级结构、晶体结构和溶液构象的研究，积累了成千上万种蛋白质一级结构和高级结构的数据资料，并编制成系统的数据库，得以从中找出蛋白质分子间的进化关系、一级结构和高级结构的关系、结构与功能的关系方面的规律。特别值得指出的是，计算机科学技术和图像显示技术的迅猛发展，已使蛋白质结构分析、三维结构预测和模型构建、分子设计和能量计算等理论与技术以及相关软件，正在发展成为一个独立的研究领域，而成为生物信息学的一门分支。它在蛋白质工程定向改造的分子设计中是必不可少的条件和重要手段。

蛋白质工程是基因工程的重要组成部分，或者说是新一代的基因工程。蛋白质的改造通常需要先经精细的分子设计，然后依赖基因工程获得突变型蛋白质（mutein），以检验其是否达到了预期的效果。如果改造的结果并不理想，还需要从新设计再进行改造，往往要经历多次实践摸索才能达到改进蛋白质性能的预定目标。

（二）蛋白质的实验进化

蛋白质的分子设计和结构改造在技术上取得重大突破后，备受各界关注，十多年来发展极为迅速，取得了一系列重要成果。然而，这些成果多数属于理论上的，或是技术上的，获得改进性能的实用蛋白质并不多。其主要原因在于分子设计的不精确性。分子设计的主要依据来自三个方面关系的知识：①蛋白质分子间的进化关系，从同源蛋白质序列的微观差异可找出其对空间结构和生物功能的影响；另一方面蛋白质的进化研究也为蛋白质的构造规则提供了信息。②蛋白质一级结构与空间结构的关系,由此可以从一级结构预测三级结构。③蛋白质结构与功能的关系,找出结构改变对功能的影响。从已知蛋白质的上述关系可用以推测一级结构的改变对空间结构和生物功能可能的影响,而目前对蛋白质结构规律的认识还十分有限,这种推测也就并不可靠,往往差之毫厘,失之千里。于是蛋白质改造的另一途径即在实验室条件下模拟生物分子的进化,通过随机变异和靶功能的选择,多次重复,从而获得改进性能的蛋白质。此过程称为实验进化。

达尔文式的进化基本上是三个过程的循环重复:变异—选择—增殖。可遗传的变异是进化的基础,只有从足够庞大的随机突变体库中才能选择到适宜的突变体。选择,无论是自然选择或是人工选择,都是把"优者"从"劣者"中分离出来的过程,因此选择具有方向性。增殖是使选择到的突变体保存下来。生物大分子(包括基因和蛋白质)实验进化技术已日趋成熟。

遗传变异包括突变和重组。在实验室条件下,基因突变可以用错误倾向 PCR(error prone PCR)来获得。Taq DNA 聚合酶缺乏校正功能,其核苷酸掺入错误率为 2×10^{-4},积 30 次循环,错误率可达 0.25%。如果提高反应底物 dNTP 的浓度,加入 Mn^{2+} 或 Co^{2+} 等,错误率能够提高到 2%,此即为错误倾向 PCR。有害变异往往远比有益变异为多,变异率过大易造成变异分子群丢失有用信息。DNA 改组(DNA shuffling)是一种体外基因重组技术。将错误倾向 PCR 产物进行 DNA 改组,可以增加异质性,促使有害变异与有益变异分离,通过选择获得有益变异的优化组合。DNA 改组包括三个主要步骤:①DNA 随机片段化(random fragmentation),在 Mn^{2+} 存在下用 DNase I 部分消化 DNA,Mn^{2+} 使 DNase I 在 DNA 双链相同部位切断,得到平端的片段或接近平端的片段。②自身引发 PCR(self priming PCR),DNA 片段重叠部分两互补链的 3′端彼此配对,各作为引物,以互补链为模板向前延伸,然后以同样方式与互补链配对延伸,直至合成出全长的基因。③重组合 PCR(reassembly PCR),用基因 5′端和 3′端引物将上述经重组合的全长基因扩增出来,即可用于表达和选择。DNA 改组的流程见图 35-21。

自然选择是通过选择生物的表型来选择基因型的,在分子水平上则是通过选择蛋白质来选择基因。噬菌体展示技术将展示的蛋白质与其基因偶联在一起,因此,在选择到突变型蛋白质的同时也就选择到了它的基因。1985 年 G. P. Smith 最先将外源基因插入丝状噬菌体 f1 的基因Ⅲ,使目的基因编码的多肽链与外壳蛋白 gp3 融合,以相对独立的空间结构展示在噬菌体表面,为表面展示技术奠定了基础。表面展示主要以丝状噬菌体 M13 或其噬菌粒作为载体。噬菌体主要外壳蛋白 gp8 分子很小,围绕基因组 DNA 呈螺旋对称排列;低拷贝数(3~5)外壳蛋白 gp3 分子较大,在尾部,具有识别大肠杆菌性纤毛并引导噬菌体进入宿主细胞的功能,它们的 N 端均游离在外,外源蛋白与之融合而被展示。外壳蛋白融合外源蛋白后会影响其正常功能,因此噬菌体载体采用双拷贝的基因Ⅲ或基因Ⅷ,使一个拷贝为正常(野生型)基因,另一拷贝为融合基因。噬菌粒除含质粒复制起点和选择标记外,只含丝状噬菌体的复制起点与基因间隔区(IG)以及外源蛋白与外壳蛋白融合的基因,其 ssDNA 的产生与装配依赖于辅助噬菌体。外源蛋白以融合蛋白质形式展现在噬菌体表面,通过适当的选择可获得具有特定功能的多肽结构。

选择可以用各种方式进行,或是正选择(挑选有益突变),或是负选择(淘汰有害突变),最简单和常用的是亲和选择(affinity selection),因其犹如淘金故称为亲和淘选(affinity panning)。亲和淘选常将选择剂固定在支持物上,用以吸附高亲和力的突变型蛋白质,例如,用于选择受体的配体、酶的抑制剂、靶蛋白的作用物等。噬菌体表面展示与特异选择见图 35-22。

(三) 蛋白质工程的进展

蛋白质工程的出现标志着人类征服自然进入一个新的发展阶段。蛋白质工程使我们能更充分地利用自然界存在的基因和蛋白质,而且还能在分子水平上对基因和蛋白质进行再设计和改造,进而创造出自然界不存在的基因和蛋白质,在短期内完成自然界几百万年进化才能完成的过程。新的方法不仅改进了过去传统的方法,而且还开辟了新的研究领域。蛋白质工程的应用主要在两个方面:它为蛋白质及其基因的科学研究提供了强有力的手段;它还能改进基因工程产品,开发新的应用领域。

目前蛋白质工程更多侧重于对蛋白质的理论研究,并已成为常用的不可或缺的方法。用于蛋白质的研究,大

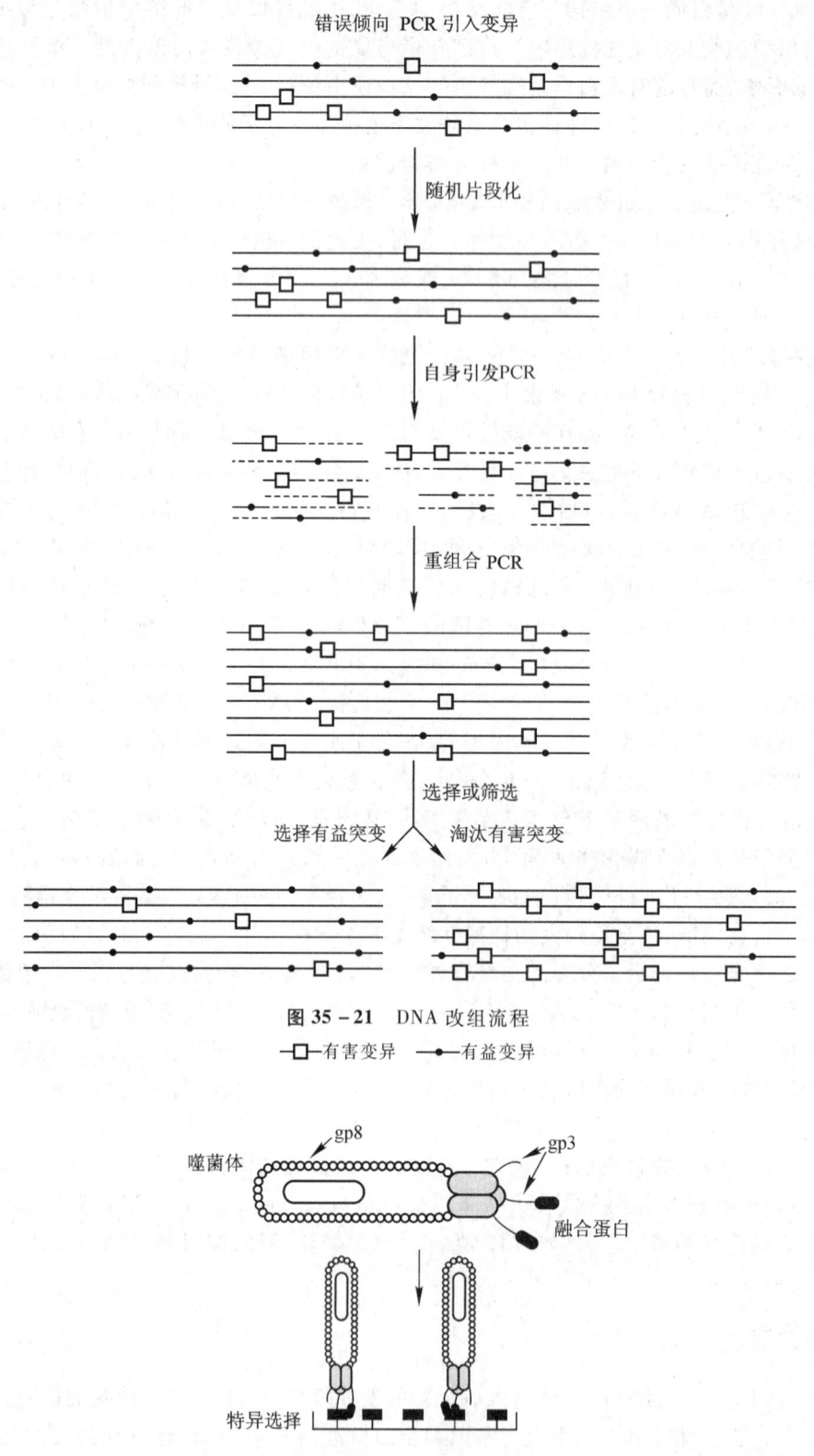

图 35-21 DNA 改组流程
─□─有害变异　─●─有益变异

图 35-22 噬菌体表面展示与特异选择

致有以下几个方面：①有助于对蛋白质结构的解析，揭示蛋白质分子结构的规律，由一级结构预测空间结构。②确定蛋白质分子间的相互关系，找出相互作用的氨基酸残基。③阐明蛋白质结构与功能的关系，了解蛋白质的活性部位和一级结构对生物功能的影响。例如,为了弄清楚蛋白质中各半胱氨酸的作用,可逐个用丝氨酸残基取代,之后观察其对结构和功能的影响。同样,对关键氨基酸残基可予以删除或置换,以确定其作用。有赖于蛋白质工程和其他一些新的研究技术,近年来蛋白质结构和功能的研究取得突飞猛进的发展。

在应用方面,几乎所有类型具有开发前景的蛋白质和多肽都用蛋白质工程作过改造的尝试,并取得不同程度的成果。研究最多、取得成果最显著的是生物技术药物和工业用酶的蛋白质工程。蛋白质和多肽类药物包括激素、细胞因子、酶、酶的激活剂和抑制剂、受体和配体、细胞毒素和杀菌肽以及抗体和疫苗等。作为药物,希望通过改造以提高其活性、特异性和稳定性,控制分子聚集,降低免疫原性和毒副反应,延长在体内的半寿期,增强对靶位点的导向性等。

例如,水蛭素是水蛭唾液腺分泌的凝血酶特异抑制剂,它有多种变异体,由65或66个氨基酸残基组成。水蛭素在临床上可作为抗栓药物用于治疗血栓疾病。为提高水蛭素活性,在综合各变异体结构特点的基础上提出改造水蛭素主要变异体HV2的设计方案,将47位的Asn变成Lys,使其与分子内Thr4或Asp5间形成氢键来帮助水蛭素N端肽段正确取向,从而提高体外抗凝血效率达4倍,在动物模型上检验抗血栓形成的效果,提高20倍。

生长激素通过对它特异受体的作用促进细胞和机体的生长发育,然而它不仅可以结合生长激素受体,还可以结合许多种不同类型细胞的催乳激素受体,引起其他生理过程。在治疗过程中为减少副作用,需使人的重组生长激素(rh-GH)只与生长激素受体结合,尽可能减少与其他激素受体的结合。经研究发现,二者受体结合区有一部分重叠,但并不完全相同,有可能通过改造加以区别。由于人的生长激素和催乳激素受体结合需要锌离子参与作用,而它与生长激素受体结合则无需锌离子,于是考虑取代充当锌离子配基的氨基酸侧链,如第18和21位的His和第174位的Glu。实验结果与预先设想一致,但要开发作为临床用药物还有大量研究工作要做。

已得到分离并进行生物化学研究的酶不下数千种,然而应用于工业生产的酶却只有数十种,可见工业用酶的开发潜力还很大。用蛋白质工程的方法提高酶的活性、特异性和稳定性,改变反应介质和动力学的性质,从而可以改进现有的工业用酶,开发更多新的工业用酶。去污剂中添加的蛋白酶和脂酶需要具有耐热、耐碱、耐氧化剂的性能,从生物体内分离的酶往往达不到要求,这就要加以改造。为提高酶的热稳定性,可在蛋白质分子中引入二硫键、置换不稳定的氨基酸残基、增加内部疏水性氨基酸等。枯草杆菌蛋白酶(subtilisin)是去污剂的一种成分,H. Chao等利用定向进化的方法得到一系列热稳定的突变型蛋白,其中一种突变型1E2A含有4个错义突变,V93I、N109S、N181D和N218S,用DNA改组技术进行回交(back-crossing),即以此突变型与野生型基因等量进行改组,任何一个突变将以1/2的概率出现在改组群体的基因中,通过筛选和测序,发现中性突变占50%,不利突变在选择过程中全部排除,将两个有利突变(N218S和N181D)组合在一起得到的突变型与野生型相比,在65℃的半寿期提高近10倍,变性温度提高6.5℃,比活提高2倍多。

蛋白质工程的发展很快,研究工作很多,这里仅介绍几个例子。

五、基因工程的应用与展望

在基因工程技术的带动下生物技术获得迅猛发展,从而改变了分子生物学的面貌,并促进了生物技术产业的兴起,由此开始了一个新的科技时代。

(一)基因工程开辟了生物学研究的新纪元

基因工程的新技术和新方法为解决生物化学、分子生物学和医学中的一些重大问题提供了强有力的手段。过去分离一个基因,测定基因的序列,确定基因的功能,用以改变生物性状,都是十分困难的事,往往需要数年,甚至数十年的时间,现在任何生物学实验室都能在短时间内完成。测定蛋白质分子的氨基酸序列原是一项十分费时费力的工作,现在可由DNA的快速测序法来代替。一些生物体内微量存在的蛋白质也可通过克隆基因的大量表达来制备。借助基因工程,分子生物学的进展达到了空前的速度和规模,重大突破不断出现,研究成果日新月异,生物化学与分子生物学已成为自然科学中最富挑战性、发展最快的学科之一。

基因工程已成为生物学各分支学科在分子水平上研究生命活动规律所不可缺少的重要手段。新的生物技术不仅为分子生物学家所掌握,也为生物科学其他分支学科的研究者所掌握,各学科都能在分子水平上,在基因、基因表达和其调控的水平上阐明生命活动过程,学科的界线已不那么分明了。一些过去难以研究的问题,如细胞识别、发育的基因控制、神经系统和大脑活动的分子基础等,借助新的技术都得到蓬勃发展,从而开辟了许多新的研究领域。结构分子生物学、发育分子生物学和神经分子生物学成为当今最活跃、发展最快的分支学科。

按照传统的方法,生物学的研究通常是根据生物的性状,找到有关的蛋白质,再确定其基因,在这条途径上生物学家已经摸索了一个半世纪;利用基因工程则可以先分离出基因,经克隆后测序并进行表达,然后再研究其功能,这一研究途径要容易得多。由于新的途径与传统生物学相反,故称为反向生物学(inverse biology)。反向生物学不仅是生物学的一种新的研究方法,而且是一种新的思路和新的理论系统。

由于基因工程的迅速进展,绘制人类基因组图谱才成为可能。人类细胞含有 23 对染色体,单倍体基因组 DNA 由大约 3×10^9 bp 所组成,共有约 3 万个基因。科学家们认为,通过全部基因序列的测定,人们将能够更有效的找到新的方法来治疗和预防许多疾病,如癌症和心脏病等。1986 年,著名生物学家、诺贝尔奖获得者 R. Dulbecco 在 Science 杂志上率先提出"人类基因组计划",该建议引发了科学界长达 3 年的激烈争论。在此基础上,美国政府决定用 15 年时间(1990—2005 年)出资 30 亿美元来完成这一计划。各国科学家和政府也纷纷响应美国科学家的倡议。美国、英国、日本、中国、德国及法国等六国科学家参与了这项生命科学历史上迄今最为浩大的科学工程的研究。经过 10 年努力,于 2000 年 6 月人类基因组草图宣告完成。全部基因组的测序工作已于 2003 年提前完成。

人类基因组的研究带动了有关技术的突破和发展,在测定人类基因组序列的同时上千种从低等生物到高等动、植物的基因组完成全序列的测定,其中包括多种病原体、大肠杆菌、枯草杆菌、酿酒酵母、线虫、果蝇、小鼠、大鼠、水稻和拟南芥等的基因组,绘制了几十个"模式生物"(model organisms)和代表性物种的基因组图谱,对于生命科学的发展至关重要。

人类基因组计划的顺利进展鼓励了科学家们进一步规划后基因组时代(post genome era)的研究任务,由此提出了功能基因组的研究方案。也就是说不仅要了解人类基因组的语言信息,即测定其全序列;还要了解其语义信息,弄清全部编码基因的功能;并进而了解其语用信息,阐明基因表达的时空调节。基因组学(genomics)的任务已不仅限于研究基因组的结构,还要研究基因组的功能,研究基因组表达的产物。然而,生命的分子逻辑在于系统内生物分子的相互作用,仅从基因组水平进行研究不足以揭示复杂的生命活动规律。1994 年 M. Wilkins 和 K. Williams 提出蛋白质组(proteome)的概念,从而产生了一门新的学科——蛋白质组学(proteomics),即研究细胞内全部蛋白质的存在及其活动方式。基因组的产物不仅仅是蛋白质,还有许多具有复杂功能的 RNA,于是 1997 年提出了转录物组学(transcriptomics),用以表示对基因组全部转录物的研究。1999 年又提出了 RNA 组学(RNomics)的研究任务。生命科学已由研究个别生物分子进入研究生物分子群体;从研究生物分子静态结构进入研究生物分子动态结构;从研究单独生物分子结构与功能的关系进入研究生物分子相互识别和作用所体现的生命机能。基因工程的发展不但改变了生物化学与分子生物学的面貌,而且给整个生物学带来巨大影响,新的发现不断涌现,新的研究领域不断开拓,一个生物学的新纪元已经开始。

(二)基因工程促进了生物技术产业的兴起

现在是新技术革命的时代。基因工程的诞生带动了现代生物技术的不断突破和迅猛发展,依赖于生物技术的产业随之兴起。生物技术以基因重组技术为前沿和核心,还包括酶技术、细胞技术、微生物发酵技术、生化工程技术、生物模拟技术和生物信息技术等内容。基因工程的产业化往往涉及不止一种技术,而是配套的技术,或者说综合的生物技术。基因工程首先在医药和化工等领域中崭露头角。其实,它的最大用武之地是在农业领域和医疗保健领域。基因工程产业化的范围十分宽广,这里仅就主要方面举例加以说明。

1. 基因工程药物

1977 年 K. Itakura 和 H. Boyer 利用当时刚趋成熟的基因工程技术,在大肠杆菌中产生下丘脑激素 14 肽生长素释放抑制激素,商品名 Somatostatin(SMT)。他们将化学合成的 14 肽基因与 β-半乳糖苷酶基因融合,插入质粒载体 pBR322,在 lac 启动子控制下表达融合蛋白。表达产物用溴化氰处理,溴化氰使蛋氨酸裂解,由此分离得到 14 肽的激素。该激素可用于治疗儿童发育时期因生长素分泌过多造成的四肢巨大症。从 1L 工程菌发酵液中可得到 50mg 的基因表达产物,相当于 50 万头羊下丘脑提取的该激素量,由此可以了解到基因工程产业化的意义。

其后,基因工程药物不断成功问世。1978 年胰岛素原在大肠杆菌中表达成功。1979 年人生长素基因在大肠杆菌中获得直接表达。1980 年人白细胞干扰素基因获得克隆和表达。1981 年抗口蹄疫的基因工程抗原研制成功。1982 年乙肝抗原在酵母菌中表达成功。同年转基因植物和转基因动物也分别获得成功。

基因工程药物包括各类激素、酶、酶的激活剂和抑制剂、受体和配体、细胞因子和调节肽、抗原和抗体等。体内微量存在的细胞因子,采用基因工程大量制备,才得以确定其生物功能和临床应用价值。借助蛋白质工程不断改进蛋白质和多肽药物性能,并设计和制造出自然界不存在的新的蛋白质和多肽,其意义远比抗生素的发现和应用更为深远。一些恶性疾病,过去无药可治,现在有了特异的基因工程药物。将识别靶部位的肽段或抗体与蛋白质药物融合,可构成导向药物,它们能够选择性作用于靶部位,从而大大提高了疗效。当前在生物技术药物市场中抗体仍是主要的生物药物。应用基因工程产生抗体称为抗体工程。通过免疫动物获得的抗体为第一代抗体,由杂交瘤产生的单克隆抗体为第二代抗体,抗体工程产生的抗体则为第三代抗体。利用噬菌体展示技术,使抗体基因的表达产物展示于噬菌体表面,由此构建成噬菌体抗体库,可以在体外进行克隆选择,而无需免疫动物。总之,基因工程正在改变,今后将更大地改变化学治疗的面貌和药物生产途径。

2. 基因工程在农业上的应用

20 世纪 50 年代开始的"绿色革命"对全世界范围重要粮食作物,如小麦、玉米和水稻等的改良与产量提高,做出了重要贡献。农业生产的惊人进步,是由于作物育种的成就同农业机械化和化学化的发展相配合的结果。然而,传统的育种方法有其局限性,并且费时费力。高产的农作物新品种往往需要大量施用优质化肥、各种杀虫剂和除草剂等化学药品,这就造成环境污染,土壤肥力下降,农业成本增加等新的问题。而且,传统的育种方法难以克服物种之间的遗传屏障,高度近亲繁殖造成作物遗传背景越来越窄,容易发生病虫害。70 年代兴起的生物技术应用于农业,于是出现了第二次"绿色革命"。

转基因技术改变了传统的育种方法,通过导入优良基因而使作物获得新的性状。最早进行的基因工程育种是使作物获得各种抗性,如抗病毒、抗病菌、抗虫害、抗除草剂、抗寒、抗涝、抗干旱及抗盐碱等。通过转基因可以控制作物的生长发育,缩短生长期,影响各器官的形成。新的育种方法增加了农产品的产量,还可改良农产品的品质,增加营养成分,并使农产品便于保存。基因工程促进了对光合作用和固氮作用的基础研究,可望提高栽培作物的光合作用效率,直接从空气中利用氮源。基因工程也改变了作物的栽培技术和田间管理,技术上落后的农业正在变成高新技术的产业。

畜牧饲养业也得益于基因工程,在短时间内就培育出各种高产、优质、抗病及短生长期的新品种。新的转基因动物获得许多优良性状,改变了饲养条件,也改善了畜牧产品的性能和品质。

基因工程还可将栽培植物和饲养动物作为生物反应器,通过转基因使植物的茎、根、种子和禽类的蛋、哺乳类动物的奶汁中含有大量珍贵的药物或疫苗。基因工程使得人类能够充分利用自然界的基因资源。

3. 基因治疗

所谓基因治疗(gene therapy)是指向受体细胞中引入具有正常功能的基因,以纠正或补偿基因的缺陷,也可以是利用引入基因以杀死体内的病原体或恶性细胞。基因工程的兴起,使得基因治疗成为可能。一些目前尚无有效治疗手段的疾病,如遗传病、肿瘤、心脑血管疾病、老年痴呆症及艾滋病等,可望通过基因治疗来达到防治的目的。

1990 年,美国正式开始首例临床基因治疗,患儿由于腺苷脱氨酶(ADA)基因缺陷,而患重度免疫缺陷症(SCID)。研究人员将克隆的腺苷脱氨酶基因(ada)导入患者淋巴细胞,经体外培养淋巴细胞可以产生腺苷脱氨酶,然后再将这种淋巴细胞转入患者体内,患者症状有明显缓解,治疗取得令人鼓舞的成功。继美国之后,许多国家都开始了基因治疗试验。我国于 1991 年首例 B 型血友病基因治疗也获得满意结果。然而目前基因治疗在技术上还未成熟,许多试验都没有成功。关键问题是:①如何选择有效的治疗基因。②如何构建安全载体。病毒载体效率较高,但却有潜在的危险性。③如何定向导入靶细胞,并获得高表达。人类基因组计划的完成必将有助于人类重要疾病基因的发现,基因治疗技术也在不断改进。根据乐观的估计,在今后 20 年中,基因治疗有可能取得重大突破,成为临床广泛采用的有效治疗手段。

在诸多基因治疗途径中最早得以实现的可能是基因疫苗和基因抗体。毕竟要修复或取代人体内有缺陷的重要基因绝非易于。除了上面所提到的表达效率和安全性问题外,还要考虑倒人体内重要基因的影响是多方面的,引入基因在补偿缺陷的同时,还可能引起其他许多的反应,甚而有可能抑制体内正常基因的表达。相对来说,免疫基因治疗容易操作,也比较安全。将疫苗蛋白基因的表达载体皮下注射到体内,或将抗体基因表达载体导入患者淋巴细胞内,再输入体内,可以在体内产生所需要的疫苗蛋白或抗体蛋白。免疫反应在治疗恶性传染病、肿瘤、艾滋病等难于医治的疾病中常有特殊的疗效。采用基因治疗有下列优点:①能在较长时期内持续产生生物治疗量的疫苗蛋白或抗体蛋白;②易于控制其表达,也可以定点注射到患处;③可以针对患者疾病制备特异的基因,达到个性化治疗。2006 年美国科学家报导采用抗体基因疗法首次治愈癌症。2 名皮肤癌患者,癌细胞已经扩散,在用抗体基因治疗 18 个月后,体内癌细胞全被清除。这一成果增强了人们对基因治疗的信心。

反义 RNA 和 RNA 干扰已在临床开始试用,由于 RNA 制剂本身十分不稳定,其化学衍生物又常有毒,最好的方法是引入基因,使在体内表达。RNA 干扰可用以对付外来病原体基因或体内突变产生的有害基因,因此称为基因组免疫。无论是反义 RNA 或干扰 RNA 的基因制剂,有望成为治疗的有效途径。

(三)基因工程研究的展望

20 世纪 70 年代初基因工程的出现带动了生物技术的兴起和发展,由此使生物科学进入了一个新的发展时期,其主要特点是:第一,生物科学得以前所未有的高速度向前发展。技术上的不断创新和突破,使得生物科学具有赖以迅猛发展的方法和手段。第二,生物科学与工程学相结合,出现空前规模大科学工程的研究。巨大的信息网将世界各实验室相连,生物科学的研究变得更有计划、更有组织、更有规模了。第三,生物科学进入了一个创造和实践的新时代。如果说过去生物学主要是在认识生物的基础上研究怎样利用生物,那么今天已能够在分子水平上重新设计和创建自然界未曾出现过的基因、蛋白质和生物新品种。

基因工程和有关的生物技术为人类认识生命世界,认识人类自己提供了有效手段。首先,人类需要了解自身基因组编码的遗传信息。只有在基因工程的基础上才有可能提出和完成"人类基因组计划"这样一个生物学历史上迄今最宏大的科学工程。"人类基因组计划"已经提前完成,科学家们又制定了"后基因组研究计划",着手功能基因组学的研究。这项工作具有巨大的理论意义和实践意义,对生物学和医学将产生深远的影响,由此发展起来的新策略、新技术在生物技术产业中也能发挥重大作用,有关基因序列的信息在科学研究和实践应用中的价值也会越来越大。

其次,高等动、植物及至人体如何从一个受精卵开始发育成为成体的,这也是人们长期以来不断探索以求解决的基本问题之一。由于采用了基因工程技术,对发育过程的研究才深入到基因选择性表达和其产物对发育过程的控制等分子水平。通过基因标签技术,即利用转位因子插入控制发育的基因内使其失活,或是通过基因敲除(knock out),生物发育就停留在该基因控制的阶段,用这样的方法及其他一些方法,可以克隆到控制发育的基因。现在知道,发育程序并不是在受精卵中早已完全确定的,而是在发育过程中通过有关基因间一系列相互作用而逐渐展开的。果蝇发育的遗传实验表明,决定胚胎体轴和分节的基因形成一个分层次的网络。决定初级体轴的基因是原初基因,这些基因产物不均匀地分布在卵子中,从而使卵裂过程中到达一定空间的细胞核基因组选择性被激活。激活的分节基因又对体轴和分节的发育进一步起作用。第三个层次是同源异型基因(homeotic genes),它们决定体节分化为头、胸和腹的器官。目前已经克隆了许多同源异型基因,它们都具有一个类似的框架(box)序列,这类框架也存在于脊椎动物的基因组中,估计这些同源异型基因的产物是一类转录因子。目前即使是果蝇的发育都还远未弄清楚,更何况是人体的发育。但重要的是,生物发育已不再是不可捉摸的事,它被归结为一系列连续发生、彼此相关的基因事件,只要假以时日,这一系列基因事件都将会研究清楚。

第三，最重要也是最困难的研究课题是了解人类大脑的活动规律。当代自然科学面临的最大挑战之一是揭开大脑的秘密。基因工程作为研究分子生物学的重要手段，在神经生物学的研究中也发挥了重要作用。神经信号的基本形式是沿神经元质膜迅速传播的动作电位或神经脉冲，它由神经细胞膜发生瞬间离子通道透性改变而引起的。现已将多种离子通道蛋白的基因及神经递质受体的基因克隆出来，因而能够通过克隆基因的表达获得足够量的通道受体蛋白，在体外研究它们的作用，了解神经回路的作用机制。更引人注目的是学习和记忆分子基础的研究。学习可能使神经细胞突触连接的有效性产生长期的变化，其中涉及基因表达的改变和第二信使系统的信号转导，前者与长期记忆有关，后者参与短期记忆。对大脑的研究是人类探索自然的重要组成部分，它不仅反映了人类对自然和人类自己的认识水平、认识能力，并将直接影响到人类的思想和意识形态。

在基因工程的带动下，有关的生物技术得到迅速发展，构成了一个新兴的综合技术领域，它们运用生命科学和邻近基础学科的知识，并结合工程学的现代技术，成为巨大的生产力。一批以生物技术为基础的新产业群得以迅速兴起。这些产业能为社会提供大量商品和各种社会服务，创造出庞大的财富，其发展规模更是始料不及的。它们提供的商品或是生物技术药物、食品、化工产品、生物材料和加工制品，或是优良的生物品种。社会服务的含义也很宽，它们产生的直接效果是社会效益，如疾病诊断和医疗保健、水的净化和废物处理等。

新技术革命引起新的产业革命，促使世界产业迅速地朝向尖端技术化、知识密集化、高增殖价值化方向发生结构性的变化。领头产业正在更替。当今是信息经济时代，信息技术改变了整个社会面貌。任何经济形式都有始有终，都要经历形成、成长、成熟和转化四个明确的阶段。20世纪从电讯技术诞生、计算机出现、网络的形成到大规模使用芯片，信息经济进入了它的成熟阶段。据估计，再过20~30年，生物经济可能进入成熟阶段，并将取代目前的信息经济。到那时生物技术产业将会是领头的产业，生物技术会影响到经济结构、生活方式和社会的各个主要方面。

习　题

1. DNA 分子克隆包括哪些步骤？有何应用价值？
2. 大肠杆菌质粒 pBR322 含有 10 个 *Hinf* I 的酶切位点，当以此酶部分水解时可得到多少种限制片段？［91 种］
3. 何谓同裂酶？何谓同尾酶？不同同尾酶切割的片段连接后是否还可用原来的限制性内切酶切开？
4. 克隆载体的必要条件是哪些？
5. 比较黏粒和 λ 噬菌体为载体进行 DNA 克隆的异同。
6. 如何进行单链 DNA 的克隆？
7. 有哪些方法可以使外源 DNA 与载体 DNA 相连接？比较它们的优缺点。
8. 对克隆载体和宿主菌有哪些基本要求？
9. 将重组 DNA 导入细胞内有哪些方法？它们的原理是什么？
10. 何谓基因文库？何谓 cDNA 文库？两者有何不同？
11. 构建哺乳动物基因文库，将染色体 DNA 用 *Mbo*I 部分水解并分离出约为 20kb 的片段，其切割分离的效率为 20%；与 λ 载体左右臂（共 28kb）连接，其连接效率 90%；然后进行体外包装，已知 1μg 重组 DNA 经体外包装后感染大肠杆菌的 cfu 为 10^9，若哺乳动物单倍体基因组大小为 3×10^9 bp，最初需要多少染色体 DNA 建库才能使任意基因存在库中的概率大于 99%。［1.6ng］
12. 建立人胚 cDNA 文库，已知人胚低丰度 mRNA 为 28 000 种，占总 mRNA 的 40%，为使低丰度 cDNA 存在的概率大于 99%，此 cDNA 文库应包含多少克隆？［3.22×10^5］
13. 比较 cfu 和 pfu 两者的差别。
14. 如何利用 tet^r 基因插入失活来筛选插入外源基因的重组体？
15. 原位杂交的原理是什么？有何用途？
16. 何谓差别杂交和扣除杂交？举例说明用以分离基因的过程。
17. 何谓表达文库？如何从表达文库中分离克隆的基因？
18. 说明聚合酶链式反应（PCR）的原理和用途。
19. 设计 PCR 引物应遵循哪些原则？

20. 简要说明重组 PCR 的原理。
21. 如何利用 PCR 扩增未知序列？
22. 基因定位诱变的主要方法有哪几种？它们的原理是什么？
23. 比较化学法和双脱氧法测序的原理和优缺点。
24. 为什么称 T7 DNA 聚合酶为测序酶？用它测序有何优点？
25. 试述自动化测序的原理？
26. 原核生物基因表达主要调控元件有哪些？
27. 何谓 tac 启动子？为什么用 IPTG 可诱导基因表达？
28. 分析融合蛋白表达和非融合蛋白表达的利弊。
29. 如何提高外源基因的表达水平？
30. 如何从包涵体中纯化产物？
31. 试述金属螯合柱纯化带组氨酸标签蛋白质的原理和步骤。
32. 酵母的克隆载体有哪几种？它们的基本特点是什么？
33. 如何将外源基因导入植物细胞并使之表达？
34. 什么是基因治疗？常用的载体有哪几种？
35. 什么是蛋白质工程？举例说明蛋白质工程的意义。
36. 何谓蛋白质实验进化？有何理论和实践意义？
37. 叙述 DNA 改组的步骤和原理。
38. 提出你对基因工程未来发展的看法。

主要参考书目

[1] Sambrook J, Russell D W. Molecular Cloning: A Laboratory Manual. 3rd ed. New York: Cold Spring Harbor Laboratory Press, 2001.
[2] Watson J D, Gilman M, Wifkowski J, et al. Recombinant DNA. 2nd ed. New York: Scientific American Books, 1992.
[3] Ausubel F M, Brent R, Kingston R E. Short Protocols in Molecular Biology. 3rd ed. New York: John Wiley & Sons, 1995.
[4] 卢圣栋. 现代分子生物学实验技术. 北京: 高等教育出版社, 1993.
[5] 吴乃虎. 基因工程原理. 第 2 版. 北京: 科学出版社, 1998.

（朱圣庚）

索 引

A

吖啶橙　569
吖啶黄　569
吖啶类染料　501
阿比可糖　97
癌基因　264,539,590,637
桉叶醇　121
氨的同化作用　452
氨基蝶呤　485
氨基硅烷　262
氨基环醇类抗生素　620
氨基甲酸血红蛋白　80
氨基咪唑核糖核苷酸合成酶　475
氨基酸臂　239,240
氨基酸残基　45
氨基酸分析仪　28
氨基酸密码表　493
氨基酸碳骨架的分解代谢　438
氨基糖　97
氨基转移酶　160,431
氨甲蝶呤　485
氨甲酰磷酸　434
氨甲酰磷酸合成酶　434,479
氨甲酰天冬氨酸　479
氨肽酶　192,431
氨酰-tRNA　239,600
氨酰-tRNA合成酶　600
氨酰-腺苷酸　600
胺激素　266
暗修复　534
奥咪酸　525

B

八聚体框　564
巴氏小体　237
巴西棕榈蜡　117
靶定位　617
靶细胞　266
靶向核酸内切酶　655
白蜡　116

白三烯　266,418
白血病病毒　589
百日咳毒素　633
斑点系统　554
半保留复制　514
半部位反应性现象　190
半胱氨酸蛋白酶　628
半甲基化 DNA　528
半抗原　83
半乳糖-1-磷酸　328,385
半乳糖-1-磷酸转移酶　385
半乳糖胺　97
半乳糖醇　96
半乳糖基神经酰胺　120
半乳糖基转移酶　385
半乳糖激酶　385
半乳糖脑苷脂　120
半乳糖血症　329
半寿期(半衰期)　45,150,559
半受纳细胞　685
半缩醛　91
半缩酮　91
半纤维素　104
伴刀豆凝集素　107
伴侣蛋白(陪伴蛋白)　70,611
包涵体　681
胞壁酸　98
胞壁肽　104
胞嘧啶　223
胞外基质　107
胞质小 RNA　220
饱和效应　151
饱和脂肪酸　112
保持性甲基转移酶　647
保护蛋白(开发蛋白)　73
保护剂　260
保留性转座　553
保守序列　517
保幼激素　283
报道基团　188
倍半萜　121

被动转运　326
被膜　237
被膜蛋白　590
苯丙氨酸　25,438
苯丙氨酸羟化酶　440
苯丁酸氮芥　568
苯异硫氰酸酯　50
比超螺旋　236
比活力(比活)　32,41,142
比较基因组学　262
比速率　149
比旋　6
吡啶醛甲碘化物(解磷定)　168
吡哆胺　202
吡哆醇　202
吡哆醛　202
吡喃葡萄糖　91
吡喃糖　92
必需氨基酸　453
必需脂肪酸　114
闭合型复合物　559
蓖麻毒蛋白　620
避免差错的修复　536
边界元件　649
编辑酶　584
编码链　557
编码区　229
编码序列　498
鞭毛相转变　548
变偶性　505
变性　68
变性剂　68,250
变性温度　252
变旋　90
遍多酸　201
标准还原势　348
标准自由能变化　304
表达丰度　264
表达谱　262
表达序列标签　262,264
表达载体　664

表观二级速率常数 157	操纵子 216	沉默子 649
表观解离常数 156	操纵子结构模型 567	成核(蛋白质折叠) 70
表面蛋白 590	草酸 169	成肌素 MyoD 651
表面排斥蛋白 544	草酰琥珀酸	成视网膜细胞癌蛋白 638
表位 83	草酰乙酸	成熟酶 583
表型进化速率 511	侧向扩散 128	成线机制 145
别构(变构) 77	层析 26,33,245	成酯反应 22
别构[调节]酶 183	插入突变体 501	程序性死亡 638
别构部位 77,183	插入序列 551	程序性阅读框架移位 498,585
别构蛋白质 77	茶叶碱 224	持家基因 511,639
[别构]激活剂 183	差别杂交法 673	持续合成能力 521
别构调节 182,183	差速离心法 258	持续性 522
别构相互作用 183	差速区带 253	赤霉核 285
别构效应(变构效应) 64,68,72,77, 183,626	差向异构化 91	赤霉素 285
	差向异构体(表异构体) 90	赤霉酸 285
[别构]效应物或[别构]调节物 183	拆装 544	赤霉烷 285
别嘌呤醇 471	缠绕数 236,525	赤藓糖-4-磷酸 374
丙氨酸消旋酶 175	缠绕线 238	重氮丝氨酸 475
丙二酸 339	产能反应 627	重缩合速度常数 251
丙二酸单酰-CoA 407,627	长分散因子 594	重叠基因 504
丙酮 405	长环负反馈 271	重叠肽 51
丙酮酸 323,438	长末端重复序列 499,590	重复序列 218,251,494
丙酮酸激酶 323	长片段修复 535	重构复合物 647
丙酮酸羧化酶 343,380	长期调控 645	重建测序 264
丙酮酸脱氢酶 209,332	肠促胰液肽 431	重组病毒质粒载体 685
丙酮酸脱氢酶复合体 139,209,332	肠激酶 192,431,680	重组酶 547
丙酮酸脱氢酶激酶 332	肠肽酶 192	重组体 DNA 542
丙酮酸脱氢酶磷酸酶 332	常染色质 228,237	重组位点 547
丙酮酸脱羧酶 198	超二级结构 63	重组信号序列 550
丙酮酸移位酶 332	超分子复合体 12,43	重组修复 533,535
丙酰-CoA 羧化酶 404	超分子结构 238	初级转录物 497
病毒 mRNA 的合成 589	超过滤 33	初生寡糖 99
病毒的感染 667	超极化 639	初速率(初速度) 142
病毒颗粒 236	超卷曲 235	初态 135
薄层层析 28	超螺旋 62,63,230,234,235,525	初原纤维 62
卟啉 464	超螺旋密度 236,525	穿梭质粒 664
不饱和脂肪酸 112	超螺旋数 235,525	传感器 262
不饱和脂肪酸氧化 403	超敏感位点 647	传感器敏感膜 263
不变[氨基酸]残基 85	超速离心 245	船式[构象] 92
不对称 PCR 675	超速离心机 40	串联体 218
不依赖于 rho(ρ)的终止子 566	沉淀素 83	垂体激素 270
部分水解 16	沉降平衡[法] 40,253	垂直平板[凝胶]电泳 255
	沉降速度[法] 40,253	锤头[结构] 145,242
C	沉降系数(沉降常数) 40	锤头核酶 145
菜油固醇 124	沉默复合物 654	纯非竞争性抑制 163
操纵基因 567,640	沉默突变 537	醇脱氢酶 141,328,404

雌二醇 281	单糖 88,90	导肽 617
雌激素 281	单体 67	导肽序列 614
次氮基三乙酸镍-琼脂糖 681	单体 G 蛋白 619	倒位酶 548
次黄嘌呤-鸟嘌呤磷酸核糖转移酶 478	单体蛋白质 43,47,67	等电点 22,30,248
次黄嘌呤核苷酸 473,474,476	单体酶 138	等电聚焦 36
次黄嘌呤核苷酸合酶 476	单萜 121	等价带 83
次黄嘌呤核苷酸脱氢酶 477	单酰甘油 115	等离子点 31
次生寡糖 99	单置换反应 159	等位基因排斥 550
从头合成的甲基转移酶 647	胆钙化醇 211	低甲氧基果胶 104
粗面内质网 614	胆固醇 124,421	低密度脂蛋白 125
促 M 期因子 636	胆碱 118	低熔点琼脂糖 255
促分裂原活化蛋白激酶 634	胆碱鞘磷脂 119	滴定曲线 20,249
促激素 271	胆酸 124	敌百虫 168
促甲状腺激素	胆甾烷醇 124	敌敌畏 168
促肾上腺皮质激素 271	胆汁酸 124	底物 135,258
促细胞分裂周期蛋白 636	弹性蛋白酶 86,192,431	底物饱和曲线 151
促胰液素 266	弹性蛋白酶原 192	底物形变 135,177
促肿瘤剂 650	蛋白[水解]酶 16,139	底物专一性 140
催产素 46,53,271,279	蛋白激酶 190,273	地中海贫血 81
催化部位 172	蛋白激酶 C 275,633,634	递质受体 632
催化常数 152,156	蛋白激酶 G 634	第二套遗传密码 613
催化放大 192	蛋白聚糖 108	第二信使 272,633
催化基团 172	蛋白酶 137,536,590	第一信使 272
催化抗体 83	蛋白酶 K 257	缔合 251
催化能力 136	蛋白酶断裂 84	颠换 537
催化三联体 179	蛋白酶体 636,656	碘值(价) 116
催化效率指数 157	蛋白水解酶体 430	电场梯度 255
催化性抗体 146	蛋白质-配体相互作用 72	电穿孔法 667
催化亚基羧端结构域 563	蛋白质 4,43	电荷中继网 178,179
催化中心活力 156	蛋白质氨基酸 17	电荷转移系统 179
错配修复 533	蛋白质变性剂 257,258	电击转化 667
错义突变 498,537	蛋白质测序 47	电突触 639
	蛋白质二硫键异构酶 70,610	电位门控离子通道 638
D	蛋白质工程 146,660,686	电泳 36
	蛋白质激活剂 628	电泳迁移率 36
大小排阻层析 33	蛋白质降解 429	电子的还原力 625
呆小症 278	蛋白质裂解酶 654	电子密度图 56
代谢物 289	蛋白质磷酸酶 190	电子穴 198
单倍体 494	蛋白质序列仪 50	电子应变 135
单分子反应 149	蛋白质引物 593	电子张力 135,177
单核苷酸多态性 264	蛋白质组 36,690	淀粉 101
单拷贝基因 253	蛋白质组学 218,262,496,690	淀粉酶 136
单拷贝质粒 514	氮丙啶 568	叠氮胸苷 593
单克隆抗体 84	氮芥 568	丁型肝炎病毒 242
单链结合蛋白 526	氮尿嘧啶 568	定位因子 565
单绕平行 β 桶 65	挡光膜 262	定向效应 135,176,177

冬虫夏草素 574
动力蛋白 73
动力学方程[式] 148
动力学校对 613
动物固醇 124
动物胶(明胶) 63
动物致瘤RNA病毒 495
动作电位 638
豆固醇 124
豆血红蛋白 451,582
毒蛋白 73
端粒 218,237,531
端粒酶 531,585
端粒酶RNA 499
端粒异染色质 648
短分散因子 594
短环负反馈 271
短片段修复 535
短期调控 645
断裂基因 570,575
断续平衡论 510
对甲苯磺酰-L-苯丙氨酸氯甲酮 173
对硫磷 168
对映体 6
对照[试验]或空白[试验] 143
多(聚)核糖体 599
多不饱和脂肪酸的氧化 404
多道针头 262
多底物反应 159
多发性神经炎 197
多复制子 516
多级调节系统 645
多接头 661
多聚(U)-琼脂糖珠柱 258
多聚苯丙氨酸 501
多聚蛋白质 44,67,603
多聚核苷酸 223
多聚酶 139
多聚尿苷酸-琼脂糖珠 257
多聚嘌呤片段 590
多聚腺苷酸化 574
多聚腺苷酸聚合酶 574
多拷贝质粒 514
多克隆抗体 84
多联体 665

多酶复合体(多酶复合物) 139,477,630
多酶系统 139
多顺反子mRNA 229,602,640
多态性 264
多肽 44,45
多肽激素 628
多肽转运装置 615
多糖 4,89
多糖荚膜 495
多萜 122
多萜醇磷酸酯 616
多亚基蛋白质 67
多样性片段 549

E

鹅肌肽 47
额外环 240
儿茶酚胺激素 272,277
二(脂)酰甘油 115,633
二级反应 151
二级结构 44,59,230
二甲基赖氨酸残基 612
二聚化结构域 650
二联体 585
二硫键(二硫桥) 45
二硫苏糖醇 25
二面角 58
二羟丙酮 94
二羟丙酮磷酸 318
二氢硫辛酰脱氢酶 209,332
二氢硫辛酰转乙酰酶 209,332
二氢尿嘧啶 239,471
二氢乳清酸 479
二氢乳清酸酶 479
二氢乳清酸脱氢酶 479
二氢叶酸还原酶 484
二糖 99
二维荧光图像 263
二硝基氟苯法 48
二元载体系统 683

F

发动机蛋白 73
发根土壤杆菌 684
发夹结构 219,550,566

[发]酵素 132
翻译 514,599
翻译后转运 615,617
翻译内含子 498
翻译移码 585
翻译抑制物 653
翻译阻遏 643,644
翻转扩散 128
翻转酶 128
反竞争性抑制 163
反馈 626
反馈环 271
反馈抑制 137
反密码子 239,240,498,505
反平行β片 66
反平行β桶 66,84
反平行螺旋束 65
反平行式 60
反式剪接 580
反向PCR 676
反向重复 228,517,551
反义RNA 220,499,586,644
泛醌 122,351
泛素-蛋白酶体 656
泛素蛋白质连接酶 656
泛素缀合酶 656
泛酸 201
泛酸激酶 487
范德华距离 10
范德华力 9
放线菌素D 46,568
非[共价]键合原子 10
非必需氨基酸 453
非编码RNA 500
非蛋白质氨基酸 17
非对映体 6
非翻译区 220,229
非复制转座 552
非共价力 9,56
非共价相互作用 9
非还原端 99
非基元反应 148
非竞争性抑制 163
非受纳细胞 685
非同源末端连接 550
非血红素铁蛋白 337

索 引

非自主因子 555	负载 tRNA 644	甘油糖脂 121
菲丁 96	附加体 544	肝素 105
肺炎球菌 495	附着位点 547	感受态细胞 544
分段洗脱 37	复合脂质 112	感受态因子 544
分光光度测定法 142	复性 69,245,251,252	冈崎片段 521,524
分级分离范围 33	复性动力学曲线 251	高变区 83
分解代谢 289	复杂度 495	高度重复 237
分解代谢物激活蛋白 72	复制叉 516,524,527	高甲氧基果胶 104
分泌蛋白 612,614	复制的半不连续性 514	高密度脂蛋白 125
分泌粒 617	复制的起点 516	高斯积分 236
分泌小泡 614	复制的拓扑学 514	高速微弹发射装置 668
分配系数 26	复制的延伸阶段 528	高效液相层析（色谱） 38,109
分散重复序列 594	复制的终点 516	睾酮 281
分支氨基酸 443	复制后修复 535	隔离体系 302
分支链 α-酮酸脱氢酶复合体 443	复制基因 530	个性特征 613
分子伴侣 70,611	复制酶 521,587	根性肿瘤 683
分子病 81	复制前修复 535	工具酶 246,661
分子克隆 217,660	复制体 514,527	功能 RNA 500
分子驱动学说 510	复制许可因子 532	功能基因组学 217,262,497
分子识别 107	复制因子 531	功能性异染色质 237,648
分子数或分子性 149	复制转座 552	功能域 64
分子钟 511	复制子 516	共轭酸碱对 20
分子重排 296,663	富含脯氨酸结构域 652	共翻译转运 615
粪固醇 124	富含谷氨酰胺结构域 652	共价闭环 DNA 235
蜂蜡 116		共价催化 135,174
佛波酯 276,650	**G**	共价结构 43
呋喃果糖 91		共价修饰 172,626
呋喃糖 93	钙泵 631	共同途径（血液凝固） 193
氟脱氧尿苷酸 485	钙调蛋白 276,277,628	共线性关系 498,501
浮力密度超离心 253	钙结合蛋白 276	共抑制 654
斧头形核酶 242	干扰 mRNA 的互补 RNA 644	共有序列 561,567
辅[助]因子 137,562	干扰 RNA 220,499,654	共振杂化体 45
辅基 15,138	干扰素 γ 634	共整合体 553
辅酶 137	甘氨胆酸 124	共整合载体 683
辅酶 A 201	甘氨酸 16,438	构件[分子] 4
辅酶 B₁₂ 206	甘氨酸合酶 438	构象 8,92,93
辅酶 F 204	甘氨酰胺核糖核苷酸 474	构型 6
辅酶 I 200	甘氨酰胺核糖核苷酸合成酶 474	构造单元 625
辅酶 II 200	甘氨酰胺核糖核苷酸转甲酰基酶 474	谷氨酸-γ-半醛 453
辅助因子 Fis 548	甘油-3-磷酸穿梭途径 358	谷氨酸草酰乙酸氨基转移酶 455
辅阻遏物 640	甘油二酯 115	谷氨酸合酶 452
脯氨酸 16,23,440	甘油磷脂 117	谷氨酸脱氢酶 433,452
负链 RNA 243	甘油醛-3-磷酸 189,318	谷氨酰胺 433
负熵 508	甘油醛-3-磷酸脱氢酶 320	谷氨酰胺合成酶 67,68,433,452,629
负同促效应 77,183,187	甘油醛激酶 327	谷氨酰胺磷酸核糖焦磷酸酰胺转移酶
负效应物 183,187	甘油三酯 114	

474
谷氨酰胺酶　433,442
谷氨酰羧化酶　213
谷丙转氨酶　458
谷草转氨酶　455
谷胱甘肽　47,465
谷胱甘肽过氧化物酶　507
谷胱甘肽还原酶　483
谷氧还蛋白　483
谷氧还蛋白还原酶　483
固醇　123
固氮酶复合体　451
固定化酶　145
固定相　26
固相肽合成　53
固相亚磷酸三酯法　261
故障-安全系统　507
瓜氨酸　19
寡核苷酸微阵列　262
寡核苷酸指导的诱变　677
寡聚(dT)-纤维素柱　258
寡聚或多聚蛋白质　43
寡聚酶　139
寡聚脱氧胸苷酸　257
寡肽　45
寡糖　89
官能团或功能基　4
光导纤维 DNA 生物传感器微阵列
　263
光反应　359
光复活酶　534
光复活修复　534
光合磷酸化　359,364,625
光合作用　359
光化学反应中心　361
光敏保护基　262
光系统　361
光学异构体　6
光致漂白荧光恢复法　128
广谱蛋白酶　257
广义酸碱催化　135
轨道导向　177
滚环式　517
锅柄 PCR　676
国际单位(酶活性)　142
果胶　104

果胶酸　104
果糖-1,6-二磷酸　318
果糖-1-磷酸　327
果糖-2,6-二磷酸　325,384
果糖-6-磷酸　317,327
过渡态　133
过渡态类似物　177
过渡态理论　133
过氧化物酶体　344

H

海藻糖　100
海藻糖酶　100
含氮激素　266
焓和焓变[化]　57,303
合成代谢　289
合成酶　339
合成位点　613
合酶　339
核 mRNA 的剪接体剪接　575
核 tRNA 的酶促剪接　575
核磁共振　8,26,56
核蛋白　236,257
核定位信号　619
核苷　223
核苷二磷酸激酶　480,484
核苷磷酸化酶　470
核苷酶　470
核苷水解酶　470
核苷酸　223
核苷酸焦磷酸化酶　478
核苷酸酶　470
核苷酸三联体　493
核苷脱氧核糖基转移酶　484
核苷一磷酸激酶　484
核黄素　199
核孔蛋白　619
核孔复合物　618
核酶　13,143,220,499,576
核内不均一 RNA　573
核内小 RNA　220,578
核仁小 RNA　220,572
核输出信号　619
核素　215
核酸　4,215
核酸变性　245,250

核酸的拓扑结构　524
核酸分离　253
核酸分子杂交　252
核酸酶　227,246,257,469
核酸内切酶　246,469
核酸外切酶　246,469
核酸杂交　253
核糖-5-磷酸　373
核糖醇　96
核糖核蛋白世界　509
核糖核苷酸　223
核糖核苷酸还原酶　482
核糖核酸　215
核糖核酸酶　52,246,469,610
核糖核酸组学　262
核糖体　221,630
核糖体 RNA　220,497
核糖体结合位点　602
核糖体失活蛋白　620
核糖体受体蛋白 I 和 II　615
核糖体位点 A　597
核糖体移码　498,585
核糖体再循环因子　610
核酮糖-1,5-二磷酸　366
核酮糖-1,5-二磷酸羧化酶/加氧酶
　366
核酮糖-5-磷酸　373
核小体　237,519,647
核心寡糖　109,617
核心酶　522,558
核心启动子　562
核心五糖　106
核衣壳　237,590
核因子 1　72
盒式诱变　677
痕量元素　4
恒定片段　549
恒定区(IgG 分子中)　83
横向遗传传递　544
红细胞糖苷脂　120
后成遗传　647
后基因组时代　217,496,690
后随链　524
呼肠孤病毒　588
糊精　102
琥珀酸-Q 还原酶　351,353

索引

琥珀酸　338,344
琥珀酸硫激酶　338
琥珀酸脱氢酶　141,339
琥珀酰-CoA　338,442
琥珀酰-CoA 合成酶　338
互变异构　538
互补 DNA　669
互绕数　235,525
花生四烯酸　114,418,634
花椰菜花叶病毒　684
滑动夹子　533
滑动接触　76
化学法测序　259
化学降解法　50
化学进化　12,508
化学突触　639
化学校对　613
化学信号的转导系统　632
化学修饰　23,172
坏血病　210
还原糖　94
环糊精　100
环糊精转葡糖基转移酶　100
环己酰亚胺　620
环加氧酶　418
环磷酰胺　568
环戊烷多氢菲　122
环腺苷酸受体蛋白　641
环转向　92
环状双链 DNA　218
黄嘌呤　224
黄嘌呤氧化酶　470
黄素　197
黄素单核苷酸　199
黄素蛋白(黄素酶)　199
黄素辅酶　197,199
黄素激酶　487
黄素腺嘌呤二核苷酸(FAD)　199
磺基丙氨酸　24
回环区　65
回文结构　228,566,641,661
混合级[反应]　155
混合型非竞争性抑制(混合型抑制)　163
活化焓　134
活化剂　260

活化能　133
活化熵　134
活化态　133
活化自由能　134
活性部位　141,172
活性肽　46
活性脂质　112
活性中心　64,141,172
获得性免疫缺损综合征　590
获得性免疫缺损综合征病毒　590
霍乱毒素　633

J

机械-化学酶　73
机械点样　262
肌氨酸　19
肌醇　96
肌醇三磷酸　633
肌肌醇　96
肌激酶　484
肌浆网　631
肌球蛋白　73
肌酸　466
肌酸激酶　159,195
肌酸磷酸激酶　195
肌肽　47
积累反馈抑制　629
基本氨基酸　16
基本的控制序列　649
基本结构元件　498
基本启动子　563
基本转录因子　563,650
基础水平元件　649
基态　135
基团(族)专一性　140
基团转移反应　292
基因　496
基因表达　493
基因表达谱　264
基因定位　264
基因定位诱变　677
基因遏制　654
基因工程　496,660
基因解读　500
基因抗体　692
基因来源同一性　264

基因连锁分析　264
基因内启动子　565
基因枪　668
基因敲除　692
基因缺陷　264
基因探针　264
基因突变　264
基因文库　664,668
基因芯片　262
基因型　264
基因疫苗　692
基因治疗　691
基因重排　542
基因组测序　675
基因组错配扫描　264
基因组的免疫系统　499
基因组学　690
基因座控制区　649
基元催化　173
基元反应　148
基质附着位点　649
激动素　224,284
激光共聚焦装置　263
激光显微扫描仪　263
激活-解离系统　554
激活剂(酶的)　162
激活因子　562
激素-受体复合体　272
激素　266,267
激素调节　632
激素原　192
级联　274
级联放大　192
级联激活　628
级联系统　192
级数(或级)　149
极低密度脂蛋白　125
极限糊精　391
集装体　12
几何异构体　6
己醛糖　89
己糖激酶　64,140,159,315,393
己酮糖　89
剂量补偿效应　237
夹子装卸器　522,531
甲基苯醌类　213

甲基丙二酰-CoA 443	碱性亮氨酸拉链 651	结合常数 559
甲基丙二酰-CoA 变位酶 404	碱性磷酸钙 252,256	结合基团 172
甲基丙二酰-CoA 差向异构酶 404	碱性密度梯度离心法 524	结晶牛胰岛素 53
甲基钴胺素 206	渐变模型 187	解离[平衡]常数 20,152
甲基化碱基 571	降钙素 581	解离酶 552
甲基赖氨酸 17,612	降钙素基因相关肽 581	解离区 554
甲基鸟苷酸 603	降解物基因活化蛋白 641	解链区 527,559
甲醛 254	降解物阻遏 641	解磷定 168
甲酸脱氢酶 507	交变脉冲电场 255	解码 498
甲酰胺 250	交错配对 252	解码中心 242
甲酰甘氨脒核糖核苷酸 474	交联葡聚糖 34	解旋酶Ⅰ、Ⅱ和Ⅲ 526
甲酰甘氨脒核糖核苷酸合成酶 475	交联葡聚糖离子交换剂 37	解折叠态 56
甲酰甘氨酰胺核糖核苷酸 474	胶原[蛋白] 62,73	金属螯合柱 681
甲酰四氢叶酸 474	胶原原纤维 62	金属蛋白酶 628
甲状腺机能减退 278	焦磷酸酯 226	金属激活酶 176
甲状腺机能亢进 278	焦碳酸二乙酯 258,671	金属离子催化 175
甲状腺激素 272,277	角甲基 122	金属硫蛋白 649
甲状腺球蛋白 278	铰链DNA 233	金属酶 176
甲状腺素 19,266	铰链区 64,84	金属应答元件 650
假单分子反应 150	脚气病 196,198	紧张态 77,184
假结 498	校对功能 521,524,599	进化树 86
假尿嘧啶核苷 225,571	校对位点 613	近端组氨酸 74
假型包装 685	校正tRNA 498,585	近义替换 510
间隙接头 632	校正基因 498	精氨琥珀酸合成酶 435
兼性离子 16,20,247	酵解 194	精油 121
兼性异染色质 648	酵母丙氨酸tRNA 229	鲸蜡 116
剪接沉默子 652	酵母附加体质粒 682	颈环结构 498
剪接激活蛋白 652	酵母复制质粒 682	景天庚酮糖-7-磷酸 374
剪接体 574,578,630,652	酵母核酸 215	净速率 148
剪接抑制蛋白 652	酵母配对型转换 647	竞争性抑制 163
剪接因子 578	酵母配对因子 MFα$_1$、MFα$_2$ 650	静电去稳定化 178
剪接增强子 652	酵母人工染色体 682	静电相互作用 9
剪接重组体 542	酵母整合质粒 682	居间序列 570,575
减色效应 249	酵母着丝粒(CEN)质粒 682	局部去极化 638
简并密码子 505	接触打印法 262	局部双螺旋 239
简并探针 673	接触距离 10	局限性转导 545
简并性 504	接合质粒 544	菊粉 95
简单蛋白质 15	结构蛋白 73	巨人症 279
简单三酰甘油 115	结构多糖 101	聚半乳糖醛酸 104
简单脂质 112	结构基因 567	聚丙烯酰胺凝胶 34
碱基的修饰剂 538	结构基因组学 217,497	聚丙烯酰胺凝胶电泳 36,256
碱基堆积力 232	结构域 64	聚合酶链(式)反应 674
碱基类似物 538,567	结构脂质 112	聚合酶转换 531
碱基配对 144,516	结合[自由]能 135,176	聚集体(蛋白质) 67
碱基切除修复 535	结合Mob蛋白 683	聚赖氨酸 262
碱性蛋白 257	结合部位 72	聚葡糖胺 103

聚糖 99	壳多糖 103	类别Ⅱ或RNA聚合酶Ⅱ启动子 563
聚阳离子 667	可变[氨基酸]残基 85	类别Ⅲ启动子 565
卷曲不足 235	可变环 240	类病毒 220
卷曲过量 235	可变区(氨基酸序列中) 83	类二十烷酸 266,281,418
卷曲螺旋 63	可调基因 639	类固醇 122
决定个性的要素 601	可调型表达 639	类固醇激素 266
绝对专一性 140	可可碱 224	类固醇激素受体 650
均聚尿嘧啶核苷酸(poly U) 501	可控孔径玻璃微球 261	类胡萝卜素 122
绝缘子 649	可立氏循环 384	类囊体 618
均裂断键 290	可逆共价修饰 190	类囊体膜 618
菌落形成单位 669	可逆抑制 162	类前列腺酸 266,281
	可溶性 RNA 221	类萜 121
K	可移动的同源区 551	类型Ⅰ自我剪接 575
咖啡碱 224	可诱导因子 562,650	类型Ⅱ自我剪接 575
开发蛋白(保护蛋白) 73	克莱森酯缩合反应 297	类型转换 550
开放阅读框架 602	克隆 660	类异戊二烯 121,210
开环 DNA 235	克隆载体 662	累积选择 69
开链复合物 527	空白或对照[试验] 143	离子键 9
凯氏定氮法 15	空间填充模型 8	离子交换层析 28
抗氨苄青霉素 663	[空间]位阻 1,10	离子泳(电泳) 36
抗糙皮病维生素 200	控制序列 567	立体异构[现象] 6
抗代谢物 568	控制因子 551,554	立体专一性 7,141
抗冻蛋白 73	控制元件 649	利福霉素 569
抗恶性贫血因子 206	扣除杂交法 673	利福平 569
抗佝偻病因子 211	枯草杆菌蛋白酶 689	连环数 236
抗坏血酸 209	跨膜[内在]蛋白 590	连接臂 262
抗脚气病维生素 198	跨膜离子流 631	连接蛋白 108
抗结合因子 605	跨膜信号传递 632	连接片段 549
抗卡那霉素 663	跨越损伤的合成 523	连锁体 526,529
抗氯霉素 663	快速测序 217	连续反应链 137
抗莽酮酸 525	快速平衡模型 152	联合脱氨基作用 433
抗凝血酶 105	狂犬病毒 588	镰状细胞贫血病 81
抗神经炎因子 198	框架 A,B,C 565	两亲化合物 11
抗生物素蛋白 204		两性电解质 20
抗四环素(tet^r) 663	**L**	亮氨酸 25,438
抗体 73,83	拉曼光谱 56	亮氨酸拉链 650
抗体酶 146	拉氏图 58	邻苯二酚氧化酶 585
抗香豆霉素 A1 525	辣根过氧化物酶标羊抗兔 IgG 84	邻近[效应] 135,176
抗性基因 516	赖氨酸 17,438	淋巴细胞归巢 107
抗性质粒 495	酪氨酸 17,438	磷蛋白磷酸酶 1 191
抗氧化剂 212	酪氨酸蛋白激酶 590,633,634	磷蛋白磷酸酶 279
抗药性标记 672	酪氨酸激酶 JAK 634	磷酸吡哆醛 202
抗原 83	酪蛋白 72	磷酸丙糖异构酶 65
抗原决定簇 83	酪蛋白激酶Ⅱ 397	磷酸单酯酶 470
抗终止因子 566	类 IS 因子 551	磷酸二酯法 260,677
柯斯质粒 665	类别Ⅰ启动子 562	磷酸二酯酶 246,469

磷酸泛酰半胱氨酸　487
磷酸泛酰半胱氨酸合成酶　487
磷酸泛酰半胱氨酸脱羧酶　488
磷酸泛酰巯基乙胺　408
磷酸钙共沉淀法　667
磷酸甘露糖异构酶　330
磷酸果糖激酶　325
磷酸核糖焦磷酸　474
磷酸核糖焦磷酸激酶　473,479
磷酸核糖转移酶　478
磷酸化酶 a,b　190
磷酸化酶激酶　191,274
磷酸化酶磷酸酶　190
磷酸肌醇系统　633
磷酸葡萄糖变位酶　329,392
磷酸三酯法　260,677
磷酸丝氨酸　19
磷酸烯醇式丙酮酸　322
磷酸烯醇式丙酮酸羧化酶　627
磷酸烯醇式丙酮酸羧激酶　381
磷酰基转移　292
磷脂酶　118,275,418
磷脂酰胆碱　118
磷脂酰甘油　119
磷脂酰肌醇　119
磷脂酰肌醇二磷酸　633
磷脂酰丝氨酸　119
磷脂酰乙醇胺　119
零级反应　151
流产起始　559
流动相　26
流动镶嵌模型　129
硫胺素　198
硫胺素焦磷酸　198
硫代吲哚花青染料　263
硫苷脂　121
硫鸟嘌呤　568
硫酸二甲酯　259
硫酸角质素　105
硫酸脑苷脂　121
硫酸皮肤素　105
硫酸软骨素　105
硫酸乙酰肝素　105
硫辛酸　208
硫辛酰胺　208
硫氧还蛋白　483

硫氧还蛋白还原酶　483
六角形电泳槽　255
六烯酸　114
笼形结构　57
"露面夹心"结构　66
氯化铯密度梯度离心　254,257,514
氯霉素　620
卵磷脂　118
卵清蛋白　72
伦敦分散力　10
螺旋-突环-螺旋　650
螺旋-转角-螺旋　650
螺旋管　238
螺旋桨状扭曲　232
螺旋圈　238
螺旋圈数　235
螺旋束　63
螺旋数　525

M

麻黄素　277
马鞍形扭曲片　65
马水疱性口炎病毒　588
麦角钙化醇　211
麦角固醇　124,211
麦芽糖　100
脉冲电场凝胶电泳　255
脉冲电场梯度凝胶电脉　255
脉冲时间　255
毛根质粒　684
锚蛋白　129
锚定 PCR　677
帽结合蛋白　606
玫瑰花结　238
酶-底物复合体　135
酶-过渡态复合体　135,141
酶　72,132
酶[促]反应　134
酶单位　142
酶动力学　148
酶法测序　258
酶反应进程曲线　143
酶活力(酶活性)　142
酶活力调节　137
酶级联　192
酶解　626

酶联免疫吸附测定　84
酶量调节　137
酶浓度曲线　143
酶守恒公式　152
酶原　192
酶原激活　192
门控 K^+ 通道　638
孟德尔定律　496
醚甘油磷脂　119
糜蛋白酶　16,431
米-曼氏[作]图　154
米-曼氏方程　154
米-曼氏模型　152
米-曼氏曲线　154
米-曼型酶　155
米氏常数　153
密度梯度超离心　253
密码子　501
嘧啶二聚体　521,534
嘧啶核苷　245
嘧啶脱氧核苷　245
蜜二糖　100
蜜二糖酶　100
棉子糖　100
免疫沉淀　83
免疫球蛋白　64,66,73,83,84,548
免疫印迹测定　84
免疫应答　83
明胶(动物胶)　63
模板链　557
模块　498,582
膜蛋白　612,614
膜联结的 DNA 结合蛋白　544
膜内在蛋白质　126
膜去极化　638
膜周边蛋白质　126
摩尔磷吸光度　249
魔点 I 和 II　643
末端标记　259
末端核苷酸转移酶　661
末端尿苷酰转移酶　584
末端冗余　218
木瓜蛋白酶　84
木聚糖　104
木葡聚糖　104
木糖醇　96

木酮糖-5-磷酸　373,374

N

脑啡肽　46
脑苷脂　120
脑激素　283
脑磷脂　119
内分泌腺　266
内含肽　654
内含子　570,574
内含子剪接增强子　652
内含子结合位点　577
内含子指导序列　576
内基因子　544
内激素　282
内膜系统　126
内切-α-N-乙酰半乳糖胺酶　109
内切糖苷酶　110
内水体积　35
内肽酶　49,192
内在结合能　176,177
内在途径（血液凝固中）　193
内在自由能　178
内酯酶　373
内质网　630
内质网膜　614
内质网腔　615
能荷　191,627
能量代谢　289
能障　135
尼克酸　200
尼龙膜　252,255,672
拟核　237
逆基因　594
逆假基因　594
逆流分布　26
逆转录　557,589
逆转录病毒　685
逆转录酶　587,589,590,594
逆转录转座子　594
逆转座子　499,555,594
黏弹性弛豫时间　255
黏结蛋白聚糖　108
黏粒　665
黏性末端　661,665
黏着蛋白　107

鸟氨酸　19
鸟氨酸转氨甲酰酶　434
鸟苷二磷酸-甘露糖　617
鸟苷酸环化酶　633-635
鸟苷酸交换因子　634
鸟苷酸结合蛋白　507
鸟嘌呤　223
鸟嘌呤核苷酸合成酶　477
鸟嘌呤脱氨酶　470
尿苷二磷酸-N-乙酰葡糖胺　617
尿苷二磷酸-葡萄糖　617
尿苷酰化　629
尿苷酰转移酶　630
尿嘧啶-DNA-糖苷酶　524
尿嘧啶　218,223
尿嘧啶核苷酸　479
尿嘧啶核苷酸激酶　480
尿嘧啶脱氧核苷三磷酸酶　485
尿嘧啶脱氧核糖核苷酸　481
尿囊素　471
尿囊素酶　471
尿囊酸　471
尿囊酸酶　471
尿素　68,250,434
尿酸　434
尿酸氧化酶　471
脲酶　132,136,139,140
啮齿类的LAP　594
柠檬酸合酶　335
柠檬酸循环　194,332
凝集素　107
凝集素亲和层析　109
凝胶电泳　33,245,254
凝胶过滤　33
凝胶渗透　33
凝乳酶　100
凝血酶　73,86,193
凝血酶原　193
凝血噁烷　73,282
凝血维生素　212
凝血因子　193,628
牛磺胆酸　124
牛磺酸　124
牛脾磷酸二酯酶　227,246
牛胰核糖核酸酶（RNase A）　52,53,
　69,260

扭转数　236,525

O

偶极矩　59
偶极离子　20
偶联刺激性受体　633

P

排氨动物　434
排阻极限　33
旁分泌　632
陪伴蛋白（伴侣蛋白）　70,611
配体（配基）　15,72
配体调节酶　183
配体门控离子通道　632
配体门控通道　638
碰撞理论　132
皮质醇　280
皮质酮　280
片段重组体　542
偏爱密码子　680
嘌呤和嘧啶类似物　567
嘌呤核苷　245
嘌呤碱质子化　259
嘌呤霉素　589,607
嘌呤脱氧核苷　245
乒乓机制　160
平动能　133
平衡态模型　152
平末端　661
平行β桶　65
苹果酸
苹果酸-天冬氨酸穿梭途径　359
苹果酸酶　407
苹果酸脱氢酶　340
葡甘露聚糖　104
葡糖胺　97
葡糖激酶　140
葡糖脑苷脂　120
葡糖异生作用　380
葡糖转运蛋白　72
葡萄球菌蛋白酶　49
葡萄糖-1-磷酸　328
葡萄糖-6-磷酸　315,371,393
葡萄糖-6-磷酸酶　390,392
葡萄糖-6-磷酸脱氢酶　372

葡萄糖-丙氨酸循环　433
葡萄糖激酶　315,327
葡萄糖运载蛋白　386
普遍性转导　545

Q

齐变常数　185,186
奇数碳原子脂肪酸氧化　404
启动子　557
起点识别复合物　530
起始 DNA　530
起始复合物　527
起始密码子　602
起始频率　559
起始亚基　558
起始因子 eIF4E 帽结合蛋白　653
起始子　563,564
迁移率　254,255
牵引蛋白　664
牵引蛋白基因 mob　683
前 RNA 世界　509
前病毒　499
前病毒学说　589
前导链　524
前导片段　549
前导肽　642
前导序列　642
前胶原蛋白　629
前馈　626
前列腺素　112,282,418
前列腺烷酸　282
前起始复合物　562
前生物进化　12
前手性(手性原)　299
前体　12
前稳态　153
前稳态动力学　180
前向速率　148
前胰岛素原　52
前引发蛋白　528
前引发体　528
嵌合荧光染料溴化乙锭　255
嵌入染料　254,539,569
嵌套式 PCR　678
羟胺　539
羟化酶　210

羟基磷灰石　252
羟醛缩合反应　296
羟乙基硫胺素焦磷酸　334
羟乙酰-TPP　456
鞘氨醇　119
鞘磷脂　119
鞘糖脂　120
鞘脂　112,117,119,417
切除酶　535
切除修复　533
切口封闭酶　525
切口酶　544
切酶　499
亲电催化　175
亲电催化剂　173
亲电体　291
亲和标记　172
亲和层析　37
亲和淘选　687
亲核催化　174
亲核催化剂　173
亲核体　291
亲水化合物　11
亲水胶体　31
禽类成髓细胞瘤病毒　589
青霉素　104,169
氢化　116
氢键　9
氢携带蛋白　483
氢氧化甲基汞　250,254
氢原子　625
[氰]钴胺素　206
琼脂糖　34
琼脂糖凝胶电泳　36,255
蚯蚓血红蛋白　63,65
球棍模型　8
球状蛋白质　61,65
巯基乙醇　25
驱动蛋白　73
取代环　517
取代型重组病毒载体　685
去溶剂化　178
去稳定化　178
去氧肌红蛋白　75
全蛋白质　73
全反型视黄醛　210

全酶　138,522
全顺二十二碳-4,7,10,13,16,19-六烯酸(DHA)　114
全顺二十碳-5,8,11,14,17-五烯酸(EPA)　114
醛固酮　280
醛缩酶　327
醛糖　88
醛糖[糖]酸　94
醛糖二酸　94
醛脱氢酶　404
醛亚胺　203
炔诺酮　281
缺失突变体　501

R

染色单体　238
染色体 DNA　218
染色体 RNA　499
染色体步移　676
染色体基因　494
染色体交叉　542
染色体外基因　494
染色质纤丝　238
染色质重构　567,647
热变性　250
热激蛋白　611
热激转录因子　650
热休克蛋白质　70
热休克效应元件　565
热运动(生物膜中)　128
人类的 THE1　594
人类基因组计划　217,260,496,690
人类免疫缺损病毒　591
人嗜 T 淋巴细胞病毒　590
人造黄油　116
溶剂化焓　178
溶菌酶　32,66,104
溶酶体　429,614,617,630,655
溶栓系统(纤溶系统)　193,628
溶血蛋白　73
溶血磷酸甘油酯　118
溶原途径　664
熔解温度　250
熔球　69
融合蛋白　680

肉碱 402	熵和熵变[化] 303	十五碳法尼基焦磷酸 612
肉碱脂酰移位酶 402	上游激活因子 USF 650	时序 RNA 220,499
肉碱脂酰转移酶 402	上游控制元件 562,649	时序调节 567,639
肉瘤病毒 589	上游因子 562,564,650	识别 RNA 的基序结构域 652
乳白型 498	上游元件 563,564	识别螺旋 641
乳糜微粒 125,401	蛇毒磷酸二酯酶 227,246	识别区 562
乳清苷酸脱羧酶 480	伸展态 56	视蛋白 210
乳清酸 479	神经氨酸 98	视黄醇 210
乳清酸磷酸核糖转移酶 480	神经氨酸酶 110	视黄醇脱氢酶 210
乳清酸尿症 480	神经递质 269,632,638	视黄醛 210
乳酸 324,384	神经调节 632	视黄醛异构酶 211
乳酸脱氢酶 65,194	神经毒蛋白 73	视紫红质 211
乳糖 100	神经激素 267,270	适合度 511
乳糖不耐症 386	神经节苷脂 121	适应调节 567,639
乳糖操纵子模型 640	神经脉冲 638	释放激素 270
乳糖合酶 385	神经酰胺 119	释放因子 270,610
乳糖酶 386	神经信号传递 632	嗜肝 DNA 病毒 495,593
乳糖阻抑物 72	神经元 638	嗜热四膜虫 143
软脂酰-ACP 硫酯酶 409	肾上腺素 274	噬菌斑形成单位 669
朊病毒 220	渗透压调节 644	噬菌粒 664
弱相互作用 56	生长激素 279	噬菌体展示技术 687
	生长素 284	收缩和游动蛋白 72
S	生长抑素 267	手性结构 59,509
三[股]螺旋 62,230,233	生长因子 269	手性碳原子 6
三底物反应 159	生长因子的受体 633	手性原(前手性)分子 115
三点附着[学说] 141	生长因子受体结合蛋白 634	手性原 H 原子 201
三碘甲腺原氨酸 19,272	生机论 132	手性原对称性碳原子 141
三分子反应 150	生命元素 3	手性中心 6
三甘露糖基核心 106	生糖原蛋白 394	受纳细胞 685
三级结构 44,230	生物胞素 204	受体-Ras-MAPK 636
三甲基赖氨酸 612	生物传感器技术 263	受体臂 239
三联体 501	生物催化剂 132	受体激活 274
三联体密码规则 51	生物大分子 4,12	受体离子通道 584
三联体密码和三联体密码子 51,498	生物工程 496	舒缓激肽 46,53
三配二 506	生物固氮 451	疏水收缩 69
三亲株配对 684	生物碱试剂 32	疏水相互作用 10,57
三羧酸循环 332	生物蜡 116	输出蛋白 619
三萜 121	生物酶工程 146	输入蛋白 619
三维结构(空间结构) 3,8	生物膜 4,126	鼠类白血病病毒 589
三酰甘油 114,401	生物能学 302	衰减子 642
扫描隧道显微术 56	生物素 204,380	衰减作用 642
色氨酸 16,438	生物素羧化酶 204	双倍体 494
色谱(层析) 26	生物素羧基载体蛋白 204	双层微囊 128
山梨醇 96	生物芯片 262	双倒数作图 158
膳食纤维 103	生育酚 212	双底物反应 159
熵丢失 176	十二烷基硫酸钠 39,68,257	双分子反应 149

双功能基化合物　262
双关酶　631
双核锰中心　482
双核铁中心　482
双链 RNA　220,499
双链闭环 DNA　254
双磷脂酰甘油　119
双螺旋结构　230,557
双绕平行 β 片　65
双缩脲反应　46
双萜　121
双脱氧肌苷　593
双脱氧终止法　678
双向电泳　36
水化作用　31
水平电泳槽　254,255
水溶性维生素　196
水苏糖　100
顺反异构体　6
顺反子　501
顺式剪接　580
顺式显性　554
顺式作用元件　562
瞬时表达　685
丝氨酸　17,438
丝氨酸蛋白酶　86,172,192,628
丝氨酸蛋白酶抑制剂　628
丝氨酸羟甲基转移酶　438
丝氨酸脱水酶　438
丝心蛋白　62,73
丝状噬菌体 M13　664
丝状体　536
斯托克半径　38
斯维得贝格单位　40
斯维得贝格方程　40
四[股]螺旋　230,234
四环素族的抗生素　620
四级结构　44,67,238
四联体　542,585
四面体过渡态中间物　181
四氢生物蝶呤　440
四氢叶酸　169,204
四萜　122
松弛态　77,184,525
松弛突变　644
松弛型控制　663

苏氨酸脱水酶　443
苏糖核酸　509
速率表达式　148
速率常数　149
速率定律　148
速率方程[式]　148
酸败　116
酸碱变性　250
酸碱性质　245
酸性蛋白酶　628
随机单置换反应　159
随机扩增多态 DNA　677
羧基氨基咪唑核糖核苷酸　475
羧肽酶　48,192,431
羧肽酶法　48
羧肽酶原　192
缩合剂　53,260
缩醛磷脂　119
"锁"和"钥匙"学说　141

T

肽[片]段　16,47
肽单位　45
肽脯氨酰异构酶　70,610
肽核酸　509
肽基　45
肽基转移酶中心　242
肽激素　266
肽键　16,44
肽交联桥　104
肽聚糖　104
肽链　44
肽链出口　599
肽酶　430
肽平面　46,57
碳水化[合]物　88
碳同化反应　359
糖胺聚糖　104,108
糖醇　96
糖蛋白　106
糖萼　127
糖二酸　94
糖苷　94
糖苷键　94
糖苷配基　94
糖基转移酶　391

糖酵解作用　315
糖精　93
糖类　88
糖尿病　280
糖皮质激素　271,280,650
糖醛酸　94
糖识别域　107
糖肽转肽酶　169
糖原　102
糖原的分解代谢　390
糖原分支酶　393,394
糖原合酶　393
糖原合酶的调节因素　397
糖原脱支酶　390,391
糖脂　121
糖缀合物　106
糖组学　262
特殊(或陕义)酸碱催化　173
特异位点重组　542
体外包装　667
体细胞重排　549
体液免疫系统　83
替换突变　510
天冬氨酸　7,455
天冬氨酸氨基移换酶　344
天冬氨酸转氨甲酰酶　67,188,479,481
天冬氨酸转氨酶　175
天冬苯丙二肽　93
天冬酰胺　455
天冬酰胺合成酶　455
天然蛋白质　56
甜度　93
调节部位　77,183
调节蛋白　72
调节基因　567
调节肽　654
调节因子　578
调节子　642
调控信息　493
萜　121
铁蛋白　72
铁硫簇　482
铁硫蛋白　337
铁氧还蛋白　66
烃化剂(烷化剂)　23

通用(转录)因子 563	脱酰作用 180	维生素 C 209
同促[别构]酶 183	脱腺苷酰作用 629	维生素 D 211
同多聚蛋白质 47,67	脱氧核糖(2-脱氧-D-核糖) 223	维生素 E 212
同多聚酶 139	脱氧核糖核苷激酶 484	维生素 H 204
同多糖 89	脱氧核糖核苷酸 223	维生素 K 212
同工 tRNA 600,613	脱氧核糖核酸 215	维生素 PP 200
同工酶或同功酶 36,194	脱氧核糖核酸酶 246,469	维生素过多症 196
同裂酶 661	脱氧糖 97	维生素缺乏症 196
同四聚体 82	脱乙酰壳多糖 103	卫矛醇 96
同尾酶 661	拓扑连环数 525	卫星 DNA 254
同型寡核苷酸 233	拓扑异构酶Ⅰ 525	卫星病毒 220
同型性排斥 550	拓扑异构酶Ⅱ 525	卫星带 254
同义密码子 504,600	拓扑异构酶Ⅲ 526	位点 bom 683
同义替换 510	拓扑异构酶Ⅳ 526,529	胃蛋白酶 16,49,192,431
同源蛋白质 68,85	唾液酸 98,121	胃蛋白酶原 431
同源酶 140		胃泌素 431
同源双链 543	**W**	温度系数 162
同源体 581	外基因子 544	稳态模型 153
同源异型体 496	外激素 282	蜗牛消化酶 667
同源域蛋白 650	外切糖苷酶 110	乌头酸酶 337
同源重组 542	外水体积 35	无规卷曲 61,255
酮糖 88	外肽酶 48,192	无规线团 250
酮体的形成 405	外围激素 271	无嘧啶 534
透明质酸 105	外显肽 654	无嘌呤 534
透明质酸酶 105	外显子 64,498,574	无嘌呤酸 245
透视式 8	外显子剪接增强子 652	无细胞蛋白质合成系统 501
突变型蛋白质 686	外显子结合位点 577	无细胞体系 603
突触 639	[外]消旋 16	无性繁殖系 660
突触后细胞 639	[外]消旋物 7	无义突变 82,498,537
突触可塑性通路 584	外在途径(血液凝固中) 193	五共价过渡态 145
突触泡 639	完全水解 16	戊糖磷酸途径 377
退火温度 252	烷化剂(烃化剂) 320,539,568	
蜕皮激素 283	微 RNA 220	**X**
脱辅[基]酶 138	微管蛋白 73	西佛碱 23,203,211
脱辅基蛋白质 73,138	微粒体 221	吸能反应 136,624
脱辅基脂蛋白 124	微囊 118	希腊钥匙拓扑结构 64
脱磷酸辅酶 A 488	微丝 73	硒代半胱氨酸 19,507
脱磷酸辅酶 A 激酶 488	微团 127	硒代半胱氨酸插入序列 507
脱磷酸辅酶 A 焦磷酸化酶 488	微阵传感装置 263	硒蛋白 507
脱落酸 285	微阵点样仪 262	硒酶 507
脱敏作用 183	维生素 196,197	烯醇化酶 182,322
脱氢-L-抗坏血酸 209	维生素 A 210	烯酰-CoA 403
脱氢胆固醇 124	维生素 B_1 198	烯酰-CoA 水合酶 403
脱氢酶 160	维生素 B_{12} 206	稀有碱基 224
脱水剂 31	维生素 B_2 199	洗脱体积 35
脱酰胺-NAD 焦磷酸化酶 487	维生素 B_6 202	系统[发生]树 86

索引

细胞-细胞黏着 107
细胞-细胞识别 107
细胞凋亡 638
细胞分裂素 284
细胞分裂周期基因 636
细胞免疫系统 83
细胞黏着分子 107
细胞器DNA 218
细胞器基因 494
细胞融合 544
细胞色素c 85
细胞色素c氧化还原酶 351
细胞增殖的调节 632
细胞脂蛋白 125
细胞周期 514
下丘脑 270
下丘脑激素 270
下游元件 563
先存结构 493,623
先导底物 159
纤溶酶 86
纤溶酶原 193
纤溶酶原激活剂 193
纤溶系统（溶栓系统） 193,628
纤维蛋白聚糖 108
纤维素 103
纤维素离子交换剂 37
纤维素酶 32,103
纤维状蛋白质 61
纤维状的胶原蛋白 629
酰胺键 16
酰化剂 23
酰化作用 180
酰基-酶中间物 180
酰基甘油 114
酰基载体 209
衔接蛋白 606,634
衔接物 661
显色标记 672
显微注射法 668
限速步骤 137
限制酶 660
限制性核酸内切酶 246,660
线粒体 350,630
线粒体质粒 594
线形DNA 235

腺（嘌呤核）苷三磷酸 308
腺病毒 685
腺二磷核糖基化 633
腺苷激酶 478
腺苷三磷酸 226
腺苷三磷酸酶 139
腺苷酸琥珀酸 477
腺苷酸琥珀酸合成酶 477
腺苷酸琥珀酸裂合酶 475,477
腺苷酸环化酶 273,633
腺苷脱氨酶 584
腺苷酰化 629
腺苷酰转移酶 629
腺嘌呤 223
腺嘌呤核苷酸脱氨酶 470
腺嘌呤核苷脱氨酶 470
腺嘌呤磷酸核糖转移酶 478
腺嘌呤脱氨酶 470
相变 250
相变温度 128
相对活力 162
相对立的单向反应 624
相对专一性 140
相容末端 661
香茅醛 121
消除反应 294
消旋物 16
硝化作用 451
硝酸纤维素滤膜 252,255,672
销毁的信号序列 636
销毁序列识别蛋白 636
小RNA 220,246,586
小RNA病毒 588
小沟 231
小球菌核酸酶 237
小型核酶 242
效应器 633
效应物 77
协同进化 512
协同性 59,77,522
协同转运 326
缬氨酸 17,343,456
心肌梗死 194
心磷脂 119
锌簇 651
新陈代谢 289

新生霉素 526
信封式构象 93
信号识别颗粒 614
信号肽 52,614
信号肽酶 614
信号转导蛋白 632
信号转导蛋白Ras 634
信号转导机制 272
信号转导及转录活化蛋白STAT 634
信号转导系统 632
信使RNA 220,497
信息加工过程 498
信息量 495
信息素 269
形态发生素 650
形态结构 493
性导 544
性菌毛 544
性信息素 284
性因子 544
性引诱剂 269,284
胸苷-假尿苷-胞苷环 240
胸腺核酸 215
胸腺嘧啶 218,223
胸腺嘧啶核苷酸合酶 484
胸腺嘧啶脱氧核糖核苷酸 481
雄激素 281
修复机制 514
修复酶 521
修饰酶 660
修饰性甲基化酶 660
溴化乙锭 569
需能反应 627
序列同源[性] 75,85
序列异构现象 72
嗅觉受体 635
旋光[活]性（旋光度） 6
旋光率（比旋） 6
旋光异构体（光学异构体） 6
旋转对称 67
选择蛋白 107
选择剪接 652
选择透性 631
选择系数 511
选择性编辑 498
选择性剪接 574,581

血管地址素　107
血管升压素（抗利尿激素）　46,271,279
血红蛋白　52,67,72,73
血红蛋白病　81
血红素　73
血红素控制的翻译抑制物　653
血浆脂蛋白　124
血清清蛋白　72
血清效应元件　565
血栓　146,193
血栓烷（凝血噁烷）　418
血糖　95
血纤蛋白原　73,193
血小板第三因子　119
血小板活化因子　119
血型糖蛋白　106,128
血影蛋白　129
循环变换　218

Y

压缩比　236
鸦片剂　46
芽性肿瘤　683
亚病毒　220
亚基　43,67
亚磷酸三酯法　260
亚麻酸　114
亚细胞结构　238
胭脂碱基因 nos　683
烟草花叶病毒　495,684
烟草环斑病毒卫星 RNA　242
烟酸（尼克酸）　200,440
烟酸单核苷酸焦磷酸化酶　487
烟酰胺（或称尼克酰胺）　200
烟酰胺腺嘌呤二核苷酸（NAD）　200
烟酰胺腺嘌呤二核苷酸磷酸（NADP）　200
延胡索酸　339
延胡索酸酶　339
延伸因子　563,607
严紧控制因子　644
严紧型控制　643,663
岩藻糖脂　120
铷盐/氯化铯密度梯度超速离心法　671

盐键（盐桥）　9
盐皮质激素　280
盐溶　35
盐酸胍　68
盐析　35
衍射图［案］　56
衍生脂质　112
羊毛固醇　122,124
羊毛脂　116
氧分数饱和度　76
氧合肌红蛋白　74
氧化磷酸化　332,348,625
氧化磷酸化的解偶联　357
氧化磷酸化作用的调节　359
氧化脱氨基作用　433
氧结合蛋白质　73
氧结合曲线　77
氧解离曲线　77
叶绿醇　121,360
叶绿醌　213
叶绿素　360
叶绿体　360
叶盘转化法　668,685
叶酸　204
夜盲病　196,210
一般（或广义）酸碱催化　173
一般性重组　542
一级或一级反应　149,150
一级结构　44,227
一碳单位　204
一氧化氮　632
一氧化氮合酶　635
一氧化氮受体　635
衣壳　237,590
依赖于 rho(ρ) 的终止子　566
依赖于 RNA 的 RNA 聚合酶　499
依赖于蛋白的蛋白激酶　636
依赖于神经递质的离子通道　632
胰蛋白酶　16,49,86,179,192,431
胰蛋白酶原　192
胰岛素　52,66,279
胰岛素受体　279
胰岛素原　52,628
胰高血糖素　280
胰凝乳蛋白酶　16,49,86,155,172,179,192

胰凝乳蛋白酶原　192
移动因子　594
移码突变　82,498,504
遗传病　81
遗传密码　216,493
遗传密码字典　503
遗传漂变　507
遗传信息的表达　514
遗传信息的储存器　497
遗传信息的处理器　497
遗传信息的载体　514
遗传性非息肉结肠直肠癌　533
遗传因子　496,514
遗传重组　542
遗传转化　544
［乙］醇脱氢酶　67,324,327,328,404
乙二醇　169
乙醛-辅酶 A 羧化酶　186
乙醛酸　344
乙醛酸途径　344
乙烯　286
乙烯利　286
乙烯亚胺　568
乙酰-CoA 羧化酶　136
乙酰-α-羟丁酸　458
乙酰胆碱　118
乙酰辅酶 A（乙酰-CoA）　289,332,407,438
乙酰乳酸　458
乙酰乙酸　405
乙酰乙酰-CoA　438
乙型肝炎病毒　593
椅式构象　92
异常 RNA　499
异促［别构］酶　183
异促［别构］效应　77,183
异二聚体　522
异构酶　70
异构体　6
异亮氨酸　25,438,456
异硫氰酸钪　258
异柠檬酸　337
异柠檬酸裂解酶　344
异柠檬酸脱氢酶　338
异染色质　237,647
异染色质化　647

异头碳原子或异头中心　91
异头物　91
异戊二烯单位　121
抑癌基因　638
抑制-促进-增变系统　554
抑制[作用]　162
抑制分数　162
抑制激素　270
抑制剂　162,628
抑制剂常数　165
抑制性受体　633
译码中心　599
易错修复　523,533,536
缢痕　237
引导序列　144
引发复合物　527
引发体　528
引发体装配位点　528
引物(合成)酶　524,528
引物　258
引物结合位点　590
引物链　519
吲哚乙酸　284,440
茚三酮反应　23
应答元件　563,565,649
应答元件结合蛋白　651
应急反应　536
应乐果甜蛋白　93
荧光标记　263
荧光测定法　142
荧光感受器　260
荧光检测技术　263
荧光偏振　56
营养标记　672
永久性异染色质　237
泳动度(迁移率)　36
油或脂　114
游动蛋白　72
有效碰撞　132
有序单置换反应　159
有义 RNA　499
有义密码子　498
右端边缘　683
右手螺旋　232
右旋糖　95
诱变剂　495,538

诱导契合　72,135,141,177
诱导效应　536
"诱导契合"学说　141
鱼精蛋白　215
语言信息　498
语义信息　498
语用信息　498
玉米 Bs1 序列　594
玉米素　224,284
域或结构域　64
原癌基因　539
原卟啉　73
原初转录物　570
原核细胞　12
原黄素　569
原胶原　62
原聚体　67,75,237
原始生物分子　13
原位合成　262
原位杂交　672
原纤丝　62
圆二色性　56,59
猿猴空泡病毒 40　685
远端组氨酸　74
阅读框架　498,501,504
孕激素　281
孕酮　281
运输泡　617
运输系统　631

Z

杂多聚蛋白质　67
杂多聚酶　139
杂多糖　89
杂交　245,252
杂交测序　264
杂交分子　252
杂交酶　189
杂交荧光图谱　264
杂种不育　555
灾变论　510
甾醇　123
甾核　122
甾类激素(类固醇激素)　281,632
甾体　122
载体　662

载脂蛋白　124,401,584
皂化[作用]　116
皂化值(价)　116
增强子　549,649
增色效应　249
增殖细胞核抗原　531
照相平版印刷法　262
折叠单位(肽链中)　63
折叠花式　63
折叠态　56
赭石型　498
蔗糖　100,253
蔗糖酶　100
蔗糖密度梯度区带超离心　253
真实解离常数　155
整合酶　547,590,594
整合膜蛋白　615
整合宿主因子　547
整联蛋白　107
正超螺旋　526
正交交变电场　255
正链　242
正亮氨酸　475
正同促效应　183
正向重复　228,551
正效应物　183
正协同[同促]效应　77
正协同性　77
正协同性[同促]相互作用　183
正协同性酶　183
支架蛋白　73
支链淀粉　101
脂蛋白　124
脂蛋白脂肪酶　401
脂多糖　108
脂肪　114
脂肪酶　116,136,274
脂肪酸　112
脂肪酸的 α-氧化　404
脂肪酸的 β-氧化途径　402
脂肪酸的 ω-氧化　404
脂肪酸的活化　402
脂肪酸的生物合成　406
脂肪酸的氧化分解　402
脂肪酸合酶复合体　139
脂肪酸碳链的去饱和　411

索　引

脂肪酸衍生物激素　266	终态　135	转录因子　561
脂(或油)　114	终止法　258	转录终止　559
脂溶剂　115	终止密码子　498,610	转醛酶　374
脂溶性维生素　196	终止区　529	转染　667
脂双层片　127	终止因子　566	转羧基酶　204,407
脂酰-CoA　402	终止子　529,557,566	转酮酶　374
[脂]酰基载体蛋白　201	周期蛋白家族　636	转移 RNA　220,497
脂质(脂类)　112	周期性倒转电场　255	转移基因(tra)　683
脂质体　128,667	侏儒症　279	转运蛋白　72,619
脂质转染法　667	珠蛋白　74	转运子　615
直接修复　533	珠蛋白型 α 螺旋蛋白　65	转酯　143
直链淀粉　101	主动转运　326	转酯[基]作用　130
植酸　96	主链　45	转座酶　551,552,645
植物固醇　124	贮存蛋白　72	转座体　552
植物花椰菜花叶病毒　495	贮存多糖　101	转座重组　542
植物激素　284	贮存脂质　112	转座子　551
植物凝集素　107	柱层析　27	装配 RNA　585
植物生长调节剂　284	柱床体积　35	装配者　222,497
纸层析　27	专一性　136	缀合蛋白质　15,612
指导 RNA　220,498	专一性常数　157	着色性干皮病　535
指导者　497	转氨酶　431	着丝粒　237
指纹图谱　81	转导　544	着丝粒异染色质　648
质粒　514	转化　544,667	紫外吸收　245
质粒 DNA　218	转化糖　100	自[我]剪接　143
质粒载体　664,684	转化因子　495	自[我]切割　143
质量作用比　627	转化子　517	自动化测序仪　678
质量作用定律　149,626	转换器　221,497	自动化合成仪　261
质膜　126,614	转换区　550	自动氧化　116
质膜体　630	转换数　156	自断裂　143
质谱　130	转录本　500	自发反应　136
质谱法　50	转录沉默　499	自发突变　538
致瘤基因　683	转录单位　557	自分泌　632
致死突变　537	转录调节因子　562,564	自复制　493
致育因子　544	转录辅助因子　564	自然选择学说　510
中间代谢　289	转录后基因沉默　499	自然选择压力　511
中间复合体　135	转录后加工　570	自溶素　544
中间复合体学说　152	转录活化蛋白　565	自杀性底物　169
中间密度脂蛋白　125	转录激活结构域　650	自杀作用物　471
中间丝　62	转录激活物　565	自噬泡　655
中间元件　565	转录偶联的修复　535	自体吞噬　655
中介复合物　564,652	转录泡　559	自我复制　514
中心法则　51,216	转录起点　561	自我激活　192
中性漂变学说　510	转录起始复合物　650	自由基清除剂　212
中性突变　81	转录物组学　690	自由能(Gibbs 自由能)　304
中性脂肪　114	转录延伸　559	自主复制序列　530
中央纤维蛋白支架　238	转录抑制因子　652	自主因子　554

自装配　493
自组织　510
总反应级数　149
足迹法　561
阻遏蛋白　567,640
组氨酸　22,440
组成酶　641
组成型　652
组成型异染色质　648
组蛋白 H1　529
组蛋白 H2A　647
组蛋白 H2B　647
组蛋白 H3　647
组蛋白 H4　647
组蛋白八聚体　237
组蛋白核心　529
组蛋白脱乙酰基酶　648
组蛋白乙酰基转移酶　647
组合因子　552
组件　73
组织型纤溶酶原激活剂　193
最大初速率　151
最适 pH　161
最适温度　162
最小接触距离　58
左端边缘　683
左手螺旋　232
左旋糖　95

****

-10 序列　561
-35 序列　562
1,3-二磷酸甘油酸　320
1,4-α-葡聚糖分支酶　585
1,N^2-异丙烯-3-甲基鸟苷　225
11-顺视黄醛　210
12-23 规则　550
16S rRNA　220,570
17S rRNA　220
17α-乙炔雌二醇　281
18S rRNA　220
2,3-二磷酸甘油酸　79
2,4-二氯苯氧乙酸　284
2,4-二烯酰-CoA 还原酶　404
2,6-二氨基嘌呤　568
2-氨基嘌呤　538

2-磷酸甘油酸　321
2-氯乙基膦酸　286
2-酮-3-脱氧辛糖酸　95,109
2-脱氧-D-核糖　95
23S rRNA　220,570
25-二羟维生素 D_3　211
26S rRNA　220
28S rRNA　220
2D-环复制　518
2′,3′-环磷酸酯　245
2′,3′-双脱氧核苷三磷酸　258
2′-核苷酸　245
2′-核糖核苷酸　226
3-sn-磷脂酸　117
3-磷酸甘油醛脱氢酶　189
3-磷酸甘油酸　321
^{3}H-脱氧胸苷　516
3′,5′-环化鸟苷酸　227
3′,5′-环化腺苷酸　227
3′,5′-磷酸二酯键　227
3′-核苷酸　245
3′-核苷酸酶　470
3′-核糖核苷酸　226
3′-脱氧腺苷　574
3′端 poly(A)　220
3′端成熟酶　571
3′端互补的引物　674
3′核酸外切酶　520
4-甲基胞嘧啶　661
4-磷酸泛酰巯基乙胺　201,488
4-羟脯氨酸　17,23
4E-BPs　653
4.5S RNA　220,615
5-氨基咪唑-4-羧酰胺核糖核苷酸　475
5-氨基咪唑核糖核苷酸　474,475
5-氟尿嘧啶　485,568
5-氟脱氧尿苷　530
5-甲基胞嘧啶　223,647,661
5-磷酸吡哆胺　203
5-磷酸核糖胺　474
5-磷酸核糖焦磷酸　473
5-羟甲基胞嘧啶　223
5-羟赖氨酸　17
5-羟色胺　119,440
5-溴尿嘧啶　538

5S rRNA　220,570
5′-二磷酸核苷　226
5′-核苷酸酶　470
5′-核糖核苷酸　226
5′-三磷酸核苷　226
5′-脱氧-5′-异丁酰基腺苷　574
5′-脱氧腺苷钴胺素　206,482
5′→3′核酸外切酶　246,520
5′成熟酶　570
5′端帽子　220
5′端引物　674
5′核酸外切酶　520
5.8S rRNA　220
6-甲基腺嘌呤　647,661
6-磷酸葡萄糖酸-δ-内酯　372
6-磷酸葡萄糖酸　373
6-磷酸葡萄糖酸脱氢酶　373
6-巯基嘌呤　567
6S RNA　645
7,8-二氢-8-羟鸟嘌呤　534
7S RNA　220
7SK RNA　220
7SL RNA　220,614
8-氮鸟嘌呤　568
ABC 切除酶　535
ACA 框　572
AC 链　531
AICAR 转甲酰基酶　476
Ames 试验　540
AMP 激酶　484
AMV 逆转录酶　671
AP1　650,651
AP 核酸内切酶　534
Arrhenius 经验公式　133
AT-AC 内含子　578
ATP　289
ATP 磷酸水解酶　139
A、P、E 部位　242
A 复合物　578
A 型 DNA　232
A 型和 B 型脱氢酶　141
B2 复合物　578
B_6 族[维生素]　202
B[淋巴]细胞　83,549
Bohr 效应　80
Briggs-Haldane 氏模型　153

索　引

$C_0 t_{1/2}$ 值　251
C2′和 C3′-内向型　93
Ca^{2+}-ATP 酶泵　634
Ca^{2+} 动员　634
Ca^{2+} 通道蛋白　631
CAAT 框　564
cAMP 依赖型蛋白激酶　274
Cap O 型　574
Cap Ⅰ 型　574
Cap Ⅱ 型　574
cdk-周期蛋白复合物　532
cDNA 文库　668
chi 位点　545
CMP 激酶　484
CO_2 的固定　365
copia 序列　594
cos 位点　665
Cro 蛋白　650
CRP 蛋白　650
CTF 家族　564
CTP　289
CTP 合成酶　481
CV-1 细胞　685
CⅠ蛋白　650
C 框　572
C 型　232
C 值　494
C 值伴谬　494
D-2-脱氧核糖　218
D-β-羟丁酸　405
D-半乳糖　95,100,104,328,385,386,664
D-半乳糖醛酸　97
D-丙氨酸　19
D-甘露糖　95,96,330
D-甘露糖醛酸　97
D-甘油醛　7,94,327
D-谷氨酸　19,440
D-果糖　89,91,95,327
D-核糖　95,218,223
D-核酮糖　95
D-环　517
D-环复制　518
D-景天庚酮糖　95
D-木糖　95
D-木酮糖　95

D-葡糖醛酸　97
D-葡糖酸　96
D-葡萄醇　96
D-葡萄糖　7,89,95,641
DEAE-葡聚糖　667
DHU 环　240
DL 命名系统　7
DNA 大沟　231
DNA 大片段缺失　537
DNA 的复制　514
DNA 复杂性　251
DNA 改组　687
DNA 甲基化　528
DNA 结合结构域　640,650
DNA 解旋酶　526
DNA 聚合酶　139,258,519
DNA 聚合酶Ⅰ　520,661
DNA 聚合酶Ⅱ　520
DNA 聚合酶Ⅲ　520
DNA 聚合酶Ⅳ　523
DNA 聚合酶Ⅴ　523
DNA 聚合酶α　530
DNA 聚合酶β　531
DNA 聚合酶γ　531
DNA 聚合酶δ　530
DNA 聚合酶ε　530
DNA 连接酶　519,523,661
DNA 切割技术　217
DNA 世界　510
DNA 双螺旋结构模型　216
DNA 糖基化酶　534
DNA 微阵　262
DNA 限制酶切图谱　660
DNA 芯片　262
DNA 修饰酶　217
DNA 旋转酶　525
DNA 载体　684
DNA 指导的 RNA 聚合酶　557
DNA 重组技术　217,496
DNA 重组体　660
DNA 转录　514
dTDP-半乳糖　481
dTDP-葡萄糖　481
dTDP-鼠李糖　481
dTMP 激酶　484
dUTPase　486

D 框　572
D 系醛糖　90
D 型 DNA　232
D 型或 D 系单糖　90
E-F 手结构　277
E2　656
E3　656
Eadie-Hofstee 方程　158
eEF1A　609
eEF1B　609
eEF2　609
EF-G　608
EF-Ts　607
EF-Tu　607
eIF-2 激酶　653
ELISA（酶联免疫吸附测定）　84
eRF1　610
eRF3　610
E 复合物　578
E 框　650
E 型　232
$F(ab)_2$　84
F-肌动蛋白　73
Fab　84
FAD
$FADH_2$　289
FAD 焦磷酸化酶　487
Fc　84
Fehling 试剂　94
Ffh　615
FMN　199
Fos　650,651
FtsY 蛋白　615
F 性菌毛　544
F 因子　544
G-肌动蛋白　73
G-四碱基体　234
GC 框　564
Gibbs 自由能　57
GMP 激酶　484
Goldberg-Hogness 框　563
GroEL　611
GroES　611
GrpE　611
GT-AG 规则　577
GTP　289,338

索引

gypsy　594
gyr A　525
gyr B　525
G 蛋白　273,632
H－DNA　233
H1 鞭毛蛋白　548
H2 鞭毛蛋白　548
HADPH　452
Handerson－Hasselbalch 公式　20
Haworth[投影]式　92
Hb 半分子　76
HFI　588
HFII　588
Hill 方程　184
Hill 系数　78,184
hMLH1　533
hMSH2　533
Holliday 联结体　545
Holliday 中间体　542,545
Hoogsteen 配对　233
Hsp10　611
Hsp40　611
Hsp60　611
Hsp70　611
Hsp90　611
H 回文结构　233
H 抗原　548
H 框　572
H 片段　548
Ig G（免疫球蛋白 G）　83
IHF　547
Int　547
ISE　652
ISS　652
Jun　650,651
Klenow 酶　661
Klenow 片段　520
L－阿拉伯糖　95
L－半胱氨酸　438
L－丙氨酸　438,458
L－甘油－D－甘露庚糖　95,109
L－古洛糖酸－γ－内酯氧化酶　210
L－谷氨酸　204,440
L－甲基丙二酸单酰 CoA 变位酶　207
L－精氨酸　440

L－苹果酸　339
L－鼠李糖　97
L－岩藻糖　97
L19 RNA 或 L19 IVS　144
L1 序列　594
Lac 阻遏蛋白　650
Lambert－Beer 定律　25
Lesch－Nyhan 综合征　478
let－7　499
Lex A　536
*lin*14　586
*lin*28　586
Lineweaver－Burk 方程　158
Lineweaver－Burk 作图　158
Lynch 综合征　533
L 系醛糖　90
L 型或 L 系单糖　90
M1 RNA　242,570
MF－1　531
micF　645
micRNA　586
miRNA　586
MLH　533
MRE 元件　650
mRNA（核苷－2′）甲基转移酶　574
mRNA（鸟嘌呤－7）甲基转移酶　574
mRNA 差异显示　677
mRNA 鸟苷酰转移酶　574
MSH　533
MTF1　650
Mut H　533
Mut L　533
Mut S　533
M-MuLV 逆转录酶　671
N－和 O－[连接型]寡糖链　106
N－和 O－糖肽键　106
N－琥珀酸（基）－5－氨基咪唑－4－羧胺核糖核苷酸　475
N－甲酰氨基咪唑－4－羧酰胺核糖核苷酸　475
N－连[接]寡糖　387,612
N－末端法则　655
N－末端分析　41
N－糖苷键　225
N－糖苷酶　246
N－乙酰半乳糖胺　98

N－乙酰胞壁酸　98
N－乙酰葡糖胺　97
N－乙酰乳糖胺　385
N－乙酰神经氨酸　121
N^5－CAIR 变位酶　475
N^5－CAIR 合成酶　475
N^6－苄基腺嘌呤　284
N^6－甲基腺嘌呤　574
Na^+－K^+ 泵　638
Na^+ 通道　638
NAD^+ 氧化还原酶　139
NADH－Q 还原酶　351
NADH　141,289
NADH 脱氢酶　351
NADPH　160,289
NAD 合成酶　487
Nus A 因子　559
Nus B　566
Nus E　566
Nus G　566
nus　566
N 蛋白　566
N 核苷酸　550
O－连[接]寡糖　388,612
O－特异链　109
O^6－甲基鸟嘌呤－DNA 甲基转移酶　534
Oct－1　564
Oct－2　564
OCT 元件　565
OmpC　644
OmpF　644
ori C　517,527
oxyS RNA　586
P/O 比　358
pBR 型质粒　683
PCR 诱变　677
pfu　667
pH－活力曲线　161
PHO4　683
PHO80　683
poly(A)　603
poly(A)结合蛋白　606
poly(A)聚合酶　229
ppGpp　643
pppGpp　643

Pribnow 框　561	RNA 聚合酶Ⅲ　561	SWI/SNF　647
pRNA　499	RNA 聚合酶全酶　558	SW 家族　647
PSE 元件　565	RNA 切酶　654	T-DNA　683
P 核苷酸　550	RNA 世界　217,508	TAFⅠ　563
P 因子　555	RNA 突环　527	Taq DNA 聚合酶　674
Qβ RNA　587	RNA 引物　499,524	TATA 框　563
Qβ 复制酶　587,588	RNA 印迹法　252	TBP　563
Q 蛋白　566	RNA 诱导的沉默复合物　499	TBP 相联因子　563
Q 核苷　225	RNA 组学　496,690	TFⅡA　563
R-突环　575	RP-A　531	TFⅡE　563
R-原 H 原子　141	RS 结构域　652	TFⅡF/polⅡ　563
rad 51　546	RS 命名系统　7	TFⅡH　563
RAG1　550	Ruv A　545	TFⅡX　563
RAG2　550	Ruv B　545	TFⅢA　565
Ran-GAP　619	Ruv C　545	TFⅢB　565
Ran-GEF　619	R 基　16	TFⅢC　565
RAP38　563	R 态　77	TG 链　531
RAP74　563	R 型　495	Ti 质粒　668,683
Ras 家族　634	R 质粒　495	TMV 外壳蛋白　65
Rec A　536,545	S-柠檬酰-CoA　336	Tn10 转座子　645
Rec BCD　545	S-腺苷甲硫氨酸　571	TRE　650
Rec J　533	S-原 H 原子　141	tRNA 个性要素　600
rep 蛋白　526	SAICAR 合成酶　475	tRNA 核苷酰转移酶　571
RF-1　610	SAICAR 裂合酶　475	tRNA 修饰酶　571
RF-2　610	SDS-聚丙烯酰胺凝胶电泳　681	Ty 因子　594
RF-3　610	SD 序列　602,603	TψC 环　240
RF-C　531	SecA　616	TψC 茎环　240
Ri 质粒　684	SecB　616	T 环　240
RNA lin-4　499	SecD　616	T 淋巴细胞的受体　551
RNA-DNA 解旋酶　566	SecF　616	T 态　77
RNase A　52,260	SecYEG　616	T 细胞　83
RNase D　571	SF2/ASF　652	T 细胞受体　83
RNase E　570	SH2 结构域　634	U11 snRNP　578
RNase F　571	SH2 组件　73	U12 snRNP　578
RNase H1　531	SH3 结构域　634	U1、U2、U4、U5、U6 snRNP　578
RNase P　242,570,585	Shapiro 中间体　552	U3 snRNP　578
RNase PhyI　260	Shine-Dalgarno 序列　602	U4atac　578
RNase T1　260	siRNA　586	U5　590
RNase U2　260	SL RNA　581	U6atac　578
RNaseⅢ　570	SL1 因子　563	UBF1　563
RNase 抑制剂　258	SOS 蛋白　634	UDP-半乳糖-4-差向异构酶　329
RNasin　258,671	Southern 印迹法　252	UDP-半乳糖　328
RNA 复制　557	Sp1　564	UDP-葡萄糖　328,329,385
RNA 干扰　499,654	Src 同源域　634	UDP-葡萄糖焦磷酸化酶　393
RNA 聚合酶Ⅰ　561	SRP 受体停泊蛋白　615	UMP 激酶　484
RNA 聚合酶Ⅱ　561	SR 蛋白　652	UsnRNP　586

UTP 289
V-D-J 重排 550
V-J 重排 550
Varkud 卫星 RNA 243
vir 基因 683
VS RNA 243
VS 核酶 242
W(Y)核苷 225
Western 印迹 84
Xis 547
Xist RNA 586
X 射线晶体分析 173
X 射线晶体学 8,56
X 射线衍射 56
Y 形结构 581
Δ^3,Δ^2-烯酰-CoA 异构酶 403
α-氨基酸 16
α-地中海贫血 82
α-鹅膏蕈碱 46,561,569
α-海藻糖 100
α-互补 664
α-角蛋白 61,73
α-肽 664

α-酮戊二酸 337,440
α-酮戊二酸脱氢酶 209,338
α-胰凝乳蛋白酶 192
α-异头物 91
α-珠蛋白 75
α_1-抗胰蛋白酶 628
αβ 受体 551
β-D-半乳糖苷酶 386
β-半乳糖苷酶 100,110,640
β-半乳糖苷透性酶 640
β-丙氨酸 19,471
β-地中海贫血 82
β-谷固醇 124
β-胡萝卜素-15,15′-二加氧酶 210
β-胡萝卜素 122
β-硫代半乳糖苷乙酰基转移酶 640
β-羟酰-CoA 403
β-酮硫解酶 202
β-酮酰-CoA 403
β-异头物 91
β-珠蛋白 75

βαβ 单元 63
β 发夹 64,242
β 构象 60,62
β 股 60
β 夹子 528
β 夹子装卸器 528
β 片 60
β 曲折 64
β 折叠 60,63,65
β 转角 61
γ-氨基丁酸 19,437,446,632,639
γ-干扰素的效应元件 565
γ-羧基谷氨酸 17,212,612
γδ 受体 551
γ 复合物 528
θ 形结构 516
κ 链基因 549
λ 链基因 549
λ 噬菌体载体 664
π-胰凝乳蛋白酶 192
σ 因子 559
ω 亚基 558

郑重声明

高等教育出版社依法对本书享有专有出版权。任何未经许可的复制、销售行为均违反《中华人民共和国著作权法》，其行为人将承担相应的民事责任和行政责任；构成犯罪的，将被依法追究刑事责任。为了维护市场秩序，保护读者的合法权益，避免读者误用盗版书造成不良后果，我社将配合行政执法部门和司法机关对违法犯罪的单位和个人进行严厉打击。社会各界人士如发现上述侵权行为，希望及时举报，我社将奖励举报有功人员。

反盗版举报电话　　(010)58581999　58582371
反盗版举报邮箱　　dd@hep.com.cn
通信地址　北京市西城区德外大街4号　高等教育出版社法律事务部
邮政编码　100120

读者意见反馈

为收集对教材的意见建议，进一步完善教材编写并做好服务工作，读者可将对本教材的意见建议通过如下渠道反馈至我社。

咨询电话　400-810-0598
反馈邮箱　gjdzfwb@pub.hep.cn
通信地址　北京市朝阳区惠新东街4号富盛大厦1座
　　　　　高等教育出版社总编辑办公室
邮政编码　100029